输变电工程
智慧工地建设与施工实践

《输变电工程智慧工地建设与施工实践》编委会 编著

中国水利水电出版社
www.waterpub.com.cn
·北京·

内 容 提 要

智慧工地是指以物联网、互联网、大数据、云计算等技术为依托，全面感知、收集、处理、分析工地现场的相关数据和信息，通过数字化、智慧化的方式，实现工地现场生产作业协调、协同，管理决策高效、科学等目标的工程建设工地。智慧工地就是建立在高度信息化基础上的一种支持对人和物全面感知、施工技术全面智能化、工作互通互联、信息协同共享、决策科学分析、风险智慧预控的建筑施工项目的实施模式。本书共分两篇：第一篇为输变电工程智慧工地建设，主要内容包括智慧工地概述、智慧工地纲领性文件、智慧工地功能模块应用、智慧工地管理系统、智慧工地建设评价、输变电工程智慧标杆工地、输变电工程智慧工地建设研究；第二篇为输变电工程智慧工地施工实践，主要内容包括输变电工程建设施工安全风险管理、输变电工程建设安全文明施工管理、输变电工程施工新标准工艺、变电工程智慧标杆工地、输电工程智慧标杆工地。

本书可供输变电工程施工、设计、安装、验收、监理等专业技术人员、管理人员阅读，也可供相关专业人员参考。

图书在版编目（ＣＩＰ）数据

输变电工程智慧工地建设与施工实践 / 《输变电工程智慧工地建设与施工实践》编委会编著. -- 北京 ：中国水利水电出版社，2023.11
ISBN 978-7-5226-1904-0

Ⅰ. ①输… Ⅱ. ①输… Ⅲ. ①智能技术－应用－输电－电力工程－工程施工②智能技术－应用－变电所－电力工程－工程施工 Ⅳ. ①TM7-39②TM63-39

中国国家版本馆CIP数据核字(2023)第217328号

书 名	输变电工程智慧工地建设与施工实践 SHUBIANDIAN GONGCHENG ZHIHUI GONGDI JIANSHE YU SHIGONG SHIJIAN
作 者	《输变电工程智慧工地建设与施工实践》编委会 编著
出 版 发 行	中国水利水电出版社 （北京市海淀区玉渊潭南路 1 号 D 座 100038） 网址：www.waterpub.com.cn E - mail：sales@mwr.gov.cn 电话：(010) 68545888 （营销中心）
经 售	北京科水图书销售有限公司 电话：(010) 68545874、63202643 全国各地新华书店和相关出版物销售网点
排 版	中国水利水电出版社微机排版中心
印 刷	天津嘉恒印务有限公司
规 格	210mm×297mm 16 开本 45.75 印张 1867 千字
版 次	2023 年 11 月第 1 版 2023 年 11 月第 1 次印刷
印 数	0001—2000 册
定 价	**298.00 元**

《输变电工程智慧工地建设与施工实践》
编　委　会

前　言

中华人民共和国住房和城乡建设部从 2013 年开始在全国范围内推进智慧城市试点工作，目前已有几百个城市被列为试点。在当今物联网、移动互联网时代，围绕智慧城市的建设，智慧社区、智慧小区、智能建筑、智能家居等相关产业也得到了蓬勃发展。目前，在智慧城市、智慧社区以及智能建筑领域已经制定了相关的国家标准，如《智慧城市技术参考模型》（GB/T 34678—2017）、《智能建筑设计标准》（GB 50314—2015）等，但是在智慧工地方面还缺乏相应的设计及指导标准。根据《国务院办公厅关于促进建筑业持续健康发展的意见》《住房和城乡建设部关于印发 2016—2020 年建筑业信息化发展纲要》的要求，智慧工地立足于"智慧城市"和"互联网＋"，采用云计算、大数据和物联网等技术手段，针对建设工程项目的信息特点，结合不同的需求，构建建设工程项目施工现场的信息化一体化管理解决方案。智慧工地系统涉及的领域范围较广，且系统的设计同整体建筑的智能化系统、强弱电设计、建筑设施等密切相关。

2017 年，《国务院办公厅关于促进建筑业持续健康发展的意见》（国办发〔2017〕19 号）指出，加快建造智能设备、BIM 技术的研发、推广和集成应用，为项目方案优化和科学决策提供依据，促进建筑业提质增效。2020 年 7 月，住房和城乡建设部、国家发展改革委、科学技术部等十三部门联合发布《关于推动智能建造与建筑工业化协同发展的指导意见》（建市〔2020〕60 号），明确提出要通过加快推动智能建造与建筑工业化协同发展，集成 5G、人工智能、物联网等新技术，形成涵盖科研、设计、生产加工、施工装配、运营维护等全产业链融合一体的智能建造产业体系，走出一条内涵集约式高质量发展新路。

2021 年 3 月，《中华人民共和国国民经济和社会发展第十四个五年规划和 2035 年远景目标纲要》指出，以数字化、智能化升级为动力，加大智能建造在工程建设各环节应用，实现建筑业转型升级和持续健康发展。2022 年 1 月，住房和城乡建设部印发的《"十四五"建筑业发展规划》指出，以推动智能建造与新型建筑工业化协同发展为动力，加快建筑业转型升级，实现绿色低碳发展，切实提高发展质量和效益。该规划明确了"十四五"时期建筑业的主要任务，其中在加快智能建造与新型建筑工业化协同发展方面，主要任务是至 2025 年，建筑产业互联网平台体系初步形成，建一批行业级、企业级、项目级平台和政府监管平台。项目级平台是基础，行业级、企业级、监管层都需要围绕项目进行管理，以智慧工地建设为载体推广项目级建筑产业互联网平台，运用信息化手段解决施工现场实际问题，强化关键环节质量安全管控，提升工程项目建设管理水平。

2022年4月，中央全面深化改革委员会第二十五次会议审议通过了《关于加强数字政府建设的指导意见》，习近平总书记主持会议时强调，要全面贯彻网络强国战略，把数字技术广泛应用于政府管理服务，推动政府数字化、智能化运行，为推进国家治理体系和治理能力现代化提供有力支撑。近年来，建筑业作为国民经济发展的支柱性产业，其数字化转型的宏观调控与传统的企业管理模式之间的矛盾日益凸显。多部委相继发文，引导鼓励建筑企业争做智慧建造、技术创新、绿色环保等示范标杆。同时，"新基建"正成为国家政策和各地方高质量发展的重要抓手、拉动经济增长的新亮点。"新基建"短期有助于稳增长、稳就业，长期有助于培育新经济、新技术、新产业，打造中国经济新引擎，是兼顾短期扩大有效需求和长期扩大有效供给的重要抓手，是应对经济下行压力和高质量发展的有效办法。"新基建"是有时代烙印的，如果说20年前中国经济的"新基建"是铁路、公路、桥梁、机场，那么未来20年支撑中国经济社会繁荣发展的"新基建"则是新一代信息技术、人工智能、数据中心、新能源、充电桩、特高压、工业互联网等科技创新领域基础设施，涉及诸多产业链，是以新发展为理念，以技术创新为驱动，以信息网络为基础，面向高质量发展需要，提供数字转型、智能升级、融合创新等服务的基础设施体系。

当然，在一般基础设施领域，须注重通过数字化改造和升级进行基础设施建设。建设"新基建"，关键在"新"，用改革创新的方式推动新一轮基础设施建设，而不是重走老路。2020年4月，国家发展改革委提出"新基建"主要包括三类：一是信息基础设施，如5G、物联网、人工智能等；二是融合基础设施，即新技术和传统基建的融合，如智能交通系统、智慧能源系统等；三是创新基础设施，即用于支持科技创新的基础设施，如大科学装置、科教基础设施等。根据"新基建"战略的导向指引，建筑行业需要进一步加快自身数字化转型的速度，全面提升工程质量安全水平，降低成本、提高效率，推动建筑业高质量发展。

目前，信息化、智能化方面的研究与应用已成为我国诸多行业的热点，建筑行业作为我国的支柱产业之一，信息化、工业化程度相对较低，相关的综合研究与应用较少。近年来，各级政府围绕施工现场智慧工地建设开展了有益的探索与尝试，并出台了相关的政策或技术规程，取得了一定的成绩。同时，围绕"人、机、料、法、环"五大要素，聚焦现场安全隐患排查，制定智慧工地数据集成对接标准及有效分析等综合研究与应用工作正在持续推进。

国家电网有限公司十分重视输变电工程建设施工的工程质量和安全文明施工，并把输变电工程标准工艺纳入国家电网有限公司标准化建设成果的重要组成部分。早在2011—2016年，国家电网公司陆续发布了《国家电网公司输变电工程标准工艺（一） 施工工艺示范手册》《国家电网公司输变电工程标准工艺（二） 施工工艺示范光盘》《国家电网公司输变电工程标准工艺（三） 工艺标准库》《国家电网公司输变电工程标准工艺（四） 典型施工方法》《国家电网公司输变电工程标准工艺（五） 典型施工方法演示光盘》《国家电网公司输变电工程标准工艺（六） 标准工艺设计图集》系列成果，对提升输变电工程质量工艺水平发挥了重要作用。近年来，随着输变电工程建设领域新技术、新工艺、新材料、新设备的大量应用，以及相关技术标准的更新发布，国家电网有限公司原标准工艺已不能满足实际需要，立足新发展阶段，为提升其先进性与适用性，更好地适应输变电工程高质量建设及绿色建造要求，国家电网有限公司组织相关省电力公司、中国电力科学研究院等单位对原标准工艺体系进行了全面修编。将原《国家电网公司输变电工程标准工艺》（一）~（六）系列成果，按照变电工程、架空线路工程、电缆工程专业进行系统优化、整合，单独成册。各专业内分别按照工艺流程、工艺标准、工艺示范、设计图例、工艺视频五个要素进行修订、完善。对继续沿用的施工工艺，依据最新技术标准进行内容更新。删除落后淘汰的施工工艺，增加使用新设备、新材料而产生的新工艺。最终形成一套面向输变电工程建设一线，先进适用、指导性强、操作简便、易于推广的标准工艺成果。在 2021 年国家电网有限公司相继发布《输变电工程建设安全文明施工规程》（Q/GDW 10250—2021）（代替 Q/GDW 250—2009）和《输变电工程建设施工安全风险管理规程》（Q/GDW 12152—2021），依此规范国家电网有限公司全面推行标准化建设，规范作业人员行为，倡导绿色环保施工，保障作业人员的安全健康，规定安全设施和个人安全防护用品标准化配置、现场办公和生活区标准化配置、变电站（换流站）和输电线路工程现场安全文明施工标准化配置。以此规范国家电网有限公司输变电工程建设安全管理行为，进一步推进输变电工程建设安全基本原则、管理目标、工作内容和要求的有效落实，统一输变电工程建设施工安全风险管理的工作模式，实现标准化管理目标。

本书共分两篇：第一篇为输变电工程智慧工地建设，主要内容包括智慧工地概述、智慧工地纲领性文件、智慧工地功能模块应用、智慧工地管理系统、智慧工地建设评价、输变电工程智慧标杆工地、输变电工程智慧工地建设研究；第二篇为输变电工程智慧工地施工实践，主要内容包括输变电工程建设施工安全风险管理、输变电工程建设安全文明施工管理、输变电工程施工新标准工艺、变电工程智慧标杆工地、输电工程智慧标杆工地。

本书在编写过程中得到国网新疆电力有限公司、新疆送变电有限公司、广州正凌电力科技有限公司的大力支持和帮助，在此表示诚挚的谢意。

在本书编写过程中参阅了书末所附参考文献，并引用了部分内容，在此谨向文献资料的作者和出版发行单位表示衷心的感谢。

由于智慧工地这一新生事物应用的时间还不长，在输变电工程建设中实行智慧工地建设与管理也是刚刚迈开步伐，加之作者水平有限，书中难免存在不妥之处，欢迎同行批评指正。

作者

2023 年 4 月

目 录

第一篇

输变电工程智慧工地建设

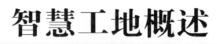

第一章

智慧工地概述

第一节　智慧工地产生的背景

建筑业是我国国民经济的支柱产业，经过 30 多年的改革发展，建筑业的建造能力不断增强，产业规模不断扩大。到 2017 年，全国建筑业总产值达 24.8 万亿元，建筑业增加值达 7.09 万亿元，占国内生产总值的 7.16%。同时，建筑行业存在很多潜在的隐患，监管机制不健全、工程建设组织方式落后、建筑设计水平有待提高、质量安全事故时有发生、市场违法违规行为较多、企业核心竞争力不强、工人技能素质偏低等问题较为突出，这些问题严重制约、影响了建筑业的健康持续发展。为解决建筑行业的潜在问题，国务院办公厅印发了《国务院办公厅关于促进建筑业持续健康发展的意见》（国办发〔2017〕19 号），这是建筑业改革发展的顶层设计，从深化建筑业简政放权改革、完善工程建设组织模式、加强工程质量安全管理、优化建筑市场环境、提高从业人员素质、推进建筑产业现代化和加快建筑业企业"走出去"等七个方面对建筑业发展提出具体要求。纵观这七个方面的具体措施，除了工程质量安全管理方面外，其他六个方面也都在一定程度上给建筑工程质量安全带来直接或间接的影响。同时，在建议中提及通过信息化、智能化管理手段，提高项目的质量和安全，因此，智慧工地的概念应运而生。

智慧工地是建筑行业管理结合互联网的一种新的管理系统，通过在施工作业现场安装各类传感、监控装置，结合物联网、人工智能、云计算及大数据等技术，对施工现场的"人、机、料、法、环"等资源进行集中管理，构建智能监控和项目管理体系。随着智能技术发展，特别是互联网、物联网和数字技术加速应用，推进智慧工地建设已成为加快建造方式转型升级的突破口和着力点，助力建筑业高质量发展的重要路径，实现施工安全生产治理体系与能力现代化的重要方法。根据住房和城乡建设部《2016—2020 年建筑业信息化发展纲要》和国家新基建要求，结合住房和城乡建设部信息化试点经验和目前智慧工地建设实际情况，围绕智慧城市开展智慧住建顶层设计，进一步推行精益建造、数字建造、绿色建造、装配式建造等新型建造方式，助推建筑产业优化升级，强化质量安全管理水平，实现我国智慧城市综合治理能力提升的建设目标。

第二节　新基建的提出

新型基础设施建设（简称"新基建"）是智慧经济时代贯彻新发展理念，吸收新科技革命成果，实现国家生态化、数字化、智能化、高速化、新旧动能转换与经济结构对称态，建立现代化经济体系的国家基本建设与基础设施建设。新基建主要包括 5G 基站、特高压、城际

高速铁路和城市轨道交通、新能源汽车充电桩、大数据中心、人工智能、工业互联网七大领域，涉及诸多产业链，是以新发展为理念，以技术创新为驱动，以信息网络为基础，面向高质量发展需要，提供数字转型、智能升级、融合创新等服务的基础设施体系。

2018 年 12 月 19—21 日，中央经济工作会议在北京举行，会议重新定义了基础设施建设，把 5G、人工智能、工业互联网、物联网定义为新型基础设施建设。随后"加强新一代信息基础设施建设"被列入 2019 年政府工作报告。2019 年 7 月 30 日，中共中央政治局召开会议，提出"加快推进信息网络等新型基础设施建设"。2020 年 3 月，中共中央政治局常务委员会召开会议提出，加快 5G 网络、数据中心等新型基础设施建设进度。2020 年 4 月 20 日，国家发展改革委创新和高技术发展司司长伍浩在国家发展改革委新闻发布会上表示，新基建包括信息基础设施、融合基础设施和创新基础设施三方面。2020 年 5 月 7 日，《上海市推进新型基础设施建设行动方案（2020—2022 年）》出台，上海初步梳理排摸了这一领域未来三年实施的第一批 48 个重大项目和工程包，预计总投资约 2700 亿元。2020 年 5 月 22 日，《2020 年国务院政府工作报告》提出，重点支持"两新一重"（新型基础设施建设、新型城镇化建设，交通、水利等重大工程建设）建设。发展新一代信息网络，拓展 5G 应用，建设充电桩，推广新能源汽车，激发新消费需求，助力产业升级。2020 年 6 月，国家发展改革委明确新基建范围，提出"以新发展理念为前提、以技术创新为驱动、以信息网络为基础，面向高质量发展的需要，打造产业的升级、融合、创新的基础设施体系"的目标。新基建将会构建支撑中国经济新动能的基础网络，给中国的新经济带来巨大的加速度，同时也会带动形成短期及长期的经济增长点。主要原因如下。

（1）新基建处于起步阶段，具有巨大的投资空间。国家正在启动全面的独立组网 5G 基础网络建设，在数据中心领域，因为大数据和人工智能广泛应用，算力需求大幅增长，互联网龙头企业争相建设超大规模的数据中心，武汉、重庆、南京等城市掀起新一轮算力城市竞争热潮；在工业互联网领域，许多大型工业企业，例如海尔、TCL、三一重工、徐工集团等，都在加快建设行业的工业互联网平台，部署与机械装备相互连接的边缘计算网络；在人工智能领域，百度、旷视、依图等企业正在建设人工智能开放平台，在自动驾驶、人脸识别、医疗读片等领域支撑生态化发展。

（2）新基建将会催生大量的新业态。正如互联网的普及，带来了淘宝、京东主导的电商时代；移动互联网的普及，带来了微信、滴滴等主导的社交和共享经济时代；4G 网络的普及，带来了无线宽带应用时代。随着新基建成为现实，新基建的"网络效应"会带来指数型的增长，带来大量目前无法预知的高成长的新业态。

（3）新基建会加速中国经济"全面在线"时代到来。随着新基建成为现实，不仅原生的数字化产业将得到更

加蓬勃的发展，许多传统的服务业和制造业也将成为在线的产业，中国的产业数字化水平和互联网技术水平也将进一步提升，随之所带来的是整体经济运行更加透明的信息传递、更少的中间环节和更加高效的资源组织方式，新基建有可能是支持中国经济发展新动能的关键。

新型基础设施主要包括三方面内容：

（1）信息基础设施。主要指基于新一代信息技术演化生成的基础设施，例如，以5G、物联网、工业互联网、卫星互联网为代表的通信网络基础设施，以人工智能、云计算、区块链等为代表的新技术基础设施，以数据中心、智能计算中心为代表的算力基础设施等。

（2）融合基础设施。主要指深度应用互联网、大数据、人工智能等技术，支撑传统基础设施转型升级，进而形成的融合基础设施，例如，智能交通基础设施、智慧能源基础设施等。

（3）创新基础设施。主要指支撑科学研究、技术开发、产品研制的具有公益属性的基础设施，例如，重大科技基础设施、科教基础设施、产业技术创新基础设施等。伴随技术革命和产业变革，新型基础设施的内涵、外延也不是一成不变的，将持续跟踪研究。

与传统基建相比，新型基础设施建设内涵更加丰富，涵盖范围更广，更能体现数字经济特征，能够更好地推动中国经济转型升级。与传统基础设施建设相比，新型基础设施建设更加侧重于突出产业转型升级的新方向，无论是人工智能还是物联网，都体现出加快推进产业高端化发展的大趋势。

2020年，新冠病毒感染疫情发生以来，服务机器人在医疗、配送、巡检等方面大显身手，儿童陪伴机器人、扫地机器人、拖地机器人等家用服务机器人也加速落地。随着包括5G网络、大数据中心、人工智能在内的新基建按下快进键，双重因素叠加，服务机器人市场正迎来新的发展机遇。

加快新型基础设施建设，必须坚持以新发展理念为前提，面向高质量发展需要，聚焦关键领域、薄弱环节锻长板、补短板。

（1）聚焦新一代信息技术、关键领域锻长板。适度超前布局5G基建、大数据中心等新型基础设施，通过5G赋能工业互联网，推动5G与人工智能深度融合，加快建设数字中国，从而牢牢把握新一轮科技革命和产业变革带来的历史性机遇，抢占数字经济发展主动权。在此基础上，推动新一代信息技术与制造业融合发展，加速工业企业数字化、智能化转型，提高制造业数字化、网络化、智能化发展水平，推进制造模式、生产方式以及企业形态变革，带动产业转型升级。

（2）聚焦区域一体化发展、薄弱环节补短板。中心城市和城市群等经济发展优势区域正成为承载发展要素的主要空间，但同时面临着地理边界限制、区域能源安全保障不足等薄弱环节和短板。需加快布局城际高速铁路和城际轨道交通、特高压电力枢纽以及重大科技基础设施、科教基础设施、产业技术创新基础设施等，统筹推进跨区域基础设施建设，不断提升中心城市和重点城市群的基础设施互联互通水平。

（3）投融资机制。我国基础设施建设领域已经积累了大量优质资产，但这些优质资产短期内难以收回投资成本，债务风险加大。如何盘活这些优质资产、有效化解地方债务风险、推动经济去杠杆，是加快新型基础设施建设必须解决的一大难题。解决这一难题，需把握好基础设施领域不动产投资信托基金（REITs）在京津冀、长江经济带、雄安新区、粤港澳大湾区、海南、长三角等重点区域先行先试的政策机遇，充分发挥其在提高直接融资比重、提升地方投融资效率、盘活存量资产、广泛调动社会资本参与积极性、化解地方债务等方面的重要作用，为加快推进新型基础设施建设提供有力支撑。

从短期看，加快新型基础设施建设能够扩大国内需求、增加就业岗位，有助于消除疫情冲击带来的产出缺口、对冲经济下行压力。从长远看，适度超前的新型基础设施建设能够夯实经济长远发展的基础，显著提高经济社会运行效率，为我国经济长期稳定发展提供有力支撑。

2022年4月，中央全面深化改革委员会第二十五次会议审议通过了《关于加强数字政府建设的指导意见》，习近平总书记主持会议时强调，要全面贯彻网络强国战略，把数字技术广泛应用于政府管理服务，推动政府数字化、智能化运行，为推进国家治理体系和治理能力现代化提供有力支撑。

近年来，建筑业作为国民经济发展的支柱性产业，其数字化转型的宏观调控与传统的企业管理模式之间的矛盾日益凸显。多部委相继发文，引导鼓励建筑企业争做智慧建造、技术创新、绿色环保等示范标杆。同时，新基建正成为国家政策和各地方高质量发展的重要抓手、拉动经济增长的新亮点。新基建短期有助于稳增长、稳就业，长期有助于培育新经济、新技术、新产业，打造中国经济新引擎，是兼顾短期扩大有效需求和长期扩大有效供给的重要抓手，是应对经济下行压力和高质量发展的有效办法。新基建是有时代烙印的，如果说20年前中国经济的新基建是铁路、公路、桥梁、机场，那么未来20年支撑中国经济社会繁荣发展的新基建则是新一代信息技术、人工智能、数据中心、新能源、充电桩、特高压、工业互联网等科技创新领域基础设施，涉及诸多产业链，是以新发展为理念，以技术创新为驱动，以信息网络为基础，面向高质量发展需要，提供数字转型、智能升级、融合创新等服务的基础设施体系。

当然，在一般基础设施领域，须注重通过数字化改造和升级进行基础设施建设。建设新基建，关键在新，用改革创新的方式推动新一轮基础设施建设，而不是重走老路。2020年4月，国家发展和改革委员会提出新基建主要包括三类：一是信息基础设施，如5G、物联网、人工智能等；二是融合基础设施，即新技术和传统基建的融合，如智能交通系统、智慧能源系统等；三是创新基础设施，即用于支持科技创新的基础设施，如大科学装置、科教基础设施等。根据新基建战略的导向指引，建筑行业需要进一步加快自身数字化转型的速度，全面提升工程质量安全水平，降低成本、提高效率，推动建筑业高质量发展。

第三节　智慧工地建设的实践与经验

本节以江苏省智慧工地建设为例对智慧工地建设的实践与经验进行介绍。

2014年，江苏省被住房和城乡建设部确定为国家建筑产业现代化试点省份。2017年，江苏省被列为建筑施工安全监管信息化试点省份。2017年，《江苏省政府关于促进建筑业改革发展的意见》（苏政发〔2017〕151号）对新型建造方式的普及提出了明确要求。2017年，《江苏建造2025行动纲要》中明确提出要大力推行四种新型建造方式，促进行业健康可持续发展，保持江苏省建筑业在全国的领先地位，为全国建筑业改革提供更多更好的经验和样板。

2017年，《国务院办公厅关于促进建筑业持续健康发展的意见》（国办发〔2017〕19号）指出，加快建造智能设备、BIM技术的研发、推广和集成应用，为项目方案优化和科学决策提供依据，促进建筑业提质增效。2017年10月，江苏省住房和城乡建设厅出台了《江苏建造2025行动纲要》，明确了以"精益建造、数字建造、绿色建造、装配式建造"为主的建造方式变革路径，其中，数字建造强调要推动传统工程建造向信息化、集成化、智能化发展，实现建造全过程的数字化，为建筑产品全生命周期的运维管理提供技术支撑，为最终实现智能建造打下基础。从2017年开始，江苏省正式开展了"BIM＋智慧工地"建设的实践与探索。

2020年7月，住房和城乡建设部、国家发展改革委、科学技术部等十三部门联合发布《关于推动智能建造与建筑工业化协同发展的指导意见》（建市〔2020〕60号），明确提出要通过加快推动智能建造与建筑工业化协同发展，集成5G、人工智能、物联网等新技术，形成涵盖科研、设计、生产加工、施工装配、运营维护等全产业链融为一体的智能建造产业体系，走出一条内涵集约式高质量发展新路。

2021年3月，《中华人民共和国国民经济和社会发展第十四个五年规划和2035年远景目标纲要》指出以数字化、智能化升级为动力，加大智能建造在工程建设各环节的应用，实现建筑业转型升级和持续健康发展。2022年1月，住房和城乡建设部印发的《"十四五"建筑业发展规划》指出，以推动智能建造与新型建筑工业化协同发展为动力，加快建筑业转型升级，实现绿色低碳发展，切实提高发展质量和效益。该规划明确了"十四五"时期建筑业的主要任务，其中在加快智能建造与新型建筑工业化协同发展方面，指出"至2025年，建筑产业互联

网平台体系初步形成，培育一批行业级、企业级、项目级平台和政府监管平台"。项目级平台是基础，行业级、企业级、监管层都需要围绕项目进行管理，以智慧工地建设为载体推广项目级建筑产业互联网平台，运用信息化手段解决施工现场实际问题，强化关键环节质量安全管控，提升工程项目建设管理水平。

目前，信息化、智能化方面的研究与应用已成为我国诸多行业的热点，建筑行业作为我国的支柱产业之一，信息化、工业化程度相对较低，相关的综合研究与应用较少。近年来，各级政府围绕施工现场智慧工地建设开展了有益的探索与尝试，并出台了相关的政策或技术规程，取得了一定的成绩。同时，围绕"人、机、料、法、环"五大要素，聚焦现场安全隐患排查，制定智慧工地数据集成对接标准及有效分析等综合研究与应用工作正在持续推进。江苏省智慧工地围绕政府主管部门、施工企业、项目部，以基于物联网的数据采集、互联网的数据集成、云平台的数据分析、大数据的辅助决策为研究目标，以智慧安全管理体系为切入点，提出三位一体智慧安监的全新概念，并开展相应关键技术研究与应用。

智慧安监从字面理解包含两层含义：一是智慧化，二是安全监督管理。其内涵是指以物联网、互联网技术为基础，融合应用型信息系统、移动和智能设备等软硬件信息化技术，优化整合已有的各类安全生产监管要素和资源，以更加全面、精细、动态和科学的方式提供安全管理服务。智慧安监的外延是指一种新型的社会管理形态，代表人们对建筑业改革发展、安全发展的理念，是安全管理信息化的最新阶段，它展示的是一种集成的、绿色的、智能的、综合的管理模式。

智慧安监通过对工地现场人员、机械设备、危险性较大的分部分项工程（以下简称"危大工程"）等关键环节进行实时化的数据采集、分析、处理，为安监机构、责任主体等提供安全隐患的动态识别、智能分析、主动预警等大数据服务，有效地提升管理效率。

一、智慧工地的试点过程

（一）确定试点项目

1. 出台试点文件

为贯彻落实《国务院办公厅关于促进建筑业持续健康发展的意见》《江苏省政府促进建筑业改革发展的意见》《江苏建造2025行动纲要》等文件要求，推动建筑施工安全监管标准化、信息化、智能化建设，江苏省建筑安全监督总站结合江苏省实际情况，于2018年4月11日印发《关于推进数字工地智慧安监试点建设的实施方案》（苏建安监总〔2018〕1号），决定在南京市开展数字工地智慧安监试点工作。

试点工作的目标是培育一批标准化、绿色化、信息化的数字工地；探索建立基于数字建造的智慧安全管理体系，提高建筑安全监管效率；形成江苏省数字工地智慧安监的指导意见和相关标准体系。

2. 推荐试点项目

南京市建设主管部门根据通知要求，积极组织在建工程项目进行申报。项目端结合实际情况，选择试点内容，填写试点项目申请表。根据申报项目建筑面积、工程造价、结构形式等情况和项目特点，结合项目申请的试点内容，择优进行推荐，共推荐 32 个项目作为试点备选项目。

3. 确定试点项目

2018 年 6 月初，江苏省建筑安全监督总站组织有关专家对推荐的 32 个数字工地智慧安监申报项目实施方案进行专家论证。通过方案介绍、专家质询和案中讨论等环节，其中 24 个申报项目基本符合《关于推进数字工地智慧安监试点建设的实施方案》要求，被确定为试点项目。

2018 年 6 月 13 日，江苏省建筑安全监督总站下发通知，公布试点项目名单。

（二）过程跟踪指导

1. 召开试点工作推进会

南京市建筑安全生产监督站召开专题推进会，省建筑安全监督总站、区安全监督机构及各前期申报试点项目相关人员参加会议。

2. 指导推进试点工作

为有力推动数字工地智慧安监试点建设工作，南京市建筑安全生产监督站组织召开了南京市数字工地智慧安监试点工作专题推进会，对试点工作进一步明确了时间节点、试点总结报告、研究成果等方面的要求。

3. 调研试点推进工作

江苏省住房和城乡建设厅、南京市城乡建设委员会有关处室负责人及市安监站有关领导，对南京市数字工地智慧安监试点工作情况进行了调研，检查了试点工作的完成情况，了解了试点过程中存在的问题，对各项目试点工作提出了要求。

（三）试点项目验收

1. 召开验收布置会、指导项目准备验收

2018 年 11 月 13 日上午，南京市建筑安全生产监督站组织召开验收工作布置会，各试点项目责任人和技术支持单位相关人员参加。市站就验收时间和组织形式、申请验收所需材料以及评分结构做详细说明。

2. 省站下发验收通知、布置验收工作

2018 年 11 月 16 日，江苏省建筑安全监督总站下发通知，对试点项目验收工作做出部署。

3. 市站组织初审、上报初审结果

2018 年 12 月 6 日，南京市建筑安全生产监督站组织有关人员对试点项目进行初审，并结合现场检查情况，将初审结果上报省建筑安全监督总站。

4. 省站组织专家对试点项目进行正式验收

2018 年 12 月 16—18 日，江苏省建筑安全监督总站组织专家召开会议，部署验收工作，分三组对试点项目进行验收。各项目向专家演示数字工地智慧安监平台，专家进行提问、核对项目各项试点内容落实情况，并进行现场考核打分。最终 24 个项目均通过验收，江苏省建筑安全监督总站发布了《关于公布 2018 年江苏省数字工地智慧安监试点项目验收结果的通知》（苏建安监总〔2018〕4 号）。

二、智慧工地的推广过程

2019 年，结合南京市开展的 24 个试点项目经验，江苏省住房和城乡建设厅联合省财政厅组织开展了 2019 年度江苏省级绿色智慧示范工地创建工作，进一步支持和推动建筑施工安全生产信息化建设。当年下拨资金 6995 万元，支持全省 107 个绿色智慧示范工地创建。2020 年 4 月，江苏省住房和城乡建设厅组织专家组进行了验收，95 个项目通过，总体通过率为 88.79%。

为进一步推动智慧工地建设，江苏省住房和城乡建设厅 2020 年 5 月 6 日发布《省住房和城乡建设厅关于推进智慧工地建设的指导意见》（苏建质安〔2020〕78 号），5 月 22 日发布《关于组织申报 2020 年度江苏省建筑施工绿色智慧示范片区、建筑工人实名制管理专项资金奖补项目的通知》（苏建质安〔2020〕87 号），建筑施工绿色智慧示范片区工作正式启动；2020 年 7 月发布《关于对江苏省建筑工程绿色智慧示范片区奖补资金项目申报名单的公示》，正式确定 30 个绿色智慧示范片区创建名单。

2020 年 9 月，江苏省财政厅发布《关于下达 2020 年和收回 2019 年部分城乡环境品质提升专项资金预算指标的通知》（苏财建〔2020〕149 号），明确拨付资金标准及有关要求。各地示范片区主管部门根据文件精神，陆续启动创建工作。

针对各地在创建工作中反映的问题，为进一步加强建设过程管理工作，2020 年 12 月，江苏省住房和城乡建设厅发布《关于统一全省建筑工程绿色智慧示范片区建设标准及加强建设过程管理的通知》（苏建函质安〔2020〕658 号），统一了绿色智慧示范片区建设和验收标准，明确了加强过程管理相关要求。

2021 年 1 月，根据推进工作落实要求，发布《关于报送建筑工程绿色智慧示范片区建设进展情况的通知》（苏建安监函〔2021〕2 号），全面收集掌握各地创建工作相关情况。2021 年 3 月，江苏省智慧工地建设推进工作办公室（省建筑安全监督总站）发布《关于全省建筑工程绿色智慧示范片区建设进展情况的通报》（苏建函质安〔2021〕139 号），通报了全省建筑工程绿色智慧示范片区建设的有关情况，对下一步工作进行部署安排。其间，定期收集各示范片区的工作落实情况，形成统计报表，推动示范片区建设。

江苏省从 2018 年南京市 24 个智慧安监项目试点起步，到 2019 年全省 107 个绿色智慧示范工地，再到 2020 年的 30 个绿色智慧示范片区创建，智慧工地建设由"点"至"面"逐步向全覆盖跨越。全省运营服务市场主体由最初的几家，发展到现在的 80 家以上，产业链体系已具雏形，产业容量不断扩大。标准版智慧工地的建成费用由最初的百余万元下降至 30 万元左右，规模效应逐渐显现。在此参考数据的基础上，江苏省于 2021 年 6 月发布《省住房和城乡建设厅关于智慧工地费用计取方法的公告》（省厅公告〔2021〕第 16 号），保障了智慧工地的投入。

三、智慧工地的建设成效

（一）产出指标

根据《关于组织开展 2019 年度省级绿色智慧示范工地奖补资金项目验收的通知》（苏建函质安〔2020〕61 号）文件要求，2020 年 4 月对 107 个绿色智慧工地项目进行了验收工作，其中有 12 个项目未达到验收要求，总体通过率达 88.79%。省级财政奖补资金 6990 万元中，对通过验收项目发布奖补资金 6330 万元，12 个未通过验收项目（涉及奖补资金 660 万元）已发布奖补资金的退还财政。据不完全统计，在 2020 年 31 个省级绿色智慧示范片区的建设过程中，除省财政奖补资金 6255 万元，全省智慧工地投入资金总额约 1.5 亿元，各地政府配套投入资金 615.6 万元，全省各示范片区累计召开各类会议 126 场次，发布各类文件 56 份。

（二）效益指标

2019 年度组织申报的省级绿色智慧示范工地项目中，有超过 60% 的项目组织了智慧工地观摩活动，树立了智能化、信息化、数字化高质量绿色智慧工地标杆。同时，组织申报的绿色智慧示范工地项目中，超过 90% 的项目获得了江苏省标准化星级工地（三星级）荣誉称号。2020 年 31 个省级绿色智慧示范片区验收评分均达 70 分以上，合格率为 100%、优良率为 64.5%；示范片区内建成智慧工地 694 个，验收抽查 123 个智慧工地，优良率为 51%，其中经各地推荐省级标准化星级工地 665 个，占比为 95.8%。

（三）市场情况

2018 年，江苏省住房和城乡建设厅提出在南京市开展智慧工地试点工作。24 个智慧工地试点项目在加强人员管理、扬尘监控、高危作业监控等方面运用智能化管理手段，解决了人员难管理、考勤数据不准确、安全隐患等问题，推动了智慧工地健康稳步发展。2019 年，在试点基础上，全省增加到 107 个项目，并新增了绿色施工概念模式。2020 年，智慧工地项目数达到 694 个，新增了示范片区概念。在大力推动下，智慧工地集成服务市场得到了快速发展，建设成本不断下降。2018 年全省 24 个智慧工地建设费用平均摊销为 6.7 元/m²，2019 年 107 个项目平均摊销为 3.5 元/m²，平均摊销同比下降 47.8%，智慧工地相关设备成本同步呈下降趋势。立体定位的安全帽从 2017 年的 1000 元/顶降至 200 元/顶。人员管理中 VR 安全教育培训系统从 2017 年的 10 万元/套降至 5 万元/套。根据 2019 年绿色智慧示范工地建设投入统计，智慧工地项目投入在 160 万元之内的占 87%。

四、智慧工地建设的经验

智慧工地建设是一项长期性的系统工程，江苏省住房和城乡建设厅先后出台了一系列文件和标准，为智慧工地建设提供了基本方案和发展路径。

（1）健全工作机制。要求各地提高思想认识，加强组织领导，明确推进机构，细化实化目标任务，有序有力推动具体工作落实，强化部门间的协调和联动，推动智慧工地走深走实。

（2）加强顶层设计。《省住房和城乡建设厅关于推进智慧工地建设的指导意见》（苏建质安〔2020〕78 号）明确了智慧工地建设的总体框架、实现目标、重点任务和下一步发展方向。江苏省《建设工程智慧安监技术标准》制定了统一的功能模块、设备参数、数据格式、平台对接以及数据看板标准，为促进各类设备、软件和系统的集成和融合，实现数据有效贯通提供保障。

（3）加强技术指导。加大宣传和培训的力度，积极组织专家团队通过上门辅导、定制化服务、现场观摩等方式对创建项目进行指导和服务，鼓励企业在实现基本功能的基础上创新创优，增加特色功能模块，形成"5＋1＋N"模式，推动智慧工地从"有没有"向"优不优"转变。

（4）协同推进工作。定期公布应用示范项目和优秀案例，对实施效果好的实施差别化监管，或直接推荐为省建筑施工标准化二星级以上工地。切实将智慧工地建设与日常安全监管、建筑施工标准化星级工地评选、施工企业安全生产条件评价等工作有机结合起来，把创新举措转化为常态化工作，把典型经验固化为长效制度，积极引导建筑施工企业增强智慧工地建设的自觉性和主动性。

（5）开展有特色的建设实践。在省财政奖补资金的带动下，部分企业结合实际工作需要开展了有特色的建设实践。在智慧工地人员安全动态管理方面，部分企业采取安全教育与个人答题积分、查找隐患与经济奖励挂钩等方式，有效激发个人主动接受安全教育、开展群众性安全隐患排查的积极性；在危大工程管理方面，部分工地实现了塔式起重机吊钩可视化，使操作人员能够看清吊物吊装过程的运行周边环境和轨迹，避免事故发生；在推动智慧工地平台应用方面，部分企业制定了配套使用管理办法及考核细则，强力推动系统平台应用；在智慧工地平台建设模式上，部分企业利用工人流量市场价值开发系统平台，有效降低系统平台的运维成本。这些实践探索为江苏省智慧工地建设发展提供了有益借鉴。

（6）构建智能防范控制体系。智慧工地建设构建智能防范控制体系有效地弥补了传统监管方式的不足，实现对人员、机械、材料、环境的全方位实时监控，变被动"监管"为主动"监控"，有效提升建筑施工质量和安全水平。一是实现数据实时动态查看和风险动态监测。结合项目基础数据及视频、传感器等实时数据实时查看人员动态信息及重点环节，重点施工部位的施工信息，同时对危险部位、危险环节实时监测、预警管理。二是实现人员动态安全管理。通过工地现场实名制进出管理、基于安全帽的人员定位管理、人员安全教育及奖惩信息管理信息等，实现对工人的动态安全管理。三是实现项目安全管理标准化、规范化。明确智慧工地平台功能和使用规则，利用平台实现施工安全风险隐患排查、隐患随手拍、移动巡检等功能，完善风险隐患排查治理体系，有效落实安管人员责任，确保隐患及时发现并实现闭环管理。

（7）以绿色发展理念推进"绿色建造"。走环境友好型发展道路，是推动生态文明建设的重要路径之一。江苏省住房和城乡建设厅也明确提出奖补资金申报项目要达到绿色施工优良等级条件，并在一定区域范围内起到示范引领作用。从近几年验收的相关资料和施工现场照片看，各企业项目部在开工前就根据项目特点，积极贯彻国家、省相关行业技术经济政策和打赢蓝天保卫战工作部署，因地制宜制定绿色施工方案，落实"五节一环保"的管理理念和工地扬尘治理"六个百分之百"有关要求，最大限度地节约资源，并减少工程建设过程中建筑垃圾的产生，减少对环境的负面影响。部分企业在实现绿色智慧示范工地过程中，积极实施"绿色建筑"工程，在现有绿色建筑和绿色施工评价体系基础上，进一步加强与建筑预制装配技术、BIM 技术、超低能耗、智慧建筑、健康建筑等技术措施的融合，对现有的绿色施工体系进行再深化、再创新。

五、建设和推广智慧工地的效果

通过智慧工地的建设和推广，已初步达到如下效果。

（一）初步探索出建筑施工信息化安全发展之路

通过试点，确立了智慧工地应是包括危大工程预警管理、项目安全隐患自查、高处作业防护预警、建筑工人实名制管理、扬尘自动监测控制等"五位一体"的统一集成平台，联动人员安全管理、VR 安全体验教育、塔式起重机与施工升降机黑匣子、视频监控、深基坑监测、高支模安全监测、无线巡更、危险源红外线语音报警提示、防护栏杆警示、生活区烟感远程报警等多个终端，有效实现"人的不安全行为""物的不安全状态"和"环境的不安全因素"的全面监管。

（二）强化了重大风险安全管控能力

智慧监管平台可以实时掌握正在实施的超规模危大工程有哪些，哪些将要实施，哪些已经实施完毕，为更好地实施监督计划、开展精准监管提供有力的技术保障。智慧工地平台归集超规模危大工程专项施工方案专家论证、安全交底、监理巡查、验收等重要环节安全管理信息，监督工程各方风险防控措施落实情况，应用塔式起重机监控设备，支持塔式起重机司机开展全程可视化操作，准确判断吊物吊装过程的运行轨迹，有效识别周边环境，防范群塔干涉、碰撞，避免事故发生。利用智能传感器技术，自动获取梁柱等构件的受力、应变情况等监测数据，加强对高大模板支撑体系监控，精准实时把控工程质量和施工安全。

（三）有效提升了项目安全管理水平

实现项目安全管理标准化、规范化，明确智慧工地平台功能和使用规则，利用平台实现数据实时动态查看

和风险动态监测、人员动态安全管理、施工安全风险隐患排查、隐患随手拍、移动巡检等功能，完善风险隐患排查治理体系，有效落实安管人员责任，确保隐患及时发现并实现闭环管理。以中建八局第三建设有限公司为例，其南京分公司建设的 7 个智慧工地试点项目安全隐患数量下降 20%，人均产值超过公司平均值的 15%。以南京市为例，全市全面运行智慧工地监管平台，要求建设工期 6 个月以上的工地，安装环保在线监测和视频监控信息系统，相关数据同时传输至智慧工地监管平台，平台联合了住建、生态环境、城管、公安交管等部门，对扬尘、噪声、渣土等实施统一管理。

（四）推进人才培育建设

集聚拥有关键核心技术、带动智慧城市新兴产业发展的优质人才、企业、科研机构落地，带动大数据与人工智能领域人才发展。

（五）推进新型基础设施建设

通过智慧工地建设，推动 5G、人工智能、大数据配套基础设施建设和实际应用，提升政府和企业对建设工程安全质量的管控能力。

（六）技术推广、为传统产业赋能

通过智慧工地大数据平台建设，横向连接发改、住建、城管、生态环境等多部门协同办公和数据共享，降本增效；纵向提升建筑行业监管和企业综合管理能力，驱动建筑企业智能化变革，引领项目全过程升级，通过人工智能技术为传统建筑产业赋能。

第四节　智慧工地建设存在的问题

从有关统计结果来看，现有工地的施工进度、施工质量以及施工安全都存在不小的问题，为了实现建筑质量、人员安全、企业效益多方面的保障目的，基于建筑工程高效性的智慧工地建设顺势而出。科学合理、与时俱进的智慧工地建设可以提升建筑单位的核心竞争力，对工程质量的保证和施工效率的提升具有极大的意义。但是相比于发达国家，我国智慧工地建设起步较晚，创新意识尚缺，核心技术的应用也有短板。总结起来，当前的现状就是施工感知不及时、业务管理不精细、决策掌控不全面。当前智慧工地建设主要存在以下问题。

一、对工程管理重视不足

智慧管理工作不像其他工作一样直观，其强调的是细水长流的长效作用。受功利心的驱使，部分建筑单位以及施工单位可能会将重心放在如何降低建设成本、如何缩短施工工期等方面，而对工程管理工作重视不足。更有甚者，认为建设工程智慧工地管理工作只是应付上级检查的表面文章，并未将管理工作纳入日常工作中。

二、智慧建设观念未及时更新

智慧建设观念是管理工作有效落实的指导方针，但

是部分工程管理人员还是"吃老本"，用一套管理理念"走天下"。这种不具备针对性和实时性的管理理念只会加重被管理单位的负担，最终只会对建筑产业的发展形成制约和阻碍。

三、智慧体系不完善

首先，我国在法律层面对智慧工地建设的制约还不够全面。其次，地方政府规章制度还有待完善。再次，受急功近利思想的影响，部分建设单位的注意力主要集中在工程建设上，忽略了智慧工地建设工作。工程智慧管理"形同虚设"，缺乏有效的管理制度，不利于智慧工地建设工作的有效推进。

四、部分从业人员专业性不强

智慧工地建设是穿插在施工的各个环节之中的，相关人员需要熟知机械操作、施工技术、电气安装等方面的专业知识。只有自身足够专业，才能在工作过程中及时发现和指出问题。但是由于工程建设队伍中，鱼龙混杂、良莠不齐，部分人员自身对设备的使用原理都不了解，不能全面掌握设备的操作方法，又何谈对施工人员的监管以及事故发生时的应急处置呢？工作人员的低素质导致了工程管理岗位形同虚设，无法发挥出有效的管理作用。

近年来，建筑工程的规模越来越大，建筑施工过程的参与人员也越来越多，面对建筑行业人多、物多、事杂的特性，要想取得良好的工程管理效果，在工程管理中运用智慧化管理技术是必不可少的。只有建设单位、施工单位不断重视智慧工地建设的重要性，多方采取有效措施促进智慧化管理思维的有效应用，才能有效减少建筑原料的浪费、缩短工期、提高资金利用率，确保建筑项目的科学施工和保质保量完工。

第二章

智慧工地纲领性文件

第一节 智慧工地常用术语

智慧工地建设中涉及大量名词术语，这些名词术语的定义或解释有助于了解智慧工地的内涵，表1-2-1-1、表1-2-1-2列出了目前为止散见于多个标准规范中的50个名词术语和30个缩略语，供读者学习参考。

表1-2-1-1 智慧工地常用术语

序号	术语名称	定义或解释
1	智慧工地（smart construction site）	以物联网技术为核心，充分利用移动互联网、云计算、人工智能、区块链、大数据等现代信息技术，全面感知、收集、处理、分析工地现场建造过程中的相关信息和数据，通过数字化、智慧化的方式，通过各子系统间的信息共享和协同运作，实现工地现场生产作业协调、协同，管理决策高效、智能处理和科学管理等功能。智慧工地就是建立在高度信息化基础上的一种支持对人和物全面感知、施工技术全面智能化、工作互通互联、信息协同共享、决策科学分析、风险智慧预控的建筑施工项目的实施模式
2	智慧工地平台（platform of smart construction site）	依托物联网、移动互联网、云计算、人工智能、大数据等信息技术，围绕工地现场的"人、机、料、法、环"等生产要素管理建立的集成平台。 注：用以支撑智慧工地应用部署和运行的基础环境
3	物联网[internet of things（IoT）]	是指通过各种信息传感器、射频识别技术、全球定位系统、红外感应器、激光扫描器等各种装置与技术，实时采集任何需要监控、连接、互动的物体或过程，实现物与物、物与人的泛在连接，实现对物品和过程的智能化感知、识别和管理，它让所有能够被独立寻址的普通物理对象形成互联互通的网络。简言之，物联网是基于互联网、传统电信网等信息承载体，让所有能够被独立寻址的普通物理对象实现互联互通的网络
4	云计算（cloud computing）	云计算是以互联网为中心，在网站上提供快速且安全的庞大计算服务与数据存储，让每一个使用互联网的人都可以使用网络上的庞大计算资源与数据中心。也是一种通过网络将可伸缩、弹性的共享物理和虚拟资源池以按需自服务的方式供应和管理的模式。 注：资源包括服务器、操作系统、网络、软件、应用和存储设备等

续表

序号	术语名称	定义或解释
5	云平台（cloud computing platform）	基于硬件资源和软件资源的服务，提供计算、网络和存储能力
6	阈值（threshold）	一个效应能够产生的最低值或最高值
7	信息处理（information processing）	对信息的接收、存储、转化、分析、传送和发布等过程或活动
8	信息化（informatization）	以现代通信、网络、数据库技术为基础，对所研究对象各要素汇总至数据库，供特定人群生活、工作、学习、辅助决策等，与人类息息相关的各种行为相结合的一种技术
9	大数据（big data）	大数据指无法在一定时间范围内用常规软件工具进行捕捉、管理和处理的数据集合，是需要新处理模式才能具有更强的决策力、洞察发现力和流程优化能力的海量、高增长率和多样化的信息资产。大数据具有体量巨大、来源多样、生成极快、多变等特征并且难以用传统数据体系结构有效处理的包含大量数据集的数据。 注：国际上，大数据的4个特征普遍不加修饰地直接用4V（volume、variety、velocity和variability）予以表述，并分别赋予它们在大数据语境下的定义。 （1）体量（volume）：构成大数据的数据集的规模。 （2）多样性（variety）：数据可能来自多个数据仓库、数据领域或多种数据类型。 （3）速度（velocity）：单位时间的数据流量。 （4）多变性（variability）：大数据其他特征，即体量、速度和多样性等特征都处于多变状态
10	工程建设大数据（big data for engineering construction）	工程建设大数据是指在工程建设过程中产生的，来源于众多工程项目，无法在一定时间范围内用常规软件工具进行捕捉、管理和处理的海量工程建设数据集合，并不断积累于共享云端之中，运用云计算等新处理模式使其具有更强的决策力、洞察发现力和流程优化能力
11	数据采集（data collection）	通过不同方式从传感器、智能设备、各业务系统、社交网络和互联网平台等获取数据，并将数据按照指定的规则和方法进行处理后输入到指定系统的过程
12	数据传输（data transmission）	数据在不同软件、硬件实体之间依照特定交换协调规则传递的过程
13	数据接口（data interface）	系统内部模块之间、系统与系统或平台之间、系统与设备之间进行数据交互的接口

续表

序号	术语名称	定 义 或 解 释
14	数据接入（data access）	应用程序链接到数据源访问数据的一种行为
15	数据集成（data integration）	将不同来源与格式的数据在逻辑上或物理上进行集成的过程
16	数据存储（data storage）	在存储介质中记录（存储）信息（数据）的过程
17	冷数据存储（cold data storage）	将不经常使用或被访问但需长期保存的数据，以经济节能的方式存储
18	数据库（database）	按照数据结构来组织、存储和管理数据的仓库，是一个长期存储在计算机内的、有组织的、可共享的、统一管理的大量数据的集合
19	区块链（block chain）	一个去中心化的共享数据库，利用块链式数据结构来验证与存储数据、分布式节点共识算法来生成和更新数据，并以密码学的方式保证数据传输和访问安全，可保证存储于其中的数据或信息，具有"不可伪造""全程留痕""可以追溯""公开透明""集体维护"等特征
20	数据分析（data analysis）	用适当的统计分析方法对收集来的大量数据进行分析，将它们加以汇总和理解并消化，以求最大化地开发数据的功能，发挥数据的作用
21	边缘计算（edge computing）	一种在网络边缘侧对数据进行存储和处理的分布式计算形式，就近提供边缘服务，满足业务大连接，低时延需求
22	三维点云数据（3D point cloud data）	三维坐标系统中的一组向量的集合，获取到的信息以点的形式记录。每个数据点包含三维坐标、颜色、反射强度等信息
23	人工智能（artificial intelligence）	是研究、开发用于模拟、延伸和扩展人的智能的理论、方法、技术及应用系统的一门技术科学
24	建筑信息模型［building information modeling（BIM）］	在建设工程及设施全生命期内，对其物理和功能特性进行数字化表达，并依此设计、施工、运营的过程和结果的总称。［来源：GB/T 51212—2016，2.1.1，有修改］也就是一种应用于工程设计、建造、管理的数据化工具，以三维数字技术为基础，集成建筑工程项目各种相关信息的工程数据模型，是对工程项目相关信息详尽的数字化表达。建筑信息模型通过数字信息技术实现整个建筑的虚拟化、可视化和智能化，是一个完整的、丰富的、逻辑的建筑信息承载模式。通过对建筑的数据化、信息化模型整合，在项目策划、运行和维护的全生命周期过程中进行共享和传递，使工程技术人员对各种建筑信息作出正确理解和高效应对，在提高生产效率、节约成本和缩短工期方面发挥重要作用

续表

序号	术语名称	定 义 或 解 释
25	终端（terminal）	是一类嵌入式计算机系统设备，能够对工地现场的人员、设备、物资、环境等要素实现信息的采集、查询、检测、识别、控制等特定功能的设备
26	智慧工地基础设施（infrastructure of smart construction site）	应用智慧工地管理系统发射、传输、采集、分析、处理、显示各类信息的硬件设施及软件技术平台。 注：包括各类传感器、自动识别装置、网关、路由器、网桥、服务器、显示屏、视频监控器等设备及软件技术平台相关集成设施
27	地理信息系统［geographic information system（GIS）］	以地理空间数据库为基础，在计算机软、硬件系统的支持下，运用系统工程和信息科学理论，对地理信息数据进行采集、储存、管理、运算、分析、显示和表达的技术系统，该技术系统能够科学管理和综合分析具有空间内涵的地理数据，为管理、决策等提供所需信息
28	射频识别技术（radio frequency identification（RFID）］	可以通过无线电信号识别特定目标并读写相关数据，而无须识别系统与特定目标之间建立机械或者光学接触的一种无线通信技术。这种自动识别技术是通过无线射频的方式进行非接触双向数据通信，利用无线射频方式对记录媒体（电子标签或射频卡）进行读写，从而达到识别目标和数据交换的目的
29	电子签章（electronic seal）	利用图像处理技术将电子签名操作转化为与纸质文件盖章操作相同的可视效果，是电子签名的一种表现形式
30	电子签名（electronic signature）	数据电文中以电子形式所含、所附，用于识别签名人身份并表明签名人认可其中内容的数据
31	智慧工地管理（smart construction site management）	工程建设工地的管理主体对智慧工地施以相适应的管理
32	智慧工地基础设施（infrastructure of smart construction site）	用于收集、传输、处理、显示智慧工地管理系统各类信息的硬件设施和软件技术平台，包括各类传感器、执行器、控制器、自动识别装置、网关、路由器、服务器、智能终端、云计算平台、传输网络、供电系统等设备及软件技术平台相关集成设施
33	智慧工地管理系统（smart construction site management system）	简言之，支撑建设工程实现智慧工地所采用的集成化的软硬件系统。集成运用物联网、互联网、云计算、大数据、人工智能、建筑信息模型、区块链、计算机视觉、边缘计算、离网智能、激光雷达、射频识别等技术手段，围绕施工现场人员、机械设备、物料、环境、安全、质量、生产等要素进行工程项目施工过程中数据信息的全面采集、智能分析，实现泛在互联、全面感知、安全作业、智能生产、高效协同、智能决策、科学管理的施工过程智能化管理系统，包括项目级、企业级、政府级等管理层级

续表

序号	术语名称	定 义 或 解 释
34	智慧工地监管平台（smart construction site monitoring platform）	智慧工地监管平台是指建设主管部门或其委托的相关单位机构应用的信息管理系统，对接智慧工地管理平台的各模块，具有对施工现场各要素进行远程监管、统计分析及预警等功能
35	系统验收（acceptance check of system）	对智慧工地使用的各类设备、设施进行有关质量、安全、功能性的检测与验收。对智慧工地运行的各类系统、配套软件、收集与生产的各类数据信息、使用的功能体验等建设成果进行整体运行的综合检测与评估
36	全景成像（panoramic imaging）	可监测覆盖全景，采集四周影像的成像技术
37	全景成像测量（panoramic imaging survey）	利用全景成像技术对建筑施工现场目标进行测量
38	全景图（panoramic image）	采用全景成像技术覆盖现场监控画面形成的图像
39	全景成像测量设备（panoramic imaging survey instrument）	可实现全景成像并对目标进行测量的设备
40	全景基准面（panoramic datum plane）	面积占全景范围80%以上的水平连续施工平面
41	近全景基准面测量（close-range panoramic datum plane survey）	目标距全景基准面垂直距离小于150mm的测量
42	远全景基准面测量（long-range panoramic datum plane survey）	目标距全景基准面垂直距离大于150mm的测量
43	最大光学变焦（maximum optical zoom）	依靠光学镜头结构来实现变焦的最大倍数
44	摄影主光轴（optical axis of camera）	过摄影物镜后节点垂直于相片平面的直线
45	目标（target）	板筋直径、梁筋直径、柱筋直径、墙筋直径、板筋间距、梁筋间距、柱筋间距、墙筋间距、梁宽、脚手架间距均称全景成像测量的目标
46	目标物（target object）	板筋、梁筋、柱筋、墙筋、梁、脚手架均称全景成像测量的目标物
47	目标点（target point）	全景成像测量过程中采集建模数据的点

续表

序号	术语名称	定 义 或 解 释
48	脚手架间距（spacing of scaffold）	脚手架纵向相邻立杆之间的轴线距离、脚手架横向相邻立杆之间的轴线距离、上下水平杆轴线间的距离均称脚手架间距
49	网络安全（cyber security）	通过采取必要措施，防范对网络的攻击、侵入、干扰、破坏和非法使用以及意外事故，使网络处于稳定可靠运行的状态，以及保障网络数据的完整性、保密性、可用性的能力
50	安全保护能力（security protection ability）	能够抵御威胁、发现安全事件以及在遭到损害后能够恢复先前状态等的程度

表1-2-1-2 智慧工地常用缩略语

序号	缩略语	含 义
1	AI	人工智能（Artificial Intelligence）
2	AED	自动体外除颤器（Automated External Defibrillator）
3	APP	计算机应用程序，现多指移动终端应用程序（application）
4	BDS	北斗卫星导航系统（BeiDou Navigation Satellite System）
5	BIM	建筑信息模型（Building Information Modeling）
6	CA	认证，电子认证服务（Certificate Authority）
7	CAD	利用计算机及其图形设备帮助设计人员进行设计工作（Computer Aided Design）
8	GPS	全球定位系统（Global Positioning System）
9	GPU	图形处理器（Graphics Processing Unit）
10	HLS	动态码率自适应技术（Http Live Streaming）
11	HTML5	超文本标记语言的第五次重大修改（Hyper Text Markup Language 5）
12	JPEG	联合图像专家组，连续色调静态图像压缩的一种标准（Joint Photographic Experts Group）
13	JSON	轻量级的数据交换格式（JavaScript Object Notation）
14	IoT	物联网（Internet of Things）
15	IP	互联网协议（Internet Protocol）
16	IT	信息技术（Information Technology）
17	OSD	屏幕菜单式调节方式（On-screen Display）
18	PC	个人计算机（Personal Computer）
19	PDF	便携式文档格式（Portable Document Format）
20	PNG	采用无损压缩算法的位图格式（Portable Network Graphics）
21	RFID	射频识别（Radio Frequency Identification）
22	Socket	两个网络各自通信连接中的端点

续表

序号	缩略语	含　义
23	SQL	结构化查询语言（Structured Query Language）
24	TSP	总悬浮颗粒物（Total Suspended Particulate）
25	UWB	超宽带技术/无载波通信技术（Ultra-wideband）
26	VR	虚拟现实技术（Virtual Reality）
27	WBS	工作分解结构（Work Breakdown Structure）
28	WiFi	无线保真/行动热点（Wireless Fidelity）
29	WPS	WiFi保护设置（WiFi Protected Setup）
30	XML	可扩展标记语言（Extensible Markup Language）

第二节　智慧工地平台体系

一、《智慧工地总体规范》等标准简介

近年来，随着云计算、人工智能、5G和物联网等数字化技术的不断创新发展，智慧工地相关系统及平台在我国迅速发展，大量工程项目开始使用智慧工地进行项目管理。中国信息协会于2022年5月25日发布的团体标准《智慧工地总体规范》（T/CIIA 014—2022）是对智慧工地的建设和应用等方面提供指导的纲领性文件，首次以标准形式对智慧工地建设和应用做了框架规定。与该标准同时发布的还有两个姊妹标准，分别是《智慧工地建设规范》（T/CIIA 015—2022）和《智慧工地应用规范》（T/CIIA 016—2022）。《智慧工地建设规范》（T/CIIA 015—2022）对智慧工地平台开发、技术路线、基础设施等做了规定；《智慧工地应用规范》（T/CIIA 016—2022）对智慧工地各功能模块应用过程等做了规定。

《智慧工地总体规范》（T/CIIA 014—2022）规定了智慧工地实施分工要求、平台体系架构总体要求、接口要求、功能要求、网络安全、平台运行及维护。适用于施工行业内建筑工程、水运工程、公路工程、轨道交通工程等领域的智慧工地平台的规划、设计、建设、应用和运营服务。

我国最早的关于智慧工地的研究成果可追溯至2009年，当年上海市宝山区以建设工程综合管理信息系统为载体，着力打造智慧工地，搭建宝山区建设工程综合管理信息系统，该系统由项目信息查询、在建工程监管、应急处置、视频实时监控、竣工验收并联服务、诚信管理、用工管理等7个分系统组成。2014年，临沂市住房和城乡建设委员会搭建智慧工地平台，实现工地出入口车牌自动识别与高清抓拍、塔吊鸟瞰工地360°全景等功能，达到实时管控、防患于未然的建设要求，一期工程涉及全市100多个工程建设项目和工地，建成后平台与临沂市数字化城市管理中心的信息平台联网，每天同步更新信息，有效解决建筑市场管理中"条块分割难搞清"的突出问题。2015年，福州市建设工程远程动态监管平

台已接入的工地达到500多个，视频监控业务涵盖房建、市政、地铁、内河、液化充气站、搅拌站及检测单位等现场。2016年，在山西省第一建筑工程公司承建的太重研发中心项目和山西省第四建筑工程公司承建的科创城项目中，智慧工地门禁考勤系统、视频监控系统、特种设备监控系统、扬尘降噪系统等模块的应用，为项目高效、安全管理施工提供了有力保障。同年，中国建筑第三工程局有限公司第一建设工程有限责任公司以腾讯总部大楼为工程依托，使用了一套包括移动端数据采集、环境监测、塔吊监测、高支模变形监测、材料管理等模块的智慧工地系统，打造了智慧工地新标杆。2016年11月，中国建筑第八工程局有限公司广西公司深圳北理莫斯科大学项目部开展了20项智慧工地实施内容，涵盖了人员、机械、建筑材料、安全、质量等环节，大数据深度共享，BIM应用推动，最终实现项目联动性管理。2017年，重庆市以礼嘉儿童医院综合楼建设项目为首个智慧工地示范试点项目，投入使用了人脸识别系统、实名制管理系统、模糊识别微定位、人体微波感应、环境监测系统、卸料平台智能管理。2017年3月，武汉市与湖北恒信国通信息产业有限公司合作重点推进全市所有在建工地智能监管全覆盖。结合智慧工地一期建设完成情况，武汉市住房和城乡建设委员会抓紧组织智慧工地综合监管平台的建设工作，加快推进智慧工地前端监控设备的安装、区级平台建设和数据对接；统一技术标准，规范平台建设，提高采集数据利用率。2018年，中国建筑第五工程局有限公司广东公司以佛山万科金融中心项目为工程依托，采用了智慧工地管理系统，打造智慧型平安工地。目前形成了实名制管理、危险区域报警系统、施工现场视频监控集成、质量安全管理、人货电梯智能监测系统五大应用平台。从以上各个应用案例来看，目前针对智慧工地的应用案例较多，但真正向深处挖掘的科学研究工作开展较少，各个智慧工地项目在主体上多以单个企业为主导，在规模上都仅以某个项目为试点，而非全面铺开，在功能上多由实名制管理、视频监控集成、环境监测、材料管理等内容组成，缺少更深层次的智慧管理理念。

我国对智慧工地的建设进行了一定的投入，国务院相关部门已建立"互联网＋"监管系统，通过整合本部门各系统各平台的监管数据资源，达到建立本部门"互联网＋"监管系统数据仓、充分利用现有的监管业务系统建设或完善相关应用系统的目的，结合工作实际向社会公众提供监管信息查询、监管工作公示等服务。建筑业则是推进BIM审查审批系统和通用信息模型（Common Information Model，CIM）平台建设，为智慧城市建设提供支撑和服务。智慧工地的建设是智慧城市建设的一部分，能够推进新一代城市基础设施建设，打造"物联、数联、智联"三位一体的新型智慧城市，做强城市综合运营管理体系，从而推动城市新一轮高质量发展。目前，全国部分地区智慧工地已拥有成熟的云平台系统，围绕着"人、机、料、法、环"五大生产要素，运用新一代

信息技术手段，建立全面感知、智能生产、科学管理、互联协同的项目管理生态圈，具有过程数字化、结果可视化、管理数据化等特点，是"互联网＋"思维在建设工程建造阶段的方式融合和价值创造。

二、智慧工地建设管理原则和要求

（一）智慧工地建设原则

（1）智慧工地建设应在项目初期进行合理规划。

（2）智慧工地建设应建立信息安全保障体系及制度，确保信息安全可控。

（3）智慧工地建设宜覆盖包括工程项目设计、施工策划、施工实施、竣工验收等施工全过程，也可根据工程项目的实际需要应用于某些环节或任务。

（4）在施工策划时宜单独制定智慧工地实施策划，并遵照策划进行智慧工地建设和应用的过程管理，且遵循工程施工总体计划。

（二）智慧工地管理原则

智慧工地管理应在项目实施前期从管理组织、管理内容、管理体系、智慧工地平台应用目标等方面做系统性规划。

（三）智慧工地平台要求

智慧工地平台是依托物联网、移动互联网、云计算、人工智能、大数据等信息技术，围绕工地现场的"人、机、料、法、环"等生产要素管理建立的集成平台，应满足以下要求：

（1）智慧工地平台应结合项目管理实际业务，结合新技术对项目的进度、安全、质量、成本等方面的管理提供数据支撑。

（2）智慧工地平台应具备与之相适应的资金投入、软件与硬件配置、基础设施条件。

（3）智慧工地平台建设应在工程施工全周期数字化管理的基础上，以减轻现场人员工作量，提高管理质量为标准，遵循适度、实用原则。

（4）智慧工地平台应采取分级管理制度，根据使用单位组织架构进行灵活配置。

（5）智慧工地平台应基于 BIM 技术建立，并充分利用人工智能、物联网、5G 等先进信息化技术。

（四）智慧工地质量要求

智慧工地质量管理体系应符合《质量管理体系　基础和术语》（GB/T 19000）的要求。

（五）智慧工地防雷要求

所有电气设备都应设置相应的防雷措施。

（六）智慧工地 BIM 细度要求

BIM 细度应符合《建筑信息模型施工应用标准》（GB/T 51235）的规定。

三、智慧工地平台供应方和使用方应符合的规定

（一）智慧工地平台供应方应符合的规定

智慧工地平台供应方包括但不限于软件系统平台供应方和硬件供应方，都应符合下列规定：

（1）智慧工地平台供应方应提供符合智慧工地使用方按照管理需求进行数字化管理的软件系统平台，并导入施工方管理体系要求。

（2）硬件供应方应提供具备数据采集、数据传输、数据存储、数据展示条件的相关硬件。

（二）智慧工地平台使用方应符合的规定

智慧工地平台使用方包括但不限于工程建设方、工程总承包方（包含上级单位）、工程分包商、监理方、设计方都应符合下列规定：

（1）工程建设方应通过智慧工地平台的功能及数据对工程进行监管，并通过平台参与工程管理。

（2）工程总承包方应通过智慧工地平台对工程进行过程管控，实现施工管理数字化。

（3）工程分包商应通过智慧工地平台配合建设方及总承包方进行施工管理工作。

（4）监理方应通过智慧工地平台对施工过程进行组织协调和管控，对项目的进度、质量、安全进行管控。

（5）设计方应通过智慧工地平台进行设计变更的签认、施工过程的交底等工作。

四、智慧工地平台体系架构和功能

（一）智慧工地平台架构

智慧工地平台架构应包括基础层、应用集成管理平台层、管理应用层、用户层、服务端。

智慧工地平台架构如图 1-2-2-1 所示。

（二）智慧工地平台技术规定

智慧工地平台应符合下列技术规定：

（1）服务端呈现界面给用户，用户用于浏览、访问等操作。

（2）用户层围绕项目部、公司、集团等不同层级用户开展数据分析，多层次挖掘数据潜在价值，提高管理效能。

（3）管理应用层围绕工程施工生产过程，利用信息化手段实现技术与业务场景的融合应用，通常以软件或软件与硬件组合的系统形式实现。

（4）应用集成管理平台层具备 IoT 接入管理、数据管理、AI 管理、协同管理、调度协助等能力，同时支持应用部署。

（5）基础层通过 IoT 接入、BIM、GIS 技术等，实现施工现场各种信息数据的汇聚、整合及各业务管理的功能性模块的集成运行，为应用层的具体应用提供支撑。

（三）智慧工地平台组成

智慧工地平台应包括但不限于：进度管理、安全管理、质量管理、人员管理、设备管理、物资管理、绿色施工管理、资料管理等子系统。智慧工地平台各子系统应由相应的软硬件组成。智慧工地平台应用框架如图 1-2-2-2 所示。

（四）智慧工地平台功能要求

（1）智慧工地平台各子系统应具备实时采集、传输、显示、存储、统计分析、提示或报警功能。

图1-2-2-1　智慧工地平台架构图

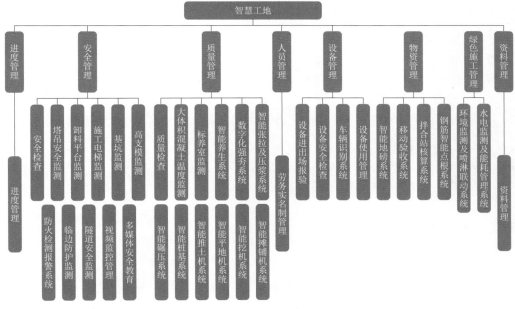

图1-2-2-2　智慧工地平台应用框架示意图

（2）智慧工地平台应面向不同使用方的需求，具备划分权限和授权的功能。

（3）智慧工地管理宜采用视频分析等人工智能技术，对工地的各类安全隐患、施工不规范现象进行预警和监管。

（4）智慧工地平台应基于GIS＋BIM平台，实现数据互联互通。

（5）智慧工地平台系统宜具备协同工作功能。

（6）智慧工地平台应具备与各子系统数据交互的功能。

（7）智慧工地平台应具备移动端、个人计算机（PC）端操作功能。

（8）智慧工地平台应考虑集团型建设单位对多工地的集成管理，实现数据的整体统一与各工地的个性化需求。

五、对智慧工地平台各子系统的功能要求

（一）进度管理

进度管理应充分利用智慧工地平台，进行进度计划

的编制或导入、进度跟踪、进度分析等管理，具体要求按 T/CIIA 016—2022 第 6 章。

（二）安全管理

安全管理应考虑安全管理流程的合法化、线上化，充分利用 IoT 技术，进行关键设备或结构物的实时监测，降低安全风险，具体要求按 T/CIIA 016—2022 第 7 章。

（三）质量管理

质量管理应考虑质量管理流程合法化、线上化，充分利用 IoT 技术对施工过程进行管控，从而保证工程质量，具体要求按 T/CIIA 016—2022 第 8 章。

（四）人员管理

人员管理应利用智慧工地平台进行规范的劳务实名制管理，利用平台进行人员信息登记、教育培训登记、考勤记录、工资记录等内容，应实现全面信息化考勤，保证劳务人员合法权益，具体要求按 T/CIIA 016—2022 第 9 章。

（五）设备管理

设备管理应包括但不限于利用智慧工地平台进行设备的进出场报验、安全检查、维修保养等工作，利用 IoT 技术实现设备运行状态的实时掌握及安全报警，提高设备管理效率及效果，具体要求按 T/CIIA 016—2022 第 10 章。

（六）物资管理

物资管理应充分利用智慧工地平台相关功能开展工作，做到系统合规、操作合规，为工程降本增效，具体要求按 T/CIIA 016—2022 第 11 章。

（七）绿色施工管理

绿色施工管理应利用 IoT 技术，对施工过程环境参数进行实时监测，并联动控制相关设备，保证绿色施工的开展，具体要求按 T/CIIA 016—2022 第 12 章。

（八）资料管理

资料管理应充分利用智慧工地平台进行建设工程资料电子化，做到工程电子文件与建设过程同步形成，工程资料合法合规，为工程降本增效，具体要求按 T/CIIA 016—2022 第 13 章。

六、智慧工地平台技术要求

（一）平台框架

智慧工地平台由基础层、应用集成管理平台层、管理应用层、用户层、服务端构成，参见图 1-2-2-1。智慧工地系统宜采用云架构，通过智慧工地系统整体建设，协助政府监管部门、建设单位、集团公司、分公司和项目部打造监测自动化、成本可控化、安全可视化、管理智能化的工地现场。

（二）服务端

服务端指呈现界面给用户，用户用于浏览、访问等操作。

（三）用户层

1. 一般要求

智慧工地系统应围绕项目部、公司、集团等不同层级用户开展数据分析，多层次挖掘数据潜在价值，提高管理效能。

2. 功能要求

（1）针对不同用户的需求，提供丰富的应用，符合智能化管理要求。

（2）用户可根据自身工作需要，订阅相关应用。

（3）管理人员根据不同用户等级，制定不同的操作权限。

3. 数据管理

根据不同用户等级，应提供不同的应用操作权限，防止关键数据的误操作或篡改。

（四）管理应用层

1. 含义

应用层指围绕工程施工生产过程，利用信息化手段实现技术与业务场景的融合应用，通常以软件或软件与硬件组合的系统形式实现。

2. 功能

以提升工程项目管理这一关键业务为核心，通过项目进度、质量、成本的可视化、参数化、数据化让施工项目的管理和交付更加高效和精益，是实现项目现场精益管理的有效手段。

3. 要求

对于管理应用层的具体要求如下：

（1）管理应用层应提供可被独立复用的固化的业务逻辑。

（2）管理应用层应支持设备规格的定义，设备实例数据的管理，应支持调用接口来操控设备的能力。

（3）管理应用层应支持统一的告警语义，支持从平台服务层获取告警数据，统一模型统一展现。

（4）管理应用层应支持为用户层提供统一服务，支持通过配置来定义组织用户层级。

4. 数据管理

数据管理应包括数据展示、数据统计、数据分析、数据预警等。

七、应用集成管理平台层

（一）要求

平台层服务应具备 IoT 接入管理、数据管理、智能 AI 管理、协同管理、调度协作等能力，同时支持应用部署。

（二）功能

（1）IoT 接入管理。平台层应支持图形化的组态工具，应支持面向对象的建模工具，多种标准网络协议接入，实现设备数据的标准化接入。

（2）数据管理。对数据进行存储和高效计算，能够使项目的参与人员更便捷、更快速地访问数据，从而实现高效的协同作业。

（3）智能 AI 管理。人工智能子平台应提供人脸识别、语音交互、图像识别、文字识别等服务，具备支撑智慧工地建设场景智能交互、智能分析、智能决策能力。

（4）协同管理。平台层应保证数据实时获取和共享，提高现场基于数据的协同工作能力。

（5）调度协作。可实现多系统联动。例如视频系统与调度台联通，异常情况下可以联动相关摄像头视频自动弹出。

（6）平台层的部署应支持多种操作系统，例如支持Windows、Linux等操作系统。

（三）数据管理具体要求

应用集成管理平台层数据管理的具体要求如下：

（1）智慧工地数据管理应提供数据采集、数据存储、数据接入、数据分析、数据备份与恢复、数据安全等服务。

（2）数据存储技术应支持多源异构海量数据的接入、预处理、融合，具备数据的存储和统一管理能力。

（3）数据接入技术应向上层应用提供统一、高效的数据和应用服务，支撑上层业务应用快速开发；支持多种数据接入，数据库日志采集、标准接口采集，保证数据的实时性和质量。

（4）数据分析技术应实现对多源异构数据的离线、实时挖掘处理。

（5）数据备份与恢复技术应支持容灾功能以及基础的运维工具（主要包括灾备关系维护、重建、数据校验、数据同步进展查看等）。

（6）数据安全技术应包括智慧工地大数据加密、大数据隐私保护、大数据审计等。

八、基础层

（一）含义

（1）物联层技术管理应具备智慧工地设备连接、建模和控制的功能，具备数据存储与规则联动的功能。

（2）通过IoT接入、BIM、GIS技术等，实现施工现场各种信息数据的汇聚、整合及各业务管理的功能性模块的集成运行，为应用层的具体应用提供支撑。

（二）功能

提高工地的现场管控能力，通过传感器、摄像头、RFID和手机等相应的终端设备来实现对工地的实时监控、数据采集、智能感知和高效协同，使工地的现场管理能力明显提升。

（三）要求

（1）物联网应支持实时监控智慧工地物联网设备的在线状态、警告、指令、流量。

（2）物联网应遵守国家标准，支持各种协议的智慧工地设备接入。

（3）物联网子平台应具备按需扩展消息处理的能力，支持基于分布式消息数据流程。

（4）智慧工地物联网数据存储应支持全链路高强度加密，宜采用基于单设备的认证与访问控制。基于角色的用户权限，数据加密存储，双机备份。

（5）视频系统符合开放性技术规范，应符合《视频安防监控系统工程设计规范》（GB 50395）等多种协议终端接入要求，应符合视频编解码标准技术规范。

（6）门禁系统符合开放性技术规范，应符合GB 50396—2007出入口控制系统工程设计规范等多种协议终端接入要求。

（7）闸机系统符合开放性技术规范，应符合由重庆市云计算和大数据产业协会宣布提出并归口管理，重庆锐云科技有限公司、重庆旅游云信息科技有限公司共同参与起草的《安检闸机用人脸识别测温系统规范》（T/CQCBDS 0041—2021）团体标准和《出入口控制系统技术》（GB/T 37078—2018）要求中多种协议终端接入要求。

（8）智能安全帽符合开放性技术规范，应符合《智能安全帽技术条件》（T/CEC 265—2019）等多种协议终端接入要求。

（四）数据管理

（1）设备接入。物联网通过开放的扩展性接口和框架，支持多种异构系统的集成接入以及各类异构数据的处理。

（2）结构化数据。主要通过关系型数据库进行存储和管理，数据格式为JSON。

（3）非结构化数据。数据结构不规则或不完整，没有预定义的数据模型，不方便用数据库二维逻辑表来表现的数据。数据格式包括所有格式的办公文档、文本、图片、HTML、各类报表、图像和音频/视频信息等。

（4）实时数据。收集后立即传递的信息，可以进行实时计算，也可以被存储以供稍后或离线数据分析。

九、安全框架

（一）认证

（1）认证层是整个安全框架的核心点，用以提供验证物联网实体标识信息，以及利用该信息进行验证。

（2）RFID、共享密钥、X.509证书、端点的MAC地址或某种类型的基于不可变硬件的可信root等都能作为认证方式。

（二）授权

访问授权是控制设备建立在核心的身份认证层上，利用设备的身份信息展开云操作，支持"一机一密""一型一密"等。

（三）强制性的安全策略

在基础架构上安全地按特定路线发送，并传输端点流量的所有元素，无论是控制层面、管理层面还是实际数据流量。而且它与授权层类似，外部环境已经建立了保护网络基础架构的协议和机制，并在物联网设备中运用合适的策略。

（四）安全分析

安全分析层确定了所有元素（端点和网络基础设施，包括数据中心）可能参与的服务，提供遥感勘测，实现可见性并最终控制物联网生态系统。

十、智慧工地平台运行与维护

（一）运行及维护要求

智慧工地平台策划阶段应考虑平台运行及维护要求，

包括日常维护、应急处理、硬件巡检、系统升级等工作的要求，具体要求按 T/CIIA 015—2022 第 11 章。

（二）工程实际需求

智慧工地平台存储、备份应充分考虑工程实际需求，不应过分存储，浪费资源，部分施工数据应根据要求存储至工程建设结束，并按要求移交，具体存储及备份要求、存储硬件要求等按 T/CIIA 015—2022。

（三）标准数据接口要求

智慧工地平台宜采用标准数据接口，具体数据接口要求、数据交换格式等按 T/CIIA 015—2022 中 10.5 的要求。

第三节　智慧工地平台接口

一、智慧工地平台接口应符合的原则

智慧工地平台接口应符合下列原则：

（1）开放性。应符合产业习惯，兼容主流开源接口，减小接口定制化带来的重新设计、适配成本。

（2）易用性。宜设计成抽象程度高、屏蔽底层实现、语法易理解的接口。

（3）扩展性。同一接口可通过增加函数、操作符、语句等形式支持新的功能。

（4）安全性。宜围绕 Token、Timestamp 和 Sign 三个机制展开设计，保证接口的数据不会被篡改和重复调用。

二、智慧工地平台接口应支持的功能

智慧工地平台接口应支持下列功能：

（1）应支持多种数据来源（业务系统、数据库、文件等）、多种数据类型（业务相关数据、监控数据等）、多种数据格式（结构化、非结构化等）的数据访问。

（2）智慧工地平台采用的软硬件接口和协议应符合本省监管系统平台的接口要求，具备与本省监管系统平台的一致性对接和稳定传输，并按相关规定确保数据信息的及时性、有效性、安全性。

（3）宜支持对接常用数据采集工具、主流日志采集工具。

（4）接口生成宜不受业务系统的开发语言、所处网络环境、系统形态等限制。

（5）应支持业界常用接口，兼容主流开源接口，支持系统集成。

（6）应支持标准管理协议（例如 Syslog），提供应用程序编程接口（REST API）、命令行界面（CLI）等交互方式。

（7）应支持关系型和非关系型数据库的数据库定义语言（DDL）、数据库操作语言（DML）操作，关系型数据库支持标准 SQL，支持多维分析数据库以标准 SQL 查询和分析。

第四节　智慧工地网络安全

一、智慧工地平台安全要求

（一）智慧工地平台发布规定

（1）互联网发布的智慧工地平台部署在公有云平台的，必须部署网络安全防护系统，严禁在不具备安全防护能力的互联网数据中心（IDC）机房或其他场所托管发布。

（2）智慧工地平台互联网发布前，宜经过专业网络安全公司进行网络安全专项检测，确定主机及系统无中、高危漏洞。系统升级、打补丁后须进行再次测试，以确保系统安全。

（二）智慧工地平台监控要求

（1）智慧工地平台宜进行常态化监控，对信息系统开展网络安全检测评估。

（2）智慧工地平台检测过程中若发现存在中高危风险漏洞，先关停系统，进行漏洞修复。修复完成并经检测，无遗留中高危风险漏洞，方可恢复系统运行。

（三）智慧工地平台发生网络安全事件处置要求

智慧工地平台发生网络安全事件时，应立刻关停智慧工地平台的互联网访问通道，组织专业技术人员进行问题排查，排查溯源并完成整改，确认无安全风险后，方可恢复互联网访问通道。

二、信息安全技术应达到的保护等级

信息安全技术应达到《信息安全技术　网络安全等级保护基本要求》（GB/T 22239—2019）中网络安全等级保护 2 级。

（一）网络安全等级保护基本要求的系列标准

为了配合《中华人民共和国网络安全法》的实施，同时适应云计算、移动互联、物联网、工业控制和大数据等新技术、新应用情况下网络安全等级保护工作的开展，针对共性安全保护需求提出安全通用要求，针对云计算、移动互联、物联网、工业控制和大数据等新技术、新应用领域的个性安全保护需求提出安全扩展要求，形成新的网络安全等级保护基本要求的系列标准如下：

（1）《信息安全技术　网络安全等级保护基本要求》（GB/T 22239）。

（2）《信息安全技术　信息系统安全等级保护定级指南》（GB/T 22240）。

（3）《信息安全技术　网络安全等级保护测评要求》（GB/T 28448）。

（4）《信息安全技术　网络安全等级保护测评过程指南》（GB/T 28449）。

（5）《信息安全技术　信息系统安全等级保护实施指南》（GB/T 25058）。

（6）《信息安全技术　网络安全等级保护安全设计技

术要求》（GB/T 25070）。

在该系列标准印刷版本中，黑体字部分表示较高等级中增加或增强的要求。

（二）网络安全等级保护对象和保护能力

1. 网络安全等级保护对象

网络安全等级保护对象是指网络安全等级保护工作中的对象，通常是指由计算机或者其他信息终端及相关设备组成的按照一定的规则和程序对信息进行收集、存储、传输、交换、处理的系统，主要包括基础信息网络、云计算平台/系统、大数据应用/平台/资源、物联网（IoT）、工业控制系统和采用移动互联技术的系统等。等级保护对象根据其在国家安全、经济建设、社会生活中的重要程度，遭到破坏后对国家安全、社会秩序、公共利益以及公民、法人和其他组织的合法权益的危害程度等，由低到高被划分为五个安全保护等级。

2. 不同级别的安全保护能力

不同级别的等级保护对象应具备的基本安全保护能力如下：

（1）第一级安全保护能力。应能够防护免受来自个人的、拥有很少资源的威胁源发起的恶意攻击、一般的自然灾难，以及其他相当危害程度的威胁所造成的关键资源损害，在自身遭到损害后，能够恢复部分功能。

（2）第二级安全保护能力。应能够防护免受来自外部小型组织的、拥有少量资源的威胁源发起的恶意攻击、一般的自然灾难，以及其他相当危害程度的威胁所造成的重要资源损害，能够发现重要的安全漏洞和处置安全事件，在自身遭到损害后，能够在一段时间内恢复部分功能。

（3）第三级安全保护能力。应能够在统一安全策略下防护免受来自外部有组织的团体、拥有较为丰富资源的威胁源发起的恶意攻击、较为严重的自然灾难，以及其他相当危害程度的威胁所造成的主要资源损害，能够及时发现、监测攻击行为和处置安全事件，在自身遭到损害后，能够较快恢复绝大部分功能。

（4）第四级安全保护能力。应能够在统一安全策略下防护免受来自国家级别的、敌对组织的、拥有丰富资源的威胁源发起的恶意攻击，严重的自然灾难，以及其他相当危害程度的威胁所造成的资源损害，能够及时发现、监测发现攻击行为和安全事件，在自身遭到损害后，能够迅速恢复所有功能。

（5）第五级安全保护能力。

（三）安全通用要求和安全扩展要求

由于业务目标的不同、使用技术的不同、应用场景的不同等因素，不同的等级保护对象会以不同的形态出现，表现形式可能为基础信息网络、信息系统（包含采用移动互联等技术的系统）、云计算平台/系统、大数据平台/系统、物联网、工业控制系统等形态不同的等级保护对象面临的威胁有所不同，安全保护需求也会有所差异。为了便于实现对不同级别和不同形态的等级保护对象的共性化和个性化保护，等级保护要求分为安全通用要求和安全扩展要求。

安全通用要求是针对共性化保护需求提出的，等级保护对象无论以何种形式出现，应根据安全保护等级实现相应级别的安全通用要求。安全扩展要求是针对个性化保护需求提出的，需要根据安全保护等级和使用的特定技术或特定的应用场景选择性实现安全扩展要求。安全通用要求和安全扩展要求共同构成了对等级保护对象的安全要求。

（四）第二级安全要求

网络安全保护等级第二级安全要求包括安全通用要求、云计算安全扩展要求、移动互联安全扩展要求、物联网安全扩展要求和工业控制系统安全扩展要求等。

第五节 智慧工地建设基础规定

一、智慧工地建设的基本要求和应符合的规定

1. 智慧工地建设的基本要求

（1）智慧工地建设应符合 T/CIIA 014—2022 的要求。

（2）智慧工地的建设、运维的目标和范围应根据项目特点、合约要求及工程项目相关方的建筑信息化水平等因素综合确定。

（3）智慧工地建设和应用，应根据工程参与方的角色和实际的业务需求，规划出不同的功能模块，以适应不同的使用场景。

2. 智慧工地建设的一般要求

（1）应满足建筑行业项目管理可视化的目标。

（2）应构建配套组织体系和管理机制。

（3）应符合统一的技术标准，实现不同应用场景的规范化搭建。

（4）应充分考虑信息技术、建设成本、风险防控等因素。

（5）应实现不同品牌、业务平台及应用的信息共享、数据交互以及数据分析。

（6）应充分集成各类管理系统，构建标准化数据接口，实现内外系统数据交互。

（7）应构建运维机制，实现智慧应用的规范化实施与运维。

（8）应满足企业、政府考核评价的要求。

（9）智慧工地应当协助当地政府对项目进行监管。

3. 智慧工地建设应符合的规定

智慧工地建设应符合下列规定：

（1）应建立智慧工地管理体系和规章制度。

（2）应编制智慧工地管理系统方案，并明确数据的采集内容、采集方式、存储格式和应用路径。

（3）基础设施应包括信息采集设备、网络基础设施、数据集成平台和信息应用终端，并满足智慧工地建设的管理需求。

（4）采用的软硬件设施应满足信息协同的要求。

（5）应建立接收现场各类数据的集成平台，动态反映人员管理、质量管理、安全管理、环境管理等。

（6）管理平台应采用网络通信方式获取业务和服务所需的数据。

（7）数据采集应满足及时性、有效性和真实性的要求。

（8）建设中应考虑安全预警、数据自动采集、远程视频监控等设备设施的集成应用。

（9）智慧工地现场应综合布设监控监视系统，实现对进入施工现场"人、机、料、法、环"的全方位和全过程监控。

（10）智慧工地施工现场相关硬件设施应定期进行保养和检修。

（11）智慧工地管理平台应通过软硬件设施等实现智能化综合管理。

二、智慧工地建设具体要求

1. 智慧工地建设应围绕企业战略目标和项目目标开展

智慧工地建设应围绕企业战略目标和项目目标开展，按照整体规划、分步实施的原则，落实有关工作。具体要求如下：

（1）应充分考虑企业层和项目层、监控业务到执行业务的细节和关系，结合企业的战略和信息化发展需求进行整体规划。

（2）应围绕企业的战略目标，充分考虑业务需求、技术标准和建设成本等因素，规划适合的智慧工地整体架构和实施步骤。

（3）应围绕现场核心业务，在信息系统设计时充分考虑现场实际业务流程，通过移动端应用程序将信息系统中的操作与现场实际业务操作充分结合，提高工作效率，减少管理漏洞，从整体上提升现场管理人员的使用意愿。

2. 智慧工地建设应围绕施工现场作业与监管要求开展有关工作

智慧工地建设应围绕施工现场作业与监管要求开展有关工作。具体要求如下：

（1）应围绕影响施工现场作业的关键要素，提供具体智慧应用。

（2）应围绕不同层级管理者的监管需求，提供不同智慧应用。

3. 智慧工地建设应聚焦施工现场一线生产活动

智慧工地建设应聚焦施工现场一线生产活动，具体要求如下：

（1）开展信息技术与生产过程深度融合。

（2）实现现场的各种资源要素智能高效运行。

4. 智慧工地建设应保证数据的实时获取和共享

智慧工地建设应保证数据的实时获取和共享，提高现场基于数据的协同工作能力。具体要求如下：

（1）应充分利用物联网技术手段，实时获取现场的作业数据，并实现共享，保证信息传递的准确性和及时性。

（2）应按照现场业务管理的逻辑，打通数据之间的壁垒，实现互联互通，形成横向业务之间、纵向管理层级之间的数据交互，避免信息孤岛和数据死角，实现协同工作，提高解决问题和处理问题的效率。

5. 智慧工地建设应实现施工现场数据分析和预防分析

智慧工地建设应实现施工现场数据分析、预防分析等。具体要求如下：

（1）应实现对现场采集到的工程数据进行数据关联性分析，形成数据资产知识库。

（2）应实现管理过程趋势预测及专家预案，为各个管理层级提供科学的决策辅助支持，能够对管理过程及时提出预警与响应。

6. 智慧工地建设应用技术应适应施工现场的需求和环境

智慧工地建设应用技术应适应施工现场的需求和环境，提高应用的智能化。具体要求如下：

（1）宜基于网络技术、智能终端技术、云计算技术，保证现场施工人员实时协同工作。

（2）宜应用智能化设备，辅助人工操作，实现施工现场的业务管理智能化控制。

（3）应搭建应用集成化平台，实现数据的汇聚、集成、分析的同时，满足企业和项目部等不同管理层级对工地现场进行的统一管理和监控。

7. 智慧工地建设应满足工程在决策与控制中进行

智慧工地建设应满足工程在决策与控制中进行。具体要求如下：

（1）应实现对施工组织部署和施工技术方案等策划内容的提前模拟、分析，提前发现问题，优化方案或提前采取预防措施。

（2）应实现对施工控制项目信息随时随地获取、全面感知、实时采集、实时交互和共享等。

（3）应实现对海量的、多维度和相对完备的业务数据进行分析和处置，实现智慧预测、实时反馈或自动控制等。

8. 智慧工地建设应配套必要的岗位、流程、制度

智慧工地建设应配套必要的岗位、流程、制度等。具体要求如下：

（1）应构建相匹配的组织体系，明确智慧工地建设责任机构和人员。

（2）应构建相匹配的管理制度，明确各相关方的职责与考核要求等。

9. 智慧工地建设应充分利用企业统一平台和施工部门专业共享资源

智慧工地建设应充分利用企业统一平台和施工部门专业共享资源，并结合本单位实际情况，选择自建或自建与购买服务相结合。

10. 智慧工地体系的兼容性要求

基于云计算的智慧工地体系应与企业统一规划的云计算和边缘计算技术架构兼容。

三、智慧工地数字化技术应用

智慧工地数字化应用技术清单见表1-2-5-1。

表1-2-5-1　智慧工地数字化应用技术清单

序号	数字化应用技术名称	类别
1	智能碾压数字化施工技术	技术类
2	强夯数字化施工技术	技术类
3	水泥土搅拌桩数字化施工技术	技术类
4	挤密砂桩（SCP）数字化施工技术	技术类
5	深层水泥搅拌桩（DCM）数字化施工技术	技术类
6	后张预应力智能张拉技术	技术类
7	船舶自动定位系统	技术类
8	桩基自动控制系统	技术类
9	沉箱无人出运系统	技术类
10	水下抛石振平系统	技术类
11	大型沉箱移运平台	技术类
12	数字喷淋养护系统	技术类
13	双轮铣数字施工平台	技术类
14	隧道衬砌台车数字施工	技术类
15	红外光谱快速检测技术	技术类
16	灌注桩智能检测技术	技术类
17	路面无人施工技术	技术类
18	路面3D摊铺技术	技术类
19	电子签名	技术类
20	实名认证	技术类
21	可信存证	技术类
22	安全风控管理AI分析技术	技术类
23	旋喷桩数字化监测技术	监测类
24	深基坑数字化监测技术	监测类
25	高支模数字化监测技术	监测类
26	隧道安全数字化监测技术	监测类
27	沉井下沉数字化监测技术	监测类
28	施工电梯数字化监测技术	监测类
29	塔吊群防碰撞监测技术	监测类
30	隧道超前地质预报与变形评估技术	监测类
31	混凝土数字温控监测平台	监测类
32	光纤光栅数字化监测平台	监测类
33	地基加固数字施工平台	监测类
34	连续梁转体数字监控平台	监测类

续表

序号	数字化应用技术名称	类别
35	基坑降水数字化监控平台	监测类
36	管道机器人数字监测平台	监测类
37	视频监控及分析平台	监测类
38	人员定位管理平台	监测类
39	环境监测管理平台	监测类
40	边坡数字化监测技术	监测类
41	沉降数字化监测技术	监测类
42	模板变形数字化监测技术	监测类
43	塔吊数字化监测技术	监测类
44	网架提升数字化监测技术	监测类
45	用电数字化监测技术	监测类
46	水质数字化监测技术	监测类
47	水位数字化监测技术	监测类
48	隧道施工自动化监测技术	监测类
49	施工现场扬尘监测技术	监测类
50	施工现场噪声监测技术	监测类
51	施工现场用水用电自动计量技术	监测类
52	施工现场污水排放监测技术	监测类
53	施工现场标养室监测技术	监测类
54	施工现场自动喷淋控制系统	监测类
55	施工现场卸料平台监测技术	监测类
56	建筑施工工艺智能视像监测技术	监测类
57	隧道施工步距监测技术	监测类
58	智慧颗粒监测技术	监测类
59	特种设备安全监测技术	监测类
60	船舶吃水线监测技术	监测类
61	船舶清淤智能监测技术	监测类
62	道路施工交通疏导AI分析平台	监测类
63	船机管理平台	管理类
64	智慧物料平台	管理类
65	知识共享平台	管理类
66	远程安全巡检平台	管理类
67	远程质量巡检平台	管理类
68	施工日志管理平台	管理类
69	技术管理数字平台	管理类
70	样板引路	管理类
71	知识管理平台	管理类
72	影像凭证化采集	管理类
73	物资管理平台	管理类

续表

序号	数字化应用技术名称	类别
74	智能监造管控平台	管理类
75	风险管理平台	管理类
76	环水保管理平台	管理类
77	技术监管与支撑	管理类
78	实验室检测平台	管理类
79	无人机采集技术	管理类
80	工序管理平台	管理类
81	隐蔽工程管理平台	管理类
82	信用评价管理系统	管理类
83	计量支付管理系统	管理类
84	施工现场智能安全教育系统	管理类
85	AI无感考勤系统	管理类
86	塔吊吊钩可视化系统	管理类
87	电子合同管理	管理类
88	电子档案平台	管理类
89	市政工程智慧施工管理平台	管理类
90	建筑工程数据智能采集及数据分析技术	管理类
91	智慧梁场管控平台	管理类
92	平安守护管理平台	管理类
93	项目技术交底管理平台	管理类
94	工程建模碰撞验算	BIM类
95	工程量计算	BIM类
96	工艺模拟	BIM类
97	可视化交底	BIM类
98	BIM数据管理平台	BIM类
99	BIM族库平台	BIM类
100	钢筋建模翻样及用料优化	BIM类
101	三维建模	BIM类
102	进度推演	BIM类
103	三维深化设计	BIM类
104	VR安全教育	BIM类
105	AR模型可视化	BIM类
106	桥梁挂篮数字设计平台	设计类
107	高速公路综合监控平台	运维类
108	城市综合管廊管理平台	运维类
109	码头结构安全监测平台	运维类
110	海洋结构腐蚀监测平台	运维类
111	海底隧道数字监控平台	运维类

第六节 智慧工地建设应用要求

一、一般要求

（一）智慧工地建设服务人员和管理项目

（1）智慧工地建设应以施工场景为核心，服务现场施工单位人员、建设单位人员、监理单位人员、设计单位人员和政府监管人员。

（2）智慧工地建设管理项目一般包含进度管理、安全管理、质量管理、人员管理、设备管理、物资管理、环境管理、能耗管理、AI识别管理、资料管理、交付管理、数据管理等应用场景。

（二）智慧工地建设应用应满足的要求

（1）智慧工地建设实施前应先进行智慧工地建设策划，应符合相关方的智慧工地管理体系和制度，智慧工地建设方案要目标明确、内容完整。

（2）施工现场应具备智慧工地建设软、硬件环境，智慧工地建设内容应进行专项调研、交底和培训。

（3）智慧工地建设应确保网络访问、数据传输、数据利用等应符合GB/T 22239要求，满足集团数据安全管理要求。

（4）智慧工地建设数据接口应符合智慧工地平台接口标准和数据利用的要求。

（5）智慧工地建设应满足与企业管理、政府监管系统的信息交互要求，并对所有用户进行统一身份认证，实现分权分域管理。

（6）未包含的应用点宜由智慧工地管理部门组织专家进行综合评定星级。

二、进度管理

（一）进度管理基本要求

（1）应通过系统建立项目工作进度管理制度，明确进度管理程序，规定进度管理职责及工作要求。

（2）应通过管理系统提出项目控制性工作进度计划和编制项目的作业性进度计划。

（二）工作进度计划编制依据

工作进度计划编制依据应包括下列内容：

（1）合同文件和相关要求。

（2）项目管理规划文件。

（3）资源条件、内部与外部约束条件。

（三）进度管理应用要求

进度管理应用应符合表1-2-6-1的要求，且留有扩展接口，满足功能扩展的需要。

三、安全管理

（一）安全管理基本要求

安全管理应遵守现行的建筑行业安全管理法律法规要求，通过智慧工地平台安全管理子系统的应用，实现

表 1-2-6-1　　　　　　　　　　　　　进度管理应用要求

序号	功　能	建　设　内　容	基本项	可选项
1	工作进度	（1）具备编制说明。 （2）具备工作进度安排、资源需求计划、工作进度保证措施。 （3）具备节点进度条已完工/未完工的全周期展示	√	—
2	计划管理	具备编制进度计划，并上传系统	√	—
3	计划变更	具备重新编制进度计划上传，更新节点的计划开始和计划完成时间	√	—
4	节点填报	具备填报节点进度信息、节点完成时间	√	—
5	节点预警配置	具备设置预警和问题时间参数配置	√	—
6	节点大事件	具备维护进度重大事件信息，可与进度节点关联	—	√
7	施工日志	具备维护现场日志，包括但不限于安全、技术、监理等日志类型	√	—
8	预警信息推送	具备预警级别推送给不同人员信息	—	√
9	进度统计分析	具备红黄绿灯图统计节点完成情况	—	√
10	变更管理	（1）具备变更台账管理功能。 （2）具备图纸版本管理功能。 （3）具备变更信息与 BIM 关联功能。 （4）具备变更资料 CA 认证、电子原件（电子原件指经文件的所有责任者签盖具有法律效力的电子印章的电子文件）电子签章和无纸化功能	—	√

人的不安全行为实时监督、物的不安全状态实时监控，提升安全预防能力，降低安全风险。

（二）安全管理范围

安全管理范围应包含但不限于：安全监督、安全教育培训、视频监控、危险较大工程监测、危险源预警、应急管理等内容。

（三）安全管理数据采集

安全管理数据采集应包含但不限于：时间、地点、问题的影像资料、人员安全教育培训信息、危险较大工程检测与验收信息、安全隐患与整改信息等。

（四）安全管理应用

安全管理应用宜选择定位、图像识别、AI、红外识别、自动传感等技术，现场自动采集安全隐患数据。

（五）安全管理应用要求

安全管理应用应符合表 1-2-6-2 的要求，且留有扩展接口，满足功能扩展的需要。

表 1-2-6-2　　　　　　　　　　　　　安全管理应用要求

序号	功　能	建　设　内　容	基本项	可选项
1	安全日志	（1）可根据日期人员导出当天的安全台账，作为当天的安全日志使用。 （2）可自定义表格样式	√	—
2	资料存储	具备资料存储的功能，项目及公司可以上传至平台供项目安全人员使用	√	—
3	危大工程	（1）具备危大工程识别、危大工程方案/交底管控、危大工程施工监督和危大工程管理台账的功能。 （2）具备危大工程实时监测功能，包含但不限于监测数据实时分析功能、监测数据预警实时推送功能，实现超限、倾覆报警功能，提高危险较大工程方案执行情况与验收记录等。 （3）危大工程监控可实时向监管部门上报监控数据	√	—
4	安全隐患库	（1）具备建立安全隐患库的功能，隐患库内容可关联标准规范。 （2）具备利用安全隐患库对安全隐患进行检查、归类，实现提高工作的质量和效率	—	√
5	隐患排查治理	（1）具备拍照和短视频录制功能。 （2）具备生成、推送或打印整改通知单功能。 （3）具备实时查看整改完成情况功能。 （4）具备移动设备离线模式处理数据的能力。 （5）具备检查数据统计、查询、分析及预警功能	√	—

续表

序号	功能	建设内容	基本项	可选项
6	安全巡检	（1）通过移动端在现场巡视时拍照或录制小视频发起安全问题。 （2）需要班组配合整改，项目部复查，完成闭环流程；支持新建、补录安全问题、支持导出。 （3）三种展现方式：按纯记录、模型、基础平台模型查看安全问题，三维展示更直观	√	—
7	安全报告	可提供安全报告内容导出，以便于项目开会及内部传阅	—	√
8	安全评优	对于安全措施落实到位班组，给予相应表扬，运用平台推送至每个人员	√	—
9	危险源管理	（1）实现火灾的自动识别、预警与处置管理。 （2）实现危险区人员接近预警管理	√	—
10	应急管理	（1）提供环境、事故信息预警展示功能。 （2）提供应急预警预案管理功能。 （3）提供集中管理各类预警处置干系人的功能。 （4）提供一键信息推送所有干系人的功能。 （5）提供集中管理应急物资的数量、空间分布、使用记录的功能。 （6）提供记录各类应急处置过程信息的功能。 （7）提供应急处置事件中的行为可追溯查询功能。 （8）提供汇总施工现场每个月预警总次数的功能	√	—
11	视频监控	（1）能够与上级单位、地方监管部门监控平台实现数据对接。 （2）宜利用视频监控搭载 AI 智能模块，识别和捕捉人的不安全行为和物的不安全状态，提供视频监控联动预警功能。 （3）视频监控储存时长不应少于30d，具体以地方监管部门要求为准。 （4）监控点应能覆盖施工区、物料堆放区、办公区、生活区等公共场合。 （5）提供视频监控查看功能，且可设置访问权限管理功能	√	—
12	安全教育培训	（1）能与施工企业、项目部和劳务班组的安全教育培训制度一致，并能记录教育岗位、教育人员、教育内容、教育时间、教育学时等安全教育内容。 （2）能实现与人员管理系统数据互通，确保入场人员均接受了安全教育培训。 （3）能实现签到、过程资料的真实性和有效性，提供台账管理功能，方便后续资料查询、追溯等。 （4）存储时长不应低于工程项目施工周期	√	—

四、质量管理

（一）质量管理要求

质量管理应与现行的建筑行业质量管理体系相匹配，通过智慧工地平台质量管理子系统的应用，实现质量数据自动采集、质量问题及时纠偏、质量考核自动统计，提升现场质量管理水平。

（二）质量管理范围

质量管理范围应包括但不限于：质量技术交底、实测实量、质量检查、质量验收、检验核验管理等。

（三）智慧工地平台质量管理子系统采集信息

（1）智慧工地平台质量管理子系统采集信息应包含但不限于：时间、地点、问题的影像资料、实测实量数据、混凝土强度、检验批数据等，存储时间不得低于项目的保修期。

（2）质量管理宜选用具备影像、图像、实测测量等自动采集功能智能化设备，实时采集质量管理数据。

（四）质量管理应用要求

质量管理应用要求应符合表 1-2-6-3 的要求，且留有扩展接口，满足功能扩展的需要。

五、人员管理

（一）人员管理要求

工程项目应严格遵守政府监管部门对于施工现场人员管理的相关规定，通过管理人员对建筑工人的管理应用，摸清人员底数、掌控基本情况、严格出勤管理、落实工资发放情况等保障权益。

（二）人员信息的智能化采集

人员管理应用宜选择人脸、虹膜、指纹等身份识别技术，实现人员信息的智能化采集。

（三）人员管理应用要求

人员管理应用应符合表 1-2-6-4 的要求，且留有扩展接口，满足功能扩展的需要。

表 1-2-6-3　　　　　　　　　　　　　　　质 量 管 理 应 用 要 求

序号	功　能	建　设　内　容	基本项	可选项
1	质量计划管理	（1）具备在线提交质量计划及审查功能。 （2）具备台账管理功能。 （3）具备通知公示功能。 （4）具备方案在线编辑功能。 （5）具备质量计划交底管理功能	√	—
2	检验检测管理	（1）具备取样过程记录留存功能。 （2）具备建材质量监管功能。 （3）具备检验检测数据现场提交、统计、查询、分析及预警功能。 （4）具备检验检测报告的有效性验证功能。 （5）具备 BIM 关联功能。 （6）具备大体积及冬施混凝土自动采集温度功能。 （7）具备通过无线方式传输大体积及冬施混凝土采集温度的能力。 （8）具备通过 PC/移动设备实时查看大体积及冬施混凝土温度功能。 （9）具备大体积及冬期施工混凝土测温数据断点续传能力、温度超标预警功能、测温记录统计、分析功能。 （10）具备现场标养实验室恒温恒湿自动控制、养护台账记录、温湿度报警、数据实时采集、远程视频的能力	√	—
3	检查管理	（1）具备质量检查项维护功能。 （2）具备制定质量检查计划功能。 （3）具备拍照和短视频录制功能。 （4）具备移动设备离线模式处理数据的能力。 （5）具备生成和推送整改通知单功能。 （6）具备实时查看整改完成情况功能。 （7）具备记录实测实量数据功能。 （8）具备检查数据统计、查询、分析及预警功能。 （9）具备将检查位置与 BIM 模型关联的功能	√	—
4	验收管理	（1）具备监理人员、施工方验收过程中的工作轨迹管理功能。 （2）具备分项报验申请功能。 （3）具备监理人员接收报验申请的功能。 （4）具备手持设备对具体分部分项工作进行验收，填写验收数据，拍摄验收现场照片并上传的功能。 （5）具备移动设备离线模式处理数据的能力。 （6）提供对采集的验收数据进行汇总分析的功能	√	—
5	质量资料管理	（1）具备对检验批、分项、子分部、分部、子单位工程、单位工程以及工程验收过程的行为信息、质量信息的采集、处置功能。 （2）具备将质量资料与 BIM 模型关联的功能	√	—
6	质量问题库	具备利用质量问题库对质量问题进行检查、归类，实现提高工作的质量和效率	—	√
7	实测实量	（1）具备通过物联网设备采集质量数据能力，实时记录实测实量数据功能（尺寸、位置、距离、板厚、平整度、强度、温度等）。 （2）具备自动分析功能，超限值等质量问题宜通过粘贴二维码在现场标示	—	√

表 1-2-6-4　　　　　　　　　　　　　　　人 员 管 理 应 用 要 求

序号	功　能	建　设　内　容	基本项	可选项
1	实名登记	（1）人员管理采集信息应包含但不限于：人员基本信息、合同信息、行为信息、教育培训信息、考勤信息、工资信息、职业健康信息、考核评价信息等，对人员档案进行分类，录入档案信息、按条件查询档案信息。 （2）提供关键岗位人员电子签章授权及存样管理功能	√	—

续表

序号	功　能	建　设　内　容	基本项	可选项
2	考勤管理	（1）具备脸部/指纹/虹膜识别考勤功能。 （2）具备显示考勤结果、统计考勤人数的功能	√	—
3	门禁管理	（1）具备身份证验证、实名制登记的功能。 （2）具备设定门禁权限及门禁规则功能	√	—
4	硬件设备	包括闸机、生物识别硬件设备、射频识别设备、视频监控设备、智能安全帽、穿戴设备、定位设备、展示设备、身份证识别设备等	√	—
5	培训教育	具备班组安全教育、指纹签到、图片上传的功能，并建立员工培训档案	√	—
6	劳务评价	建立评分机制，通过日常的用工管理建立工人及劳务评价体系，实现企业筛选优质劳务队伍和工人的目的	√	—
7	劳务管理	（1）提供自动统计进出场人员数据功能。 （2）具备数据分析汇总、自动生成月报的功能，并对未上传报表或支付凭证的进行预警提示	—	√
8	工资发放	具备辅助管理人员核对工资表，工资数据核对无误后，支持线上银行一键代发	—	√
9	人员定位	具备告知危险区域、预警提示的功能，能够反映施工人员所在位置、工种、进入施工区域的时间和停留时间的功能	—	√
10	安全帽应用	（1）具备存储佩戴者个人信息、识别安全帽、上传佩戴者信息至安全监控中心的功能。 （2）具备安全帽硬件支持定位功能。 （3）具备进场人员定位和轨迹记录功能	—	√
11	API接口	具备与智慧工地系统自动同步数据功能，支持与相应的业主、地方政府、国家相关部门等平台对接	—	√

六、机械设备管理

（一）机械设备管理要求

工程项目机械设备使用应严格执行施工设备规范和操作规程，通过智慧工地平台设备管理子系统应用，实现机械设备状态实时感知、违规操作实时预警、检查维护实时跟踪、运行风险实时控制等。

（二）机械设备管理范围

机械设备管理范围应包含但不限于：自有和租赁的工程机械、大型机械、特种机械等，重点针对设备的安装、运行与维保、拆除等过程。

（三）设备管理子系统采集信息

（1）智慧工地平台设备管理子系统采集信息应包含但不限于：规格、型号、生产厂家、合格证、有效年限内的检测报告、产权单位及拆装单位的资质证明、机械

设备备案证明、使用说明书、保养记录、租赁信息、操作规程等内容等设备基本信息。

（2）设备监控定位。

（3）设备实时运行记录。

（4）设备预报警记录。

（5）设备检查与维护信息。

（6）设备作业人员及作业记录等。

（四）机械设备运行状态监控

（1）机械设备运行状态监控应加装记录施工机械运行状态的传感设备，包括但不限于：负载、稳定、运行轨迹、运行速度、能耗等传感设备。

（2）需特种作业人员操作的设备应加装相应的身份识别装置，实时采集操作人员信息。

（五）机械设备管理应用要求

机械设备管理应用应符合表1-2-6-5的要求，且留有扩展接口，满足功能扩展的需要。

表1-2-6-5　　　　　　　　　　机械设备管理应用要求

序号	功　能	建　设　内　容	基本项	可选项
1	设备基本信息管理	（1）具备统一编码、设备台账、生成二维码或其他快捷唯一标识的电子标签功能。 （2）具备检索、统计、分析功能。 （3）具备设备台账功能	√	—

续表

序号	功 能	建 设 内 容	基本项	可选项
2	设备维护保养及检查管理	（1）具有建立维护保养计划和记录维护保养信息的功能。 （2）具备预警及信息推动主要干系人的功能。 （3）具备数据检索、统计分析、生成运行报告及处置功能	√	—
3	设备安全监控管理	（1）具备机械设备运行数控与实时监测、控制功能。 （2）具备对操作人员的生物识别管理功能。 （3）具备图形化实时同步机械运行数据展示功能。 （4）具备自动记录运行数据及告警数据功能。 （5）具备监测数据实时无线传输能力。 （6）具备数据统计、分析、检索功能。 （7）具备生成机械运行报告及问题处置功能。 （8）具备声光报警功能。 （9）具备设备工效分析功能	√	—
4	重点施工机械定位管理	（1）通过传感器以及其他硬件设备定位数据与GIS信息关联。 （2）对可移动设备进行轨迹记录，将设备的位置在BIM中标注。 （3）移动端可以实时查看定位信息	—	√
5	车辆识别和调度管理	通过平台实时监控车辆管理情况，杜绝外来车辆驶入工地现场，规范施工车辆，减少财务损失，避免安全事故的发生	—	√
6	塔式起重机安全监控管理	（1）具备塔式起重机设备运行数据实时监测、控制功能。 （2）具备群塔作业防碰撞监测及预警、控制功能。 （3）具备对操作人员的生物识别管理功能。 （4）具备图形化实时同步塔式起重机运行数据展示功能。 （5）具备自动记录运行数据及预警数据功能。 （6）具备吊钩可视化功能	—	√
7	升降机安全监控管理	（1）具备升降机运行数据实时监测、控制功能。 （2）具备操作人员的生物识别管理功能。 （3）具备图形化实时同步升降机运行数据展示功能。 （4）具备自动记录运行数据及预警数据功能。 （5）具备乘坐人数识别功能	—	√
8	租赁管理	（1）支持设备租赁招投标全流程的线上化。 （2）支持供应商认证及审核、建立合格供应商库、供应商评黑白名单管理。 （3）支持需求发布、竞标、定标、废标、合同签订及审批、租赁结算和单机成本核算	—	√
9	进退场管理	（1）支持对不同来源（包括自有设备、租赁设备、外协设备等）进行管理。 （2）支持对设备制造信息、发动机系统、油箱参数、进场信息、设备照片、证件照片、使用情况进行线上管理，形成台账。 （3）支持机械二维码的唯一性，通过扫描二维码可获取机械信息卡。 （4）支持设备列表和设备总体情况的可视化呈现。 （5）支持项目列表和项目总体情况的可视化呈现。 （6）支持设备的考勤打卡、考勤统计	—	√
10	地图监测	（1）支持实时定位，并能够精确显示设备位置信息，具备导航到设备所在位置的功能。 （2）支持多边形、圆形、路线、工点等多种电子围栏。 （3）支持设备的运行轨迹回放，对异常进出围栏的情况发出警报	—	√

续表

序号	功能	建设内容	基本项	可选项
11	工时台班监测	（1）支持对设备运行、怠速、静止的状态及时长进行精准识别和可视化呈现。 （2）对持续怠速和长时间闲置发出警报。 （3）支持工时的统计和分析。 （4）支持定义工作班次，并对班次工时进行统计和分析。 （5）支持单机维度、设备类型维度、项目维度的设备利用率分析。 （6）支持台班签证单的线上审批	—	√
12	运输车辆监测	（1）支持对运输趟数、里程的统计和分析。 （2）支持对路线偏离、超速行驶发出警报。 （3）支持对车辆保险异常、证照异常发出警报。 （4）支持对混凝土搅拌车在非指定区域卸料发出警报	—	√

七、物资管理

（一）物资管理要求

物资管理应实现对建筑物资从进场、使用到剩余物资退还的全过程管理，通过智慧工地平台物资管理子系统的应用，实现物资信息共享、业务过程追溯、物资自动核算、物料损耗预测等。

（二）物资管理子系统管理过程

智慧工地平台物资管理子系统管理过程应包含但不限于：物资进场验收、物资入库、物资出库、物资调拨、物资跟踪、物资退还、物资台账管理等。

（三）物资管理子系统采集信息

智慧工地平台物资管理子系统采集信息包含物资供应单位、生产单位、检验报告、产品合格证、质量证明书、进场日期、进场数量、使用部位、见证取样日期、复试结果等。

（四）现场物资管理数据要求

（1）现场物资管理数据宜采用 RFID 芯片或二维码技术、AI 智能识别技术等进行信息的自动采集、实时传输，运用数据集成和云计算技术，及时掌握一手数据，有效积累、保值、增值物料数据资产。

（2）运用互联网和大数据技术，实现多项目数据监测、全维度智能分析。

（3）运用移动互联技术，随时随地掌控现场、识别风险，零距离集约管控、可视化决策。

（五）物资管理应用要求

物资管理应用应符合表 1-2-6-6 的要求，且留有扩展接口，满足功能扩展的需要。

表 1-2-6-6　　　　　　　　　物 资 管 理 应 用 要 求

序号	功能	建设内容	基本项	可选项
1	进出场称重	（1）支持平台结合地磅，进出场称重的数据留存。 （2）可以结合相应硬件针对进出场称重，磅房情况进行实时管控	√	—
2	风险预警	（1）当材料现场管理出现问题或风险时进行消息提醒或预警，督促用户采取措施解决，如材料检测不合格报警，库存不足提醒等。 （2）相关人员对偏差进行处理，记录产生原因及处理结果	√	—
3	数据分析	展示现场收料情况，分析项目收料偏差的管控力度及管控效果，可以按照各个维度显示收发料详细信息与汇总情况，支持数据导出	√	—
4	数据总结	可以生成平台数据文档、汇报文件，形成阶段总结报告，导出文件减轻工作量	√	—
5	视频监控	（1）具备远程监控功能，支持实时了解现场物资的验收状况。 （2）具备历史视频回放的功能，实现可追溯性	—	√
6	称重设置	具备对材料类别或材料进行正差范围、负差范围、是否称重物资等设置功能	—	√
7	移动验收	具备对于是否称重材料，均需要采用移动端进行现场验收入库的功能，实现收料数据的真实性和完整性，支持收料单据打印，实现留证追溯	—	√
8	移动发料	具备移动端进行现场发料，实现发料数据的真实性和完整性，支持发料单据打印，实现留证追溯	—	√
9	工作流程提醒	具备物资管理工作流程提醒功能，主要是物料进场后，进行质量管理工作，如进场验收、见证取样工作的提醒，证书取得的配套工作的提醒	—	√

八、绿色施工管理

（一）环境监测及喷淋联动系统

1. 要求

施工期间应对现场扬尘、噪声、风速等环境因素进行监控，环境指标应符合地方监管部门要求。通过环境管理系统的应用，实现环境数据实时采集，不稳定因素实时监管与处置，提高环境管理效率。

2. 监测数据

环境管理监测数据应包含但不限于：PM2.5 浓度、PM10 浓度、噪声值、温度、相对湿度、风速等。

3. 监测点

（1）监测点应布设于工地出入口或围挡内侧，避免有非施工作业的高大建筑物、树木或其他障碍物阻碍监测点附近空气流通和声音传播。

（2）监测点附近应避免强电磁干扰，保证周围有稳定可靠的电力供应，方便安装和检修通信线路。

4. 环境管理监测数据的采集方法

环境管理监测应用宜通过扬尘检测仪、噪声检测仪、气象检测仪等，实时采集环境监测数据。

5. 施工环境管理应用要求

施工环境管理应用应符合表 1-2-6-7 的要求，且留有扩展接口，满足功能扩展的需要。

表 1-2-6-7　　　　　　　　　　　　　施工环境管理应用要求

序号	功能	建设内容	基本项	可选项
1	扬尘监测管理	（1）具备实时监控 PM10、PM2.5 数据能力。 （2）具备实时传输监测数据能力。 （3）具备与防尘控制设备联动能力。 （4）具备监测数据统计、分析、检索功能。 （5）具备移动设备实时查看检测数据功能。 （6）具备声光报警功能。 （7）支持与喷淋联动。 （8）支持在扬尘产生区域均布置监测点	√	—
2	噪声监测	（1）具备实时监控噪声数据能力。 （2）具备实时传输监测数据能力。 （3）具备监测数据统计、分析、检索功能。 （4）具备移动设备实时查看监测数据功能。 （5）满足 GB 12523 的要求。 （6）具备声光报警功能	√	—
3	现场小气候监测管理	（1）具备小气候环境检测功能，包括但不限于：温度、湿度、风向、风力。 （2）具备实时传输监测数据能力。 （3）具备移动设备实时查看监测数据功能。 （4）具备数据统计、分析、检索功能。 （5）具备实时采集雨量监测数据的能力。 （6）具备推送科学施工环境保障预警功能。 （7）具备声光报警功能	√	—
4	绿色建筑评价管理	（1）能按照《绿色建筑评价标准》（GB/T 50378—2019）中第 9 章施工管理相关评价指标进行评价。 （2）具备评价指标采集对应数据的功能。 （3）具备根据评价指标自动/手动打分功能。 （4）具备自动汇总得分功能，具备自动评定星级功能。 （5）具备统计、查询、检索等功能	—	√
5	有害气体监测管理	（1）具备在空气流动性低的封闭和半封闭的区域设置不少于 1 个有害气体监测点。 （2）具备实时监控有害气体数据功能。 （3）具备与监测设备联动能力。 （4）具备实时传输监测数据能力。 （5）提供监测数据统计、分析、检索功能。 （6）提供移动设备实时查看检测数据功能。 （7）提供报警功能。 （8）提供一键信息推送所有干系人功能	√	—

续表

序号	功能	建设内容	基本项	可选项
6	洗车平台	监测出场渣土车的清洗情况拍照记录和报警	—	√
7	裸土覆盖	监测裸土覆盖情况，预防工地扬尘	—	√
8	水质监测	实现水中 pH 值、悬浮物、石油类参数因子的监控	—	√

（二）水电监测及能耗管理系统

1. 要求

施工期间应对现场用水、用电等使用过程进行监控，通过能耗管理系统的应用，实现施工现场用水用电自动记录、超用滥用自动控制，提高现场综合能耗分析能力。

2. 采集数据

（1）能耗管理系统采集数据应包括但不限于：用水量、用电量、区域地点、责任单位、时间周期等。

（2）能耗管理宜采用智能水表和智能电表记录水电应用情况，实现能耗数据的实时记录和反馈。

3. 能耗管理应用要求

能耗管理应用应符合表 1-2-6-8 的要求，且留有扩展接口，满足功能扩展的需要。

（三）绿色建筑提高与创新评价

1. 一般规定

（1）绿色建筑评价时，应按 GB/T 50378—2019 的规定对提高与创新项进行评价。

表 1-2-6-8　　　　　　　　　　能 耗 管 理 应 用 要 求

序号	功能	建设内容	基本项	可选项
1	施工用电监测管理	（1）具备智能监测用电消耗数据的能力。 （2）具备物联网智能数据采集功能。 （3）具备用电数据统计、分析、预警、检索功能。 （4）具备通过移动设备查看用电数据功能。 （5）具备远程控制用电设备能力。 （6）具备限量用电能力。 （7）具备综合能耗分析能力	√	—
2	施工用水监测管理	（1）支持物联网智能水表和智能阀门。 （2）具备实时采集终端水量数据能力。 （3）具备终端阀门智能卡控制功能。 （4）具备按用水量、供水次数、供水时间等进行水量控制功能。 （5）具备用水数据统计、分析、预警、检索功能。 （6）具备通过移动设备实时查看用水数据功能。 （7）具备综合能耗分析功能	√	—

（2）提高与创新项得分为加分项得分之和，当得分大于 100 分时，应取为 100 分。

2. 加分项

（1）采取措施进一步降低建筑供暖空调系统的能耗，评价总分值为 30 分。建筑供暖空调系统能耗相比国家现行有关建筑节能标准降低 40%，得 10 分；每再降低 10%，再得 5 分，最高得 30 分。

（2）采用适宜地区特色的建筑风貌设计，因地制宜传承地域建筑文化，评价分值为 20 分。

（3）合理选用废弃场地进行建设，或充分利用尚可使用的旧建筑，评价分值为 8 分。

（4）场地绿容率不低于 3.0，评价总分值为 5 分，并按下列规则评分：

1）场地绿容率计算值不低于 3.0，得 3 分。

2）场地绿容率实测值不低于 3.0，得 5 分。

（5）采用符合工业化建造要求的结构体系与建筑构件，评价分值为 10 分，并按下列规则评分：

1）主体结构采用钢结构、木结构，得 10 分。

2）主体结构采用装配式混凝土结构，地上部分预制构件应用混凝土体积占混凝土总体积的比例达到 35%，得 5 分；达到 50%，得 10 分。

（6）应用建筑信息模型（BIM）技术，评价总分值为 15 分。在建筑的规划设计、施工建造和运行维护阶段中的一个阶段应用，得 5 分；两个阶段应用，得 10 分；三个阶段应用，得 15 分。

（7）进行建筑碳排放计算分析，采取措施降低单位建筑面积碳排放强度，评价分值为 12 分。

（8）按照绿色施工的要求进行施工和管理，评价总分值为 20 分，并按下列规则分别评分并累计：

1）获得绿色施工优良等级或绿色施工示范工程认定，得 8 分。

2）采取措施减少预拌混凝土损耗，损耗率降至 1.0%，得 4 分。

3）采取措施减少现场加工钢筋损耗，损耗率降至

1.5%，得 4 分。

4）现浇混凝土构件采用铝模等免墙面粉刷的模板体系，得 4 分。

（9）采用建设工程质量潜在缺陷保险产品，评价总分值为 20 分，并按下列规则分别评分并累计：

1）保险承保范围包括地基基础工程、主体结构工程、屋面防水工程和其他土建工程的质量问题，得 10 分。

2）保险承保范围包括装修工程、电气管线、上下水管线的安装工程，供热、供冷系统工程的质量问题，得 10 分。

（10）采取节约资源、保护生态环境、保障安全健康、智慧友好运行、传承历史文化等其他创新，并有明显效益，评价总分值为 40 分。每采取一项，得 10 分，最高得 40 分。

九、资料管理

（一）要求

（1）施工过程中，应按照建设工程资料"在线化、无纸化、智能化"的指导思想，实现参建各方工程资料文件在线形成、交互、签批、检查、归档整理等全流程信息化应用。

（2）工程电子文件应使用行业监管部门或授权第三方机构的电子签名和电子签章，形成电子文件。

（二）资料管理范围

资料管理范围应包括但不限于：施工方案、技术交底方案、各分部分项施工技术记录、施工报验、隐蔽工程记录、检验批、材料检测报告、变更记录、图纸等文件资料。

（三）采集信息

资料管理系统采集信息应包含但不限于：时间、部位、责任单位、编辑人、签批人、材料种类、材料使用数量、混凝土强度、检验批数据等。

（四）资料管理应用要求

资料管理应用符合表 1-2-6-9 的要求，且留有扩展接口，满足功能扩展的需要。

表 1-2-6-9　　　　资料管理应用要求

序号	功能	建设内容	基本项	可选项
1	在线编制	（1）具备在线编制电子工程资料功能。 （2）具备文件检索、在线预览、下载功能。 （3）具备资料台账功能	√	—
2	交互签批	（1）具备文件在线审批、电子签章功能。 （2）具备文件版本管理功能	√	—
3	在线检查	（1）具备在线检查、预览文件功能。 （2）具备通过文件进度展现工程进度功能。 （3）具备文件检索、在线预览功能	√	—
4	移动端应用	（1）具备移动端签批文件提醒等待办事项提醒功能。 （2）验收检查原始记录实现移动终端或其他数据采集设备现场进行数据录入和采集	√	—
5	BIM 应用	具备文件与 BIM 关联	—	√
6	预警通知	（1）具备错漏章提醒预警功能。 （2）具备在线校验文件合规性风险预警功能	—	√
7	归档整理	（1）具备在线自动生成符合各地市城建档案馆要求的著录单、案卷目录、卷内目录功能。 （2）具备自动组卷整理功能。 （3）具备建立公司自有归档模板、归档规范功能	—	√

十、BIM 应用

（一）要求

（1）BIM 应用是基于 BIM 模型可视化和模型信息，结合施工现场管理实际，贯穿设计、施工、运维等过程，提高深化设计效率和现场管控效能。

（2）BIM 应用应结合进度、安全、质量、成本管理等业务诉求，实现模型与业务的有效融合。

（二）BIM 应用软件宜具备功能

BIM 应用软件宜具备但不限于以下功能：

（1）提供现场三维形象进度、实际进度展示。

（2）提供现场平面动态规划布置功能。

（3）提供工程量包括但不限于清单量、定额量等快速提取功能。

（4）提供辅助图纸会审功能。

（5）提供基于模型的进度、质量、安全管理等功能。

十一、数据应用

（一）要求

（1）智慧工地应围绕施工场景进行深入的数据挖掘，

建立量化数据模型、业务模型，实现数据和业务深度融合，提高数据驱动业务管理能力。

（2）智慧工地应围绕项目、公司、集团等不同层级用户开展数据分析，多层次挖掘数据潜在价值，提高管理效能。

（二）数据应用管理内容

数据应用管理应包括但不限于：数据统计、数据分析、数据预警、数据安全、数据运营等。

（三）数据应用应具备功能

数据应用应具备但不限于以下功能：

（1）提供报表统计功能。结合业务管理需求，采取不同统计方法，对数据信息进行自动实时统计或定时统计，形成可查询的数据统计报表和图表。

（2）提供趋势分析功能。基于平台的大数据分析能力，对数据资源进行智能分析，以图表、动画等方式直观展示各种数据以及关联状况，为决策提供支持。

（3）提供风险预测功能。结合业务管控目标，建立业务预测模型，设置管控阈值，进行实时智能对比，达到或超出控制值时进行预警。

（4）提供运营评价功能。围绕施工现场业务场景，搭建业务评价模型，制定评价规则，通过数据综合分析，实现进度、安全、质量、环境等管理过程自动评价。

十二、智能监控

智慧工地应提供智能监控系统，通过 AI 算法，对监控视频进行智能分析，识别各种危险源、不规范的作业行为等，支持工地在安全、卫生、考勤、劳工实名制等多方面的智能化应用。

智慧安监从字面理解包含两层含义：一是智慧化，二是安全监督管理。其内涵是指以物联网、互联网技术为基础，融合应用型信息系统、移动和智能设备等软硬件信息化技术，优化整合已有的各类安全生产监管要素和资源，以更加全面、精细、动态和科学的方式提供安全管理服务。智慧安监的外延是指一种新型的社会管理形态，代表人们对建筑业改革发展、安全发展的理念，是安全管理信息化的最新阶段。它展示的是一种集成的、绿色的、智能的、综合的管理模式。智慧安监通过对工地现场人员、机械设备、危险性较大的分部分项工程（以下简称"危大工程"）的不安全因素的全面监管，实现对"人、机、料、法、环"的闭环管理，有效落实安管人员责任，确保隐患及时发现并处理。初步达到如下效果：

（1）初步探索出建筑施工信息化安全发展之路。通过试点，确立了智慧工地应是包括危大工程预警管理、项目安全隐患自查、高处作业防护预警、建筑工人实名制管理、扬尘自动监测控制等"五位一体"的统一集成平台，联动人员安全管理、VR 安全体验教育、塔式起重机与施工升降机黑匣子、视频监控、深基坑监测、高支模安全监测、无线巡更、危险源红外线语音报警提示、防护栏杆警示、生活区烟感远程报警等多个终端，有效

实现"人的不安全行为""物的不安全状态"和"环境的不安全因素"的全面监管。

（2）强化了重大风险安全管控能力。智慧监管平台可以实时掌握正在实施的超规模危大工程有哪些，哪些将要实施，哪些已经为更好地实施监督计划、开展精准监管提供有力的技术保障。智慧工地平台归集超大工程专项施工方案专家论证、安全交底、监理巡查、验收等重要环节安全管理信息，各方风险防控措施落实情况，应用塔式起重机监控设备，支持塔式起重机司机开展全程可视化操作，准确判断吊物吊装过程的运行轨迹，有效识别周边环境，防范群塔干涉、碰撞，避免事故发生。利用智能传感器技术，自动获取梁柱等构件的受力、应变情况等监测数据，加强高大模板支撑体系监控，精准实时把控工程质量和施工安全。

（3）有效提升了项目安全管理水平。实现项目安全管理标准化、规范化，明确智慧工地平台功能和使用规则，利用平台实现数据实时动态查看和风险动态监测、人员动态安全管理、施工安全风险隐患排查、隐患随手拍、移动巡检等功能，完善风险隐患排查治理体系，有效落实安管人员责任，确保隐患及时发现并实现闭环管理。

第七节　智慧工地基础设施要求

一、一般要求

1. 对智慧工地基础设施工程建设基本要求

（1）智慧工地基础设施工程建设应技术先进、安全可靠、经济合理、节能环保。

（2）应符合国家有关云计算基础设施的相关要求，贯彻国家的基本建设方针政策，坚持工程建设的科学性、合理性和公正性。

（3）智慧工地基础设施应具备物理和环境安全、网络和通信安全、设备和计算安全、应用和数据安全以及管理安全等防护手段，并应符合《信息安全技术　网络安全等级保护基本要求》（GB/T 22239）的要求。

（4）智慧工地基础设施在抗震设防烈度 7 度及以上地区进行电信网络建设时应满足抗震设防的要求，使用的主要电信设备应符合《电信设备抗地震性能检测规范》（YD 5083）的要求。

2. 智慧工地基础设施应用要求

智慧工地基础设施应用应符合表 1-2-7-1 的要求，且留有扩展接口，满足功能扩展的需要。

二、云计算基础设施

1. 基本要求

企业宜提供智慧工地运行的云计算基础设施，支撑智慧工地体系的技术平台运行。

表 1 - 2 - 7 - 1 　　　　　　　　　　**智慧工地基础设施应用要求**

序号	功 能	建 设 内 容	基本项	可选项
1	信息设备采集	应符合 JGJ/T 434 建筑工程施工现场监管信息系统技术标准的要求	√	—
2	网络基础设施	具备无线局域网络设施	√	—
		无线局域网络信号应覆盖所有信息采集设备装置点	√	—
		移动通信网络应覆盖主要工地办公区域	√	—
		移动通信网络覆盖不低于 90％办公区域和施工现场生活区域	—	√
		具备信息存储安全和信息传输安全	√	—
3	互联网协作类功能	具备施工现场跨组织项目团队建立、职位、角色等管理能力	√	—
		具备文字、语音、视频等方式的即时沟通能力	√	—
		具备包含但不限于云盘、云表格、协作任务等基础协作能力		√
		具备日志留溯能力	√	—
4	管理协同类功能	具备自定义表单、流程的审批能力	√	—
		具备跨组织即时在线会商能力	—	√
		具备企业级（项目部、职能部门、分子公司、集团总部）协同管理、资源共享能力	—	√
		具备工程建设参与方（建设主管部门、参建单位）多协同管理能力	—	√
5	移动互联类功能	具备集成相关人员、生产、技术、质量、安全、绿色施工、视频监控、设备管理业务模块的能力	√	—
		具备支持集成其他业务功能模块的能力	—	√
		具备支持接入其他系统、平台的能力	—	√
6	IoT 接入类功能	具备施工现场各类物联网监测设备的接口支撑能力	√	—
7	GIS 类功能	（1）提供空间数据管理功能，包括但不限于图形管理、属性管理、拓扑管理、状态管理。 （2）提供数据提取和转换功能，包括但不限于参数提取、坐标变换、格式转换。 （3）具备三维数据管理、三维数据分析能力	—	√
8	BIM 类功能	（1）具备支撑工程信息共享的 BIM 信息交换接口能力，实现 BIM 模型的导入、导出。 （2）具备 BIM 模型浏览展示能力。 （3）具备 BIM 模型与技术资料关联展示能力	√	—
		（1）具备 BIM 模型与采集信息关联展示能力。 （2）具备 BIM 轻量化模型的多方在线协作能力	—	√
		具备 BIM 模型与图纸联动展示能力	√	—
9	控制机房	应符合《云计算数据中心基本要求》（GB/T 34982—2017）的要求		
10	信息应用终端	（1）具有固定终端设备，并具有现场综合信息处理功能。 （2）具有移动终端设备，并具有现场识别、监测、管理、控制等信息处理功能	√	—
		（1）具有语音广播设备并构建公共广播系统，提供信息广播功能。 （2）具有设置固定电子屏并构建信息发布系统，提供信息检索、信息查询、信息推送等功能	—	√

2. 云计算中心

（1）云计算中心宜选用 Docker 模式支撑智慧工地应用的运行。

（2）云计算中心应采用网络容错架构，确保智慧工地体系运行。

3. 云计算基础设施

（1）云计算基础设施应根据业务需求进行整体规划和统一建设，近期建设规模与远期发展规划应协调一致，系统应满足性能稳定、安全可靠、兼容性好、扩展性强、绿色节能等要求。

（2）云计算基础设施软硬件架构应充分考虑系统运行的安全策略和机制，并应采用多种技术手段提供完善的安全技术保障。

（3）云计算基础设施应根据业务需求划分不同安全域，使具有安全等级保护要求的逻辑区域共享防护手段；并应依据域间互联网安全要求以及安全防护需求，设置相应的访问控制策略和安全防护手段。

（4）云计算基础设施的计算资源、存储资源、网络资源、安全资源以及管理平台应结合业务需求或现网运行数据进行资源模拟抽象，并应事先对软硬件资源进行合理配置及优化。

（5）云计算基础设施的软硬件设备应支持 IPv6，建议采用标准化设计的部件。

（6）云计算基础设施的关键设备应具备高可靠性，重要部件应负载分担、关键部件应热备份，并应具备故障自动切换功能。

（7）云计算基础设施采用的虚拟化等软件应具备与不同厂商的服务器、网络、存储等硬件设备兼容的能力。

（8）云计算基础设施采用的软硬件应便于安装、升级，并应提供友好的用户管理界面。

三、现场网络系统

1. 现场网络系统基本要求

（1）现场网络系统包括现场总线、有线宽带和无线通信网络三种类型。

（2）现场网络设备应配置在符合技术规范的管理区域内。

（3）现场网络设备应采用 $N+1$ 冗余配置，确保业务运行。

（4）网络设备技术参数，应满足应用通信要求。

2. 现场网络系统通信方式

（1）对于固定安装，且具备布线条件的区域，如办公室、出入口、周界，宜采用综合布线系统，星形拓扑

结构，联结 PC 机、工作站、视频监控设备。

（2）对于开放空间，且不具备布线条件的区域，宜采用无线通信模式，与前端设备设施通信。

（3）对于封闭空间，如地下室、隧道或建筑内部，不具备布线条件，宜采用无线无源技术进行通信。

四、终端管理

1. 智慧工地终端组成和功能

（1）智慧工地终端一般包括终端硬件、终端软件、智能硬件、智能软件。

（2）智慧工地终端应能提供数据采集、数据传输、数据响应等服务，实现对项目建设过程的实时监控、智能感知和高效协同等。

2. 智慧工地终端技术要求

（1）终端硬件技术应具备施工现场智能感知图像、采集数据等能力，实现终端设备边缘物联代理，本地化预警信息；对于室外终端，防护等级宜支持 GB/T 4208—2017 外壳防护等级中 IP66 及以上；应可统一维护、在线运维设备。

（2）终端软件技术要求支持联网，远程操作、升级；软件应可批量配置、设置；应可通过软件独立应用，完成功能。

五、数据接口

1. 数据接口建设内容

数据接口建设内容应包括数据内容及接口、数据类型、数据格式、传输方式、传输频率。

2. 数据接口建设要求

（1）数据接口应公开发布、实现各系统间数据共享。

（2）数据接口应包含所有业务系统及智能物联网设备。

（3）数据接口应用应符合表 1-2-7-2 的要求，且留有扩展接口，满足功能扩展的需要。

表 1-2-7-2　　　　　　　　　　　数据接口应用要求

序号	功 能	建 设 内 容	基本项	可选项
1	数据内容及接口	提供工程信息管理访问接口	√	—
		提供人员管理信息访问接口	√	—
		提供工程管理信息访问接口	√	—
		提供质量管理访问接口	√	—
		提供安全管理访问接口	√	—
		提供绿色施工信息访问接口	√	—
		提供视频监控访问接口	√	—
		提供设备管理信息访问接口	√	—
		建立行业监管平台数据访问接口，实现采集数据的标准化	√	—
2	数据类型	结构化数据	√	—
		非结构化数据	√	—

续表

序号	功能	建　设　内　容	基本项	可选项
3	数据格式	应实现各数据类型的标准化，统一编码	√	—
		应支持 JSON、XML、文本等数据交换格式	√	—
		数据内容应包含数据唯一标识、项目唯一编码、采集设备唯一编码、数据采集时间等	√	—
4	传输方式	支持从智慧工地施工现场采集	√	—
		支持从其他智慧工地管理系统共享同步	√	—
		支持具有权限的后台管理人员录入	√	—
		支持有线和无线两种数据传输方式	√	—
		采用 Http、Socket 等互联网通信协议进行网络传输	√	—
5	传输频率	采集数据应按设置频率周期进行数据传输，传输频率应支持可配置，支持按天、小时、分钟、秒设置	√	—
		报警数据应在产生时及时传输	√	—

第八节　实施运维服务

一、实施运维服务的内容和要求

1. 实施运维服务的内容

（1）智慧工地实施管理应包括但不限于实施策划管理、需求调研管理、部署交付管理、应用培训管理、应用试运行管理与验收交付管理。

（2）智慧工地运维管理应包括但不限于主机、服务器、数据库及软硬件等的全生命周期的运维服务。

2. 实施运维服务的要求

（1）智慧工地实施与运维管理应符合《信息技术服务运行维护　第1部分：通用要求》（GB/T 28827.1—2012）、《云计算数据中心基本要求》（GB/T 34982—2017）以及《信息安全技术　网络安全等级保护基本要求》（GB/T 22239—2019）的要求。

（2）智慧工地实施与运维服务管理应符合安全管理与保密管理要求。

二、智慧工地实施管理

智慧工地实施管理的项目及应符合的规定见表1-2-8-1。

三、智慧工地运维管理

智慧工地运维管理的项目及应符合的规定见表1-2-8-2。

四、服务管理

1. 服务基本要求

供应商应提供标准、快捷的服务、多元化的服务和服务模式，保证系统持续应用。

2. 服务形式

供应商应提供包括但不限于以下形式的服务：

（1）热线服务：7×24h全国免费服务电话。

（2）在线服务：通过QQ/微信等在线沟通工具和服务工程师进行软件功能应用的网上交流，获得在线问题解答与指导。

表1-2-8-1　　　　　　　　　智慧工地实施管理的项目及应符合的规定

序号	项　　目	应　符　合　的　规　定
1	实施策划管理	（1）智慧工地建设前应编制智慧工地建设实施策划方案。 （2）智慧工地实施策划方案内容宜包含但不限于：建设目标、实施范围、组织机构及职责、实施路径、实施应用计划等。 （3）智慧工地实施策划方案应提交主管部门审核，审核通过后方可开展智慧工地建设工作。 （4）企业需构建智慧工地实施考核机制，推动策划方案落地
2	需求调研管理	（1）智慧工地建设应进行必要的业务调研和分析，并依据调研分析结果输出匹配的业务解决方案。 （2）需求调研应指定有专业能力的顾问进行实地调研，需求调研前应做好相应的计划组织和充分的准备工作，并完善成熟的调研方法、流程、计划。 （3）需求调研应对使用方所需涉及的各部门的实际业务流程和应用需求进行详细的调研、分析，制订有针对性的解决措施和实施策略，形成业务解决方案，双方达成共识

序号	项 目	应 符 合 的 规 定
3	部署交付管理	（1）部署交付应满足达成共识的业务交付方案梳理的流程及需要实现的效果。 （2）部署的软硬件安装、布线实施及设计应满足相应的技术标准规范方可进行最终试运行及验收。 （3）部署实施工作步骤应包含但不限于以下几个方面：组织架构搭建、产品授权开通、用户权限分配和模型及数据导入、项目信息等基础数据的设置。 （4）部署过程中应对硬件外观、性能、质量及安装重点部位检查并保留照片，用于最终交付验收
4	应用培训管理	（1）产品部署完成后，供应商应提供针对性的应用操作培训。 （2）应用操作培训内容应包含但不限于：使用操作、操作系统、开发工具软件（如涉及）、系统组织机构维护、后台配置、常见问题处理、反馈途径及方法等，并提供培训文档
5	应用试运行管理	（1）产品交付前应进行试运行，试运行周期一般不少于30d。 （2）试运行使用方应校验业务与现有系统功能运行是否一致，并对系统流程及业务进行优化调整
6	验收交付管理	（1）智慧工地建设供应商发起工程验收应依据相关规范标准、合同条款、技术协议、澄清文件、投标文件等。 （2）验收标准程序一般包含初验收和终验收，应符合下列规定。 1）初验收：智慧工地系统供应商负责根据验收依据编制验收表格，提前交给用户审核。审核通过后，软硬件调试完成后，用户组织技术人员进行验收，如果验收不合格，系统供应商进行限期整改，直到合格为止。初验收合格签署初验收合格文件，进入试运行阶段。 2）终验收：初验收合格并试运行1个月后，该工程软硬件具备正常运行条件，签署终验收合格文件。 （3）供应商提供验收交付物宜包含但不限于《项目实施策划》《软件操作手册》《系统应用方案》《项目验收确认单》以及各类硬件设备说明书/合格证和软件系统管理员账号/密码/加密锁等。 （4）供应商涵盖设备拆卸回收工作，相应的服务费用应涵盖在智慧工地体系建设中

表1-2-8-2   **智慧工地运维管理的项目及应符合的规定**

序号	项 目	应 符 合 的 规 定
1	主机、服务器及数据库运维管理	（1）根据应用需求，主机、服务器及数据库系统的配备和安装，以及系统资源的使用等由企业统一规划。 （2）应指定专人作为系统管理员（系统工程师）和数据库管理员，对系统的运行、管理、维护和安全负责，并按照有关规定负责系统和数据的备份与恢复。 （3）系统/数据库管理员应定时对系统进行监控和定期的健康性检查，分析系统运行和资源使用状况，并进行必要的优化、调整和修正，及时消除隐患；如系统设置发生变化，或重新安装系统，或安装了新软件，应在此后15个工作日内对系统进行密切跟踪。 （4）应及时解决处理系统运行过程中出现的异常问题和软硬件故障，并采取必要措施，最大限度地保护好系统资源和数据资源。 （5）对于重大软硬件系统故障，应立即通知部门领导，协调服务商，使系统尽快得以恢复运行。 （6）对于应用系统引发的系统异常或故障，应及时通知相关人员，并协同解决处理。 （7）每季度应对系统主机/服务器/数据库进行一次停运维护，其操作必须严格按照操作规程进行。 （8）其他非正常性停运（由故障引发的除外），应提出书面申请，并经部门领导批准后方可进行。 （9）同时做好相应的准备工作，最大限度地减少对业务操作带来的影响。 （10）具有系统操作或管理权限的人员调离工作岗位或离职，应立即从系统中删除该用户；如该人员掌握超级用户口令，应立即更换口令
2	软件运维管理	（1）应避免在用户工作时间进行软件版本升级工作，以免由于人为失误造成业务中断。 （2）软件系统的安装、升级等操作应保留完整的实施记录。 （3）对软件系统进行升级、更新补丁，应首先进行相关的测试，并在确认无误后实施。 （4）对软件系统进行升级、更新补丁，或进行系统的重新安装等操作，应在实施前对原有系统及数据进行备份。 （5）变更系统配置，修改配置文件、参数文件时，应对原始配置数据（或文件）进行保留。 （6）软件进行版本升级时，对于不影响业务的升级工作，应以书面形式详细将升级计划、方案、保障措施等报主管部门备案；对于影响业务的升级工作，应提前两周向主管部门以书面形式提出申请详细报告计划、方案、措施等，经批准后方可实施。 （7）维护人员应定期跟踪所使用系统的软件升级情况和升级后的新功能，必要时提出升级建议

续表

序号	项　目	应符合的规定
3	硬件运维管理	（1）供应商应按照维保周期要求，及时对相关硬件进行过程维保，并提交维保记录。 （2）使用方应建立硬件台账，并指定专人负责硬件的过程运维工作，定期进行硬件维护检查，发现问题及时按程序进行解决，保存硬件过程维保记录。 （3）当硬件更新换代时，供应商应及时通知使用方，由使用方决定是否更新

（3）远程服务：通过 QQ 远程等远程桌面工具进行故障现象查看、定位、诊断并提供解决方案，同时进行应用指导。

（4）现场服务：上述三种无法满足问题处理时，提供由专业运维服务工程师，进驻客户工作现场，提供相关的系统服务工作。

3. 服务类别及内容

供应商应提供包括但不限于表 1-2-8-3 中所包含的服务类别及服务内容。

表 1-2-8-3　供应商提供服务类别及服务内容

序号	服务类别	服务内容
1	产品意见、需求反馈	针对系统操作性及功能等方面反馈及需求
2	软硬件操作疑难解答及操作远程指导	解决软硬件使用过程中疑难问题，进行软件功能远程指导
3	软硬件操作系统培训	再次进行面对面软硬件操作指导及系统性的培训
4	系统升级、优化	免费对软硬件进行升级及优化，改进、完善、消除现有漏洞
5	使用情况定期巡查	通过电话、远程等形式不定期对项目使用情况进行排查，发现问题并给出解决方案
6	硬件设备维修更换（质保范围内）	免费上门维修/更换硬件设备，安装调试
7	硬件设备维修更换（非质保范围内）	依据合同约定进行上门维修更换，设备安装调试

4. 服务质量

供应商提供服务质量应符合下列规定：

（1）服务工程师通过任何途径受理客户反馈应进行记录存档备查。

（2）服务前应将数据库及系统软件、视频文件、图像文件等做好备份，且存放在安全的目录中。

（3）经过授权方可查看系统中的影音资料及业务数据。

（4）经过授权方可使用用户的系统密码、软件密码等。

（5）经过授权方可更改计算机中与工具类产品系统相关的设置及参数。

（6）上门服务时工程师应按既定时间准时到达客户现场，并按施工现场管理要求和服务规范标准进行指导及维修作业。

（7）硬件故障维护按实施质量标准进行硬件故障维修及软件问题修复。

（8）验证处理结果应获得客户认可，并请客户进行满意度评价。

5. 服务响应时效

供应商服务响应时效应符合下列规定。

（1）热线服务/在线服务/远程服务：20min 内响应并受理问题反馈。

（2）现场服务：自受理反馈日起，2 个工作日内安排服务工程师上门服务。

第九节　智慧工地评价

一、智慧工地建设评价

1. 评价标准内容

智慧工地应制定相应的建设评价标准，可包括职责职权、应用范围、应用深度、考核评价等。

2. 应用范围

应用范围可设定必用内容和可选内容。

3. 应用深度

应用深度可包括数据积累的质量、数量、数据应用的效果、产生的价值等维度。

4. 考核评价方法

考核评价可围绕数据真伪、应用范围、应用深度，并对智慧工地建设评分。

二、智慧工地应用评价

智慧工地的应用评价可根据《智慧工地集成应用与评价标准》（T/WHCIA 01—2020）执行。

《智慧工地集成应用与评价标准》（T/WHCIA 01—2020）属于国内的团体标准，武汉建筑业协会根据《国务院办公厅关于促进建筑业持续健康发展的意见》（国办发〔2017〕19 号）、《住房和城乡建设部关于印发 2016—2020 年建筑业信息化发展纲要》（建质函〔2016〕183 号）以及本地区相关工程项目信息化管理相关规定等要求，立足于"智慧城市"和"互联网＋"，运用云计算、大数据和物联网等技术手段，针对建设工程项目的信息特点，结合不同的需求，构建建设工程项目智慧工地建设方案而制定的，以便指导和规范智慧工地建设。

智慧工地应用涉及多类用户，应用中存在大量数据共享、业务协同需求，云平台＋应用的架构能有效保障应用间的协作能力。施工项目开展智慧工地建设，应根据项目重点、难点，编制专项方案，方案内容应包括工程概况、编制依据、组织架构、应用特点及重难点、建设内容、建设过程、预期成果等。智慧工地安全管理贯穿整个智慧工地项目的生命周期，具体安全要求应符合现行国家标准《信息安全技术　网络安全等级保护基本要求》（GB/T 22239—2019）中"第二级基本要求"的规定。智慧工地运行维护在智慧工地验收后进行，包括建立运行与维护规范、日常软硬件维护，以及在此基础上根据实际应用需求和技术发展需要，对智慧工地信息系统进行扩展和升级。智慧工地基础建设是智慧工地建设的基础内容，为智慧工地现场管理体系应用提供基础信息通信环境及技术平台能力，各设备具有通用性及兼容性，适应信息通信技术发展趋势、技术发展要求。网络基础设施可包括WiFi、ZigBee蓝牙等无线局域网技术所涉及的各类模组、终端、网关、路由器、协调器等设施设备。无线局域网覆盖范围的要求是保证现场各信息设备互联互通的必要条件。移动通信网络可包括2G/3G/4G/5G等移动通信网络，以满足人员通信及现场信息设备的接入需求。移动通信信号的全面覆盖可保障人员及时通信及相关信息设备的接入。计算机机房应符合《信息技术服务运行维护　第4部分：数据中心规范》（SJ/T 11564.4—2015）的规定。信息应用终端设备一般指操作员、工程师等人员所使用的台式计算机。移动终端一般指智能移动电话、平板电脑或各种专用手持式移动终端。信息发布模块可包括点阵式LED屏、多功能一体式固定终端等设备。语音广播系统是信息发布、通知公告、预警应急等公共通告的重要辅助设施。

第三章

智慧工地功能模块应用

第一节 基本原则和要求

《智慧工地应用规范》（T/CIIA 016—2022）规定了智慧工地项目进度管理、安全管理、质量管理、人员管理、设备管理、物资管理、绿色施工管理、资料管理在施工应用中的要求。该标准适用于房屋建筑、市政基础设施、交通基础设施及其他相关建筑工程施工项目智慧工地应用，指导智慧工地相关系统的应用及维护。

一、智慧工地应用应遵守的原则

（1）智慧工地平台宜基于建筑信息模型（BIM）技术建立。

（2）智慧工地平台宜建设软件即服务（SaaS），集成服务支持多租户。

（3）现场硬件网络布置宜使用无线方式，便于安装组网，以应对现场复杂环境。

二、智慧工地应用基本要求

（1）智慧工地建设应符合《智慧工地总体规范》（T/CIIA 014—2022）的要求。

（2）智慧工地建设应在项目初期进行合理规划，并纳入项目计划进行管理。

（3）智慧工地建设应根据工程的特点和实际需求，配置相适应的智慧工地管理系统。

（4）智慧工地建设应建立信息安全保障体系及制度，确保信息安全可控。

（5）智慧工地管理应在项目实施前期从管理组织、管理内容、管理体系、智慧工地管理系统应用目标等方面做系统性规划。

（6）智慧工地平台应具备相适应的资金投入、软件与硬件配置、基础设施建设条件。

（7）智慧工地应考虑集团型建设单位对多工地的集成管理，实现数据的整体统一与各工地的个性化需求。

（8）在应用智慧工地平台时，管理方应根据各阶段、各项任务的需要来创建、使用和管理过程数据。

（9）智慧工地平台应提供统一接口，提高硬件设备的复用性，支持工地节约成本。

（10）智慧工地管理系统中使用到的数字证书应由证书授权机构遵循国际国内相关标准颁发，并应在证书所有者的控制下签署电子文件。

第二节 进度管理

一、进度管理基本要求

（1）应合理编制项目进度计划，审批并发布。

（2）宜直接使用智慧工地进度管理系统的进度管理模块编制各类进度计划。

（3）以进度计划管理为依据，通过人-作业工种和人数、机-设备工效及运行、料-物料供销存管理、法-传统人员计划跟进、环-施工现场及整体形象进度，自动识别辅助采集进度信息，增加多设备协同辅助进度管理。

（4）宜依托 BIM 开展同步施工，将进度计划与 BIM 模型中的构件进行关联，基于 BIM 模型实现工程计划进度的模拟和形象进度的展示。

（5）宜实现进度计划与资源配置计划的协同联动管理，数据协同和文件协同宜在模型协同基础上展开，实现信息模型与其他应用之间的信息传递和数据共享。

二、进度管理具体要求

（1）应根据项目实际情况，在系统中及时调整进度计划目标值。

（2）应根据项目实际情况，实时跟踪检查，进行数据记录与统计，在系统中及时录入相关值。

（3）应根据进度管理报告及时做好进度偏差分析，纠正进度计划执行中的偏差，对进度计划进行变更调整。

（4）宜与建设项目其他相关方进行项目进度的协同管理和数据交互。

（5）应及时将进度管理数据进行存储和归档。

（6）宜使用具有 360°全景拍摄功能的无人机、照相机等图像采集、存储设备定期对施工现场进行实景记录、存档。

第三节 安全管理

一、安全检查

1. 安全检查总体原则

（1）应制订详细的安全检查计划，并将计划内置到安全检查系统中。

（2）应将项目风险源及危险性较大的分部分项作为检查重点，并在系统中预置检查任务。

2. 安全检查整体要求

安全检查整体上应符合以下要求：

（1）应根据岗位职责设定相应的检查流程，做到检查流程的合法合规，流程闭环，具备下发整改通知、验收、复查等业务流程。

（2）安全检查应包括但不限于隐患排查、随机检查、周安全检查、月安全检查、重大风险源日常检查等。

3. 安全检查应用管理

安全检查应用管理应符合以下要求：

（1）所有安全管理相关人员均应根据系统内置的检查任务按期限及检查要求去现场进行检查。

（2）安全隐患及安全问题整改责任人应在规定期限内完成整改，并提交审核，审核责任人应在一日内去现场进行验收或转交他人验收。

（3）如管理人员或操作人员未完成日常检查任务、未按期整改及验收，均应对责任人进行消息提醒，并留存记录，项目部安全相关部门每日应总结相关信息，并在生产会中进行情况说明及汇报。

（4）应具备相应文件导出功能，根据项目需要内置隐患整改通知单、隐患清单等日常管理文件。

二、塔吊安全监测

1. 塔吊安全监测总体原则

塔吊安全监测宜使用塔上-地面视频协同功能，宜使用疲劳监测及瞌睡识别功能，在线监控预警，宜使用光纤单点分析垂直形变传感，横向形变传感联动和 AI 预警多频谱数据分析系统。

2. 塔吊安全监测整体要求

塔吊安全监测整体上应符合下列规定：

（1）塔吊安全监测应包含但不限于限位、防碰撞、吊钩可视化以及身份识别功能。

（2）存在多台塔吊同时作业或碰撞类型较为复杂，现场吊装任务繁忙以及存在塔吊司机视线盲区的情况下，施工现场的塔吊应安装塔吊安全监测系统。

（3）设备采购时，应选择具备相应资质，并且社会使用效果较好的厂商。

（4）设备进场前，应检查设备的合格证书、操作人员资质证书，并将相关信息输入平台。

（5）塔吊安全监测系统安装后，应完成系统测试。

3. 塔吊安全监测应用管理

塔吊安全监测应用管理应符合下列规定：

（1）操作人员应利用面部识别进行身份验证后方能启用和操控设备，应实现对操作人员的监控管理。

（2）显示装置应安装在塔式起重机司机室内，方便观察且不阻碍司机工作视线。

（3）塔吊安全监测系统安装到位后，应对各相关作业岗位进行使用和协同作业交底。

（4）塔吊作业时应通过塔吊安全监测系统及时查看主要参数以及与塔式起重机额定参数比对信息，主要工作参数应至少包括起重量、起重力矩、起升高度、幅度、回转角度、运行行程、倍率、风速。

（5）在达到设定的塔式起重机相应额定参数阈值时，系统进行声光报警后，应及时采取干预措施。

（6）当塔式起重机有运行危险趋势时，塔式起重机控制回路电源应能自动切断。

4. 塔吊安全监测使用及维护

塔吊安全监测使用及维护应符合下列规定：

（1）应定期对塔吊安全监测系统进行检查维护，定期对硬件系统进行检测。

（2）在运行周期内采样周期不应大于 100ms。

（3）对于开关量数据，运行周期内应至少对于变化的数据系统需顺序存储，对于其他数据，运行周期内系统的存储间隔不应大于 2s。

（4）系统应能存储不少于 30 个连续工作日的监控数据；使用信息应定期进行下载备份。

（5）重复利用的设备应进行硬件参数的标定工作，确保系统运行安全有效。

三、卸料平台监测

1. 卸料平台监测总体原则

（1）当项目存在卸料平台时应安装卸料平台监测系统。

（2）卸料平台监测系统功能应包含但不限于当前状态实时显示、具备声光预警报警联动等功能。

2. 卸料平台监测整体要求

卸料平台监测整体上应符合下列规定：

（1）设备采购时，应选择具备相应资质，并且社会使用效果较好的厂商。

（2）设备进场前，应检查设备的合格证书。

3. 卸料平台监测使用及维护

卸料平台监测使用及维护应符合下列规定：

（1）应在卸料平台监测系统安装后进行系统测试工作，确保参数值符合实际要求，检查报警装置是否有效，数据传输是否正常。

（2）设备使用时，应开启实时监测卸料平台载重数据并上传至云平台。

（3）应定期对卸料平台监测系统进行检查维护，定期对硬件系统进行检测。

（4）重复利用的设备应进行硬件参数的标定工作，确保系统运行安全有效。

四、施工电梯监测

1. 施工电梯监测总体原则

（1）施工电梯宜具备视频 AI 人员数量识别功能，对轿厢内人数核对，超过电梯额定乘坐人数，应报警并禁止继续使用电梯。

（2）电梯宜配置配电箱高温火情预警系统。

（3）施工电梯作业时宜通过施工电梯安全监测系统及时查看主要参数以及与升降梯额定能力比对信息，主要工作参数应至少包括：载重、高度、倾斜、门锁状态等。

（4）在达到设定的升降梯相应额定能力阈值时，系统进行声光报警后，应及时采取干预措施。

2. 施工电梯监测整体要求

施工电梯监测整体上应符合以下要求：

（1）当项目存在施工电梯时应安装施工电梯监测系统。

（2）施工电梯监测系统功能应包含但不限于施工升降机实时监控与声光预警报警、数据远传功能，司机违章操作时刻发生预警、自动终止施工升降机危险动作等功能。

（3）设备采购时，应选择具备相应资质，并且社会使用效果较好的厂商。

（4）设备进场前，应检查设备的合格证书。

3. 施工电梯监测使用及维护要求

施工电梯监测使用及维护应符合下列要求：

（1）操作人员应利用面部识别等手段进行身份验证后方能控制施工电梯，实现对操作人员的监控管理。

（2）应在施工电梯监测系统安装后进行系统测试工作，确保参数值符合实际要求，检查报警装置是否有效，数据传输是否正常。

（3）设备使用时，应开启实时施工电梯监测相关数据并上传至云平台。

（4）应定期对施工电梯监测进行检查维护，定期对硬件系统进行检测。

（5）重复利用的设备应进行硬件参数的标定工作，确保系统运行安全有效。

五、基坑监测

1. 基坑监测总体原则

（1）应根据基坑设计文件中明确的基坑支护监测的要求，确定监测项目、测点布置、观测精度、观测频率和临界状态报警值等，选择基坑监测设备。

（2）应明确监测预警值，重点部位和重点参数应加强观测，加大监测频率，实现实时传输监测结果，并报警。报警应分为两个等级，分别为预警等级与报警等级，预警等级为出现小范围数值波动并偏离预警阈值，报警等级需要紧急关注处理，指挥现场人员疏散。

2. 基坑监测整体要求

基坑监测整体上应符合下列规定：

（1）单项设备选择时，应明确量测范围、系统精度、操作温度、灵敏度、非线性指标等满足监测要求。

（2）设备采购时，应选择具备相应资质，并且社会使用效果较好的厂商。

（3）设备进场前，应检查设备的合格证书。

3. 基坑监测设备使用及维护

基坑监测设备应进行硬件参数的标定工作，确保系统运行安全有效。

六、高支模监测

1. 高支模监测总体原则

（1）当项目存在高大模板支撑体系时，应采用高支模监测系统。

（2）高支模监测应包含但不限于以下功能：

1）实时监测。

2）超限报警。

3）数据传输、存储。

4）数据报表。

5）历史数据查询。

（3）结合高支模的结构特点和使用场景，主要监测项目如下：

1）模板沉降。

2）立杆水平位移。

3）立杆倾斜。

4）立杆轴力。

2. 高支模监测整体要求

高支模监测整体上应符合下列规定：

（1）监测点的数量和位置应综合考虑监测目的、监测对象、监测方法和监测成本。用最经济的监测手段和合理点位布置来完成对目标对象的监测。

（2）模板沉降、立杆水平位移监测选取监测手段时，应考虑以下几个方面：

1）成本可控。

2）精度应满足使用要求。

3）设备安装走线应尽量简单，不应对结构造成影响，要求测量精度高、使用寿命长，宜使用无线方式进行布置，便于安装组网，以应对现场复杂环境。

（3）设备采购时，应选择具备相应资质，并且社会使用效果较好的厂商。

（4）设备进场前，应检查设备的合格证书。

3. 高支模监测使用及维护

高支模监测使用及维护应符合下列规定：

（1）作业人员应根据需要设置各参数的预警阈值，当监测值超过警戒值时，报警器可实现自动报警。

（2）在高支模关键部位或薄弱部位应布设位移、轴压和倾角传感器及相关的辅助支架，实时监测模板沉降、立杆轴力、水平杆倾角、立杆倾角等参数。高支模关键部位或薄弱部位为：跨度较大的主梁跨中、跨度较大的双向板板中、跨度较大的拱顶及拱脚、悬挑构件端部以及其他重要构件承受荷载最大的部位。

（3）应根据需要设置被测参数的预警阈值，系统根据采集的数据与相关阈值进行比对，当测量值超过阈值时，软件自动触发报警器，使用声音报警和闪光报警两种方式通知现场人员，现场人员及时撤离。

（4）应通过对智能采集仪设定的时间间隔采集传感器数据，并将数据通过有线方式回传至监控中心，实现数据全程实时记录。智能采集仪应实现数据的暂储与转存。

（5）系统应将接收到的数据自动汇总，按指定要求，如监测传感器、监测日期，以数据列表或曲线图的方式生成报表和按阶段绘制数据变化曲线图，便于监管人员分析模板沉降、立杆轴力等监测量的变化情况和当前的报警状态。支持报表数据的导出。

（6）应建立实时数据库和历史数据库，每隔一段时间，可将测量数据同步到服务器的历史数据库中。实时数据库只保持一定时间范围内的数据，时间范围由用户确定。提供历史数据查询功能，可按时间、传感器等条件查询数据历史记录，出现异常事件时，可对原先记录进行追溯。

（7）重复利用的设备应进行硬件参数的标定工作，确保系统运行安全有效。

七、防火监测报警系统

1. 防火监测报警系统总体原则

生活区以及存在动火作业的工作区宜设立防火监测

报警系统，生活区配置配电检测、电动车或其他充电、高温预警检测。

2. 防火监测报警系统整体要求

防火监测报警系统整体上应符合下列规定：

（1）设备采购时，应选择具备相应资质，并且社会使用效果较好的厂商。

（2）设备进场前，应检查设备的合格证书。

3. 防火监测报警系统使用及维护

防火监测报警系统使用及维护应符合下列规定：

（1）重复利用的设备应进行硬件参数的标定工作，确保系统运行安全有效。

（2）应能够实时在移动端查看实施数据。

（3）宜配合喷淋降温系统对高温部位进行洒水降温。

八、临边防护监测

1. 临边防护监测总体原则

（1）应根据边坡设计文件中明确的监测的要求，确定监测项目、测点布置、观测精度、观测频率和临界状态报警值等，选择监测设备。

（2）应明确监测预警值，重点参数变化应加强观测，加大监测频率，实现实时传输监测结果，并报警。

2. 临边防护监测整体要求

临边防护监测整体上应符合下列规定：

（1）单项设备选择时，应明确量测范围、系统精度、操作温度、灵敏度、非线性指标等满足监测要求。

（2）设备采购时，应选择具备相应资质，并且社会使用效果较好的厂商。

（3）设备进场前，应检查设备的合格证书。

3. 临边防护监测使用及维护

重复利用的设备应进行硬件参数的标定工作，确保系统运行安全有效。

九、隧道安全监测

1. 隧道安全监测总体原则

（1）在隧道开工前应编制隧道安全监测方案。

（2）隧道的安全监测方案应包括但不限于变形、沉降、有毒有害气体、人员定位等。

2. 隧道安全监测整体要求

隧道安全监测整体上应符合下列规定：隧道正式开挖作业后，应及时进行有毒有害气体监测，满足作业条件后方可进洞作业。

3. 隧道安全监测应用管理

现场作业应符合各类围岩状况下的安全步距要求，所有进洞人员进洞登记时，应检查人员定位装置是否携带，是否有效。

4. 隧道安全监测使用及维护

隧道安全监测使用及维护应符合以下规定：

（1）应及时对洞内设备进行除尘和维护，保证设备的正常作业条件。

（2）宜对相关设备进行防尘、防震动防护。

（3）宜应用智能监测巡检设施，利用 AI 技术及时发现裂缝、渗水等特征并发出预警。

十、视频监控管理

1. 视频监控管理总体原则

（1）视频监控模块宜在项目开工之前布设完成，可根据施工情况调整。

（2）宜在制高点配备全景球机，便于管理人员观察工地全景。

（3）每个施工现场宜设置视频监控室。

（4）视频监控可自动切换视频图像，具备异常事件的报警、回放、录像等功能。

（5）具备指定的生产、治安方面的安全识别模式。

2. 视频监控管理整体要求

视频监控管理整体上应符合下列规定：

（1）应具备移动终端监控功能，在操作者权限范围内支持使用移动终端查看视频监控。

（2）各工地应根据实际情况，选择设备安装，应满足重点区域覆盖的原则。

（3）设备采购时，应选择具备相应资质，并且社会使用效果较好的厂商。

（4）设备进场前，应检查设备的合格证书。

（5）平台或设备应能与上级单位、地方监管部门监控平台实现数据对接。

（6）宜利用视频监控搭载可扩展的 AI 智能模块，识别和捕捉人的不安全行为和物的不安全状态，提供视频监控联动预警功能，发现不安全行为拍照留存音像资料并预警，相关记录可查询、编辑。主要包括以下 3 个方面。

1）未戴安全帽监测。发现未戴安全帽的现象，宜采用智能安全帽或通过视频抓拍等方式对未佩戴安全帽的行为进行记录；出现未佩戴安全帽的行为，宜联动工地现场广播系统进行播放警示，同时将消息同步给工地管理人员。

2）未穿安全背心监测。发现未穿安全背心的现象，宜通过视频抓拍等方式对未穿安全背心的行为进行记录；出现未穿安全背心的行为，宜联动工地现场广播系统进行播放警示，同时将消息同步给工地管理人员。

3）陌生人闯入预警。工地中出现的人员应全部登记，若发现未登记人员，宜进行预警；宜通过在关键路口和周界安装高清网络摄像机进行智能分析识别陌生人闯入事件；对于物料堆放区，宜重点考虑陌生人闯入问题，对进入物料堆放区的人员身份进行识别。

（7）如有夜间施工需求，应能满足夜间监控需要。

3. 视频监控应用管理

视频监控应用管理应符合下列规定：

（1）视频监控系统主要包括硬件、软件等，数据分析、存储、传输应符合国家相关标准要求。

（2）视频监控功能模块应包括视频数据采集、视频数据查看、视频监测控制、视频数据存储。

（3）视频监控系统宜做到全方位无死角的监控，对重点区域，如钢筋料场、出入口，可适当增加摄像机数量。

（4）摄像机宜选用网络摄像机。

（5）视频监控储存时长应不少于30d，具体以地方监管部门要求为准以及项目管理需要而定。

（6）视频AI智能模块数据，如未戴安全帽等监测数据宜实时上传到现场智慧工地平台中，进行存储，数据包括发现地点、发现时间、违规人姓名、处理人、处理结果、处理时间等。

（7）工地管理人员应及时对违规数据进行处理。

4．视频监控设备使用及维护

应定期对硬件设备进行维护保养。

十一、多媒体安全教育

1．多媒体安全教育总体原则

（1）工程建设具有工程量大、工期紧、交叉作业多、施工工艺复杂等特点，用工数量大的情况下宜采用多媒体安全教育。

（2）宜使用人脸识别摄像机集群无感点名以落实培训到位，并关联施工工厂入口闸机（经安全教育后放行）。

2．多媒体安全教育整体要求

多媒体安全教育整体上应符合下列规定：

（1）设备采购时，应选择具备相应资质，并且社会使用效果较好的厂商。

（2）设备进场前，应检查设备的合格证书。

（3）安全教育培训应有完善的管理制度，宜采用虚拟现实（VR）、增强现实（AR）、混合现实（MR）、二维码、多媒体、动漫、网络在线等多种技术手段。

3．多媒体安全教育使用及维护

应定期将培训数据进行备份保存，教育记录存储时长不应低于工程项目施工周期。

第四节 质量管理

一、质量检查

1．质量管理总体原则

（1）组织应根据需求制定项目质量管理和质量管理绩效考核制度，择优选择适合本项目的质量管理系统。

（2）所选购的质量管理模块应坚持缺陷预防的原则，按照策划、实施、检查、处置的循环方式进行系统运作。

（3）项目管理机构应充分利用质量管理系统，通过对人员、机具、材料、方法、环境要素的全过程管理，确保工程质量符合质量标准和相关方要求。

2．质量检查整体要求

质量检查整体上应符合下列规定。

（1）应用质量管理系统进行项目质量管理应按下列程序实施：

1）确定质量计划。

2）实施质量控制。

3）开展质量检查与处置。

4）落实质量改进。

（2）质量管理系统应提供包含但不限于质量方案管理、从业人员行为管理、变更管理、检验检测管理、旁站管理、检查管理、验收管理、质量资料管理、数字化档案管理等功能。

（3）质量管理系统应提供包含但不限于质量方案的在线提交、审查、在线编辑、公示、台账的功能，同时实现质量方案的交底功能。

（4）质量管理系统应提供包含但不限于核验关键岗位从业人员资格、关键岗位人员质量行为记录档案管理和电子签章授权及存样管理等从业人员行为管理功能。

（5）应在质量管理系统中进行项目质量计划的编制。项目质量计划应包括下列内容：

1）质量目标和质量要求。

2）质量管理体系和管理职责。

3）质量管理与协调的程序。

4）法律法规和标准规范。

5）质量控制点的设置与管理。

6）项目生产要素的质量控制。

7）实施质量目标和质量要求所采取的措施。

8）项目质量文件管理。

（6）应在质量管理系统中实现以下要求：

1）实施过程的各种输入。

2）实施过程控制点的设置。

3）实施过程的输出。

4）各个实施过程之间的接口。

（7）应在系统中实现质量控制过程管理，跟踪、收集、整理实际数据，与质量要求进行对比，分析偏差，采取措施予以纠正和处置，并对处置效果进行检查。

（8）应在系统中设置质量控制点，应按规定进行检验和监测。

（9）应在系统中对检验和监测中发现的不合格品，按规定进行标识、记录、评价。并记录采用返修、加固、返工、让步接受和报废措施，建立不合格品台账及处置记录。

（10）应定期输出质量报告，并基于质量报告优化线下质量管理。

二、大体积混凝土温度监测

1．大体积混凝土温度监测总体原则

客运专线、高速铁路工程中大体积混凝土箱梁养护测温，公路、铁路建筑施工中桥梁及桥墩浇筑时的温度监测，高层建筑大体积混凝土地基承台、框架浇筑时的温度监控，水利施工中大体积混凝土大坝坝体温度监控等宜采用大体积混凝土温度监测系统。

2．大体积混凝土温度监测整体要求

大体积混凝土温度监测整体上应符合下列规定：

（1）设备采购时，应选择具备相应资质，并且社会使用效果较好的厂商。设备应满足低功耗设计，自动休眠功能，传感器可互换，性能稳定，误差小，时间显示和自动校准，测温数据自动存储，可随时查询数据，多种工作模式，可满足不同工况下的测温。

（2）设备进场前，应检查设备的合格证书。

（3）大体积混凝土温度监测应配置大屏幕液晶显示功能，随时查看温度数据。

（4）大体积混凝土温度监测系统待机时间应不少于2个月。

（5）个人计算机（PC）端软件应集成数据查看、曲线显示、报表导出等多项功能，智能手机专用软件，随时随地查看温度数据、曲线等，采用移动通信网络模块上传数据，无距离限制。

（6）大体积混凝土温度监测使用前应全数字调校，对零点误差、修正满度误差。

3. 大体积混凝土浇筑温度监测应用管理

应具备管理大体积混凝土浇筑温度监测专项方案、实时监测大体积混凝土温度变化功能。并按专项方案要求设置测温点。

4. 大体积混凝土浇筑温度监测使用及维护

应定期将数据进行备份保存。

三、标养室监测

1. 标养室监测总体原则

工地标养室宜采用标养室监测系统。

2. 标养室监测整体要求

标养室监测整体应符合下列规定：

（1）应具备实时监测标养室温度、湿度和超阈值等报警功能。

（2）设备采购时，应选择具备相应资质，并且社会使用效果较好的厂商。设备应满足实时监测养护室的温湿度数据。温湿度数据能够在现场显示，并通过网络进行数据传输。

（3）设备进场前，应检查设备的合格证书。

3. 标养室监测使用及维护

标养室监测使用及维护应符合下列规定：

（1）应定期将培训数据进行备份保存。

（2）标养室在强电设计时应将标养室监测系统与其他强电线路分开，确保标养室监测系统通电稳定。

四、智能养生系统

1. 智能养生系统总体原则和整体要求

预制构件场宜安装智能养生系统。智能养生系统整体上应符合下列规定：

（1）设备采购时，应选择具备相应资质，并且社会使用效果较好的厂商。设备应具备温湿度智能供水喷淋、定时自动喷淋、循环喷淋等功能。

（2）设备进场前，应检查设备的合格证书。

2. 智能养生系统使用及维护

智能养生系统使用及维护应符合下列规定：

（1）应定期将数据进行备份保存。

（2）设备进场前应设定好自动喷淋参数，进行设备调校，生产过程中应根据需求进行喷淋参数的合理设置。

五、智能碾压系统

1. 智能碾压系统总体原则

公路、铁路路基施工，大坝土石方填筑，河道开挖及河床平整，机场飞行区、道槽区域填筑，大型体育场、大型建筑地基压实宜采用智能碾压系统。

2. 智能碾压系统整体要求

智能碾压系统整体上应符合下列规定：

（1）设备采购时，应选择合格厂商的产品。

（2）设备进场前，应检查设备的合格证书。

（3）设备进场后应进行定位设备的调校工作。

（4）智能碾压系统应将碾压参数及时上传。

3. 智能碾压系统使用及维护

智能碾压系统使用及维护应符合下列规定：

（1）通过智能碾压系统所查看的施工段落出现的"漏压、超压"的具体位置，应及时进行错误补偿，调整施工工艺。

（2）压路机的碾压温度、碾压轨迹、碾压速度和碾压次数，应及时上传到智能碾压系统，便于客观评价各标段的路面施工质量。

（3）使用过程中应按要求对各类传感器设备进行调校。

（4）异地使用的智能碾压系统应重新调校系统硬件。

（5）施工过程数据应回传数字化平台，生成机械合格率统计报告。

六、数字化强夯系统

1. 数字化强夯系统总体原则和整体要求

强夯作业宜使用数字化强夯系统。数字化强夯系统整体上应符合下列规定：

（1）设备采购时，应选择合格厂商的产品。

（2）设备进场前，应检查设备的合格证书。

（3）设备进场后应进行定位精度、夯沉量精度等指标的调校工作。

（4）数字化强夯系统应将施工参数及时上传。

（5）强夯系统数字化施工应具备点夯和满夯不同工艺施工要求。

2. 数字化强夯系统使用及维护

数字化强夯系统使用及维护应符合下列规定：

（1）通过导入设计数据实现夯点导航，引导操作手施工。

（2）夯击点位对中要求不能超过10cm。

（3）施工过程中不能在施工中更换夯锤。

（4）实施初期应对各施工队上报的夯点数量进行精确审核。

（5）应将施工原始数据留存，为后期维护提供数据来源，实现数据"建维一体化"。

（6）使用过程中应按照要求对各类传感器设备进行

调校。

（7）异地使用的数字化强夯系统应重新调校系统硬件。

七、智能张拉及压浆系统

1. 智能张拉及压浆系统总体原则和整体要求

公路、铁路、桥梁、城市立交、水电站坝体、岩土锚固、高层建筑、边坡加固、隧道等预应力混凝土工程宜使用智能张拉及压浆系统。智能张拉及压浆系统整体上应符合下列规定：

（1）设备采购时，应选择具备相应资质，使用效果较好的厂商。

（2）设备进场前，应检查设备的合格证书。

2. 智能张拉及压浆系统应用管理

智能张拉及压浆系统应用管理应符合下列规定：

（1）应检查待张拉的主梁制作质量，混凝土强度试压报告，是否达到设计要求。

（2）应检查锚垫板下混凝土浇筑是否密实，对梁端和垫板周围进行清理，以使锚板与垫板保持最佳吻合状态。

（3）应检查梁体下部模板支撑是否会对张拉后梁体弹性压缩产生阻碍。

（4）搭设张拉操作台，操作台应安全牢固，并便于千斤顶吊装和转移。

（5）在张拉端应设置安全防夹片弹出挡板，以及醒目的安全警戒线。

（6）锚具的检验，应检验锚板与夹片的外形及锥孔有无问题及一定数量的硬度检验。

（7）千斤顶及油泵的检验，应测定千斤顶顶压吨位与油压表读数的对应关系，并出具检验报告。

3. 智能张拉及压浆系统使用及维护

智能张拉及压浆系统使用及维护应符合下列规定：

（1）进入主机参数设定界面，设定张拉施工参数，智能张拉应设定的施工参数包括：配套校验的回归方程系数、不同孔道的设计张拉力、初应力及2倍初应力时对应的张拉力、不同孔道的理论伸长值。

（2）预应力张拉前，应根据梁型、孔道编号对应的参数进行调用，参数调用首先应选择设定的梁型，然后选择孔道编号，数据调出后，再次应核对梁型、孔道编号及其他控制参数是否与施工现场相符，确认无误后方可进行下一步工序施工。

（3）控制主机的2名操作人员应同时点击"自动张拉"，此时应密切注意屏幕上的压力值和伸长值的变化及主副机连接情况，此外还应观察千斤顶油缸外露、钢绞线、工具锚夹片等变化，一旦发生异常情况，应立即点击红色紧急停机按钮停机检查。张拉过程中如果出现伸长值超限，千斤顶行程异常等情况，智能张拉技术会自动停机，保持现有张拉工作状态，待问题解决后可以继续张拉。如果出现钢绞线滑丝、断丝等情况，应停止自动张拉，改为手动控制，如需退锚与传统张拉工艺相同。

八、智能桩基系统

1. 智能桩基系统总体原则和总体要求

公路、铁路、房建、机场等项目建设需要桩基施工，应该使用智能桩机系统。智能桩基系统整体上应符合下列规定：

（1）智能桩机系统使用机型应包括不限于桩基、插板桩、CFG桩、水泥搅拌桩、光伏桩、旋挖桩、冲击桩、灰土挤密桩、振冲桩、旋喷桩等。

（2）设备采购时，应该选择具备相应资质，并且社会使用效果较好的厂商。

（3）设备进场前，应检查设备的合格证书，有完整的数字化施工方案和使用手册。

（4）智能桩机系统应符合有桩点设计和无桩点设计施工要求。

2. 智能桩基系统使用及维护

智能桩基系统使用及维护应符合下列规定：

（1）应通过对桩基施工机型安装各种传感器，并进行准确的校准，采集桩基施工的过程数据，实现桩基施工数字化。

（2）桩基系统应对施工区域设计文件任务统一管理，管理员通过系统下发至桩基的司机。

（3）应查看桩基平板监测桩基的垂直度、成桩深度、倾角度等数据。

（4）满足不同坐标系，桩基系统对施工的桩点能进行精准引导定位，对关键指标数据进行监测。

（5）桩基施工依据不同机型，应切换手动和自动统计桩基施工过程和结果数据。

（6）桩基施工的结果数据和过程数据应传到数字化平台，数字化平台生产综合报告。

九、智能推土机系统

1. 智能推土机系统总体原则和整体要求

机场等项目需要推土机精准施工，应使用数字化智能推土机系统，提高平整度。智能推土机系统整体上应符合下列规定：

（1）设备采购时，应选择具备相应资质，并且社会使用效果较好的厂商。

（2）设备进场前，应检查设备的合格证书，有完整的数字化施工方案和使用手册。

2. 智能推土机系统使用及维护

智能推土机系统使用及维护应符合下列规定：

（1）应通过对推土机安装各种传感器，并进行各种姿态准确的校准，从而实现采集推土机施工的过程数据，实现推土机数字化。

（2）应通过数字化平台对推土机施工机械下发施工任务，满足不同坐标系，引导司机到指定位置施工。

（3）应通过车载端大屏，实时显示推土机工作位置信息、在线与否状态，并对实时显示数据超推、欠推、合格区域做出引导操作。

（4）推土施工过程数据应回传至数字化平台，生成机械工程量和合格率统计报告。

十、智能平地机系统

1. 智能平地机系统总体原则和整体要求

高速公路和机场等项目需要精准平地机施工，应使用数字化智能平地机引导系统。智能平地机系统整体上应符合下列规定：

（1）设备采购时，应选择具备相应资质，并且社会使用效果较好的厂商。

（2）设备进场前，应检查设备的合格证书，有完整的数字化施工方案和使用手册。

2. 智能平地机系统使用及维护

智能平地机系统使用及维护应符合下列规定：

（1）应通过对平地机安装各种传感器，并进行各种姿态准确的校准，采集平地机施工的过程数据，实现平地机数字化。

（2）应通过数字化平台对平地机施工机械下发任务，满足不同坐标系，引导司机到指定位置。

（3）应通过车载端大屏，实时显示平地机工作位置，并对实时显示过程数据超推、欠推、合格区域状态做出引导操作。

（4）推土施工过程数据应回传至数字化平台，生成机械工程量和合格率统计报告。

十一、智能挖机系统

1. 智能挖机系统总体原则和整体要求

水渠、沟渠等项目建设需要挖机标准化施工，应使用数字化挖机引导系统。智能挖机系统整体上应符合下列规定：

（1）设备采购时，应选择具备相应资质，并且社会使用效果较好的厂商。

（2）设备进场前，应检查设备的合格证书，有完整的数字化施工方案和使用手册。

2. 智能挖机系统使用及维护

智能挖机系统使用及维护应符合下列规定：

（1）应通过对挖机改造安装各种传感器，并进行各种姿态准确的校准，采集挖机施工的过程数据，实现挖机数字化。

（2）应通过数字化平台下发施工任务，统一管理，满足不同坐标系，引导司机到指定位置施工。

（3）监测挖机施工的过程数据，应通过安装在挖机上的平板电脑实时显示挖机施工的状态，状态显示包括超挖、欠挖、合格区分显示。

（4）挖机施工过程数据应回传至数字化平台，生成机械工程量和合格率统计报告。

十二、智能摊铺机系统

1. 智能摊铺机系统总体原则和整体要求

公路、机场等项目建设需要摊铺机施工，应使用数字化摊铺机引导系统。智能摊铺机系统整体上应符合下列规定：

（1）设备采购时，应选择具备相应资质，并且社会使用效果较好的厂商。

（2）设备进场前，应检查设备的合格证书，有完整的数字化施工方案和使用手册。

2. 智能摊铺机系统使用及维护

智能摊铺机系统使用及维护应符合下列规定：

（1）应通过对摊铺机安装各种传感器，并进行校准，采集摊铺机施工的过程数据，实现摊铺机数字化。

（2）应通过数字化平台对摊铺机施工机械下发施工任务，满足不同坐标系，引导司机到指定位置。

（3）监测记录摊铺行进速度，应对超速进行预警提醒，监测摊铺温度，实时展示当前位置的摊铺温度。

（4）监控摊铺施工有效位置和平整度数据，生成摊铺施工合格率统计报告。

第五节　人员管理

一、劳务实名制管理总体原则和整体要求

1. 劳务实名制管理总体原则

（1）劳务人员管理功能模块内容应包括但不限于人员信息管理、人员实名制管理、考勤管理（实名制考勤进退场管理）、门禁管理、人员定位、关键岗位操作人员资格预警、劳务管理、培训教育。并根据国家信息安全相关法律法规，实现人员信息数据采集、传输、存储、使用、销毁全生命周期安全保障，确保人员敏感信息不被泄露和滥用。

（2）工程项目建设、施工、监理单位，应严格按照政府监管部门以及行业、施工方关于建筑从业人员实名制管理的规定，对施工现场管理人员与建筑工人进行实名制信息录入人员实名制管理模块。

2. 劳务实名制管理整体要求

劳务实名制管理整体上应符合下列规定：

（1）人员实名制管理范围应包含但不限于施工作业人员、参建单位管理人员；施工作业人员管理信息应包含实名制信息记录、行为记录、教育培训记录、考勤记录、工资记录等内容；参建单位管理人员信息应包含实名制信息记录、考勤记录等内容。

（2）人员实名制管理应包含软硬件系统，即数据采集设备、数据存储系统、数据分析系统等，应具备项目作业人员的实名制核实功能。

（3）人员实名制管理应实现考勤、门禁、监控、人脸识别比对、信息统计与上传等智能化综合管理。

（4）设备采购时，应选择具备相应资质，并且社会使用效果较好的厂商。

（5）设备进场前，应检查设备的合格证书。

（6）应能与政府监控平台、业主监控平台进行对接。

二、劳务实名制应用管理

劳务实名制应用管理应符合下列规定：

（1）施工现场实名制管理设备应实现与政府综合信息管理平台等外部系统之间的数据对接，与智慧工地管理系统自动同步数据。

（2）人员进出施工现场应采用人脸识别进行实名制管理，权限通过放行，可配置不同时段权限开放时间。宜设置防尾随功能，防止替刷脸情况发生。

（3）智慧工地实名制管理应满足以下要求：应具备项目作业人员信息记录管理功能，记录数据内容包括但不限于姓名、性别、民族、出生日期、户籍住址、证件类型、证件编码、身份证（正反）、身份证头像、近照、工种（职务）、联系方式、进出场时间、劳动合同、工资发放等。

（4）宜具备查询劳务工人有无犯罪记录功能。教育培训记录信息应包含但不限于：技术交底、培训课程名称、培训类型、培训人、培训时长、培训单位等。

（5）应记录项目管理人员和建筑工人到场驻留的时间。项目管理人员现场考勤宜采用相同系统进行，降低成本。

（6）项目作业人员签署的劳动合同、考勤记录宜采用电子签名形式，真实记录劳动关系及工作量。

（7）做好建筑工人实名制考勤管理工作，要求施工现场人员实名制管理模块具备建筑工人工资发放记录、统计、查询等功能。

三、劳务实名制管理使用及维护

劳务实名制管理使用及维护应符合下列规定：

（1）人员实名制管理应符合国家相关法律法规、标准规范的要求。

（2）设备安装应符合技术标准要求。

（3）每套门禁管理设备人员进出通道数量应根据施工高峰期施工人员数量而定，且不少于2个。

（4）房屋建筑工程门禁管理设备应设置在工地主要出入口。

（5）市政基础设施工程门禁管理设备宜设置在工地主要出入口或办公区。

人员定位管理应具有提前设定危险区域、预警提示的功能，具有反映施工人员所在位置、工种、进入施工区域时间和停留时间的功能。

第六节　设备管理

一、设备进出场报验

1. 设备进出场报验总体原则

当存在多种设备以及集群作业时，设备进出场报验宜采用信息化的手段。

2. 设备进出场报验应用管理

应记录进出场设备名称、设备型号、进场时间、退场时间、机操人员、设备类型、品牌型号、生产厂家、合格证、有效年限内的检测报告、使用说明书、保养记录、设备来源、设备照片、操作规程等内容。记录方式宜采用电子文件、电子单据等方式。通过电子数据对信息留痕，提升数据流转效率。

3. 设备进出场报验使用及维护

设备进出场报验使用及维护应符合下列规定：

（1）通过进场记录建设设备使用库。

（2）应及时导出统计签证单，便于出租方结算。

二、设备安全检查

1. 设备安全检查整体要求

设备安全检查整体上符合下列规定：

（1）宜采用电子文件、电子单据等方式建立电子档案，通过智慧工地平台记录设备检查、维护、保养过程。

（2）宜通过AI监测，监测大型设备的各种指针类仪表，如电压表、压力表、温度表、流量表等，转化为数值上传，并进行阈值预警。

2. 设备安全检查应用管理

设备安全检查应用管理应符合下列规定：

（1）应在系统中针对不同种类和不同工况下的设备制定安全检查表。

（2）应通过权限设定，设立不同层级的安全自检、报验和他检制度。

（3）应通过系统设定，区分进场安全检查和过程安全检查。

（4）应在系统设定时区分项目部自有设备和分包自带设备。

（5）应将检查结果及时导出为项目船机设备隐患整改通知单，并通过自定义流程进行问题闭合整改。

3. 设备安全检查使用及维护

设备安全检查使用及维护应符合下列规定：

（1）根据系统自动采集的设备使用时长、行驶里程等数据，宜通过系统制订维修保养计划，派单至指定负责人，计划完成后自动生成记录。

（2）应及时导出项目小型机械设备检查表、项目施工船机设备修理计划及完成情况表、项目船机设备修理质量验收单、项目船机设备修理验收单、项目设备日常维修保养记录。

三、车辆识别系统整体要求

车辆识别系统整体上应符合下列规定：

（1）存在场地封闭要求的区域，应设置车辆识别系统。

（2）设备采购时，应选择具备相应资质，并且社会使用效果较好的厂商。

（3）设备进场前，应检查设备的合格证书。

四、设备使用管理

1. 设备使用管理整体要求

设备使用管理整体上符合下列规定：

（1）宜采用电子文件、电子单据等方式建立数字档案，通过智慧工地平台对设备进场至出场之间的使用过程进行全面管控。

（2）宜使用信息化手段提高设备使用效率，降低设备使用成本。

（3）由于工程机械能耗普遍较高，燃油成本占使用成本较大，在复杂的施工环境中还会面临燃油"跑冒滴漏丢"的情况，宜使用信息化手段加强燃油管理。

（4）对电驱动型车辆宜采用防高温、防火监测功能。

2. 设备使用应用管理

设备使用应用管理应符合下列规定：

（1）基于 GIS 和车辆定位的电子围栏，应提供准确的设备定位，记录设备的运行轨迹，支持轨迹回放，支持电子围栏、路线规划，为违规进出围栏、超速行驶等行为进行报警。

（2）工作状态及时长监测，应精准识别设备处于何种状态，运行、怠速或静止，记录每一种状态的持续时间，对长时间怠速、长时间闲置的情况进行报警。

（3）油耗监测，应准确记录设备加油、耗油情况，自动计算并分析设备油耗，对油量异常等情况发出报警，支持手动录入加油量，自动分析人工加油值与系统采集值的误差，避免加油误报。

（4）运输车辆管理，应针对自卸车、搅拌车等运输设备，记录位置、轨迹、里程、趟数、搅拌罐正反转姿态。

（5）工效统计分析，应包括但不限于设备出勤率、利用率、怠速占比、怠速耗油占比等，为设备使用降本增效提供信息支撑。

（6）结算应以系统自动采集的数据取代人工填写的单据作为结算的依据，减少人为干扰。

3. 设备使用管理使用及维护

设备使用管理使用及维护应符合下列规定：

（1）物联网监测装置的安装、拆除应符合普适、简便的原则，不损坏原车，无安全隐患。

（2）应匹配专门的系统使用人员、修订相关制度。

（3）应及时导出报表，以用于业务分析、经济分析和结算。

（4）应注意对监测装置的维护和保养，以保证数据采集正常、准确进行，避免数据偏差。

第七节　物资管理

一、智能地磅系统

1. 智能地磅系统总体原则和整体要求

智能地磅系统宜采用电子数据，记录物资流转过程。智能地磅系统整体上应符合下列规定：

（1）当存在大宗物资进出场验收进行管理时，应采用智能地磅系统。

（2）设备采购时，应选择具备相应资质，并且社会使用效果较好的厂商。

（3）设备进场前，应检查设备的合格证书。

2. 智能地磅系统应用管理

智能地磅系统应用管理应符合下列规定：

（1）当存在大宗称重物资进出场时，应采用智能地磅系统进行验收管理。

（2）应通过权限设置区分不同岗位人员权限，明确管理范围，实现各司其职的权限划分机制。宜采用电子签名、实名认证方式设置人员管理权限，发生问题时可及时追溯、责任到人。

（3）应按要求扣水、扣杂，避免材料进场损失。

（4）应合理设定预警值，发生问题即时触发预警，推送至相关岗位、权限人。

（5）应以日、周、月、年为统计维度按需求导出物资一览表，用于相关管理工作。

3. 智能地磅系统使用及维护

智能地磅系统使用及维护应符合下列规定：

（1）宜将数据上传到云端智能地磅系统进行综合分析管理，建立电子档案，同时应定期将数据进行备份保存。

（2）设备进场后应进行硬件的调校工作。

二、移动验收系统

1. 移动验收系统整体要求

移动验收系统整体上应符合下列规定：

（1）非称重材料的现场验收应采用移动验收系统。

（2）验收员在移动验收系统完成验收时，应上传有效的电子文件、照片，并使用电子签名签署电子验收单。

（3）设备采购时，应选择具备相应资质，并且社会使用效果较好的厂商。

（4）设备进场前，应检查设备的合格证书。

2. 移动验收系统应用管理

系统正式启用前应将手签章录入。

3. 移动验收系统使用及维护

宜将数据上传到云端移动验收系统进行综合分析管理，同时应定期将数据进行备份保存。

三、拌和站核算系统

1. 拌和站核算系统整体要求

拌和站核算系统整体上应符合下列规定：

（1）当项目存在自建搅拌站系统时应使用拌和站核算系统。

（2）设备采购时，应选择具备相应资质，并且社会使用效果较好的厂商。

（3）设备进场前，应检查设备的合格证书。

2. 拌和站核算系统应用管理

拌和站核算系统应用管理应符合下列规定：

（1）应确保搅拌站网络通信顺畅。

（2）该系统宜与智能地磅系统联合使用。

（3）合理设定预警值，当出现报警时，应及时分析问题。

3.拌和站核算系统使用及维护

宜建立电子档案,及时导出各类台账,并进行成本分析。

四、智能点根系统

1.智能点根系统整体要求

智能点根系统整体上应符合下列规定:

(1)设备采购时,应选择具备相应资质,并且社会使用效果较好的厂商。主要功能应包含 AI 识别根数、自动计算理重,手机完成验收工作,提升验收效率,规避验收风险;车牌识别、电子签名、全球定位系统(GPS)定位,确保当车、当人、当地真实入库;物料验收进出场称重,卸料点数,自动计算理重,完成称重与理重交叉验证,规避风险;点数照片、过磅照片、资料照片留存、运单重量、理论重量、称重重量对比,可视化监管。

(2)设备进场前,应检查设备的合格证书。

2.智能点根系统应用管理

智能点根系统正式启用前应将手签章录入。

第八节 绿色施工管理

一、环境监测及喷淋联动系统

1.环境监测及喷淋联动系统整体要求

环境监测及喷淋联动系统整体上应符合下列规定:

(1)工程项目部应在施工现场设置扬尘、噪声、气象监测设备,实时采集现场 PM2.5、PM10、噪声、气象单元(温度、湿度、气压监测、风速、风向)等相关环境数据并进行处置,同时将现场监测数据实时传送至政府综合信息管理平台。检测设备宜采用太阳能供电模式。

(2)特定施工环境下如易产生对人体有害的特殊气体,应增加特殊气体实时监测模块。

2.环境监测及喷淋联动系统应用管理

环境监测及喷淋联动系统管理应符合下列规定:

(1)房屋建筑工程及有封闭措施的市政基础设施工程(桥梁、管廊、污水处理厂等)施工现场,应至少设置 1 套监测设备,实时监测相关环境数据。

(2)环境监测设备四周应无遮挡,宜设置在施工现场大门主出入口内侧;设备监控半径不小于 500m 的范围,其颗粒物采样口高度应设在距地面 3.5m±0.5m,设备颗粒采样口距工地雾炮、喷淋等降尘设施的距离不小于 5m。

(3)现场实时监测数据应与政府综合信息管理平台实现超限预警联动。

(4)施工现场宜采用喷淋、雾炮、机动洒水车等措施实施降尘,实现环境监测设备与现场降尘设施智能联动。

3.环境监测及喷淋联动系统使用及维护

环境监测及喷淋联动系统使用及维护应符合下列规定。

(1)环境监测设备应能够连续自动准确监测扬尘、噪声、气象等环境数据,具备实时显示功能。

(2)环境监测设备应能在室外环境可靠工作,具备自动校准功能。

(3)数据存储与传输要求:应支持互联网通信,并具备离线存储上传功能,现场监测数据存储时间不少于 6 个月(具体以地方监管部门要求为准);监测数据接入应满足环境监测系统数据通信协议,能正确采集通信协议中需上报的内容;通过安装在施工现场的监测设备对工地扬尘颗粒物 PM2.5、PM10 等数值情况实时监测,并上传政府监管平台;PM2.5、PM10 数据超标时,通过系统消息、短信等方式通知现场责任人采取相应应急措施,启动现场喷淋降尘设备;视频监控应定期维护,保证运行。

二、水电监测及能耗管理系统

1.水电监测及能耗管理系统整体要求

水电监测及能耗管理系统整体上应符合下列规定:

(1)设备采购时,应选择具备相应资质,并且社会使用效果较好的厂商。

(2)设备进场前,应检查设备的合格证书。

(3)能耗管理系统采集数据应包括但不限于用电量、用水量、区域地点、责任单位、时间周期等。

2.水电监测及能耗管理系统应用管理

水电监测及能耗管理系统应用管理应符合下列规定:

(1)应制定专项的绿色施工指导文件,从临建开始合理规划临水临电建设及使用,降低运营成本,提升企业效益。

(2)应设置数据的传输频率,不低于 5s/次,以实现数据的实时监控与同步传输。

(3)应对项目运行中各种功能各个区域的水电进行实时监控及数据统计,最终经过分析制定有针对性的节水节电措施,创造一定的经济效益。

(4)应设置单日用水、用电量异常报警,通过系统消息、短信等方式通知到相关责任人和责任部门。

3.水电节能监测及能耗管理系统使用及维护

水电节能监测及能耗管理系统应在临建的时候建立,可服务于整个项目施工周期,项目结束后应将设备收回持续利用。

第九节 资 料 管 理

一、资料管理整体要求

资料管理整体上应符合下列规定:

(1)工程项目建设、施工、监理单位等各参建单位应使用电子文件管理系统实现工程资料文件的电子化和在线交互、签批。工程电子文件应与建设过程同步形成。

（2）参建各方应严格按照政府监管部门关于施工文件管理规程的规定，在线形成工程资料，办理获得并使用国家工业和信息化部、国家密码管理局等部门许可的电子认证机构发放的电子印章和电子签名，形成电子原件。

（3）验收检查原始记录应实现移动终端或其他数据采集设备现场进行数据录入和采集。

（4）建设工程电子文件形成单位应加强对电子文件的管理，将建设工程电子文件的形成、收集、积累、整理和归档纳入工程建设管理的各个环节和相关人员的职责范围，明确责任岗位，指定专人管理。

（5）建设工程电子文件形成单位应采取措施，保证工程电子文件的真实性、完整性、有效性和安全性，并应符合下列规定：

1）应建立规范的制度和工作程序并结合相应的技术措施，从建设工程电子文件形成开始，不间断地对有关处理操作进行管理登记，保证建设工程电子文件的产生、处理过程符合规范化要求。

2）应采取安全防护技术措施，保证建设工程电子文件的真实性。

3）应建立保证建设工程电子文件完整性的管理制度，并采取相应的技术措施采集背景信息和元数据。

4）应建立建设工程电子文件有效性管理制度并采取相应的技术保障措施。

5）建设工程电子文件的处理和保存应符合国家的安全保密规定，针对自然灾害、非法访问、非法操作、病毒等采取与系统安全和保密等级要求相符的防范对策。

（6）工程资料管理人员应经过建设工程电子文件编制、签批、归档整理的全流程信息化应用的专业培训。

（7）采购的资料管理功能模块内容包括但不限于资料编制、交互、签批、检查、组卷整理等。采购时，应选择具备相应资质，并且社会使用效果较好的厂商。

二、资料管理应用管理

资料管理应用管理应符合下列规定：

（1）资料管理范围应包括但不限于施工方案、技术交底方案、各分部分项施工技术记录、施工报验、隐蔽工程记录、检验批、材料检测报告、变更记录、图纸等文件资料。

（2）形成的资料应符合 GB 50300、GB/T 50328、CJJ/T 117 的要求以及各省市的工程施工文件管理规程等相关标准规范。

（3）电子文件管理系统采集信息应包含但不限于时间、部位、责任单位、编辑人、签批人、材料种类、材料使用数量、混凝土强度、检验批数据等。

（4）应通过移动终端或其他数据采集设备现场对验收检查原始记录等进行数据录入和采集，保障数据真实性。

第十节　全景成像测量在智慧工地中的应用

一、全景测量设备在智慧工地的部署

（一）应部署全景成像测量设备的单位工程

智慧工地是建立在高度信息化基础上的一种支持对人和物全面感知、施工技术全面智能化、工作互通互联、信息协同共享、决策科学分析、风险智慧预控的建筑施工项目的实施模式。全景成像是一种可监测覆盖全景，采集四周影像的成像技术。全景成像测量就是利用全景成像技术对建筑施工现场目标进行测量。下列单位工程应部署全景成像测量设备：

（1）楼层十层及以上或建筑面积 15000m² 及以上的房屋建筑工程。

（2）装配式混凝土结构工程。

（3）体育馆等大型公共建筑。

（4）单跨跨度 30m 及以上的工程（包括桥梁等公共建筑）。

（5）高度 70m 及以上的构筑物。

（6）轨道交通工程的车站工程、高度 15m 及以上的高边坡工程等。

（二）全景成像测量设备的选用

1. 基本性能

全景成像测量设备基本性能要求见表 1-3-10-1。

表 1-3-10-1　全景成像测量设备基本性能要求

序号	类　别	性　能
1	像素	≥200 万
2	焦距	≥70mm
3	水平转动角度	0°～360°（区间可调节）
4	垂直转动角度	0°～360°（区间可调节）
5	防护等级	≥IP66
6	电源	宜采用 AC 24V±25%，50/60Hz
7	工作温度	−30～+50℃

2. 全景成像测量设备位置稳定性

全景成像测量设备位置稳定性要求见表 1-3-10-2。

表 1-3-10-2　全景成像测量设备位置稳定性要求

序号	全景成像测量设备位置	稳定性要求
1	全景成像测量设备照准距离 25m 处的水平标尺，辅助标线在水平标尺上的最大左边界与最大右边界之间的距离	不应大于 10mm
2	全景成像测量设备照准距离 25m 处的竖向标尺，辅助标线在竖向标尺上的最大上边界与最大下边界之间的距离	不应大于 10mm

二、全景成像测量的一般规定

（一）技术要求

全景成像测量设备是可实现全景成像并对目标进行测量的设备。施工现场的板筋直径、梁筋直径、柱筋直径、墙筋直径、板筋间距、梁筋间距、柱筋间距、墙筋间距、梁宽、脚手架间距均可以是全景成像测量的目标。脚手架纵向相邻立杆之间的轴线距离、脚手架横向相邻立杆之间的轴线距离、上下水平杆轴线间的距离均称为脚手架间距。采用全景成像技术覆盖现场监控画面形成的图像称为全景图。全景成像测量的技术指标和技术要求应符合表 1-3-10-3 的规定。

表 1-3-10-3　全景成像测量的技术指标和技术要求

单位：mm

技术指标		技术要求
视频实时测量精度		±(7+L×0.2%)　(L>50)
		±1　(L≤50)
图像实时测量精度	水平、竖向两点测量精度	±(7+L×1%)　(L>50)
		±1　(L≤50)
	空间两点测量精度	±(7+L×2.5%)　(L>50)
		±1　(L≤50)
全景图测量精度	水平、竖向两点测量精度	±(7+L×1%)
	空间两点测量精度	±(7+L×2.5%)
定位		自动标定探视目标物地理坐标、高程

注　L 为目标长度。

（1）板筋直径包括板受力筋直径、板分布筋直径、板构造筋直径、板纵筋直径、板架立筋直径、板抗冲切箍筋直径、板纵向筋直径、板负筋直径、板负筋分布筋直径、板马凳筋直径、板放射筋直径等。

（2）梁筋直径包括梁受力筋直径、梁架立筋直径、梁构造筋直径、梁弯起筋直径、连梁箍筋直径、连梁拉筋直径、连梁腰筋直径、暗梁箍筋直径、连梁纵筋直径、梁分界箍筋直径、边框梁纵筋直径、边框梁箍筋直径、梁侧面纵筋直径、梁角筋直径、梁对角暗撑纵筋直径、梁对角斜筋直径、梁折线筋直径、梁拉结筋直径等。

（3）柱筋直径包括柱受力筋直径、柱分布筋直径、柱帽箍筋直径、柱纵筋直径、柱箍筋直径等。

（4）墙筋直径包括墙身竖向受力筋直径、墙身横向受力筋直径、墙身竖向分布筋直径、墙身水平分布筋直径、墙身拉筋直径、墙身纵筋直径、墙身拉结筋直径等。

（5）板筋间距包括板受力筋间距、板分布筋间距、板构造筋间距、板纵筋间距、板架立筋间距、板抗冲切箍筋间距、板纵向筋间距、板负筋间距、板负筋分布筋间距、板马凳筋间距、板放射筋间距等。

（6）梁筋间距包括梁受力筋间距、梁架立筋间距、梁构造筋间距、梁弯起筋间距、连梁箍筋间距、连梁拉筋间距、连梁腰筋间距、暗梁箍筋间距、连梁纵筋间距、梁分界箍筋间距、边框梁纵筋间距、边框梁箍筋间距、梁侧面纵筋间距、梁角筋间距、梁对角暗撑纵筋间距、梁对角斜筋间距、梁折线筋间距、梁拉结筋间距等。

（7）柱筋间距包括柱受力筋间距、柱分布筋间距、柱帽箍筋间距、柱纵筋间距、柱箍筋间距等。

（8）墙筋间距包括墙身竖向受力筋间距、墙身横向受力筋间距、墙身竖向分布筋间距、墙身水平分布筋间距、墙身拉筋间距、墙身纵筋间距、墙身拉结筋间距等。

（二）其他要求

1．测量设备与目标的距离要求

目标距全景成像测量设备 3～50m。

2．测量网络带宽及传输时延要求

测量网络带宽不应小于 20Mbit/s，测量网络传输时延不应大于 25ms。

3．确定目标物建模时间及成功率要求

测量时，确定目标物建模时间不应大于 60s，确定目标物建模成功率不应小于 90%。板筋、梁筋、柱筋、墙筋、梁、脚手架均可是全景成像测量的目标物。

4．选定目标点时间及成功率要求

测量时，当确定目标物后，选定目标点时间不应大于 60s，选定目标点成功率不应小于 90%。目标点是指全景成像测量过程中采集建模数据的点。

三、全景成像测量的图像要求

（一）全景成像测量的图像质量要求

全景成像测量的图像质量不应低于 4 级，全景成像测量的图像质量可按表 1-3-10-4 进行分级。5 级为最高，1 级为最差。

表 1-3-10-4　全景成像测量的图像质量
按损伤程度分级

图像质量损伤的主观评价意见	级别
图像上不觉察有损伤或干扰存在	5
图像上稍有可觉察的损伤或干扰，但可令人接受	4
图像上有明显的损伤或干扰，令人较难接受	3
图像上损伤或干扰较严重，令人难以接受	2
图像上损伤或干扰极严重，不能观看	1

（二）图像的分辨率要求

图像的分辨率不应低于 1920×1080。图像的分辨率会影响全景成像测量的精度。分辨率低于 1920×1080 时，测量精度无法达到表 1-3-10-3 的要求。

（三）图像中全景基准面要求

（1）图像中应有全景基准面，面积占全景范围 80%以上的水平连续施工平面称为全景基准面。全景基准面根据不同施工阶段而异，当为模板施工阶段时，占全景范围 80%以上的水平连续模板平面作为全景基准面；当为混凝土施工阶段时，占全景范围 80%以上的水平连续混凝土平面作为全景基准面等。

（2）全景基准面建模成功率不应小于 90%；

（3）摄影主光轴与全景基准面的倾斜夹角应在 15°～75°之间。摄影主光轴是过摄影物镜后节点垂直于相片平面的直线。

（四）转动角度要求

（1）应能够水平从 0°～360°转动角度，以满足全景成像测量。

（2）应能够垂直从 0°～360°转动角度，以满足全景成像测量。

（五）全景图采集数量和测量结果

（1）全景图采集宜一天一张。可以满足对工程进展情况的了解。

（2）测量结果应符合表 1-3-10-3 的规定。

四、测量技术

（一）视频实时测量技术

（1）目标大于 50mm 的测量，应按下列步骤与方法进行：

1）在实时视频中选定目标物。

2）选择目标的起点及终点。

3）获取测量数据。

（2）目标小于等于 50mm 的测量，目标应在最大光学变焦的可视范围内。目标测量应按下列步骤与方法进行：

1）在实时视频中选定目标物。

2）选择目标的起点及终点。

3）获取测量数据。

（二）图像实时测量技术

（1）目标大于 50mm 的近全景基准面测量，应符合表 1-3-10-5 的规定。

表 1-3-10-5　目标大于 50mm 的近全景基准面测量规定

序号	工作内容	要　求
1	测量条件	（1）应是水平或竖向目标。 （2）目标应在最大光学变焦的可视范围内。 （3）全景成像测量设备断电时，访问图像实时测量的历史截图，对截图中大于 50mm 的目标应可测量
2	水平目标测量的步骤与方法	（1）对实时视频进行截图。 （2）在截图中使用水平两点测量方法选择目标的起点及终点。 （3）获取测量数据
3	竖向目标测量的步骤与方法	（1）对实时视频进行截图。 （2）在截图中使用竖向两点测量方法选择目标的起点及终点。 （3）获取测量数据

注　目标距全景基准面垂直距离小于等于 150mm 的测量称为近全景基准面测量。

（2）目标大于 50mm 的远全景基准面测量，应符合表 1-3-10-6 的规定。

表 1-3-10-6　目标大于 50mm 的远全景基准面测量规定

序号	工作内容	要　求
1	测量条件	（1）应是水平、竖向或空间目标。 （2）目标应在最大光学变焦的可视范围内。 （3）全景成像测量设备断电时，访问图像实时测量的历史截图，对截图中大于 50mm 的目标应可测量
2	水平目标测量的步骤与方法	（1）对实时视频进行截图。 （2）可选择激光或激光雷达等技术辅助形成三维图像的方法，在截图中使用水平两点测量方法选择目标的起点及终点。 （3）获取测量数据
3	竖向目标测量的步骤与方法	（1）对实时视频进行截图。 （2）可选择激光或激光雷达等技术辅助形成三维图像的方法，在截图中使用竖向两点测量方法选择目标的起点及终点。 （3）获取测量数据
4	空间目标测量的步骤与方法	（1）对实时视频进行截图。 （2）可选择激光或激光雷达等技术辅助形成三维图像的方法，在截图中使用空间两点测量方法选择目标的起点及终点。 （3）获取测量数据

注　目标距全景基准面垂直距离大于 150mm 的测量称为远全景基准面测量。

（3）目标小于等于 50mm 的测量，目标应在最大光学变焦的可视范围内。最大光学变焦是指依靠光学镜头结构来实现变焦的最大倍数。目标测量应按下列步骤与方法进行：

1）对实时视频进行截图。

2）选定目标物。

3）在截图中选择目标的起点及终点。

4）获取测量数据。

（三）全景图测量技术

（1）全景图的近全景基准面测量，应符合表 1-3-10-7 规定。

表 1-3-10-7　全景图的近全景基准面测量规定

序号	工作内容	要　求
1	测量条件	（1）应是水平或竖向目标。 （2）目标应在最大光学变焦的可视范围内
2	水平目标测量的步骤与方法	（1）访问全景图的历史图像。 （2）在图像上使用水平两点测量方法选择目标的起点及终点。 （3）获取测量数据
3	竖向目标测量的步骤与方法	（1）访问全景图的历史图像。 （2）在图像上使用竖向两点测量方法选择目标的起点及终点。 （3）获取测量数据

（2）全景图的远全景基准面测量，应符合表 1-3-10-8 规定。

表 1-3-10-8　全景图的远全景基准面测量规定

序号	工作内容	要　　求
1	测量条件	（1）应是水平、竖向或空间目标。 （2）目标应在最大光学变焦的可视范围内
2	水平目标测量的步骤与方法	（1）访问全景图的历史图像。 （2）可选择激光或激光雷达等技术辅助形成三维图像的方法，在图像上使用水平两点测量方法选择目标的起点及终点。 （3）获取测量数据
3	竖向目标测量的步骤与方法	（1）访问全景图的历史图像。 （2）可选择激光或激光雷达等技术辅助形成三维图像的方法，在图像上使用竖向两点测量方法选择目标的起点及终点。 （3）获取测量数据
4	空间目标测量的步骤与方法	（1）访问全景图的历史图像。 （2）可选择激光或激光雷达等技术辅助形成三维图像的方法，在图像上使用空间两点测量方法选择目标的起点及终点。 （3）获取测量数据

（四）定位测量

定位测量应按下列步骤与方法进行：

（1）使用全球卫星系统定位仪测出全景成像测量设备位置的经纬度、高程及方位角信息。

（2）将经纬度、高程及方位角信息录入。

（3）对任意目标物进行探视，获取目标物经纬度及高程信息。

（五）不应进行全景成像测量的情形

（1）目标物曲率半径小于 2m 的弯曲变形部位不应进行测量。目标物弯曲变形的部位发生了物理形变，测量结果无法与实际设计规格进行参照比对。因此，弯曲变形的部位不应进行测量。

（2）雨天不宜进行测量。

五、数据的采集传输与存储

（一）数据采集和传输

1. 数据采集内容

数据采集内容应包括图像数据和测量数据。

2. 数据传输方式

数据可采用有线或无线的安全可靠方式进行传输。

（二）数据存储

数据存储应符合下列规定：

（1）数据存储方案应具有可靠性、经济性。

（2）存储方式应支持海量数据的整理归档，并应为复杂的数据采集、处理、分析提供存储手段。

（3）应确保数据的完整性、一致性、可追溯性和安全性。

（4）应支持数据存储与读取。

（5）应支持冷数据存储。冷数据存储是将不经常使用或被访问但需长期保存的数据，以经济节能的方式存储。

（6）应支持数据去重和压缩。

（7）应支持数据的远程访问。

（8）可采用通用的数据库或专用的数据库等方式进行存储。

（三）数据归档

数据归档应符合下列规定：

（1）图像数据和测量数据应归档，满足施工过程管理的需求。

（2）视频实时测量及图像实时测量的数据归档后，用于溯源比对。

（3）全景图测量的数据归档后，用于视频实时和图像实时测量位置的快速检索，作为溯源参考。

（4）可按数据类型、数据时间等属性进行归档。

第四章

智慧工地管理系统

第一节 基本规定

一、智慧工地建设基本要求

（1）智慧工地建设应在项目初期进行合理规划，并纳入项目计划进行管理。

（2）智慧工地建设应根据工程的特点和实际需求，配置相适应的智慧工地管理系统。

（3）智慧工地建设应建立信息安全保障体系及制度，确保信息安全可控。

二、智慧工地管理系统

（1）智慧工地管理应在项目实施前期从管理组织、管理内容、管理体系、智慧工地管理系统应用目标等方面做系统性规划。

（2）智慧工地管理系统需要具备相适应的资金投入、软件与硬件配置、基础设施建设。

（3）智慧工地管理系统应基于建筑信息模型（BIM）技术建立。

（4）在应用智慧工地管理系统时，管理方应根据各阶段、各项任务的需要来创建、使用和管理建筑信息模型（BIM）。

三、建筑信息模型（BIM）

1. 建筑信息模型等级精度

建筑信息模型应根据项目各阶段使用需求，采取不同等级精度。

2. 建筑信息模型中的信息与数据共享规定

建筑信息模型中的信息与数据共享应符合下列规定：

（1）模型结构应具有开放性和可扩展性，模型数据应能在建设工程全生命期各个阶段、各项任务和各相关方之间按需交换。

（2）不同途径获取的或者不同方式表达的同一模型信息与数据应分别具有唯一性和一致性。

（3）模型信息与数据应同时包含任务承担方接收的和任务承担方交付的信息与数据。

（4）模型信息与数据结构由资源数据、共享元素、专业元素组成，可按照不同应用需求形成子模型。

（5）模型信息与数据宜采用相同格式或兼容格式，格式转换应保证数据的正确性和完整性。

（6）模型信息与数据成果交付前，应进行正确性、协调性和一致性检查。

第二节 智慧工地管理系统功能及应用

一、智慧工地管理系统功能

1. 智慧工地管理系统建立一般规定

（1）智慧工地管理系统应面向项目管理者建立。

（2）建筑工程工地现场宜设置控制中心，内设有大屏或拼接屏或其他可视设备等可呈现智慧工地管理系统的设备设施。

2. 智慧工地管理系统功能一般要求

智慧工地管理系统应满足下列要求：

（1）具备终端APP，通过终端设备可查看智慧工地管理系统中的信息与数据，实现全部或部分功能控制。

（2）具备面向监管部门、上层管理服务和系统的接口。

（3）宜采用BIS架构，兼容主流浏览器，对数据进行存储和处理。

（4）应能够满足项目日常管理业务和现场管理需求，包括但不限于综合监控、进度管理、人员管理、机械设备管理、物资管理、质量管理、安全管理、环境与能耗管理、建筑信息模型（BIM）应用及管理等模块。

（5）应能够集成项目现场使用的物联网硬件设备、建筑信息模型（BIM）应用以及各个应用子系统。

（6）应具备数据分析能力，能够对劳务、物资、进度、质量、安全相关数据进行分析，实现智能化辅助决策。

3. 智慧工地管理系统应具有的"六性"

（1）智慧工地管理系统应具有高可靠性，系统中各项指标之间相互衔接、协调一致，在规定的条件下和规定的时间内，具备不引起系统失效的能力。

（2）智慧工地管理系统应具有高开放性，采用国内外主流标准的硬件、软件、接口和协议，保证系统的兼容性、灵活性和可扩展性。

（3）智慧工地管理系统应具有可伸缩性，应能够在管理的设施数目增加和用户数目增加的情况下，保持合理的性能。

（4）智慧工地管理系统应体现可定制性，根据不同需求的变化进行个性化调整。

（5）智慧工地管理系统应体现良好的可交互性，具有视频、语音、物联网采集终端、人工输入等多种信息采集方式，能够通过网站、邮件、APP、短信等多种方式实时发布信息。

（6）智慧工地管理系统应体现管理可视化性，实现施工现场和工程进度的监管、物料管理以及统计分析结果的可视化，提供直观快捷的监管手段。

4. 智慧工地基础设施

智慧工地基础设施应包括信息采集设备、网络基础设施、技术平台、控制机房、信息应用终端。各设备应采用主流配置并适应信息通信技术发展趋势，技术平台应具有通用性及兼容性并能适应信息应用技术发展要求。

5. 智慧工地项目信息与知识管理制度

应建立项目信息与知识管理制度，及时、准确、全面地收集信息与知识，安全、可靠、方便、快捷地存储、传输信息和知识，有效、适宜地使用信息和知识。

二、智慧工地管理系统在人员管理方面的应用

1. 人员档案管理

人员档案管理应符合下列规定：

（1）应支持对现场及相关人员以居民有效身份证为实名制基础信息来源，结合人脸识别、虹膜、指纹、指静脉等身份识别技术，实现实名制登记。

（2）应支持与行业主管部门现有人员信息管理系统对接采集、人工录入采集等多种采集方式。

（3）应支持参建各方人员的分类、分组管理，应提供的信息包括但不限于人员身份信息、身份识别数据、职业资格信息、信息有效期、证件代码、工资卡、社保号、用工轨迹信息、劳务合同情况、考勤记录、文化程度、联系方式、最低薪酬参考标准等。

（4）应支持相关档案资料信息以图片、文档、影像等格式方便快捷地录入、上传、存储、提取、转移、共享等基本功能。

（5）应支持档案更新、工作经历、进退场记录、信用记录、技能记录、工伤记录、安全教育与培训记录等管理。

2. 人员穿戴要求及人员穿戴设备管理

人员穿戴要求及人员穿戴设备管理应符合下列规定：

（1）应要求施工现场人员使用具有佩戴自检等功能的个人安全防护用品，包括但不限于智能安全帽、智能安全带、智能安全鞋等。

（2）使用的设备应包括寻呼双向通信管理，支持无线数据传输。

（3）穿戴设备属于个人安全防护用品时，其各项性能、使用要求应符合国家现行标准《安全帽》（GB 2811）、《安全带》（GB 6095）、《足部防护　安全鞋》（GB 21148）、《个人防护装备选用规范》（GB/T 11651）及《建筑施工高处作业安全技术规范》（JGJ 80）、《建筑施工安全检查标准》（JGJ 59）的有关规定。

（4）人员穿戴设备无线通信发射所导致的人体电磁辐射比吸收率 SAR 最大值应符合国家标准《移动通信终端　电磁辐射暴露限值》（GB 21288—2022）中暴露限值的要求，最高不得超过 2.0W/kg。

3. 人员考勤管理

人员考勤管理应具备考勤设备、身份验证、终端设备、闸机选型、验证功能、状态预警和记录明细等功能，要求如下：

（1）考勤设备。应支持在施工现场出入口建立标准化实时通信的身份识别考勤设备。

（2）身份验证。应支持利用虹膜识别、动态人脸识别、指纹识别、视频拍照等身份识别技术对人员出入场进行身份验证。

（3）终端设备。应支持采用射频卡考勤机、动态人脸识别考勤机，宜包括指纹考勤机、虹膜考勤机、生物识别考勤机、智能安全帽等。

（4）闸机选型。宜采用市场主流通用型号，包括三辊闸、翼闸、摆闸、转闸、道闸等。

（5）验证功能。应提供按班组、姓名、身份证号、时间等条件筛选验证功能。

（6）状态预警。应提供终端设备状态预警、人员考勤异常预警功能。

（7）记录明细。应提供按日、按月、按日期范围等条件精准查询考勤工时、出勤天数、考勤记录明细功能。

4. 人员定位功能

人员定位功能应符合下列规定：

（1）应提供人员实时动态跟踪、位置显示、报警管理、运动轨迹回放等功能。

（2）应支持寻呼双向通信管理及无线数据传输。

（3）应支持人员轨迹图形化展示，采用地图标注重点巡查区域、危险源区域，显示重点监控区域内人员位置、设备分布、状态。

5. 人员技能管理

人员技能管理应符合下列规定：

（1）应支持职业教育、技能培训、技能等级评定、技能鉴定、技能等级备案与维护管理。

（2）应支持建立包含施工技术、工艺流程、方案、交底、教育、演练、规程、规范、政府文件、法律法规等标准化的静态与动态可视化培训的信息资料库。

6. 人员征信管理

人员征信管理类型应包含从业表现、不良记录、征信有效期。

7. 人员工资管理

人员工资管理应提供薪资查询、薪资发放统计、薪资预警等功能，宜包含薪资制作与发放提醒功能。

8. 人员工伤管理

人员工伤管理应提供施工人员新发生的工伤情况填报功能，同时支持自动上传至人力资源和社会保障部门进行核对审批。

三、智慧工地管理系统在安全管理方面的应用

1. 安全教育培训管理

安全教育培训管理应符合下列规定：

（1）宜采用虚拟现实（VR）、增强现实（AR）、混合现实（MR）、二维码、多媒体、网络在线等多种技术手段，实现对从业人员的安全教育与现场监控。

（2）应具备学时分类统计功能，结果能集中呈现。

2. 安全方案管理

安全方案管理应符合下列规定：

（1）应实现安全方案的在线流转、审批和信息发布，并对整体流转过程留痕。

（2）应具备安全方案编制提报以及审核功能，且在方案通过后需根据提报方案进行定期检查、临时检查以及检查结果备案上报。

3. 机械设备安全管理

机械设备安全管理应支持对中大型机械设备，包括但不限于塔式起重机、履带式起重机、轮胎式起重机、

施工升降机、物料提升设备等危险作业环境的相关危险源数据进行实时监测、传输与提示。

4. 危险空间安全管理

危险空间安全管理应支持对容易产生较大安全事故的危险空间，包括但不限于深基坑、模架、临边、有限空间等危险作业环境的相关危险源数据进行实时监测、传输与提示。

四、智慧工地管理在环境管理方面的应用

1. 基本要求

工地现场应设置包括扬尘监测、大气环境监测、噪声监测、温/湿度监测、风向/风力监测功能的小气候气象监测站。

2. 工地现场小气候气象监测站应具备的功能

工地现场小气候气象监测站应具备连续实时的自动监测、本地显示、在线传输、离线传输等功能。应提供数据统计、分析、查询功能，可实现小气候气象监测超标判断报警、设备故障报警，支持现场声光报警与远程报警两种方式，并支持使用移动终端实时查看小气候气象测量数据。应支持对工地现场污水排放和垃圾出场的监控记录。

3. 扬尘监测

扬尘监测应符合下列规定：

（1）扬尘监测设备应具备 PM10、PM2.5 大气污染监测功能。

（2）扬尘监测设备应具备实时定位、实时传输监测数据功能。

（3）在工地现场车辆主入口及卸料区域至少应各设置 1 个扬尘监测点。

（4）根据当地气候风向，宜在工地边界下风口增设 1 个监测点。

（5）根据施工阶段，宜针对易产生扬尘处增设 1 个监测点。

（6）当工地为市政道路、桥梁项目时，每个标段或每 2km 至少设置 1 个监测点。

4. 噪声监测

噪声监测应符合下列规定：

（1）噪声监测点的设置不少于 1 个。

（2）工地边界毗邻居住区、学校、医院以及噪声敏感建筑处应增设 1 个监测点。

（3）根据施工作业的实际情况和阶段，在材料加工区、重型设备点以及主要噪声源附近增设监测点。当工地为市政道路、桥梁项目时，每个标段或每千米至少设置 1 个监测点。

5. 工地现场环境管理

工地现场应满足下列环境管理要求：

（1）根据实施监测情况，应具备在当监测值接近限值和超过限值时，以声、光提示预警和报警的功能。

（2）应具备现场环境监测值接近限值和超过限值时，实时向工地监管中央系统、终端设备发送预警、报警信

息的功能。

（3）应具备环境监测报警时，在保证安全的条件下，可根据实际情况开启、关闭环境治理的功能。

6. 环境设备管理

环境设备管理宜支持对喷淋装置、雾炮装置、洒水装置、雨水装置、污水装置等环境设备的中央或终端控制，或实现设备独立的自动控制。

7. 绿色建造与环境管理

（1）管理系统应支持制定绿色建造与环境管理目标，实施环境影响评价，配置相关资源，落实绿色建造与环境管理措施。

（2）管理方应通过管理系统建立项目绿色建造与环境管理制度，确定绿色建造与环境管理的责任部门，明确管理内容和考核要求。

（3）管理方应通过管理系统实施项目管理策划，编制绿色建造计划并经批准后实施，编制依据应符合下列规定：

1）项目环境条件和相关法律法规要求。

2）项目管理范围和项目工作分解结构。

3）项目管理策划的绿色建造要求。

（4）管理方应通过管理系统实施对绿色建造计划的管理，包括下列内容：

1）绿色建造范围和管理职责分工。

2）绿色建造目标和控制指标。

3）重要环境因素控制计划及响应方案。

4）节能减排及污染物控制的主要技术措施。

5）绿色建造所需的资源和费用。

（5）管理方应根据绿色建造目标进行绿色施工总体组织设计。

（6）管理方应通过管理系统实施绿色施工技术或措施，提高绿色施工效果。

（7）管理方应通过管理系统实施下列绿色施工活动：

1）选用符合绿色建造要求的绿色技术、建材和机具，实施节能降耗措施。

2）进行节约土地的施工平面布置。

3）确定节约水资源的施工方法。

4）确定降低材料消耗的施工措施。

5）确定施工现场固体废弃物的回收利用和处置措施。

6）确保施工产生的粉尘、污水、废气、噪声、光污染的控制效果。

（8）管理系统应支持对绿色施工过程与实施效果的数据搜集、分析、提示状态和评价。

（9）管理方应通过管理系统进行项目环境管理策划，确定施工现场环境管理目标和指标，编制项目环境管理计划。

（10）管理系统应支持根据环境管理计划进行环境管理交底，实施环境管理培训，落实环境管理手段、设施和设备。

（11）管理方应通过管理系统对施工现场环境进行过

程管理，并应符合下列规定：

1）工程施工方案和专项措施应保证施工现场及周边环境安全、文明，减少噪声污染、光污染、水污染及大气污染，杜绝重大污染事件的发生。

2）在施工过程中应进行垃圾分类，实现固体废弃物的循环利用，设专人按规定处置有毒有害物质，禁止将有毒、有害废弃物用于现场回填或混入建筑垃圾中外运。

3）按照分区划块原则，规范施工污染排放和资源消耗管理，进行定期检查或测量，实施预控和纠偏措施，保持现场良好的作业环境和卫生条件。

4）针对施工污染源或污染因素，进行环境风险分析，制定环境污染应急预案，预防可能出现的非预期损害；在发生环境事故时，进行应急响应以消除或减少污染，隔离污染源并采取相应措施防止二次污染。

（12）管理系统应按现行国家标准《建筑工程绿色施工评价标准》（GB/T 50640）对施工过程及竣工后状况进行环境管理绩效评价。

五、智慧工地管理在能耗管理方面的应用

1. 水电消耗管理

管理系统应支持对施工区、办公区、生活区域和主要机械设备用水及用电数据统计、分析和比对。

2. 油耗管理

管理系统应支持工程机械、柴油发电机、运输车辆等的耗油数据统计、分析和比对。

六、智慧工地管理在进度管理方面的应用

1. 管理方工作内容

（1）管理方应通过管理系统建立项目工作进度管理制度，明确进度管理程序，规定进度管理职责及工作要求。

（2）管理方应通过管理系统提出项目控制性工作进度计划和编制项目的作业性进度计划。

2. 工作进度计划编制依据和编制内容

（1）工作进度计划编制依据应包括下列内容：

1）合同文件和相关要求。

2）项目管理规划文件。

3）资源条件、内部与外部约束条件。

（2）各类工作进度计划应包括下列内容：

1）编制说明。

2）工作进度安排。

3）资源需求计划。

4）工作进度保证措施。

3. 工作进度计划的实施管理

（1）管理系统应支持在工作进度计划实施前，向执行者交底、落实进度责任，进度计划执行者应制定实施计划的措施。

（2）管理系统应支持对参建各方的协调管理，包括但不限于设计、施工、调试与验收、试运行的各个阶段的文件工作与实体工作进度管理，确保文件工作与实体工作进度界面的合理衔接，使协调工作符合提高效率和效益的需求。

（3）管理系统应支持按规定的统计周期，检查进度计划并保存相关记录。

（4）管理系统应支持对计划与实际进度进行定期比较分析，出现偏差时，分析产生的原因，采取必要的调整措施，直至工程竣工验收。

（5）管理系统在进度管理中应支持结合建筑信息模型（BIM）技术的应用，实现精细进度管控。

（6）管理系统应支持根据进度管理报告提供的信息，纠正进度计划执行中的偏差，对进度计划进行变更调整。

（7）管理系统应支持按规定的统计周期，检查进度计划并保存相关记录，包括下列内容：

1）工作完成数量。

2）工作时间的执行情况。

3）各项工作内容和实体施工工序的执行情况。

4）各类资源使用及其与进度计划的匹配情况，包括但不限于人力、物资、机械等资源。

5）前次检查提出问题的整改情况。

（8）管理系统应支持根据进度管理报告提供的信息，纠正进度计划执行中的偏差，对进度计划进行变更调整。

4. 工作进度计划变更

（1）工作进度计划变更可包括下列内容：

1）工程量或工作量。

2）工作的起止时间。

3）工作关系。

4）资源供应。

（2）管理方应通过管理系统识别进度计划变更风险，并在进度计划变更前制定下列预防风险的措施：

1）组织措施。

2）技术措施。

3）经济措施。

4）资源保障措施。

5）沟通协调措施。

（3）管理系统应支持采取措施后仍不能实现原目标时，变更进度计划，并报原计划审批部门批准。

七、智慧工地管理在技术质量管理方面的应用

1. 技术质量管理基本要求

（1）管理系统应支持按照策划、实施、检查、处置的循环方式进行质量管理。

（2）管理系统应支持通过对人员、机具、材料、方法、环境要素的全过程管理，确保工程质量满足质量标准和相关方要求。

（3）管理系统应提供包含但不限于质量方案管理、从业人员行为管理、变更管理、检验检测管理、旁站管理、检查管理、验收管理、质量资料管理、数字化档案管理等功能。

（4）管理系统应提供包含但不限于质量方案的在线

提交、审查、在线编辑、公示、台账的功能，同时实现质量方案的交底功能。

（5）管理系统应提供包含但不限于核验关键岗位从业人员资格、关键岗位人员质量行为记录档案管理和关键岗位人员电子签章授权及存样管理等从业人员行为管理功能。

2．质量管理策划

质量管理策划应包括下列内容：

（1）质量目标和质量要求。

（2）质量管理体系和管理职责。

（3）质量管理与协调的程序。

（4）法律法规和标准规范。

（5）质量控制点的设置与管理。

（6）项目生产要素的质量控制。

（7）实施质量目标和质量要求所采取的措施。

（8）项目质量文件管理。

3．质量检验和监测

管理系统应支持在建筑信息模型（BIM）中设置质量控制点，按规定进行检验和监测的功能，可包括下列内容：

（1）对施工质量有重要影响的关键质量特性、关键部位或重要影响因素。

（2）工艺上有严格要求，对下道工序的活动有重要影响的关键质量特性、部位。

（3）严重影响项目质量的材料质量和性能。

（4）影响下道工序质量的技术间歇时间。

（5）与施工质量密切相关的技术参数。

（6）容易出现质量通病的部位。

（7）重要工程材料、构配件和工程设备的关键质量控制要素。

（8）隐蔽工程、技术含量较高工程、施工难度较大工程质量检查与验收关键要素。

4．智慧工地管理系统在质量管理方面的功能

（1）管理系统应提供包含但不限于跟踪、收集、整理实际数据，与质量要求进行比较，分析偏差，采取措施予以纠正和处置，并对处置效果复查等质量控制功能。

（2）管理系统应支持设定周期或固定日期提示功能，可对项目质量状况进行检查、分析，可发布质量报告、搜集相关方满意程度、展示产品相符性、制定改进措施。

（3）管理系统应支持变更的记录台账，变更图纸的版本管理，变更与建筑信息模型（BIM）及模型内嵌信息管理，以及变更过程中的CA认证、电子签章管理，实现无纸化、信息化变更过程管理。

（4）管理系统应提供取样过程记录留存，检验检测数据现场提交，检验检测数据统计、查询、分析及预警，检验检测报告的有效性，施工现场、检测机构、管理部门数据共享以及与建筑信息模型（BIM）关联功能。

（5）管理系统应提供发起旁站、巡检、验收申请，接收旁站、巡检、验收任务功能；应支持旁站、巡检、验收工作轨迹管理，提供通过终端设备即时填写旁站、巡检、验收信息单及拍照和数据上传，远程实时查询旁

站、巡检、验收采集信息，问题追责功能。

（6）管理系统应支持质量检查项电子化维护，实现检查数据统计、查询、分析及预警功能。应具备通过物联网设备采集质量数据能力。

（7）管理系统应具备采集的验收数据记录信息数据统计、分析、查询功能，应支持及时发现工程隐患信息和操作不规范行为，并发出警示和整改信息给相关责任人，实现工序验收的流程管理。

（8）管理系统应支持对涉及工程质量的工程材料、机械设备的检查、取样、检测、试验全过程的有效监管。

（9）管理系统应支持对涉及工程主体结构安全的工程材料、机械设备的检查、取样、检测、试验全过程的有效监管。

（10）管理系统应支持对施工现场岗位人员管理、施工记录数据采集、检验批验收数据采集、分部分项验收数据采集、实时数据分析预警等。

（11）管理系统应支持自动化档案组卷，关联建筑信息模型（BIM），实现基于建筑信息模型（BIM）的数字化档案管理。

八、智慧工地管理在成本管理方面的应用

1．管理方在成本管理方面的工作

（1）管理方应按成本组成、项目结构和分项工程实现项目成本计划的编制、检索、分析、比对、汇总等。

（2）管理方应制定项目成本管理制度与流程，明确项目成本核算的原则、范围、程序、方法、内容、责任及要求，健全项目核算台账。

2．智慧工地管理系统在成本管理方面的功能

（1）管理系统应支持将项目成本估算的结果在各具体的工作上进行分配，选定项目各工作的成本定额，确定项目意外开支准备金的标准和使用规则，为计量项目实际绩效提供标准和依据。

（2）管理系统应支持为项目提供决策、计划、控制与经营绩效评估的全方位、系统化的合同管理。

（3）管理系统应支持利用核算及其他有关资料，基于成本水平与构成的变动情况，找出影响成本升降的因素和变动的原因，以及降低成本的途径。

（4）管理系统应支持设定项目成本管理目标，确定项目成本考核目的、时间、范围、对象、方式、依据、指标、组织领导、评价与奖惩原则。

（5）管理系统应支持以项目成本降低额、项目成本降低率作为成本考核主要指标。

（6）管理系统应支持对项目总体和分项成本及效益进行全面分析、评价、考核与奖惩。

（7）管理系统应支持根据项目管理成本考核结果对相关人员进行奖惩。

九、智慧工地管理系统在资源管理方面的应用

1．基本要求

（1）管理方应根据项目管理目标进行项目资源的计

划、配置、控制，并根据授权进行考核和处置。

（2）管理系统应支持建立供应商数据库，支持查询、编辑、修改、存储、加密供应商和对供应商供应服务的评价。

2. 物资管理

（1）管理系统应支持对物资分类管理和标识管理。

（2）管理系统应支持对入库的物资进行管理，可实时登记入库的物资，包括数量、价格、品牌、入库时间、物品类别、型号、登记人等相关内容，并对物资按照物资标识进行分类。

（3）管理系统应支持通过申请物资，并由相关人员审批获准后，在物资出库时进行发放登记，填写发放物资的相关信息后完成物资出库。

3. 人力设备管理

（1）管理系统应支持编制、校核、更新、检索、比对、追踪工程劳动力、机械工具、材料设备的需求计划和使用情况反馈。

（2）管理系统应支持使用供应商数据库，支持对供应商选择、采购供应、合同订立、出厂或进场验收、储存管理、使用管理及不合格品处置等管理行为进行记录、追踪、分析、比对和评价。

（3）管理系统应支持对工程材料与机械设备的计划、使用、回收以及相关制度进行考核评价。

（4）工程机械设备与设施操作人员应具备相应技能并符合持证上岗的要求。

（5）管理系统应支持对工程机械、工具、设备、设施的性能状态、维护与保养、运行使用进行记录与监控。

（6）管理系统应支持对项目工程机械、工具、设备与设施的配置、使用、维护、技术与安全措施、使用效率和使用成本进行考核评价。

4. 资金管理

（1）管理系统应支持按资金使用计划控制资金使用，节约开支。应按会计制度规定设立资金台账，记录项目资金收支情况，实施财务核算和盈亏盘点。

（2）管理系统应支持进行资金使用分析，对比计划收支与实际收支，找出差异，分析原因，改进资金管理。

十、智慧工地管理系统在信息管理方面的应用

1. 管理内容

信息管理应包括下列内容：

（1）项目信息计划管理。

（2）项目信息过程管理。

（3）项目信息安全管理。

（4）项目文件与档案管理。

（5）项目信息技术应用管理。

2. 设立信息与知识管理岗位

（1）管理方应根据实际需要设立信息与知识管理岗位，配备熟悉项目管理业务流程并经过培训的人员担任信息与知识管理员，开展项目的信息与知识管理工作。

（2）管理系统应支持知识管理。

3. 信息管理计划

信息管理计划应纳入项目管理策划过程，应包括下列内容：

（1）项目信息管理范围。

（2）项目信息管理目标。

（3）项目信息需求。

（4）项目信息管理手段和协调机制。

（5）项目信息编码系统。

（6）项目信息渠道和管理流程。

（7）项目信息资源需求计划。

（8）项目信息管理制度与信息变更控制措施。

4. 信息编码系统要求

信息编码系统应有助于提高信息的结构化程度，方便使用，并且应与组织信息编码保持一致。

5. 管理方工作内容

（1）管理方应通过管理系统确定实施项目相关方所需的信息，包括信息的类型、内容、格式、传递要求，并应进行信息价值分析。

（2）管理方应通过管理系统确定信息产生和提供的主体，确定该信息在项目内部和外部的具体使用单位、部门和人员之间的信息流动要求。

（3）管理方应明确所需的各种信息资源名称、配置标准、数量、需用时间和费用估算。

（4）信息变更管理应确保信息管理人员以有效的方式进行信息管理，信息变更应确保信息在变更时和变更前后可采取有效控制措施。

（5）信息过程管理应包括信息的采集、传输、存储、应用和评价。

（6）管理方在信息管理过程中应按下列信息管理计划实施：

1）与项目有关的自然信息、市场信息、法规信息、政策信息。

2）项目利益相关方信息。

3）项目内部的各种管理和技术信息。

（7）管理方应实施全过程信息安全管理，建立完善的信息安全责任制度，实施信息安全控制程序，并确保信息安全管理的持续改进。

（8）管理方应配备专门的运行维护人员，负责系统的使用指导、数据备份、维护和优化工作。

6. 信息采集要求与传输

（1）信息数据宜采用移动终端、计算机终端、物联网技术或其他技术进行及时、有效、准确的信息采集。

（2）管理系统应采用安全、可靠、经济、合理的方式和载体进行项目信息的传输。

（3）管理系统应建立相应的数据库，对信息进行存储。项目竣工后应保存和移交完整的项目信息资料。

7. 信息管理系统

（1）信息管理系统应具备实时或制定周期对项目信息数据的分析功能，掌握实施状态和偏差情况，实现通过任务安排进行偏差控制。

（2）信息管理系统应具备实时或制定周期检查信息的有效性，具备检查管理成本成果、评价信息管理效益、持续改进信息管理工作功能。

8．信息安全管理

信息安全管理应分类、分级管理，并采取下列管理措施：

（1）设立信息安全岗位，明确职责分工。

（2）实施信息安全教育，规范信息安全行为。

（3）采用先进的安全技术，确保信息安全状态。

9．信息数据安全技术措施

信息数据除应符合现行国家标准《信息技术设备的安全》（GB 4943）的有关规定外，尚应具备下列安全技术措施：

（1）身份认证。

（2）防止恶意攻击。

（3）信息权限设置。

（4）跟踪审计和信息过滤。

（5）病毒防护。

（6）安全监测。

（7）数据灾难备份。

10．信息管理

（1）信息管理应包括项目所有的管理数据，为用户提供项目各方面信息，实现信息共享、协同工作、过程控制、实时管理。

（2）信息管理应基于互联网并结合下列先进技术进行系统建设和应用：

1）建筑信息模型（BIM）。

2）云计算。

3）大数据。

4）物联网。

5）人工智能。

（3）信息管理系统应包括下列功能：

1）信息收集、传送、编辑、反馈、查询、分析、比对、提示。

2）进度管理、成本管理、质量管理、安全管理、合同管理、技术管理及相关业务处理。

3）与工具软件、管理系统共享交换数据的数据集成。

4）利用已有信息和数学方法进行预测、提供辅助决策。

5）支持项目文件与档案管理。

（4）信息管理应支持通过系统使用取得下列管理效果：

1）实现项目文档管理的一体化。

2）获得项目进度、成本、质量、安全、合同、资金、技术、环保、人力资源、保险的动态信息。

3）支持项目管理满足事前预测、事中控制、事后分析的需求。

4）提供项目关键过程的具体数据并自动产生相关报表和图表。

十一、智慧工地管理系统在风险管理方面的应用

1．风险管理计划

（1）管理系统应支持在项目管理策划时确定项目风险管理计划。

（2）风险管理计划应包括下列内容：

1）风险管理目标。

2）风险管理范围。

3）可使用的风险管理方法、措施、工具和数据。

4）风险跟踪的要求。

5）风险管理的责任和权限。

6）必需的资源和费用预算。

（3）管理系统应支持根据风险变化调整风险管理计划，并经过授权人批准后实施。

2．风险识别

（1）管理系统应支持在项目实施前识别实施过程中的各种风险。

（2）管理系统应支持进行下列风险识别：

1）工程本身条件及约定条件。

2）自然条件与社会条件。

3）市场情况。

4）项目相关方的影响。

5）项目管理团队的能力。

（3）管理系统应支持编制人签字确认风险识别报告，并经批准后发布，应包括下列内容：

1）风险源的类型、数量。

2）风险发生的可能性。

3）风险可能发生的部位及风险的相关特征。

（4）管理系统应支持根据风险因素发生的概率、损失量或效益水平，确定风险量并进行分级。

3．风险应对

（1）管理系统应支持依据风险评估报告确定针对项目风险的应对策略。

（2）管理方应采取下列策略应对正面风险：

1）为确保机会的实现，消除该机会实现的不确定性。

2）将正面风险的责任分配给最能为组织获取利益机会的一方。

3）针对正面风险或机会的驱动因素，采取措施提高机遇发生的概率。

（3）管理系统应支持形成相应的项目风险应对措施并将其纳入风险管理计划。

4．收集和分析与项目风险相关的各种信息

管理系统应支持收集和分析与项目风险相关的各种信息，获取风险信号，预测未来的风险并提出预警，预警应纳入项目进展报告，并采用下列方法：

1）通过工期检查、成本跟踪分析、合同履行情况监督、质量监控措施、现场情况报告、定期例会，全面了解工程风险。

2）对新的环境条件、实施状况和变更，预测风险，

修订风险应对措施，持续评价项目风险管理的有效性。

5. 风险控制

管理系统应采取措施控制风险的影响，降低损失，提高效益，防止负面风险的蔓延，确保工程的顺利实施。

十二、智慧工地管理系统在文件管理方面的应用

1. 文件管理内容

文件管理应包括对参建各方的设计类文件、合同协议类文件、工作管理类文件、影像类文件、工程资料类文件等的各类与工程建设相关的文件。

2. 文件管理手段

文件管理应采用建筑领域前沿应用的科学技术，包括但不限于云存储、数字签章、数字认证、二维码、生物识别等，实现文件的无纸化、数据化、智能化的高效、便捷管理。

3. 文件存储管理

文件存储管理宜采用通用格式和专用格式并存方式，并应符合下列规定：

（1）图形文件、影像文件、文档文件应转换为通用格式，在信息化云平台上形成电子原件。

（2）建筑信息模型（BIM）可支持多种类文件，按照专用格式文件存储。

（3）涉及商务信息的文件宜保留其他软件产品生成格式，管理系统宜具备嵌入其他软件产品的兼容功能。

4. 文件管理系统功能

（1）管理系统应支持参建各方利用信息化手段建立合同管理的制度，便于随时调阅。

（2）管理系统应支持对施工现场来往文件的共享管理，对于重要来往文函应保留签收原件。

（3）管理系统应提供资料共享的功能，管理人员在信息化云平台上传资料后，所有人在授权后均可在 APP 或 Web 端进行资料的下载及查阅。

（4）管理系统应支持施工资料的编制实时同步至信息化云平台，文件格式应为通用格式。

（5）施工资料的收集整理宜采用移动终端设备及配套 APP 与固定终端相结合，实现数据记录、存储、汇总、归档、分析、比对、制表、打印、传输、加密等功能，达到对资料的智能化管理。

第三节　智慧工地管理系统验收及运行维护

一、一般规定

1. 系统验收

（1）管理系统验收应在软硬件开发测试并在试运行后进行。

（2）管理系统应将预验收和验收合格后形成的验收信息和资料存档备份。

（3）管理系统运行前要进行系统验收。

（4）管理系统设备设施验收应符合现行国家标准《建筑工程施工质量验收统一标准》（GB 50300）、《综合布线系统工程验收规范》（GB/T 50312）、《建筑电气工程施工质量验收规范》（GB 50303）的有关规定。

（5）管理系统软件验收应符合现行国家标准《软件系统验收规范》（GB/T 28035）的有关规定。

（6）管理系统验收应注重组织过程资产的积累，形成验收后评价。

（7）管理系统交付时应具备使用说明书或操作手册。

2. 数据采集

（1）远程数据采集应具备数据测试端口，可进行双向数据测试。

（2）远程数据采集系统应安装 4G、5G 信号传输装置，当接收不到信号时应使用无线网桥组建局域网或其他通信，保证数据的持续传输。

（3）管理系统端口应对使用方开放，使用方可自行将数据读取到本方信息管理系统。

3. 运行维护周期

管理系统维护应以项目建造周期为维护周期。

二、智慧工地管理系统验收

1. 验收规定

（1）管理系统验收前，交付方应对软件硬件系统进行充分测试，并完成《软件硬件系统测试报告》。

（2）管理系统验收应符合下列规定：

1）应评价软硬件系统的兼容性。

2）应评价信息传输的完备性。

3）应对智慧工地管理系统进行第三方检测和漏洞扫描。

4）应评价设备设施在施工现场内能否有效稳定运行。

5）参加系统验收人员除遵循相关标准外，应用相关方应参与验收的整个环节。

2. 交付规定

（1）管理系统交付前，交付方应编制完成《系统使用说明书》《设备运行维护说明书》《系统使用第三方嵌入产品的技术说明》等需要向使用方交付的各类说明。

（2）管理系统交付期间，交付方应对使用方的管理人员进行系统培训，培训结束后进行业务考核，若不能达到独立操作使用的应继续培训。

（3）交付方不应通过相关技术手段盗取使用方的数据信息，不应在未取得使用方许可的情况下，将使用方信息系统向第三方展示。

三、智慧工地管理系统运行维护

1. 基本要求

管理系统运行维护应符合下列规定：

（1）设备维护保养要有维护内容表和日志记录。

（2）要在获得开始操作准许的条件下执行维护任务。

（3）应确保调试或维护作业的安全，做好相关安全预防措施。

2．系统测试

（1）系统维护人员，应每周或每月对系统进行测试，发现问题及时向交付方报修，并形成纸质资料。

（2）管理系统在通电和运行时应对外部环境进行检查、测试系统运行状态，检查和测试包括下列内容：

1）检查和测试周围环境状态。

2）检查和测试运行性能状态。

3）检查和测试设备、设施噪声、震动、发热和其他

表现状态。

3．系统升级

交付方进行系统升级时，应及时向使用方发出书面告知，避免系统升级给使用方造成不便。

4．定期维护

管理系统定期维护应符合以下规定：

（1）维护前，必须携带各类产品的说明书和记录检查数据的记录表等。

（2）维护后，完成文件归档，完成维护报告，并留存资料。

第五章

智慧工地建设评价

第一节 基 本 规 定

为促进物联网、区块链、大数据以及人工智能等现代信息技术在建设工程中的应用，指导智慧工地建设，规范智慧工地评价，制定智慧工地建设标准非常必要。

一、智慧工地建设规定

（1）智慧工地管理系统由应用层、用户层及监管层构成，其架构如图1-5-1-1所示。

（2）实施智慧工地的工程项目应编制智慧工地专项建设方案和管理制度。

（3）智慧工地建设内容应进行专项技术交底和智慧工地监管系统培训。

（4）智慧工地建设工程项目中所采用的基础设施应符合现行相关标准。

（5）智慧工地建设应针对工程项目特点、所处环境和项目目标等实际情况进行需求分析，选用适宜的软件、设备、工具、技术，对施工进行全过程动态控制和动态管理。

（6）智慧工地采用的软硬件接口和协议应满足监管平台的数据接口要求，保证与监管平台对接的一致性和数据传输的稳定性、实时性。

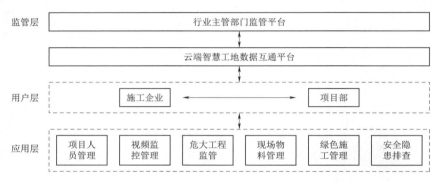

图1-5-1-1 智慧工地管理系统架构图

二、智慧工地评价规定

（1）智慧工地建设应用运行至主体结构施工阶段时，可由施工总承包单位申请，建设行政主管部门或第三方机构组织专家进行智慧工地建设应用评价。

（2）智慧工地应具备集成管理平台，否则不予评价。

（3）智慧工地评价主要分为基础项和推广项两部分内容。其中基础项的评定以表1-5-1-1中的六项内容进行评价得分，基础项总得分为85分；基础项内容如有缺项不予评价。推广项按实际实施项数进行评定，每实施一项可得0.5分或1分。

（4）智慧工地的基础项评价采用百分制，基础项评价各部分所占的权重应符合表1-5-1-1的规定。

表1-5-1-1 智慧工地基础项评价内容

序号	评价项目	权重/%
1	项目人员管理	15
2	视频监控管理	15
3	危大工程监管	40
4	现场物料管理	10
5	绿色施工管理	10
6	安全隐患排查	10

（5）智慧工地经相关专家现场确认评价后，智慧工地综合评价按下式计算最终得分：

综合评价分＝（基础项得分×相应权重系数）×0.85
＋推广项得分

（6）智慧工地评价结果分为一星、二星及三星3个等级，评价结果应符合1-5-1-2的规定。

表1-5-1-2 智慧工地评价结果表

序号	智慧工地等级	评分要求
1	一星级	70分≤得分<80分
2	二星级	80分≤得分<90分
3	三星级	得分≥90分

三、其他规定

1. 智慧工地管理平台应有运行维护体系

智慧工地管理平台应有运行维护体系作为支撑，包括建立运行与维护规范、日常软硬件维护，以及根据实际应用和技术发展需要，对智慧工地管理平台进行扩展和升级。

2. 智慧工地数据信息

智慧工地数据信息的采集、传输、存储、共享、分析、处理等应用，应符合国家信息安全保密的规定，对不同使用人员进行身份认证，实现分权分域管理，确保数据信息安全。

3. 通信网络系统

施工现场应配置通信网络系统，并能满足智慧工地建设应用的需要，且现场的信息处理、存储、传输设备应有防干扰措施。

第二节 系 统 平 台

一、系统平台组成和功能

1. 智慧工地管理平台的组成

智慧工地管理平台的组成应包括项目人员管理、视频监控管理、危大工程监管、现场物料管理、绿色施工管理、安全隐患排查等应用场景。

2. 智慧工地管理平台的功能

（1）智慧工地管理平台应具备相关系统、平台对接能力。

（2）智慧工地管理平台应具备协同管理、资源共享的能力。

（3）智慧工地管理平台应包括智能管理终端、软件基础平台和可视化展示端。

1）智能管理终端应能完成各项管理数据的录入和采集。

2）软件基础平台应能完成各种数据的汇集和处理。

3）可视化展示端应能展示项目的相关信息、数据以及模型等。

二、系统平台架构

1. 智慧工地管理平台架构

智慧工地管理平台由感知层、平台层、应用层、访问层构成，平台架构如图 1-5-2-1 所示。

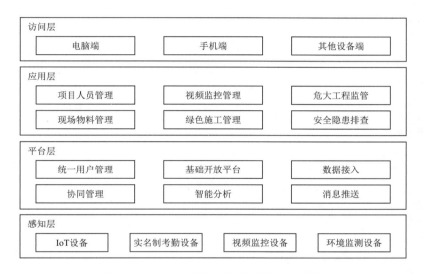

图 1-5-2-1 智慧工地管理平台架构图

（1）感知层利用 IoT（物联网）、区块链设备等对施工现场各类信息进行采集、识别、存储。

（2）平台层应包含统一用户管理、基础开放平台、数据接入、协同管理、智能分析、消息推送等功能，服务实现施工现场各种信息数据的汇聚、整合、分析处理，为应用层提供支撑。

（3）应用层应具备开放式集成功能，能够方便集成新功能，应包括项目人员管理、视频监控管理、危大工程监管、现场物料管理、绿色施工管理、安全隐患排查等模块。

（4）访问层应提供 PC 端和移动端两种访问方式。

2. 云架构

智慧工地管理平台宜采用公有云架构，根据发展需要也可采用私有云和混合云架构；非云架构下的系统宜向云架构升级过渡。

3. 系统平台集成

智慧工地管理平台应支持数据集成、访问集成、应用集成、运行环境集成等方式。

（1）数据集成：应集成第三方业务系统的数据。

（2）访问集成：应集成第三方业务系统的访问入口，实现统一访问。

（3）应用集成：应实现工程项目在项目信息管理、人员管理、视频监控管理、危大工程监管、现场物料管理、绿色施工管理、安全隐患排查等应用系统之间的业务处理和信息共享。

（4）运行环境集成：包括网络环境的集成、安全环境的集成、基础系统软件的集成。

4. 运行环境与安全

（1）网络环境应符合国家现行有关标准的规定，具有开放性、可扩充性、可靠性和安全性。

（2）应选择可靠稳定的、具有完整资格认证的主机服务商。

（3）企业服务上云时应进行备灾处理，宜在多个位置部署相同的服务，增强数据安全性。

序号	名称	建设内容与要求
3	门禁考勤设备	（1）应支持人脸识别设备实现，并支持IC卡或RFID、蓝牙等授权技术。 （2）应支持互联网接入，数据存储时间大于3个月。 （3）人脸设备屏幕亮度最低为300cd/m²；人脸设备工作环境温度：−20～55℃。 （4）人脸设备满足防水防尘要求。 （5）误检率为0.01％情况下，通过率不小于99.99％。 （6）应实现人员考勤信息的自动统计

2. 安全教育

（1）安全教育管理系统应包括在线培训教育、课程库、试题库、课程管理、统计报表等功能。

（2）安全教育内容应包括三级安全教育、班前例会、季节性安全教育、专项安全教育等。

（3）安全教育可通过在线视频、WiFi接入认证、扫码等方式实现。

（4）安全教育应满足表1-5-3-3功能要求。

表1-5-3-3　安全教育功能要求

序号	名称	建设内容与要求
1	WiFi网络	应在项目生活区、办公区、人员出入口等区域设置WiFi、扫码等安全教育设施
		在接入WiFi网络前，应通过回答设置的相关问题或观看相关视频获得上网权限，能实现针对不同的工种推送不同类型的培训
		在WiFi接入认证中，各类问题每次出现的数量应根据需要自行设定。设定完成后，系统自动随机抽取题库中的问题供联网者回答，实现每次登录问题不重复
2	安全教育方式	可通过答题或观看各类教育视频等多种方式进行安全教育

三、视频监控管理

1. 视频监控

（1）视频监控系统应包含实时显示、视频存储、视频回放、设备管理、权限管理等功能。

（2）视频监控系统宜兼容吊钩可视化等通用标准视频信号。

（3）视频监控系统应能通过智慧工地管理平台远程查看现场实时视频。

（4）视频监控系统应满足表1-5-3-4功能要求。

表1-5-3-4　视频监控系统功能要求

序号	名称	建设内容与要求
1	远程查看	应具备在移动端、PC端对摄像头进行远程查看功能

第三节　智慧工地基础项

一、基本信息

项目基本信息应包含工程概况、工程进度、建设、施工、监理、设计、勘察单位及项目其他信息等。

二、项目人员管理

1. 人员管理

（1）人员管理系统应包含劳务工人、特种作业人员、项目管理人员等内容。

（2）人员管理系统应能实现人员信息管理、考勤管理、门禁管理、人脸识别比对、信息统计与上传等功能，应满足表1-5-3-1功能要求。

表1-5-3-1　人员管理系统功能要求

序号	名称	功能要求
1	人员信息管理	人员信息管理应具备人员身份证信息采集功能和人脸信息采集功能
		人员信息应包含基本信息、合同信息、行为信息、教育培训信息、出勤信息、班组信息、职业健康信息等
		在施工现场主要人员出入口应设置门禁设备并与人员管理系统联通，门禁设备应具备人脸识别功能
2	考勤管理	人员考勤管理应根据人员进出场时间记录，具备统计功能
3	门禁管理	人员管理系统中，应为特种作业人员及项目管理人员建立相应标签，方便人员查询和统一管理
4	上传	各种信息应实时上传智慧工地管理平台

（3）人员管理系统相关硬件设备应满足表1-5-3-2要求。

表1-5-3-2　人员管理系统相关硬件设备要求

序号	名称	建设内容与要求
1	人员身份鉴别终端	（1）应内置居民二代身份证验证安全控制；读卡时间：不高于1.5s。 （2）应符合ISO/IEC 14443 TYPEA/B标准。 （3）应符合台式居民身份证阅读器通用技术标准
2	人脸识别感知终端	（1）应能够识别已录入人脸信息。 （2）宜适配通道闸机及电磁门锁等门禁类感知设备。 （3）用户容量宜不少于10000人；照片容量宜不少于10000人。 （4）识别距离：0.3～1m；识别效率：>30帧/s；识别时间：>100ms。 （5）具有活体检测功能

续表

序号	名称	建设内容与要求
2	夜间监控	应满足夜间监控的需求
3	监控内容	视频监控应包括下列内容：人员外部特征、行为、位置；材料位置、机械设备运行状态、车辆进场信息；重点区域、制高点、施工进度、场容场貌等

（5）视频监控系统硬件设备应满足以下要求：

1）视频监控终端分辨率：>200 万像素。

2）视频压缩标准：支持 H·265/H·264/MPEG。

3）宽动态范围：>120dB。

4）红外照射距离：>30m。

5）防护等级满足防水防尘要求。

6）快球形视频监控终端应具备光学变焦及数字变焦能力。

7）鹰眼形视频监控分辨率：>800 万像素；红外照射距离：>250m。

8）应具备光学变焦及数字变焦能力。

（6）施工工地重点区域应做到视频全覆盖，包括工地主要出入口、主干道路、制高点、主要危险区域、堆料库区等。

（7）视频监控前端设备应选择视线无遮挡的位置安装，不宜逆光安装。

（8）项目部宜配备独立光纤，前端设备接入智慧工地管理平台的网络传输带宽应不低于 2Mbit/s，各级监控中心间网络单路的网络传输带宽应不低于 2.5Mbit/s。

2. 智能监控

（1）智能监控应具备未佩戴安全帽、未穿反光背心及明烟、明火等场景智能识别报警功能。

（2）智能监控应具备高空制高点自动扫描，形成全景拼图，实现图像测量。

（3）智能监控应能自动抓拍留存影像资料，报警信息自动推送管理人员并上传至智慧工地管理平台。

（4）智能监控系统应满足以下功能要求。

1）应支持 5s 以内完成 AI 分析，支持 7×24h 全天候对视频进行分析。

2）应达到处理从分析到输出结果 1s 以内，保障及时有效。

3）应支持本地部署，离线应用，减少网络带宽要求。

4）至少 2 路视频监控应具备智能监控识别功能。

四、危大工程监管

1. 机械设备司机识别

（1）应具备人脸或指纹等生物识别认证功能，确保人员持证上岗。

（2）现场所有塔机、升降机均应安装司机识别设备。

（3）司机信息应实时上传至智慧工地管理平台。

（4）机械设备司机识别硬件设备应符合以下要求：

1）身份认证至少具备一种生物识别技术。

2）生物识别速度小于 1s，生物识别成功率不小于 99%。

3）人脸识别具备逆光和弱光处理功能。

4）支持无线、TCP/IP 等通信方式。

2. 塔机运行监测

（1）塔机运行监测系统应具备实时监测塔机运行数据的功能。

（2）塔机运行监测系统应具备实时在线查看塔机相关运行数据的功能。

（3）塔机运行监测系统应具备异常报警推送的功能。

（4）塔机运行监测系统应满足以下功能要求：

1）应对重要运行参数信息进行实时监视，信息应包括：重量、力矩、高度、幅度、回转角度、运行速度、风速。

2）当塔吊出现危险操作时，应实时报警并推送智慧工地管理平台。

3）具备控制吊钩避让固定障碍物的单机区域识别报警功能。

4）群塔监测具备预警、提醒功能，具备防止群塔作业发生碰撞的功能。

（5）塔机运行监测应满足下列硬件设备要求：

1）塔吊正常工作上传一次塔吊监测数据不大于 10s，塔吊空闲时期上传一次塔吊监测数据不大于 60s。

2）具备异常报警推送到移动端、PC 端，从数据产生到推送到达间隔不大于 1s，且应支持移动端、PC 端实时查看数据，数据更新响应时间不大于 1s。

3）硬件设备支持本机运行时长应不小于 7d 的监控记录存储能力或存储数据容量应不少于 20000 条。

4）硬件设备应支持 4G/5G、网关等多种方式将监控信息传输至智慧工地管理平台。

3. 吊钩可视化

（1）吊钩可视化应具备自动变焦功能，支持摄像机自动追踪吊钩功能。

（2）吊钩可视化应具备数据留存功能。

（3）智慧工地管理平台可实时查看吊钩可视化视频画面。

（4）吊钩可视化系统硬件设备应满足以下要求：

1）吊钩可视化视频画面应支持驾驶室实时观看，远程浏览。

2）吊钩视频监控摄像机应安装在塔吊变幅小车处或者塔臂前端，应能实现视频信息覆盖起吊作业全过程，消除视野盲区。

3）吊钩可视化摄像机参数：不低于 20 倍变焦摄像机、200 万像素、1920×1080P 分辨率。

4. 升降机运行监测

（1）升降机运行监测应实时监测升降机的各项运行参数。

（2）升降机运行监测应具备异常报警和信息推送功能。

（3）升降机运行监测信息应实时上传到智慧工地管理平台。

（4）升降机运行监测宜具备轿厢内视频监控功能。

（5）升降机运行监测应满足以下功能要求：

1）监测载重、轿厢倾斜度、起升高度、运行速度等参数。

2）出现异常时，轿厢内立即声光报警，并进行异常报警推送。

（6）升降机运行监测系统硬件设备应满足下列要求：

1）升降机正常工作上传一次升降机监测数据不大于10s，升降机空闲时期上传一次升降机监测数据不大于6s。

2）具备异常报警推送到移动端、PC端，数据产生到推送间隔不大于1s，应支持移动端。PC端实时查看数据，数据更新时间也不大于1s。

3）硬件设备支持本机运行时长应不少于7d的监控记录存储能力或存储数据容量应不少于20000条。

4）硬件设备应支持4G/5G、网关等多种方式将监控信息传输至智慧工地管理平台。

5. 高支模监测

（1）高支模监测应实现对高支模施工过程中模板沉降、立杆轴力、杆件倾角、支架整体水平位移进行实时监测。

（2）高支模监测宜接入智慧工地管理平台，实现各项数据的实时监测记录、统计分析、远程预警。

（3）高支模监测应保证监测持续进行。

（4）高支模监测应满足以下功能要求：

1）使用位移传感器，布设在支撑结构单元内部载荷较大的部位，布置位置及数量符合专项方案。

2）使用倾斜传感器，布设在承受载荷较大或稳定性较差的部位，布置位置及数量符合专项方案。

3）使用轴压传感器，布设在承受载荷较大或稳定性较差的部位，布置位置及数量符合专项方案。

4）监测传感器接入智慧工地管理平台，具备数据统计、分析、预警、信息推送、声光同步报警功能，实现不间断监测，同时推送至PC端和手机端。

（5）高支模监测硬件设备应满足下列要求：

1）位移传感器监测精度：± 0.02mm。

2）倾斜传感器监测精度：$\pm 0.01°$。

3）轴压传感器监测精度：$\leqslant 0.5\%$F.S。

4）数据采集仪：应支持4G/5G、网关等多种方式将数据传输至智慧工地管理平台。

6. 深基坑监测

（1）深基坑监测应实现对位移、沉降、水位、应力等数据变化实时监测。

（2）深基坑监测应接入智慧工地管理平台实现对基坑数据的实时监测。

（3）深基坑监测应具备数据分析和报警功能。

（4）深基坑监测应满足以下功能要求：

1）使用静力水准仪，对建筑物沉降进行监测，布置位置及数量符合专项方案。

2）使用水准仪，对道路、地表、地下管线沉降进行监测，布置位置及数量符合专项方案。

3）使用导轮式固定测斜仪，对围栏结构深层水平位移进行监测，布置位置及数量符合专项方案。

4）使用钢筋计或轴力计，对钢支撑、混凝土支撑进行应力监测，布置位置及数量符合专项方案。

5）使用表面式位移监测传感器，对高层建筑物水平位移进行监测，布置位置及数量符合专项方案。

6）使用振弦式表面应变计，对建筑物结构的应力进行监测，布置位置及数量符合专项方案。

7）监测传感器数据可接入智慧工地管理平台，具备数据统计、分析、预警、信息推送功能。

（5）深基坑监测硬件设备应满足下列要求：

1）静力水准仪、水准仪：综合精度$\pm 0.15\%$F.S；相对湿度$0\sim 95\%$RH。

2）固定测斜仪：综合精度$\pm 0.15\%$F.S。

3）钢筋计：测量精度$\pm 0.1\%$F.S；测温精度$\pm 0.5℃$。

4）轴力计：分辨力0.1%F.S；测温精度$\pm 0.5℃$。

5）表面式位移监测传感器：平面$\pm (2.5$mm$+1\times 10^{-6}D)$；高程$\pm (5.0$mm$+1\times 10^{-6}D)$。其中D为观测距离。

6）振弦式表面应变计：灵敏度1；非线性度$\leqslant 1\%$F.S；测温精度$\pm 0.5℃$。

7）多通道振弦采集仪：通道数$\geqslant 8$；分辨率：0.01Hz；温度精度$0.01℃$；采样精度频率：0.05Hz；温度：$\pm 0.5℃$。

8）数据采集仪：应支持4G/5G、网关等多种方式将信息数据传输至智慧工地管理平台。

五、现场物料管理

（1）现场物料管理应满足施工材料质量检验检测的要求，提供检验检测信息化管理，包括取样过程记录留存、检测检验数据统计、查询、分析等。

（2）施工现场应具备智能物料、钢筋智能点检及见证取样等信息化监测功能。

（3）现场物料管理应满足以下功能要求：

1）智能物料。在物料现场验收时，对进入车辆统一调度和称重，自动计算货物重量，数据上传至智慧工地管理平台。

2）钢筋智能点检。通过AI技术，实现自动识别钢筋数量，数据上传至智慧工地管理平台。

3）见证取样监测。实现对进场材料复试取样、见证送检、试验检测、结果认证、不合格反馈等全流程记录。

4）现场混凝土检验对各强度等级混凝土现场取样，按一标一码的要求，实现质量追踪。

六、绿色施工管理

1. 基本要求

（1）绿色施工管理应包括环境保护、节电、节水、节材以及建筑垃圾分类、减量化等内容。

（2）施工现场应对环境、用电、用水等数据进行实时监测，各项监测数据须实时上传至智慧工地管理平台。

（3）智慧工地管理平台应对上述数报信息设置报警值、预警值，并及时推送预警信息。

2．绿色施工管理功能要求

绿色施工管理应满足以下功能要求：

（1）环境监测。实时监测显示 PM2.5、PM10、温度、湿度、风速、风向、噪声数据，数据上传至智慧工地管理平台。

（2）用水监测。实时监测办公区、生活区、施工区用水，实现日、周、月等区间统计，对比分析用水量，数据上传至智慧工地管理平台。

（3）用电监测。实时监测办公区、生活区、施工区用电，实现日、周、月等区间统计，对比分析用电量，数据上传至智慧工地管理平台。

（4）建筑垃圾减量化。按新建建筑施工现场建筑垃圾排放量每万平方米不高于 300t，装配式建筑每万平方米不高于 200t 要求，有效减少施工过程建筑垃圾产生和排放。

3．环境监测硬件设备要求

环境监测硬件设备应满足下列要求：

（1）PM2.5 传感器：分辨率 $1\mu g/m^3$；测量精度 $\pm10\%$。

（2）PM10 传感器：分辨率 $1\mu g/m^3$；测量精度 $\pm10\%$。

（3）噪声传感器：分辨率 1dB；测量精度 ±0.5dB。

（4）风速传感器：分辨率 0.1m/s；测量精度 $\pm(0.3\pm0.03V)$m/s。

（5）风向传感器：分辨率 $1°$；测量精度 $\pm3°$。

（6）温度传感器：分辨率 $0.1℃$；测量精度 $\pm0.2℃$。

（7）湿度传感器：分辨率 0.1%RH；测量精度 $\pm3\%$RH。

（8）通道数据采集器：可自动记录、记录间隔可根据客户需求设置，实时提取数据。

4．自动喷淋及其联动设备

（1）自动喷淋应具备与扬尘监测设备联动功能。

（2）洗车平台应设置监控摄像头。

（3）自动喷淋与洗车平台要满足以下功能要求：

1）扬尘监测指标应设定预警值，当检测到颗粒物浓度超标后系统自动启动喷淋设备，实现自主降尘；应具备 APP 远程控制功能；应具备定时控制功能。

2）洗车平台应对进出项目的车辆洗车情况进行 24h 视频监控，保证夜间车辆号牌清晰记录；满足现场防水需求，保证设备正常运行；监控画面上传至智慧工地管理平台。

（4）围挡自动喷淋应在建筑工地四周围挡，每隔 3.5m 之内安装一个喷淋喷头。

（5）洗车平台摄像头应满足下列要求：

1）视频监控终端分辨率：>200 万像素。

2）视频压缩支持：H.265/H.264/MJPEG。

3）宽动态范围：>120dB。

4）红外照射距离：>30m。

5）防护等级满足防水防尘要求。

七、安全隐患排查

1．基本要求

安全隐患排查应利用信息化的技术手段，并覆盖施工区、生活区及办公区。

2．安全隐患排查系统

（1）安全隐患排查系统应支持移动设备进行安全隐患发起、整改、复查的闭环管理功能。

（2）安全隐患排查系统应具备对安全排查数据进行信息统计、分析、超期预警、信息推送等功能。

（3）安全隐患排查系统宜具备风险分级管控的功能。

（4）安全隐患排查系统应满足以下功能要求：

1）可在移动端、PC 端对安全隐患数据进行记录、查询。

2）具备安全隐患发起、整改、复查的闭环管理功能。

3）具备对安全隐患数据进行统计、可视化分析、超期预警、信息推送等功能。

4）宜具备风险等级分类管理功能，形成风险分级管控图表。

5）应具备对危险性较大的分部分项工程进行巡查记录功能。

第四节　智慧工地推广项

智慧工地推广项的设立是为了鼓励工程项目应用新技术、新产品、新工具及新方法于智慧工地建设中来。目前智慧工地推广项目主要包括安全创新管理、质量提升管理、智能建造应用、科技创新应用等模块。智慧工地科技创新应用推广项的项目名称、内容与要求、分值见表 1-5-4-1。

表 1-5-4-1　智慧工地科技创新应用推广项的项目
名称、内容与要求、分值

序号	项目名称	内容与要求	分值
一、安全创新管理			
1	钢丝绳损伤监测	通过传感器监测钢丝绳内部断丝、断股等损伤情况，实现钢丝绳安全状态自动化监测，实现远程监管，实时传输数据至智慧工地管理平台	0.5
2	塔机激光定位系统	通过安装到塔吊小车上的激光发射器，应实现精准定位，夜视效果清晰，辅助驾驶员在夜间施工环境下准确定位吊钩位置，保障塔机安全	1
3	塔机升降安全监测	具有塔机升降平衡判断、升降过程上部质量稳定性和安全性判断、作业人员行为（音频、视频）监控、司机行为（视频、音频）监控、环境风力监测、远程传输到云服务器等功能。监测到危险状态及时进行报警，辅助作业人员在塔机的升降过程中正确操作，并上传至智慧工地管理平台	1

续表

序号	项目名称	内 容 与 要 求	分值
4	智能螺栓监测	塔机标准节螺栓设置防松动预警螺母，并上传至智慧工地管理平台	0.5
5	卸料平台监测	通过重量传感器实时采集当前载重数据，当出现超载现象时，现场声光报警，并上传至智慧工地管理平台	1
6	外墙脚手架监测	通过加装传感器，实时监测架体的水平位移、倾斜数据，避免超出规范要求的水平位移、倾斜，并上传至智慧工地管理平台	1
7	智能临边防护网监测	实时监测施工现场临边防护网状态，当防护网遭遇破坏时可实时报警，通过智慧工地系统显示临边破坏位置，快速定位追溯相关责任人，并上传至智慧工地管理平台	1
8	施工临电箱监测	对施工现场临时用电过载、跳闸、漏电、线缆断开及电气火灾引起的温升、烟雾等现场用电异常提供实时报警通知，并上传至智慧工地管理平台	0.5
9	智能烟感	通过烟感探测器实时监测宿舍、办公区的日常消防安全状况，探测器可立即报警，并上传至智慧工地管理平台	0.5
10	测距巡到位系统	应能通过联动全景成像测距摄像机自动识别新增楼层，重要设施及危险区域的巡检，形成巡检记录。数据上传智慧工地管理平台，未巡检的推送给相关人员	1
11	吊篮监测	通过重量、位移、风速、电流传感器实时采集吊篮运行数据，对违规操作进行声光报警提示、限制吊篮上升，并将报警信息推送给管理人员，数据上传至智慧工地管理平台	1
12	安全教育一体机	利用安全教育一体机使三级安全教育更加智能化。安全教育记录传至劳务平台，数据上传至智慧工地管理平台	0.5
13	智能安全帽	进行考勤＋定位，自动搜集人员标签信息，记录考勤时间，考勤信息自动上传，形成考勤记录。通过APP实时调取人员信息和移动轨迹，数据上传至智慧工地管理平台	1
二、质量提升管理			
14	大体积混凝土测温	实时监测混凝土内外温度变化，施工点位温度、温差、降温速率，超过预警温差值时，系统能及时报警，数据上传至智慧工地管理平台	1
15	实测实量	通过智能靠尺、智能卷尺、混凝土回弹仪、智能测距仪等智能设备进行测量，数据上传至智慧工地管理平台	0.5
16	标养室监测	实时监测标养室的温、湿度变化，可根据具体的阈值进行报警提示，日常监测数据及报警数据自动留存，实现数字化管理，数据上传至智慧工地管理平台	1

续表

序号	项目名称	内 容 与 要 求	分值
17	结构混凝土质量	实现对结构混凝土高程、强度、垂直度、平整度以及有无存在蜂窝、麻面、露筋、孔洞、不良裂缝等现象的监测	0.5
三、智能建造应用			
18	建筑机器人	具备环境适应、动态平衡及感知能力，能代替人完成工程量大、重复作业多、危险环境、繁重体力的施工作业、安全质量巡检等场景，并与智慧工地管理平台有机融合	1
19	放样机器人	通过系统内置BIM模型，机器人根据模型数据自动放线，并可结合BIM技术辅助施工验收，形成放线记录	1
20	车辆清洗AI识别	通过高清摄像头进行AI智能识别，并结合水流传感器判断出入车辆是否清洗并对车辆进行抓拍，监测数据和图像实时上传到智慧工地管理平台	1
21	装配式建筑推广	鼓励采用装配建造方式，装配率达到有关要求	1
22	BIM模型可视化	利用轻量化引擎展示项目三维可视化模型，管理人员可通过平台、移动端等方式浏览、分享项目模型，模型可在智慧工地管理平台中查看	0.5
23	BIM5D应用	在3D模型基础上，形成进度、成本模型和数据，可在智慧工地管理平台中查看	1
24	智慧图纸	基于BIM和AR技术，实现施工图纸三维应用	0.5
四、科技创新应用			
25	5G工程应用场景	创建基于5G的工程建设应用场景及管理模式，为智能建造、人工智能等在项目现场的应用提供平台	1
26	5G＋AR眼镜巡检交互系统	通过AI等技术，快速准确识别人员，同时可以通过智慧工地系统实现远程生产调度和远程技术支持	1
27	智能广播	通过IP定位，实现广域网远程喊话、智能广播与现场监测设备告警、AI摄像头监测事件联动，实现自动播报，同时可设置定时广播，自动播放安全知识	0.5
28	三维激光扫描仪	基于空间点云逆向建模，用于实测实量、基坑挖方量计算、钢结构变形测量、模板脚手架变形监测、建筑物沉降变形监测等	1
29	无人机应用	通过无人机超高清实拍，对施工场区进行逆向建模，从而形成施工场区的实景模型，导入软件算出基准标高以上的土方量，也可记录工程建造全过程的延时影像	1
30	区块链应用	在装配式建筑、机械设备、物料管理中应用区块链技术，实现构件、材料等全生命期的追溯	1

第五节 评价标准

一、基础项评价标准

1. 项目人员管理

项目人员管理按表1-5-5-1的规定进行评价。

表1-5-5-1 项目人员管理评价表

序号	评 价 标 准	评价分值	实际得分	备注
1	人员管理系统实现实名制管理，包括劳务工人、特种作业人员以及施工单位项目管理人员	20		
2	人员管理系统具备人员信息管理、考勤管理、门禁管理、人脸识别比对、信息统计与上传等功能	10		
3	人员管理系统的人员信息齐全，应包括基本信息、合同信息、行为信息、班组信息、出勤信息等	10		
4	人员管理系统具备相应的人员信息采集、识别、管理等设备，并满足以下要求： （1）具备人员身份鉴别终端、人脸识别终端和门禁考勤等设备。（5分） （2）具备从业人员身份证信息采集、人脸信息采集、工时统计、从业人员资格核验以及操作权限判别等功能。（15分） （3）施工现场主要人员出入口具备支持人脸识别的门禁考勤设备（10分）	30		
5	安全教育系统应具备对从业人员安全教育培训的信息化功能，并满足以下要求： （1）具备从业人员安全教育在线学习、培训教育课程管理、培训教育数据统计分析功能。（10分） （2）项目生活区、办公区、人员出入口等区域设置信息化安全教育设施。（10分） （3）具备对安全教育培训计划、执行情况的全过程记录、查询等功能（10分）	30		
	合计得分	100		
检查结果	实际得分合计： 评价人员签字： 年 月 日			
检查意见	评价人员签字： 年 月 日			

2. 视频监控管理

视频监控管理按表1-5-5-2的规定进行评价。

3. 危大工程监管

危大工程监管按表1-5-5-3的规定进行评价。

表1-5-5-2 视频监控管理评价表

序号	评 价 标 准	评价分值	实际得分	备注
1	视频监控应覆盖工地主要出入口、主干道路、制高点、施工危险区域、堆料库区等重点区域	20		
2	视频监控系统具备实时显示、远程查看、视频存储、夜间监控、设备管理、权限管理等功能	20		
3	视频监控系统监控画面应包括：人员外部特征、行为、位置等信息；材料位置、机械设备运行、车辆进出信息；施工进度、场容场貌等	20		
4	智能监控系统应具备智能分析功能，并符合下列要求： （1）具备未佩戴安全帽、未穿反光背心及明烟、明火等场景智能识别报警功能。（20分） （2）具备高空制高点自动扫描，形成全景拼图，实现图像测量。（10分） （3）支持自动抓拍留存影像资料，报警信息自动推送给管理人员并上传至智慧工地管理平台（10分）	40		
	合计得分	100		
检查结果	实际得分合计： 评价人员签字： 年 月 日			
检查意见	评价人员签字： 年 月 日			

表1-5-5-3 危大工程监管评价表

序号		评 价 标 准	评价分值	实际得分	备注
1		现场所有塔机、升降机均应安装司机识别设备，司机认证信息上传至管理平台	10		
2	塔机监测	具备实时监测塔机各项运行参数的功能，参数信息包括重量、力矩、高度、幅度、回转角度、起升和回转速度、风速等	15		
3		具备运行异常报警和信息推送功能；具备防止群塔作业发生碰撞的功能；具备控制吊钩避让固定障碍物的单机区域限制功能	15		
4	吊钩可视	具备自动追踪、远程查看、实时查看、数据留存等功能	10		
5		实现视频信息覆盖起吊作业全过程，无视野盲区	5		
6	升降机监测	轿厢内宜具备视频监控功能；实时监测升降机的各项运行参数的功能，运行参数包含监测载重、轿厢倾斜度、起升高度、运行速度等；异常报警和信息推送功能	15		

续表

序号	评价标准		评价分值	实际得分	备注
7	高支模监测	实现对高支模施工过程中模板沉降、立杆轴力、杆件倾角、支架整体水平位移等情况的实时监测、统计分析、远程预警功能	10		
8		危险性较大的部位具备相应的监测传感器，其布置位置及数量符合专项方案规定	5		
9	深基坑监测	实现对位移、沉降、地下水位、应力等数据变化实时监测、统计分析、远程预警功能	10		
10		危险性较大的部位具备相应的监测设备，其布置位置及数量符合专项方案规定	5		
	合计得分		100		

检查结果	实际得分合计：
	评价人员签字：　　年　月　日
检查意见	
	评价人员签字：　　年　月　日

4. 现场物料管理

现场物料管理按表1-5-5-4的规定进行评价。

表1-5-5-4　　现场物料管理评价表

序号	评价标准	评价分值	实际得分	备注
1	管理平台具备相关检验检测数据的留存、统计、查询、分析及偏差预警功能	20		
2	具备智能物料功能，实现在物料现场验收时，对进入车辆统一调度和称重，并自动计算货物重量，同时将数据上传至管理平台	20		
3	具备钢筋智能点检功能，可通过AI技术，实现自动识别钢筋数量，同时将数据上传至管理平台	20		
4	具备见证取样检测功能，实现对进场材料复试取样、见证送检、试验检测、结果认证、不合格反馈等全流程记录	20		
5	现场应及时对各强度等级混凝土取样，做到一标一码，实现质量追踪	20		
	合计得分	100		

检查结果	实际得分合计：
	评价人员签字：　　年　月　日
检查意见	
	评价人员签字：　　年　月　日

5. 绿色施工管理

绿色施工项目人员管理按表1-5-5-5的规定进行评价。

表1-5-5-5　　绿色施工项目人员管理评价表

序号	评价标准	评价分值	实际得分	备注
1	工地现场根据周边环境和现场施工情况部署环境监测设备，实现对环境数据的实时监测	20		
2	具备智能监测用电消耗数据的能力，并提供用电数据统计、分析、预警、检索功能	20		
3	具备智能监测用水消耗数据的能力，并提供用水数据统计、分析、预警、检索功能	20		
4	做到建筑垃圾分类，有效减少施工过程建筑垃圾产生和排放，满足施工现场建筑垃圾排放量的相关要求	15		
5	自动喷淋设备具备与扬尘监测系统联动控制的功能，实现自主降尘和定时控制，且建筑工地四周围挡的喷淋喷头间距不大于3.5m	15		
6	洗车平台设置监控摄像头，实现对进出车辆洗车情况进行视频监控，并将相关数据上传至管理平台	10		
	合计得分	100		

检查结果	实际得分合计：
	评价人员签字：　　年　月　日
检查意见	
	评价人员签字：　　年　月　日

6. 安全隐患排查

安全隐患排查按表1-5-5-6的规定进行评价。

表1-5-5-6　　安全隐患排查评价表

序号	评价标准	评价分值	实际得分	备注
1	支持移动设备进行安全隐患发起、整改、复查的闭环管理功能	30		
2	具备对安全隐患排查数据的信息统计、分析、超期预警、信息推送等功能	20		
3	具备风险等级分类管理功能，并形成风险分级管控图表	30		
4	可在移动端、PC端对安全隐患数据进行记录、查询	20		
	合计得分	100		

检查结果	实际得分合计：
	评价人员签字：　　年　月　日
检查意见	
	评价人员签字：　　年　月　日

二、推广项评价标准

推广项按表1-5-5-7中的内容进行评价，并在标准分值范围内打分。

如有表1-5-5-7所列30项推广项目之外的智慧工地应用新技术可依序继续填写，评价组成员共同研究后直接进行补充打分。

表1-5-5-7　　推广项评价表

序号	类别	项目名称	分值	得分
1	安全创新管理	钢丝绳损伤监测	0.5	
2		塔机激光定位系统	1	
3		塔机升降安全监测	1	
4		智能螺栓监测	0.5	
5		卸料平台监测	1	
6		外墙脚手架监测	1	
7		智能临边防护网监测	1	
8		施工临电箱监测	0.5	
9		智能烟感	0.5	
10		智能巡查系统	1	
11		吊篮监测	1	
12		安全教育一体机	0.5	
13		智能安全帽	1	
14	质量提升管理	大体积混凝土测温	1	
15		实测实量	0.5	
16		标养室监测	1	
17		结构混凝土质量	0.5	
18	智能建造应用	建筑机器人	1	
19		放样机器人	1	
20		车辆清洗AI识别	1	
21		装配式建筑推广	1	
22		BIM模型可视化	0.5	
23		BIM5D应用	1	
24		智慧图纸	0.5	
25	科技创新应用	5G工程应用场景	1	
26		5G＋AR眼镜巡检交互系统	1	
27		智能广播	0.5	
28		三维激光扫描仪	1	
29		无人机应用	1	
30		区块链应用	1	

续表

序号	类别	项目名称	分值	得分
31				
32				
合计				
检查结果	实际得分合计：			
	评价人员签字：　　　年　月　日			
检查意见				
	评价人员签字：　　　年　月　日			

三、智慧工地综合评价

智慧工地综合评价表格式见表1-5-5-8。

表1-5-5-8　　智慧工地综合评价表

项目名称					
施工单位					
序号	评价内容	实际得分	权重	加权重分	备注
1	项目人员管理		0.15		
2	视频监控管理		0.15		
3	危大工程监管		0.4		
4	现场物料管理		0.1		
5	绿色施工管理		0.1		
6	安全隐患排查		0.1		
基础项得分合计					
推广项得分合计					
检查结果	综合评价分＝Σ加权重分×0.85＋推广项得分 评价组组长签字： 评价组成员签字： 年　月　日				
检查意见	评价组组长签字： 评价组成员签字： 年　月　日				

第六章

输变电工程智慧标杆工地

第一节 智慧工地在电力建设施工项目方面的应用

一、智能电网

（一）进展情况

人工智能技术是研究、开发用于模拟、延伸和扩展人的智能的理论、方法、技术及应用系统的一门新的技术科学。美国、英国、荷兰等多个国家都持续在智慧工地的研究中发力。IBM 首席执行官 Sam Palmisano 于 2009 年第一次提出智慧地球（smart planet）的概念，建议美国政府投资建设新一代的智慧型信息化基础设施。这被视为智慧工地概念的雏形。之后，美国政府对智能电网项目进行了具体的规划和部署，大力投入智能电网建设，将其作为智慧工地建设试点项目。因此，从 2009 年以来，美国关于智慧工地的研究大多在智能电网方面。2012 年，在华盛顿举办的电气电子工程师学会（Institute of Electrical and Electronics Engineers，IEEE）、电力电子协会（Power Electronics Society，PELS）创新智能电网技术会议上，霍尼韦尔国际（Honeywell International）公司的伊斯特德（Histed）教授提出了多站点连锁的自动化电力需求响应程序来提高能源效率和减少消费电力消耗。2014 年，莱特州立大学 Bourbakis 等将基于自治智能代理的分布式智能城市能源管理模型用于智能电网管理。在欧洲，智慧工地的偏重点为绿色建筑、可持续发展。英国谢菲尔德大学的 Peng 等提出了一种智能化绿色建筑适应性设计的气候变化模拟框架。2013 年，赫特福德大学 Sayigh 整理提供了节能建筑方面最新技术的概述。

2009 年以来，国家电网公司全面启动了国家坚强智能电网研究实践工作，取得了以下八个方面的重要成果：

（1）先后建成三个世界上电压最高、容量最大的特高压交、直流工程，已累计送电超过 800 亿 kW·h。

（2）取得多项大规模新能源发电并网关键技术的研究成果，支撑了新能源的开发、消纳和行业发展。经营区域内并网风电装机已超过 6000 万 kW。

（3）一批智能输电技术得到广泛应用，实现了输电业务的精益化管理和电网安全运行决策。已在 15 个省完成了输变电设备状态监测系统部署。

（4）开展了两代智能变电站的持续实践。在两批共 74 座试点工程的基础上进一步升级原有智能变电站技术方案，大幅优化主接线及平面布局，构建一体化业务系统并深化高级应用功能。已新建并投运智能变电站 500 多座，研制成功多项关键设备并得到规模化应用。

（5）配电自动化加速推广应用，在配电网自愈控制等方面取得进展，在 64 个城市核心区建设配电自动化系统，提升了配电网的智能化运行水平。

（6）累计实现 1.55 亿户用电信息采集，构建了大规模的高级量测体系（AMI），支撑了智能用电服务的提升。

（7）电动汽车充换电服务网络建设全面推进，在 26 个省（自治区、直辖市）建成投运了电动汽车充换电站 360 座、充电桩 15333 个，带动了电动汽车相关产业的快速发展。

（8）智能电网调度技术支持系统全面推广应用，建成投运了 31 个省级以上的智能电网调度技术支持系统，提升了大电网安全运行水平。

（二）面临的挑战

毋庸置疑，深化智能电网建设必然会遇到各种挑战，主要表现在以下几个方面：

1. 更大范围优化资源配置能力亟待提高

我国一次能源分布及区域经济发展的不均衡性，决定了资源大规模跨区域调配、全国范围优化配置的必然性。随着中国经济的高速发展，电力需求持续快速增长，就地平衡的电力发展方式与资源和生产力布局不均衡的矛盾日益突出。缺电与窝电现象并存，跨区联网建设滞后，区域间输送及交换能力不足，电力资源配置范围和配置效率受到很大限制，更大范围优化资源配置能力亟待提高。另外，由于环境问题日益突出，尤其是东部地区频繁出现的雾霾天气带来的环保压力，也要求加快建设以电为中心，实现"电从远方来"的能源配置体系。

2. 新能源接入与控制能力需要进一步强化

我国风电、光伏等新能源发展迅猛。一方面，八大千万千瓦级风电基地正在加快建设，呈现大规模、集约化开发的特点。另一方面，分布式新能源及其他形式发电方兴未艾，未来存在爆发式增长的可能。2002 年以来，国家电网公司经营区域内风电装机年均增长 74.9%，光伏发电装机年均增长 52.2%。这给电网运行带来了重大的挑战。

（1）需要进一步提高天气预报的精度，提高新能源发电预测准确性。

（2）需要合理安排新能源并网方式，实现风光与传统电源、储能电站等的联合运行。

（3）需要进一步提升大电网的安全性、适应性和调控能力。

（4）需要进一步加强城乡配电网建设与改造，要求配电网具有自愈重构、调度灵活的特点，具备分布式清洁能源接纳能力。

3. 电网装备智能化水平需持续提升

自 2009 年以来，国家电网公司应用了输变电设备状态监测、故障综合分析告警、配电网自愈等一批先进适用技术，但整体来说，这些技术应用的规模、范围和深度仍较低，需要进一步加大推广。同时，需更加注重应用先进的网络信息和自动控制等基础技术，进一步提升电网在线智能分析、预警、决策、控制等方面的智能化水平，满足各级电网协同控制的要求，支撑智能电网的一体化运行。

4. 与用户的互动需不断增强

随着用户侧、配网侧分布式电源的快速发展，尤其是随着屋顶太阳能发电、电动汽车的大量使用，电网中电力流和信息流的双向互动不断加强，对电网运行和管理将产生重大影响。

（1）需要重点研究由此带来的电网物理特性的改变，建立数学、物理模型，解决信息交换及调度控制等相关问题。

（2）需要大力探索配套政策与商业运营模式，适应分布式电源并网的需要，丰富服务内涵，拓展终端用能服务领域和内容，促进终端用能效率的提升，实现可持续发展。

二、智慧工地

（一）国家电网公司输变电施工智慧工地建设成就

1. 国家电网公司输变电工程智慧工地相关技术文件

国家电网公司自 2009 年以来陆续颁布和修订若干属于智慧工地建设技术质量、安全、文明施工方面的管理办法和技术规定，初步统计如下：

（1）《国家电网有限公司输变电工程质量通病防治工作要求及技术措施》。

（2）《国家电网有限公司输变电工程验收管理办法》。

（3）《国家电网有限公司输变电工程安全文明施工标准化管理办法》。

（4）《国家电网有限公司输变电工程标准工艺》。输变电工程标准工艺是国家电网有限公司标准化建设成果的重要组成部分。2011—2016 年期间，国家电网公司陆续发布了《国家电网有限公司输变电工程标准工艺（一） 施工工艺示范手册》《国家电网有限公司输变电工程标准工艺（二） 施工工艺示范光盘》《国家电网有限公司输变电工程标准工艺（三） 工艺标准库》《国家电网有限公司输变电工程标准工艺（四） 典型施工方法》《国家电网有限公司输变电工程标准工艺（五） 典型施工方法演示光盘》《国家电网有限公司输变电工程标准工艺（六） 标准工艺设计图集》系列成果，对提升输变电工程质量工艺水平发挥了重要作用。近年来，随着输变电工程建设领域新技术、新工艺、新材料、新设备的大量应用，以及相关技术标准的更新发布，国家电网有限公司原标准工艺已不能满足实际需要，需进行系统修编，提升其先进性与适用性。立足新发展阶段，为更好地适应输变电工程高质量建设及绿色建造要求，国家电网有限公司组织相关省电力公司、中国电力科学研究院等单位对原标准工艺体系进行了全面修编。将原《国家电网有限公司输变电工程标准工艺》（一）～（六）系列成果，按照变电工程、架空线路工程、电缆工程专业进行系统优化、整合，单独成册。各专业内，分别按照工艺流程、工艺标准、工艺示范、设计图例、工艺视频五个要素进行修订、完善，对继续沿用的施工工艺，依据最新技术标准进行内容更新。删除落后淘汰的施工工艺，增加使用新设备、新材料而产生的新工艺，最终呈现出一套面向输变电工程建设一线、先进适用、指导性强、操作简便、易于推广的标准工艺成果。如《国家电网有限公司输变电工程标准工艺 变电工程电气分册》，其主要框架是以单位工程为"章"，以具体设备安装为"节"，具体划分为主变压器系统设备安装、站用变压器及交流系统设备安装、配电装置安装等共 10 章 62 节。"节"下设置工艺流程、工艺标准、工艺示范、设计图例、工艺视频五部分内容。其中"工艺流程"给出施工工艺操作流程图（关键工序以"★"标识），并对关键工序的控制进行施工要点详细说明（侧重于施工过程）。"工艺标准"给出设备安装工艺应达到的标准和要求（侧重于成品效果）。"工艺示范"展示出现场实物照片，直观反映关键工序施工要点和成品安装效果。"设计图例"给出 CAD 工艺设计图，对某些工艺在文字上表达不清的要求、施工图没有画出工艺节点详图的情况加以形象说明。"工艺视频"则呈现设备安装工艺的操作视频或典型工法，扫描书中二维码即可观看。

（5）《输变电工程建设安全文明施工规程》（Q/GDW 10250—2021）。为规范国家电网有限公司全面推行标准化建设，规范作业人员行为，倡导绿色环保施工，保障作业人员的安全健康，在《输变电工程安全文明施工标准》（Q/GDW 250—2009）的基础上，依据国家、行业工程建设法律、法规和国家电网有限公司通用制度，结合输变电工程建设具体情况，制定本标准。本标准代替 Q/GDW 250—2009。本标准规定了输变电工程建设安全设施、个人安全防护用品、办公区、生活区和工程现场安全文明施工标准化配置要求。本标准适用于公司投资的 35kV 及以上输变电工程（含新建变电站同期配套 10kV 送出线路工程）建设的安全文明施工标准化管理工作。主要内容包括前言、范围、规范性引用文件、术语和定义、基本要求、安全设施和个人安全防护用品标准化配置、现场办公和生活区标准化配置、变电站（换流站）输电线路工程现场安全文明施工标准化配置、绿色施工及附录 A（规范性附录）输变电工程建设安全文明施工设施标准化配置表、附录 B（规范性附录）输变电工程建设安全文明施工设施进场验收单。应将国家电网有限公司《输变电工程建设安全文明施工规程》（Q/GDW 10250—2021）作为《建设管理纲要》《监理规划》和《项目管理实施规划》的编制依据。

（6）《输变电工程建设施工安全风险管理规程》（Q/GDW 12152—2021）。为规范国家电网有限公司输变电工程建设安全管理行为，进一步推进输变电工程建设安全基本原则、管理目标、工作内容和要求的有效落实，统一输变电工程建设施工安全风险管理的工作模式，实现标准化管理目标，依据国家法律法规，以及国家、行业标准、企业规程规范，制定本标准。本标准规定了输变电工程建设施工阶段的安全风险管理要求和工作内容，适用于公司投资的 35kV 及以上输变电工程（含新建变电站同期配套 10kV 送出线路工程）建设施工过程的安全风险管理。其主要内容包括范围、规范性引用文件、术语和定义、基本要求、施工安全风险等级、施工安全风险管理、施工作业票管理、风险公示以及附录 A（资料性附录）LBC 安全风险评价方法应用、附录 B（规范性附录）现场勘察记录（表式）、附录 C（资料性附录）风险识别评估清册（含危大工程一览表）（表式）、附录 D（规范性附录）输变电工程施工作业票（表式）、附录 E（规范性附录）输变电工程动火作业票（表式）、附录 F（规范性附录）安全施工作业必备条件、附录 G（规范性附录）安全施工作业风险控制关键因素、附录 H（资料性附录）输变电工程风险基本等级表等。

2. 国网湖北省电力公司为基建工程赋智赋能的智慧工地建设成果

国网湖北省电力有限公司积极推进电网基建业务与数字化技术深度融合，创新采用"中台＋应用"技术路线，构建基建工作、数字管理、决策支撑、资源共享"四位一体"的电网建设智慧工地系统。其中，该系统主要包括三维设计数字化移交、进度智能识别、人员轨迹、造价管理、施工装备数字化、智慧监理、项目部看板、档案电子化等八大模块，推动电网建设过程程序化、可视化、标准化，推动业务管控数字化、自动化、智能化。在电网施工作业过程中，参建人员擅自离开现场、无计划作业等违章行为，会给施工现场带来安全隐患。通过智慧工地系统人员轨迹管控，可更好实现现场管住人员、管住现场。国网湖北电力智慧工地系统人员轨迹管理模块，应用精准定位技术，可实时获取现场作业人员活动轨迹。通过与电子作业票对比，自动研判现场作业人员是否规范作业并产生告警，有效预防了作业违章行为发生。2022 年，该公司现场作业恶性违章数量减少 55%，管理人员履责合格率提升至 97%。在作业人员临时有事离开现场，未向工作负责人报备情况下，人员轨迹模块会及时发出告警信息，方便工作负责人、管理人员进行检查督导。如有作业人员向工作负责人汇报并得到同意后，将该作业人员纳入"白名单"，系统便不会告警。国网湖北省电力公司利用智慧工地系统，航拍获取高精度通道的三维地形地貌和通道地物信息，辅助开展集约化的三维协同设计，从宏观路径走向和微观塔基位置，全方位进行路径优化，缩短了路径长度，有效节约了投资成本。截至目前，该公司累计利用航拍技术辅助通道三维设计工程 37 项，航拍路径长度 1560km，累计减少投资数千万元。该公司通过电网建设智慧工地系统，基建管理全专业实现 100% 线上管理，项目建设实现全过程 100% 全景展示，作业人员、队伍、计划实现 100% 智能管控，实现了电网建设现场管理可视化、智能化、精益化管控。截至 2022 年底，电网建设智慧工地系统已在武汉 220kV 徐东变电站、襄阳 220kV 观音阁变电站等全省187 个在建工程中推广应用，效果良好、成效显著。

3. 国网青海省电力公司智慧工地建设成果

2022 年 10 月 11 日，国网青海省电力公司基于泛在电力物联网全过程基建管理"智慧工地"建设成果在西宁正式发布。标志着国网青海省电力公司基建管理模式的创新变革，也将为公司相关业务管理水平提升揭开新的篇章。

4. 国网江苏电力新沂市供电公司智慧工地建设成果

近年来，按照国网江苏省电力公司扎实推进输变电示范工程建设引领，持续推广"三个标准化"（标准化开工、标准化转序、标准化预验收）管理经验，以"十项举措"落地执行为基础，结合"四个引领"管理，电网建设质量成效显著。为贯彻国家质量强国战略和高质量发展要求，积极落实国家电网公司输变电工程高质量建设系列举措，国网江苏电力新沂市供电公司倾情打造坡桥 110kV 变电站新建工程"智慧工地建设"。新沂市供电公司在打造绿色施工指挥工地过程中，以助力构建新能源为主体的新型电力系统为宗旨，大力推进公司"碳达峰、碳中和"行动方案在输变电工程建设过程落地见效，以技术创新、管理创新为驱动，积极融入数字化、信息化，大力倡导按质论价、优质优价建设理念，打造一批更高水平、更高质量的优质示范工程，为江苏地区绿色低碳发展贡献苏电力量。

（1）坚持绿色环保施工理念。

1）使用节能机械，数控弯箍机节能环保性能优势凸显，成就低碳发展，扭转了传统箍筋加工模式中人力、能源、物料方面浪费严重的局面。

2）使用防疫感知设备，防疫感知设备安装在工程施工现场入口处，便于进出施工人员测量体温。

3）加强 PM 值及气象监测，将 PM 监测系统安装在大门内侧进行站内的实时监控，该系统由颗粒物在线监测仪、数据采集和传输系统、后台数据处理系统及信息监控管理平台四部分组成。

4）采用车辆冲洗平台，车辆冲洗平台可有效控制进出车辆尘土，方便、效率高、省时省力、节约环保。

5）冲洗平台旁边设置三级沉淀池，安装循环水池式基础，可节约大量水资源。

6）采用光伏板发电技术，办公区、生活区、加工区照明采用光伏发电，实现低碳超低排放。

（2）安全质量管理更高效。

1）加强基坑及坑内有害气体监测。基坑监测是基坑工程施工中的一个重要环节，在基坑开挖及地下工程施工过程中，对基坑岩土性状、支护结构、有害气体含量和周围环境条件的变化，进行各种观察记录及分析工作，并将监测结果及时反馈，利于及时采取措施，预防因基坑坍塌、支护变形和有害气体超标导致安全事故的发生，保证施工人员的人身安全和支护结构的稳定性、安全性。

2）实测实量质量控制。在施工期间，分工作节点由业主项目经理组织监理项目部、施工项目部有关人员对本工程进行实测实量工作，保证本工程施工质量，降低成本。实测实量质量控制的测量工具包括折叠铝合金靠尺、回弹仪、红外线水平仪等。

3）应用预拌混凝土、砂浆技术。采用预拌混凝土、砂浆，环保、节能，可打破传统现场拌制模式，不需要水泥、砂石的运输及材料堆放，减少粉尘排放，改善施工环境，实现绿色施工。

4）使用钢结构全栓接技术。可使施工简单、快捷，不用拆模，降低了安全风险；施工速度快，分隔使用灵活，抗震能力强。

（3）文明施工管理更加精细化。

1）协力同心，做实管控机制。建立视频监控平台，现场设置视频监控系统，通过后台监控现场安全风险及文明施工氛围。设置员工实名制通道，确保施工人员全员考勤。

2）视频监控全覆盖，让安全监管无死角。项目部采取视频监控"全覆盖"的形式，武装到边边角角，全方位构建智慧型安全管控系统。工人们进入工程现场后，管理人员能够通过高精度摄像头、移动布控球等设备，在系统后台实时查看人员作业位置、轨迹，切实预防无票人员进入施工区域，及时发现并处理可能出现的安全违章，保障人身、设备安全。安全管控无死角、更及时。

3）实现安全帽定位功能。每名进场人员都戴着有定位功能的智能安全帽，定位信息实时回传到后台，在后台能看到现场人员的分布和人员行动轨迹，预防无票施工人员进入施工风险区域。

4）创新开展VR安全教育模式。利用计算机生成一种模拟环境，使体验者沉浸到该环境中，提高环境的真实感，以培养及学会自我保护，远离危险及良好的应急心态的一种教学方式，达到安全高效施工的要求。

（4）坚持基建全专业管控全面引领，优化设计源头质量，积极应用新技术、新工艺、新材料、新装备，严把勘测专项评审、初设评审、施工图评审关。优化工程量清单编制，加强工程量清单审核把关，避免清单缺项漏项，倡导按质论价、优质优价。优化参建队伍选择，在招标文件和合同条款中明确示范工程创优目标和相应激励措施，提高参建单位争先创优积极性，力争坡桥110kV输变电工程建成绿色低碳智慧优质示范工程。

（二）贵州坝陵河水库大坝工程

2018年8月14日，水电十六局中标贵州省关岭县坝陵河水库枢纽区建筑、设备及安装工程项目，中标金额25999.13万元，总工期660d。坝陵河水库项目是贵州省水利项目的扶贫攻坚重点民生工程，主要承担城乡供水及灌溉任务。挡水大坝为碾压混凝土重力坝，最大坝高77.5m，计划于2020年1月1日完成全部碾压混凝土浇筑。坝陵河水库项目由业主单位贵州水利水务集团委托水电十六局开展联合管理，是中国水电十六局承建PMC（项目承包商管理）管理模式工程的"首尝试"。

贵州坝陵河水库大坝工程是水电十六局承建的首个PMC管理模式工程，率先开启了水利项目PMC建设管理的探索与实践。关岭坝陵河水库项目部依托"互联网+技术"全力打造"智慧工地"，在黔西南地区擦亮了水电十六局"碾压筑坝，匠心经典"的闪亮名片。水电十六局承建的贵州坝陵河水库工程大坝主体首仓碾压混

凝土正式浇筑，标志着大坝主体碾压混凝土施工正式拉开帷幕。自开工以来，关岭坝陵河水库项目部不断强化质量管理意识，践行"碾压筑坝、匠心经典"企业品牌，在"争创省优工程"的道路上，每一个细节都至善至美。贵州坝陵河水库工程项目部竭尽所能确保该项目按合约要求建设完成，在建设过程中，让施工安全、施工质量、施工进度和经营管理全面受控。以"碾压筑坝、匠心经典、和谐生态、绿色人文、放心工程、廉洁工程"为本工程的建设方针，力争将坝陵河水库工程打造成"样板工程"，铸就成水电十六局进入贵州水利工程市场的"桥头堡"，为开创贵州水利市场打下坚实的基础。

随着"互联网+"不断融入各行业，利用互联网技术打造智慧工地，推动工地施工项目实现精细化、信息化、标准化管理，实现绿色建造和生态建造，已成为当前建设企业转型升级的发展趋势和要求。坝陵河水库项目部，全新尝试"互联网+"技术施工管理模式，全力打造智慧工地。不论是走进贵州坝陵河水库项目部，还是来到火热的施工现场，时刻都能感受到智慧工地的科技魅力。在施工现场几乎看不到裸露的黄土，场地硬化和冲洗洒水全部到位，全方位立体式地进行防尘降尘。施工现场还建立了扬尘在线监测系统，通过传感监测设备，实时监测空气质量。一旦PM2.5达到限定数值，整个工地的抑尘装置将自动开启，及时防尘降尘。

坝陵河水库工程施工区的门禁采取高速人脸识别+汽车识别进出入系统，所有进入工地的管理和作业人员，必须先到系统管理中心登记备案，录入识别人像，方可进入施工区。通过门禁管理系统，可有效防止未经安全教育就上岗作业，并确保每天进入现场的人员信息齐全清晰。还可以通过门禁考勤每个人实际作业时间，统计作业人员人数，结合民工工资管理办法，杜绝民工工资纠纷。

在施工现场管理监控中心，通过施工现场视频监控系统，可通过视频技术，实现施工现场作业面、文明施工情况、人员安全情况、工程质量情况等的管控。手机端视频监控系统，可实时监控，管理人员只需打开手机APP，即可随时查看到连接的每一个监控点，监控施工安全、施工进度、施工质量。视频监控还加入了特征识别系统，通过录入的特征，即可自动识别工人安全帽佩戴情况，并进行抓拍并记录档案，经处理中心上传到曝光屏进行违章曝光，让任何违规行为"难逃法眼"。这些信息化技术，全面提升了工程质量安全管理水平，使工地管理更加高效、安全、环保。手机APP管理系统，可以通过移动端实现对施工安全、施工进度、施工质量、水文气象（雨情播报、天气情况）、环境监测及民工情况实时监控，完成文件处理流程，统计分析安全、质量或进度问题，完成安全隐患的检查、整改与反馈等。该系统便于项目管理者实现人员管控、设备维护、施工流程管理等信息化改造，达到信息共享、规范流程、提高施工效率和加强管理等目的。

在坝陵河水库项目工地的塔机监控系统，通过对塔

机加装安全监控子系统，主机采集塔吊运行的起重量、起重力矩、起升高度、幅度、回转角度、风速、倍率、GPRS信号、自检状态、司机工号或卡号等，都能及时在塔机驾驶室屏幕上显示。采用高清球形摄像机，安装在大臂最前端，通过有线或无线方式将吊钩前端视频图像传送到塔吊司机操作室的监控屏上，使塔吊司机无死角监控吊运范围，从而减少盲吊所引发的事故，对地面指挥进行有效补充。塔机的监控数据和图像都可以通过云端服务器，在监控中心和手机APP上查看。

安全是企业生产的"生命线"，而宣传教育工作则是安全生产的"生命线"。贵州坝陵河水库项目部创新研发的VR安全教育系统，通过VR模拟安全体验模块，可更加生动、形象地进行各方面安全教育，让体验人员如真实般感受安全带来的危害，有效加强安全意识，提高安全教育培训成果。

多种技术和智能装备的运用改变了传统意识中工地的模样，让工地"智慧"起来。项目部将继续加强信息化建设，推动项目管理由经验式、粗放式、多样式到标准化、精细化、精益化转变。健全项目精益管理标准化制度体系，形成了可操作性强、适合水电十六局项目管理的标准化建设资料，为以后项目管理提供宝贵经验。

第二节　国网公司"三强五优"业主项目部创建

一、输变电工程"三强五优"业主项目部创建工作目标

深入贯彻基建专业"六精四化"（"六精"是指精准细化、精雕细致、精雕细刻、精打细算、精明细巧、精心细腻，"四化"是指标准化、绿色化、模块化、智能化）管理理念，强化参建队伍规范化管理，推动公司在建35kV及以上输变电工程创建"三强五优"（项目统筹管控强、安全质量管理强、党建引领效用强；项目部标准化配置优、依法合规建设优、工程造价控制优、工程技术管理优、数字化应用质效优）业主项目部（项目管理部），全面落实业主项目部（项目管理部）标准化管理工作要求，提升公司输变电工程业主项目部管理水平。

二、输变电工程"三强五优"业主项目部量化评分标准

输变电工程"三强五优"业主项目部量化评分标准见表1-6-2-1。

表1-6-2-1　　　　　输变电工程"三强五优"业主项目部量化评分标准

序号	评价项目	标准及要求	评分细则	核查方法	分值
"三强"					
1	项目统筹管控强				
1.1	项目管理策划	建设管理纲要、现场应急处置方案、绿色建造总体策划等项目策划文件编制符合公司有关要求，科学合理、有针对性、符合工程实际，编审批手续完备。策划文件与实际实施一致，并及时修编	查项目管理策划文件，发放记录等，每缺少一项扣2分；不规范，发放不及时、不到位，每项扣0.5分	资料核查	3
		对监理规划、监理实施细则、项目管理实施规划（施工组织设计）、施工安全管控措施、施工方案（措施）、绿色施工策划、绿色设计策划等报审资料进行审查，审查意见明确、准确，有针对性、符合实际，并及时反馈参建单位	查业主项目部对参建单位策划文件审批表。每缺少一项扣1分；不规范、审查意见不准确、表述模糊每项扣0.5分；反馈意见不及时，每项扣0.3分	资料核查	3
1.2	进度管理	根据建设管理单位工程建设进度计划，组织编制项目实施进度计划、招标需求计划、停电计划等；定期（每月）对进度实施计划执行情况分析、制定和落实纠偏措施，及时滚动修编实施计划	业主项目部未根据建设管理单位工程建设进度计划，组织编制项目实施进度计划、招标需求计划、设计进度计划、停电计划等，每项扣0.3分，本项最多扣1.5分。未定期（每月）对进度实施计划执行情况分析、制定和落实纠偏措施的，每次扣0.3分	资料核查、现场检查	3
		对施工项目部施工进度计划报审进行审查，并实施动态管理，对执行情况进行分析和纠偏，监督施工进度计划落实情况。需调整施工进度的项目，审查施工项目部施工进度调整计划。工程停复工时及时办理相关手续	查施工项目部施工进度计划报审及施工进度计划调整报审记录，查工程停复工报审记录，施工进度、停复工报审资料不齐，每项扣0.5分	资料核查、现场检查	3

序号	评价项目	标 准 及 要 求	评 分 细 则	核查方法	分值
1.3	建设协调	定期召开工程例会，检查上次会议工作部署落实情况，对工作完成情况进行总结通报，布置下阶段主要工作	查工程例会记录、会议纪要。未组织，每项扣2分；组织不及时，每次扣1分；会议议定事项落实不到位，每项扣1分；发放记录不全，发放不及时，每项扣0.5分	资料核查、现场检查	2
		督促物资管理部门跟踪设备、材料供货情况，组织主变压器、GIS等主设备的到场验收、开箱检查，及时协调解决物资供应中出现的问题	查项目物资供货协调表、到场验收交接记录、开箱检查记录、专题会议纪要等。应开展而未开展，每次扣1分；开展不及时，每次扣0.5分；相关记录不全，每项扣0.5分	资料核查、现场检查	2
1.4	档案管理	开展项目档案业务的培训交底，开展工程检查和验收同时把关档案质量，及时完成资料收集、组织档案阶段移交	查相关工作记录和档案移交记录。未组织培训交底，扣1分；工程检查和验收记录没有档案检查痕迹，每发现一处，扣0.5分；未及时组织移交，扣2分；移交资料不全，每缺一项，扣0.5分	资料核查	2
1.5	项目管理综合评价	依据管理工作标准及参建单位合同执行情况，对监理、施工项目部开展综合评价，对项目设计承包商开展履约评价，及时反馈物资供应商重大违约事项	查相关评价报告或记录表。未进行，每项扣2分；不规范或不准确，每项扣1分；评价考核不认真、打分不客观扣2分	资料核查	2
2	安全质量管理强				
2.1	项目安全目标管理	工程建设过程中未发生六级及以上人身事件、未发生因工程建设引起的六级及以上电网及设备事件、未发生六级及以上施工机械设备事件、未发生火灾（含引发森林草原火灾）事故、未发生环境污染事件、未发生负主要责任的一般交通事故、未发生输变电工程建设信息安全事件、未发生对公司造成影响的安全稳定事件等事故（件）	未实现《国家电网有限公司输变电工程建设安全管理规定》所规定的工程项目安全目标，一票否决	资料核查、现场检查	2
2.2	项目质量目标管理	实现工程项目质量目标，实现工程质量达到国家、行业和公司标准、规范以及设计要求，实现工程使用寿命满足设计要求；不发生因工程建设原因造成的六级及以上工程质量事件；工程通过达标投产考核，实现"零缺陷"投运；全面应用通用设计、通用设备、通用造价、标准工艺	未实现《国家电网有限公司输变电工程建设质量管理规定》所规定的工程项目质量目标，一票否决。未落实质量终身责任制，扣2分	资料核查、现场检查	2
2.3	安全过程管控	组织开展例行检查、专项检查、随机抽查、安全核查和远程监督等，监督检查问题闭环整改情况	未按规定每月至少组织一次安全检查，缺次扣0.5分；查安全检查记录，每缺一份扣0.5分；记录不规范、与其他资料不对应，每份扣0.5分；发现的问题未监督整改闭环，每次扣1分	资料核查、现场检查	4
2.4	安全风险管理	审核设计编制三级及以上风险作业清单，加强施工作业风险的识别、评估和控制工作的指导、监督，并开展到岗到位检查，督导安全强制措施落地实施	查安全风险管理相关资料，未按规定开展相关工作，每项扣1分；审核不规范，每项扣0.5分	资料核查、现场检查	3
2.5	安全文明施工	组织工程现场安全文明施工设施进场验收，定期组织安全文明施工检查	查相关文件及资料，作业现场安全设施、个人安全防护用品、现场布置不满足标准化要求，每一处扣0.2分	资料核查、现场检查	3
2.6	现场应急处置	组织编制现场应急处置方案，组建现场应急救援队伍，配备应急救援物资和工器具，参加应急救援知识培训和现场应急演练	查现场应急处置方案、演练记录、应急队伍组建、物资准备情况。未编制现场应急处置方案，扣0.5分；未组织应急演练，每次扣0.5分；未配备应急救援物资和工器具，或未落实管理人员及责任，扣0.2分	资料核查、现场检查	2

续表

序号	评价项目	标 准 及 要 求	评 分 细 则	核查方法	分值
2.7	质量过程管控	组织开展质量例行检查、随机检查活动，监督设计单位和监理、施工项目部落实设备材料检测工作、工程实测实量、标准工艺应用、强制性条文执行、质量通病防治、质量强制措施、质量验收统一表式应用、环保水保设施（措施）、电气设备安装视频监控等开展情况，监督质量检查	查相关过程文件及资料。组织不及时，每次扣1分；整改意见未落实或落实不及时、不到位，每项扣0.5分	资料核查、现场检查	4
2.8	工程验收及质量监督	监督施工自检、监理验收工作开展情况；组织建设过程质量验收专项检查、单位工程验收，参与竣工验收、启动验收等工作；配合开展质量监督活动	查验收过程资料、竣工验收报告等。未按要求组织或参加，每项扣1分；检查问题未整改闭环，每项扣0.5分	资料核查、现场检查	4
2.9	达标投产与创优	组织工程参建单位参与工程达标投产及创优工作，工程投产前，组织各参建单位参与达标投产考核自查，督促问题闭环整改	查相关过程文件及资料。组织不及时，每次扣2分；整改意见未落实或落实不及时、不到位，每项扣0.5分	资料核查、现场检查	2
3	党建引领效用强				
3.1	临时党支部标准化建设	按要求成立输变电工程临时党支部，规范开展组织生活，按党建标准化管理要求召开"三会一课"，"党建＋电网建设"内容或记录齐全；现场项目部设置党员活动室，党员活动室标识、各类宣传教育展板规范、齐全，支部党员在党风廉政建设方面未发生违纪、违法行为	查党支部标准化建设、组织生活开展记录及党员活动室，未按要求成立输变电工程临时党支部、党支部组织成员名单不完整，扣0.2分；临时党支部未按党建标准化管理要求召开"三会一课"，次数不符合要求，资料不规范不完整，每项扣0.2分；活动记录未体现"党建＋电网建设"、工程建设管理、协调等相关内容或记录不全，扣0.2分；党员在党风廉政建设方面发生违纪、违法行为，扣1分；现场项目部未设置党员活动室，扣0.2分；党员活动室标识、各类宣传教育展板不规范、不齐全，每项扣0.2分	资料核查、现场检查	3
3.2	临时党支部作用发挥和创新性	落实"党建＋电网建设"工作策划，及时开展阶段性工作总结，工程建设过程中组织党员带头开展创新创效活动并取得实质性成效，积极发挥临时党支部、党员责任区示范引领	查"党建＋电网建设"工作策划方案、阶段性开展工作总结，未见策划方案、阶段总结，每项扣0.2分；现场未设置党员责任区、示范岗标识牌，责任不明确，扣0.2分；未适时组织党员开展党建共建等活动，扣0.2分；临时党支部、党员责任区示范引领未及时进行宣传报道，扣0.2分	资料核查、现场检查	4
		"五　　优"			
4	项目部标准化配置优				
4.1	项目部组建	业主项目部组建时间、项目部人员配备符合要求，项目管理人员以文件形式正式任命并按要求履行报备手续，业主项目经理参加总部或省公司组织的项目经理培训并考试合格，项目经理（项目副经理）、质量管理专责、安全管理专责必须专职专岗，不得兼职	无项目管理人员任命文件，扣2分；未按要求报备，扣1分；组建发文单位不规范或不及时，扣0.5分/项；一般人员任职资格不符合规定，每人扣1分；关键人员任职资格不符合规定，每人扣2分	资料核查、现场检查	2
		监理项目部组建符合公司标准化管理要求，管理人员任职资格符合要求并持证上岗，关键人员与投标承诺一致，与投标承诺不一致，须经业主批准同意并履行相应手续	无项目部成立文件或任命文件扣2分；管理人员数量低于投标承诺，扣2分；总监理工程师兼任项目数量超过规定，每超一个项目扣1分；安全监理工程师兼任其他岗位扣2分；总监理工程师与投标文件不一致扣2分，更换时未履行变更手续扣1分；进场监理人员未经交底，每少交底1人扣0.5分	资料核查、现场检查	2

续表

序号	评价项目	标 准 及 要 求	评 分 细 则	核查方法	分值
4.1	项目部组建	项目管理部组建应符合公司规定的原则及标准，管理人员需持证上岗，项目经理（项目副经理）、质量工程师、安全工程师必须专职专岗，不得兼职，任职条件不得低于公司项目关键人员任职要求，主要管理人员与投标承诺一致（项目管理部管理模式）	无项目部成立文件或任命文件扣4分；关键管理人员数量低于投标承诺，扣4分；项目经理同时承担两个及以上未完项目的管理工作扣4分；安全员及质检员兼任其他岗位扣4分；施工项目经理与投标文件不一致扣1分，更换时未履行变更手续扣2分	资料核查、现场检查	4
		施工项目部组建、项目部及作业层班组关键人员等任职资格符合公司相关要求；项目经理或副经理、项目总工、安全员、班长等关键人员配置与投标承诺一致，与投标承诺不一致，须经业主批准同意并履行相应手续	项目经理无注册建造师资格证扣2分，弄虚作假提供虚假证件扣2分。资格证书不满足资质等级要求扣2分；无相应的考核合格证扣2分；施工管理经历与投标文件不符扣2分	资料核查、现场检查	2
4.2	项目部资源配置	业主项目部配备满足工程管理所必需的办公设施，具备独立运作的条件，以及必备的规程、规章制度等文件	查办公设施。缺少一项扣0.2分	资料核查、现场检查	2
		监理项目部及监理站点设置合理，配备满足独立开展监理工作所需的办公、交通、通信、检测、个人安全防护用品等设备或工具，并配置必要的法律法规、规程规范和规章制度、技术标准等	每缺少一台计算机扣0.5分；监理项目部计算机不能连接互联网扣2分，无打印机扣1分，无复印机扣1分；数码相机或拍照手机每缺少一台扣0.5分。每缺少一种检测设备，扣1分；检测设备未经检验合格，扣2分	资料核查、现场检查	2
		项目管理部配备满足工程管理所必需的生活、交通、办公、个人安全防护用品、检测工具等设施，以及必备的规程、规章制度等文件（项目管理部管理模式）	未在现场设立施工项目部扣4分，办公场地不满足需要扣4分；办公区未与施工区及生活区隔离扣4分；未设置"四牌一图"、宣传栏及标语扣1分/项，设置不符合安全文明施工标准化管理办法要求扣1分/项；未设置会议室扣2分，工程项目安全文明施工组织机构图、安全文明施工管理目标、工程施工进度横道图、应急联络牌等未上墙扣1分/项，布置不合理，用电不规范，扣2分/项；未设置洗盥设施扣2分，食堂未配备冰柜及消毒柜扣2分；炊事员无健康体检证扣2分	资料核查、现场检查	4
		施工项目部办公设施、交通工具、主要施工工器具、规程规范和标准的配备满足要求，施工班组驻点、材料站等选址合理，办公及生活设施配备满足需要	计算机、打印机、扫描仪、复印机（220kV及以上）及文件柜配备不能满足现场需要少一种（台）扣0.5分；项目部无固定宽带网络或其他办公网络扣2分；数量不满足要求，每种扣0.5分；无鉴定合格证，每种扣1分。鉴定合格证过期未及时资料核查、现场检查扣2分	资料核查、现场检查	2
5	依法合规建设优				
5.1	开工管理	按国家相关规定需办理的项目核准、建设用地规划许可证（国有建设用地划拨决定书）、建设工程规划许可证、使用林地审核、临时用地审批、林木采伐许可证、质量监督注册书、消防设计审核合格意见书（备案）、环评批复、水保批复等依法合规开工手续齐全完备	工程项目核准文件、建设用地规划许可证、建设工程规划许可证、使用林地审核、临时用地审批、林木采伐许可证、质量监督注册书、消防设计审核合格意见书（备案）、环评批复、水保批复等资料，缺一项扣1分	资料核查	3
		按公司管理要求开展的工程可研设计及批复文件、初步设计及批复文件、施工图设计及评审等前期文件齐全完备，按要求落实标准化开工条件，开展监理施工项目部标准化配置达标检查，规范审批工程开工报审表	查可研设计及批复文件、初步设计及批复文件、施工图设计及评审、工程中标通知书及工程建设合同，以及是否列入公司综合计划等，缺一项或不满足要求扣0.2分；未开展监理、施工项目部标准化配置达标检查，扣2分，不规范每项扣0.1分；开工审批不规范、附件资料不齐全，每项扣0.1分	资料核查	3

续表

序号	评价项目	标 准 及 要 求	评 分 细 则	核查方法	分值
5.2	拆迁赔偿	依法合规开展征地拆迁、青苗赔偿工作，手续完整或满足财务管理要求；未发生因征地拆迁、青苗赔偿等原因造成群体性事件	因征地拆迁、青苗赔偿等原因造成群体性事件扣1分；相关手续不全或不满足财务管理要求每项扣0.2分，本项最多扣1分	资料核查	1
5.3	支付农民工工资	施工合同或补充协议明确约定农民工工资专用账户信息、工程款进度结算办法以及人工费用拨付周期及比例等农民工工资支付要求；分包合同或补充协议明确农民工工资专用账户信息、农民工工资支付周期等农民工工资支付要求；施工总承包单位应建立农民工实名制管理，台账人员与现场施工人员一致，按要求报送农民工实名制工资信息报审表、农民工工资支付表（月度编制）及银行出具的转账证明	施工合同或补充协议未明确约定农民工工资相关要求的，每项扣1分；分包合同或补充协议未明确约定农民工工资相关要求的，每项扣1分；施工总承包单位未建立农民工管理有关规定的，每项扣1分	资料核查、现场检查	3
6	工程造价控制优				
6.1	合同管理	按规定在中标通知书发出后30日内签订工程合同，合同签订履行审批手续，合同签字、盖章齐全；分包合同、分包单位资质符合要求，严禁出现施工违规分包、以包代管等现象；规范审核乙供物资供应商资质	查招标文件及合同，未按规定时间签订工程合同、履行审批手续、签字盖章不规范，每处扣0.5分；分包管理不规范，分包商不在核心分包队伍中、分包商资质不合格，存在违规分包、以包代管的，每项扣2分；未审核乙供物资供应商资质的，每项扣0.5分	资料核查	3
6.2	结算及进度款管理	根据工程进度，按照合同条款审核确认工程预付款、进度款、工程其他费用支付申请并上报	未按照合同条款审核确认工程预付款、进度款、工程其他费用支付申请并上报，每次扣0.5分	资料核查、现场检查	3
6.3	设计变更/签证管理	严格执行工程变更（签证）管理制度，及时组织审核确认工程设计变更（签证）中的技术及费用等内容，规范履行工程变更（签证）审批相关手续；不得虚假设计变更、现场变更或拆分设计变更、现场签证而规避考核、审批	设计变更（签证）审核不及时，审查意见不清晰或不准确，审批不规范，每项扣1分；拆分设计变更的，每份扣1分；发现虚假设计变更的，此项扣3分	资料核查、现场检查	3
7	工程技术管理优				
7.1	设计管理	按要求参加初步设计、施工图设计审查，及时组织设计联络会，组织设计交底和施工图会检，签发会议纪要并监督纪要的闭环落实，组织设计单位参加验槽等重要环节现场勘查	查初步设计内审纪要、设计联络会纪要、设计交底纪要、施工图会检纪要，纪要发放记录。未组织，每项扣2分；组织不及时，每次扣1分；会议议定事项落实不到位，每项扣1分；纪要发放记录不全，不及时，每项扣0.5分	资料核查、现场检查	4
7.2	绿色建造新技术应用	绿色建造应统筹考虑经济性和适用性，优先采用"建筑业十项新技术""国家重点节能低碳技术""电力行业五新技术"和公司"基建新技术目录"，在策划中明确应用目录清单	绿色建造优先采用"建筑业十项新技术""国家重点节能低碳技术""电力行业五新技术"和公司"基建新技术目录"，并在策划中明确应用目录清单，每项加0.5分，最高加2分	资料核查	2
7.3	机械化施工应用	结合工程实际，因地制宜开展机械化施工策划，积极应用工法创新成果，有序推进机械化施工	结合工程实际，因地制宜开展机械化施工策划，积极应用工法创新成果，每项加0.5分，最高加2分	资料核查、现场检查	2
7.4	项目技术管理	按规定流程审核项目管理实施规划中的技术方案/措施，以及专项施工方案，监督按规定在开工前进行技术交底、履行签字手续，监督严格执行审定的技术方案/措施	未按规定流程审核项目管理实施规划中的技术方案/措施，以及专项施工方案，未按规定在开工前进行技术交底、履行签字手续，每项扣0.5分	资料核查、现场检查	4

续表

序号	评价项目	标　准　及　要　求	评　分　细　则	核查方法	分值
8	数字化应用质效优				
8.1	基建数字化管理	贯彻落实公司基建数字化管理制度；指导、监督相关设计、监理、施工、物资各方落实基建数字化应用工作；落实基建数字化保障机制及常态运转；组织完成基建数字化应用中存在问题的整改闭环，分析基建数字化应用工作中存在问题	未实现视频接入或设备数量、状况不满足要求，扣1分/项；未安装部署并规范使用工程现场人员管理系统，扣1分/项	资料核查、现场检查	3
8.2	基建数字化应用	应用基建数字化平台、移动应用等数字化手段开展工程全过程管理，各项目部执行基建数字化各项管理要求，及时、准确、完整地在系统中录入和维护项目部涉及信息，按要求归档相关电子文件	未达到"e基建"系统录入要求（含准确性、及时性及完整性等）扣1分/项；未达到数字化平台系统录入要求（含准确性、及时性及完整性等）扣1分/项	资料核查、现场检查	3

第三节　国网公司现代智慧标杆工地和输变电标杆工程评选

一、概况

国网公司基建部在 2022 年对 2022 年度的输变电工程开展了公司现代智慧标杆工地评选工作。评选工作开始采取各单位制定各自实施方案，积极开展标杆创建，完成自评并推荐 167 项工程进入评审阶段；国网基建部组织开展"远程＋实地、线上＋线下"相结合的复核评比以及专业评议，最终评选出公司级标杆工地 40 项、区域级标杆工地 80 项。国网信产集团国电通公司、国网经研院以及中国电科院分别在系统开发应用、平台核查及现场复核等方面提供技术支持，确保活动组织周密、严谨高效。

二、评选工作成效

现代智慧标杆工地和输变电标杆工程评选活动是公司基建专业第一次综合性的标杆选树，涵盖了安全、质量、技术、技经、计划、环水保、数字化、党建及队伍等专业，范围覆盖了 35～1000kV 交直流全电压等级，实现了对基建各专业管控重点的全面协同检查。通过评选活动，全面梳理了各单位在建工程的总体情况，总结提炼了一批基建技术、管理创新和特色实践，同时也指出了当前的不足，为公司推动基建"六精四化"三年行动走深走实发挥了积极作用。

1. 各级联动活动取得实效

（1）策划阶段，基建部与各单位共同策划评选方案和评分细则的制定，确保活动有序开展。

（2）创建阶段，各单位均制定了细化实施方案，建立了省公司内部逐级比拼的竞争机制，各省公司推荐工程均展现了本单位的标杆水平。

（3）复核阶段，专家组与被检项目充分交流工程建设经验，及时沟通反馈发现的问题，针对性开展指导交流，真正做到了"边检查、边促进、边整改、边提升"。尤其在当前新冠疫情复杂多变的背景下，促进了各单位之间的交流学习。

2. 积极参与营造良好氛围

27 家省公司及特高压公司全面参与本次标杆评选活动，依托标杆选树机制形成了良好的标杆创建氛围。本次参评项目的电压等级覆盖了 35～1000kV 全电压等级，工程建设单位覆盖了省、市、县三级，活动参与覆盖面广。各单位推荐了涵盖各专业的 80 名专家参与检查，通过跨区跨省的交流，不仅选树了一批代表公司电网建设最高水平的标杆工地，还培养锻炼了一批专家人才队伍，形成了工程建设和专家培养双促进、双提升的优良局面。

3. 多措并举强化评选手段

本次评选活动利用"e基建"平台监测功能，对项目关键管理节点数字化应用情况开展核查，持续提升数字化应用水平。首次开发应用智慧标杆工地评选在线评分系统，实现专家在线分组、评分，统一、快速、透明、准确归集各参评项目得分，自动生成排名，有效提升专家检查、评分工作效率。根据疫情变化情况，灵活实施"远程＋实地、线上＋线下"相结合的复核评比，既满足了防疫政策，又保证了评选结果的公平公正。

4. 均衡发展整体提升显著

重大项目示范引领。500kV 及以上标杆工地共 48 项，其中公司级 24 项（占公司级的 60%），特高压及直流工程全部获评标杆，重大项目建设均呈现出较高建设管理水平。

（1）低电压项目显著提升。330kV 及以下标杆工地共 72 项，占总数的 60%，其中 1 项 66kV 工程获评公司级标杆，5 项 35kV 工程获评区域级标杆，低电压等级工程建设管理提升显著。

（2）各区域均衡发展。结合申报数量各区域标杆总体较为均衡，其中华北 26 项、华东 23 项、华中 20 项、东北 15 项、西北 22 项、西南 14 项，基建管理水平呈现出整体提升的良好局面。

三、下一步工作要求

1. 抓好标杆工地后续建设

各单位要坚持以标杆工地要求抓好工程后续建设工作，尽快组织检查存在问题的闭环整改，持续巩固管理成效，建成优质精品工程。已授予标杆工地的项目，后续如发生评选否决项，国网基建部核实确认后将取消该项目的标杆工地称号。

2. 组织标杆工地示范交流

各单位要健全标杆示范观摩交流和对标工作机制，组织开展观摩交流学习活动，常态化对标公司级、区域级标杆，树立争先意识，加强典型经验学习借鉴，推广先进专业管理模式，培养专业管理人才，"以点带面"，促进各专业、各工程管理能力持续提升。

3. 持续开展标杆工地选树

各单位要紧扣基建"六精四化"主要内涵，持续深

化"六精"管理要求，始终坚持"四化"建设方向，抓好工程前期策划和过程管控，持续推进现代智慧标杆工地选树，营造"争当标杆、争当先进"的良好氛围，为实现公司电网高质量建设目标奠定坚实基础。

四、评分标准

1. 现代智慧标杆工地量化评分表

现代智慧标杆工地量化评分标准见表1-6-3-1。

2. 输变电标杆工程量化评分表

输变电标杆工程量化评分标准见表1-6-3-2。

表1-6-3-1　　　　　　　　　　　现代智慧标杆工地量化评分标准

序号	评价项	评 分 细 则	检查方法	分值
一	安全管理			15
1	作业票开票	少开错开风险作业B票，每张扣1分	资料核查、现场检查	6
2	视频布设情况	三级及以上风险作业主动式视频监控率不低于90%，低于90%的每减少2%扣1分	资料核查、现场检查	2
3	创新工法智能化提升	创新工法应用未用的，每项扣1分。 创新工法包括但不限于：深基坑一体化装置，悬浮抱杆拉力监测装置，旋挖机、挖掘机等机械化基础开挖，座地抱杆、起重机铁塔组立，集控式可视化牵张放线，单臂掘进机隧道开挖，全地形电缆旋挖钻机，货运索道过桥装置，岩石基础二氧化碳致裂工法，电缆工程施工作业智能机，高落差高压电缆线路三维精准同步敷设装置，GIS X光异物探测装置	资料核查、现场检查	3
4	反违章治理	公司及以上单位检查，发现过严重违章的，每次扣2分	资料核查、现场检查	4
二	质量管理			15
1	设备材料检测	设备材料未"应检尽检"，检测出的问题未整改，每项扣0.5分	资料核查、现场检查	4
2	质量验收	未使用质量验收模块的，扣4分。违反"五必检六必验"质量强制措施、强行性条文的，扣4分。未落实验收责任的，每项扣0.5分	资料核查、现场检查	4
3	关键环节视频管控	主设备安装关键环节未使用视频管控的，扣4分。对照变电主设备安装管控关键环节清单及视频监控要求，每缺一项扣1分，每项不符合要求扣0.5分	资料核查、现场检查	4
4	标准工艺策划运用	应用未用标准工艺的，每项扣0.5分。标准工艺应用效果差，每项扣0.5分。绿色建造未实施或未开展阶段性评价，每项扣1分	资料核查、现场检查	3
三	技术管理			15
1	施工图落实情况	未按图纸进行施工作业，每发现一处扣1分	资料核查、现场检查	5
2	技术标准执行情况	未执行相关技术标准要求，每发现一处扣1分	资料核查、现场检查	5
3	新技术应用情况	能用而未用推荐应用类技术成果，且未在设计文件中进行专题说明的，每发现一处扣1分	资料核查、现场检查	5
四	造价标准化			15
1	造价职责到位	按照标准化管理手册配置造价管理人员	资料核查、现场检查	4
2	现场造价交底	未规范开展现场造价交底记录、追踪督导，每项扣0.5分	资料核查、现场检查	4
3	变更签证审批	设计变更与现场签证审批不规范，每项扣0.5分	资料核查、现场检查	4
4	造价资料归档	概算、预算、变更签证、建场费等造价资料未按规定准确完整归集，每份扣0.5分	资料核查、现场检查	3
五	数字化应用			15
1	关键人员未注册"e基建"应用情况	关键人员未注册"e基建"的，每人扣1.5分，注册关键人员操作不熟练的，每人扣1分	资料核查、现场检查	5

序号	评价项	评 分 细 则	检查方法	分值
2	关键数据采集情况	关键节点关键数据，每项缺失扣0.2分，每项错误扣0.2分，每项滞后扣1分	资料核查、现场检查	5
3	现场感知层建设应用情况	现场感知层基本配置设备未布置的，扣3分，不能自动运行的，扣2分	资料核查、现场检查	5
六	项目部建设			15
1	项目部组建	三个项目部无项目管理人员任命文件，扣2分；未按要求报备，扣1分；组建发文单位不规范或不及时，扣0.5分/项；一般人员任职资格不符合规定，每人扣1分；关键人员任职资格不符合规定，每人扣2分	资料核查、现场检查	5
2	项目部标准化资源配置	（1）查业主项目部办公设施。缺少一项扣0.2分。 （2）监理项目部每缺少一台计算机扣0.5分；监理项目部计算机不能连接互联网，扣2分，无打印机扣1分，无复印机扣1分；数码相机或拍照手机每缺少一台扣0.5分。每缺少一种检测设备，扣1分；检测设备未经检验合格，扣2分。 （3）施工项目部未在现场设立施工项目部扣4分，办公场地不满足需要扣4分，办公区未与施工区及生活区隔离扣4分，未设置"四牌一图"、宣传栏及标语扣1分/项，设置不符合安全文明施工标准化管理办法要求扣1分/项；未设置会议室扣2分，工程项目安全文明施工组织机构图、安全文明施工管理目标、工程施工进度横道图、应急联络牌等未上墙扣1分/项，布置不合理，用电不规范，扣2分/项；未设置洗盥设施扣2分，食堂未配备冰柜与消毒柜扣2分；炊事员无健康体检证扣2分	资料核查、现场检查	5
3	项目部标准化管理要求落地	三个项目部未按规定流程开展工作，或管理流程不规范、管控效果不到位，每个关键环节点扣0.5分	资料核查、现场检查	5
七	党建引领与队伍建设			10
1	巩固党建阵地、规范组织生活情况	应成立而未成立支部的扣4分。支部未建立流动党员台账并动态管理的扣1分，支部无与工程建设相结合的活动及记录的扣2分	资料核查、现场检查	4分
2	积极开展队伍建设情况	现场人员未严格按要求开展培训，扣1分，特种作业人员未严格持证上岗的，扣1分，现场关键人员能力不能胜任岗位，对现场情况不了解、专业能力不足、管控不到位的，一人扣1分，最多扣4分	资料核查、现场检查	4分
3	凝聚合力、攻坚克难作用发挥情况	未设置党员责任区示范岗的扣1分，未开展"三亮三比"之类活动的扣1分	资料核查、现场检查	2分
八	一票否决项			
1	安全事故否决项	未实现《国家电网有限公司输变电工程建设安全管理规定》所规定的工程项目安全目标，发生八级及以上安全事件	资料核查、现场检查	—
2	质量事件否决项	未实现《国家电网有限公司输变电工程建设质量管理规定》所规定的工程项目质量目标，发生八级及以上质量事件	资料核查、现场检查	—
3	强条执行否决项	未按照技术标准的强制性条文要求执行	资料核查、现场检查	—
4	拖欠事件否决项	发生过因拖欠中小企业款项、农民工工资导致的经济纠纷、投诉上访，对公司企业形象和社会声誉造成影响的事件	资料核查、现场检查	—
5	依法合规否决项	未依法取得开工建设的各项合规手续	资料核查、现场检查	—

表 1-6-3-2　　　　　　　　　　输变电标杆工程量化评分标准

序号	评价项	评 分 细 则	核查方法	分值
一	质量			30
1	质量管理	工程质量管理的规范性文件、程序性文件，违反创优否决项扣5分，一般不符合项每项扣1分。质量验收管理、绿色建造评价、标准工艺应用、设备材料质量检测等工作开展不到位，每项扣1分	资料核查、现场检查	5

续表

序号	评价项	评 分 细 则	核查方法	分值
2	实体质量	建筑物、构筑物、设备安装调试、架空线路、电缆工程的实体质量。违反创优否决项扣10分，一般不符合项每项扣0.5分	资料核查、现场检查	10
3	质量文件	资质证明文件、质量证明文件、检验检测报告、验收记录、隐蔽工程、施工记录、试验调试报告等。违反创优否决项扣10分，一般不符合项每项扣0.5分	资料核查、现场检查	10
4	实测实量	混凝土强度、钢筋数量及保护层厚度、接地埋深、接地电阻值、消防信号联动报警功能、铁塔结构倾斜等实体检测项目。违反创优否决项扣5分，一般不符合项每项扣1分	资料核查、现场检查	5
5	创新突破加分项	质量管理方面创新突破，形成典型经验，可在省公司层面推广应用的加1分，可在国家电网公司层面推广应用的加2分	资料核查、现场检查	2
二	安全			10
1	安全过程管控	全过程风险精益管控率不低于80%。低于80%，每减少2%扣1分	资料核查、现场检查	5
2	全责任落实	省公司建设部负责人挂点、值班管控平台值班、工程安全总监理工程师按要求到岗履责。未按要求到岗履责，每人次扣0.5分	资料核查、现场检查	1
3	安全管理	各项检查发现"三算四验五禁止"安全强制措施及Ⅰ、Ⅱ类隐患情况。安全措施落实不到位，或存在Ⅰ、Ⅱ类隐患，发现1处扣0.2分	资料核查、现场检查	1
4	创新功法应用	高山大岭地区线路施工安全风险压降率低于50%、山区低于60%、丘陵地区低于70%、平原地区低于95%的，每减少5%扣1分	资料核查、现场检查	3
5	创新突破加分项	安全管理方面创新突破，形成典型经验，可在省公司层面推广应用的加1分，可在国家电网公司层面推广应用的加2分	资料核查、现场检查	2
三	进度管理			10
1	进度管理	开工滞后里程碑计划每个月扣1分，投产滞后里程碑计划每个月扣1分；其余节点滞后里程碑计划每项扣0.5分	资料核查、现场检查	4
2	项目管理	前期成果移交、项目管理策划、行政许可手续、标准化开工、项目档案、启动投产、结算等关键工作未按规定流程开展的，每项扣1分	资料核查、现场检查	6
3	创新突破加分项	进度管理方面创新突破，形成典型经验，可在省公司层面推广应用的加1分，可在国家电网公司层面推广应用的加2分	资料核查、现场检查	2
四	造价			10
1	概预算管理	结算超概算、结算超预算，每单项工程扣0.5分。招标清单项目数与结算偏差超10%，每单项工程扣0.5分	资料核查、现场检查	2
2	现场造价标准化	设计变更与现场签证审批不规范，每份扣0.5分	资料核查、现场检查	3
3	分部结算实施	应开展分部结算未及时实施的，每单项工程扣1分。分部结算已审定量、价，结算再次调整的，每处扣0.5分	资料核查、现场检查	2
4	工程结算管理	未按结算管理办法按期完成的，扣3分。核对结算报告"量、价、费"，每处错误扣0.5分	资料核查、现场检查	3
5	创新突破加分项	造价管理方面创新突破，形成典型经验，可在省公司层面推广应用的加1分，可在国家电网公司层面推广应用的加2分	资料核查、现场检查	2
五	标准化			10
1	通用设计、通用设备应用	变电站通用设计综合应用率低于90%的，每降低5%扣2分。杆塔通用设计应用率低于85%的，每降低5%扣2分。通用设备综合应用率低于90%的，每降低5%扣2分。未执行"四统一"要求的，每项扣1分	资料核查、现场检查	5
2	标准工艺应用	应用而未用标准工艺的，每项扣1分	资料核查、现场检查	5
3	创新突破加分项	标准化管理方面标准工艺应用创新突破，形成典型经验，可在省公司层面推广应用的加1分，可在国家电网公司层面推广应用的加2~3分	资料核查、现场检查	2

续表

序号	评价项	评 分 细 则	核查方法	分值
六	绿色化			10
1	绿色策划	违反绿色策划要求的，每项扣0.5分	资料核查、现场检查	2
2	绿色设计	违反绿色建造设计指标要求的，每项扣0.2分	资料核查、现场检查	3
3	绿色施工	违反绿色建造施工指标要求和绿色施工规范要求的，每项扣0.2分	资料核查、现场检查	3
4	绿色移交	违反绿色移交要求的，每项扣0.3分	资料核查、现场检查	2
5	创新突破加分项	绿色化管理方面创新突破，形成典型经验，可在省公司层面推广应用的加1分，可在国家电网公司层面推广应用的加2~3分	资料核查、现场检查	3
七	模块化			10
1	变电站集成设备、预制装配技术应用；线路机械化施工应用	变电站高中低压侧配电装置（330~750kV站低压侧除外）未参与集成设备，每电压等级扣3分，最多扣6分。变电站建构筑物装配率低于85%的，每减少5%扣2分；小型基础、小型构件预制率低于80%的，每减少5%扣2分；最多扣10分	资料核查、现场检查	10
2	创新突破加分项	模块化建设、机械化施工方面创新突破，形成典型经验，可在省公司层面推广应用的加1分，可在国家电网公司层面推广应用的加2~3分	资料核查、现场检查	3
八	智能化			10
1	现代智慧工地应用情况	未落实感知层建设要求，基本设备未配置到位及正常使用，"e基建"未及时应用实现智能管控的，扣3分	资料核查、现场检查	3
2	基建全过程综合数字化管理平台应用情况	平台"规定动作"操作不及时或不准确的，每一项扣0.5分，最多扣4分	资料核查、现场检查	4
3	关键数据采集情况	关键节点关键数据，每项缺失扣0.2分，每项错误扣0.2分，每项滞后扣0.1分	资料核查、现场检查	3
4	创新突破加分项	数字智能电网建设、数字智能管控方面创新突破，形成典型经验，可在省公司层面推广应用的加1分，可在国家电网公司层面推广应用的加2~3分	资料核查、现场检查	3
九	一票否决项			
1	安全事故否决项	未实现《国家电网有限公司输变电工程建设安全管理规定》所规定的工程项目安全目标，发生八级及以上安全事件	资料核查、现场检查	—
2	质量事件否决项	未实现《国家电网有限公司输变电工程建设质量管理规定》所规定的工程项目质量目标，发生八级及以上质量事件	资料核查、现场检查	—
3	拖欠事件否决项	发生过因拖欠中小企业款项、农民工工资导致的经济纠纷、投诉上访，对公司企业形象和社会声誉造成影响的事件	资料核查、现场检查	—
4	依法合规否决项	未依法取得开工建设的各项合规手续	资料核查、现场检查	—

第七章

输变电工程智慧工地建设研究

本章以国网宁夏电力有限公司中卫供电公司的古城110kV变电站扩建工程项目（以下简称"国网中卫古城110kV变电站扩建工程项目"）为例，介绍智慧工地建设在输变电工程中的应用。

随着新兴信息技术的高速发展与广泛应用，新一轮产业变革的浪潮已经到来。在建设工程领域，利用科技手段对传统建造管理方式进行改造已然成为当前的研究趋势。智慧工地作为一种全新的管理理念，旨在将BIM、云计算、大数据和智能设备等先进信息化技术与施工现场管理实践充分融合，从而提升工程项目管理的水平，实现工地的智慧化管控。

国网中卫古城110kV变电站扩建工程项目是宁夏地区第一个电力工程建设采用智慧工地的管理项目，目前在宁夏地区电网建设项目还没有先例，全国电网建设项目智慧工地管理案例也甚少。电网的智慧工地标准规范均处于空白，项目建设主要依据相关建设部门指导性文件配套，这一研究无论是从项目管理的社会经济性对提高项目开展水平的影响，还是对合理利用自然资源、保护环境和生态平衡以及对节能的影响，均有重要意义。

本智慧工地项目依托合作单位广州正凌电力科技有限公司互联技术、系统的前端开发，提供了可靠的算力服务系统，积极响应变电站扩建工程各个模块的实际需求，运用AI、感知技术、数据处理等技术，持续提升了项目的业务管理水平。本章一共有十节，主要以智慧工地信息感知平台建设、传输网络建设、信息管理平台建设等为研究基点，通过文字描述、实景图片、图表分析等多种形式对智慧工地总体构架、智慧工地建设、信息平台构建、管理系统集成等重点模块和关键环节进行了详细阐述，内容涵盖智慧工地建设和应用全过程，供各项目管理单位参考使用。

第一节　概　　述

一、智慧工地的内涵

智慧工地是指借助信息化手段，基于BIM技术对建筑工程进行精确设计和施工模拟，建立互联协同、智能生产、科学管理的施工项目信息化生态圈，并将在虚拟现实环境下数据与采集到的工程信息进行对比分析，提供趋势预测及专家处理预案，实现工程施工可视化智能管理，以提高信息化水平，逐步实现建筑业的绿色建造和生态建造。它将先进的信息技术应用到建筑、施工机械、人员穿戴设备、场地关口等各类设施中，实现工业互联，并与互联网集成，从而实现建筑工程人的因素与施工现场物的因素完美结合，以便提高交互的明确性、效率、灵活性和响应速度。

（一）智慧工地概述

智慧能够决定和改变一座城市的品质，智慧城市则决定并提升着未来城市的地位与发展水平。作为城市化的高级阶段，智慧城市是以大系统整合、物理空间和网络空间交互、公众多方参与和互动来实现城市创新为特征，进而使城市管理更加精细、城市环境更加和谐、城市经济更加高端、城市生活更加宜居。建筑行业是我国国民经济的重要物质生产部门和支柱性产业之一，同时，建筑业也是一个安全事故多发的高危行业。将施工现场安全管理、质量管理和信息化技术、移动技术等有效融合，以提高施工现场的管理维度，在此背景下，智慧工地建设应运而生。建设智慧工地在实现绿色建造、引领信息技术应用、提升社会综合竞争力等方面具有重要的意义。

（二）智慧工地内容

智慧工地建设涉及劳务考勤、塔吊管理、施工现场监控、施工环境监测、升降机管理、物料管理、工程资料等诸多环节，需要基于BIM平台将地形地貌模型、建筑信息模型、塔吊设备模型、电梯设备模型、视频监控设备模型等进行集成，基于物联网技术采集的数据传输到BIM平台，BIM平台将具体设备工作信息传输到施工工地模型中，实现整个施工现场信息的无缝衔接和动态贯通，提升施工现场信息感知能力、项目管理能力与进度管控能力。

（三）智慧工地定义

智慧工地是智慧城市理念在建筑施工领域应用的具体体现，是一种崭新的工程全生命周期管理理念，是建筑业信息化与工业化融合的有效载体，是建立在高度信息化基础上的一种支持对人和事物全面感知、施工技术全面智能、工作互通互联、信息协同共享、决策科学分析、风险智慧预控的新型施工管理手段。它运用信息化手段，通过三维设计平台对工程项目进行精确设计和施工模拟；它聚焦工程施工现场，围绕施工过程管理，建立互联协同、智能生产、科学管理的施工项目信息化生态圈，紧紧围绕"人、机、料、法、环"等关键要素，综合运用建筑信息模型、物联网、云计算、大数据、移动计算和智能设备等软硬件信息技术，与施工生产过程相融合，提供过程趋势预测及专家预案，实现工地施工的数字化、精细化、智慧化生产和管理，从而逐步实现绿色建造和生态建造。

智慧工地将人工智能、精密传感技术、移动互联网、虚拟现实等技术植入建筑、机械、人员穿戴设备、场地进出口设备等各类物体中，并且被普遍互联，形成物联网，再与互联网整合在一起，实现工程管理干系人与工程施工现场的整合。目前，典型的应用就是借助物联网传感器来感知设备的运行状况和施工人员的安全行为，利用智能机具来增强施工人员的技能等，起到降低事故发生频率、杜绝各种违规操作和不文明施工行为、提高建筑工程质量的作用。智慧工地也可以进一步借助人工智能技术的应用采用智能建筑机器人和智能化系统来部分替代人，帮助完成以前无法完成或风险很大的工作，如智能砌砖机器人、超高层焊接机器人、智能拼装机器人等。例如，吊钩视频监控系统能够实时地检测、查看吊钩的运行轨迹，替代了传统的地面指挥人员，从而防止意外伤害事故的发生。随着人工智能技术的进一步发展，智慧工地将具备"人类"的思考能力，大部分替代人在建筑生产过程和管理过程的角色，由信息管理平台来指挥和管理智能机具、设备来完成建筑的整个建造过程，人转变为监管的角色，从而实现建造方式的彻底转变。

（四）智慧工地特征

智慧工地的最突出特征是智慧。目前，工程建设的规模不断扩大，施工现场环境错综复杂，这对信息化的实施和应用都提出了新的要求。工地本身不具有智慧，工地的运作是依赖于人的智慧。"工地＋信息化技术"能够减少工地对人的依赖，使工地拥有智慧。智慧工地立足于云计算、大数据和物联网等技术手段，聚焦于现场"人、机、料、法、环"五大要素的管理。针对所收集的信息特点，结合不同的需求，构建信息化的施工现场一体化管理解决方案。通过一系列小而精且实用的专业应用系统来解决施工现场不同业务问题，降低施工现场一线人员工作强度，提高工作效率。这些系统业务范围涵盖施工策划、现场人员管理、机械设备管理、物料管理、成本管理、进度管理、质量安全管理、绿色施工管理和项目协同等单元，从这些角度来讲，智慧工地主要具有以下4个特征：

（1）聚焦施工现场生产一线，保证数据的准确性、实时性、真实性和有效性。数据是管理的基础，传统企业信息化的实施聚焦管理流程，是填报式的信息化模式。单纯靠人员现场手工记录，往往造成数据失真、延迟和不一致性，效率也非常低，无法真正提高施工现场监管能力。因此，智慧工地将信息化技术，如射频识别（Radio Frequency Identification，RFID）传感器、图像采集等智能化技术应用于施工现场关键环节，实现施工过程的智能感知、实时监控和数据采集。通过物联网网关协议与各管理系统集成，实现现场数据的及时获取和共享，解决了以前通过人工录入带来的信息滞后和不准确的问题，提高了现场交互的高效性和灵活性，真正解决现场的实际问题。例如，针对物料管理与控制方面的物联网应用，可以对现场物料的使用、存放的信息进行有效的监控和管理，对施工过程中的物料运输、进出详情、材料计划清单、物料进场进度都可以通过智能地磅系统进行跟踪和监控。在劳务管理上，将一卡通、人脸识别、红外线或智能安全帽等新技术应用到考勤、进出场、安全教育等业务活动中，实现对现场劳务人员的透明、安全和实时管理。

（2）应用软件碎片化，不再通过一个大而全的系统或平台来解决所有问题。国内智慧工地行业软件主要细分为计价软件、算量软件、管理类软件和其他智慧工地软件及系统。每个管理单元都拥有一个或多个智慧工地的信息化系统，它们分别满足业务单元中不同的管理问题。碎片化应用软件就是要保证特定工作给特定岗位去做，将底层软件的数据形成、处理与数据运用、决策拆分开，最底层应用软件应按标准化配置，将产生的数据

在云端整合，提供给管理者决策，避免从上而下直线式应用的死板和低效。各个项目有各自不同的特点，管理的重点也不同。企业分等级、分项目去管理，而不是盲目按照同一个模式去生产、管理。例如，人员管理系统拥有劳务实名制、一卡通、即时通信、智能分析等系统，这些小的系统共同推动了相应业务单元的管理水平和能力的提高。

（3）现场人员能够实时沟通与协同工作，提高现场基于数据的协同工作能力。施工项目的工地管理人员多是在现场作业，但是工地现场的环境非常复杂，容易出现反馈问题的重复、安全问题的延误和重复处理、工作前后交接出现脱节等现象。解决这些问题的核心：一是在现场数据的采集方面充分利用图像识别、定位跟踪、移动终端等技术手段，实时获取现场的数据，并能通过云端进行多方共享，保证信息传递的及时性和准确性，例如通过手机登录移动终端设备上的专业APP软件、集成云平台和物联网终端，实现随时随地的信息共享和沟通协同；二是在信息的共享方面按照现场业务管理的逻辑，打破数据之间的互联互通，形成横向业务之间、纵向管理层之间的数据交互关系，避免出现信息孤岛和数据死角。现在，很多工地存在信息孤岛问题，即信息不共享互换、功能不关联互助、信息与业务流程和应用相互脱节，而智慧工地能够解决这个问题。

（4）追求数据的分析与预测能力，提高领导智慧化决策和过程预测能力。智慧工地基于之前记录下来的各种数据并对其进行深入分析研究，发现其中的规律特征，从而对建筑行业进行系统优化，使其拥有更广阔的未来。基于此，智慧工地应建立数据收集、整理、分析、展示的机制，对现场采集到的大量工程数据进行数据关联性分析，形成知识库，并利用这些知识进行判断、联想、决策，提供管理过程趋势预测及专家预案，及时为各个管理层级提供科学决策辅助支持，并通过智慧的预测能力对管理过程及时发出预警和响应，实现工地现场智慧管理。例如，智慧工地可通过对数据的分析，预测施工机械的疲劳值、人员流动趋势，甚至可以预测建设期对环境的影响。智慧工地现场网络视频监控系统可以实现大数据技术和视频监控的结合。通过将场景中背景和前景目标分离，进而探测、提取、跟踪在场景内出现的目标并进行行为识别，遇到可疑视像会及时记录；后端则采用云存储系统，利用智能视频分析技术对视频数据进行存储、二次深度分析、预测判断，从而为建筑行业视频监控提供了从前端、平台到后端的闭环应用。

（五）智慧工地功能介绍

国网中卫古城110kV变电站扩建工程项目智慧工地以项目经济性、国产化互联技术项目建设理念、创新多元融合，强化了管理能力，提升了企业核心竞争力。通过物联技术、AI识别算法、在线风险预警、数据共享，延伸了项目管理，大大提升了项目管理的时效及安全风控水平。因此，该项目具有鲜明的行业科技创新标杆效应。此项目结合项目管理实际需求、项目建设单位的管

理理念，确保电网建设项目安全、可靠、经济、环保、打造绿色施工创新标杆。通过信息数据采集，分析实现项目管理时效性、总体协调性，实现生产、安监管理的数据化、可视化，提高总体管理水平。

（1）视频监控：对工地车辆进出口，以及建筑工地施工区、物料存放区进行监测管理。

（2）设施监控：对塔吊或流动式起重机、升降机、外用吊篮、物料提升机、推土机、装载机等设备及工地物料监控管理。

（3）人员监控：对工地项目经理、安全员、大型设备操作员、监理等关键人员的监督管理。

（4）环境监测系统：对工地环境的监测，包括粉尘、噪声等影响施工人员安全及周边环境的因素的监测管理。

（5）动态报警：在指挥中心建立预警系统，以视频监控和环境监测数据为基础，如有异常，以短信或其他方式通知施工单位和政府单位相关负责人。

（6）指挥调度：指挥调度系统可保证在任何情况下都能够保障指挥中心与外界的通信联络，并将各种通信手段进行整合汇集实现各种通信系统之间的互通互联。

（7）在线执法：在管理人员的移动设备上安装在线执法系统，配合人员、设施的 GPS 定位和工地视频监控管理人员可对出现问题的地方进行各种方式的执法，如短信、电话警告等手段。

（8）工程档案管理：建立电子工程档案，将施工企业名称、建设期、工程地点等情况录入管理系统。

（六）智慧工地关键技术

1. 物联网技术

物联网即物物相连的互联网，是互联网的延伸和拓展，通过在施工现场安装物联网感应终端（RFID 射频识别、红外感应、GPS 全球定位等）将工程建设相关人与物通过互联网进行连接，进行信息交换、资源共享及数字化通信，实现智能感应、定位跟踪、实时反馈及视频监控等，包括了智能识别系统、定位跟踪系统、实时监管系统等。物联网具有以下三大特性：一是集合感知，全面集合施工现场人、机、料信息数据；二是准确传送，实现信息数据的互通互联及共享协同；三是智能分析，通过数据分析与处理，智能决策预警。

2. 云计算技术

云计算是网络计算、分布式计算、并行计算、效用计算、网络存储、虚拟化和负载均衡等计算机技术与网络技术发展融合的产物，集合核心硬件及软件层级，将多个计算实体集合成一个计算系统分布至终端使用者，是基础应用技术，是互联网的中枢核心，更是大量信息数据传输与处理的最佳技术手段。云计算具有以下三大特性：一是集成化，将多个成本较低的计算实体集成至一个系统；二是终端化，公有云及私有云的信息化架构模式使得施工现场无须部署网络服务器，简化施工现场的网络应用；三是服务化，通过云平台的搭建，实现信息的共享、分析、汇总及展示，并通过内部云计算保证了施工过程管理数据的安全性。

3. 大数据技术

国网中卫古城 110kV 变电站扩建工程项目智慧工地建设项目为全寿命周期项目，从项目立项、施工、运维等整个过程产生的信息数据具有体量大而多、多源多格式、流转快速、强实效性及价值密度低等特征，多元的项目建设过程动态信息数据是科学决策的依据和源头，大数据技术旨在提高对数据的获取、集成、处理、交叉复用、管理及储存能力，应用于挖掘新的知识服务，辅助决策，实现在线优化闭环的业务流程。

4. 移动通信技术

移动通信技术是一种依靠智能移动终端，采用移动无线方式获取业务和服务的新型技术，其包含终端（手机、平板电脑等）、软件（操作系统、中间件、数据库等）和应用（应用、服务）三个层面。移动应用有效解决了施工现场管理信息化应用"最后一公里"的问题，实现施工现场沟通协调、远程巡检、项目参与各方图档协同，产生极大应用价值。

二、智慧工地实施的背景与意义

（一）智慧工地建设背景

随着我国经济社会快速发展，建筑工程项目数量和规模不断增加，政府监管部门对工程项目各个环节出台详细的规章制度，项目管理法治化、智能化、精细化愈加鲜明。工程项目参建单位在安全、质量、进度、环保、人员、物资、设备、档案、财务等方面的管理难度不断增大，传统的管理手段无法适应新形势发展要求。住房和城乡建设部出台了《2016—2020 年建筑业信息化发展纲要》《建筑工人实名制管理办法（试行）》等一系列文件，其中对勘察设计类、施工类、工程总承包类企业作出具体部署，要求积极探索"互联网＋"项目建设的管理模式，推进建筑行业转型升级。国家对工程安全质量的监管更加严格，要求强化施工安全专项治理；积极推动建筑业现代化，提倡以节能环保为特征的绿色建筑技术；严格落实劳务实名制来规范劳务用工市场管理。这些政策、条例的颁布进一步推动了互联网、物联网、信息化、智能化等高新技术的应用。

当前我国在进行着一场以云计算、大数据、物联网、移动智能为核心的技术革命，在未来几年内，它会重塑传统的信息化应用模式。利用智能技术、信息技术等来强化项目管理和辅助生产，已成为项目建设领域的一个大的趋势。"新 IT"具有服务化、智能化、自适应、随需而变等特征，主要要素是感知灵敏、移动应用、云计算、大数据和物联网，其本质是智慧技术。这些要素就是组成智慧工地的关键技术，新技术的应用将助力传统建筑行业突破瓶颈，迈向新的发展阶段。电网小型基建项目属于电网企业基础设施建设项目，主要为员工办公、生产及对外营业等提供工作场所，不但涉及广大员工的切身利益，也关乎企业未来的发展。利用智能化、信息化等新型技术平台，提高建设过程的管理水平、后期运行及服务的效率，是电网小型基建项目建设发展的方向。

通过部署智慧工地系统,在实践中不断探索信息化管理途径,以建立贴合项目管理需求的"云+移动+物联网"智慧建造方案,做到"智慧化建造智慧型管理",将项目管理水平提升到全新高度,将有效解决电网企业小型基建现场信息化建设的难题,推动小型基建项目现场管理创新和智慧应用。

(二) 智慧工地建设的意义

建筑行业是一个安全事故多发的高危行业。如何加强施工现场安全管理、降低事故发生频率、杜绝各种违规操作和不文明施工、提高建筑工程质量,是摆在我们面前的难题。国网中卫古城110kV变电站扩建工程项目智慧工地的建设,就是利用信息化手段着力解决当前工地现场管理的突出问题,围绕现场人员、机械、材料等重要资源的管理,构建一个实时高效的远程智能监管平台,有效地将人员监控、位置定位、工作考勤、应急预案、物资管理等资源进行整合。项目管理的深度决定了企业生存与业务开展,也影响着整个行业的发展,而工地现场是项目顺利实施的重要环节,也是信息化落地的"最后一公里"。因此,打造智慧工地,助力每个工程项目顺利完工,对企业及行业发展有着重要的意义。智慧工地建设的意义主要表现在三个方面。

1. 有效提高施工现场工作效率

现场人员、机械、材料的配置以及场地环境因素等都将影响人员的工作效率,而人员工作效率对工程的质量、进度、成本起着举足轻重的作用。智慧工地通过先进技术的综合应用,让施工现场感知更透彻、互通互联更全面、智能化更深化,大大提高现场作业人员的工作效率。首先,智慧工地可以提高施工组织策划的合理性。通过BIM技术实现施工组织模拟,优化施工进度,合理安排工序的流水作业,保证每个施工人员工作量均衡,避免出现人员限制或超负荷工作等影响整体效率的不良状况。其次,可以合理优化资源配置,智慧工地的应用可以实现现场材料、设备和场地布置等的有序管理,保证机械设备、材料场地布置的合理调配。例如,通过智能地磅系统对进出运输车辆进行拍照及称重统计,实时录入材料进出详情,对比材料计划清单,实时掌握工地物料的进场进度、质量溯源等信息。最后,智慧工地可以提高现场人员的沟通效率。通过移动终端和云平台实现随时随地的沟通,并可通过视频会议、巡检日志及整改跟踪来共同解决现场问题。

2. 有效增强项目现场生产的综合管控能力

国网中卫古城110kV变电站扩建工程项目智慧工地采用计算机与物联网应用相结合的技术,通过RFID数据采集技术、无线通信网络技术以及视频监控技术等手段,实现对现场施工人员、设备、物资的实时定位,有效获取人员、机械设备、物资的位置信息、时间信息、轨迹信息等,提高应急响应和事件的处置速度;形成人管、技管、物管、联管、安管"五管合一"的立体化管控格局,变被动式管理为主动式智能化管理,有助于完成施工现场"人、机、料、法、环"各关键要素实时、全

面、智能地监控和管理,有效提高施工现场的管理水平和管理效率。同时,通过与BIM系统的整合,实现项目资源信息与基础空间数据的结合,构造一个信息共享集成的、综合的工地管理和决策支持平台,实现经济效益和社会效益的最大化;有效支持现场作业人员、项目管理者、企业管理者各层协同和管理工作,提高对施工质量、安全、资金成本和进度的控制程度,减少浪费,有效加强对工程项目的精益化管理。

3. 有效提升行业监管和服务能力

通过智慧工地的应用,建立基于BIM、物联网、移动通信等技术的工程质量、安全监管平台,及时发现安全隐患,规范质量检查、检测行为,保障工程质量,实现质量溯源和劳务实名制管理;促进诚信大数据的建立,有效支撑行业主管部门对工程现场的质量、安全、人员和诚信的监管和服务。总之,智慧工地是建筑施工行业转型升级的关键支撑,可使现场人员工作更智能化,可使项目管理更精细化,可使项目参建者更协作化,可使建筑产业链更扁平化,可使行业监管与服务更高效化,可使建筑业发展更现代化。

(三) 现状与目标

智慧工地是建立在高度信息化基础上对人和物的全面感知,施工管理全面智能,信息互通互联、平台共享的新型信息化技术,可大幅提升工程管理效率,实现项目建设精细化数字化智能化。随着物联网的发展,智慧工地又进一步升级,逐步形成了一套感知、传输、控制一体化的智慧管理体系,近年来出现了智能化、自动化施工,使得建筑领域人工操作环节大幅减少,进一步推动了智慧工地的发展。我国智慧工地建设虽然起步较晚,但得益于自上而下的积极推广,近10年发展非常迅速。目前许多高技术企业开发出了大量的智慧管理平台项目相互竞争,主要集中在机械设备监控、视频监控、人员信息、大数据统计等几大类,功能重复,创新性不强,并且各个子系统之间的交汇及整合度不高,还未形成统一的建设标准。未来智慧工地建设将以更快的速度发展,实现智慧工地统一部署、统一维护、统一运行、互联互通,集成管理及数据共享。随着人工智能技术的快速发展,智慧工地将会更加"智慧",现场、企业、政府职能部门三方端口的对接联动、信息共享、自动化程度将会进一步提高。电网企业小型基建项目也在积极引入智慧工地建设,根据项目建设实际情况和规模等因素有计划有选择地开展智慧工地建设。在进行智慧工地建设时,应注重加强智慧工地各子系统之间的融合,有利于形成统一的智慧平台,加强使用者的体验感,优化施工步骤和方法。

(四) 智慧工地建设目标

1. 全面感知和数据实时互联

国网中卫古城110kV变电站扩建工程项目智慧工地建设可实现全面感知与数据实时互联。

在实际的工程建造过程之中,施工现场的很多情况都会随着工程进度和突发事件产生改变,工地现场的施工状况、进度和环境都在不断地发生改变。人为管理难

以覆盖工地的全部状况从而产生疏忽和纰漏。故而，这就要求在现代工程管理中采取技术升级和管理优化，实时监测施工过程中关键控制指标，对施工现场的作业活动实现事前控制。而智慧工地的第一步便是对工地全部相关系统进行泛在感知并将其感知的数据实时互联，保证工地中各项生产活动的顺利开展。

2. 无纸化办公和工作协同

在传统施工过程的管理之中，多是采取人的直接管理和纸质办公，因在工程施工的过程中涉及的参与方和工程节点众多，导致了"信息孤岛"和材料冗余的现象，不同部门之间难以实现无障碍的沟通和交流。同时，由于工程项目的参与各方以及各部门对于项目信息都有着不同的需求，使得工程项目的工作效率低下。而以 BIM 模型为基础，以平台为核心，通过服务集成，能够改变促进项目各主体各部门间的工作协同，改变其相对独立的工作模式及业务关系。项目参与的各方均可通过云平台开展工作，其间，产生的所有数据和材料都可通过电子化的方式进行上报，从而实现施工全程的信息化和数字化，达到无纸化办公的目的，方便管理的溯源和成本节约。

3. 信息集成和智能化管理

随着工程项目规模的不断扩大，对其信息的准确性、及时性和针对性的要求也随之提高。而在现代信息技术应用的同时，由于系统间存在差异，可能导致数据格式和标准不统一，致使数据难以分析利用。智慧工地平台能够为项目参与各方提供统一开放的数据接口，对所有数据进行有效整合和标准化，从而实现信息集成。在此基础上，智慧工地平台也能完成对工程数据的深入挖掘分析，进而实现决策支持等功能。通过采用大数据、机器学习、计算机模拟等人工智能技术能够对集成数据进行可视化分析和智能化管理，实现对建造资源的整合，创造更大的价值。

三、智慧工地的发展历程

（一）智慧工地的应用范围

国网中卫古城 110kV 变电站扩建工程项目智慧工地的应用范围主要包括 11 个方面。

（1）施工策划方面。应用信息系统自动采集项目相关数据信息，结合项目施工环境、节点工期、施工组织、施工工艺等因素对工地进行智慧施工策划，包括基于 BIM 的场地布置、基于 BIM 的进度计划编制与模拟、基于 BIM 的资源计划、基于 BIM 的施工方案及工艺模拟可视化施工组织设计交底、施工机械选型等。这些智慧应用可以有效降低企业成本、控制风险、优化方案，帮助施工人员高效地进行施工策划，为施工企业带来更多直接效益。

（2）施工进度方面。它包括基于信息化的智能计划管理；基于智能化的计划分级管理和动态监控；基于智能化的计划管理数据分析；基于工序标准化的施工组织；BIM 技术与进度管理的结合等。基于信息化的智慧进度

管理，是在智慧工地概念内涵的基础上，基于大数据、BIM、物联网等技术，使进度管理过程能够实时感知进度计划完成情况，通过对进度计划实施过程的实时跟踪，确保实现进度目标，从而使进度计划控制更加有效。

（3）机械设备方面。它包括基于互联网的设备租赁；智能化机械设备的日常管理；基于地理信息系统平台的机械进出场和调度；钢筋翻样加工一体化生产管理等。当前使用的指纹识别系统、防碰撞安全管理监控系统、移动终端等单项技术在实际使用过程中，对设备检查、运行和人员安全管理发挥了一定作用，保障了设备的正常运行，是机械设备管理向着数字化和智能化发展的基础。同时，信息化设备管理系统、资源组织招投标等集成管理系统的应用为设备管理提供了更便捷的方式，创造了更好的效益。

（4）物料管理方面。它包括通过互联网采购；基于 BIM 的材料管理；物料进出场检查验收系统；现场钢筋精细化管理；二维码物料跟踪管理等。

（5）成本管理方面。它包括基于 BIM 的工程造价形成；基于 BIM 的 5D 管理；基于大数据的项目成本分析与控制技术；基于大数据的材料价格信息等。

（6）质量管理方面。它包括基于 BIM 的质量管理；基于物联网的基坑变形监测；混凝土温度监测；检查记录等监测；二维码质量跟踪等。

（7）安全管理方面。它包括基于 BIM 的可视化安全管理；劳务人员的安全管理；机械设备的安全管理（塔吊、升降机的物联网应用）；专项安全方案的编制及优化（基坑、高大支模、脚手架等）；危险源、临边防护的安全管理等。

（8）绿色施工方面。绿色施工是指在工程建设中，在保证质量和安全等基本前提下通过科学管理和技术进步，最大限度地节约资源与减少对环境负面影响的施工活动，实现"四节一环保"，即节能、节地、节水、节材和环境保护。现场"四节一环保"应用包括：基于物联网的节水管理；基于物联网的环境监测与控制；基于 GIS 和物联网的建筑垃圾管理与控制；绿色施工在线监测评价等。

（9）项目协同管理方面。以建设工程为核心，所有参建方协同工作，建立各参建机构间的工作云平台。各参建方在云平台上通过有序信息沟通、数据传递和资源共享，实现多方协同工作。跨地域零距离高效协同，实时实现看进度、管质量、警示风险、自动归档电子表单和资料等。平台可以有效地梳理和优化跨组织之间的流程，解决复杂的信息在各个部门之间的传递过程，通过移动端在现场随时随地采集施工现场问题，通过消息系统及时将信息分配并通知相关责任人跟踪整改；管理层通过平台及时获取项目信息，并通过数据统计分析为项目提供更可靠的决策，提升项目协同管理的价值。

（10）集成管理平台方面。智慧工地管理平台是在互联网、大数据时代下，基于物联网、云计算、移动通信、大数据等技术的建筑施工综合管理系统。围绕建筑施工

现场"人、机、料、法、环"五大因素,采用先进的高科技信息化处理技术,为建筑管理方提供系统解决问题的应用平台。平台可以集成 BIM 项目应用系统、实名制劳务管理系统、施工电梯升降机识别系统、物联网管理系统、智能塔吊可视系统、环境监测系统、远程视频监控系统、物料验收系统、工程云盘系统、智能监控系统以及虚拟现实体验系统。通过大数据应用于服务云平台,解决施工现场管理难、安全事故频发、环保系统不健全等问题。

(11)智慧工地行业监管方面。智慧工地建设将给建筑行业监管带来巨大变化。利用物联网技术及时采集施工过程所涉及的建筑材料、建筑构配件、机械设备、工地环境及作业人员等要素的动态信息,并利用移动互联网和大数据、云计算等技术实时上传、汇总并挖掘和分析海量数据,从而构成实时、动态、完整、准确反映施工现场质量安全状况和各参加方行为的行业监管信息平台。在项目结束后,这些数据记录也能明确责任分区,使政府管理部门或建筑企业都能做到有责可追,有据可查,变事后监管为事中监管和事前预防,提升监管效率,保障工程质量,促进建筑行业健康发展。

(二)智慧工地存在的问题

近年来,随着人们对智慧工地建设的热情不断高涨,智慧工地得到了快速发展。但由于工地具有空间地域属性,公司具有差异性需求,出现的一些问题不容忽视,如标准问题"重碎片、轻平台"问题等,只有切实解决这些问题,才能真正提高工程管理的信息化水平。客观来讲,智慧工地的建设存在以下几个方面的问题:

(1)现阶段智慧工地建设还缺少统一明确的建设标准。现阶段智慧工地平台主要是各软件公司依照自己对行业的了解去开发,因此存在着"各家各样"的现象,缺少行业的统一标准。由于没有形成统一的信息化标准规范体系,各方建设各自的系统,系统之间不能互联互通,数据不能共享;数据多方录入,来源不一,各系统间的数据往往不一致,这就造成了对数据不能进行有效统计分析,对企业决策不能提供有效的数据支撑。像平台接口要求能够兼容不同物联网系统、信息化系统,集成的数据源多样化,包含物联网数据、BIM 数据、信息化数据、GIS 数据等,但各数据之间融合协同的标准不统一,并且数据的呈现方式及价值的挖掘不够充分,对数据的集成应用深度有待提高。平台集成商的水平参差不齐,对于企业而言,面临的问题一方面是对软件公司的选择存在盲目和随波逐流的现象,另一方面是所选择的软件公司的系统是否能够满足今后主管部门对智慧工地的具体要求。因此,软件公司应做好相关的调研工作,将各类平台模式化、集成化、平台化,促进生产方式、管理方式、产业形态的创新。

(2)目前,建设智慧工地存在"重碎片、轻平台"的现象。施工企业现场项目管理普遍存在"缺什么、上什么"的现象,各系统之间存在不兼容和无法关联的情况,导致在企业端、项目端、平台端和软件之间无法互相共享信息。应建立实现企业内部组织、企业内部岗位、企业与项目以及上下游产业链互联互通的基础,这个连接基础就是基于云技术的集成平台,平台的建立为企业管理提供了统一的协同中心、数据中心和业务中心,通过平台的搭建连接公司和项目部各个层级、各个岗位,实现不同专业应用数据、管理数据的收集、分析处理与即时分发。平台化有助于业务工作突破地域、时间界限,降低沟通成本,提高协同效率,实现企业资源优化配置。

(3)人才缺乏也是当前智慧工地建设的主要问题。缺乏专业的技术人才、没有系统的技术培训、员工知识与能力结构欠缺、员工不愿意接受新技术等问题,影响了系统使用的应用性,使得企业智慧工地应用的推进速度缓慢。因此,培养、吸引人才是企业进一步应用智慧工地需要解决的首要问题。

(4)智慧工地现场的硬件建设相对滞后。硬件配套不够完善,难以支撑智慧工地和其他多种专业软件的集成应用;同时,网络基础设施建设水平的参差不齐也成为智慧工地应用的瓶颈。由于建筑工地所处环境复杂、地域偏僻,施工企业日常办公所需的网络环境较难达到有效覆盖,大大降低了系统的使用效果和数据的传输效率。需要网络运营商为施工企业提供信息化基础网络保障,提高施工现场的用网环境,完善4G、5G网络在施工现场的搭建,提升智慧工地系统使用的稳定性和耐用度,做好系统的维护和更换工作。

(5)信息化数据分析水平有待进一步提高。建筑业是最大的数据行业之一,又是数据化程度较低的行业之一,现状往往是"真正想要的数据没有收集上来,已经收集上来的数据没有价值"。施工企业对数据价值的挖掘还不够,相关数据分析软件还不够多,现有的分析软件对待海量数据挖掘、分析、处理所达到的效果还不好。因此,需要软件开发公司和施工企业进一步协作,不断完善相关软件的智能化水平,开创"用数据说话、用数据决策、用数据管理、用数据创新"的新态势。

(6)建筑施工企业与相互协作方对智慧工地的重视程度需要加强。大多数建筑施工现场还处于粗放型管理水平,施工现场管理难度不断加大,这就需要施工企业与相互协作方共同提高智慧工地的推广和应用,不断提升对施工一线的管理水平;主管部门、行业协会、施工企业和现场第三方要不断地做好宣传贯彻工作,统一认识,制订相应的规划措施,循序渐进地实施,强化各系统的应用,使智慧工地的开展落到实处。项目信息化管理系统的建设是一个不断迭代、改进、更新的过程,建筑施工企业需要在项目应用实践过程中不断总结应用成果、推广成熟应用经验,联合相关建设参与方、系统开发公司,助推智慧工地软硬件不断完善,实现施工项目精细化管控。

(三)智慧工地的发展趋势

针对智慧工地存在的问题,智慧工地主要发展的趋势有以下几个方面:

(1)智慧工地集成平台趋向通用性。随着工地的标准化和统一化，智慧工地平台能够适用于大多数工地实际情况，平台建设逐步实现轻量化、低耦合，能够移植并适用于各种终端；另外，智慧工地的平台接口和数据接口实现统一的标准化和可扩张性。

（2）未来智慧工地的发展应能实现人、机、料等的互联互通，为企业决策层提供科学的决策依据，实现专项信息技术与建造技术有机融合，项目内部无障碍沟通，项目管理协调顺畅。

（3）营造生态、人文、绿色的施工现场环境也是智慧工地发展的趋势。可见，未来智慧工地将通过各种先进技术手段进一步与项目管理进行融合和交互，提高企业的科学分析和决策能力，通过集成工地物联网，在大数据的基础上利用云计算等先进技术手段进行数据的深层挖掘，对大数据进行应用分析，与更多的信息化系统或物联网系统进行融合，最终在平台实现数据的集成和应用的集成。未来智慧工地将通过各种先进技术的综合应用，推动建筑行业向更加自动化和智能化的智慧化趋势发展。

（四）智慧工地发展历程

施工现场信息化的发展在不同的历史时期有其明显的特征，总的来讲，我国施工现场的信息化主要经历了三个发展阶段。一是单业务岗位应用的工具软件阶段：从20世纪90年代到2005年之前，面向一线工作人员的单机工具软件，工作效率大幅提高；二是多业务集成化的管理软件阶段：从2006年开始至2012年左右，主要是以集成化的项目管理系统或平台的形式出现，一般面向企业管理者自上而下实现推广和实施，基于企业、项目、施工现场三层架构实现全面信息管理；三是聚焦生产一线的多技术集成应用系统阶段：集成多技术有效辅助一线工作、实时采集一线数据、精细化管理和数据分析等。

四、智慧工地的整体架构

（一）系统整体架构

国网中卫古城110kV变电站扩建工程项目智慧工地是将传感器件植入建筑、机械、人员穿戴设施、场地进出口等各类物体和场所内来收集人员、安全、环境、质量、材料等关键业务数据，并进行普遍互联，然后依托物联网、互联网、云计算，建立云端大数据管理平台，形成新的业务体系和新的管理模式。建立智慧工地综合管理平台，可以打通一线操作与远程监管的数据链条，聚焦项目现场一线生产活动，实现信息化技术与生产过程深度融合；保证数据实时获取和共享，提高现场基于数据的协同工作能力；借助数据分析和统计处理，提高领导科学决策和智慧预测能力；充分应用并集成软硬件技术。

智慧工地所构筑的平台主要由感知层、传输层、支撑层、应用层、用户层五个部分组成。在项目现场组建智慧工地平台，可以按数据采集端、数据传输端、数据处理端三个步骤进行建设，最终进行联合调试投入使用，实现对项目现场生产活动的全方位管理。

（1）第一层感知层。将摄像头、闸机、环境监测仪、GPS定位仪、监测仪器等电子感知设备，布置在项目现场相应位置，监测并采集数据信息，获取现场第一手信息资料。

（2）第二层传输层。在项目现场建立通信基站或利用公共网络作为智慧工地的信息传输平台，将感知层所采集到的人员、事物等相关信息，通过无线或有线的方式向后方进行传递。

（3）第三层支撑层。通过与现有的视频监控系统、气象监控系统、门禁系统、户外电子屏幕显示系统、同进同出协同管控平台、安全监控系统、政府公网发布平台以及自动或手动方式集成的其他信息，进行数据交汇、储存、计算，形成大数据云计算平台。通过云平台，对各系统中复杂业务产生的大模型和大数据进行高效处理。

（4）第四层应用层。利用相关的专业软件和技术，如视频软件、文档软件、VR、BIM软件等，对收集的数据进行智能化分析处理，做出判断和提示，为管理者的决策提供参考和依据。

（5）第五层用户层。用户可通过PC端、手持终端、触摸屏幕等直接操作智慧工地指挥服务平台，让项目参建各方更便捷地访问数据、协同工作，使项目建设更加集约、灵活和高效。

（二）智慧工地系统架构与应用评价

智能化设备虽然可充分采集施工现场数据，但缺少完整的体系架构，不仅阻碍有效利用海量数据，且数据将成为用户的负担，无法对实际工程产生效益。本研究在明确智慧工地内涵及系统关键组件的基础上，参考不同标准中的管理系统层级，提出普适性的智慧工地系统架构。基础层主要由智慧工地信息基础设施包含的数据采集设备及边缘服务器构成，如监控摄像头、传感器等，具有身份识别、图像声音采集、环境监测、设备运行状态监测等功能，用于工地建设管理过程中捕捉和收集数据，并按照局域网、互联网、物联网的相应通信协议实现数据传递与归集。平台层具有互联网协作、协同管理、移动互联、物联网接入、BIM、GIS等功能，实现对现场数据的整合、处理及不同业务管理模块的集成运作，为应用层提供应用支撑。应用层聚焦施工阶段的生产管理工作。根据智慧工地管理系统划分的"功能板块"，如人员管理、机械设备管理、环境监测、视频监控、质量安全管理等，在应用层细分为不同子系统，通过对平台层的衍生分析实现智能决策。用户层面向使用对象（如施工、监理等参建单位，从业人员，政府监管部门等用户），展示从数据中得到的决策支持信息。应提供PC端和移动端展现手段，满足用户接入需求，并支持按业务管理范围分级分权限管理。同时，智慧工地现场管理体系需对接政府综合信息管理平台等外部系统，相关政府监管部门具有对施工现场各要素进行远程监测、管理、统计分析等功能。共享数据应采取分级权限管理，建立安全共享机制，验证数据共享交换过程和对象，确保数据安全存储、传递和应用。另外，智慧工地评价应覆盖完整施工活动全过程，涵盖施工过程中的"人、机、料、法、环"等要素，以不同功能模块下包含的技术设施和管理要求及建造过程的智慧化管理效果为评价指标。同时评估智慧工地接入行业监管系统的数据安全性、合规性等，在实施过程中动态抽查数据真实性、时效性。在注重评价机制严谨客观的同时，保留智慧工地建设单位的施展空间，并采取加分等措施鼓励技术创新。

（三）智慧工地应用架构

国网中卫古城 110kV 变电站扩建工程项目智慧工地建设的信息化应用架构包括现场应用、集成监管、决策分析、数据中心和行业监管五个方面的内容。现场应用通过小而精的专业化系统，实现施工过程的全面感知、互通互联、智能处理和协同工作；集成监管通过数据标准和接口的规范，将现场应用的子系统集成到监管平台，创建协同工作环境，提高监管效率；基于一线生产数据建立决策分析系统，通过大数据分析技术对监管数据进行科学分析、决策和预测，实现智慧型的辅助决策功能，提升企业和项目的科学决策分析能力；通过数据中心的建设，建立项目知识库，通过移动应用等手段，植入一线工作中，使得知识发挥真正的价值；"智慧工地"的建设可延伸至行业监管，通过系统和数据的对接，支持智慧行业监管。

（四）智慧工地体系架构

从纵向角度来看，智慧工地应用体系架构包括前端感知、本地管理、云平台处理以及移动应用四个方面。前端感知层，顾名思义是用于感知并采集施工现场的各类数据，主要是由各类型的传感器等智能元件所组成。本地管理层将前端感知层所采集的数据进行相关的显示处理，在 BIM 数据库中对相关反馈的数据进行加工分析，及时发现施工过程中的隐患，并及时纠偏。在云平台中，可以利用大数据技术对数据进行统计处理。云平台处理结果可以通过互联网推送到智慧工地 APP，相关管理人员可以依据自身权限来查看施工现场状况和数据以进行管理决策工作。在上述所有构成体系中，智慧工地云平台无疑是整个智慧工地系统的核心，它是依托于大数据及云技术的管理和控制中心。在智慧工地云平台的支持下，施工企业管理人员可以轻松实现同时对不同工地、多个终端的统一协调管理及 APP 实时数据推送。

（五）智慧工地整体解决方案

1. 平台技术构架

国网中卫古城 110kV 变电站扩建工程项目智慧工地建设的平台技术构架包括：感知层、网络层、平台层、应用层。关于平台的选择，通常选择性价比高且适合企业自身发展需求的平台，要能够保证企业数据的安全，具有高兼容性和可扩展性，可以满足企业和项目的特殊定制的需求。

2. 技术标准

（1）硬件标准。现阶段智慧工地建设工作的核心是从项目现场物联网设备采集数据，因此需要根据各智能设备类别确定各个设备的硬件标准。硬件标准主要是确

定设备的信号传输方式和设备接入协议：可以根据实际情况应用统一信号转换器，将相关智能设备传输信号可转换为统一的数字信号，以降低硬件对接成本。

（2）数据和接入标准。对于接收到的设备数据转换为标准数据格式进行存储、计算和展示；根据智能设备的类别制定相应的接入标准（如 WiFi、有线网络、4G 网络等）。

（3）视觉标准。智慧工地集成平台提供统一的视觉标准和展示方式。展示方式包括：LED 大屏监控、PC端管理监控、移动终端监控（含 APP 和微信公众号两种形式）。

（4）系统功能。通过智慧工地平台打造 3 项能力：感知能力、决策预测能力、创新能力；实现管理智慧化、生产智慧化、监控智慧化、服务智慧化。智慧工地从单个系统的应用到多系统综合应用再到智慧工地平台整体解决方案，一步一步走向成熟。

目前已有 36 个子系统在各个项目上都有不同程度的应用，具体如下：场区周界防范声光语音报警系统、智能感应危险区域报警系统、烟感报警系统、车辆识别管理系统、安全违章采集处理系统、施工人员精准定位系统、场区一卡通系统、互联网＋质量平台系统、互联网＋党建、智慧工地二维码管理信息系统、无人机航拍技术、DBWorld 项目管理 BIM 云平台、场区智能照明控制系统、施工区无线电子巡更系统、3D 扫描及打印技术、深基坑和超高层沉降及高支模监测系统、"云筑"收货管理系统、超高层变频供水监控系统、建筑机器人应用、标准养护室监测、塔吊限位防碰撞及吊钩可视化系统、施工电梯安全监控系统、工地智能吊篮监测报警系统、工地卸料平台监测报警系统、电气防火监测报警系统、工地互联网远程视频监控系统、红外热成像防火监测报警系统、环境监测系统、降尘除霾系统、水电无线节能监测及能效管理系统、空气能＋太阳能供热系统、雨水回收及屋面喷水降温控制系统、办公区屋面光伏发电节能系统、工人生活区智能限电控制系统场区无线智能广播系统。限于篇幅就不对各子系统的功能一一介绍了。在实施智慧工地时可以根据项目实际需求有选择的选用以上子系统，可根据项目定位进行菜单式（基础型、标准型、强化型）快速选型，在此基础上根据项目实际需求调增或调减子系统。

（六）智慧工地技术支撑

1. BIM 技术

BIM 技术在建筑物使用寿命期间可以有效地进行运营维护管理，BIM 技术具有空间定位和记录数据的能力，将其应用于运营维护管理系统，可以快速准确地定位建筑设备组件。对材料进行可接入性分析，选择可持续性材料，进行预防性维护，制订行之有效的维护计划。BIM与 RFID 技术结合，将建筑信息导入资产管理系统，可以有效地进行建筑物的资产管理。BIM 还可进行空间管理，合理高效地使用建筑物空间。可视化技术能够把科学数据，包括测量获得的数值和现场采集的图像或是计算中

涉及、产生的数字信息变为直观的、以图形图像信息表示的、随时间和空间变化的物理现象或物理量呈现在管理者面前，使他们能够观察、模拟和计算。该技术是智慧工地能够实现三维展现的前提。

2. 3S 技术

3S 技术是遥感技术地理信息系统和全球定位系统的统称，是空间技术、传感器技术、卫星定位与导航技术和计算机技术、通信技术相结合，多学科高度集成的对空间信息进行采集、处理、管理分析、表达、传播和应用的现代信息技术，是智慧工地成果的集中展示平台。

3. 虚拟现实技术

虚拟现实技术是利用计算机生成一种模拟环境，通过多种传感设备使用户"沉浸"到该环境中，实现用户与该环境直接进行自然交互的技术。它能够让应用 BIM 的设计师以身临其境的感觉，以自然的方式与计算机生成的环境进行交互操作，而体验比现实世界更加丰富的感受。数字化施工系统是指建立数字化地理基础平台、地理信息系统、遥感技术系统、工地现场数据采集系统、工地现场机械引导与控制系统、全球定位系统等基础平台，整合工地信息资源，突破时间、空间的局限而建立一个开放的信息环境，以使工程建设项目的各参与方有效地进行实时信息交流，利用 BIM 模型成果进行数字化施工管理。物联网是新一代信息技术的重要组成部分，顾名思义，物联网就是物物相连的互联网。这有两层意思，其一物联网的核心和基础仍然是互联网，是在互联网基础上延伸和扩展的网络；其二是用户端延伸和扩展到了任何物品与物品之间进行信息交换和通信。物联网通过智能感知、识别技术与普适计算，广泛应用于网络的融合中，也因此被称为继计算机、互联网之后世界信息产业发展的第三次浪潮。

4. 云计算技术

云计算技术是网络计算、分布式计算、并行计算、效用计算、网络存储、虚拟化和负载均衡等计算机技术与网络技术发展融合的产物。它旨在通过网络把多个成本相对较低的计算实体，整合成一个具有强大计算能力的完美系统，并把这些强大的计算能力分布到终端用户手中。云计算技术是解决 BIM 大数据传输及处理的最佳技术手段信息管理平台技术，其主要目的是整合现有管理信息系统，充分利用 BIM 模型中的数据来进行管理交互，以便让工程建设各参与方都可以在一个统一的平台上协同工作。

5. 数据库技术

数据库技术是以能支撑大数据处理的数据库为载体，包括对大规模并行处理（MPP）数据库、数据挖掘电网、分布式文件系统、分布式数据库、云计算平台、互联网和可扩展的存储系统等的综合应用。

6. 网络通信技术

网络通信技术是 BIM 技术应用的沟通桥梁，构成了整个 BIM 应用系统的基础。可根据实际工程建设情况利用手机网络、无线 WiFi 网络、无线电通信等实现工程建设的通信需要。

第二节　智慧工地信息感知平台建设

一、人员管理平台

（一）人脸识别门禁系统

1. 建设依据

建设项目施工现场班组工种多、人员分布广、流动性大，施工区域多个施工班组并行作业，施工班组工作时间和施工周期也不尽相同。除了现场施工和管理人员，项目检查和人员来访也给工地出入口管理增加了难度。当前施工现场入口多为刷卡通行，但无法解决代刷进场的问题，门禁卡片丢失也会影响人员进场，门禁卡片系统无法客观记录、实时查询，这些因素影响参建单位实时地掌控工地现场情况，人员进出通行无法智能化管控，施工环境的封闭性和工地财产安全得不到全方位保障。近年来，政府相关部门对建筑施工企业劳务管理提出新要求，实名制管理和智能化管控已逐步纳入项目管理强制要求。2019 年，住房和城乡建设部、人力资源和社会保障部制定《建筑工人实名制管理办法（试行）》，其中第七条要求："建筑企业应承担施工现场建筑工人实名制管理职责，制定本企业建筑工人实名制管理制度，配备专（兼）职建筑工人实名制管理人员，通过信息化手段将相关数据实时、准确、完整上传至相关部门的建筑工人实名制管理平台。"相较于高效智能、安全便捷的信息化智慧工地体系，传统工地门禁系统已经无法满足建筑工地管理需求。智慧工地人脸识别门禁系统，以人脸识别为核心技术，为工地出入口场景应用量身优化门禁系统智能升级，可打造安全便捷、高效智能信息化工地。

2. 功能特点

采用人脸识别门禁系统，管理人员和现场工人通过闸机进出，外来人员可提前通过 APP 软件、电话等申请人脸识别"通行证"。人脸识别门禁系统具有五大特点：实时监控、联动控制、报警提示、考勤、人流限制。

（1）实时监控。当人员通过人脸识别进出工地现场时管理员可通过智慧工地平台实时查看人员照片、姓名、工种、班组等信息。人脸识别门禁系统可在出入口处安装摄像头与系统进行联动。当人员进出道闸时，电脑软件会抓拍一张人脸照片，抓拍的照片与原先登记的照片会在智慧工地系统中核实比对，确认后才允许人员通过道闸。

（2）联动控制。人脸识别门禁系统在道闸出入口处接入 LED 显示屏。对人员进行人脸识别时，LED 显示屏可实时显示人员姓名工号、进场时间等，还可以显示进场总人数、离开人数、工地剩余人数。可在 LED 屏幕上提前设置显示欢迎词、注意事项、施工进度等信息。

（3）报警提示。人脸识别门禁系统具有报警功能，对于未被授权的人员或强行通过道闸的人员，通道会发出声光提示报警，同时智慧工地平台也会实时弹出报警信息。所有报警信息都会保存，方便以后查询调用。

（4）考勤。每天可实时查询当天、当月或指定时段的考勤记录及考勤统计分析报表，并能输出打印。管理人员可随时查阅当天、当月或指定时段内的迟到、早退等情况。人脸识别门禁系统有详细的日报表、月报表功能。

（5）人流限制。人脸识别门禁系统具有区域人数限制功能，启用该功能后，可以在系统内先设置一个区域内人员总数，以利于限制人流，防止发生意外情况。

3. 现场组建方案

人脸识别门禁系统由多个模块组成。

（1）置于现场的人脸识别闸机和监控设备。闸机有三辊闸、翼闸、摆闸、全高闸等各种类型，可根据现场需要选择。当有人员通过闸机时，闸机会对人员进行人脸捕捉和拍照，将数据传输到终端设备进行人脸识别和数据分析。监控设备也会对通过闸机的人员进行实时监控。

（2）置于室内的终端。由门岗客户端和中心管理服务器组成，联网服务器将人员信息传输至门岗客户端，如人员比对通过，则闸机开启并且在客户端显示人员信息；如人员比对不通过，则现场发出警告并将现场监控传输至客户端。

（3）置于现场的 LED 显示屏和室外音响。根据客户端接收的信息对施工现场进行信息反馈和播报。

4. 使用效果

通过摄像机或摄像头采集含有人脸的图像或视频流，并自动检测和跟踪人脸，进而对检测到的人脸进行一系列相关技术处理，包括人脸图像采集、人脸定位、人脸识别预处理、记忆存储和比对辨识，从而识别不同人员身份。用相关实名制考勤数据，汇总出人员考勤表、劳务出勤记录表等。利用智能识别技术，有效规避非现场管理和施工人员，降低工地不安全因素。利用门禁，有效隔离生活区和工作区，防范人身伤害风险。实时查看考勤数据和相关报表，与移动端整合，实现协同办公及精确化管理。

（二）现场人员定位系统

1. 建设依据

随着工程建设规模不断扩大，如何完善现场施工管理、控制事故发生频率、保障安全文明施工一直是施工企业、政府管理部门关注的焦点。工地人员实时管理是现场工作的一个难点，工作面无法得到全方位监管，施工人员实时督察难。利用安全帽等穿戴设备对工地人员进行精确定位，可实时掌控现场施工人员和管理人员动态，便捷、高效开展标准化作业，可为事故处理和救援工作提供数据支撑，保障应急处置高效运作。

2. 功能特点

在现场人员佩戴的安全帽中安装智能芯片、集成GPS定位及5G网络收发模块，从而实现人员精确定位。对工地人员的主动管理包括人帽合一、区域定位、安全帽佩戴检测、临边防护、特种作业等。脱帽检测功能可

支持光敏、传感器等多种手段，在检测到脱帽后，将该状态作为报警传输至智慧工地平台并记录在数据库中，管理人员可根据平台数据做出应对。现场人员 GPS 定位系统如图 1-7-2-1 所示，具有以下特点：

图 1-7-2-1 人员定位系统

（1）人员定位。通过对智能安全帽（图 1-7-2-2）的定位，实现对人的实时管理。室外场景下，依赖 GPS 定位利用安全帽内 GPS 芯片定时获取工人位置，并将位置信息发送到平台；室内场景下，依赖色谱工地标识模块定位，并发送位置信息。

登高伴侣

图 1-7-2-2 智慧安全帽

（2）轨迹跟踪。当人员在不同定位模块之间切换时（如室外到室内，或在不同色谱工地标识模块之间切换时），安全帽中的智能芯片自动发送一条位置信息到平台。平台汇总人员在一定时段内的位置信息，生成人员轨迹。管理人员可根据人员轨迹来辅助判断工人有无违章行为。

（3）区域告警。GPS 和色谱工地标识模块为人员提供基础定位。在基础定位区域内，存在特殊作业区、危险区等二级定位（告警）区域。工人在 GPS 和色谱工地标识模块覆盖下，移动靠近告警区域（如红色色谱工地标识模块），系统会在平台端和安全帽端发起告警，同时安全员客户端也会收到提示信息。

（4）特殊工种作业管理。在部分特殊工种作业区域（如塔吊）部署蓝色色谱工地标识模块，只有经过授权的工人可在此区域作业。如其他工人在此区域停留超过一定时间，系统会发起告警提示。

（5）一键呼叫。工人遇到危险或异常情况时，可按下安全帽内一键呼叫按钮。平台收到告警提示，系统管

理员可调阅发起一键呼叫的工人信息和联系方式，由相关人员与工人联系或安排现场巡查。

（6）人帽合一。新进场作业人员前往物资部门登记、领用安全帽，并由工作人员录入工人的相关信息包括姓名、年龄、人脸图像等，并将帽内芯片与帽子编号绑定。工人进场时，摄像头抓取人脸信息，判断工人的面部特征与芯片内的人脸图像信息是否匹配，若匹配成功，则允许进场；若匹配不成功，或无法识别工人的面部特征，则不允许进场。

3. 现场组建方案

（1）信息接收端。管理人员可在平台终端实现对现场人员的调度和定位，系统具备完善的设备和用户管理功能，同时结合电子地图系统（GIS 系统）显示所有人员的实时定位信息及当前状态情况，并将信息保存到数据库中供日后查询。管理人员可根据现场情况在电子地图中设置特殊区域，当装有 GPS 的安全帽未经允许靠近特殊区域时，安全帽也会发出警报。

（2）数据传输端。由工地定位服务器和无线传输网络组成，工地定位服务器接收安全帽传来的数据信息，并将数据处理传输至信息接收端。

（3）前端设备。现场人员 GPS 定位系统由安全帽 GPS 定位终端、5G 无线传输系统构成。安全帽 GPS 定位终端将高灵敏度 GPS 模块及 5G 模块内置于安全帽中，通过运营商（移动、联通等）信道传输至工地智能定位服务器，定位安全帽由 GPS 和大容量电池组成，GPRS 无线传输系统采用运营商 GPRS 信道传输定位数据。

4. 使用效果

当人员进入现场时，管理者可通过定位装置及时掌握进场人员所处施工位置；当安全帽告警时，警报信息能够及时提醒安全管理者进行监察；当发生安全事故时，可根据人员定位装置信息及时进行搜救。管理人员可随时调取人员行动轨迹，掌握人员工作动态。安全帽定位系统在智慧工地中的应用，可以有效提高安全管理效率，解决安全生产现场过程监管不力问题，实现"感知、分析、服务、指挥、监管"五位一体智能化管理、过程结果并重的安全生产新模式。

（三）特种人员身份验证系统

1. 建设依据

在国网中卫古城 110kV 变电站扩建工程项目智慧工地的建设中，变电站施工现场安全管理是安监部门监控的重点。项目现场的工程机械、设备大都需要特殊工种作业人员进行操作驾驶，对驾驶员资质和经验要求较高，安全规范操作能有效降低风险和事故概率。为防止非授权人员操作机具，避免发生事故，在设备核心区域安装身份识别、语音应答等现代化智能设备，把好专业操作人员上岗关。

2. 功能特点

对塔吊、升降机驾驶员的身份验证，采用摄像机或光电扫描采集含有人脸的图像或视频流，并自动在图像或视频流中检测和跟踪人脸，进而对检测到的脸部进行

一系列相关技术操作，包括人脸图像采集、人脸定位、人脸识别预处理、记忆存储和比对辨识，达到识别不同人身份的目的。使用智慧工地平台时，工作人员通过人脸识别即可正常驾驶塔吊、升降机等特种设备。设备内置高容量电池系统和可充电电池，在人脸识别设备断电情况下，仍可正常运行 3h 以上，避免施工升降机断电而导致人脸识别系统无法正常工作。人脸识别设备安装简便并且模块化设计，极大方便设备维修、保养，减少维护费用。该系统具有以下优点：

（1）大型机械设备在常规开关启动机械的功能基础上，增加人脸识别功能，需识别验证为备案操作人员后方可启动，从源头进行风险管控，杜绝非认证操作人员擅自操作大型机械。

（2）可查询设备每次开启人员、使用时长，查询每次设备使用情况及违规警报记录。

（3）可对驾驶员作业行为判别、警告及记录，具有驾驶员疲劳驾驶识别及提醒功能。

（4）调取驾驶室视频监控功能，随时对现场操作进行监督。

3. 现场组建方案

对塔吊、升降机驾驶人员身份进行验证，采用分体式人脸识别设备，包括人脸识别摄像头、机载人脸识别主机两部分。整套设备安装在塔吊或升降机驾驶舱内，摄像机安装在与驾驶员人脸高度一致的位置，一般安装在挡风玻璃侧边。人脸识别相关设备配备 5G 无线网络和 GPS 定位系统。对于上机操作的驾驶员，进行人脸识别，确认操作人身份，并登记操作和离岗时间。对上机、操作过程等进行人脸抓拍，并将抓拍的照片回传至终端。安装在塔吊、升降机中的设备，通过无线网络将数据传输到智慧工地平台数据库进行分析，智慧工地平台将分析结果和指令传输至监管中心，监管中心可对终端设备及现场人员进行管控。

4. 使用效果

系统实时对机械设备现场进行监管，有利于提高特殊工种员工履职到位率，降低设备安全风险。当操作人员走近摄像机时，设备将自动感知并启动人脸识别功能，显示屏显示人脸图像识别界面（显示为彩色的人脸图像）智慧工地平台自动存储用户当前识别时间，如人脸识别成功，语音播报人员姓名并记录工作时间。在操作过程中，智慧工地平台将随时开启人脸比对功能，对操作中途换人的情况进行随机检测，发现异常即通过无线网络发出警报，提醒管理人员注意。管理人员可直接调取驾驶室视频影像，通过报警装置对现场进行语音警告。智慧工地平台自动记录警报时间等信息，供管理人员查询。

二、机械管理平台

（一）大型机械定位指挥系统

1. 建设依据

随着卫星定位技术越来越成熟，其应用领域也越来越广泛，形式也越来越多样化，其设备也快速实现便携

化、智能化。尤其在中国北斗卫星导航系统投入使用以来，卫星定位的精度有所提高，定位的稳定性和可靠性也大大提高。目前，高精度GNSS（全球导航卫星系统）定位技术已经广泛应用于多种大型工程机械的作业现场和状态监测领域。利用GNSS卫星高精度定位技术，能够实现对大型机械设备的位置和姿态进行监测与控制，配合呼叫功能还能实现对工程机械的调控，特别是挖掘机、推土机、装载机、运输车辆、桩机等移动的工程机械设备。基于GNSS高精度定位技术的机械控制单元，可以辅助操作员施工作业，也便于项目管理人员提高工程质量和施工效率，提高作业安全性。

2.功能特点

建筑工程大型施工机械设备，具有作业区域广、设备分散、流动性大等特点，因此对大型施工机械设备进行管理指挥、安全监测等显得十分重要。大型机械设备定位指挥系统，首先可动态掌握项目现场所有机械设备的位置并进行相关数据统计，其次可采集现场高程、坐标、面域等三维数据，更加精确指导现场大型机械设备操作，确保工艺质量。大型机械设备定位系统除具有信息储存、管理、查询、统计等功能外，还具备空间数据管理和空间分析功能。

（1）大型机械设备动态分布。安装大型机械设备定位装置，实时记录大型设备的位置信息，将每台设备的位置进行可视化呈现，可实时查看单个机械设备（比如土方运输车辆）的档案信息、活动轨迹、检修记录、检测数据等。对采集到的机械设备行进轨迹、作业区域、作业时长等数据进行分析，自动提示工作任务。位置服务平台为管理人员提供位置查询服务，方便管理人员随时查询当前及历史作业数据，统计作业工作量。位置服务平台为建设单位提供工程进度查询及预测，为安全管理部门提供事故监管及预防服务，对存在隐患的机械操作提前预警，甚至做出控制行为，避免事故发生。

（2）高精度定位。利用高精度差分定位技术，为工程机械提供精准的位置测量，提供永久性的位置参考坐标系，位置数据可追溯可重复，历史测量数据具备分析和应用价值，精确测量标高、轴线等数据，提高机械化作业效率，降低操作者劳动强度。

3.现场组建方案

施工现场大型机械设备管理主要是安全操作和质量行为方面。系统主要由发射、接收、控制三个部分组成。运行过程中高精度GNSS机械控制系统主要由多频GNSS接收天线、高精度GNSS接收机自动控制单元和显示引导单元组成。

（1）多频GNSS接收天线和高精度GNSS接收机。GNSS天线和接收机一般可以通过接收北斗导航卫星、GPS、GLONASS等导航卫星的信号，利用高精度的定位算法得出天线的位置，从而推算出车辆的位置。配合使用陀螺、角度计或者利用双天线测向原理，可以精确测量车辆以及作业臂的位置及姿态。

（2）显示引导单元。通过显示引导设备，操作员可以更加清楚地掌握车辆位置以及作业状态，方便操作员更加灵活、准确地控制作业工具，使得作业效果更好、效率更高、安全更有保障。

（3）自动控制单元。对于部分作业机械（例如平地机和推土机），自动控制单元能够自动控制铲刀、铲斗高度。

（4）数据记录。车辆作业过程和结果能全部被记录保存，并按要求上传到数据管理中心，方便管理人员随时查看施工进度和效果，追溯作业过程中出现的问题。整套系统包括RTK基准站、多频天线GNSS接收机和显示控制器几部分。RTK基准站是卫星定位的重要部分，一般设置为半永久性基站；差分改正信息通过GPRS网络或UHF电台发送给车载GNSS接收机，通过无线网络将信号传输至机械设备及车辆；在驾驶室内安装显示设备，可供操作人员接收可视化信息。

以推土机为例，在推土机的铲斗上安装GNSS天线，利用高精度GNSS定位技术，精确测量铲斗的位置和高度，自动控制单元根据事先设定的地面高度与角度，自动控制铲斗的升降。通过显示引导单元，驾驶员准确掌握作业进度，从而引导车辆快速完成全部作业。整个施工作业过程，只需1～2次往返即可达到设计目标，精简测量、放样等工序，一次性解决高程、平整度和坡度控制等问题，节省大量的现场测量工作，提高作业效率和安全性。施工现场大型机械定位系统的后台主要用于各种机械设备的实时指挥和提示，主要包含三个模块，即动态可视模块、语音对讲模块、数据分析模块。动态可视模块将现场所有大型机械设备投射在屏幕上，可实时查询现场动态，利于道路交通管理和机械设备防碰撞。语音对讲模块是现场管理的重要手段，可随时对移动的机械设备发出语音指令。数据分析模块，主要统计记录机械的作业时长和设备状态，记录每台设备的台班数量，及时发出维护保养预警信息。

4.使用效果

随着卫星导航技术、电子测量技术的不断发展，未来大型机械设备定位指挥系统的应用将更为广泛。定位指挥系统将改进原有施工工序，实现边施工、边检查、边纠偏，保证施工精确度；将大量人工测量工作，改变为动态自动测量，更加直观、快捷地将相关信息数据传递给操作者，提高现场作业效率；更能保证施工工艺质量，比如能够精确记录压路机振动振幅达到规定值以后压实的路面轨迹；引导操作手控制铲具位置，减少测量和划线等工序，避免破坏地下管线；控制施工车辆的行驶和作业路径；引导桩机钻头精确指向设定的位置，控制桩孔深度和坐标。

（二）塔吊管理系统

1.建设依据

塔式起重机是工程建设施工中的关键装备，既可在平面转运物资，也能用于垂直运输。在电网小型基建项目中，施工现场大多布置塔吊，有些存在多台塔吊同步作业情况，该风险源是项目安全管控重点。据政府安监部门调查分析，全国1200多例塔机事故中塔机倾翻和断臂等事故约占70%，事故主要原因是超载和违章作业。国家标准《塔式起重机》（GB/T 5031—2019）明确要求塔式起重机"配备安全报警与显示记录装置"，目的就是利用信息化监管手段，保证大型起重机械安拆、运行规范，降低塔吊安全生产事故发生率。

2. 功能特点

塔式起重机安全监控管理系统，基于传感器技术、嵌入式技术、数据采集技术、数据融合处理、无线传感网络与远程数据通信技术，具备建筑塔机单机运行和群塔干涉作业防碰撞的实时监控与声光预警报警功能，并在报警的同时自动终止塔机危险动作，实现现场智能化和人机交互。同时，通过远程高速无线数据传输，将塔机运行工况数据和预警报警信息，实时发送到可视化监控指挥平台，从而实现实时动态的远程监控、远程报警和远程告知。塔式起重机安全监控管理系统，从技术手段可及时监管塔机使用过程，及时发现设备运行过程中的危险因素和安全隐患，有效防范塔机安全事故发生。其具有以下四个功能：

（1）避免误操作和超载。可实时向操作者显示塔机当前的工作参数，如起重量、幅度、力矩等，改变靠经验操作。在达到额定载荷的90%时，系统会发出报警，提醒操作者注意；超过额定载荷时，系统会自动切断工作电源，强行终止违规操作。

（2）为设备维护人员提供数据判断。设备维护人员可实时掌握塔机的工作状态，根据系统统计数据，预知零部件的使用寿命情况，使机械维修具有针对性，从根本上减少设备隐患。

（3）为管理者提供监管平台。系统全程记录每一台塔机的工作过程，管理者可实时调取信息，为管理部门评价操作者技能、工作效率、有无违章行为等提供有效数据，使监管落到实处。

（4）为事故处理提供有效证据。系统具有超大容量的参数记录功能，连续记录每一个工作循环的全部参数并存储（30万次，相当于塔机使用5年的工作时间），且存储记录只读文件，不会被随意更改。安全管理人员只要查阅"黑匣子"的历史记录，即可全面了解每一台塔机的使用状况。

3. 现场组建方案

一个完整的塔机智能安全监控系统由多台塔机安全监控管理平台（可植入）、无线通信终端、前端传感器组成。将高精度传感器安装在各个塔身、悬臂、驾驶室内，采集塔机的风速、载荷、回转、幅度和高度等关键数据信息，将数据通过WSN网络实时传输到控制系统和监控系统中。根据实时采集的信息，控制器做出安全报警和规避危险的措施，同时把相关信息发送给监控指挥平台，管理者可通过各种终端查看到现场每个塔机的运行情况。传感器总共有5类，分别是测重传感器、风速传感器、回转传感器、幅度传感器和高度传感器，其中量程和精度参照GB 5144—2016。

（1）测重传感器布置。量程：大于塔式起重机额定起重量的110%；精度：测量误差不得大于实际值的±5%；采集频率：每隔100ms采集一次；安装位置：塔式起重机起升缆绳定于滑轮内。可实时显示力矩，当力矩达接近额定力矩的95%时，给出报警信号；达到105%，给出继电控制信号；超过115%，给出力矩限制失效信号并记录。

（2）风速传感器布置。量程：大于塔式起重机工作极限风速；精度：1m/s；安装位置：塔顶。

（3）回转传感器布置。量程：0°～360°；精度：±1°；采集频率：每隔50ms采集一次；安装位置：回转齿轮上。

（4）幅度传感器布置。量程：0～100m；精度：1m；采集频率：每隔50ms采集一次；安装位置：变幅机构的齿轮上。

（5）高度传感器布置。量程：0～200m；精度：1m；采集频率：每隔100ms采集一次；安装位置：起升机构的齿轮上。

4. 使用效果

前端传感器设备采集到的塔机工作参数（载荷、幅度、风速、起升高度和回转角度），通过无线终端传至监控终端。监控终端软件可根据前段信息进行智能分析，达到额定载荷的90%时，系统发出声光报警，提醒操作者注意；当塔机在超风速条件下作业时，发出声光报警；当塔机运行靠近高压线或建筑物等物体时，发出声光报警；当多台塔机同时作业，塔机有可能碰撞时，发出报警并阻止塔机向危险方向运动。系统可记录所有工作循环数据，下载后保存、查看，方便统计管理；可以显示所管理塔机的分布及相关基本信息；实时显示塔机载荷、幅度、回转角度、起升高度、起升速度等信息。

（三）施工升降机监控系统

1. 建设依据

施工升降机是建筑施工中不可缺少的垂直运输工具，是工程项目中重要的关键特种设备，在多层和高层建筑物施工中被广泛应用。施工升降机也是项目安全管理的主要风险源，施工升降机安装在建筑物外立面，长时间暴露在户外，运行环境较差。施工升降机多为临时租赁，容易出现落物、磨损等安全问题。尤其是人货电梯，自动化程度低，各种部件需要人工定期检查和维护。根据近几年的《全国建筑施工安全生产形势分析报告》，高处坠落事故占比达40%以上。在这些高处坠落事故中，施工升降机易发事故，约占10%，而且一旦施工升降机出现事故，群死群伤不可避免。目前，项目现场升降机仅依靠定期检查维护，不能实时监控，同时设备日常使用缺乏有效监管，安全事故时有发生。

2. 功能特点

施工升降机安全监控管理系统重点针对施工升降机特种人员操控、维保不及时和安全装置易失效等安全隐患进行防控。实时将施工升降机运行数据传输至控制终端和智慧工地云平台，实现事中安全可看可防，事后留痕可溯可查。施工升降机最为关键的安全指标是载重、限速、限位、刹车、呼叫等，也是日常检查的重点，但上述数据测量非常烦琐。施工升降机安全监控系统能对这些关键信息进行实时监测和采集，并对异常进行报警，将相关状态数据更加直观地展示在大屏幕上，便于安全维保人员观察、维护，消除升降机潜在的安全隐患。施工升降机安全监控系统可以实现：

（1）人脸识别：施工前录入驾驶员的相关信息，能屏蔽其他人员进入驾驶室，保证施工升降机的操作人员人证相符、依法合规。

（2）避免超载：系统可实时向操作者显示升降机轿厢内的重量和当前的工作参数如起重量、幅度、力等，在超过额定载荷的 90% 时，系统会发出报警，提醒操作者注意；当超过额定载荷时，系统会自动切断工作电源，强行终止违规操作。

（3）限制速度：可控制升降电梯的加速度和运行速度，防止速度过快不能及时刹车。

（4）呼叫装置：每层设置呼叫装置，遇到故障可及时求助和报修。

（5）维护提醒：施工升降机需定期维保，系统连接后台指挥系统和移动端 APP，及时提醒维保人员对电动机、钢丝绳、限位器、安全门等关键部位定期进行维保养护。

3. 现场组建方案

施工升降机安全监控管理系统是采用外接传感器的方式，采集施工升降机运行数据，通过微处理器进行数据分析，经由无线网络传输至数据处理服务器，实现升降机运行监控、故障报警、救援联动、维护提醒、日常管理、全评估等功能的综合性升降机物联网管理平台。施工升降机安全监控管理系统主要由两部分组成：升降机监控管理子系统和综合管理子系统。其中，升降机监控管理子系统是系统的监控模块控制器，从升降机各种传感器采集升降机的运行数据，并上报到管理中心。管理中心通过计算处理，判断该升降机是否报警处理。综合管理子系统包括数据库服务模块、管理服务模块、Web服务模块等。两个管理子系统共同形成数据运算处理中心，完成各种数据信息的交互、集管理、交换、处理和存储于一体。

（1）准入管理。准入管理上采用比较先进成熟的人脸识别系统。升降机的人脸识别系统采用摄像头门禁一体式，尽量采用小型化的升降机门禁，降低升降机的重量。采用人脸识别系统，保证升降机驾驶员人证合一、信息准确，使得现场管理智能化和自动化。

（2）限重装置。一般的施工升降机载重在 1～3t，如全部载人一般为 15～20 人。限重传感器安装在升降机轿厢顶部位置，设定人员和自重不超过额定载重。限重装置包括重量显示器和电子报警装置，这两种装置均安装在升降机驾驶舱内。如有超重情况，报警装置发出提示，驾驶员可观察到升降机当前重量，以便采取减重或其他措施。

（3）限速装置。升降机运行速度为 1～60m/min。在轿厢顶部安装防冲顶发射模块，在升降机标准节架体顶部安装防止冲顶检测模块，两个位置上的传感器利用相互之间的距离数据，控制电梯的加速和减速。当两个传感器之间位置靠近时，升降机刹车、速度逐渐降低，直至轿厢锁死，防止从上部冲出标准节。

（4）上、下限位器。为防止吊笼上、下时超过需停位置，或因司机误操作以及电气故障等原因继续上行或下降引发事故而设置限位器，一般安装在吊笼和导轨架上，由限位碰块和限位开关构成。设在吊笼顶部的最高限位装置，可防止冒顶；坐落在吊笼底部的最低限位装置，可准确停层，属于自动复位型。

（5）吊笼门、防护围栏门连锁装置。施工升降机的吊笼门、防护围栏门均装有电气连锁开关，能有效防止因吊笼或防护围栏门未关闭而启动运行，造成人员、物料坠落损害。只有当吊笼门和防护围栏门完全关闭后，才能启动运行施工升降机。

（6）呼叫装置。楼层呼叫主机安装在驾驶室内，对讲模块安装在每层的升降机安全门附近位置。驾驶员的操作室位于升降机吊笼内，为保证信息流畅传递，须安装一个双向闭路电通信设备，保障各层人员与驾驶员的语音呼叫通畅。

4. 使用效果

前端传感器设备采集到的升降机工作参数（载荷、加速度、限位器状态、视频影像等）通过无线终端传至监控终端。监控终端软件可根据前段信息进行智能分析，达到额定载荷的 90% 时，系统发出声光报警提醒操作者注意；当升降机在超速条件下运行时，自动报警并降速；限位装置、闭锁装置出现问题时，提前告示，按照维保措施及时保养。运用施工升降机安全监控管理系统，可实时监控施工升降机各个关键部位的数据和状态，更好预防事故风险发生。通过模块化设计，在较小的升降机空间内安装各种传感装置，并形成网络，可以有效降低驾驶员和后台操作人员的工作强度，有效提高施工升降机自动化水平，实现特种设备安全监管目标。

第三节　智慧工地传输网络建设

一、网络建设原则

在国网中卫古城 110kV 变电站扩建工程项目智慧工地的建设中，网络传输作为信息桥梁，将前端感知层采集到的数据信息传输至后端的软硬件平台，是智慧工地平台建设的重要组成部分。建设合理的信息传输网络，能保障智慧工地平台运行的及时性、准确性和高效性。智慧工地传输网络主要分为有线和无线两种模式。在传输网络建设时，一般遵循以下原则：

1. 先进性、成熟性和实用性原则

网络传输不仅要适应新技术发展方向，保证计算机网络的先进性，而且要兼顾网络技术成熟性和经济实用性，既能满足现有工作需求，也能适应未来 5G 网络时代发展。

2. 可靠性原则

终端设备、网络设备、控制设备与布线系统要适应严格的工作环境，以确保系统稳定。整个网络的拓扑设计、设备配置、协议支持都要具有高可靠性，不允许网络有任何间断。

3. 易操作性原则

网络管理平台采用先进且易于使用的图形人机界面，提供网络信息共享与交流、信息资源查询与检索等有效工具。操作人员只要经过简单培训，即可熟练使用。

4. 可扩展性原则

数据中心在网络系统设计上需要把各子系统有机结合起来，充分考虑将来需求的成长空间，所提供的系统平台与技术将充分配合未来功能及扩充项目的需求。标准化、结构化、模块化的设计思想贯彻始终，奠定系统开放性、可扩展性、可维护性、可靠性和经济性的基础。智慧工地平台，将随着企业的发展、项目管理水平的提高、科技的进步而不断更新升级，今后将在节能环保、新材料应用等方面得到扩展，打造一个开放式、标准化的网络系统平台，适应今后系统扩展的需要。

5. 可管理性原则

智慧工地平台可以提供 24h 不间断的网络监控、技术服务与支持，标准监控程序每隔 5min 会检测网络连接状况，出现问题立即发出警报，并及时通知用户端。控制中心同时提供恒温恒湿的机房环境以及自动防火报警等服务。

二、网络建设方案

1. 传输网络方式

传输网络起到连接前端施工现场和总部监控中心的桥梁作用，是系统的关键组成部分。传输网络的性能直接决定系统监控中心图像和数据的质量。互联网技术发展，为智慧工地平台网络系统建设提供了必要条件。根据施工现场需求，传输网络主要采用有线和无线方式。从监控中心到项目现场拉专线，这种方式下使用私有 IP 地址即可，不需要租用固定公网 IP 地址。通过有线或者无线传输，前端系统稳定地将实时视频和数据传输到监控中心。项目建设采用先进的物联网技术，主要包括信息采集、网络接入、网络传输、信息存储与处理等步骤，将信息传递至综合管理平台。风速、温度、角度、位移等各类信息通过传感器被感知，传感器通过接入网络，将各类信息分别传递到相应的接收器，然后接收器将各种信息通过通信网传递至支持层，即综合管理平台，该平台支持移动通信网络 5G/WiFi、VPN、Internet 进行数据传输。综合管理平台利用物联网中间件、云计算等技术对数据进行处理分类，通过各个相应的应用层子系统反馈信息。各级管理部门通过综合管理平台，及时准确了解工地现场的状况，将有效提高项目现场管理效率。项目现场传感器通过 WiFi、蓝牙、NFC、ZigBee 等协议汇聚，通过 TCP/IP 协议组建 IPv4 局域网，必要时可以组建 IPv6 网络，施工现场服务器至云服务器采用互联网传输，具备条件的施工现场采用有线宽带接入，不具备

条件的采用小型无线 5G 基站搭载物联网流量卡进行联网。为保证数据传输过程安全，建议采用虚拟专用网络（VPN）进行加密传输，常用 VPN 协议有 PPTP、OpenVPN、L2TP/IPSec，通过 VPN 技术可以把所有施工现场和云服务组建成加密虚拟局域网，数据传输将更加安全。

2. 智慧工地指挥中心网络连接

智慧工地指挥中心位于项目指挥部，需要在指挥部外部空旷区域安装无线接收设备。为达到全方位覆盖，可用多个无线传输设备进行接收，保证信号强度和接收效率。无线设备接收无线数据后，转为有线网络，再传至指挥中心服务器。

第四节 智慧工地信息管理平台建设

一、智慧工地指挥中心组建

1. 智慧工地信息管理平台建设

智慧工地信息化管理平台是以"互联网＋"概念为指引，以物联网技术为核心，充分利用传感网络、远程视频监控、地理信息系统、云计算等新一代信息技术，依托 5G 传输网络，打造的"智慧工地"系统。该系统通过对建筑工地施工的智能化监控、远程控制、三维可视化、调度指挥，进一步提升项目建设管理水平，促进工程建设领域科技创新。该系统建设以"一个支撑、两个平台、N 个应用"为原则。其中，"一个支撑"是以先进的物联网技术搭载智能感知技术作为底层支撑；"两个平台"是以系统运行管理平台为主，以云计算平台为辅；而"N 个应用"则根据项目监管的实际需求，涵盖了多领域多层次的相关应用系统。根据住房和城乡建设部《关于印发 2016—2020 年建筑业信息化发展纲要的通知》（建质函〔2016〕183 号）的相关要求，结合施工现场实际情况，发挥大数据云计算、物联网与一体化创新战略优势，整合工地信息化资源，推出了智慧工地大数据一体化管理平台。

2. 智慧工地监控指挥中心组建

智慧工地监控指挥中心运用最新的互联网技术，围绕施工过程构建工程质量安全监督管理指挥系统。监控指挥中心可以对人员、材料、机械设备、质量、进度、安全等进行实时监测，有助于管理人员全面掌握工地情况，及时发现安全质量隐患，提前制订各项应对预案。监控指挥中心可对施工过程中采集的数据进行加工生成数据分析图，大大减少数据采集的随意性和盲目性。监控指挥中心是各基础应用系统信息和数据的汇集中心，可以利用大屏显示系统作为指挥平台，在显示屏上清晰地显示视频监控画面、计算机多媒体画面、工程信息化管理平台图像等，在紧急突发性事件发生时，实现资源互通互联，做出快速反应。

3. 监控指挥中心大屏显示系统概况

大屏显示系统作为项目显示终端，集成监测监控系统

的视频显示、实时监控等功能。在项目显示系统中，同时采用图像拼接控制器、显示单元直通两种显示方式，增强系统功能的灵活性。系统能显示复合视频信号、计算机和工作站显示信号，将图文信息集成显示在高分辨率、大面积的屏幕上。根据项目对大屏显示系统的要求，设计方案采用液晶显示单元无缝拼接式大屏显示系统。大屏显示系统应满足以下要求：

（1）能够与系统其他应用子平台对接，如监测监控系统、摄像监控系统、人员定位系统等。

（2）支持 TCP/IP 等标准传输协议，可以与网络系统对接，实现计算机联网控制。

（3）支持 Windows、Linux 等主流操作系统，以及其他种类应用软件。

（4）可根据需要在大屏幕上任意切换显示各系统上传的视频图像、计算机图文等信息。

（5）支持单屏、跨屏以及整屏显示模式，可实现各种信号窗口的缩放、移动、漫游、叠加等功能。

（6）可兼容各种主流高清晰播放模式，接收复合视频信号及分量视频信号。

（7）可对屏幕上的各类应用窗口进行控制和管理，对各种视频设备进行控制和管理，并可以使用新型的显示技术给显示屏提供信号，以获得更好的视觉效果。

（8）可用同步或异步方式显示现场摄像及图像实况，实现标语、口号、会议图文资料等的清晰显示。

4．监控指挥中心大屏显示系统架构

大屏显示系统主要由多个液晶显示拼接屏组成，液晶显示拼接屏由显示单元、多屏拼接控制器、控制管理计算机以及大屏幕控制管理软件等组成。

二、智慧工地指挥平台界面

1．登录界面

智慧工地监控指挥平台登录界面展示系统名称、工程名称，并以工程施工现场照片为背景。

2．首页

系统首页界面是整个项目智慧管理的集中体现，各个子系统的智慧应用能够并联在同一个智慧平台上，为项目管理人员快速精准把控现场的安全、进度、质量，提供一个高效、便捷、直观的可视化综合管理平台。首页展示的要素如下：

（1）通知公告：可以查看项目指挥部发布的重要通知和文件。

（2）安全指数：根据项目月度安全检查整改闭环情况、现场违章数量、设备运行情况、文件学习执行情况评定的一个专用指数。

（3）隐患处理：根据项目管理人员现场巡查发现的违章问题，通过手机 APP 上传汇总违章问题，PC 端可显示违章问题的处理详情。

（4）流程审批：通过 APP 提交的信息，需要审批的可在 PC 端和 APP 端显示。

（5）内业资料：可以上传和保存项目全过程管理需提供的资料，前期上传保存，后期随时随地查看和下载使用。

（6）开工条件审查：查看项目开工前期报审流程走向，以及开工许可审批情况。

（7）工程相册：可以随时上传和保存项目建设过程中的精美照片，以及办理工程签证和结算需提供的现场实时影像资料，后期随时随地查看和下载使用。

（8）视频管理：查看项目现场的实时监控画面和往期监控视频，实时全面掌握现场动态。

（9）系统管理：可以设置部门配置、岗位配置、设备使用部位配置、设备名称配置、人员编码规则以及设备编码规则。

3．工程管理

根据项目实际情况工程管理人员在系统中填写工程信息，其他权限人员根据系统管理员分配的权限，登录系统后可以直接查看工程概况信息。

4．组织机构管理

组织机构管理的具体内容是创建、调整并保持一种组织架构。

5．用户管理

用户管理依附于组织机构管理，具体内容有创建、调整、初始化密码、禁用用户、调整部门内角色等功能。

6．角色管理

智慧工地系统平台对系统安全问题有较高的要求，传统的访问控制方法分为自主访问控制模型、强制访问控制模型，难以满足复杂的企业环境需求。本系统提出了基于角色的访问控制方法，实现用户与访问权限的逻辑分离，更符合企业用户的应用特征。

7．权限管理

权限管理可实现菜单权限的独立管理，配合角色管理的权限分配功能，可以灵活地管理各类型用户，即系统中每一个菜单功能都可以独立或任意组合起来分配给某个角色。权限管理模块可新增、编辑、删除权限列表信息，并可通过关键词搜索权限信息。

8．检查库

管理目录的维护，主要有安全管理、质量管理、环保管理、自检等。通过录入文字或者拍摄图片，可以查找需要信息的相关路径。

9．日志管理

系统日志记录系统中硬件、软件和系统问题的信息，同时还可以监视系统发生的事件，用户可以用来检查错误发生的原因。系统日志包括系统日志、应用程序日志和安全日志。

三、智慧工地平台各模块展示

（一）智慧工地平台各模块展示

1．人员管理模块

人员管理模块包括人脸识别门禁系统、现场人员定位系统（电子围栏）和重要设施身份验证系统，用于项目管理者对现场作业人员实施实名制管理。人脸识别门禁系统是一种新型现代化安全管理系统，集微机自动识别技术和现代安全管理措施于一体。系统集成了人脸识别技术、数据采集技术和数据存储导出技术等诸多新技术。系统实现了现场管理精准到人，有效控制无关人员进出，极大地提高了现场安全管理水平，切实保障工地人身财产安全。现场人员定位系统（电子围栏）利用安装在安全帽上的 GPS 定位装置，可对项目管理人员和作业人员进行实时精确定位，及时跟踪现场人员动态。重要设施身份验证系统是基于人的脸部特征信息进行身份识别的一种生物识别技术，用摄像头采集操作工的人脸图像或视频流，在图像中检测和跟踪人脸，进而对检测到的人脸进行识别判定。系统从源头上管控三级及以上风险，实现专人专用，保证了重要设施操作的安全可靠。

2. 机械管理模块

机械管理模块包括大型机械设备定位指挥系统、塔吊安全管理系统和施工升降机安全监控系统，用于对施工现场大型机械设备的安全管理。大型机械设备定位指挥系统应用高精度 GNSS 定位技术，在现场工程机械设备动态分布和高精度定位管理中起着重要作用。其改进了传统施工工序，实现边施工边检查边纠偏的工作方式，保证了施工精确度；以自动测量代替人工测量，更加快速地将信息传递给操作者，提高了现场管理和作业效率。塔吊和施工升降机安全监控系统基于传感器、数据采集、数据融合处理、无线传感网络等技术，通过远程高速无线数据传输，将大型机械设备运行工况全数据和预警信息，实时发送到可视化监控指挥平台，从而实现实时动态远程监控、远程报警和远程告知。

3. 环境管理模块

环境管理模块主要依托环境智能监测联动控制系统，以传感技术、计算机技术和数据库技术为核心，通过设备端传感器采集环境量化数据，结合无线传输、云平台和物联网技术，实现数据同步上传到手机 APP 端，同时将获得的大量环境监测信息和数据以大屏幕现场展示，及时提示施工人员做好应对措施。如在恶劣天气下停止施工作业、减少扬尘作业、调整高噪声施工时段等，减少或降低对周边环境污染。

4. 现场安全管理模块

现场安全管理模块包括视频监控系统和广播系统，通过对进场作业人员语音提醒和全天候实时监控保证现场作业人员安全，以"一对多"实时视频监控代替"一对一"现场监护，降低人力资源成本，提高管理效率。视频监控系统采集实时数据将视频信号经过数字压缩，通过宽带或无线网络在互联网上传递，利用云平台与移动终端相结合，将图像显示到监控中心和管理人员手机终端。管理人员通过终端查看监控画面，全天候掌握现场情况，有助于第一时间发出工作指令。该系统运用于施工现场安全管理，大大提高管理效率。广播系统是基于移动通信网络进行数据和语音通信，能够

将 GSM/GPRS 数据、文字短信息转换为语音。该系统更快速、更高效、更全面地发布施工生产安排和各种注意事项等信息，提高项目建设信息传递效率，现场监管更加灵活。

5. 物资材料管理模块

物资材料管理模块包括试块管理系统和仓库超市化管理系统。试块管理系统基于温度传感器技术、数据采集技术、数据自动处理技术、远程数据通信技术，对现场混凝土试块温度进行连续采集，智能分析试块状态，将测温结果实时传输至可视化监控平台，以电脑代替人脑，保证了试块送检的准确性，减少混凝土质量事故。仓库超市化管理系统是一种新型智能仓库系统，利用人脸识别技术、重量识别智能货架技术和射频识别技术等先进手段，高效快捷地领取库内物资，节约人力资源成本，提高使用效率和管理水平。

6. 自动化监测模块

自动化监测模块包括边坡和高支模自动化监测系统，便于项目管理人员及时掌握各项参数，确保边坡和高支模工程施工安全。边坡和高支模自动化监测系统是利用各类检测仪器，实现对边坡和高支模的动态实时监测，利用无线传输网络将数据自动上传到平台指挥中心，为现场安全管理提供实时准确的数据。该系统从技术手段上实现对边坡支护和高支模安装使用的及时监管，实时管控施工过程中的危险因素和安全隐患，有效地防范和减少安全事故发生。

7. BIM 技术应用模块

BIM 技术应用模块主要包括三维平面场地布置策划、图纸优化设计和虚拟现实系统。基于 BIM 技术在项目初期着手规划布置和分析优化，可以减少项目过程变更，提高生产效率，降低施工成本，减少工期延误。

（二）智慧工地功能模块及相应设施要求

智慧工地标准中划分的"功能板块"描述运用信息技术进行智慧管理的具体应用，对不同建设管理内容需要的软硬件设施提出具体要求。基于对智慧工地信息基础设施的分析，对 13 份标准样本资料进行编码，共提取 9 个功能模块和 24 个关键技术要素及参数要求。不同标准文件中功能模块划分虽不完全相同，但核心都是服务智慧工地的建设需求，并始终围绕施工现场的"人、机、料、法、环"等要素，以及信息技术应用中衍生的其他管理内容，如网络设施、系统运行维护等。

第五节　智慧工地基础设施与智能设备

一、基础设施设备的分类与组成

（一）信息基础设施

理想的智慧工地应实现数据感知、数据传输和智能决策为一体的信息化管理，因此信息基础设施的完善度

是智慧工地建设的重要影响因素。在收集的标准文本中，对智慧工地信息基础设施进行明确要求的共 7 个标准，包括 6 个地方标准（依次为湖北、湖南、宁夏、河北、重庆、北京）和 CECS 标准。根据有关标准的要求，信息基础设施主要包括采集设备、处理设备和应用终端。其中，采集设备主要包括各类监测传感器（如扬尘、噪声监测传感器等），图像、声音采集设备（如视频监控设备、人脸识别设备等），涉及传感器、计算机视觉和非接触式检测等感知技术；处理设备包括存储传输设备和管控平台，涉及有线、无线和新一代移动通信传输技术及云计算、边缘计算、人工智能等决策技术；应用终端则通过固定/移动终端，对现场进行识别、监测和控制等综合信息处理，并设置语音广播设备和电子屏幕用于信息发布。

（二）安全网

安全网可以用来防止从高处坠落的物体砸伤下面的施工人员；防止人员或物料从高处坠落，也可以减轻从高处坠落的人员的伤害程度。施工现场支搭的安全网按照支搭方式的不同，主要分立挂安全网（立网）和平挂安全网（平网）（虽然有关建筑施工安全检查标准取消了平网，但现场使用较多）。

1. 立网

立网一般使用密目网，但也可以用大眼网。立网一般用来做高处临边部位的安全防护，防止在此施工人员或物料在此坠落。立挂安全网是和脚手架立面或各种临边防护的护身栏（或安全防护门）一起使用。护身栏采用脚手管水平支搭两道，一般高度要求 1.2m，两道横杆之间间距最大不得超过 0.8m。护身栏内侧立挂安全网密封。有些正在施工的结构内预留施工洞口、门口采用专用的安全防护门，如果这种防护门是栅栏式的，那么也应在防护门内侧挂立网。新开工程在槽底施工时，如果槽深超过 2m，也必须在地面上槽边支搭护身栏并立挂安全网。

注意：禁止在需要做临边防护的地方只立挂安全网而不支搭护身栏或安全防护门，这样的防护是不安全的。常见的需要支搭护身栏（或安装防护门）并立挂安全网的地方有：

（1）2m 以上深槽施工。

（2）施工用脚手架外侧，含单排架、双排架、井字架、马道以及各种防护用脚手架、出入口或人行通道护头棚两侧，此外，还有很多悬挑式脚手架。

（3）正在施工的作业面周边。

（4）阳台栏板不随结构安装时，阳台门口必须加防护。

（5）电梯井门口。

（6）采光井门口。

（7）施工用的过桥板两侧。

（8）屋面防水施工或设备安装时，如果屋面女儿墙高度不足 1.2m，也要采取防护措施。随着建筑结构设计的多样化，很多异型屋面、楼层边角无挡墙又未安装栏杆时，必须采取安全防护措施。

2. 平网

平网必须用大眼网。平网一般挂在正在施工的建筑物周围和脚手架的最上面一层脚手板的下面，用来防止施工人员从上面坠落以后直接掉到地面，防止从上面坠落的物体砸到下面的施工人员。如果正在施工的建筑物周围不使用落地式脚手架，那么在脚手架随建筑物作业面升高以后，必须在建筑物周围支搭平网。一般用脚手管在地面沿着建筑物周边支搭一圈支架，宽度 6m（六层以下建筑宽度 3m 即可）。在架子上面平铺、绷紧两层大眼网。首层平网以结构每升高 4 层必须再支搭一道平网，网宽 3m（有效宽度 2.5m），单层即可。平网内侧与建筑物的缝隙不得大于 10cm，一般用细钢丝绳绑紧。网与网之间的缝隙同样不得大于 10cm，用网绳连接。建筑物内的电梯井、采光井井道内也必须支搭平网，防止人员或物料从那里坠落到地面。这里的平网也要求首层支搭以后，结构每升高 4 层再支搭一道。网的四周与建筑物墙体间隙不得大于 10cm。可根据井道覆盖面的大小，把安全网穿在脚手管上，通过打混凝土时遗留下的螺栓眼把脚手管固定在墙上。

这样安全网既平整又与墙体间没有间隙。脚手架的最上一层脚手板下面也必须挂平网，防止作业面的物料从脚手板的缝隙坠落砸伤下面的施工人员。

支搭平网要满足以下要求：

（1）平整。

（2）首层网距地面的支搭高度不超过 5m，而且网下净高 3m。

（3）建筑物周围支搭的平网，网的外侧比内侧高 50cm 左右。首层网是双层网，宽度首层 6m，往上各层宽度 3m（净宽度大于 2.5m）。

（4）网与网之间、网与建筑物墙体之间的间隙不大于 10cm。

（5）网与支架绑紧，不悬垂、随风飘摆。

3. 脚手架

建筑施工脚手架的形式很多，有关的安全操作规程或标准也比较齐全，在此，主要结合施工现场常见的一些不安全现象进行阐述。

（1）很多旧脚手管是弯的，在使用前必须经过调直，不然就不能保证立杆垂直和横杆水平。有些脚手管外面沾满砂浆，这可能掩盖了脚手管上的裂纹，如果使用这样的脚手管搭设脚手架是非常危险的。即使是新的脚手管也要抽检管材的直径和壁厚，看是不是满足规范要求。在支搭脚手架前一定要认真检查、挑选脚手管，否则，使用过程中才发现问题再拆改脚手架是很费事的，如果因此影响施工进度就会造成更大的损失。更可怕的是使用过程中未发现脚手架存在的问题，那么，正常情况下并不超载的结构脚手架也可能因为管材的问题而垮塌。由此引发的人身伤害事故或材料设备毁坏，可能造成几十万元甚至上百万元的财产损失。

（2）扣件进现场以后要检查螺栓、螺母是不是标准件。对进入现场后的扣件，无论新旧，都要进行抽查。因为很多非标准件螺栓、螺母的结构尺寸不准。曾经发生过非标准件的螺母在受力以后从扣件口脱出，造成脚手架的杆件松动现象。正常情况下，每平方米可以承载 270kg 的脚手架，由于个别杆件的松动使脚手架整体的承载能力降低，使用这样结构的脚手架其危害是显而易见的。由此可以看出，采购员与安全生产有很大关系。

（3）平铺的脚手板两侧必须绑挡脚板。很多工人图省事，脚手板两侧不绑挡脚板，很容易失足踩空或物料从脚手架外侧滑落。滑落的物料对下面的施工人员也有很大威胁。

（4）要避免脚手架上承受集中载荷，过于集中的载荷对架体杆件、扣件的影响，可能造成架体失稳。不要在人员行走的脚手架上码放物料。

（5）过桥和马道上的防滑条应该使用铅丝绑扎，而不要用钉子钉。因为，人踩过板子时被踩的板子下陷得多，边上的板子下陷得少，这样等于是把防滑条上的钉子起了出来，时间长了防滑条就掉了。施工人员在马道上滑倒是非常危险的。

（6）现场有沟槽时为了行走方便，经常搭设过桥板。槽深超过 2m 时，过桥板两侧必须绑护身栏，而且，脚手板一定要固定住。前后窜动的过桥板很容易变成施工现场非常忌讳的探头板，如没注意踩上去就会翻下沟槽摔伤。

（7）两道护身栏杆之间的距离应该不超过 60cm。有时，现场绑护身栏为了安全就绑高一些，造成两道护身栏之间距离很大，这样即使挂上安全网也不安全。如果栏杆间距过大，工人疲劳时倚靠在护身栏上，可能会从栏杆之间摔出去，这时，如果安全网封不严或安全网钢绳绑不紧就可能造成伤害。当护身栏需要绑高一些时（如 1.5m），就要加横栏杆。

（8）使用脚手架应该注意：不能把长短不齐的脚手板并排铺在一起；脚手架与建筑物要有固定连接，并保证每 24m 设一个接点；结构施工时存放物料的脚手架平台要经过专门设计，使用过程中要尽量减少平台上物料的储存量；最好不要将设备或材料长期存放在脚手架上；再粗大笨重的脚手架也需要精心地使用和维护。

（三）几种常用设施

1. 梯子

使用梯子是很方便的，梯子只能保证一人上下或站在上面作业时的安全。使用梯子时应该把梯子固定。在梯子上作业会限制人的移动，而且，人在梯子上经常只能用一只手作业，用另一只手扶着什么地方，才感觉安全。这时，如果手里的工具掉下来就会砸到下面扶梯子的人。工作中受梯子高度的限制，也不能将两个梯子接起来使用。使用梯子之前，一定要检查，木梯子是否有断裂、变形，梯子零件是否有短缺、松动或破损。木梯子不允许涂油漆，因为油漆会掩盖木质上的缺陷。但可以刷一层透明清漆或防腐剂，以保护木质。

2. 高凳

两只高凳保持一定间距，上面铺着脚手板，工人站在上面作业，这样的场景在施工现场很常见。使用高凳必须注意：

（1）不能超过 2m 高，否则要支搭脚手架代替高凳。

（2）两只高凳间距不能超过 3m。

（3）高凳上至少要铺 2 块脚手板，脚手板最多探出高凳 30cm；不能并排铺不同长度的脚手板。

（4）抹灰时，两只高凳间最多站两个人和一桶灰。

3. 楼面孔洞盖板结构

楼面孔洞盖板结构施工时，楼内地面上经常可以看见敞着的孔洞，比较大的是烟道或垃圾道孔。这些孔洞必须加结实的盖板。而且盖板要在孔洞上卡牢，防止盖板滑动。

二、智慧工地智能设备

（一）云边协同专用设备

云边协同概念的提出是为了弥补传统中心化云服务的短板，在制造业数字化转型中首先应用。在智能制造系统中，云边协同是指云平台、边缘系统和物理系统的相互协同，从而高效、安全、高质量地完成制造全生命周期的活动和任务。在建筑行业，引入云边协同概念主要是由于建筑施工现场环境恶劣，网络不稳定，而施工现场管理必须实现数据的即时交互，同时还要满足集团企业对施工现场数据的日视化分析需求。云边协同专用设备即智能物联网网关，是实现万物互联和施工现场智能设备数据集成核心设备。建筑施工现场网络环境恶劣，数据传输断续，使用的智能设备型号复杂多样，云边协同专用设备提供标准接入，支持各硬件及软件应用接入，打造"人、机、料、法、环、测"工地整体智能物联网平台，实现了数据集成共享，离线应用、联网断点续传。边缘计算，保证了数据传输安全可靠。其设备集成能力、边缘计算能力、智能分析能力，既解决工地网络不稳定对数据集成分析难的问题，也满足企业数据收集监管可视化分析展示的需求。

（二）建筑工人与智能设备交互机理

进行建筑工程项目管理的业主方、施工方和监理方等各单位的管理者，能够通过网络的方式实时了解建筑工人以及施工现场的情况，这也被称作人机交互，人机的交互过程通常通过建立人机交互模型来实现。系统、用户和内容 3 个基础对象构成人机交互模型，同时它们之间又通过相互协作交互来共同完成。若要面向不同应用系统或方式来进行信息展示，那么就必须利用新设计的兼容系统来提供相应的功能和系统操作才能顺利地完成，要使用户成功快捷地获取内容，系统的信息就会根据其使用的用户信息系统来明确其根本目的和主要内容，从而进行建筑工程施工的人机交互模型和实际用户以及网络和管理内容等之间的交互。

第六节 智慧工地建设在变电站扩建项目中的业务功能

一、智慧工地安全管理

（一）概述

综合楼项目运用VR、人脸识别、二维码、移动终端等信息化技术，研发与应用VR安全培训系统、智能安全答题上网系统、大型机械作业超限在线预警系统、远程视频监控系统、门禁考勤管理系统、智能安全帽实名制管理系统、大型机械实名制管理系统等智慧化系统，实现智慧工地全过程安全管控。

1. VR安全培训体验技术

综合楼项目引进VR技术，在此基础上研发出适用于小型基建项目的VR安全培训系统。该系统将虚拟环境与事故案例相结合，通过虚拟化沉浸式体验，使施工人员亲身感受违规操作带来的危害，增强安全意识。综合楼项目VR安全培训系统包括基坑坍塌、脚手架坍塌、高处坠落、卸料平台坍塌、坠物打击等虚拟体验项目。

2. 人脸识别技术

（1）门禁考勤管理系统。综合楼项目门禁考勤管理系统将管理人员和作业人员身份信息实名录入电脑终端，云平台对数据进行分析、归类，并同步到管理者手机APP上。该系统具有进出场人员实时信息显示、人工语音提示、考勤记录等功能，避免劳资纠纷，保障工地人身财产安全。

（2）大型机械设备实名制管理系统。塔吊、人货电梯均属于大型机械设备，需要专业操作工持证上岗。建筑行业发生多起因无关人员违规擅自操作导致的安全事故。综合楼项目利用人脸识别技术，采集塔吊、人货电梯操作工的人脸信息，实行"刷脸开机"制，从源头上管控三级及以上风险，保证大型机械设备操作安全可靠，同时避免其他人员擅自操作机械设备的可能性。

（3）安全帽二维码技术。项目管理人员利用二维码技术，在安全帽上建码，通过分级分色和"扫一扫"功能，实现现场人员实名制全覆盖。建码是将人员图像信息、身份信息、三级教育考试成绩、健康状况和工种证件信息等录入二维码中，存储于云平台。分级分色是将重要人员、一般人员和管理人员的二维码分别用红、黄、蓝三种颜色区分管理。"扫一扫"可通过使用手机扫描安全帽二维码，获取现场作业人员详细信息。

（4）远程视频监控系统。综合楼项目在BIM模式基础上，运用远程视频监控（图1-7-6-1）技术实现24h施工现场安全监控。管理人员在工地的重要通道、重要风险作业面、重要场所（如工地出入口、办公生活区）安装12台定向监控摄像头，实现全面监控；在塔吊上安装2台临时无线传输球机摄像头，随塔吊升降动态监控楼层重点风险工作面。视频监控探头将采集到的数据同步上传到监控室和管理者手机上。管理人员通过终端查看监控画面，全天候掌握现场情况，掌控危险作业环境，有助于第一时间发出工作指令。系统云平台能存储现场安保情况和未遂安全事件信息，事后能读取原始资料，便于开展分析和评估。

图1-7-6-1 视频监控

（5）大型机械设备作业超限在线预警系统。大型机械设备作业超限在线预警系统利用移动终端APP实时接收机械设备作业运转状态。系统对作业超限情况能及时发出预警，及时控制机械设备停止作业，短信通知有关管理者，保障了大型机械设备作业的全过程安全。另外，移动终端APP让管理人员及时了解和掌握高风险作业的动态信息，辅助管理人员制定高效决策。该系统实现两个方面功能：一是从设备端采集传感数据，通过无线网络传输到云平台后进行大数据分析，再运用物联网技术实现设备自动启停；二是手机APP能实时接收系统运行状况信息，实时监测管控现场塔吊、人货电梯等设备运行。

（6）智能安全答题上网系统。综合楼项目开发应用智能安全答题上网系统，将安全题库融入云平台内，云端设置"上网时间段""题库随机出题""答对三道题，上网一小时"等功能，用户只有通过正确答题，才能获得一定时段的无线上网权限。该系统提高了工人学习安全知识的自觉性，激发了工人学习的积极性，丰富了工人业余生活。

（二）智慧＋安全管理

在智慧工地系统支持下，现代化的建筑工程安全管理模式逐步推行。在智慧工地管理中，可结合BIM技术对施工现场进行碰撞检测，对建筑中关键结构和机电管线部位进行建模分析，对管线交叉、碰撞情况形成直观的认识。在此基础上，根据工程实际情况合理预留孔洞尺寸，确定孔洞位置，实现对管线等的优化排布施工。利用大数据技术建设5G智慧信息岛，全面覆盖场内场外施工信息，及时发现可能出现的安全事故，并在各部门高效协同的管理模式下，及时处置应急突发事件，提高建筑施工安全性。建筑工程管理人员可构建360°立体空间实时监控系统，借助相关智能设备如AI眼镜等，连接塔式起重机摄像头，为施工人员提供全方位的视野，全面监测现场施工情况。当发现异常时，可联系操作人员停止施工，借助联动控制系统调整相关设备的参数等。建筑工程管理人员可利用塔吊摄像头夜视功能，实现对现场情况的 24h 无间断作业监管，显著提升工程安全效益。此外，也可加大对 VR 技术的应用力度，模拟现场施工情况，直观展示现场施工中可能出现的安全问题，在智慧工地系统多维安全监控功能的支持下，对建筑施工进行多元化联动监测，并通过智能识别，精准辨识危险源，构筑精细化的安全防线，确保建筑施工平稳、安全、有效开展。

（三）智慧工地安全管理系统构建目标

在国网中卫古城 110kV 变电站扩建工程项目智慧工地的建设中，安全管理系统按照国网变电站施工安全工作规程要求，加强劳务人员管理，加强施工机械管理，优化安全制度体系，加强施工环境监控，全员参与安全管理。智慧工地安全管理系统依靠视频监控设备、各类传感器、监测模块，实现对人员、机械、环境等的实时监控，并对过程信息进行收集和整理。能够将施工过程中的各类信息实时地传递到智慧工地安全管理系统终端，为项目管理人员及时掌握了解现场情况提供有效支撑，保证及时消除存在的安全隐患。

同时，和工程项目相关的监督管理部门可以通过网络对接各工程项目系统，实现对项目的全方位监督，更好地为项目进行服务管理。

（1）施工现场，实时感知。构建起安全管理系统，实时收集现场数据，通过系统数据中心处理及时反映在系统中，让管理者一目了然。

（2）围绕业务，精细管理。在 BIM 技术的基础上融入安全管理专业知识，形成项目安全信息中心，给管理者提供信息基础，让安全管理精细化。

（3）智能决策，全面掌控。通过系统中收集、分析、显示出的数据，让管理者全面掌握现场施工情况，面对安全隐患及时作出决策，确保现场安全。

（四）智慧工地安全管理系统构建基本要求

根据建设项目安全管理的特点，提出了智慧工地安全管理系统的非功能性要求，即安全、连续、高效、易用。

（1）安全性。从网络和信息安全两个方面保证系统的安全。网络安全意味着系统可以在正常的网络环境中安全运行，并且不容易受到外界的攻击，从而不会泄露建设项目信息。信息安全性意味着系统的每个用户都有明确的权限分离，以防止访问最高权限，而管理人员可以明确地划分职责。

（2）连续性。系统连续性是指系统确保安全管理业务的连续性，可以将数据存储在当前链接上，不会由于任何原因关闭系统而丢失数据，并且可以连续传输系统数据。因为有一些人为或非人为因素导致系统运行期间发生系统中断，所以系统必须能够将当前数据自动保存到数据库，并实现数据共享。

（3）高效性。保证系统的快速执行速度和高效数据

处理。如果系统运行速度慢，会降低数据处理效率，将直接影响系统的正常运行，影响管理者在关键时刻做出正确决策。

（4）易用性。该系统在各种操作端都能运行，并且无须安装客户端或软件。系统使用人数多，操作水平不一，当系统满足易用性要求时，才可以在短时间内广泛使用，快速发挥作用。

（五）智慧工地安全管理系统设计

1. 设计原则

（1）整体性。安全管理渗透到建设全过程，所以安全管理信息系统是一个包含建设全过程的整体的系统。

1）管理的整体性。智慧工地安全管理系统应能覆盖生产的各个要素，让安全和生产相辅相成，形成一个完整的管理体系，让安全管理促进生产，充分地应用于施工过程，保证项目形成安全生产的状态。

2）人员的整体性。在安全管理信息系统的开发过程中，必须考虑所有现场人员并为其分配不同的角色和特权。每个人都可以参与安全管理，以有效地控制和管理安全生产。

3）模块的整体性。在制定系统的模块配置时，有必要弄清各个方面的要求，例如所需安全信息的数量、质量和时间，服务目标的特征和范围，进而建立它们。其次，智慧工地安全管理系统相应的模块应考虑到实际操作的一些要求，设置该模块，并努力将实际操作中所有与安全相关的问题都包括在内。

（2）实用性。智慧工地安全管理系统要切实有助于安全管理，旨在实现更快、更方便的安全管理，同时强调系统的实际可行性是构建智慧工地安全管理系统的最基本目的之一。智慧工地安全管理系统最基本的要求就是实现其基本功能。管理人员进行系统操作时要保证易于操作，省去不必要而且烦琐的操作。系统建立的目的就是为了应用，进而优化管理程序，只有保证操作简单，才能让管理人员更容易入手，从心理上愿意去接触系统进行操作。

（3）逐步完善性。首先，为了了解每个部门或职位的需求，通过调查和研究建立了安全管理系统，但是此过程显然是一个逐步改进的过程，存在信息失真并且需要改进。其次，信息时代技术飞速发展，对安全管理的需求也在增加。可能会删除最初设计的某些模块，并根据实际要求添加一些新的模块。这样才能使系统保持在最新的状态。最后，智慧工地安全管理系统在运行过程中会存在一些漏洞，系统应能通过网络及时更新数据。

2. 整体设计

智慧工地安全管理系统架构分为感知层、网络层、应用层、数据层、监管平台五部分。

（1）感知层、网络层：主要利用网络技术实现对现场各监控对象的监测，收集数据，将采集到的数据传输到服务器。

（2）应用层：根据施工现场对人员、机械、环境、制度等管理需要，采用先进技术，设置应用程序，完成

对施工过程中数据的收集，实时将现场的信息记录下来，动态保存大量数据。

（3）数据层：可以实现对大量数据的存储，并能有效过滤无效数据，对有效数据进行统计、分析，实现数据共享，根据现场管理的需要，及时调出数据。

（4）监管平台：是一个综合的指挥中心（大脑），用于监督项目现场。经过大量的数据计算，可以实时提供在建工程的安全动态信息，帮助管理者实现对现场安全生产的有效监督管理。

3. 技术路线

技术核心是利用网络、软件、硬件设备形成应用工具的集成，完成信息数据的采集，对数据进行高效正确的分析，并对下一步施工作业进行智能预测，为管理者提供作业方案，在作业前分析总结出可能出现的安全管理问题，根据数据中心，提出相应的保证措施，更好地使项目安全管理工作正常开展。

建筑施工项目智慧工地安全管理系统交互采用基于B/S架构的设计实现零客户端，最大限度地消除安装升级对用户的影响。同时系统设计兼容了移动互联网的需求，部分功能实现在智能手机等手持智能设备的使用。智慧工地安全管理系统采用基于服务总线技术，提供系统一致性、安全性、可靠性和可扩展性的保证。利用Web Service技术实现与项目其他产品的数据规范交换。

4. 系统界面

在用户使用界面的设计过程中，要注重操作的方便性，更加简单、美观，能够形成一定程度的灵活性。在界面设计过程中，需要选择更为成熟的界面风格，采用开发工具来实现界面的构造。

（六）智慧工地安全管理系统功能模块分析

通过分析，智慧工地安全管理系统功能需求分别从人员管理、机械设备管理、安全制度管理、施工环境管理四个方面进行项目安全信息化管理，构建智慧工地安全管理系统。为实现以上功能，需要建立统一的安全管理系统，系统可接入第三方应用，保证其可拓展性，满足建筑施工项目安全管理需要。人员管理模块中包括劳务人员进出场登记、安全教育及交底、作业过程中监督、劳务用工评价等功能。机械设备管理模块包括机械设备台账登记、运行状态监督、大型机械安全监测、运行数据统计等功能。安全制度管理模块有安全资料整理归档、收集安全标准文件、双重预防体系建立、创建制度二维码等功能。施工环境管理模块包括深基坑等危大工程监测、四口五临边防护监测、周界防护监测、扬尘监测、天气情况监测、水电使用监测等功能。

1. 劳务人员管理模块

（1）作业人员实名制登记。工人进场，组织入场教育后，持身份证以及劳务合同办理登记。同时将智能安全帽的编号与劳务工人绑定，实现人帽关联。登记人员信息通过"速登宝"自动生成电子版身份证，便于劳务人员身份证信息后续应用，登记一人仅需15s，高效快捷，减轻了劳务管理员的工作量。在工人登记时，调用

其他模块的工人历史从业经历和违规情况，帮助项目在"选人"阶段真正找到合格的工人，当"速登宝"识别出工人存在身份证伪造、身份证过期、超龄、童工、不良从业记录等相关行为时，会在对应劳务人员登记过程中及时提醒，做到从劳务选聘源头上规避可能出现的用工风险。

（2）智能安全教育及安全技术交底。通过有效的安全教育培训可以使每个现场施工人员都能认识到安全的重要性并掌握安全施工技能。系统可以在网页端添加培训记录，也可以通过手机扫码添加参加安全培训教育人员信息，同时可以在网页端和手机端实时查看。参加过安全教育并考试合格的工人会在系统中保存信息，不合格的工人严禁进场。项目技术交底多为纸质资料下发后，进行现场讲解。但受限于劳务人员的接受能力，效果不佳。可以借助BIM可视化和手机端便携性的特点，对方案交底进行优化，将BIM模型和资料内置至手机中，让被动式技术交底变成通过新鲜事物的吸引和手机随时可查的便利性，让劳务人员主动学习技术交底，并且加深印象，提升技术交底水平。

（3）作业人员施工过程监控。施工过程中现场往往存在大量劳务人员，但是施工现场区域广、作业面大，在施工过程中很难有效地对劳务人员进行作业考勤，很难在第一时间了解现场的工人数量。为此，给劳务人员配备智能安全帽就可以很好地满足管理需求。劳务人员佩戴智能安全帽后他的信息便会显示在系统中，只要通过系统、电脑端、手机端便可清晰地掌握施工现场人员情况，可以对工人实时考勤，掌握他们的实时位置，作业过程中的运动轨迹，能有效地收集他们的行为数据进行分析，为项目管理人员进行监管提供科学的依据。

2. 机械设备管理模块

（1）小型机械设备监控。机械设备安全管理采用"人防＋技防"结合的方式，围绕进出场、安全档案、操作人员档案、定期检查、IoT智慧物联等核心安全管控业务，实现实时数据统计分析及安全预警。机械设备进出场时，通过手机端记录基本信息、进出场时间、设备安全档案、操作人员档案等，自动生成机械设备台账，方便项目安全员对此危害因素的把控，降低项目的安全风险。系统内置机械设备安全检查标准表，根据集团管控要求可进行调整，作为项目安全员定期检查的依据。安全员手机端按照标准检查表对机械设备进行检查，发现隐患时可直接拍照并发送给相关责任人，通知其及时消除隐患。系统可以对机械设备运行过程中违章情况、设备异常情况进行分析，通过云计算、大数据等先进技术分析机械操作违章情况，为后续机械设备管理提供方向，切实保障机械设备良好运转。

（2）大型机械设备监控。系统利用了日渐成熟的物联传感技术、无线通信技术、大数据云储存技术，可以实时掌握塔吊的各项安全指标，并在系统中形成有效的运行记录。通过各种传感设备的安装，管理人员可以在

系统上及时掌握实时数据，包括司机是否在岗、塔吊一次的吊重、塔吊大臂和小车的运行情况、进行维修保养的人员情况，如有隐患能及时发现，有效消除隐患。塔吊吊钩安装摄像头可以很好地辅助驾驶人员进行操作，更好地掌握吊钩吊物的实际情况，提高调转效率，规避事故发生。

3. 安全制度管理模块

（1）安全规章制度系统化。安全规章制度等资料作为安全员工作内容的主要部分，占据着安全员，尤其新入职安全员一大部分的工作精力，并且大部分资料存在多次填写的重复作业情况，系统可解决规范查阅、安全日志填写、各类安全报表填报、资料上传下达存档、影像资料收集等几个维度的安全资料管理。系统中提供了专业的安全生产规范。按照目录章节拆分规范，强条单独摘列，形成结构化数据，多维度检索。规范内容还可与隐患库进行关联，下发整改单时，选择隐患明细后，可查看相关规范中对此隐患的标准要求。报表管理的功能，可以对项目上用到的表样进行管理和个性化定制，例如"安全检查记录表""罚款单""安全分析报告""安全检查评分表"等资料直接从系统打印，支持企业统一设定安全业务所需的单据、报表，各子企业及项目部在开展业务管理工作时自动执行统一的单据、报表格式，使集团的资料格式标准化工作快速落实到一线。系统自动将日常的工作情况进行记录分析，可将各种报表自动记录统计，形成系统中的报表电子档案，可随时打印查询。系统中支持一表多样化，即一种表格可以支持多种样式要求，例如整改通知单可以是项目、公司等不同要求的表格样式，在打印时选择不同层级要求的格式进行打印。

（2）危险源辨识清单库。安全管理系统内置危险源清单库，便于统一管理项目巡检的危险源清单，同时根据项目自身特点进行更新和维护。集团审核通过的新危险源可加入集团的危险源清单库中，供各公司和项目查看使用；项目上可选择集团清单库中的危险源内容作为项目上清单台账，也可以根据项目自身特点在施工过程中识别出新的危险源报集团审核后添加到该项目的危险源台账中；同时根据对重大危险源的辨识及风险评价，建立重大危险源的台账，并可以导出电子文档格式，可打印导出，方便查阅。

（3）安全检查。传统的安全检查方式是利用纸质的检查表进行检查，不仅书写烦琐还容易丢失，不好保存。利用此系统不仅是安全员，其他管理人员也可以方便地参与安全管理，随时随地地开展安全检查，通过手机APP选择安全隐患整改单，点击整改责任人，简单填写隐患位置便可将整改单发送给整改责任人，当整改责任人收到整改单后系统会显示发送成功，并及时提醒其进行整改。系统还会同时发送给项目经理和直属领导，引起他们的重视，对整改过程进行有效的监督。

4. 施工环境管理模块

（1）环境监测。管理人员可以通过移动设备实时掌握施工环境状况，系统会将收集到的数据转化为直观明了的图表或变化曲线。管理人员通过查看变化曲线可以对环境治理效果进行判断，或者根据趋势对未来情况进行预判。当现场的环境监测数据超过设定的阈值后，自动推送报警信息，辅助管理人员对恶劣天气（如大风）做出应急措施（如塔吊停止运行），避免安全事故发生。

（2）安全防护监测。在施工现场的危险地方，比如临边、洞口处，设置传感器、视频监控等设备，对安全防护设施进行实时监控，监控数据实时显示在系统中，并及时进行记录。当出现防护缺失或损坏时，系统会及时报警，发送消息通知责任人提醒其及时整改。当有人员靠近防护设施进行危险动作时，现场会发出警报，提醒其及时离开，有效地避免发生高处坠落事故。

二、智慧工地文明施工管理

（一）文明施工的概念

国网中卫古城110kV变电站扩建工程项目智慧工地建设是保持施工场地的整洁与卫生、施工组织科学、施工程序合理的一种施工活动。实现文明施工，不仅要着重做好现场的场容管理工作，还要相应地做好现场材料、机械、安全、技术、保卫、消防和生活卫生等方面的管理工作。一个工地的文明施工水平是该工地乃至所在企业各项管理工作水平的综合体现。

（二）现场文明施工的策划

1. 工程项目文明施工管理组织体系

（1）施工现场文明施工管理组织体系根据项目情况有所不同。以机电安装工程为主、土建为辅的工程项目，机电总承包单位作为现场文明施工管理的主要负责人；以土建施工为主、机电安装为辅的项目，土建施工总承包单位作为现场文明施工管理的主要负责人；机电安装工程各专业分包单位在总承包单位的总体部署下，负责分包工程的文明施工管理系统。

（2）施工总承包文明施工领导小组，在开工前参照项目经理部编制的"项目管理实施规划"或"施工组织设计"，全面负责对施工现场的规划，制定各项文明施工管理制度，划分责任区，明确责任负责人。对现场文明施工管理具有落实、监督、检查、协调职责，并有处罚、奖励权。

2. 工程项目文明施工策划（管理）的主要内容

（1）现场管理。

（2）安全防护。

（3）临时用电安全。

（4）机械设备安全。

（5）消防、保卫管理。

（6）材料管理。

（7）环境保护管理。

（8）环境卫生管理。

（9）宣传教育。

3．组织和制度管理

（1）施工现场应成立以项目经理为第一责任人的文明施工管理组织。分包单位应服从总包单位的文明施工管理组织的统一管理，并接受监督检查。

（2）各项施工现场管理制度应有文明施工的规定，包括个人岗位责任制、经济责任制、安全检查制度、持证上岗制度、奖惩制度、竞赛制度和各项专业管理制度等。

（3）加强和落实现场文明检查、考核及奖惩管理，以促进施工文明管理工作的提高。检查范围和内容应全面周到，包括生产区、生活区、场容场貌、环境文明及制度落实等内容，检查发现的问题应采取整改措施。

（4）施工组织设计（方案）中应明确对文明施工的管理规定，明确各阶段施工过程中现场文明施工所采取的各项措施。

（5）收集文明施工的资料，包括上级关于文明施工的标准、规定、法律法规等资料，并建立其相应保存的措施。建立施工现场相应的文明施工管理的资料系统并整理归档。

1）文明施工自检资料。

2）文明施工教育、培训、考核计划的资料。

3）文明施工活动各项记录资料。

（6）加强文明施工的宣传和教育。

在坚持岗位练兵基础上，要采取派出去、请进来、短期培训、上技术课、登黑板报、广播、看录像、看电视等方法狠抓教育工作。要特别注意对临时工的岗前教育。专业管理人员应熟悉掌握文明施工的规定。

（三）文明施工的基本要求

（1）工地主要人口要设置简朴、规整的大门，门旁必须设立明显的标牌，标明工程名称、施工单位和工程负责人的姓名等内容。

（2）施工现场建立文明施工责任制，划分区域，明确管理负责人，实行挂牌制，做到现场清洁整齐。

（3）施工现场场地平整，道路坚实畅通，有排水措施，基础、地下管道施工完后要及时回填平整，清除积土。

（4）现场施工临时水电要有专人管理，不得有长流水、长明灯。

（5）施工现场的临时设施，包括生产、办公和生活用房、仓库、料场、临时上下水管道以及照明，动力线路，要严格按施工组织设计确定的施工平面图布置，搭设或埋设整齐。

（6）工人操作地点和周围必须清洁整齐，做到活完脚下清、工完场地清，丢撒在楼梯、楼板上的砂浆混凝土要及时清除，落地灰要回收过筛后使用。

（7）砂浆、混凝土在搅拌、运输、使用过程中要做到不撒、不漏、不剩，使用地点盛放砂浆、混凝土必须有容器或垫板，如有撒、漏要及时清理。

（8）要有严格的成品保护措施，严禁损坏污染成品，堵塞管道。高层建筑要设置临时便桶，严禁在建筑物内大小便。

（9）建筑物内清除的垃圾渣土，要通过临时搭设的竖井或利用电梯井并采取其他措施稳妥下卸，严禁从门、窗口向外抛掷。

（10）施工现场不准乱堆垃圾及杂物。应在适当地点设置临时堆放点，并定期外运。清运渣土垃圾及流体物品，要采取遮盖防漏措施，运送途中不得遗撒。

（11）根据工程性质和所在地区的不同情况，采取必要的围护和遮挡措施，并保持外观整洁。

（12）针对施工现场情况设置宣传标语和黑板报，并适时更换内容，切实起到表扬先进、促进后进的作用。

（13）施工现场严禁居住家属，严禁居民、家属、小孩在施工现场穿行、玩耍。

（14）现场使用的机械设备，要按平面布置规划固定点存放，遵守机械安全规程，经常保持机身及周围环境清洁，机械的标记、编号明显。安全装置可靠。

（15）清洗机械排出的污水要有排放措施，不得随地流淌。

（16）在用的搅拌机、砂浆机旁必须设有沉淀池，不得将浆水直接排入下水道及河流等处。

（17）塔式起重机轨道按规定铺设整齐稳固，塔边要封闭，道砟不外溢，路基内外排水畅通。

（18）施工现场应建立不扰民措施，针对施工特点设置防尘和防噪声设施，夜间施工必须经当地主管部门批准。

（四）施工现场环境保护

施工现场环境保护是按照法律法规、各级主管部门和企业的要求，保护和改善作业现场的环境，控制现场的各种粉尘、废水、废气、固体废弃物、噪声、振动等对环境的污染和危害。环境保护也是文明施工的重要内容之一。

1．环境保护措施的主要内容

（1）现场环境保护措施的制定。

1）对确定的重要环境因素制定目标、指标及管理方案。

2）明确关键岗位人员和管理人员的职责。

3）建立施工现场对环境保护的管理制度。

4）对噪声、电焊弧光、无损检测等方面可能造成的污染进行防治和控制。

5）易燃易爆及其他化学危险品的管理。

6）对废弃物，特别是有毒有害及危险品包装品等固体或液体的管理和控制。

7）节能降耗管理。

8）应急准备和响应等方面的管理制度。

9）对工程分包方和相关方提出现场保护环境所需的控制措施和要求。

10）对物资供应方提出保护环境行为要求，必要时在采购合同中予以明确。

（2）现场环境保护措施的落实。

1）施工作业前，应对确定的与重要环境因素有关的作业环节，进行操作安全技术交底或指导，落实到作业活动中，并实施监控。

2）在施工和管理活动过程中，进行控制检查，并接受上级部门和当地政府或相关方的监督检查，发现问题立即整改。

3）进行必要的环境因素监测控制，如施工噪声、污水或废气的排放等，项目经理部自身无条件检测时，可委托当地环境管理部门进行检测。

4）施工现场、生活区和办公区应配备的应急器材、设施应落实并完好，以备应急时使用。

5）加强施工人员的环境保护意识教育，组织必要的培训，使制定的环境保护措施得到落实。

2. 施工现场的噪声控制

噪声是影响与危害非常广泛的环境污染问题。噪声可以干扰人的睡眠与工作、影响人的心理状态与情绪、造成人的听力损失，甚至引起许多疾病，此外，噪声对人们的对话干扰也是相当大的。噪声控制技术可从声源、传播途径、接收者防护、严格控制人为噪声、控制强噪声作业的时间等方面来考虑。

（1）声源控制。从声源上降低噪声，这是防止噪声污染的最根本的措施。尽量采用低噪声设备和工艺，代替高噪声设备与加工工艺，如低噪声振捣器、风机、电动空压机、电锯等。在声源处安装消声器消声，即在通风机、鼓风机、压缩机、燃气机、内燃机及各类排气放空装置等进出风管的适当位置设置消声器。

（2）传播途径控制。在传播途径上控制噪声方法主要有以下几种。

1）吸声。利用吸声材料（大多由多孔材料制成）或由吸声结构形成的共振结构（金属或木质薄板钻孔制成的空腔体）吸收声能，降低噪声。

2）隔声。应用隔声结构，阻碍噪声向空间传播，将接收者与噪声声源分隔。隔声结构包括隔声室、隔声罩、隔声屏障、隔声墙等。

3）消声。利用消声器阻止传播。允许气流通过的消声降噪是防治空气动力性噪声的主要装置，如对空气压缩机、内燃机产生的噪声进行消声等。

4）减振降噪。对来自振动引起的噪声，通过降低机械振动减小噪声，如将阻尼材料涂在振动源上，或改变振动源与其他刚性结构的连接方式等。

（3）接收者防护。让处于噪声环境下的人员使用耳塞、耳罩等防护用品，减少相关人员在噪声环境中的暴露时间，以减轻噪声对人体的危害。

（4）严格控制人为噪声。进入施工现场不得高声喊叫、无故甩打模板、乱吹哨，限制高音喇叭的使用，最大限度地减少噪声扰民。

（5）控制强噪声作业的时间。凡在人口稠密区进行强噪声作业时，须严格控制作业时间，一般晚10时到次日早6时之间停止强噪声作业。施工现场的强噪声设备宜设置在远离居民区的一侧。对因生产工艺要求或其他特殊需要，确需在22时至次日6时期间进行强噪声作业

的，施工前建设单位和施工单位应到有关部门提出申请，经批准后方可进行夜间施工，并公告附近居民。

3. 施工现场空气污染的防治措施

施工现场宜采取措施硬化，其中主要道路、料场、生活办公区域必须进行硬化处理。土方应集中堆放。裸露的场地和集中堆放的土方应采取覆盖、固化或绿化等措施，施工现场垃圾渣土要及时清理出现场。高大建筑物清理施工垃圾时，要使用封闭式的容器或者采取其他措施；处理高空废弃物，严禁凌空随意抛撒。施工现场道路应指定专人定期洒水清扫，形成制度。防止道路扬尘。对于细颗粒散体材料（如水泥、粉煤灰、白灰等）的运输、储存要注意遮盖、密封，防止和减少飞扬。车辆开出工地要做到不带泥沙，基本做到不撒土、不扬尘，减少对周围环境的污染。除设有符合规定的装置外，禁止在施工现场焚烧油毡、橡胶、塑料、皮革、树叶、枯草、各种包装物等废弃物品，以及其他会产生有毒有害烟尘和恶臭气体的物质。机动车都要安装减少尾气排放的装置，确保符合国家标准。工地茶炉应尽量采用电热水器，若只能使用烧煤茶炉和锅炉时，应选用消烟除尘型茶炉和锅炉，大灶应选用消烟节能回风炉灶，使烟尘排放降至允许范围为止。大城市市区的建设工程不允许搅拌混凝土。在容许设置搅拌站的工地，应将搅拌站封闭严密，并在进料仓上方安装除尘装置，采用可靠措施控制工地粉尘污染。拆除旧建筑物时，应适当洒水，防止扬尘。

4. 建筑工地上常见的固体废物

（1）固体废物的概念。施工工地常见的固体废物如下：

1）建筑渣土。建筑渣土包括砖瓦、碎石、渣土、混凝土碎块、废钢铁、碎玻璃、废屑、废弃装饰材料等。废弃的散装建筑材料包括散装水泥、石灰等。

2）生活垃圾。生活垃圾包括炊厨废物、丢弃食品、废纸、生活用具、玻璃、陶瓷碎片、废电池、废旧日用品、废塑料制品、煤灰渣、粪便、废交通工具、设备、材料等的废弃包装材料。

（2）固体废物对环境的危害。固体废物对环境的危害是全方位的，主要表现在以下几个方面：

1）侵占土地。由于固体废物的堆放，可直接破坏土地和植被。

2）污染土壤。固体废物的堆放中，有害成分易污染土壤，并在土壤中发生积累，给作物生长带来危害。部分有害物质还能杀死土壤中的微生物，使土壤丧失腐解能力。

3）污染水体。固体废物遇水浸泡、溶解后，其有害成分随地表径流或土壤渗流，污染地下水和地表水；此外，固体废物还会随风飘迁进入水体造成污染。

4）污染大气。以细颗粒状存在的废渣垃圾和建筑材料在堆放和运输过程中，会随风扩散，使大气中悬浮的灰尘废弃物提高；此外，固体废物在焚烧等处理过程中，可能产生有害气体造成大气污染。

5）影响环境卫生。固体废物的大量堆放，会招致蚊蝇滋生，臭味四溢，严重影响工地以及周围环境卫生，对员工和工地附近居民的健康造成危害。

（3）固体废物的主要处理方法。

1）回收利用。回收利用是对固体废物进行资源化、减量化的重要手段之一。对建筑渣土可视其情况加以利用。废钢可按需要用作金属原材料。对废电池等废弃物应分散回收，集中处理。

2）减量化处理。减量化是对已经产生的固体废物进行分选、破碎、压实浓缩、脱水等，减少其最终处置量，降低处理成本，减少对环境的污染。在减量化处理的过程中，也包括和其他处理技术相关的工艺方法，如焚烧、热解、堆肥等。

3）焚烧技术。焚烧用于不适合再利用且不宜直接予以填埋处置的废物，尤其是对于受到病菌、病毒污染的物品，可以用焚烧进行无害化处理。焚烧处理应使用符合环境要求的处理装置，注意避免对大气的二次污染。

4）稳定和固化技术。利用水泥、沥青等胶结材料，将松散的废物包裹起来，减小废物的毒性和可迁移性，故可减少污染。

5）填埋。填埋是固体废物处理的最终技术，经过无害化、减量化处理的废物残渣集中到填埋场进行处置。填埋场应利用天然或人工屏障。尽量使需处置的废物与周围的生态环境隔离，并注意废物的稳定性和长期安全性。

5. 防治水污染

（1）施工现场应设置排水沟及沉淀池，现场废水不得直接排入市政污水管网和河流。

（2）现场存放的油料、化学溶剂等应设有专门的库房，地面应进行防渗漏处理。

（3）食堂应设置隔油池，并应及时清理。

（4）厕所的化粪池应进行抗渗处理。

（5）食堂、盥洗室、淋洗室、淋浴间的下水管线应设置隔离网，并应与市政污水管线连接，保证排水通畅。

（五）环境监测预警系统

环境监测预警系统以传感技术、计算机技术和数据库技术为核心，通过设备端传感器采集环境量化数据，结合无线传输、云平台和物联网技术，实现数据同步上传到手机APP端，同时将获得的大量环境监测信息和数据，以大屏幕现场展示，及时提示施工人员做好应对措施。综合楼项目环境监测预警系统共设置七个监测模块（噪声、温度、湿度、PM10、PM2.5、风速、风向），满足现场环境数据监测要求，能通过短信预警提醒现场管理人员采取应对措施，如停止在恶劣天气下施工作业、减少扬尘作业、调整高噪声施工时间段等，以减少或降低对周边环境污染。

（六）扬尘联动治理系统

扬尘联动治理系统在应用终端设置PM2.5和PM10的上限预警值，通过设备端传感器采集环境量化数据，结合无线传输、云平台和物联网技术实现数据实时上传

到手机APP端。当扬尘数据超过预警值时，系统自动启动架体喷淋、场地喷淋和移动喷雾炮喷雾洒水降尘，第一时间抑制施工扬尘污染。当扬尘数据低于预警值时，系统自动关停。扬尘联动治理系统的扬尘实时监测数据与喷雾炮、喷淋装置之间自动联动，能及时处理扬尘超限情况，提高降尘效率。

（七）红外传感车辆自动冲洗系统

在进场前道路设置冲洗平台的基础上，综合楼项目采用红外传感技术、自动研判技术、无线传输技术，建立车辆自动冲洗系统。当车辆通过红外感应探头时，系统自动启动冲洗设备，同时将车辆冲洗信息传输到综合数据软件平台。当车辆离开后，系统自动关闭冲洗设备。冲洗用水采取三级沉淀池过滤循环水，节约水资源，减少对周边环境污染。

三、智慧工地技术管理

建筑项目以Revit软件制作全专业的建筑立体模型，在多技术的综合管理软件平台上，集成应用虚拟漫游、碰撞检查、净高检查、孔洞检查、云平台＋大数据、VR等信息化技术，开发应用施工图纸三维审查、施工方案虚拟排版等系统，实现智慧工地全过程技术管理。

（一）施工图纸三维审查

综合楼项目应用Revit软件分专业制作相应三维模型，整合形成全专业的三维模型。项目在建筑信息模型的基础上，运用虚拟漫游技术，就大型设备进场路线和楼层空间进行路线检查；运用碰撞检查技术，就专业本身和专业之间进行冲突检查；运用净高检查技术，就楼层管线集中区域立体布置的合理性进行空间检查；运用孔洞检查技术，就机电专业孔洞预留位置进行平面检查。综合楼项目漫游检查后，确定变压器、消防离心泵等最佳搬运路线，提出扩大个别门洞尺寸的建议。碰撞检查后，发现消防管道与强弱电桥架等存在的碰撞问题233条。净高检查后，发现楼层走廊吊顶高度仅2.3m，不满足使用功能，经优化后达到2.65m。孔洞检查后发现图纸未明确的预留孔洞共计1440处，避免了后期二次开槽、破坏结构等情况发生。以上技术的整体运用，避免现场作业返工现象，经济效益明显。

（二）施工方案虚拟排版

虚拟排版是在BIM模型的基础上结合VR技术在综合管理软件平台上，虚拟漫游脚手架搭设、内墙面装饰。综合楼项目应用虚拟排版技术，就脚手架搭设、内墙面装饰施工方案进行作业前排版。综合楼项目合理布置纵横杆、剪刀撑、悬挑、安全通道、上人斜梯等，编码分析每一根钢管构件的承载力及连接方式，虚拟漫游核查脚手架总体布局。三维排版内墙装饰面施工方案，直观显现砖墙面的排版布局，虚拟展示不同材质切换后的面层做法。通过三维可视化施工模拟和虚拟化漫游，作业人员虚拟查看方案是否可行，直观掌握施工工序、标准工艺和质量问题防治的关键点，提前感受到作业虚拟现场带来的视觉冲击，及时灵活调整装修方案。

四、智慧工地质量管理

（一）智慧工地质量管理

建筑项目引进基于云技术和大数据的智检 APP 系统，用于快速、精确、高效地解决项目质量闭环管理问题。同时也具有安全、进度、物资等管理功能。智检 APP 系统围绕项目记录、分配、整改、复查的质量问题闭环管理，提供针对同一个问题处理的多方协作平台。总包单位作为检查人记录问题，分包单位或班组作为整改人对问题进行整改反馈，检查人对问题进行复查销项，同时生成数据统计和图表。在项目现场，管理人员可以快速定位问题所在图纸部位，并在图纸上准确标注和描述问题属性，第一时间将消息推送到整改人手机 APP 上，提高了检查效率，加快问题整改进度。智检 APP 系统还能导出数据图表进行统计分析，生成多种格式报告，指导下阶段现场质量管控重点，做到共性问题集中分析，利于方案解决。

（二）施工质量管理

智慧工地系统在建筑施工工作中能够对所施工建设项目工程的质量进行详细的检测，管理人员可以通过在线勘察的方式，对所有的施工工作进行详细的质量勘察，对于复杂的工程建筑材料进行勘测误差较小，所得出的结论相较人工勘测而言具有更高的准确性。工程建设勘测的数据能够及时进行云端同步，会对施工建设项目工程质量的勘测数据进行在线保存，方便管理人员随时在线查看，为相关部门协调工作，有效解决建筑物在质量方面存在的问题打下坚实的基础。在使用智慧工地系统检测施工建设项目工程的质量时，当所检测的项目出现质量问题时智慧工地系统能够及时进行标注和提醒，方便管理人员对所标注提醒的区域再次进行质量检测，及时对标注的区域进行质量抢修，保证工程的顺利进行，提高工程建设的准确性和安全性，有效降低工程建设的失误率。

（三）质量管理

1. 功能组成

建筑项目管理过程中质量管理的核心是质量检查控制环节，质量管理分为事前、事中及事后质量管控，在每个关键施工环节质量管控采用 PDCA 原理进行不断改善优化。传统的质量管控重点在于事中和事后，质量问题整改措施滞后，相关资料主要以纸质档存储，信息数据繁杂丢失严重且不易查询追溯，应用平台进行质量管控重点在于事前和事中，质量管控全环节与 BIM 模型形成关联，事前可进行形象生动的可视化模拟以避免项目施工过程出现大部分质量问题。事中质量管控根据现场质量问题形成质量问题最终信息，线上发起质量问题整改流程，信息数据沟通快速便捷且精准高效，在质量问题整改流程自动归档生成质量管控电子文档资料，作为后期项目开展的数据支撑和质量问题责任追溯，实现施工现场质量管控的可移动、多终端及远程管控化。平台质量管理功能分为事前、事中及事后管理三大板块进行

设置，事前进行可视化交底、方案优化及施工模拟，事中基于自定义质量管理配置发起质量问题处理流程，现场质量问题编辑录入自动生成质量问题二维码进行管理，同时进行质量检查与反馈追踪，实时进行智能分析汇总，显示质量问题处理进度流程，事后为项目质量验收，质量整改相关资料编辑、查询、导入导出及质量问题责任追溯提供信息数据来源。

2. 应用流程

施工现场管理是质量管理的主要实施重点，在现场管理的应用中，BIM 模型能够适应质量管理中过程控制和动态管理的特点，整体或局部分项的质量管控都可以反映于 BIM 模型之上，便于项目管理及技术人员直观了解和准确分析现场情况，做出科学决策。通过现场采集信息、信息录入 BIM 模型、质量追踪管理等有效辅助施工质量管理，提高管理效率，并通过采用 3D 技术交底、三维定位、质量监控、质量验收管理等实现事前、事中、事后的质量管控。使得方案审批、质量巡检、施工交底、工程检测、现场验收等由一个质量管理功能模块完成。如：桩基础验收时，可以直接在移动端填写验收信息，当桩基深度超过设定值便自动预警提醒，施工现场质量问题通过手机微信客户端即发起质量检查任务，平台自动分配至相关责任人员，各方可实时督查整改情况，做到管理留痕，随时随地远程管控项目。根据质量管理的流程配置发布质量检查任务，相关工作人员接收质量检查任务通知进行质量问题整改，质量检查任务复查合格形成质量检查记录，不合格则退回。

（四）建筑施工安全质量管理的影响因素

1. 人员因素

施工现场中最重要的行为主体就是负责各项智能的施工和管理人员，即便建筑施工已经实现机械化和自动化，但很多施工环节都需要施工和管理人员严格把控，施工和管理人员对建设项目最熟悉，并且会全过程参与整个项目。但项目的施工过程本身具有较大的复杂性，人员配置也十分繁杂，人力资源需求在逐渐增加，如果施工方招聘不到合适的人员，那工作人员就有可能存在经验不足或专业能力不强的情况，整个施工队伍的专业水平就得不到有效保证。建筑施工单位会设定各种规章制度，开展各种培训，以此来约束施工和管理人员的行为，但工作人员很难时刻牢记要求和规则。

2. 设备因素

施工现场场地复杂，工作面分散，必须依靠各种强大的机械设备来完成各项工作，这些机械设备普遍体型大、动力强，能够在短时间内完成高强度的工作任务。但在长期运行过程中，机械设备也会出现磕碰磨损情况，机械设备的损耗普遍比较明显，而如果没有得到及时的维护维修，就有可能造成安全质量事故，尤其是塔式起重机这种高空设备，出现问题不光会威胁操作员的生命安全，还会给地上设备和人员带来危险，工程进度也会因此而受到阻碍。此外，机械设备体积比较大，面对复杂情况时，操作人员可能存在视野盲区或没有按规范操

作，也会增加安全质量管理的风险系数。

3. 施工因素

施工环节十分重要，建设期间最怕缺工短料，如果施工工艺不过关或没有按照施工要求进行施工，那施工过程的科学性和规范性就无从谈起。当前我国建筑技术十分成熟且先进，大部分施工工艺都领先于全球，但国内施工企业水平还是有高有低，在部分施工工艺上也会存在认识和经验不足的问题。此外，物料也是重要的施工因素，建筑施工不能马虎，各种材料的材质必须达到国家标准和工程要求，不能无故减少材料数量，否则就会留下严重的安全质量隐患，很多隐患需要十几年后才会显现，那么建筑使用者就无时无刻不在承受着隐患所带来的风险。

4. 环境因素

建筑施工也会受到外界环境的影响，因为在长期室外施工条件下，室外的温度和天气变化都会直接干扰到项目施工，例如雨、雪、冰雹等极端天气下，肯定要暂停施工，并且要对施工现场和相关的机械设备做好保护，而炎热的夏天、寒冷的冬天不光会对机械设备和施工工艺造成影响，还会极大程度影响工作人员的状态，因为在极热和极寒条件下，人的注意力都很难集中，而这也会带来潜在的风险，尤其当工作人员在完成较高难度的施工阶段时，工作人员时时刻刻都马虎不得。

（五）基于智慧工地的信息化安全质量管理系统研究

1. 工作人员信息化管理系统

施工人员管理在智慧工地安全质量管理中十分重要，主要是管理施工人员的进出、工作、培训、资质等内容，确保进入施工现场的都是工作人员，在特种作业区域工作的人员都是专业人员。生物识别技术在人员信息化管理当中应用广泛，有指纹识别、人脸识别等多种形式，都是利用工作人员的生物学特征作为识别依据，有效解决了以往依靠证件识别而出现冒名顶替的问题。针对工作人员的信息化管理，首先需要采集施工人员的身份信息和生物学信息，将其统一录入信息管理平台当中，形成施工人员的个人 ID 和档案，档案内容包括施工人员的学历、资质等各项真实信息，并且还包括员工的工作信息，包括考勤、工效、荣誉等。此外，对施工人员的培训、资质评定、安全教育也十分重要，信息化管理系统可以实现安全教育全过程记录，相关结果也会呈现在系统当中。建筑施工往往规模较大，工作人员数量众多，人员管理是十分重要的管理问题，如果施工现场的工作人员出现问题，那带来的安全和质量风险不可估量，在信息化管理系统中也可以扩展心理和身体健康监测功能，利用可穿戴式设备实时监测工作场景下工作人员的身体状态，当工作人员身体指标出现异常时，信息管理系统要自动报警，从而避免工作人员因身体状况而出现意外。

2. 机械设备信息化管理系统

机械设备为施工项目的正常开展提供了保障，也影响着施工的安全和质量，经过多年的发展，我国机械设备制造领域已经十分强大，众多设备制造商也与时俱进，充分融合互联网精神，通过不断改进迭代推出了更加智能化的专业设备，这也为机械设备的信息化管理奠定了基础，而面对数量众多的机械设备，施工方即便付出较多的管理成本，所能取得的管理效果也不一定会提升很多。针对机械设备的信息化管理，首先要录入机械设备的基本信息，包括型号、重量、性能等，还要记录机械设备的维护信息，包括维修时间、维修次数、维修部位等，最为重要的是通过安装在机械设备上的传感器，来实时监控设备的运行状况，这主要依靠算法和算力自动监控分析，当发现问题时进行自动报警，机械设备管理人员再根据报警信息进行进一步处理，从而确保机械设备的正常运行。如今的传感器设备能够适应各种复杂情况，并且体积相对较小，能够针对机械设备的关键部位进行检测，并且还有内部和外部监控设备监测工作人员对机械设备的操作，这样有助于提升机械施工的效率，减少机械施工过程中的违规操作和安全隐患，使机械设备能够得到及时的维护保养，降低因机械设备方面因素而影响施工安全和质量的概率。

3. 安全质量信息化预警系统

建筑施工过程中，除了资金、成本、人员控制外，安全管理和质量控制是最重要的内容，因为两者都事关生命财产安全，一旦出现问题就会造成难以挽回的损失。所以在建筑施工场地，各处的标语中都会强调安全和质量，保证质量是对工作负责，保证安全则是对自己负责，但安全质量管理也具有一定的难度，在巨大建设规模的背景下，细化管理会到达一定的瓶颈，而智能化的安全质量信息化预警系统则可以排除传统管理模式中的弊端，以更为高效快捷的方式来进行安全和质量管理。首先要确定具体的监测内容，主要包括作业环境、作业程序、安全防护、作业项目等，并设定一定的风险等级和报警阈值，当达到所设定的阈值时，信息系统就要立刻发出报警信号，及时向工作人员发出预警，之后工作人员会针对特定问题进行调查整改。搭建预警系统主要依靠传感器、摄像头、即时通信设备、RFID 设备，并且要依靠大数据分析算法和人工监测相结合，来实现全方位的监控预警。这样当建筑施工出现问题时，工作人员会能第一时间发现，并将情况反映给一线工作人员，使其作出正确的处置，从而尽可能避免各种各样的安全质量问题。

4. 施工过程信息化管理系统

建筑施工是一个漫长的过程，全体施工或管理人员很难在每个阶段都保持良好的工作状态，仅凭人力进行监管工作也比较繁重，但利用各种信息化技术则可以有效对施工过程进行记录和监管，从而提升监管效率，减轻工程管理人员的工作负担。施工过程的信息化监控同样要用到各种各样的电子设备，但传感器设备主要是监测各种各样的数据，可视化效果不强，视频监控则可以提供完整可靠的画面，实现对施工过程的全面记录，能够对施工过程、作业规范、安全防护等内容进行有效监控，再搭配上由图像算法所支撑的图像识别技术，就能够精准识别安全质量方面的问题，从而及时预警工作人员进行处理。BIM技术在建筑施工当中已经广泛应用，其在物料管理、动态还原现场、施工方案调整和工艺控制方面发挥了重要作用，通过BIM技术和现有信息化管理系统的结合，可以使施工过程更加安全透明，质量管理更加真实有效，从而达到最好的管理效果。在应对危险作业情况或紧急情况时，实时的过程监控能够更好地发现和排除各种干扰因素，并及时做出科学合理的决策，从而使施工过程的安全风险降到最低，质量水平达到最高。

5. 工程物料信息化管理系统

物料管理也是建筑施工的重要内容，只有确保到场物料质量合格、数量充足，才能支持建筑施工工作的正常开展，通过科学合理的存储和严密看管，才能保证物料安全，避免物料在质量和数量上出现问题。建筑工程所需的物料数量巨大，并且物料的体积、重量大小不一，虽然普遍对存储环境要求不高，但也是一项繁杂的工作，通过信息化管理系统，则可以对物料进行编码，并获取物料的全部信息和数据，并对物料的使用进行全过程的记录，从而准确地了解物料的出入库情况，并及时根据施工进度采购所需物料。这样工程物料的管理工作更有效率，物料的使用也更有保障。

6. 施工环境的信息化管理系统

施工环境是施工安全和施工质量的体现，良好的施工环境在一定程度上说明管理人员对施工现场的管理比较到位，而较差的施工环境除了有碍观瞻之外，还可能存在巨大的安全隐患，比如安全护栏和安全网出现严重破损、各类物料随意摆放、缺少必要施工标识等，这些问题很容易成为安全问题的诱因。此外，危险作业区域也应该重点管理，而且施工现场经常会使用水电火气，如果没有遵守使用规范，就会为施工环境增添不确定因素，从而造成安全问题。针对施工环境的管理工作建设信息化的管理系统，可以更加直观地发现施工现场当中的问题，并可以参考其他优秀的施工现场管理准则或视频案例，从而可以进一步优化施工环境，减少施工环境中的风险因素。另外，像天气、温度等时刻变化的环境因素，信息化管理系统也可以提供预报和监测功能，从而及时做好应对措施，避免因恶劣天气和极端温度而导致安全事故。

五、智慧工地成本管理

（一）智慧工地"BIM驾驶舱"成本管理

国网中卫古城110kV变电站扩建工程项目智慧工地的建设集成应用了"BIM驾驶舱"的造价管理模块、进度管理模块和资料管理模块等成本控制工具，具备前期成本预控、过程进度管控、同步资料管理和材料统计功能，实现了智慧工地施工全过程成本管理。

1. "BIM驾驶舱"造价管理模块

建筑项目在BIM模型的基础上，生成"BIM驾驶舱"造价管理模块。通过对比预算和模型，发现清单价格（混凝土）较模型价格低；对比实际工程量与模型工

程量，发现每层实际工程量较模型工程量多，经后期分析为市场每日浮动价、商品混凝土搅拌站供货存在虚方等原因造成。针对模块比对发现的异常，快速形成资金计划，迅速准确完成进度款报审，消除不同口径统计误差，实现项目合同价、企业内控价、工程实际成本支出的"三算"对比，补充完善企业定额。项目经营报表可由成本管理的定制功能自动生成，减少管理人员工作量。同时，信息输入导出操作简单，可实现一人多岗，实现了"一次数据输入，各级管理岗位共享"，有效地释放了经营压力，实现工程单项成本过程化控制。

2. "BIM驾驶舱"进度管理模块

建筑项目在BIM模型的基础上，生成"BIM驾驶舱"进度管理模块。现场施工进度能够可视化展示，便于直观管控。研发应用BIM进度管理"偏差预警"和"资源调配"功能，辅助管理人员有效调整关键路径和自由时差，合理调配各类资源配置，满足总工期节点要求。当现场某分部工程进度与预期产生偏离，管控系统会第一时间将其标记为红色，提醒管理人员合理安排施工部位，避免各分部分项工程实际进度偏离预期目标。

3. "BIM驾驶舱"资料管理模块

综合楼项目在BIM模型的基础上，生成"BIM驾驶舱"资料管理模块，实现内部无纸化办公。应用BIM技术的无纸化办公功能，结合国网安徽省电力有限公司推广"电子签"，项目实现了工作流程的电子化，提高了企业内部文件下发和运转效率。该模块精确统计出施工各阶段所需物资，能做到按需供应，减少材料浪费。与施工进度挂钩，根据施工需求提取工程量，方便采购管理，如钢筋等物资，同时有效对物资到货、使用情况进行精细化管控。

（二）使用效果

智慧工地管理模式在综合楼项目安全管理、文明施工、技术管理、质量管理和成本控制等方面发挥了重要作用，体现出应有价值。如在安全管理方面，解决了培训教育形式单一、大型机械设备运行监控时段真空、现场常态化作业管理盲区、人员日常考勤管理缺位、现场人员身份判定困难、大型机械设备人员误操作等问题。在文明施工方面，提升了环境保护效果、扬尘治理力度。在成本控制方面，填补了工程实时成本分析的空白，实现无纸化办公与综合数据管理的应用。综合楼项目获得了平安工程、优质结构和扬尘治理等方面的先进荣誉。项目多个高新技术集成应用，提升了数据资源利用水平和信息服务能力，保障了生产安全和文明施工，杜绝了重大安全和质量事故的发生，提升了现场综合管理效能。

（三）工程成本控制

在整个建筑施工的过程中需要大量的施工时间。例如，在施工建设的过程中遇到的工作内容非常的复杂，需要大量的工作人员共同合作才能够完成该项目的施工建设工作，这种类型的工作费时费力，如果不及时处理会造成工程建设延期，给企业经济等各方面带来损失。

因此，工程造价管理是建筑项目施工管理中较重要的施工管理工作，只有这一方面的工作做好才能有效地降低成本的输出，进一步提高公司的整体经济效益。在项目建设的过程中，需要大量的建筑材料和各种不同类型的机械设备，还需要企业雇用大量相关的施工技术人员，这些都需要企业花费大量的时间和成本。如果企业想要降低成本，就需要在施工过程中保证施工工作安全有效地进行，提高工程建筑效率，需要为施工人员提供相应的防护设备。例如，安全头盔、护具、通信设备、安全绳等。在施工建设的过程中，需要管理人员特别注意强调务必让所有的施工人员按照安全防护用具佩戴规范和施工操作行为规范进行施工操作，这样在一定程度上能够有效地避免在施工过程中因意外事故而造成的额外损失，这样能在保证工程建筑质量的同时有效地控制成本的输出，工作人员的安全也得到了保证。

第七节　变电站扩建项目中智慧工地建设协同管理

一、协同管理理论

（一）协同论

在 20 世纪 60 年代，德国理论物理学家赫尔曼哈肯提出了协同论，该理论主要研究系统内各子系统矛盾且协同但又共同促使系统整体具备有序状态所呈现出的特点、规律的科学。哈肯于 1977 年发表的《协同学导论》一书标志着协同论理论框架的正式成立。哈肯将协同学定义为：协同论是研究复合系统的科学。该复合系统是由大量子系统，通过非线性作用产生相干效应和协同现象而构成的具有一定功能的空间、时间或时空的自组织结构。协同，是指一个开放系统的各子系统之间的协调同步的非线性的一种性状，是一种协作现象。协同分为简单协同与复杂协同，同样是完成一个共同目标，简单协同中的各子系统采取共同的行为的模式合作，而复杂协同的各系统取不同的行为。协同论的理论基础是系统论、信息论、控制论、突变论，并结合统计学和动力学，借鉴结构耗散论，建立一整套数学模型和处理方案，通过对不同学科领域中的同类现象的类比，从而揭示了各类现象和系统中从无序到有序转变的共同规律，是一个系统不断实现有序化的分化过程。从微观上看，子系统实现了某种联系和统一。从宏观上看，离开了某种均匀分布的平衡态，形成了步调、格局、空间模式和时间周期的某种稳定的区分和有序，这个宏观状态是由各个子系统相互竞争、相互作用而形成的，各个子系统之间的协同作用与竞争作用决定着系统从无序到有序的演化，指出了由众多子系统组成的大系统总有一个相对稳定的宏观结构是协同论的精髓。

1. 相与相变

相指的是系统宏观上具有一定特性的状态。相变指的是系统从一种相到另一种相的转变。

2. 参量

系统从无序到有序的变化用"序参量"的变化来刻画。所以序参量就是用来描述系统宏观有序度或宏观模式的参量。一个系统中可能有很多参量，但是分析一个问题时，不需要考虑它的微观子系统的所有参量，以及所有子系统的存在、功能和特定的运动方式。只要选择一个或多个能够有效描述系统宏观秩序的参量就可以知道系统的整体运动模式和描述系统的宏观秩序状态，以及它的变化模式。根据临界点状态变量的情况，状态变量可以分为两类。一类是快变量，其对相变的整个过程没有明显的影响，但在临界点处阻尼大、衰减快，而且占变量的绝大多数；另一类是慢变量，是一个或多个不仅不衰减，而且始终控制着系统演化的全过程变量。慢变量支配着系统演化的过程，决定着结果出现的结构和功能，即慢变量决定着快变量。因此，慢变量是序参量。在从稳定状态向不稳定状态的过渡过程中，慢变量起主导作用，而快变量并非无用，它们相互联系、相互制约、相互依存。当系统达到不稳定状态时，在快变量的作用下，系统将达到新的稳定平衡位置。这是一个有序的变化过程，在这过程中慢变量和快变量相互联系、相互制约，表现出一种协同运动。系统在自组织过程中的协同运动不仅表现在慢变量决定快变量的合作方面，而且表现在多个慢变量之间的合作与竞争。多个序参量同时处于一个相互矛盾、相互竞争的系统中。每个序参量决定一个宏观结构及对应的微观结构。就是说在这种情况下，系统在不稳定点孕育了多个宏观结构的"萌芽状态"。序参量的合作和竞争结果决定最终出现的结构。

当没有一个序参量能单独主导宏观结构的形成过程时，反映序参量共同作用的宏观结构便由序参量之间的合作来确定。当某个序参量在序参量间的竞争中获胜，宏观结构的形成就会由该序参量主导。也就是说，序参量的合作会形成一种宏观结构，而序参量的竞争终将导致只有一个模式的存在，序参量之间的协同合作与竞争决定着系统从无序到有序的演化。协同论指出，系统内部各子系统之间的竞争和协同是系统演化的动力，而非外部指令。系统内部通过竞争而协同，从而使竞争中的一种或几种趋势优势化并因此支配整个系统从无序走向有序。

3. 组织与自组织

组织系统是指系统中子系统在外界力量的控制下被动形成的系统，外界力量控制着它们向着有序化方向的集体行为。自组织系统是指能自行组织、自行衍生、自行演化，能够自主地从无序走向有序以形成有序结构的系统，无须外界特定的指令。组织系统是通过外部力量达到有序，其指令是由外部输入的，其自己不能自由活动。自组织系统指令由内部发出，是由自己自动组织起来的，围绕着共同的目标自由结合的有机生命体。与组织系统相比，自组织系统具有很强的生命力，其具有较强的自适应、自复制、自调节与自催化属性，同时又与外界紧密联系。在管理体系中，应追求将组织架构演变成自组织形式，以调动员工自适应、自调节的积极性，通过成员间的竞争和协同形成他们自己所默认的序参量，发挥组织成员的最大潜力，创造更大的价值。

4. 硬控制与软控制

硬控制又称直接控制，是在组织系统中，外界以一种特定的或明确的方式对系统施加着控制，以这种控制来实现即定目的。软控制又称间接控制，是在自组织系统中，外界对系统施加的影响，系统通过这种软控制同样可以演化形成新的结构。应该在组织与自组织、硬控制与软控制之间寻找最佳联合点，把硬控制与软控制有机地结合起来使系统达到动态的、有序的平衡，对于指导建立各管理体系具有非常重要的意义。协同论中的基本原理如下：

（1）协同放大原理。子系统间的协同合作与竞争，导致系统整体功能放大，使整体大于局部之和。

（2）催化作用原理。开放系统要素间存在非线性的相互作用，其中有催化作用，促使自己和对立面同时放大。

（3）支配性原理又称为役使原理。指的是自组织过程中，慢变量左右着系统演化的整个进程，决定着演化结果出现的结构与功能，即慢变量支配快变量。

（二）协同管理理论

协同管理是以协同论为理论基础围绕管理对象进行的一系列管理行为，其理念主要体现在"信息网状""业务关联"和"随需而应"三大基本思想中。

（1）信息网状。管理过程中的各种信息是相关联的，如果这些关联的信息被封存在不同的数据库或应用平台中，管理者就无法获得更多的信息支持决策。协同管理能将各种零散的、无规律的信息整合成一张"信息网"，每个信息节点之间依靠逻辑与业务关系进行关联。在大多数协同管理平台中，管理者能够突破信息孤岛，轻松自如地在这张信息网中获取关键的信息，例如从一个联系单迅速了解各种关联信息，进而了解项目进展情况。协同管理能有效解决管理难点中对真实、全面信息的了解。

（2）业务关联。项目的各个参与单位、部门都必须为项目的共同目标而运作，各部门业务环节之间有着千丝万缕的联系，都是通过软、硬件及信息或资源联系在一起的。协同管理就是将这些业务及业务的各环节进行充分整合，找出序参量推动业务向理想的功能结构转换，实现管理目标。

（3）随需而应。协同管理将项目各种资源、信息、业务整合在统一的管理架构中，并在一个数据集成的平台下，通过网状信息和业务关联的协同环境实现对各资源的协调优化。让各种资源能够随着项目的目标而被灵活地组织起来进行协作，并发挥最大的价值，即各种资源能够随管理的需要而及时的响应并突破各种障碍实现

一致性协作，从而保证目标的达成。总的而言，协同管理的本质就是解决"信息孤岛""应用孤岛"和"资源孤岛"三大问题，打破资源、信息、业务等之间的各种壁垒和边界，实现信息的协同、业务的协同和资源的协同，使它们为共同的目标而进行协调的运作，达到管理效率最大的开发、提升和增值，实现"1＋1＞2"的协同效应，以充分达成共同的项目目标。

二、物理信息耦合协同

1. 电力信息物理耦合网络模型

电力信息物理融合系统由物理网和信息网共同组成，基于物理网和信息网各自的网络特性，建立切实合理的拓扑模型是分析电力信息物理融合系统的基础。

2. 电力信息物理耦合网络拓扑模型

电力物理网络可抽象为节点和边组成的图，将电力物理网络中发电站抽象为电源节点，变电站抽象为传输节点，汇聚母线抽象为负荷节点，输电线路抽象为电力物理网的边。因此，可以把电力物理网络抽象为一个无权无向图。电力信息网络是依托电力物理网结构而建设的复杂网络，与电力物理网络有高度相似性。由于电力物理网拓扑主要形式有双星形、网形、环形、树形等，电力信息网也有相同形式，但大都按照信息网一般设计原则，分为接入层、骨干层和核心层三层结构。其中，核心层负责电网全局的安全运行和调度优化，主要由调度中心组成，以网状或部分网状结构连接。骨干层主要负责优化调度，由枢纽变电站组成，通常为提高信息传输可靠性而建成环形。接入层主要负责信息采集和执行调度指令，一般与骨干层组成星形结构，类似于电力物理网络模型，其中调度中心抽象为核心节点，路由设备抽象为传输节点，信息采集设备抽象为采集节点，通信线路抽象为电网信息网的边。因此，电力信息网络同样可抽象为一个无权无向图。电力信息物理耦合网络是典型的物理网与信息网相互依存的网络，物理网为信息网提供基础电力，信息网是物理网的大脑与神经系统，为物理网提供优化调度，而这种相互依存的关系表示为电力物理节点和电力信息节点之间的耦合关系，电力信息节点的通信设备通过电源线依存于电力物理节点，电力物理节点的电力设备通过数据线依存于信息节点。其中耦合关系有部分一对一耦合，一对一耦合，一对多耦合，多对多耦合，多对一耦合等。基于中国电力信息物理系统的现状，考虑信息网不仅包含电力物理节点一一对应的信息节点，还包含调度中心等自治节点，中国的电力信息物理耦合网络属于部分一对一耦合网络。部分一对一耦合网络模型考虑信息网中不仅包含各电力节点所对应的信息节点，还包含各级调度中心节点，耦合网络之间的传输信息主要包含监视信息和优化调度指令，同时调度中心节点一般配备有备用发电机组，在主供电失效的情况下仍可正常运行一定时间，因此也被称为自治节点。而其余节点需要电力物理节点为其提供电力，为非自治节点。

3. 电力信息物理耦合网络构建流程

基于上述的电力物理网络、电力信息网络拓扑模型及耦合方式，结合实际电网的情况，得出电力信息物理耦合网络构建流程：

（1）首先建立电力物理网络的拓扑模型。根据各地区实际电网的网络拓扑建立拓扑模型。

（2）确定信息网络节点数。根据实际电网情况，信息网依靠物理网构建，根据"部分一一对应"规则，接入层节点数等于电力节点数，电力物理网络根据实际情况采用 Fast Unfolding 算法分区，骨干层节点数可认为等于电力物理网络分区数，核心层节点数可认为等于调度中心数。因此，信息网总节点数等于接入层节点、骨干层节点、核心层节点数之和。

（3）生成电力信息网络。根据耦合关系确定信息网络节点数目，按照我国信息网络的实际特点，分别构造双星形和网形结构两种经典电力信息网络模型。其中双星形电力信息网络是典型的无标度网络，网形结构电力信息网络是典型的小世界网络。

（4）电力物理网络与接入层连接。电力信息物理耦合网络是相依网络，就是通过电力物理节点接入层信息节点对应连接来实现相依的。通过研究得出电力信息物理耦合网络不是随机耦合网络，节点之间的连接关系存在一定规律即内在相似性。

三、信息协同

（一）信息管理理论

信息管理是对信息资源和信息活动的管理。信息及其相关的活动都离不开有效的信息管理方案。信息资源并不只包括信息这个单一的要素，处理和接受信息的技术、信息相关的主体、环境等都是信息资源的一部分。而信息活动是动态的，是针对信息的一系列处理行为，如收集、传递、整理、加工以及存储信息等都是信息活动的重要组成部分。工程项目的建设时间较长，涉及的内容较为繁杂，信息的管理难度较大。负责人要针对项目的实际情况，在工程建设管理中充分运用信息技术以适应不断变化的信息需求。基于信息技术建立起来的项目信息管理系统以及项目管理的专业软件都可以助力实现项目管理的高效化。施工现场管理的信息化经历了由单一业务管理到多项业务管理再到运用新兴信息技术的全面管理三个发展阶段。目前各种信息技术还在不断探索当中，在此基础上的第三阶段的管理方案也在不断地发展和完善之中。

（二）信息化管理理论

信息化这一概念起源于日本。信息化被认为是应用信息技术实现生产生活方式转变的过程。通过信息化手段，可以推动项目数据信息的集成化管理。智慧工地涉及的信息技术将在本章第二部分详细阐述。

1. 信息管理与知识管理

信息管理是对信息资源和信息活动的管理。除了信息本身，信息资源还包括与信息有关的人、技术、设备、环境等多个要素，信息活动包括信息收集、传输、加工、存储等多个过程。知识管理是对知识创造、获取、交流、共享、应用等过程进行规划和管理的活动。知识可分为显性和隐性两个层面，其中隐性知识占知识总量的 80% 以上。显性知识是能够明确表达、容易被学习的知识，而隐性知识是指存在于人们头脑中的、长期积累形成的经验和诀窍，往往难于传播和学习。信息是一系列可用于分析或决策的数据。而知识是有明确用途的信息的。知识管理是信息管理的延伸，知识管理更强调对非编码化的隐性知识的挖掘，以及知识的共享和积累。工程项目管理过程中会涉及大量的信息和知识。根据建设的时间阶段和工作内容的差异，信息的种类也不尽相同。以施工阶段来说，一方面包括项目概况、施工记录、技术资料、施工图纸、会议纪要等保存为文字或计算机数据形式的信息，另一方面主要是指存在于施工管理人员的头脑中的施工技术经验等隐性知识。众所周知，建筑施工依赖于专家的经验，而且工程项目都是一次性的，因此这部分隐性知识容易随专家的离职和工程项目的完工而丢失。小型公司尤其很少完整记录保存相应的工程实践，多数知识都蕴含在人员的个人理解中。建筑业可以利用大数据等先进信息技术实现知识管理和共享，使工程实践标准化，提高生产率，推动技术革新。通过建立知识管理系统或平台，成立工程项目管理知识库，实现整个企业甚至全行业的知识共享。

2. 工程建设项目的信息化

英国牛津大学国际建筑论坛上提出，建筑业信息化包括建设项目信息化、建筑企业信息化、建筑业电子政务以及市政公用事业信息化四个方面。其中，工程建设项目的信息化就是要将信息技术与传统建造方式及工程项目管理模式相互融合。例如，建立项目信息管理系统，采用 Project、P3 等专业项目管理软件这些信息化应用可以在很大程度上提高工程管理的效率，创新工程项目管理的手段。

施工现场管理的信息化经历了三个发展阶段：一是利用 CAD 等软件工具进行单一业务管理；二是采用 ERP 等集成化项目管理系统进行多项业务的管理；三是集成更多新兴的软硬件信息技术进行施工现场的全面管理，也是目前行业正在努力的方向。

（三）智慧工地建设中数据信息的管理内容

智慧工地建设中，随着信息化、智能化工具使用深度和广度的扩大，数据和信息的量，传输和储存的途径也有所不同，这都直接影响着数据和信息的利用方式，本小节主要从管理范围和管理要素归纳智慧工地建设中的数据信息管理内容。

1. 智慧工地建设中数据信息的管理范围与要求

数据信息管理是指利用信息化技术，即人对数据信息资源和活动的管理，指管理者以实现对信息资源的有效开发和利用为目的，有计划地组织、领导及控制数据信息和现场捕获丰富的信息与数据，通过对各组织、各个系统、各项工作的各类数据信息的有效管理，能使项目的数据信息更方便有效地获取、存储、归档、处理和交流，以达到对项目数据信息的有效组织和控制，从而为项目建设服务增值。智慧工地的建设过程中产生大量的信息，这些数据信息依照一定的规律产生，并传输到各单位被使用，而形成项目的信息流，虽然其中的数据信息很多，但仍然可以将它们大体分为以下几类：

（1）文字图形信息，存在于各种合同、文件、说明书、计划书等文档文件之中。

（2）决策类信息，包括口头和书面的分配任务、下达的指示、汇报、工作检查、建议、批评、讨论研究、会议等信息。

（3）管理类信息，如造价、质量、进度安全等管理数据信息。

（4）外围信息，如市场情况、气候变化情况、社会动态等。日常建设工程项目对数据信息的基本要求如下：

1）对不同的事件在不同的时间，建设工程项目管理人员和项目参与者对信息的需求存在差异性。

2）利用数据信息进行正确、有效管理的前提是数据信息的真实性，其能真实反映目前项目实际情况，这才能帮助建设工程项目管理者对项目实施正确的计划、组织、控制、协调。

3）数据信息提供需及时，否则会失去决策最佳时机，失去其作用和价值。管理者只有及时地获取信息，才能及时地控制项目的实施。

4）数据信息要简单，便于理解，方便使用者了解情况，分析问题，其表达形式应符合人们日常的习惯。

2．智慧工地建设中数据信息的获取途径

为研究智慧工地建设过程中的数据信息管理内容，有必要将其所产生信息进行要素分析，明确各要素的内涵和内容，信息要素是项目管理团队进行管理活动的基础。工程项目复杂的环境与活动包含着众多信息，各个主体对于如何获取、传递、回应有效的信息是保证其做出正确决策及协同管理活动顺利进行的关键。人员管理是项目管理中管理难度最大的方面，本节以人员信息为例，分析智慧工地所使用的技术手段与相关系统所能获取的具体信息和与信息相对应的管理目标。数据信息按时间稳定程度可分为动态数据信息、静态数据信息，动态数据信息以过程为目的，静态数据信息反映已发生存在状况，工程项目人员静态数据信息管理区别于企业人员数据信息管理，人员变动是比较大的，并无绝对的静态数据信息，因此本节以相对静态数据信息定义在项目建设过程中变动频次并不高的人员数据信息，其中包括人员资质、专业、继续教育状态、身体状况、诚信等；而动态数据信息包括考勤、区域作业人数、班前教育、作业状态等。不同需求的系统整合各类不同智能技术、设备、应用，同时各类系统能够实时收集或推演相应的数据信息。智慧工地建设中人员管理数据信息，以视频监控系统为例，其除了能获得传统的监控视频影像信息外，还能利用图像识别技术对现场工人作业行为进行动态分析，以监控其作业状态，从逻辑上判断当前人物正

在做什么，或处于一种什么样的状态，从而获得作业状态信息。例如，对人体姿态的分析可分辨出特定的操作是否合法，如搬运化工用品的操作，安装重要零部件的操作等，或对视频捕捉到的人员进行分析，可检测其出现的不正常行为并及时警报，如走路摇晃，或长时间没有移动等。除工人作业状态信息外，智能视频监控系统能获取与分析车牌识别信息、安全检测信息、重要物料移动检测信息、危险区域接近信息、路面积水检测信息、临边防护检测信息等有关于机械设备、物料、现场管理与环境方面的数据信息。

3．基于目标管理的数据信息管理元素

根据上文分析，本节围绕"人、机、料、法、环"对智慧工地各信息化手段所能收集的各类数据信息和所涉及的管理目标进行对应整理。如人员信息中依靠智慧工地中常用的信息化技术和系统（劳务实名系统、GPS定位系统、智能视频监控系统、图像识别技术、智能安全帽、门禁管理系统等）所能提取的具体数据信息（人员资历、专业、继续教育、健康状况、班前培训、轨迹、分布、异动、作业状态，考勤等），对应非涉及的管理目标（质量、安全文明、进度、成本），基于目标管理的数据信息管理元素汇总等。

（四）智慧工地建设信息采集

国网中卫古城 110kV 变电站扩建工程项目智慧工地的建设涉及劳务考勤、设备管理、施工现场监控、施工环境监测、工程资料等诸多环节，通过各类信息的采集汇总分析，实现整个施工现场信息的无缝衔接和动态贯通，提升施工现场信息感知能力、项目管理能力与进度管控能力。采集的主要信息包括：

（1）项目的基础信息。包括参建各方主体及资质、项目管理人员及相应证书、项目基本情况、工程质量安全报检情况等。

（2）工程质量管理信息资料。包括建筑材料进场检验资料、施工试验检测资料、施工记录、质量验收记录等。

（3）施工安全管理信息。包括安全生产责任制、安全教育、应急救援、危险性较大的分部分项工程等基本管理资料，基坑工程、脚手架工程、起重机械、模板支撑体系、临时用电、安全防护、带班记录和安全日志等安全管理资料。

（4）施工现场安全和施工扬尘治理"六个百分百"视频监控和扬尘在线监测数据信息。

四、功能选择协同

1．现有模块建议及其他模块需求

现有模块建议如下：

（1）各功能模块可提供基层单位二次开发的接口。

（2）平台某些项目可与建委的平台共享数据。

（3）做好装配式加工区、监控系统。

（4）实名登记管理农民工务工情况，与体检医疗挂钩。

（5）智能化输入系统反应速度太慢，应该提速。

（6）控制投入成本，经济适用，系统使用功能需循序渐进。

其他模块需求如下：

（1）与公安系统和征信系统比对，根据实名制系统增加黑名单识别。

（2）质量管理系统（材料、验收、隐蔽等）。

（3）天气模块、成本控制模板。

（4）加入集团、公司级别的 OA、HR、NC、BIM、集采、PKPM 等系统。

2. 智慧工地现有功能模块建议

（1）设备管理模块：增加移动客户端上传视频，降低投入；加强每日巡查，增进月检；应能体现设备自身运行情况，如设备是否故障仍继续工作等；部分设备应与政府系统平台共享；建立设备储备库；系统反应速度应提升。

（2）材料管理模块：简化录入工作；材料具体情况及数量，应具有可追溯性；实行入库出库严格登记，实时上传材料车辆定位，便于统筹安排工人，加强材料进出场管理；商务材料部门信息共享，实际使用与损耗量对比分析，废料的流向。

（3）劳务管理模块：加入系统黑名单的禁入或风险提示；能控制和提醒班组施工任务完成情况，动态管理；加强劳务管理人员的理论知识培训；建立与安全交底的关联性，对于缺乏安全交底等管理的人员拒绝入场；建立劳务综合评分系统。

（4）施工质量管理模块：试验报告公示，便于下一步工作安排推进；能分析质量重灾区类型和部位；工人的实际技术交底与视频学习。

（5）视频管理模块：可通过手机 APP 连接，现场手机客户端视频可互动，降低投入成本；部分设备应与政府系统平台共享；建议监控室布置更多方位点位视频。

（6）安全管理模块：对存在风险区域设电子警诫信号，提醒进入该区域人员；全项目联网，危险地点实行报警，临边洞口红外线报警；安全教育学时管理。

（7）其他：加强外部调研和学习；考虑智慧工地与目前各系统的互通互联性；集团化信息建设的整体布局，让业务和财务形成信息化的管理闭环；注重现场管理需求、成本管控需求、数据安全隐私及可追溯性；智慧工地供应商选择应适合集团整体和发展需求不断更新、迭代，建议开放 API 接口，集中由专门单位负责安装；适用性应达到方便，提高效率。

五、推进机制协同

（一）智慧工地评价机制

为提升智慧工地建设效果，部分标准对智慧工地建设内容提出要求，制定相应评价标准和评定机制。如重庆市标准分为建设方案评价和应用实施评价，其中建设方案评价主要评价项目采取的专项建设措施是否满足标准；应用实施评价针对实施效果进行评估。浙江省结合评价标准与智慧工地管理要素，评分由基本指标、一般指标和优选指标评价得分加权汇总得出。其中基本指标是评价要素必须满足的基本要求，一般指标和优选指标则对建设内容提出细化标准。江苏省将评价指标分为实施内容、项目集成和数据对接等 5 部分，针对不同管理内容分项打分后汇总得分。北京市在标准评价内容外辅以加分制度，鼓励自主结合项目实际增加其他智慧建设做法。可以看出，不同标准中的评价方法不尽相同，但均以评分形式进行，关键在于确保评价内容的严谨完整和评价机制的公正，在此基础上还需关注信息技术的创新应用，保证评价内容灵活。

（二）智慧工地管理制度

智慧工地技术的应用改变了传统的现场施工管理模式，因此也需要建立标准化的管理制度与之相配合，以保障智慧工地体系的顺利运行。

1. 业务处理机制

智慧工地的业务处理主要由管理人员通过信息化系统平台来完成，各项业务环节的管理流程也得以精简和优化，提高了管理效率。利用集成管理平台可以设定每一项具体业务处置的流程，保证各方协作的有序开展。例如，智慧工地的设计变更不同于传统的设计变更流程，BIM 技术的使用使设计信息全部集成于三维模型之中，设计师可以通过获取访问权限直接在智慧工地 BIM 模型上进行修改，施工方按照修改的模型进行施工，大大简化了管理流程，提高了工程管理的效率。又如，通过扫描已植入的 RFID 电子标签或二维码标签，可以对材料来源、产地、技术参数相关信息进行记录，精准完成建筑材料取样送检和使用流程，确保及时发现材料质量问题，实现建筑产品质量追溯。

2. 技术应用机制

针对智慧工地各项技术的应用，管理人员应当提出具体要求，确定不同类型软硬件设施的配置数量、型号和性能参数，对信息化系统平台的运行维护程序及数据传输机制等内容加以规范。同时，还需要符合相应的标准，目前已有一些关于工地信息化系统建设的初步技术标准。住建部发布的《建筑工程施工现场监管信息系统技术标准》（JGJ/T 434—2018）中就针对系统设计架构、运行环境、建设维护等提出了相关规定。例如，根据业务协同需求，智慧工地需要设计统一的数据接口，对元数据编制、代码设置、数据报文和数据交换格式的设计符合国家相关规范，保证各类数据在设备和平台之间高效传输、读取和集成。

3. 权限管理机制

根据不同区域、不同职责人员的信息使用需求，智慧工地信息化系统平台需要设置不同的访问权限，对所有用户进行统一身份认证管理，外部系统用户还需线上提交数据使用申请，经审批同意后方可访问数据共享中心获取相应信息，以此保证智慧工地数据共享的安全性和保密性，降低数据被篡改和泄密的风险。

4. 信息传递机制

智慧工地的组织沟通需要建立行之有效的信息传递机制，为各项工程管理工作的开展提供信息来源。智慧工地管理应当制定明确的制度对施工现场项目部各部门之间和项目各参与方之间的信息传递机制加以规范，包括信息交互的内容、时间、方式及其他具体细节等，以提高信息传递的效率，确保智慧工地管理工作的顺利实施。

第八节　智慧工地建设解决方案

一、智慧工地建设背景及建设需求

传统工程管理模式的局限性、物联网和BIM等技术的快速发展、政策的推动是智慧工地产生的必要条件。施工项目管理是指施工单位在完成所承揽的工程建设施工项目的过程中运用系统的观点和理论以及现代科学技术手段对施工项目进行计划、组织、安排、指挥、管理、监督、控制、协调等全过程的管理。从施工项目的全生命周期来看，施工项目的管理过程可分为投标签约阶段、施工准备阶段、施工阶段、竣工验收阶段、质量保修与售后服务等阶段。施工项目管理所要满足的质量、安全、成本、工期四大指标都是聚焦施工现场，抓好施工现场管理是施工项目管理的核心和关键。建筑业在我国是一个传统的产业，我国虽然是建筑大国，然而生产管理方式粗放（经验型），生产效率较低，重质量轻安全，建筑从业人员素质普遍偏低，培训教育流于形式，现场"人、机、料"等管理手段落后等问题仍然普遍存在。随着我国新型城镇化的大规模推进，建筑产业高消耗、高风险、高投入、低收益的问题日益突出。建筑施工现场露天作业多，多工种联合作业，人员流动大，是事故隐患多发地段。对于现代建筑施工企业来说，施工现场管理水平就是建筑施工核心竞争力的有力体现，也是建筑施工企业在建筑市场上得以立足的基石。传统的工程现场管理模式已不符合可持续发展的市场需要，施工企业迫切需要利用先进的科技手段来促进项目现场管理的创新与发展，真正构建一个智能、高效、绿色、精益的智慧工地施工现场管理一体化平台。

（一）新技术的发展和政策驱动对智慧工地建设的促进

针对传统建筑企业管理中遇到的问题，国网中卫古城110kV变电站扩建工程项目智慧工地的建设就成为必然。当前，云计算、大数据、物联网、BIM等前沿技术对传统产业的影响和渗透已经日趋深入，建筑业作为国民经济的重要产业"拥抱"新技术的热情也日益高涨。建筑行业不断融合新技术实现管理升级，大步迈进数字经济时代，进一步推动了智慧工地的建设，工地长出了"眼睛""耳朵""鼻子"和"嘴巴"，看得到违规、听得到噪声、闻得到粉尘、尝得出污水。通过构建智慧工地安全监管平台，将云计算、大数据、物联网、智能设备等先进现代化技术运用到施工现场各项管理中，从而实现政府、企业、施工部门之间的信息资源共享和实时工程监控，促进建筑企业的转型升级。

（二）政策驱动产业转型

2017年4月26日《住房和城乡建设部关于印发建筑业"十三五"规划的通知》（建市〔2017〕98号）中明确指出推动相关产业现代化，加快推进建筑信息模型（BIM）技术在规划、工程勘察设计、设计施工和运营维护全过程的集成应用。

现在的社会是以信息化为主的社会，不管在什么行业都引进了信息化技术，而智慧工地就是最好的代表。智慧工地在现代建筑行业中占有主导地位，是信息化城市的重要组成部分。智慧工地的实施，顺应了现代化建筑工程发展的需要，是建筑工程的必然选择。智慧工地的开展不仅能促进建筑行业朝着健康稳定的方向发展，而且还能实现良好的经济效益和社会效益。随着建筑施工行业信息化程度的不断加深，信息化建设越来越趋向具体工程项目的落地应用，即通过信息技术的集成应用改变传统管理方式，实现传统施工模式的变革，使施工现场更加智慧化。未来，智慧工地会借助更多的技术来解决施工现场的管理问题。同时将通过各种先进技术手段进一步与项目管理进行融合和交互，将获得的各类信息与现场管理进行集成，以大数据的充分挖掘和共享为基础，提高企业的科学分析和决策能力。同时，相关的硬件配套设施也应规范化、专业化，以便更好地进行集成。

（三）项目背景

随着建设工程的标准要求不断提高，如何搞好项目的监管，降低事故发生频率，杜绝各种违规操作和不文明施工现象一直是政府管理部门、施工企业关注的焦点。利用信息化手段解决建设工程中出现的"监管力度不强，监管手段落后"等难题，是行业管理部门的不二选择。

国网中卫古城110kV变电站扩建工程项目的定位是打造该项目成为电力工程建设的标杆。该建设工地具有规模大、面积大、人员多、设备物资分散等特征，所以，在建设项目前期经对该项目采取智慧化、数字化管理的可行性作了多方论证，决定采用智慧工地管理手段，改变项目管理理念，创造良好的经济效益和社会化效益。

（四）当前建设工地管理的方式存在的问题

历来项目管理作业存在流程烦琐，各个模块管理很难在整个管理系统发挥出时效性，各个模块被动传递，总体协调性差等问题。比如传统的人工巡视、手工纸质记录的工作方式，到采用条码、IC卡、信息按钮、RFID等手段对工作人员的工作进行监控，虽然已经有工地使用OA办公、视频监控等手段，但还是难以实现实时、准确、高效的管理，导致安全意识差、工作效率低、施工进度效率不高。

（1）现场工作人员考勤混乱及工作完成缓慢，出现极大的漏洞，造成企业承担不必要的成本开支。

（2）对现场工作人员每天的工作轨迹无法实时监控，

在一项工作结束后，管理部门及领导层只能看到一个工作表，无法通过作业过程对施工质量及人员考核做出直观的判断。

（3）无法确定某个区域中有多少工作人员及设备，在事故发生后，无法准确判断生产作业人员的受困位置和现场情况、无法安排遇险人员撤退路线、无法及时准确制定救援方案，这不但对事故的救援而且对事故前期防控都是一个非常迫切要解决的问题，也无法为后期事故责任划分提供有力证据。

（4）如何加强安全生产的防范措施，如何正确处理安全与生产、安全与效益的关系，如何准确、实时、快速履行安全监测职能，保证抢险救灾、安全保护的高效运作，摆到了各级部门和领导的面前。

（5）现场工作人员，在某些危险区域作业，自身安全得不到保障，工作人员出现事故后，系统无法及时得到识别，在危险情况下不能在第一时间发出警报。

（6）没有一套完整的智能管理系统可以有效地将人员监控、位置定位、工作考勤、应急预案、物资管理等资源整合。

（五）项目意义

国网中卫古城110kV变电站扩建工程项目采用智慧工地系统的解决方案，充分利用"北斗＋物联网＋云计算＋大数据"等高新技术，构建先进的建筑工程智能化监管系统，实现了"政府监管＋主体责任落实"，使得信息化监管能够承载业务，辅助监管，进而提升行业监管机构的业务水平和服务形象，推进行业自律管理。

通过互联网或者无线移动网络传输数据流，部分高安全、高敏感数据可通过北斗短报文传输至系统平台，直达权限管理者，避免了数据泄露，可实现建筑工地远程监管，大大提高管理效率，提升监管层次。该系统的运行，将使政府监管力度得到加强，施工企业明晰责任，及时有效地掌握现场施工动态情况。通过智能的监控系统与其他管理系统的结合，为国土、安监、住建等监控管理执法部门提供科学有效的工作依据，提高管理效率、加大执法和环境安全保障力度。

系统通过人员在固定工作岗位上工作时间，与视频监控联动查看工作岗位状态，对工程质量做出评估；系统与工程设备进行结合，通过工程设备数据分析得出设备工作质量，对工程进度的每一个环节进行质量把控，从而保证工程施工质量。

1. 人员、设备、物资、工艺、环境安全

（1）人员安全。虽然工地出台过各种施工规范，但是工地存在人员多、流动量大等特质，因此施工人员安全意识低，没有将安全作业规范落实到位，通过北斗位置服务设定电子围栏，只要人员进入危险区域，系统将发出报警；系统与现场设备进行联动，在出现现场人员施工不规范的情况下，系统做出相应的提示。

（2）设备安全。建筑工地内特种设备众多，系统集微电子技术、无线通信技术、北斗GNSS厘米级高精度定位等技术于一体，系统可实时全程连续可视化跟踪施工过程，向主管方、施工方、监理方提供及时精确定位的设备监管信息，实现了对施工过程进行远程、高效、及时的管理与指挥，提高了数字化施工水平与效率。

（3）物资安全。物资堆放区域规范，将不同的物资进行分类堆放管理，可以在物资北斗标签上添加物资属性，对于特殊时间期限的物资，可以进行时间提醒或状态提醒，如：下雨天提醒要对某些设备做好防护准备，或对于具有保质期的物资可以设置时间提醒。

（4）工艺安全。对整个施工过程中的安全管理可以是可视化管理，达到全真模拟。通过这样的方法，可以使项目管理人员在施工前就可以清楚下一步要施工的所有内容以及明白自己的工作职能，确保在安全管理过程中有序管理，按照施工方案进行组织管理，能够了解现场资源使用情况，把控现场安全管理环境，会大大增加过程管理的可预见性，也能够促进施工工程中的有效沟通，可以有效地评估施工方法，发现问题，解决问题，真正地运用PDCA循环来提高工程的安全管控能力。这样就可以改变原来传统的施工组织模式、工作流程和施工计划。

（5）环境安全。利用环保监测采集终端、北斗终端、北斗传输系统、移动通信系统、工作流和数据交换等技术，创新管理模式，规范现场巡查工作模式，提高管理效率。

2. 成本造价

人员、机械成本：通过室内外一体化北斗定位系统，确保工地上的人员、机械数量和实际报表上的数量相对应，降低人员、机械管理成本。

物资成本：通过对重要物资进行定位与视频联动，防止物资丢失，确保物资安全。

3. 工程进度

室内外一体化北斗定位系统与视频监控进行联动，可以随时查看现场人员、车辆的工作状态，确保工程进度；系统通过BIM系统后台数据分析，可以制订出合理的施工方案，自动对人员、车辆进行调度。

（六）建设目标

1. 加大安全质量的监管力度

首先，系统应用将对施工现场的操作工人起到一个施工全过程的监督和威慑作用，使工人更自觉遵守操作规程，更规范进行施工作业。其次，系统应用能使主管领导及时督查施工现场企业管理人员的上岗情况，督促相关企业加强现场安全质量管理。最后，系统应用还可以带动建设各方主体共同参与并加强建设工程安全质量管理，特别在建筑材料的使用方面起到日常监管作用。

对监管人员而言，无论身在何处，都可以通过系统随时随地掌握项目进展情况，监控现场的施工动态，及时发现问题并督促施工单位、项目负责人及时整改隐患，促进安全生产和工程质量管理。

2. 提升监管工作的科技含量

转变监管部门传统监管模式，实现监管模式的创新。同时，计算机技术、互联网的应用，又可以十分便捷地实现移动监督，真正实现监督管理的远程可视化与管理实时性，是科技兴业的具体体现。

3. 实时掌握项目进度

借助于北斗定位服务、BIM管理手段、移动监察和可视化管理系统，作为管理者坐在办公室就可及时了解各个施工现场的情况，掌控工程进度。

4. 促进和谐社会的建设发展

目前，各级政府都致力于和谐社会的建设，建筑工地的临时性与人员管理的流动性决定了其治安管理的复杂性，特别是斗殴、盗窃等事件影响社会稳定的因素时有发生。建筑工地可视化管理系统建成后，监控设备全天候24h对建筑工地实施有效监控，将对犯罪分子形成一种威慑，能遏制各类犯罪活动的发生，从而促进治安的明显好转和社会的稳定和谐。

二、智慧工地总体规划与设计

(一) 智慧工地应用框架

智慧工地将在施工现场收集人员、安全、环境、材料等关键业务数据，深入发现原来忽视或不好管理的细节，并依托物联网、互联网、超级计算机，建立云端大数据管理平台，形成"端＋云＋大数据"的业务体系和新的管理模式，建立智慧工地综合管理平台，打通一线操作与远程监管的数据链条。智慧工地应用框架包括现场应用层、集成监管层、决策分析层、数据中心和行业监管5个部分。

1. 现场应用层

智慧工地的现场应用层聚焦施工生产一线具体工作，通过小而精的专业化系统利用物联网、云计算等先进信息化技术手段，适应现场环境的要求，面向施工现场数据采集难、监管不到位等问题，保证数据获取的准确性、及时性、真实性并提高其响应速度，实现施工过程的全面感知、互通互联、智能处理和协同工作。现场应用业务范围涵盖施工策划、人员管理、机械设备管理、物料管理、成本管理、进度管理、质量安全管理、环境管理和项目协同管理等单元。智慧工地应用层的软件具有以下共同特征：

(1) 应用软件的碎片化，不再通过一个大而全的系统或平台来解决所有问题。每个管理单元都拥有一个或多个智慧工地的信息化系统，它们分别解决业务单元中不同的管理问题。例如，一些人员管理系统拥有劳务实名制系统、一卡通、即时通信、智能分析等，这些小的系统共同推动了相应的业务单元的管理水平和能力的提高。

(2) 追求数据的准确性、实时性、真实性和有效性。数据是管理的基础，单纯靠人员现场手工记录效率低下，且容易出错，还有延迟性。因此，智慧工地将RFID、传感器、图像采集等物联网技术和智能化技术应用于施工现场关键环节，实现施工过程的智能感知、实时监控和数据采集。并通过物联网网关协议与各管理系统集成，实现现场数据的及时获取和共享，解决了以前通过人工录入带来的信息滞后和不准确的问题，保证了现场交互的明确性、高效性、灵活性并提高了响应速度。例如，

针对物料管理控制方面的物联网应用，可以对现场物料的使用、存放信息进行有效的监控和管理。对施工过程中的物料运输、进出详情、材料计划清单、物料进场进度可以通过智能地磅系统进行跟踪和监控。

(3) 追求现场人员实时沟通与协同工作。施工项目的临时性、工地的分散性、人员的走动性等特点对信息化的应用造成很多障碍。工地管理人员多是在现场作业，但是工地现场的环境非常复杂，容易出现反馈问题的重复、安全问题的延误和重复处理、工作前后交接出现脱节等现象，解决这些问题的核心就是干系人能更准确地创建信息、及时传递信息、更快地反馈信息。智慧工地通过手机登录移动终端设备上的专业APP软件、集成云平台和物联网终端，实现随时随地的信息共享和沟通协同。例如，在现场通过手机端工地APP可编制汇总并上传技术交底文档，可设置时间定期提醒被交底人员查看下载相关技术交底文档，实现被交底人员电子手签标注，在指定处自行打印技术交底文件归档留存，对于逾期未查看下载的情况进行报警。

(4) 充分利用BIM技术，优化施工组织和方案，实现过程精细化管控。智慧工地现场应用层从结构上又分为感知层、网络层和应用层。感知层应包括智慧工地现场信息采集、显示等各类信息设备，对工地现场各类信息进行传感、采集、识别、控制。感知层信息设备包括各类感知节点、传输网络、自动识别装置、监控终端等，如环境监测传感器、视频采集子系统、自动识别考勤装置、升降机监控子系统等类似设备或系统。网络层应实现不同终端、子系统、应用主体之间的信息传输与交换，服务于物联网信息汇聚、传输和初步处理的网络设备和平台，由互联网、有线和无线通信网、网络管理系统以及云计算平台等组成，负责传递和处理感知层获取的信息。通过网络层，工程项目管理者可以从中获取工程项目各阶段的数据信息，进而对这些数据进行采集、整理、分析等。同时，能够通过在工地各围场安装传感设备和无线网络，随时随地传送监测到的数字信号，从而为建设工地现场管理系统进行信息采集和数据通信提供有力的保障。同时，网络层的云计算技术的运用，可实现对各类设备设施监控信息资源的共享和优化管理。应用层应根据智慧工地的各类服务需求，向用户提供应用服务。应用层为各方责任主体及相关人员提供应用服务，包括工程基本信息应用、人员信息管理应用、环境监测应用、视频监控应用、设备监管应用、质量监管应用和安全监管应用等。运行与维护部分为智慧工地各信息系统正常运行提供保障。智慧工地具有集合各类共用信息的数据资源库，可以向政府、企业、市民等社会各界提供大量的数据，能够快速有效地帮助工程管理者进行数据分析，更好地为人们提供更加安全、文明、智慧的工地施工环境。

2. 集成监管层

通过数据标准和接口的规范，将现场应用的子系统集成到监管平台，创建协同工作环境，搭建立体式管控

体系，提高监管效率。它包括平台数据标准层和集成监管平台两部分内容。集成监管平台需要与各项目业务子系统进行数据对接。为保证数据的无缝生成，各系统之间的管理协调需要建立统一的标准，包括管理标准和技术标准等，对接各智慧工地现场系统，使其具有对施工现场各要素进行远程监测、管理、统计等功能。

3. 决策分析层

它基于实时采集并集成的一线生产数据建立决策分析系统，通过大数据分析技术对监管数据进行科学分析、决策和预测，实现智慧型的辅助决策功能，提升企业和项目的科学决策与分析能力。决策分析层一般需建立领导决策分析系统。

4. 数据中心

通过数据中心的建设，建立项目知识库，通过移动应用等手段植入一线工作中，使得知识库发挥真正的价值。

5. 行业监管

智慧工地的建设可延伸至行业监管，通过系统和数据的对接，支持智慧工地的行业监管。

（二）智慧工地建设内容与建设思路

智慧工地的主要建设内容包括智慧施工策划、智慧进度管理、智慧人员管理、智慧施工机械管理、智慧物料管理、智慧成本管理、智慧质量安全管理、智慧绿色施工管理、智慧项目协同管理、智慧工地集成管理和智慧工地行业监管等内容。智慧工地具有一定的复杂性，其建设不可一蹴而就，需要遵循一定的规律。智慧工地的建设思路可以总结为以下几点：

（1）以满足现场工作为基础，同时满足监管的需要。

（2）以企业为主体，总体规划，分步实施。首先进行顶层规划、相关技术标准设计；然后推进和出台相应管理制度；最后按照技术标准、管理制度实施。在整体规划的基础上，智慧工地一般采用自下而上的方式实施。正像架构中展示的那样，紧紧围绕现场核心业务，采用碎片化的众多子系统，以满足一线管理岗位对现场作业过程的管理为第一要务，有针对性地减少工作量，提高工作效率，减少管理漏洞。

（3）采用自建和购买服务相结合的方式建立系统。

（4）建立配套的岗位流程制度以提供制度上的支撑。

（三）总体设计

中卫古城 110kV 变电站扩建工程项目鸟瞰图如图 1-7-8-1 所示。

图 1-7-8-1 中卫古城 110kV 变电站扩建工程项目鸟瞰图

1. 设计原则

（1）整体最优性原则。在进行架构设计和选型配置时，要进行综合考虑和评价，兼顾以下几个方面：实用性、先进性、可靠性、安全性、经济性、稳定性。

（2）系统实用性原则。系统整体设计要求软硬件的配置必须考虑各种约束条件，在保证满足建设方提出的各项功能与性能要求的基础上要做到有用、实用、易用。

（3）系统开放原则。系统应具有良好的开放性，即兼容性和扩展性，以适应技术的不断发展和不断增强、增加的应用需求。整个方案的设计以及选用的产品必须坚持标准化的原则，遵从国际化组织所制定的多种国际标准及工业标准。

（4）经济性原则。设备的选型在完成系统要求功能的前提下，尽可能地提高性能价格比。

2. 总体架构

智慧工地系统基于北斗室内外一体化定位系统，结合 GIS 地理信息系统、建筑信息模型（BIM）系统、视频监控系统、物联网等相关技术的综合方案，实现对现场施工人员、设备、物资的实时定位，有效获取人员、机械设备、物资位置信息、时间信息、轨迹信息等，及时发现遗漏异常行为，实现自动化监管设施联合动作，提高应急响应速度和事件的处置速度，形成人管、技管、物管、联管、安管"五管合一"的立体化管控格局，变被动式管理为主动式智能化管理，有效提高施工现场的管理水平和管理效率。

系统的设计与开发都要从整体和系统的角度考虑其角色和作用，并有效地利用最新的信息技术，如 GIS 技术、组件技术、Web 技术、数据库技术等，实现项目资源信息与基础空间数据相结合，构造一个信息共享、集成的、综合的工地管理和决策支持平台，实现经济和社会效益的最大化。

总体架构如图1-7-8-2所示。

在系统具有良好的运行环境保障下，根据系统建设的目标，系统的设计框架基于业界标准的三层体系结构——支撑层、数据层、应用层。因为采用这种体系结构无论从平台的角度还是从开发的方面，均是一个结构灵活，便于调整的应用体系。而对整个系统的业务逻辑和数据访问、共享等通过组件层进行封装，各个应用可以基于组件迅速搭建。

（1）支撑层。依托服务器、互联网、北斗位置服务、北斗终端、智能传感器等软硬件设施，采用相控阵技术在通信5G基站、ZigBee站内设备之间无线通信，为系统的高效、稳定运行，创造良好的支撑环境。

（2）数据层。整合基础地形、影像、三维、街景、BIM建筑模型（三维）、项目、专题等数据，用统一的数据标准进行空间入库，为应用层提供必需的数据基础。

（3）应用层。应用层包括数据管理、项目一张图系统、环境监测系统、工地可视化管理系统、工地人员管理系统、机械设备管理系统、物资管理系统、施工管控系统、移动巡查系统、安全隐患管理系统、公众服务系统和运维管理系统，实现建设项目日常监管。

3. 工作原理

室内外一体化系统主要由区域定位、室内定位、北斗定位相结合来实现，由主基站、从基站、北斗卫星、定位标签等设备组成，前端设备采集数据以无线AP（WiFi、4G/5G、RDSS短报文等）方式传输至系统平台，平台将数据信息进行解析处理后，得到所需信息，如图1-7-8-3所示。

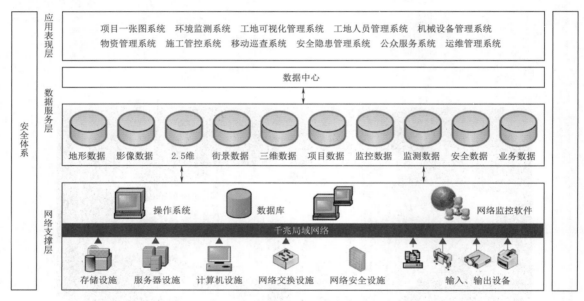

图1-7-8-2　总体架构图

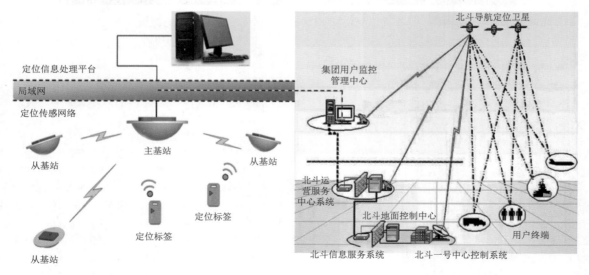

图1-7-8-3　系统工作原理图

室外采用北斗卫星信号对地面人员、设备、车辆进行定位；在卫星信号弱或者无法覆盖的区域内，使用UWB定位基站进行信号覆盖；为工作人员、重要设备物资、车辆以及关键点配置定位标签，定位标签发射定位信号，定位基站接收解调定位信号，将数据传回后台管理中心，后台管理中心通过优化的高精度定位算法，解算出关键点和工作人员、设备物资的位置、人数信息，并将位置信息及运动轨迹在智能管理系统上显示。工作人员在发生特殊事故时通过与视频监控进行联动，有序地对事故现场进行调度控制，且设备可以自动或手动上报事故信息，以便为后期事故处理提供有效的证据，后台管理中心通过自动分析、统计，制作成报表进行备案。

调度、管理人员可通过电脑客户端（或 Web 客户端）登录系统平台，随时查看各部门、各工作区人员的到位、工作情况，结合电子地图可查看设备物资信息、人员轨迹、异常点分布等，通过系统终端对现场运输车、物料等进行有效的调度，从而实现了对现场工作信息化、数字化、网络化、图形化的管理，为管理制度的落实及资源管理提供了技术保障。

三、智慧工地典型系统介绍

（一）视频监控系统

建立视频监控系统管理建筑工地，旨在通过工地现场的互联网或微波传输技术和先进的计算机技术，加强建筑工地施工现场安全防护管理，实时监测施工现场安全生产措施的落实情况，对施工操作工作面上的各安全要素如塔吊、井字架、施工电梯、中小型施工机械、安全网、外脚手架、临时用电线路架设、基坑防护、边坡支护以及施工人员安全帽佩戴（识别率达90%以上）等实施有效监控，可以直接在监控中心显示屏上看到各施工地点的现场情景图像，也可以通过监控中心的监控电脑向前端摄像机、高速球发出控制指令，调整摄像机镜头焦距或控制云台进行局部细节观察，对施工现场进行远程实时抽检监控。在监督施工现场是否规范施工的同时，及时消除施工安全隐患，保证建筑材料及设备的安全。视频监控功能模块的内容应包括视频数据采集、视频数据查看、视频监测控制、视频数据存储、视频报警检索联动、多监控中心。

（1）前端——IP摄像机：用于拍摄建筑工地的情况，常安装在塔吊、工地大门、建筑器材堆放处等。

（2）中端——无线传输设备：用于监控视频影像的发送和接收。

（3）后端——监控显示器＋网络硬盘录像机（NVR）：用于显示和存储监控视频影像。后端可分临时监控室和总部监控中心。通过互联网将临时监控室和总部监控中心连接，总部监控中心也能观看建筑工地的监控影像。

（二）环境监测系统

扬尘和噪声是造成环境污染的重要因素，建立针对建筑工地、运渣车等环境监测系统能提升环保治理的管理效率和效果，对于我国大中城市有效地控制扬尘污染、提高空气质量具有非常现实和重大的意义。施工现场常常因为噪声过大等原因被迫停工，或者拖延工期，使用环境监测仪器可以避免这一情况。环境监测功能模块内容宜包括工地扬尘监测、工地环境噪声监测、小气候气象监测、建筑垃圾管理。

（三）施工机械设备监管系统

施工机械设备监管，是对施工机具的购置、配备、验收、安装调试、使用维护等管理过程进行控制，消除或降低职业健康安全风险，降低场界噪声、减少环境污染，保证施工机具满足施工生产能力的要求。设备监管功能模块内容宜包括机械设备信息管理、塔式起重机监控、升降机监控等。

1. 塔式起重机监控系统

塔式起重机（简称塔机）属于一种非连续性起重运输机械，是一种起重臂（或称吊臂或塔臂）装设于高处的全回转起重机械。塔机的优点是能将构件或材料准确吊运到建筑楼层的任意位置，在吊运方式和吊运速度方面胜过其他任何起重机械。因此，它对减轻劳动强度、节省人力、降低建设成本、提高施工质量、实现工程施工机械化起着重要作用。当今，建筑施工现场经常是楼群建设，塔机的布设越来越密集，施工环境复杂，多塔机经常同时进行交叉作业，所以塔机也是一种蕴含危险因素较多、事故发生概率较大的机械设备。由于塔机工作于多样的环境中，应用于各种场合，使用范围广，并且具有自身结构较高的特点，一旦出现塔机安全事故，将严重危害人身及财产安全。由于塔机经常发生安全事故，塔机运行的安全问题备受人们关注。发生塔机事故的原因可以总结为以下几个方面：

（1）塔机发生安全事故主要由于塔机起重量大于自身额定值，塔机长期超负荷运行，使塔机倾斜倒塌。工地施工管理人员为了尽快完成工程进度，经常超负荷使用塔机；并且有些塔机没有安装监测系统，不能实时监控塔机运行的数据，操作人员并不能得到准确的起重量数据，只是根据经验对塔机吊起的物料进行估计，可能导致估计值和实际值偏差比较大，这样就可能使塔机本身损坏，导致塔机倾倒、折断，发生比较严重的塔机安全事故。

（2）塔机操作人员违规操作塔机。塔机操作人员未按照规定操作塔机，使塔机超负荷运行，小车运行速度过快，安装与拆卸不合理等。

（3）塔机本身质量问题以及长时间得不到维护。

（4）塔机工作于恶劣的环境中，比如强风、大雨等情况，影响塔机安全。

（5）塔机经常工作于各种不同的环境中，运行过程中存在多种危险因素，比如与周围建筑物、塔机群中的其他塔机或其他障碍物碰撞等。

由以上塔机运行中出现事故的原因可以总结得知，塔机安装安全监控系统尤为重要，可以起到防范塔机出现事故的作用。在塔机监控系统中主要需要采集的数据有起重量、工作幅度、回转角度、起升高度。塔机采集运行状态的传感设备包括重量传感器、倾角传感器、回转传感器、幅度传感器、高度传感器、风速传感器等；塔机控制功能包括额定力矩控制、最大额定起重量控制、幅度前后预减速及限位控制、高度上下预减速及限位控制、回转左右预减速及限位控制、位移前后预减速及限位控制。塔机运行状态数据包括当前运行时间、起重量、起重力矩、起重高度、幅度、回转角度、倍率、运行行程、风速、倾角等信息。塔机应对操作员实行分级管理制度，并用密码保护分级权限。建筑塔机远程监测系统主要由三大部分组成：服务端包括数据库、管理平台；无线通信终端采用3G/4G工业路由器来实现数据联网；前端部分主要由摄像头、各种监测传感器组成。中心平台主要由数据服务器、应用服务器和监控大屏组成，主要实现数据的存储、计算、分析与监控等功能，及时对前端返回的数据进行处理，及时发现各种安全隐患，并发布预警信息，甚至做急停处理。前端采集与监控主要由摄像头、集各种监测与控制于一体的采集模块组成。由摄像头做视频监控，防止恶意操作、误操作等各种情况发生；传感器监测塔机的起吊重量、电机温度、起吊高度等多种参数，及时把握塔机的运行状态，发现各种安全隐患。

2. 施工升降机监控系统

施工升降机又称施工电梯，是城市高层和超高层建筑中重要的载人载物运输装备。它在垂直方向上移动，架设范围可达250m。由于安全管理能力弱、工作环境恶劣、自动化程度不高，施工升降机故障率较高。施工升降机一旦发生坠机，其后果往往极为严重，属于"危害性较大的分部分项工程"类机械。施工开始及结束之时，施工人员往往争先恐后进入电梯，人员密度过高容易引起超载行为，若安装方未按规程正确安装电梯，高密度的人员也容易引起升降机失衡，造成吊笼脱轨。由于现在的施工升降机必须要求司机有证驾驶，有的企业会考虑到成本，雇用经过短期培训的无证司机驾驶升降机，这就存在更大的安全隐患。按传动形式划分，施工升降机可分为齿轮齿条式（SC）、钢丝绳式（SS）、混合式（SH）三种。钢丝绳式施工升降机又分卷扬机驱动与曳引驱动两类。齿轮齿条式施工升降机可靠性好，安全性高，可用于载人载货。

施工升降机主要由导轨架、驱动体、驱动单元、电气系统、防坠安全器、限位装置、电气控制部分、吊笼、底架护栏、电缆卷筒、电缆导架、附着装置、电缆臂架、电动起重机、滑车系统等构成。护栏由底盘、吊笼缓冲装置、防护围栏等构成。底盘用来固定标准节，结构设计合理的底盘的受力情况会比较好；防护围栏由各扇护网拼接到一起，并与底盘相连接，护栏门通过绳轮悬挂配重铁块的方式工作。导轨架用来实现吊笼上下运行，由标准节通过高强度的螺栓连接在一起构成。标准节一般由4根立柱管角钢框架以及轨道焊接形成的，其上面装有一根或者两根齿条。导轨架通过附着在墙体上的连

接架与墙体连接到一起，以此来保证整体结构的稳定性。附着装置用来实现导轨架与楼房等建筑物之间的连接，用于保持施工升降机的导轨架的整体结构稳定。吊笼是钢结构的构件，采用焊接方式构成。吊笼侧面的上部由铝板网组成，下部铺设用于装饰的铝板，这种设计便于采光和减少风的阻力。吊笼一般分为单开门或者双开门。吊笼同时还有用于防止吊笼脱离导轨架的安全装置。吊笼的顶端用来安装拆卸标准节，其上部有翻板门以及安全护栏，内部还有扶梯。吊笼笼顶安装有传动机构，这种安装方式能够减少笼内噪声。传动机构主要由电机、驱动齿轮、背轮、联轴器、蜗轮蜗杆减速器等组成。全部的驱动机构安装在吊笼的顶部，其与吊笼或者驱动架之间设有弹性连接块，用来保证吊笼制动过程平稳，电机驱动齿轮与导轨架齿条啮合到一起，实现吊笼的上下移动。

防坠安全器又称安全器或限速器，由齿轮轴、外毂、制动锥鼓、拉力弹簧、离心块、离心块座、蝶形弹簧、铜螺母、机电联锁开关等组成。当吊笼在安全器设定的动作速度内运行时，防坠器内部的离心块在拉力弹簧的作用力下，与离心块贴在一起。当吊笼运行的最大速度超过设定的安全速度时，由于离心力大，离心块克服弹簧拉力作用，此时的离心块向外被甩出去；这个时候离心块的尖端与制动锥鼓相顶并且连接为一个整体并带动制动锥鼓开始旋转，铜螺母做轴向运动压紧蝶形弹簧，蝶形弹簧反向带动制动锥鼓，制动锥鼓与外锥鼓接触，摩擦制动力矩加大；铜螺母旋进的同时，带动联锁开关使得电机停电，实现安全制动，达到保证乘坐人员和设备安全的目的。电缆导向装置由电缆卷筒、电缆导架、电缆臂架等构成。电缆导向装置起到保护电缆臂和随着升降机运行的电缆的作用。电缆臂架在安装的过程中应该与电缆臂对正，以保证电缆通过。当吊笼提升高度很大时，需要在电缆导向装置上安装滑轮。升降机的电气系统主要由电力驱动系统、电气控制系统和电气安全保护系统组成。电力驱动系统由曳引电动机、电动机调速装置（变频器）等部分组成。电气控制系统主要由接触器、继电器、电机等构成，电梯的启动停止等动作都由该控制系统保证。现有的施工升降机的控制系统主要采用继电器实现对升降机的控制。电气安全保护系统主要包括上下限位装置、上下极限限位开关、门限位开关等。

（1）上下限位装置主要包括上下限位开关。上下限位开关采用自复位的方式，当上限位动作后升降机的吊笼只能向下移动；当下限位动作后升降机的吊笼只能向上移动，两者达到了保护升降机轿厢的目的。

（2）上下极限限位开关。上下极限限位开关的作用是当上下限位开关发生故障后，电梯继续移动而碰到上下极限限位开关后，电梯停止运行，进一步起到保护电梯轿厢的作用。施工升降机正常运行时应经常检查各开关之间的位置是否准确，保证各限位开关动作到位。

（3）门限位开关。门限位开关用来保证升降机吊笼的门在打开的状态下吊笼不能运行。它主要包括吊笼门

限位开关、吊笼的顶部翻门限位开关、升降机吊笼底部翻门限位开关。任何升降机的门限位开关动作都能够切断主控制电源，使升降机吊笼停止运行。升降机采集运行状态的传感器包括重量传感器、高度传感器、风速传感器等。升降机运行状态数据包括当前运行时间、起重量、当前楼层、倾角、高度、速度等信息。

应对升降机操作员实行分级管理制度，并用密码保护分级权限。施工升降机安全管理系统主要有以下功能：

（1）人数统计。RFID技术是一种非接触式的自动识别技术，包含电子标签和读卡器两部分。按规定，从业人员在作业过程中，应正确佩戴和使用劳动防护用品。绝大多数施工现场对安全帽管理都比较规范，因此将RFID电子标签粘贴在安全帽上，方便快捷，不影响工作，不容易丢失、遗漏。使用超高频远距离读取数据时，读卡器安装在吊笼顶部，安装调整方便快捷。吊笼四周为金属材质，可以屏蔽外界干扰信号，保证人数统计准确无误。当前人数会显示在触摸屏上，当出现超员时，将会给出语音报警，并切断升降机的启动电源。

（2）重量检测。系统采用传统的加装轴销式重量传感器的方式进行重量检测。当前重量会显示在触摸屏上，当出现超载时，会给出语音报警，并切断升降机的启动电源。

（3）司机识别。司机识别功能主要是为了杜绝无证驾驶现象，司机识别主要分为司机卡识别、人脸识别、指纹识别等方式。司机非法操作时无法启动升降机。

（4）人机交互。人机交互采用7in触摸屏，显示内容丰富，最大限度满足用户的使用要求。触摸屏能够实时展示的内容包括当前载重、当前人数、网络连接状态、当前司机信息、当前楼层、蓄电池电量、升降机当前开关门及上升下降状态、升降机是否被控制状态以及各种配置参数。

（5）检测和控制。检测和控制的接线原则是尽量不破坏其原有控制电路。系统能在不改动原有电路的情况下完成施工升降机的内、外门开、闭状态的检测以及升降机上升、下降、停止的检测。控制功能在必要时切断升降机的启动电源。

（6）语音报警。当出现提示信息或者报警的情况时，比如当前已经超载或超员，系统可直接使用语音的方式播报。

（7）楼层呼叫。系统采用315M无线通信模块，各楼层安装地址编码不同的楼层呼叫器，呼叫器能够编码发送地址，主机接收到信号后进行解码，根据解得的地址码的不同，确定当前呼叫的楼层。

（8）图像抓拍。升降机启动运行时，摄像机自动拍照，司机也可手动拍照。照片实时上传到平台，系统记录未戴安全帽、超员等违章行为，能为突发事故保留现场证据。

（9）远程监控。监控终端获得的各种实时数据以及摄像机拍摄的图片都会通过GPRS网络发送给远端的服务器，监管人员通过客户端连接服务器可获取各种监控

信息。

（四）人员信息管理系统

智慧工地人员信息管理系统一般具备门禁功能、指纹及人脸识别对比功能、RFID识别功能，采用实名制管理，对工人出入工地的信息采集、数据统计及信息查询等进行有效分析，便于施工方对班组进行日常管理。人员信息管理功能模块内容应包括人员信息采集、人员岗位职责管理、人员职业管理、门禁考勤管理、人员定位跟踪、人员薪酬管理、人员诚信度管理。人员基本信息以居民身份证实名制为基础信息。自动识别方式可包括生物特征识别、射频卡识别、条码识别、二维码识别等方式。生物特征识别可包括人脸识别、指纹识别、虹膜识别等方式。建设工地主要分为生产区、办公区、生活区，考勤设备只对生产区出入口进行覆盖，不涉及办公区和生活区。人员信息管理系统的功能如下：

1. 人员进出管控

人员通道闸机通行支持IC卡、身份证、二维码、人脸识别、指纹识别、指静脉识别等多种认证方式，同时支持以上认证方式的组合认证配置。对于认证通过的人员予以放行，将无权限人员拒之门外，未授权人员强行闯入时会发出声光报警，实现对人员进出的有效管控。

2. 人员考勤管理

对于集中考勤的情形，人员通道闸机读卡器自带考勤功能，员工刷卡通过人员通道的同时，自动在读卡器上完成考勤任务。对于分散考勤的情形，在考勤室配置门禁考勤一体机，支持刷卡、指纹、刷卡＋指纹、刷卡＋密码、指纹＋密码、刷卡＋指纹＋密码、开门按钮等多种认证方式，完成门禁控制及考勤动作。系统可灵活设置考勤规则，生成和导出报表，便于考勤管理。

3. 人员抓拍识别

人员通道闸机可配置高清摄像机。人员刷卡动作可联动摄像机抓拍，对进出人员进行图像抓拍并存档记录，便于后期事件追溯，并将卡号、工种显示在图像上，便于检索。

4. 紧急逃生功能

人员通道具备紧急逃生功能，发生紧急情况时，人员通道具有自动打开放行功能，不会阻碍人员的紧急疏散。

5. 快速通行功能

下班高峰期，为了保证人员快速通过，避免滞留现象，人员通道可保持常开，员工刷卡作为考勤记录，如果不刷卡通过则声光报警提示。

（五）基于BIM的质量安全管理系统

工程建设项目施工的质量安全管理是一项系统工程，涉及面广而且复杂，其影响质量的因素很多，比如设计、材料、机械、地形、地质、水文、工艺、工序、技术、管理等，直接影响着建设项目的施工质量，容易产生质量安全问题，因此，建设项目施工的质量安全管理就显得十分重要。建设项目的现场施工管理是形成建设项目实体的过程，也是决定最终产品质量的关键。因此，现

场施工管理中的质量安全管理，是工程项目全过程质量安全管理的重要环节，工程质量在很大程度上取决于施工阶段的质量管理。切实抓好施工现场质量管理是实现施工企业创建优良工程的关键，有利于促进工程质量的提高，降低工程建设成本，杜绝工程质量事故的发生，保障施工管理目标的实现。传统的质量管理主要依靠制度的建设、管理人员对施工图纸的掌握及依靠经验判断施工手段合理性来实现，这对于质量管控要点的传递、现场实体检查等方面都具有一定的局限性。采用 BIM 技术可以在技术交底、现场实体检查、现场资料填写、样板引路方面进行应用，帮助提高质量管理方面的效率和有效性。基于 BIM 技术，对施工现场重要生产要素的状态进行绘制和控制，有助于实现危险源的辨识和动态管理，有助于加强安全策划工作，使施工过程中的不安全行为/不安全状态得到减少和消除，做到不发生事故，尤其是避免人身伤亡事故，确保工程项目的效益目标得以实现。

1. 基于 BIM 的质量管理

工程质量问题受到人们的关注，影响着项目使用者的人身财产安全。在整个施工过程中，对工程质量产生影响的因素很多，下面从人员、材料、设计、管理等方面进行介绍。

1）人员不仅是工程施工操作者以及生产经营活动的主体，同时也是工程项目的管理者和决策者。任何一个人只要参加了工程建设工作，那么其一切行为都必将对工程的质量产生直接或者间接的影响。目前，有些施工队伍整体的综合素质不高，工程的施工质量就不能得到有效的保障，可能导致最终的建设效果也会与预期规划设计的效果产生较大的差距。

2）工程施工质量管理中存在施工材料问题。施工材料是保证施工质量的基础，只有质量合格的材料才能够建造出满足质量标准规范的工程。碎石、钢筋、水泥、块石等所有进入施工场地的建筑材料都必须进行抽样检查，对其是否符合施工设计要求进行鉴定，只有符合设计要求的材料才能在工程施工建造中使用。随着建筑业的快速发展，建筑材料的价格也在以较快的增长速度节节攀升，一些施工单位为了获得较高的利润，就在施工过程中采取降低工程施工成本的方式，选择价格较低的劣质材料，这就给工程施工质量带来了不利影响。再加上一些施工单位为了减少施工步骤，钢筋、水泥、碎石等建筑材料没有经过抽样检查就进入施工场地，如果这些材料与施工设计的要求不符，那么就会对工程的质量造成极大的影响。

3）工程施工质量管理中存在规划设计能力低的问题。工程的建设论证和设计规划是工程整体规划管理中的两个重要组成部分，其中还存在着一些与工程质量管理有关的影响因素，这主要涉及工程的规划能力。规划设计中存在的施工质量问题主要可以从两方面来进行分析，一方面，在工程进行建设论证之前对工程功能开发过程加入了较强的主观意识，具有很大的盲目性和随意

性，缺乏一个较为全面的规划，并且在专业论证管理方面也不能够同时兼顾工程建设的经济效益和社会效益，使工程的价值大打折扣；另一方面，工程在进行方案的设计时，没有对工程的具体细节部分进行全面的论证和设计，这就使设计技术的含量不高，使工程规划设计和实际的施工不能有效地衔接起来，工程的功能效果也就得不到体现。

4）施工质量管理意识较为落后。很多建筑施工企业现场施工的管理人员对施工质量控制并没有给予高度重视，而更多注重的是施工进度控制，希望可以用较短的时间完成当前工程项目建设，从而尽快投入下一个建筑工程项目建设中去，使建筑施工质量控制的重要性被弱化。施工管理人员没有随着建筑领域发展对自身的管理理念进行转变，没有注重施工质量管理体制的创新。新型施工材料和施工技术应用可以提升工程项目建设施工速率，保证工程项目建设施工质量，但是很多施工管理人员认为新型施工材料和施工技术应用会加强工程项目建设的成本投入，会缩减建筑企业工程项目建设获得的经济效益，对新型施工技术和施工材料应用存在一定抵触心理。因施工技术没有创新突破，施工企业施工水平得不到提升，对建筑施工质量控制造成了不良影响。随着科学技术的进步，BIM 技术在工程质量管理中的应用可以对现存的某些问题进行针对性解决，达到提高工程质量管理效率的目的。运用 BIM 技术，通过施工流程模拟、信息量统计给项目管理提供重要的技术支持，使"每个阶段要做什么、工程量是多少、下一步做什么、每一阶段的工作顺序是什么"都变得显而易见，使管理内容变得"可视化"，增强管理者对工程内容和质量掌控的能力。基于 BIM 技术的质量管理既体现在对建筑产品本身物料质量的管理上，又体现在对工作流程中技术质量的管理上。

（1）物料质量管理。就建筑产品物料质量而言，BIM 模型储存了大量的建筑构件、设备信息。通过软件平台，从物料采购部、管理层到施工人员可快速查找所需的材料及构配件信息，规格、材质、尺寸要求等一目了然，并可根据 BIM 设计模型，跟踪现场使用产品是否符合设计要求，通过先进测量技术及工具的帮助，可对现场施工作业产品进行追踪、记录、分析，掌握现场施工的不确定因素，避免不良后果的出现，监控施工质量。

（2）技术质量管理。施工技术的质量是保证整个建筑产品合格的基础，工艺流程的标准化是企业施工能力的表现，尤其当面对新工艺、新材料、新技术时，正确的施工顺序和工法、合理的施工用料将对施工质量起决定性的影响。BIM 的标准化模型为技术标准的建立提供了平台。通过 BIM 的软件平台动态模拟施工技术流程，由各专业工程师合作建立标准化工艺流程，通过讨论及精确计算确立，保证专项施工技术在实施过程中细节上的可靠性。再由施工人员按照仿真施工流程施工，确保施工技术信息的传递不会出现偏差，避免实际做法和计划做法不一样的情况出现，减少不可预见情况的发生。

同时，可以通过 BIM 模型与其他先进技术和工具相结合的方式，如激光测绘技术、RFID 射频识别技术、智能手机传输、数码摄像探头等，对现场施工作业进行追踪、记录、分析，能够第一时间掌握现场的施工动态，及时发现潜在的不确定性因素，避免不良后果的出现，监控施工质量。

（3）BIM 技术在工程项目质量管理中应用的优越性。在项目质量管理中，BIM 技术通过数字建模可以模拟实际的施工过程并存储庞大的信息。对于那些对施工工艺有严格要求的施工流程，应用 BIM 技术除了可以使标准操作流程"可视化"外，也能够做到对用到的物料以及构建需求的产品质量等信息进行随时查询，以此作为对项目质量问题进行校核的依据。对于不符合规范要求的，则可依据 BIM 模型中的信息提出整改意见。同时应认识到，传统的工程项目质量管理方法经历了多年的积累和沉淀，有其实际的合理性和可操作性。但是，由于信息技术应用的落后，这些管理方法的实际作用得不到充分发挥，往往只是理论上的可能，实际应用时会困难重重。BIM 技术的引入可以充分发挥这些技术的潜在能量，使其更充分、更有效地为工程项目质量管理工作服务。

（4）BIM 在质量控制系统过程中的应用。质量控制的系统过程包括事前控制、事中控制、事后控制，而对于 BIM 的应用，主要体现在事前控制和事中控制中。应用 BIM 的虚拟施工技术，可以模拟工程项目的施工过程，对工程项目的建造过程在计算机环境中进行预演，包括施工现场的环境、总平面布置、施工工艺、进度计划、材料周转等情况都可以在模拟环境中得到体现，从而找出施工过程中可能存在的质量风险因素，或者某项工作的质量控制重点。对可能出现的问题进行分析，从技术上、组织上、管理上等方面提出整改意见，反馈到模型当中进行虚拟过程的修改，从而再次进行预演。反复几次，工程项目管理过程中的质量问题就能得到有效规避。用这样的方式进行工程项目质量的事前控制比传统的事前控制方法有明显的优势，项目管理者可以依靠 BIM 的平台做出更充分、更准确的预测，从而提高事前控制的效率。BIM 在事前控制中的作用同样也体现在事中控制中。另外，对于事后控制，BIM 能做的是对于已经实际发生的质量问题，在 BIM 模型中标注出发生质量问题的部位或者工序，从而分析原因，采取补救措施，并且收集每次发生质量问题的相关资料，积累对相似问题的预判经验和处理经验，为以后做到更好的事前控制提供基础和依据。BIM 技术的引入更能发挥工程质量系统控制的作用，使这种工程质量的管理办法能够更尽责、更有效地为工程项目的质量管理服务。

（5）BIM 在影响工程项目质量的五大因素控制中的作用。影响工程项目质量的五大因素为人工、机械、材料、方法、环境。对五大因素进行有效控制，就能在很大程度上保证工程项目建设的质量。BIM 技术的引入在这些因素的控制方面有着其特有的作用和优势。

1）人工控制。这里的人工主要指项目管理人员、技术人员和一线施工人员的控制。

人在施工过程中起决定性的作用，人员的思想、质量意识和质量活动能力对施工的质量有决定性的影响。将 BIM 技术引入施工的管理过程中，引入了富含建筑信息的三维实体模型。对施工现场的模拟，使管理者对工程项目的施工现场和施工质量有一个整体的把握，让管理者对所要管理的项目有一个提前的认识和判断，根据自己以往的管理经验，对质量管理中可能出现的问题进行罗列，判断今后工作的难点和重点，提前组织应对措施，减少不确定性因素对工程项目质量管理产生的影响，提高管理者的工作效率。

2）机械控制。引入 BIM 技术对施工现场进行可视化布置，并优化施工现场。可以模拟施工机械的现场布置，对不同的施工机械组合方案及运行情况进行模拟和调试，得到最优施工机械布置方案，节约施工现场的施工空间，保证施工机械的高效运行，减少或杜绝施工机械之间的相互影响等情况出现。例如，塔吊的个数和位置，现场混凝土搅拌装置的位置、规格，施工车辆的运行路线等。用节约、高效的原则对施工机械的布置方案进行调整，寻找适合项目特征、工艺设计以及现场环境的施工机械布置方案。

3）材料控制。工程项目所使用的材料是工程产品的直接原料，所以工程材料的质量对工程项目的最终质量有着直接的影响，材料管理也对工程项目的质量管理有着直接的影响，材料的好坏往往决定了施工产品的好与坏。利用 BIM 技术的 5D 应用综合分析项目的计划进度与实际进度，选择合适的物料，并确定施工中各个阶段所需的材料类型和数量；可以根据工程项目的进度计划，并结合项目的实体模型生成一个实时的材料供应计划，确定某一时间段所需要的材料类型和数量，使工程项目的材料供应合理、有效、可行。实时记录与统计材料的使用情况，并确保材料的供给，实现资源的动态管理。历史项目的材料使用情况对当前项目使用材料的选择有着重要的借鉴作用。应用 BIM 技术建立强大的数据库、材料库和生产厂家信息库，在采购之前，整理收集历史项目材料的使用资料，评价各供应商产品的优劣，可以为当前项目的材料使用和购买提供指导和对比作用。选定厂家后，应用基于 BIM 的条形码扫描技术，得到建筑主材的规格、厂家、颜色等信息，简单方便地对材料进行进场控制，进场后，也可以随时对材料进行抽查和对比。施工过程中，对材料进行记录和归类，并在列表中归类整理，为后续工程质量的检查提供依据，并可应用于日后相似项目。

4）方法控制。应用 BIM 技术的可视化虚拟施工技术，对施工过程中的各种方法进行施工模拟。在模拟的环境下，对不同的施工方法进行预演示，结合各种方法的优缺点以及本项目的施工条件，选择符合本项目施工特点的工艺方法；也可以对已选择的施工方法进行模拟项目环境下的验证，使各个工作的施工方法与项目的实际情况相匹配，从而做到保证工程质量。

5) 环境控制。BIM 技术可以将工程项目的模型放入模拟现实的环境中，应用一定的地理、气象知识进行虚拟现实分析，分析当前环境可能对工程项目产生的影响，提前进行预防、排除和解决，保障施工质量。在丰富的三维模型中，这些影响因素能够立体直观地体现出来，有利于项目管理者发现问题并解决问题。

（6）基于 BIM 的质量管理在实施过程中的注意事项。

1) 模型与动画辅助技术交底。对比较复杂的工程构件或难以用二维表达的施工部位建立 BIM 模型，将模型图片加入技术交底书面资料中，便于分包方及施工班组的理解；同时利用技术交底协调会，将重要工序、质量检查重要部位在电脑上进行模型交底和动画模拟，直观地讨论和确定质量保证的相关措施，实现交底内容的无缝传递。

2) 现场模型对比与资料填写。通过 BIM 软件，将 BIM 模型导入移动终端设备，让现场管理人员利用模型进行现场工作的布置和实体的对比，直观快速地发现现场质量问题，并将发现的问题拍摄后直接在移动设备上记录整改问题，将照片与问题汇总后生成整改通知单下发。保证问题处理的及时性，从而加强对施工过程的质量控制。

3) 动态样板引路。将 BIM 融入样板引路中，打破在现场占用大片空间进行工序展示的单一传统做法，在现场布置若干个触摸式显示屏，将施工重要样板做法、质量管控要点、施工模拟动画、现场平面布置等进行动态展示，为现场质量管控提供服务。

（7）BIM 在质量管控中的检查流程。材料设备管控利用 BIM 技术和信息化手段，生成设计材料设备清单、材料设备采购清单、材料设备进场验收清单，通过比对以上"三单"信息，检验材料设备的符合性，如存在差异，各方利用 BIM 管理平台进行沟通、修正、确认。下面以材料设备和现场检查验收质量管控为例，简单介绍一下 BIM 在质量管控中的检查流程。

1) 材料设备管控。

a. 材料设备"三单"对比。设计材料设备清单是材料设备管控的基础，体现设计对项目选用的材料设备的要求。利用信息化工具，提取 BIM 模型中每个构件材料设备属性（参数），形成设计材料设备清单，包含了对材料设备的设计要求，清单与模型中构件建立对应关系，这是进场验收和现场使用的依据，便于追溯。材料设备采购清单是对设计材料设备清单的补充，体现材料设备各项参数的指标在由图纸需求向产品采购转化的过程中，品牌、数量等信息，也是材料设备进场验收的依据。材料设备进场验收清单是成果，体现进场材料设备的实际状态，材料设备由采购环节进入应用环节，其实际性能决定了是否在工程中可以使用。

b. 材料进场验收。依据材料设备清单、电子封样库、施工封样，项目公司与监理单位、总包单位共同验收进场材料设备，见证取样复试，并进行过程拍照、记录、填报。将验收单与设计材料设备清单和材料设备采购清

单进行对比，"三单"对比一致则验收合格，签署进场验收单，进入下一步工作；比对不一致时，则判定材料设备不合格，监理监督退场，拍照记录，按合同、制度对相关单位和责任人进行处理。

c. 见证取样复试。监理单位按照国家规范及地方要求，对进场检查验收合格且需要复试的材料按批次、数量进行见证取样，过程拍照，存档备查。

d. 材料使用审批。送检样品见证取样复试合格后，监理签署同意使用意见。如为消防安全材料，监理单位、项目公司必须审批总包单位材料使用申请单，通过后方可使用。送检样品见证取样复试不合格，监理单位下发监理通知，要求总包单位对不合格的材料设备进行退场，监理单位监督，拍照记录，并按合同对相关责任单位进行处罚。

2) 质量检查验收。应用 BIM 技术，将质量检查验收标准植入 BIM 模型，各方在对工程实体进行检查验收时，可以实时查阅质量标准，实现标准统一；在 BIM 模型上预设检查部位，BIM 管理平台自动提醒各方在进行过程检查及开业检查验收时，对预设检查部位进行检查，避免检查部位和检查内容漏项。

a. 预设检查部位。BIM 模型对过程检查和开业验收按分部工程预设检查部位，生成检查任务。

b. 现场检查验收。各方在检查验收时除依据国家标准和规范外，还必须执行 BIM 模型中的质量标准，且按模型中的预设部位和检查比例进行检查验收。

c. 填报检查结果。检查人在 BIM 工作平台质监子系统中，选择相应的分部分项预设检查部位，填报需整改项质量隐患信息及照片，提出整改要求。以上介绍了材料设备和现场检查验收质量管控要点，材料设备管控和质量检查验收的信息化功能均通过项目信息化集成管理平台实现。在平台上可以填报材料设备验收信息，查询质量标准，预设检查部位，填报隐患，追踪整改情况，质量管理制度中的管控要求可以在平台上完整体现。

2. 基于 BIM 的安全管理

（1）基于 BIM 的安全管理实施要点。传统的安全管理、危险源的判断和防护设施的布置都需要依靠管理人员的经验来进行，特别是各分包方对于各自施工区域的危险源辨识比较模糊。而 BIM 技术在安全管理方面可以发挥其独特的作用，从场容场貌、安全防护、安全措施、外脚手架、机械设备等方面建立文明管理方案指导安全文明施工。在项目中利用 BIM 建立三维模型让各分包管理人员提前对施工面的危险源进行判断，在危险源附近快速地进行防护设施模型的布置，比较直观地将安全死角进行提前排查。将防护设施模型的布置给项目管理人员进行模型和仿真模拟交底，确保现场按照布置模型执行。利用 BIM 及相应灾害分析模拟软件，提前对灾害发生过程进行模拟，分析灾害发生的原因，制定相应措施避免灾害的再次发生，并编制人员疏散、救援的灾害应急预案。基于 BIM 技术将智能芯片植入项目现场劳务人员安全帽中，对其进出场控制、工作面布置等方面进行

动态查询和调整,有利于安全文明管理。总之,安全文明施工是项目管理中的重中之重,结合BIM技术可发挥其更大的作用。下面对深基坑工程和高支模工程的安全管理进行介绍。

(2)深基坑工程的安全管理。深基坑是指:①开挖深度超过5m(含5m)的基坑(槽)的土方开挖、支护、降水工程;②开挖深度虽未超过5m,但地质条件、周围环境和地下管线复杂,或影响毗邻建(构)筑物安全的基坑(槽)的土方开挖、支护、降水工程。深基坑工程为超过一定规模的危险性较大的分部分项工程,工程勘察前,建设单位应对相邻设施的现状进行调查,并将调查资料(包括周边建筑物基础、结构形式,地下管线分布图等)提供给勘察、设计单位。调查范围以基坑、边坡顶边线起向外延伸相当于基坑、边坡开挖深度或高度的2倍距离。施工、监理单位进场后应熟悉设计文件,按照深基坑的定义,确定本工程是否属于深基坑的范畴,并做好深基坑施工的相关工作。

1)深基坑工程问题特点。随着我国城市建设的发展,深基坑工程主要有以下四个特点:①深基坑距离周边建筑越来越近;②深基坑工程越来越深;③基坑规模与尺寸越来越大;④施工场地越来越紧凑。

深基坑工程安全质量问题类型很多,成因也较为复杂。在水土压力作用下,支护结构可能发生破坏,支护结构形式不同,破坏形式也有差异。渗流可能引起流土、流砂、突涌,造成破坏。围护结构变形过大及地下水流失,引起周围建筑物及地下管线破坏也属基坑工程事故。粗略地划分,深基坑工程事故形式可分为以下三类:①基坑周边环境破坏;②深基坑支护体系破坏;③土体渗透破坏。

2)深基坑安全监测内容的确定和监测点设置要求。深基坑开挖施工中,在工地现场获得的信息可分为地质信息、工程信息和量测信息三类。其中,地质信息包括土层介质的种类和分布、软弱夹层的分布和地下水位等工程与水文地质条件特征以及容重、弹性模量、泊松比、黏聚力和内摩擦角等物理力学特性参数;工程信息包括拟建工程的建筑布置、开挖方案和支护形式,以及由施工过程实录反映的进度、挖方量和支护施工步骤等;量测信息泛指可用仪表在工程现场直接量测的,在地层或支护中产生的位移量、应变量或应力增量的量测值,以及用以描述这些物理量随时间而变化的规律的曲线等。在对基坑围护进行设计计算和安全性预测时,以上信息均为基础信息。显而易见,这些信息的正确性直接影响设计和预测计算的正确性,然而由于土体地层分布和支护参数的不确定性,以及施工步骤发生变更等原因,准确获取上述信息一般很难实现,使依据现场量测信息借助反分析方法等确定即时土体性态参数以对同一开挖工序及下一开挖工序基坑支护的变形及其安全性作出检验或预报具有较大的意义。另外,按照监测的对象不同,监测内容可划分为自然环境、基坑周围及底部土体、支护结构、地下水位、周围建(构)筑物以及管道管线(如自来水管、排污水管、电缆、煤气管等)。按照监测的物理力学量不同,监测内容可划分为支护结构、土体环境、建(构)筑物和管线的位移或倾斜、应力应变(土压力、支护结构的轴力、弯矩和剪力)等。

安全监测内容的确定与监测对象的安全重要性密切相关。基坑支护设计应根据支护结构类型和地下水控制方法,选择基坑监测项目,并应根据支护结构构件、基坑周边环境的重要性及地质条件的复杂性确定监测点部位及数量。选用的监测项目及其监测部位应能够反映支护结构的安全状态和基坑周边环境受影响的程度。根据上述规范内容要求,施工监测内容可分为如下四大类,共17个小项:

a. 围护结构监测。

a)围护墙压顶梁变形监测。

b)围护墙深层水平侧向位移监测。

c)围护墙应力监测。

d)围护墙温度监测。

b. 水平及竖向支撑系统监测。

a)支撑轴力监测。

b)立柱应力监测。

c)立柱沉降监测。

d)支撑两端点的差异沉降监测。

e)坑底回弹监测。

c. 水工监测。

a)坑外地下水水位监测。

b)坑外承压水水位监测。

c)坑外孔隙水压力监测。

d)坑外土压力监测。

d. 环境监测。

a)周边地下管线变形监测。

b)周边建筑物变形监测。

c)周边建筑物裂缝监测。

d)坑外地基土沉降监测。

关于基坑监测的内容和监测点的设置应满足以下要求:

a)安全等级为一级、二级的支护结构,在基坑开挖过程与支护结构使用期内,必须进行支护结构的水平位移监测和基坑开挖影响范围内建(构)筑物、地面的沉降监测。

b)支挡式结构顶部水平位移监测点的间距不宜大于20m,土钉墙、重力式挡墙顶部水平位移监测点的间距不宜大于15m,且基坑各边的监测点不应少于3个。基坑周边有建筑物的部位、基坑各边中部及地质条件较差的部位应设置监测点。

c)基坑周边建筑物沉降监测点应设置在建筑物的结构墙、柱上,并应分别沿平行、垂直于坑边的方向布设。在建筑物邻基坑一侧,平行于坑边方向上的测点间距不宜大于15m。垂直于坑边方向上的测点,宜设置在柱、隔墙与结构缝部位。垂直于坑边方向上的布点范围应能反映建筑物基础的沉降差。必要时,可在建筑物内部布设测点。

d）对于地下管线沉降监测，当采用测量地面沉降的间接方法时，其测点应布设在管线正上方。当管线上方为刚性路面时，宜将测点设置于刚性路面下。对直埋的刚性管线，应在管线节点、竖井及其两侧等易破裂处设置测点。测点水平间距不宜大于20m。

e）道路沉降监测点的间距不宜大于30m，且每条道路的监测点不应少于3个。必要时，沿道路方向可布设多排测点。

f）对坑边地面沉降、支护结构深部水平位移、锚杆拉力、支撑轴力、立柱沉降、支护结构沉降、挡土构件内力、地下水位、土压力、孔隙水压力进行监测时，监测点应布设在邻近建筑物、基坑各边中部及地质条件较差的部位，监测点或监测面不宜少于3个。

g）坑边地面沉降监测点应设置在支护结构外侧的土层表面或柔性地面上。与支护结构的水平距离宜在基坑深度的0.2倍范围以内。有条件时，宜沿坑边垂直方向在基坑深度的1～2倍范围内设置多个测点的监测面，每个监测面的测点不宜少于5个。

h）采用测斜管监测支护结构深部水平位移时，对现浇混凝土挡土构件，测斜管应设置在挡土构件内，测斜管深度不应小于挡土构件的深度；对土钉墙、重力式挡墙，测斜管应设置在紧邻支护结构的土体内，测斜管深度不宜小于基坑深度的15倍。测斜管顶部尚应设置用作基准值的水平位移监测点。

i）锚杆拉力监测宜采用测量锚头处的锚杆杆体总拉力的方式。对多层锚杆支护结构，宜在同一竖向平面内的每层锚杆上设置测点。

j）撑轴力监测点宜设置在主要支撑构件、受力复杂和影响支撑结构整体稳定性的支撑构件上。对多层支撑支护结构，宜在同一竖向平面的每层支撑上设置测点。

k）挡土构件内力监测点应设置在最大弯矩截面处的纵向受拉钢筋上。当挡土构件采用沿竖向分段配置钢筋时，应在钢筋截面面积减小且弯矩较大部位的纵向受拉钢筋上设置测点。

l）支撑立柱沉降监测点宜设置在基坑中部、支撑交汇处及地质条件较差的立柱上。

m）当挡土构件下部为软弱持力土层或采用大倾角锚杆时，宜在挡土构件顶部设置沉降监测点。

n）基坑内地下水水位的监测点可设置在基坑内或相邻降水井之间。当监测地下水水位下降对基坑周边建筑物、道路、地面等沉降有影响时，地下水水位监测点应设置在降水井或截水帷幕外侧且宜尽量靠近被保护对象。当有回灌井时，地下水水位监测点应设置在回灌井外侧。水位观测管的滤管应设置在所测含水层内。

o）各类水平位移观测、沉降观测的基准点应设置在变形影响范围外，且基准点数量不应少于2个。

p）基坑各监测项目采用的监测仪器的精度、分辨率及测量精度应能反映监测对象的实际状况，并应满足基坑监控的要求。

q）各监测项目应在基坑开挖前或测点安装后测得稳定的初始值，且次数不应少于2次。

r）支护结构顶部水平位移的监测频次应符合下列要求：①基坑向下开挖期间，监测不应少于每天一次，直至开挖停止后连续3天的监测数值稳定；②当地面、支护结构或周边建筑物出现裂缝、沉降，遇到降雨、降雪、气温骤变，基坑出现异常的渗水或漏水，坑外地面荷载增加等各种环境条件变化或异常情况时，应立即进行连续监测，直至连续3天的监测数值稳定；③当位移速率大于或等于前次监测的位移速率时，则应进行连续监测；④在监测数值稳定期间，应根据水平位移稳定值的大小及工程实际情况定期进行监测。

s）对基坑监测有特殊要求时，各监测项目的测点布置、量测精度、监测频度等应根据实际情况确定。

t）在支护结构施工、基坑开挖期间以及支护结构使用期内，应对支护结构和周边环境的状况随时进行巡查，现场巡查时应检查有无下列现象及其发展情况：①基坑外地面和道路开裂、沉陷；②基坑周边建筑物开裂、倾斜；③基坑周边水管漏水、破裂，燃气管漏气；④挡土构件表面开裂；⑤锚杆锚头松动，锚杆杆体滑动，腰梁和锚杆支座变形，连接破损等；⑥支撑构件变形、开裂；⑦土钉墙土钉滑脱，土钉墙面层开裂和错动；⑧基坑侧壁和截水帷幕渗水、漏水、流砂等；⑨降水井抽水不正常，基坑排水不通畅。

u）应对基坑监测数据、现场巡查结果及时进行整理和反馈。当出现下列危险征兆时应立即报警：①支护结构位移达到设计规定的位移限值，且有继续增长的趋势；②支护结构位移速率增长且不收敛；③支护结构构件的内力超过其设计值；④基坑周边建筑物、道路、地面的沉降达到设计规定的沉降限值，且有继续增长的趋势；基坑周边建筑物、道路、地面出现裂缝，或其沉降、倾斜达到相关规范的变形允许值；⑤支护结构构件出现影响整体结构安全性的损坏；⑥基坑出现局部坍塌；⑦开挖面出现隆起现象；⑧基坑出现流土、管涌现象。

3）深基坑安全监测系统测试方法及原理。

a.周围地面和管线沉降及支护结构表面侧向变形监测。

a）经纬仪观测法。基坑侧向位移观测中，在有条件的场地，用视准线法比较简便。具体做法为：沿欲测基坑边缘设置一条视准线，在该线的两端设置基准点A、B，在此基线上沿基坑边缘设置若干个侧向位移测点。基准点A、B应设置在距离基坑一定距离的稳定地段，各测点最好设在刚度较大的支护结构上，测量时采用经纬仪测出各测点对此基线的偏离值，两次偏离值之差，就是测点垂直于视准线的水平位移值。

b）水准仪测量方法。观测方案：基准点和观测点的首次测量为往返观测，以获得可靠的初始值；以后各期为单程观测，由所有的观测点组成附合水准路线，附合在基准点上。基准点每月检测一次。观测方法采用中丝读数法。

b. 围护结构深层侧向变形监测。测斜仪是一种可精确地测量沿垂直方向土层或围护结构内部水平位移的工程测量仪器。测斜仪分为活动式和固定式两种，在基坑开挖支护监测中常用活动式测斜仪。活动式测斜仪按测头传感元件不同，又可细分为滑动电阻片式、电阻片式、钢弦式及伺服加速计式 4 种。

c. 土压力和孔隙水压力观测。国内目前常用的压力传感器根据其工作原理分为钢弦式、差动电阻式、电阻应变片式和电感调频式等。其中，钢弦式压力传感器长期稳定性高，对绝缘性要求较低，较适用于土压力和孔隙水压力的长期观测。

d. 围护结构内应力的监测。支护结构内应力监测通常是在有代表性位置的钢筋混凝土支护桩和地下连续墙的主受力钢筋上布设钢筋应力计，监测支护结构在基坑开挖过程中的应力变化。监测宜采用振弦式钢筋应力计。

4) 典型深基坑在线监测管理系统。此深基坑在线安全监测预警系统由数据采集监测子系统、专家分析及预测预报子系统、风险分析评价子系统、专家在线诊治系统及预警预报模块等组成，可实现全天候不间断地实时在线监测。本系统对边坡滑坡隐患点的监测，可以为滑坡的现状提供重要运行数据，进而完成坡体的稳定性分析评价。通过对这些监测数据的分析，结合影响边坡滑坡发育的重要因素以及滑动模型、预测预报理论模型完成坡体的稳定性分析及对灾害的预测预警，并用于指导隐患点的防灾减灾、日常巡查管理和应急管理工作。

（3）高支模工程的安全管理。高支模，又称高支撑模板，是指支模高度大于或等于 45m 时的支模作业（也有单位规定为 5m 或 8m 超过一定规模的危险性较大的分部、分项工程需要专家论证）。随着社会经济的发展，建筑工程的规模越来越大，越来越多的工程建设需要采用高支模。高支模的高度从几米到十几米，有的甚至高达几十米。高支模施工作业比较容易发生高处坠落事故，造成人员的伤亡，更为严重的是在施工过程中，如果支模系统发生坍塌，会造成作业人员的群死群伤，酿成较大甚至重大的施工安全事故。监测系统工作原理如下：

1) 对支架/模板沉降、立杆轴力、杆件倾斜进行智能无线监测。

2) 无线监测避免了传统人工监测的实时性差的问题，且可以布置在任何角落，避免监测盲区。

3) 安装方便，无须连线，可在云平台和手机端实时查看数据。历史数据分析可以为今后的设计提供依据。

4) 预警功能。预警阈值参考相关规范并经过理论分析后确定，由于高支模的工况复杂，需要设置多级预警以应对不同的工况，防止漏报和误报的情况。用户可以通过软件查看预警信息，并可以设置手机短信报警功能，如图 1-7-8-4 所示。

图 1-7-8-4 手机端界面

3. 典型质量安全管理系统的建设内容

质量管理功能模块内容包括从业人员行为管理、建筑材料管理、工程变更管理、方案编制及审查管理、工程质量验收管理、技术资料管理和数字档案管理。安全管理功能模块内容包括危大工程信息管理、危大工程安全检查和事故应急处置。

（六）系统管理模块

首先分析的是智慧工地管理系统的系统管理，本模块管理所有用户涉及的通用功能，保障系统能够稳定运行。下设用户管理、角色管理两个模块。用户管理模块下设置了操作用户、分配职位、分配角色三个子模块；角色管理模块下设置了操作角色和角色关联资源两个子模块。上述的操作行为分为新增、编辑、删除三种角色

管理模块，是系统的基础功能，促使不同的用户在分配角色后拥有不同的功能权限，在系统的使用中每个角色都要分配对应的角色功能，每位使用者登录时根据角色系统会确认该用户的权限，让不同的用户根据角色的差异使用相应的功能。用户管理模块需要在构建新用户时用于每个用户完善基础信息并根据所在单位职级的不同分配不同的角色。

1. 安全巡检模块

安全巡检模块主要有巡查部位、二维码制作、巡查记录三个子模块。巡查部位是施工现场进行安全检查的基本单位，该模块只有管理员拥有所有的权限，施工单位可以操作巡查部位，且只有项目经理可以提交整改意见，政府部门有关人员也可以提交整改意见与激活点位，

但无法对巡查部位进行操作。业务人员在建筑工地进行安全巡查的时候是按照配置好的部位做检查，按照施工单位、工地地址、工地名称、部位名称、点位名称、拍照节点名称进行层级划分，在激活状态已激活的时候进行拍照巡查。巡检人员到达巡查部位时，需要扫描二维码完成巡查过程，标记巡查状态，生成巡查记录在系统中存档。项目经理查看到巡检人员提交的有隐患的巡查记录，提交整改意见进行隐患整改。巡查状态分为安全、一般隐患、重大隐患、文明施工、一般隐患（已整改）、重大隐患（已整改）、文明施工（已整改），其中已整改标记所代表的是发生隐患的部位经过整改再次巡查时为安全状态，这些操作由巡检人员来完成。

2. 业务监管模块

接下来分析的是业务监管模块，在这个模块下包含项目监管、工地管理、设备管理、违章信息、预警信息五个子模块。业务监管模块是智慧工地管理系统的核心部分，故对其进行详细描述。在项目监管功能模块中，该模块主要是管理施工现场各项目相关的功能，比如视频监控、升降机、塔吊、环境监测的传感器等设备和人员管理，保障施工现场的安全。工地管理模块是政府部门把项目的施工工地在系统内进行登记，并对工地的状态进行管理，比如竣工或者停工，同时也可以把工地的数据进行导出，还可以根据工地编码、扩展编码、工地名称查询所要查找的工地。设备管理模块是对施工现场进行管理的模块，可对设备信息进行操作，当工地进行停工时需要将该设备进行拆机，还可以将设备的数据进行导出。违章信息功能模块可以查看各建筑工地的各类违章信息，点击可以查看详细信息。预警提醒功能模块中根据详情可以查看详细信息。其中关于工地和设备管理由施工单位负责，政府部门在检查中发现大隐患，依据相应法律法规让工地进行停工检查排除隐患。

（1）项目监管功能需求。项目监管功能模块下面设置了项目基本信息、考勤、视频监控、环境监测、升降机监测、塔吊监测、预警信息、违章信息八个子模块。项目监管功能模块主要实现对业务人员的安全监管，对员工考勤、人员到岗履职、环境监测、视频监控、升降机监测、塔吊监测等服务信息分类，使用多种方式将信息发布到智慧工地管理系统中，提供综合信息查询服务。系统集成了项目监管模块的数据，通过报表、图形、深度学习模型等方法进行数据挖掘，为政府部门决策提供数据分析和综合判断信息，协助决策。系统根据自定义自主发布实时预警信息，再实时传送到业务人员处，及时进行现场处置。

（2）违章/预警信息功能需求。违章信息功能模块下设统计记录、查询和违章信息详情三个子模块。该功能模块根据现场施工设备运行状态实时传送当前违章信息，在平台进行详细展示，包含项目名称、时间日期、相关单位名称等信息，便于政府监管端进行及时处置，统计存档。违章信息模块的使用者是政府部门，通过统计模

块可查看某个项目塔吊违章次数、升降机违章次数和总违章次数的统计信息，还可以查看该项目的违章信息详情。预警提醒功能模块下设查询和预警提醒详情两个子模块，智慧工地管理系统根据实际需求，自定义设置预警阈值，当实时数据超出预警阈值时，这个时候系统会智能化地判断危险并发出预警信息，在系统界面中呈现具体预警数值，便于三方（政府、企业、工地）及时进行处置。

（3）工地/设备管理功能需求。这里就是对工地或者设备进行管理，业务人员中施工单位的项目经理拥有管理工地和设备的全部权限，当工地检查出重大安全隐患时，应按隐患排查管理制度进行督导、有效整改，解决和消除隐患问题。同时，启动预案，进行分析，落实责任，验证整改结果。

3. 全景展示模块

全景展示模块下主要有实名制考勤、视频监控、环境监测、升降机监控和塔吊监控五个模块。本模块主要是对于工地上出现的各类数据进行全景展示，对于各类数据采用数据分析方法进行分析，给决策者提供决策依据。其中在业务人员中，只有施工单位的业务员有权限查看所负责工地的全景展示模块的数据。

（1）视频监控功能需求。视频监控功能模块中下设视频上墙、实时预览、录像回放、数据分析四个子模块。对施工企业用户进行视频监控，实现施工现场的统一管理，避免经常使用人力进行现场监督检查，降低现场人员管理成本，提高工作效率；必须保证施工现场的人员设备的安全。同时，对于监管部门来说，可以促进企业更好地监管现场的安全和质量，实时掌握现场信息，降低管理成本。其中视频上墙功能模块下设屏幕显示操作、清屏操作两个子模块。视频上墙能够实现单个屏幕分割成多个监看窗口，屏幕显示分为单屏显示和大屏显示；同时更换视频监控时，可以使用单独清屏或者全部屏幕清屏。实时预览功能模块下设视频抓图、球机方向控制两个子模块。拍摄实时视频画面；高清网络球机，管理人员可以在办公室内轻轻摇动摇杆，便可控制球机到任何位置，通过变焦可以看到现场的操作情况。录像回放功能模块下设选择项目摄像头一个子模块，可以对近期的视频进行存储查看。数据分析子模块则是对视频监控中工地人员的安全帽佩戴情况进行识别，若是发现未佩戴则对其进行及时提醒，保障工地人员安全。

（2）环境监测功能需求。环境监测功能模块下设噪声实时监控、扬尘实时监控、温度实时监控、风速实时监控、客户终端显式、数据统计分析系统七个子模块。噪声实时监控、扬尘实时监控、温度实时监控、风速实时监控等功能模块会实时收集噪声、PM2.5、PM10、风速、温度等数据，并上传到服务器进行保存。数据统计分析系统在工作的时候，采集、存储各种数据，将收集到的数据传输到服务器，并对这些采集器收集的数据进行统计操作，再进行分类统计分析。若是数据的指数超标，通过自动报警功能，将通知相关部门进行整顿。客

户终端显示功能模块支持采用移动端、PC端等各种设备，让环境监测的数据更直观地显示。

（3）升降机监控功能需求。升降机监控功能主要利用包括重量传感器、高度传感器、指纹传感器、倾角传感器、轨道障碍物传感器等，对升降机进行安全监测与实时预警，有效解决超载运行等安全问题，有效保障升降机在运行过程中的安全，系统的后台则可以获取相关的数据汇总成统计报表，让数据可视化地呈现。在升降机监控功能模块中，分为设备信息、实时运行监控、预警信息、违章信息、实时显示五个子模块。在设备信息功能模块中，可以看到设备编号、备案编号等；在实时运行监控模块中，根据升降机在运行时间段内的平均载重以及最高载重与过去的数据对比，出现异常情况自动上报预警、违章情况，并根据信息作出安全报警和规避危险的措施。

（4）塔吊监控功能需求。塔吊监控功能主要是系统通过安装在现场塔机上的各类传感器，采集相关数据上传到服务器。在设备运行期间都会受到远程监控，若是发现了违章行为，此时系统会立即识别出违章行为，然后立即发出违章行为发生的信号，让塔吊司机立即停止违章操作。通过上述操作从技术层面上，确保塔机运行过程的安全，有效地预防和减少安全生产事故的发生。在塔吊监控功能模块中，分为设备信息、实时显示、预警信息、违章信息、实时运行监控五个子模块。

4. 数据分析模块

数据分析就是对收集到的大量数据进行分析，使用适当数据分析方法，提取有用信息，形成结论，这个过程就称为数据分析。数据分析的目的是提取大量看似杂乱无章的数据，总结研究对象的内在规律。在现实工作中，数据分析能够帮助管理者进行判断和决策，以便采取适当策略与行动。一直以来施工人员在施工时缺乏安全意识，这是导致安全事故频发的主要原因，主要表现为缺乏安全帽佩戴意识。所以就需要对施工现场存在的安全帽佩戴情况进行识别，对于未佩戴安全帽的施工人员进行及时提醒，减少发生安全事故。而在施工现场存在着大量的数据被浪费，尤其是视频监控中的视频数据。所以可以对视频数据进行实时分析，发现未佩戴安全帽时，进行提醒。

5. 数据建设

数据库作为智慧工地系统的数据支撑层，是由多种数据源、多种数据类型构成的，是整个系统的基础。对基础设施数据库进行重点设计，要求切实可行、准确实用，在遵循和贯彻国家标准的基础上，形成具备较强前瞻性、兼容性和扩展性的基础设施数据库。

6. 数据标准体系建设

在充分采纳和参考已有国家、行业和地方标准规范与国外标准规范的基础上，根据建设方的具体情况，研究制订规范化的时空数据采集、处理、共享所需的技术标准，主要包括：

（1）各类空间数据建库标准。

（2）各类空间数据分类标准。

（3）各类空间数据的编码体系和代码标准。

（4）各数据库与文件命名标准。

（5）元数据标准（需建立完善的元数据管理机制）。

（6）符号标准。

（7）数据格式与交换标准。

（8）数据质量标准。

（9）数据处理标准。

（10）数据库建库作业流程与技术规定。

（11）数据更新流程技术规定。

（12）数据库建设验收标准。

（13）在空间数据库标准中，包括如下内容：①参考或引用的相关标准；②要素的归类原则、要素的分层说明；③数据分层模型，至少应包括：几何特性定义、属性项设置、代码设置、特殊字段的字典设置，特殊情况说明等。

7. 数据内容

（1）基础地形数据。基础地形数据是工地管理的基础和决策依据，系统建成后包括了区域内各种比例尺的基础地形数据。基础地形数据可通过政府协调从规划部门或者测绘部门获取，通过数据整理和质量检测入库。本系统可接入地理空间框架平台的基础地形数据。

（2）二维地形数据。区域范围内及附近周边的水系、道路、绿地的图形数据，地名、道路名等注记信息，POI（兴趣点）等。

（3）影像数据。行政区域范围内的正射遥感影像数据或者航空摄影测量数据。

（4）2.5维数据。区域范围内地上三维景观模型经视角处理后的2.5维地图。

（5）BIM三维建筑模型数据。基于先进的三维数字设计和工程软件所构建的"可视化"的数字建筑模型，为使用者提供"模拟和分析"的科学协作平台。

8. 专题数据

（1）规划数据。包括区域范围内的规划专题数据，如总规、控规、详细性规划、项目红线等。

（2）视频数据。包括监控设备实时获取的视频监测数据。

（3）监测数据。包括噪声、粉尘、温度、风速等传感设备获取的实时监测数据。

（4）文档资料。包括与项目相关的文档、图片、视频等文档资料。

第九节 智慧工地管理系统集成与运行维护

一、智慧工地管理系统集成

（一）集成管理相关概念

20世纪90年代初，钱学森等人最早提出了集成思想，并认为这种定性和定量相结合的综合集成方法是处理开放复杂巨系统的唯一有效手段。随着集成管理理论的发展，以现代系统科学理论、组织行为理论和复杂性研究为基础的现代集成管理系统（CIMS）被提出并应用到了制造业。现代集成管理从全新的角度和层面定义了集成管理，其以促进集成要素的功能和优势互补为目的，按照一定的集成规则组合各类资源要素，将原本孤立的资源要素连接成有机整体，从而实现内部协调和效益加成。随着建设工程项目日趋大型化、复杂化，集成管理思想被应用于建设项目中。工程项目集成管理是建立在信息技术基础上的，综合考虑项目全寿命周期中各项资源要素关系，以项目系统整体优化为目的的管理模式。

（二）集成管理内涵

集成管理是一个宽泛的管理理念，涉及众多领域。根据研究观点的不同，可分为一般集成管理研究、综合集成方法与方法集成研究、集成创新与创新集成研究、知识集成研究、管理集成研究、技术集成研究、信息集成研究等。虽然研究方向众多，但究其内涵，均离不开集成二字。从一般意义上来说，集成即两个或多个要素集合成一个整体。集成要素之间并不是简单叠加在一起，而是按照一定的规则进行组合和构造，集成要素之间并非毫无关联，而是存在着优势互补的关系，这是集成管理的一大特点。集成管理中多个要素组合叠加集合成的有机整体经过系统优化、要素间的联结效应得到释放，从而系统整体的作用得到显著提升，实现"1+1＞2"的效果，这是集成管理的一大特征——非线性相关特征。由于复杂系统时刻在与外界进行信息、物质的交换，系统集成要素会随着外界环境的影响而发生量或质的变化，从而影响系统整体的功用，而系统的改变则又反过来影响信息交换，要素与系统集成体在相互影响中动态发展。相关非线性、整体优化性、协同性、动态发展性是集成管理的基本特征。

（三）集成管理理论应用

集成管理理论在项目管理的应用有不少，有进行EPC项目知识集成管理研究的，有进行集成管理在全过程造价咨询应用研究的，也有进行项目管理计划体系集成研究的，而在智慧工地的构建过程也应用到了集成管理思想。工地管理中的安全、质量、进度、材料、人员等管理元素构成了智慧工地集成平台的要素，智慧工地管理平台通过将各类工地管理的软件系统和硬件系统进行集成管理，并对这些信息要素的收集整理和分析，为项目管理提供良好的决策支撑。而在构建智慧工地时，对这些集合要素缺乏绿色施工管理方面的考虑。因此，在重新以智慧工地平台建设视角审视绿色施工管理时，增加绿色施工策划时的知识集成、绿色施工实施时各项评价要素管理集成，有助于现场绿色施工管理的集成化，更好帮助管理者达成绿色管理目标，实现良好的社会环境效益。

（四）智慧工地集成管理平台

随着技术的发展和项目管理水平的提高，越来越多的软件系统和智能设备被广泛应用于工地现场。每个应用通常只解决一个点的业务需求，项目管理者面对各个分散的应用和孤立的数据，难以实现对项目的综合管理和目标监控，智慧工地的建设难以达到预期的效果。智慧工地管理平台是依托物联网、互联网建立的大数据管理平台，是一种全新的管理模式，能够实现劳务管理、安全施工、绿色施工的智能化和互联网化。智慧工地平台将施工现场的应用和硬件设备集成到一个统一的平台，并将产生的数据汇集，形成数据中心。基于智慧工地平台，各个应用之间可以实现数据的互联互通并形成联动，同时平台将关键指标、数据以及分析结果以项目BI（商务智能）的方式集中呈现给项目管理者，并智能识别问题和进行预警，从而实现施工现场数字化、在线化、智能化的综合管理。智慧工地集成管理平台应有以下功能：施工组织策划、施工进度管理、人员管理、机械设备管理、成本管理、质量安全管理、绿色施工管理、项目协同管理。下面以某智慧工地管理平台为例，介绍一下智慧工地集成管理的功能和价值。

（1）项目概况模块：直观呈现项目概况及人员、进度、质量、安全等关键指标，对问题指标进行红色预警，项目情况一目了然。每个指标可逐级展开、查看详细分析和原始数据。

（2）生产管理模块：基于场地实际位置查看塔吊运行情况、视频监控、劳务用工、环境指标和施工进度，实现对项目的动态监控。

（3）物料验收模块：软硬件结合，通过互联网手段，对大宗物资的进出场称重进行全方位的管控；排除人为因素，堵塞管理漏洞，提供多样而及时准确的数据分析来支持管理决策，从而达到节约成本、提升效益的目的。

（4）质量安全模块：平台将移动端采集的各类质量安全问题进行归集和整理，按照责任人分包单位、问题类别以及问题趋势进行分析，将分析结果以图表形式呈现，对关键问题进行预警。管理人员能及时发现问题并督促整改，保证项目顺利进行。

（5）经营管理模块：平台集成了项目管理系统中的主要经营数据，动态展示项目二次经营情况、资金收付情况以及项目盈亏状况，并以图表形式直观呈现。管理人员可清晰掌握项目经营情况，做好过程管控，提高项目利润。

（6）BIM建造模块：平台可实现BIM模型在线预览，并在模型对应位置标记质量安全问题等关键数据，通过BIM模型展示进度、工艺工法，将BIM应用的关键成果集中呈现。集成管理平台无须填报，自动采集各专业应用和智能设备的数据，集中展现、分析、预警，实现对项目情况的动态监控和高效管理。使用手机APP随时随地了解项目的情况，提高管理效率。通过企业级项目看板直观查看各项目的进度、质量、安全、劳务用工、物资验收、环境检测等指标数据，加强企业对各项目的管控。

系统集成建设内容应包括系统架构、系统配置、通信互联。系统集成是通过数据及应用接口实现不同功能系统之间的数据交换和功能互联，将工地各个分离的设备、应用和信息等集成到相互关联的、统一和协调的系统之中，解决系统之间的互联和互操作性问题，使资源达到充分共享，实现集中、高效、便利的管理，消除系统信息孤岛，提高系统的整体服务能力。系统集成管理平台的数据接口建设内容应包括数据内容及接口、数据类型、数据格式、传输方式、传输频率。智慧工地现场系统应提供数据接口，便于综合信息管理平台通过此数据接口提供接口服务，获取、处理工地各类数据，并对应于系统架构中的数据接口。智慧工地现场系统除必须为综合信息管理平台提供的数据接口之外，还应预留数据接口，便于与其他相关系统进行数据交互。集成管理平台中的工程基本信息指智慧工地工程项目的归类和数据集合，如工地名称、地址、用途、计划工期、设计图、资金、建设单位等。工程基本信息功能模块内容应包括工程概况、工程管理信息统计。

要想系统集成管理平台发挥作用，必须做好信息基础设施的建设。信息基础设施是指工地现场物联网系统所必需的用于收集、传输、处理各类信息的硬件设施，包括各类传感器、自动识别装置、网关、路由器、服务器等设备及相关集成设施。建设内容应包括信息采集设备、网络基础设施、控制机房、信息应用终端。

智慧工地集成平台的发展趋势主要有以下几个方面：

（1）智慧工地集成平台趋向于通用性。

（2）平台建设的过程和使用目的逐步贯穿工程建设的整个全生命周期。

（3）平台实现大数据积累和分析应用。

二、智慧工地管理系统数据接口

（一）智慧工地管理系统

（1）视频。智慧工地系统数据中心通过在施工现场布置各种传感器设备和无线传感网络，将各类数据集成至智慧工地云台，由云端服务器对数据进行智能处理，同时与反馈控制机制联动，实现对党建、工程、质量、安全、环境、劳务、设备、物资八大模块的全面监控与分析。

（2）采集层。通过 RFID、传感器、摄像头、手机等终端设备，实现对项目建设过程的实时监控、智能感知、数据采集和高效协同，提高了作业现场的管理能力。

（3）传输层。主要利用 RJ45、RS485/232、光纤环网、ZigBee 无线环网、WiFi、Internet 等网络技术实现将各类感知层采集到的数据远距离传输至物联网中间件服务器。

（4）应用层。将采集端的信息通过智慧工地数据管理中心，手机移动端、警报器、显示器等应用设备显示详细数据，帮助项目管理人员做到更精确的管理。

（二）智慧工地数据接口

智慧工地建设的另一重要内容是将各类功能系统及数据集成在管理平台上，供不同参与方使用。要实现这个目标，就需有相应标准化的数据格式及接口，方便数据对接和传输。同时需建立平台间的对接标准，确定与外部系统平台（如政府监管平台）对接的数据格式，实现项目端与外部系统数据的互联互通。数据接口建设内容如下：

（1）数据内容至少包括项目基本信息、参建各方信息、BIM 模型数据、地理空间数据、人员、设备、物料等施工要素管理信息，以及质量、安全、环境等工程监管数据；数据来源应支持从智慧工地现场采集，由具有权限的后台人员录入和从其他智慧工地管理系统平台共享同步；各类数据内容应具有唯一编码标识。

（2）数据格式和数据交换应支持多种格式的传递，包括 JSON、XML、YAML、文本等，符合国家和地方现行相关标准规定与技术要求。

（3）传输方式支持有线和无线数据传输方式，采用 HTTP、Socket、WiFi、蓝牙、ZigBee、UWB 等一种或多种通信协议进行网络传输。

（4）系统集成主要包括系统内部集成和系统外部集成。内部集成指集成管理平台与各子系统数据对接，实现业务互通互联、数据共享；外部集成指由政府监管部门等外部系统平台集成，因此智慧工地硬件设备及软件系统应为外部系统平台提供可访问的接口；集成方式包括 URL 集成、Iframe 集成、WebService 集成和 AIP 等。

（三）智慧工地中的数据应用

伴随着现代网络科技的发展和建筑企业对项目管理要求的提升，碎片化的应用和孤立的数据已经不能满足建筑企业对项目的综合管理和目标监控，越来越多的智能设备和应用系统被广泛应用于施工现场。"智慧工地平台"以物联网端设备数据采集为基础，将施工现场大量零碎离散的应用和硬件设备进行集成，形成数据汇集，产生数据中心。随着施工现场对智能设备需求的增加，以及应用范围的扩大，智慧工地数据库系统要面对以下挑战：数据采集存储需适应各种恶劣的网络环境，具有较强的可扩展性，快速更新迭代使用等。以分布式为主要特征的数据库可较好地解决以上问题。

三、智慧工地管理系统运行与维护

（一）劳务实名制管理系统

通过管理的延伸，利用现代化信息技术手段，实行一对一全过程跟踪式的管理。劳务实名制管理由信息录入、人脸识别系统、数据管理中心三部分组成。在数据管理中心劳务档案页可显示个人详细信息、考勤统计、日常行为、安全教育等档案内容。

（1）针对将要进场的每一个人，采集基本信息，信息录入由身份证识别器读取劳务人员身份证信息并进行信息采集，保存其姓名、地址、联系电话、岗位资格等重要信息。建立"人员信息档案表"，并整理登记"花名册",与电子档案信息建立联动机制,且及时更新,保证每一个进场劳务人员信息的准确性和完整性。再通过人脸采集系统进行个人影像的采取及上传。最终达到身份信息真实可靠。

(2)劳务人员通过人脸识别进出施工现场,系统会自动识别人员信息,当人员信息与系统信息匹配成功后门禁系统闸机才会放行,同时系统会抓拍进出人员相貌,记录人员进出时间,掌握工人作业时间,数据真实可靠。安全帽定位器可以显示工人行动轨迹、工作岗位停留时间,并实时上传相关信息,以便管理人员能时刻掌握工人动态。

(3)劳务实名制数据管理中心通过物联网接收门禁考勤信息,统计分析劳务人员的作业时间及动态内容,生成日常考勤。在管理中心显示大屏上可以查看工人人数变化、劳动力构成分析、各单位劳动力曲线以及工人详细的考勤内容。借用先进科技提高项目劳务管理水平,做到考勤与工资发放科学挂钩。

1. 智能安全管理

项目安全管理人员利用智能工地小程序或手机 APP 抓拍现场安全违章现象,发起安全巡查和整改,整改人会在手机上收到短信提示,责任整改人将整改后的照片上传到手机 APP,安全管理人员可通过计算机端和手机移动端查看问题整改情况,当整改合格后完成流程闭合,结束流程。当整改不合格时,责任人会再次收到短信提示继续整改直到问题闭合。这样大大提高了安全管理水平,从发现问题到完成整改,只需通过手机端便可完成,省去了下发纸质通知单的过程,做到了无纸化办公,而且效率更高,且项目每个管理人员均可通过手机端查看问题整改落实情况。真正做到了人人管安全,人人参与安全管理的目标。数据管理中心会统计分析这些问题,按检查部位分析各种问题的出现概率,按问题趋势分析每周安全问题的变化趋势,按劳务班组分析各劳务分包的安全管理水平。利用大屏幕分析的数据项目可清晰明了地把控现场安全情况。

2. 安全行为之星

为了提高现场作业工人的安全意识,懂得自我安全。本项目中通过向一线作业人员发放"行为安全表彰卡",评选"行为安全之星"等活动,变说教为引导,变处罚为奖励,变"被动安全"为"主动安全",切实提高了一线作业人员的安全意识,保证了项目安全生产管理的顺利进行。项目部观察员在作业现场察看、询问、查验一线作业人员的作业行为及班组的管理行为,对满足"五种行为"之一的作业人员发放"行为安全表彰卡"并通过手机实时上传工人姓名、具体行为、工种、班组、所属分包单位等信息。数据中心汇总每个工人获得的表彰卡总数量后进行排名,项目部建立"行为安全表彰"档案,如实记录人员,早班会上对排名前 20 的工友发放日用生活奖品,以资鼓励。

3. 无人机航拍安全监控

安全行为分析无人机是指通过机载计算机程序系统或者无线电遥控设备进行控制的不载人飞行器,无人机

遥感技术是继航空、航天遥感技术之后的第三代遥感技术。相比较载人飞机、卫星等技术在环保领域中的应用,无人机遥感系统运行成本相对较低。

将无人机应用在建筑工地上可以从高空清晰拍摄施工现场的每个角落,对建筑面积大、多地块施工的项目起到重要的安全监控作用。无人机巡查可提高工地精细化管理的标准,通过无人机实时传回的航拍图片,能及时掌握工地是否按照规定采取了扬尘防控措施,能查看文明施工的情况,能清楚地观察到工地存在的各种问题,对火灾的早期观察和指导也能起到重要作用。从实际运用中来看,无人机可突破时空的限制,以其机动性和快速性而提高环保巡查的效率以及快速响应应急状况,代替工作人员进行高危或者不宜进入的地区进行作业,对平时人工巡查不到、巡查不及时的地方,无人机也能做到全覆盖,并且保障工作人员的人身安全。

4. 安全帽智能识别及定位

现场配置智能安全帽识别服务器、摄像头及显示屏等,智能识别经过监控区域的人员是否佩戴好安全帽,当识别出现场有人未佩戴安全帽时,AI 安全帽智能识别系统会进行语音播报,将相关报警信息推送给项目安全管理人员,并在后台记录未佩戴安全帽者的照片。管理人员可以通过无人机广播系统对未戴安全帽的工友进行安全提醒,防止未戴安全帽的工人随意进入施工现场。工人佩戴的智能安全帽具有实时定位功能,在服务器终端可以查看工人行走路线轨迹,每个工作点的工作时间,对于一些特殊部位的作业人员可以设置电子围栏及时告警。在平常应急演练的时候,项目部的领导或者上级指挥部、企业管理部门的领导可以不用去现场就能够通过可视安全帽实时回传的图像,第一时间看到现场演练情况,并且进行通话指挥。安全帽智能识别及定位系统的应用可以大大提高项目的安全管理水平,时刻抓拍未佩戴安全帽的工人,既提高了工人的安全意识,又方便了工人管理,定位系统的应用可以时刻掌握工人的工作信息、工作时长,对工资发放起到佐证作用,有利于劳务实名制的管理。

5. 智慧用电安全隐患监管

服务平台作为智慧工地的一个组成部分,是智慧安监、项目管理创新、安全生产的重要内容。智慧用电安全隐患监管服务平台是指通过物联网技术对引发电气火灾的主要因素(导线温度、电压、电流和漏电流等)进行不间断的数据跟踪并进行统计分析,以便实时发现电气线路和用电设备存在的安全隐患(如线缆温度异常、过载、过电压、欠电压及漏电流等),经过云平台大数据分析,及时向安全管理人员发送预警信息,提醒相应管理人员及时治理隐患,达到消除潜在的电气火灾危险、实现防患于未然的目的。该平台能优先解决用电单位的此类难题,如用肉眼无法直观、系统、及时排查的电气火灾隐患,以及很难完成隐蔽工程的隐患检查等,项目管理人员可使用 Web 网页的方式登录后管理自己所拥有

的监控装置设备，进行当前指标、历史数据的查看和管理。配套 iOS 系统和 Android 系统的手机 APP 端软件，可通过手机实时查看设备的工作状态。在发生指标超标等情况时，通过手机短信、手机端 APP、PC 端等进行实时推送，在电子地图上查看当前已安装的设备的工作状态，做到直观浏览，可以及时排除安全隐患。数据实时上传存储，便于随时查询历史使用状态、告警信息、指标数据，可追溯以往的隐患情况，追溯责任的区分，从而真正做到智慧管理，提高安全用电管控，及时做到防患于未然。

6. 危险区红外线对射报警提示

危险区红外线对射报警提示的探测原理是利用红外发光二极管发射红外光束，再经光学系统使光线变成平行光传至很远距离，由受光器接收。当光线被遮断时就会发出警报，传输距离控制在 600m 内，当有人横跨过监控防护区时，就会因遮断不可见的红外线光束而引发警报。红外线对射报警器总是由发射机和接收机组成。发射机发出一束或多束肉眼无法看到的红外光，形成警戒线，当有物体通过时，若光线被遮挡，则接收机信号发生变化，大处理后变成报警信号。在项目围挡和危险禁行区安装红外线对射报警提示器可以极大地节省人力，对管理盲区也可以起到实时的监管作用。

（二）质量管理系统

质量管理系统以巡检移动端为主要工具，实现质量巡检和验收在线化，并能将相关位置数据与 BIM 相连，提高项目质量管理的效率。通过动态模拟，实现各分部分项工程施工工序样板的可视化、智能化，可对施工人员进行更直观的样板交底。同时，标养室远程监控系统能对标养件进行温度和湿度的远程监控及数据收集，达到标养条件后自动发送信息至管理员，从而实现标养品的智能化管理。

1. 质量巡检移动端

常规项目的质量把控主要靠施工现场的质量管理人员来回巡查，发现问题、记录问题、下发整改通知单到相应工区责任单位，责任单位收到整改通知单后对照相应部位进行整改，整改完毕后报项目部进行验收。过程复杂，涉及人员众多，费时费力。通过质量巡检移动端（智慧工地小程序/APP），质量管理人员在巡场过程中就可利用手机便捷地发起质量过程检查及整改通知，指定位置，指定专人进行整改项接收。后续工作同样可进行在线跟踪监管，最大限度地提高了对质量问题的发现和处理信息传递的时效性，大大提高了工作效率。

2. 工序二维码的应用

二维码又称条码，能够在横向和纵向两个方向、两个维度同时存储和表达信息，因此称它为"二维码"。目前，二维码技术已经被广泛应用于不同行业的工作流程中，随着中国智能手机的快速发展，二维码的应用变得越来越普及，也更为大众化，在建筑工程中也得到

了广泛的应用。本项目中，在进场的专业技术交底和安全技术交底后，日常施工中工人们只要用手机扫一扫有关二维码，就可以再次详细了解某道工序的作业要求。将二维码技术交底书设置在施工样板处，按特定的样本粘贴相应的二维码技术交底书，使安装工人既能看到安装实物，又能了解到具体的安装程序。实践中，各项目也可推陈出新，创新施工现场安全管理模式，将现代化二维码技术应用于施工现场设备责任管理和安全教育等方面。将现场使用的配电箱、变电所设备等机械的操作规程、生产厂家、施工单位、操作使用说明等信息录入二维码系统中，仅需一个小小的二维码就可以完成交底内容、验收情况和相关责任人情况等信息的共享。同时运营单位可以利用二维码减少操作失误，减少损失。

第十节 系统建设方案概述

一、项目一张图系统

（一）项目一张图系统架构与功能

项目一张图系统采用 B/S 架构，以"一张图"方式全面合理地展示开发区所涉及的各类数据，将地形、影像、总规、控规、专项规划、项目红线、车辆、环境监测等信息进行全方位展示，提供便捷的显示、叠加、查询、分析和统计功能。系统功能包含各类数据一张图展示、图形浏览、全文搜索、数据空间查询、数据属性查询定位、项目资料浏览、项目一键式查询、图集资源面板、多屏比对、量算、标注、专题统计与评价等。

（二）一张图展示

将各类专题数据在二维、影像、2.5 维、街景数据上进行集中展示，如总规、控规、专项规划、项目红线、车辆、环境监测、特种设备等信息，如图 1-7-10-1 所示。

（三）图形浏览

为用户提供通用的数据浏览工具包括放大、缩小、漫游、全屏幕、指定比例尺、刷新、前后视图切换、缩放到指定区域等。

（四）查询统计

（1）叠加查询：提供地形图、影像图、规划数据、项目信息等的叠加浏览查询，方便进行核实与对比。

（2）图属互查：通过属性数据可查询图形数据；通过图形数据可查询属性数据。

（3）点击查询：点击属性查询可以让用户点击项目进行属性浏览，查看基本信息。

（4）兴趣点查询：在当前图集上查询兴趣点。

（5）道路查询定位：根据路名来进行查询。

（6）高级查询：根据各项条件精确查询需要的图集。

（7）全文搜索：根据关键字模糊查询相关内容，并可定位到项目空间位置。

（8）坐标定位：精确快速定位到坐标地图。

（9）行政区定位：快速定位到某个行政区。

（10）范围统计：按照指定的字段对图层数据进行范围统计，在范围统计对话框中用户可以指定需要统计的图层、统计的字段、用来划分范围的字段以及字段值。

（11）统计输出：统计的结果可以以图表或报表的形式输出，方便直观。同时可以设置统计输出的形式，方便灵活，如图1-7-10-2所示。

（五）图集资源管理

（1）图层显示。按照图层资源类别对电子地图进行

图层列表显示，点击图集列表，可进行图层浏览查看，图集可叠加显示。

（2）图层控制。以图层形式显示图集面板选中的图集。通过拖动调整图集上下级顺序，并可以控制图层显示和不显示。

（六）量算、标注

（1）距离量算。测定用户指定的有效多义线或输入的坐标串的距离。

（2）面积量算。测定用户指定的有效多义线或输入的坐标串的面积。

图1-7-10-1 "一张图"展示

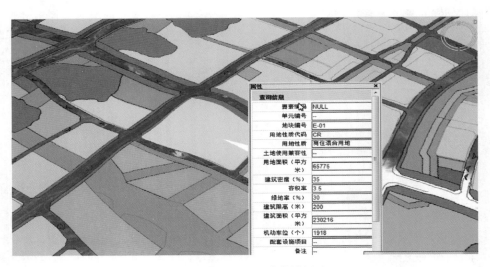

图1-7-10-2 查询统计展示

（3）标注。提供多种自动、智能的标注工具，包括坐标标注、距离标注、面积标注、属性标注等。

（4）单位设置。可设置长度（米、千米）、面积单位（平方米、亩、公顷）。

（七）项目信息管理

（1）项目资料。打开规划编制、规划审批、施工过程等项目的资料，进行详细信息的查看。

（2）项目动态信息。查看项目的全生命周期的各阶段、各方面的信息。还可查询项目的规划信息、施工信息、建设单位、建设动态、监控评价等各类信息。

（3）施工单位信息。记录、管理包括建设、劳务、施工、园林绿化、幕墙等各类与建筑相关企业的公司主项资质、增项资质、公司基本信息等各类详细资料。

项目实施流程如图1-7-10-3所示。

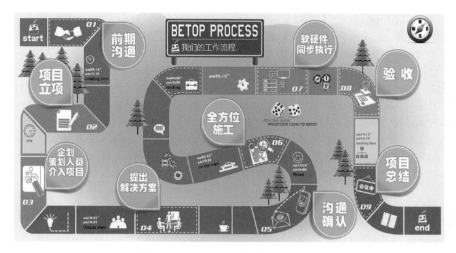

图 1-7-10-3 项目实施流程图

二、环境监测系统

（一）系统总体设计方案

系统硬件结构分为数据采集节点和监测终端两部分。

1. 数据采集节点硬件设计

数据采集节点是建筑工地环境的采集部分，负责采集噪声、PM2.5、扬尘、硫化氢等数据，并将数据通过无线模块传输给监测终端。数据采集节点以 STM32 为核心，拓展存储器、数据采集传感器、电源无线通信等部分。

（1）核心处理。STM32 专为低功耗、高性能、低成本的嵌入式应用设计。本系统选用的 STM32 属于 STM32F103"增强型"系列，时钟频率高达 72MHz，是同类产品中性能最高的。从闪存执行代码，功耗 36mA，是 32 位市场上功耗最低的产品。内核属于 ARM32 位的 Cortex-M3CPU，3 种低功耗模式：休眠、停止、待机模式。闪存程序存储器的存储范围为 32～128KB，SRAM 的范围为 6～20KB，A/D 端口有 18 个通道，可测量 16 个外部和 2 个内部信号源。具有通道 DMA 控制器，支持的外设有定时器、ADC、SPI、IIC 和 USART。具备串行线调试和 JTAG 接口，具有功耗低、接口多等优点。本设计中选择的型号是 STM32F103ZET6。

（2）噪声传感器模块。在设计中，选择的噪声传感器模块为 TZ-2KA 型噪声传感器。该传感器操作简单、高声强动态范围、采集声频范围宽。其工作频率为 20Hz～20kHz，采集动态范围是 20～140dB，灵敏度保持在 50mV/Pa 水平，并且它具有体积小、电量轻、安装灵活等优点，其监测的声强能量范围符合国家噪声管理标准规定的全部要求。对声音频率的监测范围涵盖了人耳能够感应的全部频率。同时该传感器输出的信号为标准电压信号，这样与其他种类的测量模块和数据采集模块就可以方便地组成各种需要的噪声监测系统。能够较好地满足汽车检测线噪声的自动测量，声源定位、噪声定量分析噪声治理及声学研究，机械设备的反常早期发现，环境噪声的定点在线监测、化验液体的乱流，石油勘探的噪声测井仪，旋转机械振动噪声监测等应用系统的设计需求。

（3）PM2.5 传感器模块。在设计中，选择的 PM2.5 传感器模块为 OPC-N2 型 PM2.5 传感器。它是一款便于携带、性能稳定、测试精度高、操作方便、响应时间快的轻便型装置。PM2.5 是指大气中直径小于或等于 2.5μm 的微颗粒物，虽然它在空气中的含量很少，但却对视线能见度和大气环境产生重大影响。相比其他粒径较大的微颗粒物，PM2.5 直径相对较小，长期悬浮在空气中，不易降解，而人类的身体结构对 PM2.5 并没有过滤功能，有毒气体溶解在血液中，对人体健康的危害是不可估计的。OPC-N2 采用新一代粒子计数算法，综合运用激光检测技术、空气动力学光机电一体化研发、数字信号处理，能够准确快速地检测到周围大气中微颗粒物的粒径分布和粒子数。而且价格低廉，有利于进行多点分布检测，从而形成密集的检测网络，为研究空气污染状况提供依据。

（4）扬尘传感器。在设计中，选择的扬尘传感器模块为 PMS5003 扬尘传感器。它是一款测量数据稳定可靠、内置风扇、数字化输出、集成度高、响应快速、场景变换响应时间小于 10s、便于集成、串口输出（或 I/O 口输出）、可定制的扬尘传感器。PMS5003 采用激光散射原理，当检测位置有激光照射时，颗粒物会产生微弱的光散射，由于在特定方向上的光散射波形与颗粒直径有关，所以通过不同粒径的波形分类统计和换算可以得到不同粒径的颗粒物的质量浓度，该传感器能够监测到空气中 0.3～10μL/L 悬浮颗粒物浓度，如房屋灰尘、霉菌、香烟烟尘等。

（5）WiFi 通信模块。在数据采集节点和监控终端之间采用 WiFi 网络进行数据传输，在采集节点 1、节点 2、节点 n 和监测终端上分别连接一个 WiFi 模块，它们之间组成一个基于 AdHoc 的无线局域网，考虑到建筑工地环境中采集节点和监测终端的距离有限，采用这种方式既不用考虑布线成本，又可以保证数据的有效传输。WiFi 作为数据采集节点和监测终端数据传输的核心模块，基于 IEEE802.11n 协议设计。传输延时短、效率高，达到很好的数据传输效果。

（6）硫化氢传感器。在设计中，选择的硫化氢传感器为 MO135 型传感器。它既能灵敏地感应硫化物、氨气、苯系蒸汽，又能精确地检测烟雾等其他有害气体，是一款适用于多种场合的低成本传感器。MO135 传感器所使用的气敏材料是在清洁空气中电导率较低的 SnO_2。当传感器所处的环境中存在有害气体时，其电导率发生变化，污染气体的浓度越高，其电导率变化越大。可以设计简单的电路将传感器电导率的变化转变为与该气体浓度对应的输出信号。MO135 传感器对污染气体的感应程度范围为 $10\sim1000\mu L/L$，适用于多种环境下的有害气体监测。

（7）电源模块。设计中选用多节锂离子电池串联为数据采集节点供电，电池组输出电压为 84V，采用 LM2596 降压稳压芯片设计。电压转化电路将电池组电压转换成核心板的工作电压。

2. 监测终端硬件设计

监测终端以 ARM11 为核心，拓展存储器、报警单元、显示单元、3G 传输模块、WiFi 模块、摄像头模块和 GPS 模块，实现多个数据采集节点采集数据的无线接收、汇总、显示，并通过 3G 网络实现数据的远程发送，将数据上传至环境监测数据服务器。

（1）芯片选择。终端设计中选用三星公司的 S3C6410 核心处理器，该处理器是基于 ARM11 内核的高性能的 RISC 微处理器，它在移动电话等领域应用广泛，其硬件性能为 3G 网络提供很好的通信服务。S3C6410 硬件加速器作用强大，能够对图像和视频进行处理显示等操作。ARM11 架构的 S3C6410 内部资源丰富，有 8 路高达 10 位精度的 ADC 等。外部接口多样，有利于进行系统扩展。S3C6410 功耗低，在电源供电情况有限条件下，可以自由选择在省电模式下工作，同时还可以根据主频实际需求选择 400MHz、533MHz、667MHz 三种操作频率。ARM 是嵌入式系统的重要组成部分，采用"核心板＋底板"的设计结构。凭借其体积小、性价比高、功能强大等优点，广泛应用于手机、电脑等智能终端领域中。

（2）摄像头模块。在设计中，选择的摄像头模块为 ZC301 摄像头，用于建筑工地环境的图像采集 ZC301 与核心板 S3C6410 通过 USB 接口连接，USB 接口既作为数据交换接口，又作为供电接口。

（3）3G 模块。本设计选用的 3G 无线通信模块是华为公司的 E2613G 模块，通过 USB 接口与 OK6410 相连用来与环境监测数据服务器进行网络连接。

（4）报警单元与显示单元。报警电路通过蜂鸣器电路设计实现当采集的数据不在程序设定的范围内时，蜂鸣器发出声音，实现数据异常报警。终端显示屏采用 OK6410 配套的 4.3in 触摸 TFT 彩色液晶显示屏，显示单元将接收到的 PM2.5 数据、噪声数据、扬尘数据、硫化氢数据及 GPS 数据和图像数据等显示在界面上。

（5）GPS 模块。本设计中选用的 GPS 模块为 UBLOXNEO－6MGPS 定位模块，它功能全面、性能卓越、功耗低，能够满足精确定位及工地消费需求。GPS

模块获得建筑工地监测地点的经纬度，便于监管人员随时定位到发生数据异常的施工地点。

3. 监测数据服务器

环境的监测数据服务器通过网络接收监测终端通过 3G 网络上传的环境数据，服务器的正常启动需要安装花生壳客户端，完成 IP 映射配置，这样服务器就会在公域网可见。

4. 软件设计

本系统软件分为数据采集节点软件设计和监测终端软件设计两部分。数据采集节点采用 Keil 开发环境，监测终端基于 Linux 嵌入式系统开发，在 Linux 系统下搭建交叉编译环境，使用 Qt 编程实现监测终端的界面显示等功能。

（1）数据采集节点软件设计。数据采集节点软件设计编译环境采用 Keil uVision5，编写语言采用 C 语言。软件控制 STM32 读取各传感器采集的数值大小，将其按照一定的数据封装格式封装在 TCP 数据包中，数据包按顺序存入数据采集节点采集的噪声、PM2.5、硫化氢、扬尘等数据。接着控制数据发送模块与监测终端组建局域网通过局域网 AdHoc 将数据包发送给监测终端，监控终端接收数据之后如果返回"11"，则表示接收数据成功，否则继续发送，重复此过程，实现数据采集节点与监测终端的数据通信。

（2）监测终端软件设计。监测终端软件由两部分组成：数据采集与解析和界面显示设计。监测终端软件的功能主要分为数据采集节点上传数据的接收、监测终端 GPS 和工地图像信息的获取及信息显示等功能模块。

1）数据采集与解析。监测终端解析、采集软件主要分为 TCP 数据接收解析、GPS 与图像数据采集两部分，主要采用 Linux C 语言开发实现。监测终端接收到数据采集节点 TCP 数据包后进行解析。所接收的数据包由 4 部分组成：数据包大小、数据采集节点编号、工地环境数据、数据包结束标点。监测终端的 TCP 服务器程序监听端口，接受数据采集节点 TCP 连接请求，接收数据采集节点数据。根据数据包大小，接收完全部的数据包，对数据包按照"数据采集节点编号噪声、PM2.5、扬尘、硫化氢、数据结束标志位"格式进行解析，然后显示在终端界面上。同时终端外部连接 GPS、图像模块，程序控制进行 GPS 数据读取。解析以及图像获取操作，采集到的图像和 GPS 数据 UI 显示在终端界面上。

2）界面显示设计。终端软件的界面显示设计使用 Qt 开发语言编程实现。Qt 是 Linux 系统下界面开发的重要工具，它在 Windows、iOS、Linux 下具有很好的移植性。使用 Q 开发程序和编写界面显示设计，首先需要在 Linux 系统下搭建 Q 集成开发环境网。本终端软件界面设计中，所要显示的数据主要包括三大部分：建筑工地图像数据、建筑工地环境指标数据、GPS 定位数据。显示的建筑工地环境指标数据主要包括噪声 PM2.5、扬尘、硫化氢等。

本系统设计中，数据采集节点有三个界面可以分别显示三个采集节点的数据变化曲线，所显示的环境指标数据是一段时间内三个监测采集节点采集数据的变化范围，同时终端会根据我国环境指标相关规定，判断环境状态，并显示出来。所接收到的环境数据会通过嵌入式数据库存储起来，用于后期环境状态查询操作。

（二）智慧＋环境控制

常见的工程污染有扬尘污染、噪声污染等，会干扰周边居民及现场施工。在智慧工地管理视角下，建筑工程管理人员要在智慧工地管理系统中纳入绿色管理模块，加强对施工现场污染指标的监测，包括空气质量指标、噪声指标等。在搭建智慧工地系统时，要高度重视环境污染监测，根据工程需求适配高精度的自动化监测设备，对相应的环境参数如噪声、颗粒物浓度、湿度等加以测

定，并实时显示在 LED 屏幕上，超标指标可标红并预警。测定的数据要传输至云端，连接移动终端，为施工人员提供实时监测数据，为实际情况的管理提供判断依据，并快速处理监测的异常数据。例如，颗粒物浓度值超标时，要激活系统的喷雾降尘系统，及时进行降尘处理。施工现场可能存在部分标准养护室，要格外关注此类室内环境监测，配置高精度的传感器，以精准测定现场温度、湿度，同时安装防水摄像头，跟踪记录全天的环境数据，为现场管理人员提供实时、详细的参数支持。

现场管理平台如图 1-7-10-4 所示。

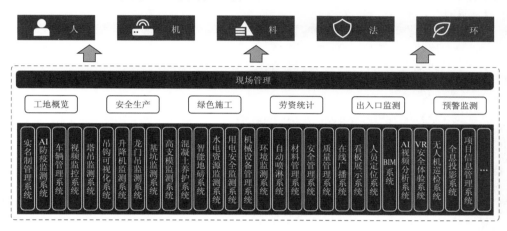

图 1-7-10-4　现场管理平台

（三）系统测试

建筑工地环境监测系统可实现数据的采集与接收。系统报警界面显示要满足很高的实时性要求。WiFi 作为数据采集节点与监测终端通信的核心模块，其稳定性直接影响整个系统数据发送和接收的稳定性。实验室条件下，对系统 WiFi 模块数据传输的稳定性和实时性 GPS 定位信息的精确性进行测试。测试过程中，采用三个数据采集节点与一个监测终端相连接。监测终端界面显示数据采集节点通过 WiFi 周期性发送到监测终端的噪声、PM2.5、扬尘、硫化氢等数据，延时小于 1s，并绘制成动态曲线，可通过下拉菜单栏选择想要查看的节点编号；

同时 GPS 模块能够实现精准定位。为建筑工地的监管提供便利。经过多天测试，WiFi 组建的局域网通信具有较强的稳定性，可实现噪声、PM2.5、扬尘、硫化氢等数据的可靠传输。

1. 环境监测系统

环境监测系统如图 1-7-10-5 所示，可快速、准确、实时在线监测、记录和统计总颗粒物、噪声、温度、风速等环境指标，如果超过警戒指标，系统会报警提示，即时的数据资料、报警时的现场图片、报警地点、电话、联系人等其他信息会立即传送至管理者，方便其进行快速处理。

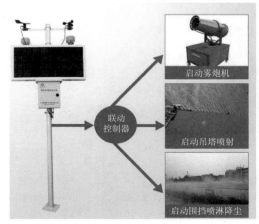

图 1-7-10-5　环境监测系统

2. 监控管理平台

监控管理平台完成监测数据与图片的存储，支持管理者对前端污染源的实时监控、对在线监测仪以及摄像头的参数调控、对历史监测数据的统计分析等功能。

（1）对污染源的实时数据监控与自动报警，悬浮颗粒物（SPM）实时监测与统计查询，噪声［dB（A）］实时监测与统计查询，气象五参数实时监测与统计查询。

（2）对现场摄像头的实时控制与照片取证。

（3）按区域的污染源管理与统计。

（4）基于地图的污染源位置管理。

（5）对前端在线监测仪的实时控制和数据标定。

3. 统计分析

统计报表功能：自动统计小时均值，自动生成并存储基本统计报表和图，日报表、月报表、季报表和年报表。包括均值、最小和最大值、超标率和超标倍数。

对于每小时补传的数据，实时对小时均值进行更新统计。最后一小时数据补传完毕后同时更新小时均值及日均值（噪声为昼间均值、夜间均值）数据。

4. 查询比较

可查询任意时段的历史监测结果，并对不同时间段的数据进行比对分析；查询分析结果应以图和报表两种方式显示。

数据查询与比较分别以分、小时、日、月、季和年平均值表示。噪声数据表示为昼间和夜间平均值。

5. 数据导出

针对查询需求可以 Excel 格式导出所有监测结果，数据导出同时具备带标示符与不带标示符的功能选项。

6. 超限报警

具备超限报警提示功能。当颗粒物浓度、噪声、温度、风速超过设定值时，根据设定的报警值，系统自动发出小时或日均值超限报警提示。噪声超限报警提示可按照夜间施工噪声控制限值进行夜间的超限统计，当监测现场发生高噪声或突发噪声时，可按照设定限值自动启动录音功能；风速报警提示可以提醒施工单位注意或者停止高空施工报警；温度报警提醒可以让施工单位注意做好防暑降温的工作。支持手机短信、音频提醒、图标颜色变化等多种超标报警提示形式。

三、工地可视化管理系统

（一）建筑工地可视化管理系统

为了确保工地施工安全，全方位监控工地情况，比如施工作业面工人是否戴安全帽、现场的扬尘情况等，一套切实有效的可视化监控管理系统起着十分重要的作用。按照施工工地传统的监控采用"点对点"的视频传输方式，即直接从工地前端安装的摄像机上拉一条光缆到监控中心。"点对点"视频传输方式占用传输带宽资源小，图像相对比较清晰、稳定，上传信号或下传信号均较快捷。但建筑工地比较分散，有的距离监控中心七八千米，远的几十千米，沿途要经过桥梁、道路，传输的光缆不仅要高架，甚至还需破路、横穿地下管道等。另

外，在部分大型建筑施工现场实施监控，其难度和复杂程度超过其他应用领域，有时建筑施工现场几十种工序在不同部位、不同时间交错进行，且设施都是临时的，变数较大，这是施工监控的难点。安装了可视化监控管理系统之后，解决了上述问题。首先，为保证有较高清晰度的图像从安装在高处的建筑物上输出，工程前端摄像机应合理设计，尽量缩短安装在高处建筑物的摄像机到主机的距离，并使之尽量控制在 500m 以内，同时适当放大信号，保证传输线有良好的屏蔽；其次，提高压缩视频保帧技术，保证电脑主机在 24h 不间断运行的情况下工作稳定、正常。

1. 工地可视化管理系统

建筑工地属于环境复杂、人员复杂的区域。考虑到安全生产、工程监督、项目质量及人员设备的安全，一套有效的视频监控系统对于管理者来说是非常有必要的。

通过远程视频监控系统，管理者可以了解到现场项目施工进度、现场生产操作过程、现场材料安全，由此实现项目的远程监管。

工地可视化管理系统能够实现工地现场的远程预览、远程云控制球机转动、远程接收现场报警、远程与现场进行语音对话指挥等功能。采用政府部门、企业、施工现场三级联动架构，有效实现视频数据共享，并提供建筑公司管理系统对接接口，方便进行二次开发。通过企业平台，可以促使企业更好地对工地进行安全质量监管，落实企业责任主体。同时可以方便企业进行自我监管，实时掌握工地现场信息，减少管理成本。

（1）工地前端系统：负责现场图像采集、录像存储、报警接收和发送、传感器数据采集和网络传输。

（2）传输网络：工地和监控中心之间专线和互联网两种方式可选；工地现场使用网桥 AP 无线传输。

（3）监控中心：系统的核心所在，是执行日常监控、系统管理、应急指挥的场所。

2. 控制管理平台

实时监测各监控设备的运行状态，当设备出现异常停止或者异常关闭，自动启动该设备，继续提供服务，如果设备出现损坏，及时提醒相关人员进行维修。

3. 视频浏览

实现通过网络在线数据，可以在 PC 端、监视器和电视墙上实时观看视频；可以通过客户端或 Web 方式实时浏览视频，包括多画面显示、多画面轮询、字幕叠加。

4. 监控位置及范围

将视频监控的空间位置和监控范围在 GIS 地图上进行展示，以辅助管理人员进行监管，同时还可以对监控区域进行分析，合理布置监控点的位置及密度，如图 1-7-10-6 所示。

5. 云镜控制

支持对云台和镜头的远程实时控制，可以通过客户端或键盘进行控制，云镜控制分为多级，并具有预置位巡航的功能。

图 1 - 7 - 10 - 6　工地可视化系统

6. 报警管理

包括前端设备的报警输入和平台报警输出引起的联动。前端设备的开关量报警输入以及移动侦测报警输入，触发平台系统的报警处理，平台在收到报警信息后，根据用户配置的报警联动表信息进行联动处理，主要包括触发前端设备报警输出引起联动，如摄像机运动到指定位置、触发报警录像等。处于接警状态的客户端在收到报警信息时，应将画面切换到报警设备的联动画面，并发出报警信息，直到用户做接警操作之后，方可返回正常状态。

7. 录像管理

用户可以进行定时录制、手动录制和报警录制三种录像模式，可以根据时间、地点和报警类型查询录像资料并进行录像回放（需分配录像磁盘最大空间）。

8. 图片抓拍

用户可以随时通过客户端的抓拍按钮进行实时抓拍，以 JPEG 格式保存在服务器或者客户端上。

9. 设备管理

通过管理维护端，用户可以执行添加设备、删除设备、查询设备、分配设备等操作。支持对前端设备属性参数，如设备编号、网络参数配置、设备相关视频配置以及存储方案等参数进行配置。

（二）BIM 在建筑工程施工管理中的应用

1. BIM 的简介

目前中国建筑业需要可持续发展，施工企业也面临更严峻的竞争。在这个背景下，国内建筑业与 BIM（建筑信息模型）结缘成为必然。第一，巨大的建设量同时也带来了大量因沟通和实施环节信息流失而造成的损失，

BIM 信息整合重新定义了设计流程，很大程度上能够改善这一状况。第二，可持续发展的需求。第三，国家资源规划管理信息化的需求。

2. BIM 的含义

BIM 技术是一种应用于工程设计建造管理的数据化工具，通过参数模型整合各种项目的相关信息，在项目策划、运行和维护的全生命周期过程中进行共享和传递，使工程技术人员对各种建筑信息作出正确理解和高效应对，为设计团队以及包括建筑运营单位在内的各方建设主体提供协同工作的基础，在提高生产效率、节约成本和缩短工期方面发挥重要作用。因国内《建筑信息模型应用统一标准》还在编制阶段，故暂引用美国国家标准对 BIM 的定义，其由三部分组成：

（1）BIM 是一个设施（建设项目）物理和功能特性的数字表达。

（2）BIM 是一个共享的知识资源，是一个分享有关这个设施的信息，为该设施从概念到拆除的全生命周期中的所有决策提供可靠依据的过程。

（3）在项目的不同阶段，不同利益相关方通过在 BIM 中插入、提取、更新和修改信息，以支持和反映其各自职责的协同作业。总的来说，建筑信息模型不仅是简单地将数字信息进行集成，还是一种数字信息的应用，并可以用于设计、建造、管理的数字化方法。在建筑工程整个生命周期中，建筑信息模型可以成为集成管理的重要支撑，这一模型既包括建筑物的信息模型，同时又包括建筑工程管理行为的模型。同时 BIM 可以四维模拟实际施工，以便于在早期设计阶段就发现后期真正施工阶段会出现的各种问题，提前处理，为后期活动打下坚实的基础。

3. BIM 的特点

（1）可视化。BIM 的可视化是一种能够同构件之间形成互动性和反馈性的可视。所以可视化的结果不仅可以用来进行效果图的展示及报表的生成，更重要的是，项目设计、建造、运营过程中的沟通、讨论、决策都在可视化的状态下进行。

（2）协调性。BIM 建筑信息模型可在建筑物建造前期对各专业的碰撞问题进行检查，生成协调数据。当然 BIM 的协调作用也并不是只能解决各专业间的碰撞问题，还可以解决例如电梯井布置与其他设计布置及净空要求之协调、防火分区与其他设计布置之协调、地下排水布置与其他设计布置之协调等问题。

（3）模拟性。模拟性并不是只能模拟设计出的建筑物模型，还可以模拟不能够在真实世界中进行操作的事物。在设计阶段，BIM 可以对设计上需要进行模拟的一些东西进行模拟试验，例如节能模拟、紧急疏散模拟、日照模拟、热能传导模拟等。在招投标和施工阶段，可以进行 4D 模拟（三维模型加项目的发展时间），也就是根据施工的组织设计模拟实际施工，从而确定合理的施工方案来指导施工；同时还可以进行 5D 模拟（基于 3D 模型的造价控制），从而实现成本控制。在后期运营阶段可以进行日常紧急情况的处理方式的模拟，例如地震人员逃生模拟及消防人员疏散模拟等。

（4）优化性。基于 BIM 的优化可以做下面的工作。

1）项目方案优化：把项目设计和投资回报分析结合起来，设计变化对投资回报的影响可以实时计算出来。这样业主对设计方案的选择就不会主要停留在对形状的评价上，还可以知道哪种项目设计方案更有利于自身的需求。

2）特殊项目的设计优化：例如裙楼、幕墙、屋顶、大空间到处可以看到异型设计，这些内容看起来占整个建筑的比例不大，但是占投资和工作量的比例和前者相比却往往要大得多，而且通常也是施工难度比较大和施工问题比较多的地方，对这些内容的设计施工方案进行优化，可以带来显著的工期和造价改进。

（5）可出图性。BIM 是通过对建筑物进行可视化展示、协调、模拟、优化以后，可以帮助业主出如下图纸：

1）综合管线图（经过碰撞检查和设计修改，消除了相应错误）。

2）综合结构留洞图（预埋套管图）。

3）碰撞检查侦错报告和建议改进方案。

四、工地人员管理系统

（一）施工人员安全管理现状分析

1. 未形成风险全面监测机制

施工现场环境复杂，存在大量安全隐患。大量的人员、物料、机械设备等集中在相对狭小的建筑施工场地中，加上多工种交叉作业，使得现场存在大量安全风险，极有可能发生安全事故。目前安全监管过程主要是安全管理人员根据安全检查的内容逐项检查、定期检查，不仅费时费力、对重要安全信息动态变化不敏感，而且无法实现全过程全面监测，监管效率和效果也无法保证。同时，施工安全监督机构一般会以事先告知的方式进行检查，容易使施工单位和施工人员怀有侥幸心理，不将现场安全管理当作常态，使得安全监控效率低下。

2. 安全风险预警性不强

安全事故一旦发生，不仅会给项目各级参与方、相关单位、人员带来不良影响和损失，还会对社会产生负面效应。目前施工现场存在的风险因素危险程度大部分只是依靠人员自身经验判断，具有一定主观性，而且无法明确作业过程中的风险因素实时状态，导致不能对即将发生的安全事故进行提前预警。

3. 无法实时监测人员状态

虽然利用警示标识、防护装置对危险区域进行防护，利用现场管理人员和班组长对人员安全进行约束，但是人的行为是难以掌控的，所以利用这种传统的安全监管方法存在很大的局限性。一方面，依靠管理人员和班组长的感官与意识对其他作业人员的异常行为进行判断，不仅容易误判，而且无法保证全体人员安全状态。另一方面，现场作业人员主要是农民工、临时工等类型的工人，这些工人存在教育程度低、职业技能培训缺乏、安全知识及安全防范意识不足等问题。即便有各种安全教育培训，但是不戴安全帽、不系安全带等风险行为仍是常态。

4. 新技术应用不充分

随着科学技术的迅速发展，各行各业都在向智能化、智慧化发展，建筑业也不例外，在施工策划、进度、成本、质量等方面都引入了 BIM、VR（Virtual Reality，虚拟现实）等新兴技术。但是这些技术大部分只用于模型建设、项目进度管理和安全教育培训方面，在现场安全管理中的应用还不是很充分。

（二）人员安全管理系统需求分析

1. 风险因素识别系统全面

由于施工的任意环节和工种都存在危险因素，并且由于生产环境的特殊性，安全事故的发生会带来严重后果。所以需要对安全风险因素进行有效识别，从整个施工过程、所有生产要素的角度进行，以实现风险因素的全覆盖，进而实现对施工人员的安全管控。同时，分析风险因素时，除了考虑表面原因，还必须深入挖掘因素产生的原因以及各因素之间的相关性，从系统角度全面分析施工系统中的安全风险。

2. 施工现场风险因素状态的实时获取

目前大多数安全管理模式侧重于安全管理人员定时定点安全检查，检查结果只能反映某一个时间点、某一个地方的安全情况。但是安全事故可能发生在施工过程中的任何地方，而防止安全事故发生效率最高的时候就是事故有预兆的时候。所以要想预防安全事故的发生，就必须知道现场实时风险因素状态。

3. 人员安全风险预警

安全事故一旦发生，就会带来各方面的损失，而安全事故最佳防范时间就是在安全风险转变为安全事故之前。但是在施工现场，存在大量随进度变化的安全风险。因此利用BIM的信息集成功能，将现场风险信息与施工计划相结合，实现风险信息动态管理。同时通过设置预警阈值，对现场安全风险进行预警，一旦达到预警阈值，就会触发预警规则，将安全警报传达给相应的作业人员和安全管理人员，以便及时采取措施，尽可能避免安全事故的发生。

4. 施工人员安全信息集成管理

在施工现场，每天都存在大量动态风险信息和安全管理信息。不仅管理困难，而且难以迅速发现不足及漏洞。因此，将安全管理数据与动态的风险信息集成管理，可以有效帮助管理人员快速了解项目状态和人员安全状态，及时制定或改善相应的安全管理计划。

（三）智慧＋人员管理

智慧门禁系统是基于识别技术而发展起来的，在该系统应用过程中，准入问题或施工考勤问题是难点。大部分建筑工程管理人员采用的为IC卡考勤技术，易出现IC卡丢失的问题，给施工人员和管理人员带来不便。若采用指纹识别，施工人员从事的多为体力工作，可能出现手部伤口较多或清洁不干净等情况，对识别效果产生影响。当前，面部识别成为智慧门禁系统的主要识别方式。该系统的具体应用主要体现在三个方面。一是识别技术。首先是人脸识别，采用3D多维人像采集技术，全面识别进入施工现场的人员；其次是虹膜识别技术，该识别技术应用成本高，优势也较为明显，识别精准，效率高。二是智能安全帽准入识别。和传统的安全帽不同，智能安全帽中安装有定位传感器、处理传感器、储存信息传感器，会录入施工人员信息，当施工人员佩戴智能安全帽时，主机端会进行辨别并给予准入反馈。三是智能追踪系统。当施工人员进入施工现场后，智慧工地系统主机端会对施工人员进行定位，实时跟进施工人员的行进路线，了解其工作状态，监管施工人员的周边环境和施工操作行为，避免出现操作失误。在发现安全隐患时，及时预警和排查处置。

1. 系统总体设计

基于上文对施工系统人员安全管理现状及需求的分析，人员安全管理系统的主要任务是采集施工系统风险因素的作业状态，判断人员是否安全，以便针对人员安全情况及时采取措施。主要面向的对象是作业人员、管理人员以及系统管理员。

2. 工地人员管理系统

工地人员管理系统主要分为实时定位、智能考勤、安全巡检、电子围栏、视频联动、信息共享六个功能，如图1-7-10-7所示。

（1）实时定位。系统可实现实时定位，全局显示。通过人员所携带的定位标签实时追踪人员的精准位置，当人员进入建筑高楼内，可以对每一层楼人员的状态进

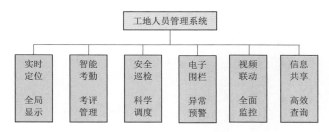

图1-7-10-7　人员管理系统

行判断，根据标签的不同属性进行分类管理和人员信息查询，并显示在电子地图上，同时可查询人员实时轨迹、历史轨迹及某个区域内人员数量。

（2）智能考勤。系统可实现智能考勤，考评管理。通过定位系统实时监控人员的位置信息，可实现自动签到、人员是否在岗实时监控，并可根据人员是否达到工作地点及工作时间对人员进行工作考勤统计，防止出现人员虚报、相互代签等行为。

（3）安全巡检。系统可实现安全巡检，科学调度。前期设定巡检路线，当巡检人员路线出现错误时进行报警，并可在发现安全隐患时，通过位置信息及时调动附近工作人员和安全管理人员，实现科学高效的调度指挥。

（4）电子围栏。系统可实现电子围栏，异常报警。自主划定电子围栏，施工人员进入禁入区域时进行报警，便于及时采取相应措施。

（5）视频联动。系统可实现视频联动，全面监控。当发生异常状况时，通过状况发生的实时位置，调动相应区域的视频，及时了解现场状况，全局把控现场，采取最优措施。

（6）信息共享。系统可实现信息共享，高效查询。与人员信息数据库对接，可实时查看特定标签的详细信息，节约查询时间，提高管理水平。

五、机械设备管理系统

（一）机械设备管理内容

机械设备管理的内容主要包括机械设备的合理装备、选择、使用、维护和修理等。对机械设备的合理装备应以"技术上先进、经济上合理、生产上适用"为原则，既要保证施工的需要，又要使每台机械设备能发挥最大效率，以获得更高的经济效益。选择机械设备时，应进行技术和经济条件的对比和分析，以确保选择的合理性。在市政工程项目施工过程中，应当正确、合理地使用机械设备，保持其良好的工作性能，减少机械磨损，延长机械使用寿命，如机械设备出现磨损或损坏，应及时修理。此外，还应注意机械设备的保养和更新。

（二）机械设备管理计划

1. 机械设备需求计划

市政工程施工机械设备需求计划主要用于确定施工机具设备的类型、数量、进场时间，可据此落实施工机具设备来源，组织进场。其编制方法为：将工程施工进度计划表中的每一个施工过程每天所需的机具设备类型、

数量和施工日期进行汇总，即得出施工机械设备需要量计划。

2. 机械设备使用计划

机械设备使用计划的编制依据是工程施工组织设计。施工组织设计包括工程的施工方案、方法、措施等。同样的工程采用不同的施工方法、生产工艺及技术安全措施，选配的机械设备也不同。因此编制施工组织设计，应在考虑合理的施工方法、工艺、技术安全措施时，同时考虑用什么设备去组织生产，才能最合理最有效地保证工期和质量，降低生产成本。机械设备使用计划一般由项目经理部机械管理员或施工准备员负责编制。中、小型设备机械一般由项目经理部主管经理审批。大型设备经主管项目经理审批后，报组织有关职能部门审批，方可实施运作。

3. 机械设备保养计划

机械设备保养的目的是保持机械设备的良好技术状态，提高设备运转的可靠性和安全性，减少零件的磨损，延长使用寿命，降低消耗，提高经济效益。

（1）例行保养。例行保养属于正常使用管理工作，不占用设备的运转时间，由操作人员在机械运转间隙进行。其主要内容是：保持机械的清洁、检查运转情况、补充燃油与润滑油、补充冷却水、防止机械腐蚀，按技术要求润滑，确保转向与制动系统灵活可靠等。

（2）强制保养。强制保养是在一定的周期内，需要占用机械设备正常运转时间而停工进行的保养。强制保养是按照一定周期和内容分级进行，保养周期根据各类机械设备的磨损规律、作业条件、维护水平及经济性四个主要因素确定。强制保养根据工作和复杂程度分为一级保养、二级保养、三级保养和四级保养，级数越高，保养工作量越大。

（三）机械设备管理控制

机械设备管理控制应包括机械设备购置与租赁管理、使用管理、操作人员管理、报废和出场管理等。机械设备管理控制的任务主要包括：正确选择机械，保证在使用中处于良好状态，减少闲置、损坏，提高使用效率及产出水平，机械设备的维护和保养。

1. 机械设备购置管理

当工程施工现场需要新购机械设备时，大型机械以及特殊设备应在调研的基础上，写出经济技术可行性分析报告，经有关领导和专业管理部门审批后，方可购买。中、小型机械应在调研的基础上，选择性价比较好的产品。由于工程的施工要求，施工环境及机械设备的性能并不相同，机械设备的使用效率和产出能力也各有高低，因此，在选择施工机械设备时，应本着切合需要，实际可能，经济合理的原则进行。如果有多种机械的技术性能可以满足施工要求，还应对各种机械的下列特性进行综合考虑：工作效率，工作质量，使用费和维修费，能源耗费量，占用的操作人员和辅助工作人员，安全性、稳定性、运输、安装、拆卸及操作的难易程度和灵活性，

在同一现场服务项目的多少，机械的完好性和维修的难易程度，对汽修条件的适应性，对环境保护的影响程度等。

2. 机械设备租赁管理

机械设备租赁是企业利用广阔社会机械设备资源装备自己，迅速提高自身形象，增强施工能力，减小投资包袱，尽快武装的有力手段。其租赁形式有内部租赁和社会租赁两种：

（1）内部租赁。内部租赁是指由施工企业所属的机械经营单位与施工单位之间的机械租赁。作为出租方的机械经营单位，承担着提供机械、保证施工生产需要的职责，并按企业规定的租赁办法签订租赁合同，收取租赁费用。

（2）社会租赁。社会租赁是指社会化的租赁企业对施工企业的机械租赁。社会租赁有以下两种形式：

1）融资性租赁。指租赁公司为解决施工企业在发展生产中需要增添机械设备而又资金不足的困难，而融通资金、购置企业所选定的机械设备并租赁给施工企业，施工企业按租赁合同的规定分期交纳租金，合同期满后，施工企业留购并办理产权移交手续。

2）服务性租赁。指施工企业为解决企业在生产过程中对某些大、中型机械设备的短期需要而向租赁公司租赁机械设备。在租赁期间，施工企业不负责机械设备的维修、操作，施工企业只是使用机械设备，并按台班、小时或施工实物量支付租赁费，机械设备用完后退还给租赁公司，不存在产权移交的问题。

3. 机械设备使用管理

机械设备的使用管理是机械设备管理的基本环节，只有正确、合理地使用机械，才能减轻机械磨损，保持机械良好的工作性能，充分发挥机械的效率，延长机械使用寿命，提高机械使用的经济效益。

（1）对进入施工现场机械设备的要求。在施工现场使用的机械设备主要有施工单位自有或其租赁的设备等。对进入施工现场的机械设备应当检查其相关的技术文件，如设备安装、调试、使用、拆除及试验图标程序和详细文字说明书，各种安全保险装置及行程限位器装置调试和使用说明书，维护保养及运输说明书，安全操作规程，产品鉴定证书、合格证书，配件及配套工具目录，其他重要的注意事项等。

（2）施工现场设备管理机构。施工现场机械设备的使用管理包括施工现场、生产加工车间和一切有机械设备作业场所的设备管理，重点是施工现场的设备管理。由于施工项目总承包企业对进入施工现场的机械设备安装、调试、验收、使用、管理、拆除退场等负有全面管理的责任，所以对无论是施工项目总承包企业自身的设备单位或租用、外借的设备单位，还是分承包单位自带的设备单位，都要负责对其执行国家有关设备管理标准、管理规定情况进行监督检查。

1）对于大型施工现场，项目经理部应设置相应的设备管理机构和配备专职的设备管理人员，设备出租单位

也应派驻设备管理人员和设备维修人员。

2）对于中小型施工现场，项目经理部也应配备兼职的设备管理人员，设备出租单位要定期检查和不定期巡回检修。

3）对于分承包单位自带的设备，也应配备相应的设备管理人员，加强对施工现场机械设备的管理，确保机械设备的正常运行。

（3）机械设备使用中的"三定"制度。"三定"制度是指定机、定人、定岗位责任。实行"三定"制度，有利于操作人员熟悉机械设备特性，熟练掌握操作技术，合理和正确地使用、维护机械设备，提高机械效率；有利于大型设备的单机经济核算和考评操作人员使用机械设备的经济效果；也有利于定员管理，工资管理。

4. 机械设备操作人员管理

（1）项目应建立健全设备安全使用岗位责任制，从选型、购置、租赁、安装、调试、验收到使用、操作、检查、维护、保养和修理直至拆除、退场等各个环节，都要严格，并且有操作性能的岗位责任制。

（2）项目要建立健全设备安全检查、监督制度，要定期和不定期地进行设备安全检查，及时消除隐患，确保设备和人身安全。

（3）设备操作和维护人员，要严格遵守建筑机械使用安全技术规程，对于违章指挥，设备操作者有权拒绝执行；对违章操作行为，现场施工管理人员和设备管理人员应坚决制止。对于起重设备的安全管理，要认真执行当地政府的有关规定。要经过培训考核，具有相应资质的专业施工单位承担设备的拆装、施工现场移位、顶升、锚固、基础处理、轨道铺设、移场运输等工作任务。

（4）对于起重设备的安全管理，要认真执行当地政府的有关规定。要经过培训考核，具有相应资质的专业施工单位承担设备的拆装、施工现场移位、顶升、锚固、基础处理、轨道铺设、移场运输等工作任务。

（5）各种机械必须按照国家标准安装安全保险装置。机械设备转移施工现场，重新安装后必须对设备安全保险装置重新调试，并经试运转，在确认各种安全保险装置符合标准要求后，方可交付使用。任何单位和个人都不得私自拆除设备出厂时所配置的安全保险装置而操作设备。

5. 机械设备报废和出场管理

市政工程项目施工机械设备的报废应与机械设备的更新改造相结合，当设备达到报废条件，尤其对提前报废的设备，企业应组织有关人员对其进行技术鉴定，按照企业设备管理制度或程序办理手续。对于已经报废的汽车、起重机械、压力容器等，不得再继续使用，同时也不得整机出售转让。企业报废设备应有残值，其净残值率应不低于原值的3%，不高于原值的5%。当机械设备具有下列条件之一时，应予以报废。

（1）磨损严重，基础件已经损坏，再进行大修已经不能达到使用和安全要求的。

（2）设备老化，技术性能落后，消耗能源高，效率低下，又无改造价值的。

（3）修理费用高，在经济上不如更新合算的。

（4）噪声大，废气、废物多，严重污染环境，危害

人身安全和健康，进行改造又不经济的。

（5）属于国家限制使用，明令淘汰机型，又无配件来源的。此外，机械设备管理部门也要加强闲置设备的管理，认真处理闲置设备的保护、维修管理。防止拆卸、丢失、锈蚀和损坏，确保其技术状态良好。积极采取措施调剂利用闲置设备，充分发挥闲置设备的作用。在调剂闲置设备时，企业应组织有关人员对其进行技术鉴定和经济评估，严格执行相关审批程序和权限，按质论价，一般成交价不应低于设备净值。

（四）机械设备管理系统

机械设备管理系统的任务是负责对项目施工所需的大、中、小型机械设备及时供应，并保证使用、配合、服务良好。项目经理部对各种施工机械设备的需求，通常是根据需求计划，以租赁合同的方式，同机械设备租赁公司发生联系。

1. 机械设备管理系统

以北斗定位系统为基础，针对渣土车、混凝土搅拌车、特种车辆、特种机械设备等，利用通信控制、计算机网络、智能化管理、高精度位置服务等技术解决目前的机械设备管理难题，严防车辆超载、限制行车速度、保证行车安全，加强安全监管力度。

系统是按照先进、可靠、长远发展的要求进行设计，充分体现模块化系统集成的设计思想。满足无线和有线报警联动的功能要求，同时考虑系统增值服务的发展空间，力争实现一个高度信息化、自动化的机械设备监控系统。

2. 机械设备信息管理

对机械设备的类型、操作人员信息、所属单位、所属项目、有效载荷等基本信息进行管理。

3. 车辆实时数据管理

根据北斗定位信息，在地图上实时显示车辆的行驶路线和工作时间。通过定位系统实时监控车辆的位置信息，可实现自动签到，实时监控车辆是否处于工作状态，根据车辆运动路线、工作时间做出智能考勤。

4. 监控与调度

（1）超载监控：从第三方系统采集车辆的运载土方量，并上报到管理中心。

（2）超速监控：判断该车辆是否超速、位置是否正常，同时通过无线传输网络发送到管理中心。

（3）科学调度：前期设定车辆运动路线，当运输车辆偏移路线时发出错误报警，并指引司机回到正确路线；当车辆进入施工区域时，系统分析出区域内车辆的分布情况，并指引司机到达正确位置，通过北斗定位技术对车辆管理实现施工成本下降。

（4）电子围栏：自主划定电子围栏，施工车辆进入禁入区域时进行报警，便于及时采取相应措施；若车辆在规定的时间内没有达到相应的位置，车辆标签终端将提醒司机应及时到达。

5. 报警联动

系统报警处理模块可以由用户根据实际需要，配置

相应的报警联动选项，如车辆的速度、载重、路线、作业时间等。

6. 查询统计

可查询车辆数量、种类、运载次数、运载量等形式多样的统计报表。

7. 特种设备管理

面向管理人员展示整个区域的特种设备（装载机、挖掘机、塔吊等）基本信息、分布运行情况、预警提醒等。

通过 CORS 站推送高精度服务数据，满足土方工程机械、施工定位机械、打桩机械、运输机械等机械设备的厘米级高精度定位需求。系统集微电子、北斗传输、无线通信、GNSS 厘米级高精度定位等技术于一体，实时全程可视化跟踪机械设备运动过程，向主管部门、施工方、监理方和操作手提供及时精确定位的工作信息。

六、物资管理系统

（一）智能地磅

智能地磅采用专用感应车牌识别一体机，集车牌识别、雷达车感、承重系统、语音播报、补光、储存于一体，是无人值守地磅行业的专用产品；当车辆进入施工现场，智能地磅可记录车牌、进出时间、进出重量，上传到智慧工地数据管理终端，可以用手机实时查看数据，计算机端可批量下载打印相关运输车辆信息。一方面通过系统管理明确现场库存状态，另一方面可通过无人值守的地磅系统杜绝偷料等不良行为，提高了项目的物料管理水平。

（二）车辆管理系统

在项目出入口加装车牌识别系统，对进出施工现场的车辆进行管理，项目登记在册的车辆会自动识别放行，外来车辆需保安人员登记后方可放行，车辆识别系统会记录车牌号码，拍照登记车辆出入时间，并上传到数据管理终端，打开手机便可查看现场车辆的信息，以此辅助施工现场的车辆管理。

（三）物资管理

1. 功能组成

物资成本占工程项目总造价的 60%～70%，传统的物资管理由于物资计划及申请不及时，物资采购审批流程繁杂且采购全过程信息数据缺失遗漏，未进行供应商管理库集，集中采购导致物资成本剧增，应用平台进行物资管理，可进行供应商管理、物资分类及编制物资计划进行集中采购，施工现场物资管理通过平台发起物资需求、收发料及退料，并形成物资台账和流水，自动生成报表并支持一键导入导出，实现物资全过程动态跟踪管理，针对物资库存进行库存处理及物资结算，实现项目参与各方所需物资的全局调配管控，精细化物资管理，最大限度减少物资成本的支出，为项目管理各层级提供了详细物资采购信息数据决策依据，使得物资采购流程化、透明化及智能化。物资管理功能模块主要由基础功能、跟踪管理及库存分析三大板块组成。

2. 应用流程

通过进度计划工程量与现场实际物料进行对比分析，实现物料精确化管理，一码多用，通过二维码和射频识别技术实现构件的识别追踪及施工管理，同时，通过轨迹系统实现物料运输精细化管理，包括供应商管理、物资分类、用料申请、材料入库、材料出库、库存管理、物资结算、退库申请及物资流程配置。物资计划分为一般性物资（物资申请-物资采购-物资出入库）及设备类物资（物资排产-设备厂商生产），根据 BIM 模型提出物资计划，一般性物资和设备基于 BIM 模型生成物料二维码，利用 GPS 技术及 RFID 技术定位识别各物资进行设备的全程跟踪，根据现在使用物资量形成的物资台账进行物资结算，结算费用与 BIM 模型提取的物资计划进行盈亏对比分析。

（四）智慧＋物资管理

智慧工地系统在施工物资如设备、建材的进场、采购、验收等流程上均体现出较大的优势，可实现对进场物资的全程闭环管理，借助电脑、手机 APP 等终端，全程跟进物资流动信息，并将各项数据储存至服务器中，为物资管理提供极大便利。以某建筑施工案例为例，其采用"智慧工地系统＋区块链"的物资管理式进行现场管理，将进场的各批次建材纳入唯一的区块链指纹，原料商、生产商、经销商详细的信息节点形成不同的电子签名，管理人员可借助移动端和 PO 端实时记录和审核追踪，实现动态组网，并进行去中心化分布式计算。运用区块链技术可显著降低智慧工程建筑成本。以深基坑施工监测为例，可利用深基坑无线监测系统，结合 IoT 技术将传感器中的数据传输至云端系统，合法授权节点，将数据上传至链端予以分布式储存，为下一步科学决策提供支撑。

物资管理系统主要包括了物资定位、电子围栏、一键查询、视频联动四个功能，如图 1-7-10-8 所示。

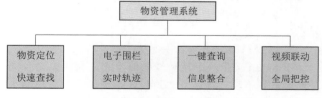

图 1-7-10-8　物资管理系统

1. 物资定位

系统可实现物资定位、快速查找。通过物资所携带的定位标签实时精准定位，并可根据工作人员的实时位置和目标物资的位置进行路径规划，实时导航，便于查找物资。

2. 电子围栏

系统可实现电子围栏、实时轨迹。轨迹信息实时查询，异常报警，可根据实时移动轨迹进行物资追踪。快速设置电子围栏区域，控制物资堆放场所的无权限人员随意进出。

3．一键查询

系统可实现一键查询、信息整合。物资数据与标签信息统一，管理人员可一键查询相应物资的实时位置、轨迹记录、名称、属性等详细信息。

4．视频联动

系统可实现视频联动、全局把控。与视频监控系统联动，发生异常状况或抽检时，可实时调动相应位置的实时监控视频，全方位、多角度监控目标。

七、施工管理系统

（一）施工管理系统架构设计思路

针对传统管理模式下信息交互困难、施工质量不易把控、项目工期影响因素复杂等问题，基于 BIM 的施工管理平台，面向建筑施工阶段，紧抓组织、过程、信息这三个要素，进行功能架构整体设计。技术架构开发思路主要遵循以下五点：

（1）数据信息均基于 IFC 进行结构化与非结构化分类存储。

（2）平台数据轻量化处理，支持大体量模型运行与巨量数据整合。

（3）模块化设计保证管理系统功能综合全面，细分信息、技术、质量、安全、进度、投资模块。

（4）保证管理系统普及度，保证各参建单位均应用此系统，从而实现协同作业，信息互通联动。

（5）系统使用方法简化，充分使用移动端 APP、模型、二维码技术。

基于以上技术架构，实现了施工管理系统的云端协同工作，模型的轻量化处理，以及基于 Web 端的决策分析三大类功能，同时也可实现在系统中进行数据集成、实时控制和辅助决策。在传统施工管理中，信息在交互中的流失会导致信息转换率过低，基于 BIM 技术的数据信息集成化管理可以使得信息统一化和离散信息完整，在数据量过大时云端服务器可以通过并行方式将数据库扩增，从而满足平台需求。施工阶段的数据信息具有来源广泛、数据量大、数据格式复杂及数据更改需求频繁四大特点，这些特征也增大了数据处理的难度。在完成 BIM 模型与系统平台的对接后，使用者可随时在移动终端和 Web 端通过模型对管理信息进行查看并进行授权部分的信息编辑调整，各参与方对整体施工过程信息可即时查看、即时处理和即时沟通，真正实现协同工作。

（二）施工管理平台模块设计

平台根据各方需求设计模块，分别为项目管理、技术管理、质量管理、安全管理、进度管理和投资管理，以安全、质量、进度、投资管理为重点模块进行研发设计。施工阶段，为了保证项目在可控状态下施工，必须以安全、质量、进度及投资为出发点，才能实现项目落地，保障业主、施工单位、监理单位的利益。安全、质量、进度、投资四者之间既相互联系又相互制约，既对立又统一。例如：在项目施工阶段，若各方只是加强对

安全的投入，可能会造成施工进度延缓，投资额增加，但是施工质量会得到保证；若各方只注重施工质量时，不安全操作事故会减少，但是施工进度会减慢，投资额会增加；如果在施工阶段加快进度，则可能造成施工质量下降，安全性也可能随之下降，投资额反而会增加。若在施工阶段不合理地控制投资费用或投资费用不及时到位，相应地也会造成安全、质量、进度大幅受损。综上所述，在项目施工阶段不能偏颇地控制某一指标，要获得理想的结果，必须从安全、质量、进度、投资中选取平衡点，以满足项目管理目标。因此，施工管理平台设计模块主要从安全、质量、进度、投资四个方面来满足各参建方的需求。

1．施工管控系统

施工管控系统结合 BIM 系统和北斗定位系统，主要用于施工过程中工序跟踪、进度跟踪、质量监管、责任划分等方面，其包括了工程监督、进度管理、信息融合、数据共享四个功能，如图 1-7-10-9 所示。

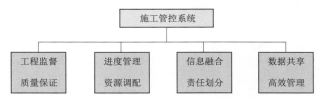

图 1-7-10-9　施工管控系统

（1）工程监督。系统可实现工程监督、质量保证。通过北斗定位和数据库结合，实现工作单元和负责人相对应，监督施工工艺；监督、测试人员定位追踪，保证检测无遗漏；工程进度、隐蔽工程等详细信息实时上传，便于后续查看和参考。

（2）进度管理。系统可实现进度管理、资源调配。根据施工信息的追踪，实时更新工程进度，及时调整施工计划和方案；对运料车、人员进行随时调度，通过监控运料车到达时间及数量，提前做出准备。

（3）信息融合。系统可实现信息融合、责任划分。结合数据库，详细划分工作单元和施工人员、安全人员、监督员等，便于责任划分，保证工程质量。

（4）数据共享。系统可实现数据共享、高效管理。数据实时上传，按权限等级共享数据内容，管理人员可在管理平台实时监督，并支持多样移动终端，便于远程管理。

2．移动巡查系统

通过手持北斗巡查设备，推进建筑工地管理达到主动、精确、快速和统一的目标，真正整合、优化、管理信息资源和各级部门数据库，建立覆盖全空间全区域的管理体系。

（1）基础信息。该功能模块主要是查询项目的基本信息，如名称、审批情况、建设情况、负责人、资料档案等。

（2）指标监管。针对项目实际建设情况与审批指标进行初步对比分析，对于不符合的内容督促建设方进行

整改并上报。

（3）取证上传。现场巡查人员通过手持北斗智能终端，快速对存在违规或安全隐患的地点、人物、设施等录音、拍照或录像进行定位取证，并通过输入信息摘要进行上报，以便相关人员进行处罚和监督整改。

3．安全隐患管理系统

（1）隐患信息管理。记录在安全检查过程中发现的安全隐患信息，包括隐患点位置、责任单位、责任人、隐患情况信息、图片、视频等信息，并录入整改建议和整改限定时间。

（2）隐患信息查询。对所有填报的安全隐患信息进行查询，也可进行条件复合查询，如需进一步查看详细信息，可点击查看按钮进行查看。

（3）隐患信息整改。显示本部门的所有未经整改完成确认的隐患信息。本部门对隐患整改完毕后，点击整改按钮，进入整改完成确认页面，对整改是否完成进行确认。

（4）隐患信息复查。显示所有未经复查的安全隐患信息，也可进行条件复合查询。复查隐患时，只需点击该条隐患信息后面的复查按钮，进入安全隐患信息复查页面，对完成时间、是否按计划完成、完成情况和复查人等信息进行详细填写，填写完毕后点击复查按钮，完成隐患复查。

（5）统计报表。可以生成饼状图、柱状图、趋势走势图等，同时支持根据查询条件将隐患信息导出为 Excel 进行保存。

4．公众服务系统

（1）项目信息展示。在地图上显示在建项目的空间分布、名称和基础信息。进一步显示该项目的各种基础信息（如地址、北斗位置信息、工地类型、工地建设起止时间、规模、主要负责人、工程进度等）、规划公示图资料等。

（2）环境实时监测信息。显示各个工地污染源的实时监测情况（如粉尘浓度、噪声、风向、风速、温度、湿度等），并根据实时监测情况标记为三种不同的图标（即严重污染、轻度污染和状况良好），以及污染范围和注意事项。

八、运维管理系统

（一）管理方案

1．应用价值

为了保证运维管理项目顺利按计划实施，达到预期目标，规避运维管理风险，降低运维管理成本，应制定详细和全面的策划以及运维管理方案。基于 BIM 的运维方案可在项目竣工前按照项目实际需求进行编制，项目相关方共同参与编制，如运维管理方、BIM 咨询以及设备设施、建筑集成管理系统和运维管理平台厂商。运维管理方案应包括项目需求分析、运维管理平台功能分析以及可行性分析。进行必要的成本和风险评估。

2．应用流程

（1）收集资料，并保证工程资料、数据的准确性。

（2）进行项目应用需求调研分析确定运维管理内容。调研对象应包括建设方、使用方、运维管理方各层级人员。

（3）进行运维管理平台功能模块分析、可行性分析以及成本、风险评估保证运维管理平台数据安全、系统可靠、功能适用、支持拓展、效益良好。

（4）项目相关方共同参与编制运维管理方案，运维管理方审批后执行。

（二）运维系统应用

1．应用价值

运维管理平台系统是实现基于 BIM 技术的信息化运维核心基础，是实现可视化运维管理、数据集成、数据交互的主要载体。运维管理平台系统应根据运维管理方案要求进行软件选型和系统搭建，一般应满足"数据安全、系统可靠、功能适用、支持拓展"的原则。运维系统维护是保障运维管理系统正常运行的重要手段。运维管理系统维护主要包括运维系统升级维护、模型维护管理以及运维数据维护管理等工作。运维管理系统的维护一般由供应商或开发厂商实施，部分维护工作可由运维管理方实施，应按照运维系统维护计划执行。运维管理系统的版本升级和功能升级需要充分考虑到原有模型和数据的完整性、安全性。

2．应用流程

（1）运维系统可选用专业软件供应商提供的运维平台，在此基础上进行功能性定制开发。也可自行结合既有三维图形软件或 BIM 软件，在此基础上集成数据库进行开发。运维平台宜利用或集成业主既有的设施管理软件的功能和数据。运维系统宜充分考虑互联网、物联网和移动端的应用。

（2）如选用专业软件供应商提供的运维平台，应全面调研该平台的服务可持续性、数据安全性、功能模块的适用性、BIM 数据的信息传递与共享方式、平台的接口开放性、与既有物业设施系统结合的可行性等内容。

（3）如自行开发运维平台，应考察三维图形软件或 BIM 软件的稳定性、既有功能对运维系统的支撑能力、软件提供 API 等数据接口的全面性等。

（4）运维系统选型应考察 BIM 运维模型与运维系统之间的 BIM 数据的传递质量和传递方式，确保建筑信息模型数据的最大化利用。

（5）按照运维系统维护计划进行运维系统维护。包括数据安全管理、模型维护管理、数据维护管理等。运维数据的安全管理包括数据的存储模式、定期备份、定期检查等；模型维护管理主要指由于建筑物维修或改建等原因，运维管理系统的模型数据需要及时更新；运维管理的数据维护主要包括建筑物的空间、资产、设备等静态属性的变更而引起的维护，也包括在运维过程中采集到的动态数据的维护和管理。

（三）运维模型

1．应用价值

运维模型为运维系统数据平台搭建提供了重要的数

据基础。运维模型一般以竣工模型为基础进行创建，对竣工模型进行检查和信息提取，确保运维模型信息准确并与建筑实体保持一致。

2．应用流程

（1）验收竣工模型，并确保竣工模型的可靠性。

（2）根据运维系统的功能需求和数据格式，将竣工模型转化为运维模型。在此过程中，要注意模型的轻量化。模型轻量化工作包括优化、合并、精简可视化模型，导出并转存与可视化模型无关的数据，充分利用图形平台性能和图形算法提升模型显示效率。

（3）根据运维模型标准核查运维模型的数据完备性。验收合格资料、相关信息宜关联或附加至运维模型，形成运维模型。

3．运维模型创建成果的主要内容和要求

应准确表达构件的外表几何信息、运维信息等。对运维无指导意义的内容，应进行轻量化处理，不宜过度建模或过度集成数据。

（四）运维管理综述

1．综述

运维管理主要包括空间管理、资产管理、设备管理、应急管理、能耗管理等内容，各应用内容由运维管理平台相关功能模块实现。空间管理能有效管理建筑空间，保证空间利用率；资产管理将实现建筑资产的信息化管理，提升资产效益，辅助投资决策；设备管理有助于设备正常运行，延长设备使用寿命，降低维修、更换成本；应急管理有利于控制紧急事件发生的概率和事态发展，降低突发事件引发的损失，保障人员、设备、资产的安全；能耗管理实现能耗的准确预测分析和智能调节，有利于节约能源，降低建筑能耗，实现绿色环保发展理念。

2．空间管理

（1）应用价值。为了有效管理建筑空间，保证空间的利用率，结合建筑信息模型进行建筑空间管理，其功能主要包括空间规划、空间分配、人流管理（人流密集场所）等。

（2）应用流程。

1）收集数据，并保证模型数据和属性数据的准确性。

2）将空间管理的运维模型、属性信息按要求加载到运维系统的空间管理模块中。建筑空间管理信息集成后，在运维系统中进行核查，确保信息集成准确、一致。

3）进行空间规划，根据企业或组织业务发展，设置空间租赁或购买等空间信息，积累空间管理的各类信息。便于预期评估，制定满足未来发展需求的空间规划；进行空间分配，基于建筑信息模型对建筑空间进行合理分配，方便查看和统计各类空间信息，并动态记录分配信息，提高空间的利用率。

4）进行人流管理，对人流密集的区域，实现人流检测和疏散可视化管理，保证区域安全。进行统计分析，开发空间分析功能获取准确的面积使用情况，满足内外部报表需求。

5）在空间管理过程中，将人流管理、统计分析等动态数据集成到系统中，形成空间管理数据，为建筑物的运维管理提供实际应用和决策依据。

3．资产管理

（1）应用价值。利用建筑信息模型对资产进行信息化管理，辅助建设单位进行投资决策和制定短期、长期的管理计划。利用运维模型数据，评估、改造和更新建筑资产的费用，建立维护和模型关联的资产数据库。

（2）应用流程。

1）收集数据，并保证模型数据和属性数据的准确性。

2）将资产管理的运维模型、属性信息按要求加载到运维系统的资产管理模块中。建筑资产管理信息集成后，在运维系统中进行核查，确保信息集成准确、一致。

3）进行资产管理，将资产更新、替换、维护过程等动态数据集成到系统中。记录资产模型更新，动态显示建筑资产信息的更新、替换或维护过程，并跟踪各类变化。

4）形成资产管理数据为运维和财务部门提供资产管理报表、资产财务报告，提供决策分析依据。比如，形成运维和财务部门需要的可直观理解的资产管理信息源，实时提供有关资产报表；生成企业的资产财务报告，分析模拟特殊资产更新和替代的成本测算；基于建筑信息模型的资产管理，财务部门可进行不同类型的资产分析。

4．设备管理

（1）应用价值。将建筑设备自控（BA）系统、消防（FA）系统、安防（SA）系统及其他智能化系统和建筑运维模型结合，形成基于 BIM 技术的建筑运行管理系统和运行管理方案，有利于实施建筑项目信息化维护管理。提高工作效率，准确定位故障点的位置，快速显示建筑设备的维护信息和维护方案。有利于制定合理的预防性维护计划及流程，延长设备使用寿命，从而降低设备替换成本，并能够提供更稳定的服务。记录建筑设备的维护信息，建立维护机制，以合理管理备品、备件，有效降低维护成本。

（2）应用流程。

1）收集数据，并保证模型数据和属性数据的准确性。

2）将设备管理的运维模型、属性数据按要求加载到运维系统的设备管理模块中。设备维护管理信息集成后，在运维系统中进行核查，确保信息集成准确、一致。

3）进行设备维护管理，如设备设施资料管理、日常巡检、维保管理。将设备更新、替换、维护过程等动态数据集成到系统中。记录设备模型更新动态，显示建筑设备信息的更新、替换或维护过程，并跟踪各类变化。

4）形成设备管理数据、报表等，为维保部门的维修、维保、更新、自动派单等日常管理工作提供基础支撑和决策依据。

5．应急管理

（1）应用价值。利用建筑模型和设施设备及系统模型，制定应急预案，开展模拟演练。当突发事件发生时，在建筑信息模型中直观显示事件发生位置，显示相关建筑和设备信息，并启动相应的应急预案，以控制事态发展，减少突发事件的直接和间接损失。

（2）应用流程。

1）收集数据，并保证模型数据和属性数据的准确性。

2）将应急管理的运维模型、属性信息按要求加载到运维系统的应急管理模块中。应急管理信息集成后，在运维系统中进行核查，确保信息集成准确、一致。

3）进行应急事件和预案脚本设置，输入紧急事件相关信息，如事件等级、空间位置、预案措施、疏散和救援路线、应急设备等。

4）对应急事件进行模拟预演，利用可视化功能展示事件发生的状态，如着火位置、人流疏散路线、救援车辆进场路线等。依据应急事件模拟结果审查、优化应急预案。

5）应急事件发生时，系统自动定位应急事件的位置，显示应急事件状态，形成应急管理数据，为安保工作提供决策依据。

6. 能耗管理

（1）应用价值。利用建筑模型和设施设备及系统模型，结合楼宇计量系统及楼宇相关运行数据，生成按区域、楼层和房间划分的能耗数据，对能耗数据进行分析，发现高耗能位置和原因，并提出针对性的能效管理方案，降低建筑能耗。

（2）应用流程。

1）收集数据，并保证模型数据和属性数据的准确性。

2）将能耗管理的运维模型、属性信息按要求加载到运维系统的能源管理模块中。能源管理信息集成后，在运维系统中进行核查，确保信息集成准确、一致。

3）通过传感器将设备能耗进行实时收集，并将收集到的水、电、煤气数据传输至中央数据库进行汇总。

4）进行能耗管理，如能耗分析，运维系统对中央数据库收集的能耗数据信息进行汇总分析，通过动态图表的形式展示出来，并对能耗异常位置进行定位、提醒；智能调节，针对能源使用历史情况，可以自动调节能源使用情况，也可根据预先设置的能源参数进行定时调节，或者根据建筑环境自动调整运行方案；能耗预测，根据能耗历史数据预测设备未来一定时间内的能耗使用情况，合理安排设备能源使用计划。

5）能耗管理数据为运维部门的能源管理工作提供决策分析依据。

（五）运维管理平台

1. 功能架构

通过三维 BIM 图形平台整合 BIM 建筑模型、BIM 机电模型、施工资料、运维资料、设备信息、监控信息、规范信息等图形及信息数据。在三维图形平台基础上，基于 SOA（面向服务的架构）体系进行设计开发，实现基于 BIM 的三维可视化运维管理（FM）系统。

（1）系统总体架构。系统总体架构包括应用层、平台层、数据层和设施层四个层次，相互形成一个有机的整体。

1）应用层：是系统直接面向客户的应用部分，系统的主要功能都集中在这一层。

2）平台层：即整个系统应用的支撑平台，包含三维图形及 BIM 信息支撑平台、楼宇自控、安防视频监控平台等。

3）数据层：是整个系统的数据来源基础。包括 BIM 模型数据、设备参数信息、设备运维信息、运维知识库等，视频监控、能耗监测及楼宇自控等数据是需要集成的数据，可调用设备商提供的数据访问接口。

4）设施层：基础软硬件支撑，是系统 7×24h 无故障运行的软硬件基础保证。

（2）运维管理系统。基于 BIM 的运维管理系统主要包含三维展示、运维管理、资料管理、安全管理、能源管理、查询统计、系统管理等功能模块。

1）漫游定位与设备信息查看。在 BIM 模型中可漫游查看相关设施，并可点击查看设施的相关资料和信息，通过传感装置也可实时获取和展示采集到的监控信息。系统对具体设备的 BIM 模型浏览是双向的，用户既可以通过在模型视图中选择相对应的设备模型构件，也可以通过输入设备名和设备型号等属性的方式进行查询浏览。无论采用何种方式，一旦选中了某一具体设备，在界面上就会出现与该设备相关的设备信息（包括设备的名称、型号、技术参数、生产厂家等）供用户查看，同时用户也可以通过点击关联标签，查看"设备说明书""维修保养资料""供应商资料""应急处置预案""历史维护信息"等各种与设备相关的文件及信息资料。在三维场景中对建筑内的各种资源进行分类管理和空间查询，点击查询结果快速定位到具体位置，并显示资源的相关属性信息和关联的图纸资料等内容。包括按关键词模糊查询、组合条件查询、空间查询、缓冲区查询、点选查询等多种查询方式。

2）设备维护与保养。设备维护分为及时性故障维修和计划性保养维护。在 BIM 维护模型建立时就会对设备进行标准化分类和编码，并把各类设备的保养维护周期和程序以及与设备维护承包商的维护合约及设备保险等内置到系统中。对于计划性维护，系统会根据内置规则自动生成运维计划表。检修人员可按计划对设施或设备进行日常维护，并更新维护状态。在发现故障时，可通过手持设备扫描设备标签上的二维码，进行设备定位、登记故障，并可生产派工单。检修过程中可查看故障构件的相关图纸、历史维修信息、维修知识资料等，辅助问题解决，完成后可记录维护日志，更新状态。维修人员在巡检过程中，发现设备故障时，可直接通过手持设备扫描二维码进行故障登记。并可在系统中查询设备的厂家、型号、维修等设备属性信息和库存备件情况。通过查看 BIM 设备信息中的"关联资料"，可以查看关联到设备信息中的图纸、使用手册维护规程等信息，也可以查询到该设备的上下游构件情况，这些资料可以帮助维护人员快速完成设备的维护工作。

3）设备运行监控。基于 BIM 模型可以进行设备检索、运行和控制功能，通过点击 BIM 模型中的设备，可以查阅所有设备信息，如供应商、使用期限、联系电话、维护情况、所在位置等；可以对设备生命周期进行管理，比如对寿命即将到期的设备及时预警和更换配件，防止事故发生；通过设备名称，或者描述信息，可以查询所有相应设备在虚拟建筑中的准确定位；管理人员或者决策者可以随时利用四维 BIM 模型，进行建筑设备实时浏览。设备运行和控制。所有设备是否正常运行在 BIM 模型上可直观显示，例如绿色表示正常运行，红色表示出现故障；对于每个设备，可以查询其历史运行数据；另外可以对设备进行控制，例如某一区域照明系统的打开、关闭等。

4）资料管理。资料管理可以对建筑全生命周期中产生的资料进行管理，包括设施设备资料、项目信息资料、设计图纸、施工图纸、竣工图纸、培训资料、操作规程等，资料信息基于数据库存储，提供增加、删除、修改及检索功能。软件按照图形信息资料的用途以及所属的专业进行分类管理，同时实现了图纸与构件的关联，能够根据设备快速地找到构建的图纸。实现了三维视图与二维平面图的关联。用户通过选择专业以及输入图纸相关的关键字，可以实现快速检索和打开。

5）安全管理。系统提供与视频监控设备、消防报警设备的接口，可以实时在三维运维平台中采集查看监控这些信息，在设备报警时可以做到及时处理，防患于未然。此外，系统还可以对采集的数据进行统计分析，如统计设备报警情况等。

6）能耗管理。通过能耗分析软件与实时采集数据相结合，可以协助技术人员拟定节能计划和节能方案。

7）统计报表。系统通过对 BIM 模型信息和运维中产生和采集的数据，可以提供各类信息的查询统计报告，为资源盘查、配件采购、财务预算等提供数据参考，如故障分析处理统计表、设备资产统计表、设备损毁分析表、备件情况表、维修费用统计表、空间利用情况统计表。

2. 常见的维护平台

目前，基于 BIM 的运维管理平台主要包括较成熟的国外软件产品，二次开发以及自主研发平台。商业软件产品包括 Archibus、FM：system、AllplanAllfa 等；二次开发主要是基于商业软件进行二次开发的运维 BIM 系统，如基于 Autodesk Design Review、Navisworks、Revit 等进行二次开发；自主研发的运维管理平台包括蓝色星球等。

（1）Archibus。Archibus 关注资产及设施的全生命周期的管理，提供追踪资产的可视化管理工具，针对性地提供策略性长期规划，服务性地提供策略性长期规划，服务于财务安排、空间管理、周期性工作组织、预见性风险规避等方面全过程、系统地运维管理。Archibus 功能模块包括设施管理、资产管理、运维管理和技术管理。

1）空间管理。空间管理是整个 Archibus 的核心，建筑空间 Space 层级关系为建筑物-楼层-房间-工作区域，以表达面积管理需求。面积管理包括区域内的固定和活动资产，还与人力资源等进行关联。空间管理能快速识别大量空间的使用功能。可根据一个共同的企业空间标准，确定空间的过度使用和使用不足的情况，可重新启用空置的房间，可通过分析各种空间绩效管理指标进行空间优化，提升空间利用率。

2）运维管理。Archibus 的运维管理模块负责组织设施、设备维护。对应急维修设备数据进行访问，跟踪所有的维修作业，高效处理运维管理工作。运维管理可提升内部及外部服务表现，编排工作优先次序。避免工作积压；能够评估工单要求，优化人工及物料使用，尽量减低运作成本；查询历史数据，简化工作预测及预算程序；追踪预防性维修程序，核实开支及确保符合内部标准或条例要求；提供状况评估能力。

3）应急预案。可调配现有信息以实现灾难恢复计划，包括遗失资产的挂账及赔偿要求存盘；维护正常运作期间准确的最新信息；提供做出时间敏感性决策时所需的信息。

4）项目管理。可采用集中管理方式，自上而下的管理流程，依据项目中的优先顺序管理每个项目下的工程费用；有利于项目组成员的合作，在不同的地点和不同组织的项目组成员信息同步；按照预先确定的目标，提供直观的计分卡分析方法，对各个管理流程和各个项目的阶段进行分析，确定计划是否按期完成和预算是否超出；通过显示项目的里程碑，阶段任务，进展状况，让项目组成员直观掌握项目进展；通过充分利用系统原有的数据，减轻项目管理负担。

5）状态评估。利用原有的处理过程和已有的数据，判断例行维护费用和用于更新的费用的合理性。Archibus/TIFM 状态评估模块采用系统性的方法和有针对性的方法评估物业和设施的状态，在满足机构需要的基础上延长各种资源的使用寿命。应用状态评估模块，生成正确评估和改进全部设施状态指数（CPD）的计划，达到的结果是使设施问题对设施使用者的影响降到最小，并且降低运营成本。状态评估可及时判别出需要纠正的潜在问题，从而防止损坏提前发生，或防止损坏到邻近的资产，或防止整个设备的损坏；状态评估过程、发现问题和需要纠错过程可无缝衔接，即在状态评估应用中可以直接发出纠错工作单；向控制中心提供状态信息，以便对识别出问题的设施提供保护措施，延长资产寿命。

6）空间预订管理。可使同类空间的预订过程顺畅；提升管理效率，减少搜索可用空间和避免双重预定的情况；确保所需的房间设施可用以避免管理效率降低。

7）设备及家具管理。可有效地管理设备和家具等固定资产。Archibus/TIFM 的设备及家具管理系统通过将设备、家具与空间位置、使用及维护人员有机地结合在一起进行管理，追踪设备的更新、人员和资产的调整，并维护数据记录，同时能够按员工确定成本，可以方便地进行设备、人员的搬迁及变更管理。系统帮助机构提高管理能力，提高工作效率，降低运营成本。

8）通信设施管理。可保证网络畅通使用及建立可维护的网络系统，可依据技术进步及机构自身的业务扩展进行系统升级管理，可进行通信设施物理位置变化和维护管理，生成相应的管理控制图表。Archibus/TIFM 的通信和电缆管理应用系统，可管理网络信息，包括系统容量、设备和线路的物理位置、维护历史等，能够快速判断问题，缩短维修时间，同时还能帮助将冗余的网络设施进行重新设置并再次部署，减少浪费，最大限度地发挥 IT 设施价值。

9）服务台/应急维修。可简化服务请求、工单的创建派工和管理过程。Archibus 服务台是一个基于 Web 的应用，可以提交服务请求，如一般性的维修，搬动，变更，会议室预约，项目管理等。服务台自动化地处理请求，匹配服务类型，审定优先级，跟踪服务执行过程等。对于复杂的维修工作，Archibus 使用另一个基于 Web 的应急维修管理，该应用提供计划、调度、跟踪详细维修管理的功能。

10）地理信息系统扩展。将建筑设施数据与地理信息系统连接起来，利用 GIS 的视觉表现，制定更为完善的决策。

（2）FM：system。FM：system 实现了人员、场地、工作三位一体，打破信息共享屏障，FM：system 集空间管理、地产、运营维护、设施项目等功能于一个系统中，实现了信息的共享，给管理人员提供统一的信息。

1）空间管理。通过详细的空间利用清单、精确的占地面积以及设施检测程序提高空间及面积利用率。跟踪部门配给、便于生成反馈报告。将设施信息同 AutoCAD 图纸中的详细信息结合，并通过网络浏览器来操作呈现平面图上设施的即时数据。

2）策略制定。通过对目前及未来的空间需求进行分析、预测，将建筑及设施计划同业务运营紧密结合。对可能发生的情况进行多重分析，制订多重方案，从中探索节约总投资成本的契机。

3）资产管理。对办公家具、设备、计算机、安全保障系统、建筑系统及图形制品等企业资产进行跟踪管理。

4）地产投资管理。对照效益指标及行业标准对资产财务数据进行分析，对投资效益进行监督，从而对所建地产成本进行管理。跟踪租赁信息，不断关注租约到期及续租日期。

5）行动管理。通过将行动程序、通知及报告自动化来降低行动成本及客户流失率。通过网络渠道了解实时行动数据，从而提高同合作方及内部客户的沟通效率。

6）设施管理。利用自动通知、移动设备接入及详细报告，对技术及销售人员的工作程序及预防性维护程序进行优化。

7）项目管理。通过跟踪重要财务及时间信息来保障设施项目在预算范围内如期进行。对多重合同、销售人员及项目阶段进行管理。

（六）运维管理系统

运维管理是支持"智慧工地"系统正常运行的基础，它可以实现机构管理、用户管理、功能权限管理、角色管理和日志管理等功能。利用运维管理系统，管理人员可以方便地调整系统，使之适应于开发区管理需要，并可以在使用中不断地变更系统配置，无须软件开发者的

干预，提供标准接口，支持二次开发。以实时精准位置信息为基础，可进行大数据分析，实现开发区管理智能化。充分赋予用户维护、发展、扩充的能力。

1. 机构管理

对系统使用人员进行逻辑上的分组，同组内的成员具有一样或者类似的系统使用权限，比如开发区可以按照局内的科室或部门进行划分。当一个用户组被创建之后，需要及时为这个用户组分配权限。

2. 用户管理

对单独的系统使用人员进行管理，当一个新用户被创建时，需要为该用户指定一个组别，该用户自动继承该用户组的权限信息。当然，系统管理员还可以对该用户进行权限的重新分配，用户可以修改自己的密码等。

3. 日志管理

管理所有系统用户登录、操作等日志。打开日志管理画面，显示所有系统的操作日志，并可以对各个系统的操作日志、各个用户的操作日志进行单独查看、打印。

4. 日志查询统计

根据用户、操作类型、操作日期等方式进行日志查询；根据日志的各种操作类型进行日志统计，例如新增管理、删除管理、入库管理等日志统计，并能够输出报表进行打印。

（七）权限管理

实现用户权限的授予和权限的回收，权限包括用户权限、数据权限和功能权限，后台权限管理见表 1 - 7 - 10 - 1。

表 1 - 7 - 10 - 1　　　后台权限管理

用户权限	对用户的权限进行控制，并可实现分级管理。包括：可使用的流程、可使用的表单、可查看的项目，以及相关项目的浏览权限和修改权限
数据权限	实现对数据源的统一权限控制。 对矢量图层数据：控制用户对某个图层目录、图层、图层字段等多种级别的权限，控制数据的权限范围。 对栅格数据：控制数据的权限范围
功能权限	包括浏览、查询、上传、资源管理、数据备份与恢复等功能权限控制

九、系统建设方案特点

（一）智慧工地系统特点

1. 专业高效化

智慧工地系统的构建是基于建筑工程项目施工现场的生产活动，在与信息技术高度融合的背景下，实现对建筑工程项目信息资源的集中化管理，继而为企业管理者的各项决策提供支持，妥善解决建筑工程施工现场存在的各种问题。

2. 数字平台化

智慧工地系统的应用可实现对建筑工程项目施工现

场实施全过程、全要素的数字化管理，通过构建虚拟化的数字空间，对积累的大量信息数据资源进行深入化分析，根据数据分析结果解决工程项目管理问题。此外智慧工地系统的应用，可充分满足建筑工程管理人员的信息收集与处理需求，确保信息数据获取的实时性与共享性，进一步增强各个部门的协同能力。

3. 应用集成化

智慧工地系统的应用可满足建筑工程项目集成信息技术应用目标，实现对建筑项目各项资源的合理化配置，充分满足建筑工程的施工需求，确保信息化管理系统的有效性与可行性。

4. 建设重要性

在新经济形势下，市场经济环境发生了极大的变化，作为第二产业的建筑行业要想获得长久发展，需要转变传统化的经营发展模式，始终坚持科学发展观念，坚持走可持续发展道路。传统管理理念的建筑工程管理始终存在监督管理难的问题，如建筑工程施工现场存在的现场监管困难、安全监管难度大、工程资料多以及人员信息收集困难等问题均会对建筑工程项目的施工质量产生影响。

（二）方案特点

智慧工地系统功能如图 1-7-10-10 所示，智慧工地建设方案特点如下：

（1）室内外一体化：有效地解决卫星信号到达地面时较弱、不能穿透建筑物的问题，从而实现人员、物体等在室内外空间中的实时位置监控。

（2）定位精度高与异常报警：人员和设备实时精准定位，对于越界等异常状态实时报警提醒。

（3）地图信息服务，工作状态可视化：设备设施资源在地图上进行标注，支持测距、移动速度、属性查看等。

（4）历史事件查询：根据位置数据可以考核工作人员的作业完成情况。

（5）视频监控联动：根据人员的位置信息和方位，判断附近摄像设备，实施对监控对象的视频跟踪和关键事件的记录。

（6）现场调度：通过终端查看现场工作状态，对现场机械设备、人员、物料等资源进行调度。系统通过资源整合，设计出多种施工方案，可以临时对现场机械设备、人员、物料进行调度。

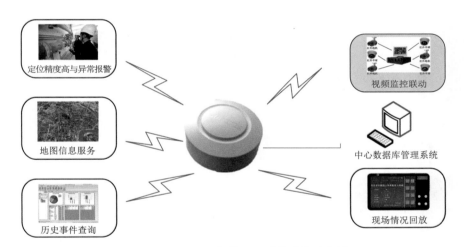

图 1-7-10-10　智慧工地系统功能示意图

（7）多样终端、远程管理：系统提供多种移动终端，对现场的隐患问题，可实现远程查询和管理，达到施工管理信息化目的。

（8）管理流程再造：数据共享融合，可同时为多个政府部门提供监管决策支撑。

（9）统一管理平台：统一的政府智能化工地监管平台，预留多系统接口，系统可逐步升级。

（10）多系统接入：多子系统对工程安全质量关键要素进行智能感知和云计算接入。

（11）项目监管为中心：项目从开工到竣工被纳入系统实时监控和施工监管，通过实时现场监控数据结合传统的监管模式，提升科学管理水平。

（12）权限管理灵活：适应不同层次管理需求。

（13）文明执法：实现移动执法、安全检查记录、作业资料平台化，便于事故分析，明确责任。

（三）创新融合

在网架的应用创新方面，以适宜性、经济性、低碳绿色施工为宗旨，创建智能化、数字化管理，提高管理效率。网架创新主要应用相控阵 5G MIMO 通信数据链，传输基站到变电站接收塔信息链，ZigBee 通信为站内各种电子设备之间进行数据传输。ZigBee 是一种高可靠的无线数传网络，类似于 CDMA 和 GSM 网络。ZigBee 数传模块类似于移动网络基站。通信距离从标准的 75m 到几百米、几千米，并且支持无限扩展。

5G MIMO 技术采用毫米波有源相控阵微系统整体解决方案，相控阵微系统频率覆盖范围广，可覆盖 X 至 W 波段（8～110GHz）。毫米波精确制导有源相控阵微系统，已成功应用于某型国防装备，实现在弹载领域的突破。同时，公司相继参与多项通信数据链相关毫米波有源相控阵微系统的承研承制的试运行。

毫米波有源相控阵系统其本质是一种天线技术。传统天线是由机械转动装置控制天线的指向，无法实现快速移动目标的跟踪、搜索，且抗干扰能力较差。相控阵天线利用电子技术控制阵列天线各辐射单元的相位，使天线波束指向在空间无惯性的捷变，与传统天线相比，具有空间功率合成、快速扫描、波束赋形、多目标跟踪、高可靠性等优势。

1. 5G MIMO

相控阵技术在通信领域主要应用于 5G 基站、商业卫星的组网通信、周界安防、移动终端"动中通"等。多输入多输出（MIMO）相控阵微系统是 5G 的关键技术之一，随着无线通信领域的发展，相控阵技术将在下一代移动通信 5G 基站的应用方面得到全面推广。有源相控阵在精确制导和通信数据链领域的应用仍处于市场扩张期，增量市场空间较大。

本网架通信网络采用的国博电子通信数据链，其主要产品的性能指标已处于国际先进水平。国博电子作为基站射频器件核心供应商，砷化镓基站射频集成电路技术处于国内领先、国际先进水平，在 B01 的供应链平台上与国际领先企业，如 Skyworks、Qorvo、住友等同台竞争，系列产品在 2 代、3 代、4 代、5 代移动通信的基站中得到了广泛应用。

此通信数据链是一种特殊的数字通信网络，按规定的信息格式和通信协议，实时传输处理格式化数字信息的战术信息系统。通信数据链将七个模块系统要素联结为一个有机整体的信息网络系统。不同模块之间相互传输信息所使用的链路即通信数据链。

有源相控阵 T/R 组件是指在雷达或通信系统中用于接收、发射一定频率的电磁波信号，并在工作带宽内进行幅度相位控制的功能模块，是有源相控阵雷达实现波束电控扫描、信号收发放大的核心组件。

（1）射频模块。在射频模块领域，国博电子相关产品主要包括大功率控制模块和大功率放大模块，产品覆盖多个频段，主要应用于移动通信基站等领域。

（2）射频芯片。国博电子射频芯片主要包括射频放大类芯片、射频控制类芯片，广泛应用于移动通信基站等通信系统。

同行业对比，成都雷电微力科技股份有限公司，成立于 2007 年 9 月 11 日，主要从事以毫米波有源相控阵微系统的研究、开发、制造及测试，主要产品及技术应用于精确制导、数据链、卫星通信、雷达、5G 通信、智能驾驶及天基互联网等领域。

成都天箭科技股份有限公司成立于 2005 年 3 月 17 日，主要从事高波段、大功率固态微波前端研发、生产和销售，主要代表产品为弹载固态发射机、新型相控阵天线及其他固态发射机产品，其在军事领域的应用包括雷达制导导弹精确制导系统、其他雷达系统、卫星通信和电子对抗等。

江苏卓胜微电子股份有限公司成立于 2012 年 8 月 10 日，主营业务为射频前端芯片的研究、开发与销售，主要产品有射频开关、射频低噪声放大器等，并提供 IP 授权服务，应用于智能手机等移动智能终端，是国内领先的手机射频芯片生产厂商。

铖昌科技公司产品主要包含功率放大器芯片、低噪声放大器芯片、模拟波束赋形芯片及相控阵用无源器件等，频率可覆盖 L 波段至 W 波段。产品已应用于探测、遥感、通信、导航、电子对抗等领域，在星载、机载、舰载、车载和地面相控阵雷达中列装，亦可应用至卫星互联网、5G 毫米波通信、安防雷达等场景。

相控阵雷达的无线收发系统主要分为四个功能模块：数字信号处理模块、数据转换模块、T/R 组件和天线。

相控阵 T/R 芯片是相控阵雷达最核心的元器件。T/R 芯片被集成在 T/R 组件中，负责信号的发射和接收并控制信号的幅度和相位，从而完成雷达的波束赋形和波束扫描，其指标直接影响雷达天线的指标，对雷达整机的性能起到至关重要的作用。

按功能分类如下：

（1）放大器类芯片。公司研制的放大器类芯片产品采用 GaAs、GaN 工艺，具有宽禁带、高电子迁移率、高压高功率密度的优势。

（2）幅相控制类芯片。

（3）无源类芯片。

2. 探测领域

探测用相控阵雷达具有快速发现并跟踪目标，快速测定目标坐标速度，能全天候使用等特点，是空间、地面及海上目标探测感知的核心装备，因此在星载探测、地面预警、舰载预警、机载侦查及火控、安防等领域获得广泛应用。

（1）机载领域机载有源相控阵雷达具有集成度高、输出功率大、功耗低、可靠性高、波束扫描快、抗干扰能力强的特点，正逐步取代无源相控阵雷达、机械扫描雷达，成为军用机载雷达领域新一代主流产品及先进战机机载雷达的首选，被大规模生产以应用于新型战机。我国新型战机均装配有三代有源相控阵雷达。

（2）舰载领域作为舰船防御作战系统的重要组成部分及关键监测装备，舰载雷达负有远程警戒、对海探测等职责。多功能有源相控阵雷达是舰载雷达的主要发展方向。目前，我国新型驱逐舰均装配有源相控阵雷达。根据产业信息网预计，至 2025 年，有源相控阵雷达将占据 65% 的市场份额。

（3）车载领域车载雷达主要应用于地面监测、防空警戒等领域。在地面监测方面，陆基雷达可高效定位隧道及未爆炸药，但易被地球曲率、遮盖物、地面杂波等其他因素所影响；在防空警戒方面，我国已研制出涵盖近、中、远程多种工作频段的空中警戒、监视雷达，与机载、星载雷达相结合，能够形成高、中、低空全方位作战体系。

（4）星载领域星载雷达主要用于地面成像、高程测量、洋流观测及对运动目标的实时监测等。其覆盖面积远超相同规模地面雷达，能够有效减少地面设备的放置数量、降低地形及植被覆盖的影响、扩大监视范围等。基于星载平台的星载有源相控阵雷达已成为军事侦察和战略预警的重要手段。

3. 通信领域

通信用相控阵雷达具有灵活的数据波束指向、实时多波束、通信数据吞吐量高等特点，是空间、地面及海上通信体系中的核心装备，广泛地应用在星间、星地通信，机载、舰载等数据链系统中，极大提高了通信效率。

霍莱沃公司主要产品相控阵校准测试系统及相控阵相关产品主要应用于国防科技工业中的相控阵领域，公司核心竞争优势在算法和软件的开发，不直接从事相控阵雷达的生产加工。

报告期内，公司主要产品相控阵校准测试系统及相控阵相关产品来源于国防科技工业中的相控阵领域的收入占其合计收入的比例在95%以上，公司上述主要产品在其他领域收入占比较低。公司具体业务为雷达和无线通信领域提供用于测试、仿真的系统、软件和服务，并提供相控阵部件等相关产品。

国网中卫古城110kV变电站扩建工程项目智慧工地应用有源相控阵通信技术，主要考虑基站与接收站场相距9km，直线通道跨有110kV高压线、110kV变电站，为了保证信号传输抗扰的稳定性，兼于有源相控阵通信每个小雷达都有独立的放大器，可以独立控制发射信号的强弱，这样就可以同时搜索跟踪不同距离的多个目标。这就有点像LED灯，无源相控阵只有一个开关控制所有灯的亮度，而有源相控阵每个灯泡都有一个独立的开关，来控制单个灯泡的亮度。从数学原理上来讲，当空间传输信道所映射的空间维度趋向于极限大时，两两空间信道就会趋向于正交，从而可以对空间信道进行区分，大幅降低干扰。性能就甩开了传统的TDD和无源相控阵一大截。

ZigBee技术是一种应用于短距离和低速率下的无线通信技术，ZigBee过去被称为"HomeRF Lite"和"FireFly"技术，后统一称为ZigBee技术。

应用于站内通信采用ZigBee无线通信，其主要特点如下：

（1）传输距离短。

（2）功耗低。

（3）低速率传输。

ZigBee网络主要是为工业现场自动化控制数据传输而建立，因而它必须具有结构简单、使用方便、工作可靠、价格低的特点，每个ZigBee"基站"价值不到1000元人民币。

ZigBee这个名字的灵感来源于蜂群的交流方式，即蜜蜂通过Z形飞行来通知发现的食物的位置、距离和方向等信息，ZigBee通信拓扑图如图1-7-10-11所示。ZigBee联盟便以此作为这个新一代无线通信技

术的名称。

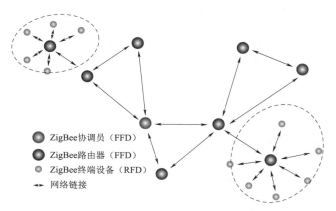

图1-7-10-11 ZigBee通信拓扑图

注：星形网络支持具有一个或多个ZigBee终端设备（理论上最多65536个）的单个Zig蜂协调器。网状网络路由允许从任何源设备到任何目的地设备形成路径。

4. ZigBee技术应用

（1）自组织网。ZigBee技术所采用的自组织网是怎么回事？举一个简单的例子就可以说明这个问题，当一队伞兵空降后，每人持有一个ZigBee网络模块终端，降落到地面后，只要他们彼此间在网络模块的通信范围内，通过彼此自动寻找，很快就可以形成一个互联互通的Zig-Bee网络。

而且，由于人员的移动，彼此间的联络还会发生变化。因而，模块还可以通过重新寻找通信对象，确定彼此间的联络，对原有网络进行刷新。这就是自组织网。

（2）通信原因。网状网通信实际上就是多通道通信，在实际工业现场，由于各种原因，往往并不能保证每一个无线通道都能够始终畅通，就像城市的街道一样，可能因为车祸、道路维修等，使得某条道路的交通出现暂时中断，此时由于有多个通道，车辆（相当于控制数据）仍然可以通过其他道路到达目的地。而这一点对工业现场控制而言则非常重要。

（3）路由方式。所谓动态路由是指网络中数据传输的路径并不是预先设定的，而是在传输数据前，通过对网络当时可利用的所有路径进行搜索，分析它们的位置关系以及远近，然后选择其中的一条路径进行数据传输。在网络管理软件中，路径的选择使用的是"梯度法"，即先选择路径最近的一条通道进行传输，如传不通，再使用另外一条稍远一点的通道进行传输，以此类推，直到数据送达目的地为止。

在实际工业现场，预先确定的传输路径随时都可能发生变化，或者因各种原因路径被中断了，或者过于繁忙不能进行及时传送。动态路由结合网状拓扑结构，就可以很好解决这个问题，从而保证数据的可靠传输。

（4）ZigBee联盟。ZigBee联盟是一个高速成长的非营利业界组织，成员包括国际著名半导体生产商、技术提供者、技术集成商以及最终使用者。联盟制定了基于

IEEE 802.15.4，具有高可靠、高性价比、低功耗的网络应用规格。

ZigBee 联盟的主要目标是以通过加入无线网络功能，为消费者提供更富有弹性、更容易使用的电子产品。ZigBee 技术能融入各类电子产品，应用范围横跨全球的民用、商用、公共事业以及工业等市场。使得联盟会员可以利用 ZigBee 这个标准化无线网络平台，设计出简单、可靠、便宜又节省电力的各种产品来。

ZigBee 联盟所锁定的焦点为制定网络、安全和应用软件层；提供不同产品的协调性及互通性测试规格；在世界各地推广 ZigBee 品牌并争取市场的关注；管理技术的发展。

（5）标准制定。IEEE 组织早在 2003 年就开始制定 IEEE 802.15.4 标准并发布，2006 年进行标准更新，最新针对智能电网应用制定了 IEEE 802.15.4g 标准，针对工业控制应用制定了 IEEE 802.15.4e 标准。IEEE 802.15.4 系列标准属于物理层和 MAC 层标准，由于 IEEE 组织在无线领域的影响力，以及 TI、ST、Ember、Freescale、NXP 等著名芯片厂商的推动，该标准已经成为无线传感器网络领域的事实标准，符合该标准的芯片已经在各个行业得到广泛应用。

IEEE 802.15.4 的物理层、MAC 层及数据链路层，标准已在 2003 年 5 月发布。ZigBee 网络层、加密层及应用描述层的制定也取得了较大的进展，V1.0 版本已经发布。其他应用领域及其相关的设备描述也会陆续发布。由于 ZigBee 不仅只是 802.15.4 的代名词，而且 IEEE 仅处理低级 MAC 层和物理层协议，因此 ZigBee 联盟对其网络层协议和 API 进行了标准化。完全协议用于一次可直接连接到一个设备的基本节点的 4K 字节或者作为 Hub 或路由器的协调器的 32K 字节。每个协调器可连接多达 255 个节点，而几个协调器则可形成一个网络，对路由传输的数目则没有限制。ZigBee 联盟还开发了安全层，以保证这种便携设备不会意外泄露其标识，而且这种利用网络的远距离传输不会被其他节点获得。

1）2001 年 8 月，ZigBee 联盟成立。

2）2004 年，ZigBeeV1.0 诞生。它是 ZigBee 的第一个规范，但由于推出仓促，存在一些错误。

3）2006 年，推出 ZigBee2006，比较完善。

4）2007 年底，ZigBee PRO 推出。

5）2009 年 3 月，ZigBee RF4CE 推出，具备更强的灵活性和远程控制能力。

6）2009 年开始，ZigBee 采用了 IETF 的 IPv6、6Lowpan 标准作为新一代智能电网 Smart Energy（SEP2.0）的标准，致力于形成全球统一的易于与互联网集成的网络，实现端到端的网络通信。随着美国及全球智能电网的大规模建设和应用，物联网感知层技术标准将逐渐由 ZigBee 技术向 IPv6、6Lowpan 标准过渡。ZigBee 技术应用领域如图 1-7-10-12 所示。

简单地说，ZigBee 是一种高可靠的无线数传网络，类似于 CDMA 和 GSM 网络。ZigBee 数传模块类似于移

图 1-7-10-12　ZigBee 技术应用领域

动网络基站。通信距离从标准的 75m 到几百米、几千米，并且支持无限扩展。ZigBee 是一个由可多到 65535 个无线数传模块组成的无线数传网络平台，在整个网络范围内，每一个 ZigBee 网络数传模块之间可以相互通信，每个网络节点间的距离可以从标准的 75m 无限扩展。

与移动通信的 CDMA 网或 GSM 网不同的是，ZigBee 网络主要是为工业现场自动化控制数据传输而建立，因而它必须具有结构简单、使用方便、工作可靠、价格低的特点。而移动通信网主要是为语音通信而建立，每个基站价值一般都在百万元人民币以上，而每个 ZigBee "基站" 却不到 1000 元人民币。每个 ZigBee 网络节点不仅本身可以作为监控对象，例如其所连接的传感器直接进行数据采集和监控，还可以自动中转别的网络节点传过来的数据资料。除此之外，每一个 ZigBee 网络节点（FFD）还可在自己信号覆盖的范围内，和多个不承担网络信息中转任务的孤立的子节点（RFD）无线连接。

智慧工地围绕施工现场的人员、机械、材料、数据等要素，依托物联网、5G、AI 等信息技术，以设备自动采集、数据自动传输和后台集成分析等方式综合集成在一个数据平台，实现现场数据的自动采集、传输、分析与留存，为施工企业数字化生产管理提供数据支撑。

古城变电站智慧工地的核心是以一种 "更智慧" 的方法来改进工程各干系组织和岗位人员相互交互的方式，以便提高交互的明确性、效率、灵活性和响应速度。加强建设工地人员管理，精确掌握工人考勤情况、各工种上岗情况、VR 安全专项教育落实情况、违规操作情况，实施施工现场劳务人员实时动态管理和安全监督，提升企业信息化管理水平，真正做到事前预警，事中常态检测，事后规范管理的效果。

（四）方案推广展望

在电力工程实际建设过程中，一些施工单位管理水平较差，管理人员现场控制能力不强。主要体现在进行电力工程施工建设的过程中，许多重要的质量保障体系并没有得到有效地建立，或者是只能流于形式，未构建科学合理的技术管理模式，无法对电力工程的施工过程进行细节化把控，也无法做好对技术施工的收尾工作。

这些专业素养的缺失导致了许多管理工作较为滞后，整体管理工作相较于行业发展也十分落后，缺乏创新性和有效性。

　　这又牵扯出第二个问题，专业素质的问题。专业素质的问题指的不只是电力工程技术的专业，还包括管理本身，就是一件需要专业人员去做的事情。对于电力工程技术管理，不仅要求其懂得管理知识，能够积极地对管理机制进行创新建设，能够反思学习管理知识，同时还要求管理人员要懂得一些必要的电力工程技术的专业知识。如一些电力工程安全施工技术管理部门为了节约成本、缩短工期，同时由于缺乏一些必要的电力工程技术的专业知识，导致忽视设计图纸技术要求，意识不到相关专业要求的重要性，使得在施工建设的过程中，擅自更改施工内容，导致施工队无法对图内容进行准确的施工，进而导致项目可能存在各类安全后患。提升管理人员专业素养是促进电力工程技术管理稳步创新和全面优化的关键步骤。

　　目前，在宁夏地区其他工程建设单位也在加大力度改革创新，中卫古城变电站是宁夏区域第一个电力工程建设采用智慧工地管理的项目。2023 年 4 月，宁东鸳鸯湖污水处理厂扩建工程是宁夏采用 BIM 技术进行项目管理，荣获 BIM 技术综合应用一类成果奖，填补了宁夏全国建设工程 BIM 大赛无一类成果的空白。

　　通过宁夏中卫古城 110kV 变电站扩建工程项目智慧工地建设方案的落实，采用 BIM 技术、相阵控 5G MI-MO 通信数据链、ZigBee 通信传输，实现系统平台支撑服务。同时应用多维度、具象化图像处理技术，以及各模块数据库的交互，为建设者提供更清晰、准确的信息，大大提高了项目运行管理决策水平。

　　创新精彩无限，融合德智勇勤。在区域内不断融合北斗行业应用内容及应用量，进而强化汇聚用户能力，以交叉方式形成盈利优势，优化网架设计，以经济性、适宜性推广智慧工地创新成果，创造项目建设管理标杆，提高低碳绿色施工、智慧数字化管理水平，创造出良好的经济效益和社会效益。

第二篇

输变电工程智慧工地施工实践

第一章

输变电工程建设施工安全风险管理

第一节 风险管理基本要求

一、风险和风险管理

1. 风险

风险（risk）是不确定性对目标的影响。不确定性是指对事件及其后果或可能性的信息缺失或了解片面的状态；影响是指对预期的偏高——正面的或负面的；目标是主观确定的，在这里目标是指健康与安全、环境等。通常用潜在事件、后果或者两者的组合来区分风险；用事件后果和事件发生可能性的组合来表示风险。

2. 风险管理

风险管理是对项目风险进行识别、分析、应对和监控的活动。风险管理是按安全系统工程的理念，运用系统的观念和方法研究风险与环境之间的关系，通过识别、评价、量化来分析风险，并在此基础上有效控制风险，用最经济合理的方法来综合处置风险，以实现最经济、最大安全保障的过程。一个系统中具有潜在能量和物质释放风险的、在一定的触发因素作用下可转化为事故的部位、区域、场所、空间、岗位、设备、装置及其状态的就是风险控制关键因素。

二、输变电工程建设施工安全风险

在输变电工程建设施工作业中，对某种可预见的风险情况发生的可能性、后果严重程度和事故发生频度三个指标的综合描述。

（1）风险预警。根据电力工程的特点，通过收集相关的资料信息，监控风险因素的变动趋势，并评价各种风险状态及等级，向决策层发出预警信号并提前采取预控措施。

（2）风险控制。针对施工现场作业已识别出的风险因素和风险评价的结果，制定和实施消除、降低控制风险的有效措施。

（3）风险作业。由固定的人员、使用固定的工机具和材料和施工方法、在一处固定的作业地点完成的，作业过程相对独立，能形成完整成果的一个工序或几个工序的组合。

（4）作业班组。施工现场从事具体作业的基本组织单元，包括班组负责人、班组安全员、班组技术，相应技能人员及其他作业人员等。

三、输变电工程建设施工安全风险管理基本要求

（1）坚持安全发展理念，贯彻落实"安全第一、预防为主、综合治理"的安全工作方针，规范国家电网有限公司输变电工程建设施工安全风险过程管理。坚决执行施工作业票制度。施工作业票是电网工程建设现场施工过程中的安全作业控制文件，是执行保证安全组织措施、技术措施的依据，通过信息系统编制、流转、存档。

（2）按照初步识别、复测评估、先降后控、分级管控的原则，对输变电工程建设施工安全风险进行管理。施工作业前对存在的风险进行再次评估、判别，依据风险控制关键因素变化情况来完善、补充风险控制措施称为风险复测。

（3）施工单位是输变电工程建设施工安全风险管理的责任主体，建设、监理单位履行安全风险管理监管责任，工程建设应全面执行输变电工程建设施工安全风险管理流程，保证风险始终处于可控、在控状态。

第二节 施工安全风险等级

一、安全风险评价方法

（一）半定量 LEC 安全风险评价法的采用

LEC 安全风险评价方法是对具有潜在危险性作业环境中的危险源进行半定量的安全评价方法。对输变电工程建设施工安全风险采用半定量 LEC 安全风险评价法。其中 L 表示发生事故或风险事件的可能性；E 表示风险事件出现的频率程度，E 值也表示人体暴露于危险环境的频繁程度；C 表示发生风险事件产生的后果。用 D 表示风险值，风险值 $D=LEC$。风险等级根据风险值的大小确定，风险因素 L、E、C 取值及风险值 D 与风险等级关系见表 2-1-2-1 和表 2-1-2-2。根据评价后风险值的大小及所对应的风险危害程度，将风险从大到小分为五级，见表 2-2-2-1。一至五级分别对应极高风险、高度风险、显著风险、一般风险、稍有风险，通常将三级及以上风险，即三级风险（显著风险）、二级风险（高度风险）、一级风险（极高风险）统称为重大风险。D 值越大，说明该系统危险性越大，需要增加安全措施，或改变发生事故的可能性，或减少人体暴露于危险环境中的频繁程度，或减轻事故损失，直至调整到允许范围内。

表 2-1-2-1 风险因素 L、E、C 取值表

发生事故或风险事件的可能性 L		风险事件出现的频率程度 E		发生风险事件产生的后果 C	
L 值	发生的可能性	E 值	出现的频率程度	C 值	产生的后果
10	可能性很大	10	连续	100	大灾难，无法承受损失（10人以上）
6	可能性比较大	6	每天工作时间	40	灾难，几乎无法承受损失（3~9人）
3	可能但不经常	3	每周一次	15	非常严重，非常重大损失（1~2人）

发生事故或风险事件的可能性 L		风险事件出现的频率程度 E		发生风险事件产生的后果 C	
L 值	发生的可能性	E 值	出现的频率程度	C 值	产生的后果
1	可能性小，完全意外	2	每月一次	7	重大损失（重伤）
0.5	基本不可能，但可以设想	1	每年几次	3	较大损失（致残）
0.2	极不可能	0.5	非常罕见	1	一般损失（救护）
0.1	实际不可能			0.5	轻微损失（轻伤）

表 2-1-2-2　　　　　　　　　　　　　　风 险 等 级 划 分

风险等级	风险值 D	风险程度	说　　　　明
一级 （极高风险）	$D \geqslant 320$	极高风险，应采取措施降低风险等级，否则不能继续作业	指作业过程存在极高的安全风险，即使加以控制仍可能发生群死群伤事故，或五级电网事件的施工作业。一级风险为计算所得数值，实际作业必须通过改变作业组织或采取特殊手段将风险等级降为二级以下风险，否则不得作业
二级 （高度风险）	$160 \leqslant D < 320$	高度风险，要制定专项施工安全方案和控制措施，作业前要严格检查，作业过程中要严格监护	指作业过程存在很高的安全风险，不加控制容易发生人身死亡事故，或者可能发生六级电网事件的施工作业
三级 （显著风险）	$70 \leqslant D < 160$	显著风险，制定专项控制措施，作业前要严格检查，作业过程中要有专人监护	指作业过程存在较高的安全风险，不加控制可能发生人身重伤或死亡事故，或者可能发生七级电网事件的施工作业
四级 （一般风险）	$20 \leqslant D < 70$	一般风险，需要注意	指作业过程存在一定的安全风险，不加控制可能发生人身轻伤事故的施工作业
五级 （稍有风险）	$D < 20$	稍有风险，但可能接受	指作业过程存在较低的安全风险，不加控制可能发生轻伤及以下事件的施工作业

值得读者注意的是《输变电工程建设施工安全风险管理规程》（Q/GDW12152—2021）是将风险分为五级，三级及以上是三级、二级和一级。国家电网公司基建部2017年颁发的《变电站（换流站）工程施工现场关键点作业安全管控措施》和《输电线路（电缆）工程施工现场关键点作业安全管控措施》，以及2019年发布的《国家电网公司输变电工程施工安全风险识别、评估及预控措施管理办法》〔国网（基建/3）176—2019〕都是将风险分为五级，但三级及以上是三级、四级、五级。

（二）LEC 安全风险评价法在风险辨识上的应用实例

1. 土建工程

模板工程中"模板安装"风险可能导致的后果为"高处坠落、坍塌"。通过经验判断，按发生事故或风险事件的可能性选择3，因有可能发生坍塌和高空坠落但是不经常，所以风险事件的可能性选择为可能但不经常；按风险事件出现的频率程度选择2，因模板安装时间虽然比较长，但是坍塌和高空坠落出现的风险基本都是在梁、板模板安装的时候才会出现，所以风险事件出现的频率选择为每月一次；按发生风险事件产生的后果选择15，因模板安装如果发生风险产生的后果都伴随人身伤亡和重大经济损失，所以发生风险事件产生的后果为非常严重，所以风险产生的后果选择为非常严重，非常重大损失。"模板安装"风

险评定值 $D = 3 \times 2 \times 15 = 90$，为三级风险。

2. 电气工程

一次设备中"软母线架设"风险可能导致的后果为"高处坠落、机械伤害、触电"。通过经验判断，按发生事故或风险事件的可能性选择6，因现场可能存在高坠风险、接地不良导致触电等；按风险事件出现的频率程度选择3，因单一工程中平均每周上构架进行一次母线作业；按发生风险事件产生的后果选择7，因母线架设中发生高空坠落导致死亡的案例，在近几年的工程较为少见，判断为重大损失。"软母线架设"风险评定值 $D = 6 \times 3 \times 7 = 126$，为三级风险。

3. 架空线路工程

"内悬浮外拉线抱杆分解组塔"的风险可能导致的后果为"物体打击、机械伤害、高处坠落"。通过经验判断，按发生事故或风险事件的可能性选择3，因现场可能存在高处坠落、物体打击、机械伤害等，事件发生的可能性不经常；按风险事件出现的频率程度选择1，事件发生的频率平均每年出现几次；按发生风险事件产生的后果选择40，铁塔组立过程中发生高坠、物体打击及抱杆倾覆致死案例，在近几年的工程中均有发生，且抱杆倾覆容易造成2人以上死亡，故判断为无法承受的损失。"内悬浮外拉线抱杆分解组塔"风险评定值 $D = 3 \times 1 \times 40 = 120$，为三级风险。

4. 电缆线路工程

"有限空间作业"的风险可能导致的后果为"中毒、窒息"。通过经验判断，按发生事故或风险事件的可能性选择 3，因现场可能存在中毒、窒息等风险，但是近年来发生的次数很少；按风险事件出现的频率程度选择 1，因近几年发生风险的次数很少；按发生风险事件产生的后果选择 15，根据有限空间作业发生中毒、窒息的案例，造成伤亡人数较多，判断为非常重大损失。"有限空间作业"风险评定值 $D=3×1×15=45$，为四级风险。

（三）应用半定量 LEC 安全风险评价法的注意事项

（1）LEC 风险评价法是根据工程施工现场情况和管理特点对危险等级的划分，有一定局限性，应根据实际情况予以判别修正。

（2）施工现场出现输变电工程风险基本等级表中未收集的风险作业，施工项目部应按照 LEC 风险评价法进行评价并经监理项目部审核确定风险等级，向业主项目部报备。

（3）按照《住房城乡建设部办公厅关于实施〈危险性较大的分部分项工程安全管理规定〉有关问题的通知》（建办质〔2018〕31 号），原则上将"危险性较大的分部分项工程范围"内的作业设定为三级风险，将"超过一定规模的危险性较大的分部分项工程范围"的作业设定为二级风险。

（4）为了便于现场识别风险，对于输变电工程建设常见的风险作业按一般作业环境和条件可按输变电工程风险基本等级表选择，供各工程实施中参考。实际使用时，应按安全施工作业风险控制关键因素表（表 2-1-2-3）进行复测，重新评估风险等级，不可直接使用。

（5）输变电工程风险基本等级表中的风险作业，当采用先进有效的机械化或智能化技术施工时，风险等级可降低一级管控；临近带电作业，当采取停电措施，作业风险等级可降低一级管控。

表 2-1-2-3　安全施工作业风险控制关键因素表

序号	指标	指标简称	风险控制关键因素
1	作业人员异常	人员异常	作业班组骨干人员（班组负责人、班组安全员、班组技术员、作业面监护人、特殊工种）有同类作业经验，连续作业时间不超过 8h
2	机械设备异常	设备异常	机具设备工况良好，不超年限使用；起重机械起吊荷载不超过额定起重量的 90%
3	周围环境	环境变化	周边环境（含运输路况）未发生重大变化
4	气候情况	气候变化	无极端天气状况
5	地质条件	地质异常	地质条件无重大变化
6	临近带电体作业	近电作业	作业范围与带电体的距离满足安规要求。
7	交叉作业	交叉作业	交叉作业采取安全控制措施

注　1. 周围环境指的是地形地貌、有限空间、四口五临边、夜间作业环境、运行区域、闹市区域、市政管网密集区域等环境。
　　2. 输变电工程风险基本等级表中的风险控制关键因素采用表 2-1-2-3 中的指标简称。

二、输变电工程风险基本等级和风险预控措施

输变电工程风险基本等级是根据输变电工程特点、可能存在的风险以及将风险按专业、工序归纳汇总的数据形成的。输变电工程风险基本等级表（表 2-1-2-4~表 2-1-2-9）仅根据作业一般条件进行举例（人员、机械、材料、环境等必备条件正常），实际作业时应按表 2-1-2-3 进行复测，重新评估后方可使用，不得直接采用。

（一）公共部分

公共部分风险包含施工用电布设、植被恢复共 2 个部分，见表 2-1-2-4。

表 2-1-2-4　　输变电工程公共部分风险基本等级表

风险编号	工序	风险可能导致的后果	风险控制关键因素	风险评定值 D	风险级别	预控措施	备注
01000000	公共部分						
01010000	施工用电布设						
01010001	施工现场用电布设	触电 火灾 高处坠落 其他伤害	人员异常、近电作业	126（6×3×7）	三	一、共性控制措施 （1）现场布置配电设施必须由专业电工组织进行。 （2）高处作业应系安全带；梯子上作业时，应有人扶梯。 （3）配电箱、电缆及相关配件等应绝缘良好满足规范要求。 二、架空线路架设及直埋电缆敷设（D 值 36，四级） （4）低压架空线必须使用绝缘线，架设在专用电杆上，严禁架设在树木、脚手架及其他设施上。 （5）"三相五线"制低压架空线路的 L 线绝缘铜线截面不小于 10mm²，绝缘铝线截面不小于 16mm²，N 线和 PE 线截面不小于相线截面的 50%，单相线路的零线截面与相线截面相同。	人员资质、数量已核对，安措已执行

风险编号	工序	风险可能导致的后果	风险控制关键因素	风险评定值 D	风险级别	预 控 措 施	备注
01010001	施工现场用电布设	触电 火灾 高处坠落 其他伤害	人员异常、近电作业	126（6×3×7）	三	（6）低压架空线路（电缆）架设高度不得低于 2.5m；交通要道及车辆通行处，架设高度不得低于 5m。 （7）电缆中必须包含全部工作芯线和用作保护零线或保护线的芯线；需要三相四线制配电的电缆线路必须采用五芯电缆。相线的颜色标记必须符合以下规定：相线 L1（A）黄色、L2（B）绿色、L3（C）红色、N 线淡蓝色、PE 线绿黄双色。任何情况下颜色标记严禁混用和互相代用。 （8）直埋电缆敷设深度不应小于 0.7m，严禁沿地面明敷设，应设置通道走向标志，避免机械损伤或介质腐蚀，通过道路时应采取保护措施。 （9）直埋电缆的接头应设在防水接线盒内。 三、配电箱及开关箱安装（D 值 36，四级） （10）配电系统必须按照总平面布置图规划，设置配电柜或总配电箱、分配电箱、开关箱，实行三级配电/两级保护（首级、末级）。配电系统宜三相负荷平衡。 （11）总配电箱应设在靠近电源的区域，分配电箱应设在用电设备或负荷相对集中的区域，分配电箱与开关箱的距离不得超过 30m；开关箱与其控制的固定式用电设备的水平距离不宜超过 5m，距离大于 5m 时应使用移动式开关箱（或便携式电源盘）；移动式开关箱至固定式开关箱之间的引线长度不得大于 30m，且只能用绝缘护套软电缆。 （12）配电箱、开关箱的电源进线端，严禁采用插头和插座进行活动连接。移动式配电箱、开关箱进、出线的绝缘不得破损。 （13）漏电保护器应装设在总配电箱、开关箱靠近负荷的一侧，且不得用于启动电气设备的操作。开关箱中漏电保护器的额定漏电动作电流不应大于 30mA，额定漏电动作时间不应大于 0.1s。使用于潮湿或有腐蚀介质场所的漏电保护器应采用防溅型产品，其额定漏电动作电流不应大于 15mA，额定漏电动作时间不应大于 0.1s。总配电箱中漏电保护器的额定漏电动作电流应大于 30mA，额定漏电动作时间应大于 0.1s，但其额定漏电动作电流与额定漏电动作时间的乘积不应大于 30mA·s。 （14）一、二级配电箱必须加锁，配电箱附近应配备消防器材。 四、临时建筑用电布设（D 值 36，四级） （15）现场办公和生活区用电布置、检修必须由专业电工进行，严禁私拉乱接。 （16）集中使用的空调、取暖、蒸饭车等大功率电器应与办公和生活区用电分置，并设置专用开关和线路。 （17）所有用电设备应配置空气保护开关。开关的容量应满足用电设备的要求，闸刀开关应有保护罩。不得使用熔断器。 （18）在活动板房、集装箱等金属外壳内穿越的低压线路穿绝缘管保护，防止破皮漏电。活动板房、集装箱等金属外壳应可靠接地。 （19）电源箱应设置在户外，并有防雨措施。 五、保护接地或接零（D 值 36，四级） （20）在施工现场专用变压器供电的 TN-S 三相五线制系统中，所有电气设备外壳应做保护接零。	人员资质、数量已核对，安措已执行

续表

风险编号	工序	风险可能导致的后果	风险控制关键因素	风险评定值 D	风险级别	预 控 措 施	备注
01010001	施工现场用电布设	触电 火灾 高处坠落 其他伤害	人员异常、近电作业	126（6×3×7）	三	（21）保护零线（PE线）应由配电室（总配电箱）电源侧工作零线（N线）或总漏电保护器电源侧工作零线（N线）重复接地处专引一根绿黄相色线作为局部接零保护系统的PE线。TN-S系统中的PE线除必须在配电室或总配电箱处做重复接地外，还必须在配电系统的中间处（分配电箱）和末端处（开关箱）做重复接地。 （22）在保护零线（PE线）每一处重复接地装置的接地电阻值不应大于4Ω；在工作接地电阻值允许达到10Ω的电力系统中，所有重复接地的等效电阻值不应大于10Ω。配电箱接地电阻必须进行测试，并在电源箱外壳上标明测试人员、仪器型号、测试电阻值。 （23）重复接地线必须与保护零线（PE线）相连接，严禁与N线相连接。PE线必须采用绿/黄双色绝缘多股铜线，截面不小于2.5mm²，手持式电动工具的PE线截面不小于1.5mm²。 六、配电箱接火（D值126，三级） （24）接火前，应确认高、低压侧有明显的断开点。 （25）接火设专人监护，施工人员不得擅自离岗。 （26）接火前检查总配电箱接地可靠，防护围栏满足要求。 （27）下一级电源接入电源系统时，电源侧应有明显的断开点。 （28）专业电工发现问题及时报告，解决后方可进行接火作业。 （29）接入、移动或检修用电设备时，必须切断电源并做好安全措施后进行。 （30）严格按照停送电顺序操作开关。 （31）在台风、暴雨、冰雹等恶劣天气后，应进行专项安全检查和技术维护，合格后方可使用	人员资质、数量已核对，安措已执行
01010002	发电机的使用和管理	触电 火灾		54（6×3×3）	四	（1）发电机禁止设置在基坑里，停放的地点应平坦，底部距地面不应小于0.3m，应固定牢固。 （2）上部应设防雨棚，防雨棚应牢固、可靠。 （3）发电机必须配置可用于扑灭电气火灾的灭火器，周边禁止存放易燃易爆物品。发电机的燃料必须存储在危险品仓库内。 （4）发电机供电系统应设置可视断路器或电源隔离开关及短路、过载保护。 （5）发电机在使用前必须确认用电设备与系统电源已断开，并有明显可见的断开点。 （6）发电机必须专人维护，定期检修。 （7）发电机工作时，周边应隔离。 （8）发电机金属外壳和拖车应有可靠的接地措施	
01020000	植被恢复						
01020001	植被种植、恢复	触电 物体打击 其他伤害		9（3×3×1）	五	（1）植被恢复作业前，作业人员应熟悉施工区域，无盖板的电缆沟、沟槽、孔洞等容易跌落部位，应做好围护。 （2）若采用水泵进行抽水浇灌时，必须做好用电防护措施。 （3）使用锄头、铁铲、铁锹等工具时，需确保作业人员之间及作业人员与设备之间的安全距离，不触碰设备。 （4）在山坡上种植，应防止人员滚落、滑倒。 （5）作业人员在作业完成或下班时应将渣土、草皮等杂物清扫干净后再离开，施工作业应做到工完、料尽、场地清	

（二）变电站土建工程

变电站土建工程风险包含桩基础施工、混凝土基础工程、主建筑物工程、装配式混凝土构件、构支架安装工程、电缆沟道工程、接地工程、站区道路工程及围墙工程、消防工程、地下变电站土建施工、钢结构及相关施工、直流换流站专属工程、钢管脚手架工程、大型机械及临设安拆共 14 个部分，见表 2-1-2-5。

表 2-1-2-5　　　　　输变电工程变电站土建工程风险基本等级表

风险编号	工序	风险可能导致的后果	风险控制关键因素	风险评定值 D	风险级别	预　控　措　施	备注
02000000	变电站土建工程						
02010000	变电站桩基础施工						
02010100	人工挖孔灌注桩施工						
02010101	设计深度 16m 以内的人工挖孔灌注桩作业	触电中毒窒息坍塌高处坠落物体打击	人员异常、地质异常	126（6×3×7）	三	一、共性控制措施 （1）在改扩建工程进行本工序作业时，还应执行"03050102 土建间隔扩建施工"的相关预控措施。 二、成孔作业（D 值 126，三级） （2）人工挖孔开始开挖时，应使用深基坑作业一体化装置，待混凝土浇筑完毕后方可撤离。 （3）每日作业前，检测桩孔内有无有毒、有害气体，禁止在桩孔内使用燃油动力机械设备。 （4）开挖桩孔应从上到下逐层进行，每节筒深不得超过 1m，先挖中间部分的土方，然后向周边扩挖。每节的高度严格按设计施工，不得超挖。每节筒深的土方量应当日挖完。收工前，应对挖孔桩孔洞做好可靠的安全措施，并设置警示标识。 （5）根据土质情况采取相应护壁措施防止塌方，第一节护壁应高于地面 150～300mm，壁厚比下面护壁厚度增加 100～150mm，便于挡土、挡水。桩间净距小于 2.5m 时，须采用间隔开挖施工顺序。 （6）下孔作业人员应轮换作业，连续工作时间不应超过 2 小时，需戴安全帽，腰系安全绳，必须从专用爬梯上下，严禁沿孔壁或乘运土设施上下。在桩孔内上下递送工具物品时，严禁抛掷，严防其他物件落入桩孔内。操作时上下人员轮换作业，互相呼应，不得擅离岗位，发现异常立即协助孔内人员撤离，并及时上报。 （7）桩孔深度大于 5m 时，使用风机或风扇向孔内送风，不少于 5min。桩孔深度超过 10m 时，设专门向桩孔内送风的设备，风量不得小于 25L/s，且桩孔内设置 12V 以下带罩防水功能的安全灯具。 （8）开挖过程中如出现地下水异常（水量大、水压高）时，立即停止作业并报告班组负责人，待处置完成合格后，再开始作业。 （9）开挖过程中，如遇有大雨及以上雨情时，做好防止深坑坠落和塌方措施后，迅速撤离作业现场。 三、钢筋笼制作与吊放（D 值 63，四级） （10）焊接时，防止钢筋碰触电源。电焊机必须可靠接地，不得超负荷使用。 （11）展开圆盘钢筋时，要两端卡牢，防止回弹伤人。圆盘钢筋放入圈架应稳，如有乱丝或钢筋脱架，必须停机处理。进行调直工作时，不允许无关人员站在机械附近，特别是当料盘上钢筋快完时，要严防钢筋端头打人。 （12）起吊安放钢筋笼时，由专人指挥。先将钢筋笼运送到吊臂下方，吊车司机平稳起吊，设人拉好方向控制绳，严禁斜吊。	人员资质、数量已核对，气体检测已完成，地质条件已详勘

风险编号	工序	风险可能导致的后果	风险控制关键因素	风险评定值 D	风险级别	预控措施	备注
02010101	设计深度16m以内的人工挖孔灌注桩作业	触电 中毒 窒息 坍塌 高处坠落 物体打击	人员异常、地质异常	126（6×3×7）	三	（13）吊运过程中吊车臂下严禁站人和通行，并设置作业警戒区域及警示标志。向孔内下钢筋笼时，两人在笼侧面协助找正准孔口，慢速下笼，到位固定，严禁人下孔摘吊绳。 四、混凝土浇筑（D 值 9，五级） （14）桩孔料筒口前设限位横木，手推车不得用力过猛和撒把。 （15）采用泵送混凝土时，导管两侧1m范围内不得站人，以防导管摆动伤人；导管出料口正前方 30m 内禁止站人，防止泵内空气压出骨料伤人。 （16）坑模成形后，应及时浇灌混凝土，否则采取防止土体塌落的措施	人员资质、数量已核对，气体检测已完成，地质条件已详勘
02010200	机械冲、钻孔灌注桩施工						
02010201	机械冲、钻孔灌注桩施工	机械伤害 其他伤害		63（3×3×7）	四	一、共性控制措施 （1）在改扩建工程进行本工序作业时，还应执行"03050102 土建间隔扩建施工"的相关预控措施。 二、埋设护筒（D 值 18，五级） （2）护筒应按规定埋设，以防塌孔和机械设备倾倒。 （3）护筒有变形或断裂现象，立即停止坑内作业，处理完毕后方可继续施工。 三、桩机就位和钻进操作（D 值 42，四级） （4）桩机就位，井机的井架由专人负责支戗杆，打拉线，以保证井架的稳定。 （5）发电机、配电箱、桩机等用电设备可靠接地。 （6）钻机支架必须牢固，护筒支设必须有足够的水压，对地质条件要掌握，注意观察钻机周围的土质变化。 四、冲孔操作和清孔及换浆：（D 值 9，五级） （7）冲孔操作时，随时注意钻架安定平稳，钻机和冲击锤机运转时不得进行检修。 （8）泥浆池必须设围栏，将泥浆池、已浇筑桩围栏好并挂上警示标志，防止人员掉入泥浆池中。 五、钢筋笼制作与吊放（D 值 63，四级） （9）钢筋制作场地应平整，工作台应稳固，照明灯具应加设防护网罩。进场后的钢筋应按规格、型号分类堆放，并醒目标识。 （10）焊接时，防止钢筋碰触电源。电焊机必须可靠接地，不得超负荷使用。 （11）展开圆盘钢筋时，要两端卡牢，防止回弹伤人。圆盘钢筋放入圈架应稳，如有乱丝或钢筋脱架，必须停机处理。进行调直工作时，不允许无关人员站在机械附近，特别是当料盘上钢筋快完时，要严防钢筋端头打人。 （12）起吊安放钢筋笼时，由专人指挥。先将钢筋笼运送到吊臂下方，吊车司机平稳起吊，设人拉好方向控制绳，严禁斜吊。 （13）吊运过程中吊车臂下严禁站人和通行，并设置作业警戒区域及警示标志。向孔内下钢筋笼时，两人在笼侧面协助找正准孔口，慢速下笼，到位固定，严禁人下孔摘吊绳。 六、导管安装与下放及混凝土灌注（D 值 54，四级） （14）导管安装与下放时，施工人员听从统一指挥，吊杆下面不准站人，导管在起吊过程中要有人用绳索溜着，使导管能按预想的方向或位置移动。 （15）灌注桩基础施工需要连续进行，夜间现场施工应在不同的角度设置足够的灯光亮度，保证现场施工过程中的安全。 （16）采用泵送混凝土时，导管两侧1m范围内不得站人；导管出料口正前方 30m 内禁止站人	

风险编号	工序	风险可能导致的后果	风险控制关键因素	风险评定值 D	风险级别	预 控 措 施	备注
02010300	预制桩施工						
02010301	预制桩施工	触电 机械伤害 起重伤害		63（3×3×7）	四	一、共性控制措施 （1）在改扩建工程进行本工序作业时，还应执行"03050102 土建间隔扩建施工"的相关预控措施。 二、桩机进场安装（D 值 63，四级） （2）作业场地应平整、无障碍物，在软土地基地面应加垫路基箱或厚钢板，在基础坑或围堰内要有足够的排水设施。大吨位（静力压）桩机停置场地平均地基承载力应不低于 35kPa。 （3）装配区域应设置围栏和安全标志。无关人员不得在设备装配现场逗留。 （4）桩机设备、辅助施工设备配置各自专用开关配电箱，门锁齐全。 （5）桩机安装前应检查机械设备配件、辅助施工设备是否齐全，机械、液压、传动系统应保证良好润滑。监测仪表、制动器、限制器、安全阀、闭锁机构等安全装置应齐全、完好。安装的钻杆及各部件良好。 三、桩基施工（D 值 63，四级） （6）设专人指挥、专人监护。桩机不得超负载、带病作业及野蛮施工。 （7）桩机安装前应检查机械设备配件、辅助施工设备是否齐全，机械、液压、传动系统应保证良好润滑。监测仪表、制动器、限制器、安全阀、闭锁机构等安全装置应齐全、完好。安装的钻杆及各部件良好。 （8）桩机在运行中不得进行检修、清扫或调整。检修、清扫、调整或工作中断时，应断开电源。电气设备与电动工器具的转动部分应装设保护罩。 （9）打桩时，无关人员不得靠近桩基近处。操作及监护人员、桩锤油门绳操作人员与桩基的距离不得小于 5m。 （10）桩机作业时，严禁吊桩、吊锤、回转、行走、沉孔、压桩等两种及以上的机械动作。 （11）桩机在桩位间移动或停止时，必须将桩锤落至最低位置，并不宜压在已经完工的桩（顶）位上，应远离其他施工机械。 （12）桩机行进中设备保持垂直平稳，采取防止倾覆措施，必要时采取铺垫枕木、填平坑凹地面、换填软弱土层、加设临时固定绳索、清理行走线路上的障碍物等措施。 （13）机架较高的振动类、搅拌类桩机移动时，应采取防止倾覆的应急措施。遇雷雨、六级及以上大风等恶劣天气应停止作业，并采取加设缆风绳、放倒机架等措施；休息或停止作业时应断开电源。 （14）施工时的出土、泥浆应随时清运。清除钻杆和螺旋叶片上的泥土，要用铁锹进行，不得用手清除。 四、桩基连接与焊接（D 值 63，四级） （15）吊运桩范围内，不得进行其他作业，人员不得逗留。送桩、拔出或打桩结束移开桩基后，地面孔洞应回填或加盖。 （16）钢管桩等金属连接，采用电焊或气体保护焊，应由电焊工来操作，焊机外壳应做好接地措施。 （17）钢管桩的切割操作人员应佩戴防护面罩、电焊手套、工作帽、滤膜防尘口罩和隔音耳罩，并站在上风处操作。 五、桩机拆卸（D 值 63，四级） （18）切断桩机电源。	

续表

风险编号	工序	风险可能导致的后果	风险控制关键因素	风险评定值 D	风险级别	预控措施	备注
02010301	预制桩施工	触电 机械伤害 起重伤害		63（3×3×7）	四	（19）在拆卸区域设置围栏和安全标志。 （20）按设备使用手册规定顺序制定拆卸具体步骤。 （21）拆卸、吊运中应注意保护桩机设备，按设备使用手册（使用说明书）规定顺序制定拆卸具体步骤，拆卸、吊运中应注意保护桩机设备，不得野蛮操作	
02010400	高压旋喷桩施工						
02010401	高压旋喷桩施工	物体打击 高处坠落 机械伤害		63（3×3×7）	四	一、桩机就位和钻进成孔（D值63，四级） （1）安装钻机场地平整，清除孔位及周围的石块等障碍物。安装前检查钻杆及各部件，确保安装部件无变形。 （2）安装钻杆时，应从动力头开始，逐节往下安装，不得将所需钻杆长度在地面上全部接好后一次起吊安装。 （3）高处作业须系好安全带，并在桅杆上固定牢固。 （4）钻孔时要调直桩架桅杆，对好桩位。 （5）启动钻机钻0.5～1m深时，经检查一切正常后，再继续进钻。 （6）钻机运转时，电工要监护作业，防止电缆线缠入钻杆。 （7）钻进时排出孔口的土应随时清除、运走。清除钻杆和螺旋叶片上的泥土，清除螺旋片上的泥土要用铁锹进行，严禁用手清除。 二、旋喷注浆和提升拔管（D值54，四级） （8）启动压浆泵前检查高压胶管，发现破损应立即更换。高压胶管不能超过压力范围使用，使用时弯曲应不小于规定的弯曲半径，防止高压管爆炸伤人。 （9）钻至设计孔深后进行注浆，采用连续注浆间歇提钻的方式，保持钻头始终位于浆液面1m以下。 （10）高压注浆时，高压射流的破坏力较强，浆液应过滤，使颗粒不大于喷嘴直径，高压泵必须有安全装置，当超过允许泵压后应能及时停止工作。 （11）作业中电缆应由专人负责收放。如遇卡钻，应立即切断电源。 （12）高压注浆时，作业人员不得在注浆管3m范围内停留。 （13）泥浆池必须设围栏，将泥浆池、已浇筑桩围栏好并挂上警示标志，防止人员掉入泥浆池中。 （14）需拆卸注浆管，应先停止提升和回转，并停止送浆，然后逐渐减少风量和水量，至停机	
02010500	水泥搅拌桩施工						
02010501	水泥搅拌桩施工	触电 物体打击		63（3×3×7）	四	一、桩机就位（D值63，四级） （1）安装钻机场地应平整，清除孔位及周围的石块等障碍物，查勘地下管网情况。 （2）桩机安装高度应与周边高压线等保持足够的安全距离。 （3）水泥罐体安装应稳固，且有防尘措施，制浆池周边应设置安装围栏。 （4）空气压缩机、泵机等配套机械外露传动部位应有安全防护措施。 （5）安装前对主机的各部件、钢丝绳、安全装置等进行全面的检查，确保安装部件无变形。	

风险编号	工序	风险可能导致的后果	风险控制关键因素	风险评定值 D	风险级别	预 控 措 施	备注
02010501	水泥搅拌桩施工	触电物体打击		63（3×3×7）	四	（6）机械安装应按操作手册执行，撑杆与导向轨槽道宜在地面安装，涉及高处作业人员应系好安全带，并在桅杆上固定牢固。 二、桩基施工（D 值 54，四级） （7）专人负责灰浆制备工作，确保泵送系统的正常运转。 （8）每日及工作班交接作业开始前应进行试钻，桩机钻到 0.5m 深时暂停作业，经检查一切正常后，再继续钻进。 （9）桩机运转时，不得进行检修、清扫或调整。严禁人员站立在钻头的正前方或受力钢丝绳的内侧。工作中断时，应断开电源。电气设备与电动工器具的转动部分必须装设保护罩。 （10）搅拌头叶轮宽度、与搅拌轴的垂直夹角、搅拌头的回转数、提升速度应随时记录、检查。 （11）如遇桩机振动、摆动幅度过大、异响等应暂停作业，排除故障后方可重新开钻。 （12）如遇钻杆与导向轨槽道有停顿、卡阻现象应暂停作业，安排机修工对导向轨道槽进行维修保养。 （13）移动桩位时，应保持桩机行走中垂直平稳，采取铺垫枕木、加设临时固定绳索防倾覆等措施。 （14）遇雷雨、六级及以上大风等恶劣天气应停止作业，并采取加设缆风绳等措施。 （15）做好场地排水，防止施工用水、泥浆对环境污染。 三、桩机拆卸（D 值 63，四级） （16）切断桩机电源。 （17）在拆卸区域设置围栏和安全标志。 （18）按设备使用手册规定顺序制定拆卸具体步骤。 （19）拆卸、吊运中应注意保护桩机设备，不得野蛮操作。按设备使用手册（使用说明书）规定顺序制定拆卸具体步骤，拆卸、吊运中应注意保护桩机设备，不得野蛮操作	
02010600	地基强夯施工						
02010601	地基强夯	触电机械伤害起重伤害	人员异常、设备异常	126（6×3×7）	三	一、夯机装拆（D 值 63，四级） （1）了解现场布局、道路及周围情况，清理现场障碍物，确保运输顺畅。 （2）拼装时起重机各项措施检查安全可靠后再进行起重作业。起吊物应绑牢，并有防止倾倒措施。吊钩悬挂点应与吊物的重心在同一垂直线上，吊钩钢丝绳应保持垂直，严禁偏拉斜吊。落钩时，应防止吊绳局部着地引起吊绳偏斜，吊物未固定好，严禁松钩。 （3）起重工作区域内无关人员不得停留或通过。在伸臂及吊物的下方，严禁任何人员通过或逗留。 （4）起吊前应检查起重设备及其安全装置；重物吊离地面约 100mm 时应暂停起吊并进行全面检查，确认良好后方可正式起吊。吊起的重物不得在空中长时间停留。 二、地基强夯（D 值 126，三级） （5）强夯前应清除场地上空和地下障碍物，严禁在高压输电线路下作业，严禁夯击电缆线。尤其认真核查国防光缆、电缆、管线等。 （6）夯机应按性能要求使用，施工前专职安全员与机组人员共同检查设备情况，检查吊锤机械各部位是否正常及钢线	指挥人员经验已核对，机械工况良好

风险编号	工序	风险可能导致的后果	风险控制关键因素	风险评定值 D	风险级别	预 控 措 施	备注
02010601	地基强夯	触电机械伤害起重伤害	人员异常、设备异常	126（6×3×7）	三	绳有无磨损等情况，发现问题及时处理。在施工过程中，必须分工明确，各负其责，专职安全员、维修工定期每班进行设备运转检查。 （7）强夯作业必须有专人统一指挥，指挥人员信号要明确，不能模棱两可，吊车司机按信号进行操作，施工区域周围设置明显的隔离标志和警示标志，并安排专职安全人员不间断巡查，闲杂人员严禁进入施工区域。 （8）吊锤机械停稳并对好坑位后方可进行强夯作业，起吊夯锤时速度应均匀，夯锤或挂钩不得碰吊臂，并在适当位置挂废汽车外胎加以保护。 （9）吊锤机械驾驶室前面宜在不影响视线的前提下设置防护罩。驾驶人员应戴防护眼镜，预防落锤弹起砂石，击碎驾驶室玻璃伤害驾驶员眼睛。粉化石灰、石灰过筛及使用水泥的操作人员，必须配戴口罩、眼镜、手套等。 （10）夜间无足够照明时不能施工，雨季施工要有防雷措施。干燥天气作业，要在夯击点附近洒水降尘。 （11）夯锤起吊后，吊臂和夯锤下 15m 内不得站人。非工作人员要远离夯击点 30m 以外	指挥人员经验已核对，机械工况良好
02010700	钢支撑施工						
02010701	钢支撑安装	物体打击高处坠落	人员异常、设备异常、交叉作业	126（6×3×7）	三	（1）施工现场作业区域应设置施工围栏和安全标志。 （2）起重机械已经过进场检查，各部位动作灵敏。 （3）吊装过程应缓慢，并有专人指挥。 （4）钢支撑提升离基座 100mm 时应停下检查。 （5）配合人员应听从指挥，高处作业应有安全保护措施。 （6）钢支撑应设置可靠的防坠落措施	指挥人员经验已核对，机械工况良好，无交叉作业
02010702	钢支撑拆除	物体打击高处坠落	人员异常、设备异常、交叉作业	126（6×3×7）	三	（1）吊车等进行施工作业时，应有专人指挥，看清周围，防止撞到人、电线等物体。 （2）起吊前检查钢丝绳固定情况，保证牢固，避免脱落伤人。 （3）钢支撑提升离开基座 0.1m 时应停下检查起重机的稳定性、制动的可靠性、钢支撑的平衡性、绑扎的牢固性、确认无误后，方可起吊。当起重机出现倾覆迹象时，应快速使钢支撑落回基座。 （4）移动过程要缓慢，司机看好基坑情况，避免钢支撑刮碰坑壁、冠梁、上部钢支撑等。 （5）作业时，吊车起重臂下、回旋半径以内严禁站人，重物不得超越驾驶室上方，不得在车前方起吊。 （6）切割焊和吊运过程中工作区严禁过人，拆除的零部件严禁随意抛落，避免伤人。 （7）使用氧气、乙炔时，两瓶间距不得小于 5m，气瓶与明火及火花散落点的距离不得小于 10m。在焊接、切割点 5m 范围内，应清除易燃易爆物品，确实无法清除时，必须采取可靠的防护隔离措施。 （8）支撑拆除时，应配备相应的钢丝绳及相关保护措施以防伤人，焊钳与线应连接牢固，龙头线都不得搭在易爆及带有热源的物体上，电焊机必须"一机、一闸、一漏、一箱"，并装有随机开关，焊外壳必须有良好的接地	指挥人员经验已核对，机械工况良好，无交叉作业

风险编号	工序	风险可能导致的后果	风险控制关键因素	风险评定值 D	风险级别	预 控 措 施	备注
02010800	锚杆施工						
02010801	锚杆施工	物体打击 机械伤害		63（3×3×7）	四	一、锚杆成孔、注浆（D值63，四级） （1）锚杆施工之前，重新复核场地周边地下管线情况，避免打到管线上造成破坏。 （2）锚杆机械成孔前，停放应稳定。 （3）锚杆成孔施工时，机械旁搭设杆件存放平台，根据锚杆长度准备杆件。 （4）锚杆成孔区域做好排水沟及回收池，避免场地泥泞。 （5）锚杆成孔后，安装锚杆钢筋时，应多人配合就位。 （6）注浆、补浆不得与其他操作同时作业。 （7）锚杆钻机精准定位，施工中进行二次注浆，保证注浆饱满度。 （8）预应力锚杆施工过程中注意对锚杆应力观测，对于内力减小处及时二次张拉。 （9）锚杆施工若遇无法施工地层，及时停止此区域锚杆施工，回填此部位土方，可经论证后增加锚杆道数、满足基坑土体稳定。 （10）施工中若遇串孔、串浆情况，及时组织论证，于原锚杆位置下部加设锚杆道数。 二、钢筋笼吊装（D值63，四级） （11）吊车作业必须办理施工作业票，必须在专人指挥下进行，做到定机、定人、定指挥。严格控制吊车回转半径，避免触及周围建筑物与高压线。 （12）对吊装区域采用红白带临时设置隔离区，无关人员不得进入。在伸臂及吊物的下方，严禁任何人员通过或逗留。 （13）钢筋笼起吊前，必须经班组自检，项目人员复查，专职人员专检，确保起吊安全，方可起吊。应检查起重设备及其安全装置，钢筋笼吊装前必须进行试吊作业，试吊要求：必须在一切工作准备完毕，并经检查无误后进行。试吊过程中，各岗位工作人员按要求进入工作岗位。试吊时将笼抬离地面20~50cm后，对钢筋笼各吊点部位及整体情况进行检查，确认无误后再正式起吊。 （14）起重机吊运重物时应走吊运通道，距导墙边缘必须大于1m，严禁从有人停留场所上空越过；对起吊的重物进行加工、清扫等工作时，应采取可靠的支承措施，并及时通知起重机操作人员。 （15）起重机在工作中如遇机械发生故障或有不正常现象时，放下重物、停止运转后进行排除，严禁在运转中进行调整或检修。如起重机发生故障无法放下重物时，必须采取适当的保险措施，除排险人员外，严禁任何人进入危险区。 （16）不明重量、埋在地下或冻结在地面上的物件，不得起吊。 （17）严禁以运行的设备、管道以及脚手架、平台等作为起吊重物的承力点。 （18）两台及以上起重机抬吊情况下，绑扎时应根据各台起重机的允许起重量按比例分配负荷。 （19）在抬吊过程中，各台起重机的吊钩钢丝绳应保持垂直，升降行走应保持同步。各台起重机所承受的载荷，不得超过各自的允许起重量。如达不到上述要求时，应降低额定起重能力至80%	

续表

风险编号	工序	风险可能导致的后果	风险控制关键因素	风险评定值 D	风险级别	预 控 措 施	备注
02020000	变电站混凝土基础工程（建筑物、防火墙、事故油池、消防水池等参照执行）						
02020100	土方开挖						
02020101	开挖深度在3m以内的基坑挖土（不含3m）	坍塌		27（3×3×3）	四	（1）基坑顶部按规范要求设置截水沟。基坑底部应做好井点降水或集中排水措施，并按照设计要求进行放坡，若因环境原因无法放坡时，必须做好支护措施。 （2）一般土质条件下弃土堆底至基坑顶边距离不小于1m，弃土堆高不大于1.5m，垂直坑壁边坡条件下弃土堆底至基坑顶边距离不小于3m，软土场地的基坑边则不应堆土。 （3）土方开挖中，现场监护及施工人员必须随时观测基坑周边土质，观测到基坑边缘有裂缝和渗水等异常时，立即停止作业并报告班组负责人，待处置完成合格后，再开始作业。 （4）人机配合开挖和清理基坑底余土时，设专人指挥和监护。规范设置供作业人员上下基坑的安全通道（梯子）。 （5）挖土区域设警戒线，各种机械、车辆严禁在开挖的基坑边缘2m内行驶、停放。 （6）机械开挖采用"一机一指挥"，有两台挖掘机同时作业时，保持一定的安全距离，在挖掘机旋转范围内，不允许有其他作业。开挖施工区域夜间应挂警示灯。 （7）对开挖形成坠落深度1.5m及以上的基坑，应设置钢管扣件组装式安全围栏，并悬挂安全警示标志，围栏离坑边不得小于0.8m。 （8）基坑排水与市政管网连接前设置沉淀池，并及时清理明沟、集水井、沉淀池中的淤积物。 （9）在改扩建工程进行本工序作业时，还应执行"03050102土建间隔扩建施工"的相关预控措施	
02020102	开挖深度在5m以内的基坑挖土（不含5m）	坍塌		84（6×2×7）	三	（1）若采用机械化或智能化装备施工时，风险等级可降低一级管控。 （2）基坑顶部按规范要求设置截水沟。基坑底部应做好井点降水或集中排水措施，并按照设计要求进行放坡，若因环境原因无法放坡时，必须做好支护措施。 （3）一般土质条件下弃土堆底至基坑顶边距离不小于1m，弃土堆高不大于1.5m，垂直坑壁边坡条件下弃土堆底至基坑顶边距离不小于3m，软土场地的基坑边则不应堆土。 （4）土方开挖中，现场监护及施工人员必须随时观测基坑周边土质，观测到基坑边缘有裂缝和渗水等异常时，立即停止作业并报告班组负责人，待处置完成合格后，再开始作业。 （5）人机配合开挖和清理基坑底余土时，设专人指挥和监护。规范设置供作业人员上下基坑的安全通道（梯子）。 （6）挖土区域设警戒线，各种机械、车辆严禁在开挖的基坑边缘2m内行驶、停放。 （7）机械开挖采用"一机一指挥"，有两台挖掘机同时作业时，保持一定的安全距离，在挖掘机旋转范围内，不允许有其他作业。开挖施工区域夜间应挂警示灯。 （8）开挖过程中，如遇有大雨及以上雨情时，做好防止深坑坠落和塌方措施后，迅速撤离作业现场。 （9）对开挖形成坠落深度1.5m及以上的基坑，应设置钢管扣件组装式安全围栏，并悬挂安全警示标志，围栏离坑边不得小于0.8m。	机械工况良好，地质条件已详勘

风险编号	工序	风险可能导致的后果	风险控制关键因素	风险评定值D	风险级别	预控措施	备注
02020102	开挖深度在5m以内的基坑挖土（不含5m）	坍塌		84（6×2×7）	三	（10）基坑排水与市政管网连接前设置沉淀池，并及时清理明沟、集水井、沉淀池中的淤积物。 （11）在改扩建工程进行本工序作业时，还应执行"03050102土建间隔扩建施工"的相关预控措施	机械工况良好，地质条件已详勘
02020103	开挖深度超过5m（含5m）的深基坑挖土或未超过5m，但地质条件与周边环境复杂	坍塌	设备异常、地质异常	180（6×2×15）	二	（1）若采用机械化或智能化装备施工时，风险等级可降低一级管控。 （2）基坑顶部按规范要求设置截水沟。基坑底部应做好井点降水或集中排水措施，并按照设计要求进行放坡，若因环境原因无法放坡时，必须做好支护措施。 （3）一般土质条件下弃土堆底至基坑顶边距离不小于1m，弃土堆高不大于1.5m，垂直坑壁边坡条件下弃土堆底至基坑顶边距离不小于3m，软土场地的基坑边则不应堆土。 （4）土方开挖中，现场监护及施工人员必须随时观测基坑周边土质，观测到基坑边缘有裂缝和渗水等异常时，立即停止作业并报告班组负责人，待处置完成合格后再开始作业。 （5）人机配合开挖和清理基坑底余土时，设专人指挥和监护。规范设置供作业人员上下基坑的安全通道（梯子）。 （6）挖土区域设警戒线，各种机械、车辆严禁在开挖的基坑边缘2m内行驶、停放。 （7）机械开挖采用"一机一指挥"，有两台挖掘机同时作业时，保持一定的安全距离，在挖掘机旋转范围内，不允许有其他作业。开挖施工区域夜间应挂警示灯。 （8）开挖过程中，如遇有大雨及以上雨情时，做好防止深坑坠落和塌方措施后，迅速撤离作业现场。 （9）对开挖形成坠落深度1.5m及以上的基坑，应设置钢管扣件组装式安全围栏，并悬挂安全警示标志，围栏离坑边不得小于0.8m。 （10）基坑排水与市政管网连接前设置沉淀池，并及时清理明沟、集水井、沉淀池中的淤积物。 （11）在改扩建工程进行本工序作业时，还应执行"03050102土建间隔扩建施工"的相关预控措施	机械工况良好，地质条件已详勘
02020200	模板工程						
02020201	模板安拆	触电 机械伤害 其他伤害		54（6×3×3）	四	一、共性控制措施 （1）在改扩建工程进行本工序作业时，还应执行"03050102土建间隔扩建施工"的相关预控措施。 二、组模（D值18，五级） （2）组模须选择平整场地进行。模板堆放齐整，高度不超过1m。模板平放时，每层之间应加垫木，底层模板离地面不小于100mm，立模时，采取防止倾倒措施。木模板存放做到防腐、防火、防雨、防曝晒。 （3）组模施工两人一组配合协调，组模用卡扣使用前要检查，去除有伤痕卡扣。 （4）模板采用木方加固时，绑扎后应对铁丝末端进行处理，以防剖伤人。 （5）严防模板滑落伤人，合模时逐层找正、支撑加固。 三、模板运输及拼装（D值27，四级） （6）组拼模板须采用平板车辆运输，运输通道平整、顺畅。 （7）向坑下送模板时宜设置坡道，坑上坑下要统一指挥，牵送挂钩、绳索安全可靠。	

续表

风险编号	工序	风险可能导致的后果	风险控制关键因素	风险评定值 D	风险级别	预 控 措 施	备注
02020201	模板安拆	触电 机械伤害 其他伤害		54（6×3×3）	四	（8）调整找正轴线的过程中要轻动轻移，严防模板轿杠滑落伤人；合模时逐层找正，逐层支撑加固，斜撑、水平撑要与补强管（木）固定牢固。 （9）现场应坚持安全文明施工，做到工完、料尽、场地清。 （10）电动机械或电动工具必须做到"一机一闸一保护"。移动式电动机械必须使用绝缘护套软电缆。所有电动工机具必须做好外壳保护接地，暂停工作时，应切断电源。电动机械的转动部分必须装设保护罩。 （11）使用电动工机具时，严禁接触运行中机具的转动部分。 （12）使用手持式电动工具时，必须按规定使用绝缘防护用品。 四、模板拆除（D 值54，四级） （13）模板拆除应在混凝土强度达到规范要求后，并经施工技术负责人同意后方可进行。 （14）拆模时按后支先拆、先支后拆，先拆侧模、后拆底模，先拆非承重部分、后拆承重部分的原则。拆除模板时，作业人员不得站在正在拆除的模板上。卸连接卡扣时要两人在同一面模板的两侧进行，卡扣打开后用撬棍沿模板的根部加垫轻轻撬动，防止模板突然倾倒。 （15）拆模间隙时应将已活动模板临时固定。拆下的模板要及时运走，不得乱堆乱放，更不允许大量堆放在坑口边。 （16）拆模后应及时封盖预留洞口，盖板必须可靠牢固，并设立警示标志。拆模时如果存在高处作业，应采取相应的安全措施	
02020300	钢筋工程						
02020301	钢筋安装	触电 机械伤害 物体打击		27（3×3×3）	四	一、共性控制措施 （1）在改扩建工程进行本工序作业时，还应执行"03050102 土建间隔扩建施工"的相关预控措施。 二、钢筋加工（D 值27，四级） （2）钢筋制作场地应平整，工作台应稳固，照明灯具应加设防护网罩。进场后的钢筋应按规格、型号分类堆放，并醒目标识。 （3）展开圆盘钢筋时，要两端卡牢，防止回弹伤人。圆盘钢筋放入圈架应稳，如有乱丝或钢筋脱架，必须停机处理。进行调直工作时，不允许无关人员站在机械附近，特别是当料盘上钢筋快完时，要严防钢筋端头打人。 （4）切断长度小于400mm的钢筋必须用钳子夹牢，且钳柄不得短于500mm，严禁直接用手把持。 （5）严禁戴手套操作钢筋调直机，钢筋调直到末端时，人员必须躲开；当钢筋送入调直机后，手与曳引轮必须保持一定距离，不得接近；在调直块未固定、防护罩未盖好前不得送料；作业中严禁打开各部防护罩及调整间隙。短于2m或直径大于9mm的钢筋调直，应低速加工。操作钢筋弯曲机时，人员站在钢筋活动端的反方向；弯曲小于400mm的短钢筋时，要防止钢筋弹出伤人。 （6）焊接时，防止钢筋碰触电源。电焊机必须可靠接地，不得超负荷使用。 （7）采用直螺纹连接时，操作钢筋剥肋滚轧直螺纹的操作人员不得留长发、穿无纽扣衣衫，工作时应避开切断机、切	

风险编号	工序	风险可能导致的后果	风险控制关键因素	风险评定值 D	风险级别	预　控　措　施	备注
02020301	钢筋安装	触电 机械伤害 物体打击		27（3× 3×3）	四	割机、吊车等外在设备，以防事故发生。任何人不得戴手套接触旋转中的丝头和机头。 （8）在钢筋冷拉过程中，经常检查卷扬机的夹头，钢筋两侧 2m 范围内，严禁人员和车辆通行。 三、钢筋搬运及安装（D 值 27，四级） （9）进行焊接作业时应加强对电源的维护管理，严禁钢筋接触电源。焊机必须可靠接地，焊接导线及钳口接线应可靠绝缘，焊机不得超负荷使用。 （10）多人抬运预埋件时，起、落、转、停等动作应一致，人工上下传递时不得站在同一垂直线上。若采用汽车吊或进行搬运，需做好相应管控措施。 （11）搬运预埋件时与电气设施应保持安全距离，严防碰撞。在施工过程中应严防预埋件与任何带电体接触	
02020400	混凝土工程						
02020401	混凝土、砂浆搅拌及浇筑	触电 机械伤害 高处坠落		18（3× 2×3）	五	一、共性控制措施 （1）在改扩建工程进行本工序作业时，还应执行"03050102 土建间隔扩建施工"的相关预控措施。 二、混凝土、砂浆搅拌（D 值 18，五级） （2）采用自拌混凝土时宜设置搅拌站，搅拌站场地应硬化。在出料口设置安全限位挡墙，操作平台设置应便于搅拌机手操作。 （3）搅拌机应指定专人（搅拌机手）操作，操作前检查传动机械装置完好、接地可靠；检查结合部分是否松动，转动是否灵活，搅拌机的保险钩、防护罩等安全防护装置是否齐全有效；离合器、制动器是否灵敏可靠；检查钢丝绳是否有断丝、破股、锈蚀等现象，不符合安全要求的必须更换。 （4）作业过程中，作业人员严禁将铁铲等工具伸入滚筒内，不得贴近机架观察滚筒内搅拌情况。上料应一次完成，不得在运转过程中补料。运行出料时严禁中途停机，也不得在满载时启动搅拌机。 （5）作业后送料斗应收起，挂好双侧安全挂钩，切断电源，锁上电源箱。搅拌机应支撑牢固，不得用随机轮胎代替支撑。操作人员在开机前应检查搅拌机各系统是否良好，滚筒内有无异物；启动试运行正常后方可进行作业，不得在运行中进行注油保养。 （6）对滚筒内部进行检修和清理时，应先切断电源，有人工作加挂"禁止合闸"警示牌，并设有监护人方可作业。 （7）作业中遇到停电或作业完成时，应及时切断电源，清理滚筒内的混凝土，并用清水清洗干净。 三、混凝土浇筑（D 值 18，五级） （8）基坑口搭设卸料平台，平台平整牢固，应外低里高（5°左右坡度），并在沿口处设置高度不低于 150mm 的横木。 （9）卸料时前台下料人员协助司机卸料，基坑内不得有人；前台下料作业要坑上坑下协作进行，严禁将混凝土直接翻入基础内。 （10）投料高度超过 2m 应使用溜槽或串筒下料，串筒宜垂直放置，串筒之间连接牢固，串筒连接较长时，挂钩应予加固。严禁攀登串筒进行清理。	

续表

风险编号	工序	风险可能导致的后果	风险控制关键因素	风险评定值 D	风险级别	预　控　措　施	备注
02020401	混凝土、砂浆搅拌及浇筑	触电机械伤害高处坠落		18（3×2×3）	五	（11）振捣工、瓦工作业禁止踩踏模板支撑。振捣工作业要穿好绝缘靴、戴好绝缘手套，在高处作业时，要有专人监护；振捣器的电源线应架起作业，严禁在泥水中拖曳电源线，搬动振动器或暂停工作时应将振动器电源切断，不得将振动着的振动器放在模板、脚手架或未凝固的混凝土上。 （12）混凝土施工时，确保模板和支架有足够的强度、刚度和稳定性；布料设备不得碰撞或直接搁置在模板上，手动布料时，必须加固杆下的模板和支架。 （13）电动振捣器的电源线应采用耐气候型橡皮护套铜芯软电缆，并不得有任何破损和接头，电源线插头应插在装设有防溅式漏电保护器电源箱内的插座上。并严禁将电源线直接挂接在刀闸上。 （14）手推车运送混凝土时，装料不得过满，卸料时，不得用力过猛和双手放把。用翻斗车运送混凝土时，不得搭乘人员，车就位和卸料要缓慢。 （15）采用泵送混凝土时，泵送设备支腿应支承在水平坚实的地面上，支腿底部与路面等边缘应保持一定的安全距离；泵启动时，人员禁止进入末端软管可能摇摆触及的危险区域	
02030000	变电站主建筑物工程（防火墙、事故油池、消防水池等参照执行）						
02030100	钢筋工程						
02030101	钢筋安装	触电物体打击机械伤害		54（6×3×3）	四	一、共性控制措施 （1）在改扩建工程进行本工序作业时，还应执行"03050102 土建间隔扩建施工"的相关预控措施。 二、钢筋加工（D 值 54，四级） （2）钢筋制作场地应平整，工作台应稳固，照明灯具应加设防护网罩。进场后的钢筋应按规格、型号分类堆放，并醒目标识。 （3）展开圆盘钢筋时，要两端卡牢，防止回弹伤人。圆盘钢筋放入圈架应稳，如有乱丝或钢筋脱架，必须停机处理。进行调直工作时，不允许无关人员站在机械附近，特别是当料盘上钢筋快完时，要严防钢筋端头打人。 （4）切断长度小于 400mm 的钢筋必须用钳子夹牢，且钳柄不得短于 500mm，严禁直接用手把持。 （5）严禁戴手套操作钢筋调直机，钢筋调直到末端时，人员必须躲开；当钢筋送入调直机后，手与曳引轮必须保持一定距离，不得接近；在调直块未固定、防护罩未盖好前不得送料；作业中严禁打开各部防护罩及调整间隙。短于 2m 或直径大于 9mm 的钢筋调直，应低速加工。操作钢筋弯曲机时，人员站在钢筋活动端的反方向；弯曲小于 400mm 的短钢筋时，要防止钢筋弹出伤人。 （6）焊接时，防止钢筋碰触电源。电焊机必须可靠接地，不得超负荷使用。 （7）采用直螺纹连接时，操作钢筋剥肋滚轧直螺纹的操作人员不得留长发，穿无纽扣衣衫，工作时应避开切断机、切割机、吊车等外在设备，以防事故发生。任何人不得戴手套接触旋转中的丝头和机头。 （8）在钢筋冷拉过程中，经常检查卷扬机的夹头，钢筋两侧 2m 范围内，严禁人员和车辆通行。 三、钢筋搬运及安装（D 值 54，四级） （9）多人抬运钢筋时，起、落、转、停等动作应一致，人	

风险编号	工序	风险可能导致的后果	风险控制关键因素	风险评定值 D	风险级别	预控措施	备注
02030101	钢筋安装	触电 物体打击 机械伤害		54（6× 3×3）	四	工上下传递时不得站在同一垂直线上。在建筑物平台或走道上堆放钢筋应分散、稳妥，堆放钢筋的总重量不得超过平台的允许荷重。若采用汽车吊或进行搬运，需做好相应管控措施。 （10）搬运钢筋时与电气设施应保持安全距离，严防碰撞。在施工过程中应严防钢筋与任何带电体接触。 （11）在使用起重机械吊运钢筋时必须绑扎牢固并设溜绳，钢筋不得与其他物件混吊。 （12）高处钢筋安装时，不得将钢筋集中堆放在模板或脚手架上。在建筑物平台或过道上堆放钢筋，不得超载，不得靠近边缘，摆放方向正确。 （13）绑扎框架钢筋时，作业人员不得站在钢筋骨架上，不得攀登柱骨架上下；绑扎柱钢筋，不得站在钢箍上绑扎，不得将料、管子等穿在钢箍内作脚手板。 （14）4m以上框架柱钢筋绑扎、焊接时应搭设临时脚手架，不得依附立筋绑扎或攀登上下，柱子主筋应使用临时支撑或缆风绳固定。搭设的临时脚手架应符合脚手架相关规定。 （15）钢筋、预埋件进行焊接作业时应加强对电源的维护管理，严禁钢筋接触电源。焊机必须可靠接地，焊接导线及钳口接线应有可靠绝缘，焊机不得超负荷使用。框架柱竖向钢筋焊接应根据焊接钢筋的高度搭设相应的操作平台，平台应牢固可靠，周围及下方的易燃物应及时清理。作业完毕后应切断电源，检查现场，确认无火灾隐患后方可离开。 （16）在高处修整、扳弯粗钢筋时，作业人员应选好位置系牢安全带。在高处进行粗钢筋的校直和垂直交叉作业应有安全保障措施。 （17）在事故油池、消防水池等有限空间作业时，应坚持"先通风、再检测、后作业"的原则，在确认有限空间内气体合格后，方可开始施工。施工过程中应保持通风良好，并根据现场实际情况进行实时检测并做好记录	
02030200	模板工程						
02030201	模板安装	坍塌 高处坠落	人员异常、环境变化、气候变化	90（3× 2×15）	三	（1）模板安装前应确定模板的模数、规格及支撑系统等，在施工作业过程严格执行不得变动，模板支撑脚手架搭设经验收合格，各类安全警告、提示标牌齐全。 （2）建筑物框架施工时，模板运输施工人员应从安全通道上下，不得在模板、支撑上攀登。严禁在高处的独木或悬吊式模板上行走。 （3）模板顶撑应垂直，底端应平整并加垫木，木楔应钉牢，支撑必须用横杆和剪刀撑固定，支撑处地基必须坚实，严防支撑下沉、倾倒。 （4）支设柱模板时，其四周必须钉牢，操作时应搭设临时工作台或临时脚手架，搭设的临时脚手架应满足脚手架搭设的各项要求。支设4m以上的立柱模板和梁模板时，搭设工作平台，不足4m的可使用马凳操作，不得站在柱模板上操作和在梁底板上行走，更不允许利用拉杆、支撑攀登上下。 （5）模板安装时，禁止作业人员在高处独木或悬吊式模板上行走。支设梁模板时，不得站在柱模板上操作，并严禁在梁的底模板上行走。 （6）采用钢管脚手架兼作模板支撑时必须经过技术人员的	人员资质、数量已核对，隔离措施已做，天气良好

风险编号	工序	风险可能导致的后果	风险控制关键因素	风险评定值 D	风险级别	预 控 措 施	备注
02030201	模板安装	坍塌 高处坠落	人员异常、环境变化、气候变化	90（3×2×15）	三	计算，每根立柱的荷载不得大于20kN，立柱必须设水平拉杆及剪刀撑。 （7）作业期间，如遇六级及以上大风或雷暴、冰雹、大雪等恶劣天气时，停止露天高处作业。 （8）恶劣天气后，必须对支撑架全面检查维护后方可开始安装模板。 （9）在改扩建工程进行本工序作业时，还应执行"03050102 土建间隔扩建施工"的相关预控措施。 （10）在事故油池、消防水池等有限空间作业时，应坚持"先通风、再检测、后作业"的原则，在确认有限空间内气体合格后，方可开始施工。施工过程中应保持通风良好，并根据现场实际情况进行实时检测并做好记录。	人员资质、数量已核对，隔离措施已做，天气良好
02030202	模板拆除	坍塌 物体打击 机械伤害	人员异常、环境变化、交叉作业	126（6×3×7）	三	（1）拆模前，应保证同条件试块试验满足强度要求。 （2）模板拆除应严格执行施工方案。按顺序分段进行。严禁猛撬、硬砸及大面积撬落或拉倒。高处拆模应划定警戒范围，设置安全警戒标志并设专人监护，在拆模范围内严禁非操作人员进入；高处作业人员脚穿防滑鞋，并选择稳固的立足点，必须系牢安全带。 （3）作业人员在拆除模板时应选择稳妥可靠的立足点，高处拆除时必须系好安全带。拆除的模板严禁抛扔，应用绳索吊下或由滑槽、滑轨滑下。滑槽周围不小于5m处应划定警戒范围，设置安全警戒标志并设专人监护，严禁非操作人员进入。 （4）作业人员拆除模板作业前应佩戴好工具袋，作业时将螺栓、螺帽、垫块、销卡、扣件等小物品放在工具袋内，后将工具袋吊下，严禁随意抛下。 （5）拆下的模板应及时运到指定地点集中堆放，不得堆在脚手架或临时搭设的工作台上。 （6）作业人员在下班时不得留下松动的或悬挂着的模板以及扣件、混凝土块等悬浮物。 （7）拆除的模板严禁抛扔，应用绳索吊下或由滑槽、滑轨滑下。 （8）作业期间，如遇六级及以上大风或雷暴、冰雹、大雪等恶劣天气时，停止露天高处作业。 （9）在改扩建工程进行本工序作业时，还应执行"03050102 土建间隔扩建施工"的相关预控措施。 （10）在事故油池、消防水池等有限空间作业时，应坚持"先通风、再检测、后作业"的原则，在确认有限空间内气体合格后，方可开始施工。施工过程中应保持通风良好，并根据现场实际情况进行实时检测并做好记录	人员资质、数量已核对，隔离措施已做，无交叉作业
02030203	高度不超过5m且跨度不超过10m混凝土模板支撑系统	坍塌 物体打击 高处坠落		63（3×3×7）	四	（1）模板顶撑应垂直，底端应平整并加垫木，木楔应钉牢，支撑必须用横杆和剪刀撑固定，支撑处地基必须坚实，严防支撑下沉、倾倒。模板支撑不得使用腐朽、扭裂、劈裂的材料，进场的钢管和扣件按照相关规定经行抽检。 （2）作业人员在架子上进行搭设作业时，不得单人进行装设较重构配件和其他易发生失衡、脱手、碰撞、滑跌等不安全的作业。 （3）支撑架搭设的间距、步距、扫地杆设置必须执行施工方案。 （4）高处作业人员应穿防滑鞋、佩戴安全带并保持高挂低用。	

风险编号	工序	风险可能导致的后果	风险控制关键因素	风险评定值 D	风险级别	预控措施	备注
02030203	高度不超过5m且跨度不超过10m混凝土模板支撑系统	坍塌物体打击高处坠落		63（3×3×7）	四	（5）专人监测满堂支撑架搭设过程中架体位移和变形情况。 （6）每个支撑架架体，必须按规定设置两点防雷接地设施。 （7）使用力矩扳手检查扣件螺栓拧紧力矩值，扣件螺栓拧紧力矩值严格控制在40～65N·m之间。 （8）恶劣天气后，必须对支撑架全面检查维护后方可恢复使用。 （9）在改扩建工程进行本工序作业时，还应执行"03050102土建间隔扩建施工"的相关预控措施	
02030204	高度超过5m或跨度超过10m混凝土模板支撑系统	坍塌物体打击高处坠落	人员异常、环境变化、交叉作业	126（6×3×7）	三	（1）模板顶撑应垂直，底端应平整并加垫木，木楔应钉牢，支撑必须用横杆和剪刀撑固定，支撑处地基必须坚实，严防支撑下沉、倾倒。模板支撑不得使用腐朽、扭裂、劈裂的材料，进场的钢管和扣件按照相关规定经行抽检。 （2）作业人员在架子上进行搭设作业时，不得单人进行装设较重构配件和其他易发生失衡、脱手、碰撞、滑跌等不安全的作业。 （3）支撑架搭设的间距、步距、扫地杆设置必须执行施工方案。 （4）高处作业人员应穿防滑鞋、佩戴安全带并保持高挂低用。 （5）专人监测满堂支撑架搭设过程中架体位移和变形情况。 （6）每个支撑架架体，必须按规定设置两点防雷接地设施。 （7）使用力矩扳手检查扣件螺栓拧紧力矩值，扣件螺栓拧紧力矩值严格控制在40～65N·m之间。 （8）恶劣天气后，必须对支撑架全面检查维护后方可恢复使用。 （9）在改扩建工程进行本工序作业时，还应执行"03050102土建间隔扩建施工"的相关预控措施	人员资质、数量已核对，隔离措施已做，无交叉作业
02030205	高度超过8m或跨度超过18m的模板支撑系统	坍塌物体打击高处坠落	人员异常、环境变化、交叉作业	180（6×2×15）	二	（1）模板支撑系统专项方案必须经过专家论证。 （2）模板顶撑应垂直，底端应平整并加垫木，木楔应钉牢，支撑必须用横杆和剪刀撑固定，支撑处地基必须坚实，严防支撑下沉、倾倒。模板支撑不得使用腐朽、扭裂、劈裂的材料，进场的钢管和扣件按照相关规定经行抽检。 （3）作业人员在架子上进行搭设作业时，不得单人进行装设较重构配件和其他易发生失衡、脱手、碰撞、滑跌等不安全的作业。 （4）支撑架搭设的间距、步距、扫地杆设置必须执行施工方案。 （5）高处作业人员应穿防滑鞋、佩戴安全带并保持高挂低用。 （6）专人监测满堂支撑架搭设过程中架体位移和变形情况。 （7）每个支撑架架体，必须按规定设置两点防雷接地设施。 （8）使用力矩扳手检查扣件螺栓拧紧力矩值，扣件螺栓拧紧力矩值严格控制在40～65N·m之间。 （9）恶劣天气后，必须对支撑架全面检查维护后方可恢复使用	人员资质、数量已核对，隔离措施已做，无交叉作业

续表

风险编号	工序	风险可能导致的后果	风险控制关键因素	风险评定值 D	风险级别	预控措施	备注
02030300	混凝土工程						
02030301	混凝土作业	触电机械伤害		54（6×3×3）	四	（1）启动搅拌机待其转动正常后投料，搅拌机上料斗升起过程中，禁止在斗下敲击斗身，出料口设置安全限位挡墙。采用自动配料机及装载机配合上料时，装载机操作人员要严格执行装载机的各项安全操作规程。 （2）指定专人（搅拌机手）操作搅拌机，操作前检查传动机械装置安好、接地线已装设。搅拌机运转时，严禁作业人员将铁铲等工具伸入滚筒内。严禁出料时中途停机，也不得满载启动。 （3）采用吊罐运送混凝土时，钢丝绳、吊钩、吊扣必须符合安全要求，连接牢固，罐内的混凝土不得装载过满。吊罐转向、行走应缓慢，不得急刹车，下降时应听从指挥信号，吊罐下方严禁站人。 （4）浇筑混凝土前检查模板及脚手架的牢固情况，作业人员必须穿好绝缘靴、戴好绝缘手套后再进行振捣作业，在操作振动器时严禁将振动器冲击或振动钢筋、模板及预埋件等，振动器搬动或暂停，必须切断电源。不得将运行中的振动器放在模板、脚手架或未凝固的混凝土上。 （5）模板安装验收合格。在混凝土浇筑时，禁止集中布料，导致局部荷载过大，造成支撑结构变形垮塌。 （6）混凝施工时，确保模板和支架有足够的强度、刚度和稳定性；布料设备不得碰撞或直接搁置在模板上，手动布料时，必须加固杆下的模板和支架。泵送设备支腿应支承在水平坚实的地面上，支腿底部与路面等边缘应保持一定的安全距离；泵启动时，人员禁止进入末端软管可能摇摆触及的危险区域。 （7）在改扩建工程进行本工序作业时，还应执行"03050102 土建间隔扩建施工"的相关预控措施。 （8）在事故油池、消防水池等有限空间作业时，应坚持"先通风、再检测、后作业"的原则，在确认有限空间内气体合格后，方可开始施工。施工过程中应保持通风良好，并根据现场实际情况进行实时检测并做好记录	
02030400	砌筑工程						
02030401	主体填充墙砌筑	高处坠落物体打击		42（3×2×7）	四	（1）作业人员严禁站在墙身上进行砌砖、勾缝、检查大角垂直度及清扫墙面等作业或在墙身上行走。 （2）采用门型脚手架上下榀门架的组装必须设置连接棒和锁臂。在脚手架的操作层上必须连续铺满与门架配套的挂钩式钢脚手板。当操作层高度大于等于2m时，应布设防护栏杆。脚手架上堆料量不准超过荷载，侧放时不得超过三层。同一块脚手板上的操作人员不超过2人；不准用不稳固的工具或物体在脚手板上垫高操作，同一垂直面内上下交叉作业时，必须设安全隔板，作业面应设置挡脚板。 （3）作业人员在高处作业前，应准备好使用的工具，严禁在高处砍砖，必须使用七分头、半砖时，宜在下面用切割机进行切割后运送到使用部位。在高处作业时，应注意下方是否有人，不得向墙外砍砖。下班前应将脚手板及墙上的碎砖、灰浆清扫干净。砌筑用的脚手架在施工未完成时，严禁任何人随意拆除支撑或挪动脚手板。 （4）作业人员在操作完成或下班时应将脚手板上及墙上的碎砖、砂浆清扫干净后再离开，施工作业应做到工完、料尽、场地清。	

风险编号	工序	风险可能导致的后果	风险控制关键因素	风险评定值 D	风险级别	预 控 措 施	备注
02030401	主体填充墙砌筑	高处坠落物体打击		42（3×2×7）	四	（5）吊运砖、砂浆的料斗不能装得过满，吊臂下方不得有人员行走或停留。严禁抛掷材料、工器具。 （6）在改扩建工程进行本工序作业时，还应执行"03050102 土建间隔扩建施工"的相关预控措施	
02030500	防水、保温层施工						
02030501	防水、保温层施工	触电 火灾 高处坠落		54（6×3×3）	四	一、防水施工（D 值 54，四级） （1）采用热熔法施工屋面防水层时使用的燃具或喷灯点燃时严禁对着人进行。 （2）施工现场、存放防水卷材和黏结剂的仓库严禁烟火，并配置充足有效的消防器材；作业人员向喷灯内加油时，必须灭火后添加，且添加适量，避免因过多而溢油发生火灾。 （3）防水卷材和黏结剂多数属易燃品，存放的仓库内严禁烟火。材料黏结剂桶要随用随封盖，以防溶剂挥发过快或造成环境污染。 （4）屋面材料运输若采用汽车吊等起重机械应做好相应安全措施。 （5）在事故油池、消防水池等有限空间作业时，应坚持"先通风、再检测、后作业"的原则，在确认有限空间内气体合格后，方可开始施工。施工过程中应保持通风良好，并根据现场实际情况进行实时检测并做好记录。 二、屋面保温层施工（D 值 54，四级） （6）若采用预制砼隔热板。铺贴时碎片不得向下抛扬。切割时应戴防护镜。 （7）采用挤塑隔热板，应做好固定，防止碎片飞扬，并做好防火措施。 （8）使用切割机、电钻、砂轮等手持电动工具，必须装有漏电保护器，作业前应试机检查，作业时应戴绝缘手套	
02030600	抹灰工程						
02030601	抹灰施工	高处坠落物体打击		54（6×3×3）	四	（1）抹灰作业时可使用木凳、金属支架或脚手架等，但均应搭设稳固并检查合格后才能上人，脚手板跨度不得大于2m，在脚手板上堆放的材料不得过于集中，在同一个跨度内施工作业的人员不得超过 2 人。高处进行抹灰作业时应系好安全带，并设专人监护。 （2）梯子不得接长、绑扎使用，上端1m处设置限高标识，梯脚有防滑装置，使用时放置稳固，能承受作业人员和所携带工具攀登时的总重量，有人扶持和监护。 （3）梯子与地面的夹角宜为60°。登梯前，应先进行试登，确认可靠后方可使用。 （4）禁止作业人员手拿工具或其他用品上下梯子。在梯子上作业时，作业人员应携带工具袋或传递绳，严禁上下抛递工具、材料。梯子下面应有人扶持和监护，梯子上的最高两档不得站人。人字梯应具有坚固的铰链和限制开度的拉链。 （5）采用装饰门型脚手架时，脚手架应有防滑、防移动的防护设施。上下榀架的组装必须设置连接棒和锁臂。在脚手架的操作层上必须连续铺满与门架配套的挂钩式钢脚板。当操作层高度大于等于2m时，应布设防护栏杆。不准随意拆除脚手架上的安全措施，作业结束，进行场地清理。 （6）作业人员不得站在窗口上粉刷窗口四周的线脚；仰面粉刷应采取防止粉末等侵入眼内的防护措施。	

风险编号	工序	风险可能导致的后果	风险控制关键因素	风险评定值 D	风险级别	预 控 措 施	备注
02030601	抹灰施工	高处坠落物体打击		54（6×3×3）	四	（7）顶棚抹灰宜搭设满堂脚手架。 （8）在改扩建工程进行本工序作业时，还应执行"03050102 土建间隔扩建施工"的相关预控措施。 （9）在事故油池、消防水池等有限空间作业时，应坚持"先通风、再检测、后作业"的原则，在确认有限空间内气体合格后，方可开始施工。施工过程中应保持通风良好，并根据现场实际情况进行实时检测并做好记录	
02030700	装饰装修工程						
02030701	装饰装修作业	中毒 高处坠落 机械伤害 物体打击		54（6×3×3）	四	一、共性控制措施 （1）在改扩建工程进行本工序作业时，还应执行"03050102 土建间隔扩建施工"的相关预控措施。 （2）在事故油池、消防水池等有限空间作业时，应坚持"先通风、再检测、后作业"的原则，在确认有限空间内气体合格后，方可开始施工。施工过程中应保持通风良好，并根据现场实际情况进行实时检测并做好记录。 二、涂料施工（D 值 54，四级） （3）在脚手架上进行涂饰作业前应检查脚手架是否牢固，在悬吊设施上进行涂饰作业前应检查固定端是否牢固，悬索是否结实可靠。 （4）作业人员应着安全防护服，戴密闭式护目镜和口罩。 （5）电动工具清理墙面时，应注意风向和操作方向，防止眼睛沾污受伤，刮腻子和滚涂涂料作业时，尽量保持作业面与视线在同一高度，避免仰头作业。 （6）作业过程中所用的梯子不得搁在楼梯或斜坡上作业。使用的工具性脚手架、跳板等材料必须符合规定，搭设应稳固。脚手板跨度不得大于 2m，材料堆放不得过于集中，同一跨度内作业不得超过两人。 （7）在室内光线照射不充足的地方作业及夜间作业时，必须保证工作面内有足够的照明，夜间在楼梯间过道和转角处必须设置照明。 （8）进行耐酸、防腐和有毒材料作业时，应保持室内通风良好，应加强防火、防毒、防尘和防酸碱的安全防护。 （9）机械喷浆的作业人员应佩戴防护用品。压力表，安全阀应灵敏可靠。输浆管各部接口应拧紧卡牢，管路应避免弯折。输浆作业应严格按照规定的压力进行。发生超压或管道堵塞时，应在停机泄压后方可进行检修。 （10）涂刷作业中应采取通风措施，作业人员如感头痛、恶心、心闷或心悸时，应立即停止作业并采取救护措施。仰面粉刷应采取防止粉末等侵入眼内的防护措施。油漆使用后应及时封存，废料应及时清理。不得在室内用有机溶剂清洗工器具。溶剂性防火涂料作业时，应按规定佩戴劳保用品，若皮肤沾上涂料应及时使用相应溶剂棉纱擦拭，再用肥皂和清水洗净。 三、瓷砖、石材铺贴（D 值 42，四级） （11）切割石材、瓷砖应采取防尘措施，操作人员应佩戴防护口罩。 （12）瓷砖墙面作业时，瓷砖碎片不得向窗外抛扔。剔凿瓷砖应戴防护镜；贴面砖的过程中应防止砂浆落入眼中。机械操作过程中要防止机械伤人。 （13）使用电钻、砂轮等手持电动工具，必须装有漏电保护器，作业前应试机检查，作业时应戴绝缘手套。	

风险编号	工序	风险可能导致的后果	风险控制关键因素	风险评定值 D	风险级别	预控措施	备注
02030701	装饰装修作业	中毒 高处坠落 机械伤害 物体打击		54（6×3×3）	四	四、门窗安装（D 值 54，四级） （14）安装门窗必须采用预留洞口的方法，严禁采用边安装边砌口或先安装后砌口。洞口与副框、副框与门窗框拼接处的缝隙，应用密封膏封严。不得在门窗框上安放脚手架、悬挂重物或在框内穿物起吊。 （15）搬运玻璃要戴胶手套或用布纸垫包边口锐利部分，堆放玻璃应平稳，防止倾塌。门窗安装时严禁在垂直方向的上下两层同时进行作业，以免玻璃掉落伤人。 （16）门窗安装时若涉及高处作业，应做好高处作业的防护措施。 五、吸音板安装（D 值 54，四级） （17）切割吸音板应采取防尘措施，操作人员应佩戴防护口罩。 （18）吸音板安装时，碎片不得随意抛扔。铺贴吸音板的过程中应防止胶水落入眼中。 （19）使用电钻、砂轮等手持电动工具，必须装有漏电保护器，作业前应试机检查，作业时应戴绝缘手套。 （20）吸音板安装需搭设脚手架或采用登高车，在高处作业应做好高处作业的防护措施	
02030800	水电工程						
02030801	水电作业	坍塌 物体打击		63（3×3×7）	四	一、共性控制措施 （1）在改扩建工程进行本工序作业时，还应执行"03050102 土建间隔扩建施工"的相关预控措施。 （2）在事故油池、消防水池等有限空间作业时，应坚持"先通风、再检测、后作业"的原则，在确认有限空间内气体合格后，方可开始施工。施工过程中应保持通风良好，并根据现场实际情况进行实时检测并做好记录。 二、给排水系统作业（D 值 54，四级） （3）人工挖土方应根据管道设计深度和土质情况采取放坡。 （4）深度超过 2m 的给排水管沟，应视情况采取防护措施。挖管道土方时，残土应堆放距坑边 1m 以上，高度不超过 1.5m，且为管道敷设留出一定的作业距离。严禁车辆在开挖的基坑边缘 2m 内行驶、停放；弃土堆放距基坑边 0.8m 以外，软土场地的基坑边不得堆土。 （5）对进入出现边坡开裂、疏松和支撑松动的地方，应立即采取措施，严禁施工人员进入。 （6）作业人员不得在支撑和沟坡脚下休息。 （7）沟道中出现地下水时，应及时排水。 （8）作业人员应使用爬梯上下，材料、工器具等物品传递必须使用绳索或作业人员传递，不得抛掷。 三、建筑电气施工（D 值 63，四级） （9）作业过程中所用脚手架、跳板等材料必须符合规定，搭设符合规范要求。施工现场的洞、坑、沟等危险处，应有防护设施或明显标志。 （10）现场使用梯子时不得缺档，不得垫高使用。梯子横挡间距以 30cm 为宜。使用时上端要扎牢，下端应采取防滑措施。单面梯与地面夹角以 60°～70°为宜，禁止二人同时在梯上作业。如需接长使用，应绑扎牢固。人字梯底脚要拉牢。在通道处使用梯子，应有人监护或设置围栏。 （11）焊接作业应远离易燃物品，乙炔和氧气瓶摆放应符合要求。	

续表

风险编号	工序	风险可能导致的后果	风险控制关键因素	风险评定值 D	风险级别	预 控 措 施	备注
02030801	水电作业	坍塌 物体打击		63（3× 3×7）	四	（12）电气设备和线路必须绝缘良好，电线不得与金属物绑在一起；各种电动机具必须按规定接零接地，并设置单一开关。使用电钻、砂轮等手持电动工具，必须装有漏电保护器，作业前应试机检查。 （13）施工现场夜间临时照明电线及灯具，高度应不低于2.5m。易燃、易爆场所，应用防爆灯具。 （14）扫管穿线时要防止钢丝损伤眼睛，两人穿线时协调一致，不得用力过猛以免伤手。 （15）熔化焊锡锡块时工具要干燥，防止爆溅。 （16）开关面板、配电箱安装时需双手配合按压，避免面板、开关箱夹手	
02030900	暖通工程						
02030901	暖通工程	物体打击 高处坠落		54（6× 3×3）	四	一、共性控制措施 （1）作业过程中所用脚手架、跳板等材料必须符合规定。施工现场的洞、坑、沟等危险处，应有防护设施或明显标志。 （2）在改扩建工程进行本工序作业时，还应执行"03050102土建间隔扩建施工"的相关预控措施。 （3）在事故油池、消防水池等有限空间作业时，应坚持"先通风、再检测、后作业"的原则，在确认有限空间内气体合格后，方可开始施工。施工过程中应保持通风良好，并根据现场实际情况进行实时检测并做好记录。 二、通风系统施工（D 值54，四级） （4）起吊部件或设备前，应认真检查工具、锁具，不得使用有缺陷或损坏的工具、索具。 （5）吊装风管或风机时，应设置溜绳，防止冲撞吊装设备及被吊装物品。应注意周围有无障碍物，特别注意不得碰到电线。 （6）在平顶棚上安装风管或风机时，事先应检查通道、栏杆、吊筋、楼板等处的牢固程度，并应将孔洞、深坑盖好盖板，以防发生意外。 三、采暖、制冷系统施工（D 值54，四级） （7）使用电钻、砂轮等手持电动工具，必须装有漏电保护器，作业前应试机检查，作业时应戴绝缘手套。 （8）高空作业时，必须佩戴好安全带、安全帽防护措施	
02040000	装配式混凝土构件						
02040100	混凝土预制件						
02040101	混凝土预制件制作	触电 火灾 机械伤害		12（6× 2×1）	五	（1）盖板外边框通常采用角钢焊接制作，焊工必须经过专业安全技术和防火知识培训，经考试合格，持证方可独立进行操作。 （2）作业前，操作人员必须检查焊机的地线和一、二次线绝缘，清除焊接现场易燃物品，并在作业现场配备合格灭火器。 （3）作业时，操作人员应戴防护镜、穿绝缘鞋、戴手套等防护用品，站在铺有绝缘物品的地方。 （4）作业结束后，清理场地，待角钢焊件散去余热后，摆放整齐，切断电源，锁好电源箱。 （5）预制构件浇筑混凝土施工，操作人员在每次施工前应将模具清理干净，使用电动工具清理时，应注意防止灰浆飞溅入眼。 （6）摆放模具时，模具的摆放间距要满足作业要求，防止人员磕绊摔倒	

风险编号	工序	风险可能导致的后果	风险控制关键因素	风险评定值 D	风险级别	预 控 措 施	备注
02040200	装配式防火墙施工						
02040201	装配式防火墙施工	起重伤害 高处坠落		54（3×3×7）	四	一、共性控制措施 （1）在改扩建工程进行本工序作业时，还应执行"03050102 土建间隔扩建施工"的相关预控措施。 二、预制构件进场（D 值 54，四级） （2）使用手推车运输时，双人搬运。作业人员应先将运输通道清理干净，并注意脚下有无障碍，防止磕绊导致预制件从车上掉下砸伤人。 （3）加工成型的构件应分类堆放，堆放场地应平整、坚实、干燥。 （4）构件底部要设垫木并垫平实，构件堆放要平稳。 （5）梁及梁垫堆放高度不应超过 1m，防止倾倒砸伤。 （6）构件运至现场后，放置要平稳，防止塌落伤人；堆放时，每 5 块盖板用木方加以分隔。 三、防火墙柱、梁及墙板施工（D 值 63，四级） （7）工程技术人员应对照构件的重量和高度选择吊车的吨位，并计算出吊装所用的吊带、钢丝绳、卡扣的型号及临时拉线长度和地锚的荷重，并选用检验合格的吊具。 （8）起吊前吊车司机要对吊车的各种性能进行检查。 （9）吊车必须支撑平稳，必须设专人指挥，其他作业人员不得随意指挥吊车司机，吊臂及吊物下严禁站人或有人经过。 （10）构件吊点位置必须经过计算现场指定并设置溜绳。 （11）吊物至 100mm 左右，应停止起吊，指挥人员检查起吊系统的受力情况，确认无问题后，方可继续起吊。 （12）高处作业所用的工具和材料放在工具袋内或用绳索拴在牢固的构件上，较大的工具系保险绳。上下传递物件使用绳索，不得抛掷。 （13）当天吊装完成的构件必须完成混凝土二次浇筑，禁止延迟过夜浇筑，二次灌浆混凝土未达到规定的强度时，不得拆除临时拉线。混凝土未达到规定的强度时，不得开始上层作业。 （14）梁吊装时所用的吊带或钢丝绳，在吊点处要有防护措施。 （15）吊装过程中梁两端要用溜绳控制横梁方向，待横梁距就位点的正上方 200～300mm 稳定后，作业人员方可开始进入作业点。 （16）在构件顶部安装横梁的作业人员，除严格遵守登高作业人员要求外，还要时刻防止梁吊移时将其撞倒。 （17）高处作业人员攀爬构件时，必须使用提前设置的垂直攀登自锁器。作业人员的梁上行走时，必须设置水平安全绳。水平安全绳绳索两端应可靠固定，并收紧，绳索与棱角接触处加衬垫。架设高度离人员行走落脚点在 1.3～1.6m 为宜。 （18）梁就位时，应使用尖扳手定位，禁止用手指触摸螺栓固定孔。梁就位后，应及时用螺栓固定。 （19）起重作业中，如遇有六级及以上大风或雷暴、冰雹、大雪等恶劣天气时，停止起重和露天高处作业。	

风险编号	工序	风险可能导致的后果	风险控制关键因素	风险评定值 D	风险级别	预 控 措 施	备注
02040201	装配式防火墙施工	起重伤害高处坠落		54（3×3×7）	四	四、墙体装饰（D 值 27，四级） （20）作业前，作业人员进入现场，应穿戴好安全防护衣物，戴密闭式护目镜。 （21）在脚手架上进行涂饰作业前应检查脚手架是否牢固，在悬吊设施上进行涂饰作业前应检查固定端是否牢固，悬索是否结实可靠。 （22）作业人员在用钢丝刷或电动工具清理墙面时，应注意风向和操作方向，防止眼睛沾污受伤，刮腻子和滚涂涂料作业时，尽量保持作业面与视线在同一高度，避免仰头作业	
02040300	装配式围墙施工						
02040301	装配式围墙施工	物体打击起重伤害		54（6×3×3）	四	一、预制件进场及搬运（D 值 54，四级） （1）预制件的搬运宜使用手推车，双人搬运。 （2）使用手推车运输时，双人搬运。作业人员应先将运输通道清理干净，并注意脚下有无障碍，防止磕绊导致预制件从车上掉下砸伤人。 （3）加工成型的电缆槽构件应分类堆放，堆放场地应平整、坚实、干燥。 （4）构件底部要设垫木并垫平实，构件堆放要平稳。 （5）梁及梁垫放高度不应超过 1m，防止倾倒砸伤。 （6）盖板运至现场后，放置要平稳，防止塌落伤人；堆放时，每 5 块盖板用木方加以分隔。 二、围墙柱、板安装：（D 值 54，四级） （7）采用起重设备时，起吊前吊车司机要对吊车的各种性能进行检查。吊车必须支撑平稳，必须设专人指挥，其他作业人员不得随意指挥吊车司机，吊臂及吊物下严禁站人或有人经过。 （8）吊物至 100mm 左右，应停止起吊，指挥人员检查起吊系统的受力情况，确认无问题后，方可继续起吊。 （9）当柱吊装完成、垂直度校正完成之后及时对柱进行固定。 （10）起重作业中，如遇有六级及以上大风或雷暴、冰雹、大雪等恶劣天气时，停止起重和露天高处作业。 （11）墙板吊装必须由专人指挥，在完成方位调整，进行降落时必须缓慢下降。构件就位时，应有防夹手的措施。 三、墙体装饰（D 值 18，五级） （12）作业前，作业人员进入现场，应穿戴好安全防护衣物，戴密闭式护目镜。 （13）在脚手架上进行涂饰作业前应检查脚手架是否牢固，在悬吊设施上进行涂饰作业前应检查固定端是否牢固，悬索是否结实可靠。 （14）作业人员在用钢丝刷或电动工具清理墙面时，应注意风向和操作方向，防止眼睛沾污受伤，刮腻子和滚涂涂料作业时，尽量保持作业面与视线在同一高度，避免仰头作业	
02050000	变电站构支架安装工程						
02050100	支架及其他吊装（通用于起重机吊装相关作业）						
02050101	设备支架及一般起重吊装	起重伤害		63（3×3×7）	四	（1）汽车起重机不准吊重行驶或不打支腿就吊重。在打支腿时，支腿伸出放平后，即关闭支腿开关，如地面松软不平，应修整地面，垫放枕木。起重机各项措施检查安全可靠	

风险编号	工序	风险可能导致的后果	风险控制关键因素	风险评定值 D	风险级别	预 控 措 施	备注
02050101	设备支架及一般起重吊装	起重伤害		63（3×3×7）	四	后再进行起重作业。起吊物应绑牢，并有防止倾倒措施。吊钩悬挂点应与吊物的重心在同一垂直线上，吊钩钢丝绳应保持垂直，严禁偏拉斜吊。落钩时，应防止吊物局部着地引起吊绳偏斜，吊物未固定好，严禁松钩。 （2）吊索（千斤绳）的夹角一般不大于90°，最大不得超过120°，起重机吊臂的最大仰角不得超过制造厂铭牌规定。 （3）起吊绳（钢丝绳）及U形环必须做拉力承载试验，有试验报告。钢丝绳的编结长度必须满足钢丝绳直径的15倍且最小长度不得小于300mm。起吊大件或不规则组件时，应在吊件上拴以牢固的溜绳。 （4）起重工作区域内无关人员不得停留或通过。在伸臂及吊物的下方，严禁任何人员通过或逗留。 （5）起吊前应检查起重设备及其安全装置；重物吊离地面约100mm时应暂停起吊并进行全面检查，确认良好后方可正式起吊。起重机吊运重物时应走吊运通道，严禁从有人停留场所上空越过；对起吊的重物进行加工、清扫等工作时，应采取可靠的支承措施，并通知起重机操作人员。吊起的重物不得在空中长时间停留。 （6）起重机在工作中如遇机械发生故障或有不正常现象时，放下重物、停止运转后进行排除，严禁在运转中进行调整或检修。如起重机发生故障无法放下重物时，必须采取适当的保险措施，除排险人员外，严禁任何人进入危险区。 （7）不明重量、埋在地下或冻结在地面上的物件，不得起吊。 （8）严禁以运行的设备、管道以及脚手架、平台等作为起吊重物的承力点。 （9）两台及以上起重机抬吊情况下，绑扎时应根据各台起重机的允许起重量按比例分配负荷。 （10）在抬吊过程中，各台起重机的吊钩钢丝绳应保持垂直，升降行走应保持同步。各台起重机所承受的载荷，不得超过各自的允许起重量。 （11）如达不到上述要求时，应降低额定起重能力至80%，也可由总工程师根据实际情况，降低额定起重能力使用。但吊运时，总工程师应在场。 （12）在改扩建工程进行本工序作业时，还应执行"03050102 土建间隔扩建施工"的相关预控措施	
02050102	两台及以上起重机抬吊同一重物	起重伤害	人员异常、设备异常、气候变化	126（6×3×7）	三	（1）吊点位置的确定，必须按各台起重机允许起重量，经计算后按比例分配负荷。 （2）在抬吊过程中，各台起重机的吊钩钢丝绳应保持垂直，升降行走应保持同步。各台起重机所承受的载荷，不得超过各自允许起重量的80%。 （3）吊装作业设专人指挥，吊臂及吊物下严禁站人或有人经过。 （4）吊起的重物不得在空中长时间停留。在空中短时间停留时，操作人员和指挥人员均不得离开工作岗位。起吊前应检查起重设备及其安全装置；重物吊离地面约100mm时应暂停起吊并进行全面检查，确认良好后方可正式起吊。 （5）起重机在工作中如遇机械发生故障或有不正常现象时，放下重物、停止运转后进行排除，严禁在运转中进行调整或检修。如起重机发生故障无法放下重物时，必须采取适当的保险措施，除排险人员外，严禁任何人进入危险区。	指挥人员经验已核对，机械工况良好，天气良好

续表

风险编号	工序	风险可能导致的后果	风险控制关键因素	风险评定值 D	风险级别	预 控 措 施	备注
02050102	两台及以上起重机抬吊同一重物	起重伤害	人员异常、设备异常、气候变化	126 (6×3×7)	三	（6）严禁以运行的设备、管道以及脚手架、平台等作为起吊重物的承力点。 （7）夜间照明不足、指挥人员看不清工作地点、操作人员看不清指挥信号时，不得进行起重作业。 （8）高处作业所用的工具和材料放在工具袋内或用绳索拴在牢固的构件上，较大的工具系有保险绳。上下传递物件使用绳索，不得抛掷。 （9）如起重机发生故障无法放下重物时，必须采取适当的保险措施，除专业排险人员外，严禁任何人进入危险区。 （10）起重作业中，如遇有六级及以上大风或雷暴、冰雹、大雪等恶劣天气时，停止起重和露天高处作业。 （11）在改扩建工程进行本工序作业时，还应执行"03050102 土建间隔扩建施工"的相关预控措施	指挥人员经验已核对，机械工况良好，天气良好
02050103	起重机械临近带电体作业	触电	人员异常、设备异常、气候变化	126 (6×3×7)	三	（1）作业时，起重机臂架、吊具、辅具、钢丝绳及吊物等带电体的最小安全距离要满足变电《安规》附表的规定，且应设专人监护。 （2）临近带电体作业，如不满足变电《安规》附表规定的安全距离时，应制定防止误碰带电设备的专项安全措施，并经本单位分管专业副总工程师或总工程师批准。审核不通过，申请停电作业。 （3）长期或频繁地临近带电体作业时，应采取隔离防护措施。 （4）临近高低压线路时，必须与线路运行部门取得联系，得到书面许可并由运行人员在场监护的情况下可以吊装作业。 （5）当构架吊起后与地脚螺栓对接的过程中，作业人员注意不要将手扶在地脚螺栓处，避免构架突然落下将手压伤	指挥人员经验已核对，机械工况良好，天气良好
02050200	构架拼装、吊装						
02050201	构架、横梁拼装	灼烫 火灾 爆炸 物体打击 起重伤害 其他伤害		63 (3×3×7)	四	一、共性控制措施 （1）在改扩建工程进行本工序作业时，还应执行"03050102 土建间隔扩建施工"的相关预控措施。 二、排杆（D 值 54，四级） （2）杆管在现场倒运时，应采用吊车装卸，装卸时应用控制绳控制杆段方向，装车后必须绑扎牢固，周围掩牢防止滚动、滑脱。严禁采用直接滚动方法卸车。 （3）采用人力滚动杆段时，应动作协调，滚动前方不得站人，杆段横向移动时，应随时将支垫处用木楔搜牢。 （4）利用撬杠拨杆段时，应防止滑脱伤人，不得利用铁撬杠插入柱孔中转动杆身。 （5）杆管排好后，支垫处应用木楔搜牢，防止因杆的滚动伤人。 （6）在用吊车进行排杆时，吊车必须支撑平稳，必须设专人指挥。 三、电焊机焊接（D 值 27，四级） （7）电焊机应安放在干燥的地方，应有防雨防潮措施。其外壳接地或接零必须可靠牢固，不可多台串联接地或接零。 （8）每台电焊机电源必须有单独的控制装置，电焊机一次侧电源线长度不应大于5m，二次线电缆长度不应大于30m。一、二次线的截面应满足工作时的最大载流量，外皮不得破损，绝缘应良好。多台集中布置时，应进行编号，当其中一	

风险编号	工序	风险可能导致的后果	风险控制关键因素	风险评定值 D	风险级别	预控措施	备注
02050201	构架、横梁拼装	灼烫 火灾 爆炸 物体打击 起重伤害 其他伤害		63（3×3×7）	四	台进行检修时，在其电源控制装置上悬挂"有人工作，禁止合闸"的标志牌。电焊机应设专人进行维修和保养。使用前，操作人员应进行检查，确认无异常后方可使用。 （9）严禁将电缆管、电缆外皮或吊车轨道等作为电焊地线，也不得采用金属构件或结构钢筋替代电焊地线。在采用屏蔽电缆的变电站内施焊时，必须用专用地线且应接在焊件上或在接地点5m范围内进行施焊。 （10）电焊导线不得靠近热源，并严禁接触钢丝绳或转动的机械设备。电焊导线穿过道路应采取防护措施。 （11）使用工作台时，应有牢靠的接地或接零。在狭小或潮湿地点作业时，应垫干燥的木板或采取其他有效的防护措施，并设专人监护。禁止在雨、雪或大风天露天作业。 （12）电焊工使用的焊钳绝缘必须良好，在清除焊渣时应戴防护镜。停电或作业完毕，应及时切断电源。 四、气焊机焊接（D值27，四级） （13）使用氧气、乙炔时，两瓶之间距离不得小于5m，气瓶与明火及火花散落点的距离不得小于10m，并有防止日光曝晒的措施。 （14）焊枪点火时，按照先开乙炔阀、后开氧气阀的顺序操作，喷嘴不得对人；熄火时按相反的顺序操作；产生回火或鸣爆时，应迅速先关闭乙炔阀，继而再关闭氧气阀。 （15）冬季施焊前，严禁用火烤乙炔管、阀的方法解冻。 （16）所使用的气瓶减压器必须定期检验，并贴有合格标识。 （17）气割作业人员必须戴防护镜、绝缘手套，以防火花飞溅灼伤。 （18）在焊接、切割点5m范围内，应清除易燃易爆物品，确实无法清除时，必须采取可靠的防护隔离措施。 五、横梁组装（D值63，四级） （19）在组装横梁主铁时，作业人员要配合一致，要有统一指挥，防止砸脚和挤手事故的发生。 （20）利用棍、撬杠拨杆段时，应防止滑脱伤人。 （21）横梁组装采取起重机械辅助组装时，起重机械作业应符合起重作业相关规定。 （22）横梁预拱和螺栓紧固后，方可进行吊装	
02050202	构架、横梁及避雷针吊装	起重伤害 高处坠落	人员异常、设备异常、气候变化	135（3×3×15）	三	一、共性控制措施 （1）起吊前吊车司机要对吊车的各种性能进行检查。 （2）吊车必须支撑平稳，必须设专人指挥，其他作业人员不得随意指挥吊车司机，吊臂及吊物下严禁站人或有人经过。 （3）起重作业中，如遇有六级及以上大风或雷暴、冰雹、大雪等恶劣天气时，停止起重和露天高处作业。 （4）高处作业所用的工具和材料放在工具袋内或用绳索拴在牢固的构件上，较大的工具系有保险绳。上下传递物件使用绳索，不得抛掷。 （5）起吊物要绑牢，并有防止倾倒措施。吊钩悬挂点应与吊物的重心在同一垂直线上，吊钩钢丝绳应保持垂直，严禁偏拉斜吊。吊物离地面100mm时，停止起吊，检查吊车支撑、钢丝绳扣、吊物吊点是否正确，确认无误后，方可继续起吊，起吊要平稳。吊物在空中短时间停留时，操作和指挥人员禁止离开岗位。禁止起吊的重物在空中长时间停留。	指挥人员经验已核对，机械工况良好，天气良好

风险编号	工序	风险可能导致的后果	风险控制关键因素	风险评定值 D	风险级别	预 控 措 施	备注
02050202	构架、横梁及避雷针吊装	起重伤害高处坠落	人员异常、设备异常、气候变化	135（3×3×15）	三	（6）在改扩建工程进行本工序作业时，还应执行"03050102 土建间隔扩建施工"的相关预控措施。 二、A 构架吊装（D 值 135，三级） （7）钢管构支架在现场堆放时，高度不得超过三层，堆放的地面应平整坚硬，杆段下面应多垫支垫，两侧应掩牢。 （8）架构吊点位置必须经过计算现场指定。临时拉线绑扎应靠近 A 型杆头，吊点绳和临时拉线必须由专业起重工绑扎并用卡扣紧固。严禁以运行的设备、管道以及脚手架、平台等作为起吊重物的承力点。 （9）起吊中，对起吊的重物进行加工、清扫等工作时，应采取可靠的支承措施，并通知起重机操作人员。在构架吊起后与地脚螺栓对接的过程中，作业人员注意不要将手扶在地脚螺栓处，避免构架突然落下将手压伤。 （10）落钩时，防止吊物局部着地引起吊绳偏斜，吊物未固定好，严禁松钩。构架标高、轴线调整完成，杆根部及临时拉线固定并做好临时接地之后，再开始登杆作业，摘除吊钩。混凝土强度达不到要求时，严禁拆除楔子和临时拉线。 （11）各临时拉线设专人松紧，各受力地锚设专人看护，动作要协调。 （12）高处作业人员攀爬 A 形杆时，必须使用提前设置的垂直攀登自锁器。 当天吊装完成的构架必须完成混凝土二次浇筑，禁止延迟过夜浇筑，二次灌浆混凝土未达到规定的强度时，不得拆除临时拉线。固定在同一临时地锚上的拉线最多不超过两根。吊装前对构支架采取防护措施，防止吊装过程中构支架表面镀锌层损伤。构架吊装前，在构架拉设水平安全绳。 （13）吊索与物件的夹角宜采用 45°～60°，且不得小于 30°或大于 120°，吊索与物件棱角之间应加垫块。钢丝绳的辫接长度必须满足钢丝绳直径的 15 倍且最小长度不得小于 300mm。钢丝绳端部用绳卡固定连接时，绳卡压板应在钢丝绳主要受力的一边，并不得正反交叉设置。绳卡间距不应小于钢丝绳直径的 6 倍，连接端的绳卡数量不少于 3 个。起吊大件或不规则组件时，要在吊件上拴以牢固的溜绳。 （14）起重机吊重物时要走吊运通道，严禁从有人停留场所上空越过。 三、横梁吊装：（D 值 90，三级） （15）横梁吊装时所用的吊带或钢丝绳，在吊点处要有防护措施，防止因横梁的主铁将吊绳卡断。对起吊的重物进行加工、清扫等工作时，应采取可靠的支承措施，并通知起重机操作人员。 （16）吊索与物件的夹角宜采用 45°～60°，且不得小于 30°或大于 120°，吊索与物件棱角之间应加垫块。横梁吊点处要有对吊绳的防护措施，防止吊绳卡断。待横梁距就位点上方 200～300mm 稳定后，作业人员方可进入作业点。 （17）钢丝绳的编结长度必须满足钢丝绳直径的 15 倍且最小长度不得小于 300mm。钢丝绳端部用绳卡固定连接时，绳卡压板应在钢丝绳主要受力的一边，并不得正反交叉设置。绳卡间距不应小于钢丝绳直径的 6 倍，连接端的绳卡数量不少于 3 个。 （18）在构架顶部安装横梁的作业人员，除严格遵守登高作业人员要求外，还要时刻防止横梁吊移时将其撞倒。固定横梁时，应使用尖扳手定位，禁止用手指触摸螺栓固定孔。	指挥人员经验已核对，机械工况良好，天气良好

风险编号	工序	风险可能导致的后果	风险控制关键因素	风险评定值 D	风险级别	预 控 措 施	备注
02050202	构架、横梁及避雷针吊装	起重伤害高处坠落	人员异常、设备异常、气候变化	135（3×3×15）	三	横梁就位后，应及时用螺栓固定。 （19）作业人员的横梁外侧行走时，必须设置水平安全绳。水平安全绳绳索两端应可靠固定，并收紧，绳索与棱角接触处加衬垫。架设高度离人员行走落脚点在1.3～1.6m为宜。 （20）横梁就位时，应使用尖扳手定位，禁止用手指触摸螺栓固定孔。横梁就位后，应及时用螺栓固定	指挥人员经验已核对，机械工况良好，天气良好
02050203	格构式构支架组立	物体打击高处坠落起重伤害	人员异常、设备异常、气候变化	90（3×2×15）	三	（1）设备支架也可直接在基础上组装，组装过程中，作业人员应上下配合好，严禁抛递螺栓及其他铁件。 （2）当构架吊起后与地脚螺栓对接的过程中，作业人员应注意不要将手扶在地脚螺栓处，避免构架突然落下将手压伤。 （3）横梁就位时，施工人员严禁站在构架节点上方，应使用尖扳手定位，禁止用手指触摸螺栓固定孔。横梁就位后，应及时用螺栓固定。 （4）整个组立过程中，作业人员应注意吊装时吊绳吊点处的保护，防止吊绳在吊装过程中被卡断或受损。 （5）起吊物应绑牢，并有防止倾倒措施。吊钩悬挂点应与吊物的重心在同一垂直线上，吊钩钢丝绳应保持垂直，严禁偏拉斜吊。落钩时，应防止吊物局部着地引起吊绳偏斜，吊物未固定好，严禁松钩。 （6）两台及以上起重机抬吊情况下，绑扎时应根据各台起重机的允许起重量按比例分配负荷。在抬吊过程中，各台起重机的吊钩钢丝绳应保持垂直，升降行走应保持同步。各台起重机所承受的载荷，不得超过各自的允许起重量。如达不到上述要求时，应降低额定起重能力至80%，也可由总工程师根据实际情况，降低额定起重能力使用。但吊运时，总工程师应在场。 （7）起重作业中，如遇有六级及以上大风或雷暴、冰雹、大雪等恶劣天气时，停止起重和露天高处作业。 （8）在改扩建工程进行本工序作业时，还应执行"03050102土建间隔扩建施工"的相关预控措施	指挥人员经验已核对，机械工况良好，天气良好
02060000	变电站电缆沟道工程						
02060100	预制电缆沟道件施工（压顶、盖板等参照执行）						
02060101	预制构件运输、堆放、安装	物体打击		18（3×2×3）	五	（1）预制件的搬运宜使用手推车，双人搬运。 （2）使用手推车运输时，作业人员应先将运输通道清理干净，并注意脚下有障碍，防止磕绊导致预制件从车上掉下砸伤人。 （3）加工成型的电缆槽构件应分类堆放，堆放场地应平整、坚实、干燥。 （4）构件底部要设垫木并垫平实，构件堆放要平稳。 （5）梁及梁垫堆放高度不应超过1m，防止倾倒砸伤。 （6）盖板运至现场后，放置要平稳，防止塌落伤人；堆放时，每5块盖板用木方加以分隔。 （7）作业人员在安装完成或下班时应将现场的预制件碎片、砂浆清扫干净后再离开，做到工完、料尽、场地清。 （8）预制件安装时应轻拿轻放，防止预制件断裂后砸伤人	

风险编号	工序	风险可能导致的后果	风险控制关键因素	风险评定值 D	风险级别	预　控　措　施	备注
02060200	现浇式电缆沟施工						
02060201	现浇式电缆沟施工	机械伤害高处坠落		27（3×3×3）	四	一、电缆沟基槽开挖（D 值 18，五级） （1）当使用机械挖槽时，指挥人员应在机械臂工作半径以外，并应设专人监护。人工挖土时，应根据土质及电缆沟深度放坡，电缆沟基槽两侧设排水沟或集水井，开挖过程中或敞露期间应防止沟壁塌方。 （2）挖方作业时，相邻人员应保持一定间距，防止相互磕碰，所用工具完整、牢固。挖出的土应堆放在距坑边 0.8m 以外，其高度不得超过 1.5m。 （3）沟槽边应设提示遮栏和警示牌，防止人员不慎坠入。 （4）孔洞及沟道临时盖板使用 4~5mm 厚花纹钢板（或其他强度满足要求的材料，盖板强度 10kPa）制作并涂以黑黄相间的警告标志和禁止挪用标识。盖板下方适当位置（不少于 4 处）设置限位块，以防止盖板移动。盖板边缘应大于孔洞（沟道）边缘 100mm，并紧贴地面。 （5）孔洞及沟道临时盖板因工作需要揭开时，孔洞（沟道）四周应设置安全围栏和警告牌，根据需要增设夜间警告灯，工作结束应立即恢复。 （6）沟槽开挖后，铺设临时盖板，因工作需要揭开时，四周设置提示围栏和警示牌。 二、钢筋加工及绑扎（D 值 27，四级） （7）工作台上的铁屑应及时清理，钢筋加工机械的接地良好，操作人员及时清理加工废弃料，保证电焊机、切割机等周围无易燃物。 （8）在运行变电站中，作业人员应严防钢筋与任何带电体接触。 （9）钢筋绑扎过程中，绑扎人员应注意配合，相互间保持一定工作距离。 （10）钢筋夜间绑扎时，场区应有足够的照明，并安排专人监护，在工作结束时，监护人应清点人数。 三、模板安装及拆除（D 值 27，四级） （11）模板应在距沟槽边 1m 外的平坦地面处整齐堆放。 （12）模板运输宜用平板推车。在向沟内搬运时，上下人员应配合一致，防止模板倾倒发生砸伤事故。 （13）模板加固过程中，支点加固牢固、可靠，所用的木方无裂痕、腐朽，所有钉头均砸平，防止人员刮伤。 （14）拆除模板时应选择稳妥可靠的立足点。拆下的模板应整齐堆放，及时运走，拆下的木方应及时清理，拔除钉子等，堆放整齐，防止人员绊倒及刮伤。 四、混凝土浇筑（D 值 18，五级） （15）上料平台应选择地表平坦、坚实处，不宜距沟槽太近，且上料平台不应堆积过多混凝土。 （16）下料及振捣施工人员严禁站在沟壁模板和支撑条上。 （17）振捣施工作业人员应穿绝缘鞋、戴绝缘手套，不得将开启的振捣器放在模板或支撑上。 （18）振动器搬动或暂停，必须切断电源。不得将运行中的振动器放在模板、脚手架或未凝固的混凝土上。 （19）手推车运送混凝土时，装料不得过满，卸料时，不得用力过猛和双手放把。用翻斗车运送混凝土时，不得搭乘人员，车就位和卸料要缓慢。采用泵送混凝土时，泵送设备支腿应支承在水平坚实的地面上，支腿底部与路面等边缘应保持一定的安全距离；泵起动时，人员禁止进入末端软管可能摇摆触及的危险区域	

风险编号	工序	风险可能导致的后果	风险控制关键因素	风险评定值 D	风险级别	预　控　措　施	备注
02060300	砖砌电缆沟						
02060301	电缆沟砌筑	物体打击其他伤害		12（6×2×1）	五	（1）作业人员在操作完成或下班时应将现场的碎砖、砂浆清扫干净后再离开，做到工完、料尽、场地清。 （2）压顶砌筑时应轻拿轻放，防止压顶断裂后砸伤人	
02070000	变电站接地工程						
02070100	接地网施工						
02070101	接地网施工	触电物体打击其他伤害		27（3×3×3）	四	一、共性控制措施 （1）在改扩建工程进行本工序作业时，还应执行"03050102 土建间隔扩建施工"的相关预控措施。 二、人工开挖接地网沟（D 值18，五级） （2）开挖工具应完好、牢固。 （3）作业人员相互之间应保持安全作业距离，横向间距不小于2m，纵向间距不小于3m；挖出的土石方应堆放在距坑边1m以外，高度不得超过1.5m。 （4）挖掘施工区域应安全警示标志，夜间应有照明灯。 （5）开挖前应做好现场地下管线的勘探工作，避免挖断地下管线。 三、机械开挖接地网沟（D 值12，五级） （6）机械挖掘接地网沟前必须对作业场区进行检查，在作业区域内不得有架空电缆、电线、杂物及障碍物。 （7）应采用"一机一指挥"的组织方式。在挖掘机械旋转范围内，不允许有其他作业。 （8）开挖前应做好现场地下管线的勘探工作，避免挖断地下管线。 四、接地网敷设及连接（D 值27，四级） （9）应事先判别物体的重心位置，选择抬运工具和绑扎工具，使抬运人员承力均衡。多人抬运时应设专人指挥，起、落、转、运、停等动作应一致，同起同落。人工上下传递时不得站在同一垂直线上。 （10）当采用火泥焊接时，作业人员站立在上风口，现场1.5m范围内不得有无关人员、易燃物品。操作人员从侧面点火，并戴好防护手套和护目镜。严禁操作者近距离点火、观看，以防烧伤和灼伤眼睛。点火后，操作人员应立即撤离熔模至少1.5m，熔模结束后，必须等熔模和导线冷却后，才可使用铁钳取出。 （11）进行焊接或切割工作时，操作人员应穿戴焊接防护服、防护鞋、焊接手套、护目镜等符合专业防护要求的个体防护装备。 （12）焊接与切割的工作场所应有良好的照明，并采取措施排除有害气体、粉尘和烟雾等。在人员密集的场所进行焊接工作时，宜设挡光屏。 （13）采用氩弧焊时，电焊机应安放在干燥的地方，应有防雨防潮措施。其外壳接地或接零必须可靠牢固，不可多台串联接地或接零。 （14）严禁将电缆管、电缆外皮或吊车轨道等作为电焊地线，也不得采用金属构件或结构钢筋代替电焊地线。在采用屏蔽电缆的变电站内施焊时，必须用专用地线且应接在焊件上或在接地点5m范围内进行施焊。 （15）在狭小或潮湿地点作业时，应垫干燥的木板或采取其他有效的防护措施，并设专人监护。禁止在雨、雪或大风天露天作业。 （16）电焊工使用的焊钳绝缘必须良好，在清除焊渣时应戴防护镜。停电或作业完毕，应及时切断电源	

续表

风险编号	工序	风险可能导致的后果	风险控制关键因素	风险评定值 D	风险级别	预 控 措 施	备注
02080000	变电站站区道路工程及围墙工程						
02080100	站区四通一平、站区道路工程						
02080101	场地平整	坍塌机械伤害		54（6×3×3）	四	（1）土方开挖时，坑口边缘1.0m以内不得堆放材料、工具、泥土。并视土质特性，留有安全边坡。如果使用的开挖机械自重较大，基坑边缘容易发生塌方，严格按安规要求留有适当坡度，并加强安全监护，顶部按规范要求设置截水沟。所有设备及工器具要进行定期维护保养。 （2）一般土质条件下弃土堆底至基坑顶部距离不小于1.2m，弃土堆放距基坑边缘1.0m以外，堆高不大于1.5m，垂直坑壁边坡条件下弃土堆底至基坑顶边距离不小于3m，软土场地的基坑则不应在基坑边堆土。挖土区域设警戒线，严禁各种机械、车辆在开挖的基础边缘2m内停放或通行。开挖过程中必须观测基坑周边土质是否存在裂缝及渗水等异常情况，适时进行监测。 （3）土石方卸料前，车厢上方应无电线或障碍物，四周应无人员来往，卸料时，应将车停稳，不得边卸边行驶。举升车厢时，应控制内燃机中速运转，当车厢升到顶点时，应降低内燃机转速，减少车厢振动。 （4）回填平整作业场地时，不得用铲斗进行横扫或用铲斗对地面进行压实。 （5）挖掘机暂停工作时，挖斗放到地面上，不得悬空。 （6）往机动车上装土应待车辆停稳后，确认车内无人后方可进行。挖斗不得从机动车驾驶室上方越过。 推土机行驶前，严禁有人站在履带或刀片的支架上，机械四周应无障碍物，确认安全后，方可开动	
02080102	高度小于8m的挡土墙施工	触电高处坠落物体打击		63（3×3×7）	四	（1）采用块石挡土墙时，卸料车辆应停稳后方可卸料，待车厢完全复位后方可行走。左向低地卸料时，后轮与边沿距离不得小于1m，防止坍塌导致翻车。 （2）块石挡墙施工时，两人抬运块石时，应注意块石平稳，以防落石伤人。往基槽、基坑内运石料时不得乱丢，应使用溜槽或吊运，卸料时下方不得有人，整个作业过程设专人统一指挥。 （3）修整石料应在地面操作并戴防护镜，严禁两人面对面操作。 （4）作业过程中所用脚手架、跳板等材料必须符合规定。 （5）各种电动机具必须按规定接零接地，并设置单一开关；遇有临时停电或停工休息时，必须拉闸加锁	
02080103	高度不小于8m的挡土墙施工	触电高处坠落物体打击	气候变化、地质异常	135（3×3×15）	三	（1）作业时用隔离带将作业区域进行临时隔离，并在适当醒目位置悬挂警示牌，防止无关人员进入作业区。并安排专人监护，指挥装车和监护现场安全。施工中应经常检查土方边坡及支撑，如发现边坡有开裂、疏松或支撑有折断、走动等危险征兆时，应立即采取措施，处理完毕后方可进行工作。 （2）采用块石挡土墙时，卸料车辆应停稳后方可卸料，待车厢完全复位后方可行走。左向低地卸料时，后轮与边沿距离不得小于1m，防止坍塌导致翻车。两人抬运块石时，应注意步调协调一致、块石平稳，以防落石伤人。往基槽、基坑内运石料时不得乱丢，应使用溜槽或吊运，卸料时下方不得有人，整个作业过程设专人统一指挥。 （3）修整石料应在地面操作并戴防护镜，严禁两人面对面操作。	地质条件已详勘，天气良好

续表

风险编号	工序	风险可能导致的后果	风险控制关键因素	风险评定值 D	风险级别	预控措施	备注
02080103	高度不小于8m的挡土墙施工	触电高处坠落物体打击	气候变化、地质异常	135（3×3×15）	三	（4）作业过程中所用脚手架、跳板等材料必须符合规定，搭设符合规范要求。 （5）各种电动机具必须按规定接零接地，并设置单一开关；遇有临时停电或停工休息时，必须拉闸加锁。	地质条件已详勘，天气良好
02080104	边坡及护坡	触电高处坠落机械伤害		42（3×2×7）	四	（1）采用挖掘机配合施工时，挖掘机械工作位置要平坦，工作前履带要制动，回转时不能从汽车驾驶室上部通过，同时汽车未停稳不得装车。 （2）边坡坡面上作业时，应坡顶设置锚固杆，每隔4～5m垂直设置安全绳，作业人员系好安全绳后方可进行坡面支护施工，防止人员坠落。 （3）浆砌片石运送采用人员搬运方式搬运至坡面，坡面上片石应放置在事先挖好的沟槽内，且放置片石不宜过多，防止石块滚落，应随用随搬。 （4）浆砌片石砌筑过程中应注意下方人员，垂直下方不得有交叉作业，砌筑废料禁止向下方抛掷。 （5）各种电动机具必须按规定接零接地，并设置单一开关；遇有临时停电或停工休息时，必须拉闸加锁。 （6）坡面防护工程施工应采取必要的安全防护措施，如挂设安全防护拦截网，施工时禁止上下层交叉作业	
02080105	高边坡（土质边坡高度大于10m，小于100m或岩质边坡高度大于15m、小于100m的边坡）	触电高处坠落机械伤害	人员异常、气候变化	90（3×2×15）	三	（1）高边坡施工应充分考虑季节性气候对高边坡施工的影响，尽量避免安排在雨季施工。雨后及时对边坡进行排查，发现边坡有松动滑移状况及时处理；高边坡的施工必须提前做好截水沟和排水沟，截断山体水流。 （2）挖土方不得在危岩、孤石下边或贴近未加固的危险建（构）筑物的下方进行。机械多台阶同时开挖，应验算边坡的稳定，挖土机离边坡应有一定的安全距离。 （3）开挖必须采用"一机一指挥"，有两台挖掘机同时作业时，保持一定的安全距离，在挖掘机旋转范围内，不允许有其他作业。 （4）反铲挖掘机作业时，履带距工作面边缘距离应大于1m。作业时反铲挖掘机应保持水平位置，将行走机构制动住，并将履带揿紧。作业时，应待机身停稳后再挖土，当铲斗未离开工作面时，不得做回转、行走等动作。回转制动时，应使用回转制动器，不得用转向离合器反转制动。 （5）土方开挖时，开挖应自上而下，逐层进行，严禁先挖脚或逆坡开挖。当观测到土层有裂缝和渗水等异常时，立即停止作业并报告班组负责人，待处置完成合格后，再开始作业，夜间开挖应挂警示灯。施工过程中，如遇有大雨及以上雨情时，做好防止深坑坠落和塌方措施后，迅速撤离作业现场。 （6）边坡坡面上作业时，应在坡顶设置锚固杆，每隔4～5m垂直设置安全绳，作业人员系好安全绳后方可进行坡面支护施工，防止人员坠落。 （7）浆砌片石运送采用人员搬运方式搬运至坡面，坡面上片石应放置在事先挖好的沟槽内，且放置片石不宜过多，防止石块滚落，应随用随搬。 （8）浆砌片石砌筑过程中应注意下方人员，垂直下方不得有交叉作业，砌筑废料禁止向下方抛掷。 （9）各种电动机具必须按规定接零接地，并设置单一开关；遇有临时停电或停工休息时，必须拉闸加锁。 （10）坡面防护工程施工应采取必要的安全防护措施，如挂设安全防护拦截网，施工时禁止上下层交叉作业	人员资质、数量已核对，天气良好

续表

风险编号	工序	风险可能导致的后果	风险控制关键因素	风险评定值 D	风险级别	预 控 措 施	备注
02080106	土石方爆破（火雷管、电雷管等精确度较低的雷管）	爆炸	人员异常、环境变化	240（3×2×40）	二	（1）需要爆破时，选择具有相关资质的民爆公司实施，签订专业分包合同和安全协议，并报监理、业主审批，公安部门备案。在国家批准的允许经营范围内施工。专项施工方案由民爆公司编制，施工项目部审核，并报监理、业主审批。 （2）民爆公司作业人员必须持证上岗，爆破器材符合国家标准，满足现场安全技术要求。 （3）导火索使用前做燃速试验。使用时其长度必须保证操作人员能撤至安全区，不得小于1.2m。 （4）爆破前在路口派人安全警戒。爆破点距民房较近的，爆破前通知民房内人员撤离爆破危险区。 （5）使用电雷管要在切断电源5min后进行现场检查。处理哑炮时严禁从炮孔内掏取炸药和雷管，重新打孔时新孔应与原孔平行，新孔距哑炮孔不得小于0.3m，距药壶边缘不得小于0.5m。 （6）切割导爆索、导火索用锋利小刀，严禁用剪刀或钢丝钳剪夹。严禁切割接上雷管的导爆索。 （7）无盲炮时，必须从最后一响算起经5min后方可进入爆破区，有盲炮或炮数不清时，使用火雷管的应在30min后可进入现场处理。 （8）在民房、电力线附近爆破施工时采松动爆破或压缩爆破，炮眼上压盖掩护物，并有减少震动波扩散的措施。 （9）当天剩余的爆破器材必须点清数量，及时退库。炸药和雷管必须分库存放，雷管应在内有防震软垫的专用箱内存放。 （10）坑内点炮时坑上设专人安全监护，坑深超过1.5m以上时坑内应备梯子，保证点炮人员上下坑的安全。 （11）划定爆破警戒区，警戒区内不得携带火源，普通雷管起爆时不得携带手机等通信设备。 （12）钻孔时持钻人员戴防护手套和防尘面（口）罩、防护眼镜。手不得离开钻把上的风门，更换钻头关闭风门。 （13）人工打孔时扶钎人员戴防护手套和防尘罩采取手臂保护措施，打锤人员和扶钎人密切配合。打锤人不得戴手套，并站在扶钎人的侧面。 （14）规范设置弃土提升装置，并配备防倒转装置。不得在扩孔范围内的地面上堆积土方，土石滚落下方不得有人，下坡方向需设置挡土措施。 （15）配备良好通风设备。 （16）底盘扩底及基坑清理时遵守岩石基础的有关安全要求。 （17）坑模成型后，及时浇灌混凝土，否则采取防止土体塌落的措施	人员资质、数量已核对，人员精神状态已检查，隔离措施已做
02080107	土石方爆破（导雷管、数码雷管等精确度较高的雷管）	爆炸	人员异常、环境变化	120（3×1×40）	三	（1）需要爆破时，选择具有相关资质的民爆公司实施，签订专业分包合同和安全协议，并报监理、业主审批，公安部门备案。在国家批准的允许经营范围内施工。专项施工方案由民爆公司编制，施工项目部审核，并报监理、业主审批。 （2）民爆公司作业人员必须持证上岗，爆破器材符合国家标准，满足现场安全技术要求。 （3）导火索使用前做燃速试验。使用时其长度必须保证操作人员能撤至安全区，不得小于1.2m。 （4）爆破前在路口派人安全警戒。爆破点距民房较近的，爆破前通知民房内人员撤离爆破危险区。	

风险编号	工序	风险可能导致的后果	风险控制关键因素	风险评定值 D	风险级别	预 控 措 施	备注
02080107	土石方爆破（导雷管、数码雷管等精确度较高的雷管）	爆炸	人员异常、环境变化	120（3×1×40）	三	（5）使用电雷管要在切断电源5min后进行现场检查。处理哑炮时严禁从炮孔内掏取炸药和雷管，重新打孔时新孔应与原孔平行，新孔距哑炮孔不得小于0.3m，距药壶边缘不得小于0.5m。 （6）切割导爆索、导火索用锋利小刀，严禁用剪刀或钢丝钳剪夹。严禁切割接上雷管的导爆索。 （7）无盲炮时，必须从最后一响算起经5min后方可进入爆破区，有盲炮或炮数不清时，使用火雷管的应在30min后可进入现场处理。 （8）在民房、电力线附近爆破施工时采松动爆破或压缩爆破，炮眼上压盖掩护物，并有减少震动波扩散的措施。 （9）当天剩余的爆破器材必须点清数量，及时退库。炸药和雷管必须分库存放，雷管应在内有防震软垫的专用箱内存放。 （10）坑内点炮时坑上设专人安全监护，坑深超过1.5m以上时坑内应备梯子，保证点炮人员上下坑的安全。 （11）划定爆破警戒区，警戒区内不得携带火源，普通雷管起爆时不得携带手机等通信设备。 （12）坑模成型后，及时浇灌混凝土，否则采取防止土体塌落的措施。 （13）钻孔时持钻人员戴防护手套和防尘面（口）罩、防护眼镜。手不得离开钻把上的风门，更换钻头关闭风门。 （14）人工打孔时扶钎人员戴防护手套和防尘罩采取手臂保护措施，打锤人员和扶钎人员密切配合。打锤人不得戴手套，并站在扶钎人的侧面	
02080108	道路施工	触电机械伤害		18（3×2×3）	五	一、共性控制措施 （1）在改扩建工程进行本工序作业时，还应执行"03050102土建间隔扩建施工"的相关预控措施。 二、路槽开挖、路基填压施工（D值18，五级） （2）机械填压作业时，机械操作人员应持证上岗，作业过程设专人指挥。两台以上压路机同时作业时，操作人员应将各台压路机的前后间距保持在4m以上。 （3）施工机械在停放时应选择平坦坚实的地方，并将制动器制动住。不得在坡道或土路边缘停车。 （4）蛙式打夯机手柄上应包以绝缘材料，并装设便于操作的开关。操作时应戴绝缘手套。打夯机必须使用绝缘良好的橡胶绝缘软线，作业中严禁夯击电源线。 （5）在坡地或松土层上打夯时，严禁背着牵引。操作时，打夯机前方不得站人。几台同时工作时，各机之间应保持一定的距离，平行不得小于5m，前后不得小于10m。打夯机暂停工作时，应切断电源。电气系统及电动机发生故障时，应由专职电工处理。 （6）挖掘机暂停工作时，挖斗放到地面上，不得悬空。 三、路面施工（D值12，五级） （7）使用振动器的电源线应采用绝缘良好的软橡胶电缆，开关及插头应完整、绝缘良好。严禁直接将电源线插入插座。使用振动器的操作人员应穿绝缘鞋、戴绝缘手套。 （8）作业人员穿好绝缘靴、戴好绝缘手套进行振捣作业，在搬动振动器或暂停作业时必须将电源切断，严禁将开启的振动器放在模板或尚未凝固的混凝土上。切割机进行切缝前检查电源、水源及机组试运转情况良好，切割机刀片与机身完好。	

续表

风险编号	工序	风险可能导致的后果	风险控制关键因素	风险评定值 D	风险级别	预控措施	备注
02080108	道路施工	触电机械伤害		18（3×2×3）	五	（9）混凝土浇筑作业时设专人进行现场指挥并设专职安全员监护，严禁各工序作业人员随意走动或自行作业。 （10）采用切割机进行切缝时操作人员应持证上岗，作业前应检查电源、水源及机组试运转情况是否良好，切割机刀片与机身是否完好	
02080200	围墙工程						
02080201	围墙工程施工	物体打击高处坠落其他伤害		18（3×2×3）	五	一、基础工程施工（D 值 12，五级） （1）采用毛石混凝土时基础选用的毛石应符合设计要求，搬运毛石用绳索、工具等应牢固。作业过程要相互配合，动作一致。行走路线要统一，以免发生碰撞。往基槽、基坑内运石料时不得乱丢，应使用溜槽或吊运，卸料时下方不得有人，整个作业过程设专人统一指挥。 （2）毛石基础砌筑高度较大时应搭设脚手架。 （3）在脚手架上砌石不得使用大锤。修整石料应在地面操作并戴防护镜，严禁两人面对面操作。 （4）采用混凝土基础，组模时应严防模板滑落伤人，合模时逐层找正、支撑加固。模板采用木方加固时，绑扎后应将铁丝末端处理，以防刮伤人。 （5）混凝土浇筑前应确保模板有足够的强度、刚度和稳定性，浇筑时振捣工、瓦工作业禁止踩踏模板支撑。振捣工作业要穿好绝缘靴、戴好绝缘手套；振捣器的电源线应架起作业，严禁在泥水中拖拽电源线，搬动振动器或暂停工作应将振动器电源切断，不得将振动着的振动器放在模板、脚手架或未凝固的混凝土上。 二、墙体砌筑（D 值 18，五级） （6）墙体砌筑应搭设脚手架，严禁作业人员站在墙身上进行勾缝、检查大角垂直度及清扫墙面等作业或在墙身上行走。 （7）砌砖时搭设的脚手架上堆放的砖、砂浆等距墙身不得小于 50cm，荷载不得大于 270kg/m²。砖侧放时不得超过三层。 （8）作业人员在高处作业前，应准备好使用的工具，严禁在高处砍砖，必须使用七分头、半砖时，应在下面用切割机进行切割后运到使用部位。 （9）作业人员在操作完成或下班时应将脚手板上及墙上的碎砖、砂浆清扫干净后再离开，做到工完、料尽、场地清。 （10）压顶砌筑时应轻拿轻放，防止压顶断裂后砸伤人。 三、墙体抹灰及装饰（D 值 18，五级） （11）作业过程中所用脚手架、跳板等材料必须符合规定。在脚手架上进行涂饰作业前应检查脚手架是否牢固。 （12）作业人员在用钢丝刷或电动工具清理墙面时，应注意风向和操作方向，防止眼睛沾污受伤，刮腻子和滚涂涂料作业时，尽量保持作业面与视线在同一高度，避免仰头作业。 （13）作业结束，应进行场地清理，将脚手板上的余浆清除干净，不得直接抛掷杂物。 四、格栅式围墙施工（D 值 18，五级） （14）材料应放置在规定地点进行定置化管理，并符合消防及搬运要求。堆放场地应平坦、不积水，地基应坚实，并设置支垫。 （15）用电设备的电源引线长度不得大于 5m，应设置移动开关箱，移动开关箱至固定配电箱之间的引线长度不得大于 40m，且只能用绝缘护套软电缆。	

风险编号	工序	风险可能 导致的后果	风险控制 关键因素	风险评 定值 D	风险 级别	预控措施	备注
02080201	围墙工程 施工	物体打击 高处坠落 其他伤害		18 (3× 2×3)	五	（16）电动工器具的电源线应选用带有 PE 线芯的软橡胶电缆。 （17）电动工器具的绝缘电阻应定期用 500V 的绝缘电阻表测量，如达不到 2MΩ 时，禁止使用。 （18）电动机械或电动工具必须做到"一机一闸一保护"，暂停工作时，应切断电源。使用手持式电动工具时，必须按规定使用绝缘防护用品。 （19）移动式电动机械必须使用绝缘护套软电缆，必须做好外壳保护接地。 （20）格栅搬运应先将行进通道清理干净，并注意脚下有无障碍，防止磕绊导致人身伤害	
02090000	变电站消防工程						
02090100	消防管道管网施工						
02090101	消防管道 管网施工	坍塌 触电 机械伤害 高处坠落 物体打击		27 (3× 3×3)	四	一、共性控制措施 （1）在改扩建工程进行本工序作业时，还应执行"03050102 土建间隔扩建施工"的相关预控措施。 二、管道的土方开挖（D 值 18，五级） （2）人工挖土方应根据消防管道设计深度和土质情况采取放坡。 （3）深度超过 2m 的消防沟道，应视情况采取防护措施。 （4）土质松动的位置和靠近建筑物附近挖沟时，设置挡土板。严禁施工人员进入有开裂、疏松和支撑松动的地方，不得在支撑和沟坡脚下休息。 （5）不得使用冲击振动较大的工具施工。 （6）及时排除沟道中的地下水，使用的潜水泵需测试电气绝缘，并装设漏电保护器。 （7）挖管道土方时，残土应堆放距坑边 1m 以上，高度不超过 1.5m，且为管道敷设留出一定的作业距离。 （8）严禁车辆在开挖的基坑边缘 2m 内行驶、停放；弃土堆放距基坑边缘 1.0m 以外，软土场地的基坑边不得堆土。 三、管道的下料、敷设、连接和支架安装（D 值 27，四级） （9）管材到货后堆放合理，有防止滚动措施。 （10）切割机械设独立电源箱和漏电保护器，操作人员戴防护镜，穿绝缘鞋。 （11）在潮湿场地焊接时，作业人员应做好绝缘措施。 （12）施工人员用刨锤去焊渣时，应佩戴防护镜；在高处安装喷头和管道时要系好安全带，下面设专人监护。 （13）地面以上管道宜采用法兰连接，连接时作业人员动作要协调，手不得放在法兰接合处。 （14）托架支架作业时应搭设安全可靠的脚手架；上下递送材料时应采用手（传）绳，严禁上下抛物递送材料。 （15）水压试验管道要接地良好，试压过程中设专人监护，施工人员不得带压修理，不得面对出水口，无关人员不得进入试验区域	
02090200	消防设备和控制设备安装						
02090201	消防设备， 消防控制 设备的安 装，电缆 敷设	高处坠落 物体打击		12 (6× 2×1)	五	（1）搬运和移动设备之前，应对搬运用的钢丝绳进行选择和检查。 （2）人力搬运时，不可超限使用抬杠和绳索，无关人员不得停留和通过。设备就位时，作业人员防止挤手和砸脚。 （3）变压器器身和油枕上热敏电缆敷设时，作业人员应系	

续表

风险编号	工序	风险可能导致的后果	风险控制关键因素	风险评定值 D	风险级别	预控措施	备注
02090201	消防设备，消防控制设备的安装，电缆敷设	高处坠落物体打击		12（6×2×1）	五	好安全带，并设专人监护。 （4）电缆敷设人员戴好安全帽、手套，严禁穿塑料底鞋，必须听从统一口令，用力均匀协调。 （5）操作电缆盘人员要时刻注意电缆盘有无倾斜现象，特别是在电缆盘上剩下几圈时，应防止电缆突然崩出伤人。 （6）电缆通过孔洞时，出口侧的人员不得在正面接引，避免电缆伤及面部。 （7）固定电缆用的夹具应具有表面平滑、便于安装、足够的机械强度和适合使用环境的耐久性特点。 （8）在改扩建工程进行本工序作业时，还应执行"03050102 土建间隔扩建施工"的相关预控措施	
02090300	报警与消防水系统联合调试						
02090301	报警与消防水系统调试	触电其他伤害		18（3×2×3）	五	一、共性控制措施 （1）在改扩建工程进行本工序作业时，还应执行"03050102 土建间隔扩建施工"的相关预控措施。 二、火灾报警系统单体调试（D 值 18，五级） （2）调试人员在调试中对变电站运行设备应明晰，施工人员不得触碰运行设备。 （3）操作控制设备的调试人员应着工作装和绝缘鞋。 三、消防系统的联合调试（D 值 18，五级） （4）通电之前检查通道照明、控制设备、水压、通信等符合要求。 （5）参加调试人员应明确带电设备状况，与带电设备保持一定的安全距离。 （6）操作控制设备的调试人员应着工作装和绝缘鞋	
02100000	地下变电站土建施工						
02100100	地下变深基坑开挖						
02100101	基坑开挖	坍塌物体打击	设备异常、地质异常	90（3×2×15）	三	（1）在施工前，需根据工程规模和特性，地形、地质、水文、气象等自然条件，施工导流方式和工程进度要求，施工条件以及可能采用的施工方法等，研究选定开挖方式。 （2）基坑施工必须有专用通道供作业人员上下，设置的通道，在结构上必须牢固可靠，数量、位置满足施工要求并符合有关安全防护规定。 （3）对安全防护设施逐一检查，发现有松动变形损坏或脱落等现象，立即修理完善。 （4）基坑施工应根据专项施工方案设置有效的排水、降水措施；深基坑施工采用坑外降水的，必须有防止邻近建筑物危险沉降的措施。挖土之前，降水必须降至在坑底 1m 以下。 （5）采用机械挖土，施工机械进场前必须经过验收，合格后方能使用。启动前应检查离合器、液压系统及各铰接等部分，经空车试车运转正常后在开始作业。 （6）机械挖土，应严格控制开挖面坡度和分层厚度，防止边坡和挖土机下的土体滑动。机械操作中进铲不应过深，提升不应过猛，不得碰撞支撑。随开挖随支护，严禁超挖。有土钉、锚索注浆时，必须待浆液强度达到要求后方可进行下一步土方开挖。 （7）机械应停在坚实的地基上，如基础过差，应采取走道板等加固措施，不得将挖土机履带与挖空的基坑平行 2m 停、驶。运土汽车不宜靠近基坑平行行驶，防止塌方翻车。	

续表

风险编号	工序	风险可能导致的后果	风险控制关键因素	风险评定值 D	风险级别	预控措施	备注
02100101	基坑开挖	坍塌物体打击	设备异常、地质异常	90（3×2×15）	五	（8）配合挖机的清坡、清底工人，不准在机械回转半径下工作。场内道路应及时整修，确保车辆安全通畅，各种车辆应有专人负责指挥引导。车辆进出门口的人行道，如有地下管线（道）必须铺设厚钢板，或浇筑混凝土加固。车辆出大门口前应将轮胎冲洗干净，不污染道路。 （9）开挖时由专业单位须及时封堵地下连续墙接缝或墙体内出现的水土流失，严防小股流水、流沙冲破地下连续墙中存在的充填泥土的孔洞而导致大量涌沙和基底失稳。 （10）如果基坑开挖过程中，围护结构接缝突然冒沙涌水，立即停止开挖，采用"支、补、堵"的有效措施	
02100102	基坑降、排水	坍塌		12（6×2×1）	五	（1）在雨季期间，加强值班及收听天气预报，下雨之前清理坑内集水坑和排水沟，预备好潜水泵等抽水工具，雨后及时组织人力、物力进行坑内抽、排水工作及基坑四周积水的疏通工作。 （2）雨季现场道路应加强维护，斜道和脚手板应有防滑措施，同时做好现场排水工作。 （3）严格按照基坑降水方案要求进行降水：准备工作→钻机进场→定位安装→开孔→下护口管→钻进→终孔后冲孔换浆→下井管→稀释泥浆→填砂→止水封孔→洗井→下泵试抽→合理安排排水管路及电缆电路→试验→正式抽水→记录。 （4）雨天过后加强基坑监测及坑内水位观测，遇到非正常情况及时采取措施，保证基坑支护的安全及排水工作满足施工的需要	
02100103	基坑工程监测	坍塌		63（3×3×7）	四	（1）建设单位应当委托或采用招标方式选取第三方有资质的监测单位进行基坑及支护结构监测和周围环境监测，并编制专项监测方案。 （2）基坑支护结构应按照规范要求、设计图纸、监测方案进行变形监测，并有监测记录。对毗邻建筑物和重要管线、道路应进行沉降观测，并有观测记录。 （3）开挖期间，要求单位做到常规数据每日一报，数据异常变化随时汇报，及时配合有关单位采取必要措施，保证基坑及周围环境安全	
02100104	基坑垂直作业	物体打击	设备异常、地质异常、交叉作业	135（3×3×15）	三	（1）垂直作业确立可能坠落物体的半径范围之处，必要时设置安全防护棚。所有预留洞口，采用防护网封闭，平面预留洞口四周应设置临时防护栏杆，以防坠物伤及地下施工人员。 （2）设备、材料、渣土起吊时，必须由专人指挥。吊物的下方，严禁任何人员通过或逗留	机械工况良好，地质条件已详勘，无交叉作业
02100200	地下变主体结构施工						
02100201	高大模板支撑系统施工	坍塌物体打击	人员异常、环境变化、交叉作业	240（3×2×40）	二	（1）编写专项施工方案，并经专家论证。 （2）建筑物框架施工时，模板运输时施工人员应从梯子上下，不得在模板、支撑上攀登。严禁在高处的独木或悬吊式模板上行走。 （3）模板顶撑应垂直，底端应平整并加垫木，木楔应钉牢，支撑必须用横杆和剪刀撑固定，支撑处地基必须坚实，严防支撑下沉、倾倒。 （4）支设柱模板时，其四周必须钉牢，操作时应搭设临时工作台或临时脚手架，搭设的临时脚手架应满足脚手架搭设的各项要求。	人员资质、数量已核对，隔离措施已做，无交叉作业

续表

风险编号	工序	风险可能导致的后果	风险控制关键因素	风险评定值 D	风险级别	预 控 措 施	备注
02100201	高大模板支撑系统施工	坍塌 物体打击	人员异常、环境变化、交叉作业	240（3×2×40）	二	（5）支设梁模板时，不得站在柱模板上操作，并严禁在梁的底模板上行走。 （6）采用钢管脚手架兼作模板支撑时必须经过技术人员的计算，每根立柱的荷载不得大于2t，立柱必须设水平拉杆及剪刀撑。 （7）独立柱或框架结构中高度较大的柱安装后应用缆风绳拉牢固定。 （8）模板拆除应按顺序分段进行。严禁猛撬、硬砸及大面积撬落或拉倒。高处拆模应划定警戒范围，设置安全警戒标志并设专人监护，在拆模范围内严禁非操作人员进入。 （9）拆下的模板应及时运到指定地点集中堆放，不得堆在脚手架或临时搭设的工作台上，以免坠落伤人	人员资质、数量已核对，隔离措施已做，无交叉作业
02100202	逆做法施工	火灾 中毒 窒息 触电 坍塌 物体打击 高处坠落 起重伤害	人员异常、设备异常、交叉作业	126（6×3×7）	三	（1）编制施工组织设计和专项安全措施。 （2）施工用电要求：配电箱至各电器设备的线路，应采用双层绝缘电（线）缆，宜架空铺设，且电缆固定位置要牢固，配电箱应采用专用防水型。 （3）地下降水施工时：对于降水、截水和回灌等方法的应用，应严格遵守《建筑基坑支护技术规程》（JGJ 120—2012）相关要求，地下水应降至开挖基坑底面0.5m以下，防止水泡导致基坑塌方。 （4）围护结构施工时：连续墙单元槽段长度宜控制在4～8m范围内。排桩可采用人工或机械成孔，宜采用间隔法施工，采取吊运形式将钢筋笼安置就位后，浇筑混凝土。 （5）竖向结构施工时：结构支撑柱的施工，应严格遵守《建筑桩基技术规范》（JGJ 94—2008）相关要求成桩。 （6）土方开挖与运输：开挖前，设置安全隔离区，挂设安全警告等标牌，禁止非作业人员进入，夜间应挂设红灯予以警示。并根据施工实际情况，足量设置通风换气、施工照明的数量，合理设置人员安全通道和物料提升井；定制安装的取土口设备，应有专人操作，上岗前做好培训交底，并设专人指挥；土方运输宜采用皮带或机械吊运形式。梁、板下土方应在混凝土强度满足设计要求时，方可进行开挖，并及时清运土方，禁止在楼板和基坑周围堆置土方。在地下挖土时，应按规定路线挖掘，按照由高至低、由外至里，放坡挖掘，避免塌方。挖土至模板松动时，应先拆除模板和其他坠落物，避免模板等物体掉落伤人，拆除的材料应随时外运。 （7）"四口五临边"应及时封闭，平面预留洞口四周应设置硬质围栏，下方设安全网。 （8）水平结构施工时：应采用土模或其他支模形式浇筑梁、板等水平结构，及时复核并随时检查维护结构的稳定性和安全性，发现异常时，应立即处理，待处理合格后方可继续施工。 （9）梁、板、底板和竖向结构连接施工时：各个连接节点的钢筋应采用预设焊接或植筋的形式，焊件必须进行抗拉轻度试验合格后，方可浇筑混凝土。焊接等动火作业期间，足量配备灭火器材，防止火灾事故的发生。 （10）地下建筑结构施工期间，应经常测量有毒有害气体的含量；禁止使用燃油设备，防止人员一氧化碳中毒。 （11）冬季养护阶段，严禁作业人员进棚内取暖，进棚作业必须设专人棚外监护	指挥人员经验已核对，机械工况良好，无交叉作业

续表

风险编号	工序	风险可能导致的后果	风险控制关键因素	风险评定值 D	风险级别	预 控 措 施	备注
02110000	钢结构及相关施工						
02110100	钢结构彩板安装						
02110101	彩板压制、安装	中毒 火灾 触电 高处坠落 机械伤害		54（6×3×3）	四	一、彩板压制（D 值 42，四级） （1）施工用机械、工器具经试运行、检查性能完好，满足使用要求。 （2）所有电动工机具必须做好外壳保护接地。 （3）施工现场及材料堆放点严禁烟火，并配备充足有效的灭火器具。 （4）彩板压制设备要放在通风、干燥的棚内，外壳要接地。 二、彩板安装（D 值 54，四级） （5）在施工现场及材料堆放点严禁烟火，并配置充足有效的消防器材。 （6）冬季应尽量避免在 0℃以下施工，如必须在负温下施工，应采取相应措施。夏季施工时避免在高温烈日下进行。 （7）施工作业时应按施工方案在屋面设置水平生命线。 （8）作业区域应设置警戒线，无关人员不得通过或逗留。 （9）高处作业人员使用的工具及安装用的零部件，应放在随身佩带的工具袋内，不可随便向下丢掷。 （10）彩板起吊过程中，吊车必须支撑平稳，必须设置专人指挥，吊索必须绑扎牢固，绳扣必须在吊钩内锁牢。作业范围内严禁站人，吊运彩板就位固定后才能松动吊绳。 （11）作业人员在对压型钢板打钉时应观察位置，避免打中自身手掌等地。 （12）钢爬梯上进行压型钢板安装前应检查钢爬梯安全性，钢爬梯是否牢固，在爬梯顶端是否固定牢。钢爬梯内应设置垂直攀登自锁器	
02110200	钢结构安装						
02110201	钢结构地面加工、组装	起重伤害 物体打击		54（6×3×3）	四	（1）在焊接或切割地点周围 5m 范围内清除易燃、易爆物，并配备足够的灭火器材。 （2）切割机、电焊机等有单独的电源控制装置，外壳必须接地可靠。 （3）电动机械或电动工具必须做到"一机一闸一保护"。移动式电动机械必须使用绝缘护套软电缆，必须做好外壳保护接地。暂停工作时，应切断电源。使用手持式电动工具时，必须按规定使用绝缘防护用品。 （4）起重机械与起重工器具必须经过计算选定，起重机械应取得安全准用证并在有效期内，起重工器具应经过安全检验合格后方可使用。吊点位置必须经过计算现场指定。吊点处要有对吊绳的防护措施，防止吊绳卡断。待构件就位点上方 200～300mm 稳定后，作业人员方可进入作业点。 （5）起吊前检查起重设备及其安全装置。吊装过程中设专人指挥，吊臂及吊物下严禁站人或有人经过。在吊件上拴以牢固的牵引绳，落钩时，防止吊物局部着地引起吊绳偏斜，吊物未固定好，严禁松钩。 （6）起吊前应检查起重设备及其安全装置；构件吊离地面约 100mm 时应暂停起吊并进行全面检查，确认无误后方可继续起吊。严禁以设备、管道、脚手架等作为起吊重物的承力点。 （7）起重工作区域内应设警戒线，无关人员不得停留或通过。在伸臂及吊物的下方，严禁任何人员通过或逗留。	

风险编号	工序	风险可能导致的后果	风险控制关键因素	风险评定值 D	风险级别	预控措施	备注
02110201	钢结构地面加工、组装	起重伤害物体打击		54（6×3×3）	四	（8）绑牢起吊物，吊钩悬挂点与吊物的重心在同一垂直线上，吊钩钢丝绳保持垂直，严禁偏拉斜吊。 （9）起重作业中，如遇有六级及以上大风或雷暴、冰雹、大雪等恶劣天气时，停止起重和露天高处作业	
02110202	钢结构吊装	起重伤害高处坠落	人员异常、设备异常、气候变化	126（6×3×7）	三	（1）钢结构基础部分经过验收合格，地脚螺栓与钢结构地脚板校核无误，满足钢结构安装安全技术要求，方可开始吊装作业。吊装作业前，钢结构立柱吊点位置必须经过计算并现场指定。临时拉线绑扎应靠近牛腿等节点位置，吊点绳和临时拉线必须由专业起重工绑扎并用卡扣紧固。并对起重机限位器、限速器、制动器、支脚与吊臂液压系统进行安全检查，并空载试运转。 （2）吊装区域必须规范设置警戒区域，悬挂警告牌，设专人监护，严禁非作业人员进入。吊装过程中设专人指挥，吊臂及吊物下严禁站人或有人经过。 （3）汽车起重机不准吊重行驶或不打支腿就吊重。在打支腿时，支腿伸出放平后，即关闭支腿开关，如地面松软不平，应修整地面，垫放枕木。起重机各项措施检查安全可靠后再进行起重作业。起吊物应绑牢，并有防止倾倒措施。吊钩悬挂点应与吊物的重心在同一垂直线上，吊钩钢丝绳应保持垂直，严禁偏拉斜吊。落钩时，应防止吊物局部着地引起吊绳偏斜，吊物未固定好，严禁松钩。 （4）起重工作区域内无关人员不得停留或通过。在伸臂及吊物的下方，严禁任何人员通过或逗留。 （5）起吊前应检查起重设备及其安全装置；重物吊离地面约100mm时应暂停起吊并进行全面检查，确认良好后方可正式起吊。起重机吊运重物时应走吊运通道，严禁从有人停留场所上空越过；对起吊的重物进行加工、清扫等工作时，应采取可靠的支承措施，并通知起重机操作人员。吊起的重物不得在空中长时间停留。 （6）两台及以上起重机抬吊情况下，绑扎时应根据各台起重机的允许起重量按比例分配负荷。 （7）当钢结构立柱吊起后与地脚螺栓对接的过程中，作业人员注意不要将手扶在地脚螺栓处，避免构架突然落下将手压伤。 （8）钢柱标高、轴线调整完成，临时拉线固定并做好临时接地之后，再开始登杆作业，摘除吊钩。当天吊装完成的钢结构，必须完成柱脚螺栓的紧固。否则，不得拆除临时拉线。 （9）横梁吊装前，应根据吊装需要的平衡要求，经计算并现场指定吊点位置，吊点处要有对吊绳的防护措施，防止吊绳卡断。待横梁距就位点上方200～300mm稳定后，作业人员方可进入作业点。横梁就位时，应使用尖扳手定位，禁止用手指触摸螺栓固定孔。横梁就位后，应及时用螺栓固定。 （10）高处作业人员进行攀爬柱、体钢结构连接作业时必须使用提前设置的垂直攀登自锁器。在横梁上行走时，必须使用提前设置的水平安全绳。在转移作业位置时不得失去保护。所用的工具和材料放在工具袋内或用绳索拴在牢固的构件上，较大的工具系有保险绳。上下传递物件使用绳索，不得抛掷。 （11）起重作业中，如遇有六级及以上大风或雷暴、冰雹、大雪等恶劣天气时，停止起重和露天高处作业	指挥人员经验已核对，起重荷载确定小于额定90%，天气良好

风险编号	工序	风险可能导致的后果	风险控制关键因素	风险评定值 D	风险级别	预 控 措 施	备注
02110203	装配式厂房安装	起重伤害高处坠落	人员异常、设备异常、气候变化	90（3×2×15）	三	（1）汽车起重机不准吊重行驶或不打支腿就吊重。在打支腿时，支腿伸出放平后，即关闭支腿开关，如地面松软不平，应修整地面，垫放枕木。起重机各项措施检查安全可靠后再进行起重作业。起吊物应绑牢，并有防止倾倒措施。吊钩悬挂点应与吊物的重心在同一垂直线上，吊钩钢丝绳应保持垂直，严禁偏拉斜吊。落钩时，应防止吊物局部着地引起吊绳偏斜，吊物未固定好，严禁松钩。 （2）起重工作区域内无关人员不得停留或通过。在伸臂及吊物的下方，严禁任何人员通过或逗留。 （3）起吊前应检查起重设备及其安全装置；重物吊离地面约100mm时应暂停起吊并进行全面检查，确认良好后方可正式起吊。起重机吊运重物时应走吊运通道，严禁从有人停留场所上空越过；对起吊的重物进行加工、清扫等工作时，应采取可靠的支承措施，并通知起重机操作人员。吊起的重物不得在空中长时间停留。 （4）两台及以上起重机抬吊情况下，绑扎时应根据各台起重机的允许起重量按比例分配负荷。 （5）在抬吊过程中，各台起重机的吊钩钢丝绳应保持垂直，升降行走应保持同步。各台起重机所承受的载荷，不得超过各自的允许起重量。 （6）高处作业人员必须正确佩戴安全带，并确保高挂低用，禁止平挂或低挂高用。 （7）在屋面板铺设前，确保屋面板下满铺安全网。 （8）吊索（千斤绳）的夹角一般不大于90°，最大不得超过120°，起重机吊臂的最大仰角不得超过制造厂铭牌规定。 （9）起吊物要绑牢，并有防止倾倒措施。吊钩悬挂点应与吊物的重心在同一垂直线上，吊钩钢丝绳应保持垂直，严禁偏拉斜吊	指挥人员经验已核对，起重荷载确定小于额定90%，天气良好
02110204	檩条及墙板安装	起重伤害物体打击高处坠落		54（6×3×3）	四	（1）电焊机应安放在干燥的地方，应有防雨防潮措施。其外壳接地或接零必须可靠牢固，不可多台串联接地或接零。 （2）每台电焊机电源必须有单独的控制装置，电焊机一次侧电源线长度不应大于5m，二次线电缆长度不应大于30m。 （3）严禁将电缆管、电缆外皮或吊车轨道等作为电焊地线，也不得采用金属构件或结构钢筋代替电焊地线。在采用屏蔽电缆的变电站内施焊时，必须用专用地线且应接在焊件上或在接地点5m范围内进行施焊。 （4）在焊接或切割地点周围5m范围内清除易燃、易爆物，并配备足够的灭火器材。 （5）机械切割采用专用切割机，操作严格按照操作规程进行。 （6）高处作业人员必须使用提前设置的垂直攀登自锁器，正确使用安全带并穿防滑鞋、使用的工具及安装用的零部件，放在随身佩带的工具袋内，不可随便向下丢掷。 （7）遇有六级及以上大风或雷暴、冰雹、大雪等恶劣天气时，停止起重和露天高处作业	
02110300	隔音降噪装置安装						
02110301	围墙上隔音降噪装置安装	起重伤害物体打击高处坠落		54（6×3×3）	四	（1）工作前清理围墙上的杂物以及土建预制突起的钢筋等。 （2）吊件按照起吊要求拴牢、固定好。起吊吊带承重符合要求。下方有专人牵引控制绳控制角度。降噪板挂点避免在	

续表

风险编号	工序	风险可能导致的后果	风险控制关键因素	风险评定值 D	风险级别	预 控 措 施	备注
02110301	围墙上隔音降噪装置安装	起重伤害物体打击高处坠落		54（6×3×3）	四	高点，吊点统一考虑，适合安装和拆除。当底座板螺栓均已紧固后，吊绳方可降落，挂点方可拆除。 （3）工作区域进行安全围栏隔离，禁止非工作人员通过或逗留。 （4）吊车操作缓慢，吊运重物按规定路线移动。指挥口令清晰，垂直起吊，不斜吊或蛮吊。 （5）在安装工作区域的围墙上高 1m 处设水平安全绳。安装人员配备滑动式安全带，高处作业人员必须正确使用安全带并穿防滑鞋、使用的工具及安装用的零部件，放在随身佩带的工具袋内，不可随便向下丢掷。 （6）起重作业区域设警戒线，严禁任何人员通过或逗留。吊装过程中对已安装围墙采取保护及防火措施，防止隔声屏障板碰撞围墙。 （7）电动机械或电动工具必须做到"一机一闸一保护"。移动式电动机械必须使用绝缘护套软电缆，必须做好外壳保护接地。暂停工作时，应切断电源。使用手持式电动工具时，必须按规定使用绝缘防护用品。 （8）对未安装完毕的围墙降噪设施，连接固定可靠，临时接地可靠，能够满足设计的防风和防雷要求	
02110302	换流变压器隔音降噪装置安装	起重伤害物体打击高处坠落		54（6×3×3）	四	（1）工作前熟悉设备处周围环境、检查通道是否畅通等。 （2）吊件按起吊要求拴牢、固定好。起吊吊带承重符合要求。下方有专人牵引控制绳控制角度。隔音板挂点避免在高点，吊点统一考虑，适合安装和拆除。当底座板螺栓均已紧固后，吊绳方可降落，挂点方可拆除。 （3）工作区域进行安全围栏隔离，禁止非工作人员通过或逗留。高处作业人员必须正确使用安全带并穿防滑鞋、使用的工具及安装用的零部件，放在随身佩带的工具袋内，不可随便向下丢掷。 （4）吊车操作缓慢，吊运重物按规定路线移动。指挥口令清晰，垂直起吊，不斜吊或蛮吊，防止损坏设备。 （5）对未安装完毕的换流变降噪设施，连接固定可靠，临时接地可靠，能够满足设计的防风和防雷要求。 （6）穿防滑鞋。六级及以上大风、雨雪天气禁止起吊作业。 （7）电动机械或电动工具必须做到"一机一闸一保护"。移动式电动机械必须使用绝缘护套软电缆，必须做好外壳保护接地。暂停工作时，应切断电源。使用手持式电动工具时，必须按规定使用绝缘防护用品。 （8）起重作业区域设警戒线，严禁任何人员通过或逗留。吊装过程中对已安装围墙采取保护及防火措施，防止声屏障板碰撞围墙	
02120000	直流换流站专属工程						
02120100	水池及盐池施工						
02120101	开挖深度在5m以内的基坑挖土（不含5m）	坍塌	设备异常、地质异常	84（6×2×7）	三	（1）若采用机械化或智能化装备施工时，风险等级可降低一级管控。 （2）挖土区域设警戒线，基槽两边顶部2m范围内，不得临时增加荷载。各种机械、车辆严禁在开挖的基础边缘2m内行驶、停放。 （3）一般土质条件下弃土堆底至基坑顶边距离不小于1m，弃土堆高不大于1.5m。软土场地的基坑边则不应在基坑边堆土。	机械工况良好，地质条件已详勘

风险编号	工序	风险可能导致的后果	风险控制关键因素	风险评定值 D	风险级别	预 控 措 施	备注
02120101	开挖深度在 5m 以内的基坑挖土（不含 5m）	坍塌	设备异常、地质异常	84（6× 2×7）	三	（4）垂直坑壁边坡条件下弃土堆底至基坑顶边距离不小于 3m。 （5）挖掘土石方自上而下进行，严禁使用挖空底脚的方法，挖掘前必须将坡上的浮石清理干净。严禁任何人在伸臂及挖斗下面通过或逗留，严禁在挖土机的回转半径内进行各种辅助工作。 （6）开挖过程中必须观测基坑周边土质是否存在裂缝及渗水等异常情况，适时进行监测。 （7）机动车停稳后方可进行装土作业，挖斗严禁从驾驶室上方越过。挖掘机暂停工作时，挖斗放到地面上，不得悬空。 （8）规范设置供作业人员上下基槽的安全通道（梯子），基槽边缘按规范要求设置安全护栏。 （9）施工作业点设可靠围栏及悬挂警告标识，夜间施工设红灯警示，并设监护人。 （10）遇地下水的基坑施工采用降水、支护措施。水泵启动前检查线路有无破损，漏保是否有效。作业人员穿绝缘靴，严禁在水泵运转期间下基槽作业。 （11）在雨季期间，现场道路加强维护，斜道和脚手板有防滑措施，同时做好现场排水工作。加强值班及注意收听天气预报，下雨之前清理坑内集水坑和排水沟，预备好潜水泵等抽水工具，雨后及时组织人力、物力进行坑内抽、排水工作及基坑四周积水的疏通工作	机械工况良好，地质条件已详勘
02120102	开挖深度超过 5m（含 5m）的深基坑挖土或未超过 5m，但地质条件与周边环境复杂	坍塌	设备异常、地质异常	180（6× 2×15）	二	（1）若采用机械化或智能化装备施工时，风险等级可降低一级管控。 （2）挖土区域设警戒线，基槽两边顶部 2m 范围内，不得临时增加荷载。各种机械、车辆严禁在开挖的基础边缘 2m 内行驶、停放。基坑顶部按规范要求设置截水沟，基坑底部应做好井点降水或集中排水措施。 （3）一般土质条件下弃土堆底至基坑顶边距离不小于 1m，弃土堆高不大于 1.5m。软土场地的基坑边则不应在基坑边堆土。在粉砂、淤泥和软土场地的基坑边上，禁止堆土。 （4）垂直坑壁边坡条件下弃土堆底至基坑顶边距离不小于 3m。 （5）挖掘土石方自上而下进行，严禁使用挖空底脚的方法，挖掘前必须将坡上的浮石清理干净。严禁任何人在伸臂及挖斗下面通过或逗留，严禁在挖土机的回转半径内进行各种辅助工作。 （6）土方开挖中，观测到基坑边缘有裂缝和渗水等异常时，立即停止作业并报告班组负责人，待处置完成合格后，再开始作业。如遇大雨及以上雨情时，做好防止深坑坠落和塌方措施后，迅速撤离作业现场。 （7）机动车停稳后方可进行装土作业，挖斗严禁从驾驶室上方越过。挖掘机暂停工作时，挖斗放到地面上，不得悬空。 （8）人机配合开挖和清理基坑底部余土时，设专人指挥和监护规范设置供作业人员上下基槽的安全通道（梯子），基槽边缘按规范要求设置安全护栏。 （9）施工作业点设可靠围栏及悬挂警告标识，夜间施工设红灯警示，并设监护人。 （10）遇地下水的基坑施工采用降水、支护措施。水泵启动前检查线路有无破损，漏保是否有效。作业人员穿绝缘靴，严禁在水泵运转期间下基槽作业。	机械工况良好，地质条件已详勘

风险编号	工序	风险可能导致的后果	风险控制关键因素	风险评定值 D	风险级别	预 控 措 施	备注
02120102	开挖深度超过5m（含5m）的深基坑挖土或未超过5m，但地质条件与周边环境复杂	坍塌	设备异常、地质异常	180（6×2×15）	二	（11）在雨季期间，现场道路加强维护，斜道和脚手板有防滑措施，同时做好现场排水工作。加强值班及收听天气预报，下雨之前清理坑内集水坑和排水沟，预备好潜水泵等抽水工具，雨后及时组织人力、物力进行坑内抽、排水工作及基坑四周积水的疏通工作。 （12）开挖期间，要求观测单位做到常规数据每日一报，数据异常变化随时汇报，及时配合有关单位采取必要措施，保证基坑和周围建筑安全	机械工况良好，地质条件已详勘
02120200	换流变广场及轨道广场施工						
02120201	轨道加工、运输和安装	机械伤害		18（3×2×3）	五	（1）机械切割采用专用切割机，严格按照操作规程进行操作。 （2）在轨道的安装过程中，必须有工作人员指挥，统一协调安装进程。 （3）钢轨搬运过程中，应采取牢固的措施封车，车的行驶速度应小于15km/h。 （4）起吊钢轨必须绑牢，并有防止倾倒措施。吊钩悬挂点与吊物的重心在同一垂直线上，吊钩钢丝绳保持垂直，严禁偏拉斜吊。落钩时，防止吊物局部着地引起吊绳偏斜，吊物未固定好，严禁松钩。起吊钢轨或不规则组件时，在吊件上拴以牢固的溜绳。起重工作区域内无关人员不得停留或通过。在伸臂及吊物的下方，严禁任何人员通过或逗留。 （5）钢轨焊接应合理选择焊机和焊条，进行焊接或切割作业时，操作人员穿工作服、绝缘鞋、戴防护手套等符合专业要求的劳保用品；焊接导线及钳口接线有可靠绝缘，焊机不得超负荷使用；做好防止触电、爆炸和防止金属火花飞溅伤人，损坏设备（瓷件）或引起火灾的措施，并防止灼伤。 （6）在焊接或切割地点周围5m范围内清除易燃、易爆物，并配备足够的灭火器材。 （7）切割机、电焊机等有单独的电源控制装置，外壳必须接地可靠。 （8）在进行气焊或切割作业时，严禁无减压阀直接使用，气瓶与明火距离不得小于10m，乙炔瓶直立使用，氧气瓶与乙炔瓶距离大于5m。焊接和切割工作结束后，必须切断电源和气源。 （9）电动机械或电动工具必须做到"一机一闸一保护"。移动式电动机械必须使用绝缘护套软电缆，必须做好外壳保护接地。暂停工作时，应切断电源。使用手持式电动工具时，必须按规定使用绝缘防护用品	
02120300	阀厅钢结构吊装						
02120301	阀厅钢结构地面加工、组装	起重伤害物体打击		54（6×3×3）	四	（1）在焊接或切割地点周围5m范围内清除易燃、易爆物，并配备足够的灭火器材。 （2）切割机、电焊机等有单独的电源控制装置，外壳必须接地可靠。 （3）电动机械或电动工具必须做到"一机一闸一保护"。移动式电动机械必须使用绝缘护套软电缆，必须做好外壳保护接地。暂停工作时，应切断电源。使用手持式电动工具时，必须按规定使用绝缘防护用品。 （4）起重机械与起重工器具必须经过计算选定，起重机械应取得安全准用证并在有效期内，起重工器具应经过安全检验合	

风险编号	工序	风险可能导致的后果	风险控制关键因素	风险评定值 D	风险级别	预控措施	备注
02120301	阀厅钢结构地面加工、组装	起重伤害物体打击		54（6×3×3）	四	格后方可使用。吊点位置必须经过计算现场指定。吊点处要有对吊绳的防护措施，防止吊绳卡断。待构件就位点上方200～300mm稳定后，作业人员方可进入作业点。 （5）起吊前检查起重设备及其安全装置。吊装过程中设专人指挥，吊臂及吊物下严禁站人或有人经过。在吊件上拴以牢固的牵引绳，落钩时，防止吊物局部着地引起吊绳偏斜，吊物未固定好，严禁松钩。 （6）起吊前应检查起重设备及其安全装置；构件吊离地面约100mm时应暂停起吊并进行全面检查，确认无误后方可继续起吊。严禁以设备、管道、脚手架等作为起吊重物的承力点。 （7）起重工作区域内应设警戒线，无关人员不得停留或通过。在伸臂及吊物的下方，严禁任何人员通过或逗留。 （8）绑牢起吊物，吊钩悬挂点与吊物的重心在同一垂直线上，吊钩钢丝绳保持垂直，严禁偏拉斜吊。 （9）起重作业中，如遇有六级及以上大风或雷暴、冰雹、大雪等恶劣天气时，停止起重和露天高处作业	
02120302	阀厅钢柱吊装	起重伤害物体打击	人员异常、设备异常、气候变化	90（3×2×15）	三	（1）起重机械与起重工器具必须经过计算选定，起重机械应取得安全准用证并在有效期内，起重工器具应经过安全检验合格后方可使用。吊点位置必须经过计算现场指定。吊点处要有对吊绳的防护措施，防止吊绳卡断。待构件就位点上方200～300mm稳定后，作业人员方可进入作业点。 （2）起吊前检查起重设备及其安全装置。吊装过程中设专人指挥，吊臂及吊物下严禁站人或有人经过。在吊件上拴以牢固的牵引绳，落钩时，防止吊物局部着地引起吊绳偏斜，吊物未固定好，严禁松钩。 （3）起重机吊臂的最大仰角不得超过制造厂铭牌规定。起吊钢柱时，应在钢柱上拴以牢固的控制绳。吊起的重物不得在空中长时间停留。 （4）起吊前应检查起重设备及其安全装置；钢柱吊离地面约100mm时应暂停起吊并进行全面检查，确认无误后方可继续起吊。严禁以设备、管道、脚手架等作为起吊重物的承力点。 （5）钢柱立起后，应及时与接地装置连接。吊装完成后及时紧固地脚螺栓。 （6）起重工作区域内应设警戒线，无关人员不得停留或通过。在伸臂及吊物的下方，严禁任何人员通过或逗留。 （7）高处作业人员必须使用提前设置的垂直攀登自锁器。高处作业所用的工具和材料放在工具袋内或用绳索拴在牢固的构件上，较大的工具系有保险绳。上下传递物件使用绳索，不得抛掷。 （8）起吊绳（钢丝绳）及U形环通过拉力承载试验。 （9）绑牢起吊物，吊钩悬挂点与吊物的重心在同一垂直线上，吊钩钢丝绳保持垂直，严禁偏拉斜吊。 （10）支吊索的夹角一般不大于90°，最大不得超过120°，起重机吊臂的最大仰角不得超过制造厂铭牌规定。 （11）两台及以上起重机抬吊作业，选择计算好的吊点，不得超过各自的允许起重量。 （12）起重作业中，如遇有六级及以上大风或雷暴、冰雹、大雪等恶劣天气时，停止起重和露天高处作业	人员资质、数量已核对，机械工况良好，天气良好

风险编号	工序	风险可能导致的后果	风险控制关键因素	风险评定值 D	风险级别	预控措施	备注
02120303	阀厅钢屋架整体吊装	起重伤害物体打击高处坠落	人员异常、设备异常、气候变化	90 (3×2×15)	三	(1) 起重机械与起重工器具必须经过计算选定，起重机械应取得安全准用证并在有效期内，起重工器具应经过安全检验合格后方可使用。吊点处要有对吊绳的防护措施，防止吊绳卡断。待构件就位点上方200～300mm稳定后，作业人员方可进入作业点。 (2) 起吊前检查起重设备及其安全装置。吊装过程中设专人指挥，吊臂及吊物下严禁站人或有人经过。在吊件上拴以牢固的牵引绳，落钩时，防止吊物局部着地引起吊绳偏斜，吊物未固定好，严禁松钩。 (3) 高空作业人员必须使用提前设置的垂直攀登自锁器。在横梁上行走时，必须使用提前设置的水平安全绳。在转移作业位置时不得失去保护。所用的工具和材料放在工具袋内或用绳索拴在牢固的构件上，较大的工具系有保险绳。上下传递物件使用绳索，不得抛掷。 (4) 钢屋架吊点位置必须经过计算现场指定，必要时采取补强措施。起吊钢屋架应绑牢，并有防止倾倒措施。吊钩悬挂点应与钢屋架的重心在同一垂直线上，吊索（千斤绳）的夹角一般不大于90°，最大不得超过120°。 (5) 起重机吊臂的最大仰角不得超过制造厂铭牌规定。起吊钢屋架时，应在钢屋架上拴以牢固的控制绳。 (6) 起吊前应检查起重设备及其安全装置；钢屋架吊离地面约100mm时应暂停起吊并进行全面检查，确认无误后方可继续起吊。 (7) 起重工作区域内应设警戒线，严禁任何人员通过或逗留。 (8) 起吊绳（钢丝绳）及U形环通过拉力承载试验。 (9) 绑牢起吊物，吊钩悬挂点与吊物的重心在同一垂直线上，吊钩钢丝绳保持垂直，严禁偏拉斜吊。 (10) 落钩时，防止吊物局部着地，吊物未固定好，严禁松钩。 (11) 支吊索（千斤绳）的夹角一般不大于90°，起重机吊臂的最大仰角不得超过制造厂铭牌规定。 (12) 起重工作区域内设警戒线，起重工作区域内无关人员不得停留或通过。在伸臂及吊物的下方，严禁任何人员通过或逗留。严禁以运行的设备、管道以及脚手架等作为起吊重物的承力点。 (13) 起吊时，重物吊离地面约100mm时暂停起吊并进行全面检查，确认良好后方可正式起吊。在吊件上拴以牢固的溜绳。吊起的重物不得在空中长时间停留。吊装完成后及时紧固地脚螺栓。 (14) 起重作业中，如遇有六级及以上大风或雷暴、冰雹、大雪等恶劣天气时，停止起重和露天高处作业。 (15) 两台以上起重机抬吊作业，选择计算好的吊点，不得超过各自的允许起重量	人员资质、数量已核对，机械工况良好，天气良好
02120400	防火墙大面积（超长、超高）钢模板安装						
02120401	站内二次运输	机械伤害其他伤害		18 (3×2×3)	五	(1) 防火墙大面积自制钢模板由预制和处置场地运输至防火墙模板架设作业现场过程中，宜使用吊车进行装卸。 (2) 装卸过程中作业人员不得在吊件和吊车臂活动范围内的下方停留和通过。在吊装钢模板作业区域应设置警戒线。装卸过程中作业人员不得在吊件和吊车臂活动范围内的下方停留和通过。	

风险编号	工序	风险可能导致的后果	风险控制关键因素	风险评定值 D	风险级别	预 控 措 施	备注
02120401	站内二次运输	机械伤害其他伤害		18（3×2×3）	五	（3）起吊物应绑牢，并有防止倾倒措施。吊钩悬挂点应与吊物的重心在同一垂直线上，吊钩钢丝绳应保持垂直，严禁偏拉斜吊。起重机吊运重物时应走吊运通道。起吊物不得在空中长时间停留。 （4）搬运过程中，应采取牢固的措施封车，车的行驶速度应小于 5km/h。 （5）钢模板装车后应采取固定措施，以防运输过程中的晃动和倾斜，并保持大面积钢模板水平、稳定放置，人不得在运输平板车箱和模板上混装	
02120402	安装作业平台搭设	触电高处坠落起重伤害其他伤害		42（3×2×7）	四	（1）技术人员编制作业指导书，指明作业过程中的危险点，布置防范措施，接受交底人员必须在交底记录上签字。 （2）安装作业面应搭设双排钢管脚手架，脚手架在使用前必须经过验收合格，并悬挂搭设牌和验收牌。 （3）在吊装钢模板作业区域应设置警戒线。 （4）吊车、卸扣、吊绳（带）、支架、钢丝绳、道木、爬梯等主要机具及材料配置到位，并经检查试验合格	
02120403	安装作业	触电高处坠落起重伤害其他伤害	人员异常、设备异常、气候变化	90（3×2×15）	三	（1）吊装钢模板的吊车按照现场实际工况经计算选定。吊点位置必须经过计算现场指定。吊点处要有对吊绳的防护措施，防止吊绳卡断。待构件就位点上方 200～300mm 稳后，作业人员方可进入作业点。 （2）大面积钢模板起吊应使用起重钢丝绳和卸扣进行起吊，并指定起重司索员进行钢丝绳挂接，严禁其他作业人员随意挂接。 （3）起吊前应检查起重设备及其安全装置；起吊物应绑牢，并有防止倾倒措施。吊钩悬挂点应与吊物的重心在同一垂直线上，吊钩钢丝绳应保持垂直，严禁偏拉斜吊。支吊索（千斤绳）的夹角一般不大于 90°，起重机吊臂的最大仰角不得超过制造厂铭牌规定。起吊物吊离地面约 100mm 时应暂停起吊并进行全面检查，确认无误后方可继续起吊。并设置控制牵引绳。 （4）司索人员撤离具有坠落或倾倒的范围后，指挥人员方可下令起吊。起重工作区域应设置警戒线，无关人员不得停留或通过。在伸臂及吊物的下方，严禁任何人员通过或逗留。 （5）起吊过程中防止组件吊件与安装作业双排钢管脚手架发生碰撞；应设专人指挥，吊臂及吊物下严禁站人或有人经过。吊装完成后及时固定构件。 （6）钢模板起吊就位过程中，高空作业人员应采取安全保护措施；钢模板就位后，应立即采取固定措施，在固定措施完成后并经过现场安全、技术人员确认后，方可拆除起吊钢丝绳卸扣。 （7）高处作业所用的工具和材料放在工具袋内或用绳索拴在牢固的构件上，较大的工具系有保险绳。上下传递物件使用绳索，不得抛掷。 （8）起吊物应绑牢，并有防止倾倒措施。吊钩悬挂点应与吊物的重心在同一垂直线上，吊钩钢丝绳应保持垂直，严禁偏拉斜吊。 （9）起重作业中，如遇有六级及以上大风或雷暴、冰雹、大雪等恶劣天气时，停止起重和露天高处作业。 （10）如起重机发生故障无法放下重物时，必须采取适当的保险措施，除排险人员外，严禁任何人进入危险区	人员资质、数量已核对，机械工况良好，天气良好

续表

风险编号	工序	风险可能导致的后果	风险控制关键因素	风险评定值 D	风险级别	预 控 措 施	备注
02120500	阀厅建筑物接地施工						
02120501	接地施工	高处坠落		12（6×2×1）	五	（1）作业人员在各种支撑、桁架和构件上行走或作业，必须采取安全防护措施。 （2）用脚手架时检查脚手架是否牢固、防护栏杆、挡脚板、安全网是否齐全可靠，平台跳板铺装应严密牢固，不留空隙，不得有探头板。设置在建筑结构上的直爬梯及其他登高攀件，必须牢固、可靠。 （3）用高空作业车或升降车时，应有专人指挥。 （4）不准随意拆除脚手架上的安全措施，如妨碍作业，必须经班组负责人批准后，方可进行拆除。 （5）安全带应挂在牢固的物件上，特别危险的作业应配备两条二道保护绳	
02120502	焊接	火灾 触电		18（3×2×3）	五	（1）高处焊接作业时必须设安全监护人。 （2）进行焊接作业时应加强对电源的维护管理，严禁接地体接触电源。焊机必须可靠接地，焊接导线及钳口接线应有可靠绝缘，焊机不得超负荷使用。 （3）焊接接地施工下方不得有易燃易爆物品，焊渣及时清理干净，以防引起火灾。 （4）高处焊接作业时应采取措施防止安全绳（带）损坏。临边作业、悬空作业应有可靠的安全防护设施。上下交叉作业和通道上作业时，应采取安全隔离措施。 （5）焊枪点火时，按照先开乙炔阀、后开氧气阀的顺序操作，喷嘴不得对人；熄火时按相反的顺序操作；产生回火或鸣爆时，应迅速先关闭乙炔阀，继而关闭氧气阀。 （6）乙炔瓶运输、保管和使用时必须直立放置、不得卧放，乙炔气瓶在使用时必须装设专用减压器。回火防止器，工作前必须检查是否好用，否则禁止使用。使用时操作人员开启阀门时应站在阀门的侧后方缓慢开启。使用氧气、乙炔时，两瓶之间距离不得小于5m，气瓶与明火及火花散落点的距离不得小于10m，并有防止日光曝晒的措施	
02120600	阀厅通风空调设备安装						
02120601	阀厅通风系统安装	起重伤害 物体打击		54（6×3×3）	四	（1）高处作业人员应正确佩戴安全带，穿防滑鞋，高空操作人员使用的工具及安装用的零部件，应放在随身佩带的工具袋内，不可随便向下丢掷；高处作业人员不得在未固定好的风管上站立。 （2）起重机械应取得安全准用证并在有效期内，起重工器具应经过安全检验合格后方可使用。 （3）起吊物应绑牢，并有防止倾倒措施。 （4）起重工作区域内应设警戒线，无关人员不得停留或通过。 （5）起重作业设置专人指挥，指挥信号明确及时，施工人员不得擅自离岗。高空作业必须有专人监护。升降平台操作过程中有人监护，摇臂回转速度平稳。 （6）安装风管时，应注意周围有无障碍物，并注意不得碰撞钢屋架；风管未经稳固，严禁脱钩	
02120602	空调设备安装	高处坠落 物体打击		27（3×3×3）	四	（1）起重机械与起重工器具经计算选定；起重机械应取得安全准用证并在有效期内，起重工器具应经过安全检验合格后方可使用。 （2）起重前应对吊点进行检查，并有防止倾倒措施。作业现场需配备充足的灭火器具。	

风险编号	工序	风险可能导致的后果	风险控制关键因素	风险评定值 D	风险级别	预 控 措 施	备注
02120602	空调设备安装	高处坠落物体打击		27（3×3×3）	四	（3）起重工作区域内应设警戒线，无关人员不得停留或通过。 （4）起重作业设置专人指挥，指挥信号明确及时，施工人员不得擅自离岗。高空作业必须有专人监护。 （5）空调设备就位过程中作业人员应防止碰伤。 （6）升降平台操作过程中有人监护，摇臂回转速度平稳。高处作业施工人员应将安全带系在固定支柱上。使用的工具、材料应放入随身佩带的工具袋中，工机具使用时用绳索拴在手上，上下传递使用吊绳，严禁高处抛掷工具、螺栓等任何物料。 （7）电动机械或电动工具必须做到"一机一闸一保护"。移动式电动机械必须使用绝缘护套软电缆，必须做好外壳保护接地。暂停工作时，应切断电源。使用手持式电动工具时，必须按规定使用绝缘防护用品	
02120603	空调系统的联合调试	触电其他伤害		42（3×2×7）	四	（1）在施工前清理所在区域内的易燃易爆物品。调试区域严禁烟火。调试作业现场必须配备充足的灭火器具。 （2）作业之前检测有无漏电现象，确认空调设备可靠接地。调试人员在调试中对变电站运行设备应明晰，施工人员不得触碰运行设备。 （3）参加调试人员应明确带电设备状况，与带电设备保持一定的安全距离。 （4）操作控制设备的调试人员应着工作装和绝缘鞋	
02120700	阀厅辅助设备安装调试工程（包括火灾报警、照明等）						
02120701	火灾探测器、控制模块、照明灯具安装	高空坠落物体打击		54（6×3×3）	四	（1）升降平台操作过程中有人监护，摇臂回转速度平稳。 （2）起重工器具应经过安全检验合格后方可使用。 （3）电动机械或电动工具必须做到"一机一闸一保护"。移动式电动机械必须使用绝缘护套软电缆。必须做好外壳保护接地。暂停工作时，应切断电源。使用手持式电动工具时，必须按规定使用绝缘防护用品。 （4）工作区域下方应设警戒线，无关人员不得停留或通过。 （5）起重作业设置专人指挥，指挥信号明确及时，施工人员不得擅自离岗。 （6）高空作业人员应正确佩戴安全带、穿防滑鞋，高空操作人员使用的工具及安装用的零部件，应放在随身佩带的工具袋内，不可随便向下丢掷。高空作业及升降平台操作过程中应有专人监护。 （7）升降平台操摇臂回转速度平稳，作业之前检测有无漏电现象	
02120702	系统调试及联动试验	触电火灾		27（3×3×3）	四	（1）调试区域严禁烟火，并配备充足的灭火器具。 （2）调试人员在调试中对变电站运行设备应明晰，施工人员不得触碰运行设备。 （3）参加调试人员应明确带电设备状况，按安规规定与带电设备保持足够安全距离。 （4）操作控制设备的调试人员应着工作装和绝缘鞋。作业之前需检测有无漏电现象。 （5）调试区域严禁烟火，并配备充足的灭火器具。 （6）一次负责人与二次负责人保持沟通，在联动试验前需确定设备一次部分是否具备试验条件及开始联动试验前一次工作人员必须离开，保证这个间隔在联动试验时没有人员作业。 （7）试验电源按电源类别、相别、电压等级合理布置，并在明显位置设立安全标志。试验场所应有良好的接地线	

续表

风险编号	工序	风险可能导致的后果	风险控制关键因素	风险评定值 D	风险级别	预控措施	备注
02120800	接地极工程						
02120801	内外环基坑土方开挖深度在3m以内的基坑挖土（不含3m）	坍塌		27（3×3×3）	四	（1）一般土质条件下弃土堆底至基坑顶边距离不小于1m，弃土堆高不大于1.5m，垂直坑壁边坡条件下弃土堆底至基坑顶边距离不小于3m，软土场地的基坑边则不应在基坑边堆土。 （2）基坑顶部按规范要求设置截水沟。在挖出的坑道两侧设置硬质护栏，并设有明显标志和提示标志，夜间设有警示灯。 （3）土方开挖过程中必须观测基坑周边土质是否存在裂缝及渗水等异常情况，适时进行监测。在挖出的坑道两侧设置硬质护栏，并设有明显标志和提示标志，夜间设有警示灯。 （4）挖土采用机械挖土，在机械作业半径内，禁止站人。 （5）坑边如需堆放材料机械，必须经计算确定放坡系数，必要时采取支护措施。 （6）挖土区域设警戒线，各种机械、车辆严禁在开挖的基础边缘2m内行驶、停放	
02120802	内外环基坑土方开挖深度在5m以内的基坑挖土（不含5m）	坍塌	设备异常、地质异常	84（6×2×7）	三	（1）若采用机械化或智能化装备施工时，风险等级可降低一级管控。 （2）土方开挖必须经计算确定放坡系数，分层开挖，必要时采取支护措施。作业过程中坑边如需临时放置材料，必须重新计算确定放坡系数，必要时采取支护措施。 （3）基坑顶部按规范要求设置截水沟。 （4）一般土质条件下弃土堆底至基坑顶边距离不小于1m，弃土堆高不大于1.5m，垂直坑壁边坡条件下弃土堆底至基坑顶边距离不小于3m，软土场地的基坑边则不应在基坑边堆土。 （5）土方开挖过程中必须观测基坑周边土质是否存在裂缝及渗水等异常情况，适时进行监测。 （6）规范设置弃土提升装置，确保弃土提升装置安全性、稳定性。挖土采用机械挖土，在机械作业半径内，禁止站人。 （7）规范设置供作业人员上下基坑的安全通道（梯子），基坑边缘按规范要求设置安全护栏。在挖出的坑道两侧设置硬质护栏，并设有明显标志和提示标志，夜间设有警示灯。 （8）挖土区域设警戒线，各种机械、车辆严禁在开挖的基础边缘2m内行驶、停放	机械工况良好，地质条件已详勘
02120803	内外环基坑土方开挖深度超过5m（含5m）的深基坑挖土或未超过5m，但地质条件与周边环境复杂	坍塌	设备异常、地质异常	180（6×2×15）	二	（1）若采用机械化或智能化装备施工时，风险等级可降低一级管控。 （2）严格按批准的施工方案执行。 （3）基坑顶部按规范要求设置截水沟。 （4）一般土质条件下弃土堆底至基坑顶边距离不小于1m，弃土堆高不大于1.5m，垂直坑壁边坡条件下弃土堆底至基坑顶边距离不小于3m，软土场地的基坑边则不应在基坑边堆土。 （5）土方开挖过程中必须观测基坑周边土质是否存在裂缝及渗水等异常情况，适时进行监测。 （6）规范设置弃土提升装置，确保弃土提升装置安全性、稳定性。规范设置供作业人员上下基坑的安全通道（梯子），基坑边缘按规范要求设置安全护栏。 （7）挖土区域设警戒线，各种机械、车辆严禁在开挖的基础边缘2m内行驶、停放。 （8）在软土区域内开挖深基槽时，邻近四周不得有振动作业。	机械工况良好，地质条件已详勘

续表

风险编号	工序	风险可能导致的后果	风险控制关键因素	风险评定值 D	风险级别	预控措施	备注
02120803	内外环基坑土方开挖深度超过5m（含5m）的深基坑挖土或未超过5m，但地质条件与周边环境复杂	坍塌	设备异常、地质异常	180（6×2×15）	二	（9）在挖出的坑道两侧设置硬质护栏，并设有明显标志和提示标志，夜间设有警示灯。 （10）挖土采用机械挖土，设专人监护。在机械作业半径内，禁止站人	机械工况良好，地质条件已详勘
02120804	活性填充材料铺设	中毒机械伤害		54（6×3×3）	四	（1）炭粉运输车及其他施工机械、车辆严禁在电极槽边缘2m内行驶、停放。 （2）作业人员采用专用爬梯上下电极沟槽。 （3）作业人员配备、使用安全防毒面罩。 （4）炭粉铺设时，应采取措施，防止炭粉污染，特别是炭粉的粉尘污染，因采取边敷设边水淋的方式，敷设工人应戴防尘面具，防止吸入过多炭粉，影响身体健康。 （5）回填采用机械回填，应设专人监护，在机械旋转半径内，禁止站人	
02120805	馈电元件敷设	物体打击		18（3×2×3）	五	（1）传送馈电元件时，采取可靠措施防止因下方人员未接稳，砸伤作业人员。做到下方作业人员未接稳，上方传递人员不撒手。 （2）作业人员上下基坑应走安全通道（梯子），基坑边缘按规范要求设置安全围栏及警示标识	
02120806	馈电元件放热焊接	触电灼烫		18（3×2×3）	五	（1）焊接操作人员在正式施焊前，均要求先做三组试件，确保掌握焊接相关安全、技术要求。 （2）在使用放热焊接的过程中，一方面应采用低烟配方，从根本上减少金属颗粒溢出；另一方面应加强通风，作业人员戴好防毒口罩，防止施工人员金属中毒。 （3）施工操作时，现场1.5m之内，不得有无关人员停留。 （4）操作人员必须戴上一定隔热效果的工作手套。 （5）操作人员不得面对于熔模开口处操作施工。 （6）焊接点火时，人员用专用点火工具，且保持安全距离	
02120807	电缆运输	机械伤害物体打击		18（3×2×3）	五	（1）电缆卸车必须使用吊车进行，班组负责人应根据电缆轴的重量选择吊车和钢丝绳套，严禁使用跳板滚动卸车和在车上直接将电缆盘推下。 （2）卸车时吊车必须支撑平稳，必须设专人指挥，其他作业人员不得随意指挥吊车司机，遇紧急情况时，任何人员有权发出停止作业信号。 （3）电缆运输车上的挂钩人员在挂钩前要将其他电缆盘用木楔等物品固定后方可起吊，车下人员在电缆盘吊移的过程中，严禁站在吊臂和电缆盘下方，只有在电缆盘将要落地时方可扶持电缆盘，此时作业人员应防止压脚事故的发生	
02120808	电缆敷设	物体打击		54（6×3×3）	四	（1）电缆敷设时应设专人统一指挥，指挥人员指挥信号应明确、传达到位。施工前作业人员应时刻保证通信畅通，在拐弯处应有专人看护，防止电缆脱离滚轮，避免出现电缆被压、磕碰及其他机械损伤等现象发生。 （2）敷设人员戴好安全帽、手套，严禁穿塑料底鞋，必须听从统一口令，用力均匀协调。 （3）拖拽人员应精力集中，要注意脚下的设备基础、电缆沟支撑物、土堆等，避免绊倒摔伤。作业人员应听从指挥统一行动，抬电缆走时要注意脚下，放电缆时要协调一致同时下放，避免扭腰砸脚和磕坏电缆外绝缘	

续表

风险编号	工序	风险可能导致的后果	风险控制关键因素	风险评定值 D	风险级别	预控措施	备注
02120809	滤水层铺设	中毒物体打击		54（6×3×3）	四	（1）作业现场设专人进行现场监护。 （2）炭粉运输车及其他施工机械、车辆严禁在电极槽边缘2m内行驶、停放。 （3）作业人员采用专用爬梯上下渗水井。 （4）作业人员配备安全防毒面罩。 （5）在挖出的坑道两侧设置护栏，并设有明显标志和提示标志，夜间设有警示灯	
02130000	钢管脚手架工程						
02130100	钢管脚手架搭设						
02130101	搭设高度不超过24m的落地式双排钢管扣件脚手架、碗扣式脚手架、盘扣式脚手架	坍塌高处坠落物体打击		63（3×3×7）	四	（1）控制措施除执行《建筑施工扣件式钢管脚手架安全技术规范》《建筑施工碗扣式钢管脚手架安全技术规范》《建筑施工脚手架安全技术统一标准》等国家规范的内容外，另外做好以下措施。 （2）搭设前应安装好围栏，悬挂安全警示标志，并派专人监护，严禁非施工人员入内。支架立杆2m高度的垂直偏差控制在15mm。脚手架搭设的间距、步距、扫地杆设置必须执行施工方案。 （3）搭设完成应经验收挂牌后使用。分段搭设的脚手架应在各段完成后，以段为单位验收挂牌后使用。 （4）作业人员在架子上进行搭设作业时，不得单人进行装设较重构配件和其他易发生失衡、脱手、碰撞、滑跌等不安全的作业。 （5）当脚手架搭设到四至五步架高时设置剪刀撑，且下部也要垫实不得悬空。 （6）高处作业脚穿防滑鞋、佩戴安全带并保持高挂低用。 （7）每个脚手架架体，必须按规定设置两点防雷接地设施。 （8）专人监测架搭设过程中，架体位移和变形情况。 使用力矩扳手检查扣件螺栓拧紧力矩值，扣件螺栓拧紧力矩值严格控制在40～65N·m之间。 （9）对脚手架每月至少维护一次。恶劣天气后，必须对脚手架或支撑架全面检查维护后方可恢复使用。 （10）连墙件偏离主节点的距离不应大于300mm。必须采用刚性连墙件。三步三跨或40m² 范围内必须设置一个连墙件。 （11）模板支撑脚手架与外墙脚手架不得连接。附近有带电设施时，保持与带电设备的安全距离。 （12）架体使用过程中，主节点处横向水平杆、直角扣件连接件严禁拆除。 （13）在改扩建工程进行本工序作业时，还应执行"03050102 土建间隔扩建施工"的相关预控措施	
02130102	搭设高度超过24m的落地式双排钢管扣件脚手架、碗扣式脚手架、盘扣式脚手架	坍塌高处坠落物体打击	人员异常、气候变化	126（6×3×7）	三	（1）控制措施除执行《建筑施工扣件式钢管脚手架安全技术规范》《建筑施工碗扣式钢管脚手架安全技术规范》《建筑施工脚手架安全技术统一标准》等国家规范的内容外，另外做好以下措施。 （2）搭设前应安装好围栏，悬挂安全警示标志，并派专人监护，严禁非施工人员入内。支架立杆2m高度的垂直偏差控制在15mm。 （3）搭设完成应经验收挂牌后使用。分段搭设的脚手架应在各段完成后，以段为单位验收挂牌后使用。 （4）作业人员在架子上进行装	人员资质、数量已核对，人员精神状态已检查，隔离措施已做

续表

风险编号	工序	风险可能导致的后果	风险控制关键因素	风险评定值 D	风险级别	预 控 措 施	备注
02130102	搭设高度超过24m的落地式双排钢管扣件脚手架、碗扣式脚手架、盘扣式脚手架	坍塌 高处坠落 物体打击	人员异常、气候变化	126（6×3×7）	三	设较重构配件和其他易发生失衡、脱手、碰撞、滑跌等不安全的作业。 （5）当脚手架搭设到四至五步架高时，在外侧全立面连续设置竖向剪刀撑，且下部也要垫实不得悬空。 （6）高处作业脚穿防滑鞋、佩戴安全带并保持高挂低用。 （7）每个脚手架架体，必须按规定设置两点防雷接地设施。 （8）专人监测满堂支撑架搭设过程中，架体位移和变形情况。 （9）使用力矩扳手检查扣件螺栓拧紧力矩值，扣件螺栓拧紧力矩值严格控制在40～65N·m之间。 （10）对脚手架每月至少维护一次；恶劣天气后，必须对脚手架或支撑架全面检查维护后方可恢复使用。 （11）连墙件偏离主节点的距离不应大于300mm。必须采用刚性连墙件。三步三跨或40m²范围内必须设置一个连墙件。 （12）架体使用过程中，主节点处横向水平杆、直角扣件连接件严禁拆除	人员资质、数量已核对，人员精神状态已检查，隔离措施已做
02130103	架体高度20m以下悬挑式脚手架工程	坍塌 高处坠落 物体打击	人员异常、气候变化	90（3×2×15）	三	（1）钢管与扣件进场前应经过检查挑选，所使用扣件在使用前应清理、加油一次，扣件使用力矩扳手检查扣件螺栓拧紧力矩值，扣件螺栓拧紧力矩值严格控制在40～65N·m之间。 （2）架体在搭设过程中，不得从架子上掉落工具、物品；同时必须保证作业人员自身安全，高空作业需穿防滑鞋、佩戴安全帽、安全带等安全防护用品。 （3）架体应设置避雷针，分别设置于架体四角的立杆之上，并联通大横杆，形成避雷网络。 （4）架体搭设时要保证架体的整体性，不得与井架、升降机一并拉结。 （5）架体每搭设完成一层完毕后，经验收合格后方可使用，任何人未经同意不得任意拆除脚手架部件。 （6）当作业层高处其下连墙件3m以上，且其上无连墙件时，应增设临时连墙件。 （7）各作业层之间设置可靠的防护栏杆，防止坠物伤人。 （8）架体搭设到10m高度时由架子搭设单位进行自检；架子搭设完毕后由搭设单位会同使用单位对整个脚手架进行验收、检查；验收、检查合格后方可投入使用	人员资质、数量已核对，人员精神状态已检查，隔离措施已做
02130104	架体高度20m及以上悬挑式脚手架工程	坍塌 高处坠落 物体打击	人员异常、气候变化	240（3×2×40）	二	（1）钢管与扣件进场前应经过检查挑选，所使用扣件在使用前应清理、加油一次，扣件使用力矩扳手检查扣件螺栓拧紧力矩值，扣件螺栓拧紧力矩值严格控制在40～65N·m之间。 （2）架体在搭设过程中，不得从架子上掉落工具、物品；同时必须保证作业人员自身安全，高空作业需穿防滑鞋、佩戴安全帽、安全带等安全防护用品。 （3）架体应设置避雷针，分别设置于架体四角的立杆之上，并联通大横杆，形成避雷网络。 （4）架体搭设时要保证架体的整体性，不得与井架、升降机一并拉结。 （5）架体每搭设完成一层完毕后，经验收合格后方可使用，任何人未经同意不得任意拆除脚手架部件。 （6）当作业层高处其下连墙件3m以上，且其上无连墙件时，应增设临时连墙件。	人员资质、数量已核对，人员精神状态已检查，隔离措施已做

风险编号	工序	风险可能导致的后果	风险控制关键因素	风险评定值 D	风险级别	预控措施	备注
02130104	架体高度20m及以上悬挑式脚手架工程	坍塌高处坠落物体打击	人员异常、气候变化	240（3×2×40）	二	（7）各作业层之间设置可靠的防护栏杆，防止坠物伤人。 （8）架体搭设到10m高度时由架子搭设单位进行自检；架子搭设完毕后由搭设单位会同使用单位对整个脚手架进行验收、检查；验收、检查合格后方可投入使用	人员资质、数量已核对，人员精神状态已检查，隔离措施已做
02130105	吊篮脚手架	坍塌触电高处坠落物体打击机械伤害	人员异常、气候变化	126（6×3×7）	三	（1）吊篮安装必须由经过培训的、取得资质证书的专业人员进行，并严格按方案程序和要求进行安装并进行自检和调试。 （2）试运行时升降机构要运行正常，无论上升或下降停机后应制动可靠，即吊篮本体不应出现沿起升（钢线）绳下滑的现象。 （3）以大于2.5m/min的速度猛抽安全（钢丝）绳，安全锁应锁住安全绳，安全保护装置应灵敏可靠。 （4）验收时需控制的项目： 1）钢丝绳：包括起升绳和安全绳，要符合规范GB 5972的有关规定，其安全系数K取10；且无损伤（乱丝、毛刺、断丝、压痕、死弯、松散或起鼓等）和锈蚀；由于吊篮升降是沿起升绳和安全绳运行，钢丝绳不得粘有油脂、砂浆或泥土等杂物。 2）悬挂机构：①配重块数、重量正确，在配重架上安放牢固（确保运行时不掉落）；②宽度、挑出长度和支承长度应符合方案上的给定尺寸；③悬挂机构定位可靠（确保运行时不移位）。 3）安全锁：在有效的标定期限内，动作灵敏可靠。 4）升降装置：升降装置与悬挂机构挑梁连接可靠，爬升机构运转正常无异响。 5）电气系统：各操纵按钮和急停开头灵敏可靠，超重限位和超高限位灵敏可靠；电源电缆中有接地线，接地线与吊篮本体金属结构连接可靠，测量吊篮的接地电阻，应不大于4Ω。 6）运行试验：将悬吊平台在离地3m的范围内上下运行3～4次，贴墙滚轮应运转自如，爬升机构运行正常。载荷试验在超过额定载荷时起重限位应切断电源；最后，悬吊平台运行到墙面最高处，超高限位应切断电源	人员资质、数量已核对，人员精神状态已检查，隔离措施已做
02130106	卸料平台	坍塌高处坠落物体打击	人员异常、气候变化	90（3×2×15）	三	（1）卸料平台的上部节点，必须位于建筑结构上，不得设置在脚手架等施工设施上。 （2）斜拉杆或钢丝绳：满足方案要求设置位置、数量、规格，建筑物锐角围系钢丝绳应加补软垫物，平台外口略高于内口，卸料平台防护栏杆板应安装牢固。 （3）卸料平台吊装前检查纵横梁的焊缝合格后，再进行吊装；平台就位后连接好钢丝绳，吊车松劲卸料平台钢丝绳吃力，检查各节点连接合格后，方能松劲起重吊钩。 （4）卸料平台使用时，应有专人负责检查，检查内容：钢丝绳有无锈蚀损坏情况，焊缝是否脱焊，钢梁有无变形，若发现上述情况应立即采取补强措施。 （5）操作平台上应在显著位置标明容许荷载，人员和物料总重量严禁超过设计容许荷载。 （6）在改扩建工程进行本工序作业时，还应执行"03050102 土建间隔扩建施工"的相关预控措施	人员资质、数量已核对，人员精神状态已检查，隔离措施已做

风险编号	工序	风险可能导致的后果	风险控制关键因素	风险评定值 D	风险级别	预控措施	备注
02130107	落地钢管扣件式满堂支撑架搭设	坍塌 物体打击	人员异常、气候变化	90（3×2×15）	三	（1）作业人员在架子上进行搭设作业时，不得单人进行装设较重构配件和其他易发生失衡、脱手、碰撞、滑跌等不安全的作业。 （2）满堂支撑架搭设区域地基回填土必须分层回填夯实，地面宜采用10cm厚C15混凝土硬化。 （3）支撑架搭设的间距、步距、扫地杆设置必须执行施工方案。 （4）高处作业脚穿防滑鞋、佩戴安全带并保持高挂低用。 （5）专人监测满堂支撑架搭设过程中，架体位移和变形情况。 （6）每个支撑架架体，必须按规定设置两点防雷接地设施。 （7）使用力矩扳手检查扣件螺栓拧紧力矩值，扣件拧紧力矩值严格控制在40~65N·m之间。 （8）模板支撑脚手架与外墙脚手架不得连接。附近有带电设施时，保持与带电设备的安全距离。 （9）恶劣天气后，必须对支撑架全面检查维护后方可恢复使用。 （10）在改扩建工程进行本工序作业时，还应执行"03050102 土建间隔扩建施工"的相关预控措施	人员资质、数量已核对，人员精神状态已检查，隔离措施已做
02130200	脚手架拆除						
02130201	拆除满堂支撑架	坍塌 高处坠落 物体打击 其他伤害	人员异常、气候变化	126（6×3×7）	三	（1）脚手架拆除前，必须确认混凝土强度达到设计和规范要求时，否则严禁拆除模板支撑架；并对脚手架做全面检查，清除剩余材料、工器具及杂物。 （2）脚手架拆除前，应综合考虑周围的安全因素，包括架空线路、外脚手架、地面的设施等各类障碍物、缆风绳、连墙件、附件、电气装置情况，凡能提前拆除的尽量先拆除。地面应设安全围栏和安全标志牌，并派专人监护，严禁施工人员入内。拆除时要统一指挥，上下呼应，动作协调，当解开与另一人有关扣件时应先通知对方，以防坠落。 （3）拆除脚手架时，必须设置安全围栏确定警戒区域、挂好警示标志并指定监护人加强警戒。高处作业人员脚穿防滑鞋、佩戴安全带并保持高挂低用，按规定自上而下顺序（后装先拆，先装后拆），先拆横杆，后拆立杆，逐步往下拆除；不得上下同时拆除；严禁将脚手架整体推倒；架材有专人传递，不得抛扔，并及时清理出现场。 （4）在拆除作业过程中，承担具体任务的人员调换时，要将拆除情况交代清楚后方可离开。 （5）脚手架如需部分保留时，对保留部分要先加固，采取其他专项措施经批准后方可实施拆除。 （6）六级以上大风或雷雨及霜雪天气等恶劣天气时停止拆除作业。 （7）在改扩建工程进行本工序作业时，还应执行"03050102 土建间隔扩建施工"的相关预控措施	人员资质、数量已核对，人员精神状态已检查，隔离措施已做
02130202	脚手架拆除作业	坍塌 高处坠落 物体打击 其他伤害	人员异常、气候变化	90（3×2×15）	三	（1）脚手架拆除前，必须确认混凝土强度达到设计和规范要求时，否则严禁拆除模板支撑架；并对脚手架做全面检查，清除剩余材料、工器具及杂物。 （2）脚手架拆除前，应综合考虑周围的安全因素，包括架空线路、外脚手架、地面的设施等各类障碍物、缆风绳、连墙件、附件、电气装置情况，凡能提前拆除的尽量先拆除。	人员资质、数量已核对，人员精神状态已检查，隔离措施已做

风险编号	工序	风险可能导致的后果	风险控制关键因素	风险评定值 D	风险级别	预控措施	备注
02130202	脚手架拆除作业	坍塌 高处坠落 物体打击 其他伤害	人员异常、气候变化	90（3×2×15）	三	地面应设安全围栏和安全标志牌，并派专人监护，严禁非施工人员入内。拆除时要统一指挥，上下呼应，动作协调，当解开与另一人有关扣件时应先通知对方，以防坠落。 （3）拆除脚手架时，必须设置安全围栏确定警戒区域、挂好警示标志并指定监护人加强警戒。高处作业人员脚穿防滑鞋、佩戴安全带并保持高挂低用，按规定自上而下顺序（后装先拆，先装后拆），先拆横杆，后拆立杆，逐步往下拆除；不得上下同时拆除；严禁将脚手架整体推倒；架材有专人传递，不得抛扔，并及时清理出现场。 （4）在拆除作业过程中，承担具体任务的人员调换时，要将拆除情况交代清楚后方可离开。 （5）脚手架如需部分保留时，对保留部分要先加固，并采取其他专项措施经批准后方可实施拆除。 （6）六级以上大风或雷雨及霜雪天气等恶劣天气时停止拆除作业。 （7）在改扩建工程进行本工序作业时，还应执行"03050102 土建间隔扩建施工"的相关预控措施	人员资质、数量已核对，人员精神状态已检查，隔离措施已做
02140000	大型机械及临设安拆						
02140100	塔式起重机安拆						
02140101	塔式起重机安拆	坍塌 触电 机械伤害	人员异常、气候变化	126（6×3×7）	三	一、塔式起重机安装（D值126，三级） （1）吊安装前必须经维修保养，并应经全面的检查，确认合格后方可安装。 （2）安装前应对塔吊基础位置、标高、尺寸和排水设施进行检查，确认合格后方可安装。 （3）安装作业人员应分工明确，职责清楚。 （4）安装辅助设备就位后，应对其机械和安全性能进行检验，合格后方可作业。 （5）安装作业过程中应统一指挥，明确指挥信号。 （6）安装所使用的电源线路应符合《施工现场临时用电安全技术规范》（JGJ 46—2005）。 （7）塔式起重机的独立高度和悬臂高度应符合使用说明书的要求。 （8）塔式起重机的安全装置必须齐全有效，并应按程序进行调试合格。吊索具必须安全可靠，场地必须符合作业要求。（新增） （9）连接件及其防松防脱件严禁使用其他代用品代替。 （10）塔吊必须经检测合格后方可使用。 （11）塔式起重机顶升前，应将回转下支座与顶升套架可靠连接，并应进行配平。顶升过程中，应确保平衡，不得进行起升、回转、变幅等操作。顶升结束后，应将标准节与回转下支座可靠连接。 二、塔式起重机拆卸（D值90，三级） （12）拆卸前应检查塔顶、过渡节、臂架、平衡臂、塔身、连接件等受力构件应无塑性变形，不得有裂纹和开焊等情况。 （13）采用液压顶升的塔机，其液压系统的安全装置应工作正常。采用非液压顶升的塔机，其爬升机构应工作正常。 （14）平衡重块的数量、重量、位置及臂架的拆除顺序应严格遵循使用说明书的要求进行。 （15）拆卸附着装置前应先降低塔身，当塔身下降至爬升套架下端与最高附着装置之间的安全距离时，并保证在其下	人员资质、数量已核对，人员精神状态已检查，隔离措施已做

风险编号	工序	风险可能导致的后果	风险控制关键因素	风险评定值 D	风险级别	预 控 措 施	备注
02140101	塔式起重机安拆	坍塌 触电 机械伤害	人员异常、气候变化	126（6× 3×7）	三	面的附着装置处于夹紧有效状态时，才能拆除该道附着装置。 （16）拆卸完毕后，为塔式起重机拆卸作业而设置的所有设施应拆除，清理场地上作业所用的吊索具、工具等各种零配件和杂物	人员资质、数量已核对，人员精神状态已检查，隔离措施已做
02140200	物料提升机安拆						
02140201	物料提升机安拆	触电 机械伤害 高处坠落	人员异常、气候变化	90（3× 2×15）	三	一、共性控制措施 （1）安装、拆卸单位应具有起重机械安拆资质及安全生产许可证；安装、拆除作业人员必须经专门培训，取得特种作业资格证。 （2）安装、拆除时必须对作业人员分工交底，确定指挥人员、划定警戒区域并设监护人员，排除作业障碍。 二、物料提升机安装（D 值 90，三级） （3）安装前需对物料提升机检查：①金属结构的成套性和完整性；②提升机构是否完整良好；③电器设备是否齐全可靠；④基础位置和做法是否符合要求；⑤地锚的位置附墙架连接埋件的设置是否正确和埋设牢靠。 （4）将底盘放置在基础上与基础预埋件螺栓紧固，吊篮放置在底盘中央。 （5）安装立柱底节，每安装两个标准节要做临时固定。 （6）两边立柱安装应交替进行，节点螺栓必须按孔径选配，不能疏漏，发现孔径位置不当，不能随意扩孔。 （7）安装标准节应注意轨道的垂直度。 三、物料提升机拆卸（D 值 90，三级） （8）拆卸前，必须查看施工现场环境，缆风绳、连墙杆同步拆除。 （9）拆卸前，应在物料提升机上搭设好操作平台，操作平台不应大于 3 节高度。 （10）拆卸应从顶至下的顺序进行拆卸：即天梁、立柱、附墙件、基础。 （11）拆卸过程中，严禁从高处向下抛掷物体。 （12）附墙件不得超前拆除	人员资质、数量已核对，人员精神状态已检查，隔离措施已做
02140300	临建搭设、拆除						
02140301	临建搭设、拆除	触电 机械伤害 高处坠落		63（3× 3×7）	四	（1）所有人员必须正确佩戴安全帽，高空作业正确使用安全带。 （2）作业人员必须规范使用临时用电，做到"一机一闸一保护"，严禁一闸多挂。 （3）使用电钻、砂轮等手持电动工具，必须装有漏电保护器，作业前应试机检查，作业时应戴绝缘手套。 （4）高空作业使用爬梯上下，材料、工器具等物品传递必须使用绳索或作业人员传递，不得抛掷。 （5）切割物料时必须做好安全防护措施	

（三）变电站电气工程

变电站电气工程风险包含变压器（电抗器）安装、一次设备安装、GIS组合电气安装、二次系统、改扩建工程、换流站电气安装、电气调试、投产送电共8个部分，见表2-1-2-6。

（四）架空线路工程

架空线路工程风险包含项目驻地建设、线路复测、土石方工程、钢筋工程、工地运输、基础工程、接地工程、杆塔施工、架线施工、线路防护工程、线路拆旧、中间验收共12个部分，见表2-1-2-7。

表 2－1－2－6　　　　　　　　　输变电工程变电站电气工程风险基本等级表

风险编号	工序	风险可能导致的后果	风险控制关键因素	风险评定值 D	风险级别	预控措施	备注
03000000	变电站电气工程						
03010000	变电站变压器（电抗器）安装						
03010100	油浸电力变压器、油浸电抗器施工作业						
03010101	变压器进场	机械伤害	设备异常、人员异常	150(10×1×15)	三	（1）进场前必须报送专项就位方案及人员资质证书。 （2）变压器就位前，作业人员应将作业现场所有孔洞用铁板或强度满足要求的木板盖严，避免人员摔伤。设备、机械搬运时，应防止挤手压脚。 （3）就位前作业人员应检查所有绳扣、滑轮及牵引设备完好无损。 （4）在用液压千斤顶把主变压器设备主体顶送至户内通道口的过程中，必须设专人指挥，其他作业人员不得随意指挥液压机操作工。 （5）主变压器刚从车上顶至滑轨上时，应停止顶动，检查滑轨、垫木等是否平稳牢靠，确认无误后方可继续顶动。 （6）本体顶升位置必须符合产品说明书。千斤顶放置位置牢固可靠。 （7）顶推过程中任何人不得在变压器前进范围内停留或走动。 （8）液压机操作人员应精神集中，要根据指挥人员的信号或手势进行开动或停止，加压时应平稳匀速。 （9）各千斤顶应均匀顶升，确保变压器本体支撑板受力均匀。 （10）变压器顶升时，检查垫木是否平稳牢靠，确认无误后方可继续顶升。 （11）千斤顶顶升和下降过程中变压器本体与基础间必须采取垫层保护。 （12）各千斤顶应均匀缓慢下降，确保变压器本体就位平稳。 （13）主变就位拆垫块时，作业人员应相互照应，特别是服从指挥人员口令，防止主变压伤人	人员资质、数量已核对，安措已执行
03010102	变压器、电抗器安装（油浸/吊罩）	起重伤害机械伤害高处坠落	人员异常、设备异常、气候变化	140(10×2×7)	三	一、共性控制措施 （1）做好器身顶部作业的防坠落措施，高处作业人员应系安全带、穿防滑鞋，工具等用布带系好。必须通过变压器自带爬梯上下作业。 （2）在油箱顶部作业时，四周临边处应设置水平安全绳或固定式安全围栏（油箱顶部有固定接口时）。 （3）变压器顶部的油污及时清理干净，应避免残油滴落到油箱顶部。 （4）附件吊装时，吊车指挥人员宜站在钟罩顶部进行指挥。 （5）应按厂家要求，在吊件指定位置绑、挂吊绳。起吊时，吊件两端系上调整绳以控制方向，缓慢起吊。 （6）吊件吊离地面时，先用"微动"信号指挥，待吊件离开地面约 100mm 时停止起吊，检查无异常后，再指挥用正常速度起吊。在吊件降落就位时，再使用"微动"信号指挥。 （7）吊件及吊臂活动范围下方严禁站人。在吊件到达就位点且稳定后，作业人员方可进入作业区域。 （8）高处作业采用高空作业车，作业人员禁止攀爬绝缘子作业。	人员资质、数量已核对，厂家人员已到场，吊车及吊具荷载已验算，安措已执行

风险编号	工序	风险可能导致的后果	风险控制关键因素	风险评定值 D	风险级别	预控措施	备注
03010102	变压器、电抗器安装（油浸/吊罩）	起重伤害机械伤害高处坠落	人员异常、设备异常、气候变化	140(10×2×7)	三	（9）变压器顶部管道、电缆较多时，应集中精神，防止绊倒。 （10）在改扩建工程进行本工序作业时，还应执行"03050103 一次电气设备安装"的相关预控措施。 二、吊罩检查（D 值126，三级） （11）工程技术人员应根据钟罩的重量选择吊车、吊具，并计算出吊绳的长度及夹角、起吊时吊臂的角度及吊臂伸展长度，同时还要考虑吊罩时钟罩的起吊高度。 （12）吊罩时，吊车必须支撑平稳，必须设专人指挥，其他作业人员不得随意指挥吊车司机，吊臂下和钟罩下严禁站人或通行。吊罩过程作业人员发现问题，可以随时要求暂停起吊。吊索与物件的夹角宜采用 45°～60°，且不得小于30°或大于120°，吊索长度应匹配，受力应均等，防止起吊件翻倒。 （13）起吊应缓慢进行，钟罩吊离本体 100mm 左右，应停止起吊，使钟罩稳定，指挥人员检查起吊系统的受力情况，确认无问题后，方可继续起吊。作业人员应在钟罩四角系溜绳和进行监视，防止钟罩撞伤器身。 （14）起吊后，应将吊离本体的外罩放置在变压器（电抗器）外围干净支垫上，避免外罩直接落在铁芯上。钟罩当采用撑杆方式临时固定于本体上，吊钩不得脱离钟罩，应处于受力状态。 （15）器身检查时，检查人员应穿无纽扣、无口袋、不起绒毛干净的工作服、耐油防滑靴。检查人员应使用竹梯上下，严禁攀爬绕组，竹梯不得支靠在绕组上，竹梯两端必须用干净布扎好，并设专人扶梯和监护。 （16）回落钟罩时不许用手直接接胶垫、圈，防止吊钩突然下滑压伤手指。在使用圆钢作为定位销时，作业人员应将双手放在底座大沿下部握紧圆钢，严禁一手在大沿上一手在大沿下部，防止作业人员因扶正钟罩发生伤手事故。 （17）吊罩前后要清点所有物品、工具，发现有物品落入变压器内要及时报告并清除。 三、附件安装（D 值42，四级） （18）升高座在装卸、搬运的吊装过程中，必须确保包装箱完好且坚固、必须在起重机械受力后方可拆除运输安全措施、必须采取防倾覆的措施（如设置拦腰绳）。 （19）有载调压安装时，应有防止螺栓、螺母掉入有载调压装置内的措施。 四、套管安装（D 值140，三级） （20）220kV 及以下电压等级的套管全部国产化，施工技术成熟，安装引起的损失后果较小，按四级管控 D 值54（6×3×3）。 （21）宜使用厂家专用吊具进行吊装。采用吊车小钩（或链条葫芦）调整套管安装角度时，应防止小钩（或链条葫芦）与套管碰撞，伤及瓷裙。 （22）在套管法兰螺栓未完全紧固前，起重机械必须保持受力状态。 （23）高处摘除套管吊具或吊绳时，必须使用高空作业车。严禁攀爬套管或使用起重机械吊钩吊人。 （24）大型套管采用两台起重机械抬吊时，应分别校核主吊和辅吊的吊装参数，特别防止辅吊在套管竖立过程中超幅度或超载荷。	人员资质、数量已核对，厂家人员已到场，吊车及吊具荷载已验算，安措已执行

续表

风险编号	工序	风险可能导致的后果	风险控制关键因素	风险评定值 D	风险级别	预 控 措 施	备注
03010102	变压器、电抗器安装（油浸/吊罩）	起重伤害机械伤害高处坠落	人员异常、设备异常、气候变化	140（10×2×7）	三	（25）当套管试验采用专用支架竖立时，必须确保专用支架的结构强度，并与地面可靠固定。 （26）套管安装时使用定位销缓慢插入，防止瓷件碰撞法兰。 套管吊装时，为防止手拉葫芦断裂，在吊点两端加一根软吊带作为保护。 五、油务处理、抽真空、注油及热油循环（D 值 27，四级） （27）储油罐可露天放置，但要检查阀门、人孔盖等密封良好，并用塑料布包扎。滤油场地附近应无易燃易爆物，并设置安全防护围栏、安全标志牌和消防器材。 变压器、滤油机、油罐周边 10m 内严禁烟火，不得有动火作业。 （28）滤油机设置专用电源，外壳接地电阻不得大于 4Ω。 （29）滤油机、油管路系统、储油罐必须保护接地或保护接零牢固可靠。金属油管路设多点接地。 （30）滤油机、真空泵等专用设备的操作负责人应经过施工单位、相关机构或设备制造厂的专门培训。 （31）滤油机应设专人操作和维护，严格按厂家提供的操作步骤进行。油罐与油管的连接处及油管与其他设备之间的各个连接处必须绑扎牢固，严防发生跑油事故。 （32）抽真空及真空注油过程应专人负责。抽真空设备应有电磁式逆止阀，防止液压油倒灌进入变压器本体。 （33）在注油过程中，变压器本体应可靠接地，防止产生静电。 （34）注油和补油时，作业人员应打开变压器各处放气塞放气，气塞出油后应及时关闭，并确认通往油枕管路阀门已经开启。 （35）充氮变压器注油时，任何人严禁在排气孔处停留	人员资质、数量已核对，厂家人员已到场，吊车及吊具荷载已验算，安措已执行
03010103	变压器、电抗器安装（油浸/不吊罩）	机械伤害高处坠落	人员异常、设备异常、气候变化	140（10×2×7）	三	一、共性控制措施 （1）做好器身顶部作业的防坠落措施，高处作业人员应系安全带、穿防滑鞋，工具等用布带系好。必须通过变压器自带爬梯上下作业。 （2）在油箱顶部作业时，四周临边处应设置水平安全绳或固定式安全围栏（油箱顶部有固定接口时）。 （3）变压器顶部的油污及时清理干净，应避免残油滴落到油箱顶部。 （4）附件吊装时，吊车指挥人员宜站在钟罩顶部进行指挥。 （5）应按厂家要求，在吊件指定位置绑、挂吊绳。起吊时，吊件两端系上调整绳以控制方向，缓慢起吊。 （6）吊件吊离地面时，先用"微动"信号指挥，待吊件离开地面约 100mm 时停止起吊，检查无异常后，再指挥正常速度起吊。在吊件降落就位时，再使用"微动"信号指挥。 （7）吊件及吊臂活动范围下方严禁站人。在吊件到达就位点且稳定后，作业人员方可进入作业区域。 （8）高处作业采用高空作业车，作业人员禁止攀爬绝缘子作业。 （9）变压器顶部管道、电缆较多时，应集中精神，防止绊倒。	人员资质、数量已核对，厂家人员已到场，含氧量检测已完成，安措已执行

风险编号	工序	风险可能导致的后果	风险控制关键因素	风险评定值 D	风险级别	预 控 措 施	备注
03010103	变压器、电抗器安装（油浸/不吊罩）	机械伤害高处坠落	人员异常、设备异常、气候变化	140(10×2×7)	三	（10）在改扩建工程进行本工序作业时，还应执行"03050103 一次电气设备安装"的相关预控措施。 二、不吊罩检查（D 值 42，四级） （11）当器身内部含氧量未达到18%以上时，严禁人员进入。 （12）在器身内部检查过程中，应连续充入露点小于－40℃的干燥空气，应设专人监护，防止检查人员缺氧窒息。 （13）器身检查时，检查人员应穿无纽扣、无口袋、不起绒毛干净的工作服、耐油防滑靴。 （14）检查过程中如需要照明，必须使用12V以下带防护罩的安全灯具，照明电源线必须使用橡胶软芯电缆。 （15）器身内部检查前后要清点所有物品、工具，发现有物品落入变压器内要及时报告并清除。 三、附件安装（D 值 42，四级） （16）升高座在装卸、搬运的吊装过程中，必须确保包装箱完好且坚固、必须在起重机械受力后方可拆除运输安全措施、必须采取防倾覆的措施（如设置拦腰绳）。 （17）有载调压安装时，应有防止螺栓、螺母掉入有载调压装置内的措施。 四、套管安装（D 值 140，三级） （18）220kV 及以下电压等级的套管安装引起的风险可能性及损失后果较小，按四级管控。 （19）宜使用厂家专用吊具进行吊装。采用吊车小钩（或链条葫芦）调整套管安装角度时，应防止小钩（或链条葫芦）与套管碰撞，伤及瓷裙。 （20）在套管法兰螺栓未完全紧固前，起重机械必须保持受力状态。 （21）高处摘除套管吊具或吊绳时，必须使用高空作业车。严禁攀爬套管或使用起重机械吊钩吊人。 （22）大型套管采用两台起重机械抬吊时，应分别校核主吊和辅吊的吊装参数，特别防止辅吊在套管竖立过程中超幅度或超载荷。 （23）当套管试验采用专用支架竖立时，必须确保专用支架的结构强度，并与地面可靠固定。 （24）套管安装时使用定位销缓慢插入，防止瓷件碰撞法兰。 （25）套管吊装时，为防止手拉葫芦断裂，在吊点两端加一根软吊带作为保护。 五、油务处理、抽真空、注油及热油循环（D 值 27，四级） （26）储油罐可露天放置，但要检查阀门、人孔盖等密封良好，并用塑料布包扎。滤油场地附近应无易燃易爆物，并设置安全防护围栏、安全标志牌和消防器材。 变压器、滤油机、油罐周边 10m 内严禁烟火，不得有动火作业。 （27）滤油机设置专用电源，外壳接地电阻不得大于4Ω。 （28）滤油机、油管路系统、储油罐必须保护接地或保护接零牢固可靠。金属油管路设多点接地。 （29）滤油机、真空泵等专用设备的操作负责人应经过施工单位、相关机构或设备制造厂的专门培训。 （30）滤油机应设专人操作和维护，严格按厂家提供的操作步骤进行。油罐与油管的连接处及油管与其他设备之间的各个连接处必须绑扎牢固，严防发生跑油事故。	人员资质、数量已核对，厂家人员已到场，含氧量检测已完成，安措已执行

风险编号	工序	风险可能导致的后果	风险控制关键因素	风险评定值 D	风险级别	预控措施	备注
03010103	变压器、电抗器安装（油浸/不吊罩）	机械伤害高处坠落	人员异常、设备异常、气候变化	140（10×2×7）	三	（31）抽真空及真空注油过程应设专人负责。抽真空设备应有电磁式逆止阀，防止液压油倒灌进入变压器本体。 （32）在注油过程中，变压器本体应可靠接地，防止产生静电。 （33）注油和补油时，作业人员应打开变压器各处放气塞放气，气塞出油后应及时关闭，并确认通往油枕管路阀门已经开启。 充氮变压器注油时，任何人严禁在排气孔处停留	人员资质、数量已核对，厂家人员已到场，含氧量检测已完成，安措已执行
03020000	变电站一次设备安装						
03020100	管型母线安装						
03020101	管母线预制	灼烫机械伤害触电中毒其他伤害		42（6×1×7）	四	一、共性控制措施 （1）作业人员安全防护用品佩戴齐全。 （2）电动机具的电源应具有漏电保护功能，对其定期进行检验。 二、管母线加工 （3）管母线现场堆放应保证包装完好，堆放层数不应超过三层，层间应设枕木隔离，保管区域应设隔离围挡，严禁人员踩踏管母线。 （4）在现场加工坡口时，作业人员必须穿好工作服和戴好防护镜及手套，确认电源及电动机具的完好性。 （5）坡口加工时应避免飞屑伤人，严禁手、脚接触运行中机具的转动部分，不得用手直接清理铝屑。 三、管母线焊接 （6）焊接地点应搭设宽敞明亮的焊接工棚，工棚上方要留有透气孔，棚内应配置足够数量的消防器材。 （7）焊接操作前，焊工应必须佩戴防护镜、胶皮手套、防护服、胶鞋和口罩，做好安全防护措施，防止灼伤。焊接过程应确保焊接工棚内透气良好，防止中毒窒息。高温天气为防止人员中暑，宜配置空调。 （8）焊接设备电源必须有漏电保护。焊接设备及管母线支撑模具应可靠接地。随时检查氩气瓶的压力，其值不得低于0.25MPa。 （9）焊接完成后，为防止烫伤及管母变形，作业人员应待管母线冷却后下架；下架时应注意相互配合，相互照应，防止压脚、扭伤等。 采用机械或液压式平整机对管母线材料进行矫正，金属外壳接地牢固可靠，矫正作业时应避免与平整机上金属部件擦伤	
03020102	支撑式安装	机械伤害高处坠落	人员异常、设备异常、环境变化	84（6×2×7）	三	（1）安装作业前，规范设置警戒区域，悬挂警示牌，设专人监护，严禁非作业人员进入。 （2）支撑式管母线应采用吊车多点吊装，技术人员应根据管母的长度和重量，计算出吊绳的型号及吊点的位置。应采取措施防止吊点绑扎滑动，避免吊装时管母线倾覆伤人。 （3）吊装时，吊车必须支撑平稳，必须设专人指挥，其他作业人员不得随意指挥吊车司机，不得在吊件和吊车臂活动范围内的下方停留或通过。 （4）起吊时，应在管母线两端系上足够长的溜绳以控制方向，并缓慢起吊。 （5）调整支持绝缘子垂直度时，宜两人作业，作业人员应先系好安全带，再将其底座螺栓全部拧松，在垫垫片时应使用工具送垫。	人员资质、数量已核对，安措已执行

风险编号	工序	风险可能导致的后果	风险控制关键因素	风险评定值 D	风险级别	预 控 措 施	备注
03020102	支撑式安装	机械伤害高处坠落	人员异常、设备异常、环境变化	84（6×2×7）	三	（6）构架上作业人员不得攀爬支柱绝缘子串作业，应使用专用爬梯，并系好安全带。 （7）如果需要两台吊车吊装时，起吊指挥人员应双手分别指挥各台吊车以确保同步。 （8）严禁将绝缘子及管母线作为后续施工的吊装承重受力点。 （9）管母线调整，需用升降车进行，严禁使用吊筐施工。 （10）使用绝缘材料对母线热缩时，应防止灼伤，同时做好防火措施。 （11）在改扩建工程进行本工序作业时，还应执行"03050103 一次电气设备安装"的相关预控措施	人员资质、数量已核对，安措已执行
03020103	悬吊式安装	机械伤害高处坠落	人员异常、设备异常、环境变化	140（10×2×7）	三	（1）安装作业前，规范设置警戒区域，悬挂警示牌，设专人监护，严禁非作业人员进入。 （2）管母线吊装过程中，设专人指挥，统一指挥信号，多点应同时起吊，同时就位悬挂，无刹车装置的绞磨或卷扬机的升降必须使用离合器控制，禁止使用电源开关控制。操作绞磨或卷扬机的作业人员，必须服从指挥，制动时动作要快，防止绝缘子与横梁相碰。 （3）地面的各部转向滑轮设专人监护，严禁任何人在钢丝绳内侧停留或通过。 （4）起吊时操作人员应精神集中，控制好起吊速度。 （5）在横梁上的作业人员，必须系好安全带和水平安全绳，地面应设专人监护。 （6）使用吊车吊装时，吊车必须支撑平稳，必须设专人指挥，其他作业人员不得随意指挥吊车司机，不得在吊件和吊车臂活动范围内的下方停留或通过。 （7）严禁将绝缘子及管母线作为后续施工的吊装承重受力点。 （8）在改扩建工程进行本工序作业时，还应执行"03050103 一次电气设备安装"的相关预控措施	人员资质、数量已核对，安措已执行
03020200	软母线安装						
03020201	软母线制作	触电高处坠落机械伤害		54（6×3×3）	四	一、挡距测量及下料 （1）母线挡距测量，应选择无风或微风的天气进行。 （2）测量人员在横梁上测量时，除系好安全带外还应系水平安全绳，拉尺人员用力不要过猛。 （3）挡距测量宜采用全站仪。扩建工程禁止采用金属尺子进行挡距测量。 （4）导线盘卸车必须使用满足起重要求的起重机，起吊点应正确，严禁斜吊和多盘同时起吊，应采取防止线盘滚动的措施。 （5）放线应统一指挥，线盘应架设平稳，导线应从盘的下方引出，放线人员不得站在线盘的前面，当放到最后几圈时，应采取措施防止导线突然崩出伤人。 （6）截取导线时，严禁使用无齿锯切割，应使用手锯或切割器，防止导线产生倒钩伤手。 （7）剥铝股及穿耐张线夹时，宜两人作业，应用手锯进行切割。使用手锯作业时，作业人员应精神集中，避免伤手。 二、软导线压接 （8）压接前，仔细检查压接机及软管是否完好，或外加保护胶管，防止液压油喷出伤人。压接机及软管若渗漏，应及时更换。	

续表

风险编号	工序	风险可能导致的后果	风险控制关键因素	风险评定值 D	风险级别	预 控 措 施	备注
03020201	软母线制作	触电 高处坠落 机械伤害		54（6×3×3）	四	（9）压接导线时，模具的上模盖板必须放置到位，压钳的端盖必须拧满扣且与本体对齐，防止施压时端盖崩出、盖板弹出伤人。 （10）使用电动液压机时，其外壳必须接地可靠。停止作业、离开现场时应切断电源，并挂上"严禁合闸"的标志牌。 （11）操作人员必须持证上岗，熟知其性能，操作熟练，按时维护。严禁跨越液压管，操作人员应避开管接头正前方操作	
03020202	软母线架设	触电 高处坠落 机械伤害	人员异常、设备异常、环境变化	126（6×3×7）	三	（1）架线前所使用的受力工器具应再次检查，电动工器具应接地可靠；同时还应检查金具连接是否良好。 （2）架线前应先将滑轮分别悬挂在横梁的主材及固定在构架根部，横梁的主材及构架根部与钢丝绳接触部分应有防护措施。电动卷扬机的地锚应牢固可靠，能满足挂线时的牵引力要求。 （3）滑轮的直径不应小于钢丝绳直径的16倍，滑轮应无裂纹、破损等情况。 （4）悬挂横梁上滑轮时，高处作业人员应系好安全带，衣袖裤角应扎紧，并应穿布鞋或胶底鞋。遇有六级以上大风、雷雨、浓雾等恶劣天气，应停止高处作业。 （5）采用电动卷扬机牵引，应控制好其速度和张力，在接近挂线点时必须停止牵引，应注意不要过牵引。 （6）严禁使用卷扬机直接挂线连接，避免横梁因为牵引而变形。 （7）使用绞磨时，钢丝绳在磨芯上缠绕圈数不得少于5圈，拉磨尾绳人员不得少于2人，且与绞磨距离不得小于2.5m。 （8）两台绞磨同时作业时应统一指挥，绞磨操作人员应精神集中。 （9）紧线应缓慢，严禁出现挂阻情况。 （10）使用吊车挂线时，应严格执行《起重机械安全规程》（GB 6067—2010），严禁超幅度吊装。 （11）使用人工挂线时，应统一指挥、相互配合，应有防止脱落的措施。 （12）整个挂线过程中，人员禁止跨越正在收紧的导线，母线下及钢丝绳内侧严禁站人或通过。 （13）安装母线间隔棒时，宜用升降车或骑杆作业，作业人员应带工具袋和传递绳，严禁上下抛物。 （14）在改扩建工程进行本工序作业时，还应执行"03050103 一次电气设备安装"的相关预控措施	人员资质、数量已核对，安措已执行
03020203	软母线跳线、引下线、设备连线安装	高处坠落		54（6×3×3）	四	（1）连线长度测量时，作业人员在使用竹竿（竹梯）骑行作业时，应将安全绳系在横梁上，严禁人员不借用任何物件只身骑瓶作业。 （2）安装跳线时，宜用升降车或骑杆作业，作业人员应带工具袋和传递绳，严禁上下抛物。 （3）作业人员严禁攀爬设备瓷瓶，对升降车不能到达的地方，作业人员可采取骑杆作业，但一定要做好安全防范措施。 （4）在改扩建工程进行本工序作业时，还应执行"03050103 一次电气设备安装"的相关预控措施	

风险编号	工序	风险可能导致的后果	风险控制关键因素	风险评定值 D	风险级别	预　控　措　施	备注
03020300	断路器安装						
03020301	断路器搬运、开箱、安装及充气	窒息爆炸机械伤害高处坠落其他伤害		54（6×3×3）	四	一、共性控制措施 （1）使用吊车卸车搬运时，吊车司机和起重人员必须持证上岗。配合吊装的作业人员，应由掌握起重知识和有实践经验的人员担任。 （2）吊装前，作业人员应检查吊装工具的完好性。 （3）吊装过程设专人指挥，指挥人员应站在能全面观察到整个作业范围及吊车司机和司索人员的位置，对于任何工作人员发出紧急信号，必须停止吊装作业。 （4）吊装过程中，作业人员应听从吊装负责人的指挥，不得在吊件和吊车臂活动范围内的下方停留和通过，不得站在吊件上随吊臂移动。 （5）起重臂升降时或吊件已升空时不得调整绑扎绳，需调整时必须让吊件落后再调整。 （6）起吊应缓慢进行，离地100mm左右，应停止起吊，使吊件稳后，指挥人员检查起吊系统的受力情况，确认无问题后，方可继续起吊。 （7）作业人员不可站在吊件和吊车臂活动范围内的下方，在吊件距就位点的正上方200～300mm稳定后，作业人员方可开始进入作业点。 （8）在改扩建工程进行本工序作业时，还应执行"03050103 一次电气设备安装"的相关预控措施。 二、搬运及开箱 （9）断路器搬运，应采取牢固的封车措施，车的行驶速度应小于15km/h，作业人员不可与断路器混乘。 （10）断路器应按先上盖后四周的顺序进行开箱，开箱作业人员相距不可太近，拆除的箱盖螺丝严禁向下抛掷，拆下的箱板应及时清理。开箱时，应防止撬棒等工具砸伤断路器瓷裙。 三、本体及套管安装 （11）吊装机构箱时，作业人员应双手扶持机构侧面，严禁手扶底面，防止压伤手指。 （12）单柱式断路器本体、灭弧室安装时宜设溜绳。使用的临时支撑必须牢固，使用前进行检查。 （13）作业人员宜站在马凳或脚手架搭设的平台上作业。 （14）吊车将本体缓慢直立并移至机构正上方时，作业人员方可用手扶持本体法兰侧面缓慢就位。 （15）分体运输的断路器，在灭弧室与支柱对接时，作业人员不得用手指触摸法兰螺孔，避免灭弧室突然落下伤手，吊装单柱式也应注意。 （16）在调整断路器传动装置时，应有防止断路器意外脱扣伤人的可靠措施。 （17）起吊套管宜采用专用工具。 （18）安装均压环时，宜在地面进行，当灭弧室吊立后及时安装，避免登高作业。 （19）作业人员在高处使用扳手时，扳手与操作者手腕应设防坠绳。 （20）确认所有绳索从吊钩上卸下后再起钩。摘除灭弧室吊绳时，作业人员宜使用升降车摘索，不得吊车抖绳摘索，不得借助吊车臂的升降摘索，不得高空抛掷溜绳和吊绳。 四、充 SF_6 气体 （21）使用托架车搬运气瓶时，SF_6 气瓶的安全帽、防振圈应齐全，安全帽应拧紧，应轻装轻卸。	

风险编号	工序	风险可能导致的后果	风险控制关键因素	风险评定值 D	风险级别	预控措施	备注
03020301	断路器搬运、开箱、安装及充气	窒息 爆炸 机械伤害 高处坠落 其他伤害		54（6×3×3）	四	（22）施工现场气瓶应直立放置，并有防倒和防暴晒措施，气瓶应远离热源和油污的地方，不得与其他气瓶混放。 （23）断路器进行充气时，必须使用减压阀。户内充气时，作业区空气中 SF_6 气体含量不得超过 $1000\mu L/L$，作业人员应将窗门及排风设备打开，特别是采用间接充气。 （24）开启和关闭瓶阀时必须使用专用工具，应速度缓慢，打开控制阀门时作业人员应站在充气口的侧面或上风口，应佩戴好劳动保护用品。 （25）冬季施工时，SF_6 气瓶严禁用火烤	
03020400	隔离开关安装与调整						
03020401	隔离开关安装、调整	高处坠落 机械伤害 物体打击 其他伤害		36（6×6×1）	四	一、共性控制措施 （1）隔离开关搬运，应采取牢固的封车措施，车的行驶速度应小于 15km/h，作业人员不可混乘。 （2）隔离开关开箱时，应防止撬棒等工具砸伤瓷裙，拆下的箱板应及时清理。 （3）严禁攀爬隔离开关绝缘支柱作业。高处调整宜使用登高车，严禁使用吊筐作业。 （4）使用电焊机焊接时，外壳必须良好接地，施焊地点周围不得有易燃易爆物，并摆放足够的灭火器。 （5）隔离开关装配所使用的切割、焊接设备使用前必须进行安全性能检查，设备移动时必须停电。 （6）在改扩建工程进行本工序作业时，还应执行"03050103 一次电气设备安装"的相关预控措施。 二、本体安装 （7）吊装过程中设专人指挥，指挥人员应站在能全面观察到整个作业范围及吊车司机和司索人员的位置，对于任何工作人员发出紧急信号，必须停止吊装作业。 （8）起吊应缓慢进行，离地 100mm 左右，应停止起吊，使吊件稳定后，指挥人员检查起吊系统的受力情况，确认无问题后，方可继续起吊。 （9）作业人员不可站在吊件和吊车臂活动范围内的下方，在吊件距就位点的正上方 200～300mm 稳定后，作业人员方可开始进入作业点。 （10）安装底座时应使用吊车进行，作业人员宜站在平台或马凳上安装，双手扶持在底座下部侧面，严禁一手在上一手在下。 （11）作业人员搭设平台安装时，平台护栏应安装牢固，支撑点坚固，防止倾倒，安全带系在护栏上。 （12）使用马凳进行安装时，应将马凳放置牢固并有人扶持；传递工具、材料要使用传递绳，不得抛掷。 （13）隔离开关必须按说明书要求搬运。解除捆绑螺栓时，作业人员应在主闸刀的侧面，手不得扶持导电杆，避免主闸刀突然弹起伤及人身。隔离开关应有防止其在吊装过程突然打开失去重心的措施。 三、机构箱安装及隔离开关调整 （14）在机构箱安装时应扶稳避免砸脚事故发生。 （15）对于较重的机构箱，宜用三脚架配合手动葫芦进行吊装，拧紧操动机构与支架的连接螺栓后，方可松吊绳。 （16）高处调整宜使用登高车，不得攀爬绝缘子，严禁使用吊筐作业。	

风险编号	工序	风险可能导致的后果	风险控制关键因素	风险评定值 D	风险级别	预控措施	备注
03020401	隔离开关安装、调整	高处坠落机械伤害物体打击其他伤害		36（6×6×1）	四	（17）作业人员不得手拿工具或材料攀登隔离开关支架。 （18）支架上作业人员必须系好安全带，用绳索上、下传递工器具。 （19）作业人员在本体上作业时，严禁电动操作。 四、静触头安装 （20）对垂直设置的隔离开关，其静触头必须使用升降车或升降平台进行安装和调整，严禁利用吊车吊筐作业，应使用绳索传递工具、材料。 （21）采用电动绞磨吊装瓷瓶时，应控制牵引绳走向，不会伤及已安装的设备。所用的绞磨安全性能良好，接地可靠。 （22）地面配合人员，应站在可能坠物的坠落半径以外。 （23）高处作业人员使用的工具及材料必须设防坠绳	
03020500	其他户外设备安装						
03020501	互感器、耦合电容器、避雷器安装	机械伤害物体打击其他伤害		36（6×6×1）	四	（1）设备搬运过程中，应采取牢固的措施封车，车的行驶速度应小于 15km/h，并始终保证互感器、耦合电容器、避雷器等按说明书要求搬运，不得人货混装。 （2）拆除包装时，作业人员必须认真仔细，防止拆箱过程中损坏瓷套，同时还应及时将包装板清理干净，避免伤脚。 （3）用尼龙绳绑扎固定吊索时，必须由司索人员进行，严禁其他作业人员随意绑扎。 （4）起吊时应缓慢试吊，吊至距地面 100mm 左右时，应暂停起吊，进行调平，并设控制溜绳。 （5）起吊过程中作业人员不得在吊件和吊车臂活动范围内的下方停留和通过。 （6）司索人员撤离具有坠落或倾倒的范围后，指挥人员方可下令起吊。 （7）设备吊到安装位置后，作业人员方可使用梯子进行就位固定。 （8）就位固定时作业人员的双手应扶持在设备的侧面，严禁手握下沿。耦合电容器、避雷器上下节相连，应听从指挥防止手指夹伤。 （9）在校对螺栓孔时，作业人员应使用尖扳手或其他专业工具，严禁用手指触摸校对。就位后将螺丝紧固，方可拆除吊索。 （10）作业人员严禁攀爬设备瓷裙进行作业。设备就位后，不允许吊车抖绳摘索，宜使用升降车摘索脱钩。 （11）应按互感器、耦合电容器、避雷器的说明书要求，从专用吊点处进行吊装。非吊点部位不可吊装，防止破坏设备密封性能，以及在吊装过程脱落伤及人身与设备。 （12）在改扩建工程进行本工序作业时，还应执行"03050103 一次电气设备安装"的相关预控措施	
03020502	干式电抗器安装	机械伤害高处坠落物体打击		36（6×6×1）	四	（1）搬运过程中，应采取牢固的措施封车，车的行驶速度应小于 15km/h，并始终保证按说明书要求搬运，不得人货混装。 （2）根据干式电抗器的重量配备吊车、吊绳。10t 以上的电抗器吊装，应充分考虑吊车荷载，避免倾覆。 （3）起吊时，必须安排有经验的指挥人员、司机并设专人监护，并应使用干式电抗器自身标注的专用吊点，不得随意设置吊点，以免损坏器身。	

续表

风险编号	工序	风险可能导致的后果	风险控制关键因素	风险评定值 D	风险级别	预 控 措 施	备注
03020502	干式电抗器安装	机械伤害 高处坠落 物体打击		36（6×6×1）	四	（4）起吊时应缓慢试吊，吊至距地面 100mm 左右时，应暂停起吊，确认吊具的受力情况以及吊车支腿是否平稳。 （5）起吊过程中作业人员不得在吊件和吊车臂活动范围内的下方停留和通过。 （6）电抗器各个支撑绝缘子应均匀受力，防止单个绝缘子超过其允许受力。调整紧固并采取必要的安全保护措施后，作业人员方可进入电抗器下方作业。 （7）作业人员在电抗器下面连接螺栓时，不得用手直接校对螺孔和放置垫片。 （8）应按设备说明书要求，从专用吊点处进行吊装，非吊点部位不可吊装，防止破坏设备性能，以及在吊装过程脱落伤及人身与设备。 （9）在改扩建工程进行本工序作业时，还应执行"03050103 一次电气设备安装"的相关预控措施	
03020503	阻波器安装	机械伤害 高处坠落 物体打击		27（3×3×3）	四	一、共性控制措施 （1）二次运输时，宜使用吊车进行装卸。 （2）搬运过程中，应采取牢固的措施封车，车的行驶速度应小于 15km/h，并始终保证按说明书要求搬运，不得人货混装。 （3）在改扩建工程进行本工序作业时，还应执行"03050103 一次电气设备安装"的相关预控措施。 二、悬挂式阻波器 （4）高处必须使用专用挂梯，不得攀爬绝缘子串。 （5）作业人员不得手拿工具或材料攀登构架。 （6）高处作业人员必须系好安全带，用绳索上、下传递工器具或材料时，应将绳索绑扎在构架上，紧固扳手应设防坠绳。 （7）地面工作人员不得站在可能坠物的构架下方，不得在绞磨钢丝绳导向滑轮内侧的危险区域内通过和逗留。 （8）应按设备说明书要求，从专用吊点处进行吊装，非吊点部位不可吊装，防止破坏设备性能，以及在吊装过程脱落伤及人身与设备。 （9）悬挂式阻波器必须使用专用挂梯，不得攀爬绝缘子串。 三、座式阻波器 （10）阻波器整个吊装过程，作业人员不得在吊件和吊车臂活动范围内的下方停留和通过。 （11）阻波器吊到支持绝缘子上方停稳时，作业人员方可使用人字梯进行连接，严禁攀爬支持绝缘子作业。 （12）确定所有紧固螺丝安装牢固后方可拆除吊索，拆除吊索时人不得站在阻波器上作业。 （13）应按设备说明书要求，从专用吊点处进行吊装，非吊点部位不可吊装，防止破坏设备性能，以及在吊装过程脱落伤及人身与设备	
03020504	站用变、消弧线圈、二次设备仓安装	机械伤害 高处坠落 物体打击		54（6×3×3）	四	（1）搬运过程中，应采取牢固的措施封车，车的行驶速度应小于 15km/h，并始终保证按说明书要求搬运，不得人货混装。 （2）吊装过程中设专人指挥，指挥人员应站在能观察到整个作业范围及吊车司机和司索人员位置，对于任何工作人员发出紧急信号，及时停止吊装作业。	

风险编号	工序	风险可能导致的后果	风险控制关键因素	风险评定值 D	风险级别	预 控 措 施	备注
03020504	站用变、消弧线圈、二次设备仓安装	机械伤害高处坠落物体打击		54（6×3×3）	四	（3）作业人员不得站在吊件和吊车臂活动范围内的下方。 （4）使用尼龙或有保护的钢丝绳套，悬挂在专用吊点处进行吊装。起吊前核实设备重量，按规范选用钢丝绳等起吊器具。 （5）吊装物应设溜绳，距就位点的正上方200～300mm稳定后，作业人员方可进入作业点。 （6）当设备安装在户内时，搬运过程应确认所搭设的平台是否牢靠，必要时应由监理验收后，方可应用。同时注意保护土建设施。 （7）应按设备说明书要求，从专用吊点处进行吊装，非吊点部位不可吊装，防止在吊装过程脱落伤及人身与设备。 （8）在改扩建工程进行本工序作业时，还应执行"03050103一次电气设备安装"的相关预控措施	
03020505	其他设备安装（主变中性设备等）	机械伤害物体打击		54（6×3×3）	四	一、设备运输、吊装 （1）二次运输时，宜使用吊车进行装卸。 （2）搬运过程中，应采取牢固的措施封车，车的行驶速度应小于15km/h，并始终保证按说明书要求搬运，不得人货混装。 （3）吊装过程中设专人指挥，指挥人员应站在能观察到整个作业范围及吊车司机和司索人员位置，对于任何工作人员发出紧急信号，及时停止吊装作业。 （4）作业人员不得站在吊件和吊车臂活动范围内的下方。 （5）使用尼龙或有保护的钢丝绳套，悬挂在专用吊点处进行吊装。 （6）吊装物应设溜绳，距就位点的正上方200～300mm稳定后，作业人员方可进入作业点。 （7）应按设备说明书要求，从专用吊点处进行吊装，非吊点部位不可吊装，防止在吊装过程脱落伤及人身与设备。 （8）在改扩建工程进行本工序作业时，还应执行"03050103一次电气设备安装"的相关预控措施。 二、图像监控、安防系统等辅助设施 （9）必须熟悉说明书，掌握设备的安装要求。安装调试过程宜由厂家技术人员配合进行。 （10）采用升降平台进行安装时，操作过程中应有人监护，摇臂回转速度平稳。每日开工前对升降平台进行自检，每月进行一次全面检查。操作过程中有人监护，摇臂回转速度平稳。 （11）高处作业施工人员应将安全带系在固定支柱上。使用的工具、材料应放入随身佩带的工具袋中，工机具使用时用绳索拴在手上，上下传递使用吊绳，严禁高处抛掷工具、螺栓等任何物料。 （12）电动机械或电动工具必须做到"一机一闸一保护"。移动式电动机械必须使用绝缘护套软电缆，必须做好外壳保护接地。暂停工作时，应切断电源。 （13）使用手持式电动工具时，必须按规定使用绝缘防护用品	

风险编号	工序	风险可能导致的后果	风险控制关键因素	风险评定值 D	风险级别	预 控 措 施	备注
03020600	母线桥施工作业						
03020601	母线桥及其附件安装	灼烫 触电 物体打击 机械伤害 高处坠落 其他伤害		36（6×2×3）	四	一、支持绝缘子及金具安装 　（1）拆支持绝缘子包装时，作业人员必须认真仔细，防止拆箱过程中损坏绝缘子瓷套，同时还应及时将包装板清理干净，避免伤脚。 　（2）支吊架焊接操作前，焊工必须佩戴防护镜、胶皮手套、防护服、胶鞋和口罩，做好安全防护措施，防止灼伤。 　（3）焊接设备电源必须有漏电保护。 　（4）作业人员宜站在稳固的平台上作业。采用人力吊装绝缘子时，应防止磕碰瓷绝缘。 　（5）地面工作人员不得站在可能坠物的母线桥下方。 　（6）高处作业人员，必须系好安全带和水平安全绳，地面应设专人监护。 二、母线加工 　（7）机械加工时，操作人员必须确认电源及电动机具的完好性。 　（8）使用切割机、弯排机、冲孔机等电动工具，其外壳必须接地可靠牢固，电源必须有漏电保护。 　（9）使用绝缘材料对母线热缩或接触面搪锡时，应防止灼伤，同时做好防火措施。 三、母线安装 　（10）吊装过程中，作业人员应听从吊装负责人的指挥，不得在吊件和吊车臂活动范围内的下方停留和通过，不得站在吊件上随吊臂移动。 　（11）作业人员宜站在脚手架搭设的平台上作业。 　（12）地面工作人员不得站在可能坠物的母线桥下方。 　（13）高处作业人员，必须系好安全带和水平安全绳，地面应设专人监护。 　（14）上下传递母线，应有防止被砸伤的措施。 　（15）在改扩建工程进行本工序作业时，还应执行"03050103一次电气设备安装"的相关预控措施	
03020700	地下变设备安装						
03020701	一般设备安装	窒息 物体打击 机械伤害	人员异常、设备异常、环境变化	60（10×2×3）	四	（1）清理现场易燃、易爆物，应有足够的消防器材。 　（2）规划好吊车作业面，起吊物应绑牢，并有防止倾倒措施，必须设专人指挥，起吊区域进行封闭。 　（3）在吊装作业范围内设置警戒区域，悬挂警示牌，设专人监护，严禁非作业人员进入。 　（4）作业过程中，指挥人员与各方人员通信良好；作业全程视野无阻碍。 　（5）起重臂和吊装物下严禁有人停留或通过。 　（6）设备层接收平台临边应设置防护栏杆。 　（7）设备就位过程中应选用专用运输设备，并有防倾倒措施，大型设备就位应有专人指挥和监护。 　（8）吊运设备的拉线设置符合方案要求，拉线操作人员应站在安全区域内。 　（9）配合人员应听从专人指挥，高处作业应有安全保护措施。 　（10）重物吊离地面约100mm时应暂停起吊，检查确认各类状态良好后方可正式起吊。	人员资质、数量已核对，吊车、吊具等荷载已验算，安措已执行

风险编号	工序	风险可能导致的后果	风险控制关键因素	风险评定值 D	风险级别	预　控　措　施	备注
03020701	一般设备安装	窒息 物体打击 机械伤害	人员异常、设备异常、环境变化	60（10×2×3）	四	（11）吊运设备脱离视野范围后，吊车操作人员应保持专注，听从指挥操作；在吊运至要求位置时，上下及左右移动应采用最小行程，严禁连续操作。 （12）拆除的钢支撑应集中存放，并有防倾倒、倾覆措施。 （13）作业过程中应保持良好照明和通风。 （14）楼层平面孔洞应及时覆盖，并设警示标志。 （15）采用氧量检测仪布置在施工区域。进入地下施工现场时，要随时查看气体检测仪是否正常。 （16）加强地下变电站通风措施，并实时检查通风装置运转是否良好、空气是否流通。如有异常，立即停止作业，组织作业人员撤离现场。 （17）采用少废、无废的先进施工设备或改良施工设备及工艺。 （18）在改扩建工程进行本工序作业时，还应执行"03050103 一次电气设备安装"的相关预控措施	人员资质、数量已核对，吊车、吊具等荷载已验算，安措已执行
03020702	大型设备（30t 及以上）吊运	窒息 起重伤害 物体打击 机械伤害	人员异常、设备异常、环境变化、地质异常	300（10×2×15）	二	（1）正式吊装前，必须根据方案要求工况下，进行复核试验，检查吊车性能情况和地基承载情况均满足要求。 （2）作业过程中应保持良好照明和通风。在施工区域布置氧量检测仪。 （3）起吊件应绑牢，并有防止倾倒措施。吊钩钢丝绳应保持垂直，严禁偏拉斜吊。落钩时，应防止吊件局部着地引起吊绳偏斜，吊件未固定好，严禁松钩。 （4）吊索（千斤绳）的夹角一般不大于90°，最大不得超过120°，起重机吊臂的最大仰角不得超过制造厂铭牌规定。起吊大件或不规则组件时，应在吊件上拴以牢固的溜绳。 （5）起重工作区域内无关人员不得停留或通过。在伸臂及吊件的下方，严禁任何人员通过或逗留。 （6）起重机吊运重物时应走吊运通道，严禁从有人停留场所上空越过；对起吊的重物进行加工、清扫等工作时，应采取可靠的支承措施，并通知起重机操作人员。 （7）吊起的重物不得在空中长时间停留。在空中短时间停留时，操作人员和指挥人员均不得离开工作岗位。起吊前应检查起重设备及其安全装置；重物吊离地面约100mm时应暂停起吊并进行全面检查，确认良好后方可正式起吊。 （8）起重机在工作中如遇机械发生故障或有不正常现象时，放下重物、停止运转后进行排除，严禁在运转中进行调整或检修。如起重机发生故障无法放下重物时，必须采取适当的保险措施，除排险人员外，严禁任何人进入危险区。 （9）不明重量、埋在地下或冻结在地面上的物件，不得起吊。 （10）严禁以运行的设备、管道以及脚手架、平台等作为起吊重物的承力点。 （11）两台及以上起重机抬吊情况下，绑扎时应根据各台起重机的允许起重量按比例分配负荷。 （12）在抬吊过程中，各台起重机的吊钩钢丝绳应保持垂直，升降行走应保持同步。各台起重机所承受的载荷，不得超过各自的允许起重量。如达不到上述要求时，应降低额定起重能力至 80％。 （13）夜间照明不足、指挥人员看不清工作地点、操作人员看不清指挥信号时，不得进行起重作业。 （14）吊装过程中应设专人指挥，指挥人员应站在能全面	人员资质、数量已核对，吊车、吊具等荷载已验算，通风、照明、含氧检测等安措已执行

续表

风险编号	工序	风险可能导致的后果	风险控制关键因素	风险评定值 D	风险级别	预 控 措 施	备注
03020702	大型设备（30t 及以上）吊运	窒息 起重伤害 物体打击 机械伤害	人员异常、设备异常、环境变化、地质异常	300(10×2×15)	二	观察到整个作业范围及吊车操作人员的位置，对于任何工作人员发出紧急信号，必须停止吊装作业。 （15）吊运设备脱离视野范围后，吊车操作人员应保持专注，听从指挥操作；在吊运至要求位置时，上下及左右移动应采用最小行程，严禁连续操作。 （16）确认所有绳索从吊钩上卸下后再起钩，不允许吊车抖绳摘索，更不允许借助吊车臂的升降摘索。 （17）起重机在工作中如遇机械发生故障或有不正常现象时，放下重物、停止运转后进行排除，严禁在运转中进行调整或检修	人员资质、数量已核对，吊车、吊具等荷载已验算，通风、照明、含氧检测等安措已执行
03020703	地下变 SF_6 气体充装	窒息 物体打击		54（6×3×3）	四	（1）作业过程中应保持良好照明和通风。作业时，应先检测作业区域含氧量（不低于 18%）和 SF_6 气体含量（不超过 $1000\mu L/L$），作业过程应定时检测。 （2）使用托架车搬运气瓶时，SF_6 气瓶的安全帽、防振圈应齐全，安全帽拧紧，应轻装轻卸。 （3）断路器、GIS 进行充气时，必须使用减压阀。 （4）开启和关闭瓶阀时必须使用专用工具，应速度缓慢，打开控制阀门时作业人员应站在充气口的侧面或上风口，应佩戴好劳动保护用品。 （5）在充 SF_6 气体过程中，作业人员应进行不间断巡视，随时查看气体检测仪是否正常，并检查通风装置运转是否良好、空气是否流通。如有异常，立即停止作业，组织作业人员撤离现场。 （6）施工现场应准备气体回收装置，发现有漏气或气体检验不合格时，应立即进行回收，防止 SF_6 气体污染环境。在地下密闭环境内，尤其注意 SF_6 气体不得排放。 （7）施工现场气瓶应直立放置，并有防倾倒的措施，气瓶应远离热源和油污的地方，不得与其他气瓶混放。冬季施工时，气瓶严禁火烤。 （8）在改扩建工程进行本工序作业时，还应执行"03050103 一次电气设备安装"的相关预控措施	必须采用回收装置进行 SF_6 气体回收，严禁散排
03030000	变电站 GIS 组合电器安装						
03030100	GIS 组合电器安装						
03030101	户内 GIS 就位、安装及充气	爆炸 窒息 触电 机械伤害 起重伤害 物体打击 高处坠落	人员异常、设备维保、环境变化	126（6×3×7）	三	一、共性控制措施 （1）技术人员应根据 GIS 的单体重量配备吊车、吊绳，并计算出吊绳的长度及夹角、起吊时吊臂的角度及吊臂伸展长度，同时还要考虑吊车的转杆半径和起吊高度；室内天吊必须经过有关部门验收合格后，方可使用。 （2）在改扩建工程进行本工序作业时，还应执行"03050103 一次电气设备安装"的相关预控措施。 二、GIS 就位（D 值 54，四级） （3）GIS 就位前，作业人员应将作业现场所有孔洞盖严，避免人员摔伤。需建临时载物平台的应进行负载计算，搭设完毕后，经监理验收合格后方可使用。 （4）在用吊车把 GIS 设备主体吊送至室内通道口的过程中，必须设专人指挥。 （5）GIS 吊离地面 100mm 时，应停止起吊，检查吊车、钢丝绳扣是否平稳牢靠，确认无误后方可继续起吊。起吊后任何人不得在 GIS 吊装范围内停留或走动。 （6）通道口在楼上时，作业人员应在楼上平台铺设钢板，	人员资质、数量已核对，厂家人员已到场，吊车、吊具荷载及载物平台已验算，安措已执行

风险编号	工序	风险可能导致的后果	风险控制关键因素	风险评定值 D	风险级别	预 控 措 施	备注
03030101	户内 GIS 就位、安装及充气	爆炸 窒息 触电 机械伤害 起重伤害 物体打击 高处坠落	人员异常、设备维保、环境变化	126（6×3×7）	三	使 GIS 对楼板的压力得到均匀分散。 （7）作业人员在楼上迎接 GIS 时，应时刻注意周围环境，特别是在临边作业人员更要注意防止高处坠落，必要时应系安全带。 （8）用天吊就位 GIS 时，作业人员除应遵守上述吊车作业要求外，操作人员应在所吊 GIS 的后方或侧面操作。 （9）GIS 主体设备就位应放置在滚杠上，利用链条葫芦或电动绞磨等牵引设备作为牵引动力源，严禁用撬杠直接撬动设备。GIS 后方严禁站人，防止滚杠弹出伤人。 （10）牵引前作业人员应检查所有绳扣、滑轮及牵引设备，确认无误后，方可牵引。工作结束或操作人员离开牵引机时必须断开电源。 （11）操作绞磨人员应精神集中，要根据指挥人员的信号或手势进行开动或停止，停止时速度要快。牵引时应平稳匀速，并有制动措施。 （12）GIS 就位拆箱时，作业人员应相互照应，特别是在拆较高大包装箱时，应用人扶住，防止包装板突然倒塌伤人。 三、GIS 对接（D 值 54，四级） （13）GIS 主体设备就位应放置在滚杠上，利用链条葫芦或人工绞磨等牵引设备作为牵引动力源，严禁用撬杠直接撬动设备。GIS 后方严禁站人，防止滚杠弹出伤人。 （14）牵引前作业人员应检查所有绳扣、滑轮及牵引设备，确认无误后，方可牵引。工作结束或操作人员离开牵引机时必须断开电源。 （15）操作绞磨人员应精神集中，要根据指挥人员的信号或手势进行开动或停止，停止时速度要快。牵引时应平稳匀速，并有制动措施。 （16）GIS 就位拆箱时，作业人员应相互照应，特别是在拆除较高大包装箱时，应由人扶住，防止包装板突然倒塌伤人。 （17）户内 GIS 采用顶棚吊环安装时，钢丝绳穿过吊环，应注意采取可靠防护措施，防止高坠事故。 （18）对接过程，可使用撬杠做小距离的移动。采用导引棒使螺栓孔对位时，应特别注意，手不要扶在母线筒等设备的法兰对接处，避免将手挤伤。 （19）使用撬杠时，不要用力过猛，防止撬杠滑脱伤人及碰撞设备。 （20）户内式 GIS 吊装时，作业人员在接应 GIS 时应注意周围环境，防止临边高处坠落或挤压。 （21）使用天吊吊装 GIS 时，操作人员应在所吊 GIS 的后方或侧面操作。 （22）进入较长母线筒进行清擦时，要有通风及防治烧伤措施，监护人不得擅自离开。 （23）GIS 安装时打开罐体封盖前应确认气体已回收，表压为零；检查内部时，含氧量应大于 18％方可工作，否则应吹入干燥空气。 四、GIS 套管安装（D 值 126，三级） （24）220kV 及以下电压等级的套管全部国产化，施工技术成熟，安装引起的损失后果较小，按四级管控，D 值 54（6×3×3）。 （25）吊装过程中应设专人指挥，指挥人员应站在能全面观察到整个作业范围及吊车司机和司索人员的位置，对于任何工作人员发出紧急信号，必须停止吊装作业。	人员资质、数量已核对，厂家人员已到场，吊车、吊具荷载及载物平台已验算，安措已执行

续表

风险编号	工序	风险可能导致的后果	风险控制关键因素	风险评定值 D	风险级别	预控措施	备注
03030101	户内 GIS 就位、安装及充气	爆炸 窒息 触电 机械伤害 起重伤害 物体打击 高处坠落	人员异常、设备维保、环境变化	126（6×3×7）	三	（26）套管吊离地面 100mm 时，应停止起吊，检查吊车、钢丝绳扣是否平稳牢靠，确认无误后方可继续起吊。起吊后任何人不得在吊件吊装范围内停留或走动。在吊件距就位点的正上方 200～300mm 稳定后，作业人员方可开始进入作业点。 （27）起吊套管应采用厂家专用工具。套管安装时使用定位销缓慢插入，防止挤压发生伤手事故。 （28）摘除套管吊绳时，作业人员宜使用升降车摘钩。户内套管吊装应采用作业平台，作业人员宜站在平台上拆除吊绳。 （29）不得抛掷溜绳和吊绳。 五、GIS 抽真空充气（D 值 54，四级） （30）抽真空应设专用电源，其过程专人进行监控。 （31）搬运 SF$_6$ 气瓶采用气瓶小车或两人进行，搬运过程轻抬轻放，防止压伤手脚。 （32）户外 GIS 充气时，SF$_6$ 气体瓶必须有减压阀，作业人员必须站在气瓶的侧后方或逆风处，并戴手套和口罩，防止瓶嘴一旦漏气造成人员窒息。 （33）户内 GIS 充气时，应配气体检测仪，作业人员应将窗门及排风设备打开，作业区空气中六氟化硫气体含量不得超过 1000μL/L。 （34）在充 SF$_6$ 气体过程中，作业人员应进行不间断巡视，随时查看气体检测仪是否正常，并检查通风装置运转是否良好、空气是否流通。如有异常，立即停止作业，组织作业人员撤离现场。 （35）施工现场应准备气体回收装置，发现有漏气或气体检验不合格时，应立即进行回收，防止 SF$_6$ 气体污染环境。 （36）户外作业时，SF$_6$ 气瓶在夏季应有防暴晒的措施。冬季施工时，SF$_6$ 气瓶严禁用火烤	人员资质、数量已核对，厂家人员已到场，吊车、吊具荷载及载物平台已验算，安措已执行
03030102	户外 GIS 就位、安装及充气	爆炸 触电 机械伤害 起重伤害 物体打击 高处坠落	人员异常、设备异常、环境变化	126（6×3×7）	三	一、共性控制措施 （1）技术人员应根据 GIS 的单体重量配备吊车、吊绳，并计算出吊绳的长度及夹角、起吊时吊臂的角度及吊臂伸展长度，同时还要考虑吊车的回转半径和起吊高度。 （2）在改扩建工程进行本工序作业时，还应执行"03050103 一次电气设备安装"的相关预控措施。 二、GIS 就位（D 值 54，四级） （3）技术人员应根据 GIS 的单体重量配备吊车、吊绳，并计算出吊绳的长度及夹角、起吊时吊臂的角度及吊臂伸展长度，同时还要考虑吊车的回转半径和起吊高度。 （4）GIS 就位前，作业人员应将作业现场所有孔洞盖严，避免人员摔伤。电缆沟应设置安全通道。 （5）安装 GIS 时，施工场地必须清洁，并在其施工范围内搭设临时围栏，并与其他施工场地隔开。设置安全通道、警示标志。 （6）GIS 吊离地面 100mm 时，应停止起吊，检查吊车、钢丝绳扣是否平稳牢靠，确认无误后方可继续起吊。起吊后任何人不得在 GIS 吊装范围内停留或走动。 （7）GIS 吊装应设置溜绳，起吊指令明确，进入就位地点时缓慢下落，严禁急速松钩就位，防止设备损坏及砸伤人员。 （8）GIS 就位拆箱时，作业人员应相互照应，特别是在拆除较高大包装箱时，应由人扶住，防止包装板突然倒塌伤人。	人员资质、数量已核对，厂家人员已到场，吊车、吊具荷载已验算，安措已执行

风险编号	工序	风险可能导致的后果	风险控制关键因素	风险评定值 D	风险级别	预　控　措　施	备注
03030102	户外 GIS 就位、安装及充气	爆炸 触电 机械伤害 起重伤害 物体打击 高处坠落	人员异常、设备异常、环境变化	126（6×3×7）	三	三、GIS 对接（D 值 54，四级） （9）户外 GIS 主体设备与母线筒对接，宜采用吊车进行安装作业。 （10）指挥人员应指令明确，法兰对接时应采用导引棒缓慢进行。作业人员可使用撬杠做小距离的移动，但应注意，手不要扶在母线筒等设备的法兰对接处，避免将手挤伤。 （11）使用撬杠时，不要用力过猛，防止撬杠滑脱伤人及碰撞设备。 （12）GIS 就位拆箱时，作业人员应相互照应，特别是在拆除较高大包装箱时，应由人扶住，防止包装板突然倒塌伤人。 （13）设备起吊升至高处，应设置溜绳。 （14）GIS 主体设备拼接利用链条葫芦或人工绞磨等牵引设备作为牵引动力源，严禁用撬杠直接撬动设备。GIS 后方严禁站人，防止滚杠弹出伤人。 （15）牵引前作业人员应检查所有绳扣、滑轮及牵引设备，确认无误后，方可牵引。工作结束或操作人员离开牵引机时必须断开电源。 （16）操作绞磨人员应精神集中，要根据指挥人员的信号或手势进行开动或停止，停止时速度要快。牵引时应平稳匀速，并有制动措施。 （17）进入较长母线筒进行清擦时，要有通风及防治烧伤措施，监护人不得擅自离开。 （18）GIS 安装时打开罐体封盖前应确认气体已回收，表压为零；检查内部时，含氧量大于 18% 方可工作，否则应吹入干燥空气。 四、GIS 套管安装（D 值 126，三级） （19）220kV 及以下电压等级的套管全部国产化，施工技术成熟，安装引起的损失后果较小，按四级管控，D 值 54（6×3×3）。 （20）吊装过程中应设专人指挥，指挥人员应站在能全面观察到整个作业范围及吊车司机和司索人员的位置，对于任何工作人员发出紧急信号，必须停止吊装作业。 （21）套管吊离地面 100mm 时，应停止起吊，检查吊车、钢丝绳扣是否平稳牢靠，确认无误后可继续起吊。起吊后任何人不得在吊件吊装范围内停留或走动。在吊件距就位点的正上方 200~300mm 稳定后，作业人员方可开始进入作业点。 （22）起吊套管应采用厂家专用工具。套管安装时使用定位销缓慢插入，防止挤压发生伤手事故。 （23）摘除套管吊绳时，作业人员宜使用升降车摘钩。户内套管吊装应采用作业平台，作业人员宜站在平台上拆除吊绳。 （24）不得抛掷溜绳和吊绳。 五、GIS 抽真空充气（D 值 54，四级） （25）抽真空应设专用电源，其过程由专人进行监控。 （26）搬运 SF_6 气瓶应采用气瓶小车或两人进行，搬运过程轻抬轻放，防止压伤手脚。 （27）户外 GIS 充气时，SF_6 气体瓶必须有减压阀，作业人员必须站在气瓶的侧后方或逆风处，并戴手套和口罩，防止瓶嘴一旦漏气造成人员窒息。 （28）户内 GIS 充气时，作业人员应将窗门及排风设备打开，作业区空气中 SF_6 气体含量不得超过 $1000\mu L/L$。	人员资质、数量已核对，厂家人员已到场，吊车、吊具荷载已验算，安措已执行

续表

风险编号	工序	风险可能导致的后果	风险控制关键因素	风险评定值 D	风险级别	预 控 措 施	备注
03030102	户外 GIS 就位、安装及充气	爆炸 触电 机械伤害 起重伤害 物体打击 高处坠落	人员异常、设备异常、环境变化	126（6×3×7）	三	（29）在充 SF_6 气体过程中，作业人员应进行不间断巡视，随时查看气体检测仪是否正常，并检查通风装置运转是否良好、空气是否流通。如有异常，立即停止作业，组织作业人员撤离现场。 （30）施工现场应准备气体回收装置，发现有漏气或气体检验不合格时，应立即进行回收，防止 SF_6 气体污染环境。 （31）户外作业时，SF_6 气瓶在夏季应有防暴晒的措施。冬季施工时，SF_6 气瓶严禁用火烤	人员资质、数量已核对，厂家人员已到场，吊车、吊具荷载已验算，安措已执行
03040000	变电站二次系统						
03040100	开关柜、屏安装						
03040101	屏、柜、箱搬运、开箱及就位	火灾 触电 物体打击 高处坠落 其他伤害		54（3×6×3）	四	（1）运输过程中，行走应平稳匀速，速度不宜太快，车速应小于 15km/h，并应有专人指挥，避免开关柜、屏在运输过程中发生倾倒现象。 （2）拆箱时作业人员应相互协调，严禁野蛮作业，防止损坏盘面，及时将拆下的木板清理干净，避免钉子扎脚。 （3）使用吊车时，吊车必须支撑平稳，必须设专人指挥，其他作业人员不得随意指挥吊车司机，在起重臂的回转半径内，严禁站人或有人经过。 （4）屏柜应从专用吊点起吊，当无专用吊点时，在起吊前应确认绑扎牢靠，防止在空中失衡滑落。 （5）开关柜、屏就位前，作业人员将就位点周围的孔洞盖严，避免作业人员摔伤。 （6）组立屏、柜或端子箱时，设专人指挥，作业人员必须服从指挥。防止屏、柜倾倒伤人，钻孔时使用的电钻应检查是否漏电，电钻的电源线应采用便携式电源盘，并加装漏电保安器。 （7）开关柜、屏找正时，作业人员不可将手、脚伸入柜底，避免挤压手脚。屏、柜顶部作业人员，应有防护措施，防止从屏、柜上坠落。 （8）用电焊固定开关柜时，作业人员必须将电缆进口用铁板盖严，防止焊渣将电缆烫坏，应设专人进行监护。 （9）端子箱安装时，作业人员搬运必须同心协力，防止滑脱挤伤手脚。 （10）动火作业时，应在作业面附近配备消防器材。 （11）在改扩建工程进行本工序作业时，还应执行"03050104 二次电气设备安装"的相关预控措施	
03040102	蓄电池安装及充放电	触电 物体打击		54（3×6×3）	四	（1）施工区周围的孔洞应采取措施可靠的遮盖，防止人员摔伤。 （2）搬运电池时不得触动极柱和安全阀。 （3）蓄电池开箱时，撬棍不得利用蓄电池作为支点，防止损毁蓄电池。蓄电池应轻抬轻放，防止伤及手脚。 （4）蓄电池安装过程及完成后室内禁止烟火。作业场所应配备足量的消防器材。 （5）安装或搬运电池时应戴绝缘手套、围裙和护目镜，若酸液泄漏溅落到人身上，应立即用苏打水和清水冲洗。 （6）紧固电极连接件时所用的工具手柄要带有绝缘，避免蓄电池组短路。 （7）安装免维护蓄电池应符合产品技术文件的要求，不得人为随意开启安全阀。 （8）充放电应由专人负责。定时巡视并记录充放电情况。当	

风险编号	工序	风险可能导致的后果	风险控制关键因素	风险评定值 D	风险级别	预控措施	备注
03040102	蓄电池安装及充放电	触电物体打击		54（3×6×3）	四	蓄电池充放电有异常时应立即断开电源，妥善采取处理措施。 （9）应采用专用仪器进行充放电，不得用电炉丝等非常规方式进行充放电。 （10）在改扩建工程进行本工序作业时，还应执行"03050104　二次电气设备安装"的相关预控措施	
03040200	电缆敷设及二次接线						
03040201	电缆支架、电缆预埋管、电缆槽盒安装	触电物体打击高处坠落其他伤害		27（3×3×3）	四	一、共性控制措施 （1）电动机械或电动工具必须做到"一机一闸一保护"。移动式电动机械必须使用绝缘护套软电缆。所有电动工机具必须做好外壳保护接地，暂停工作时，应切断电源。电动机械的转动部分必须装设保护罩。 （2）焊接作业时，作业人员必须持证上岗。 （3）运行区域搬运长物件，应双人进行。 （4）复杂环境施工，人员应注意防止磕碰、划伤。 二、电缆支架（桥架、吊架、梯架）安装 （5）进行桥架、吊架安装时，应确认预埋件可靠牢固。 （6）电缆桥架（吊架）安装时，应使用工具袋进行上下工具材料传递，严禁抛掷，防止高空坠物伤及人和设备。 （7）地面工作人员不得站在可能坠物的电缆桥架（吊架）下方。 （8）高处作业人员，必须系好安全带，地面应设专人监护。 （9）电缆沟内作业，应设置安全通道，不宜踩踏电缆支架上下电缆沟。电缆沟应设置安全防护措施，防止人员择入沟内。 （10）在电缆沟内行走，应有防止电缆支架棱角划伤身体的措施。 三、电缆预埋管安装 （11）使用切割机应遵守切割机操作规程。 （12）切断钢管后，应及时处理飞边，防止割伤手脚。 （13）运行区域挖沟时，锄头不应超出安全距离。 四、电缆槽盒安装 （14）切断槽盒后，应及时处理飞边，防止割伤手脚。 （15）高处作业应系安全带，有防止高坠的措施，地面应设专人监护	
03040202	电缆搬运、敷设二次接线	触电火灾物体打击高处坠落其他伤害		54（3×6×3）	四	一、电缆敷设准备 （1）工程技术人员应根据电缆盘的重量配备吊车、吊绳，并根据电缆盘的重量配置电缆放线架。 （2）班组负责人应根据电缆轴的重量选择吊车和钢丝绳套。严禁将钢丝绳直接穿过电缆盘中间孔洞进行吊装，避免钢丝绳受损无法再次使用。严禁使用跳板滚动卸车和在车上直接将电缆盘推下。 （3）卸车时吊车必须支撑平稳，必须设专人指挥，其他作业人员不得随意指挥吊车司机，遇紧急情况时，任何人员有权发出停止作业信号。 （4）电缆运输车上的挂钩人员在挂钩前要将其他电缆盘用木楔等物品固定后方可起吊，车下人员在电缆盘吊移的过程中，严禁站在吊臂和电缆盘下方。 （5）电缆隧道需采用临时照明作业时，必须使用36V以下照明设备，且导线不应有破损。	

续表

风险编号	工序	风险可能导致的后果	风险控制关键因素	风险评定值 D	风险级别	预 控 措 施	备注
03040202	电缆搬运、敷设二次接线	触电火灾物体打击高处坠落其他伤害		54 (3×6×3)	四	（6）临时打开的电缆沟盖、孔洞应设立警示牌、围栏。 （7）根据电缆盘的重量和电缆盘中心孔直径选择放线支架的钢轴，放线支架必须牢固、平稳，无晃动，严禁使用道木搭设支架，防止电缆盘翻倒造成伤人事故的发生。 （8）短距离滚动光缆盘，应严格按照缆盘上标明的箭头方向滚动。光缆禁止长距离滚动。 　二、敷设及接线 （9）电缆敷设时应设专人统一指挥，指挥人员指挥信号应明确、传达到位。 （10）敷设人员戴好安全帽、手套，严禁穿塑料底鞋，必须听从统一口令，用力均匀协调。 （11）拖拽人员应精力集中，要注意脚下的设备基础、电缆沟支撑物、土堆、电缆支架等，避免绊倒摔伤。在电缆层内作业时，动作应轻缓，防止电缆支架划伤身体。 （12）拐角处作业人员应站在电缆外侧，避免电缆突然带紧将作业人员摔倒。 （13）电缆通过孔洞时，出口侧的人员不得在正面接引，避免电缆伤及面部。上下竖井应系安全带。 （14）操作电缆盘人员要时刻注意电缆盘有无倾斜现象，特别是在电缆盘上剩下几圈时，应防止电缆突然崩出伤人。 （15）高压电缆敷设过程中必须设专人巡视，应采用一机一人的方式敷设，施工前作业人员应时刻保证通信畅通，在拐弯处应有专人看护，防止电缆脱离滚轮，避免出现电缆被压、磕碰及其他机械损伤等现象发生。 （16）高压电缆敷设采用人力敷设时，作业人员应听从指挥统一行动，抬电缆行走时要注意脚下，放电缆要协调一致同时下放，避免扭腰砸脚和磕坏电缆外绝缘。 （17）电缆沟应设置跨越通道，沿沟边行走应注意力集中，防止摔入沟内。临时打开的沟盖、孔洞应设立警示牌、围栏，每天完工后应立即封闭。 （18）电缆绑扎牢固可靠，垂直敷设的电缆应重点检查绑扎的可靠性，防止绑扎位置松脱，导致大量电缆松脱引起人身及电网事故。 （19）电缆剥皮应注意刀口方向及钢铠切口，防止划伤手掌；电缆剥皮还应注意不得伤及芯线绝缘层，防止直流失地。 （20）电缆头地线采用焊接时，电烙铁使用完毕后不得随意乱放，以免烫伤电缆芯线、施工人员及引起火灾。 （21）选用适合的工具进行二次线接入，接入端子的芯线因牢固可靠，用手拉扯不应脱出。 （22）在改扩建工程进行本工序作业时，还应执行"03050105 运行屏柜上二次接线、03050106 二次接入带电系统"的相关预控措施	
03040203	110kV 及以上高压电缆敷设	触电物体打击高处坠落其他伤害		63 (3×3×7)	四	（1）牵引器具荷载已经过验算，牵引力满足敷设要求。 （2）敷设人员戴好安全帽、手套，严禁穿塑料底鞋，必须听从统一口令，用力均匀协调。 （3）上下电缆沟、竖井、工井应设置临时通道。 （4）电缆展放敷设过程中，转弯处应设专人监护。转弯和进洞口前，应放慢牵引速度，调整电缆的展放形态，当发生异常情况时，应立即停止牵引，经处理后方可继续作业。电缆通过孔洞或楼板时，两侧应设监护人，入口处应采取措施防止电缆被卡，不得伸手，防止被带入孔中。	

风险编号	工序	风险可能导致的后果	风险控制关键因素	风险评定值 D	风险级别	预 控 措 施	备注
03040203	110kV 及以上高压电缆敷设	触电 物体打击 高处坠落 其他伤害		63（3×3×7）	四	（5）用滑轮敷设电缆时，作业人员应站在滑轮前进方向，不得在滑轮滚动时用手搬动滑轮。 （6）操作电缆盘人员要时刻注意电缆盘有无倾斜现象，特别是在电缆盘上剩下几圈时，应防止电缆突然崩出伤人。 （7）电缆通过孔洞时，出口侧的人员不得在正面接引，避免电缆伤及面部。 （8）高压电缆敷设采用人力敷设时，作业人员应听从指挥统一行动，抬电缆行走时要注意脚下，放电缆时要协调一致同时下放，避免扭腰砸脚和磕坏电缆外绝缘。 （9）固定电缆用的夹具应具有表面平滑、便于安装、足够的机械强度和适合使用环境的耐久性特点。 （10）采用输送机敷设电缆，当局部工序或整体敷设工作结束，需调整输送机位置，或移出、搬离原来工作场地，之前必须切断电源拔去电源插头，避免搬移过程中发生触电事故	
03040204	110kV 及以上高压电缆头制作	物体打击 机械伤害 高处坠落		63（3×3×7）	四	（1）使用压接工具前，应检查压接工具型号、模具是否符合所压接工作等级要求。 （2）压接时，人员要注意头部远离压接点，保持300mm以上距离。装卸压接工具时，应防止砸碰伤手脚。 （3）进行充油电缆接头安装时，应做好充油电缆接头附件及油压力箱的存放作业，并配备必要的消防器材。 （4）搭设平台进行电缆头制作应有防高坠的措施。在电缆终端施工区域下应设置围栏或采取其他保护措施，禁止无关人员在作业地点下方通行或逗留。 （5）进行电缆终端瓷质绝缘子吊装时，应采取可靠的绑扎方式，防止瓷质绝缘子倾斜，并在吊装过程中做好相关的安全措施。 （6）制作环氧树脂电缆头和调配环氧树脂作业过程中，应采取有效的防毒和防火措施。 （7）对施工区域内临近的运行电缆，应采取妥善的安全防护措施加以保护，避免影响正常的施工作业。 （8）扩建工程施工时，与带电设备保持的安全距离应满足规范要求。不得在带电导线、带电设备、变压器等附近以及在电缆夹层、隧道、沟洞内对火炉或喷灯加油、点火。在电缆沟盖板上或旁边进行动火工作时需采取必要的防火措施	
03050000	变电站改扩建工程						
03050100	改扩建施工						
03050101	材料、设备搬运、绿化、地面卫生清扫	触电		36（6×6×1）	四	（1）作业人员、机械设备与带电设备的安全距离满足安规要求。 （2）搬运前，作业人员应规划出搬运路径，对较高大的设备要测算出安全距离。 （3）安全距离小于规定的要求时，作业人员应在运行人员的指导监督下，作出可靠的安全防护措施。 （4）搬运过程中作业人员严禁站在设备顶部，能卧式运输的设备严禁站立搬运。 （5）使用吊车卸车和吊装时，吊车司机和指挥人员应熟悉作业环境，并计算出吊臂伸出的长度、角度及回转半径，防止触电和感应电触电事故的发生。 （6）搬运梯子及较长物体时，应由两人放倒抬运。 （7）作业人员及机械设备严禁穿越安全围栏。 （8）绿化及地面卫生清扫应做好监护工作，防止人员走错间隔	

续表

风险编号	工序	风险可能导致的后果	风险控制关键因素	风险评定值 D	风险级别	预 控 措 施	备注
03050102	土建间隔扩建施工	触电 机械伤害 电网事故	人员异常、环境变化、近电作业	108（6×6×3）	三	（1）改扩建工程与带电设备距离，经综合计算大于《国家电网有限公司电力建设安全工作规程　第 1 部分：变电》"近电作业安全管控"表 1 中控制值时，风险可按 4 级管控。施工方案中必须验算与带电设备的安全距离；施工作业票的"现场风险复测变化情况及补充控制措施"中应核实作业区域与带电设备的安全距离。 （2）机械开挖采用"一机一指挥"的组织方式。 （3）作业人员、机械设备与带电设备的安全距离满足安规要求。作业人员及机械设备严禁穿越安全围栏。 （4）在运行站开挖时要提前查看图纸，确定地下管线、地网走向，特别应注意不得将地线挖断，若挖断应及时恢复。当无法确定时，应借助仪器探测，监理项目部应旁站确认。 （5）机械挖土须单独作业，在挖掘机旋转范围内，不允许有其他作业。 （6）挖掘机装土时，应待车辆停稳后进行，挖斗严禁从驾驶室上方越过；开动挖掘机前应发出规定的音响信号，确认车厢内无人后方可装土。挖掘机暂停工作时，应将挖斗放至地面，不得使其悬空。 （7）当采用人工开挖，需确认所用的锄头、铁锹等在作业过程中与带电设备的安全距离满足规范要求。同时监护人员应盯紧人员的作业行为。 （8）搬运梯子及较长物体时，由两人放倒抬运。 （9）监护人认真负责，坚守岗位，不得擅离职守。 （10）施工人员严禁误碰或误动其他运行设备。 （11）阴雨、大雾及大风天气不得在带电区域作业	（1）人员资质、数量已核对，区域隔离等安措已执行。 （2）本风险不得独立开票，应与 02000000 变电站土建工程中的相关工序配合使用
03050103	一次电气设备安装	触电 中毒 电网事故 物体打击 机械伤害	人员异常、设备异常、环境变化、近电作业	84（6×2×7）	三	（1）改扩建工程与带电设备距离，经综合计算大于《国家电网有限公司电力建设安全工作规程　第 1 部分：变电》"近电作业安全管控"表 1 中控制值时，风险可按 4 级管控。施工方案中必须验算与带电设备的安全距离；施工作业票的"现场风险复测变化情况及补充控制措施"中应核实作业区域与带电设备的安全距离。 （2）作业人员、机械设备与带电设备的安全距离满足安规要求。作业区域内的机械、设备外壳可靠接地。 （3）在带电区域作业时，应避开阴雨及大风天气。 （4）完成施工区域与运行部分的物理和电气安全隔离。作业人员严禁进入正在运行的间隔，应在规定的范围内作业，严禁穿越安全围栏。 （5）严禁作业人员不执行作业票制度，擅自扩大工作范围。 （6）安装断路器、隔离开关、电流互感器、电压互感器等较大设备时，作业人员应在设备底部捆绑溜绳，防止设备摇摆。 （7）拆装端子上两端设备连接线时，宜用升降车或梯子进行，拆掉后的设备连接线用尼龙绳固定，防止设备连接线摆动造成母线损坏。 （8）在母线和横梁上作业或新增设母线与带电母线靠近、平行时，母线应接地，还应制定严格的防静电措施，作业人员应穿屏蔽服作业。 （9）采用高空作业车作业时，应两人进行，一人作业，一人监护，高空作业车应可靠接地。 （10）拆、挂母线时，应有防止钢丝绳和母线弹到邻近带电设备或母线上的措施。高空作业所用的绳索应有防止其飘移到带电设备上措施。	（1）人员资质、数量已核对，区域隔离等安措已执行。 （2）本风险不得独立开票，应与变电站电气工程 03010100 油浸电力变压器、油浸电抗器施工作业、03020000 变电站一次设备安装、03030000 变电站 GIS 组合电器安装、03060000 换流站电气安装中的相关工序配合使用

续表

风险编号	工序	风险可能导致的后果	风险控制关键因素	风险评定值 D	风险级别	预控措施	备注
03050103	一次电气设备安装	触电 中毒 电网事故 物体打击 机械伤害	人员异常、设备异常、环境变化、近电作业	84（6×2×7）	三	（11）临近带油设备焊接作业时，应按规定办理动火工作票，并做好防火措施。 （12）接地线挂设使用专用的线夹，禁止用缠绕的方法进行接地或短路，不得擅自移动或拆除接地线。接地线一经拆除，设备即应视为有电，禁止再去接触或进行作业。 （13）人体不得碰触接地线或未接地的导线；带接地线拆设备接头时，采取防止接地线脱落的措施。 （14）在带电设备区域内或临近带电母线处，不得使用金属梯子。 （15）施工现场应随时清除漂浮物。 （16）搬运竹梯、线材要放倒，2人平抬，携带铁锹、撬棒等较长物件不可肩扛，要平拿，注意保持与带电体的安全距离。禁止使用金属梯。 （17）在SF$_6$配电装置上扩建新间隔（设备），在回收相邻母线气室SF$_6$气体时，应防止气体中毒。 （18）取出SF$_6$配电装置（或SF$_6$断路器）中的吸附物时，作业人员应使用橡胶手套、防护镜及防毒口罩等防护用品。 （19）SF$_6$配电装置发生大量泄漏等紧急情况时，人员应迅速撤出现场，开启所有排风机进行排风。未佩戴防毒面具或正压式空气呼吸器人员禁止入内。 （20）GIS拼接时应做好相应的二次安全措施。 （21）设备安装后，应及时做好接地措施	（1）人员资质、数量已核对，区域隔离等安措已执行。 （2）本风险不得独立开票，应与变电站电气工程03010100油浸电力变压器、油浸电抗器施工作业、03020000变电站一次设备安装、03030000变电站GIS组合电器安装、03060000换流站电气安装中的相关工序配合使用
03050104	二次电气设备安装	触电 火灾 机械伤害	人员异常、环境变化、近电作业	90（10×3×3）	三	（1）完成施工区域与运行部分的物理和电气安全隔离。在运行变电站的主控楼作业时，施工作业人员必须经值班人员许可后进入作业区域，并且在值班人员做好隔离措施后方可作业，楼内严禁吸烟、非作业人员严禁入内。 （2）拆装屏、柜等设备时，作业人员应动作轻慢，防止振动。 （3）拆解屏、柜内二次电缆时，作业人员必须确定所拆电缆确实已退出运行，并在监护人员监护下进行作业。 （4）在加装屏顶小母线时，作业人员必须做好相邻屏、柜上小母线的防护工作，严防因放置工具或其他物品导致小母线短路。 （5）在楼内动用电焊、气焊等明火时，除按规定办理动火作业票外，还应制定完善的防火措施，设置专人监护，配备足够的消防器材，所用的隔离板必须是防火阻燃材料，严禁用木板	（1）人员资质、数量已核对，区域隔离等安措已执行。 （2）本风险工序不得独立开票，应与变电站电气工程03040000变电站二次系统中的相关工序配合使用
03050105	运行屏柜上二次接线	触电 电网事故	人员异常、环境变化、近电作业	90（10×3×3）	三	（1）作业人员在二次接线过程中应熟悉图纸和回路，遇有疑问应立即向设计人员或技术人员提出，不得擅自更改图纸。 （2）二次接线时，应先接新安装屏、柜侧的电缆，后接运行屏、柜的电缆。 （3）接线人员在屏、柜内的动作幅度要尽可能小，避免碰撞正在运行的电气元件，同时应将运行的端子排用绝缘胶带粘住。经用万用表校验所接端子无电后，在检修人员和技术人员的监护下进行接线。 （4）二次接线接入带电屏柜时，必须在监护人的监护下进行。 （5）电缆头地线焊接时，电烙铁使用完毕后不得随意乱放，以免烫伤正在运行的电缆，造成运行事故	人员资质、数量已核对，区域隔离等安措已执行

续表

风险编号	工序	风险可能导致的后果	风险控制关键因素	风险评定值 D	风险级别	预 控 措 施	备注
03050106	二次接入带电系统	触电电网事故	人员异常、环境变化、近电作业	90（10×3×3）	三	（1）班组负责人根据设计图纸认真交代分配工作地点和工作内容，工作范围严禁私自更换工作地点和私自调换工作内容。 （2）开始施工前，由运行人员在施工的相邻保护屏上悬挂"运行设备"醒目标识，施工过程中要积极配合运行人员的工作，确定工作范围及工作位置。作业人员严禁误碰或误动其他运行设备。 （3）严格按设计图纸施工，如有问题应及时与有关技术人员联系，不可随意处置。 （4）接线人员在盘、柜内的动作幅度要尽可能小，避免碰撞正在运行的电气元件，同时将将运行的端子排用绝缘胶带粘住，经用万用表校验所接端子无电后，在检修人员和技术人员的监护下进行接线。 （5）所有在运行屏柜内新敷设的电缆芯线应做好包扎，防止误碰屏内带电回路，导致直流失地及误跳闸。 （6）接线过程应做好防止交直流互窜、直流失地的隔离措施。 （7）当拆除线缆或新回路接入运行屏柜时，应严格执行二次安措票。监护人认真负责，坚守岗位，不得擅离职守。必要时运维检修人员需到场监护。 （8）剪断废旧电缆前，应与电缆走向图纸核对相符，并确认电缆无电后方可作业。拆解盘、柜内二次电缆和剪断废旧电缆前，必须确定所拆电缆确实已退出运行，并有专人监护，监护人不得擅离职守	人员资质、数量已核对，区域隔离等安措已执行
03050107	附属设备安装	触电电网事故	人员异常、环境变化、近电作业	90（10×3×3）	三	（1）作业人员、机械设备与带电设备的安全距离满足安规要求。 （2）进站的人员必须做好考试、交底等安全措施。 （3）附属设施安装前，应对人员做好交底措施，明确作业区域及带电设施隔离范围。当确需临时进入运行区域时，必须取得运行部门同意。 （4）安装消防管道应两人搬运，严禁单人搬运梯子、管道等长物。 （5）安装附属设施，应设专人监护，做好隔离措施，防止误动误碰运行设备。 （6）当需接入原有系统时，应取得运行部门同意	人员资质、数量已核对，区域隔离等安措已执行
03050108	户内狭小空间设备安装	触电电网事故物体打击	人员异常、环境变化、近电作业	90（10×3×3）	三	（1）当采用拔杆吊装时，拔杆应固定牢靠，并确保拔杆与相邻运行设备的安全距离。 （2）拔杆在拆装过程中应注意成品保护，防止碰伤土建设施及相邻设备。 （3）应校核缆风绳的地锚强度，以及缆风绳与带电设备的安全距离。 （4）缆风绳与地面的夹角宜为30°，最大不宜超过45°。 （5）选用的吊装设施应满足所吊设备的起重要求。 （6）链接葫芦（或手扳葫芦）使用前应检查和确认吊钩及封口部件、链条、转动装置及刹车装置可靠，转动灵活正常。 （7）操作人员禁止站在葫芦正下方，不得站在重物上面操作，也不得将重物吊起后停留在空中而离开现场，起吊过程中禁止任何人在重物下行走或停留。 （8）同时采用所吊设备的风险控制措施	人员资质、数量已核对，区域隔离等安措已执行

风险编号	工序	风险可能导致的后果	风险控制关键因素	风险评定值 D	风险级别	预 控 措 施	备注
03050109	设备、设施拆除作业	火灾 触电 电网事故 物体打击	人员异常、环境变化、近电作业	90（10×3×3）	三	（1）重要拆除工程应在技术负责人的指导下作业。 （2）确认被拆的设备或设施不带电，并做好安全措施。 （3）不得破坏原有安全措施的完整性。 （4）防止因结构受力变化而发生破坏或倾倒。 （5）拆除时，如所站位置不稳固或在2m以上的高处作业时，应系好安全带并挂在暂不拆除部分的牢固结构上。 （6）拆除有张力的软导线时应缓慢施放。 （7）拆装盘、柜等设备时，作业人员应动作轻慢，防止振动，与运行盘柜相连固定时，不应敲打盘柜。小母线应提前拆除与带电部分的连接，并确保盘柜拆除时不会触及导致对地短路。 （8）拆除盘、柜内的装置，应平稳进行，不得误碰、误动其他运行带电部位，必须提前做好安全措施。 （9）剪断电缆前，应与电缆走向图纸核对相符，并确认电缆两头接线脱离无电后方可作业。拆除旧电缆时应从一端开始，不得在中间切断或任意拖拉。 （10）弃置的动力电缆头、控制电缆头，除有短路接地外，应一律视为有电。 （11）应在运行部门许可的范围内作业，与带电设备保持足够的安全距离。 （12）涉及动火拆除的，还应办理动火工作票，并在作业区域设置消防器材。 （13）地下建筑物拆除前，应将埋设的力能管线切断。如遇有毒气体管路，应由专业部门进行处理。 （14）拆除后的坑穴应填平或设围栏，拆除物应及时清理。 （15）清理管道及容器时，应查明残留物性质，采取相应措施后方可进行	人员资质、数量已核对，区域隔离等安措已执行
03060000	换流站电气安装						
03060100	换流变安装						
03060101	器身内部检查	窒息 触电 其他伤害		42（6×1×7）	四	（1）当器身内部含氧量未达到18%以上时，严禁人员进入。 （2）在器身内部检查过程中，应连续充入露点小于−40℃的干燥空气，应设专人监护，防止检查人员缺氧窒息。 （3）检查过程中如需要照明，必须使用12V以下带防护罩的行灯，行灯电源线必须使用橡胶软芯电缆。 （4）施工前对所需工器具、辅助材料仔细清点并做好记录。器身内部检查后要清点所有物品、工具，发现有物品落入变压器内要及时报告并清除	含氧量检测已完成
03060102	附件及套管安装	物体打击 机械伤害	人员异常、设备异常	126（6×3×7）	三	一、共性控制措施 （1）起重机械、工器具必须经过计算选定。 （2）换流变顶部设置水平安全绳，供作业人员悬挂安全带。 （3）无平台时，高处作业采用高空作业车，作业人员禁止攀爬绝缘子作业。 （4）高空作业人员应正确佩戴安全带穿防滑鞋，上下变压器时必须使用攀登自锁器。 （5）高空作业人员使用的工具及安装用的零部件，应放在随身佩带的工具袋内，不可随便向下丢掷。 （6）起重机吊臂的最大仰角不得超过制造厂铭牌规定。起吊附件时，应拴以牢固的溜绳。	人员资质、数量已核对，安措已执行

风险编号	工序	风险可能导致的后果	风险控制关键因素	风险评定值 D	风险级别	预控措施	备注
03060102	附件及套管安装	物体打击机械伤害	人员异常、设备异常	126（6×3×7）	三	（7）起重工作区域内应设警戒线，严禁任何人员通过或逗留。必须设置专职安全监护人员。吊装设置专人指挥，指挥信号明确及时，作业人员不得擅自离岗。 （8）起吊前应检查起重设备及其安全装置；吊件吊离地面时，先用"微动"信号指挥，待吊件离开地面约100mm时停止起吊，检查无异常后，再指挥用正常速度起吊。在吊件降落就位时，再使用"微动"信号指挥。 （9）应保持作业区域清洁，有油污及时清除。吊车指挥人员宜站在钟罩顶部进行指挥。 二、油枕、散热器等附件安装（D值54，四级） （10）附件吊装宜使用软吊带，应有成品保护措施。 （11）升高座在装卸、搬运的吊装过程中，必须确保包装箱完好且坚固、必须在起重机械受力后方可拆除运输安全措施、必须采取防倾覆的措施（如设置拦腰绳）。 三、套管安装（D值126，三级） （12）套管应有成品保护措施。宜使用厂家专用吊具进行吊装。采用吊车小钩（或链条葫芦）调整套管安装角度时，应防止小钩（或链条葫芦）与套管碰撞，伤及瓷裙。 （13）在套管到达就位点且稳定后，作业人员方可进入作业区域。 （14）大型套管采用两台起重机械抬吊时，应分别校核主吊和辅吊的吊装参数，特别防止辅吊在套管竖立过程中超幅度或超载荷。 （15）当套管试验采用专用支架竖立时，必须确保专用支架的结构强度，并与地面可靠固定。 （16）套管安装时使用定位销缓慢插入，防止瓷件碰撞法兰。 （17）套管吊装时，为防止链条葫芦断裂，在吊点两端加一根软吊带作为保护	人员资质、数量已核对，安措已执行
03060103	牵引就位	机械伤害	人员异常、设备异常	90（6×1×15）	三	（1）必须设置专人指挥，指挥信号明确及时，作业人员不得擅自离岗。应设专职安全监护人。 （2）用千斤顶升来安装或解除运输小车时，顶升位置必须符合产品说明书并置于预先埋设的供千斤顶顶升使用的基础预埋铁件位置；各千斤顶应均匀升降，确保本体支撑板受力均匀；千斤顶升和下降过程中本体与基础间必须实施有效的垫层保护。 （3）牵引就位过程中，行走应平稳，运输轨道接缝处要采取有效措施，防止产生震动、卡阻。 （4）检查换流变的附件均安装牢固。 （5）设备、机械搬运，防止挤手压脚。 （6）牵引前作业人员应检查所有绳扣、滑轮及牵引设备，确认无误后，方可牵引。 （7）换流变顶升一定高度后，把平板滑车送入换流变底部规定位置，检查平板滑车平稳后方可落下换流变至平板滑车上。 （8）牵引过程中任何人不得在换流变前进范围内停留或走动。 （9）卷扬机操作人员应精神集中，要根据指挥人员的信号或手势进行操作，操作时应平稳匀速。 （10）千斤顶顶升和下降过程中换流变本体与基础间必须实施有效的垫层保护。 （11）就位时，作业人员应相互合作，服从指挥人员口令。 （12）各千斤顶应均匀缓慢下降，确保换流变本体就位平稳	人员资质、数量已核对，安措已执行

风险编号	工序	风险可能导致的后果	风险控制关键因素	风险评定值 D	风险级别	预 控 措 施	备注
03060104	抽真空及真空注油、热油循环	触电火灾		27（3×3×3）	四	（1）滤油机、真空泵等专用设备的操作负责人应经过施工单位、相关机构或设备制造厂的专门培训。 （2）检查现场应无易燃、易爆物，应配置足够的消防器材。 （3）布置专用施工电源，保证后期抽真空、热油循环等作业所需连续不间断电源。抽真空及滤油过程中设专人巡视并做好记录。 （4）清理换流变施工区域，合理放置油罐、滤油机，滤油场地严禁烟火现场设置必要消防器材，所有油管路接头牢固，无渗漏现象。 （5）换流变、滤油机外壳应接地且电阻不得大于10Ω，金属油管路设置多点接地。接地线不得采用搭接或缠绕，应采用螺栓连接。 （6）抽真空过程中随时检查本体是否有泄漏。滤、注油过程注意油温，防止滤油机过热。 （7）残油集中回收，不得污染环境与设备基础	
03060105	降噪设施安装	高处坠落机械伤害	人员异常、设备异常	108（6×6×3）	三	（1）起重机械与起重工器具必须经过计算选定，起重机械应取得安全准用证并在有效期内，起重工器具应经过安全检验合格后方可使用。 （2）起重工作区域内应设警戒线，严禁任何人员通过或逗留。必须设置专职安全监护人员。吊装设置专人指挥，指挥信号明确及时，作业人员不得擅自离岗。 （3）高空作业人员应正确佩戴安全带、穿防滑鞋；高空作业人员使用的工具及安装用的零部件，应放在随身佩带的工具袋内，不可随便向下丢掷。 （4）起吊前应检查起重设备及其安全装置；吊件吊离地面约100mm时应暂停起吊并进行全面检查，确认无误后方可继续起吊	人员资质、数量已核对，安措已执行
03060106	换流变压器在低端运行情况下高端安装（简称"低运高建"）	触电高处坠落机械伤害	人员异常、环境变化、近电作业	140（10×2×7）	三	（1）根据现场调试（投运）工作安排，对存在低端系统运行、高端系统基建的安全风险情况编制专项施工方案。 （2）吊车位置、吊臂安全工作距离等应经过安全计算确定，确保吊车工作时离母线最近处符合《安规》附表的规定。 （3）设置吊臂作业警戒线，设专人监视吊装作业范围位于安全区域，必要时采取限制吊臂活动范围的措施及其他可控的吊装措施。 （4）在改扩建工程进行本工序作业时，还应执行"03050103—次电气设备安装"的相关预控措施	人员资质、数量已核对，区域隔离等安措已执行
03060200	换流阀安装						
03060201	换流阀设备安装	高处坠落机械伤害物体打击		54（6×3×3）	四	一、共性控制措施 （1）施工前对阀组件吊装用的电动葫芦、升降平台应进行试车及操作培训。机械设备及工器具按规定进行定期检查、维护、保养。 （2）施工作业前检查电动葫芦绳索及挂钩，严禁超载起吊。 （3）每日开工前对升降平台进行自检，每月进行一次全面检查。操作过程中有人监护，摇臂回转速度平稳。 （4）对吊装作业区设置隔离围护，吊装作业设置专人指挥监护，指挥信号明确及时，作业人员不得擅自离岗，设专人进行监护。 （5）使用工具袋进行上下工具材料传递，严禁抛掷，高处作业垂直下方禁止人员逗留。	

续表

风险编号	工序	风险可能导致的后果	风险控制关键因素	风险评定值 D	风险级别	预 控 措 施	备注
03060201	换流阀设备安装	高处坠落机械伤害物体打击		54（6×3×3）	四	（6）高处作业人员在移动过程中，不得失去保护。 二、阀塔支架安装 （7）支架搬运应小心轻放，防止砸伤手脚及破坏成品。 （8）支架堆放不应影响作业的正常开展。 三、阀组模块安装 （9）使用尼龙或有保护的钢丝绳套，悬挂在专用吊点处进行吊装。 （10）悬吊式阀塔设备吊装必须从上到下进行。 （11）吊装过程平稳进行，应有防止挤伤手脚的措施。 四、阀避雷器安装 （12）使用尼龙或有保护的钢丝绳套，悬挂在专用吊点处进行吊装。 （13）吊装过程平稳进行，应有防止挤伤手脚的措施。 （14）悬吊式阀塔设备吊装必须从上到下进行。 （15）避雷器接引的安全带不得挂在隔离开关支持绝缘子、避雷器绝缘子、母线支柱绝缘子等已安装就位物件上	
03060300	换流阀冷却设备安装						
03060301	冷却设备安装	高处坠落机械伤害物体打击		54（6×3×3）	四	（1）吊装作业设置专人指挥，指挥信号明确及时，作业人员不得擅自离岗。 （2）班组负责人组织布置防范措施，向所有参加施工的作业人员指明作业过程中的危险点。 （3）各类安全设施、标志配备齐全、设置醒目；严禁擅自拆除、挪用安全设施和安全装置。 （4）正确布置吊点，吊装作业设置专人指挥，指挥信号明确及时，作业人员不得擅自离岗。 （5）起重工器具做好检查维护，吊装前进行试吊，吊车起重臂下严禁站人，无关人员不得进入起重作业区域。 （6）重物吊离地面约100mm时暂停起吊并进行全面检查，确认良好后方可正式起吊。 （7）高处作业人员正确使用安全带，采用高架车辅助高处作业	
03060400	平波电抗器安装						
03060401	平波电抗器整体安装	高处坠落起重伤害机械伤害物体打击	人员异常、设备异常	126（6×3×7）	三	（1）起重作业设置专人指挥，指挥信号明确及时，作业人员不得擅自离岗。 （2）起重工器具做好检查维护，吊车起重臂下严禁站人，无关人员不得进入起重作业区域。 （3）使用工具袋进行上下工具材料传递，严禁抛掷，高处作业下方不得有人。 （4）正确使用吊装工具及登高安全器具。 （5）安装时加强监护，防止设备碰撞；设备安装轻起缓落。 （6）正确选择吊车，布置吊车位置，计算吊臂半径，设置吊装区域。 （7）应使用专用的吊装工具。应使用产品上的专用吊环或吊孔。吊件离开地面100mm时停止起吊，进行全面检查，确认无问题后，方可继续起吊。 （8）作业人员不可站在吊件和吊车臂活动范围内的下方，在吊件距就位点的正上方200~300mm稳定后，作业人员方可开始进入作业点。 （9）高处作业人员正确使用安全带，穿防滑鞋。高处作业使用的工器具应有防松脱的措施。 （10）遇有六级及以上大风或暴雨、雷电、冰雹、大雪、大雾、沙尘暴等恶劣气候时，应停止露天高处作业	人员资质、数量已核对，吊车、吊具荷载已验算，安措已执行

续表

风险编号	工序	风险可能导致的后果	风险控制关键因素	风险评定值 D	风险级别	预 控 措 施	备注
03060500	直流穿墙套管安装						
03060501	直流穿墙套管安装	高处坠落物体打击机械伤害	人员异常、设备异常	126（6×3×7）	三	（1）班组负责人组织布置防范措施，向所有参加施工作业人员进行安全技术交底，指明作业过程中的危险点。 （2）起重作业设置专人指挥，设置专职安全监护人，指挥信号明确及时，作业人员不得擅自离岗。 （3）起重工器具做好检查维护，吊装前进行试吊，吊车起重臂下严禁站人，无关人员不得进入起重作业区域。 （4）正确设置吊点，使用尼龙或有保护的钢丝绳套。起吊时，吊件两端系上调整绳以控制方向，缓慢起吊。 （5）吊件离开地面100mm时停止起吊，进行全面检查，确认无问题后，方可继续起吊。 （6）采用升降车作业时，应两人进行，一人作业，一人监护，升降车应可靠接地。高处作业人员正确使用安全带。 （7）使用工具袋进行上下工具材料传递，严禁抛掷，高处作业下方不得有人。 （8）作业人员严禁攀爬套管作业。 （9）作业人员应使用螺孔校正扳手进行校正，严禁将手指伸入螺孔找正。 （10）工器具应有防松脱的措施。 （11）穿墙套管吊装时，必须保证阀厅内外联系通畅	人员资质、数量已核对，安措已执行
03060600	直流场设备安装						
03060601	设备安装	高处坠落机械伤害物体打击		54（6×3×3）	四	（1）起重作业设置专人指挥，指挥信号明确及时，不得擅自离岗。 （2）使用工具袋进行上下工具材料传递，严禁抛掷，防止高空坠物伤及人和设备。 （3）安装时加强监护，防止设备碰撞；设备安装轻起缓落。 （4）严禁攀爬设备绝缘子，使用升降车或梯子上下设备	
03070000	变电站工程电气调试						
03070100	电气调试试验						
03070101	一次电气设备交接试验	触电物体打击高处坠落其他伤害		54（6×3×3）	四	（1）一次设备试验工作不得少于2人；试验作业前，必须规范设置安全隔离区域，向外悬挂"止步，高压危险！"的警示牌。设专人监护，严禁非作业人员进入。设备试验时，应将所要试验的设备与其他相邻设备做好物理隔离措施，避免试验带电回路串至其他设备上，导致人身事故。 （2）进入施工现场应使用安全防护用具，正确佩戴安全帽，高处作业时系好安全带，使用有防滑的梯子，并做好安全监护。 （3）调试过程试验电源应从试验电源屏或检修电源箱取得，严禁使用绝缘破损的电源线，用电设备与电源点距离超过3m的，必须使用带漏电保护器的移动式电源盘，试验设备和被试设备应可靠接地，设备通电过程中，试验人员不得中途离开。工作结束后应及时将试验电源断开。 （4）高压试验时试验设备及一次设备末屏应有可靠接地；试验结束，要对容性被试设备进行充分的放电后，方可拆除试验接线。 （5）试验前，被试设备应接地可靠。试验结束后，临时拆除的一二次接线（或接入的二次线）应及时恢复，并确保接触可靠，防止遗漏导致电网事故。 （6）进入地下施工现场调试时，还应满足地下变作业的相关安全措施	

续表

风险编号	工序	风险可能 导致的后果	风险控制 关键因素	风险评 定值 D	风险 级别	预 控 措 施	备注
03070102	二次设备 调试	触电 物体打击 高处坠落 其他伤害		36（6× 6×1）	四	（1）试验作业前，必须规范设置安全隔离区域。设专人监护，严禁非作业人员进入。设备试验时，应将所要试验的设备与其他相邻设备做好物理隔离措施，避免试验带电回路串至其他设备上，导致人身事故。 （2）进入施工现场应使用安全防护用具，正确佩戴安全帽，高处作业时系好安全带，使用有防滑的梯子，并做好安全监护。 （3）调试过程试验电源应从试验电源屏或检修电源箱取得，严禁使用绝缘损坏的电源线，用电设备与电源点距离超过 3m 的，必须使用带漏电保护器的移动式电源盘，试验设备通电过程中，试验人员不得中途离开。工作结束后应及时将试验电源断开。 （4）新建站已带电的直流屏和低压配电屏上应悬挂"设备运行中"标示牌和装设安全围网，各抽屉开关必须断开，重要设备应上锁，防止误碰、误操作；带电设备设专人负责监护，若需操作送电，须经调试负责人、安装负责人许可后才可以合上开关，同时挂上"已送电"标示牌；对不能送电的抽屉开关必须悬挂"禁止合闸"标示牌。 （5）在 CT、PT、交流电源、直流电源等带电回路进行测试或接线时必须使用合格工具，落实好严防 CT 二次开路的措施。 （6）进行断路器、隔离开关、有载调压装置等主设备远方传动试验时，主设备处应设专人监视，并有通信联络或就地紧急操作的措施。 （7）试验前，被试设备应接地可靠。试验结束后，临时拆除的一二次接线（或接入的二次线）应及时恢复，并确保接触可靠，防止遗漏导致电网事故	
03070103	一次设备 耐压试验	触电 高处坠落	环境变化、近电作业	126（6× 3×7）	三	（1）进入施工现场应使用安全防护用具，正确佩戴安全帽，高处作业时系好安全带，使用有防滑的梯子，并做好安全监护；设备试验时，应将所要试验的设备与其他相邻设备做好物理隔离措施，避免试验带电回路串至其他设备上，导致人身事故。 （2）严格遵守《国家电网有限公司电力安全工作规程（电网建设部分）》，保持与带电高压设备足够的安全距离。 （3）耐压试验应由专人指挥，设置安全围栏、围网，向外悬挂"止步，高压危险！"的警示牌，试验过程设专人监护。设立警戒，严禁非作业人员进入。 （4）耐压试验前应将被试设备与主变压器断开，与进、出线断开，同时还应将电压互感器、避雷器断开，试验后再安装恢复。 （5）由一次设备处引入的测试回路注意采取防止高电压引入的危险，注意检查一次设备接地点和试验设备安全接地，高压试验设备必须铺设绝缘垫。 （6）进入地下施工现场时，要随时查看气体检测仪是否正常，并检查通风装置运转是否良好、空气是否流通。如有异常，立即停止作业，组织作业人员撤离现场。 （7）高压试验设备的外壳必须可靠接地，一次设备末屏要可靠接地，接地线应使用截面积不小于 $4mm^2$ 的多股软裸铜线。严禁接在自来水管、暖气管及铁轨上，高压试验时，高压引线的接线应牢固并尽量缩短，不可过长，引线用绝缘支架固定。	人员资质已核对，区域隔离等安措已执行

风险编号	工序	风险可能导致的后果	风险控制关键因素	风险评定值 D	风险级别	预控措施	备注
03070103	一次设备耐压试验	触电高处坠落	环境变化、近电作业	126（6×3×7）	三	（8）试验结束，应将残留电荷放净后，方可拆除试验接线。 （9）试验前，被试设备应接地可靠。试验结束后，临时拆除的一二次接线（或接入的二次线）应及时恢复，并确保接触可靠，防止遗漏导致电网事故	人员资质已核对，区域隔离等安措已执行
03070104	油浸电力变压器局部放电及耐压试验	触电高处坠落	环境变化、近电作业	126（6×3×7）	三	（1）试验作业前，必须规范设置安全隔离区域，向外悬挂"止步，高压危险！"的警示牌。设专人监护，严禁非作业人员进入。设备试验时，应将所要试验的设备与其他相邻设备做好物理隔离措施，避免试验带电回路串至其他设备上，导致人身事故。 （2）进入施工现场应使用安全防护用具，正确佩戴安全帽，高处作业时系好安全带，使用有防滑的梯子，并做好安全监护。 （3）严格遵守《国家电网有限公司电力建设安全工作规程 第1部分：变电》，保持与带电设备的安全距离。 （4）变压器局放及耐压试验用的电源，根据试验容量选择开关容量、导线截面、站用变跌落保险值。 （5）耐压试验应设专人统一指挥，作业人员应与供电部门联系，避免在试验过程中突然停电，给试验人员和设备带来危害。 （6）试验电源应采用三相五线制，其开关应采用有明显断点的双刀开关和电源指示灯，并设专线，应有专人负责维护。 （7）试验结束后，应将残留电荷放净，接地装置拆除。 （8）试验前，被试设备应接地可靠。试验结束后，临时拆除的一二次接线（或接入的二次线）应及时恢复，并确保接触可靠，防止遗漏导致电网事故	人员资质已核对，区域隔离等安措已执行
03070105	高压电缆耐压试验	触电	环境变化、近电作业	126（6×3×7）	三	（1）进入施工现场应使用安全防护用具，正确佩戴安全帽，高处作业时系好安全带，使用有防滑的梯子，并做好安全监护。 （2）严格遵守《国家电网有限公司电力建设安全工作规程 第1部分：变电》，保持与带电设备的安全距离。 （3）高压电缆耐压试验应设专人统一指挥，电缆两端应设专人监护，时刻保持通信畅通。 （4）电缆两端均应设置安全围栏、围网，向外悬挂"止步，高压危险！"的警示牌。设专人监护，严禁非作业人员进入。 （5）高压试验设备的外壳必须接地，被试高压电缆接地必须良好可靠。 （6）高压电缆绝缘试验或直流耐压试验完毕后，作业人员必须及时将电缆对地充分放电后，方可拆除试验接线	人员资质已核对，区域隔离等安措已执行
03070106	换流站阀厅内试验	触电高处坠落	环境变化、近电作业	126（6×3×7）	三	（1）进入施工现场应使用安全防护用具，正确佩戴安全帽，高处作业时系好安全带，使用有防滑的梯子，并做好安全监护。 （2）严格遵守《国家电网有限公司电力建设安全工作规程 第1部分：变电》，保持与带电设备的安全距离。 （3）在进行阀厅相关的套管加压试验前，应通知隔墙对侧无关人员撤离，并由专人监护。 （4）进行晶闸管（可控硅）高压试验前，应停止该阀塔内其他工作，撤离无关人员；试验时，试验人员应与试验带电体保持足够的安全距离，不应接触阀塔屏蔽罩。 （5）地面加压人员与阀体层作业人员应保持联系，防止误加压。阀体工作层应设专责监护人（在与阀体工作层平行的升降车上监护、指挥），加压过程中应有人监护并呼唱。	人员资质已核对，区域隔离等安措已执行

续表

风险编号	工序	风险可能导致的后果	风险控制关键因素	风险评定值 D	风险级别	预控措施	备注
03070106	换流站阀厅内试验	触电高处坠落	环境变化、近电作业	126（6×3×7）	三	（6）换流变压器高压试验前应通知阀厅内高压穿墙套管侧无关人员撤离，并由专人监护。 （7）阀厅内高压穿墙套管试验加压前应通知阀厅外侧换流变压器上无关人员撤离，确认其余绕组均已可靠接地，并由专人监护。 （8）高压直流系统带线路空载加压试验前，应确认对侧换流站相应的直流线路接地刀闸、极母线出线隔离开关、金属回线隔离开关在拉开状态；单极金属回线运行时，不应对停运极进行空载加压试验；背靠背高压直流系统一侧进行空载加压试验前，应检查另一侧换流变压器处于冷备用状态。 （9）试验前，被试设备应接地可靠。试验结束后，临时拆除的一二次接线（或接入的二次线）应及时恢复，并确保接触可靠，防止遗漏导致电网事故	人员资质已核对，区域隔离等安措已执行
03070107	改扩建工程一次设备试验	触电电网事故	环境变化、近电作业	126（6×3×7）	三	（1）进入施工现场应使用安全防护用具，正确佩戴安全帽，高处作业时系好安全带，使用有防滑的梯子，并做好安全监护。 （2）一次设备现场应设安全围栏、围网，在工作地点设备上悬挂"在此工作"的标识牌，在相邻一次设备上悬挂"运行中"的标示牌。设置专用施工通道，确保与带电区域隔离，悬挂"从此进出"标示牌，规范作业人员的活动范围。 （3）现场施工调试工作人员不得少于2人，试验过程严禁使用站内运行设备的交、直流电源，试验电源应从试验电源屏或检修电源箱内引接，加强现场监护。 （4）试验前，被试设备应接地可靠。试验结束后，临时拆除的一二次接线（或接入的二次线）应及时恢复，并确保接触可靠，防止遗漏导致电网事故。 （5）扩建时，施工调试过程严格执行运行部门的《两票》制度，严禁擅自扩大工作范围，注意保持与带电设备的安全距离。 （6）改扩建站工程施工应使用带防滑的绝缘梯，严禁使用金属梯。 （7）严禁误碰或误动其他运行设备。 （8）严禁私自更换工作地点和私自调换工作内容。 （9）严格按设计图纸施工，如有问题应及时与有关技术人员联系，不可随意处置	人员资质已核对，区域隔离等安措已执行
03070108	改扩建工程二次设备试验	电网事故	环境变化、近电作业	126（6×3×7）	三	（1）主控室或继保户内运行设备应用警戒带或红布幔围住，在工作地点保护屏柜上悬挂"在此工作"的标识牌，在相邻二次设备屏柜上悬挂"运行中"的标识牌。设置专用施工通道，确保与带电区域隔离，悬挂"从此进出"标示牌，规范作业人员的活动范围。 （2）现场施工调试工作人员不得少于2人，试验过程严禁使用站内运行设备的交、直流电源，试验电源应从试验电源屏或检修电源箱内引接，加强现场监护。严禁造成站内运行设备CT开路、PT短路或直流接地。 （3）试验前，被试设备应接地可靠。试验结束后，临时拆除的一二次接线（或接入的二次线）应及时恢复，并确保接触可靠，防止遗漏导致电网事故。 （4）扩建时，施工调试过程严格执行运行部门的《两票》制度，严禁擅自扩大工作范围。	人员资质已核对，区域隔离等安措已执行

风险编号	工序	风险可能导致的后果	风险控制关键因素	风险评定值 D	风险级别	预 控 措 施	备注
03070108	改扩建工程二次设备试验	电网事故	环境变化、近电作业	126（6×3×7）	三	（5）改扩建站工程施工应使用带防滑的绝缘梯，严禁使用金属梯。 （6）调试过程应做好防止交直流互窜、直流失地的隔离措施。 （7）当拆除线缆或新回路接入运行屏柜时，应严格执行二次安措票。 （8）严禁误碰或误动其他运行设备。 （9）严禁私自更换工作地点和私自调换工作内容。 （10）严格按设计图纸施工，如有问题应及时与有关技术人员联系，不可随意处置	人员资质已核对，区域隔离等安措已执行
03070109	系统稳定控制、系统联调试验	爆炸触电设备事故电网事故	环境变化、近电作业	126（6×3×7）	三	（1）试验前用万用表测量 CT、PT 二次回路的完好性，并重点检查 PT 二次高压保险或空气开关的极差配置和分合情况，必要时对 CT 二次侧回路就近用短接线进行短接，确保试验数据的正确性。 （2）在 CT、PT、交流电源、直流电源等带电回路进行测试或接线时应使用合格工具，落实好严防 CT 二次开路以及严防 PT 反充电的措施。 （3）严格执行系统稳定控制、系统联调试验方案。防止私自调整试验步骤和试验条件；认真分析试验过程中试验数据的正确性，防止重复试验。 （4）一次设备第一次冲击送电时，现场应由专人监护，并注意安全距离，二次人员待运行稳定后，方可到现场进行相量测试和检查工作。 （5）由一次设备处引入的测试回路注意采取防止高电压引入的危险，注意检查一次设备接地点和试验设备安全接地，高压试验设备应铺设绝缘垫。 （6）系统稳定控制装置试验结束后，应认真核对调控中心下达的定值和策略，核对装置运行状态。 （7）变电站保护室保护屏、通信机房通信屏设备区域工作时，应用红色标志牌区分运行及检修设备，并将检修区域与运行区域进行隔离，二次工作安全措施票执行正确。 （8）应确认待试验的稳定控制系统（试验系统）与运行系统已完全隔离后方可按开始工作，严防走错间隔及误碰无关带电端子。 （9）在进行试验接线时应严防 PT 二次侧短路、CT 二次侧开路。 （10）试验完成后应根据稳定控制系统的正式定值进行认真核对，确保无误。 （11）试验前，被试设备应接地可靠。试验结束后，临时拆除的一二次接线（或接入的二次线）应及时恢复，并确保接触可靠，防止遗漏导致电网事故。 （12）通电试验过程中，试验人员不得中途离开。 （13）电流互感器升流试验时，封闭相应的母差、失灵电流回路。 （14）完成各项工作、办理交接手续离开即将带电设备后，未经运行人员许可、登记，不得擅自再进行任何检查和检修、安装工作。 （15）试验工作结束后，将被试验设备恢复原状	人员资质已核对，区域隔离等安措已执行

续表

风险编号	工序	风险可能导致的后果	风险控制关键因素	风险评定值 D	风险级别	预 控 措 施	备注
03080000	投产送电						
03080001	变电站验收、消缺作业	触电 物体打击 高处坠落 其他伤害		36（6×2×3）	四	（1）在进行一次设备试验验收前，必须规范设置硬质安全隔离区域，向外悬挂"止步，高压危险！"的警示牌。设专人监护，严禁非作业人员进入。 （2）试验设备和被试设备必须可靠接地，设备通电过程中，试验人员不得中途离开。 （3）试验结束后及时将试验电源断开，并对容性被试设备进行充分的放电后，方可拆除试验接线。 （4）在验收过程中需要触碰一次设备连线等部位时，必须确认被验设备与高压出线有明显的断开点，或已可靠接地。 （5）在高压出线处验收时，要严格落实防静电措施，作业人员穿屏蔽服作业。 （6）班组负责人和安全监护人检查作业人员正确使用安全工器具和个人安全防护用品，检查高处作业人员全方位防冲击安全带规范穿戴及使用情况，高处作业使用垂直攀登自锁器，水平移动使用速差保护器。特别是厂家人员高处作业时，需严格遵守。 （7）在验收过程中需要进行高处作业时，应使用竹梯、升降车等符合安全规定的作业设备，作业人员必须用绳索上、下传递工器具。 （8）地面配合人员和验收人员，应站在可能坠物的坠落半径以外。 （9）严格执行《安规》中，与带电调试相关的规定，在二次调试中做好与运行回路的隔离措施。 （10）在相关设备上消缺时，应严格按该设备的使用说明书进行操作，执行该设备的风险控制措施，严禁无措施作业，防止伤及人身和设备。必要时应有厂家人员在场配合。 （11）消缺人员应熟悉所在设备的运行、通电情况，现场作业应切断相关可能带电的回路。需要对设备进行通电调试时，应经班组负责人同意，并做好防护措施	
03080002	设备检查	触电 电网事故 其他伤害		36（6×2×3）	四	（1）投产前，应检查设备处于冷备用状态，临时地线已拆除；变压器的阀门处于打开状态；互感器末屏接地可靠；各处的孔洞、箱（屏柜）门已恢复为封闭状态。 （2）投产送电时一次设备检查工作每小组应至少有2人及以上工作人员进行，加强监护；保持与高压设备带电体有足够的安全距离。夜间检查，应配备照明灯具。 （3）设备检查时，若发现设备有异常情况，应立即汇报启动指挥部，严禁擅自处理	
03080003	继电保护装置向量测试	触电 电网事故		36（6×2×3）	四	（1）保护向量测试工作每小组应至少有2人及以上工作人员进行，加强监护。 （2）测试过程严禁造成CT开路或PT短路	

表 2-1-2-7　　　　　　　　输变电工程架空线路工程风险基本等级表

风险编号	工序	风险可能导致的后果	风险控制关键因素	风险评定值 D	风险级别	预 控 措 施	备注
04000000	架空线路工程						
04010000	项目驻地建设						
04010100	驻地临建						

风险编号	工序	风险可能导致的后果	风险控制关键因素	风险评定值 D	风险级别	预　控　措　施	备注
04010101	临建搭拆	坍塌 高处坠落		21（3× 1×7）	四	（1）房屋结构件及板材应牢固，禁止使用损伤或毁烂的结构件及板材，搭设和拆除作业应指定班组负责人，作业前应进行勘查现场地形地貌，并且安全技术交底。 （2）拆除破旧临建房及霜冻、雨雪天气屋面作业时，应做好可靠的防坠、防滑措施，作业中加强安全监护	
04010200	医疗保障和高原生活安全						
04010201	高海拔地区施工后勤保障	窒息 高原反应 疫情传播		36（6× 2×3）	四	（1）作业人员应体检合格，并经习服适应后，方可参加施工。作业人员均应定期进行体格检查，并建立个人健康档案。 （2）建立习服医疗保障基地。 （3）对参加施工的全体员工进行培训，让其了解自我保护和保护环境的相关知识。 （4）对参加施工的全部员工进行体检。 （5）建立健全相关预防高原病的管理体系要求，并监督执行。合理安排劳动强度与时间，为作业人员提供高热量的膳食。 （6）严格履行开工前、施工中、完工后人员的身体检查和复检措施要求。 （7）应配备性能满足高海拔施工的机械设备、工器具及交通工具，机械设备、车辆宜配备小型氧气瓶或袋等医疗应急物品。 （8）高原地区施工需要考虑机械出力降效情况，必要时通过试验手段进行测试。 （9）按照要求项目部及时建立和完善医疗保障和后勤保障体系。 （10）根据需要在开工前在施工区域内设置医疗救护点，并制定出完善的高原病防治措施。 （11）对生活区域、工作环境周边经常进行消毒，不吃死因不明的动物肉。 （12）尽量选择有清洁水源的地区并且有人员居住的地方进行设点居住，对不明的水源严禁饮用。 （13）尽量减少和避免在强光下工作、停留，必要时采取防晒措施（涂抹防晒霜和唇膏）。 （14）对参加施工的全体员工发放必备的劳动保护用品。 （15）遇到大风、雨雪、冰雹等天气严禁施工，建立健全防止自然灾害的应急现场处置方案，合理安排工作日。 （16）进入高原高海拔地区，各施工点必须配备足够的应急药品和吸氧设备，选择和使用合格产品，使用时按要求进行过滤，并控制流量和时间	
04020000	架空线路复测						
04020001	架空线路复测	中毒 火灾 淹溺 物体打击 高处坠落		21（3× 1×7）	四	（1）严禁带火种进入山区及森林，偏僻山区禁止单独作业，配齐通信、地形图等设备装备，保持通信畅通。 （2）携带必要的保卫器械、防护用具及药品。 （3）毒蛇咬伤后，先服用蛇药，再送医救治，切忌奔跑。 （4）使用砍伐工具前认真检查，砍刀手柄安装牢固，并备有必要的辅助工具。 （5）砍伐树、竹时，控制其倾倒方向，不得多人在同一处或在不足树、竹高度的 1.2 倍范围内砍伐。 （6）砍伐树木时，设监护人，树木倾倒前呼叫警告，砍伐人员向倾倒的相反方向躲避。	

续表

风险编号	工序	风险可能导致的后果	风险控制关键因素	风险评定值 D	风险级别	预 控 措 施	备注
04020001	架空线路复测	中毒 火灾 淹溺 物体打击 高处坠落		21（3× 1×7）	四	（7）不得攀附脆弱、枯死或尚未砍断的树枝、树木，应使用安全带。 （8）安全带不得系在待砍剪树枝的断口附近。 （9）提前对施工道路进行调查、修复，必要时应采取措施。 （10）严禁使用金属测量器具测量带电线路各种距离。 （11）选择合适路线，不走险路，注意避开私设电网和捕兽夹。 （12）不得穿越不明深浅的水域和薄冰。 （13）施工人员至少两人同行，不得单独远离作业场所。作业完毕，班组负责人应清点人数。 （14）冬季线路复测做好防滑、防冻措施，人员佩戴劳动防护用品。 （15）作业人员乘坐水上交通工具时，正确穿戴救生衣，不打闹嬉戏，熟练使用救生设备，严禁超员	
04030000	土石方工程						
04030100	一般土石方开挖						
04030101	设计坑深小于5m一般土石方人工开挖	坍塌 机械伤害 高处坠落 物体打击		45（3× 1×15）	四	（1）坑边如需堆放材料机械，必须经设计计算确定放坡系数，必要时采取支护措施。 （2）先清除山坡上方浮土、石；土石滚落下方不得有人。 （3）基坑顶部按设计规范要求设置截水沟。边坡开挖时，由上往下开挖，依次进行。不得上、下坡同时撬挖。 （4）一般土质条件下弃土堆底至基坑顶边距离不小于1m，弃土堆高不大于1.5m，垂直坑壁边坡条件下弃土堆底至基坑顶边距离不小于3m。不得在软土场地的基坑边堆土。 （5）土方开挖过程中必须观测基坑周边土质是否存在裂缝及渗水等异常情况，适时进行监测。 （6）规范设置弃土提升装置，确保弃土提升装置安全、稳定。 （7）规范设置供作业人员上下基坑的安全通道（梯子），基坑边缘按规范要求设置安全护栏。 （8）挖土区域设警戒线，各种机械、车辆严禁在开挖的基础边缘2m内行驶、停放	
04030102	设计坑深大于等于5m深基坑一般土石方人工开挖	坍塌 窒息 中毒 高处坠落 物体打击	人员异常、环境变化、地质异常	90（6× 1×15）	三	（1）规范设置供作业人员上下基坑的安全通道（梯子）。不得攀登挡土板支撑上下，上下基坑时不得拉拽，不得在基坑内休息。 （2）堆土应距坑边1m以外，高度不得超过1.5m。 （3）必须按照设计规定放坡，施工过程发现坑壁出现裂纹、坍塌等迹象，立即停止作业并报告班组负责人，待处置完成合格后，再开始作业。 （4）先清除山坡上方浮土、石；土石滚落下方不得有人。 （5）基坑顶部按设计规范要求设置截水沟。边坡开挖时，由上往下开挖，依次进行。不得上、下坡同时撬挖。 （6）垂直坑壁边坡条件下弃土堆底至基坑顶边距离不小于3m。不得在软土场地的基坑边堆土。 （7）土方开挖过程中必须观测基坑周边土质是否存在裂缝及渗水等异常情况，适时进行监测。 （8）规范设置弃土提升装置，确保弃土提升装置安全、稳定。 （9）基坑边缘按规范要求设置安全护栏。	施工人员已核对、已交底，有限空间执行先通风、再检测、后施工，安措已执行

风险编号	工序	风险可能导致的后果	风险控制关键因素	风险评定值 D	风险级别	预控措施	备注
04030102	设计坑深大于等于5m深基坑一般土石方人工开挖	坍塌窒息中毒高处坠落物体打击	人员异常、环境变化、地质异常	90（6×1×15）	三	（10）挖土区域设警戒线，各种机械、车辆严禁在开挖的基础边缘2m内行驶、停放。 （11）深度大于5m时配备良好通风设备。每日开工前必须检测井下有无有毒、有害气体，并应有足够的安全防护措施。 （12）人工开挖深度超5m时，必须采用混凝土护壁，应对护壁进行验收。 （13）设置盖板或安全防护网，防止落物伤人。 （14）坑底面积超过2m²时，可由2人同时挖掘，但不得面对面作业。 （15）设置安全监护人和上、下通信设备。 （16）坑模成型后，及时浇灌混凝土，否则采取防止土体塌落的措施	施工人员已核对、已交底，有限空间执行先通风、再检测、后施工，安措已执行
04030103	一般土石方及掏挖基础机械开挖	坍塌机械伤害		21（3×1×7）	四	（1）机械作业前，操作人员应接受施工任务和安全技术措施交底。 （2）机械开挖要选好机械位置，进行可靠支垫，有防止向坑内倾倒的措施。 （3）严禁在伸臂及挖斗作业半径内通过或逗留。 （4）严禁人员进入斗内；不得利用挖斗递送物件。 （5）暂停作业时，应将挖斗放至地面。 （6）暂停作业时，将旋挖钻杆放到地面	
04030200	掏挖基础基坑开挖						
04030201	设计坑深小于5m的掏挖基础人工开挖	坍塌高处坠落物体打击		45（3×1×15）	四	（1）作业前交底、作业票中要明确规定基坑内不许多人同时作业。坑底面积超过2m²时，可由2人同时挖掘，但不得面对面作业。 （2）发电机、配电箱等接线由专业电工担任，接线头必须接触良好，导电部分不得裸露，金属外壳必须接地，做到"一机一闸一保护"，使用软橡胶电缆，电缆不得破损、漏电，工作中断时必须切断电源。 （3）土石滚落下方不得有人，下坡方向需设置挡土措施。 （4）设置安全监护人，密切观察绑扎点情况和上、下通信设备。 （5）作业区域设置孔洞盖板和硬质围栏、安全标志牌。 （6）规范设置弃土提升装置，确保弃土提升装置的稳定、安全。规范设置供作业人员上下基坑的安全通道（梯子）。 （7）基坑深度达2m时，必须用取土器械取土；人力提土绞架刹车装置、电动葫芦提土机械自动卡紧保险装置应安全可靠。 （8）提土斗应为软布袋或竹篮等轻型工具，吊运土不得满装，吊运土方时孔内人员靠孔壁站立	
04030202	设计坑深大于等于5m的掏挖基础人工开挖	坍塌窒息中毒高处坠落物体打击	人员异常、环境变化、地质异常	90（6×1×15）	三	（1）配备良好通风设备。每日开工前必须检测井下有无有毒、有害气体，并应有足够的安全防护措施。设置安全监护人和上、下通信设备。 （2）规范设置供作业人员上下基坑的安全通道（梯子），基坑边缘按规范要求设置安全护栏。 （3）规范设置弃土提升装置，确保弃土提升装置安全、稳定。基坑深度达2m时，必须用取土器械取土；人力提土绞架刹车装置、电动葫芦提土机械自动卡紧保险装置应安全可靠。	施工人员已核对、已交底，有限空间执行先通风、再检测、后施工，安措已执行

风险编号	工序	风险可能导致的后果	风险控制关键因素	风险评定值 D	风险级别	预 控 措 施	备注
04030202	设计坑深大于等于5m的掏挖基础人工开挖	坍塌窒息中毒高处坠落物体打击	人员异常、环境变化、地质异常	90（6×1×15）	三	（4）提土斗应为软布袋或竹篮等轻型工具，吊运土不得满装，吊运土方时孔内人员靠孔壁站立。 （5）在扩孔范围内的地面上不得堆积土方。 （6）坑边如需堆放材料机械，必须经设计计算确定放坡系数，必要时采取支护措施。 （7）先清除山坡上方浮土、石；土石滚落下方不得有人。 （8）基坑顶部按设计规范要求设置截水沟。边坡开挖时，由上往下开挖，依次进行。不得上、下坡同时撬挖。 （9）一般土质条件下弃土堆底至基坑顶部距离不小于1m，弃土堆高不大于1.5m，垂直坑壁边坡条件下弃土底至基坑顶边距离不小于3m。不得在软土场地的基坑边堆土。 （10）土方开挖过程中必须观测基坑周边土质是否存在裂缝及渗水等异常情况，适时进行监测。 （11）挖土区域设置警戒线，各种机械、车辆严禁在开挖的基础边缘2m内行驶、停放。 （12）上下基坑时不得拉拽，不得在基坑内休息。 （13）人工开挖深度超5m时，按设计要求采取相应护壁措施防止塌方，第一节护壁应高出地面150～300mm，壁厚比下层护壁厚度增加100～150mm，便于挡土、挡水。 （14）设置盖板或安全防护网，防止落物伤人。 （15）坑底面积超过2m²时，可由2人同时挖掘，但不得面对面作业。 （16）底盘扩底及基坑清理时应遵守掏挖基础的有关安全要求。 （17）坑模成型后，及时浇灌混凝土，或者采取防止土体塌落的措施	施工人员已核对、已交底，有限空间执行先通风、再检测、后施工，安措已执行
04030300	岩石基坑开挖						
04030301	岩石基础人工成孔	窒息中毒物体打击高处坠落	人员异常、环境变化、地质异常	90（6×1×15）	三	（1）规范设置供作业人员上下基坑的安全通道（梯子），基坑边缘按规范要求设置安全护栏。 （2）开挖过程中必须观测基坑周边是否存在裂缝等异常情况，适时进行监测。 （3）人工开挖基坑，应先清除坑口浮土，向坑外抛扔土石时，应防止土石回落伤人。 （4）规范设置弃土提升装置，确保弃土提升装置安全、稳定。 （5）挖方区域设警戒线，各种机械、车辆严禁在开挖的基础边缘2m内行驶、停放。 （6）人工开孔时扶钎人员戴防护手套和防尘罩、防护眼镜采取手臂保护措施。打锤人员和扶钎人员密切配合。打锤人不得戴手套，并站在扶钎人的侧面。 （7）不同深度的相邻基础应按先深后浅的施工顺序进行。 （8）在悬岩陡坡上作业时应设置防护栏杆并系安全带。 （9）不便装运的大石块应劈成小块。用铁楔劈石时，操作人员间距不得小于1m；用锤劈石时，操作人员间距不得小于4m。操作人员应戴防护眼镜。 （10）孔深超过5m应配备良好通风设备。每日开工前必须检测井下有无有毒、有害气体，并应有足够的安全防护措施。设置安全监护人和上、下通信设备	施工人员已核对、已交底；有限空间执行先通风、再检测、后施工；安措已执行

续表

风险编号	工序	风险可能导致的后果	风险控制关键因素	风险评定值 D	风险级别	预控措施	备注
04030302	岩石基础机械钻孔	中毒 触电 机械伤害 物体打击 高处坠落		42（6×1×7）	四	（1）使用液压劈裂机进行胀裂作业时，手持部位应正确，不得接触活塞顶等活动部分。多台胀裂机同时作业时，应检查液压油管分路正确。 （2）用凿岩机或风钻打孔时，操作人员应戴口罩和风镜，手不得离开钻把上的风门，更换钻头应先关闭风门。 （3）使用水磨钻施工过程中，打钻工人在施工作业时必须严格做到水、电分离，应配备绝缘防护用品，如胶鞋、绝缘手套等防护用品；水磨钻安装固定必须牢固，更换水磨钻钻头及换位时必须切断电源。 （4）机械钻孔时应遵守人工开挖有关的安全要求。 （5）孔深超过 5m 应配备良好的通风设备。每日开工前必须检测井下有无有毒、有害气体，并应有足够的安全防护措施。设置安全监护人和上、下通信设备	
04030303	岩石基础爆破作业	窒息 中毒 爆炸 物体打击 高处坠落	人员异常、设备异常、环境变化、地质异常	240（6×1×40）	二	（1）规范设置供作业人员上下基坑的安全通道（梯子），基坑边缘按规范要求设置安全护栏。 （2）选择具有相关资质的民爆公司实施，签订专业分包合同和安全协议，并报监理、业主审批，公安部门备案。 （3）专项施工方案由民爆公司编制，施工项目部审核，并报监理、业主审批。 （4）民爆公司作业人员必须持证上岗，爆破器材符合国家标准，满足现场安全技术要求。 （5）开挖过程中必须观测基坑周边是否存在裂缝等异常情况，适时进行监测。 （6）规范设置弃土提升装置，确保弃土提升装置安全、稳定。 （7）导火索使用前做燃速试验。使用时其长度必须保证操作人员能撤至安全区，不得小于 1.2m。 （8）爆破前在路口派人安全警戒。 （9）爆破点距民房较近的，爆破前通知民房内人员撤离爆破危险区。 （10）在民房、电力线附近爆破施工时采用松动爆破或压缩爆破，炮眼上压盖掩护物，并有减少震动波扩散的措施。 （11）使用电雷管要在切断电源 5min 后进行现场检查。处理哑炮时严禁从炮孔内掏取炸药和雷管，重新打孔时新孔应与原孔平行，新孔距哑炮孔不得小于 0.3m，距药壶边缘不得小于 0.5m。 （12）切割导爆索、导火索用锋利小刀，严禁用剪刀或钢丝钳剪夹。严禁切割接上雷管的导爆索。 （13）无盲炮时，必须从最后一响算起经 5min 后方可进入爆破区；有盲炮或炮数不清时，使用火雷管的应在 30min 后可进入现场处理。 （14）处理盲炮时，严禁从炮孔内掏取炸药和雷管。重新打孔时，新孔必须与原孔平行。新孔距盲炮孔严禁小于 0.3m，距药壶边缘严禁小于 0.5m。 （15）当天剩余的爆破器材必须点清数量，及时退库。炸药和雷管必须分库存放，雷管应在内有防震软垫的专用箱内存放。 （16）坑内点炮时坑上设专人安全监护。 （17）划定爆破警戒区，警戒区内不得携带火源，普通雷管起爆时不得携带手机等通信设备。 （18）不便装运的大石块应劈成小块。用铁楔劈石时，操	爆破公司具备相应资质，并进行审批备案，施工人员已核对、已交底，有限空间执行先通风、再检测、后施工，安措已执行

续表

风险编号	工序	风险可能导致的后果	风险控制关键因素	风险评定值 D	风险级别	预 控 措 施	备注
04030303	岩石基础爆破作业	窒息中毒爆炸物体打击高处坠落	人员异常、设备异常、环境变化、地质异常	240 (6×1×40)	二	作人员间距不得小于 1m；用锤劈石时，操作人员间距不得小于 4m。操作人员应戴防护眼镜。 （19）孔深超过 5m 应配备良好通风设备。每日开工前必须检测井下有无有毒、有害气体，并应有足够的安全防护措施。设置安全监护人和上、下通信设备	爆破公司具备相应资质，并进行审批备案，施工人员已核对、已交底，有限空间执行先通风、再检测、后施工，安措已执行
04030400	特殊基坑开挖作业						
04030401	泥沙、流沙坑特殊基础开挖	坍塌触电		45 (3×1×15)	四	（1）规范设置供作业人员上下基坑的安全通道（梯子）。 （2）泥沙坑、流沙坑施工，严格按照施工方案采取挡泥板或护筒措施。 （3）固壁支撑所用木料不得腐坏、断裂，板材厚度不小于 50mm，撑木直径不小于 100mm。 （4）发现挡泥板、护筒有变形或断裂现象，立即停止坑内作业，处理完毕后方可继续施工。 （5）更换挡泥板支撑应先装后拆。拆除挡泥板应待基础浇制完毕后与回填土同时进行。 （6）挖掘泥水坑、流沙坑过程严格控制坑内积水，边抽水边挖方，作业面不得有明显积水。 （7）开挖过程中，当坑壁有明显坍塌迹象且坑内积水或地下出水量不大时，采用抽明水降水；当土质疏松且渗水比较快的土壤或开挖中地下出水量较大，且坑壁有坍塌迹象时，采用井点降水法；当地下水较大，地质为粉质土或流沙时，采用沉井（箱）法。 （8）坑模成型后，立即采取防止土体塌落的措施。 （9）发电机、配电箱、水泵等应设置良好接地措施，线缆无破损，采取防触电措施。 （10）应派专人安全监护，随时检查坑边是否有裂纹出现，做好安全监护	
04030402	水坑、沼泽地基坑开挖	坍塌触电淹溺		45 (3×1×15)	四	（1）水坑、沼泽容易塌方，施工时应派人监护。采取降水或挡土措施后，方可采取人工或机械开挖，禁止人机结合开挖。 （2）开挖过程中，先将坑内积水基本抽尽，严格控制坑内积水，边抽水边挖方，并按设计要求进行放坡，禁止由下部掏挖土层。 （3）使用电动水泵抽水时，由专业电气人员操作，电源配有漏电保护器，接地保护措施可靠。坑内作业人员穿绝缘靴、戴绝缘手套。 （4）遇到土质疏松、渗水比较快的地质或开挖中地下出水量较大，且坑壁有坍塌迹象时，采用井点降水或集水井法降水，同时按照现场情况确定分段开挖，边开挖、边支护。 （5）更换挡泥板支撑应先装后拆。拆除挡泥板应待基础浇制完毕后与回填土同时进行。 （6）坑模成型后及时浇灌混凝土，否则采取防止土体塌落的措施	
04030403	冻土基坑开挖	坍塌中毒触电		45 (3×1×15)	四	（1）冻土坑容易塌方，施工时应派人监护。 （2）采用烟烘烤法作业，融化有可靠的防火措施，作业现场附近不得堆放可燃物，安排 2 人现场防护，不能擅自离岗；现场准备沙子及灭火器。 （3）采用蒸汽融化法作业，有防止管道和外溢的蒸汽、热水烫伤作业人员的措施。	

风险编号	工序	风险可能导致的后果	风险控制关键因素	风险评定值 D	风险级别	预控措施	备注
04030403	冻土基坑开挖	坍塌 中毒 触电		45（3×1×15）	四	（4）电热法作业，由专业电气人员操作，电源配有计量器、电流表、电压表、保险开关的配电盘；施工现场设置安全围栏和安全标志；通电前施工作业人员撤离警戒区，严禁任何人员靠近；进入警戒区先切断电源。 （5）人工直接挖掘时去除楔头打出的飞刺。打锤人不得戴手套，站在撑铁楔人的侧面。 （6）使用风镐钎挖掘冻土时，风镐钎不能全部插入冻土中；风镐钎卡住时，不可猛力摇动风镐。工作时检查风镐钎尾部和衬套的配合情况，间隙不得过大、过小。风镐和风带应连接牢固，拧紧拧牢，并用铁丝将风带与风镐手柄间带上劲。 （7）机械直接挖掘施工过程中，机械操作范围内严禁有其他作业	
04030404	大坎、高边坡基础开挖	坍塌 触电 高处坠落 物体打击	人员异常、地质异常	90（6×1×15）	三	（1）规范设置供作业人员上下基坑的安全通道（梯子）。 （2）大坎、高边坡施工，严格按照施工方案采取山体部位设置挡板等措施。 （3）坑模成型后，及时浇灌混凝土或采取防止土体塌落的措施。 （4）发电机、配电箱、水泵等应设置良好接地措施，线缆无破损，采取防触电措施。 （5）土石滚落下方不得有人，并设专人警戒。作业人员之间应保持适当距离。 （6）固壁支撑所用木料不得腐坏、断裂，板材厚度不小于50mm，撑木直径不小于100mm。 （7）大坎和高边坡基础施工前观察地质情况是否稳定，施工时必须先清除上山坡浮动土石。内边坡的放坡系数必须符合规范要求。 （8）更换挡板支撑应先装后拆。拆除挡板应待基础浇制完毕后与回填土同时进行。 （9）边坡开挖时，由上往下开挖，依次进行。严禁上、下坡同时撬挖。土石滚落下方不得有人。在悬岩陡坡上作业时设置防护栏杆并系安全带	施工人员已核对、已交底，基坑支护应牢固，并满足安全施工要求，安措已执行
04030500	机械冲、钻孔灌注桩基础作业						
04030501	机械冲、钻孔灌注桩基础作业	坍塌 机械伤害 物体打击		18（6×1×3）	四	（1）护筒应按规定埋设，以防塌孔和机械设备倾倒。 （2）护筒有变形或断裂现象，立即停止坑内作业，处理完毕后方可继续施工。 （3）桩机就位，并机的井架由专人负责支钎杆、打拉线，以保证井架的稳定。 （4）发电机、配电箱、桩机等用电设备可靠接地。 （5）钻机支架必须牢固，护筒支设必须有足够的水压，对地质条件要掌握注意观察钻机周围的土质变化。 （6）冲孔操作时，随时注意钻架安定平稳，钻机和冲击锤机运转时不得进行检修。 （7）泥浆池必须设围栏，将泥浆池、已浇筑桩围栏好并挂上警示标志，防止人员掉入泥浆池中。 （8）起吊安放钢筋笼时，施工人员必须听从统一指挥，吊杆下面不准站人。 （9）采用吊车起吊应先将钢筋笼运送到吊臂下方，吊车司机平稳起吊，设人拉好方向控制绳，严禁斜吊。 （10）吊运过程中吊车臂下严禁站人和通行，并设置作业警戒区域及警示标志。向孔内下钢筋笼时，两人在笼侧面协	

续表

风险编号	工序	风险可能导致的后果	风险控制关键因素	风险评定值 D	风险级别	预 控 措 施	备注
04030501	机械冲、钻孔灌注桩基础作业	坍塌机械伤害物体打击		18（6×1×3）	四	助找正对准孔口，慢速下笼，到位固定，严禁人下孔摘吊绳。 （11）导管安装与下放时，施工人员听从统一指挥，吊杆下面不准站人，导管在起吊过程中要有人用绳索溜着，使导管能按预想的方向或位置移动。 （12）灌注桩基础施工需要连续进行，夜间现场施工应在不同的角度设置足够灯光亮度，保证现场施工过程中的安全。 （13）采用泵送混凝土时，导管两侧1m范围内不得站人；导管出料口正前方30m内禁止站人	
04030600	锚杆基础作业						
04030601	锚杆基础作业	触电机械伤害		42（6×1×7）	四	（1）钻孔前对设备进行全面检查；进出风管不得有扭劲，连接必须良好；注油器及各部螺栓均应紧固可靠。 （2）钻机工作中如发生冲击声或机械运转异常时，立即停机检查。 （3）风管控制阀操作架应加装挡风护板，并应设置在上风向。吹气清洗风管时，风管端口不得对人。风管不得弯成锐角，风管遭受挤压或损坏时，应立即停止使用。 （4）装拆钻杆时，操作人员站立的位置应避开风电动回转机和滑轮箱。钻机和空压机操作人员与班组负责人之间的通信联络应清晰畅通。 （5）钻孔作业时做好降尘措施，钻孔时持钻人员戴防护手套和防尘面（口）罩、护目镜	
04030700	人工挖孔桩基础作业						
04030701	设计坑深小于16m的人工挖孔桩基础作业	触电中毒窒息坍塌高处坠落物体打击	人员异常、环境变化、地质异常	90（6×1×15）	三	（1）人工挖孔桩基础作业前需编制专项施工方案。 （2）人工挖孔开始开挖时，应使用深基坑作业一体化装置，待混凝土浇筑完毕后方可撤离。 （3）必须设置孔洞盖板、安全围栏、安全标志牌，并设专人监护。 （4）桩间净距小于2.5m时，须采用间隔开挖施工顺序。 （5）开挖桩孔应从上到下逐层进行，每节筒深不得超过1m，先挖中间部分的土方，然后向周边扩挖。 （6）每节的高度严格按设计施工，不得超挖。每节筒深的土方应当日挖完。 （7）坑底面积超过2m²时，可由二人同时挖掘，但不得面对面作业。挖出的土方，应随出随运，暂时不能运走的，应堆放在孔口边1m以外，且堆高度不得超过1m。 （8）人工挖、扩桩孔的施工现场应用围挡与外界隔离，设专人监护，非工作人员不得入内。距离孔口3m内不得有机动车辆行驶或停放。 （9）人工挖孔采用混凝土护壁时，应对护壁进行验收。第一圈护壁要做成沿口圈，沿口宽度大于护壁外径300mm，口沿处高出地面100mm以上，孔内扩壁应满足强度要求，孔底末端护壁应有可靠防滑壁措施。 （10）混凝土护壁强度标号不低于C15。护壁拆模强度不低于3MPa，一般条件下24h后方可拆模，继续下挖桩土。 （11）对Q4沉积粉土、粉质黏土、黏土等较好的土层，人工挖扩桩孔不采用混凝土扩壁时，必须使用工具式的安全防护笼进行施工，防护笼每节长度不超过2m。防护笼总长度要达到扩孔交界处，孔口必须做沿口混凝土护圈。	施工人员已核对、已交底；有限空间执行先通风、再检测、后施工，施工过程中用专用风机持续送风；安措已执行

风险编号	工序	风险可能导致的后果	风险控制关键因素	风险评定值 D	风险级别	预 控 措 施	备注
04030701	设计坑深小于16m的人工挖孔桩基础作业	触电中毒窒息坍塌高处坠落物体打击	人员异常、环境变化、地质异常	90（6×1×15）	三	（12）孔深达到2m时，利用提升设备运土，桩孔内人员应戴安全帽，地面人员应系好安全带，规范设置供作业人员上下基坑的安全通道（梯子）。 （13）吊桶离开孔上方1.5m时，推动活动安全盖板，掩蔽孔口，防止卸土的土块、石块等杂物坠落孔内伤人。吊桶在小推车内卸土后，再打开活动盖板，下放吊桶装土。 （14）当地下渗水量不大时，随挖随将泥水用吊桶运出。当地下渗水量较大时，先在桩孔底挖集水坑，用高程水泵沉入抽水，边降水边挖土，水泵的规格按抽水量确定。应日夜三班抽水，使水位保持稳定。 （15）桩孔挖至规定的深度后，用支杆检查桩孔的直径及井壁圆弧度，修整孔壁，使上下垂直平顺。 （16）每日开工前必须检测井下有无有毒、有害气体，并应有足够的安全防护措施。 （17）桩深大于5m时，宜用风机或风扇向孔内送风不少于5min，排除孔内混浊空气。桩深大于10m时，井底应设照明，且照明必须采用12V以下电源，带罩防水安全灯具；应设专门向井下送风的设备，风量不得小于25L/s；且孔内电缆必须有防磨损、防潮、防断等保护措施。 （18）操作时上下人员轮换作业，桩孔上人员密切观察桩孔下人员的情况，互相呼应，不得擅离岗位，发现异常立即协助孔内人员撤离，并及时上报。 （19）在孔内上下递送工具物品时，严禁抛掷，严防孔口的物件落入桩孔内。 （20）人工挖扩桩孔（含清孔、验孔），凡下孔作业人员均需戴安全帽，腰系安全绳，必须从专用爬梯上下，严禁沿孔壁或乘运土设施上下。 （21）在扩孔范围内的地面上不得堆积土方。 （22）人员下孔检修前必须检测井下有无有毒、有害气体，并应有足够的安全防护措施。 （23）桩孔料筒口前设限位横木，手推车不得用力过猛和撒把。 （24）采用泵送混凝土时，泵车现场和混凝土施工仓内必须有完善的通信手段，以便施工的安全进行。导管两侧1m范围内不得站人，以防导管摆动伤人；导管出料口正前方30m内禁止站人，防泵内空气压出骨料伤人。 （25）人员下孔检修前必须检测井下有无有毒、有害气体，并应有足够的安全防护措施	施工人员已核对、已交底；有限空间执行先通风、再检测、后施工，施工过程中用专用风机持续送风；安措已执行
04030800	高压旋喷桩基础作业						
04030801	高压旋喷桩基础作业	触电物体打击高处坠落机械伤害其他伤害		36（6×2×3）	四	（1）安装钻机场地平整，清除孔位及周围的石块等障碍物。安装前检查钻杆及各部件，确保安装部件无变形。 （2）安装钻杆时，应从动力头开始，逐节往下安装，不得将所需钻杆长度在地面上全部接好后一次起吊安装。 （3）高处作业须系好安全带，并在桅杆上固定牢固。 （4）启动钻机钻0.5～1m深，经检查一切正常后，再继续进钻。 （5）钻机运转时，电工要监护作业，防止电缆线缠入钻杆。 （6）钻进时排出孔口的土应随时清除、运走。 （7）清除钻杆和螺旋叶片上的泥土，清除螺旋片泥土要用铁锹进行，严禁用手清除。	

续表

风险编号	工序	风险可能导致的后果	风险控制关键因素	风险评定值 D	风险级别	预 控 措 施	备注
04030801	高压旋喷桩基础作业	触电 物体打击 高处坠落 机械伤害 其他伤害		36（6× 2×3）	四	（8）启动压浆泵前检查高压胶管，发现破损应立即更换。高压胶管不能超过压力范围使用，使用时弯曲应不小于规定的弯曲半径，防止高压管爆炸伤人。 （9）钻至设计孔深后进行注浆，采用连续注浆间歇提钻的方式，保持钻头始终位于浆液面 1m 以下。 （10）高压注浆时，高压射流的破坏力较强，浆液应过滤，使颗粒不大于喷嘴直径，高压泵必须有安全装置，当超过允许泵压后应能及时停止工作。 （11）作业中电缆应由专人负责收放。如遇卡钻，应立即切断电源。 （12）高压注浆时，作业人员不得在注浆管 3m 范围内停留。 （13）泥浆池必须设围栏，将泥浆池、已浇筑桩围栏围好并挂上警示标志，防止人员掉入泥浆池中。 （14）需拆卸注浆管，应先停止提升和回转，并停止送浆，然后逐渐减少风量和水量，至停机	
04040000	钢筋工程						
04040001	钢筋加工	触电 火灾 爆炸 机械伤害 物体打击		42（6× 1×7）	四	（1）钢筋作业场地应宽敞、平坦，并搭设作业棚。钢筋按规格、品种分类，设置明显标识，整齐堆放，现场配备消防器材。 （2）钢筋加工机械设施安装稳固，机械的安全防护装置齐全有效，传动部分有（完好）防护罩。 （3）机械设备的控制开关应安装在操作人员附近，并保证电气绝缘性能可靠，接地措施可靠。 （4）手工加工钢筋前检查板扣、大锤等工具完好，在工作台上弯钢筋时，及时清理铁屑。 （5）展开钢筋时，两端卡牢；拉直调直钢筋时，卡牢卡头，牢固地锚，拉筋沿线 2m 区域内禁止行人。卷扬机棚前设置挡板，严禁直接用手把持。 （6）切断长度小于 400mm 的钢筋必须用钳子夹牢，且钳柄不得短于 500mm，严禁直接用手把持。 （7）钢筋搬运、制作、堆放时与电气设施应保持安全距离。绑扎线头应压向钢骨架内侧。 （8）从事焊接或切割操作人员正确使用安全防护用品、用具。 （9）进行焊接或切割工作时，应有防止触电、爆炸和防止金属飞溅引起火灾的措施，并应防止灼伤。 （10）严禁在储存或加工易燃、易爆物品的场所周围 10m 范围内进行焊接或切割工作；在焊接、切割地点周围 5m 范围内，清除易燃、易爆物品；确实无法清除时，采取可靠的隔离或防护措施。 （11）在风力五级以上及下雨、下雪时，不可露天或高处进行焊接和切割作业。如必须作业时，应采取防风、防雨雪的措施。 （12）气焊与气割应使用乙炔瓶供气。 （13）气焊与气割的气瓶保持直立状态，并采取防倾倒措施。气瓶远离火源，并采取避免高温和暴晒的措施。 （14）焊接与切割的工作场所应有良好的照明，应采取措施排除有害气体、粉尘和烟雾等，使之符合现行《工业企业设计卫生标准》（GBZ 1—2010）的要求。在人员密集的场所进行焊接工作时，宜设挡光屏。	

风险编号	工序	风险可能导致的后果	风险控制关键因素	风险评定值D	风险级别	预控措施	备注
04040001	钢筋加工	触电 火灾 爆炸 机械伤害 物体打击		42（6× 1×7）	四	（15）进行焊接或切割工作，必须经常检查并注意工作地点周围的安全状态，有危及安全的情况时，必须采取防护措施。 （16）在高处进行焊接与切割工作，除应遵守本规程中高处作业的有关规定外，还应遵守下列（17）～（19）的规定。 （17）工作开始前应清除下方的易燃物，或采取可靠的隔离、防护措施，并设专人监护。 （18）不得随身带着电焊导线或气焊软管登高或从高处跨越。此时，电焊导线、软管应在切断电源或气源后用绳索提吊。 （19）在高处进行电焊工作时，宜设专人进行拉合闸和调节电流等工作	
04040002	钢筋绑扎安装作业	窒息 高处坠落 物体打击		45（3× 1×15）	四	（1）施工人员正确使用个人安全防护用品。严禁穿短袖、短裤、拖鞋进行作业。 （2）在孔内上下递送工具物品时，严禁抛掷，严防孔口的物件落入桩孔内。 （3）在下钢筋笼时设控制钢筋的方向。地脚螺栓或插入式角钢有固定支架，支架牢固可靠	
04040003	钢筋及声测管绑扎安装作业（设计坑深大于等于5m的掏挖基础、设计坑深小于16m的人工挖孔桩基础等）	中毒 窒息 高处坠落 物体打击	人员异常、环境变化、地质异常	90（6× 1×15）	三	（1）人工挖孔作业全程应使用深基坑作业一体化装置，待混凝土浇筑完毕后方可撤离。 （2）施工人员正确使用个人安全防护用品。严禁穿短袖、短裤、拖鞋进行作业。 （3）每日开工前必须检测井下有无有毒、有害气体，并应有足够的安全防护措施。 （4）桩深大于5m时，宜用风机或风扇向孔内送风不少于5min，排除孔内混浊空气。桩大于10m时，井底应照明，且照明必须采用12V以下电源，带罩防水安全灯具；应设专门向井下送风的设备，风量不得少于25L/s，且孔内电缆必须有防磨损、防潮、防断等保护措施。 （5）操作时桩孔上人员密切观察桩孔下人员的情况，互相呼应，不得擅离岗位，发现异常立即协助孔内人员撤离，并及时上报。 （6）在孔内上下递送工具物品时，严禁抛掷，严防孔口的物件落入桩孔内	施工人员已核对、已交底；有限空间执行先通风、再检测、后施工，施工过程中用专用风机持续送风；安措已执行
04050000	工地运输						
04050001	人力、车辆或畜力运输（含栈桥搭设、拆除施工）	坍塌 淹溺 机械伤害 物体打击 交通事故 其他伤害		40（1× 1×40）	四	（1）事先清理路面障碍物，山区抬运笨重物件或钢筋混凝土电杆的道路，宽度不小于1.2m，坡度不大于1:4。 （2）搬运较大或笨重器材时，事先判别物体的重心位置，选择抬运工具和绑扎工具，使抬运人员承力均衡。 （3）重大物件不得直接用肩扛运。多人抬运物件时设专人指挥，口令步伐一致，同起同落。 （4）每次使用前做检查工器具牢固可靠。 （5）雨雪天后抬运物件时，有防滑措施。在陡坡地段抬运，适当减轻人均抬重。 （6）用跳板或圆木装卸滚动物件时，用绳索等措施加以控制，物件滚落前方不得有人。	

续表

风险编号	工序	风险可能导致的后果	风险控制关键因素	风险评定值 D	风险级别	预控措施	备注
04050001	人力、车辆或畜力运输（含栈桥搭设、拆除施工）	坍塌淹溺机械伤害物体打击交通事故其他伤害		40（1×1×40）	四	（7）圆管形构件卸车时，车辆不得停在有坡度的路面上；每卸一件，其余掩牢；每卸完一处，牢固绑扎剩余管件后方可继续运输。 （8）施工车辆在运输时，遵守车辆交通规则。出车前，要对车辆外观和刹车系统进行检查；车厢板连接挂钩无裂纹；栏杆无开焊现象；车厢与车体连接的销子无丢失；轮胎气压正常等，对查出的隐患及时消除。运输途中加强检查，物件有松动的及时紧固和调整。 （9）控制车速，保持车距，弯道减速慢行，禁止弯道超车。 （10）运输超高、超长、超重货物时，车辆尾部设警告标志。超长架与车厢固定，物件与超长架及车厢捆绑牢固。必须到道路交通管理部门办理有关运输手续许可后方可实施。 （11）运输前必须熟悉运输道路，掌握所通过的桥梁、涵洞及穿越物的稳定性和高度，必要时进行加固、修复。 （12）严禁在路况、气象不佳情况下强行乘坐交通工具。 （13）严禁人员与设备、材料混装，严禁乘坐非载人车辆。除押运和装卸人员外，载货机动车不得搭乘其他施工人员，押运或装卸人员处于安全位置。 （14）山地运输的马匹、骡子等经专门驯养。驯养人员经安全培训，执行山地运输规定。 （15）单体畜力载货重量不得超过200kg，驮运塔材等长件的牲畜由驯养员驾驭。 （16）运输货物过程中，禁止人员骑驭牲畜，禁止超时使用。 （17）停放卸货或暂停作业时须拴系牲畜。 （18）钢管桩必须采用无明显缺陷、变形，接头焊缝饱满良好。 （19）桩基施工前进行试验桩施工，确定最后振动时间，入土深度及贯入度。 （20）钢管桩在施工过程中应严格控制桩顶标高，且钢管桩垂直度满足小于1%的要求。 （21）钢便桥施工期间，按规定设置水上交通指示灯，必须做好水面通航水域的施工安全标志。 （22）定期对便桥各部位进行运营检查，并记录各构件的安装、连接及焊缝等的运营磨损状况。 （23）露出水面部分，在横向和纵向分别增设剪刀撑，采用槽钢焊接加固，以使钢管桩的承载力形成统一受力整体，增加钢管桩基础的稳定性。 （24）安装时，不得进行斜吊，在吊桩前，在钢管桩上拴好拉绳，不得与桩锤或机架碰撞。严禁吊桩、吊锤、回转、行走等动作同时进行。打桩机在吊有桩和锤的情况下，操作人员不得离开岗位。打桩前，加强对桩机的检查。 （25）水上打桩作业时，作业人员配备救生衣等防护用品，防止溺水伤亡事故发生。 （26）施工危险区域设置醒目的警示标志，晚上要有足够的照明。 （27）便桥栏杆处放置部分救生圈，水深段设置防护网	

风险编号	工序	风险可能导致的后果	风险控制关键因素	风险评定值 D	风险级别	预 控 措 施	备注
04050002	水上运输	淹溺 物体打击 其他伤害	人员异常、环境变化、气候变化	120（3×1×40）	三	（1）承担运输任务的船舶必须具备船舶检验合格证书、登记证书和必要的航行资料，严禁租用无船名船号、无船舶证书、无船籍港"三无"船舶。 （2）遵守水运管理部门和海事管理机构的有关规定。 （3）船舶运输前，核实水运路线、船舶状况等是否符合运输方案要求。 （4）乘船、押运及装卸人员正确穿戴救生衣，掌握必要的安全常识，会熟练使用救生设备。乘船人员不得将手脚伸出船体，不得在舱外走动，不得在途中下水，上下船的跳板应搭设稳固，并有防滑措施。 （5）载人时船舱内严禁装载易燃、易爆危险物品，禁止超员、超载。 （6）禁止客货混装。 （7）大型施工机械及重大物件采取装卸安全措施。入舱的物件放置平稳，易滚、易滑和易倒的物件绑扎牢固，严禁超载、客货混装。 （8）装载易燃、易爆危险货物的船舱内不得有电源，并有隔热措施，不得搭乘无关人员。 （9）易滚、易滑和易倒的物件必须绑扎牢固。 （10）遇有洪水或者大风、大雾、大雪等恶劣天气，停止水上运输	运输前了解天气情况；机械操作人员已核对、已交底；船舶等运输工具状态良好；安措已执行
04050003	金属索道架设及运输	坍塌 机械伤害 物体打击 高处坠落	人员异常、设备异常、环境变化	90（6×1×15）	三	（1）索道架设按施工方案选用承力索、支架等设备及部件。2000kg、4000kg索道使用金属支架，严禁使用木质支架。 （2）驱动装置严禁设置在承载索下方。山坡下方的装、卸料处设置安全挡。 （3）索道装置应经过使用单位验收合格后方可投入运输作业。 （4）在工作索与水平面的夹角在15°以上的下坡侧料场，设置限位装置相。 （5）运输索道正下方左右各10m的范围为危险区域，设置明显醒目的警告标志，并设专人监管，禁止人畜进入。投入运输前经验收合格。 （6）提升工作索时防止绳索缠绕且慢速牵引，架设时严格控制弛度。 （7）一个张紧区段内的承载索，采用整根钢丝绳，规格满足要求；返空索直径不宜小于12mm；牵引索采用较柔软、耐磨性好的钢丝绳，规格满足要求。 （8）索道支架宜采用四支腿外拉线结构，支架拉线对主夹角不超过45°。支架基础位于边坡附近时，应校验边坡稳定性，必要时在周围设置防护及排水设施。货物通过支架时，其边缘距离支架支腿不得小于100mm。支架承载的安全系数不小于3。 （9）循环式索道驱动装置采用摩擦式驱动装置，卷筒的抗滑安全系数。循环式索道驱动装置应采用摩擦式驱动装置，卷筒的抗滑安全系数，正常运行时不得小于1.5。 （10）索道架设后在各支架及牵引设备处安装临时接地装置。 （11）索道运输前必须确保沿线通信畅通。 （12）定期检查承载索的锚固、拉线、各种索具、索道支架，并做好相关检查记录。牵引索的钳口使用过程中经常检查，定期更换。	架设前调查跨越情况；机械操作人员已核对、已交底；机械状态良好；安措已执行

续表

风险编号	工序	风险可能导致的后果	风险控制关键因素	风险评定值 D	风险级别	预 控 措 施	备注
04050003	金属索道架设及运输	坍塌机械伤害物体打击高处坠落	人员异常、设备异常、环境变化	90（6×1×15）	三	（13）小车与跑绳的固定应采用双螺栓，且必须紧固到位，防止滑移脱落。 （14）索道运输时装货严禁超载，严禁运送人员，索道下方严禁站人，驱动装置未停机装卸人员严禁进入装卸区域。山坡下方的装、卸料处设置安全挡。 （15）索道每天运行前，检查索道系统各部件是否处于完好状态，开机空载运行时间不少于 2min，发现异常及时处理。 （16）严禁装卸笨重物件，派专人监护，对索道下方及绑扎点进行检查。 （17）循环式索道驱动装置采用摩擦式驱动装置，卷筒的抗滑安全系数，在最不利载荷情况下启动或制动时，不得小于 1.25。最高运行速度不宜超过 60m/min。卷筒上的钢索至少缠绕 5 圈	架设前调查跨越情况；机械操作人员已核对、已交底；机械状态良好；安措已执行
04050004	木质索道架设及运输	坍塌机械伤害物体打击高处坠落	人员异常、设备异常、环境变化	180（6×2×15）	二	（1）索道架设按施工方案选用承力索、支架等设备及部件。1000kg 索道选用木质支架时，必须附所用木材的材质、尺寸及受力计算书。 （2）驱动装置严禁设置在承载索下方。山坡下方的装、卸料处设置安全挡。 （3）索道装置应经过使用单位验收合格后方可投入运输作业。 （4）在工作索与水平面的夹角在 15°以上的下坡侧料场，设置限位装置。 （5）运输索道正下方左、右各 10m 范围为危险区域，设置明显醒目的警告标志，并设专人监管，禁止人畜进入。投入运输前经验收合格。 （6）提升工作索时防止绳索缠绕且慢速牵引，架设时严格控制弛度。 （7）一个张紧区段内的承载索，采用整根钢丝绳，规格满足要求；返空索直径不宜小于 12mm；牵引索采用较柔软、耐磨性好的钢丝绳，规格满足要求。 （8）索道支架宜采用四支腿外拉线结构，支架拉线对地夹角不超过 45°。支架基础位于边坡附近时，应校验边坡稳定性，必要时在周围设置防护及排水设施。货物通过支架时，其边缘距离支架支腿不得小于 100mm。支架承载的安全系数不小于 3。 （9）循环式索道驱动装置应采用摩擦式驱动装置，卷筒的抗滑安全系数，正常运行时不得小于 1.5。 （10）索道架设后在各支架及牵引设备处安装临时接地装置。 （11）索道运输前必须确保沿线通信畅通。 （12）定期检查承载索的锚固、拉线、各种索具、索道支架，并做好相关检查记录。牵引索的钳口使用过程中应经常检查，定期更换。 （13）小车与跑绳的固定应采用双螺栓，且必须紧固到位，防止滑移脱落。 （14）索道运输时装货严禁超载，严禁运送人员，索道下方严禁站人，驱动装置未停机装卸人员严禁进入装卸区域。山坡下方的装、卸料处设置安全挡。 （15）索道每天运行前，检查索道系统各部件是否处于完好状态，开机空载运行时间不少于 2min，发现异常及时处理。	架设前调查跨越情况；机械操作人员已核对、已交底；机械状态良好；安措已执行

续表

风险编号	工序	风险可能导致的后果	风险控制关键因素	风险评定值 D	风险级别	预 控 措 施	备注
04050004	木质索道架设及运输	坍塌机械伤害物体打击高处坠落	人员异常、设备异常、环境变化	180（6×2×15）	二	（16）严禁装卸笨重物件，派专人监护，对索道下方及绑扎点进行检查。 （17）循环式索道驱动装置采用摩擦式驱动装置，卷筒的抗滑安全系数，在最不利载荷情况下启动或制动时，不得小于 1.25。最高运行速度不宜超过 60m/min。卷筒上的钢索至少缠绕 5 圈	架设前调查跨越情况；机械操作人员已核对、已交底；机械状态良好；安措已执行
04060000	基础工程						
04060100	模板施工						
04060101	高度在2～8m或跨度10m及以上模板安装和支护	坍塌物体打击	人员异常、环境变化、地质异常	90（6×1×15）	三	（1）作业人员上下基坑时有可靠的扶梯，不得相互拉拽、攀登挡土板支撑上下。作业人员不得在基坑内休息。 （2）坑边 1m 内禁止堆放材料和杂物。坑内使用的材料、工具禁止上下抛掷。 （3）人力在安装模板构件时，用抱杆吊装和绳索溜放，不得直接将其翻入坑内。 （4）模板的支撑牢固，并对称布置，高出坑口的加高立柱模板有防止倾覆的措施；模板采用木方加固时，绑扎后处理铁丝末端。 （5）作业人员在架子上进行搭设作业时，不得单人进行装设较重构配件和其他易发生失衡、脱手、碰撞、滑跌等不安全的作业。 （6）支撑架搭设区域地基回填土必须回填夯实。 （7）夜间施工时，施工照明充足，不得存在暗角。对于出入基坑处，设置长明警示灯。所有灯具有防雨、水措施	施工人员已核对、已交底；安措已执行
04060102	高度 8m及以上或跨度 18m及以上的模板支护	坍塌物体打击	人员异常、环境变化、地质异常	240（6×1×40）	二	（1）作业人员上下基坑时有可靠的扶梯，不得相互拉拽、攀登挡土板支撑上下。作业人员不得在基坑内休息。 （2）高处作业脚穿防滑鞋、佩戴安全带并保持高挂低用。 （3）坑边 1m 内禁止堆放材料和杂物。坑内使用的材料、工具禁止上下抛掷。 （4）人力在安装模板构件时，用抱杆吊装和绳索溜放，不得直接将其翻入坑内。 （5）模板的支撑牢固，并对称布置，高出坑口的加高立柱模板有防止倾覆的措施；模板采用木方加固时，绑扎后处理铁丝末端。 （6）作业人员在架子上进行搭设作业时，不得单人进行装设较重构配件和其他易发生失衡、脱手、碰撞、滑跌等不安全的作业。 （7）支撑架搭设区域地基回填土必须回填夯实。 （8）夜间施工时，施工照明充足，不得存在暗角。对于出入基坑处，设置长明警示灯。所有灯具有防雨、水措施	施工人员已核对、已交底；安措已执行
04060200	作业平台搭设						
04060201	搭设平台（跨度或高度大于2m）	坍塌高处坠落	人员异常、地质异常	90（6×1×15）	三	（1）浇筑混凝土平台跳板材质和搭设符合要求，跳板捆绑牢固，支撑牢固可靠，有上料通道。 （2）上料平台不得搭悬臂结构，中间设支撑点并结构可靠，平台设护栏。	施工人员已核对、已交底；安措已执行

续表

风险编号	工序	风险可能导致的后果	风险控制关键因素	风险评定值 D	风险级别	预 控 措 施	备注
04060201	搭设平台（跨度或高度大于2m）	坍塌高处坠落	人员异常、地质异常	90（6×1×15）	三	（3）大坑口基础浇制时，搭设的浇制平台要牢固可靠，平台横梁加撑杆。平台模板应设维护栏杆。 （4）投料高度超过2m应使用溜槽或串筒下料，串筒宜垂直放置，串筒之间连接牢固，串筒连接较长时，挂钩应予加固。严禁攀登串筒进行清理。 （5）基坑口搭设卸料平台，平台平整牢固，用手推车运送混凝土时，倒料平台口设挡车措施；倒料时严禁撒把。 （6）卸料前台下料人员协助卸料，基坑内不得有人；前台下料作业要坑上坑下协作进行，严禁将混凝土直接翻入基础内。 （7）中途休息时作业人员不得在坑内休息。 （8）夜间施工时，施工照明充足，不得存在暗角。对于出入基坑处，设置长明警示灯。所有灯具有防雨、水措施	施工人员已核对、已交底；安措已执行
04060300	混凝土浇筑						
04060301	混凝土浇筑作业	触电火灾中毒窒息物体打击高处坠落机械伤害其他伤害		21（3×1×7）	四	（1）作业人员上下基坑时有可靠的扶梯，不得相互拉拽、攀登挡土板支撑上下。作业人员不得在基坑内休息。 （2）人力在安装模板构件时，用抱杆吊装和绳索溜放，不得直接将其翻入坑内。 （3）模板的支撑牢固，并对称布置，高出坑口的加高立柱模板有防止倾覆的措施；模板采用木方加固时，绑扎后处理铁丝末端。 （4）施工人员正确使用个人安全防护用品。严禁穿短袖、短裤、拖鞋进行作业。 （5）在下钢筋笼时设置控制绳，控制钢筋笼的方向。地脚螺栓或插入式角钢有固定支架，支架牢固可靠。 （6）浇筑混凝土平台跳板材质和搭设符合要求，跳板捆绑牢固，支撑牢固可靠，有上料通道。上料平台不得搭悬臂结构，中间设支撑点并结构可靠，平台设护栏。 （7）大坑口基础浇制时，搭设的浇制平台要牢固可靠，平台横梁加撑杆。 （8）基础施工前应配备漏电保护器，无漏电保护器的作业现场，禁止浇制施工，发电机、搅拌机、振动棒等单独设开关或插座，并装设剩余电流动作保护器（漏电保护器），金属外壳接地，搅拌机、振捣器电源线架空。 （9）机电设备使用前进行全面检查，确认机电装置完整、绝缘良好、接地可靠。 （10）施工中应经常检查脚手架或作业平台、基坑边坡、安全防护设施等，发现异常情况及时处理。料斗下方不得有人。 （11）基坑口搭设卸料平台，平台平整牢固，用手推车运送混凝土时，倒料平台口应设挡车措施；倒料时严禁撒把。 （12）卸料时前台下料人员协助卸料，基坑内不得有人；前台下料作业要坑上坑下协作进行，严禁将混凝土直接翻入基础内。中途休息时作业人员不得在坑内休息。 （13）投料高度超过2m应使用溜槽或串筒下料，串筒宜垂直放置，串筒之间连接牢固，串筒连接较长时，挂钩应予加固。严禁攀登串筒进行清理。	

风险编号	工序	风险可能导致的后果	风险控制关键因素	风险评定值 D	风险级别	预控措施	备注
04060301	混凝土浇筑作业	触电 火灾 中毒 窒息 物体打击 高处坠落 机械伤害 其他伤害		21（3×1×7）	四	（14）电动振捣器操作人员戴绝缘手套、穿绝缘靴，在高处作业时，设专人监护。移动振捣器或暂停作业时，先关闭电动机，再切断电源，相邻的电源线严禁缠绕交叉。 （15）设计坑深5m及以上的人工挖孔桩的钢筋绑扎和振捣作业前，必须检测有无有毒、有害气体，并应有足够的安全防护措施。在桩孔内严禁使用燃油动力振捣机械设备。 （16）采用商混浇筑基础遵守下列规定：①运输混凝土前确认运输路况、停车位、泵送方式符合运送规定和条件。②运送中将滑斗放置牢固，防止摆动，避免伤及行人或影响其他车辆正常运行。③在检查、调整、修理输送管道或液压传动部分时，应使发动机和液压泵在零压力的状态下进行。 （17）夜间施工时，施工照明充足，不得存在暗角。对于出入基坑处，设置长明警示灯。所有灯具有防雨、水措施。 （18）拆除模板自上而下进行，集中堆放拆下的模板，及时拔掉或打弯木模板外露的铁钉。 （19）高处拆除时，作业人员不得站在正在拆除的模板上。拆卸卡扣时应由两人在同一面模板的两侧进行。 （20）钢模板拆除时，U形卡和L形插销应逐个拆卸，防止整体塌落。 （21）基础养护人员不得在模板支撑上或在易塌落的坑边走动。使用刷涂过氯乙烯塑料薄膜养护基础时，有防火、防毒措施。 （22）当采用蒸汽养护混凝土，设防护围栏和安全标志；采用电热养护，测温时先停电。棚内采用炭炉保温、养护时，棚内配置足够的消防器材，作业人员进棚作业前，采取通风措施，防止一氧化碳中毒	
04070000	接地工程						
04070001	开掘敷设和焊接回填	火灾 物体打击 其他伤害		9（3×1×3）	四	（1）开挖接地沟时，防止土石回落伤人。 （2）挖掘机开挖接地沟时应避让作业点周围的障碍物，并禁止人员在伸臂及挖斗下方通过或逗留；不得利用挖斗递送物件；暂停作业时，应将挖斗放到地面。 （3）进行焊接时，操作人员应穿戴符合专业防护要求的劳动保护用品。衣着不得敞领卷袖。 （4）在作业前，操作人员应对设备的安全性和可靠性、个人防用品、操作环境进行检查。 （5）在进行焊接操作的地方应配置适宜、足够的灭火设备。 （6）敷设钢筋时要固定好钢筋两端，防止回弹伤人。 （7）接地焊接结束及时对接地沟回填	
04080000	杆塔施工						
04080100	水泥杆施工						
04080101	水泥杆施工	爆炸 火灾 物体打击 机械伤害	人员异常、设备异常、环境变化、交叉作业	120（3×1×40）	三	（1）排杆处地形不平或土质松软，应先平整或支垫坚实，必要时杆应用绳索锚固。 （2）杆段应支垫两点，支垫处两侧应用木楔掩牢。 （3）滚动杆段时应统一行动，滚动前方不得有人；杆段顺向移动时，应随时将支垫处用木楔掩牢。	施工人员已核对、已交底；机械状态良好；安措已执行

风险编号	工序	风险可能导致的后果	风险控制关键因素	风险评定值 D	风险级别	预控措施	备注
04080101	水泥杆施工	爆炸火灾物体打击机械伤害	人员异常、设备异常、环境变化、交叉作业	120（3×1×40）	三	（4）用棍、杠撬拨杆段时，应防止滑脱伤人；不得用铁撬棍插入预埋孔转动杆段。 （5）作业点周围5m内的易燃易爆物应清除干净。对两端封闭的钢筋混凝土电杆，应先在其一端凿排气孔，然后施焊，焊接结束应及时采取防腐措施。 （6）按照专项施工方案要求施工。若达不到相关要求时增加相应的安全措施。 （7）制动地锚选在线路中心线上，并距杆高1.2倍处。开度与根开一致。 （8）总牵引地锚出土点、制动系统中心、抱杆顶点及杆塔中心四点应在同一垂直面上，不得偏移。 （9）四方临时拉线距离不小于杆高的1.2倍。两侧临时拉线横线路方向布置；前后临时拉线顺线路布置；后临时拉线可与制动系统合用一个地锚。 （10）牵引动力地锚在总牵引地锚远方8～10m，与线路中心线夹角100°左右。 （11）采用埋土地锚时，地锚绳套引出位置开挖马道，马道与受力方向应一致。 （12）采用角铁桩、钢管桩等地锚时，一组地锚上应控制一根拉绳。 （13）各种锚桩回填时有防沉措施，并覆盖防雨布并设有排水沟或截水沟。下雨后及时检查地锚埋设情况，如有土质下沉、流失等情况及时回填。 （14）底、拉、卡盘等基础已经转序验收并取得转序通知书。 （15）分解组立混凝土电杆宜采用人字抱杆任意方向单扳法。若采用通天抱杆单杆起吊时，电杆长度不宜超过21m。采用人字抱杆单立电杆时，执行整体组立杆塔的有关规定。采用通天抱杆起吊单杆时，临时拉线应锚固可靠；电杆绑扎点不得少于2个。 （16）电杆的临时拉线数量：单杆不得少于4根，双杆不得少于6根。抱杆的临时拉线设置不得妨碍电杆及横担的吊装；若为门形杆时，先立一根电杆的拉线不得妨碍待立电杆和横担的吊装。电杆立起后，不得在临时拉线在地面未固定前登杆作业；横担吊装未达到设计位置前，杆上不得有人。 （17）起重机工作位置的地基必须稳固，附近的障碍物清除。吊装构件前，对已组杆段进行全面检查，螺栓紧固，吊点处不缺件。起重臂及吊件下方划定作业区，地面设安全监护人，吊件垂直下方不得有人。 （18）指挥人员看不清作业地点或操作人员看不清指挥信号时，均不得进行起吊作业。吊件离开地面约100mm时暂停起吊并进行检查，确认正常且吊件上无搁置物及人员后方可继续起吊。起吊速度应均匀，缓提缓放。 （19）起重机在作业中出现异常时，应采取措施放下吊件，停止运转后进行检修，严禁在运转中进行调整或检修。 （20）电杆立起后，临时拉线在地面未固定前严禁登杆作业。横担吊装未达到设计位置前，杆上不得有人	施工人员已核对、已交底；机械状态良好；安措已执行

风险编号	工序	风险可能导致的后果	风险控制关键因素	风险评定值 D	风险级别	预 控 措 施	备注
04080200	钢管杆施工						
04080201	钢管杆起重机械吊装	物体打击机械伤害		45 (3×1×15)	四	（1）底、拉、卡盘等基础已经转序验收并取得转序通知书。 （2）起重机作业前应对起重机进行全面检查并空载试运转。 （3）起重机作业必须按起重机操作规程操作；起重臂及吊件下方必须划定作业区，地面应设安全监护人。 （4）起重机工作位置的地基必须稳固，附近的障碍物应清除。 （5）吊装铁塔前，应对已组塔段（片）进行全面检查，螺栓应紧固，吊点处不应缺件。 （6）吊件离开地面约 0.1m 时应暂停起吊并进行检查，确认正常且吊件上无搁置物及人员后方可继续起吊。起吊速度应均匀，缓提缓放。 （7）起重机在作业中出现异常时，应采取措施放下吊件，停止运转后进行检修，严禁在运转中进行调整或检修。 （8）指挥人员看不清作业地点或操作人员看不清指挥信号时，均不得进行起吊作业。 （9）分段吊装铁塔时，上下段连接后，严禁用旋转起重臂的方法进行移位找正。分段分片吊装铁塔时，使用控制绳应同步调整。 （10）使用两台起重机抬吊同一构件时，起重机承担的构件重量应考虑不平衡系数后且不应超过该机额定起吊重量的 80%；两台起重机应互相协调，起吊速度应基本一致。 （11）当风速达到六级及以上或大雨、大雪、大雾等恶劣天气时，应停止露天的起重吊装作业。重新作业前，应先试吊，并确认各种安全装置灵敏可靠后进行作业。 （12）应采用专用吊具进行吊装，禁止采用卸扣作为固定吊件的吊具	
04080300	角钢塔（钢管塔）施工						
04080301	附着式外拉线抱杆分解组立	物体打击机械伤害高处坠落	人员异常、设备异常、环境变化、交叉作业	120 (3×1×40)	三	（1）杆塔地面组装场地应平整，障碍物应清除。 （2）仔细核对施工图纸的吊段参数，严格按照施工方案控制单吊重量，严禁超重起吊。 （3）基础分部工程已经转序验收并取得转序通知书。 （4）山地地面组装时：杆塔地面组装时塔材不得顺斜坡堆放，选料应上往下搬运，不得强行拽拉，山坡上的塔片垫物应稳固，且应有防止构件滑动的措施，组装管形构件时，构件间未连接前应采取防止滚动的措施。 （5）塔材组装连铁时，应用尖头扳手找孔，如孔距相差较大，应对照图纸核对件号，不得强击螺栓。构件连接对孔时，严禁将手指伸入螺孔找正。 （6）作业时重点强调，起吊作业时，组装应停止作业，严格做到起吊时吊物下方无作业人员。在受力钢丝绳的内角侧不得有人。 （7）塔脚板就位后，上齐匹配的垫板和螺帽，组立完成后拧紧螺帽及打毛丝扣。 （8）铁塔塔腿段组装完毕后，应立即安装铁塔接地，接地电阻要符合设计要求。 （9）升降抱杆过程中，四侧临时拉线应由拉线控制人员根据指挥人员命令适时调整。	施工人员已核对、已交底；机械状态良好；安措已执行

续表

风险编号	工序	风险可能导致的后果	风险控制关键因素	风险评定值 D	风险级别	预 控 措 施	备注
04080301	附着式外拉线抱杆分解组立	物体打击机械伤害高处坠落	人员异常、设备异常、环境变化、交叉作业	120（3×1×40）	三	（10）附着式外拉线抱杆达到预定位置后，应将抱杆根部与塔身主材绑扎牢固，抱杆倾斜角度不宜超过15°。 （11）起吊构件前，吊件外侧应设置控制绳。吊装构件过程中，应对抱杆的垂直度进行监视，吊件控制绳应随吊件的提升均匀松出。 （12）构件起吊和就位过程中，不得调整抱杆拉线。 （13）吊件在起吊过程中，下控制绳应随吊件的上升随之送出，保持与塔架间距不小于100mm。 （14）组装杆塔的材料及工器具禁止浮搁在已立的杆塔和抱杆上。构件连接对孔时，严禁将手指伸入螺孔找正。 （15）磨绳缠绕不得少于5圈，拉磨尾绳不应少于2人，人员应站在锚桩后面，并不得站在绳圈内。 （16）吊装过程，施工现场任何人发现异常应立即停止牵引，查明原因，进行妥善处理，不得强行吊装。 （17）直流线路铁塔分段吊装横担时，要对辅助抱杆的规格、铰接点的受力进行验算	施工人员已核对、已交底；机械状态良好；安措已执行
04080302	内悬浮外拉线抱杆分解组塔	物体打击机械伤害高处坠落	人员异常、设备异常、环境变化、交叉作业	120（3×1×40）	三	（1）绞磨应放置在主要吊装面侧面，当塔全高大于33m时，绞磨距塔中心的距离不应小于40m，当塔全高小于或等于33m时，绞磨距塔中心的距离不应小于铁塔全高的1.2倍，绞磨排设位置应平整，放置平稳。场地不满足要求时，增加相应的安全措施。 （2）保证指挥人员能看清作业地点或操作人员能看清指挥信号。 （3）塔脚板就位后，上齐匹配的垫板和螺帽，组立完成后拧紧螺帽及打毛丝扣。 （4）铁塔塔腿段组装完毕后，应立即安装铁塔接地，接地电阻要符合设计要求。 （5）根据作业指导书的要求分拉线坑，各拉线间以及拉线及对地角度、地锚埋设符合方案要求。若达不到以下要求时增加相应的安全措施。 （6）受力地锚、铁桩牢固可靠，埋深符合施工方案要求，回填土层逐层夯实。严禁利用树木或裸露的岩石作为作业受力地锚。 （7）调整绳方向视吊片方向而定，距离应保证调整绳对水平地面的夹角不大于45°，可采用桩锚、地钻或小号地锚固定。对于山区特殊地形情况大于45°时应考虑采用其他措施。 （8）牵引转向滑车地锚一般利用基础或塔腿，但必须经过计算并采取可靠保护措施。 （9）采用角铁桩、钢管桩等地锚时，一组地锚上控制一根拉绳。 （10）各种地锚回填时有防沉措施，覆盖防雨布并设有排水沟或截水沟。下雨后及时检查地锚埋设情况，如有土质下沉、流失等情况应及时回填。 （11）拉线必须满足与带电体安全距离规定的要求。如不能满足要求的安全距离时，应按照带电作业工作或停电进行。 （12）地锚埋设应设专人检查验收，回填土层应逐层夯实。 （13）组塔前，应根据作业指导书的要求分拉线坑，各拉线间以及拉线对地角度要符合措施要求，现场负责检查。 （14）作业前检查铁塔是否可靠接地。检查金属抱杆的整体弯曲不超过杆长的1/600。严禁抱杆违反方案超长使用。	施工人员已核对、已交底；机械状态良好；安措已执行

续表

风险编号	工序	风险可能导致的后果	风险控制关键因素	风险评定值 D	风险级别	预 控 措 施	备注
04080302	内悬浮外拉线抱杆分解组塔	物体打击机械伤害高处坠落	人员异常、设备异常、环境变化、交叉作业	120（3×1×40）	三	（15）高处作业人员要衣着灵便，穿软底防滑鞋，使用全方位安全带、攀登自锁器及速差自控器等防坠装置，挂设在牢靠的部件上，且不得低挂高用。 （16）抱杆根部采取防滑与防沉措施。抱杆无法一次整体起立时，多次对接组立应采取倒装方式，禁止采用正装方式对接组立悬浮抱杆。 （17）作业前校核抱杆系统布置情况。对抱杆、起重滑车、吊点钢丝绳、承托钢丝绳等主要受力工具进行详细检查，严禁以小带大或超负荷使用。 （18）钢丝绳端部用绳卡固定连接时，绳卡压板应在钢丝绳主要受力的一边，且绳卡不得正反交叉设置；绳卡间距不应小于钢丝绳直径的6倍；绳卡数量应符合规定。 （19）在抱杆起立过程中，根部看守人员根据抱杆根部位置和抱杆起立程度指挥制动人员回松制动绳；制动绳人员根据指令同步均匀回松，不得松落。 （20）杆塔地面组装场地应平整，障碍物应清除。 （21）仔细核对施工图纸的吊段参数，严格按照施工方案控制单吊重量，严禁超重起吊。 （22）山地地面组装时，杆塔地面组装时塔材不得顺斜坡堆放，送料应由上往下搬运，不得强行拽拉，山坡上的塔片垫物应稳固，且应有防止构件滑动的措施，组装管形构件时，构件间未连接前应采取防止滚动的措施。 （23）塔材组装连铁时，应用尖头扳手找孔，如孔距相差较大，应对照图纸核对件号，不得强行敲击螺栓。任何情况下禁止用手指找正。 （24）作业时重点强调，起吊作业时，组装应停止作业，严格做到起吊时吊物下方无作业人员。在受力钢丝绳的内侧不得有人。 （25）承托绳的悬挂点应设置在有大水平材的塔架断面处，若无大水平材时应验算塔架强度，必要时应采取补强措施。 （26）承托绳应绑扎在主材节点的上方。承托绳与主材连接处宜设置专门夹具，夹具的握着力应满足承托绳的承载能力。承托绳与抱杆轴线间夹角不应大于45°。 （27）抱杆提升前，将提升腰滑车处及其以下塔身的辅材装齐，并紧固螺栓，承托绳以下的塔身结构必须组装齐全，主要构件不得缺少。 （28）提升抱杆宜设置两道腰环，且间距不得小于5m，以保持抱杆的竖直状态，起吊过程中抱杆腰环不得受力。 （29）吊装过程，施工现场任何人发现异常应立即停止牵引，查明原因，进行妥善处理，不得强行吊装。 （30）铁塔高度大于100m时，组立过程中抱杆顶端应设置航空警示灯或红色旗号。 （31）起吊前，将所有可能影响就位安装的"活铁"固定好。吊件在起吊过程中，下控制绳应随吊件的上升随之送出，保持与塔架间距不小于100mm。 （32）组装杆塔的材料及工器具禁止浮搁在已立的杆塔和抱杆上。 （33）工具或材料要放在工具袋内或用绳索绑扎，上下传递用绳索吊送，严禁高空抛掷或利用绳索或拉线上下杆塔或顺杆下滑。 （34）吊点绑扎要设专人负责，绑扎要牢固，在绑扎处塔材做防护，对须补强的构件吊点予以可靠补强。	施工人员已核对、已交底；机械状态良好；安措已执行

续表

风险编号	工序	风险可能导致的后果	风险控制关键因素	风险评定值 D	风险级别	预 控 措 施	备注
04080302	内悬浮外拉线抱杆分解组塔	物体打击机械伤害高处坠落	人员异常、设备异常、环境变化、交叉作业	120（3×1×40）	三	（35）磨绳缠绕不得少于 5 圈，拉磨尾绳不应少于 2 人，人员应站在锚桩后面，不得站在绳圈内。 （36）吊装过程，施工现场任何人发现异常应立即停止牵引，查明原因，作出妥善处理，不得强行吊装。 （37）构件起吊和就位过程中，不得调整抱杆拉线。 （38）拆除过程中要随时拆除腰环，避免卡住抱杆。当抱杆剩下一道腰环时，为防止抱杆倾斜，应将吊点移到抱杆上部，循环往复，将抱杆拆除。 （39）直流线路铁塔分段吊装横担时，要对辅助抱杆的规格、铰接点的受力进行验算。 （40）全高为 80m 及以上的杆塔组立时： 1）编写专项施工方案。 2）高塔作业应增设水平移动保护绳。 3）作业人员上下铁塔应沿脚钉或爬梯攀登。在间隔大的部位转移作业位置时，应增设临时扶手，不得沿单根构件上爬或下滑	施工人员已核对、已交底；机械状态良好；安措已执行
04080303	内悬浮内拉线抱杆分解组塔	物体打击机械伤害高处坠落	人员异常、设备异常、环境变化、交叉作业	240（3×2×40）	二	（1）绞磨应放置在主要吊装面侧面，当塔全高大于 33m 时，绞磨距塔中心的距离不应小于 40m，当塔全高小于或等于 33m 时，绞磨距塔中心的距离不应小于铁塔全高的 1.2 倍，绞磨排设位置应平整，放置平稳。场地不满足要求时，增加相应的安全措施。 （2）保证指挥人员能看清作业地点或操作人员能看清指挥信号。 （3）塔脚板就位后，上齐匹配的垫板和螺帽，组立完成后拧紧螺帽及打毛丝扣。 （4）铁塔塔腿段组装完毕后，应立即安装铁塔接地，接地电阻要符合设计要求。 （5）受力地锚、铁桩牢固可靠，埋深符合施工方案要求，回填土层逐层夯实。严禁利用树木或裸露的岩石作为作业受力地锚。 （6）调整绳方向视吊片方向而定，距离应保证调整绳对水平地面的夹角不大于 45°，可采用桩锚、地钻或小号地锚固定。对于山区特殊地形情况大于 45°时应考虑采用其他措施。 （7）牵引转向滑车地锚一般利用基础或塔腿，但必须经过计算并采取可靠保护措施。 （8）采用角铁桩、钢管桩等地锚时，一组地锚上应控制一根拉绳。 （9）各种锚桩回填时有防沉措施，覆盖防雨布并设有排水沟或截水沟。下雨后及时检查地锚埋设情况，如有土质下沉、流失等情况及时回填。 （10）拉线必须满足与带电体安全距离规定的要求。如不能满足要求的安全距离时，应按照带电作业工作或停电进行。两内拉线平面与抱杆夹角不应小于 15°。 （11）地锚埋设应设专人检查验收，回填土层应逐层夯实。 （12）组塔前，应根据作业指导书的要求分拉线坑，各拉线间以及拉线对地角度要符合措施要求，现场负责检查。 （13）作业前检查铁塔是否可靠接地。检查金属抱杆的整体弯曲不超过杆长的 1/600。严禁抱杆违反方案超长使用。 （14）高处作业人员要衣着灵便，穿软底防滑鞋，使用全方位安全带、攀登自锁器及速差自控器等防坠装置，挂设在牢靠的部件上，且不得低挂高用。	施工人员已核对、已交底；机械状态良好；安措已执行

风险编号	工序	风险可能导致的后果	风险控制关键因素	风险评定值 D	风险级别	预 控 措 施	备注
04080303	内悬浮内拉线抱杆分解组塔	物体打击机械伤害高处坠落	人员异常、设备异常、环境变化、交叉作业	240（3×2×40）	二	（15）抱杆根部采取防滑与防沉措施。抱杆无法一次整体起立时，多次对接组立应采取倒装方式，禁止采用正装方式对接组立悬浮抱杆。 （16）作业前校核抱杆系统布置情况。对抱杆、起重滑车、吊点钢丝绳、承托钢丝绳等主要受力工具进行详细检查，严禁以小带大或超负荷使用。 （17）钢丝绳端部用绳卡固定连接时，绳卡压板应在钢丝绳主要受力的一边，且绳卡不得正反交叉设置；绳卡间距不应小于钢丝绳直径的6倍；绳卡数量应符合规定。 （18）在抱杆起立过程中，根部看守人员根据抱杆根部位置和抱杆起立程度指挥制动人员回松制动绳；制动绳人员根据指令同步均匀回松，不得松落。 （19）杆塔地面组装场地应平整，障碍物应清除。 （20）仔细核对施工图纸的吊段参数，严格按照施工方案控制单吊重量，严禁超重起吊。 （21）山地地面组装时，杆塔地面组装时塔材不得顺斜坡堆放，选料应由上往下搬运，不得强行拽拉，山坡上的塔片垫物应稳固，且应有防止构件滑动的措施，组装管形构件时，构件间未连接前应采取防止滚动的措施。 （22）塔材组装连铁时，应用尖头扳手找孔，如孔距相差较大，应对照图纸核对件号，不得强行敲击螺栓。任何情况下禁止用手指找正。 （23）作业时重点强调，起吊作业时，组装应停止作业，严格做到起吊时吊物下方无作业人员。在受力钢丝绳的内角侧不得有人。 （24）承托绳的悬挂点应设置在有大水平材的塔架断面处，若无大水平材时应验算塔架强度，必要时应采取补强措施。 （25）承托绳应绑扎在主材节点的上方。承托绳与主材连接处宜设置专门夹具，夹具的握着力应满足承托绳的承载能力。承托绳与抱杆轴线间夹角不应大于45°。 （26）抱杆提升前，将提升腰滑车处及其以下塔身的辅材装齐，并紧固螺栓，承托绳以下的塔身结构必须组装齐全，主要构件不得缺少。 （27）提升抱杆应设置两道腰环，且间距不得小于5m，以保持抱杆的竖直状态，起吊过程中抱杆腰环不得受力。 （28）吊装过程，施工现场任何人发现异常应立即停止牵引，查明原因，作出妥善处理，不得强行吊装。 （29）铁塔高度大于100m时，组立过程中抱杆顶端应设置航空警示灯或红色旗号。 （30）起吊前，将所有可能影响就位安装的"活铁"固定好。吊件在起吊过程中，下控制绳应随吊件的上升随之送出，保持与塔架间距不小于100mm。 （31）组装杆塔的材料及工器具禁止浮搁在已立的杆塔和抱杆上。 （32）工具或材料要放在工具袋内或用绳索绑扎，上下传递用绳索吊送，严禁高空抛掷或利用绳索或拉线上下杆塔或顺杆下滑。 （33）吊点绑扎要设专人负责，绑扎要牢固，在绑扎处塔材做防护，对须补强的构件吊点予以可靠补强。 （34）磨绳缠绕不得少于5圈，拉磨尾绳不应少于2人，人员应站在锚桩后面，不得站在绳圈内。	施工人员已核对、已交底；机械状态良好；安措已执行

风险编号	工序	风险可能导致的后果	风险控制关键因素	风险评定值 D	风险级别	预　控　措　施	备注
04080303	内悬浮内拉线抱杆分解组塔	物体打击机械伤害高处坠落	人员异常、设备异常、环境变化、交叉作业	240（3×2×40）	二	（35）吊装过程，施工现场任何人发现异常应立即停止牵引，查明原因，作出妥善处理，不得强行吊装。 （36）构件起吊和就位过程中，不得调整抱杆拉线。 （37）拆除过程中要随时拆除腰环，避免卡住抱杆。当抱杆剩下一道腰环时，为防止抱杆倾斜，应将吊点移至抱杆上部，循环往复，将抱杆拆除。 （38）直流线路铁塔分段吊装横担时，要对辅助抱杆的规格、铰接点的受力进行验算。 （39）全高为 80m 及以上的杆塔组立时： 　1）编写专项施工方案。 　2）高塔作业应增设水平移动保护绳。 　3）作业人员上下铁塔应沿脚钉或爬梯攀登。在间隔大的部位转移作业位置时，应增设临时扶手，不得沿单根构件上爬或下滑。 （40）若采用智能化施工方式监测起吊重量及抱杆倾角等，该风险可按三级管控	施工人员已核对、已交底；机械状态良好；安措已执行
04080304	整体立（杆）塔施工	机械伤害物体打击其他伤害		45（3×1×15）	四	（1）杆塔地面组装场地应平整，障碍物应清除，塔材不得顺斜坡堆放，选料应由上往下搬运，不得强行拽拉，山坡上的塔片垫物应稳固，且应有防止构件滑动的措施，组装管形构件时，构件间未连接前应采取防止滚动的措施。 （2）塔材组装连铁时，应用尖头扳手找孔，如孔距相差较大，应对照图纸核对件号，不得强行敲击螺栓。构件连接对孔时，严禁将手指伸入螺孔找正。 （3）作业时重点强调，起吊作业时，组装应停止作业，严格做到起吊时吊物下方无作业人员。 （4）分片组装铁塔时，所带辅材应能自由活动。辅材挂点螺栓的螺帽应露扣。辅材自由端朝上时应与相连构件进行临时捆绑固定。 （5）基础分部工程已经转序验收并取得转序通知书。 （6）总牵引地锚出土点、制动系统中心、抱杆顶点及杆塔中心四点应在同一垂直面上，不得偏移。 （7）制动地锚选在混凝土杆中心线上，并距杆高 1.2 倍处。开度与根开一致。总牵引地锚，距中心桩为杆高的 1.3～1.5 倍。四方临时拉线距离不小于杆高的 1.2 倍。 （8）两侧临时拉线横线路方向布置；前后临时拉线顺线路布置；后临时拉线可与制动系统合用一个地锚。 （9）牵引动力地锚在总牵引地锚远方 8～10m，与线路中心线夹角 100° 左右。 （10）地锚埋设地锚绳套引出位置应开挖马道，马道与受力方向应一致。采用角铁桩、钢管桩等地锚时，一组地锚上应控制一根拉绳。 （11）各种锚桩回填时应有防沉措施，并覆盖防雨布并设有排水沟或截水沟。下雨后及时检查地锚埋设情况，如有土质下沉、流失等情况及时回填。 （12）抱杆规格应根据荷载计算确定，不得超负荷使用。搬运、使用中不得抛掷和碰撞。 （13）抱杆连接螺栓应按规定使用，不得以小代大。 （14）抱杆根部应采取防沉、防滑移措施。人字抱杆根部应保持在同一水平面上，并用钢丝绳连接牢固。 （15）抱杆帽或承托环表面有裂纹、螺纹变形或螺栓缺少不得使用。	

风险编号	工序	风险可能导致的后果	风险控制关键因素	风险评定值 D	风险级别	预 控 措 施	备注
04080304	整体立（杆）塔施工	机械伤害 物体打击 其他伤害		45（3×1×15）	四	（16）现场指挥人员站在能够观察到各个岗位的位置，在抱杆脱帽前应位于四点一线的垂直面上，不得站在总牵引地锚受力的前方。 （17）吊件垂直下方不得有人，在受力钢丝绳的内角侧不得有人。 （18）电杆根部监视人员应站在杆根侧面，下坑操作前停止牵引。 （19）抱杆脱帽时，拉绳操作人员必须站在抱杆外侧。 （20）杆塔起立过程中，绞磨慢速牵引，确保牵引滑轮组各绳受力均匀。根部看守人员根据杆塔根部位置和杆塔起立程度指挥制动人员回松制动绳；制动绳人员根据指令同步均匀回松，不得松落。 （21）杆塔顶部吊离地面约0.5m时，应暂停牵引，进行冲击检验。全面检查各受力部位，确认无问题后方可继续起立。 （22）当铁塔起立至约80°时，现场指挥要下令停止牵引。缓慢回松后临时拉线，依靠牵引系统的重力将铁塔调直。 （23）铁塔就位后，应将所有地脚螺栓的螺帽装齐拧紧后，方可拆除铁塔拉线及工器具	
04080305	落地通天抱杆分解吊装组立（带摇臂）	机械伤害 物体打击 高处坠落	人员异常、设备异常、环境变化、地质异常、交叉作业	120（3×1×40）	三	（1）为保证牵引设备及操作人员的安全，绞磨应设置在塔高的1.2倍安全距离外，排设位置应平整，绞磨应放置平稳。机动绞磨的锚桩牢固可靠。 （2）临时地锚（含地锚和锚桩）按杆塔组立作业指导书要求设置，若无明确规定时，视地质条件，应满足拉线的受力要求。 （3）地锚埋设时，地锚绳套引出位置应开挖马道，马道与受力方向应一致。采用角铁桩、钢管桩等地锚时，一组地锚上应控制一根拉绳。 （4）各种锚桩回填时有防沉措施，并覆盖防雨布并设有排水沟或截水沟。下雨后及时检查地锚埋设情况，如有土质下沉、流失等情况及时回填。 （5）杆塔地面组装场地平整，障碍物应清除，塔材不得顺斜坡堆放，山坡上的塔片垫料应稳固，且有防止构件滑动的措施，组装管形构件时，构件间未连接前采取防止滚动的措施。 （6）仔细核对施工图纸的吊段参数，严格按照施工方案控制单吊重量，严禁超重起吊。 （7）塔材组装连铁时，应用尖头扳手找孔，如孔距相差较大，应对照图纸核对件号，不得强行敲击螺栓。任何情况下禁止用手指找正。 （8）作业时重点强调，起吊作业时，组装到停止作业，严格做到起吊时吊物下方无作业人员。塔脚板就位后，上齐匹配的垫板和螺帽，组立完成后拧紧螺帽及打毛丝扣。 （9）绞磨距塔中心的距离应大于塔高的0.5倍且不小于40m，排设位置应平整，绞磨应放置平稳。 （10）保证指挥人员能看清作业地点或操作人员能看清指挥信号。 （11）基础分部工程已经转序验收并取得转序通知书。 （12）抱杆组装应正直，连接螺栓的规格应符合规定，并应全部拧紧。连接螺栓根据规定定期保养或更换。	施工人员已核对、已交底；机械状态良好；安措已执行

风险编号	工序	风险可能导致的后果	风险控制关键因素	风险评定值 D	风险级别	预 控 措 施	备注
04080305	落地通天抱杆分解吊装组立（带摇臂）	机械伤害物体打击高处坠落	人员异常、设备异常、环境变化、地质异常、交叉作业	120（3×1×40）	三	（13）抱杆底座应坐在坚实稳固平整的地基或设计规定的基础上，软弱地基时应采取防止抱杆下沉的措施。 （14）平臂抱杆应用良好的接地装置，接地电阻不得大于 4Ω。 （15）平臂抱杆起重小车行走到起重臂顶端，终止点距顶端应大于 1m。 （16）提升（顶升）抱杆时，要加装不少于两道腰环，腰环固定钢丝绳应呈水平并收紧，同时应设专人指挥。 （17）抱杆采取单侧摇臂起吊构件时，对侧摇臂及起吊滑车组应收紧作为平衡拉线。 （18）抱杆提升过程中，应监视腰环与抱杆不得卡阻，抱杆提升时拉线应呈松弛状态。 （19）摇臂的中部位置或非吊挂滑车位置不得悬挂起吊滑车或其他临时拉线。 （20）抱杆就位后，四侧拉线应收紧并固定，组塔过程中应有专人值守。 （21）严格落实作业指导书安全技术要求。 （22）按抱杆的吊载计算书要求，仔细核对图纸手册的吊段重量参数，严禁超重吊装。 （23）起吊前，将所有可能影响就位安装的活铁固定好，绑扎牢固。 （24）铁塔构件应组装在起重臂下方，且符合起重臂允许起重力矩要求。 （25）吊件在起吊时，应检查绑扎点位置及绑扎点应用麻袋或软物衬垫。 （26）吊点在重心上。铁塔构件应组装在起重臂下方，且符合起重臂允许起重力矩要求。 （27）吊件螺栓全部紧固，吊点绳、控制绳及内拉线等绑扎处受力部位，不得缺少构件。 （28）吊件垂直下方不得有人，在受力钢丝绳的内角侧不得有人。 （29）组装杆塔的材料及工器具禁止浮搁在已立的杆塔和抱杆上。 （30）抱杆拆除必须严格按施工方案要求顺序进行拆除，拆除前检查相邻组件之间是否还有电缆连接。 （31）拆除过程中提前逐节拆除最上道腰环，避免卡住抱杆或抱杆失去保护。 （32）当抱杆剩下一道腰环时，为防止抱杆倾斜，将吊点移至抱杆上部，采用滑车组，分解拆除抱杆桅杆、吊臂、顶升架和本体等结构，将抱杆拆除。 （33）直流线路铁塔分段吊装横担时，要对辅助抱杆的规格、铰接点的受力进行验算。 （34）全高为 80m 及以上的杆塔组立时： 1）编写专项施工方案。 2）高塔作业应增设水平移动保护绳。 3）作业人员上下铁塔应沿脚钉或爬梯攀登。在间隔大的部位转移作业位置时，应增设临时扶手，不得沿单根构件上爬或下滑	施工人员已核对、已交底；机械状态良好；安措已执行

风险编号	工序	风险可能导致的后果	风险控制关键因素	风险评定值 D	风险级别	预 控 措 施	备注
04080306	落地通天抱杆分解吊装组立（不带摇臂）	机械伤害物体打击高处坠落	人员异常、设备异常、环境变化、地质异常、交叉作业	120（3×1×40）	三	（1）为保证牵引设备及操作人员的安全，绞磨应设置在塔高的 1.2 倍安全距离外，排设位置应平整，绞磨应放置平稳。机动绞磨的锚桩牢固可靠。 （2）临时地锚（含地锚和锚桩）应按杆塔组立作业指导书要求设置，若无明确规定时，视地质条件，应满足拉线的受力要求。 （3）地锚埋设时，地锚绳套引出位置应开挖马道，马道与受力方向应一致。采用角铁桩、钢管桩等地锚时，一组地锚上应控制一根拉绳。 （4）各种锚桩回填时有防沉措施，并覆盖防雨布并设有排水沟或截水沟。下雨后及时检查地锚埋设情况，如有土质下沉、流失等情况及时回填。 （5）杆塔地面组装场地平整，障碍物应清除，塔材不得顺斜坡堆放，山坡上的塔片垫物应稳固，且有防止构件滑动的措施，组装管形构件时，构件间未连接前采取防止滚动的措施。 （6）仔细核对施工图纸的吊段参数，严格按照施工方案控制单吊重量，严禁超重起吊。 （7）塔材组装连铁时，应用尖头扳手找孔，如孔距相差较大，应对照图纸核对件号，不得强行敲击螺栓。任何情况下禁止用手指找正。 （8）基础分部工程已经转序验收并取得转序通知书。 （9）塔脚板就位后，上齐匹配的垫板和螺帽，组立完成后拧紧螺帽及打毛丝扣。 （10）作业时重点强调，起吊作业时，组装应停止作业，严格做到起吊时吊物下方无作业人员。 （11）绞磨与塔中心的距离应大于塔高的 0.5 倍且不小于 40m，排设位置应平整，绞磨应放置平稳。 （12）保证指挥人员能看清作业地点或操作人员能看清指挥信号。 （13）抱杆组装应正直，连接螺栓的规格应符合规定，并应全部拧紧。连接螺栓应根据规定定期保养或更换。 （14）抱杆底座应坐在坚实稳固平整的地基或设计规定的基础上，软弱地基时应采取防止抱杆下沉的措施。 （15）平臂抱杆应用良好的接地装置，接地电阻不得大于 4Ω。 （16）平臂抱杆起重小车行走到起重臂顶端，终止点距顶端应大于 1m。 （17）提升（顶升）抱杆时，要加装不少于两道腰环，腰环固定钢丝绳应呈水平并收紧，同时应设专人指挥。 （18）抱杆采取单侧摇臂起吊构件时，对侧摇臂及起吊滑车组应收紧作为平衡拉线。 （19）无拉线摇臂抱杆不宜双侧同时起吊构件。若双侧起吊构件应设置抱杆临时拉线。构件应组装在起重臂下方，且符合起重臂允许的起重力矩要求。 （20）应配置力矩、风速等监控装置，作业前检查应处于正常状态。 （21）严格落实作业指导书安全技术要求。 （22）按抱杆的吊载计算书要求，仔细核对图纸手册的吊段重量参数，严禁超重吊装。	施工人员已核对、已交底；机械状态良好；安措已执行

风险编号	工序	风险可能导致的后果	风险控制关键因素	风险评定值 D	风险级别	预 控 措 施	备注
04080306	落地通天抱杆分解吊装组立（不带摇臂）	机械伤害物体打击高处坠落	人员异常、设备异常、环境变化、地质异常、交叉作业	120（3×1×40）	三	（23）起吊前，将所有可能影响就位安装的活铁固定好，绑扎牢固。 （24）铁塔构件应组装在起重臂下方，且符合起重臂允许的起重力矩要求。 （25）吊件在起吊时，应检查绑扎点位置及绑扎点应用麻袋或软物衬垫。 （26）吊点在重心上。铁塔构件应组装在起重臂下方，且符合起重臂允许的起重力矩要求。 （27）吊件螺栓全部紧固，吊点绳、控制绳及内拉线等绑扎处受力部位，不得缺少构件。 （28）吊件垂直下方不得有人，在受力钢丝绳的内角侧不得有人。 （29）组装杆塔的材料及工器具禁止浮搁在已立的杆塔和抱杆上。 （30）抱杆拆除必须严格按施工方案要求顺序进行拆除，拆除前检查相邻组件之间是否还有电缆连接。 （31）拆除过程中提前逐节拆除最上道腰环，避免卡住抱杆或抱杆失去保护。 （32）当抱杆剩下一道腰环时，为防止抱杆倾斜，将吊点移至抱杆上部，采用滑车组，分解拆除抱杆桅杆、吊臂、顶升架和本体等结构，将抱杆拆除。 （33）直流线路铁塔分段吊装横担时，要对辅助抱杆的规格、铰接点的受力进行验算。 （34）全高为80m及以上的杆塔组立时： 1）编写专项施工方案。 2）高塔作业应增设水平移动保护绳。 3）作业人员上下铁塔应沿脚钉或爬梯攀登。在间隔大的部位转移作业位置时，应增设临时扶手，不得沿单根构件上爬或下滑	施工人员已核对、已交底；机械状态良好；安措已执行
04080307	流动式起重机立塔（塔高60m及以下）	机械伤害物体打击高处坠落		45（3×1×15）	四	（1）施工前根据施工方案和杆塔高度及分片、段重量合理选择配备起重设备及工器具。 （2）所有设备及工器具要进行定期维护保养。 （3）起重指挥人员应熟悉起重设备性能，严禁超负荷吊装。主要受力工器具应符合技术检验标准，并附有许用荷载标志；使用前必须进行检查，不合格者严禁使用，严禁以小代大，严禁超载使用。 （4）起重机工作位置的地基必须稳固，附近的障碍物应清除。 （5）杆塔地面组装场地平整，障碍物应清除，塔材不得顺斜坡堆放，山坡上的塔片垫物应稳固，且有防止构件滑动的措施，组装管形构件时，构件间未连接前采取防止滚动的措施。 （6）仔细核对施工图纸的吊段参数，严格按照施工方案控制单吊重量，严禁超重起吊。 （7）塔材组装连铁时，应用尖头扳手找孔，如孔距相差较大，应对照图纸核对件号，不得强行敲击螺栓。任何情况下禁止用手指找正。 （8）作业时重点强调，起吊作业时，组装应停止作业，严格做到起吊时吊物下方无作业人员。 （9）起重臂下和重物经过的地方禁止有人逗留或通过。 （10）起重机作业位置的地基稳固，附近的障碍物清除。	

风险编号	工序	风险可能导致的后果	风险控制关键因素	风险评定值 D	风险级别	预控措施	备注
04080307	流动式起重机立塔（塔高60m及以下）	机械伤害物体打击高处坠落		45（3×1×15）	四	衬垫支腿枕木不得少于两根且长度不得小于1.2m。认真检查各起吊系统，具备条件后方可起吊。 （11）起重机吊装杆塔必须指定专人指挥。指挥人员看不清作业地点或操作人员看不清指挥信号时，均不得进行起吊作业。 （12）施工前仔细核对施工图纸的吊段参数（杆塔型、段别组合、段重），严格施工方案控制单吊重量。 （13）吊装铁塔前，应对已组塔段（片）进行全面检查。起重臂及吊件下方划定作业区，地面设安全监护人，吊件垂直下方不得有人。 （14）当风速达到六级及以上或大雨、大雪、大雾等恶劣天气时，停止露天的起重吊装作业。重新作业前，先试吊，并确认各种安全装置灵敏可靠后进行作业。 （15）吊件离开地面约100mm时暂停起吊并进行检查，确认正常且吊件上无搁置物及人员后方可继续起吊。 （16）分段吊装铁塔时，上下段间有任一处连接后，不得用旋转起重臂的方法进行移位找正。分段分片吊装铁塔时，控制绳应随吊件同步调整。 （17）起重机在作业中出现异常时，应采取措施放下吊件，停止运转后进行检修，不得在运转中进行调整或检修。 （18）高处作业人员在转移作业位置时不得失去保护，手扶的构件必须牢固。在间隔大的部位转移作业位置时，增设临时扶手，不得沿单根构件上爬或下滑	
04080308	流动式起重机立塔（塔高60m以上）	机械伤害物体打击高处坠落	人员异常、设备异常、环境变化	80（6×1×15）	三	除采取04080307相应措施外，还应增加以下措施： （1）应增设水平移动保护绳。 （2）作业人员上下铁塔应沿脚钉或爬梯攀登。在间隔大的部位转移作业位置时，应增设临时扶手，不得沿单根构件上爬或下滑	现场已勘察；机械状态良好；安措已执行
04080309	杆塔螺栓复紧与消缺	物体打击高处坠落		45（3×1×15）	四	（1）高处作业人员上下杆塔必须沿脚钉或爬梯攀登，水平移动时不应失去保护。 （2）高处作业人员要衣着灵便，穿软底防滑鞋，使用全方位安全带、攀登自锁器及速差自控器等防坠装置，挂设在牢靠的部件上，且不得低挂高用。 （3）工具或材料要放在工具袋内或用绳索绑扎，上下传递用绳索吊送，严禁高空抛掷或利用绳索或拉线上下杆塔或顺杆下滑。 （4）遇雷、雨、大风等情况威胁到人员、设备安全时，班组负责人或专责监护人应下令停止作业。 （5）在霜冻、雨雪后进行高处作业，配备防冻、防滑设施	
04080400	临近带电体组立塔						
04080401	临近带电体组立（杆）塔	触电高处坠落机械伤害物体打击	人员异常、设备异常、环境变化、近电作业、交叉作业	240（6×1×40）	二	（1）临近带电线路作业时，以综合计算后的作业人员或机械器具与带电线路的最小距离小于控制值时，该工序为二级风险。（控制值详见《国家电网有限公司电力建设安全工作规程　第2部分：线路》表1） （2）初勘后，编制《风险识别、评估清册（危大工程一览表）》时，应将本工程所有临近带电作业的塔（杆）位与带电体的距离填入《风险识别、评估清册（危大工程一览表）》，以此评估风险等级。	现场已勘察；施工人员已核对、已交底；机械状态良好；安措已执行

续表

风险编号	工序	风险可能导致的后果	风险控制关键因素	风险评定值 D	风险级别	预　控　措　施	备注
04080401	临近带电体组立（杆）塔	触电高处坠落机械伤害物体打击	人员异常、设备异常、环境变化、近电作业、交叉作业	240（6×1×40）	二	（3）除按照 04080100～04080300 相应组立铁塔方式采用以上相应措施外，还应增加以下措施： 1）临近带电体附近组塔时，施工方案经过专家论证、审查并批准，施工技术负责人在场指导。 2）使用起重机组塔时，起重机应接地良好。车身应使用不小于 16mm² 的铜线可靠接地。起重机及吊件、牵引绳索和拉绳与带电体的最小安全距离应符合《国家电网有限公司电力建设安全工作规程　第 2 部分：线路》表 5 的规定。 3）作业人员、施工、牵引绳索和拉线等必须满足与带电体安全距离规定的要求。如不能满足要求的安全距离时，应按照带电作业工作或停电进行	
04090000	架线施工						
04090100	跨越公路、铁路、航道作业						
04090101	一般跨越架搭设和拆除（全高 18m 以下）	倒塌触电高处坠落物体打击公路通行		40（1×1×40）	四	（1）搭设跨越架，事先与被跨越设施的单位取得联系，必要时请其派员监督检查。 （2）钢管架应有防雷接地措施，整个架体应从立杆根部引设两处（对角）防雷接地。 （3）跨越架的立杆应垂直、埋深不应小于 0.5m，跨越架的支杆埋深不得小于 0.3m，水田松土等搭跨越架应设置扫地杆。跨越架两端及每隔 6～7 根立杆应设剪刀撑杆、支杆或拉线，确保跨越架整体结构的稳定。跨越架强度应足够，能够承受牵张过程中断线的冲击力。 （4）跨越架横担中心设置在新架线路每相（极）导线的中心垂直投影上。 （5）跨越架的中心应在线路中心线上，宽度考虑施工期间牵引绳或导地线风偏后超出新建路线两边线各 2.0m，且架顶两侧设外伸羊角。 （6）跨越架搭设完应打临时拉线，拉线与地面夹角不得大于 60°。跨越架搭设必须经验收合格后方可使用，跨越架悬挂醒目的安全警告标志、夜间警示装置及验收标志牌；跨越公路的跨越架，在公路前方跨越适当距离设置提示标志。 （7）跨越架、操作人员、工器具与带电体之间的最小安全距离必须符合安规规定，施工人员严禁在跨越架内侧攀登或作业，严禁从封顶架上通过。 （8）拆跨越架时应自上而下逐根进行，架片、架杆应有人传递或绳索吊送，不得抛扔，严禁将跨越架整体推倒。 （9）当拆跨越架的撑杆时，需要在原撑杆的位置绑手溜绳，避免因撑杆撤掉后跨越架整片倒落。拆除跨越架时应保留最下层的撑杆，待横杆都拆除后，利用支撑杆放倒立杆，做好现场安全监护	
04090102	一般跨越架搭设和拆除（全高 18m 及以上至 24m 以下）	倒塌触电高处坠落物体打击公路通行中断	人员异常、环境变化、气候变化、地质异常	120（3×1×40）	三	（1）搭设跨越架，应事先与被跨越设施的产权单位取得联系，必要时应请其派员监督检查。 （2）钢管架应有防雷接地措施，整个架体应从立杆根部引设两处（对角）防雷接地。 （3）跨越架的立杆应垂直、埋深不应小于 0.5m，跨越架的支杆埋深不得小于 0.3m，水田松土等搭跨越架应设置扫地杆。跨越架两端及每隔 6～7 根立杆应设剪刀撑杆、支杆或拉线，确保跨越架整体结构的稳定。跨越架强度应足够，能够承受牵张过程中断线的冲击力。	现场已勘察；施工人员已核对、已交底；安措已执行

风险编号	工序	风险可能导致的后果	风险控制关键因素	风险评定值 D	风险级别	预 控 措 施	备注
04090102	一般跨越架搭设和拆除（全高 18m 及以上至 24m 以下）	倒塌触电高处坠落物体打击公路通行中断	人员异常、环境变化、气候变化、地质异常	120（3×1×40）	三	（4）跨越架搭设完应打临时拉线，拉线与地面夹角不得大于 60°。跨越架搭设必须经验收合格后方可使用，跨越架悬挂醒目的安全警告标志、夜间警示装置和验收标志牌；跨越公路的跨越架，在公路前方距跨越架适当距离设置提示标志。 （5）拆跨越架时应自上而下逐根进行，架片、架杆应有人传递或绳索吊送，不得抛扔，严禁将跨越架整体推倒。 （6）当拆跨越架的撑杆时，需要在原撑杆的位置绑手溜绳，避免因撑杆撤掉后跨越架整片倒落。拆跨越架时应保留最下层的撑杆，待横杆都拆除后，利用支撑杆放倒立杆，做好现场安全监护。 （7）跨越架、操作人员、工器具与带电体之间的最小安全距离必须符合安规规定，施工人员严禁在跨越架内侧攀登或作业，严禁从封顶架上通过。 （8）各类型金属跨越架架顶设置挂胶滚筒或挂胶滚动横梁。 （9）跨越架的立杆、大横杆及小横杆的间距不得大于安规规定要求。 （10）钢格构式跨越架组立后，及时做好接地措施；跨越架的各个立柱设置独立的拉线系统	现场已勘察；施工人员已核对、已交底；安措已执行
04090103	一般跨越架搭设和拆除（全高 24m 及以上）	倒塌触电高处坠落物体打击公路通行中断	人员异常、环境变化、气候变化、地质异常	240（6×1×40）	二	（1）搭设跨越架，应事先与被跨越设施的产权单位取得联系，必要时应请其派员监督检查。 （2）跨越架立杆埋深不得小于 0.5m，支杆埋深不得小于 0.3m；钢管跨越架立杆底部必须设置金属底座或垫木，并设置扫地杆，组立后及时做好接地措施。跨越架两端及每隔 6～7 根立杆设剪刀撑杆、支杆和拉线，拉线与地面夹角不得大于 60°。确保跨越架整体结构的稳定。跨越架强度应足够，能够承受牵张过程中断线或跑线时的冲击力。 （3）跨越架的立杆、大横杆及小横杆的间距不得大于安规规定要求。 （4）钢格构式跨越架组立后，及时做好接地措施；跨越架的各个立柱设置独立的拉线系统。 （5）强风、暴雨过后应对跨越架进行检查，确认合格后方可使用。跨越架悬挂醒目的安全警告标志、夜间警示装置和验收标志牌。 （6）跨越挡两端铁塔的附件安装必须进行二道防护，并采取有效接地措施。 （7）跨越架、操作人员、工器具与带电体之间的最小安全距离必须符合安规规定，施工人员严禁在跨越架内侧攀登或作业，严禁从封顶架上通过。 （8）各类型金属跨越架架顶设置挂胶滚筒或挂胶滚动横梁。 （9）各种锚桩回填时有防沉措施，覆盖防雨布并设有排水沟或截水沟。下雨后及时检查地锚埋设情况，如有土质下沉、流失等情况要及时回填。 （10）附件安装完毕后方可拆除跨越架，拆除时不得抛扔，不得上下同时拆架，不得将跨越架整体推倒。 （11）拆跨越架时应自上而下逐根进行，架片、架杆应有人传递或绳索吊送，不得抛扔，严禁将跨越架整体推倒。当拆跨越架的撑杆时，需要在原撑杆的位置绑手溜绳，避免因撑杆撤掉后跨越架整片倒落。 （12）拆跨越架时应保留最下层的撑杆，待横杆都拆除后，利用支撑杆放倒立杆，做好现场安全监护。 （13）采用提升架拆除金属格构式跨越架架体时，应控制拉线并用经纬仪监测垂直度	现场已勘察；施工人员已核对、已交底；安措已执行

风险编号	工序	风险可能导致的后果	风险控制关键因素	风险评定值 D	风险级别	预　控　措　施	备注
04090104	无跨越架封网（使用防护网）	停航淹溺高处坠落	人员异常、设备异常、环境变化、气候变化	120（3×1×40）	三	（1）施工前应向被跨越管理部门申请跨越施工许可证、办理相关手续。 （2）架设及拆除防护网及承载索必须在晴好天气进行，所有绳索应保持干净、干燥状态，施工前应对承载索、拖网绳、绝缘网、导引绳进行绝缘性能测试并合格。 （3）编制专项施工方案，施工单位还需组织专家进行论证、审查。严格按批准的施工方案执行。 （4）事先与被跨越设施的单位取得联系，在海事局监督配合下组织跨越施工。配备充足的救生器材设备。 （5）防护网搭设至拆除时段内全过程必须设专人看护，随时调整承载索与被跨越物的安全距离，及时反馈牵引情况，保证牵引绳和导地线及走板不触及防护网，夜间需加强看护跨越设施，有充足的照明设备，仅防人为破坏。 （6）架线施工前必须对铁塔螺栓、地脚螺栓安装紧固情况进行复查。关键部位塔材不得缺失。 （7）在跨越挡未完成附件安装工作前，不得拆除防护网	现场已勘察；施工人员已核对、已交底；机械设备状态良好；安措已执行
04090105	跨越2级及以上公路封网、拆网	倒塌物体打击公路通行中断	人员异常、环境变化、气候变化、地质异常	90（6×1×15）	三	（1）严格按批准的施工方案执行。跨越架的施工搭设和拆除由有资质的专业队伍施工。 （2）搭设跨越架，事先与被跨越设施的单位取得联系，架线必要时请其派员监督检查。 （3）跨越架设置防倾覆措施。跨越架悬挂醒目的安全警告标志、夜间警示装置和验收标志牌；跨越公路的跨越架，在公路前方距跨越架适当距离设置提示标志。 （4）跨越挡两端铁塔的附件安装必须进行二道防护，并采取有效接地措施。 （5）施工中应经常检查跨越架是否牢固；遇雷雨、暴雨、浓雾、五级以上大风时，应停止搭设作业；强风过后应对跨越架进行认真检查，发现问题及时进行加固处理，确认合格、安全、规范后方可作业使用。 （6）安装完毕后经检查验收合格后方准使用	现场已勘察；施工人员已核对、已交底；安措已执行
04090106	跨越高速公路封网、拆网	倒塌高处坠落物体打击公路通行中断	人员异常、设备异常、环境变化、气候变化	240（6×1×40）	二	（1）编制专项施工方案，施工单位还需组织专家进行论证、审查。严格按批准的施工方案执行。 （2）搭设跨越架，事先与被跨越设施的单位取得联系，必要时请其派员监督检查，配合组织跨越施工。 （3）跨越架整体结构的稳定。跨越架强度应足够，能够承受牵张过程中断线或跑线时的冲击力。 （4）跨越架设置防倾覆措施。跨越架悬挂醒目的安全警告标志、夜间警示装置和验收标志牌；跨越公路的跨越架，在高速公路前方距跨越架适当距离设置提示标志。 （5）跨越挡两端铁塔的附件安装必须进行二道防护，并采取有效接地措施。 （6）跨越架横担中心设置在新架线路每相（极）导线的中心垂直投影上。 （7）跨越架架顶要设置导线防磨措施。跨越架的中心应在线路中心线上，宽度考虑施工期间牵引绳或导地线风偏后超出新建线路两边线各2.0m，且架顶两侧设外伸羊角。 （8）安装完毕后经检查验收合格后方准使用。 （9）附件安装完毕后，方可拆除跨越架	现场已勘察；施工人员已核对、已交底；安措已执行

风险编号	工序	风险可能导致的后果	风险控制关键因素	风险评定值 D	风险级别	预 控 措 施	备注
04090107	跨越铁路封网、拆网	倒塌触电电铁停运高处坠落	人员异常、设备异常、环境变化、气候变化	240（6×1×40）	二	（1）编制专项施工方案，施工单位还需组织专家进行论证、审查。严格按批准的施工方案执行。 （2）跨越架整体结构的稳定。跨越架强度应足够，能够承受牵张过程中断线或跑线时的冲击力。 （3）跨越架设置防倾覆措施。跨越架悬挂醒目的安全警告标志、夜间警示装置和验收标志牌。 （4）跨越挡两端铁塔的附件安装必须进行二道防护，并采取有效接地措施。 （5）架设、拆除防护网及承载索必须在晴好天气进行，所有绳索应保持干净、干燥状态，施工前应对承载索、拖网绳、绝缘网、导引绳进行绝缘性能测试，不合格者不得使用。 （6）搭设跨越架，事先与铁路部门取得联系，必要时请其派员监督检查。 （7）跨越架横担中心设置在新架线路每相（极）导线的中心垂直投影上。 （8）跨越架顶要设置导线防磨措施。跨越架的中心应在线路中心线上，宽度考虑施工期间牵引绳或导地线风偏后超出新建线路两边线各 2.0m，且架顶两侧设外伸羊角。 （9）安装完毕后经检查验收合格后方准使用。 （10）附件安装完毕后，方可拆除跨越架	现场已勘察；施工人员已核对、已交底；安措已执行
04090200	跨越（或同塔）架设电力线						
04090201	跨越66kV以下带电线路作业	触电高处坠落电网事故物体打击	人员异常、设备异常、环境变化、气候变化、近电作业	90（6×1×15）	三	（1）编制施工方案，跨越架应有受力计算，强度应足够，能够承受牵张过程中断线的冲击力。 （2）跨越不停电力线路，在架线施工前，施工单位应向运维单位书面申请该带电线路"退出重合闸"，许可后方可进行不停电跨越施工。施工期间发生故障跳闸时，在未取得现场指挥同意前，不得强行送电。 （3）遇雷电、雨、雪、霜、雾，相对湿度大于85%或五级以上大风天气时，严禁进行不停电跨越作业。 （4）安全监护人，必须到岗履职，防止操作人员误登带电侧。 （5）施工使用各类绳索，尾端应采取固定措施，防止滑落、飘移至带电体。 （6）导引绳通过跨越架必须使用绝缘绳做引绳，最后通过跨越架的导线、地线、引绳或封网绳等必须使用绝缘绳做控制尾绳。 （7）在带电线路上方的导线上测量间隔棒距离时，禁止使用带有金属丝的测绳、皮尺。 （8）架线过程中，不停电跨越位置处、跨越挡两端铁塔应设专人监护，监护人应配备通信工具，且应保持与现场指挥人的联系畅通。 （9）跨越架与66kV以下运行电力线等的最小安全距离应符合规定要求。 （10）封网所使用的网片及承力绳保持干燥；承力绳及网片对被跨越物按规定保持足够的安全距离。	现场已勘察；施工人员已核对、已交底；安措已执行

续表

风险编号	工序	风险可能导致的后果	风险控制关键因素	风险评定值 D	风险级别	预控措施	备注
04090201	跨越 66kV 以下带电线路作业	触电 高处坠落 电网事故 物体打击	人员异常、设备异常、环境变化、气候变化、近电作业	90 (6×1×15)	三	(11) 紧线过程人员不得站在悬空导线、地线的垂直下方。不得跨越将离地面的导线或地线；人员不得站在线圈内或线弯的内角侧。 (12) 架线附件安装时，作业区间两端应装设保安接地线。施工线路有高压感应电时，应在作业点两侧加装接地线。 (13) 地线有放电间隙的情况下，地线附件安装前应采取接地措施。 (14) 高空压接必须双锚。跨越施工完毕后，应尽快将带电线路上方的绳、网拆除并回收	现场已勘察；施工人员已核对、已交底；安措已执行
04090202	跨越 66kV 及以上带电线路作业	触电 高处坠落 电网事故 物体打击	人员异常、设备异常、环境变化、气候变化、近电作业	240 (6×1×40)	二	(1) 编制专项施工方案，跨越架应有受力计算，强度应足够，能够承受牵张过程中断线的冲击力，施工单位还需组织专家进行论证、审查。 (2) 跨越不停电电力线路，在架线施工前，施工单位应向运维单位书面申请该带电线路"退出重合闸"，许可后方可进行不停电跨越施工。施工期间发生故障跳闸时，在未取得现场指挥同意前，不得强行送电。 (3) 遇雷电、雨、雪、霜、雾，相对湿度大于85%或五级以上大风天气时，严禁进行不停电跨越作业。 (4) 跨越挡两端铁塔的附件安装必须进行二道防护，并采取有效接地措施。 (5) 安全监护人，必须到岗履职，防止操作人员误登带电侧。 (6) 施工使用各类绳索，尾端应采取固定措施，防止滑落、飘移至带电体。 (7) 导引绳通过跨越架必须使用绝缘绳做引绳，最后通过跨越架的导线、地线、引绳或封网绳等必须使用绝缘绳做控制尾绳。 (8) 在带电线路上方的导线上测量间隔棒距离时，禁止使用带有金属丝的测绳、皮尺。 (9) 架线过程中，不停电跨越位置处、跨越挡两端铁塔应设专人监护，监护人应配备通信工具，且应保持与现场指挥人的联系畅通。 (10) 跨越架与66kV及以上运行电力线等的最小安全距离应符合规定要求。 (11) 封网所使用的网片及承力绳保持干燥；承力绳及网片对被跨越物按规定保持足够的安全距离。 (12) 紧线过程人员不得站在悬空导线、地线的垂直下方。不得跨越将离地面的导线或地线；人员不得站在线圈内或线弯的内角侧。 (13) 架线附件安装时，作业区间两端应装设保安接地线。施工线路有高压感应电时，应在作业点两侧加装接地线。 (14) 地线有放电间隙的情况下，地线附件安装前应采取接地措施。 (15) 高空压接必须双锚。跨越施工完毕后，应尽快将带电线路上方的绳、网拆除并回收	现场已勘察；施工人员已核对、已交底；安措已执行

风险编号	工序	风险可能导致的后果	风险控制关键因素	风险评定值 D	风险级别	预 控 措 施	备注
04090203	110kV及以上带电线路同塔扩建第二回，另一回不停电作业	触电高处坠落电网事故物体打击	人员异常、设备异常、环境变化、气候变化、近电作业、交叉作业	240（6×1×40）	二	（1）编制专项施工方案，施工单位还需组织专家进行论证、审查。 （2）遇雷电、雨、雪、霜、雾，相对湿度大于85％或五级以上大风天气时，严禁进行不停电牵引作业。 （3）安全监护人，必须到岗履职，防止操作人员误登带电侧。 （4）施工使用各类绳索，尾端应采取固定措施，防止滑落、飘移至带电体。 （5）在带电线路上方的导线上测量间隔棒距离时，禁止使用带有金属丝的测绳、皮尺。 （6）紧线过程人员不得站在悬空导线、地线的垂直下方。不得跨越将离地面的导线或地线；人员不得站在线圈内或线弯的内角侧。 （7）架线附件安装时，作业区间两端应装设保安接地线。施工线路有高压感应电时，应在作业点两侧加装接地线。 （8）地线有放电间隙的情况下，地线附件安装前应采取接地措施。 （9）高空压接必须双锚。 （10）操作人员、工器具与带电体之间的最小安全距离必须符合安规规定	现场已勘察；施工人员已核对、已交底；安措已执行
04090300	绝缘子挂设						
04090301	挂绝缘子及放线滑车	高处坠落机械伤害物体打击		45（3×1×15）	四	（1）绝缘子串及滑车的吊装必须使用专用卡具。 （2）放线滑车使用前应进行外观检查。带有开门装置的放线滑车，应有关门保险。 （3）吊挂绝缘子串前，应检查绝缘子串弹簧销是否齐全、到位。吊挂绝缘子串或放线滑车时，吊件的垂直下方不得有人。 （4）安全监护人随时提醒作业人员不得在吊物下方停留或通过，防止物体打击。 （5）转角杆塔放线滑车的预倾措施和导线上扬处的压线措施应可靠。 （6）放线滑车悬挂应根据计算对导引绳、牵引绳的上扬严重程度，选择悬挂方法及挂具规格	
04090400	导引绳展放						
04090401	人力展放导引绳	物体打击		21（3×1×7）	四	（1）通过陡坡时，应防止滚石伤人。遇悬崖险坡应采取先放引绳或设扶绳等措施。作业人员将引绳从高处抛下连接导引绳，作业人员绕行通过牵引展放。 （2）展放过程中应注意废弃的机井、深坑等；过沼泽或湿陷地段时应严禁用手推拽。 （3）展放余线的人员不得站在线圈内或线弯的内角侧	
04090402	无人直升机展放导引绳	坠机火灾触电高处坠落物体打击机械伤害		42（6×1×7）	四	（1）操作人员必须经专业培训合格后，方可上岗操作。起飞前，事先与空管单位取得联系，并且取得许可。 （2）在起飞场地，非相关人员严禁靠近无人直升机，以免操作时螺旋桨误伤；起飞场地所有人员应听从测控人员的安排，站在安全的位置。 （3）飞行器应在满足飞行的气象条件下飞行。在无人直升机起飞前严格进行检查，必须进行试飞前操作。 （4）采用无线信号传输操作的飞行器，信号传输距离应满足飞行距离要求。无人直升机飞行应在晴好天气且风速符合飞行要求时进行。	

续表

风险编号	工序	风险可能导致的后果	风险控制关键因素	风险评定值 D	风险级别	预 控 措 施	备注
04090402	无人直升机展放导引绳	坠机 火灾 触电 高处坠落 物体打击 机械伤害		42（6×1×7）	四	（5）在飞行过程中，如果遇到特殊情况，应及时停止飞行。必要时，在确保地面安全的情况下，切断初导绳并立即降落。飞行器的起降场地应满足设备使用说明书规定。 （6）初级导引绳为钢丝绳时安全系数不得小于3；为纤维绳时安全系数不得小于5	
04090500	导地线展放						
04090501	导地线展放	坠机 火灾 触电 高处坠落 物体打击 机械伤害 起重伤害 其他伤害	人员异常、设备异常、环境变化、交叉作业	90（6×1×15）	三	（1）抗弯连接器、旋转连接器的规格要符合技术要求。使用前，检查外观应完好无损，转动灵活无卡阻现象。禁止超负荷使用。 （2）导引绳、牵引绳的端头连接部位在使用前应由专人检查，有钢丝绳损伤等情况不得使用。发现有裂纹、变形、磨损严重或连接件拆卸不灵活时禁止使用。 （3）连接器不宜长期挂在线路中。 （4）连接器的横销应拧紧到位。与钢丝绳或网套连接时应安装滚轮并拧紧横销。 （5）铁塔组立分部工程已经转序验收并取得转序通知书。 （6）在展放牵引绳时重要跨越设信号员。 （7）引绳或牵引绳的连接应用专用连接工具。牵引绳与导线、地线（光缆）连接应使用专用连接网套或专用牵引头。 （8）要可靠的通信系统。通信联络点不得缺岗，通信应畅通。 （9）关键部位无塔材缺失。 （10）牵引机一般布置在线路中心线上，顺线路布置。牵引机进出口与邻塔悬挂点的高差角及与线路中心线的夹角满足：与邻塔边线放线滑车水平夹角不应大于7°，大于7°应设置转向滑车。如需转向，需使用专用的转向滑车，锚固必须可靠。各转向滑车的荷载应均衡，不得超过其允许承载力。 （11）锚线地锚位置应在牵引机前5m左右，与邻塔导线挂线点间仰角不得大于25°。 （12）牵引机进出口、张力机出线口与邻塔导线悬挂点的仰角不宜大于15°，俯角不宜大于5°。牵引设备锚固应可靠，牵引机设置单独接地，牵引绳必须使用接地滑车进行可靠接地。张力机应设置单独接地，避雷线必须使用接地滑车进行可靠接地。 （13）牵引机卷扬轮、张力机张力轮的受力方向必须与其轴线垂直。 （14）钢丝绳卷车与牵引机的距离和方位应符合机械说明书要求，且必须使尾绳、尾线不磨线轴或钢丝绳。 （15）张力机、牵引机使用前应对设备的布置、锚固、接地装置以及机械系统进行全面的检查，并做运转试验。 （16）导线、牵引绳的尾绳在线盘或绳盘上的盘绕圈数均不得少于6圈。 （17）设备在运行前应按照施工方案中的数值设定牵引力值，以防止发生过牵引。 （18）运行时牵引机、张力机进出口前方不得有人通过。各转向滑车围成的区域内侧禁止有人。 （19）遇有五级及以上风或暴雨、雷电、冰雹、大雪、大雾、沙尘暴等恶劣气候时，立即停止牵引作业。 （20）紧线作业区间两端装设接地线。施工的线路上有高压感应电时，在作业点两侧加装工作接地线。	施工人员已核对、已交底；机械设备状态良好；安措已执行

风险编号	工序	风险可能导致的后果	风险控制关键因素	风险评定值 D	风险级别	预控措施	备注
04090501	导地线展放	坠机 火灾 触电 高处坠落 物体打击 机械伤害 起重伤害 其他伤害	人员异常、设备异常、环境变化、交叉作业	90（6×1×15）	三	（21）张力机一般布置在线路中心线上，顺线路布置。张力机进出口与邻塔悬挂点的高差角及与线路中心线的夹角满足其机械的技术要求。与邻塔边线放线滑车水平夹角不应大于7°。如需转向，需使用专用的转向滑车，锚固必须可靠。各转向滑车的荷载应均衡，不得超过其允许承载力。 （22）张力机应使用枕木垫平支稳，两点锚固。锚固绳与机身水平夹角应控制在20°左右，对地夹角应控制在45°左右。 （23）避雷线盘架布置在张力机后方5m左右，避雷线出线方向垂直于线轴中心线。 （24）严格按批准的施工方案布置执行。 （25）各种锚桩应按技术要求布设，其规格和埋深应根据土质经受力计算而确定。 （26）验收牌上应注明坑深尺寸，地锚埋设前，派专人测尺检查，深度足够，挖好马道，回填夯实。 （27）牵引地锚距紧线杆塔的水平距离应满足安全施工要求。地锚布置与受力方向一致，并埋设可靠。 （28）各种锚桩回填时有防沉措施，覆盖防雨布并设有排水沟或截水沟。下雨后及时检查地锚埋设情况，如有土质下沉、流失等情况及时回填。 （29）抗弯连接器、旋转连接器、牵引绳的端头连接部位和导线蛇皮套在使用前应由专人检查；连接器转动不灵活、蛇皮套、钢丝绳损伤、销子变形等严禁使用。 （30）导线、地线连接网套的使用应与所夹持的导线、地线规格相匹配。 （31）导线、地线穿入网套应到位。网套夹持导线、地线的长度不得少于导线、地线直径的30倍。 （32）网套末端应用铁丝绑扎，绑扎不得少于20圈。 （33）导线、地线连接网套每次使用前，应逐一检查，发现有断丝者不得使用。 （34）较大截面的导线穿入网套，其端头应做坡面梯节处理；施工过程中需要导线对接时宜使用双头网套。 （35）起重作业前应进行安全技术交底，使全体人员熟悉起重搬运方案和安全措施。 （36）每次换班或每个工作日的开始，对在用起重机械，应按其类型针对与该起重机械适合的相关内容进行日常检查。 （37）操作人员应按规定的起重性能作业，禁止超载。 （38）换盘、换线轴要有专人指挥，吊车司机和施工人员听从指挥，密切配合，吊件和起重臂下方严禁有人。 （39）操作室内禁止堆放有碍操作的物品，非操作人员禁止进入操作室；起重作业应划定作业区域并设置相应的安全标志，禁止无关人员进入。 （40）有专人负责指挥，导线、地线和光缆使用卡线器或其他专用工具，其规格应与线材规格匹配，不得代用。 （41）紧线过程人员不得站在悬空导线、地线的垂直下方。不得跨越将离地面的导线或地线；人员不得站在线圈内或线弯的内角侧。 （42）牵引场、张力场应设专人指挥。认真检查放线前的通信工具，保证电池充足电，并配备必要的备用电源。 （43）施工中要保持通信畅通，如有一处不通，指挥员应立即下令停止牵引并查明原因，在全线路通信畅通后方可继续施工。架线过程中传递信号应及时、清晰，不得擅自离岗。	施工人员已核对、已交底；机械设备状态良好；安措已执行

风险编号	工序	风险可能导致的后果	风险控制关键因素	风险评定值 D	风险级别	预控措施	备注
04090501	导地线展放	坠机 火灾 触电 高处坠落 物体打击 机械伤害 起重伤害 其他伤害	人员异常、设备异常、环境变化、交叉作业	90（6×1×15）	三	（44）牵引时接到任何岗位的停车信号均应立即停止牵引，停止牵引时应先停牵引机，再停张力机。恢复牵引时应先开张力机，再开牵引机。 （45）前、后过轮临锚布置导线必须从悬垂线夹中脱出翻入放线滑车中，并不得以线夹头代替滑车。 （46）设置过轮临锚时，锚线卡线器安装位置距放线滑车中心不小于1～1.5m。通过横担下方悬挂的钢丝绳滑车在地面上用钢丝绳卡线器进行锚线，其受力以过轮临锚前一基直线塔绝缘子垂直或使锚线张力稍微放松使绝缘子朝前偏移不大于15cm为宜。 （47）分裂导线在完成地面临锚后应及时在操作塔设置过轮临锚。导线地面临锚和过轮临锚的设置应相互独立。 （48）紧线段的一端为耐张塔，且非平衡挂线时，应在该塔紧线的反方向安装临时拉线。 （49）临时拉线对地夹角不得大于45°，必须经计算确定拉线型号，地锚位置及埋深；如条件不允许，经计算后采取可靠措施。 （50）压接机应有固定设施，操作时放置平稳，两侧扶线人员应对准位置，手指不得伸入压模内。 （51）液压机起动后先空载运行，检查各部位运行情况，正常后方可使用。压接钳活塞起落时，人体不得位于压接钳上方。 （52）切割导线时线头应扎牢，并防止线头回弹伤人。 （53）液压泵操作人员与压钳操作人员密切配合，并注意压力指示，不得过载。 （54）放入顶盖时，应使顶盖与钳体完全吻合，不得在未旋转到位的状态下压接。 （55）压力表应按期校验。液压泵的安全溢流阀不得随意调整，且不得用溢流阀卸荷。 （56）钻越带电线路时，需补充以下措施： 1）钻越带电线路作业，作业人员或机械器具与带电设备的最小距离小于《国家电网有限公司电力建设安全工作规程 第2部分：线路》表1中的控制值。必须指派专职监护人。 2）展放的导引绳、牵引绳从带电线路下方钻越，必须采取可靠的防止导引绳、牵引绳和导线弹跳措施。挂线时，过牵引量严格执行设计要求。 3）导引绳、牵引绳或导线钻越带电线路时必须满足对被穿越物最小安全距离的要求	施工人员已核对、已交底；机械设备状态良好；安措已执行
04090502	导地线展放（内含二级风险跨越）	坠机 火灾 触电 高处坠落 物体打击 机械伤害 其他伤害	人员异常、设备异常、环境变化、交叉作业	240（6×1×40）	二	（1）抗弯连接器、旋转连接器的规格要符合技术要求。使用前，检查外观应完好无损，转动灵活无卡阻现象。禁止超负荷使用。 （2）导引绳、牵引绳的端头连接部位在使用前应由专人检查，有钢丝绳损伤等情况不得使用。发现有裂纹、变形、磨损严重或连接件拆卸不灵活时禁止使用。 （3）连接器不宜长期挂在线路中。 （4）连接器的横销应拧紧到位。与钢丝绳或网套连接时应安装滚轮并拧紧横销。 （5）铁塔组立分部工程已经转序验收并取得转序通知书。 （6）在展放牵引绳重要跨越设信号员。 （7）引绳或牵引绳的连接应用专用连接工具。牵引绳与导线、地线（光缆）连接应使用专用连接网套或专用牵引头。	

风险编号	工序	风险可能 导致的后果	风险控制 关键因素	风险评 定值 D	风险 级别	预 控 措 施	备注
04090502	导地线展放（内含二级风险跨越）	坠机 火灾 触电 高处坠落 物体打击 机械伤害 其他伤害	人员异常、设备异常、环境变化、交叉作业	240（6×1×40）	二	（8）要可靠的通信系统。通信联络点不得缺岗，通信应畅通。 （9）关键部位无塔材缺失。 （10）牵引机一般布置在线路中心线上，顺线路布置。牵引机进出口与邻塔悬挂点的高差角及与线路中心线的夹角满足：与邻塔边线放线滑车水平夹角不应大于 7°，大于 7°应设置转向滑车。如需转向，需使用专用的转向滑车，锚固必须可靠。各转向滑车的荷载应均衡，不得超过其允许承载力。 （11）锚线地锚位置应在牵引机前 5m 左右，与邻塔导线挂线点间仰角不得大于 25°。 （12）牵引机进线口、张力机出线口与邻塔导线悬挂点的仰角不宜大于 15°，俯角不宜大于 5°。牵引设备锚固应可靠，牵引机设置单独接地，牵引绳必须使用接地滑车进行可靠接地。张力机应设置单独接地，避雷线必须使用接地滑车进行可靠接地。 （13）牵引机卷扬轮、张力机张力轮的受力方向必须与其轴线垂直。 （14）钢丝绳卷车与牵引机的距离和方位应符合机械说明书要求，且必须使尾绳、尾线不磨线轴或钢丝绳。 （15）张力机、牵引机使用前应对设备的布置、锚固、接地装置以及机械系统进行全面的检查，并做运转试验。 （16）导线、牵引绳的尾绳在线盘或绳盘上的盘绕圈数均不得少于 6 圈。 （17）设备在运行前应按照施工方案中的数值设定牵引力值，以防止发生过牵引。 （18）运行时牵引机、张力机进出口前方不得有人通过。各转向滑车围成的区域内侧禁止有人。 （19）遇有五级及以上风或暴雨、雷电、冰雹、大雪、大雾、沙尘暴等恶劣气候时，立即停止牵引作业。 （20）紧线作业区间两端装设接地线。施工的线路上有高压感应电时，在作业点两侧加装工作接地线。 （21）张力机一般布置在线路中心线上，顺线路布置。张力机进出口与邻塔悬挂点的高差角及与线路中心线的夹角满足其机械的技术要求。与邻塔边线放线滑车水平夹角不应大于 7°。如需转向，需使用专用的转向滑车，锚固必须可靠。各转向滑车的荷载应均衡，不得超过其允许承载力。 （22）张力机应使用枕木垫平支稳，两点锚固。锚绳与机身水平夹角应控制在 20°左右，对地夹角应控制在 45°左右。 （23）避雷线盘架布置在张力机后方 5m 左右，避雷线出线方向垂直于线轴中心线。 （24）严格按批准的施工方案布置执行。 （25）各种锚桩应按技术要求布设，其规格和埋深应根据土质经受力计算而确定。 （26）验收牌上应注明坑深尺寸，地锚埋设前，派专人测尺检查，深度足够，挖好马道，回填夯实。 （27）牵引地锚距紧线杆塔的水平距离应满足安全施工要求。地锚布置与受力方向一致，并埋设可靠。 （28）各种锚桩回填时有防沉措施，覆盖防雨布并设有排水沟或截水沟。下雨后及时检查地锚埋设情况，如有土质下沉、流失等情况及时回填。	

风险编号	工序	风险可能导致的后果	风险控制关键因素	风险评定值 D	风险级别	预 控 措 施	备注
04090502	导地线展放（内含二级风险跨越）	坠机 火灾 触电 高处坠落 物体打击 机械伤害 其他伤害	人员异常、设备异常、环境变化、交叉作业	240（6×1×40）	二	（29）抗弯连接器、旋转连接器、牵引绳的端头连接部位和导线蛇皮套在使用前应由专人检查；连接器转动不灵活、蛇皮套、钢丝绳损伤、销子变形等严禁使用。 （30）导线、地线连接网套的使用应与所夹持的导线、地线规格相匹配。 （31）导线、地线穿入网套应到位。网套夹持导线、地线的长度不得少于导线、地线直径的30倍。 （32）网套末端应用铁丝绑扎，绑扎不得少于20圈。 （33）导线、地线连接网套每次使用前，应逐一检查，发现有断丝者不得使用。 （34）较大截面的导线穿入网套前，其端头应做坡面梯节处理；施工过程中需要导线对接时宜使用双头网套。 （35）起重作业前应进行安全技术交底，使全体人员熟悉起重搬运方案和安全措施。 （36）每次换班或每个工作日的开始，对在用起重机械，应按其类型针对与该起重机械适合的相关内容进行日常检查。 （37）操作人员应按规定的起重性能作业，禁止超载。 （38）换盘、换线轴要有专人指挥，吊车司机和施工人员听从指挥，密切配合，吊件和起重臂下方严禁有人。 （39）操作室内禁止堆放有碍操作的物品，非操作人员禁止进入操作室；起重作业应划定作业区域并设置相应的安全标志，禁止无关人员进入。 （40）有专人负责指挥，导线、地线和光缆应使用卡线器或其他专用工具，其规格应与线材规格匹配，不得代用。 （41）紧线过程人员不得站在悬空导线、地线的垂直下方。不得跨越将离地面的导线或地线；人员不得站在线圈内或线弯的内角侧。 （42）牵引场、张力场应设专人指挥。认真检查放线前的通信工具，保证电池充足电，并配备必要的备用电源。 （43）施工中要保持通信畅通，如有一处不通，指挥员应立即下令停止牵引并查明原因，在全线路通信畅通后可继续施工。架线过程中传递信号应及时、清晰，不得擅自离岗。 （44）牵引时接到任何岗位的停车信号均应立即停止牵引，停止牵引时应先停牵引机，再停张力机。恢复牵引时应先开张力机，再开牵引机。 （45）前、后过轮临锚布置导线必须从悬垂线夹中脱出翻入放线滑车中，并不得以线夹头代替滑车。 （46）设置过轮临锚时，锚线卡线器安装位置距放线滑车中心不小于1～1.5m。通过横担下方悬挂的钢丝绳滑车在地面上用钢丝绳卡线器进行锚线，其受力以过轮临锚前一基直线塔绝缘子垂直或使锚线张力稍微放松使绝缘子朝前偏移不大于15cm为宜。 （47）分裂导线在完成地面临锚后应及时在操作塔设置过轮临锚。导地面临锚和过轮临锚的设置应相互独立。 （48）紧线段的一端为耐张塔，且非平衡挂线时，应在该塔紧线的反方向安装临时拉线。 （49）临时拉线对地夹角不得大于45°，必须经计算确定拉线型号，地锚位置及埋深；如条件不允许，经计算后采取可靠措施。 （50）压接机应有固定设施，操作时放置平稳，两侧扶线人员应对准位置，手指不得伸入压模内。	

风险编号	工序	风险可能导致的后果	风险控制关键因素	风险评定值 D	风险级别	预 控 措 施	备注
04090502	导地线展放（内含二级风险跨越）	坠机 火灾 触电 高处坠落 物体打击 机械伤害 其他伤害	人员异常、设备异常、环境变化、交叉作业	240（6×1×40）	二	（51）液压机起动后先空载运行，检查各部位运行情况，正常后方可使用。压接钳活塞起落时，人体不得位于压接钳上方。 （52）切割导线时线头应扎牢，并防止线头回弹伤人。 （53）液压泵操作人员与压钳操作人员密切配合，并注意压力指示，不得过载。 （54）放入顶盖时，应使顶盖与钳体完全吻合，不得在未旋转到位的状态下压接。 （55）压力表应按期校验。液压泵的安全溢流阀不得随意调整，且不得用溢流阀卸荷。 （56）架线过程中，四级风险跨越位置处、跨越挡两端铁塔应设专人监护，监护人应配备通信工具，且应保持与现场指挥人的联系畅通。 （57）钻越带电线路时，需补充以下措施： 1）钻越带电线路作业，作业人员或机械器具与带电设备的最小距离小于《国家电网有限公司电力建设安全工作规程　第2部分：线路》表1中的控制值。必须指派专职监护人。 2）展放的导引绳、牵引绳从带电线路下方钻越，必须采取可靠的防止导引绳、牵引绳和导线弹跳措施。挂线时，过牵引量严格执行设计要求。 3）导引绳、牵引绳或导线钻带电线路时必须满足对被穿越物最小安全距离的要求	
04090600	紧线、挂线作业						
04090601	紧线、挂线作业	触电 机械伤害 高处坠落 物体打击 起重伤害 其他伤害	人员异常、设备异常、交叉作业	90（6×1×15）	三	（1）平衡挂线时，安全绳或速差自控器必须拴在横担主材上。 （2）锚线工器具应相互独立且规格符合受力要求，铁塔横担应平衡受力，导线开断应逐根、逐相两侧平衡进行，高空锚线应有二道保护措施。二道保险绳应拴在铁塔横担处。 （3）待割的导线应在断线点两端事先用绳索绑牢，割断后应通过滑车将导线松落至地面。 （4）高处断线时，作业人员不得站在放线滑车上操作。割断最后一根导线时，应注意防止滑车失稳晃动。 （5）割断后的导线应在当天挂接完毕，不得在高处临锚过夜。 （6）平衡挂线时，不得在同一相邻耐张段的同相（极）导线上进行其他作业。采用高空压接操作平台进行压接施工。压接机应有固定设施，操作时放置平稳，两侧扶线人员应对准位置，手指不得伸入压模内。 （7）压接前应检查起吊液压机的绳索和起吊滑轮完好，位置设置合理，方便操作。切割导线时线头应扎牢，并防止线头回弹伤人。 （8）高空作业人员应做好高处施工安全措施。并对压接工器具及材料应做好防坠落措施。 （9）液压泵操作人员与压钳操作人员密切配合，并注意压力指示，不得过载。 （10）导线应有防跑线措施。 （11）导线、地线升空作业应与紧线作业密切配合并逐根进行，导线、地线的线弯内角侧不得有人。 （12）升空作业应使用压线装置，禁止直接用人力压线。 （13）压线滑车应设控制绳，压线钢丝绳回松应缓慢。 （14）升空场地在山沟时，升空的钢丝绳应有足够长度。	施工人员已核对、已交底；施工机具状态良好；安措已执行

风险编号	工序	风险可能导致的后果	风险控制关键因素	风险评定值 D	风险级别	预 控 措 施	备注
04090601	紧线、挂线作业	触电 机械伤害 高处坠落 物体打击 起重伤害 其他伤害	人员异常、设备异常、交叉作业	90（6×1×15）	三	（15）前、后过轮临锚布置导线必须从悬垂线夹中脱出翻入放线滑车中，并不得以线夹头代替滑车。 （16）设置过轮临锚时，锚线卡线器安装位置距放线滑车中心不小于1～1.5m。通过横担下方悬挂的钢丝绳滑车在地面上用钢丝绳卡线器进行锚线，其受力以过轮临锚前一基直线塔绝缘子垂直或使锚线张力稍微放松使绝缘子朝前偏移不大于15cm为宜。 （17）分裂导线在完成地面临锚后应及时在操作塔设置过轮临锚。导线地面临锚和过轮临锚的设置应相互独立。 （18）紧线段的一端为耐张塔，且非平衡挂线时，应在该塔紧线的反方向安装临时拉线。 （19）临时拉线对地夹角不得大于45°，必须经计算确定拉线型号，地锚位置及埋深；如条件不允许，经计算后采取可靠措施。 （20）压接机应有固定设施，操作时放置平稳，两侧扶线人员应对准位置，手指不得伸入压模内。 （21）液压机起动后先空载运行，检查各部位运行情况，正常后方可使用。压接钳活塞起落时，人体不得位于压接钳上方。 （22）切割导线时线头应扎牢，并防止线头回弹伤人。 （23）液压泵操作人员与压接钳操作人员密切配合，并注意压力指示，不得过载。 （24）放入顶盖时，应使顶盖与钳体完全吻合，不得在未旋转到位的状态下压接。 （25）压力表应按期校验。液压泵的安全溢流阀不得随意调整，且不得用溢流阀卸荷	施工人员已核对、已交底；施工机具状态良好；安措已执行
04090602	紧线、挂线作业（内含二级风险跨越）	触电 机械伤害 高处坠落 物体打击 起重伤害 其他伤害	人员异常、设备异常、交叉作业	240（6×1×40）	二	（1）平衡挂线时，安全绳或速差自控器必须拴在横担主材上。 （2）锚线工器具应相互独立且规格符合受力要求，铁塔横担应平衡受力，导线开断应逐根、逐相两侧平衡进行，高空锚线应有二道保护措施。二道保险绳应拴在铁塔横担处。 （3）待割的导线应在断线点两端事先用绳索绑牢，割断后应通过滑车将导线松落至地面。 （4）高处断线时，作业人员不得站在放线滑车上操作。割断最后一根导线时，应注意防止滑车失稳晃动。 （5）割断后的导线应在当天挂接完毕，不得在高处临锚过夜。 （6）平衡挂线时，不得在同一相邻耐张段的同相（极）导线上进行其他作业。采用高空压接操作平台进行压接施工。压接机应有固定设施，操作时放置平稳，两侧扶线人员应对准位置，手指不得伸入压模内。 （7）压接前应检查起吊液压机的绳索和起吊滑轮完好，位置设置合理，方便操作。切割导线时线头应扎牢，并防止线头回弹伤人。 （8）高空作业人员应做好高处施工安全措施。并对压接工器具及材料应做好防坠落措施。 （9）液压泵操作人员与压钳操作人员密切配合，并注意压力指示，不得过载。 （10）导线应有防跑线措施。 （11）导线、地线升空作业应与紧线作业密切配合并逐根进行，导线、地线的线弯内角侧不得有人。	施工人员已核对、已交底；施工机具状态良好；安措已执行

风险编号	工序	风险可能导致的后果	风险控制关键因素	风险评定值 D	风险级别	预 控 措 施	备注
04090602	紧线、挂线作业（内含二级风险跨越）	触电 机械伤害 高处坠落 物体打击 起重伤害 其他伤害	人员异常、设备异常、交叉作业	240（6×1×40）	二	（12）升空作业应使用压线装置，禁止直接用人力压线。 （13）压线滑车应设控制绳，压线钢丝绳回松应缓慢。 （14）升空场地在山沟时，升空的钢丝绳应有足够长度。 （15）前、后过轮临锚布置导线必须从悬垂线夹中脱出翻入放线滑车中，并不得以线夹头代替滑车。 （16）设置过轮临锚时，锚线卡线器安装位置距放线滑车中心不小于1~1.5m。通过横担下方悬挂的钢丝绳滑车在地面上用钢丝绳卡线器进行锚线，其受力以过轮临锚前一基直线塔绝缘子垂直或使锚线张力稍微放松使绝缘子朝前偏移不大于15cm为宜。 （17）分裂导线在完成地面临锚后应及时在操作塔设置过轮临锚。导线地面临锚和过轮临锚的设置应相互独立。 （18）紧线段的一端为耐张塔，且非平衡挂线时，应在该塔紧线的反方向安装临时拉线。 （19）临时拉线对地夹角不得大于45°，必须经计算确定拉线型号，地锚位置及埋深；如条件不允许，经计算后采取可靠措施。 （20）压接机应有固定设施，操作时放置平稳，两侧扶线人员应对准位置，手指不得伸入压模内。 （21）液压机起动后先空载运行，检查各部位运行情况，正常后可使用。压接钳活塞起落时，人体不得位于压接钳上方。 （22）切割导线时线头应扎牢，并防止线头回弹伤人。 （23）液压泵操作人员与压接钳操作人员密切配合，并注意压力指示，不得过载。 （24）放入顶盖时，应使顶盖与钳体完全吻合，不得在未旋转到位的状态下压接。 （25）压力表应按期校验。液压泵的安全溢流阀不得随意调整，且不得用溢流阀卸荷。 （26）紧线、挂线过程中，二级风险跨越位置处、跨越挡两端铁塔应设专人监护，监护人应配备通信工具，且应保持与现场指挥人的联系畅通	施工人员已核对、已交底；施工机具状态良好；安措已执行
04090700	杆塔附件安装						
04090701	附件安装	触电 机械伤害 高处坠落 物体打击	人员异常、设备异常、交叉作业	90（6×1×15）	三	（1）高处作业所用的工具和材料应放在工具袋内或用绳索绑牢；上下传递物件应用绳索吊送，严禁抛掷。 （2）收紧导链使导线离开滑轮适当位置，拆除、松下多轮滑车时，不得用人力直接松放。 （3）附件安装时，安全绳或速差自控器必须拴在横担主材上。 （4）高空作业人员应做好高处施工安全措施。并对工器具及材料应做好防坠落措施。 （5）安装间隔棒时，安全带挂在一根子导线上，后备保护绳挂在整相导线上。 （6）使用飞车安装间隔棒时，前后刹车卡死（刹牢）方可进行工作。随车携带的工具和材料应绑扎牢固。导线上有冰霜时应停止使用。飞车越过带电线路时，飞车最下端（包括携带的工具、材料）与电力线的最小安全距离基础上加1m，并设专人监护。 （7）在带电线路上方的导线上安装或测量间隔棒距离时，上下传递物件或测量时必须用绝缘绳索，禁止使用带有金属丝的测绳、皮尺。 （8）相邻杆塔不得同时在同相（极）位安装附件	施工人员已核对、已交底；施工机具状态良好；安措已执行

续表

风险编号	工序	风险可能导致的后果	风险控制关键因素	风险评定值 D	风险级别	预控措施	备注
04090702	附件安装（内含二级风险跨越）	机械伤害高处坠落物体打击触电	人员异常、设备异常、交叉作业	240（6×1×40）	二	（1）附件安装前，作业人员应对专用工具和安全用具进行外观检查，不符合要求者不得使用。 （2）附件安装作业区间两端应装设接地线。施工的线路上有高压感应电时，应在作业点两侧加装工作接地线。 （3）接地线不得用缠绕法连接，应使用专用夹具，连接应可靠。 （4）在带电线路上方的导线上安装或测量间隔棒距离时，上下传递物件或测量时必须用绝缘绳索，禁止使用带有金属丝的测绳、皮尺。 （5）跨越电力线、铁路、公路或通航河流等线路杆塔上附件安装时采取防导线或地线坠落措施。 （6）锚线工器具相互独立且规格符合受力要求，铁塔横担平衡受力，导线开断逐根、逐相两侧平衡进行，二道保险绳拴在铁塔横担处。 （7）施工人员在装设个人保安地线后，方可进行附件安装。挂设个人保安接地线时，先挂接地端后挂导线端，拆除时顺序相反。 （8）跨越挡两端铁塔的附件安装必须进行二道防护，并采取有效接地措施。 （9）地线有放电间隙的情况下，地线附件安装前应采取接地措施。 （10）高空压接必须双锚。跨越施工完毕后，应尽快将带电线路上方的绳、网拆除并回收。 （11）相邻杆塔不得同时在同相（极）位安装附件	
04100000	线路防护工程						
04100001	线路防护作业	火灾物体打击其他伤害		21（3×1×7）	四	（1）在作业前，操作人员应对设备的安全性和可靠性、个人防护用品、操作环境进行检查。 （2）施工前进行交底和做好现场监护工作。已交底的措施，未经审批人同意，不得擅自变更。 （3）山墙砌筑，尽量当天完成，并安装桁条或加设临时支撑。 （4）搬运石料和砖的绳索、工具完好、牢固。搬运时相互配合，动作一致。 （5）用溜槽或吊运方式往坑、槽内运石料，卸料时坑、槽内不得有人。 （6）修整石块时，戴防护眼镜，不得两人面对面操作	
04110000	线路拆旧						
04110001	线路拆旧	触电火灾机械伤害高处坠落电网事故物体打击	人员异常、设备异常、环境变化、交叉作业	240（6×1×40）	二	（1）按施工方案要求组织现场施工作业，不得随意更改方案中规定的安全技术措施。 （2）拆除线路在登塔（杆）前必须先核对线路名称，再进行验电、挂接地；与带电线路临近、平行、交叉时，使用个人保安线。 （3）拆除转角、直线耐张杆塔导线时按专项方案要求在拆除导线的反向侧打好拉线。必要时对横担和塔身采取补强措施。 （4）拆除旧导、地线时禁止带张力断线。注意旧线缺陷，必要时采取加固措施。 （5）锚线用工器具按导地线张力配置，其安全系数不得小于2.5。根据现场土质情况选用地锚型式和数量。	现场已勘察；施工人员已核对、已交底；施工机具状态良好；安措已执行

风险编号	工序	风险可能导致的后果	风险控制关键因素	风险评定值 D	风险级别	预　控　措　施	备注
04110001	线路拆旧	触电 火灾 机械伤害 高处坠落 电网事故 物体打击	人员异常、设备异常、环境变化、交叉作业	240（6×1×40）	二	（6）过轮临锚塔符合设计和施工操作的要求，锚线角不大于规定值，确保锚固合理、可靠。过轮临锚前，锚线杆塔按施工方案要求进行补强。 （7）拉线塔拆除时应将原永久拉线更换为临时拉线再进行拆除作业。 （8）旧线拆除时，采用控制绳控制线尾，防止线尾卡住。 （9）在风力五级以上及下雨、下雪时，不可露天或高处进行焊接和切割作业。如必须作业，应采取防风、防雨措施。 （10）分解吊拆杆塔前，不得拆除下部未拆解部分受力螺栓及地脚螺栓。吊拆杆塔时，待拆构件受力后，方准拆除连接螺栓。 （11）拆杆塔必须指定专人指挥。指挥人员看不清作业地点或操作人员看不清指挥信号时，均不得进行吊拆作业。作业位置的地基稳固，附近的障碍物清除。衬垫支腿枕木不得少于两根且长度不得小于1.2m。 （12）使用起重机拆塔时，车身应使用不小于16mm²的铜线可靠接地。起重机臂架、吊具、辅具、钢丝绳及吊物等应符合与带电体安全距离规定的要求。 （13）起重臂及吊件下方划定作业区，地面设安全监护人，吊件垂直下方不得有人。 （14）切割杆塔主材时必须严格按专项方案制定的顺序切割。 （15）不得随意整体拉倒杆塔或在塔上有导地线的情况下进行整体拆除作业。 （16）牵引杆塔倒落的机械必须在杆塔倒落的距离1.2倍外，现场周围留有安全距离	现场已勘察；施工人员已核对、已交底；施工机具状态良好；安措已执行
04120000	中间验收						
04120001	杆塔、架线验收消缺	触电 物体打击 高处坠落		45（3×1×15）	四	（1）高处作业人员携带的力矩扳手应用绳索拴牢，套筒等工具应放在工具袋内。杆塔接地装置是否良好可靠连接。 （2）高处作业人员应衣着灵便，衣袖、裤脚应扎紧，穿软底防滑鞋，并正确使用全方位防冲击安全带。 （3）高塔高处作业配备可与地面联系的信号或通信设施。 （4）高处作业人员上下杆塔必须沿脚钉或爬梯攀登，水平移动时不应失去保护。 （5）临近电体作业，工器具传递绳使用干燥的绝缘绳。 （6）在霜冻、雨雪后进行高处作业，配备防冻、防滑设施。 （7）根据施工范围和作业需要，每个作业点设监护人，监护人熟悉监护内容和工作要求；多日连续作业，班组负责人坚持每天检查、确认安全措施，告知作业人员安全注意事项，方可开展当天作业。 （8）遇雷、雨、大风等情况威胁到人员、设备安全时，班组负责人或专责监护人应令停止作业。 （9）落实现场应急现场方案，检查应急医疗用品和器材等配备及有效性，更换不合格物品、补充消耗物品。 （10）检查杆塔永久接地是否可靠连接。 （11）线路两端及中间保留临时接地线，并做好记录，正式投运前方可拆除。验收及消缺工作段两端应挂工作接地线，在平行或邻近带电设备部位施工（检修）作业时，为防护感应电压加装的个人保安接地线应记录在工作票上，并由施工作业人员自装自拆。	

风险编号	工序	风险可能导致的后果	风险控制关键因素	风险评定值 D	风险级别	预 控 措 施	备注
04120001	杆塔、架线验收消缺	触电物体打击高处坠落		45 (3× 1×15)	四	(12) 尽量避免交叉作业,如遇交叉作业应采取防高处落物、防坠落等防护措施。地面检查人员应避免在高空检查人员的垂直下方逗留。 (13) 下导线检查附件时,安全绳或速差自控器必须拴在横担主材上;走线检查间隔棒时,安全带挂在一根子导线上,后备保护绳挂在整相导线上。 (14) 个人保安线应在杆塔上接触或接近导线的作业开始前挂接,用多股软铜线,截面不小于 16mm²,绝缘护套材料应柔韧透明,护层厚度大于 1mm,先接接地端,后接导线端,且接触良好、连接可靠,作业结束脱离导线后检查拆除情况,拆除顺序相反。 (15) 软梯应标志清晰,每股绝缘绳索及每股线均应紧密绞合,不得有松散、分股的现象。 (16) 使用软梯进行移动作业时,软梯上只准一人作业。作业人员到达梯头上进行作业和梯头开始移动前,应将梯头的封口可靠封闭,否则应使用保护绳防止梯头脱钩。 (17) 落实现场应急现场方案,检查应急医疗用品和器材等配备及有效性,更换不合格物品、补充消耗物品。 (18) 密集林区或深山大岭区域消缺时应至少安排两人同行,防止人员走失或遭蛇虫叮咬。 (19) 在邻近运行线路或带电设备部位消缺时,还应按规定填用电力线路第一种(第二种)工作票。 (20) 消缺工作必须在规定的区域进行,并采取误登杆塔措施。 (21) 在电力线上方消缺时,应采取防止工器具或绳索掉落的措施	
04120002	线路参数测量	触电高处坠落		45 (3× 1×15)	四	(1) 装、拆试验接线应在接地保护范围内,戴绝缘手套,穿绝缘鞋。 (2) 在绝缘垫上加压操作,悬挂接地线应使用绝缘杆。 (3) 与带电设备保持足够的安全距离。 (4) 更换试验接线前,应对测试设备充分放电。 (5) 参数测量前,应对被测线路充分放电。 (6) 应使用两端装有防滑措施的梯子;单梯工作时,梯与地面的斜角度约 60°,并设专人扶持。 (7) 高处作业应正确使用安全带,作业人员在转移作业位置时不准失去安全保护	

(五) 电力沟道、隧道施工

输变电工程电力沟道、隧道施工风险包含明开沟道施工、浅埋暗挖隧道施工、盾构隧道施工、沟道(隧道)竣工投运前验收共 4 个部分,见表 2-1-2-8。

表 2-1-2-8　　　　　输变电工程电力沟道、隧道施工风险基本等级表

风险编号	工序	风险可能导致的后果	风险控制关键因素	风险评定值 D	风险级别	预 控 措 施	备注
05000000	电力沟道、隧道施工						
05010000	明开沟道施工						
05010100	沟槽开挖						
05010101	深度小于 5m 深基槽开挖及支护	坍塌机械伤害高处坠落		21 (3× 1×7)	四	一、基槽开挖 (1) 认真做好地面排水、边坡渗导水以及槽底排水措施。基坑顶部按要求设置截水沟或挡水墙。	

续表

风险编号	工序	风险可能导致的后果	风险控制关键因素	风险评定值 D	风险级别	预 控 措 施	备注
05010101	深度小于5m深基槽开挖及支护	坍塌机械伤害高处坠落		21（3×1×7）	四	（2）挖出的土方及时外运，如在现场堆放距槽边1m以外，其高度不得超过1.5m。垂直坑壁边坡条件下弃土堆底至基坑顶边距离不小于3m，软土场地的基坑边则不应在基坑边堆土。 （3）土方开挖过程中必须观测基坑周边土质是否存在裂缝及渗水等异常情况，适时进行监测。 （4）规范设置供作业人员上下基坑的安全通道（梯子），基坑边缘按规范要求设置安全护栏。规范设置弃土提升装置，确保弃土提升装置安全、稳定。 （5）挖方作业时，相邻作业人员保持一定间距，防止相互磕碰。人机配合作业时，作业人员与机械设备保持安全距离。 （6）当使用机械挖槽时，指挥人员在机械工作半径以外，并设专人监护。 （7）挖土区域设警戒线，各种机械、车辆严禁在开挖的基础边缘2m内行驶、停放。沟槽边设安全防护围栏，防止人员不慎坠入，夜间增设警示灯。 （8）进入现场的喷射人员要按规定佩戴安全帽、防吸尘面具以及高空作业的安全带等劳动保护用品。 （9）施工中，设置专用电源，接地可靠，且定期检查电源线路和设备的电器部件，确保用电安全。 二、锚喷加固 （10）喷射机、储气罐、输水管等应进行密封性能和耐压试验，合格后方可使用。 （11）喷射混凝土施工作业中，要经常检查出料弯头、输料管和管路接头等有无磨损、击穿或松脱等现象，发现问题，应及时处理。 （12）处理机械故障时，必须使设备断电、停风。 （13）喷射作业中处理堵管时，应先停风，停止供料，顺着管路敲击，人工清理。喷射混凝土作业人员应穿戴防尘用具。 （14）喷射混凝土施工用的工作台架牢固可靠，并设置安全栏杆。 （15）空压机要巡视运行情况；发现下列情况应立即停车：润滑油中断；冷却水中断；排气压力突然升高，安全阀失灵；空气压缩机或电动机中有异响；电动机或电气设备等出现异常情况	
05010102	深度大于等于5m深基槽开挖及支护	坍塌机械伤害高处坠落	人员异常、环境变化	126（6×3×7）	三	一、基槽开挖 （1）制定专项施工方案，如深度超过5m（含5m）深基槽开挖必须经专家论证审查通过。严格按照批准且经专家论证通过后的施工方案实施。应分层开挖，边开挖、边支护，严禁超挖。 （2）挖出的土方及时外运，如在现场堆放距槽边2m以外，其高度不得超过1.5m。 （3）土方开挖过程中必须观测基坑周边土质是否存在裂缝及渗水等异常情况，如有异常应立即停止槽（坑）内作业。 （4）规范设置弃土提升装置，确保弃土提升装置安全、稳定。 （5）规范设置供作业人员上下基坑的安全通道（梯子），基坑边缘按规范要求设置安全护栏。 （6）开挖作业时，相邻作业人员保持一定间距，防止相互磕碰。人机配合作业时，作业人员与机械设备保持安全距离。当使用机械挖槽时，指挥人员在机械工作半径以外，并设专人监护。	人员资质、数量已核对

风险编号	工序	风险可能导致的后果	风险控制关键因素	风险评定值 D	风险级别	预 控 措 施	备注
05010102	深度大于等于5m深基槽开挖及支护	坍塌机械伤害高处坠落	人员异常、环境变化	126（6×3×7）	三	（7）制定雨天、防洪应急预案，认真做好地面排水、边坡渗导水以及槽（坑）底排水措施。 （8）挖土区域设警戒线，各种机械、车辆严禁在开挖的基础边。沟槽边设安全防护围栏，防止人员不慎坠入，夜间增设警示灯。 （9）进入现场的喷射人员要按规定佩戴安全帽、防吸尘面具以及高空作业的安全带等劳动保护用品。 （10）施工中，设置专用电源，接地可靠，且定期检查电源线路和设备的电器部件，确保用电安全。 二、锚喷加固 （11）喷射机、储气罐、输水管等应进行密封性能和耐压试验，合格后方可使用。 （12）喷射混凝土施工作业中，要经常检查出料弯头、输料管和管路接头等有无磨损、击穿或松脱等现象，发现问题，应及时处理。 （13）处理机械故障时，必须使设备断电、停风。 （14）喷射作业中处理堵管时，应先停风，停止供料，顺着管路敲击，人工清理。喷射混凝土作业人员应穿戴防尘用具。 （15）喷射混凝土施工用的工作台架牢固可靠，并设置安全栏杆。 （16）空压机要巡视运行情况；发现下列情况应立即停车：润滑油中断；冷却水中断；排气压力突然升高，安全阀失灵；空气压缩机或电动机中有异响；电动机或电气设备等出现异常情况	人员资质、数量已核对
05010200	主体结构施工						
05010201	垫层施工	机械伤害高处坠落		21（3×1×7）	四	（1）混凝土运输车辆进入现场后，应设专人指挥。指挥人员必须站位于车辆侧面。 （2）浇筑混凝土应使用溜槽，严禁上下抛掷。 （3）混凝土覆盖养护应使用阻燃材料，用后应及时清理、集中堆放到指定地点。 （4）使用插入式振捣器振实混凝土时，专人操作振捣器，由电工操作电力缆线的引接与拆除。作业中，振动器操作人员应保护好缆线完好，如发现漏电征兆，必须停止作业，交电工处理	
05010202	防水施工、防水保护层施工	火灾高处坠落机械伤害		21（3×1×7）	四	（1）防水层的原材料，应分别储存在通风并温度符合规定的库房内，严禁将易燃、易爆和相互接触后能引起燃烧、爆炸的材料混合在一起。 （2）保持良好的通风条件，采取强制通风措施。 （3）作业现场严禁烟火，配置灭火器，当需明火时，开具动火作业票，有专人跟踪检查、监控。 （4）使用射钉枪时要压紧垂直作用在工作面上，不得用手掌推压钉管，射钉枪口不得对向人，射钉枪要由专人保管。 （5）热爬机停用时及时切断电源	
05010203	钢筋模板作业	扎伤火灾坍塌物体打击机械伤害高处坠落		18（3×2×3）	四	（1）焊工必须持证上岗，必须佩戴安全帽或穿戴防护面罩、绝缘手套、绝缘鞋等。 （2）严禁在电焊及气焊周围堆放易燃、易爆物品。 （3）钢筋码放高度不得超过1.5m，并禁止抛掷。 （4）上下传递钢筋时，上下方人员不得站在同一竖直位置上。井内垂直运应使用吊装带，检查防脱装置是否齐全有效。	

续表

风险编号	工序	风险可能导致的后果	风险控制关键因素	风险评定值 D	风险级别	预控措施	备注
05010203	钢筋模板作业	扎伤 火灾 坍塌 物体打击 机械伤害 高处坠落		18（3×2×3）	四	（5）绑扎侧墙顶板钢筋时，脚手架应搭设牢固。 （6）钢筋绑扎时线头应压向内侧。钢筋焊接时开具动火作业票。 （7）模板应在距沟槽边 1m 外的平坦地面处整齐堆放。 （8）模板运输宜用平板推车。在向沟内搬运时，用抱杆吊装和绳索溜放，不得直接将其翻入坑内，整齐堆放拆下的模板。 （9）模板按沟底板上的弹线组装，支完一段距离后（不宜超过 20m），即应对模板进行加固。 （10）模板加固过程中，支点加固牢固、可靠，所用的木方无裂痕、腐朽，所有钉头均砸平，防止人员剐伤。 （11）拆除模板时应选择稳妥可靠的立足点。 （12）拆下的模板应整齐堆放，及时运走，拆下的木方应及时清理，拔除钉子等，堆放整齐，防止人员绊倒及剐伤。 （13）吊车司机和起重人员必须持证上岗。配合吊装的作业人员，应由掌握起重知识和有实践经验的人员担任。 （14）遇有六级以上的大风时，禁止露天进行起重工作。当风力达到五级以上时，受风面积较大的物体不宜吊起	
05010204	混凝土浇筑	触电 坍塌 其他伤害		21（3×1×7）	四	（1）混凝土运输车辆进入现场后，应设专人指挥。指挥人员必须站位于车辆侧面。 （2）专人操作振捣器，由电工操作电力缆线的引接与拆除。浇筑侧墙和拱顶混凝土时，每仓端部和浇筑口封堵模板必须安装牢固，不得漏浆。作业中应配备模板工监护模板，发现位移或变形，必须立即停止浇筑。 （3）混凝土覆盖养护应使用阻燃材料，用后应及时清理、集中堆放到指定地点。 （4）使用插入式振捣器捣实混凝土时，电力缆线的引接与拆除必须由电工操作。振捣器应设专人操作。作业中，振动器操作人员应保护好缆线完好，如发现漏电征兆，必须停止作业，交电工处理。 （5）采用商混浇筑基础遵守下列规定：①运输混凝土前确认运输路况、停车位、泵送方式等符合运送规定和条件；②运送中将滑斗放置牢固，防止摆动，避免伤及行人或影响其他车辆正常运行；③在检查、调整、修理输送管道或液压传动部分时，应使发动机和液压泵在零压力的状态下进行。 （6）夜间施工时，施工照明充足，不得存在暗角。对于出入基坑处，设置长明警示灯。所有灯具有防雨、水措施	
05010300	附属工程施工						
05010301	安装电缆支架和爬梯	触电 火灾 机械伤害		18（3×2×3）	四	（1）施工中，应定期检查电源线路和设备的电器部件，确保用电安全。 （2）支架安装应保持横平竖直，电力电缆支架弯曲半径应满足线径较大电缆的转弯半径。各支架的同层横挡高低偏差不应大于 5mm，左右偏差不得大于 10mm。组装后的钢结构电缆竖井，其垂直偏差不应大于其长度的 2/1000。直线段钢制支架大于 30m 时，应有伸缩缝，跨越建筑物伸缩缝处应设伸缩缝。 （3）电缆支架全长都应有良好的接地。 （4）焊接设备应有完整的保护外壳，一、二次接线柱外应有防护罩，在现场使用的电焊机应防雨、防潮、防晒，并备有消防用品。	

续表

风险编号	工序	风险可能导致的后果	风险控制关键因素	风险评定值 D	风险级别	预控措施	备注
05010301	安装电缆支架和爬梯	触电 火灾 机械伤害		18 (3×2×3)	四	(5) 爬梯安装应保持横平竖直。 (6) 爬梯应有良好的接地。 (7) 隧道内强制通风,并减少有害气体产生。每2h进行一次有毒有害气体检测并填写检测记录	
05010302	接地极、接地线安装	触电 火灾 机械伤害		21 (3×1×7)	四	(1) 施工中,应定期检查电源线路和设备的电器部件,确保用电安全。 (2) 接地安装应符合设计要求。 (3) 焊接时开具动火作业票。焊接设备应有完整的保护外壳,一、二次接线柱外应有防护罩,在现场使用的电焊机应防雨、防潮、防晒,并备有消防用品。 (4) 隧道内强制通风,并减少有害气体产生。每2h进行一次有毒有害气体检测并填写检测记录	
05010303	通风亭和通风、排水、照明施工	触电 机械伤害 高处坠落		21 (3×1×7)	四	(1) 上下传递钢筋时,上下方作业人员不得站在同一竖直位置上。 (2) 焊接时必须开具动火作业票。 (3) 模板运输宜用平板推车。向沟内搬运时,用抱杆吊装和绳索溜放,不得直接将其翻入坑内,上下人员配合一致。 (4) 模板按沟底板上的弹线组装,支完一段距离后(不宜超过20m),即应对模板进行加固。 (5) 模板加固过程中,支点加固牢固、可靠,所用的木方无裂痕、腐朽,所有钉头均砸平,防止人员剖伤。 (6) 拆除模板时应选择稳妥可靠的立足点。 (7) 及时清理拆下的木方,拔除钉子等,堆放整齐。 (8) 混凝土覆盖养护使用阻燃材料,用后及时清理、集中堆放到指定地点。 (9) 专人操作振捣器。电工操作电力缆线的引接与拆除。 (10) 隧道内强制通风,并减少有害气体产生。每2h进行一次有毒有害气体检测并填写检测记录	
05010304	井腔、井盖施工	机械伤害 高处坠落		21 (3×1×7)	四	(1) 作业人员严禁站在井腔内侧砌筑。 (2) 作业人员在操作完成或下班时应将碎砖、砂浆清扫干净后再离开,施工作业应做到工完、料尽、场地清	
05010400	沟槽回填						
05010401	分层回填夯实	触电 机械伤害		9 (3×1×3)	五	(1) 对回填土施工人员进行岗位培训,熟悉有关安全技术规程和标准。操作人员应根据工作性质,配备必要的防护用品。 (2) 配电系统及电动机具按规定采用接零或接地保护。 (3) 机械设备的维修、保养要及时,使设备处于良好的状态。 (4) 施工中,定期检查电源线路和设备的电器部件,确保用电安全。 (5) 处理机械故障时,必须使设备断电。 (6) 监护人到场,人工回填土应加强临边防护,机械回填土应加强人机配合,设专人指挥	
05020000	浅埋暗挖隧道施工						
05020100	龙门架安装、拆除						

续表

风险编号	工序	风险可能导致的后果	风险控制关键因素	风险评定值 D	风险级别	预 控 措 施	备注
05020101	龙门架安装	触电机械伤害高处坠落物体打击	人员异常、设备异常、环境变化	126（6×3×7）	三	（1）吊车应经检修，进场验收各项手续齐全符合规定；电葫芦、钢丝绳及配件要有出厂合格证，起重限制器、防坠安全器应经形式检验合格。 （2）在高压线下吊装作业要保证安全距离；吊装施工范围进行警戒。 （3）吊装作业区域设置安全标志，起重作业设专人指挥。 （4）起吊过程中在伸臂及吊物的下方，任何人员不得通过或停留，龙门架体禁止与锁口圈梁有连接点。 （5）吊装过程中，如出现异常应立即停止牵引，查明原因。 （6）工具或材料要放在工具袋内或用绳索绑扎，严禁浮搁在构架，上下传递用绳索吊送，严禁高空抛掷。组立过程中，吊件垂直方和受力钢丝绳内角侧严禁站人。 （7）高处作业设立稳固的操作平台。电气设备采取防雨、防潮措施。严禁利用绳索或拉线上下构架或下滑。 （8）龙门架安装完毕后经技术监督部门检验检测合格。 （9）起吊时，吊件两端系上调整绳以控制方向，缓慢起吊，应有防脱钩措施。 （10）龙门架设置可靠接地	人员资质、数量已核对
05020102	龙门架拆除	触电机械伤害高处坠落物体打击	人员异常、设备异常、环境变化	126（6×3×7）	三	（1）经施工单位进行论证、审查后，向施工人员进行安全交底。 （2）吊车应经检修，进场验收各项手续齐全符合规定。在高压线下吊装作业要保证安全距离；吊装施工范围进行警戒。 （3）施工中，遇大风、雷雨天气严禁施工。在吊车回转半径内禁止人员穿行；禁止夜间施工。 （4）拆除过程中，吊件垂直下方和受力钢丝绳内角侧严禁站人。 （5）工具或材料要放在工具袋内或用绳索绑扎，严禁浮搁在构架，上下传递用绳索吊送，严禁高空抛掷	人员资质、数量已核对
05020200	竖井开挖						
05020201	竖井开挖及支护	机械伤害高处坠落物体打击		21（3×1×7）	四	（1）土方开挖必须经计算确定放坡系数，应对称、分层、分块开挖，每层开挖高度不得大于设计规定，随挖随支护；每一分层的开挖，宜遵循先开挖周边、后开挖中部的顺序。 （2）基坑顶部按规范要求设置挡水墙、截水沟。 （3）弃土堆高不大于1m。一般弃土堆底至基坑顶距离不小于1.2m，垂直坑壁边坡时不小于3m。不得在软土场地的基坑边堆土。 （4）锁口圈梁处土方不得超挖，并应做好边坡支护；圈梁混凝土强度应达到设计强度的70%及以上时，方可向下开挖竖井。 （5）严格控制竖井开挖断面尺寸和高程，不得欠挖，竖井开挖到底后应及时封底。 （6）开挖应根据地质条件及地下水状态，采取地下水控制及地层预加固的措施。 （7）开挖过程中应加强观察和监测。当发现地层渗水，井壁土体松散等现象时，应立即停止施工，经加固处理后方可继续施工。 （8）规范设置弃土提升装置，确保弃土提升装置安全、稳定。规范设置供作业人员上下基坑的安全通道（梯子），基坑边缘按规范要求设置安全护栏。 （9）挖土区域设警戒线，严禁各种机械、车辆在开挖的基础边缘2m内行驶、停放	

续表

风险编号	工序	风险可能导致的后果	风险控制关键因素	风险评定值 D	风险级别	预 控 措 施	备注
05020300	围岩（土）加固						
05020301	全断面（半断面）注浆加固	触电机械伤害高处坠落物体打击		21（3×1×7）	四	一、单液注浆 （1）停止推进时定时用浆液打循环回路，使管路中的浆液不产生沉淀。长期停止推进，应将管路清洗干净。 （2）拌浆时注意配比准确，搅拌充分。 （3）定期清理浆管，清理后的第一个循环用膨润土泥浆压注，使注浆管路的管壁润滑良好。 （4）经常维修注浆系统的阀门，使它们启闭灵活。 二、双液注浆 （5）每次注浆结束都应清洗浆管，清洗浆管时要将橡胶清洗球取出，不能将清洗球遗留在管路内引起更严重的堵塞。 （6）注意调整注浆泵的压力，对于已发生泄漏、压力不足的泵应进行及时更换，保证两种浆液压力和流量的平衡。 （7）对于管路中存在分叉的部分，人工对此部位进行清洗。 （8）规范设置供作业人员上下竖井的安全通道（梯子），竖井边缘按规范要求设置安全护栏。 （9）注浆应严格控制注浆压力和注浆参数，设置试验段，根据试验效果及时调整参数。 （10）土体注浆强度达到要求后方可进行下一步施工	
05020400	隧道支护开挖						
05020401	马头门开挖及支护	塌方	人员异常、环境变化	126（6×3×7）	三	（1）专项施工方案，经施工单位进行论证、审查后，向施工人员进行安全交底。 （2）做好马头门处的结构加强措施。 （3）马头门开挖后应及时封闭成环。 （4）马头门开挖施工过程中应加强对地表下沉、马头门结构拱顶下沉的监量量测，发现异常时应及时采取措施。 （5）马头门开启应按顺序进行，同一竖井、联络通道内的马头门不得同时施工。一侧隧道掘进15m后，方可开启另一侧马头门。 （6）破除作业工人应佩戴除尘用具。 （7）在地下水位较高且透水性好的地层施工、穿越河流或雨季作业，做好挡水、止水、降水、排水措施。 （8）开挖过程中，施工人员随时观察井壁和支护结构的稳定状况，发现井壁土体出现裂缝、位移或支护结构出现变形坍塌征兆时，必须立即停止作业，人员撤至安全地带，经处理确认安全后方可继续作业	人员资质、数量已核对，气体检测已完成
05020402	隧道开挖及支护	塌方	人员异常、环境变化	126（6×3×7）	三	（1）施工作业施工人员佩戴防尘防护用品。 （2）保持良好的通风条件，采取强制通风措施。 （3）每2h进行一次有毒有害气体检测并填写检测记录。 （4）隧道开挖上台阶长度控制在1～1.5倍隧道开挖跨度，中间核心土维系开挖面的稳定。上台阶的底部位置应根据地质和隧道开挖高度（设计图纸要求）确定。 （5）先挖上台阶土方，开挖后及时立上部格栅钢架、喷射混凝土，形成初期支护结构。再挖去下台阶土方，及时施工侧墙和底板，尽快形成闭合环。 （6）人工开挖时，手推车为运输工具，要运至竖井，提升并卸至存土场。隧道开挖轮廓应以格栅钢架作为参照，外保护层不得小于设计图纸要求。	人员资质、数量已核对，气体检测已完成

风险编号	工序	风险可能导致的后果	风险控制关键因素	风险评定值 D	风险级别	预 控 措 施	备注
05020402	隧道开挖及支护	塌方	人员异常、环境变化	126（6×3×7）	三	（7）严禁超挖、欠挖，严格控制开挖步距，每循环开挖长度应按设计图纸要求进行。 （8）根据每个施工竖井的工作面数量，设置相应数量的通风机经风管送至工作面。 （9）隧道内严禁使用燃油、燃气机械设备，按规定检测隧道内有毒、有害、可燃气体及氧气含量。 （10）电葫芦操作人员配备通信设备与井下人员通信，吊斗设置防脱钩装置	人员资质、数量已核对，气体检测已完成
05020403	有限空间作业	中毒窒息		45（3×1×15）	四	（1）进入有限空间作业前，应在作业入口处设专责监护人。监护人员应先与作业人员规定明确的联络信号，并与作业人员保持联系，作业前和离开时应准确清点人数。必须申请办理好进出申请单。 （2）有限空间作业应坚持"先通风、再检测、后作业"的原则，作业前应进行风险辨识，分析有限空间内气体种类并进行评估监测，做好记录。出入口应保持畅通并设置明显的安全警示标志，夜间应设警示红灯。 （3）每2h进行一次有毒有害气体检测并填写检测记录。检测人员进行检测时，应当采取相应的安全防护措施，防止中毒窒息等事故发生。 （4）有限空间内盛装或者残留的物料对作业存在危害时，作业前应对物料进行清洗、清空或者置换，危险有害因素符合相关要求后，方可进入有限空间作业。 （5）在有限空间作业中，应保持通风良好，禁止用纯氧进行通风换气。 （6）在有限空间作业场所，应配备安全和抢救器具，如：防毒面罩、呼吸器具、通信设备、梯子、绳缆以及其他必要的器具和设备。 （7）发现通风设备停止运转、有限空间内氧含量浓度低于或者有毒有害气体浓度高于国家标准或者行业标准规定的限值时，应立即停止有限空间作业	
05020500	竖井、隧道二衬施工						
05020501	竖井、隧道二衬作业施工	中毒触电火灾机械伤害高处坠落		21（3×1×7）	四	（1）保持良好的通风条件，采取强制通风措施。 （2）每2h进行一次有毒有害气体检测并填写检测记录。 （3）钢筋吊运时，应采用两道绳索捆绑牢固，起吊设专人指挥。 （4）进行钢筋绑扎时，脚手架应连接牢固。 （5）提升用钢丝绳必须每天检查一次，每隔6个月试验一次。钢丝绳锈蚀严重或外层钢丝松断时，必须更换。 （6）钢筋加工必须遵守安全操作规程。 （7）钢筋焊接必须遵守防火规定，防止引燃防水层。 （8）模板堆放不应超过1.5m。 （9）模板及支架在安装、拆除过程中应有专人看护，按规定的程序进行。 （10）混凝土泵必须严格按说明书的要点操作。泵车严禁电力架空线路下方作业。在电力架空线路一侧作业时，与周边电力线缆保持安全距离。 （11）管道接头必须严密，安全阀完好，泵机运转时，严禁移开料斗上的防护网，严禁将手伸入料斗或抓握分配阀。 （12）泵车进入现场后，应设专人指挥，倒车时慢行，防止撞人。	

续表

风险编号	工序	风险可能导致的后果	风险控制关键因素	风险评定值 D	风险级别	预　控　措　施	备注
05020501	竖井、隧道二衬作业施工	中毒 触电火灾 机械伤害 高处坠落		21（3×1×7）	四	（13）混凝土振捣器要有可靠的接零或保护接地，必须设漏电保护开关，振捣操作工必须戴绝缘手套，穿绝缘鞋，并设专人配合。 （14）在大雨、大雪、大雾和风力六级（含）以上等恶劣天气时，不得露天使用布料杆输送混凝土作业	
05020502	有限空间作业	中毒 窒息		45（3×1×15）	四	（1）进入有限空间作业前，应在作业入口处设专责监护人。监护人员应事先与作业人员规定明确的联络信号，并与作业人员保持联系，作业前和离开时应准确清点人数。必须申请办理好进出申请单。 （2）有限空间作业应坚持"先通风、再检测、后作业"的原则，作业前应进行风险辨识，分析有限空间内气体种类并进行评估监测，做好记录。出入口应保持畅通并设置明显的安全警示标志，夜间应警示红灯。 （3）每2h进行一次有毒有害气体检测并填写检测记录。检测人员进行检测时，应当采取相应的安全防护措施，防止中毒窒息等事故发生。 （4）有限空间内盛装或者残留的物料对作业存在危害时，作业前应对物料进行清洗、清空或者置换，危险有害因素符合相关要求后，方可进入有限空间作业。 （5）在有限空间作业中，应保持通风良好，禁止用纯氧进行通风换气。 （6）在有限空间作业场所，应配备安全和抢救器具，如：防毒面罩、呼吸器具、通信设备、梯子、绳缆以及其他必要的器具和设备。 （7）发现通风设备停止运转、有限空间内氧含量浓度低于或者有毒有害气体浓度高于国家标准或者行业标准规定的限值时，应立即停止有限空间作业	
05020600	竖井、隧道防水作业施工						
05020601	防水作业	中毒 火灾 机械伤害		9（3×1×3）	五	（1）防水层的原材料，分别储存在通风并温度符合规定的库房内，严禁将易燃、易爆和相互接触后能引起燃烧、爆炸的材料混合存放。 （2）保持良好的通风条件，采取强制通风措施。 （3）作业现场严禁烟火，配置足够数量的灭火器，当需明火时，开具动火作业票，有专人跟踪检查、监控。 （4）使用射钉枪要压紧，垂直作用在工作面上，不得用手掌推压钉管，射钉枪口不得对向人，射钉枪要由专人保管。 （5）热爬机停用时及时切断电源	
05020700	附属工程施工						
05020701	安装电缆支架、平台和爬梯	火灾 触电 机械伤害		9（3×1×3）	五	（1）施工中，应定期检查电源线路和设备的电器部件，确保用电安全。 （2）支架安装应保持横平竖直，电力电缆支架弯曲半径应满足线径较大电缆的转弯半径。各支架的同层横挡高低偏差不应大于5mm，左右偏差不得大于10mm，组装后的钢结构电缆竖井，其垂直偏差不应大于其长度的2/1000。直线段钢制支架大于30m时，应有伸缩缝，跨越建筑物伸缩缝处应设伸缩缝。 （3）电缆支架全长都应有良好的接地。 （4）焊接时开具动火作业票。焊接设备应有完整的保护外壳，一、二次接线柱外应有防护罩，在现场使用的电焊机应防雨、防潮、防晒，并备有消防用品。 （5）爬梯、平台安装应保持横平竖直。 （6）爬梯应有良好的接地	

续表

风险编号	工序	风险可能导致的后果	风险控制关键因素	风险评定值D	风险级别	预控措施	备注
05020702	接地极和接地线安装	火灾触电机械伤害		9（3×1×3）	五	（1）施工中，应定期检查电源线路和设备的电器部件，确保用电安全。 （2）接地安装应符合设计要求。 （3）焊接时应开具动火作业票。焊接设备应有完整的保护外壳，一、二次接线柱外应有防护罩，在现场使用的电焊机应防雨、防潮、防晒，并备有消防用品	
05020703	通风亭、通风、排水、照明施工	触电机械伤害高处坠落		21（3×1×7）	四	（1）施工中，定期检查电源线路和设备的电器部件，确保用电安全。 （2）人工搬运钢筋时，作业人员相互呼应，动作协调；搬运过程中，随时观察周围环境和架空物状况，确认环境安全；作业中按指定地点卸料、堆放，码放整齐，不得乱扔、乱堆放。 （3）上下传递钢筋时，上下方作业人员不得站在同一竖直位置上。 （4）需在作业平台上码放钢筋时，依据平台的承重能力分散码放，不得超载。 （5）模板运输宜用平板推车。向沟内搬运时，用抱杆吊装和绳索溜放，不得直接将其翻入坑内，上下人员配合一致。 （6）模板按沟底板上的弹线组装，支完一段距离后（不宜超过20m），即应对模板进行加固。 （7）模板加固过程中，支点加固牢固、可靠，所用的木方无裂痕、腐朽，所有钉头均砸平，防止人员剐伤。 （8）拆除模板时应选择稳妥可靠的立足点。 （9）及时清理拆下的木方，拔除钉子等，堆放整齐。 （10）混凝土覆盖养护使用阻燃材料，用后及时清理、集中堆放到指定地点。 （11）专人操作振捣器。电工操作电力缆线的引接与拆除。 （12）隧道内强制通风，并减少有害气体产生。每2h进行一次有毒有害气体检测并填写检测记录	
05020800	竖井回填						
05020801	分层回填夯实	触电机械伤害		9（3×1×3）	五	（1）操作人员应根据工作性质，配备必要的防护用品。 （2）配电系统及电动机具按规定采用接零或接地保护。 （3）机械设备的维修、保养要及时，使设备处于良好的状态。 （4）施工中，定期检查电源线路和设备的电器部件，确保用电安全。 （5）处理机械故障时，必须使设备断电。 （6）吊装盖板时，必须有专人指挥，严禁任何人在已吊起的构件下停留或穿行，对已吊起的盖板不准长时间停在空中	
05030000	盾构隧道施工						
05030100	始发井及接收井施工						
05030101	始发井及接收井开挖及支护	坍塌高处坠落物体打击	人员异常、环境变化	126（6×3×7）	三	（1）沟槽（竖井）深度超过5m的开挖作业需编制专项施工方案并组织专家论证。 （2）土方开挖必须经计算确定放坡系数，分层开挖，必要时采取支护措施。 （3）基坑顶部按规范要求设置挡水墙、截水沟。 （4）一般土质条件下弃土堆底至基坑顶边距离不小于2m，弃土堆高不大于1.5m，垂直坑壁边坡条件下弃土堆底至基坑顶边距离不小于3m，软土场地的基坑边则不应在基坑边堆土。	人员资质、数量已核对，气体检测已完成

风险编号	工序	风险可能导致的后果	风险控制关键因素	风险评定值 D	风险级别	预控措施	备注
05030101	始发井及接收井开挖及支护	坍塌高处坠落物体打击	人员异常、环境变化	126（6×3×7）	三	（5）土方开挖过程中必须观测基坑周边土质是否存在裂缝及渗水等异常情况，适时进行监测。 （6）规范设置弃土提升装置，确保弃土提升装置安全、稳定。 （7）规范设置供作业人员上下基坑的安全通道（梯子），基坑边缘按规范要求设置安全护栏，夜间增设警示灯。 （8）查明现况地下管线、人防、消防设施和文物的位置，并做好防护。 （9）电葫芦操作人员配备通信设备与井下人员通信，吊斗设置防脱钩装置。 （10）当使用机械挖槽时，指挥人员应在机械工作半径以外，并设专人监护。设置专用电源，接地可靠。人机配合作业时，加大人员与机械设备的安全距离。 （11）人工挖土时，根据土质及沟槽深度放坡，开挖过程中或敞露期间采取防止沟壁塌方措施。土方开挖后及时进行支护作业。 （12）制定雨天、防洪应急预案，认真做好地面排水以及竖井底部排水措施。 （13）挖方作业时，相邻作业人员保持一定间距，防止相互磕碰	人员资质、数量已核对，气体检测已完成
05030102	中隔板、顶板施工	坍塌	人员异常、环境变化	126（6×3×7）	三	（1）在电焊及气焊周围严禁堆放易燃、易爆物品。 （2）格栅钢架码放高度不得超过 1.5m，并禁止抛掷。 （3）上下传递钢筋时，作业人员站位必须安全，上下方人员不得站在同一竖直位置上。竖井内垂直运输应使用吊装带，检查防脱装置是否齐全有效。 （4）绑扎侧墙拱顶钢筋时，脚手架应搭设牢固。钢筋绑扎时线头应压向内侧。 （5）焊接时必须开具动火作业票，隧道内应强制通风，减少产生有害气体。 （6）模板运输宜用平板推车。在向沟内搬运时，应用抱杆吊装和绳索溜放，不得直接将其翻入坑内，上下人员应配合一致，防止模板倾倒产生砸伤事故。 （7）模板按沟底板上的弹线组装，支完一段距离后（不宜超过 20m），即应对模板进行加固。 （8）模板加固过程中，支点加固牢固、可靠，所用的木方无裂痕、腐朽，所有钉头均砸平，防止人员剐伤。 （9）拆除模板时应选择稳妥可靠的立足点。拆下的模板应整齐堆放，及时运走，拆下的木方应及时清理，拔除钉子等，堆放整齐。 （10）浇筑侧墙和拱顶混凝土时，每仓端部和浇筑口封堵模板必须安装牢固，不得漏浆。作业中应配备模板工监护模板，发现位移或变形，必须立即停止浇筑。 （11）混凝土覆盖养护应使用阻燃材料，用后应及时清理、集中堆放到指定地点。 （12）使用插入式振捣器振实混凝土时，电力缆线的引接与拆除必须由电工操作。 （13）振捣器应设专人操作。作业中，振捣器操作人员应保护缆线完好，如发现漏电征兆，必须停止作业，交电工处理	人员资质、数量已核对，气体检测已完成

风险编号	工序	风险可能导致的后果	风险控制关键因素	风险评定值 D	风险级别	预 控 措 施	备注
05030200	竖井防水施工						
05030201	防水作业	中毒 火灾 机械伤害		21（3×1×7）	四	（1）防水层的原材料，应分别储存在通风并温度符合规定的库房内，严禁将易燃、易爆和相互接触后能引起燃烧、爆炸的材料混合在一起。 （2）保持良好的通风条件，采取强制通风措施。 （3）作业现场严禁烟火，配置一定数量的灭火器，当需明火时，必须开具动火作业票，必须有专人跟踪检查、监控。 （4）使用射钉枪时要压紧垂直作用在工作面上，不得用手掌推压钉管，射钉枪口不得对向人，射钉枪要由专人保管。 （5）热爬机停用时及时切断电源	
05030300	盾构机安装、拆除施工						
05030301	盾构机安装	中毒 坍塌 高处坠落 机械伤害 物体打击	人员异常、环境变化	126（6×3×7）	三	（1）使用密封性能好、强度高的土砂密封，保护轴承不受外界杂质的侵害。 （2）密封壁内的润滑油脂压力设定要略高于开挖面平衡压力，并经常检查油脂压力。 （3）安装系统时连接好各管路接头，防止泄漏；使用过程中应经常检查。 （4）经常将气包下的放水阀打开放水，减少压缩空气中的含水量，防止气动元件产生锈蚀。 （5）根据设计要求正确设定系统压力，保证各气动元件处于正常的工作状态。 （6）将进洞段的最后一段管片，在上半圈的部位用槽钢相互连接，增加隧道刚度。 （7）在最后几环管片拼装时，注意对管片的拼装螺栓及时复紧，提高抗变形的能力。 （8）吊装机械需有年检合格证，吊装前应对钢索进行检查。吊装时设专人指挥、信号统一。 （9）吊装人员需有特殊机械操作证，吊装时需有专门人员进行指挥。物料在吊篮内应均匀分布，不得超出吊篮。 （10）当长料在吊篮中立放时，采取防滚落措施，散料应装箱或装笼，严禁超载使用。 （11）施工作业区设置安全围栏，悬挂安全警示标志，标志应清晰、齐全。 （12）钢丝绳与铁件绑扎处应衬垫物体，受力钢丝绳的内角侧严禁站人，在吊车回转半径内严禁人员穿行。 （13）高处作业设立稳固的操作平台，严禁利用绳索或拉线上下构架或下滑，严禁高处向下或低处向上抛扔工具、材料。 （14）临近带电体吊装作业要保证安全距离。电动机械必须采取防雨、防潮措施。 （15）各种机械、车辆、材料等严禁在基坑边缘2m内行驶、停放、堆放	人员资质、数量已核对
05030302	盾构机拆除	高处坠落 机械伤害 物体打击	人员异常、环境变化	126（6×3×7）	三	（1）吊装时设专人指挥、信号统一。 （2）施工作业区设置安全围栏，悬挂安全警示标志，标志应清晰、齐全。 （3）各种机械、车辆、材料等严禁在基坑边缘2m内行驶、停放、堆放。 （4）物料在吊篮内应均匀分布，不得超出吊篮。 （5）当长料在吊篮中立放时，采取防滚落措施，散料应装箱或装笼，严禁超载使用。	人员资质、数量已核对

续表

风险编号	工序	风险可能导致的后果	风险控制关键因素	风险评定值 D	风险级别	预 控 措 施	备注
05030302	盾构机拆除	高处坠落机械伤害物体打击	人员异常、环境变化	126（6×3×7）	三	（6）钢丝绳与铁件绑扎处应衬垫物体，受力钢丝绳的内角侧严禁站人，在吊车回转半径内禁止人员穿行。 （7）高处作业设立稳固的操作平台，严禁利用绳索或拉线上下构架或下滑，严禁高处向下或低处向上抛扔工具、材料。 （8）临近带电体吊装作业要保证安全距离。 （9）电动机械必须采取防雨、防潮措施	
05030400	盾构机区间掘进施工						
05030401	端头加固、盾构进洞作业	坍塌高处坠落物体打击	人员异常、设备异常、环境变化	126（6×3×7）	三	（1）核准隧道轴线位置是否准确，准确定位障碍物的位置。加密地质勘探孔的数量，详细了解地质状况，及时调整施工参数。 （2）对开挖面前方 20m 超声波障碍物探测，及时查出大石块、沉船、哑炮弹等。 （3）流砂地质条件时，要及时补充新鲜泥浆，泥浆可渗入砂性土层一定的深度，对透水性小的黏性土可用原状土造浆，并使泥浆压力同开挖面土层始终动态平衡。 （4）控制推进速度和泥渣排土及新鲜泥浆补给量。 （5）超浅覆土段，一旦出现冒顶、冒浆随时开启气压平衡系统。 （6）严格控制平衡压力及推进速度设定值，避免其波动范围过大。正确的计算选择合理的舱压。 （7）采用全封闭、高度机械化、自动化的盾构机。 （8）定期检查盾构机，使盾构机保持良好的工作性能，减小掘进施工时盾构机出现故障的发生概率。 （9）严格控制盾构推进的偏量，减少管片对盾尾密封刷的挤压程度。 （10）施工作业区设置安全围栏，悬挂安全警示标志，标志应清晰、齐全	人员资质、数量已核对，气体检测已完成，地质条件已详勘
05030402	盾构机循环推进	坍塌中毒机械伤害	人员异常、环境变化	126（6×3×7）	三	一、土方开挖及出土 （1）专项施工方案，经施工单位进行论证、审查后，向施工人员进行安全交底。 （2）隧道内必须配备足够的照明设施，并按时进行有毒有害气体检测。检测区间施工区域内是否存在有毒气体，如发现存在有害气体的迹象，及时反映，采取相应措施。 （3）隧道内通风采用大功率、高性能风机，用风管送风至开挖面，按规定检测隧道内有毒、有害、可燃气体及氧气含量。 （4）隧道内配备带栏杆的安全通道。隧道内运输、竖井垂直运输，设专人指挥，设备配备电铃，并限速行驶。严禁施工人员搭乘运输车辆。 二、管片安装 （5）盾构下落的距离不超过盾尾与管片的建筑空隙。 （6）将进洞段的最后一段管片，在上半圈的部位用槽钢相互连接，增加隧道刚度。 （7）在最后几环管片拼装时，注意对管片的拼装螺栓及时复紧，提高抗变形的能力。 （8）基座框架结构的强度和刚度能克服出洞段穿越加固土体所产生的推力。 （9）合理控制盾构姿态，尽量使盾构轴线与盾构基座中心夹角轴线保持一致。 （10）管片拼装时，拼装机旋转范围内严禁站人。	人员资质、数量已核对，气体检测已完成，地质条件已详勘

风险编号	工序	风险可能导致的后果	风险控制关键因素	风险评定值 D	风险级别	预 控 措 施	备注
05030402	盾构机循环推进	坍塌 中毒 机械伤害	人员异常、环境变化	126（6×3×7）	三	（11）电葫芦操作人员配备通信设备与井下人员通信，吊斗配置防脱钩装置。 三、管片背后注浆 （12）注浆前应与注浆操作人员、制浆人员取得联系确认无误后方可启动注浆泵，及时检查管路连接是否正确、牢固，服从操作台操作工指挥，及时正确关闭阀门，冲洗管路作业必须两人操作。 （13）单液注浆： 1）停止推进时定时用浆液打循环回路，使管路中的浆液不产生沉淀。长期停止推进，应将管路清洗干净。 2）拌浆时注意配比准确，搅拌充分。 3）定期清理浆管，清理后的第一个循环用膨润土泥浆压注，使注浆管路的管壁润滑良好。 4）经常检修注浆系统的阀门，确保启闭灵活。 （14）双液注浆： 1）每次注浆结束都应清洗浆管，清洗浆管时要将橡胶清洗球取出。 2）注意调整注浆泵的压力，对于已发生泄漏、压力不足的泵应及时更换，保证两种浆液压力和流量的平衡。 3）对于管路中存在分叉的部分，应经常性用人工对此部位进行清洗	人员资质、数量已核对，气体检测已完成，地质条件已详勘
05030403	端头加固、盾构出洞	坍塌	人员异常、环境变化	126（6×3×7）	三	（1）加强监测，观测封门附近、工作井和周围环境的变化。 （2）加强工井的支护结构体系，确保可靠。 （3）盾构基座中心夹角轴线应与隧道设计轴线方向保持一致。 （4）基座框架结构的强度和刚度应满足出洞段穿越加固土体所产生的推力。 （5）控制盾构姿态，使盾构轴线与盾构基座中心夹角轴线保持一致，盾构基座的底面与始发井的底板之间要垫平垫实，保证接触面积满足要求。 （6）对体系的各构件必须进行强度、刚度校验，对受压构件要做稳定性验算。各连接点应采用合理的连接方式保证连接牢靠，各构件安装要定位精确，并确保点焊质量以及螺栓连接的强度。 （7）安装上下的后盾支撑构件，完善整个后盾支撑体系，使后盾支撑系统受力均匀。 （8）掘进过程中及时掌握盾构机监控电脑显示数据，查听机械运转声音，发现并排除设备故障。 （9）建立独立的通信系统，保证作业过程中井上与作业面通信畅通	人员资质、数量已核对
05030500	附属工程施工						
05030501	安装电缆支架和爬梯	火灾 触电 机械伤害		9（3×1×3）	五	（1）施工中，应定期检查电源线路和设备的电器部件，确保用电安全。 （2）支架安装应保持横平竖直，电力电缆支架弯曲半径应满足线径较大电缆的转弯半径。各支架的同层横挡高低偏差不应大于5mm，左右偏差不得大于10mm，组装后的钢结构电缆竖井，其垂直偏差不应大于其长度的2/1000。直线段钢制支架大于30m时，应有伸缩缝，跨越建筑物伸缩缝处应设伸缩缝。	

风险编号	工序	风险可能导致的后果	风险控制关键因素	风险评定值 D	风险级别	预控措施	备注
05030501	安装电缆支架和爬梯	火灾 触电 机械伤害		9（3×1×3）	五	（3）电缆支架全长都应有良好的接地。 （4）焊接时开具动火作业票。焊接设备应有完整的保护外壳，一、二次接线柱外应有防护罩，在现场使用的电焊机应防雨、防潮、防晒，并备有消防用品。 （5）爬梯、平台安装应保持横平竖直；有良好的接地	
05030502	接地极、接地线施工	火灾 触电 机械伤害		9（3×1×3）	五	（1）施工中，应定期检查电源线路和设备的电器部件，确保用电安全。 （2）接地安装应符合设计要求。 （3）焊接时开具动火作业票。焊接设备应有完整的保护外壳，一、二次接线柱外应有防护罩，在现场使用的电焊机应防雨、防潮、防晒，并备有消防用品	
05030503	通风亭、通风、排水、照明施工	触电 机械伤害 高处坠落		21（3×1×7）	四	（1）施工中，定期检查电源线路和设备的电器部件，确保用电安全。 （2）高处作业采取有效的防护措施。上下传递钢筋时，上下作业人员不得站在同一竖直位置上。 （3）模板运输宜用平板推车。向沟内搬运时，用抱杆吊装和绳索溜放，不得直接将其翻入坑内，上下人员配合一致。 （4）模板按沟底板上的弹线组装，支完一段距离后（不宜超过20m），即应对模板进行加固。 （5）模板加固过程中，支点加固牢固、可靠，所用的木方无裂痕、腐朽，所有钉头均砸平，防止人员剐伤。 （6）拆除模板时应选择稳妥可靠的立足点。 （7）及时清理拆下的木方，拔除钉子等，堆放整齐。 （8）混凝土覆盖养护使用阻燃材料，用后及时清理、集中堆放到指定地点。 （9）专人操作振捣器。电工操作电力缆线的引接与拆除。 （10）隧道内强制通风，并减少有害气体产生	
05030600	机械设备日常维护						
05030601	机械设备日常维护	触电 机械伤害		21（3×1×7）	四	（1）使用密封性能好、强度高的土砂密封，保护轴承不受外界杂质的侵害。 （2）密封壁内的润滑油脂压力设定要略高于开挖面平衡压力，并经常检查油脂压力。 （3）安装系统时连接好各管路接头，防止泄漏；使用过程中经常检查。 （4）经常将气包下的放水阀打开放水，减少压缩空气中的含水量，防止气动元件产生锈蚀。 （5）根据设计要求正确设定系统压力，保证各气动元件处于正常的工作状态。 （6）将进洞段的最后一段管片，在上半圈的部位用槽钢相互连接，增加隧道刚度。 （7）在最后几环管片拼装时，注意对管片的拼装螺栓及时复紧，提高抗变形的能力。 （8）吊装机械需有年检合格证，起重吊装作业前对吊具进行检查。吊装人员需有特殊机械操作证，吊装时需有专门人员进行指挥。 （9）多人搬运物体时有专人指挥。 （10）高处作业采取有效的防护措施。 （11）传动部位的检查维护需停机进行。 （12）动火作业开具动火工作票，并避免明火靠近油箱、油压机械设备	

续表

风险编号	工序	风险可能导致的后果	风险控制关键因素	风险评定值 D	风险级别	预控措施	备注
05030700	顶管施工						
05030701	始发井及接收井开挖及支护	坍塌高处坠落物体打击	人员异常、环境变化	126（6×3×7）	三	（1）专项施工方案，沟槽（竖井）深度超过5m的开挖作业需编制专项施工方案并组织专家论证。 （2）土方开挖必须经计算确定放坡系数，分层开挖，必要时采取支护措施。 （3）基坑顶部按规范要求设置挡水墙、截水沟。 （4）一般土质条件下弃土堆底至基坑顶边距离不小于2m，弃土堆高不大于1.5m，垂直坑壁边坡条件下弃土堆底至基坑顶边距离不小于3m，软土场地的基坑边则不应在基坑边堆土。 （5）土方开挖过程中必须观测基坑周边土质是否存在裂缝及渗水等异常情况，适时进行监测。 （6）规范设置弃土提升装置，确保弃土提升装置安全、稳定。 （7）规范设置供作业人员上下基坑的安全通道（梯子），基坑边缘按规范要求设置安全护栏，夜间增设警示灯。 （8）查明现况地下管线、人防、消防设施和文物的位置，并做好防护。 （9）电葫芦操作人员配备通信设备与井下人员通信，吊斗设置防脱钩装置。 （10）当使用机械挖槽时，指挥人员应在机械工作半径以外，并设专人监护。设置专用电源，接地可靠。人机配合作业时，加大人员与机械设备的安全距离。 （11）人工挖土时，根据土质及沟槽深度放坡，开挖过程中或敞露期间采取防止沟壁塌方措施。土方开挖后及时进行支护作业。 （12）制定雨天、防洪应急预案，认真做好地面排水以及竖井底部排水措施。 （13）挖方作业时，相邻作业人员保持一定间距，防止相互磕碰	人员资质、数量已核对
05030702	顶管掘进	坍塌机械伤害		45（3×1×15）	四	（1）顶管内通风采用大功率、高性能风机，用风管送风至开挖面，按规定检测顶管内有毒、有害、可燃气体及氧气含量。 （2）顶进设备操作人员配备通信设备与顶管内开挖人员通信。 （3）核准顶管轴线位置是否准确，准确定位障碍物的位置。 （4）加强监测，观测顶管始发和接收加固端附近、工作井和周围环境的变化。 （5）顶管内采用人工挖土时必须配备足够的照明设施，并按时进行有毒有害气体检测。 （6）顶管掘进时，顶铁范围内严禁站人。 （7）中继设备的强度和刚度应满足出洞段穿越加固土体所产生的推力。 （8）建立独立的通信系统，保证作业过程中顶进设备与开挖作业面通信畅通	
05040000	沟道（隧道）竣工投运前验收						

风险编号	工序	风险可能导致的后果	风险控制关键因素	风险评定值 D	风险级别	预 控 措 施	备注
05040001	隧道验收	中毒高处坠落		21（3×1×7）	四	（1）进入有限空间作业前，应在入口处设专责监护人。监护人员应事先与验收人员规定明确的联络信号，并与作业人员保持联系，进入前和离开时应准确清点人数。 （2）有限空间作业应坚持"先通风、再检测、后作业"的原则，作业前应进行风险辨识，分析有限空间内气体种类并进行评估监测，做好记录。出入口应保持畅通并设置明显的安全警示标志，夜间应设警示红灯。 （3）检测人员进行检测时，应当采取相应的安全防护措施，防止中毒窒息等事故发生。 （4）在有限空间作业中，应保持通风良好，禁止用纯氧进行通风换气。 （5）使用专用工具开启工井井盖、电缆沟盖板及电缆隧道人孔盖，同时注意所立位置，防止滑脱。上下隧道扶好抓牢，井下应设置梯子。 （6）隧道内照明设施配备充足，检查人员配备应急照明设备	

（六）电缆线路工程

电缆线路工程施工风险包含电缆敷设施工、站内工作、电缆附件安装施工、电缆试验、电缆停（送）电施工、电缆线路竣工投运前验收共 6 个部分，见表 2-1-2-9。

表 2-1-2-9　　　　　　　　　输变电工程电缆线路工程风险基本等级表

风险编号	工序	风险可能导致的后果	风险控制关键因素	风险评定值 D	风险级别	预 控 措 施	备注
06000000	电缆线路工程						
06010000	电缆敷设施工						
06010001	装卸电缆盘	起重伤害		45（3×1×15）	四	（1）起吊物应绑牢，并有防止倾倒措施。吊钩悬挂点应与吊物的重心在同一垂直线上，吊钩钢丝绳应保持垂直，严禁偏拉斜吊。落钩时，应防止吊物局部着地引起吊绳偏斜，吊物未固定好，严禁松钩。 （2）卸车时吊车必须支撑平稳，必须设专人指挥，其他作业人员不得随意指挥吊车司机，遇紧急情况时，任何人员有权发出停止作业信号。严禁使用跳板滚动卸车和在车上直接将电缆盘推下。 （3）起吊大件或不规则组件时，应在吊件上拴已牢固的溜绳。 （4）起重工作区域内无关人员不得停留或通过。在伸臂及吊物的下方，严禁任何人员通过或逗留。 （5）起重机吊运重物时应走吊运通道，严禁从有人停留场所上空越过；对起吊的重物进行加工、清扫等工作时，应采取可靠的支承措施，并通知起重机操作人员。 （6）吊起的重物不得在空中长时间停留。在空中短时间停留时，操作人员和指挥人员均不得离开工作岗位。 （7）起吊前应检查起重设备及其安全装置；重物吊离地面约 100mm 时应暂停起吊并进行全面检查，确认良好后方可正式起吊。 （8）电缆盘要放牢稳，随时注意电缆盘是否稳固，随时用千斤顶掌握平衡，电缆余度不能过多，应随时进行调整，必要时停止放线	

风险编号	工序	风险可能导致的后果	风险控制关键因素	风险评定值 D	风险级别	预 控 措 施	备注
06010002	有限空间作业	中毒窒息		45（3×1×15）	四	（1）进入有限空间作业前，应在作业入口处设专责监护人。监护人员应事先与作业人员规定明确的联络信号，并与作业人员保持联系，作业前和离开时应准确清点人数。进入运行隧道等有限空间，应取得运行管理部门的许可。 （2）有限空间作业应坚持"先通风、再检测、后作业"的原则，作业前应进行通风，并检测有限空间内气体种类、浓度等，气体检测不合格严禁作业。作业过程中实时监测有害气体浓度，浓度超标，应采取强制通风，作业人员立即撤离，待气体检测合格后，实施作业。 （3）有限空间出入口应保持畅通并设置明显的安全警示标志，夜间应设警示红灯。 （4）检测人员进行检测时，应当采取相应的安全防护措施，防止中毒窒息等事故发生。 （5）有限空间内留存的物料对作业存在危害时，作业前应对物料进行清洗、清空或者置换，隐患消除后，方可进入有限空间作业。 （6）在有限空间作业中，应保持通风良好，禁止用纯氧进行通风换气。 （7）在有限空间作业场所，应配备安全防护和救援装备，如：防毒面罩、呼吸器具、通信设备、梯子、绳缆以及其他必要的器具和设备。 （8）通风设备停止运转、有限空间内氧含量浓度低于或者有毒有害气体浓度高于国家标准或者行业标准规定的限值时，应立即停止有限空间作业	
06010003	动火作业	火灾		21（3×1×7）	四	（1）作业现场要实时对气体进行检测，对临近设备进行遮盖、遮挡保护。 （2）尽可能地把动火时间和范围压缩到最低限度。 （3）动火作业应由专人监护，动火作业前应清除动火现场及周围的易燃物品，或采取其他有效的防火安全措施，配备足够适用的消防器材。 （4）动火作业现场的通排风应良好，以保证泄漏的气体能顺畅排走。 （5）动火作业间断或终结后，应清理现场，确认无残留火种后，方可离开。 （6）风力达五级以上的露天作业禁止动火。 （7）进入施工现场内工作人员严禁吸烟	
06010004	电气焊工作	火灾触电中毒		45（3×1×15）	四	（1）工作前清理易燃物，防火到位。设专人监护源。 （2）气瓶存放应在通风良好的场所，禁止靠近热源或在烈日下曝晒。 （3）电焊机使用前要检查，接线要符合要求。要有良好接地保护。 （4）工作时要实时对隧道内气体进行检测，有害气体超标立即停止工作。经通风处理，气体合格后恢复作业。 （5）气瓶不得与带电物体接触。氧气瓶不得沾染油脂。 （6）使用气焊时，要严格执行操作规程。 （7）乙炔瓶和氧气瓶严禁进入电缆隧道。两瓶之间要保证安全距离 10m。 （8）乙炔瓶和氧气瓶存放处 10m 内禁止明火，禁止与易燃物、易爆物同间存放。 （9）禁止与所装气体混合后能引起燃烧、爆炸的气瓶一起存放。 （10）电气焊工作要对临近设备进行遮盖、遮挡保护。 （11）焊接工作时要保证通风	

续表

风险编号	工序	风险可能导致的后果	风险控制关键因素	风险评定值 D	风险级别	预 控 措 施	备注
06010005	占路施工	交通事故		9（3×1×3）	五	（1）道路上施工要注意来往车辆，派专人指挥交通。指挥人员应穿反光标志服。 （2）设置道路施工警示牌、告示牌、防撞桶，防撞桶应放在离施工区域30m以外。 （3）施工区域用安全警示带、警示锥筒进行围挡。 （4）夜间施工安装红色闪光警示灯、导向灯、箭头指示灯。施工区域用安全警示带、带红色闪光灯的警示锥筒进行围挡。 （5）夜间施工道路上人员应穿反光标志服。 （6）现场负责交通指挥人员佩戴袖标。 （7）当日完工，设专人检查井盖是否正确复位	
06010006	直埋电缆	触电 坍塌 高处坠落		21（3×1×7）	四	（1）作业前，施工区域设置标准路栏，并设置警示牌和告示牌，夜间施工应规范使用警示灯。 （2）对同沟敷设运行线路要进行勘察先挖样洞，查明电缆位置。并对施工人员进行安全交底。样沟深度应大于电缆敷设深度。 （3）遇有土方松动、裂纹、涌水等情况应及时加设支撑，临时支撑要搭设牢固，严禁用支撑代替上下扶梯。 （4）直埋电缆施工，开挖深度超过1.5m的沟槽，设置安全防护围栏。超过1.5m以上深度要进行放坡处理，沟的两边沿要清出0.5m以上的通道。 （5）电气设备外壳良好接地，每日工作前，检查漏电保安器是否正常。在潮湿的工井内使用电气设备时，操作人员穿绝缘靴。 （6）超过1.5m的沟槽，搭设上下通道，危险处设红色标志灯。 （7）对开挖出的泥土应采取防止扬尘的措施。 （8）在山坡地带直埋电缆，应挖成蛇形曲线，曲线振幅为1.5m，以减缓电缆的敷设坡度，使其最高点受拉力较小，且不易被洪水冲断。 （9）为了防止电缆遭受外力破坏，在电缆保护盖板上铺设塑料警示带。 （10）直埋电缆在直线段每隔50～100m处、电缆接头处、转弯处、进入建筑物等处，应设置明显的方位标志或标桩	
06010007	隧道敷设	中毒 窒息 高处坠落 物体打击		45（3×1×15）	四	（1）进入工井、隧道前，必须检测隧道有无有毒、有害气体。应使用通风设备排除有毒有害和易燃易爆气体。电缆隧道需采用临时照明作业时，必须使用36V以下照明设备，且导线不应有破损。 （2）工井和隧道施工区域设置标准路栏，并设置警示牌和告示牌，夜间施工使用警示灯。 （3）使用专用工具开启工井井盖、电缆沟盖板及电缆隧道人孔盖，同时注意所立位置，防止滑脱。上下隧道扶好抓牢，井内应设置梯子。 （4）井口上下用绳索传送工器具、材料，并系牢稳，严禁上下抛物。上下呼应好不要听响探身，防止砸伤。上下运送重量较大的工器具时，应由专人负责和指挥。 （5）敷设人员戴好安全帽、手套，严禁穿塑料底鞋，必须听从统一口令，用力均匀协调。 （6）电缆敷设前，在线盘处、工井口及工井内转角处搭建放线架，将电缆盘、牵引机、履带输送机、滚轮等布置在适当的位置，电缆盘应有刹车装置。并设专人监护。	

风险编号	工序	风险可能导致的后果	风险控制关键因素	风险评定值 D	风险级别	预 控 措 施	备注
06010007	隧道敷设	中毒窒息高处坠落物体打击		45（3×1×15）	四	（7）用滑轮敷设电缆时，作业人员应站在滑轮前进方向，不得在滑轮滚动时用手搬动滑轮。 （8）操作电缆盘人员要时刻注意电缆盘有无倾斜现象，特别是在电缆盘上剩下几圈时，应防止电缆突然崩出伤人。 （9）电缆通过孔洞时，出口侧的人员不得在正面接引，避免电缆伤及面部。 （10）高压电缆敷设采用人力敷设时，作业人员应听从指挥统一行动，抬电缆行走要注意脚下，放电缆时要协调一致同时下放，避免扭腰砸脚和磕坏电缆外绝缘。 （11）进入带电区域内工作时，严禁超范围工作及走动，严禁乱动无关设备及安全用具。在运行设备区域内，监护人严禁离开监护岗位。 （12）接收井区域作业，应搭设工作平台，做好高处防坠落措施	
06010008	排管敷设	机械伤害物体打击高处坠落		45（3×1×15）	四	（1）施工前应打开工井井盖进行自然通风，采用鼓风机保持工井内部空气流通。 （2）排管建成后及敷设电缆前，对电缆敷设所用到的每一孔排管管道都应用相应规格的疏通工具进行双向疏通。 （3）电缆敷设前，在线盘处、工井口及工井内转角处搭建放线架，将电缆盘、牵引机、履带输送机、滚轮等布置在适当的位置，电缆盘应有刹车装置。并设专人监护。 （4）电缆盘钢轴的强度和长度应与电缆盘重量和宽度相匹配，敷设电缆的机具应检查并调试正常。 （5）用输送机敷设电缆时，电缆应有牵引头，如没有，则在敷设前应制作牵引头并安装防捻器，在电缆牵引头、电缆盘、牵引机、转弯处以及可能造成电缆损伤的地方应采取保护措施，由专人监护并保持通信畅通。 （6）电缆展放敷设过程中，入口处采取措施防止电缆被卡，不得伸手，防止被带入孔中。 （7）工作井内的电缆进入排管前，宜在电缆表面涂中性润滑剂。 （8）人工展放电缆、穿孔或穿导管时，作业人员手握电缆的位置应与孔口保持适当距离。 （9）电缆敷设后，按设计要求将工井内的电缆固定在电缆支架上，并将排管口封堵好	
06010009	水下敷设	淹溺机械伤害		45（3×1×15）	四	（1）水底电缆施工应制定专门的施工方案、通航方案，并执行相应的安全措施。 （2）电缆敷设时，应在电缆盘处配有可靠的制动装置，应防止电缆敷设速度过快及电缆盘倾斜、偏移。 （3）用机械牵引电缆时，牵引绳的安全系数不得小于3。作业人员不得站在牵引钢丝绳内角侧	
06010010	桥架（梁）敷设	高处坠落物体打击机械伤害		21（3×1×7）	四	（1）使用桥架（梁）敷设电缆前，桥架（梁）应经验收合格。 （2）必须检测梁箱涵内有无有毒、有害气体。应使用通风设备排除有毒有害和易燃易爆气体。桥架箱涵需采用临时照明作业时，必须使用36V以下照明设备，且导线不应有破损。 （3）高空桥架宜使用钢质材料，并设置围栏，铺设操作平台。高空敷设电缆时，若无展放通道，应沿桥架搭设专用脚手架，并在桥架下方采取隔离防护措施。	

风险编号	工序	风险可能导致的后果	风险控制关键因素	风险评定值 D	风险级别	预控措施	备注
06010010	桥架（梁）敷设	高处坠落 物体打击 机械伤害		21（3×1×7）	四	（4）电缆敷设前，需对桥梁投料、逃生平台增设安全围网、补强，防止高处坠落隐患。 （5）施工过程中禁止对架（梁）主体结构造成影响、损伤。 （6）若桥架下方有工业管道等设备，应经设备方确认许可。 （7）固定电缆用的夹具应具有表面平滑、便于安装、足够的机械强度和适合使用环境的耐久性特点。 （8）采用输送机敷设电缆，当局部工序或整体敷设工作结束，需调整输送机位置，或移出、搬离原来工作场地，之前必须切断电源拔去电源插头，避免搬移过程中发生触电事故。 （9）严禁向桥下方投掷物体、垃圾	
06010011	电缆登塔/引上敷设	高处坠落 物体打击		45（3×1×15）	四	（1）需要登塔/引上敷设的电缆，在敷设时，要根据杆塔/引上的高度留有足够的电缆，电缆不能打圈。 （2）施工人员个人防护用品应完好无损，并能正确使用。 （3）高处作业采取有效的防护措施。上下传递电缆头时，上下方作业人员不得站在电缆附件上。 （4）电缆在终端塔引上敷设固定时，固定金具与终端塔的连接位置应设置元宝铁连接装置，保证电缆引上弯曲度。 （5）电缆敷设完毕后应及时按照设计要求将电缆在终端塔上用固定金具连续固定好。 （6）进入带电区域内工作时，严禁超范围工作，严禁乱动无关设备及安全用具。在运行设备区域内，监护人严禁离开监护岗位。 （7）应保持与终端塔带电回路、变电站带电间隔的安全距离	
06020000	站内工作						
06020001	搭工作平台	触电 高处坠落		45（3×1×15）	四	（1）进入带电区域内敷设电缆时，应取得运维单位同意，办理工作票，设专人监护。 （2）进入带电区域内工作时，严禁超范围工作及走动，严禁乱动无关设备及安全用具。在运行设备区域内，监护人严禁离开监护岗位。 （3）变电站内移运铁管时严禁高举，严格保持与带电部位的安全距离。在运行设备区域内工作的易飘扬、飘洒物品，必须严格回收或固定。 （4）拆工作平台时需设专人指挥，专人监护，工作平台搭设牢固要有防倒塌措施。 （5）电缆终端塔及工作平台作业区域内设警戒线，作业人员工具及零部件放在随身佩带的工具袋内。上下传递工器具用绳拴牢，不可随意向下抛掷。 （6）工作结束后断开电源，现场清理干净，经值班人员检查合格后方可离开现场。 （7）需要搭棚时，棚布要拴牢固定，防止被风刮倒，设备区造成运行设备事故。 （8）施工现场的孔洞必须进行封堵遮盖好。此项工作专人检查。 （9）现场材料、工具、废料，要分别存放整齐，材料、工具需要苫布遮盖的，要有防止被风刮跑的具体措施。 （10）在进行高落差电缆敷设施工时，应进行相关验算，采取必要的措施防止电缆坠落	

风险编号	工序	风险可能导致的后果	风险控制关键因素	风险评定值 D	风险级别	预 控 措 施	备注
06020002	运行设备区电缆工作	触电		45（3×1×15）	四	（1）工作前认真核对路名开关号，在指定地点工作，严禁超范围工作及走动，严禁乱动无关设备，设专人监护。 （2）严格按安全规定要求保持与带电部位的安全距离。 （3）未经值班人员许可，严禁动用站内设备及工器具；严禁移动安全遮挡、围栏、警示牌等安全用具。 （4）在运行设备区域内工作，严禁跨越、移动安全遮挡。 （5）在运行设备区域内工作的电缆材料、工具、施工垃圾等易飘扬、飘洒的物品，必须严格管理回收或固定。 （6）施工时对运行设备区域内的所有设施加强保护。 （7）电缆穿入带电的盘柜前，电缆端头应做绝缘包扎处理，电缆穿入时盘上应有专人接引，严防电缆触及带电部位及运行设备。 （8）严禁跨越、移动站内孔洞的临时遮挡。在运行设备区域内工作必须设专人监护，监护人严禁离开监护岗位。 （9）接用施工临时电源，应事先征得站内值班人员的许可，从指定电源屏（箱）接出，不得乱拉乱接。 （10）运行设备区域的施工临时电源禁止架空敷设，应采用电缆敷设或固定措施。 （11）电缆施工完成后应将穿越过的孔洞进行封堵。在高层设备区施工，脚下的孔洞要做临时遮盖封堵，防止高处坠落	
06030000	电缆附件安装施工						
06030001	调直电缆	触电火灾		9（3×1×3）	五	（1）进入有限空间前先检测后作业。工作过程中实时进行气体检测。作业过程中气体检测仪报警，作业人员必须马上撤出。有限空间工作完毕撤出时清点工作人员。 （2）接临时电源时，两人进行，并设专人监护。电气设备外壳良好接地，电源出口必须安装漏电保护器。每日工作前，检查漏电保护器是否正常。 （3）加热设备使用前应检查接线是否正确，暖风机和篷布不可接触，至少保持200mm。 （4）每个加热点应设2名看护人员24h看护，看护人员随时巡查现场。 （5）每个加热点应设置2个灭火器。 （6）加热器加油时，应先停机，断开电源后，方可进行加油工作。 （7）加热现场要求油机分离，设专门区域放置加热用柴油。看护人员严禁在加热棚中滞留取暖。 （8）加热现场四周不应有易燃物，严禁人员在加热区域内吸烟。 （9）在潮湿的工井内使用电气设备时，操作人员穿绝缘靴	
06030002	电缆接头制作	物体打击机械伤害高处坠落		45（3×1×15）	四	（1）使用压接工具前，应检查压接工具型号、模具是否符合所压接工作等级要求。 （2）压接时，人员要注意头部远离压接点，保持300mm以上距离。装卸压接工具时，应防止砸碰伤手脚。 （3）进行充油电缆接头安装时，应做好充油电缆接头附件及油压力箱的存放作业，并配备必要的消防器材。 （4）在电缆终端施工区域下方应设置围栏或采取其他保护措施，禁止无关人员在作业地点下方通行或逗留。	

续表

风险编号	工序	风险可能导致的后果	风险控制关键因素	风险评定值 D	风险级别	预 控 措 施	备注
06030002	电缆接头制作	物体打击 机械伤害 高处坠落		45（3×1×15）	四	（5）进行电缆终端瓷质绝缘子吊装时，应采取可靠的绑扎方式，防止瓷质绝缘子倾斜，并在吊装过程中做好相关的安全措施。 （6）制作环氧树脂电缆头和调配环氧树脂作业过程中，应采取有效的防毒和防火措施。 （7）开断电缆前，应与电缆走向图图纸核对相符，并使用专用仪器（如感应法）确切证实电缆无电后，用接地的带绝缘柄的铁钎钉入电缆芯后，方可作业。扶绝缘柄的人员应戴绝缘手套并站在绝缘垫上，并采取防灼伤措施（如戴防护面具等）。使用远控电缆割刀开断电缆时，刀头应可靠接地，周边其他作业人员应临时撤离，远控操作人员应与刀头保持足够的安全距离，防止弧光和跨步电压伤人。 （8）工井内进行电缆中间接头安装时，应将压力容器摆放在井口位置，禁止放置在工井内。隧道内进行电缆中间接头安装时，压力容器应远离明火作业区域，并采取相关安全措施。 （9）对施工区域内临近的运行电缆和接头，应采取妥善的安全防护措施加以保护，避免影响正常的施工作业。 （10）使用携带型火炉或喷灯时，火焰与带电部分的安全距离：电压在10kV及以下者，应大于1.5m；电压在10kV以上者，应大于3m。不得在带电导线、带电设备、变压器、油断路器附近以及在电缆夹层、隧道、沟洞内对火炉或喷灯加油、点火。在电缆沟盖板上或旁边进行动火工作时需采取必要的防火措施。 （11）进入带电区域内工作时，严禁超范围工作及走动，严禁乱动无关设备及安全用具。在运行设备区域内，监护人严禁离开监护岗位。 （12）高度较大的电缆终端平台，施工应做好防坠落措施。 （13）电缆接头制作人员应通过设备管理部门考试，持证上岗	
06040000	电缆试验						
06040001	电缆外护套试验	触电 中毒 物体打击 高处坠落		21（3×1×7）	四	（1）有限空间作业有许可手续，严格进行气体检测，设专人监护，内外通信联络畅通，作业面保持通风。 （2）工井、电缆沟作业前，施工区域设置标准路栏，并设置警示牌和告示牌，夜间施工使用警示灯。无盖板的电缆沟、沟槽、孔洞，以及放置在人行道或车道上的电缆盘，设遮栏和相应的交通安全标志，夜间设警示灯。 （3）井口上下用绳索传送工器具、材料，并系牢稳，严禁上下抛物。 （4）接临时电源时两人进行，并设专人监护，所有电器设备保证接地牢固可靠。 （5）更换试验接线必须先断开电源。试验电源经装有漏电保护器的专用电源盘控制，并有明显的断开点。 （6）电缆耐压试验前，应对设备充分放电，并测量绝缘电阻。加压端应做好安全措施，防止人员误入试验场所。另一端应设置围栏并挂上警告标志牌。如另一端在杆上或电缆开断处，应派人看守。试验区域、被试系统的危险部位或端头应设临时遮栏，悬挂"止步，高压危险！"标志牌。 （7）更换试验接线或试验完毕后应进行放电。 （8）被试电缆两端及试验操作应设专人监护，并保持通信畅通。电缆试验过程中，作业人员应戴好绝缘手套并穿绝缘靴或站在绝缘垫上。 （9）高压试验设备及被试设备的外壳必须良好可靠接地	

风险编号	工序	风险可能导致的后果	风险控制关键因素	风险评定值 D	风险级别	预控措施	备注
06040002	电缆绝缘耐压试验	触电 物体打击 高处坠落 其他伤害	环境变化、近电作业	90（6×1×15）	三	（1）电缆试验过程中，作业人员应戴好绝缘手套并穿绝缘靴或站在绝缘垫上。正确使用个人安全防护用具，并设专人监护。 （2）调试过程试验电源应从试验电源屏或检修电源箱取得，严禁使用破损不安全的电源线，用电设备与电源点距离超过3m的，必须使用带熔断器和漏电保护器的移动式电源盘，试验设备和电缆外皮应可靠接地，设备通电过程中，试验人员不得中途离开。工作结束后应及时将试验电源断开。 （3）试验前通知其他相关单位，仔细核对电缆状态及路径与任务单是否相符，试验现场围好安全围栏，并派专人看护。加压端应做好安全措施，防止人员误入试验场所。另一端应设置围栏并挂上警告标志牌。如另一端在杆上或电缆开断处，应派人看守。试验区域、被试系统的危险部位或端头应临时遮栏，悬挂"止步，高压危险！"标志牌。 （4）试验操作保持通信畅通。合、拉闸、倒接线时，必须相互呼应，正确传达口令。 （5）加压前确认无关人员退出试验现场后方可加压。电缆试验过程中发生异常情况时，立即断开电源，经放电、接地后方可检查，防止出现人身和设备事故。 （6）连接试验引线时，应做好防风措施，保证与带电体有足够的安全距离。更换试验引线时，应先对设备充分放电。 （7）在试验电缆时，应先对设备充分放电。施工人员严禁在电缆线路上做任何工作，防止感应电伤人。 （8）电缆耐压试验分相进行时，另外两相应可靠接地。 （9）变更接线、寻找故障和试验结束时应先断开试验电源，然后对被试电缆进行充分放电。 （10）电缆试验结束，应对被试电缆进行充分放电，并在被试电缆上加装临时接地线，待电缆尾线接通后才可拆除。 （11）电缆故障声测点时，禁止直接用手触摸电缆外皮或冒烟小洞，以免触电。 （12）遇有雷雨及六级以上大风应停止高压试验。 （13）作业人员严禁误碰或误动其他运行设备。 （14）监护人认真负责，坚守岗位，不得擅离职守	人员资质已核对，安全措施已执行
06050000	电缆停（送）电施工						
06050001	电缆切改	触电 中毒 窒息 高处坠落	环境变化、近电作业	90（6×1×15）	三	（1）工井、电缆沟作业前，施工区域设置标准路栏，并设置警示牌和告示牌，夜间施工使用警示灯。无盖板的电缆沟、沟槽、孔洞，以及放在人行道或车道上的电缆盘，设遮栏和相应的交通安全标志，夜间设警示灯。 （2）井口上下用绳索传送工器具、材料，并系牢稳，严禁上下抛物。 （3）有限空间作业有许可手续，严格进行气体检测，设专人监护，内外通信联络畅通，作业面保持通风。 （4）停发电工作前，组织召开停发电（切改）风险预控分析会，制订专项施工方案。 （5）接到工作许可后，按规定停电、验电，挂接地线。高压验电戴绝缘手套、穿绝缘鞋，正确使用验电器。挂接地线时先接地端，再接设备端，拆接地线时顺序相反，不得擅自移动或拆除接地线。 （6）选用与停电线路电压等级相匹配的接地线，地线接地要牢固，严格按程序挂、拆地线，挂地线时严禁人体与地线接触。	人员资质已核对，安全措施已执行

风险编号	工序	风险可能导致的后果	风险控制关键因素	风险评定值 D	风险级别	预　控　措　施	备注
06050001	电缆切改	触电 中毒 窒息 高处坠落	环境变化、近电作业	90（6× 1×15）	三	（7）开始断电缆以前，核对铭牌，并与电缆走向图图纸核对相符，使用专用仪器（如感应法）确切证实电缆无电后，方可进行切改作业。 （8）电缆切改前，用接地的带绝缘柄的铁钎或安全刺锥钉入电缆芯确证无电后，方可作业。扶绝缘柄的人应戴绝缘手套并站在绝缘垫上，并采取防灼伤措施（如防护面具等）。使用远控电缆割刀开断电缆时，刀头应可靠接地，周边其他作业人员应临时撤离，远控操作人员应与刀头保持足够的安全距离。 （9）作业人员严禁误碰或误动其他运行设备。监护人认真负责，坚守岗位，不得擅离职守。 （10）工作中要注意其他运行电缆及设备，必要时采取保护措施	人员资质已核对，安全措施已执行
06050002	电缆核相	触电		21（3× 1×7）	四	（1）发电、核相前认真核对路名开关号，检查电缆线路应无人工作，检查相位是否正确。 （2）用相对应电压等级的摇表对电缆进行绝缘摇测，检查电缆线路是否无问题。 （3）检查自挂地线是否全部拆除，此项工作设专人负责。 （4）全部工作结束后应向工作许可人告知。 （5）核相工作前，认真检查核相器接线是否正确，操作人员要精神集中，听从读表人指挥。此项工作必须由4个人进行，2人持核相杆，1人读表，1人监护。 （6）持杆人员持杆要稳，注意对地距离，直向持杆，严禁横向移动。 （7）在指定区域内工作，严禁超范围工作，施工人员严禁触动与工作无关的设备。 （8）核相工作完毕要认真检查现场，恢复开关柜和现场状态	
06060000	电缆线路竣工投运前验收						
06060001	电缆设备检查	触电		21（3× 1×7）	四	（1）进入有限空间前先进行气体检测，合格后方可进入。工作过程中实时进行气体检测。作业过程中气体检测仪报警，作业人员必须马上撤出。有限空间工作完毕撤出时清点工作人员。 （2）施工人员个人防护用品应完好，并能正确使用。进入施工现场工作人员严禁吸烟。 （3）使用专用工具开启工井井盖、电缆沟盖板及电缆隧道人孔盖，同时注意所立位置，防止滑脱。上下隧道扶好抓牢，井下应设置梯子。 （4）进入带电区域内工作时，严禁超范围工作及走动，严禁乱动无关设备及安全用具。在运行设备区域内，监护人严禁离开监护岗位。 （5）设备检查时，若发现设备有异常情况，立即汇报，严禁擅自处理	

第三节 施工安全风险管理

一、施工安全风险识别与评估

1. 三级及以上重大风险作业清单的编制与审查

三级及以上重大风险作业需编制清单并经过审查，基本要求如下：

（1）设计单位在施工图阶段，编制三级及以上重大风险作业清单。

（2）在施工图交底前，由总监理工程师协助建设单位组织进行现场勘察核实。

（3）在施工图会审时，参建单位审查设计单位提供的三级及以上重大风险清单。

2. 现场初勘

工程开工前，施工项目部按现场勘察记录上的内容组织现场初勘。现场勘察记录（表式）见表2-1-3-1。

表2-1-3-1　　　　　　　　　　　现场勘察记录（表式）

勘察单位		勘察负责人		
勘察人员				
作业项目		作业地点		
作业内容		风险等级	□初勘＿级	□复勘＿级
勘查的线路或设备的名称（多回应注明称号及方位）				

1. 需停电的设备

2. 保留的带电部位

3. 交叉跨越的部分

4. 作业现场的条件、环境及其他危险点

5. 应采取的安全措施

6. 附图与说明

注1：初勘由施工项目经理（或项目总工）组织，施工项目负责人、监理人员参加。超过一定规模的危险性较大的分部分项工程需设计人员参加。

注2：应用本表时，其格式可依据实际情况进行优化，但关键内容不得缺失。

注3：当本表用于复测时，"应采取的安全措施"栏中必须有结论，确定风险是否升级（不变或降级）

3. 形成风险识别评估清册

施工项目部根据风险初勘结果、项目设计交底以及审查后的三级及以上重大风险清单，识别出与本工程相关的所有风险作业并进行评估，确定风险实施计划安排，按表2-1-3-2形成风险识别、评估清册，报监理项目部审核。

表 2-1-3-2　风险识别、评估清册（含危大
工程一览表）（表式）

工程名称：

序号	工作内容	地理位置	包含部位	风险可能导致的后果	风险级别	风险编号	计划实施时间	备注

注：风险控制关键因素在作业复测后填入表格（备注栏）。各级风险均应逐项列出，组塔要明确到具体塔位，其他同。

二、施工安全风险复测

1. 施工项目部检查落实安全施工作业必备条件

施工项目部根据风险作业计划，提前开展施工安全风险复测。作业风险复测前，应按照表 2-1-3-3 的要求，检查落实安全施工作业必备条件是否满足要求，不满足要求的整改后方可开展后续工作。

表 2-1-3-3　　　安全施工作业必备条件

序号	指标	必备条件
1	作业人员安全培训	按规定要求经相应的安全生产教育和岗位技能培训，并考核合格
2	特种作业人员持证上岗	按照规定要求，取得相关特种作业证书
3	职业禁忌	作业人员经体检合格，无妨碍工作的病症
4	作业人员年龄	按相关规定，无超龄或年龄不足人员参与作业。年龄不小于 18 周岁，高处作业人员最大年龄不大于 55 周岁
5	设备设施定期检测	施工机械、设备应有合格证并按要求定期检测，且检测合格
6	设备和工器具准入检查	按照规定对设备和工器具进行准入检查，且检查合格
7	安全防护用品配备情况	按规定配备合格的安全防护用品
8	材料合格证	结构性材料均有合格证
9	材料送检率	根据相关规定，要求送检的材料均送检并符合要求（指对安全风险有影响的材料）

续表

序号	指标	必备条件
10	安全文明施工设施	施工现场符合《国家电网有限公司输变电工程安全文明施工标准》中强制性标准要求
11	施工安全技术方案（措施）及专家论证	按照《国家电网有限公司输变电安全管理规定》中附件所列分部分项工程制定专项施工方案，并审批（或专家论证）

2. 施工安全风险复测基本要求

（1）施工项目部根据工程进度，对即将开始的作业风险按照安全施工作业风险控制关键因素表（表 2-1-2-3）提前开展复测。重点关注地形、地貌、土质、气候、交通、周边环境、临边、临近带电体或跨越等情况，初步确定现场施工布置形式、可采用的施工方法，将复测结果和采取的安全措施填入施工作业票，作为作业票执行过程中的补充措施。

（2）复测时必须对风险控制关键因素进行判断，以确定复测后的风险等级。

（3）现场实际风险作业过程中，发现必备条件和风险控制关键因素发生明显变化时，驻队监理应立即要求停止作业，并将变化情况报监理项目部判别后，建设单位确定风险升级，按照新的风险级别进行管控。

三、风险作业计划

（1）作业开展前一周，施工项目部根据风险复测结果将三级及以上风险作业计划报监理、业主项目部及本单位；业主项目部收到风险作业计划后报上级主管单位。

（2）建设单位收到风险信息，与现场实际情况复核后报上级基建管理部门。二级风险作业由建设单位发布预警，风险作业完成后，解除预警。

（3）各参建单位收到三级及以上风险信息后，按照安全风险管理人员到岗到位要求制订计划并落实。

四、施工作业票和动火作业票

（1）禁止未开具施工作业票开展风险作业。

（2）风险作业前一天，作业班组负责人开具与风险作业对应的施工作业票，并履行审核签发程序，同步将三级及以上风险作业许可情况备案。输变电工程施工作业票分为 A 票和 B 票两种，每种票还有一个附件，即每日站班会及风险控制措施检查记录表。输变电工程施工作业 A 票格式见表 2-1-3-4，每日站班会及风险控制措施检查记录表（A 票附件）格式见表 2-1-3-5。输变电工程施工作业 B 票格式见表 2-1-3-6，每日站班会及风险控制措施检查记录表（B 票附件）格式见表 2-1-3-7。

（3）当在防火重点部位或场所以及禁止明火区动火作业，应按办理输变电工程动火作业票与施工作业票配套使用。输变电工程动火作业票格式见表 2-1-3-8。

表 2 - 1 - 3 - 4 输变电工程施工作业 A 票

工程名称：　　　　　　　　　　　　　　　　　编号：SZ－AX－×××××××××××××××××－

建设单位		监理单位		施工单位	
施工班组		初勘 风险等级		复测后 风险等级	
工序及 作业内容					
作业部位		地理位置			
开始时间		结束时间			
执行方案名称				施工人数	
方案技术要点					
具体人员分工	1. 班组负责人： 3. 机械操作工： 5. 其他施工人员：		2. 安全监护人： 4. 特种作业人员：（指明操作项目）		
主要风险	机械伤害、高处坠落、物体打击、触电、起重伤害、中毒、窒息、火灾、其他伤害				

作业必备条件	确认
1. 特种作业人员持证上岗	☐
2. 作业人员无妨碍工作的职业禁忌	☐
3. 无超龄或年龄不足人员参与作业	☐
4. 配备个人安全防护用品，并经检验合格，齐全、完好	☐
5. 结构性材料有合格证	☐
6. 按规定需送检的材料送检并符合要求	☐
7. 编制安全技术措施，安全技术方案制定并经审批或专家论证	☐
8. 施工人员经安全教育培训，并参加过本工程技术安全措施交底	☐
9. 确保高原医疗保障系统运转正常，施工人员经防疫知识培训、习服合格，施工点必须配备足够的应急药品和吸氧设备，尽量避免在恶劣气象条件下工作（仅高海拔地区施工需做此项检查）	☐
10. 施工机械、设备有合格证并经检测合格	☐
11. 工器具经准入检查，完好，经检查合格有效	☐

续表

12. 安全文明施工设施配置符合要求，齐全、完好	□
13. 各工作岗位人员对施工中可能存在的风险控制措施清楚	□

作业过程风险控制措施

一、安全综合控制措施

二、现场风险复测变化情况及补充控制措施

1. 变化情况

2. 控制措施

全员签名

新增人员签名：

班组负责人		审核人（班组安全员、技术员）	
安全监护人		签发人 （项目总工）	
签发日期			
备注			

注1：《每日站班会及风险控制措施检查记录表》作为施工作业票附件，代替站班会记录。

注2：新增人员包含入库人员及临时人员（厂家人员）

表 2 - 1 - 3 - 5　　　　　　　　　每日站班会及风险控制措施检查记录表（A 票附件）

作业票票号：

作业部位及内容				施工日期		
班组负责人			第一作业面	工作内容		
				安全监护人		
第二作业面	工作内容		第三作业面	工作内容		
	安全监护人			安全监护人		

检查内容	"三交"	交任务	施工作业票所列工作任务已宣读清楚	☐
		交安全	1. 交安全措施（见作业过程风险控制措施）已宣读清楚。	☐
			2. 补充安全措施已交代清楚	☐
		交技术	1. 施工作业票所列安全技术措施已宣读清楚。	☐
			2. 补充技术措施已交代清楚	☐
	"三查"（查衣着、查"三宝"、查精神状态）、查作业必备条件		1. 作业人员着装规范、精神状态良好，经安全培训。	☐
			2. 施工机械、设备有合格证并经检测合格。	☐
			3. 工器具经准入检查，完好，经检查合格有效。	☐
			4. 安全文明施工设施符合要求，齐全、完好。	☐
			5. 施工人员对工作分工清楚。	☐
			6. 各工作岗位人员对施工中可能存在的风险及控制措施清楚	☐
	当日控制措施检查		具体执行见作业过程风险控制措施	
	备注			

参加施工人员签名：

作业过程风险控制措施

当日需执行措施		落实情况
一、综合控制措施		
☐		☐
☐		☐
☐		☐
☐		☐
☐		☐

二、现场风险复核变化情况及补充控制措施

现场复核内容	风险控制关键因素	条件满足情况	风险异常原因
作业人员异常	作业班组骨干人员（班组负责人、班组安全员、班组技术员、作业面监护人、特殊工种）有同类作业经验，连续作业时间不超过 8h	☐	
机械设备异常	机具设备工况良好，不超年限使用；起重机械起吊荷载不超过额定起重量的 90%	☐	
周围环境	周边环境（含运输路况）未发生重大变化	☐	
气候情况	无极端天气状况	☐	
地质条件	地质条件无重大变化	☐	
临近带电体作业	作业范围与带电体的距离满足《安规》要求	☐	
交叉作业	交叉作业采取安全控制措施	☐	

续表

补充安全控制措施	
风险复核人	
当日风险等级	

表 2 - 1 - 3 - 6　　　　　　　　　　**输变电工程施工作业 B 票**

工程名称：　　　　　　　　　　　　　　编号：SZ - BX -×××××××××××××××××-

建设单位		监理单位		施工单位	
施工班组		初勘 风险等级		复测后 风险等级	
工序及作业内容					
作业部位		地理位置			
开始时间		结束时间			
执行方案名称				施工人数	
方案技术要点					
具体人员分工	1. 班组负责人：　　　　　　2. 安全监护人： 3. 机械操作工：　　　　　　4. 特种作业人员：（指明操作项目） 5. 其他施工人员：				
主要风险	机械伤害、高处坠落、物体打击、触电、起重伤害、中毒、窒息、火灾、电网停运、其他伤害				

作业必备条件	确认
1. 特种作业人员持证上岗	□
2. 作业人员无妨碍工作的职业禁忌	□
3. 无超龄或年龄不足人员参与作业	□
4. 配备个人安全防护用品，并经检验合格，齐全、完好	□
5. 结构性材料有合格证	□
6. 按规定需送检的材料送检并符合要求	□
7. 编制安全技术措施，安全技术方案制定并经审批或专家论证	□
8. 施工人员经安全教育培训，并参加过本工程技术安全措施交底	□
9. 确保高原医疗保障系统运转正常，施工人员经防疫知识培训、习服合格，施工点必须配备足够的应急药品和吸氧设备，尽量避免在恶劣气象条件下工作（仅高海拔地区施工需做此项检查）	□
10. 施工机械、设备有合格证并经检测合格	□
11. 工器具经准入检查，完好，经检查合格有效	□
12. 安全文明施工设施配置符合要求，齐全、完好	□

13. 各工作岗位人员对施工中可能存在的风险控制措施清楚	□

作业过程风险控制措施

一、关键点作业安全控制措施

二、安全综合控制措施

三、现场风险复测变化情况及补充控制措施
1. 变化情况

2. 控制措施

全员签名

新增人员签名：

班组负责人		审核人（项目部安全、技术专责）	
安全监护人		签发人（项目经理）	
监理人员（三级及以上风险）		业主项目经理/业主项目部安全专责（二级风险）	
签发日期			
备注			

注1：《每日站班会及风险控制措施检查记录表》作为施工作业票附件，代替站班会记录。

注2：新增人员包含入库人员及临时人员（厂家人员）

表 2－1－3－7　　　　　　**每日站班会及风险控制措施检查记录表（B 票附件）**

作业票票号：

作业部位及内容					施工日期		
班组负责人				第一作业面	工作内容		
					安全监护人		
第二作业面	工作内容			第三作业面	工作内容		
	安全监护人				安全监护人		
"三交"	交任务	施工作业票所列工作任务已宣读清楚					□
	交安全	1. 交安全措施（见作业过程风险控制措施）已宣读清楚。					□
		2. 补充安全措施已交代清楚					□
	交技术	1. 施工作业票所列安全技术措施已宣读清楚。					□
		2. 补充技术措施已交代清楚					□
检查内容	"三查"（查衣着、查"三宝"、查精神状态）、查作业必备条件	1. 作业人员着装规范、精神状态良好，经安全培训。					□
		2. 施工机械、设备有合格证并经检测合格。					□
		3. 工器具经准入检查，完好，经检查合格有效。					□
		4. 安全文明施工设施符合要求，齐全、完好。					□
		5. 施工人员对工作分工清楚。					□
		6. 各工作岗位人员对施工中可能存在的风险及控制措施清楚					□
	当日控制措施检查	具体执行见作业过程风险控制措施					
备注							

参加施工人员签名：

作业过程风险控制措施

当日需执行措施		落实情况
一、关键点作业安全控制措施		
□		□
□		□
□		□
□		□
□		□
□		□
二、综合控制措施		
□		□
□		□
□		□
□		□
□		□
□		□

三、现场风险复核变化情况及补充控制措施

现场复核内容	风险控制关键因素	条件满足情况	风险异常原因
作业人员异常	作业班组骨干人员（班组负责人、班组安全员、班组技术员、作业面监护人、特殊工种）有同类作业经验，连续作业时间不超过 8h	☐	
机械设备异常	机具设备工况良好，不超年限使用；起重机械起吊荷载不超过额定起重量的 90%	☐	
周围环境	周边环境（含运输路况）未发生重大变化	☐	
气候情况	无极端天气状况	☐	
地质条件	地质条件无重大变化	☐	
临近带电体作业	作业范围与带电体的距离满足《安规》要求	☐	
交叉作业	交叉作业采取安全控制措施	☐	
补充安全控制措施			
风险复核人			
当日风险等级			

到岗到位签到表

单位	姓名	职务/岗位	备注
建设单位			
监理单位			
施工单位			
业主项目部			
监理项目部			
施工项目部			

表 2-1-3-8　　　　　　　　　　**输变电工程动火作业票**

工程名称：　　　　　　　　　　编号：

施工班组		关联作业票票号	
工序及作业内容		动火部位	
开始时间		年　月　日　时起	
结束时间		年　月　日　时止	
具体人员分工	1. 动火班组负责人 2. 消防监护人： 3. 动火执行人： 4. 其他施工人员：		
主要风险	火灾、爆炸、灼烫、高处坠落、其他伤害		

动火作业必备条件	确认
1. 特种作业人员持证上岗	☐
2. 作业人员无妨碍工作的职业禁忌	☐
3. 作业区域消防设施齐全	☐
4. 配备个人安全防护用品，并经检验合格，齐全、完好	☐
5. 已开具施工作业票，且已执行相关安全措施	☐

续表

是否存在以下禁止动火情况	是	否
1. 存放易燃易爆物品的容器未清理干净前或未进行有效置换前	□	□
2. 风力达五级以上的露天作业	□	□
3. 喷漆现场	□	□
4. 遇有火险异常情况未查明原因和消除前	□	□

动火过程风险控制措施

一、综合（通用）控制措施	确认
有条件拆下的构件，如油管、阀门等应拆下来移至安全场所	□
在不宜动火的场所，可以采用不动火的方法代替而同样能够达到效果时，尽量采用替代的方法处理	□
在有可能导致火灾、爆炸的场所，应尽可能地把动火时间和范围压缩到最低限度	□
凡盛有或盛过易燃易爆等化学危险物品的容器、设备、管道等生产、储存装置，在动火作业前应将其与生产系统彻底隔离，并进行清洗置换，经分析合格后，方可动火作业	□
动火作业应由专人监护，动火作业前应清除动火现场及周围的易燃物品，或采取其他有效的安全防火措施，配备足够适用的消防器材	□
动火作业现场的通排风要良好，以保证泄漏的气体能顺畅排走	□
动火作业间断或终结后，应清理现场，确认无残留火种后，方可离开	□

二、作业部位动火安全措施

确认以上措施并签名

动作执行人		动火班组负责人	
消防监护人		审核人	
签发人		监理人员（一级动火）	

动火工作间断、终结时检查现场无残留火种

消防监护人签字 确认及日期	无火种□　　间断□　　终结□/签字：　　日期：
	无火种□　　间断□　　终结□/签字：　　日期：
	无火种□　　间断□　　终结□/签字：　　日期：
	无火种□　　间断□　　终结□/签字：　　日期：
	无火种□　　间断□　　终结□/签字：　　日期：
	无火种□　　间断□　　终结□/签字：　　日期：
	无火种□　　间断□　　终结□/签字：　　日期：
备注	消防监护人签字确认及日期可另外续页

说明：

1. 本动火作业票适用于输变电新建工程。动火作业票参与人员的安全职责及改扩建工程动火作业均执行《电力安全工作规程变电部分》的相关条款。

2. 新建工程动火作业票可按施工作业票流程办理，并与施工作业票关联使用。动火执行人应按对应的作业持证上岗。动火作业前，动火班组责人应交底，消防监护人确认现场措施完善，符合动火条件。作业部位动火安全措施为专用措施，依据现场实际情况进行填写、布置。

3. 动火作业票的各角色与施工作业票相对应。施工作业票班组负责人为动火班组负责人；安全监护人为消防监护人；一级动火作业票由施工项目经理签发，二级动火作业票由施工项目总工签发。一级动火区作业监理人员必须核查安全措施满足要求，并签字确认。

4. 动火作业票适用于一级和二级动火区。设备安装前，一、二级动火区中无相关设备、电缆、油箱、易燃易爆物体等，则无须办理动火票。

5. 一张施工作业票进行多点动火作业时，应分别办理动火作业票。

6. 一级动火区：油管道及与油系统相连的设备，油箱（除此之外的部位列为二级动火区域）；危险品仓库及汽车加油站、液化气站内；变压器等注油设备、蓄电池室（铅酸）；其他需要纳入一级动火管理的部位。

7. 二级动火区：动火地点有可能火花飞溅落至易燃易爆物体附近；电缆沟道（竖井）内、隧道内、电缆夹层；调度室、控制室、通信机房、电子设备间、计算机房、材料间；其他需要纳入二级动火管理的部位

五、风险作业过程管控

1. 风险作业前

（1）风险作业开始实施前，作业班组负责人必须召开站班会，宣读作业票进行交底。

（2）风险作业开始后、每日作业前，作业班组负责人应按照输变电工程施工作业票对当日风险进行复核、检查作业公备条件及当日控制措施落实情况、召开站班会对风险作业进行"三交三查"后方可开展作业。

（3）站班会应全程录音并存档，参与作业的人员进行全员签名。

2. 风险作业过程中

（1）风险作业过程中，作业人员应严格执行风险控制措施，遵守现场安全作业规章制度和作业规程，服从管理，正确使用安全工器具和个人安全防护用品，确保安全。在风险控制措施不到位的情况下，作业人员有权指出、上报，并拒绝作业。

（2）风险作业过程中，作业班组安全员及安全监护人员必须专职从事安全管理或监护工作，不得从事其他作业。

（3）风险作业过程中，作业班组负责人在作业时全程进行风险控制，同时应依据现场实际情况，及时向施工项目部提出变更风险级别的建议。

（4）风险作业过程中，如遇突发风险等特殊情况，任何人均应立即停止作业。

（5）风险作业过程中，各级管理人员按要求履行风险管控职责。

（6）三级及以上风险应实施远程视频监控，由各级风险值班管控人员进行监督。各单位同时采用"四不两直"形式进行检查监督。

3. 风险作业后

（1）每日作业结束后，作业班组负责人向施工项目部报告安全管理情况。

（2）风险作业完成后，作业班组负责人终结施工作业票并上报施工项目部，同时更新风险作业计划。

第四节　施工作业票管理

一、施工作业票管理应符合的规定

施工作业票管理应符合标准《国家电网有限公司电力建设安全工作规程》（Q/GDW 11957）的规定。

二、输变电工程施工作业票的填用

（1）四、五级风险作业填写输变电工程施工作业 A 票，由班组安全员、技术员审核后，项目总工签发。

（2）三级及以上风险作业填写输变电工程施工作业 B 票，由项目部安全员、技术员审核，项目经理签发后报监理审核后实施。涉及二级风险作业的 B 票还需报业主

项目部审核后实施，填写施工作业票，应明确施工作业人员分工。

（3）一个班组同一时间只能执行一张施工作业票，一张施工作业票可包涵最多一项三级及以上风险作业和多项四级、五级风险作业，按其中最高的风险等级确定作业票种类，作业票终结以最高等级的风险作业为准，未完成的其他风险作业延续到后续作业票。

（4）同一张施工作业票中存在多个作业面时，应明确各作业面的安全监护人。

（5）同一张作业票对应多个风险时，应经综合选用相应的预拉措施。

（6）不同施工单位之间存在交叉作业时，应知晓彼此的作业内容及风险，并在相关作业票中的"补充控制措施"栏，明确应采取的措施。

（7）施工作业票使用周期不得超过 30 天。

三、分包单位施工作业票使用规定

1. 施工单位委托的专业分包作业

对于施工单位委托的专业分包作业，可由专业分包商自行开具作业票，专业分包商需将施工作业票签发人、班组负责人、安全监护人报施工项目部备案，经施工项目部培训考核合格后方可开票。

2. 建设单位直接委托的变电站工程

对于建设单位直接委托的变电站消防工程作业、钢结构彩板安装施工作业、装配式围墙施工、图像监控等，涉及专业承包商独立完成的作业内容，由专业承包商将施工作业票签发人、班组负责人、安全运监护人报监理项目部备案，监理项目部负责督促专业承包商开具作业票。

第五节　风 险 公 示

风险作业场所应按照 Q/GDW 10250 输变电工程建设安全文明施工规程的规定，设置三级及以上施工现场风险管控公示牌，如图 2 - 1 - 5 - 1 所示。

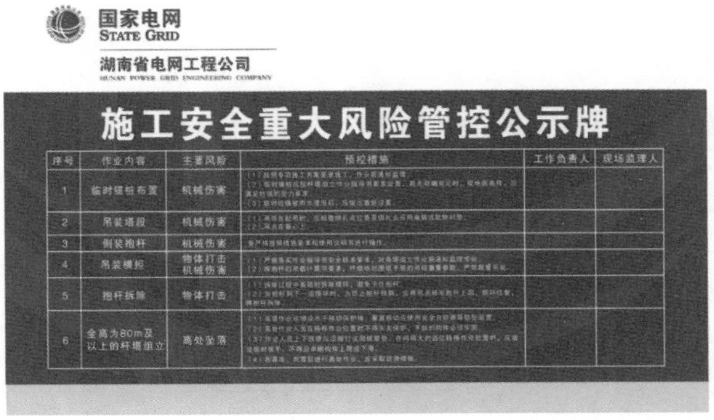

图 2 - 1 - 5 - 1　输变电工程三级及以上
施工现场风险管控公示牌示例

第二章

输变电工程建设安全文明施工管理

第一节　安全文明施工管理基本要求

一、营造安全文明施工良好氛围

应严格遵循《中华人民共和国安全生产法》《建设工程安全生产管理条例》等法律法规，贯彻"以人为本"的理念，通过推行安全文明施工标准化，应做到安全设施标准化、个人安全防护用品标准化、现场布置标准化和环境影响最小化，营造安全文明施工的良好氛围，创造良好的安全施工环境和作业条件。

文明施工是指在建设工程和建筑物、构筑物拆除等活动中，按照规定采取措施，保障施工现场作业环境、改善环境卫生和维护施工人员身体健康，并有效减少对周边环境影响的施工活动。安全设施是企业在生产经营活动中，将危险、有害因素控制在安全范围内，以及减少、预防和消除危害所配备的装置（设备）及采取的措施。个人安全防护用品是依据不同施工作业要求，为作业人员配备的相应防护用品，可以使其免遭或者减轻事故伤害和职业危害。

二、塑造施工现场统一、规范、整洁、美观视觉形象

开工前应通过施工总平面布置及规范临建设施、安全设施、标志、标识牌等式样和标准，达到现场视觉形象统一、规范、整洁、美观的效果。

三、倡导绿色环保施工方式

应严格遵守《建设工程施工现场环境与卫生标准》（JGJ 146）等工程建设环保、水保法律法规、标准，倡导绿色环保施工，尽量减少施工对环境的影响。

第二节　施工设施标准化配置

一、输变电工程建设安全文明施工设施标准化配置要求

安全文明施工设施应按照 Q/GDW 10250—2021 要求实施标准化配置。输变电工程建设安全文明施工设施标准化配置表为安全文明施工标准化最低配置，为工程现场提供实施、对照检查、核定的依据。输变电工程建设安全文明施工设施标准化配置表包括变电（换流）站工程部分、架空线路工程部分、电缆线路工程部分，每部分又分为若干部分。配置表所列设施考虑了不同地域、不同施工环境条件下需配置的设施，具体使用中，施工项目部可根据工程实际情况，在监理项目部的指导下据实选用、增补，满足工程安全文明施工需要。

在日常检查中，应将安全文明施工设施标准化配置工作作为必查内容，保证安全文明施工设施配置满足安全文明施工需要。

输变电工程建设安全文明施工设施标准化配置表中变电（换流）站工程部分见表 2-2-2-1，架空线路工程部分见表 2-2-2-2，电缆线路工程部分见表 2-2-2-3。

表 2-2-2-1　　　　　　　　　　变电（换流）站工程部分

编号	设施名称	单位	关键项	规　格	到货数量	发放数量	库存数量	选　用　说　明	检查试验情况（填写试验报告编号）
1. 通用部分									
1.1 着装要求									
1	胸卡	个		86mm×54mm	若干			所有入场人员持有	
2	普通安全帽	顶	★	符合 GB 2811《安全帽》	若干			红色安全帽为管理人员使用，黄色安全帽为运行人员使用，蓝色安全帽为检修（施工、试验等）人员使用，白色安全帽为外来参观人员使用	
3	防寒安全帽	顶	★	符合 GB 2811《安全帽》	若干			按需配置	
4	季节性工作服	套		自定	若干			按需配置	
5	阻燃防护服	套	★	符合 GB8965.1《防护服装　阻燃服》	若干			焊接或切割作业专用	
6	安监人员服装（橙或红）	套		自定	若干			按需配置	

编号	设施名称	单位	关键项	规　格	到货数量	发放数量	库存数量	选　用　说　明	检查试验情况（填写试验报告编号）
7	安监人员马甲（橙或红）	件		自定	若干			按需配置	
8	安监袖标	个		自定	若干			按需配置	
9	保安服	套		自定	若干			按需配置	

1.2 个人防护用品

编号	设施名称	单位	关键项	规　格	到货数量	发放数量	库存数量	选　用　说　明	检查试验情况
1	安全带	条	★	符合 GB 6095《安全带》	若干			依据作业条件选择类型	
2	全方位防冲击安全带	条	★	符合 GB 6095《安全带》	若干			依据作业条件选择类型	
3	二道防护绳	条	★	符合 GB 6095《安全带》	若干			超过 3m 应加装缓冲器	
4	垂直攀登自锁器	个	★	符合 GB 6095《安全带》	若干			按需配置	
5	垂直攀登绳	m	★	符合 GB 6095《安全带》	若干			按需配置	
6	水平安全绳	m	★	符合 GB 6095《安全带》	若干			按需配置	
7	速差自控器	个	★	符合 GB 24544《坠落防护 速差自控器》	若干			按需配置	
8	防护手套	双	★	自定	若干			按需配置，含特殊工种（如焊工手套）及季节性作业需求	
9	绝缘手套	双	★	自定	若干			专业电工、振捣工、打夯工等人员使用	
10	工作鞋	双	★	自定	若干			按需配置，含特殊工种（如焊工防护脚罩）及季节性作业需求	
11	绝缘鞋（靴）	双	★	自定	若干			专业电工、振捣工、打夯工等人员使用	
12	防护眼镜	副	★	自定	若干			按需配置，根据作业环境选型	
13	防毒面具	套	★	自定	若干			按需配置	
14	防护面罩	副	★	自定	若干			按需配置	
15	防尘口罩	副	★	自定	若干			按需配置	
16	防静电服（屏蔽服）	套	★	自定	若干			按需配置	
17	雨衣	套	★	自定	若干			按需配置	
18	雨靴	双	★	自定	若干			按需配置	
19	氯丁橡胶防护手套	双	★	自定	若干			六氟化硫气体充装、吸附剂更换以及有毒场所等专用物品	
20	氯丁橡胶防护服	套	★	自定	若干				
21	氯丁橡胶防护靴	双	★	自定	若干				
22	正压吸附防毒面具	个	★	自定	若干				
23	个人保安线	副	★	不小于 16mm^2	若干			按需配置	

续表

编号	设施名称	单位	关键项	规格	到货数量	发放数量	库存数量	选用说明	检查试验情况（填写试验报告编号）
24	反光背心	件		自定	若干			按需配置	
1.3　大型标志牌									
1	工程项目概况牌	块		建议尺寸：500kV 及以上工程为 1500mm×2400mm；220kV 及以上工程为 1200mm×2000mm；110（66）kV 及以上工程为 900mm×1500mm	1			新建变电站（站）大门外或项目部适宜地点	
2	工程项目管理目标牌	块			1				
3	工程项目建设管理责任牌	块			1				
4	安全文明施工纪律牌	块			1				
5	施工总平面布置图（包含水、电、消防）	块			1				
1.4　大门									
1	人员通行侧门	个		自定	若干			按需配置	
2	考勤设施	套		自定	1			按需配置	
3	个人防护用品正确佩戴示意图	幅		自定	1			按需配置	
4	警卫房	个		自定	1			按需配置	
1.5　消防器材（含办公、生活及施工现场）									
1	灭火器	只	★	按火源类型和空间环境选型	若干			置于灭火器箱内	
2	灭火器箱	个	★	两只装	若干			有火灾隐患的施工作业现场、临时用电各配电箱、办公、生活及材料站等区域均应配备	
3	手推式灭火器	个	★	自定	若干			置于油料类危险品处	
4	消防沙箱	个	★	自定	若干			置于易燃易爆危险品处	
5	消防锹	个	★		若干			按需配置	
6	消防水箱	个	★	自定	若干			按需配置	
7	消防桶	个	★	自定	若干			按需配置	
8	消防斧	把	★	自定	若干			按需配置	
9	消防器材架	个		自定	若干			按需配置	
10	消防钩	个	★	自定	若干			按需配置	
1.6　施工用电（含办公、生活及施工现场）									
1	总配电箱	个	★	自定	1			详见 GB50194《建设工程施工现场供用电安全规范》及 JGJ 46《施工现场临时用电安全技术规范》	
2	分配电箱	个	★	自定	若干				
3	开关箱	个	★	自定	若干				
4	便携式电源盘	个	★	自定	若干			电缆线长度不得超过 30m；且符合规范要求	
5	主电缆	m	★	五芯电缆	若干			满足现场负荷	

编号	设施名称	单位	关键项	规　格	到货数量	发放数量	库存数量	选　用　说　明	检查试验情况（填写试验报告编号）
6	分支电缆	m	★	五芯电缆	若干			满足现场负荷	
7	过路电缆防护	m	★	自定	若干			1. 预埋钢制（或绝缘）电缆穿管；2. 带凹槽的减速带；3. 路面槽钢或钢管防护（两端固定）；4. 架空防护	
8	地下电缆标识	个	★	自定	若干			按需配置	
9	接地体	个	★	施工用电配电箱重复接地应符合 DL 5009.3 的要求	若干			施工用电配电箱重复接地各处接地电阻不大于 10Ω	
10	接地线	m	★	施工用电配电箱重复接地应符合 DL 5009.3 第 3.2.31 条中 17 的要求	若干			按需配置	
11	禁止标志	块	★	符合 GB 2894 要求	若干			"禁止合闸，有人工作"	
12	警告标志	块	★	符合 GB 2894 要求	若干			"注意安全""当心触电"	
13	指令标志	块	★	符合 GB 2894 要求	若干			"必须戴防护手套""必须穿防护鞋"	
14	责任牌	块		自定	若干			按需配置，附于电源箱门板	

1.7　应急物资

编号	设施名称	单位	关键项	规　格	到货数量	发放数量	库存数量	选　用　说　明	检查试验情况
1	充电式应急灯	只	★	自定	若干			按需配备，置于应急专库内	
2	雨衣	件	★	自定	若干			按需配备，置于应急专库内	
3	雨鞋	双	★	自定	若干			按需配备，置于应急专库内	
4	铁锹	把	★	自定	若干			按需配备，置于应急专库内	
5	十字镐	把	★	自定	若干			按需配备，置于应急专库内	
6	急救药品、器材	个	★	自定	若干			药箱（含碘酒、医用酒精、纱布、绷带、镊子、剪刀、烧烫伤药等）、担架	
7	应急物资禁止挪用牌	块		自定	若干			置于应急专库外	
8	电源盘	套	★	自定	若干			配 30m 电缆使用，按需配备，置于应急专库内	
9	发电机	台	★	自定	若干			按需配备，置于应急专库内	
10	污水泵或潜水泵	套	★	自定	若干			按需配备，置于应急专库内（配 50m 水管）	
11	防雨布	块	★	自定	若干			按需配备，置于应急专库内	
12	沙袋、沙子	袋	★	自定	若干			按需配备，置于应急专库内	
13	防毒面具	个	★	自定	若干			按需配备，置于应急专库内	
14	防暴恐器具	套	★	自定	若干			头盔、拒止叉、防冲击拒马、棍棒、防刺背心等身体护具、警棍、盾牌等，按需配备，置于门卫房附近	
15	缓降/缓升器	个	★	自定	若干			按需配备，高处救援使用	
16	救援绳	m	★	自定	若干			按需配备，高处救援使用	
17	担架	副	★	自定	若干			按需配备	

续表

编号	设施名称	单位	关键项	规 格	到货数量	发放数量	库存数量	选 用 说 明	检查试验情况（填写试验报告编号）
18	送风设施	套	★	自定	若干			按需配置，狭窄或密闭空间补充新鲜空气及救援使用	
19	应急救援三脚架及吊笼	个	★	自定	若干			按需配置	
20	应急爬梯	个	★	自定	若干			按需配置	
21	通信设备	套	★	自定	若干			按需配置	
22	绝缘棒	个	★	自定	若干			按需配置	
23	提示遮栏	m	★	参见《国家电网有限公司输变电工程建设安全文明施工规程》	若干			警戒点隔离	
24	救生衣	件	★	自定	若干			按需配置	
25	救生圈	个	★	自定	若干			按需配置	
26	防滑链	套	★	自定	若干			按需配置，仅限于应急救援使用	

1.8 环保设施（含办公、生活及施工现场）

编号	设施名称	单位	关键项	规 格	到货数量	发放数量	库存数量	选 用 说 明	检查试验情况
1	防尘网	m²		自定	若干			施工机械经过和原土被扰动区域，根据气候及当地环境特点，选择性覆盖裸露土方、砂、灰	
2	洒水设施	m		自定	若干			生产临建和施工场降尘	
3	废料垃圾回收设施	把		自定	若干			各类废品回收垃圾池、箱、筒等	
4	车辆清洗装置	套		自定	若干			按需配置，设两级沉淀池，废水重复利用	
5	噪声监测仪	个		自定	若干			按需配置	
6	防油布	m²		自定	若干			按需配置，变压器等充油设备注、放油使用	

1.9 高海拔、极寒等特殊地区卫生防疫

编号	设施名称	单位	关键项	规 格	到货数量	发放数量	库存数量	选 用 说 明	检查试验情况
1	氧气袋（瓶）	个	★	自定	若干			按需配置	
2	高压氧舱	个	★	自定	若干			按需配置	
3	制氧机	个	★	自定	若干			按需配置	
4	简易血氧饱和度和心率检测仪	个	★	自定	若干			按需配置	
5	抗高原反应药品	盒	★	自定	若干			高原康胶囊、红景天胶囊、西洋参丸、丹参滴丸、葡萄糖等	
6	防疫物资	盒	★	自定	若干			四环素、磺胺嘧啶或链霉素等防御预防鼠疫类药物、新冠病毒感染防疫用品	

1.10 其他

编号	设施名称	单位	关键项	规 格	到货数量	发放数量	库存数量	选 用 说 明	检查试验情况
1	风速仪	台	★	自定	1			高处、起重作业用	
2	含氧量监测仪	台	★	自定	1			密闭及狭窄空间	
3	有害气体监测仪	台	★	自定	1				

续表

编号	设施名称	单位	关键项	规 格	到货数量	发放数量	库存数量	选 用 说 明	检查试验情况（填写试验报告编号）
4	梯子	把	★	从材料分为：竹木梯、金属梯、软梯、玻璃钢梯等；从类型分为：挂梯、单梯、双梯等；从用途分为：绝缘梯、非绝缘梯	若干			按需配置	
5	工作接地线	组	★	不小于25mm²	若干			按需配置	
6	保安接地线	副	★	16mm²				预防雷电及临近高压电力线作业时的感应电接地线	
7	接地体	组	★	预防雷电及临近带电体作业时的感应电接地装置应符合DL 5009.2的要求	若干			电焊机接地线接地电阻不大于4Ω	
8	设备状态牌	块		300mm×200mm 或 200mm×140mm	若干			分完好机械、待修机械及在修机械三种状态牌，置于设备处	
9	材料/工具状态牌	块		300mm×200mm 或 200mm×140mm	若干			分完好合格品、不合格品两种状态牌，置于材料堆放点和工具处	
10	机械设备安全操作规程牌	块		600mm×400mm	若干			按需配置，置于设备旁	
11	夜间警示灯	个	★	自定	若干			按需配置	
12	望远镜	台		自定	若干			便于监护人员观察高空作业情况	
13	道路井盖补强钢板	块	★	厚度不小于20mm	若干			按需配置，防止损坏盖板造成翻车事故	
14	安全宣传条幅	条		自定	若干			按需配置，适量即可	
15	高处作业人员工具包	个		自定	若干			按需配置	
16	视频监控装置	套		自定	若干			按需设置，提倡永临结合（含施工现场）	

2. 办公区与生活区配置

2.1 项目部办公区

编号	设施名称	单位	关键项	规 格	到货数量	发放数量	库存数量	选 用 说 明	检查试验情况（填写试验报告编号）
1	业主、设计、监理、施工各项目部铭牌	块		400mm×600mm	各一			置于各项目部办公室外墙上，每个项目部各自配备	
2	各功能办公室、会议室、卫生间门牌	块		自定	若干			置于各功能办公室、会议室、卫生间门上	
3	会议室上墙图牌	块		自定	4			安全文明施工组织机构图、安全文明施工管理目标、工程施工进度横道图、应急联络牌	
4	项目部宣传栏	块		1800mm×1200mm，总高度为2200mm	若干				
5	三级及以上施工现场风险管控公示牌	块		1800mm×1200mm	2			监理、施工项目部各一	

续表

编号	设施名称	单位	关键项	规　格	到货数量	发放数量	库存数量	选　用　说　明	检查试验情况（填写试验报告编号）
6	安全宣教学习教材	册		自定	若干			安规等安全知识宣传学习用图书	
7	安全宣教投影器材	台		自定	1				
8	防灭蚊、蝇、鼠器材	套		自定	若干			按需设置	
9	防疫物资	盒	★	自定	若干			如新冠病毒传染病防疫用品等，按需配置	
10	现场人员信息动态监控装置	套		自定	1			按要求设置	
11	警卫房	个		自定	1			按需配置	

2.2　项目部生活区

编号	设施名称	单位	关键项	规　格	到货数量	发放数量	库存数量	选　用　说　明	检查试验情况
1	防灭蚊、蝇、鼠器材	套	★	自定	若干			按需配置	
2	消毒碗柜	台	★	自定	若干			按需配置	
3	厨师服装	套		自定	若干			按需配置	
4	应急联络牌	块		自定	1			与同一摆放地点其他图牌协调一致	
5	废料池	个		自定	若干			按需配置	
6	防疫物资	盒	★	自定	若干			如新冠病毒传染病防疫用品等，按需配置	

2.3　班组办公区、生活区

编号	设施名称	单位	关键项	规　格	到货数量	发放数量	库存数量	选　用　说　明	检查试验情况
1	班组铭牌	块		400mm×600mm	若干			按需配置	
2	会议室上墙图牌	块		自定	4			岗位责任牌、应急联络牌、消防制度标牌和公示牌	
3	防灭蚊、蝇、鼠器材	套		自定	若干			按需设置	
4	消毒碗柜	台		自定	若干			按需配置	
5	厨师服装	套		自定	若干			按需配置	
6	食堂卫生制度牌	块		自定	1			悬挂于食堂	
7	防疫物资	盒	★	自定	若干			如新冠病毒传染病防疫用品等，按需配置	

3. 生产临建区配置

3.1　木材加工区

编号	设施名称	单位	关键项	规　格	到货数量	发放数量	库存数量	选　用　说　明	检查试验情况
1	装配式加工棚	个		自定	1			棚裙悬挂标牌，棚架推荐使用半固定半活动式	
2	禁止标志	块	★	符合 GB 2894 要求	若干			"禁止吸烟""禁止烟火""禁止戴手套"等	
3	警告标志	块	★	符合 GB 2894 要求	若干			"当心机械伤人""当心伤手""当心扎脚""当心火灾"等	
4	指令标志	块	★	符合 GB 2894 要求	若干			"必须戴防护眼镜""必须穿防护鞋""必须戴安全帽""必须穿防护服"等	
5	废料池	个		自定	若干			按需配置	

3.2　混凝土搅拌区（含砂石、水泥存放、沉淀池）

编号	设施名称	单位	关键项	规　格	到货数量	发放数量	库存数量	选　用　说　明	检查试验情况
1	装配式加工棚	个		自定	1			棚裙悬挂标牌，棚架推荐使用防尘封闭式	
2	禁止标志	块	★	符合 GB 2894 要求	若干			"禁止吸烟""禁止烟火"等	

编号	设施名称	单位	关键项	规　格	到货数量	发放数量	库存数量	选　用　说　明	检查试验情况（填写试验报告编号）
3	警告标志	块	★	符合 GB 2894 要求	若干			"当心机械伤人""当心伤手""当心坑洞""当心落物""当心滑跌"等	
4	指令标志	块	★	符合 GB 2894 要求	若干			"必须戴防护眼镜""必须戴安全帽""必须戴防尘口罩"等	
5	两级沉淀池	个		自定	1			特殊地区可考虑设置三级沉淀池	

3.3　危险品存放区

编号	设施名称	单位	关键项	规　格	到货数量	发放数量	库存数量	选　用　说　明	检查试验情况
1	危险品库房	间	★	自定	3			燃油一间；油漆稀料一间；其他化学品一间，房门外开，房间设置通风口	
2	危险品仓库标牌	块		自定	3			置于危险品库显著位置	
3	提示遮栏	m	★	参照《国家电网有限公司输变电工程建设安全文明施工规程》	若干			距离仓库外墙 1m 封闭	
4	防爆照明灯具	套	★	自定	若干			按需配置，置于库房内，开关置于房间外	
5	禁止标志	块	★	符合 GB 2894 要求	若干			"禁止吸烟""禁止烟火""禁止入内""禁止用水灭火"等	
6	警告标志	块	★	符合 GB 2894 要求	若干			"注意安全""当心火灾""当心爆炸""当心中毒"等	
7	指令标志	块	★	符合 GB 2894 要求	若干			"必须戴防毒面具"等	
8	材料状态牌	块		300mm×200mm 或 200mm×140mm	若干			分完好合格品、不合格品两种状态牌，置于材料堆放点	
9	推车	个		自定	若干			氧气、乙炔、SF_6 气体专用	
10	钢制箱笼	个		自定	若干			氧气、乙炔气体专用	
11	SF_6 气瓶罩棚	个		自定	1			按需配置	

3.4　材料/设备临时堆放区

编号	设施名称	单位	关键项	规　格	到货数量	发放数量	库存数量	选　用　说　明	检查试验情况
1	禁止标志	块	★	符合 GB 2894 要求	若干			"禁止吸烟""禁止烟火"等	
2	警告标志	块	★	符合 GB 2894 要求	若干			"当心扎脚""当心伤手""当心落物"等	
3	指令标志	块	★	符合 GB 2894 要求	若干			"必须戴安全帽""必须戴防护手套""必须穿防护鞋"等	

4.　站内分区隔离设施

编号	设施名称	单位	关键项	规　格	到货数量	发放数量	库存数量	选　用　说　明	检查试验情况
1	钢管扣件组装式安全围栏	m	★	参照《国家电网有限公司输变电工程建设安全文明施工规程》	若干			适用于相对固定的施工区域（材料站、加工区等）的划定、临空作业面（包括坠落高度 2m 及以上的基坑）的护栏及直径大于 1m 无盖板孔洞的围护	
2	门形组装式安全围栏	m	★		若干			适用于相对固定的施工区域、安全通道、重要设备保护、带电区分界、高压试验等危险区域的区划	
3	安全隔离网	m	★		若干			适用于扩建工程施工区与带电设备区域的隔离	
4	提示遮栏	m	★		若干			适用施工区域的划分与提示（如变电站内施工作业区、吊装作业区、电缆沟道及设备临时堆放区等）的围护	

续表

编号	设施名称	单位	关键项	规　格	到货数量	发放数量	库存数量	选　用　说　明	检查试验情况（填写试验报告编号）
5	禁止标志	块	★	自定	若干			"禁止跨越"，每块间距 15～20m	
6	站内照明灯具	套		自定	若干			置于站内主道路路边	
7	临时休息棚	套		自定	若干			按需设置，含配套设施（饮水、吸烟、休息）	
8	区域指示牌	套		自定	1			置于站区门口附近	
9	限速、限高标志	个	★	自定	1			置于站区门口附近（含立柱，标志牌下缘距地面的高度不小于2m）	

5. 土建工程施工区

5.1　基础施工区

5.1.1　土石方开挖作业（包括电缆沟道、围墙基槽）

5.1.1.1　机械开挖

编号	设施名称	单位	关键项	规　格	到货数量	发放数量	库存数量	选　用　说　明	检查试验情况
1	钢管扣件组装式安全围栏	m	★	参见《国家电网有限公司输变电工程建设安全文明施工规程》	若干			基坑临边围护、直径大于1m的孔洞	
2	禁止标志	块	★	符合 GB 2894 要求	若干			"禁止跨越""禁止通行"等	
3	警告标志	块	★	符合 GB 2894 要求	若干			"注意安全""当心坑洞""当心塌方""当心机械伤人"等	
4	指令标志	块	★	符合 GB 2894 要求	若干			"必须戴安全帽"等	
5	孔洞盖板	块	★	4～5mm 厚花纹钢板（或其他强度满足要求的材料，盖板强度不小于 10kPa）	若干			仅限直径小于1m的孔洞	

5.1.1.2　人工开挖

编号	设施名称	单位	关键项	规　格	到货数量	发放数量	库存数量	选　用　说　明	检查试验情况
1	钢管扣件组装式安全围栏	m	★	参见《国家电网有限公司输变电工程建设安全文明施工规程》	若干			基坑临边围护、直径大于1m的孔洞	
2	禁止标志	块	★	符合 GB 2894 要求	若干			"禁止跨越""禁止通行"等	
3	警告标志	块	★	符合 GB 2894 要求	若干			"注意安全""当心坑洞""当心塌方"等	
4	指令标志	块	★	符合 GB 2894 要求	若干			"必须戴安全帽"等	
5	孔洞盖板	块	★	4～5mm 厚花纹钢板（或其他强度满足要求的材料，盖板强度不小于 10kPa）	若干			仅限直径小于1m的孔洞	

5.1.2　爆破作业

编号	设施名称	单位	关键项	规　格	到货数量	发放数量	库存数量	选　用　说　明	检查试验情况
1	提示遮栏	m	★	参见《国家电网有限公司输变电工程建设安全文明施工规程》	若干			警戒点隔离	
2	禁止标志	块	★	符合 GB 2894 要求	若干			"禁止入内""禁止通行""禁止停留"等	
3	警告标志	块	★	符合 GB 2894 要求	若干			"注意安全""当心落物"等	

续表

编号	设施名称	单位	关键项	规　格	到货数量	发放数量	库存数量	选　用　说　明	检查试验情况（填写试验报告编号）
4	指令标志	块	★	符合 GB 2894 要求	若干			"必须戴安全帽"等	

5.1.3　桩基工程作业

5.1.3.1　机械成桩

1	钢管扣件组装式安全围栏	m	★	参见《国家电网有限公司输变电工程建设安全文明施工规程》	若干			用于泥浆池、蓄水池、水井四周、直径大于1m 的孔洞	
2	提示遮栏	m	★	参见《国家电网有限公司输变电工程建设安全文明施工规程》	若干			吊装区隔离	
3	禁止标志	块	★	符合 GB 2894 要求	若干			"禁止跨越""禁止通行"等	
4	警告标志	块	★	符合 GB 2894 要求	若干			"注意安全""当心坑洞""当心机械伤人"等	
5	指令标志	块	★	符合 GB 2894 要求	若干			"必须戴安全帽"等	
6	孔洞盖板	块	★	4～5mm 厚花纹钢板（或其他强度满足要求的材料，盖板强度不小于 10kPa）	若干			仅限直径小于 1m 的孔洞	

5.1.3.2　人工挖孔桩

1	钢管扣件组装式安全围栏	m	★	参见《国家电网有限公司输变电工程建设安全文明施工规程》	若干			直径大于 1m 的孔洞	
2	提示遮栏	m	★	参见《国家电网有限公司输变电工程建设安全文明施工规程》	若干			吊装区隔离	
3	禁止标志	块	★	符合 GB 2894 要求	若干			"禁止跨越""禁止通行"等	
4	警告标志	块	★	符合 GB 2894 要求	若干			"注意安全""当心坑洞""当心机械伤人"等	
5	指令标志	块	★	符合 GB 2894 要求	若干			"必须戴安全帽"等	
6	孔洞盖板	块	★	4～5mm 厚花纹钢板（或其他强度满足要求的材料，盖板强度不小于 10kPa）	若干			仅限直径小于 1m 的孔洞	

5.1.4　基础钢筋作业

1	提示遮栏	m	★	参见《国家电网有限公司输变电工程建设安全文明施工规程》	若干			吊装区隔离	
2	禁止标志	块	★	符合 GB 2894 要求	若干			"禁止跨越""禁止通行"等	
3	警告标志	块	★	符合 GB 2894 要求	若干			"当心坠落""当心落物""当心机械伤人""当心弧光""当心触电"等	
4	指令标志	块	★	符合 GB 2894 要求	若干			"必须戴安全帽""必须戴防护手套""必须戴遮光护目镜"等	

续表

编号	设施名称	单位	关键项	规　格	到货数量	发放数量	库存数量	选　用　说　明	检查试验情况（填写试验报告编号）
5.1.5　模板安/拆作业									
1	提示遮栏	m	★	参见《国家电网有限公司输变电工程建设安全文明施工规程》	若干			吊装区隔离	
2	禁止标志	块	★	符合 GB 2894 要求	若干			"禁止跨越""禁止通行"等	
3	警告标志	块	★	符合 GB 2894 要求	若干			"当心坠落""当心落物""当心机械伤人""当心吊物""当心挤压""当心伤手"等	
4	指令标志	块	★	符合 GB 2894 要求	若干			"必须戴安全帽""必须戴防护手套""必须穿防护鞋"等	
5.1.6　混凝土浇筑作业									
1	钢管扣件组装式安全围栏	m	★	参见《国家电网有限公司输变电工程建设安全文明施工规程》	若干			用于浇筑平台、临边防护	
2	提示遮栏	m	★	参见《国家电网有限公司输变电工程建设安全文明施工规程》	若干			吊装区隔离	
3	禁止标志	块	★	符合 GB 2894 要求	若干			"禁止跨越""禁止通行"等	
4	警告标志	块	★	符合 GB 2894 要求	若干			"当心机械伤人""当心坠落""当心触电"等	
5	指令标志	块	★	符合 GB 2894 要求	若干			"必须戴安全帽""必须戴防护手套""必须系安全带""必须穿防护鞋"等	
5.2　建筑物（含钢结构）施工区									
5.2.1　临边、孔洞及起重作业防护									
1	钢管扣件组装式安全围栏	m	★	参见《国家电网有限公司输变电工程建设安全文明施工规程》	若干			用于四口、五临边安全防护	
2	提示遮栏	m	★	参见《国家电网有限公司输变电工程建设安全文明施工规程》	若干			用于起重作业区域隔离	
3	孔洞盖板	块	★	4～5mm 厚花纹钢板（或其他强度满足要求的材料，盖板强度不小于 10kPa）	若干			仅限直径小于1m 的孔洞	
4	机械设备安全操作规程牌	块		600mm×400mm	若干			按需配置，置于设备旁	
5	禁止标志	块	★	符合 GB 2894 要求	若干			"禁止通行""禁止跨越"等	
6	警告标志	块	★	符合 GB 2894 要求	若干			"当心坑洞""当心坠落""当心落物""当心吊物"等	
5.2.2　脚手架搭拆作业									
1	钢管扣件组装式安全围栏	m	★	参见《国家电网有限公司输变电工程建设安全文明施工规程》	若干			用于作业层、平台、斜道四周或两侧防护	

续表

编号	设施名称	单位	关键项	规　格	到货数量	发放数量	库存数量	选　用　说　明	检查试验情况（填写试验报告编号）
2	密目式安全立网（或挡脚板）	m	★	密目网不低于800目/100cm^2（挡脚板厚18mm，高180mm）	若干			用于作业层、平台、斜道四周或两侧防护	
3	平网	m^2	★	参见 GB 5725《安全网》	若干			用于作业层下方	
4	安全通道	套	★	参见 Q/GDW 1274《变电工程落地式钢管脚手架施工安全技术规范》	若干			按需设置	
5	提示遮栏	m	★	参见《国家电网有限公司输变电工程建设安全文明施工规程》	若干			用于搭拆时作业区域隔离	
6	禁止标志	块	★	符合 GB 2894 要求	若干			"禁止烟火""禁止停留""禁止堆放"等	
7	警告标志	块	★	符合 GB 2894 要求	若干			"当心火灾""当心坠落""当心落物"等	
8	指令标志	块	★	符合 GB 2894 要求	若干			"必须戴安全帽""必须戴防护手套""必须系安全带""必须穿防护鞋"等	
9	提示标志	块	★	符合 Q/GDW 434《国家电网公司安全设施标准》	若干			"从此上下""从此进出"等	
10	脚手架验收牌	块		600mm×400mm	若干			监理验收合格后签名悬挂	

5.2.3　砌筑工程（含围墙、防火墙、挡土墙、护坡）

1	禁止标志	块	★	符合 GB 2894 要求	若干			"禁止烟火"等	
2	警告标志	块	★	符合 GB 2894 要求	若干			"当心落物""当心坠落"等	
3	指令标志	块	★	符合 GB 2894 要求	若干			"必须戴安全帽""必须系安全带"等	

5.2.4　装饰装修工程

1	禁止标志	块	★	符合 GB 2894 要求	若干			"禁止烟火""禁止吸烟"等	
2	警告标志	块	★	符合 GB 2894 要求	若干			"当心落物""当心坠落""当心机械伤人""当心弧光""当心触电""当心坑洞"等	
3	指令标志	块	★	符合 GB 2894 要求	若干			"必须戴安全帽""必须戴防尘口罩""必须系安全带"等	
4	安全带悬挂器	个	★		若干			在高墙建筑装饰缺少安全带挂点的部位使用	

6.　构支架施工区

1	提示遮栏	m	★	参见《国家电网有限公司输变电工程建设安全文明施工规程》	若干			用于起重作业区域隔离	
2	机械设备安全操作规程牌	块		600mm×400mm	若干			按需配置，置于设备旁	
3	禁止标志	块	★	符合 GB 2894 要求	若干			"禁止通行""禁止抛物""禁止攀登"等	

续表

编号	设施名称	单位	关键项	规 格	到货数量	发放数量	库存数量	选 用 说 明	检查试验情况（填写试验报告编号）
4	警告标志	块	★	符合 GB 2894 要求	若干			"当心吊物""当心坠落""当心落物""当心坑洞""当心弧光""当心火灾"等	
5	指令标志	块	★	符合 GB 2894 要求	若干			"必须戴安全帽""必须系安全带""必须穿防护鞋"等	

7. 电缆沟道施工区（含上下水）

7.1 普通场地沟道施工

编号	设施名称	单位	关键项	规 格	到货数量	发放数量	库存数量	选 用 说 明	检查试验情况（填写试验报告编号）
1	提示遮栏	m	★	参见《国家电网有限公司输变电工程建设安全文明施工规程》	若干			用于沟道隔离	
2	安全通道	个	★	自定	若干			电缆沟安全通道，每 50m 设置一处	
3	禁止标志	块	★	符合 GB 2894 要求	若干			"禁止跨越"等	
4	警告标志	块	★	符合 GB 2894 要求	若干			"当心坑洞""当心弧光""当心火灾"等	
5	指令标志	块	★	符合 GB 2894 要求	若干			"必须戴安全帽"等	
6	提示标志	块	★	符合 Q/GDW 434《国家电网公司安全设施标准》	若干			"从此进出"等	

7.2 过路及穿墙沟道施工

编号	设施名称	单位	关键项	规 格	到货数量	发放数量	库存数量	选 用 说 明	检查试验情况（填写试验报告编号）
1	提示遮栏	m	★	参见《国家电网有限公司输变电工程建设安全文明施工规程》	若干			用于沟道隔离	
2	钢管扣件组装式安全围栏	m	★	参见《国家电网有限公司输变电工程建设安全文明施工规程》	若干			用于临路边电缆沟安全防护	
3	禁止标志	块	★	符合 GB 2894 要求	若干			"禁止通行""禁止跨越"等	
4	警告标志	块	★	符合 GB 2894 要求	若干			"注意安全""当心坑洞""当心碰头"等	

8. 站区道路施工区

编号	设施名称	单位	关键项	规 格	到货数量	发放数量	库存数量	选 用 说 明	检查试验情况（填写试验报告编号）
1	提示遮栏	m	★	参见《国家电网有限公司输变电工程建设安全文明施工规程》	若干			用于作业区域隔离	
2	禁止标志	块	★	符合 GB 2894 要求	若干			"禁止通行"等	
3	警告标志	块	★	符合 GB 2894 要求	若干			"当心坑洞"等	
4	指令标志	块	★	符合 GB 2894 要求	若干			"必须戴安全帽""必须戴防护手套""必须穿防护鞋"等	
5	机械设备安全操作规程牌	块		600mm×400mm	若干			按需配置，置于设备旁	

9. 电气设备安装施工区

9.1 接地工程施工作业（换流站接地极施工、避雷针施工）

编号	设施名称	单位	关键项	规 格	到货数量	发放数量	库存数量	选 用 说 明	检查试验情况（填写试验报告编号）
1	提示遮栏	m	★	参见《国家电网有限公司输变电工程建设安全文明施工规程》	若干			用于起重作业区域隔离	

续表

编号	设施名称	单位	关键项	规　格	到货数量	发放数量	库存数量	选　用　说　明	检查试验情况（填写试验报告编号）
2	钢管扣件组装式安全围栏	m	★	参见《国家电网有限公司输变电工程建设安全文明施工规程》	若干			用于深度超过 2m 接地沟四周	
3	机械设备安全操作规程牌	块		600mm×400mm	若干			按需配置，置于设备旁	
4	禁止标志	块	★	符合 GB 2894 要求	若干			"禁止通行""禁止烟火""禁止吸烟"等	
5	警告标志	块	★	符合 GB 2894 要求	若干			"当心吊物""当心坠落""当心落物""当心弧光""当心火灾"等	
6	指令标志	块	★	符合 GB 2894 要求	若干			"必须戴安全帽""必须系安全带""必须穿防护鞋""必须佩戴防毒面具""必须佩戴遮光护目镜""必须戴防尘口罩"等	

9.2　户外 AIS 配电装置安装作业

编号	设施名称	单位	关键项	规　格	到货数量	发放数量	库存数量	选　用　说　明	检查试验情况
1	提示遮栏	m	★	参见《国家电网有限公司输变电工程建设安全文明施工规程》	若干			用于起重作业区域隔离	
2	机械设备安全操作规程牌	块		600mm×400mm	若干			按需配置，置于设备旁	
3	禁止标志	块	★	符合 GB 2894 要求	若干			"禁止通行"等	
4	警告标志	块	★	符合 GB 2894 要求	若干			"当心吊物"等	
5	指令标志	块	★	符合 GB 2894 要求	若干			"必须戴安全帽""必须系安全带""必须穿防护鞋""必须戴防毒面具""必须戴防护手套"等	

9.3　户外 GIS 配电装置安装作业

编号	设施名称	单位	关键项	规　格	到货数量	发放数量	库存数量	选　用　说　明	检查试验情况
1	提示遮栏	m	★	参见《国家电网有限公司输变电工程建设安全文明施工规程》	若干			用于起重作业区域隔离	
2	机械设备安全操作规程牌	块		600mm×400mm	若干			按需配置，置于设备旁	
3	禁止标志	块	★	符合 GB 2894—2008 要求	若干			"禁止通行"等	
4	警告标志	块	★	符合 GB 2894 要求	若干			"当心吊物"等	
5	指令标志	块	★	符合 GB 2894 要求	若干			"必须戴安全帽""必须系安全带""必须穿防护鞋""必须戴防毒面具""必须戴防护手套"等	

9.4　主变压器/油浸式高压电抗器/换流变压器/平波电抗器安装作业

编号	设施名称	单位	关键项	规　格	到货数量	发放数量	库存数量	选　用　说　明	检查试验情况
1	提示遮栏	m	★	参见《国家电网有限公司输变电工程建设安全文明施工规程》	若干			用于起重作业区域隔离	
2	机械设备安全操作规程牌	块		600mm×400mm	若干			按需配置，置于设备旁	
3	禁止标志	块	★	符合 GB 2894 要求	若干			"禁止通行""禁止吸烟""禁止烟火"等	

续表

编号	设施名称	单位	关键项	规　格	到货数量	发放数量	库存数量	选　用　说　明	检查试验情况（填写试验报告编号）
4	警告标志	块	★	符合 GB 2894 要求	若干			"当心吊物""当心滑倒""当心跌落""当心机械伤人""当心坠落""当心障碍物""当心火灾""当心夹手"等	
5	指令标志	块	★	符合 GB 2894 要求	若干			"必须戴安全帽""必须系安全带""必须穿防护鞋"等	
9.5 辅助设备安装作业									
1	禁止标志	块	★	符合 GB 2894 要求	若干			"禁止通行""禁止吸烟""禁止烟火"等	
2	警告标志	块	★	符合 GB 2894 要求	若干			"当心孔洞""当心跌落""当心机械伤人""当心障碍物""当心夹手"等	
3	指令标志	块	★	符合 GB 2894 要求	若干			"必须戴安全帽"等	
9.6 户内 AIS 配电装置安装作业									
1	机械设备安全操作规程牌	块		600mm×400mm	若干			按需配置，置于设备旁	
2	禁止标志	块	★	符合 GB 2894 要求	若干			"禁止通行""禁止吸烟""禁止烟火"等	
3	警告标志	块	★	符合 GB 2894 要求	若干			"当心吊物""当心伤手""当心跌落""当心挤压""当心坠落""当心障碍物""当心火灾""当心夹手"等	
4	指令标志	块	★	符合 GB 2894 要求	若干			"必须戴安全帽""必须系安全带""必须穿防护鞋"等	
9.7 户内 GIS 配电装置和高压柜安装作业									
1	机械设备安全操作规程牌	块		600mm×400mm	若干			按需配置，置于设备旁	
2	禁止标志	块	★	符合 GB 2894 要求	若干			"禁止通行"等	
3	警告标志	块	★	符合 GB 2894 要求	若干			"当心吊物"等	
4	指令标志	块	★	符合 GB 2894 要求	若干			"必须戴安全帽""必须系安全带""必须穿防护鞋""必须戴防毒面具""必须戴防护手套"等	
9.8 户内无功补偿等其他装置安装作业									
1	机械设备安全操作规程牌	块		600mm×400mm	若干			按需配置，置于设备旁	
2	禁止标志	块	★	符合 GB 2894 要求	若干			"禁止通行""禁止吸烟""禁止烟火"等	
3	警告标志	块	★	符合 GB 2894 要求	若干			"当心吊物""当心伤手""当心跌落""当心挤压""当心坠落""当心障碍物""当心火灾""当心夹手"等	
4	指令标志	块	★	符合 GB 2894 要求	若干			"必须戴安全帽""必须系安全带""必须穿防护鞋"等	
9.9 二次设备安装作业									
1	提示遮栏	m	★	参见《国家电网有限公司输变电工程建设安全文明施工规程》	若干			用于起重作业区域隔离	

续表

编号	设施名称	单位	关键项	规 格	到货数量	发放数量	库存数量	选 用 说 明	检查试验情况（填写试验报告编号）
2	机械设备安全操作规程牌	块		600mm×400mm	若干			按需配置，置于设备旁	
3	安全通道	个	★	自定	若干			电缆沟安全通道，每50m设置一处	
4	孔洞盖板	个	★	4～5mm厚花纹钢板（或其他强度满足要求的材料，盖板强度不小于10kPa)	若干			用于二次作业安全平台沟道覆盖，建议使用可伸缩式	
5	梯子	个	★	自定	若干				
6	禁止标志	块	★	符合GB 2894要求	若干			"禁止通行""禁止吸烟""禁止烟火"等	
7	警告标志	块	★	符合GB 2894要求	若干			"当心吊物""当心伤手""当心跌落""当心挤压""当心坠落""当心电缆""当心碰头"等	
8	指令标志	块	★	符合GB 2894要求	若干			"必须戴安全帽""必须系安全带""必须穿防护鞋"等	

9. 10 脚手架搭拆作业

编号	设施名称	单位	关键项	规 格	到货数量	发放数量	库存数量	选 用 说 明	检查试验情况
1	钢管扣件组装式安全围栏	m	★	参见《国家电网有限公司输变电工程建设安全文明施工规程》	若干			用于作业层、平台、斜道四周或两侧防护	
2	密目式安全立网（或挡脚板)	m	★	密目网不低于800目/1000mm²（挡脚板厚18mm，高180mm)	若干			用于作业层、平台、斜道四周或两侧防护	
3	平网	m²	★	参见GB 5725《安全网》	若干			用于作业层下方	
4	安全通道	套	★	参见Q/GDW 1274《变电工程落地式钢管脚手架施工安全技术规范》	若干			按需设置	
5	提示遮栏	m	★	参见《国家电网有限公司输变电工程建设安全文明施工规程》	若干			用于搭拆时作业区域隔离	
6	禁止标志	块	★	符合GB 2894要求	若干			"禁止烟火""禁止停留""禁止堆放"等	
7	警告标志	块	★	符合GB 2894要求	若干			"当心火灾""当心坠落""当心落物"等	
8	指令标志	块	★	符合GB 2894要求	若干			"必须戴安全帽""必须戴防护手套""必须系安全带""必须穿防护鞋"等	
9	提示标志	块	★	符合Q/GDW 434《国家电网公司安全设施标准》	若干			"从此上下""从此进出"等	
10	脚手架验收牌	块		600mm×400mm	若干			监理验收合格后签名悬挂	

10. 电气试验、调整，继电保护调试传动施工区

编号	设施名称	单位	关键项	规 格	到货数量	发放数量	库存数量	选 用 说 明	检查试验情况
1	提示遮栏	m	★	参见《国家电网有限公司输变电工程建设安全文明施工规程》	若干			用于起重作业、试验及带电区域隔离警示	

续表

编号	设施名称	单位	关键项	规格	到货数量	发放数量	库存数量	选用说明	检查试验情况（填写试验报告编号）
2	机械设备安全操作规程牌	块		600mm×400mm	若干			按需配置，置于设备旁	
3	禁止标志	块	★	符合 GB 2894 要求	若干			"禁止通行""禁止合闸"等	
4	警告标志	块	★	符合 GB 2894 要求	若干			"注意安全""当心吊物""当心触电"等	
5	指令标志	块	★	符合 GB 2894 要求	若干			"必须戴安全帽""必须系安全带""必须穿防护鞋"等	
6	提示标志	块	★	符合 Q/GDW 434《国家电网公司安全设施标准》	若干			"在此工作"等	
11. 改扩建工程施工区									
1	绝缘升降平台	副	★	自定	若干			按需配置	
2	禁止标志	块	★	符合 GB 2894 要求	若干			"禁止通行""禁止入内"等	
3	警告标志	块	★	符合 GB 2894 要求	若干			"注意安全""当心吊物""当心触电""当心坠落"等	
4	指令标志	块	★	符合 GB 2894 要求	若干			"必须戴安全帽""必须系安全带""必须穿防护鞋"等	
5	提示标志	块	★	符合 Q/GDW 434《国家电网公司安全设施标准》	若干			"在此工作"等	
6	绝缘硬质安全围栏	m	★				若干	用于带电区与施工区之间的隔离，推荐使用玻璃钢材料	
7	限速、限高标志	个	★	自定	1				

表 2-2-2-2　　　　　　　架 空 线 路 工 程 部 分

编号	设施名称	单位	关键项	规格	到货数量	发放数量	库存数量	选用说明	检查试验情况（填写试验报告编号）
1. 通用部分									
1.1 着装要求									
1	胸卡	个		86mm×54mm				所有入场人员持有	
2	普通安全帽	顶	★	符合 GB 2811《安全帽》				红色安全帽为管理人员使用，黄色安全帽为运行人员使用，蓝色安全帽为检修（施工、试验等）人员使用，白色安全帽为外来参观人员使用	
3	防寒安全帽	顶	★	符合 GB 2811《安全帽》				按需配置	
4	季节性工作服	套		自定				按需配置	
5	阻燃防护服	套	★	符合 GB 8965.1《防护服装　阻燃服》				焊接或切割作业专用	

续表

编号	设施名称	单位	关键项	规　格	到货数量	发放数量	库存数量	选　用　说　明	检查试验情况（填写试验报告编号）
6	安监人员服装（橙或红）	套		自定				按需配置	
7	安监人员马甲（橙或红）	件		自定				按需配置	
8	安监袖标	个		自定				按需配置	

1.2　个人防护用品

编号	设施名称	单位	关键项	规　格	到货数量	发放数量	库存数量	选　用　说　明	检查试验情况
1	安全带	条	★	符合 GB 6095《安全带》				依据作业条件选择类型	
2	全方位防冲击安全带	条	★	符合 GB 6095《安全带》				依据作业条件选择类型	
3	二道防护绳	条	★	符合 GB 6095《安全带》				超过 3m 应加装缓冲器	
4	垂直攀登自锁器	个	★	符合 GB 6095《安全带》				按需配置	
5	垂直攀登绳	m	★	符合 GB 6095《安全带》				按需配置	
6	水平安全绳	m	★	符合 GB 6095《安全带》				按需配置	
7	速差自控器	个	★	符合 GB 24544《坠落防护　速差自控器》				按需配置	
8	防护手套	双	★	自定				按需配置，含特殊工种（如焊工手套）及季节性作业需求	
9	绝缘手套	双	★	自定				专业电工、振捣工、打夯工等人员使用	
10	工作鞋	双	★	自定				按需配置，含特殊工种（如焊工防护脚罩）及季节性作业需求	
11	绝缘鞋（靴）	双	★	自定				专业电工、振捣工、打夯工等人员使用	
12	防护眼镜	个	★	自定				按需配置，根据作业环境选型	
13	防毒面具	套	★	自定				按需配置	
14	防护面罩	副	★	自定				按需配置	
15	防尘口罩	副	★	自定				按需配置	
16	防静电服（屏蔽服）	套	★	自定				按需配置	
17	雨衣	套	★	自定				按需配置	
18	雨靴	双	★	自定				按需配置	
19	救生衣	件	★	自定				按需配置	
20	救生圈	个	★	自定				按需配置	
21	个人保安线	副	★	不小于 16mm^2				按需配置	
22	反光背心	件		自定				按需配置	

续表

编号	设施名称	单位	关键项	规　格	到货数量	发放数量	库存数量	选　用　说　明	检查试验情况（填写试验报告编号）
1.3	大型标志牌								
1	工程项目概况牌	块		参考尺寸：500kV 及以上输变电工程为1500mm×2400mm；220kV 及以上输变电工程为1200mm×2000mm；110(66)kV 及以上输变电工程为 900mm×1500mm				项目部适宜地点	
2	工程项目管理目标牌	块							
3	工程项目建设管理责任牌	块							
4	安全文明施工纪律牌	块							
5	施工总平面布置图	块						包含线路走径、办公、生活、医院、材料设备堆放、加工等区域，设置在项目部、材料站适宜地点	
1.4	消防器材（含办公、生活及施工现场）								
1	灭火器	只	★	按火源类型和空间环境选型				置于灭火器箱内	
2	灭火器箱	个	★	两只装				有火灾隐患的施工作业现场、临时用电各配电箱、办公、生活及材料站等区域均应配备	
3	消防沙箱	个	★	自定				置于易燃易爆危险品处	
4	消防锹	个	★					按需配置	
5	消防水箱	个	★	自定				按需配置	
6	消防桶	个	★	自定				按需配置	
7	消防斧	把	★	自定				按需配置	
8	消防器材架	个		自定				按需配置	
9	消防钩	个	★	自定				按需配置	
1.5	施工用电（含办公、生活及施工现场）								
1	总配电箱	个	★	自定				详见 GB 50194《建设工程施工现场供用电安全规范》及 JGJ 46《施工现场临时用电安全技术规范》	
2	分配电箱	个	★	自定					
3	开关箱	个	★	自定					
4	便携式电源盘	个	★	自定				限 220V、2kW 以下负荷使用，电缆线长度不得超过 30m；且符合上述规范	
5	主电缆	m	★	五芯电缆				满足现场、材料站负荷	
6	分支电缆	m	★	五芯电缆				满足现场、材料站负荷	
7	过路电缆防护	m	★	自定				预埋钢制（或绝缘）电缆穿管、带凹槽的减速带、路面槽钢或钢管防护（两端固定）、架空防护	
8	地下电缆标识	个	★	自定				按需配置	

续表

编号	设施名称	单位	关键项	规 格	到货数量	发放数量	库存数量	选 用 说 明	检查试验情况（填写试验报告编号）
9	接地体	个	★	施工用电配电箱重复接地应符合 GB 50194 的要求				施工用电配电箱重复接地各处接地电阻不大于 10Ω	
10	接地线	m	★	施工用电配电箱重复接地应符合 DL 5009.3 的要求				按需配置	
11	禁止标志	块	★	符合 GB 2894 要求				"禁止合闸，有人工作"	
12	警告标志	块	★	符合 GB 2894 要求				"注意安全""当心触电"	
13	指令标志	块	★	符合 GB 2894 要求				"必须戴防护手套""必须穿防护鞋"	
14	责任牌	块		自定				按需配置，附于电源箱门板	
1.6	应急物资								
1	充电式应急灯	只	★	自定				按需配置，置于应急专库内	
2	雨衣	套	★	自定				按需配置，置于应急专库内	
3	雨鞋	套	★	自定				按需配置，置于应急专库内	
4	铁锹	把	★	自定				按需配置，置于应急专库内	
5	十字镐	把	★	自定				按需配置，置于应急专库内	
6	急救药品、器材	个	★	自定				药箱（含碘酒、医用酒精、纱布、绷带、镊子、剪刀、烧烫伤药等）、担架等	
7	应急物资禁止挪用牌	块		自定				置于应急专库外	
8	电源盘	套	★	自定				配 30m 电缆使用。按需配备，置于应急专库内	
9	发电机	台	★	自定				按需配备，置于应急专库内	
10	污水泵或潜水泵	套	★	自定				按需配备，置于应急专库内（配 50m 水管）	
11	防雨布	块	★	自定				按需配备，置于应急专库内	
12	沙袋、沙子	袋	★	自定				按需配备，置于应急专库内	
13	防毒面具	个	★	自定				按需配备，置于应急专库内	
14	防暴恐器具	套	★	自定				按需配备，头盔、拒止叉、防冲击拒马、棍棒、防刺背心等身体护具、盾牌等，按需配备，置于门卫房附近	
15	缓降/缓升器	个	★	自定				按需配置，高处救援使用	
16	救援绳	m	★	自定				按需配置，高处救援使用	
17	担架	副	★	自定				按需配备	
18	送风设施	套	★	自定				狭窄或密闭空间救援使用	
19	应急救援三脚架及吊笼	个	★	自定				按需配置	
20	应急爬梯	个	★	自定				按需配置	
21	通信设备	套	★	自定				按需配置	
22	绝缘棒	支	★	自定				按需配置	

续表

编号	设施名称	单位	关键项	规 格	到货数量	发放数量	库存数量	选 用 说 明	检查试验情况（填写试验报告编号）
23	提示遮栏	m	★	参见《国家电网有限公司输变电工程建设安全文明施工规程》				警戒点隔离	
24	救生衣	件	★	自定				按需配置	
25	救生圈	个	★	自定				按需配置	
26	防滑链	套	★	自定				按需配置，仅限于应急救援使用	

1.7 环保设施（含办公、生活及施工现场）

编号	设施名称	单位	关键项	规 格	到货数量	发放数量	库存数量	选 用 说 明	检查试验情况
1	防尘网	m²		自定				施工机械经过和原土被扰动区域，根据气候及当地环节特点，选择性覆盖裸露土方、砂、灰	
2	废料垃圾回收设施	把		自定				各类废品回收垃圾池、箱、筒等	
3	彩条布	卷		自定				保护植被以及市区及道路周边开挖与市政其他设施隔离	
4	噪声监测仪	个		自定				按需配置	

1.8 高海拔、极寒等特殊地区卫生防疫

编号	设施名称	单位	关键项	规 格	到货数量	发放数量	库存数量	选 用 说 明	检查试验情况
1	氧气袋（瓶）	个	★	自定				按需配置	
2	高压氧舱	个	★	自定				按需配置	
3	制氧机	个	★	自定				按需配置	
4	简易血氧饱和度和心率检测仪	个	★	自定				按需配置	
5	抗高原反应药品	盒	★	自定				高原康胶囊、红景天胶囊、西洋参片、丹参滴丸、葡萄糖等	
6	防疫物资	盒	★	自定	若干			如新冠病毒传染病防疫用品等，按需配置	

1.9 其他

编号	设施名称	单位	关键项	规 格	到货数量	发放数量	库存数量	选 用 说 明	检查试验情况
1	风速仪	台		自定				按需配置，高处、起重作业使用	
2	含氧量监测仪	台	★	自定				密闭及狭窄空间	
3	有害气体监测仪	台	★	自定				密闭及狭窄空间	
4	送风设施	套	★	自定				按需配置，狭窄或密闭空间补充新鲜空气及救援使用	
5	梯子	把	★	从材料分为：竹木梯、金属梯、软梯、玻璃钢梯等；从类型分为：挂梯、单梯、双梯等；从用途分为：绝缘梯、非绝缘梯				按需配置	
6	工作接地线	组	★	不小于 25mm²				按需配置	
7	保安接地线	m	★	16mm²				预防雷电及临近高压电力线作业时的感应电接地线	

编号	设施名称	单位	关键项	规 格	到货数量	发放数量	库存数量	选 用 说 明	检查试验情况（填写试验报告编号）
8	接地体	组	★	预防雷电及临近高压电力线作业时的感应电接地装置应符合GB 50194 第 8.1.8 条				电焊机接地线接地电阻不大于 4Ω	
9	设备状态牌	块		300mm×200mm 或 200mm×140mm				分完好机械、待修机械及在修机械三种状态牌，置于设备处	
10	材料/工具状态牌	块		300mm×200mm 或 200mm×140mm				分完好合格品、不合格品两种状态牌，置于材料堆放点和工具处	
11	机械设备安全操作规程牌	块		600mm×400mm				按需配置，置于设备旁	
12	守夜帐篷	个		仅限于帆布（夹棉）装配式帐篷、禁止使用塑料制品、竹木板等搭设，颜色自定				按需配置	
13	夜间警示灯	个	★	自定				按需配置	
14	超声波驱狗器	个		自定				按需配置，林、牧区施工专用	
15	望远镜	台		自定				便于监护人员观察高空作业情况	
16	道路井盖补强钢板	块	★	厚度不小于 20mm				按需配置，防止损坏盖板造成翻车事故	
17	安全宣传条幅	条		自定				按需配置，适量即可	
18	脚扣	付	★	自定				按需配置	
19	升降板	付	★	自定				按需配置	
20	高处作业人员工具包	个		自定				按需配置	
21	视频监控装置	套		自定				按需配置（含施工现场）	

2. 项目部配置

2.1 办公区（不含办公用品）

1	业主、设计、监理、施工各项目部铭牌	块		400mm×600mm				置于各项目部办公室外墙上，每个项目部各自配备	
2	各功能办公室、会议室、卫生间门牌	块		自定				置于各功能办公室、会议室、卫生间门上	
3	会议室上墙图牌	块		自定				安全文明施工组织机构图、安全文明施工管理目标、工程施工进度横道图、应急联络牌	
4	项目部宣传栏	块		1800mm×1200mm，总高度为2200mm					
5	三级及以上施工现场风险管控公示牌	块		1800mm×1200mm				监理、施工项目部各一	

编号	设施名称	单位	关键项	规　　格	到货数量	发放数量	库存数量	选　用　说　明	检查试验情况（填写试验报告编号）
6	安全宣教学习教材	册		自定				安规等安全知识宣传学习用图书	
7	安全宣教投影器材	台		自定					
8	防灭蚊、蝇、鼠器材	套		自定				按需配置	
9	防疫物资	盒	★	自定	若干			如新冠病毒传染病防疫用品等，按需配置	
10	现场人员信息动态监控装置	套		自定				按要求设置	
2.2	生活区（卫生防疫设施）								
1	防灭蚊、蝇、鼠器材	套	★	自定				按需配置	
2	防疫物资	盒	★	自定	若干			如新冠病毒传染病防疫用品等，按需配置	
3	消毒碗柜	台	★	自定				按需配置	
4	厨师服装	套		自定				按需配置	
5	应急联络牌	块		自定				与同一摆放地点其他图牌协调一致	
3. 材料站配置									
3.1	站内分区隔离设施								
1	钢管扣件组装式安全围栏	m	★					适用于相对固定的施工区域（材料站、加工区等）的划定、临空作业面（包括坠落高度2m及以上的基坑）的护栏及直径大于1m无盖板孔洞的围护	
2	门形组装式安全围栏	m	★	参照《国家电网有限公司输变电工程建设安全文明施工规程》				适用于相对固定的施工区域、安全通道、重要设备保护、带电区分界、高压试验等危险区域的区划	
3	提示遮栏	m	★					适用站区内的划分与提示（如吊装作业区、材料、工具及设备临时堆放等的围护）	
4	站内照明灯具	套		自定				置于站内分区及道路路边	
5	区域指示牌	套		自定				置于站内相应区域	
6	限速、限高标志	个	★	自定				置于站区门口附近（含立柱，标志牌下缘距地面的高度不小于2m）	
7	禁止标志	块	★	符合 GB 2894 要求				"禁止入内""禁止跨越"等	
8	警告标志	块	★	符合 GB 2894 要求				"注意安全"等	
9	指令标志	块	★	符合 GB 2894 要求				"必须戴安全帽"等	
3.2	材料站办公区								
1	铭牌	块		400mm×600mm				置于材料站办公室外墙上	
2	应急联络牌	块		自定				与同一摆放地点其他图牌协调一致	
3	材料站宣传栏	块		1800mm×1200mm，总高度为2200mm				按需设置	

编号	设施名称	单位	关键项	规　格	到货数量	发放数量	库存数量	选　用　说　明	检查试验情况（填写试验报告编号）
4	防灭蚊、蝇、鼠器材	套	★	自定				按需设置	
5	防疫物资	盒	★	自定	若干			如新冠病毒传染病防疫用品等，按需配置	

3.3　钢筋加工区

编号	设施名称	单位	关键项	规　格	到货数量	发放数量	库存数量	选　用　说　明	检查试验情况
1	装配式加工棚	个		自定				棚裙悬挂标牌，棚架推荐使用半固定半活动式	
2	禁止标志	块	★	符合 GB 2894 要求				"禁止吸烟""禁止烟火""禁止戴手套"等	
3	警告标志	块	★	符合 GB 2894 要求				"注意安全""当心吊物""当心滑倒""当心机械伤人""当心障碍物""当心夹手""当心伤手""当心弧光"等	
4	指令标志	块	★	符合 GB 2894 要求				"必须戴安全帽""必须穿防护鞋""必须戴防护手套""必须戴遮光护目镜""必须戴防护眼镜"等	
5	废料池	个		自定				按需配置	

3.4　危险品存放区

编号	设施名称	单位	关键项	规　格	到货数量	发放数量	库存数量	选　用　说　明	检查试验情况
1	危险品库房	间	★	自定				燃油一间；油漆稀料一间；其他化学品一间，房门外开，房间设置通风口	
2	危险品仓库标牌	块	★	自定				置于危险品库显著位置	
3	提示遮栏	m	★	参照《国家电网有限公司输变电工程建设安全文明施工规程》				距离仓库外墙 1m 封闭	
4	防爆照明灯具	套	★	自定				按需配置，置于库房内，开关置于房间外	
5	禁止标志	块	★	符合 GB 2894 要求				"禁止吸烟""禁止烟火""禁止入内""禁止用水灭火"等	
6	警告标志	块	★	符合 GB 2894 要求				"注意安全""当心火灾""当心爆炸""当心中毒"等	
7	指令标志	块	★	符合 GB 2894 要求				"必须戴防毒面具"等	
8	材料状态牌	块		300mm×200mm 或 200mm×140mm				分完好合格品、不合格品两种状态牌，置于材料堆放点	
9	推车	个		自定				氧气、乙炔气体专用	
10	钢制箱笼	个		自定				氧气、乙炔气体专用	

3.5　材料/机具/设备存放区

编号	设施名称	单位	关键项	规　格	到货数量	发放数量	库存数量	选　用　说　明	检查试验情况
1	禁止标志	块	★	符合 GB 2894 要求				"禁止吸烟""禁止烟火"等	
2	警告标志	块	★	符合 GB 2894 要求				"当心扎脚""当心伤手""当心落物"等	
3	指令标志	块	★	符合 GB 2894 要求				"必须戴安全帽""必须戴防护手套""必须穿防护鞋"等	

3.6　生活区（含施工班组）

编号	设施名称	单位	关键项	规　格	到货数量	发放数量	库存数量	选　用　说　明	检查试验情况
1	防灭蚊、蝇、鼠器材	套	★	自定				按需配置	

续表

编号	设施名称	单位	关键项	规 格	到货数量	发放数量	库存数量	选 用 说 明	检查试验情况（填写试验报告编号）
2	防疫物资	盒	★	自定	若干			如新冠病毒传染病防疫用品等，按需配置	
3	消毒碗柜	台	★	自定				按需配置	
4	厨师服装	套		自定				按需配置	
5	应急联络牌	块		自定				与同一摆放地点其他图牌协调一致	

4. 场区隔离设施

编号	设施名称	单位	关键项	规 格	到货数量	发放数量	库存数量	选 用 说 明	检查试验情况
1	钢管扣件组装式安全围栏	m	★	参照《国家电网有限公司输变电工程建设安全文明施工规程》				适用于临空作业面（包括坠落高度 2m 及以上的基坑）的护栏及直径大于 1m 无盖板孔洞的围护	
2	提示遮栏	m	★					适用于施工区四周隔离	
3	禁止标志	块	★	符合 GB 2894 要求				"禁止跨越""禁止进入"等	
4	警告标志	块	★	符合 GB 2894 要求				"注意安全""当心车辆"等	
5	指令标志	块	★	符合 GB 2894 要求				"必须戴安全帽"等	
6	施工友情提示牌	块		800mm×500mm				除山区及偏僻地区外，线路施工作业点应设置友情提示牌	
7	应急联络牌	块		自定				与同一摆放地点其他图牌协调一致	
8	守夜棚	个		自定				按需配置	
9	临时休息棚	个		自定				按需设置，含配套设施（饮水、吸烟、休息）	
10	个人防护用品正确佩戴示意图	幅		自定				按需配置	

5. 基础施工区

5.1 土石方开挖作业（包括接地沟）

5.1.1 机械开挖

编号	设施名称	单位	关键项	规 格	到货数量	发放数量	库存数量	选 用 说 明	检查试验情况
1	钢管扣件组装式安全围栏	m	★	参见《国家电网有限公司输变电工程建设安全文明施工规程》				基坑临边围护、直径大于 1m 的孔洞	
2	禁止标志	块	★	符合 GB 2894 要求				"禁止跨越""禁止通行"等	
3	警告标志	块	★	符合 GB 2894 要求				"注意安全""当心坑洞""当心塌方""当心机械伤人"等	
4	指令标志	块	★	符合 GB 2894 要求				"必须戴安全帽"等	

5.1.2 人工开挖

编号	设施名称	单位	关键项	规 格	到货数量	发放数量	库存数量	选 用 说 明	检查试验情况
1	钢管扣件组装式安全围栏	m	★	参见《国家电网有限公司输变电工程建设安全文明施工规程》				基坑临边围护、直径大于 1m 的孔洞	
2	禁止标志	块	★	符合 GB 2894 要求				"禁止入内""禁止烟火""禁止吸烟"等	
3	警告标志	块	★	符合 GB 2894 要求				"注意安全""当心坑洞""当心塌方"等	
4	指令标志	块	★	符合 GB 2894 要求				"必须戴安全帽""必须戴防护手套"等	

续表

编号	设施名称	单位	关键项	规 格	到货数量	发放数量	库存数量	选 用 说 明	检查试验情况（填写试验报告编号）
5.2	爆破作业								
1	提示遮栏	m	★	参见《国家电网有限公司输变电工程建设安全文明施工规程》				警戒点隔离	
2	禁止标志	块	★	符合 GB 2894 要求				"禁止入内""禁止通行""禁止停留"等	
3	警告标志	块	★	符合 GB 2894 要求				"注意安全""当心落物"等	
4	指令标志	块	★	符合 GB 2894 要求				"必须戴安全帽"等	
5.3	桩基工程作业								
5.3.1	机械成桩								
1	钢管扣件组装式安全围栏	m	★	参见《国家电网有限公司输变电工程建设安全文明施工规程》				用于泥浆池、蓄水池、水井四周、直径大于1m的孔洞	
2	提示遮栏	m	★	参见《国家电网有限公司输变电工程建设安全文明施工规程》				吊装区隔离	
3	禁止标志	块	★	符合 GB 2894 要求				"禁止跨越""禁止通行"等	
4	警告标志	块	★	符合 GB 2894 要求				"注意安全""当心坑洞""当心机械伤人"等	
5	指令标志	块	★	符合 GB 2894 要求				"必须戴安全帽"等	
6	孔洞盖板	块	★	4～5mm厚花纹钢板（或其他强度满足要求的材料，盖板强度不小于10kPa）				仅限直径小于1m的孔洞	
5.3.2	人工挖孔桩								
1	钢管扣件组装式安全围栏	m	★	参见《国家电网有限公司输变电工程建设安全文明施工规程》				直径大于1m的孔洞	
2	提示遮栏	m	★	参见《国家电网有限公司输变电工程建设安全文明施工规程》				吊装区隔离	
3	禁止标志	块	★	符合 GB 2894 要求				"禁止跨越""禁止通行"等	
4	警告标志	块	★	符合 GB 2894 要求				"注意安全""当心坑洞""当心机械伤人"等	
5	指令标志	块	★	符合 GB 2894 要求				"必须戴安全帽"等	
6	孔洞盖板	块	★	4～5mm厚花纹钢板（或其他强度满足要求的材料，盖板强度不小于10kPa）				仅限直径小于1m的孔洞	
5.4	基础钢筋作业								
1	提示遮栏	m	★	参见《国家电网有限公司输变电工程建设安全文明施工规程》				吊装区隔离	

续表

编号	设施名称	单位	关键项	规　格	到货数量	发放数量	库存数量	选　用　说　明	检查试验情况（填写试验报告编号）
2	禁止标志	块	★	符合 GB 2894 要求				"禁止跨越""禁止通行"　等	
3	警告标志	块	★	符合 GB 2894 要求				"当心坠落""当心吊物""当心伤手""当心弧光""当心触电""当心坑洞"等	
4	指令标志	块	★	符合 GB 2894 要求				"必须戴安全帽""必须戴防护手套""必须戴遮光护目镜"等	
5.5　模板安/拆作业									
1	提示遮栏	m	★	参见《国家电网有限公司输变电工程建设安全文明施工规程》				吊装区隔离	
2	禁止标志	块	★	符合 GB 2894 要求				"禁止跨越""禁止通行"　等	
3	警告标志	块	★	符合 GB 2894 要求				"当心坠落""当心落物""当心机械伤人""当心吊物""当心挤压""当心伤手"等	
4	指令标志	块	★	符合 GB 2894 要求				"必须戴安全帽""必须戴防护手套""必须穿防护鞋"等	
5.6　混凝土浇筑作业									
1	钢管扣件组装式安全围栏	m	★	参见《国家电网有限公司输变电工程建设安全文明施工规程》				用于浇筑平台、临边防护	
2	提示遮栏	m	★	参见《国家电网有限公司输变电工程建设安全文明施工规程》				吊装区隔离	
3	禁止标志	块	★	符合 GB 2894 要求				"禁止跨越""禁止通行"等	
4	警告标志	块	★	符合 GB 2894 要求				"当心机械伤人""当心坠落""当心触电"等	
5	指令标志	块	★	符合 GB 2894 要求				"必须戴安全帽""必须戴防护手套""必须戴安全带""必须穿防护鞋"等	
5.7　挡土墙、护坡砌筑									
1	禁止标志	块	★	符合 GB 2894 要求				"禁止烟火"等	
2	警告标志	块	★	符合 GB 2894 要求				"当心落物""当心塌方"等	
3	指令标志	块	★	符合 GB 2894 要求				"必须戴安全帽"等	
6.　组塔施工区									
1	提示遮栏	m	★	参见《国家电网有限公司输变电工程建设安全文明施工规程》				用于起重作业区域隔离	
2	禁止标志	块	★	符合 GB 2894 要求				"禁止通行""禁止抛物""禁止停留"等	
3	警告标志	块	★	符合 GB 2894 要求				"当心吊物""当心坠落""当心落物""当心挤压""当心伤手"等	
4	指令标志	块	★	符合 GB 2894 要求				"必须戴安全帽""必须系安全带""必须穿防护鞋""必须戴防护手套"等	
7.　架线施工区									
7.1　跨越架搭拆作业（含特殊跨越）									

编号	设施名称	单位	关键项	规 格	到货数量	发放数量	库存数量	选 用 说 明	检查试验情况（填写试验报告编号）
1	提示遮栏	m	★	参见《国家电网有限公司输变电工程建设安全文明施工规程》				用于跨越架搭拆作业区域隔离	
2	反光贴	m	★	自定				置于道路跨越架明显处	
3	反光锥	个	★	自定				置于距跨越架前150m处	
4	限高牌、限速牌	块	★	自定				置于距跨越架前150m处	
5	警示旗	面	★	自定				用于跨越架前150m处警戒人员摇动	
6	警示灯	盏	★	自定				按需配置	
7	禁止标志	块	★	符合GB 2894要求				"禁止烟火""禁止停留""禁止攀登"等	
8	警告标志	块	★	符合GB 2894要求				"注意安全""当心坠落""当心触电""当心车辆""当心落物"等	
9	指令标志	块	★	符合GB 2894要求				"必须戴安全帽""必须戴防护手套""必须戴安全带""必须穿防护鞋"等	
10	跨越架验收牌	块		600mm×400mm				监理验收合格后签名悬挂	
11	绝缘绳	m	★	自定				按需配置	
12	绝缘网	m²	★	自定				按需配置	
13	承力索	根	★	自定				按需配置	
14	验电器	个	★					按标准选择	

7.2 牵张设备、起重作业区

编号	设施名称	单位	关键项	规 格	到货数量	发放数量	库存数量	选 用 说 明	检查试验情况
1	提示遮栏	m	★	参见《国家电网有限公司输变电工程建设安全文明施工规程》				用于压接作业区、紧线及平挂作业点下方区域隔离	
2	禁止标志	块	★	符合GB 2894要求				"禁止停留"等	
3	警告标志	块	★	符合GB 2894要求				"注意安全""当心坠落""当心落物""当心机械伤人""当心挤压""当心伤手""当心触电"等	
4	指令标志	块	★	符合GB 2894要求				"必须戴安全帽""必须戴防护手套""必须系安全带""必须穿防护鞋"等	
5	绝缘胶垫	块	★	自定				按需配置	

7.3 压接、紧线、平衡挂线作业区

编号	设施名称	单位	关键项	规 格	到货数量	发放数量	库存数量	选 用 说 明	检查试验情况
1	提示遮栏	m	★	参见《国家电网有限公司输变电工程建设安全文明施工规程》					
2	禁止标志	块	★	符合GB 2894要求					
3	警告标志	块	★	符合GB 2894要求					
4	指令标志	块	★	符合GB 2894要求					

续表

编号	设施名称	单位	关键项	规　格	到货数量	发放数量	库存数量	选　用　说　明	检查试验情况（填写试验报告编号）
7.4	附件安装作业区								
1	提示遮栏	m	★	参见《国家电网有限公司输变电工程建设安全文明施工规程》					
2	禁止标志	块	★	符合 GB 2894 要求					
3	警告标志	块	★	符合 GB 2894 要求					
4	指令标志	块	★	符合 GB 2894 要求					

表 2 - 2 - 2 - 3　　　　　　　　　　　电 缆 线 路 工 程 部 分

编号	设施名称	单位	关键项	规　格	到货数量	发放数量	库存数量	选　用　说　明	检查试验情况（填写试验报告编号）
1. 通用部分									
1.1	着装要求								
1	胸卡	个		86mm×54mm				所有入场人员持有	
2	普通安全帽	顶	★	符合 GB 2811《安全帽》				红色安全帽为管理人员使用，黄色安全帽为运行人员使用，蓝色安全帽为检修（施工、试验等）人员使用，白色安全帽为外来参观人员使用	
3	防寒安全帽	顶	★	符合 GB 2811《安全帽》				按需配置	
4	季节性工作服	套		自定				按需配置	
5	阻燃防护服	套	★	符合 GB 8965.1《防护服装 阻燃服》				焊接或切割作业专用	
6	安监人员服装（橙或红）	套		自定				按需配置	
7	安监人员马甲（橙或红）	件		自定				按需配置	
8	安监袖标	个		自定				按需配置	
1.2	个人防护用品								
1	安全带	条	★	符合 GB 6095《安全带》				依据作业条件选择类型	
2	防护手套	双	★	自定				按需配置，含特殊工种（如焊工手套）及季节性作业需求	
3	绝缘手套	双	★	自定				专业电工、振捣工、打夯工等人员使用	
4	工作鞋	双	★	自定				按需配置，含特殊工种（如焊工防护脚罩）及季节性作业需求	
5	绝缘鞋（靴）	双	★	自定				专业电工、振捣工、打夯工等人员使用	
6	防护眼镜	个	★	自定				按需配置，根据作业环境选型	
7	防毒面具	套	★	自定				按需配置	
8	防护面罩	付	★	自定				按需配置	

续表

编号	设施名称	单位	关键项	规　格	到货数量	发放数量	库存数量	选　用　说　明	检查试验情况（填写试验报告编号）
9	防尘口罩	副	★	自定				按需配置	
10	雨衣	套	★	自定				按需配置	
11	雨靴	双	★	自定				按需配置	
12	速差自控器	个	★	自定				按需配置	
13	安全绳	m	★	自定				按需配置	
14	个人保安线	副	★	不小于 16mm^2				按需配置	
15	正压吸附防毒面具	个	★	自定				六氟化硫气体充装、吸附剂更换以及有毒场所等专用物品	
16	反光背心	件		自定				按需配置	

1.3　大型标志牌

编号	设施名称	单位	关键项	规　格	到货数量	发放数量	库存数量	选　用　说　明	检查试验情况
1	工程项目概况牌	块							
2	工程项目管理目标牌	块		建议尺寸：500kV 及以上输变电工程为 1500mm×2400mm；220kV 及以上输变电工程为 1200mm×2000mm；110(66)kV 及以上输变电工程为 900mm×1500mm				项目部适宜地点	
3	工程项目建设管理责任牌	块							
4	安全文明施工纪律牌	块							
5	施工总平面布置图(包含水、电、消防)	块							

1.4　消防器材（含办公、生活及施工现场）

编号	设施名称	单位	关键项	规　格	到货数量	发放数量	库存数量	选　用　说　明	检查试验情况
1	灭火器	只	★	按火源类型和空间环境选型				置于灭火器箱内	
2	灭火器箱	个	★	两只装				有火灾隐患的施工作业现场、临时用电各配电箱、办公、生活及材料站等区域均应配备	
3	手推式灭火器	个	★	自定				置于油料类危险品处	
4	消防沙箱	个	★	自定				置于易燃易爆危险品处	
5	消防锹	个	★	自定				按需配置	
6	消防水箱	个	★	自定				按需配置	
7	消防桶	个	★	自定				按需配置	
8	消防斧	把	★	自定				按需配置	
9	消防器材架	个		自定				按需配置	
10	消防钩	个	★	自定				按需配置	

1.5　施工用电（含办公、生活及施工现场）

编号	设施名称	单位	关键项	规　格	到货数量	发放数量	库存数量	选　用　说　明	检查试验情况
1	总配电箱	个	★	自定				详见 GB 50194《建设工程施工现场供电安全规范》及 JGJ 46《施工现场临时用电安全技术规范》	
2	分配电箱	个	★	自定					
3	开关箱	个	★	自定					
4	便携式电源盘	个	★	自定				限 220V，2kW 以下负荷使用，电缆线长度不得超过 30m；且符合上述规范	

编号	设施名称	单位	关键项	规　格	到货数量	发放数量	库存数量	选　用　说　明	检查试验情况（填写试验报告编号）
5	主电缆	m	★	五芯电缆				满足现场负荷	
6	分支电缆	m	★	五芯电缆				满足现场负荷	
7	过路电缆防护	m	★	自定				预埋钢制（或绝缘）电缆穿管、带凹槽的减速带、路面槽钢或钢管防护（两端固定）、架空防护	
8	地下电缆标识	个	★	自定				按需配置	
9	接地体	个	★	施工用电配电箱重复接地应符合 GB 50194 第 8.1.1、8.1.2、8.1.8 条				施工用电配电箱重复接地各处接地电阻不大于 10Ω	
10	接地线	m	★	施工用电配电箱重复接地应符合 DL 5009.3 第 3.2.31－17 标准				按需配置	
11	禁止标志	块	★	符合 GB 2894 要求				"禁止合闸，有人工作"	
12	警告标志	块	★	符合 GB 2894 要求				"注意安全""当心触电"	
13	指令标志	块	★	符合 GB 2894 要求				"必须戴防护手套""必须穿防护鞋"	
14	责任牌	块		自定				按需配置，附于电源箱门板	

1.6　应急物资

编号	设施名称	单位	关键项	规　格	到货数量	发放数量	库存数量	选　用　说　明	检查试验情况
1	充电式应急灯	只	★	自定				按需配置，置于应急专库内	
2	雨衣	件	★	自定				按需配置，置于应急专库内	
3	雨鞋	双	★	自定				按需配置，置于应急专库内	
4	铁锹	把	★	自定				按需配置，置于应急专库内	
5	十字镐	把	★	自定				按需配置，置于应急专库内	
6	急救药品、器材	个	★	自定				药箱（含碘酒、医用酒精、纱布、绷带、镊子、剪刀、烧烫伤药等）、担架等	
7	应急物资禁止挪用牌	块		自定				置于应急专库外	
8	电源盘	套	★	自定				配 30m 电缆使用。按需配备，置于应急专库内	
9	发电机	台	★	自定				按需配备，置于应急专库内	
10	污水泵或潜水泵	套	★	自定				按需配备，置于应急专库内（配 50m 水管）	
11	防雨布	块	★	自定				按需配备，置于应急专库内	
12	沙袋、沙子	袋	★	自定				按需配备，置于应急专库内	
13	防毒面具	个	★	自定				按需配备，置于应急专库内	
14	防暴恐器具	套	★	自定				按需配置，头盔、拒止叉、防冲击拒马、棍棒、防刺背心等身体护具、警棍、盾牌等，按需配备，置于门卫房附近	
15	送风设施	套	★	自定				按需配置，狭窄或密闭空间补充新鲜空气及救援使用	
16	排风设施	套	★	自定				按需配置，狭窄或密闭空间补充新鲜空气及救援使用	

续表

编号	设施名称	单位	关键项	规 格	到货数量	发放数量	库存数量	选 用 说 明	检查试验情况（填写试验报告编号）
17	应急救援三脚架及吊笼	个	★	自定				按需配置	
18	缓降/缓升器	套	★	自定				按需配备，高处救援使用	
19	应急爬梯	个	★	自定				按需配置	
20	通信设备	套	★	自定				按需配置	
21	救援绳	m	★	自定				按需配备，高处救援使用	
22	担架	副	★	自定				按需配备	
23	绝缘棒	个	★	自定				按需配置	
24	提示遮栏	m	★	参见《国家电网有限公司输变电工程建设安全文明施工规程》				警戒点隔离	
25	救生衣	件	★	自定				按需配置	
26	救生圈	个	★	自定				按需配置	
27	防滑链	套	★	自定				按需配置，仅限于应急救援使用	

1.7　环保设施（含办公、生活及施工现场）

编号	设施名称	单位	关键项	规 格	到货数量	发放数量	库存数量	选 用 说 明	检查试验情况
1	防尘网	m²		自定				施工机械经过和原土被扰动区域，根据气候及当地环境特点，选择性覆盖裸露土方、砂、灰	
2	洒水设施	m		自定				生产临建和施工现场降尘	
3	废料垃圾回收设施	把		自定				各类废品回收垃圾池、箱、筒等	
4	车辆清洗	套		自定				按需配置，设两级沉淀池，废水重复利用	
5	噪声监测仪	个		自定				按需配置	
6	彩条布	卷		自定				保护植被以及市区及道路周边开挖与市政其他设施隔离	

1.8　高海拔、极寒等特殊地区卫生防疫

编号	设施名称	单位	关键项	规 格	到货数量	发放数量	库存数量	选 用 说 明	检查试验情况
1	氧气袋（瓶）	个	★	自定				按需配置	
2	高压氧舱	个	★	自定				按需配置	
3	制氧机	个	★	自定				按需配置	
4	简易血氧饱和度和心率检测仪	个	★	自定				按需配置	
5	抗高原反应药品	盒	★	自定				高原康胶囊、红景天胶囊、西洋参丸、丹参滴丸、肌苷片、葡萄糖等	
6	防疫药品	盒	★	自定				四环素、磺胺嘧啶或链霉素等防御预防鼠疫类、新冠病毒传染病药物	

1.9　其他

编号	设施名称	单位	关键项	规 格	到货数量	发放数量	库存数量	选 用 说 明	检查试验情况
1	含氧量监测仪	台	★	自定				密闭及狭窄空间	
2	有害气体监测仪	台	★	自定				密闭及狭窄空间	

续表

编号	设施名称	单位	关键项	规　格	到货数量	发放数量	库存数量	选　用　说　明	检查试验情况（填写试验报告编号）
3	梯子	把	★	从材料分为：竹木梯、金属梯、软梯、玻璃钢梯等；从类型分为：挂梯、单梯、双梯等；从用途分为：绝缘梯、非绝缘梯				按需配置	
4	工作接地线	组	★	不小于 25mm²				按需配置	
5	保安接地线		★	16mm²				预防雷电及临近高压电力线作业时的感应电接地线	
6	接地体	组	★	预防雷电及临近高压电力线作业时的感应电接地装置应符合 GB 50194—2014 的要求				电焊机接地线接地电阻不大于 4Ω	
7	设备状态牌	块		300mm×200mm 或 200mm×140mm				分完好机械、待修机械及在修机械三种状态牌，置于设备处	
8	材料/工具状态牌	块		300mm×200mm 或 200mm×140mm				分完好合格品、不合格品两种状态牌，置于材料堆放点和工具处	
9	机械设备安全操作规程牌	块		600mm×400mm				按需配置，置于设备旁	
10	夜间警示灯	个	★	自定				按需配置	
11	道路井盖补强钢板	块	★	厚度不小于 20mm				按需配置，防止损坏盖板造成翻车事故	
12	安全宣传条幅	条		自定				按需配置，适量即可	
13	高处作业人员工具包	个		自定				按需配置	
14	视频监控装置	套		自定				按需设置（含施工现场）	
15	守夜帐篷	个		仅限于帆布（夹棉）装配式帐篷，禁止使用塑料制品、竹木板等搭设，颜色自定				按需配置	

2. 项目部配置

2.1　办公区（含班组）

编号	设施名称	单位	关键项	规　格	到货数量	发放数量	库存数量	选　用　说　明	检查试验情况
1	业主、设计、监理、施工各项目部铭牌	块		400mm×600mm				置于各项目部办公室外墙上，每个项目部各自配备	
2	各功能办公室、会议室、卫生间门牌	块		自定				置于各功能办公室、会议室、卫生间门上	
3	会议室上墙图牌	块		自定				安全文明施工组织机构图、安全文明施工管理目标、工程施工进度横道图、应急联络牌	
4	项目部宣传栏	块		1800mm×1200mm，总高度为 2200mm					

编号	设施名称	单位	关键项	规 格	到货数量	发放数量	库存数量	选 用 说 明	检查试验情况（填写试验报告编号）
5	三级及以上施工现场风险管控公示牌	块		1800mm×1200mm				监理、施工项目部各一	
6	安全宣教学习教材	册		自定				安规等安全知识宣传学习用图书	
7	安全宣教投影器材	台		自定					
8	防灭蚊、蝇、鼠器材	套		自定				按需设置	
9	防疫物资	盒	★	自定	若干			如新冠病毒传染病防疫用品等，按需配置	
10	现场人员信息动态监控装置	套		自定				按要求设置	

2.2 生活区（含班组）

编号	设施名称	单位	关键项	规 格	到货数量	发放数量	库存数量	选 用 说 明	检查试验情况（填写试验报告编号）
1	防灭蚊、蝇、鼠器材	套	★	自定				按需配置	
2	防疫物资	盒	★	自定	若干			如新冠病毒传染病防疫用品等，按需配置	
3	消毒碗柜	台	★	自定				按需配置	
4	厨师服装	套		自定				按需配置	
5	应急联络牌	块		自定				与同一摆放地点其他图牌协调一致	

3. 生产临建区

3.1 钢筋/材料加工区

编号	设施名称	单位	关键项	规 格	到货数量	发放数量	库存数量	选 用 说 明	检查试验情况（填写试验报告编号）
1	装配式加工棚	个		自定				棚裙悬挂标牌，棚架推荐使用半固定半活动式	
2	禁止标志	块	★	符合 GB 2894 要求				"禁止吸烟""禁止烟火""禁止戴手套"等	
3	警告标志	块	★	符合 GB 2894 要求				"当心机械伤人""当心伤手""当心扎脚""当心弧光""当心吊物"等	
4	指令标志	块	★	符合 GB 2894 要求				"必须戴防护眼镜""必须穿防护鞋""必须戴安全帽""必须穿防护服"等	
5	废料池	个		自定				按需配置	

3.2 木材加工区

编号	设施名称	单位	关键项	规 格	到货数量	发放数量	库存数量	选 用 说 明	检查试验情况（填写试验报告编号）
1	装配式加工棚	个		自定				棚裙悬挂标牌，棚架推荐使用半固定半活动式	
2	禁止标志	块	★	符合 GB 2894 要求				"禁止吸烟""禁止烟火""禁止戴手套"等	
3	警告标志	块	★	符合 GB 2894 要求				"当心机械伤人""当心伤手""当心扎脚""当心火灾"等	
4	指令标志	块	★	符合 GB 2894 要求				"必须戴防护眼镜""必须穿防护鞋""必须戴安全帽""必须穿防护服"等	
5	废料池	个		自定				按需配置	

3.3 混凝土搅拌区（含砂石、水泥存放、沉淀池）

编号	设施名称	单位	关键项	规 格	到货数量	发放数量	库存数量	选 用 说 明	检查试验情况（填写试验报告编号）
1	装配式加工棚	个		自定				棚裙悬挂标牌，棚架推荐使用防尘封闭式	

编号	设施名称	单位	关键项	规　格	到货数量	发放数量	库存数量	选　用　说　明	检查试验情况（填写试验报告编号）
2	禁止标志	块	★	符合 GB 2894 要求				"禁止吸烟""禁止烟火"等	
3	警告标志	块	★	符合 GB 2894 要求				"当心机械伤人""当心伤手""当心坑洞""当心落物""当心滑跌"等	
4	指令标志	块	★	符合 GB 2894 要求				"必须戴防护眼镜""必须戴安全帽""必须戴防尘口罩"等，置于区域内显著位置，标志牌下线距地面的高度不小于2m	
5	两级沉淀池	个		自定				特殊地区可考虑设置三级沉淀池	

3.4　危险品存放区

1	危险品库房	间	★	自定				燃油一间；油漆稀料一间；其他化学品一间，房门外开，房间设置通风口	
2	危险品仓库标牌	块		自定				置于危险品库显著位置	
3	提示遮栏	m	★	参照《国家电网有限公司输变电工程建设安全文明施工规程》				距离仓库外墙1m封闭	
4	防爆照明灯具	套	★	自定				按需配置，置于库房内，开关置于房间外	
5	禁止标志	块	★	符合 GB 2894 要求				"禁止吸烟""禁止烟火""禁止入内""禁止用水灭火"等	
6	警告标志	块	★	符合 GB 2894 要求				"注意安全""当心火灾""当心爆炸""当心中毒"等	
7	指令标志	块	★	符合 GB 2894 要求				"必须戴防毒面具"等，置于区域内显著位置	
8	材料状态牌	块		300mm×200mm 或 200mm×140mm				分完好合格品、不合格品两种状态牌，置于材料堆放点	
9	推车	个		自定				氧气、乙炔气体专用	
10	钢制箱笼	个		自定				氧气、乙炔气体专用	

3.5　材料/设备临时堆放区

1	禁止标志	块	★	符合 GB 2894 要求				"禁止吸烟""禁止烟火"等	
2	警告标志	块	★	符合 GB 2894 要求				"当心扎脚""当心伤手""当心落物"等	
3	指令标志	块	★	符合 GB 2894 要求				"必须戴安全帽""必须戴防护手套""必须穿防护鞋"等	

4.　隧道施工区

4.1　明开作业

4.1.1　土方作业

1	钢管扣件组装式安全围栏	m	★	参照《国家电网有限公司输变电工程建设安全文明施工规程》				施工区域临边防护	
2	封闭围挡	m	★					施工区域与其他市政设施之间的封闭隔离	
3	友情提示牌	块		800mm×500mm					
4	禁止标志	块	★	符合 GB 2894 要求				"禁止跨越""禁止通行"等	
5	警告标志	块	★	符合 GB 2894 要求				"注意安全""当心坑洞""当心塌方""当心机械伤人"等	

续表

编号	设施名称	单位	关键项	规　格	到货数量	发放数量	库存数量	选　用　说　明	检查试验情况（填写试验报告编号）
6	指令标志	块	★	符合 GB 2894 要求				"必须戴安全帽"等	
7	安全通道	处	★	自定				按两处/100m 设置	
8	反光锥	个	★	自定				按需配置	
9	减速防撞桶	个	★	自定				按需配置	
10	夜间警示灯	个	★	自定				按需配置	
11	LED 导向灯	个	★	自定				按需配置	
4.1.2　结构作业									
1	禁止标志	块	★	符合 GB 2894 要求				"禁止跨越""禁止通行"等	
2	警告标志	块	★	符合 GB 2894 要求				"注意安全""当心坑洞""当心塌方""当心机械伤人""当心触电""当心弧光"等	
3	指令标志	块	★	符合 GB 2894 要求				"必须戴安全帽""必须穿防护鞋""必须戴防护手套""必须戴遮光护目镜""必须戴防护眼镜""必须戴防尘口罩"等	
4.1.3　回填作业									
1	禁止标志	块	★	符合 GB 2894 要求				"禁止通行"等	
2	警告标志	块	★	符合 GB 2894 要求				"注意安全""当心坑洞""当心塌方""当心机械伤人"等	
3	指令标志	块	★	符合 GB 2894 要求				"必须戴安全帽""必须穿防护鞋""必须戴防护手套"等	
4.2　暗挖作业									
1	钢管扣件组装式安全围栏	m	★	参照《国家电网有限公司输变电工程建设安全文明施工规程》				施工区域临边防护	
2	禁止标志	块	★	符合 GB 2894 要求				"禁止跨越""禁止通行"等	
3	警告标志	块	★	符合 GB 2894 要求				"注意安全""当心坑洞""当心塌方""当心机械伤人""当心落物""当心坠落"等	
4	指令标志	块	★	符合 GB 2894 要求				"必须戴安全帽""必须系安全带""必须穿防护鞋""必须戴防护手套"等	
5	提示标志	块	★	符合 GB 2894 以及 Q/GDW 434《国家电网公司安全设施标准》				"紧急出口""从此上下"等	
6	友情提示牌	块		800mm×500mm					
7	安全通道	处	★	自定				上下竖井	
8	密目式安全立网（或挡脚板）	m	★	密目网不低于 800 目/100cm² （挡脚板厚18mm，高 180mm）				用于作业层、平台、斜道四周或两侧防护	
9	平网	m²	★	参见 GB 5725《安全网》				用于作业层下方	
10	反光锥	个	★	自定				按需配置	
11	减速防撞桶	个	★	自定				按需配置	

续表

编号	设施名称	单位	关键项	规　格	到货数量	发放数量	库存数量	选　用　说　明	检查试验情况（填写试验报告编号）
12	夜间警示灯	个	★	自定				按需配置	
13	LED 导向灯	个	★	自定				按需配置	
14	有毒有害气体检测设备	套	★	自定				每个隧道工作面	

4.3　盾构电力隧道施工

编号	设施名称	单位	关键项	规　格	到货数量	发放数量	库存数量	选　用　说　明	检查试验情况
1	钢管扣件组装式安全围栏	m	★	参照《国家电网有限公司输变电工程建设安全文明施工规程》				施工区域临边防护	
2	禁止标志	块	★	符合 GB 2894 要求				"禁止跨越""禁止通行"等	
3	警告标志	块	★	符合 GB 2894 要求				"注意安全""当心坑洞""当心塌方""当心机械伤人""当心落物""当心坠落"等	
4	指令标志	块	★	符合 GB 2894 要求				"必须戴安全帽""必须系安全带""必须穿防护鞋""必须戴防护手套"等	
5	提示标志	块	★	符合 GB 2894 以及 Q/GDW 434《国家电网公司安全设施标准》				"紧急出口""从此上下"等	
6	友情提示牌	块		800mm×500mm					
7	安全通道	处	★	自定				上下竖井以及隧道内设置	
8	密目式安全立网（或挡脚板）	m	★	密目网不低于 800 目/100cm²（挡脚板厚 18mm，高 180mm）				用于作业层、平台、斜道四周或两侧防护	
9	平网	m²	★	参见 GB 5725《安全网》				用于作业层下方	
10	反光锥	个	★	自定				按需配置	
11	减速防撞桶	个	★	自定				按需配置	
12	夜间警示灯	个	★	自定				按需配置	
13	LED 导向灯	个	★	自定				按需配置	
14	有毒有害气体检测设备	套	★	自定				每个隧道工作面	
15	隧道内防爆照明	盏	★	自定				按需配置	

5. 电缆线路安装施工区

5.1　电缆敷设

编号	设施名称	单位	关键项	规　格	到货数量	发放数量	库存数量	选　用　说　明	检查试验情况
1	钢管扣件组装式安全围栏	m	★	参照《国家电网有限公司输变电工程建设安全文明施工规程》				施工区域临边防护	
2	封闭围挡	m	★					施工区域与其他市政设施之间的封闭隔离	
3	禁止标志	块	★	符合 GB 2894 要求				"禁止跨越""禁止通行""禁止烟火"等	
4	警告标志	块	★	符合 GB 2894 要求				"注意安全""当心坑洞""当心夹手""当心坠落""当心火灾""当心碰头"等	

续表

编号	设施名称	单位	关键项	规 格	到货数量	发放数量	库存数量	选 用 说 明	检查试验情况（填写试验报告编号）
5	指令标志	块	★	符合 GB 2894 要求				"必须戴安全帽""必须系安全带""必须戴防护手套"等	
6	友情提示牌	块		800mm×500mm					
7	安全通道	处	★	自定				上下竖井以及隧道内设置	
8	密目式安全立网（或挡脚板）	m	★	密目网不低于 800 目/100cm²（挡脚板厚18mm，高 180mm）				用于作业层、平台、斜道四周或两侧防护	
9	反光锥	个	★	自定				按需配置	
10	减速防撞桶	个	★	自定				按需配置	
11	夜间警示灯	个	★	自定				按需配置	
12	LED 导向灯	个	★	自定				按需配置	
13	有毒有害气体检测设备	套	★	自定				每个隧道工作面	
14	隧道内防爆照明	盏	★	自定				按需配置	
15	双向警示告知牌	块	★	自定				电缆井口	
16	验电器	个	★					按标准选择	

5.2 电缆附件安装

编号	设施名称	单位	关键项	规 格	到货数量	发放数量	库存数量	选 用 说 明	检查试验情况
1	钢管扣件组装式安全围栏	m	★	参照《国家电网有限公司输变电工程建设安全文明施工规程》				施工区域临边防护	
2	禁止标志	块	★	符合 GB 2894 要求				"禁止跨越""禁止通行""禁止烟火"等	
3	警告标志	块	★	符合 GB 2894 要求				"注意安全""当心坑洞""当心落物""当心坠落""当心碰头""当心火灾""当心夹手""当心伤手"等	
4	指令标志	块	★	符合 GB 2894 要求				"必须戴安全帽""必须系安全带""必须穿防护鞋""必须戴防护手套"等	
5	提示标志	块	★	符合 GB 2894 以及 Q/GDW 434《国家电网公司安全设施标准》				"紧急出口""从此上下"等	
6	友情提示牌	块		800mm×500mm					
7	安全通道	处	★	自定				上下竖井以及隧道内设置	
8	密目式安全立网（或挡脚板）	m	★	密目网不低于 800 目/100cm²（挡脚板厚18mm，高 180mm）				用于作业层、平台、斜道四周或两侧防护	
9	反光锥	个	★	自定				按需配置	
10	减速防撞桶	个	★	自定				按需配置	

编号	设施名称	单位	关键项	规　格	到货数量	发放数量	库存数量	选　用　说　明	检查试验情况（填写试验报告编号）
11	夜间警示灯	个	★	自定				按需配置	
12	LED 导向灯	个	★	自定				按需配置	
13	有毒有害气体检测设备	套	★	自定				每个隧道工作面	
14	隧道内防爆照明	盏	★	自定				按需配置	
15	双向警示告知牌	块	★	自定				电缆井口	
16	照明头灯（或手电筒）	个	★	自定				电缆竖井	
17	潜水泵	个	★	自定				电力隧道	
18	潜水泵水管	m	★	自定				电力隧道	
5.3　电缆试验									
1	钢管扣件组装式安全围栏	m	★	参照《国家电网有限公司输变电工程建设安全文明施工规程》				用于施工区域临边防护	
2	提示遮栏	m	★	参照《国家电网有限公司输变电工程建设安全文明施工规程》				用于带电区域隔离	
3	禁止标志	块	★	符合 GB 2894 要求				"禁止跨越""禁止通行"等	
4	警告标志	块	★	符合 GB 2894 要求				"注意安全""当心坑洞""当心塌方""当心机械伤人""当心落物""当心坠落""当心触电"等	
5	指令标志	块	★	符合 GB 2894 要求				"必须戴安全帽""必须系安全带""必须穿防护鞋""必须戴防护手套"等	
6	友情提示牌	块		800mm×500mm					
7	安全通道	处	★	自定				上下竖井以及隧道内设置	
8	密目式安全立网（或挡脚板）	m	★	密目网不低于 800 目/100cm² （挡脚板厚 18mm，高 180mm）				用于作业层、平台、斜道四周或两侧防护	
9	反光锥	个	★	自定				按需配置	
10	减速防撞桶	个	★	自定				按需配置	
11	夜间警示灯	个	★	自定				按需配置	
12	LED 导向灯	个	★	自定				按需配置	
13	隧道内防爆照明	盏	★	自定				按需配置	
14	绝缘杆	m	★	自定				试验区域	
15	绝缘垫	块	★	自定				试验区域	
16	绝缘硬梯	个	★	自定				试验区域	

二、对进入现场的安全文明施工设施的验收

安全文明施工设施进场时，施工项目部应对照输变电工程建设安全文明施工设施标准化配置表填写"输变电工程建设安全文明施工设施进场验收单"（表2-2-2-4），经验收审批合格后进场。安全文明施工设施进场时，由施工项目部填写表2-2-2-4，监理项目部参照表2-2-2-1～表2-2-2-3（输变电工程建设安全文明施工设施标准化配置表），结合现场实际需要，对进场设施进行现场审核。业主、监理采用一体化项目部公历模式的，可参考表2-2-2-4进行修改。

表2-2-2-4　　　　　　　　　　输变电工程建设安全文明施工设施进场验收单

工程名称：　　　　　　　　　　　　　　　　　　　　　　　　　　　编号：

致_____监理项目部：

　　我方已完成_____阶段的安全文明施工设施标准化配置工作，请审查。

　　附：输变电工程建设安全文明施工设施标准化配置表，编号_____。

施工项目部（章）：

项目经理：

日　　期：

监理项目部审核意见：

　　已于___月___日对照安全文明施工设施标准化配置表逐项查验（其中关键项_____项），（示例意见一：认定上报内容满足标准化配置要求及本阶段安全文明施工需要，同意施工），（示例意见二：其中第××项、第××项……不符合要求，不同意施工，请施工项目部按标准化配置要求完善后重新报审）。

监理项目部（章）：

总监理工程师：

日　　期：

业主项目部审批意见：

　　（示例意见一）同意监理项目部审核意见。（示例意见二）经对照安全文明施工设施标准化配置表，认定××项不符合要求，请监理项目部组织施工项目部按要求完善后重新报审。

业主项目部（章）：

业主项目经理：

日　　期：

第三节　安全设施标准化配置

一、安全设施分类

安全设施可以分为安全隔离设施、孔洞防护设施、施工用电设施、有限空间作业防护设施、高处作业防护设施、消防设施、接地线、验电器、安全视频监控设施等。

二、安全设施标准化配置要求

安全设施标准化配置要求见表2-2-3-1。

表 2-2-3-1　　　　　　　　　　　　安全设施标准化配置要求

序号	适用（使用）范围	要求	图示
1 安全隔离设施	危险区域与人员活动区域之间、带电设备区域与施工区域之间、施工作业区域与非施工作业区域之间、地下穿越入口和出口区域之间、建筑物高处临边和人员作业区域之间、设备材料堆放区域与施工区域之间，使用安全围栏实施有效的隔离		
1.1 钢管扣件组装式安全围栏	（1）适用于相对固定的施工区域（材料站、加工区等）的划定、安全通道、临空作业面的护栏及直径大于1m无盖板孔洞的围护。 （2）使用安全围栏时应与警告、提示标志配合使用。 （3）安全围栏的固定方式应稳定可靠。 （4）人员可接近部位的水平杆突出部分不得超出100mm	（1）采用钢管及扣件（也可用三通、四通管件）组装，应由上下两道横杆及立杆组成，其中立杆间距为2000～2500mm，立杆打入地面500～700mm深（当立杆处在混凝土楼、地面时，应采取预埋铁件和立杆焊接等方式固定立杆），离边口的距离不应小于500mm。 （2）上横杆离地高度不小于1200mm，下横杆离地高度为500～600mm，杆件强度应满足安全要求，在上横杆任何处能经受任何方向的1000N外力。 （3）临空作业面应设置高180mm的挡脚板或安全立网。 （4）杆件红白油漆涂刷、间隔均匀，尺寸规范	2000～2500mm　600mm　500～600mm　180mm 图1　钢管扣件组装式安全围栏结构形状示意图 图2　钢管扣件组装式安全围栏应用实例图
1.2 门形组装式安全围栏	（1）门形组装式安全围栏应与警告、提示标志配合使用，固定方式应稳定可靠，人员可接近部位水平杆突出部分，但不得超出100mm。 （2）门形组装式安全围栏适用于相对固定的施工区域、重要设备保护、带电区分界、高压试验等危险区域的区划。 （3）使用要求如下： 1）安全围栏应与警告标志配合使用、在同一方向上警告标志每20m至少设一块。 2）安全围栏应立于水平面上，平稳可靠。	（1）结构及形状。采用围栏组件与立杆组装方式，钢管红白油漆涂刷、间隔均匀，尺寸规范；安全围栏的结构、形状及尺寸如图3，重要设备保应用如图4所示。 （2）35kV及10kV/400kVA以上的变压器如采用地面平台安装，装设变压器的平台应高出地面0.5m，其四周应装设高度不低于1700mm的围栏，如图5所示。围栏与变压器外廓的距离：10kV及以下应不小于1000mm，35kV应不小于1200mm，	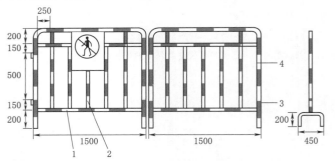 250　200　150　500　150　200　4　3　200　1500　1500　450　1　2 | 序号	名称	规格	材质
1	围栏框	≥φ25×2	Q235
2	立杆	≥φ10×2	Q235
3	套管	≥φ20×2	Q235
4	立杆管	≥φ25×2	Q235 | 图3　门形组装式安全围栏的结构、形状及尺寸示意图（单位：mm）

序号	适用（使用）范围	要 求	图 示
	3）当安全围栏出现构件焊缝开裂、破损、明显变形、严重锈蚀、油漆脱落等现象时，应经修整后方可使用	并应在围栏各侧的明显部位悬挂"止步、高压危险！"的安全标志	 图4 重要设备保护实例图　　图5 施工变压器安全防护应用实例图
1.3 安全隔离网	（1）安全隔离网适用改扩建工程施工区与带电设备区域的隔离。并应在隔离网的明显部位悬挂"止步、高压危险！"的安全标志。 （2）安全围栏应与警告、提示标志配合使用，固定方式根据现场实际情况采用，应稳定可靠，与带电区域设备的隔离围栏应留有足够的安全距离	采用立杆和隔离网组成，其中立杆跨度为2000～2500mm，高度为1200～1500mm，立杆应满足强度要求（场地狭窄地区宜选用绝缘材料），隔离网应采用硬质绝缘材料	 图6 安全隔离网的结构、形状示意图（单位：mm）
1.4 提示遮栏	（1）提示遮栏适用施工区域的划分与提示（如变电站内施工作业区、吊装作业区及设备临时堆放区，以及线路施工作业区等的围护），不宜用在运行变电站、线路等带电设备附近。 （2）提示遮栏应与警告、提示标志配合使用，固定方式根据现场实际情况采用，应稳定可靠，并应在围栏外侧的明显部位悬挂相应的安全标志	提示遮栏由立杆（高度1200mm）和提示绳（带）组成，安全提示遮栏的结构、形状如图7、图8、图9所示	 图7 提示遮栏示意图 图8 起重作业防护围遮栏实例图　　图9 组立塔吊装作业区域防护围栏实例图

续表

序号	适用（使用）范围	要 求	图 示
1.5 临时全封闭安全隔离围挡	临时全封闭安全隔离围挡适用于围墙未及时砌筑的施工区。并应在围挡外侧的明显部位悬挂相应的安全标志，如图10所示	（1）可采用40mm×60mm镀锌方形钢管，按照宽3m×高1.8m组合焊接成"日"字形框架，外部宜使用瓦楞铁皮铆固。 （2）围挡下部留有200mm空隙，应在每个立杆的内侧采用斜支撑焊接、入地固定措施，防止遇大风后倒塌	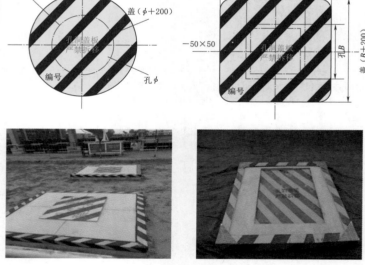 图10 临时全封闭安全隔离围挡实例图
2 孔洞防护设施	施工现场（包括办公区、生活区）能造成人员伤害或物品坠落的孔洞应采用孔洞盖板或安全围栏实施有效防护		
2.1 孔洞盖板及沟道盖板	（1）适用于孔洞或沟道的安全防护。 （2）使用要求如下： 1）孔洞及沟道临时盖板边缘应大于孔洞（沟道）边缘100mm，并紧贴地面。 2）孔洞及沟道临时盖板因工作需要揭开时，孔洞（沟道）四周应设置安全围栏和警告牌，根据需要增设夜间警告灯，工作结束应立即恢复。 3）孔洞防护盖板上严禁堆放设备、材料。 4）直径大于1m、道路附近、无盖板及盖板临时揭开的孔洞，四周应设置安全围栏和当心坑洞安全警示标志牌。 5）人工挖孔桩基础、掏挖基础及岩石基础应设置围护栏杆，暂停施工的孔口应设通透的临时网盖；人工挖扩桩孔的施工现场应用围挡与外界隔离，设专人监护，非工作人员不得入内；距离孔口3m内不得有机动车辆行驶或停放	（1）孔洞及沟道临时盖板应使用4～5mm厚花纹钢板（或其他承载强度满足要求的材料，盖板承载强度为10kPa）制作，并涂以黑黄相间的警告标志和禁拆移标识。 （2）盖板下方适当位置不少于4处设置限位块，以防止盖板移动；遇车辆通道处的盖板应适当加厚，以增加强度。 （3）变电工程沟道临时盖板可制作成伸缩式钢盖板，满足不同尺寸电缆沟道防护要求	 图11 孔洞盖板制作及应用示例（单位：mm） 图12 沟道临时盖板实例图

序号	适用（使用）范围	要　　求	图　　示
			 图 13　人工挖孔桩或掏挖桩围护实例图
3 施工 用电 设施	施工用电设施应遵守 DL 5009.2、DL 5009.3 等规程规范要求。施工现场临时用电应采用三相五线制标准布设，总配电箱、分配电箱、开关箱和便携式电源盘应满足电气安全要求，漏电保护器应定期试验，确保功能完好。各类接地可靠，采用黄绿双色专用接地线。施工临时用电还应遵守《施工现场临时用电安全技术规范》（JGJ 46）的其他相关要求		
3.1 电缆 敷设	站内配电线路宜采用直埋电缆敷设，埋设深度不得小于 700mm，并在地面设置明显提示标志	电缆通过道路时应采用套管保护，套管应有足够强度，也可使用具有一定抗压强度的减速带进行保护，如图 14 所示。如采用架空线，宜按沿围墙布线方式，应满足现场临时用电需要和交通安全要求，如图 15 所示	 图 14　过路电缆防护和直埋电缆标识实例图  图 15　架空线沿围墙布线方式
3.2 电源 配电 箱	电源配电箱适用于现场生活、办公、施工临时动力控制电源。电源配电箱要满足如下技术要求： （1）设备产品应符合现行国家标准的规定，应有产品合格证及设备铭牌。 （2）箱体外表颜色宜为绿色（C100 Y100）、铅灰色（K50）或橙色（M60 Y100），同一工程项目箱体外表颜色应统一（本标准色标均采用 CMYK 印刷色彩模式）。 （3）箱门应标注"有电危险"警告标志及电	标准结构及颜色示意如图 16 所示，电源配电箱使用要求如下： （1）按规定安装漏电保护器，每月至少检验一次，并做好记录。 （2）应有专业电工管理，并加锁，为方便使用和检修，配电箱四周可不设置安全围栏。 （3）箱体内应配有接线示意图，并标明出线回路名称	 图 16　标准配电箱制作标准结构及颜色示意图  图 17　标准配电箱防护及应用实例

序号	适用（使用）范围	要 求	图 示
	工姓名、联系电话，总配电箱、分配电箱附近应配置干粉式灭火器。 （4）配电箱内母线不能有裸露现象。 （5）固定式配电箱、开关箱应与地面保持一定的垂直距离		
3.3 便携式卷线盘	便携式卷线盘常常用做施工现场的小型工具及临时照明的电源，要满足以下技术要求： （1）卷线盘应配备漏电保护器（额定动作电流不应大于 30mA，额定漏电动作时间不应大于 0.1s）。 （2）电缆线应使用橡皮绝缘多股软铜线。 （3）电缆线必须有接零保护线	便携式卷线盘使用要求如下： （1）电源线在拉放时应保持一定的松弛度。 （2）拉放和使用过程中应避免与尖锐、易破坏电缆绝缘的物体接触。 （3）电缆线拉放长度不得超过 30m	图 18 便携式卷线盘实例图
3.4 照明设施	（1）施工作业区采用集中广式照明，适用于施工现场集中照明。 （2）局部照明采用移动立杆式灯架照明	（1）集中广式照明灯具一般采用防雨式，底部采用焊接或高强度螺栓连接，灯塔应可靠接地。 （2）移动立杆式灯架可根据需要制作或购置，电缆绝缘良好	图 19 集中广式照明灯塔实例图 图 20 移动立杆式灯架实例图
4 有限空间作业防护设施	1. 有限空间定义 　　有限空间是指封闭或者部分封闭，与外界相对隔离，出入口较为狭窄，作业人员不能长时间在内工作，自然通风不良，易造成有毒有害、易燃易爆物质积聚或者氧含量不足的空间。 　　从以上定义看出，有限空间需同时满足以下三个条件，缺一不可： 　　（1）体积足够大，人能够完全进入，但与外界相对隔离。 　　（2）进出口有限或者受到限制。 　　（3）不需要作业人员长时间占用空间。 　　2. 电力管道有限空间定义 　　电力管道有限空间是指封闭或者部分封闭、进出口受限但人员可以进入，未被设计为固定工作场所，通风不良，易造成有毒有害、易燃易爆物质积聚或者氧含量不足的敷设有电力电缆的隧道、工作井等电力作业空间。 　　3. 分类 　　符合上述定义的有限空间，有以下几种： 　　（1）密闭设备。如船舱、贮罐、车载槽罐、反应塔（釜）、冷藏箱、压力容器、管道、烟道、锅炉等。 　　（2）地下有限空间。如地下管道、地下室、地下仓库、地下工程、暗沟、电力隧道、城市地下综合管廊、涵洞、地坑、废井、地窖、污水池（井）、沼气池、化粪池、下水道等。 　　（3）地上有限空间。如电缆夹层、储藏室、酒糟池、发酵池、垃圾站、温室、冷库、粮仓、料仓、冷却塔等。 　　（4）企业非标设备。如高炉、转炉、电炉、矿热炉、电渣炉、中频炉、混铁炉、煤气柜、重力除尘器、电除尘器、排水器、煤气水封等		

续表

序号	适用（使用）范围	要　　求	图　　示
4.1 有限 空间 作业 防护 设施	有限空间作业防护应满足以下要求： （1）在存在有害气体的室内或容器内、深基坑、地下隧道和洞室作业等，应遵守"先通风、再检测、后作业"的要求，按照规定装设和使用强制通风装置，应保持通风良好，禁止用纯氧进行通风换气；配备必要的气体监测装置，气体监测装置监测内容至少应包括氧气含量、一氧化碳、硫化氢、可燃气体等；人员进入前进行检测，并正确佩戴和使用防毒、防尘面具。 （2）地下穿越作业应设置爬梯，通风、排水、照明、消防设施与作业进展同步布设；施工用电应采用铠装电缆，或采用普通电缆架空布设	（1）在有限空间作业场所，应配备安全和抢救器具，如防毒面罩、呼吸器具、通信设备、梯子、安全绳以及其他必要的器具和设备。 （2）有限空间作业现场的氧气含量应在19.5%～23.5%；有害有毒气体、可燃气体、粉尘允许浓度应符合国家标准的安全要求，不符合时应采取置换等措施；在氧气浓度、有害气体、可燃性气体、粉尘的浓度可能发生变化的环境中作业应保持必要的测定次数或连续检测；检测的时间不宜早于作业开始前30min；作业中断超过30min，应当重新通风、检测合格后方可进入	图21　通风装置实图例　　　图22　气体检测装置实例图
5 高处 作业 防护 设施	高处作业是指人在一定位置为基准的高处进行的作业。中华人民共和国国家标准《高处作业分级》（GB 3608）规定：凡在坠落基准面2m以上（含2m）有可能坠落的高处进行作业，均作为高处作业。也就是说凡在2m以上无可靠的安全防护设施时进行的作业，即在2m以上的架子上进行的操作，即为高处作业。 　　为了便于操作过程中做好安全防范工作，有效的预防人与物从高处坠落的事故，在建筑安装工程施工中，对建筑物和构筑物结构范围以内的"四口"与"五临边"和攀登、悬空均作为高处作业进行安全防护，确保劳动者在生产过程中的安全健康。脚手架、井架、龙门架、施工用电梯和各种吊装机械设备在施工中使用时所形成的高处作业，其安全问题，都由该工程或设备的安全技术部门各自作出规定加以处理。 　　人、物从高处坠落时，地面可能高低不平。上述标准所称坠落高度基准面，是指通过最低的坠落着落点的水平面。而所谓最低的坠落着落点，则是指当在该作业位置上坠落时，有可能坠落到最低之处，这就是最大的坠落高度。因此，高处作业的衡量，以从各作业位置至相应的坠落基准面之间的垂直距离的最大值为准，从作业位置至坠落高度基准面的沿直距离为 h 时，将高处作业分级为： 　　（1）一级高处作业：$h=2\sim5m$。 　　（2）二级高处作业：$h=5\sim15m$。 　　（3）三级高处作业：$h=15\sim30m$。 　　（4）特级高处作业：$h>30m$。 　　因此，坠落高度越高，危险性就越大。 　　高处作业按性质和环境的不同，又可分为一般高处作业和特殊高处作业两类		
5.1 高处 作业 平台	（1）线路工程的高处作业平台主要用于现场施工平衡挂线出线临锚以及在山区、深沟、水田、特种农作物地段、跨越电力线施工时，导地线不能落地压接而采用本平台施工。	使用要求如下： （1）运输高处作业平台时要防止挤压变形，每年要做一次载荷试验。 （2）平台在地面组装牢靠，在临锚绳上挂提升滑车，用钢丝绳将平	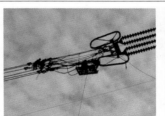 图23　高处作业平台应用实例图

续表

序号	适用（使用）范围	要　求	图　示
	（2）变电工程高处作业平台常见为使用高空作业车。 （3）高处作业平台的使用负荷和尺寸应根据现场条件确定，一般采用铝合金型材和铝合金板材制作而成，并满足施工载荷的强度要求	台提升到工作位置调平固定，提升和使用时要防止冲撞和摇摆。 （3）严禁超负荷使用	图 24　高处作业车实例图
5.2 下线爬梯	下线爬梯是施工人员高处上下悬垂瓷瓶串和安装附件时专用的铝合金硬梯或软爬梯，一般与速差自控器配套使用	（1）结构及尺寸。采用铝合金制作（或其他材料），梯身一般为长6000mm，可两节3000mm长度进行连接，调节量为600mm。 （2）使用要求如下： 1）定期进行承载试验，每次使用前应进行外观检查。 2）使用时梯头应牢固连接在铁塔横担上，操作人员应使用速差自锁器做二道保护。 3）人员上下爬梯要稳，避免爬梯摆动幅度过大	图 25　下线爬梯制作标准及应用实例图
5.3 绝缘梯	（1）施工人员高处作业，区域附近有带电体时，应使用绝缘梯或绝缘平台。 （2）绝缘升降平台是以玻璃纤维和环氧树脂为主要材料而拉挤成型的玻璃钢矩形中空结构型材制作的、底座为铁质的、可以伸缩使用的检修平台，主要用于高空电力设备的检修以及安装	梯子使用中应注意以下问题： （1）身体疲倦、服用药物、饮酒或有体力障碍时，禁止使用梯子。 （2）梯子应放置在坚固平稳的地面上，禁止放在没有防滑和固定设备的冰、雪或滑的地表面上。 （3）作业时禁止超过标明的最大承重质量。 （4）禁止在强风中使用梯子。 （5）金属梯子导电，避免靠近带电场所。 （6）攀登时人面向梯子，双手抓牢，身体重心保持在两梯柱中央。 （7）作业时不要站在离梯子顶部 1m 范围内的梯阶上，永远保留 1m 的安全保护高度，更不要攀过顶部的最高支撑点。 （8）作业时手不要超过头顶，以免身体失去平衡，发生危险。 （9）禁止从梯子的一侧直接跨越到另一侧	图 26　绝缘梯应用实例图

续表

序号	适用（使用）范围	要　求	图　示
6 消防 设施	应按《消防设施通用规范》（GB 55036—2022）和《消防安全技术规范》（GB 50720—2011）等相关规程规范要求配备合格、有效的消防器材，并使用标准式样的消防器。 用于控火、灭火的消防设施，应能有效地控制或扑救建（构）筑物的火灾；用于防护冷却或防火分隔的消防设施，应能在规定时间内阻止火灾蔓延		
6.1 消防 设施	（1）灭火和控火是消防给水及灭火设施的主要设置目标。应用灭火设施扑救火灾，主要实现控制、抑制或扑灭火灾的目标。其中，控制或抑制火灾是在一定时间内限制火势增长，或者进一步减少火灾热释放速率并抑制火势再次增长。扑灭火灾是将火势完全扑灭，使可燃物停止燃烧。 （2）一些消防设施除了控火、灭火外，还具有防护冷却或防火分隔的作用。例如，水喷雾灭火系统可用于可燃气体和甲、乙、丙类液体的生产、储存装置或装卸设备的防护冷却。防火分隔水幕利用密集喷洒形成的水墙或水帘阻火挡烟而起到防火分隔作用	（1）消防设施应设置在适宜的位置。 （2）消防给水与灭火设施应具有在火灾时可靠动作，并按照设定要求持续运行的性能。 （3）与火灾自动报警系统联动的灭火设施，其火灾探测与联动控制系统应能联动灭火设施及时启动	 图 27　现场小型消防站
7 接地线	接地线（分工作接地线和个人保安线）用于防止邻近高压线路静电感应触电或误合闸触电的安全接地。其中工作接地线用于工作地段两端的接地，个人保安线用于作业点的接地。施工接地线截面应按用途正确选择。在感应电压较高的场所，施工人员还应穿防静电服		
7.1 接地线	（1）工作接地线由接地端、多股软铜线、有弹簧的夹板组成，多股软铜线截面不得小于25mm²；接地线外皮应有绝缘层，当与导线相撞时，夹板内的弹簧作用夹体自动夹住导线。 （2）个人保安线应用多股软铜线，其截面不得小于 16mm²，个人保安线的绝缘护套材料应柔韧透明，护层厚度大于 1mm	（1）使用合格证件齐全的产品，经验电证实设备或线路业已停电后，先将工作接地线一端用螺栓紧固在接地体上，再把夹体的夹板打开，支好弹簧板，操作人员手提接地线使夹体对准需接地的导线或架空地线，相撞后夹体夹住导线或地线；拆除时，先摘除夹板，最后松卸接地螺栓。 （2）个人保安线仅作为预防感应电使用，不得以此代替工作接地线；只有在工作接地线	 图 28　接地线和个人保安线实例图

序号	适用（使用）范围	要　求	图　示
		挂好后，方可在工作相上挂个人保安线；个人保安线应在杆塔上接触或接近导线的作业开始前挂接，作业结束脱离导线后拆除；装设时，应先接接地端，后接导线端，且接触良好、连接可靠。拆个人保安线的顺序与此相反	
8 验电器	验电器是用于检验线路或设备是否带电的电工器具，分为低压验电器和高压验电器		
8.1 验电器	（1）验电器产品应具备生产许可证、产品合格证及安全鉴定合格证，有关技术保证文件应齐全。使用单位根据产品技术要求进行使用和保管。按规定定期进行预防性试验。 （2）使用前应根据被测线路的额定电压选用合适型号的指示器和操作杆，并进行外观检查，验电器各部分的连接应牢固、可靠，指示器密封完好，表面光滑、平整，指示器上的标志完整。绝缘杆表面清洁、光滑，无划痕及硬伤	使用要求如下： （1）验电操作前应先对指示器进行自测试验合格后，才能将指示器旋转固定在操作杆（绝缘杆）上，并将操作杆（绝缘杆）拉伸至规定长度（以节数顺序编号全部依次露出为准），再做一次自检后才能进行验电操作。 （2）要避免跌落、挤压、强烈冲击振动，不要用带腐蚀化学溶剂和洗涤剂等溶液擦拭；不要放在露天烈日下暴晒，经常保持清洁，存放于干燥处	 图 29　高压声光验电器验电笔
9 安全视频监控设施	安全视频监控设施是通过视频监控设施，用于实时查看工程现场安全作业情况的监控装置		
9.1 安全视频监控设施	变电、线路工程施工现场均应配置固定式或移动式视频监控设施	设置使用要求如下： （1）变电站工程宜采取固定与移动相结合的方式，110kV 变电站宜配置 2～4 个，220kV 变电站宜配置 4～6 个，500kV 变电站宜配置 4～7 个，750kV 以上根据现场面积及地形宜配置 6～12 个。 1）固定式摄像头应覆盖变电站内整个作业现场。	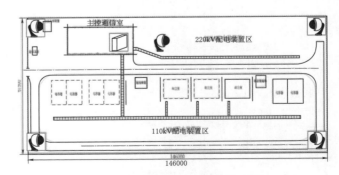 图 30　变电站视频监控设施布置示意图（单位：mm）

续表

序号	适用（使用）范围	要　　求	图　　示
		2）移动式摄像头应能清晰监控主要电气设备安装作业现场。 （2）线路工程三级及以上风险作业点应采用移动式摄像头，应能清晰监控现场作业人员和起重、重要跨越部位等作业现场	 图 31　固定摄像头与监控系统实例图 图 32　移动式摄像机实例图

第四节　个人安全防护用品标准化设置

一、个人安全防护用品分类

个人安全防护用品主要包括安全帽、工作服、绝缘防护用品、防护眼镜、防静电服、防尘口罩、防毒面具、高处作业防护用品等。

二、个人安全防护用品标准化设置要求

个人安全防护用品标准化设置要求见表2-2-4-1。

表 2-2-4-1　　　　　　　　　个人安全防护用品标准化设置要求

序号	适用（使用）范围	要　　求	图　　示
1 安全帽	用于作业人员头部防护的使用	公司所属单位安全帽应按照国家电网有限公司标识管理要求和安全设施标准制作，安全帽前面有国家电网有限公司标志，后面为单位名称及编号，并按编号定置存放。安全帽实行分色管理。红色安全帽为管理人员使用，黄色安全帽为运行人员使用，蓝色安全帽为检修（施工、试验等）人员使用，白色安全帽为外来参观人员使用	 图 33　安全帽示例图
2 工作服	应按劳动防护用品规定制作或采购。除焊工等有特殊着装要求的工种外，同一单位在同一施工现场的员工应统一着装	工作服应具有透气、吸汗及防静电等特点，一般宜选用棉制品	 图 34　单位工作服示例图

续表

序号	适用（使用）范围	要　求	图　示
3 胸卡 （二维码 胸卡）	胸卡（二维码胸卡）是表明人员身份的证件	胸卡及临时出入证按标准式样统一制作，其中国网绿为业主、建设管理和监理人员，蓝色为施工单位人员，橙色为核心分包人员，黄色为一般分包人员	人员身份信息卡 姓名 卡号 图35　胸卡及临时出入证标准式样
4 绝缘 防护 用品	绝缘防护用品主要包括绝缘头罩（盔）、绝缘服、绝缘手套、绝缘鞋（靴）、绝缘脚垫、绝缘安全带、安全绝缘绳等		
4.1 劳保 手套	据作业性质选用，通常选用帆布、棉纱手套；焊接作业应选用皮革或翻毛皮革手套	（1）劳保手套尺寸要适当，手套太紧，限制血液流通，容易造成疲劳也不舒适；如果太松，使用不灵活，容易脱落。 （2）为保证其防护功能，应定期更换手套。超过使用期有可能导致双手或皮肤受到伤害。 （3）需要随时检查劳保手套有无小孔或破损、磨蚀的地方，尤其是指缝。对于防化手套可以使用充气法进行检查。 （4）注意劳保手套的使用场合。 （5）使用过程中要注意安全，不要将污染的劳保手套任意丢放，避免造成对他人的伤害，暂时不用的劳保手套需要放在安全的地方。 （6）摘取劳保手套要防止将劳保手套上沾染的有害物质接触到皮肤和衣服上，造成二次污染。 （7）不要与他人共用劳保手套，劳保手套内部是滋生细菌和微生物的温床，共用劳保手套容易造成交叉感染。 （8）操作车床、钻床、铁床、砂轮机，以及靠近机械转动部分时，严禁戴手套	图36　劳保手套

序号	适用（使用）范围	要　求	图　　示
4.2 绝缘 手套	用于对高压电、挂拆接地、高压电气试验、牵张设备操作和配电箱操作等作业人员的保护，使其免受触电伤害	（1）定期检验绝缘性能，泄漏电流须满足规范要求。 （2）使用前进行外观检查，作业时须将衣袖口套入手套筒口内。 （3）使用后，应将手套内外擦洗干净，充分干燥后，撒滑石粉，在专用支架上倒置存放	 图37　绝缘手套等工具存放实例图
4.3 绝缘 垫	用于对牵张设备操作等作业人员的保护，使其免受触电伤害	使用时应保持干燥。在绝缘垫下铺设木板或其他绝缘材质的台架，台架与地面要保持一定的高度	 图38　绝缘垫使用实例图
5 防护 眼镜 （防护 眼罩）	施工作业可能产生飞屑、火花、烟雾及刺眼光线等时，作业人员应戴防护眼镜（防护眼罩）	使用前应做外观检查	 图39　防护眼镜（防护眼罩）实例图
6 防静 电服	防静电服（屏蔽服）用于在邻近高压、强电场等作业的人身防护。屏蔽服包括上衣、裤子、帽子、手套、短袜、鞋等	（1）使用前应作外观检查，主要检查服装有无破损、开线、连接头是否牢固。 （2）每年应进行一次对屏蔽服任意两点间的电阻值测量。 （3）服装穿好后，检查连接后的螺母与螺栓不能有松动间隙；连接好后再用电阻表测量手套、导电袜（或导电鞋）与衣服之间是否导	 图40　防静电服及应用实例图

序号	适用（使用）范围	要 求	图 示
		通，以确认连接是否可靠；穿戴完毕后，方可按规程进行作业操作。 （4）作业完成后，要仔细检查服装，如有玷污或破损，需要清洁和修复后装箱入库以备下次使用；该服装不能机洗，可用中性洗衣粉浸泡后，用毛刷刷洗后，用清水洗净即可，阴凉处晾干，不可日光暴晒，储存在干燥通风处，避免潮湿	
7 防尘 口罩 （面罩）	用于防止可吸入颗粒物及烟尘对人体的伤害	根据作业内容及环境，选择防尘口罩或面罩	 图41 防尘口罩佩戴实例图
8 防毒 面具	在有害气体的室内或容器内以及深基坑、地下隧道和洞室等有限空间作业都需要佩戴防毒面具	（1）人员进入前应进行气体检测，并应正确佩戴和使用防毒面具。 （2）应急救援人员实施救援时，应当做好自身防护	 图42 防毒防尘面具实例图
9 高处 作业 防护 用品	高处作业中发生的高处坠落、物体打击事故的比例最大。许多事故案例都说明，由于正确佩戴了安全帽、安全带或按规定架设了安全网，从而避免了伤亡事故。事实证明，安全帽、安全带、安全网是减少和防止高处坠落和物体打击这类事故发生的重要措施，常称之为"三宝"。作业人员必须正确使用安全帽，调好帽箍，系好帽带；正确使用安全带，高挂低用		
9.1 安全带、 全方位 防冲击 安全带	应按照《建筑施工高处作业安全技术规范》（JGJ 80）等相关规程规范要求，在坠落高度基准面2m或2m以上有可能坠落的高处进行作业的人员应佩戴安全带等安全防护用品、用具	在杆塔上高处作业的施工人员应佩戴全方位防冲击安全带，使用要求如下： （1）按规定定期进行试验。 （2）使用前进行外观检查，做到高挂低用。 （3）应存储在干燥、通风的仓库内，不准接触高温、明火、强酸和尖锐的坚硬物体，也不允许长期暴晒	 图43 安全带示意及实例图

序号	适用（使用）范围	要　　求	图　　示
9.2 攀登自锁器（含配套缆绳或轨道）	攀登自锁器（含配套缆绳或轨道）用于预防高处作业人员在垂直攀登过程发生坠落伤害的安全防护用品。一般分为绳索式攀登自锁器和轨道式攀登自锁器。线路工程上下杆塔作业和变电工程上下构架作业时必须使用攀登自锁器	（1）绳索式攀登自锁器结构设置。主绳应根据需要在设备构架（或塔材）吊装前设置好；主绳宜垂直设置或沿攀爬物设置，上下两端固定，在上下同一保护范围内严禁有接头；主绳与设备构架（或杆塔）的间距应能满足自锁器灵活使用。主绳一般安装在右侧，便于挪移自锁器。 （2）绳索式攀登自锁器使用要求。 1）产品应具备生产许可证、产品合格证及安全鉴定合格证。 2）自锁器的使用应按照产品技术要求进行；主绳应根据需要在设备构架吊装前设置好；主绳应垂直设置，上下两端固定，在上下统一保护范围内严禁有接头。 3）使用前应将自锁器压入主绳试拉，当猛拉圆环时应锁止灵活，待检查安全螺丝、保险等完好后，方可使用。 4）安全绳和主绳严禁打结、绞结使用；绳钩应挂在安全带连接环上使用，一旦发现异常应立即停止使用。严禁尖锐、易燃、强腐蚀性以及带电物体接近自锁器及其主绳。 5）自锁器应专人专用，不用时妥善保管；并经常性检查；应根据个人使用频繁的程度确定检查周期，但不得少于每月一次。 （3）轨道式攀登自锁器结构设置。轨道设置应根据需要在设备构架吊装前设置好，固定可靠，轨道与设备构架的间距应能满足自锁器灵活使用。	 图44　绳索式自锁器实物实例图  图45　绳索式自锁器应用实例图  图46　轨道式自锁器实物及应用实例图

续表

序号	适用（使用）范围	要　求	图　示
		（4）轨道式攀登自锁器使用要求： 1）自锁器的使用应按照产品技术要求进行。 2）使用前应将自锁器装入轨道试拉，当猛拉圆环时应锁止活，待检查安全螺丝、保险等完好无疑后，方可使用。 3）绳钩应挂在安全带连接环上使用，一旦发现异常应立即停止使用。 4）自锁器应专人专用，不用时妥善保管	
9.3 速差 自控器	用于杆塔高处作业短距离移动或安装附件时，为施工人员提供的全过程安全防护设施。速差自控器各安全部件应齐全，并有省级以上安全检验部门检验的产品检验合格证；有关技术文件齐全。一旦人员失足，应在 0.2m 内锁止，使人员停止坠落	（1）设置位置应符合产品技术要求；每次使用前应做试拉试验，确认正常后方可使用；应高挂低用，注意防止摆动碰撞，水平活动应在以垂直线为中心半径 1.5m 范围内。 （2）严禁将钢丝绳打结使用，自控器的绳钩应挂在安全带的连接环上使用。 （3）自控器上的部件不得任意拆装，出现故障应立即停止使用。 （4）在使用中应远离尖锐、易损伤壳体和安全绳的物体，防止雨淋、浸水和接触腐蚀性物质。 （5）应由专人负责保管、检查和维修	图 47　速差自控器实物实例图　　图 48　速差自控器应用示例图
9.4 水平 安全绳	适用于人员高处水平移动过程中的人身防护，两端必须可靠固定	（1）绳索规格：不小于 $\phi16$ 锦纶绳或 $\phi13$ 的钢丝绳。 （2）使用前应对绳索进行外观检查。 （3）绳索两端可靠固定，并收紧，绳索与棱角接触处加衬垫。 （4）架设高度离人员行走落脚点在 1.3～1.6m 为宜	图 49　水平安全绳应用实例图

第五节 项目部办公区和生活区标准化配置

一、项目部办公区标准化配置

项目部办公区标准化配置见表2-2-5-1。

二、项目部生活区标准化配置

项目部生活区标准化配置见表2-2-5-2。

表2-2-5-1　　　　　　　　　　　项目部办公区标准化配置

序号	标准化要求	实 例 图 示
1 项目部办公区布置	（1）办公区和生活区应相对独立，变电站工程施工项目部办公临建房屋，宜设置在站区围墙外，并与施工区域分开隔离、围护，全站临时建筑设施主色调与现场环境相协调。办公临建房屋的燃烧性能等级应为A级。 （2）线路工程和变电扩建工程，受条件限制，无法搭设临建房屋时，施工项目部可租用民房作为施工项目部办公场所，并应做到布置合理、场地整洁、墙体无污物。 （3）监理项目部办公场所应独立于施工项目部设置	 图50　变电项目部布置实例图
2 业主、监理、施工项目部办公室和会议室	（1）施工项目部应设置会议室。 （2）业主、监理、施工项目部办公室布置应规范整齐，办公设施齐全。 （3）业主、监理、施工项目部办公室入口应设立项目部铭牌，项目部铭牌包括业主项目部、监理项目部、施工项目部铭牌，尺寸为400mm×600mm。 （4）一体化项目部铭牌包括项目管理部、施工项目部铭牌，尺寸为400mm×600mm。 （5）会议室应将安全文明施工组织机构图、安全文明施工管理目标、工程施工进度横道图、应急联络牌等设置上墙	 图51　项目部会议室和办公室布置实例图 ××220千伏变电站工程 业主项目部　　　　××220千伏变电站工程 监理项目部 ××220千伏变电站工程 施工项目部 ××500千伏变电站工程 项目管理部　　　　××500千伏变电站工程 施工项目部 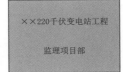 图52　一体化项目部铭牌式样示例图

续表

序号	标准化要求	实 例 图 示
		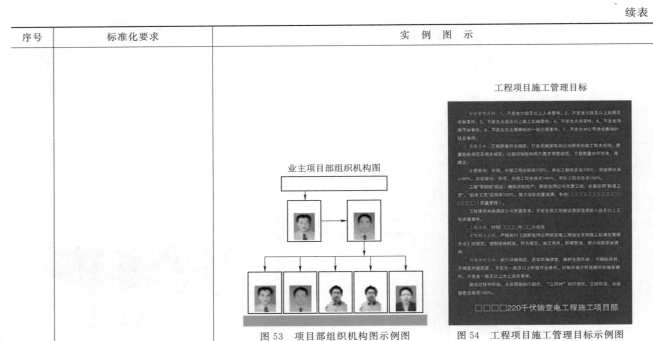 图 53　项目部组织机构图示例图　　图 54　工程项目施工管理目标示例图 图 55　工程施工进度横道图示例图 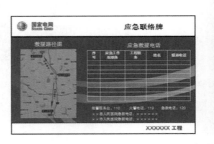 图 56　施工现场应急联络牌示例图

序号	标准化要求	实　例　图　示
3 大型 标志牌	施工单位应在办公区或施工区设置"四牌一图"，即工程项目概况牌、工程项目管理目标牌、工程项目建设管理责任牌、安全文明施工纪律牌、施工总平面布置图（线路工程为线路走向图），也可增设单位简介、工程鸟瞰图等内容。标志牌以国网绿（C100 M5 Y50 K40）为基色。大型标志牌一般设置在新建变电站（站）大门外或项目部适宜地点，框架应为钢结构，整体结构稳定。建议尺寸：500kV 及以上工程为 1500mm×2400mm；220kV 及以上工程为 1200mm×2000mm；110（66）kV 及以上工程为 900mm×1500mm	
3.1 工程 项目 概况牌	主要公示工程项目名称及工程简要情况介绍	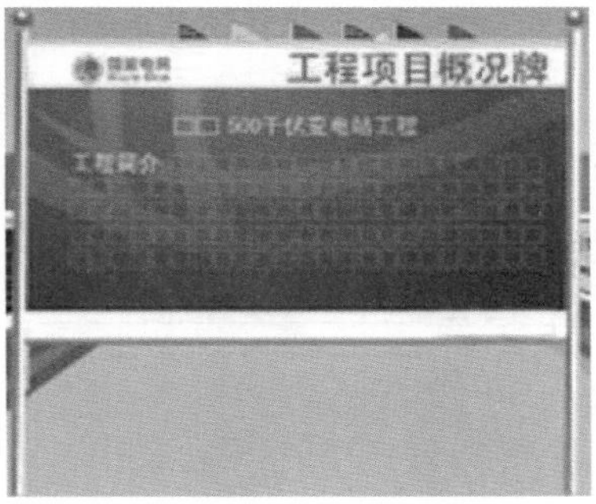 图 57　工程项目概况牌示例图
3.2 工程 项目 管理 目标牌	主要明确本项目管理目标，主要包括安全、质量、工期、文明施工及环境保护等目标内容	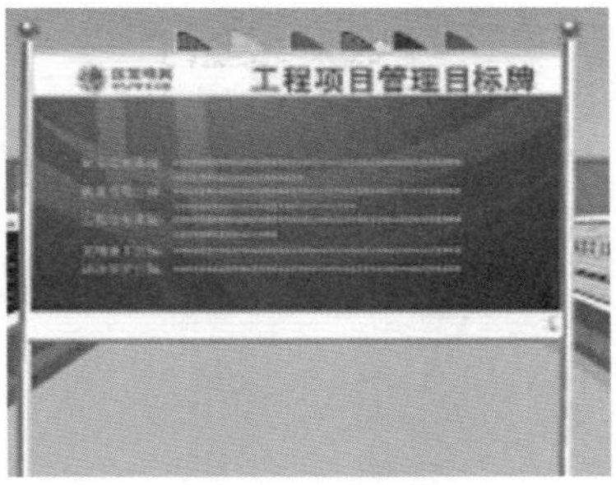 图 58　工程项目管理目标牌示例图
3.3 工程 项目 建设 管理 责任牌	主要公示本项目各参建单位及主要负责人等内容	 图 59　工程项目建设管理责任牌示例图
3.4 安全 文明 施工 纪律牌	主要明确本项目安全文明施工主要要求	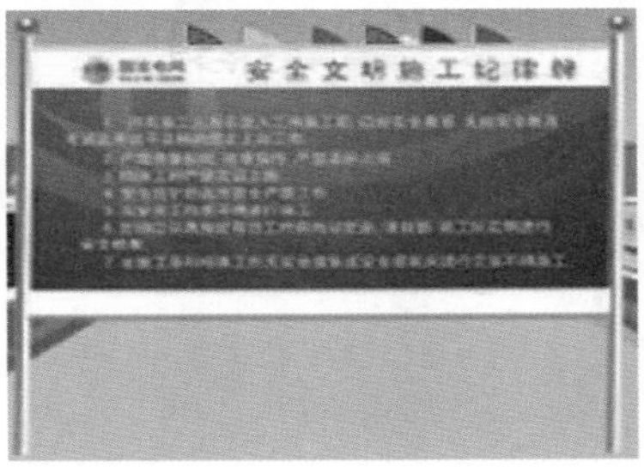 图 60　安全文明施工纪律牌示例图

续表

序号	标准化要求	实例图示
3.5 施工总平面布置图	主要根据本工程实际绘制，应包括办公、生活、材料设备堆放、加工等区域及变电主要功能区划分	图 61 施工总平面布置图示例图
3.6 工程鸟瞰图	根据需要设置工程鸟瞰图、主体施工单位介绍等	图 62 工程鸟瞰图示例图
4 三级及以上施工现场风险管控公示牌	监理、施工项目部应张挂三级及以上施工现场风险管控公示牌，将三级及以上风险作业地点（地理位置）、作业内容、风险等级、工作负责人、现场监理人员、计划作业时间进行公示，并根据实际情况及时更新，确保各级人员对作业风险心中有数。三、二、一级风险分别对应颜色为黄、橙、红，用彩色色块贴于图中。三级及以上施工现场风险管控公示牌为国网绿色（C100 M5 Y50 K40），建议尺寸为1800mm×1200mm	图 63 三级及以上施工现场风险管控公示牌标准式样
5 宣传、告示栏	宣传、告示栏包含宣传栏、标语等。宣传栏用于生活、办公区公告宣传，建议尺寸为1800mm×1200mm，总高度为2200mm	图 64 宣传告示牌标准式样及效果实例图

表 2-2-5-2　　　　　　　　　　　　　　项目部生活区标准化配置

序号	标 准 化 要 求	实 例 图 示
1 员工 宿舍	（1）员工宿舍应实行单人单床，禁止睡通铺，配备个人信息牌。 （2）宿舍内个人物品应摆放整齐，保持卫生整洁。 （3）宿舍不得随意拉设电线，严禁使用电炉等大功率用电器取暖、做饭。 （4）宿舍应有良好的居住条件，通风良好、整洁卫生、室温适宜，并有专项管理办法	 图 65　职工宿舍实例图
2 员工食 堂及其 他生活 设施	监理项目部、施工项目部的生活设施要求如下： （1）员工食堂应配备不锈钢厨具、冰柜、消毒柜、餐桌椅等设施。 （2）其他生活设施： 1）现场生活区应为员工提供洗浴、盥洗设施；卫生间洁净，无明显异味。 2）为员工提供必要的文化娱乐设施。 3）保障各种形式外协工的住宿卫生及健康条件。 4）生活区应设置垃圾箱，垃圾及时清运。 5）项目部和施工班组应配备急救器材、常用药品箱及防疫相关物资	 图 66　员工食堂餐具柜实例图　　　图 67　员工食堂实例图
3 班组办 公区与 生活区 布置	（1）班组驻地根据人员数量、施工机械设备、工程车辆、安全防护用品用具、工程材料用量等因素由班长兼指挥合理选择租用场地和房间数量，并报项目部批准后进行租赁。驻地应靠近施工现场，交通方便，相对独立，治安较好，水电齐全，生活设施完善、区域划分合理。 （2）班组驻地应设置办公室（会议室）、员工宿舍、员工食堂、独立区域的机具材料库房等，以满足作业层班组日常生活、食宿和工器具堆放要求。 （3）班组铭牌：班组驻地须经项目部认可后悬挂班组铭牌，铭牌材质建议采用不锈钢板材，名称可采用车贴刻字，以便于重复使用。班组命名采用"工程名称＋施工类别＋施工＋班组序号"形式，如"××工程基础施工××班""××工程立塔施工××班""××工程架线施工××班"，班组进场后以项目部文件形式进行命名，实行统一管	 图 68　班组铭牌示意图　　　图 69　驻地办公室示例图  图 70　岗位职责牌示例图　　　图 71　应急联络牌示例图

序号	标 准 化 要 求	实 例 图 示
	理。建议尺寸为600mm×400mm。 （4）办公区设置应符合下列要求： 1）驻地应设置办公室（会议室），具备办公、会议召开、班组学习场地，场地应布置合理、整洁、基本办公设施齐全。 2）驻地办公室（会议室）内应悬挂岗位责任牌、应急联络牌、消防管理制度标牌；食堂卫生制度牌建议尺寸为600mm×800mm和公示栏建议尺寸800mm×1200mm。 3）在班组驻地条件允许的情况下，可选择增加与工程建设相关的标牌。 （5）班组生活区设置应符合下列要求： 1）员工生活区域应保持干净、整洁、卫生，夏、冬季要有降温、保暖措施，确保人员休息好、生活好。 2）现场生活区宜提供洗浴、盥洗设施，且能满足班组人员的日常洗漱要求；班组应配备急救器材、常用药品箱。 3）生活区内应有卫生间，并经常打扫，无异味。 4）班组食堂应做到干净整洁，符合卫生防疫及环保要求；炊事人员应按规定体检，并取得健康证，工作时应穿戴工作服、工作帽	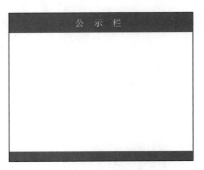 图72 消防管理制度示例图　　图73 食堂卫生制度示例图 图74 公示栏示例图  图75 职工宿舍实例图  图76 班组食堂餐具柜实例图　　图77 班组食堂实例图

第六节　输变电工程现场安全文明施工标准化配置

一、变电站（换流站）工程现场安全文明施工标准化配置

变电站（换流站）工程现场安全文明施工标准化配置见表2-2-6-1。

表2-2-6-1　　　　　变电站（换流站）工程现场安全文明施工标准化配置

序号	标准化要求	实例图示
1 大门及 警卫室	（1）施工单位应修筑变电站（换流站）大门，要求简洁明快，大门一般由灯箱、围栏、人员通行侧门组成，旁边设警卫室、人员考勤设施等。 （2）在作业人员上岗的必经之路旁，应设置个人安全防护用品正确佩戴示意图和安全镜，检查作业人员个人安全防护用品佩戴情况，也可设置安全警示、宣传标牌	  图78　进站大门实例图   图79　个人安全防护用品使用实例图　　图80　安全警示牌示例图  图81　安全宣传牌实例图
2 道路 标志	进变电站（换流站）的主干道两侧应设置国家标准式样的路标、交通标志、限速标志、限高标志和减速坎等设施。变电站（换流站）内道路应设置施工区域指示标志	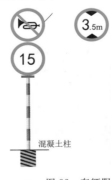  图82　车辆限速标志制作建议尺寸及效果实例图

序号	标　准　化　要　求	实　例　图　示
		 图 83　区域指示牌示例图
3 建筑物	变电站（换流站）内只允许存在工具间、库房、临时工棚及机具防雨棚、材料加工区、设备材料堆放区等临时建筑物，要求如下： （1）施工队工具间、库房等应为轻钢龙骨活动房或砖石砌体房、集装箱式房屋。 （2）临时工棚及机具防雨棚等应为装配式构架、上铺瓦楞板，施工现场禁用石棉瓦、脚手板、模板、彩条布、油毛毡、竹笆等材料搭建工棚	　 图 84　活动房示例图　　　　图 85　临时工棚示例图 　 图 86　材料站整体布置实例图 　 图 87　设备材料堆放区布置实例图

序号	标 准 化 要 求	实 例 图 示
4 安全 通道	安全通道根据施工需要可分为斜型走道、水平通道，要求安全可靠、防护设施齐全、防止移动，投入使用前应进行验收，并设置必要的标牌、标识。安全通道要固定牢固，不能随意拆除，并悬挂"从此通行"标志牌。 　　（1）变电工程脚手架安全通道、斜道的搭设（拆除）执行《变电工程落地式钢管脚手架施工安全技术规范》（Q/GDW 1274）。 　　（2）电缆沟安全通道宜用 $\phi40$ 钢管制作围栏，底部设两根横栏，上铺木板、钢板或竹夹板，确保稳定牢固，高 1200mm，宽 800mm，长度根据电缆沟的宽度确定	 图 88　水平安全通道实例图  图 89　斜型安全通道实例图
5 危险及 易燃 易爆品 防护 设施	危险及易燃易爆品防护设施是危险品临时存放库，危险及易燃、易爆危险品应设置专用存放库房，使用要求如下： 　　（1）易燃、易爆及有毒有害物品等应分别存放在与普通仓库隔离的危险品仓库内，危险品仓库的库门应向外开，按有关规定严格管理。 　　（2）汽油、酒精、油漆及稀释剂等挥发性易燃材料应密封存放；设置通风口，配齐消防器材，并配置醒目的安全标志，专人严格管理。 　　（3）危险品存放库与施工作业区、生产加工区、办公区、生活区、临时休息棚、值班棚保持安全距离	 图 90　危险品临时存放库实例图
6 标识牌	标识牌包含设备、材料、物品、场地区域标识、操作规程、风险管控等。现场所有的标志牌、标识牌、宣传牌等制作标准、规范，宜采用彩喷绘制，颜色应符合《安全色》（GB 2893）要求；标志牌、标识牌框架、立柱、支撑件，应使用钢结构或不锈钢结构；标牌埋设、悬挂、摆设要做到安全、稳固、可靠，做到规范、标准。标志牌悬挂顺序应按照《安全标志及其使用导则》（GB 2894）要求，按警告、禁止、指令、提示（黄-红-	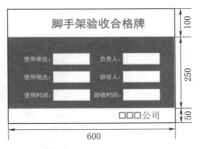 图 91　脚手架验收合格牌标准式样（单位：mm）

序号	标 准 化 要 求	实 例 图 示
	蓝–绿）类型的顺序，先左后右或先上后下地排列。 （1）脚手架验收合格牌在脚手架搭设完毕并经监理验收合格后悬挂，脚手架验收合格牌为黑绿色（C100 M5 Y50 K40），建议尺寸为 600mm×400mm，标明使用单位、使用地点、使用时间、负责人、验收人、验收时间。 （2）设备状态牌用于表明施工机械设备状态，分完好机械、待修机械及在修机械三种状态牌，设备状态牌可采用支架、悬挂、张贴等形式（建议规格为 300mm×200mm 或 200mm×140mm）。 　1）机械完好状态牌中部为蓝色（C100）底部为绿色（C100 Y100）。 　2）机械待修状态牌中部为蓝色（C100），底部为黄色（Y100）。 　3）机械在修状态牌中部为蓝色（C100），底部为红色（M100Y100）。 （3）材料/工具状态牌用于表明材料/工具状态，分完好合格品、不合格品两种状态牌。建议规格为 300mm×200mm 或 200mm×140mm。 　1）合格品标识牌中部为蓝色（C100），底部为绿色（C100Y100）。 　2）不合格品标识牌中部为蓝色（C100），底部为红色（M100Y100）。 （4）机械设备安全操作规程牌宜醒目悬挂在机械设备附近，可采用悬挂或粘贴方式，内容应醒目、规范。尺寸推荐使用 600mm×400mm，也可结合实际情况制作	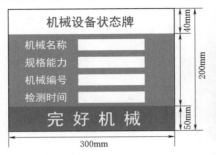   图 92　设备状态牌标准式样 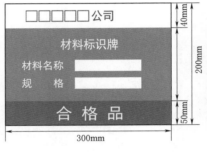  图 93　合格品材料与不合格品材料标识牌标准式样 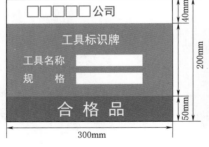  图 94　合格工具与不合格工具标识牌标准式样   图 95　材料状态标识应用实例图

续表

序号	标 准 化 要 求	实 例 图 示
		图 96　操作规程牌实例图
7 其他 设施	（1）氧气瓶、乙炔瓶现场搬运使用托架或小车；氧气瓶、乙炔瓶存放在使用箱笼。 （2）卷扬机操作控制台宜使用组合式金属罩棚。 （3）在适宜的地点设置工棚式饮水点，保持场地清洁、饮用水洁净卫生，并设有专人管理。 （4）施工现场禁止流动吸烟，可在现场适宜的区域设置箱式或工棚式吸烟室，吸烟室宜设置烟灰缸、座椅或板凳，专人管理，场地保持清洁。 （5）废料垃圾回收设施应包含各类废品回收设施、垃圾筒等。	 图 97　氧气/乙炔瓶搬运托架示意图

续表

序号	标 准 化 要 求	实 例 图 示
	（6）混凝土基础等部位拆模或完工后应采取成品保护措施，避免成品被碰撞损伤	  图 98　组合式金属罩棚示例图  图 99　临时饮水点实例图  图 100　吸烟室效果图及应用示例图  图 101　垃圾筒、废品回收设施示例图

序号	标 准 化 要 求	实 例 图 示
		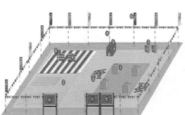图 102　成品保护实例图

二、输电线路工程现场安全文明施工标准化配置

输电线路工程现场安全文明施工标准化配置见表 2-2-6-2。

表 2-2-6-2　　　　　　　输电线路工程现场安全文明施工标准化配置

序号	标 准 化 要 求	实 例 图 示
1 施工 区域化 管理	（1）基础开挖、杆塔组立、张力场、牵引场、导地线锚固等场地应实行封闭管理。应采用安全围栏进行围护、隔离、封闭。 （2）基础开挖土石方、机具、材料应实现定置堆放，材料堆放应铺垫隔离、标识。 （3）杆塔组立现场布置整洁、有序。 （4）张力场、牵引场现场布置整洁、明亮。张力放线牵引场作业现场指挥台位置适当、一目了然	图 103　基础开挖、杆塔组立安全围栏围护实例图 图 104　作业材料定置堆放实例图 图 105　杆塔组立现场布置示例及实例图

续表

序号	标准化要求	实 例 图 示
		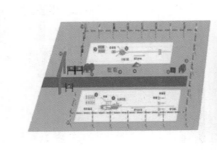　　图 106　牵张场布置示例及实例图 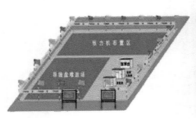　　图 107　牵引场指挥台布置示例及实例图
2 运输	（1）索道运输使用要求如下： 　1）当索道跨越居民区、耕地、建筑物、交通道路时应在跨越下方设置相应的安全防护设施和警告标志；索道上料区域应设置相应的安全防护设施和警告标志。 　2）电气设备、索道和金属支撑架等均应可靠接地。 　3）山坡下方的装、卸料处应设置安全挡板。 　4）货运索道严禁载人。 　5）在醒目的位置悬挂"索道运行操作规程"标识牌。 （2）水上运输使用要求如下： 　1）大型施工装卸及重大物件应采取装卸安全措施。 　2）入舱的物件应放置平稳，易滚易滑和易倒的物件应绑扎牢固。 　3）用船舶接送施工人员应遵守 DL 5009.2 等规程规范相关规定：①不能超员；②应配备救生设备；③上下船的跳板应搭设稳固，并有防滑措施	  图 108　索道运输实例图  图 109　水上重大物件运输应用实例图　　图 110　配备救生设备应用实例图

序号	标准化要求	实例图示
3 架线跨越作业防护设施	在已建成运营的铁路、公路、架空电力线路上方需要跨越通过，或在已建成运营的架空输电线路下方要建设铁路、公路、电力线路等是穿越。架线铁路，高速公路、输电线路的跨越方式有多种，是具体情况而定。 　　（1）木质、毛竹、钢管跨越架。木质、毛竹、钢管跨越架材料选用应符合《电力建设安全工作规程　第2部分：电力线路》（DL 5009.2）等规程规范要求，推荐使用承插型盘扣式跨越架。 　　（2）悬索跨越架。悬索跨越架的承载索应用纤维编织绳，承载索、循环绳、牵网绳、支撑索、悬吊绳、临时拉线等的抗拉强度应满足施工设计要求。可能接触带电体的绳索，使用前均应经绝缘测试并合格。 　　（3）绝缘网和绝缘绳。绝缘网和绝缘绳通常用于带电跨越施工。 　　1）绝缘网一般由网体、边绳、系绳等构件组成。同一张网上的同种构件的材料、规格和制作方法须一致，外观平整。 　　2）绝缘绳通常使用迪尼玛绳，迪尼玛绳在施工中禁止系扣进行锚固，应用原绳的绳套和卸扣进行锚固。收绳时盘绳直径不得小于400mm，绝缘绳要避免与尖锐物体、粗糙表面、热源体等接触。 　　3）每次使用前应进行外观检查	 图111　跨越铁路、高速公路、输电线路实例图  图112　承插型盘扣式跨越架实例图  图113　悬索跨越架实例图  图114（一）　绝缘绳、绝缘网及应用实例图

续表

序号	标准化要求	实 例 图 示
		 图 114（二） 绝缘绳、绝缘网及应用实例图
4 防雷 击和 近电 作业 防护 设施	（1）杆塔、跨越架接地。杆塔组立与跨越架搭设中应及时采取接地措施。 （2）接地滑车。牵张设备出现端的牵引绳及导线上应装设接地滑车	 图 115 杆塔与跨越架接地应用实例图   图 116 接地滑车应用实例图

序号	标准化要求	实例图示
5 地锚、 拉线	地锚、拉线使用要求如下： （1）地锚、拉线应符合《电力建设安全工作规程 第2部分：电力线路》（DL 5009.2）等规程规范相关要求，且必须经过计算校核。 （2）地锚、拉线投入使用前必须通过验收。 （3）验收合格后挂牌。地锚、拉线设置地点应设置地锚、拉线验收牌，建议尺寸为600mm×400mm。 （4）地锚应采取避免雨水浸泡的措施	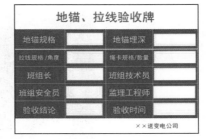 图117 地锚拉线验收牌示例及现场实例图
6 标识牌	施工区域一般应设置施工友情提示牌、安全警示标志牌、设备状态牌、材料/工具状态牌、机械设备安全操作规程牌等，标志、标识牌见变电站工程现场安全文明施工标准化配置。跨越架搭设完毕并经监理验收合格后应悬挂跨越架验收合格牌，跨越架验收合格牌参照脚手架验收合格牌制作。除山区及偏僻地区外，线路施工作业点应设置友情提示牌，建议尺寸为800mm×500mm，总高度为1500mm	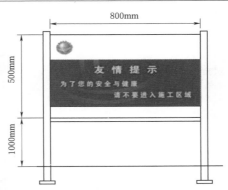 图118 友情提示牌示例图
7 作业现场设备材料堆放	作业现场设备材料堆放应符合下列标准： （1）设备材料堆放场地应坚实、平整、地面无积水。 （2）施工机具、材料应分类放置整齐，并做到标识规范、铺垫隔离。 （3）电缆、导线等应按定置化要求集中放置，整齐有序，标识清楚。 （4）工棚宜采用帆布活动式帐篷，或采用装配式工棚，线路工程现场严禁使用塔材、石棉瓦、脚手板、模板、彩条布、油毛毡、竹笆等材料搭建工棚	 图119 工具定置摆放实例图  图120 活动式帐篷实例图

序号	标准化要求	实例图示
8 成品 保护	混凝土基础等部位拆模或完工后应采取成品保护措施，避免成品被碰撞损伤	图 121　成品保护实例图

三、绿色施工

输变电工程现场绿色施工标准化配置见表2-2-6-3。

表2-2-6-3　　　　　　　　　　输变电工程现场绿色施工标准化配置

序号	标准化要求	实例图示
1 保持 地表 原貌	施工现场应尽力保持地表原貌，减少水土流失，避免造成深坑或新的冲沟，防止发生环境影响事件。导地线展放作业宜采用空中展放导引绳技术，减少对跨越物和导地线的损害	图 122　无人机展放导引绳实例图
2 利用 道路 路基	施工现场宜利用拟建道路路基作为临时道路路基，施工现场的主要道路应进行硬化处理，裸露的场地和堆放的土方应采取覆盖、固化或绿化等措施	图 123　场地覆盖及绿化实例图

序号	标准化要求	实 例 图 示
3 防止 扬尘	施工现场土方作业应采取防止扬尘措施，主要道路应定期清扫、洒水，土方和建筑垃圾的运输应采用封闭式运输车辆或采取覆盖措施。可配备手持式粉尘浓度测试仪，实时监测施工现场的扬尘污染浓度	图 124　防止扬尘措施和手持式粉尘浓度测试仪实例图
4 车辆 冲洗	施工现场出口处应设置车辆冲洗设施，并应对驶出车辆进行清洗，洗车装置、混凝土搅拌和灌注桩施工等产生污水的部位应设置沉淀池，有组织收集泥浆等废水，废水不得直接排入农田、池塘、城市雨污水管网	图 125　车辆冲洗设施实例图　　　图 126　沉淀池实例图
5 封闭、 降尘、 降噪 措施	采用现场搅拌混凝土或砂浆的场所应采取封闭、降尘、降噪措施。水泥和其他易飞扬的细颗粒建筑材料应密闭存放或采取覆盖等措施	图 127　封闭式混凝土搅拌操作棚实例图
6 降低 中度 污染 措施	当环境空气质量指数达到中度及以上污染时，施工现场应增加洒水或喷雾频次，加强覆盖措施，减少易造成大气污染的施工作业，施工现场严禁焚烧各类废弃物	图 128　现场洒水、喷雾实例图
7 防渗漏 处理	施工现场临时厕所的化粪池应进行防渗漏处理，施工现场存放的油料和化学溶剂等物品应设置专用库房，地面应进行防渗漏处理	

序号	标准化要求	实例图示
8 降低 噪声、 低振动 设备	施工现场宜选用低噪声、低振动的设备，强噪声设备宜设置在远离居民区的一侧，并应采用隔声、吸声材料搭设防护棚或屏障。可配备噪声监测仪器，及时掌握、调整施工现场噪声情况	 图 129　隔音屏实例图 图 130　噪声监测仪器实例图
9 夜间 作业 噪声	因生产工艺要求或其他特殊需要，确需进行夜间施工的，施工单位应加强噪声控制，并应减少人为噪声	
10 减少 光污染	施工现场应对强光作业和照明灯具采取遮挡措施，减少对周边居民和环境的影响	

第三章

输变电工程施工新标准工艺

第一节　概　　述

输变电工程标准工艺是国家电网有限公司标准化建设成果的重要组成部分，是在输变电工程施工中建设智慧工地的必不可少的重要环节。

国家电网公司自 2011—2016 年以来陆续发布了《国家电网公司输变电工程标准工艺（一）　施工工艺示范手册》《国家电网公司输变电工程标准工艺（二）　施工工艺示范光盘》《国家电网公司输变电工程标准工艺（三）　工艺标准库》《国家电网公司输变电工程标准工艺（四）　典型施工方法》《国家电网公司输变电工程标准工艺（五）　典型施工方法演示光盘》《国家电网公司输变电工程标准工艺（六）　标准工艺设计图集》系列成果，对提升输变电工程质量工艺水平发挥了重要作用。近年来，随着输变电工程建设领域新技术、新工艺、新材料、新设备的大量应用，以及相关技术标准的更新发布，国家电网有限公司原标准工艺已不能满足实际需要，需进行系统修编，提升其先进性与适用性。

立足新发展阶段，为更好地适应输变电工程高质量建设及绿色建造要求，国家电网有限公司组织相关省电力公司、中国电力科学研究院等单位对原标准工艺体系进行了全面修编。将原《国家电网公司输变电工程标准工艺》（一）～（六）系列成果，按照变电工程、架空线路工程、电缆工程专业进行系统优化、整合，单独成册。各专业内，分别按照工艺流程、工艺标准、工艺示范、设计图例、工艺视频五个要素进行修订、完善。对继续沿用的施工工艺，依据最新技术标准进行内容更新。删除落后淘汰的施工工艺，增加使用新设备、新材料而产生的新工艺。最终呈现出一套面向输变电工程建设一线，先进适用、指导性强、操作简便、易于推广的标准工艺成果。四本输变电工程标准工艺分册凝聚了国家电网有限公司建设战线上广大质量管理、技术人员的心血和智慧。

《国家电网有限公司输变电工程标准工艺　变电工程土建分册》，主要框架是以分部工程为"章"，以分项工程为"节"，具体划分为工程测量与土石方工程、地基工程、基础工程等共 8 章 158 节。每节分为工艺流程、工艺标准、工艺示范、设计图例四部分内容。其中"工艺流程"分为两部分，一是给出施工工艺流程图（关键工序以"★"标识），二是对施工工艺流程中的关键工序的控制进行了施工要点的详细说明（侧重于施工过程）。"工艺标准"给出施工工艺应达到的标准和要求（侧重于成品效果）。"工艺示范"展示出现场实物照片，直观反映关键工序施工要点和成品安装效果。"设计图例"给出 CAD 工艺设计图，对某些工艺在文字上表达不清的要求、施工图没有画出工艺节点详图的情况加以形象说明。

《国家电网有限公司输变电工程标准工艺　变电工程电气分册》，主要框架是以单位工程为"章"，以具体设备安装为"节"，具体划分为主变压器系统设备安装、站用变压器及交流系统设备安装、配电装置安装等共 10 章 62 节。"节"设置工艺流程、工艺标准、工艺示范、设计图例、工艺视频五部分内容。其中"工艺流程"分为两部分，一是给出施工工艺流程图（关键工序以"★"标识），二是对施工工艺流程中的关键工序的控制进行了施工要点的详细说明（侧重于施工过程）。"工艺标准"给出设备安装工艺应达到的标准和要求（侧重于成品效果）。"工艺示范"展示出现场实物照片，直观反映关键工序施工要点和成品安装效果。"设计图例"给出 CAD 工艺设计图，对某些工艺在文字上表达不清的要求、施工图没有画出工艺节点详图的情况加以形象说明。"工艺视频"则呈现设备安装工艺的操作视频或典型工法，扫描书中二维码即可观看。

《国家电网有限公司输变电工程标准工艺　架空线路工程分册》，主要框架除了将土石方及基础分部工程合并为一章外，其他内容以分部工程为"章"，在原标准工艺的基础上将子项进行了同类合并、删减调整为"节"，具体划分为基础工程、杆塔组立工程、架线工程、接地工程、线路防护工程等共 5 章 59 节。每节分为工艺流程、工艺标准、工艺示范、设计图例四部分内容。其中"工艺流程"分为两部分，一是给出施工工艺流程图（关键工序以"★"标识），二是对施工工艺流程中的关键工序的控制进行了施工要点的详细说明（侧重于施工过程）。"工艺标准"给出施工工艺应达到的标准和要求。"工艺示范"展示出现场实物照片，直观反映关键工序施工要点和成品安装效果。"设计图例"给出 CAD 工艺设计图，对某些工艺在文字上表达不清的要求、施工图没有画出工艺节点详图的情况加以形象说明。

《国家电网有限公司输变电工程标准工艺　电缆工程分册》包括土建篇和电气篇两篇，主要框架以单位工程为"章"，按工序类别分"节"，土建篇具体划分为开挖直埋电缆工程、开挖排管工程等共 5 章 10 节，电气篇具体划分为高压电缆敷设施工、高压电缆附件安装等共 3 章 11 节。每节分为工艺流程、工艺标准、工艺示范、设计图例四部分内容。其中"工艺流程"分为两部分，一是给出施工工艺流程图（关键工序以"★"标识），二是对施工工艺流程中的关键工序的控制进行了施工要点的详细说明（侧重于施工过程）。"工艺标准"给出设备安装工艺应达到的标准和要求（侧重成品效果）。"工艺示范"展示出现场实物照片，直观反映关键工序施工要点和成品安装效果。"设计图例"给出 CAD 工艺设计图，对某些工艺在文字上表达不清的要求、施工图一般不给出工艺节点详图的情况加以形象说明。

输变电工程标准工艺项目工程、分部工程、分项工程总览见表 2 - 3 - 1 - 1。

表 2－3－1－1　输变电工程标准工艺项目工程、分部工程、分项工程总览

续表

项目工程	序号	分部工程	序号	分项工程
变电工程土建部分	1	工程测量与土石方工程	1	工程测量控制网
			2	沉降观测点、位移监测点
			3	基坑与沟槽开挖
			4	土石方回填与压实
			5	挡土灌注桩排桩支护
			6	重力式水泥土墙
			7	土钉墙支护
			8	集水明排
			9	轻型井点降水
			10	喷射井点降水
			11	管井井点降水
			12	井点回灌
			13	锚杆挡墙
			14	岩石锚喷支护
			15	重力式挡墙
			16	悬臂式、扶壁式挡墙
			17	坡面防护与绿化
	2	地基工程	1	灰土地基
			2	砂和砂石地基
			3	粉煤灰地基
			4	强夯地基
			5	注浆地基
			6	堆载预压地基
			7	真空预压地基
			8	土工合成材料地基
			9	砂石桩复合地基
			10	水泥土搅拌桩复合地基
			11	高压喷射注浆复合地基
			12	粉体喷射注浆复合地基
			13	灰土挤密桩复合地基
			14	夯实水泥土桩复合地基
			15	水泥粉煤灰碎石桩复合地基
			16	局部特殊地基处理
	3	基础工程	1	钢筋混凝土预制桩
			2	预应力管桩
			3	钢桩
			4	回转钻成孔灌注桩
			5	冲击成孔灌注桩
变电工程土建部分	3	基础工程	6	潜水钻成孔灌注桩
			7	多支盘桩灌注桩
			8	沉管灌注桩
			9	套管夯扩灌注桩
			10	载体夯扩灌注桩
			11	长螺旋钻孔压灌桩
			12	人工挖孔灌注桩
			13	岩石锚杆基础施工
			14	特殊土地基基础
			15	沉井
			16	大体积混凝土施工
			17	钢筋混凝土扩展基础
			18	筏形基础
	4	主体结构工程	1	砌体结构
			2	砌体填充墙
			3	结构模板
			4	永久性模板
			5	钢筋加工与安装
			6	钢筋闪光对焊
			7	钢筋电渣压力焊
			8	钢筋机械连接
			9	混凝土浇筑与养护
			10	施工缝留设及处理
			11	钢结构焊接（角焊缝）
			12	钢结构焊接（坡口焊缝）
			13	钢结构焊接（塞焊）
			14	栓钉焊接连接
			15	普通螺栓连接
			16	高强度螺栓连接
			17	钢结构安装
			18	防腐涂料喷涂
			19	防火涂料喷涂
			20	地下结构防水
			21	地下结构穿墙管
			22	地下结构预埋件
			23	地下结构变形缝
	5	屋面和地面工程	1	基层
			2	卷材防水
			3	涂膜防水

续表

项目工程	序号	分部工程	序号	分项工程
变电工程土建部分	5	屋面和地面工程	4	屋面排汽
			5	屋面保温
			6	保护层
			7	细部构造
			8	瓦屋面
			9	金属板屋面
			10	玻璃顶屋面
			11	地面基层
			12	自流平面层
			13	涂料面层
			14	塑胶面层
			15	砖面层
			16	花岗岩面层
			17	活动地板
			18	散水
			19	台阶
			20	坡道
			21	雨篷
	6	装饰装修工程	1	金属窗、铝合金窗
			2	木门
			3	钢板门、防火门
			4	玻璃门
			5	防火卷帘门
			6	轻质骨架隔墙
			7	矿棉板吊顶
			8	铝板吊顶
			9	石膏板吊顶
			10	变形缝
			11	一体化外墙保温板
			12	墙面抹灰
			13	涂饰工程
			14	外墙饰面砖
			15	内墙饰面砖
			16	干粘石墙面
			17	人造石材窗台
			18	上人屋面钢爬梯
			19	楼梯饰面
			20	楼梯栏杆
			21	细部工程护栏和扶手

续表

项目工程	序号	分部工程	序号	分项工程
变电工程土建部分	7	室外工程	1	构支架吊装
			2	构支架、设备基础
			3	混凝土框架清水砌体防火墙
			4	现浇混凝土防火墙
			5	砂浆饰面防火墙
			6	干粘石饰面防火墙
			7	装配式钢结构防火墙
			8	干粘石围墙
			9	装配式围墙
			10	隔声屏障
			11	大门
			12	混凝土道路
			13	沥青道路
			14	连锁块道路
			15	混凝土广场
			16	透水砖广场
			17	防滑面砖广场
			18	碎石场地
			19	砌筑式雨水井、检查井
			20	装配式雨水井、检查井
			21	砖砌电缆沟
			22	现浇混凝土电缆沟
			23	消防给水
	8	建筑安装工程	1	开关
			2	插座
			3	配电箱
			4	灯具
			5	线槽
			6	导管
			7	建筑物防雷接地
			8	屋顶风机
			9	墙体轴流风机
			10	通风百叶窗
			11	建筑空调
			12	建筑采暖
			13	给水管道
			14	排水管道
			15	雨水管
			16	地漏
			17	卫生器具
			18	给水设备
			19	室内消火栓

续表

项目工程	序号	分部工程	序号	分项工程
变电工程电气部分	1	主变压器系统设备安装	1	主变压器安装
			2	中性点系统设备安装
	2	站用变压器及交流系统设备安装	1	油浸式站用变压器安装
			2	干式站用变压器安装
			3	配电盘（开关柜）安装
	3	配电装置安装	1	软母线安装
			2	悬吊式管形母线安装
			3	支撑式管形母线安装
			4	母线接地开关安装
			5	主变压器低压侧硬母线安装
			6	断路器安装
			7	隔离开关安装
			8	电流、电压互感器安装
			9	避雷器安装
			10	穿墙套管安装
			11	气体绝缘金属封闭开关设备安装
			12	干式空心电抗器安装
			13	装配式电容器安装
			14	集合式电容器安装
	4	全站防雷及接地装置安装	1	主接地网安装
			2	构支架、构架避雷针接地安装
			3	独立避雷针接地线安装
			4	爬梯接地安装
			5	设备接地安装
			6	二次系统等电位接地网安装
			7	屏柜（箱）内接地安装
			8	户内接地装置安装
	5	主控及直流设备安装	1	屏、柜安装
			2	端子箱、就地控制柜安装
			3	二次回路接线
			4	蓄电池安装
	6	全站电缆施工	1	电缆保护管配置及敷设
			2	电缆沟内支架制作及安装
			3	电缆桥架制作及安装
			4	直埋电缆敷设
			5	支、桥架上电缆及穿管电缆敷设

续表

项目工程	序号	分部工程	序号	分项工程
变电工程电气部分	6	全站电缆施工	6	电力电缆终端制作及安装
			7	控制电缆终端制作及安装
			8	电缆沟内阻火墙施工
			9	孔洞、管口封堵
			10	盘、柜底部封堵施工
	7	通信系统设备安装	1	光端机及程控交换机安装
			2	光缆敷设及接线
			3	通信系统防雷接地
	8	视频监控及火灾报警系统	1	视频监控系统探头安装
			2	视频监控系统主机安装
			3	火灾报警安装
			4	温度感应线安装
	9	智能变电站设备安装	1	预制舱安装
			2	集成式智能隔离断路器安装
	10	换流站设备安装	1	换流变压器安装
			2	平波电抗器安装
			3	电容器塔安装
			4	电阻器安装
			5	悬吊式换流阀安装
			6	换流阀内冷却系统安装
			7	换流阀外冷却系统安装
			8	支撑式换流阀安装
			9	直流断路器安装
			10	直流隔离开关安装
			11	直流穿墙套管安装
			12	光电型直流电流互感器安装
架空线路工程部分	1	基础工程	1	混凝土台阶式基础施工
			2	钢筋混凝土板柱基础施工
			3	角钢（钢管）插入基础施工
			4	冻土地质锥柱式基础施工
			5	冻土地质装配式基础施工
			6	楔形基础施工
			7	地脚螺栓式斜柱基础施工
			8	岩石锚杆基础施工
			9	岩石嵌固式基础施工
			10	掏挖基础施工
			11	挖孔基础施工

续表

项目工程	序号	分部工程	序号	分项工程
架空线路工程部分	1	基础工程	12	螺旋锚基础施工钻孔
			13	灌注桩基础施工
			14	预制贯入桩基础施工
			15	承台及连梁浇筑施工
			16	拉线塔基础浇筑及拉线基础施工
			17	基坑回填施工
	2	杆塔组立工程	1	角钢铁塔分解组立施工
			2	钢管铁塔分解组立施工
			3	钢管杆分解组立施工
			4	钢管杆整体组立施工
			5	角钢结构大跨越铁塔组立施工
			6	钢管结构大跨越铁塔组立施工
			7	拉线塔组立施工
	3	架线工程	1	导地线展放施工
			2	导地线耐张线夹压接施工
			3	导地线接续管压接施工
			4	导线补修施工
			5	导地线弧垂控制施工
			6	导线悬垂绝缘子串安装
			7	导线耐张绝缘子串安装
			8	均压环、屏蔽环安装
			9	地线悬垂串安装
			10	地线耐张串安装
			11	软引流线安装
			12	"扁担式"硬引流线安装
			13	笼式硬引流线安装
			14	铝管式硬引流线安装
			15	防振锤安装
			16	阻尼线安装
			17	子导线间隔棒安装
			18	相间间隔棒安装
			19	OPGW悬垂串安装
			20	OPGW耐张串安装
			21	OPGW引下线安装
			22	OPGW接头盒安装
			23	OPGW余缆安装
			24	ADSS悬垂串安装
			25	ADSS耐张串安装
			26	ADSS防振鞭安装

续表

项目工程	序号	分部工程	序号	分项工程
架空线路工程部分	4	接地工程	1	接地引下线施工
			2	接地体制作施工
			3	接地模块施工
			4	铜覆钢接地施工
	5	线路防护工程	1	基础防护施工
			2	排水沟砌筑施工
			3	护帽浇筑施工
			4	塔位牌、相位标识牌、警示牌安装
			5	高塔航空标识安装
电缆工程土建部分	1	开挖工程	1	开挖直埋电缆工程
			2	开挖排管工程
			3	电缆沟工程
	2	非开挖工程	1	非开挖拉管施工工艺
			2	非开挖顶管工程施工
	3	电缆隧道/综合管廊电力舱工程	1	电缆隧道土钉墙支护工程施工工艺
			2	明挖电缆隧道本体工程施工工艺
			3	浅埋暗挖电缆隧道工程施工工艺
			4	土压平衡式盾构电缆隧道工程施工工艺
			5	泥水平衡式盾构电缆隧道工程施工工艺
			6	电缆隧道通风、排水、照明工程施工工艺
			7	电缆隧道消防设施工程施工工艺
			8	电缆隧道电缆支架工程施工工艺
电缆工程电气部分	1	高压电缆敷设施工	1	高压电缆直埋敷设施工
			2	高压电缆穿管敷设施工
			3	高压电缆隧道敷设施工
			4	电缆登杆（塔）/引上敷设
			5	水底电缆敷设施工
	2	高压电缆附件安装	1	交联电缆预制式中间接头安装（35kV及以下）
			2	交联电缆预制式终端安装（35kV及以下）
			3	交联电缆预制式中间接头安装（110kV及以上）

续表

项目工程	序号	分部工程	序号	分项工程
电缆工程	2	高压电缆附件安装	4	交联电缆预制式终端安装（110kV及以上）
电气部分	3	高压电缆防火、防水封堵	1	高压电缆防火封堵
			2	高压电缆防水封堵

第二节　架空线路工程施工新标准工艺

一、基础工程

（一）混凝土台阶式基础施工

本小节适用于35kV及以上架空输电线路混凝土台阶式基础施工。

1. 关键工序控制

（1）定位分坑。

1）定位分坑前应对塔位中心桩、方向桩进行校核。

2）基坑开挖前应做好对塔位中心桩、方向桩的保护措施，并注明桩号和线路方向。

3）对于施工中不便于保留的中心桩，应在基础外围设置辅助桩，保留原始记录，基础回填后，应及时恢复中心桩，宜浇筑300mm×300mm×100mm的混凝土块对中心桩进行保护。

（2）基坑开挖。

1）基坑开挖根据土层地质条件按《电力建设安全工作规程　第2部分：电力线路》（DL 5009.2—2013）的规定确定放坡系数。根据地形、地质条件，优选挖掘机进行机械开挖，距设计深度为300～400mm时，宜改用人工开挖。发生超挖时，应按照设计及规范要求处理。

2）地下水位较高时，应采取有效的降水措施。基础浇筑时应保证无水施工。针对基坑出水量不大，开挖到设计深度后，出现淤泥等情况，应按照设计及规范要求施工。

3）冬期施工时，已开挖的基坑底面应有防冻措施。

（3）钢筋绑扎、地脚螺栓找正。

1）钢筋加工应符合《混凝土结构工程施工质量验收规范》（GB 50204—2015）要求，钢筋箍筋、拉筋的末端应按设计要求做弯钩。弯钩的弯折角度、弯折后平直段长度应符合标准规定。

2）钢筋连接应符合《钢筋焊接及验收规程》（JGJ 18—2012）和《钢筋机械连接技术规程》（JGJ 107—2016）要求，在同一连接区段内的接头应错开布置，纵向受力钢筋的接头面积百分率应符合设计要求；设计无要求时，受拉接头不应大于50%，受拉钢筋应力较小部位或纵向受压钢筋，接头面积百分率可不受限制。钢筋绑扎牢固、均匀、满扎，不得跳扎。

3）钢筋保护层厚度控制符合设计要求。

4）混凝土浇筑前应将钢筋、地脚螺栓去除浮锈、杂物，表面清理干净，地脚螺栓螺纹部分应予以保护；复

核钢筋、地脚螺栓规格、数量、间距，同时应对地脚螺栓螺杆、螺母型号匹配情况进行检查。

5）混凝土浇筑前应对基础根开、立柱标高等进行复核；转角、终端塔设计要求采取预偏时，浇筑前应对预偏值进行复核。

（4）模板支护。

1）模板支护应进行承载力核算，确保混凝土模板具有足够的承载力、刚度和整体稳固性。操作平台应与模板支护系统分离，确保浇筑过程中模板不位移。

2）模板表面应平整且接缝严密，模板内不应有杂物、积水或冰雪等。

3）模板安装前表面应均匀涂脱模剂，脱模剂不得沾污钢筋、不得对环境造成污染；脱模剂的质量应符合《混凝土制品用脱模剂》（JC/T 949—2021）的规定。

（5）混凝土浇筑。

1）现场浇筑混凝土应采用机械搅拌，并应采用机械捣固。在有条件的地区，应使用预拌混凝土，预拌混凝土质量应符合《预拌混凝土》（GB/T 14902—2012）的规定，并按《混凝土结构工程施工质量验收规范》（GB 50204—2015）、《混凝土结构工程施工规范》（GB 50666—2011）相关规定提供质量证明文件。

2）搅拌运输车在装料前应将搅拌罐内的积水排尽，装料后严禁向搅拌罐内的混凝土拌和物中加水。预拌混凝土从搅拌机卸入搅拌运输车至卸料时的运输时间不宜大于90min，当采用翻斗车时，运输时间不应大于45min。

3）混凝土下料高度超过3m时，应采取防止离析措施。混凝土浇筑过程中严格控制水胶比，每班日或每个基础腿，混凝土坍落度应至少检查2次；每班日或每基基础，混凝土配合比材料用量应对照混凝土配合比设计至少检查2次。雨雪天应重新核算用水量，确保水胶比的准确性。

4）现场浇筑混凝土的振捣应采用机械搅拌、机械捣固的方式，特殊地形无法机械搅拌、捣固时，应有专门的质量保证措施。

5）冬期施工应采取防冻措施，混凝土拌和物的入模温度不得低于5℃。高温施工时混凝土浇筑入模温度不应高于35℃。雨季施工基坑或模板内应采取防止积水措施，混凝土浇筑完毕后应及时采取防雨措施。基础混凝土应根据季节和气候采取相应的养护措施。现场浇筑混凝土的养护规定：在终凝后12h内开始浇水养护，天气炎热、干燥有风时，应在3h内开始浇水养护。养护时应在基础模板外侧加遮盖物，浇水次数应能够保持混凝土表面始终湿润。外露的混凝土浇水养护时间不宜少于5昼夜。日平均气温低于5℃时，不得浇水养护。

6）基础混凝土应一次浇筑成型，浇筑完成的基础应及时清除地脚螺栓上的残余水泥砂浆，并对基础及地脚螺栓进行保护。

2. 工艺标准

（1）原材料标准。

1）水泥宜采用通用硅酸盐水泥，强度等级≥42.5。

2）细骨料宜采用中砂，选用的天然砂、人工砂或混合砂相关参数应符合《普通混凝土用砂、石质量及检验方法标准（附条文说明）》（JGJ 52—2006）的规定。不得使用海砂。

3）粗骨料采用碎石或卵石，相关参数应符合 JGJ 52—2006 的规定。

4）宜采用饮用水或经检测合格的地表水、地下水、再生水拌和及养护，不得使用海水。

5）外加剂、掺合料品种及掺量应根据需要，通过试验确定。

6）冬期施工的混凝土，应优先选用硅酸盐水泥或普通硅酸盐水泥。水泥强度等级不应低于 42.5，浇筑 C15 以上强度等级混凝土时，最小胶凝材料用量应符合《普通混凝土配合比设计规程》（JGJ 55—2011）的规定，且最小水泥用量不宜低于 280kg/m³，水胶比不应大于 0.55。

（2）施工工艺标准。

1）地脚螺栓及钢筋规格、数量符合设计要求，螺栓与螺帽标记匹配，加工质量经第三方抽检符合规范规定且制作工艺良好。安装位置符合设计要求，钢筋笼位置调整所采用的混凝土垫块应有足够的强度和密实性，强度不得低于基础设计强度。采用其他材料制作的垫块时，除应满足使用强度的要求外，其材料中不应含有对混凝土产生不利影响的成分。钢筋表面干净，不得使用表面有颗粒状、片状老锈或有损伤的钢筋。

2）混凝土密实，表面平整、光滑，棱角分明，一次成型。

3）当转角、终端塔设计要求采取预偏时，同一基础的四个立柱顶面应按预偏值抹成斜平面，并应共在一个整斜平面或平行平面内。

4）允许偏差：

a. 基础埋深：+100mm，−50mm。

b. 立柱及各底座断面尺寸：−1%。

c. 钢筋保护层厚度：−5mm。

d. 基础根开及对角线：一般塔±2‰，高塔±0.7‰。

e. 基础顶面高差：5mm。

f. 同组地脚螺栓对立柱中心偏移：10mm。

g. 整基基础中心位移：顺线路方向 30mm，横线路方向 30mm。

h. 整基基础扭转：一般塔 10′，高塔 5′。

i. 地脚螺栓露出混凝土面高度：+10mm，−5mm。

（二）钢筋混凝土板柱基础施工

本小节适用于 35kV 及以上架空输电线路钢筋混凝土板柱基础施工。

1. 关键工序控制

定位分坑、基坑开挖、钢筋绑扎、模板支护、混凝土浇筑工序控制见本小节（一）。

2. 工艺标准

（1）原材料标准。

参见本小节（一）。

（2）施工工艺标准。

参见本小节（一）。

（三）角钢（钢管）插入基础施工

本小节适用于 35kV 及以上架空输电线路工程角钢（钢管）插入基础施工。

1. 关键工序控制

（1）定位分坑、基坑开挖。

定位分坑、基坑开挖工序控制见本小节（一）。

（2）插入角钢（钢管）安装、找正。

插入角钢（钢管）底端定位要准确，上端用硬连接可调工具固定，保证其精确位置。

（3）钢筋绑扎、支模。

1）钢筋加工应符合《混凝土结构工程施工质量验收规范》（GB 50204—2015）要求，钢筋箍筋、拉筋的末端应按设计要求做弯钩，弯钩的弯折角度、弯折后平直段长度应符合标准规定。

2）钢筋连接应符合《钢筋焊接及验收规程》（JGJ 18—2012）和《钢筋机械连接技术规程》（JGJ 107—2016）要求，在同一连接区段内的接头应错开布置，纵向受力钢筋的接头面积百分率应符合设计要求；设计无要求时，受拉接头不应大于 50%，受拉钢筋应力较小部位或纵向受压钢筋，接头面积百分率可不受限制。钢筋绑扎牢固、均匀、满扎，不得跳扎。

3）钢筋保护层厚度控制符合设计要求。

4）混凝土浇筑前应将钢筋去除浮锈、杂物，表面清理干净；复核钢筋规格、数量、间距。

5）混凝土浇筑前应对基础根开、立柱标高等进行复核；转角、终端塔设计要求采取预偏时，浇筑前应对预偏值进行复核。

6）模板支护应进行承载力核算，确保混凝土模板具有足够的承载力、刚度和整体稳固性。操作平台应与模板支护系统分离，确保浇筑过程中模板不位移。

7）模板表面应平整且接缝严密，模板内不应有杂物、积水或冰雪等。

8）模板安装前表面应均匀涂脱模剂，脱模剂不得沾污钢筋、不得对环境造成污染；脱模剂的质量应符合《混凝土制品用脱模剂》（JC/T 949—2021）的规定。

（4）混凝土浇筑。

混凝土浇筑工序控制见本小节（一）。

（5）基础回填。

基础拆模后应及时回填，回填之前及拆模期间应做好基础防内倾措施，回填时先回填基础内角侧，再围绕立柱四周均匀进行，每 300mm 进行分层夯实，随时检查根开、高差等数据。

2. 工艺标准

（1）原材料标准。

参见本小节（一）。

（2）施工工艺标准。

1）插入角钢（钢管）及钢筋规格、数量、安装位置应符合设计要求，加工质量符合规范和施工图要求且制作工艺良好。

2）混凝土密实，表面平整、光滑，棱角分明，一次成型。

3）允许偏差：

a. 基础埋深：+100mm，－50mm。

b. 立柱及各底座断面尺寸：－1%。

c. 钢筋保护层厚度：－5mm。

d. 基础根开及对角线：±1‰。

e. 主角钢（钢管）抄平印记间高差：5mm。

f. 插入角钢形心对设计值偏移：10mm。

g. 整基基础中心位移：顺线路方向 30mm，横线路方向 30mm。

h. 整基基础扭转：一般塔 10′，高塔 5′。

i. 主角钢（钢管）倾斜率：设计值的 3%。

（四）冻土地质锥柱式基础施工

本小节适用于 35kV 及以上架空输电线路冻土地质锥柱式基础施工。

1．关键工序控制

（1）基坑开挖。

1）基坑开挖根据土层地质条件按《电力建设安全工作规程　第 2 部分：电力线路》（DL 5009.2—2013）的规定确定放坡系数。根据地形、地质条件，优选挖掘机进行机械开挖，距设计深度为 300～400mm 时，宜改用人工开挖。发生超挖时，应按照设计及规范要求处理。

2）基坑开挖前应做好充分准备，确保开挖后能及时快速浇筑。准备工作包括：砂、石、水泥、水、钢筋等原材料就位；搅拌机、吊车等机械就位。

3）按施工图纸做好坑底地基处理。冬期施工时，已开挖的基坑底面应有防冻措施。

4）多年冻土地区基础施工宜在低温季节进行，厚层地下冰、径流量大的地段基坑开挖应在寒期进行。

（2）混凝土浇筑。

参见本小节（一）。

2．工艺标准

（1）原材料标准。

参见本小节（一）。

（2）施工工艺标准

参见本小节（一）。

（五）冻土地质装配式基础施工

本小节适用于 35kV 及以上架空输电线路冻土地质装配式基础施工。

1．关键工序控制

（1）预制件运输。

1）预制构件出厂时混凝土强度实测值不应低于设计要求；当无设计要求时，出厂时混凝土强度不应低于设计混凝土强度等级值的 75%。

2）现场运输可采用平放运输，当采用立放运输时应采取防止倾覆的措施，预制混凝土梁、柱构件运输时叠放不宜超过 2 层。

（2）土石方开挖。

1）选择寒冷天气施工，采用机械连续快速开挖，确

保冻土免受扰动，保持稳定。施工中保持冻土稳定免受扰动。

2）预制基础坑深偏差在 100～300mm 的应填砂石处理；坑深超过设计值＋300mm 以上时，应按设计要求处理。

（3）底盘拼装、立柱吊装。

1）基础底座吊装后及时抄平、找正。

2）预制件应按吊装、存放的受力特性选择卡具、索具等吊装设备。

3）立柱吊装后检查根开、高差、倾斜等数据，及时回填。

4）用干燥细土均匀回填，每 300mm 进行夯实处理，随时检查根开、高差等数据。

2．工艺标准

（1）原材料标准。

1）预制件应有厂家资质、出厂合格证、混凝土强度检验报告、原材料（砂、石子、水泥、钢筋、外加剂、矿物掺和料等）出厂质量合格证明文件及复验报告、钢筋套筒等其他构件钢筋连接类型的工艺检验报告、合同要求的其他质量证明文件（如出厂检验报告、型式检验报告）。加工质量应符合《混凝土结构工程施工质量验收规范》（GB 50204—2015）的规定，普通钢筋混凝土预制构件，放置地平面检查时不得有纵向裂缝，横向裂缝的宽度不得超过 0.05mm，表面应平整，不得有明显缺陷。

2）预制件应按型号、质量等级、品种、生产日期分别存放，不合格构件单独存放并集中处理。

3）预制件的规格、数量和强度应符合设计要求，其外观质量符合《工厂预制混凝土构件质量管理标准》（JG/T 565—2018）的规定；运至现场的预制件尺寸偏差应符合《110kV～750kV 架空输电线路施工及验收规范》（GB 50233—2014）的规定。

（2）施工工艺标准。

允许偏差如下：

1）基础埋深：+100mm，－50mm。

2）立柱倾斜：1%。

3）整基基础中心位移：横线路 30mm，顺线路 30mm。

4）整基基础扭转：一般塔 10′，高塔 5′。

5）基础根开及对角线尺寸：一般塔 ±2‰，高塔 ±0.7‰。

6）基础顶面高差：5mm。

（六）楔形基础施工

本小节适用于 35kV 及以上架空输电线路楔形基础施工。

1．关键工序控制

参见本小节（一）。

2．工艺标准

（1）原材料标准。

参见本小节（一）。

（2）施工工艺标准。

参见本小节（二）。

（七）地脚螺栓式斜柱基础施工

本小节适用于 35kV 及以上架空输电线路地脚螺栓式斜柱基础施工。

1. 关键工序控制

参见本小节（一）。

2. 工艺标准

（1）原材料标准。

参见本小节（一）。

（2）施工工艺标准。

1）地脚螺栓及钢筋规格、数量符合设计要求，加工质量符合规范且制作工艺良好。安装位置符合设计要求。钢筋表面干净，不得使用表面有颗粒状、片状老锈或有损伤的钢筋。

2）混凝土密实，表面平整、光滑，棱角分明，一次成型。

3）允许偏差：

a. 基础埋深：+100mm，−50mm。

b. 立柱及各底座断面尺寸：−1%。

c. 钢筋保护层厚度：−5mm。

d. 基础根开及对角线：一般塔±2‰，高塔±0.7‰。

e. 基础顶面高差：5mm。

f. 同组地脚螺栓对立柱中心偏移：10mm。

g. 整基基础中心位移：顺线路方向 24mm，横线路方向 24mm。

h. 整基基础扭转：一般塔 10′，高塔 5′。

i. 地脚螺栓露出混凝土面高度：+10mm，−5mm。

（八）岩石锚杆基础施工

本小节适用于 35kV 及以上架空输电线路岩石锚杆基础施工。

1. 关键工序控制

（1）钻孔、清孔。

1）岩石锚杆基础的开挖或钻孔应符合下列规定：

a. 岩石构造的整体性不受破坏。

b. 孔洞中的石粉、浮土及孔壁松散的活石应清除干净。锚杆孔必须采用压缩气体二次清孔。

c. 成孔后应及时安装锚筋或地脚螺栓，并应浇灌混凝土。

2）钻孔时，应定时观察钻杆倾斜角度，如发生倾斜，调节钻架斜拉杆使钻杆保持垂直。

（2）锚孔灌浆。

1）灌注混凝土或砂浆前，应确保孔内无残渣或杂物，湿润孔壁。

2）锚孔内混凝土或砂浆灌注时为无压力注浆，边灌注边捣固钎捣实，并确保从孔内顺利排水、排气。灌注和捣固时不应碰撞锚杆，浇筑后禁止摇晃锚杆。

3）浇筑后不得敲击锚杆杆体，也不得在杆体上悬挂重物。

4）对浇灌混凝土或砂浆的强度检验应以试块为依据，试块的制作应每基取一组。

5）对锚孔内的混凝土或砂浆应采取措施减少收缩量。

6）浇筑后 30 天内，基础附近不允许进行爆破或其他对基础造成影响的作业。

（3）锚杆抗拔验收。

1）锚杆基础浇筑完成 7 天后即可进行锚杆抗拔力试验，应根据设计要求和《岩土锚杆与喷射混凝土支护工程技术规范》（GB 50086—2015）相关规定，每个塔腿随机抽检不少于 3 根。

2）试验时，实验设备上拔力达到设计值（杆体极限抗拉强度标准值的 75% 或屈服强度标准值的 85% 的较小值）即可停止试验。预加的初始荷载应取最大试验荷载的 0.1 倍，分 5~10 级加载到最大试验荷载。岩层中的锚杆每级持荷时间宜为 5min。试验中加荷速度宜为 50~100kN/min，卸荷速度宜为 100~200kN/min。

2. 工艺标准

（1）原材料标准。

1）水泥宜采用通用硅酸盐水泥，强度等级≥42.5。

2）岩石锚杆基础的锚杆固结一般采用细石混凝土或水泥砂浆。砂宜采用中砂，石子粒径一般为 5~10mm。当设计有特殊要求时应执行设计相关规定。

3）宜采用饮用水或经检测合格的地表水、地下水、再生水拌及养护，不得使用海水。

4）外加剂、掺和料品种及掺量通过试验确定。

（2）施工工艺标准。

1）锚杆及钢筋规格、数量应符合设计要求，加工质量符合规范且制作工艺良好。安装位置符合设计要求。

2）锚孔内细石混凝土（砂浆）捣固密实。

3）承台混凝土密实，表面平整、光滑，棱角分明，一次成型。

4）允许偏差：

a. 锚杆孔深：+500mm，0mm。

b. 锚杆孔垂直度：小于 1‰h（h 为设计锚孔深度）。

c. 锚孔孔径：+20mm，0mm。

d. 锚孔间距：直锚式±20mm，承台式±100mm。

e. 立柱及承台断面尺寸：−1%。

f. 钢筋保护层厚度：−5mm。

g. 基础根开及对角线：一般塔±2‰，高塔±0.7‰。

h. 基础顶面高差：5mm。

i. 同组地脚螺栓对立柱中心偏移：10mm。

j. 整基基础中心位移：顺线路方向 30mm，横线路方向 30mm。

k. 整基基础扭转：一般塔 10′，高塔 5′。

l. 地脚螺栓露出混凝土面高度：+10mm，−5mm。

（九）岩石嵌固式基础施工

本小节适用于 35kV 及以上架空输电线路岩石嵌固式基础施工。

1. 关键工序控制

（1）基坑开挖。

1）基础放样时应核实边坡稳定控制点在自然地面以

下，并保证基础在基岩内的嵌固深度不小于设计值，安装后应有可靠的固定措施。

2）岩石基础的开挖应符合下列规定：

a. 岩石构造的整体性不受破坏。

b. 孔洞中的石粉、浮土及孔壁松散的活石应清除干净。

c. 软质岩成孔后应立即安装锚筋或地脚螺栓，并应浇灌混凝土。

d. 当坑底或坑壁遇到孔洞时应停止开挖并报设计现场勘查核准。

（2）基础钢筋绑扎及支模。

1）地面以上部分基础模板支设要牢固。

2）钢筋加工应符合《混凝土结构工程施工质量验收规范》（GB 50204—2015）要求，钢筋箍筋、拉筋的末端应按设计要求做弯钩，弯钩的弯折角度、弯折后平直段长度应符合标准规定。钢筋连接应符合《钢筋焊接及验收规程》（JGJ 18—2012）和《钢筋机械连接技术规程》（JGJ 107—2016）要求，在同一连接区段内的接头应错开布置，纵向受力钢筋的接头面积百分率应符合设计要求；设计无要求时，受拉接头不应大于50%，受拉钢筋应力较小部位或纵向受压钢筋，接头面积百分率可不受限制。钢筋绑扎牢固、均匀、满扎，不得跳扎。

3）钢筋保护层厚度控制符合设计要求。

4）复核钢筋及地脚螺栓规格、数量、间距、基础根开及立柱标高等满足设计要求。

（3）基础浇制。

1）地脚螺栓安装前应对螺杆、螺母型号匹配情况进行检查。

2）现场浇筑混凝土应采用机械搅拌，并应采用机械捣固。在有条件的地区，应使用预拌混凝土，预拌混凝土质量符合《预拌混凝土》（GB/T 14902—2012）的规定，并按 GB 50204—2015、《混凝土结构工程施工规范》（GB 50666—2011）相关规定提供质量证明文件。

3）混凝土下料高度超过 3m 时，应采取防止离析措施。

4）冬期施工应采取防冻措施，混凝土拌和物的入模温度不得低于5℃。高温施工时混凝土浇筑入模温度不应高于35℃。雨季施工基坑或模板内采取防止积水措施，混凝土浇筑完毕后应及时采取防雨措施。基础混凝土应根据季节和气候采取相应的养护措施。

5）浇筑完成的基础应及时清除地脚螺栓上的残余水泥砂浆，并对基础及地脚螺栓进行保护。

2. 工艺标准

（1）原材料标准。

参见本小节（一）。

（2）施工工艺标准。

1）地脚螺栓及钢筋规格、数量符合设计要求，加工质量符合规范且制作工艺良好。安装位置符合设计要求。钢筋表面干净，不得使用表面有颗粒状、片状老锈或有损伤的钢筋。

2）护面浇筑必须与基础浇筑同步实施。护面尺寸符合设计要求。

3）混凝土密实，外露部分表面平整、光滑，棱角分明，一次成型。严禁二次抹面。

4）当转角、终端塔设计要求采取预偏时，同一基基础的四个立柱顶面应按预偏值抹成斜平面，并应共在一个整斜平面或平行平面内。

5）允许偏差：

a. 孔深不应小于设计值。

b. 成孔尺寸应大于设计值，且应保证设计锥度。

c. 立柱及承台断面尺寸：−1%。

d. 钢筋保护层厚度：−5mm。

e. 基础根开及对角线：一般塔±2‰，高塔±0.7‰。

f. 基础顶面高差：5mm。

g. 同组地脚螺栓对立柱中心偏移：10mm。

h. 整基基础中心位移：顺线路方向 30mm，横线路方向 30mm。

i. 整基基础扭转：一般塔 $10'$，高塔 $5'$。

j. 地脚螺栓露出混凝土面高度：+10mm，−5mm。

（十）掏挖基础施工

本小节适用于 35kV 及以上架空输电线路掏挖基础施工。

1. 关键工序控制

（1）直孔钻进、人工掏挖。

1）基础放样时应核实边坡稳定控制点在自然地面以下，并保证基础埋深不小于设计值。

2）掏挖施工应根据地形、地质条件，尽可能采用机械掏挖。当采取人工掏挖方式时应采用一体化装置等安全保证措施，对孔壁风化严重或砂质层应采取护壁措施。

（2）钢筋绑扎。

1）钢筋加工符合《混凝土结构工程施工质量验收规范》（GB 50204—2015）要求，钢筋箍筋、拉筋的末端应按设计要求做弯钩。弯钩的弯折角度、弯折后平直段长度应符合标准规定。

2）钢筋绑扎牢固、均匀、满扎，不得跳扎。钢筋连接应符合《钢筋焊接及验收规程》（JGJ 18—2012）和《钢筋机械连接技术规程》（JGJ 107—2016）要求，在同一连接区段内纵向受力钢筋的接头面积百分率应符合设计要求；设计无要求时，受拉接头不宜大于50%，受压接头可不受限制。

3）钢筋保护层厚度控制符合设计要求。

（3）混凝土浇筑。

1）地脚螺栓安装前应对螺杆、螺母型号匹配情况进行检查。

2）现场浇筑混凝土应采用机械搅拌，并应采用机械捣固。在有条件的地区，应使用预拌混凝土。

3）混凝土下料高度超过 3m 时，应采取防止离析措施。

4）冬期施工应采取防冻措施，混凝土拌和物的入模温度不得低于5℃。高温施工时混凝土浇筑入模温度不应高于35℃。雨季施工基坑或模板内采取防止积水措施，混凝土浇筑完毕后应及时采取防雨措施。基础混凝土应根据季节和气候采取相应的养护措施。

5）基础混凝土应一次浇筑成型，内实外光，杜绝二次抹面、喷涂等修饰。

6）浇筑完成的基础应及时清除地脚螺栓上的残余水泥砂浆，并对基础及地脚螺栓进行保护。

2. 工艺标准

（1）原材料标准。

参见本小节（一）。

（2）施工工艺标准。

1）地脚螺栓及钢筋规格、符合设计要求，加工质量符合规范且制作工艺良好。安装位置符合设计要求。钢筋表面干净，不得使用表面有颗粒状、片状老锈或有损伤的钢筋。

2）易发生坑壁坍塌的基坑应按设计要求采取可靠的护壁措施。

3）混凝土密实，表面平整、光滑，棱角分明，一次成型。

4）当转角、终端塔设计要求采取预偏时，同一基基础的四个立柱顶面应按预偏值抹成斜平面，并应共在一个整斜平面或平行平面内。

5）允许偏差：

a. 孔深不应小于设计值。

b. 成孔尺寸应不小于设计值，且底部应保证设计锥度和高度。

c. 立柱及承台断面尺寸：−1%。

d. 钢筋保护层厚度：−5mm。

e. 基础根开及对角线：一般塔±2‰，高塔±0.7‰。

f. 基础顶面高差：5mm。

g. 同组地脚螺栓对立柱中心偏移：10mm。

h. 整基基础中心位移：顺线路方向30mm，横线路方向30mm。

i. 整基基础扭转：一般塔10′，高塔5′。

j. 地脚螺栓露出混凝土面高度：10mm，−5mm。

（十一）挖孔基础施工

本小节适用于35kV及以上架空输电线路挖孔基础施工。

1. 关键工序控制

（1）钻机就位、直孔钻进。

1）钻机工作范围内地面必须保持平整和压实。

2）使用全站仪采用逐桩坐标法施放桩位点，放样后四周设护桩并复测，误差控制在5mm以内。

3）根据桩位点设置护筒，护筒采用钢护筒，其内径比桩径大150～200mm。护筒埋设在黏性土中深度不宜小于1000mm，在砂土中不宜小于1500mm。护筒顶端要高出原地面200～300mm。

4）正确就位钻机，使机体垂直度、钻杆垂直度和桩位钢筋条三线合一。

5）钻机就位应保持平稳，不发生倾斜、位移。

6）钻孔作业要根据地质情况调整钻机的钻进速度。钻进时应先慢后快。

7）钻进过程中经常检查纠正钻机椴杆的水平和垂直度，保证钻孔的垂直度。

8）设专人对地质状况进行检查。

（2）桩孔开挖、护壁施工。

1）易发生坑壁坍塌的基坑，人工开挖时应按设计要求采取可靠的护壁措施。护壁宜采用现浇钢筋混凝土，混凝土强度等级不应低于桩身混凝土强度等级，单节混凝土护壁不超过1m。

2）每节桩孔护壁做好以后，必须将桩位十字轴线和标高侧设在护壁的上口，用十字线对中，吊线坠向井底投射，以半径尺杆检查孔壁的垂直平整度和孔中心。

3）采用一体化装置将开挖土吊离桩孔，严禁将土堆在井口。

4）扩底部分开挖。挖扩底桩应先挖扩底部位桩身的圆柱体，再按扩底部位的尺寸、形状自上而下削土扩充，扩底部分可不浇筑护壁。

5）终孔后应清理护壁上的淤泥和孔底残渣、积水；孔底不应积水，必要时应用水泥砂浆或混凝土封底。

（3）桩身混凝土浇筑。

1）地脚螺栓安装前应对螺杆、螺母型号匹配情况进行检查。

2）现场浇筑混凝土应采用机械搅拌，并应采用机械捣固。在有条件的地区，应使用预拌混凝土。

3）混凝土下料高度超过3m时，应采取防止离析措施。

4）冬期施工应采取防冻措施，混凝土拌和物的入模温度不得低于5℃。高温施工时混凝土浇筑入模温度不应高于35℃。雨季施工基坑或模板内采取防止积水措施，混凝土浇筑完毕后应及时采取防雨措施。基础混凝土应根据季节和气候采取相应的养护措施。

5）基础混凝土应一次浇筑成型，内实外光，杜绝二次抹面、喷涂等修饰。

6）浇筑完成的基础应及时清除地脚螺栓上的残余水泥砂浆，并对基础及地脚螺栓进行保护。

2. 工艺标准

（1）原材料标准。

参见本小节（一）。

（2）施工工艺标准。

1）地脚螺栓及钢筋规格、数量符合设计要求，加工质量符合规范且制作工艺良好。安装位置符合设计要求。钢筋表面干净，不得使用表面有颗粒状、片状老锈或有损伤的钢筋。

2）混凝土密实，外露部分表面平整、光滑，棱角分明，一次成型。

3）当转角、终端塔设计要求采取预偏时，同一基基础的四个立柱顶面应按预偏值抹成斜平面，并应共在一个整斜平面或平行平面内。

4）允许偏差：

a. 桩径：现浇混凝土护壁型式±50mm，长钢套管护壁型式±20mm。

b. 垂直度：现浇混凝土护壁型式 0.5%，长钢套管护壁型式 1%。

c. 立柱及承台断面尺寸：−1%。

d. 钢筋保护层厚度：联梁（承台）−5mm；非水下桩−10mm。

e. 钢筋笼直径：±10mm。

f. 主筋间距：±10mm。

g. 箍筋间距：±20mm。

h. 钢筋笼长度：±50mm。

i. 基础根开及对角线：一般塔±2‰，高塔±0.7‰。

j. 基础顶面高差：5mm。

k. 同组地脚螺栓对立柱中心偏移：10mm。

l. 整基基础中心位移：顺线路方向 30mm，横线路方向 30mm。

m. 整基基础扭转：一般塔 10′，高塔 5′。

n. 地脚螺栓露出混凝土面高度：10mm，−5mm。

（十二）螺旋锚基础施工

本小节适用于 35kV 及以上架空输电线路螺旋锚基础施工。

1. 关键工序控制

（1）分坑测量。

1）按设计图纸要求进行分坑测量，在不受桩基础施工影响的地点设置桩基轴线和标高控制桩，并做好记录。做好对塔位中心桩的保护措施，并注明桩号和线路方向。对于施工中不便于保留的中心桩，应在基础外围设置辅助桩，保留原始记录，基础浇筑完成后，应及时恢复中心桩。

2）根据桩位中心桩，分坑后找准螺旋锚桩位位置，利用锤球使动力头中心找准钻锚位置，利用水平仪，找准设备的水平位移和动力头的垂直度。

（2）锚杆连接、钻进。

1）螺旋锚的锚杆可采用人工或机械施钻，人工施钻宜采用偶数推杆，每个推杆受力应均衡。螺旋锚拧入时只能正转不能反转，而且务必确保螺旋锚承台坑壁为原状土。

2）植入第一节。首先检查锚杆端部是否有锚叶开口标记，没有标记的补上。安装完成后，开始旋进螺旋锚，动力头旋转操作手和进给量操作手要密切配合，控制好旋进和进给量的同步，减少对土体的扰动和防止钻架的滑移。将第一节锚杆旋进端部离地面大约有 500mm 时，可停止，拆下连接销子。

3）植入第二节。连接一、二节时保证螺旋锚锚叶开口方向一致，连接处镀锌螺栓，每根带双帽，并且拧紧螺帽。第一、第二节连接完成后，连接传扭动力头，确保无误方可开始钻进第二节锚杆。依次植入第三节……

4）植入最后一节。最后一节锚杆钢管口进行封堵，最后一节锚杆植入地下深度应符合设计要求。在最后一节植入过程中由专业测量人员利用经纬仪实时观测植入深度，保证螺旋锚垂直钻进位移。

5）钻进中，由于地质条件发生变化等，锚杆钻入深度达不到设计要求时，应及时进行汇报，请设计单位提出处理意见。

（3）承台开挖。

1）在开挖过程中严格按照图纸尺寸进行人工开挖。

2）施工人员必须熟悉施工图纸，明确施工基面、基础坑深、露出地面高度、锚桩法兰露出地面高度等各部尺寸，并经常检查、测量，防止基坑开挖过深或者深度不够。

3）基础坑深应满足法兰上平面到基坑底部尺寸。

（4）锚杆灌入砂浆。

1）砂浆的作用：防止土和杂物落入管内。

2）砂浆下料：砂浆可用搅拌机或人工拌制，然后填满螺旋锚管内，并用圆钢捣实。

（5）钢筋绑扎。

1）钢筋加工符合《混凝土结构工程施工质量验收规范》（GB 50204—2015）要求，钢筋箍筋、拉筋的末端应按设计要求做弯钩，弯钩的弯折角度、弯折后平直段长度应符合标准规定。

2）钢筋连接符合《钢筋焊接及验收规程》（JGJ 18—2012）和《钢筋机械连接技术规程》（JGJ 107—2016）要求，在同一连接区段内的接头错开布置，接头数量不得超过 50%。钢筋绑扎牢固、均匀。

3）法兰上锚固螺栓用双帽螺栓紧固。钢筋绑扎牢固、均匀。

4）钢筋保护层厚度控制符合设计要求。

（6）混凝土浇筑。

1）护面浇筑必须与基础浇筑同步实施。护面尺寸符合设计要求。

2）混凝土浇筑前钢筋、地脚螺栓或插入式角钢表面清理干净。地脚螺栓安装前应对螺杆、螺母型号匹配情况进行检查。

3）现场浇筑混凝土应采用机械搅拌，并应采用机械捣固。在有条件的地区，应使用预拌混凝土。

4）混凝土下料高度超过 3m 时应采取防止离析措施。

5）冬期施工应采取防冻措施，混凝土拌和物的入模温度不得低于 5℃。高温施工时混凝土浇筑入模温度不应高于 35℃。雨季施工基坑或模板内采取防止积水措施，混凝土浇筑完毕后应及时采取防雨措施。基础混凝土应根据季节和气候采取相应的养护措施。

6）基础混凝土应一次浇筑成型，内实外光，杜绝二次抹面、喷涂等修饰。

2. 工艺标准

（1）材料标准。

1）水泥、粗细骨料、拌和水、外加剂、水胶比等参见混凝土台阶式基础施工有关标准。

2）螺旋锚应具有产品出厂质量检验合格证书，并应具有符合国家现行标准的各项质量检验资料。

3）锚杆钢管应符合《结构用无缝钢管》（GB/T

8162—2018)、《直缝电焊钢管》(GB/T 13793—2016)，并符合下列要求：

a. 无缝钢管弯曲度≤1.5mm/m，钢管外径允许偏差为钢管外径的±1.0%，钢管壁厚允许偏差为钢管壁厚的±12.5%。钢管两端应切成直角，并清除毛刺。钢管内外表面不得有裂缝、折叠、轧折、离层、发纹和结疤缺陷存在。

b. 焊接钢管弯曲度≤1.5mm/m，钢管外径允许偏差为钢管外径的±1.0%，钢管壁厚允许偏差为钢管壁厚的±12.5%。钢管两端应切成直角，并清除毛刺。钢管内外表面不得有裂缝、折叠、轧折、离层、发纹和结疤缺陷存在。

4) 锚盘与锚杆的连接应保持垂直，锚盘螺旋外边缘与锚杆中心线的垂直距离应相等，其误差不宜超过±3mm。

5) 锚盘面与锚杆中心线的交角应符合设计要求，其误差不大于1°。有两片及以上锚盘组成的螺旋锚，其螺距应相等，锚盘应在同一螺旋面。

6) 锚杆与锚盘的焊接按二级焊缝，施工图中焊缝高度未标注时，要求焊缝高度不得小于被焊件厚度。除进行外观检查外，还应进行超声波探伤，其探伤比例按生产批次不少于20%。

7) 手工焊接的焊缝焊渣必须清除干净。所有焊缝均要求达到100%的焊透标准。组装焊接前，连接表面及沿焊缝每边30~50mm铁锈、毛刺和油污等必须清除干净。

8) 焊接组装的允许偏差按有关规定执行。

(2) 施工工艺标准。

1) 施工钻进中应严格控制锚杆倾斜，其锚杆钻进倾斜角不大于1/50。锚杆施钻深度应符合设计要求，其深度偏差应控制−50mm内。

2) 锚杆不应在已扰动的土壤中进行施工钻进，原状土发生扰动时，应更换钻杆位置。当锚杆钻入深度大于设计深度的50%时，锚杆不允许反向旋转。

(十三) 钻孔灌注桩基础施工

本小节适用于35kV及以上架空输电线路钻孔灌注桩基础施工。

1. 关键工序控制

(1) 护筒埋设。

1) 循环成孔埋设的护筒内径应大于钻头直径100mm，冲击成孔护筒内径应大于钻头直径200mm，且护筒中心与桩位中心的偏差不得大于50mm。挖设深度在黏性土中不宜小于1.0m，砂土中不宜小于1.5m。护筒顶端高出地表不小于200mm。

2) 钻机就位时，钻头中心对准护筒中心保证误差不大于20mm。

(2) 制备泥浆。

护壁泥浆要进行现场调配，定时检测，并应根据穿越的地层条件适时调整。

(3) 清孔。

采用二次清孔法，即在钻进至设计层位深度后调整

泥浆，进行第一次清孔，下入钢筋笼、导管后，进行第二次清孔，沉渣应符合设计要求。

(4) 混凝土浇筑。

1) 地脚螺栓安装前应对螺杆、螺母型号匹配情况进行检查，并确保螺杆头尾摆放正确。

2) 混凝土首灌量应保证将隔水球从导管内顺利排出并将导管埋入混凝土中0.8~1.2m，浇筑过程中埋管深度应在2~6m为宜。

3) 混凝土灌注量应控制最后一次灌注量，超灌高度宜为0.8~1.0m，凿除泛浆后必须保证暴露的桩顶混凝土强度达到设计等级。

4) 水下混凝土的灌注应连续进行，不得中断。混凝土灌注到地面高度后应清除桩顶部浮浆层，单桩基础可安装桩头模板，找正和安装地脚螺栓，灌注桩头混凝土。桩头模板与灌注桩直径应相吻合，不得出现凹凸现象。地面以上桩基础应达到表面光滑，工艺美观。

5) 基桩施工完毕后，依据设计和规范要求对桩身质量进行检验；群桩基础的承台应在桩质量验收合格后施工。

2. 工艺标准

(1) 材料标准。

1) 水泥、粗细骨料、拌和水、外加剂参见混凝土台阶式基础施工有关标准。

2) 水下灌注的混凝土必须具有良好的和易性，坍落度一般采用180~220mm，水泥用量不应少于360kg/m³（当掺入粉煤灰时水泥用量可不受此限），混凝土配合比应经过试验确定。

(2) 施工工艺标准。

1) 地脚螺栓及钢筋规格、数量符合设计要求，加工质量符合规范且制作工艺良好。安装位置符合设计要求。钢筋表面干净，不得使用表面有颗粒状、片状老锈或有损伤的钢筋。

2) 孔底沉渣厚度：端承桩不大于50mm，摩擦桩不大于100mm。

3) 混凝土密实、表面平整，一次成型。

4) 当转角、终端塔设计要求采取预偏时，同一基基础的四个立柱顶面应按预偏值抹成斜平面，并应共在一个整斜平面或平行平面内。

5) 允许偏差：

a. 孔径允许偏差符合《建筑桩基技术规范》(JGJ 94—2008)要求。

b. 孔深不应小于设计深度。

c. 孔垂直度偏差小于桩长的1%。

d. 立柱及承台断面尺寸：−1%。

e. 桩钢筋保护层厚度：水下，−20mm；非水下，−10mm。

f. 钢筋笼直径：±10mm。

g. 主筋间距：±10mm。

h. 箍筋间距：±20mm。

i. 钢筋笼长度：±50mm。

j. 基础根开及对角线：一般塔±2‰，高塔±0.7‰。

k. 基础顶面高差：5mm。

l. 同组地脚螺栓对立柱中心偏移：10mm。

m. 整基基础中心位移：顺线路方向 30mm，横线路方向 30mm。

n. 整基基础扭转：一般塔 10′，高塔 5′。

o. 地脚螺栓露出混凝土面高度：10mm，－5mm。

（十四）预制贯入桩基础施工

本小节适用于 35kV 及以上架空输电线路预制贯入桩基础施工。

1. 关键工序控制

（1）吊桩及插桩。

1）预制桩应按吊装、存放的受力特性选择卡具、索具等吊装设备。

2）现场运输可采用平放运输，当采用立放运输时应采取防止倾覆的措施，运输时叠放不宜超过 2 层。

（2）沉桩。

1）根据设计提供的地质报告选用合适沉桩机械。

2）根据地质条件和桩间距合理选择沉桩次序。

3）每一根桩在沉入前，应检查外观质量、混凝土龄期、桩长等，经监理工程师确认合格后，方可沉桩。

4）桩深及垂直度符合设计和规范要求。

2. 工艺标准

（1）材料标准。

1）预制桩要有厂家资质、出厂检验报告、型式检验报告、出厂合格证、强度试验报告、抗弯性能检测报告。外观质量及尺寸偏差符合《先张法预应力混凝土管桩》（GB 13476—2009）的规定。

2）预制构件出厂时混凝土强度实测值不应低于设计要求，混凝土设计强度达到 70% 及以上方可起吊，达到 100% 方可运输。

3）预制桩应按型号、质量等级、品种、生产日期分别存放，不合格构件单独存放并集中处理。

（2）施工工艺标准。

允许偏差如下：

1）桩垂直度偏差：＜0.5%。

2）桩位中心偏差：符合《建筑桩基技术规范》（JGJ 94—2008）要求。

（十五）承台及连梁浇筑施工

本小节适用于 35kV 及以上架空输电线路承台及连梁浇筑施工。

1. 关键工序控制

（1）钢筋绑扎。

1）钢筋加工符合《混凝土结构工程施工质量验收规范》（GB 50204—2015）要求，钢筋箍筋、拉筋的末端应按设计要求做弯钩，弯钩的弯折角度、弯折后平直段长度应符合标准规定。

2）钢筋连接应符合《钢筋焊接及验收规程》（JGJ 18—2012）和《钢筋机械连接技术规程》（JGJ 107—2016）要求，在同一连接区段内的接头应错开布置，纵

向受力钢筋的接头面积百分率应符合设计要求；设计无要求时，受拉接头不应大于 50%，受拉钢筋应力较小部位或纵向受压钢筋，接头面积百分率可不受限制。钢筋绑扎牢固、均匀、满扎，不得跳扎。当纵向受力钢筋采用机械连接接头或焊接接头时，接头连接区段的长度为 35d，且不应小于 500mm，凡接头中点位于该连接区段长度内的接头均属于同一连接区段。

3）钢筋保护层厚度控制符合设计要求。

（2）混凝土浇筑。

1）混凝土浇筑前钢筋、地脚螺栓表面应清理干净。

2）振捣：应沿承台及连梁浇筑的顺序方向，采用斜向振捣法，振捣棒与水平面倾角约 30°。棒头朝前进方向，插棒间距以 300～500mm 为宜，防止漏振。

3）混凝土下料高度超过 3m 时，应采取防止离析措施。

4）冬季施工应采取防冻措施，混凝土拌和物的入模温度不得低于 5℃。高温施工时混凝土浇筑入模温度不应高于 35℃。雨季施工基坑或模板内采取防止积水措施，混凝土浇筑完毕后应及时采取防雨措施。基础混凝土应根据季节和气候采取相应的养护措施。

5）大体积混凝土浇筑符合《大体积混凝土施工标准》（GB 50496—2018）的要求，制订相应的温控技术措施。

6）浇筑连梁宜采用从一点开始双向浇筑，需要预留施工缝时必须经设计确认。

7）基础混凝土应一次浇筑成型，内实外光，杜绝二次抹面、喷涂等修饰。

8）浇筑完成的基础应及时清除地脚螺栓上的残余水泥砂浆，并对基础及地脚螺栓进行保护。

2. 工艺标准

（1）材料标准。

参见本小节（一）。

（2）施工工艺标准。

1）地脚螺栓及钢筋规格、数量符合设计要求，加工质量符合规范且制作工艺良好。安装位置符合设计要求。钢筋表面干净，不得使用表面有颗粒状、片状老锈或有损伤的钢筋。

2）混凝土密实，表面平整、光滑，棱角分明。

3）允许偏差：

a. 各断面尺寸：－1%。

b. 钢筋保护层厚度：－5mm。

c. 基础根开及对角线：一般塔±2‰，高塔±0.7‰。

d. 基础顶面高差：5mm。

e. 同组地脚螺栓对立柱中心偏移：10mm。

f. 整基基础中心位移：顺线路方向 30mm，横线路方向 30mm。

g. 整基基础扭转：一般塔 10′，高塔 5′。

h. 地脚螺栓露出混凝土面高度：10mm，－5mm。

（十六）拉线塔基础浇筑及拉线基础施工

本小节适用于 35kV 及以上架空输电线路拉线塔基础

浇筑及拉线基础施工。

1. 关键工序控制

（1）定位分坑、土石方开挖。

1）基坑开挖前应做好对塔位中心桩的保护措施，并注明桩号和线路方向。对于施工中不便于保留的中心桩，应在基础外围设置辅助桩，保留原始记录，基础浇筑完成后，应及时恢复中心桩（拉V塔除外）。

2）基础放样时应核实边坡稳定控制点在自然地面以下，并保证基础埋深不小于设计值，基坑根据地形、地质条件，优选挖掘机开挖。

（2）混凝土浇筑。

1）钢球面预埋浇筑时应捣固严实，并及时抹净球表面水泥渣。

2）拉环、拉棒的安装应满足设计对地夹角，拉棒、拉线、拉环应形成一直线。

3）基础拆模时的混凝土强度应保证其表面及棱角不损坏。

4）在拉线斜柱基础回填之前，应做好基础防内倾措施，回填时先回填基础内角侧，再围绕立柱四周均匀进行，每300mm进行分层夯实，随时检查根开、高差等数据。

2. 工艺标准

（1）材料标准。

参见本小节（一）。

（2）施工工艺标准。

1）钢筋规格、数量应符合设计要求，加工质量符合规范且制作工艺良好。安装位置符合设计要求。钢筋表面干净，不得使用表面有颗粒状、片状老锈或有损伤的钢筋。预制件的规格、数量，预制件强度应符合设计要求。

2）混凝土密实，表面平整、光滑，棱角分明，一次成型。

3）基础预埋钢球面内预制混凝土强度应与基础立柱一致。

4）拉线塔基础允许偏差：

a. 基础埋深：+100mm，0mm。

b. 立柱断面尺寸：−1%。

c. 钢筋保护层厚度：−5mm。

d. 基础根开：±2‰。

e. 基础预埋钢球面顶面高差：5mm。

f. 基础预埋钢球面中心与基础立柱中心偏移：不大于10mm。

g. 预埋钢球面的外露高度应满足设计要求，误差不超过±5mm，使铁塔腿部球面钢板与基础预埋球面贴合紧密。

5）拉线基础允许偏差：

a. 基础尺寸。

a）断面尺寸：−1%。

b）拉环中心与设计位置的偏移：20mm。

b. 基础位置：拉环中心在拉线方向前、后、左、右与设计位置的偏移：1%L（L为拉环中心至杆塔拉线固定点的水平距离）。

c. X形拉线基础位置应符合设计规定，并保证铁塔组立后交叉点的拉线不磨碰。

（十七）基坑回填施工

本小节适用于35kV及以上架空输电线路基坑回填施工。

1. 关键工序控制

基坑回填关键工序控制如下：

（1）回填的土料，必须符合设计或施工规范的规定，回填时应清除坑内杂物，并不得在边坡范围内取土，回填土要对称均匀回填并应保持内角高于外角，确保回填过程中基础立柱稳固不位移。

（2）基坑回填优先采用机械回填施工。基坑的回填应连续进行，尽快完成。

（3）泥水坑应先排除坑内积水然后回填夯实。对岩石基坑应以碎石掺土回填夯实，碎石与土的比例为3∶1，回填过程中石块不得相互叠加，并应将石块间缝隙用碎石或砂土充实。

（4）雨季施工时应有防雨措施，要防止地面水流入基坑内，以免边坡塌方或基土遭到破坏。

（5）冻土回填时应先将坑内冰雪清除干净，把冻土块中的冰雪清除并捣碎后进行回填夯实。冻土坑回填在经历一个雨季后应进行二次回填。

（6）湿陷性黄土回填，根据湿陷性黄土具有大孔和垂直节理，应先将坑内大土块捣碎，在回填土中添加石灰拌均匀后分层铺摊，蛙式打夯机每层铺土厚度为300mm，人工打夯不大于200mm。每层铺摊耙平后方可夯实。

2. 工艺标准

基础坑口的地面上应筑有防沉层，防沉层应高于原始地面，低于基础表面，其上部边宽不得小于坑口边宽，平整规范。移交时回填土不应低于地面且不得高于基础顶面。

二、杆塔组立工程

（一）角钢铁塔分解组立施工

本小节适用于35kV及以上架空输电线路角钢铁塔分解组立施工。

1. 关键工序控制

（1）前期准备。

1）基础混凝土强度必须经第三方质量检测，达到设计强度的70%，方能进行分解组塔。

2）铁塔现场组立前应对塔材镀锌层厚度、焊接质量等进行检查，对紧固件螺栓、螺母及铁附件进行抽样检测，经确认合格后方可使用。

3）测量确认基础、地脚螺栓根开、对角线符合设计要求，基础预高值符合要求。

（2）吊件吊装。

1）铁塔组装前应根据塔型结构图分段选料核对塔材，并对塔材进行外观检查，不符合规范要求的塔材不得组装。

2）塔脚板就位后，上齐匹配的垫板和螺帽，组立完成后拧紧螺帽并做好防卸措施。

3）铁塔组立应有防止塔材变形、磨损的措施，临时接地应连接可靠，接触良好。每段安装完毕铁塔辅材、螺栓应装齐，严禁强行组装。

4）抱杆每次提升前，须将已组立塔段的横隔材装齐，所有节点螺栓必须紧固合格。

5）吊片就位应先低后高，严禁强行组装。

6）塔身分片吊装，吊点应选在两侧主材节点处，距塔片上段距离不大于该片高度的1/3。对于吊点位置根开较大、辅材较弱的吊片应采取补强措施。

7）在施工过程中需加强对基础和塔材的成品保护。

8）铁塔组装完成后，塔脚板与主材之间不应出现缝隙；塔脚板与基础面应接触良好，出现空隙时，应加铁片垫实，并应浇筑水泥砂浆。

2. 工艺标准

（1）塔材、螺栓、脚钉及垫片等应有出厂合格证。

（2）塔材无弯曲、脱锌、变形、错孔、磨损。

（3）各构件的组装应牢靠，交叉处有空隙时应装设相应厚度的垫圈或垫板。螺栓加垫时，每端不宜超过2个垫圈。螺栓应与构件平面垂直，螺栓头与构件间的接触不应有空隙。螺栓的螺纹不应进入剪切面。

（4）部件安装有困难时应查明原因，不得强行组装。个别螺栓需扩孔时，扩孔部分不应超过3mm。当扩孔需要超过3mm时，应先堵焊再重新打孔，并应进行防锈处理，不得用气割扩孔或烧孔。

（5）螺栓紧固力矩符合规范要求，且上限不宜超过规定值的20%。

（6）自立式转角塔、终端塔应组立在斜平面的基础上，向受力反方向预倾斜，预倾斜符合规定。

（7）铁塔组立后，各相邻主材节点间弯曲度不得超过1/750。

（8）每腿均设置接地孔，接地孔位置应保证接地引下线联板顺利安装。

（9）螺栓穿向应一致美观，并符合规范要求。螺母拧紧后，螺杆露出螺母的长度：对单螺母，不应小于两个螺距；对双螺母，可与螺母相平。螺栓露扣长度不宜超过20mm或10个螺距。

（10）杆塔脚钉安装应齐全，脚蹬侧不得露丝，弯钩朝向应一致向上。

（11）防盗螺栓安装到位，安装高度符合设计要求。防松帽安装齐全。

（12）直线塔结构倾斜率：对一般塔不大于0.3%，对高塔不大于0.15%。耐张塔架线后不向受力侧倾斜。

（二）钢管铁塔分解组立施工

本小节适用于35kV及以上架空输电线路钢管铁塔分解组立施工。

1. 关键工序控制

（1）前期准备。

参见本小节（一）。

（2）吊件吊装。

1）铁塔组装前应根据塔型结构图分段选料核对塔材，并对塔材进行外观检查，不符合规范要求的塔材不得组装。

2）塔腿安装过程中，上齐匹配的垫板和螺帽，地脚螺栓不得与塔腿法兰、加劲板相互碰撞；铁塔组立完成后拧紧螺帽并做好防卸措施。

3）铁塔组立应有防止钢管变形、磨损的措施，临时接地应连接可靠，每段安装完毕铁塔辅材、螺栓应装齐，严禁强行组装。

4）抱杆每次提升前，须将已组立塔段的横隔材装齐，所有节点螺栓必须紧固合格。

5）吊片就位应先低后高，严禁强拉就位。

6）塔身分片吊装，吊点应选在两侧主材节点处，距塔片上段距离不大于该片高度的1/3。对于吊点位置根开较大、辅材较弱的吊片应采取补强措施。

7）在施工过程中需加强对基础和塔材的成品保护。

8）法兰连接螺栓紧固时应均匀受力且对称循环进行。

9）钢管塔主材吊装应采用专用吊具。

2. 工艺标准

（1）塔材、螺栓、脚钉及垫片等应有出厂合格证。

（2）塔材无弯曲、脱锌、变形、错孔、磨损。

（3）各构件的组装应牢靠，交叉处有空隙时应装设相应厚度的垫圈或垫板。螺栓加垫时，每端不宜超过2个垫圈。螺栓应与构件平面垂直，螺栓头与构件间的接触不应有空隙；螺栓的螺纹不应进入剪切面。高强度螺栓的安装应符合设计及规范要求。

（4）部件安装有困难时应查明原因，不得强行组装。个别螺栓需扩孔时，扩孔部分不应超过3mm。当扩孔需要超过3mm时，应先堵焊再重新打孔，并应进行防锈处理，不得用气割扩孔或烧孔。

（5）螺栓紧固力矩符合规范要求，且上限不宜超过规定值的20%。

（6）自立式转角塔、终端塔应组立在倾斜平面的基础上，向受力反方向预倾斜，预倾斜符合规定。

（7）铁塔组立后，各相邻主材节点间弯曲度不得超过1/750。

（8）每腿均设置接地孔，接地孔位置应保证接地引下线联板顺利安装。

（9）螺栓穿向应一致美观。螺母拧紧后，螺杆露出螺母的长度：对单螺母，不应小于两个螺距；对双螺母，可与螺母相平。螺栓露扣长度不宜超过20mm或10个螺距。

（10）杆塔脚钉安装应齐全，脚蹬侧不得露丝。

（11）防盗螺栓安装到位，安装高度符合设计要求。防松帽安装齐全。

（12）直线塔结构倾斜率：对一般塔不大于0.30%，对高塔不大于0.15%。耐张塔架线后不向受力侧倾斜。

（13）法兰盘应平整、贴合密实，最大间隙不大于 2mm。

（三）钢管杆分解组立施工

本小节适用于 35kV 及以上架空输电线路钢管杆分解组立施工。

1. 关键工序控制

（1）施工准备。

1）基础混凝土强度必须经第三方检测，达到设计强度的 70%，方能进行分解组塔。

2）铁塔现场组立前应对紧固件螺栓、螺母及铁附件进行抽样检测，经确认合格后方可使用。

3）测量确认基础、地脚螺栓根开、对角线符合设计要求，基础预高值符合要求。

（2）底段吊装、杆身吊装、塔头吊装。

1）铁塔组装前应根据塔型结构图分段选料核对塔材，对塔材进行外观检查，不符合规范要求的塔材不得组装。

2）塔腿安装过程中，上齐匹配的垫板和螺帽，地脚螺栓不得与塔腿法兰、加劲板相互碰撞；铁塔组立完成后拧紧螺帽并做好防卸措施。

3）铁塔组立应有防止钢管变形、磨损的措施，严禁强行组装，临时接地应连接可靠。

4）在施工过程中需加强对基础和塔材的成品保护。

5）法兰连接螺栓紧固时应均匀受力且对称循环进行。

6）塔身分段吊装应采用专用吊具。

2. 工艺标准

（1）塔材、螺栓、脚钉及垫片等应有出厂合格证。

（2）塔材无弯曲、脱锌、变形、错孔、磨损。

（3）钢管杆杆段间采用焊接连接时，宜采用电弧焊接；采用套接连接时，套接长度不得小于设计套接长度。

（4）各构件的组装应牢靠，螺栓应与构件平面垂直，螺栓头与构件间的接触不应有空隙；螺栓的螺纹不应进入剪切面。高强度螺栓的安装应符合设计及规范要求。

（5）部件安装有困难时应查明原因，不得强行组装。个别螺栓需扩孔时，扩孔部分不应超过 3mm。当扩孔需要超过 3mm 时，应先堵焊再重新打孔，并应进行防锈处理，不得用气割扩孔或烧孔。

（6）螺栓紧固力矩符合规范要求，且上限不宜超过规定值的 20%。

（7）转角杆、终端杆应组立在倾斜平面的基础上，向受力反方向预倾斜，预倾斜符合规定。

（8）钢管杆组立后，其分段及整体的弯曲均不应超过其对应长度的 2‰。

（9）每腿均设置接地孔，接地孔位置应保证接地引下线联板顺利安装。

（10）螺栓穿向应一致美观。螺母拧紧后，螺杆露出螺母的长度：对单螺母，不应小于两个螺距；对双螺母，可与螺母相平。螺栓露扣长度不宜超过 20mm 或 10 个螺距。

（11）钢管杆爬梯安装齐全、方向竖直，螺栓穿向符

合要求。

（12）防盗螺栓安装到位，安装高度符合设计要求。防松帽安装齐全。

（13）法兰盘应平整、贴合密实，最大间隙不大于 2mm。

（14）直线电杆架线后的倾斜不应超过杆高的 5‰，转角杆架线后挠曲度应符合设计规定。

（四）钢管杆整体组立施工

本小节适用于 35kV 及以上架空输电线路钢管杆整体组立施工。

1. 关键工序控制

（1）施工准备。

1）基础强度必须经第三方质量检测，达到设计要求的 100% 方能进行钢管杆整体组立。

2）铁塔现场组立前应对紧固件螺栓、螺母及铁附件进行抽样检测，经确认合格后方可使用。

3）测量确认基础、地脚螺栓根开、对角线符合设计要求，基础预高值符合要求。

（2）地面组装。

1）塔材按照设计图纸组装，螺栓等级应符合设计要求，同处螺栓使用应统一、长短一致，出扣、穿向应符合规范要求，严禁强行安装。

2）地面组装后，螺栓应复紧一遍，扭矩满足设计要求，有防盗要求的应做防盗处理。

3）法兰连接螺栓紧固时应均匀受力且对称循环进行。

4）在施工过程中需加强对基础和塔材的成品保护。

（3）杆塔整体起立。

起吊前，必须认真检查各部位工器具连接情况，吊点位置是否准确，各部位绳索是否有互相缠绕挤压影响组立，并在吊点处采取措施保护塔材锌层。

2. 工艺标准

（1）塔材、螺栓、脚钉及垫片等应有出厂合格证。

（2）塔材无弯曲、脱锌、变形、错孔、磨损。

（3）钢管杆杆段间采用焊接连接时，宜采用电弧焊接；采用套接连接时，套接长度不得小于设计套接长度。

（4）各构件的组装应牢靠，螺栓应与构件平面垂直，螺栓头与构件间的接触不应有空隙；螺栓的螺纹不应进入剪切面。高强度螺栓的安装应符合设计及规范要求。

（5）部件安装有困难时应查明原因，不得强行组装。个别螺栓需扩孔时，扩孔部分不应超过 3mm。当扩孔需要超过 3mm 时，应先堵焊再重新打孔，并应进行防锈处理，不得用气割扩孔或烧孔。

（6）螺栓紧固力矩符合规范要求，且上限不宜超过规定值的 20%。

（7）转角杆、终端杆应组立在倾斜平面的基础上，向受力反方向预倾斜，预倾斜符合规定。

（8）钢管杆组立后，其分段及整体的弯曲均不应超过其对应长度的 2‰。

（9）每腿均设置接地孔，接地孔位置应保证接地引下线联板顺利安装。

（10）螺栓穿向应一致美观。螺栓拧紧后，螺杆露出螺母的长度：对单螺母，不应小于两个螺距；对双螺母，可与螺母相平。螺栓露扣长度不宜超过 20mm 或 10 个螺距。

（11）钢管杆爬梯安装齐全、方向竖直，螺栓穿向符合要求。

（12）防盗螺栓安装到位，安装高度符合设计要求。防松帽安装齐全。

（13）法兰盘应平整、贴合密实，最大间隙不大于 2mm。

（14）直线电杆架线后的倾斜不应超过杆高的 5‰，转角杆架线后挠曲度应符合设计规定。

（五）角钢结构大跨越铁塔组立施工

本小节适用于 35kV 及以上架空输电线路角钢结构大跨越铁塔组立施工。

1. 关键工序控制

（1）施工准备。

1）组塔方案必须经过评审方可实施。

2）基础施工时根据铁塔组立施工方案设置预埋件，用作地面转向。

3）基础混凝土强度必须经第三方检测，达到设计强度的 70%，方能进行分解组塔。

4）铁塔现场组立前应对紧固件螺栓、螺母及铁附件进行抽样检测，经确认合格后方可使用。

5）测量确认基础、地脚螺栓根开、对角线符合设计要求，基础预高值符合要求。

（2）吊装塔腿。

1）塔脚板就位后，上齐匹配的垫板和螺帽，组立完成后拧紧螺帽并做好防卸措施。

2）为防止雷击及静电，铁塔最下段主材安装后立即将接地线与铁塔主材可靠连接，接触良好。抱杆等专用工具顶部设避雷针，避雷针通过专用电缆接地。

（3）吊装塔身。

1）铁塔组装前应根据塔型结构图分段选料核对塔材，并对塔材进行外观检查，不符合规范要求的塔材不得组装。

2）铁塔组立应有防止塔材变形、磨损的措施，临时接地应连接可靠，接触良好，每段安装完毕铁塔辅材、螺栓应装齐，严禁强行组装。

3）抱杆每次提升前，须将已组立塔段的横隔材装齐，所有节点螺栓必须紧固合格。

4）吊片就位应先低后高，严禁强行组装。

5）塔身分片吊装，吊点应选在两侧主材节点处，距塔片上段距离不大于该片高度的 1/3。对于吊点位置根开较大、辅材较弱的吊片应采取补强措施。

6）在施工过程中需加强对基础和塔材的成品保护。

7）铁塔组装完成后，塔脚板与主材之间不应出现缝隙；塔脚板与基础面应接触良好，出现空隙时，应加铁

片垫实，并应浇筑水泥砂浆。

8）M27 及以上大直径螺栓的紧固宜采用电动或气动力矩扳手。

9）水平行走区域设扶手拉索，塔内设置安全网。主材上设置防高处坠落装置。

2. 工艺标准

（1）塔材、螺栓、脚钉及垫片等应有出厂合格证。

（2）塔材无弯曲、脱锌、变形、错孔、磨损。

（3）各构件的组装应牢靠，交叉处有空隙时应装设相应厚度的垫圈或垫板。螺栓加垫时，每端不宜超过 2 个垫圈。螺栓应与构件平面垂直，螺栓头与构件间的接触不应有空隙。螺栓的螺纹不应进入剪切面。

（4）部件安装有困难时应查明原因，不得强行组装。个别螺栓需扩孔时，扩孔部分不应超过 3mm。当扩孔需要超过 3mm 时，应先堵焊再重新打孔，并应进行防锈处理，不得用气割扩孔或烧孔。

（5）螺栓紧固力矩符合规范要求，且上限不宜超过规定值的 20%。

（6）铁塔组立后，各相邻主材节点间弯曲度不得超过 1/750。

（7）每腿均设置接地孔，接地孔位置应保证接地引下线联板顺利安装。

（8）螺栓穿向应一致美观，并符合规范要求。螺母拧紧后，螺杆露出螺母的长度：对单螺母，不应小于两个螺距；对双螺母，可与螺母相平。螺栓露扣长度不宜超过 20mm 或 10 个螺距。

（9）杆塔脚钉安装应齐全，脚蹬侧不得露丝，弯钩朝向应一致向上。

（10）防盗螺栓安装到位，安装高度符合设计要求。防松帽安装齐全。

（11）直线塔结构倾斜率：对高塔不大于 0.15%。耐张塔架线后不向受力侧倾斜。

（六）钢管结构大跨越铁塔组立施工

本小节适用于 35kV 及以上架空输电线路钢管结构大跨越铁塔组立施工。

1. 关键工序控制

（1）施工准备。

参见本小节（五）。

（2）吊装塔腿。

1）塔腿安装过程中，上齐匹配的垫板和螺帽，地脚螺栓不得与塔腿法兰、加劲板相互碰撞；铁塔组立完成后拧紧螺帽并做好防卸措施。

2）为防止雷击及静电，铁塔最下段主材安装后立即将接地线与铁塔主材可靠连接，接触良好，抱杆等专用工具顶部设避雷针，避雷针通过专用电缆接地。

（3）吊装塔身。

1）铁塔组装前应根据塔型结构图分段选料核对塔材，对塔材进行外观检查，不符合规范要求的塔材不得组装。

2）铁塔组立应有防止钢管变形、磨损的措施，临时

接地应连接可靠，每段安装完毕铁塔辅材、螺栓应装齐，严禁强行组装。

3）抱杆每次提升前，须将已组立塔段的横隔材装齐，所有节点螺栓必须紧固合格。

4）吊片就位应先低后高，严禁强拉就位。

5）塔身分片吊装，吊点应选在两侧主材节点处，距塔片上段距离不大于该片高度的 1/3，对于吊点位置根开较大、辅材较弱的吊片应采取补强措施。

6）在施工过程中需加强对基础和塔材的成品保护。

7）法兰连接螺栓紧固时应均匀受力且对称循环进行。

8）水平行走区域设扶手拉索，塔内设置安全网。钢管主材上设置防高处坠落装置。

9）钢管塔主材吊装应采用专用吊具；M27 及以上大直径螺栓的紧固宜采用电动或气动力矩扳手。

2. 工艺标准

（1）塔材、螺栓、脚钉及垫片等应有出厂合格证。

（2）塔材无弯曲、脱锌、变形、错孔、磨损。

（3）各构件的组装应牢靠，交叉处有空隙时应装设相应厚度的垫圈或垫板。螺栓加垫时，每端不宜超过 2 个垫圈。螺栓应与构件平面垂直，螺栓头与构件间的接触不应有空隙；螺栓的螺纹不应进入剪切面。高强度螺栓的安装应符合设计及规范要求。

（4）部件安装有困难时应查明原因，不得强行组装。个别螺栓需扩孔时，扩孔部分不应超过 3mm，当扩孔需要超过 3mm 时，应先堵焊再重新打孔，并应进行防锈处理，不得用气割扩孔或烧孔。

（5）螺栓紧固力矩符合规范要求，且上限不宜超过规定值的 20%。

（6）铁塔组立后，各相邻主材节点间弯曲度不得超过 1/750。

（7）每腿均设置接地孔，接地孔位置应保证接地引下线联板顺利安装。

（8）螺栓穿向应一致美观。螺母拧紧后，螺杆露出螺母的长度：对单螺母，不应小于两个螺距；对双螺母，可与螺母相平。螺栓露扣长度不宜超过 20mm 或 10 个螺距。

（9）杆塔脚钉安装应齐全，脚蹬侧不得露丝。

（10）防盗螺栓安装到位，安装高度符合设计要求。防松帽安装齐全。

（11）直线塔结构倾斜率：对高塔不大于 0.15%。耐张塔架线后不向受力侧倾斜。

（12）法兰盘应平整、贴合密实，最大间隙不大于 2mm。

（七）拉线塔组立施工

本小节适用于 35kV 及以上架空输电线路拉线塔组立施工。

1. 关键工序控制

（1）施工准备。

1）基础混凝土强度必须经第三方质量检测，达到设计强度的 70%，方能进行分解组塔。

2）铁塔现场组立前应对紧固件螺栓、螺母及铁附件进行抽样检测，经确认合格后方可使用。

3）测量确认基础、地脚螺栓根开、对角线符合设计要求，基础预高值符合要求。

（2）铁塔组装。

1）铁塔组装前应根据塔型结构图分段选料核对塔材，并对塔材进行外观检查，不符合规范要求的塔材不得组装。

2）杆塔部件组装有困难时应查明原因，严禁强行组装。

3）杆塔各构件的组装应及时紧固好螺栓，交叉处有空隙者，应装设相应厚度的垫圈或垫板，确保立柱正直。

（3）铁塔组立。

1）拉线塔组立可采取整体组立和分解组立两种方式，组立施工应严格按施工措施进行，不得随意更改现场布置及吊点位置。

2）钢丝绳与铁材接触处采取保护措施。

3）在拉线塔就位时，上齐匹配的垫板和螺帽，组立完成后拧紧螺帽并做好防卸措施。

4）在施工过程中需加强对基础和塔材的成品保护。

（4）拉线安装。

用经纬仪检查拉线塔塔身正面、侧面垂直度，满足要求后方可安装永久拉线。

2. 工艺标准

（1）塔材、螺栓、脚钉及垫片等应有出厂合格证。拉线塔各部件规格、数量应符合设计要求。

（2）塔材无弯曲、脱锌、变形、错孔、磨损。

（3）各构件的组装应牢靠，交叉处有空隙时应装设相应厚度的垫圈或垫板。螺栓加垫时，每端不宜超过 2 个垫圈。螺栓应与构件平面垂直，螺栓头与构件间的接触不应有空隙。螺栓的螺纹不应进入剪切面。

（4）部件安装有困难时应查明原因，不得强行组装。个别螺栓需扩孔时，扩孔部分不应超过 3mm。当扩孔需要超过 3mm 时，应先堵焊再重新打孔，并应进行防锈处理，不得用气割扩孔或烧孔。

（5）螺栓紧固力矩符合规范要求，且上限不宜超过规定值的 20%。

（6）铁塔组立后，各相邻主材节点间弯曲度不得超过 1/750。

（7）铁塔接地孔位置应保证接地引下线联板顺利安装。

（8）螺栓穿向应一致美观，并符合规范要求。螺母拧紧后，螺杆露出螺母的长度：对单螺母，不应小于两个螺距；对双螺母，可与螺母相平。螺栓露扣长度不宜超过 20mm 或 10 个螺距。

（9）杆塔脚钉安装应齐全，脚蹬侧不得露丝，弯钩朝向应一致向上。

（10）防盗螺栓安装到位，安装高度符合设计要求。防松帽安装齐全。

（11）直线塔结构倾斜率：不大于 0.3%。直线转角塔以及导线不对称布置的直线杆，架线后拉线点处的杆身不应向受力侧挠倾，向受力反侧（或轻载侧）的偏斜不应超过拉线点高的 0.3%。

（12）拉线塔主柱弯曲应符合表 2-3-2-1 的要求。

表 2-3-2-1　拉线塔主柱弯曲允许偏差表

电压等级/kV	主柱弯曲偏差值/‰
35～110	2（等截面拉线塔）
220～330	1.5（等截面拉线塔）
500 及以上	1，最大 30mm（等截面拉线塔）

（13）拉线安装应符合规范要求，受力应一致。

（14）拉线采用线夹连接时，拉线弯曲部分不应有明显的松股，断头侧应采取防止散股的有效措施，线夹尾线长宜为 300～500mm。尾线与本线应用镀锌铁线绑扎，拉线断口及绑扎线应涂漆防腐。拉线采用压接管连接时，压接管压接工艺应美观。

（15）楔形、UT 线夹连接的拉线，尾线回头应一致美观。

三、架线工程

（一）导地线展放施工

本小节适用于 35kV 及以上架空输电线路导地线展放施工。

1. 关键工序控制

（1）施工准备。

1）架线前、后，地脚螺栓和铁塔螺栓必须进行紧固，且符合设计紧固力矩和防松、防卸要求，严禁在地脚螺母紧固不到位时进行架线施工。

2）导地线展放前应进行抽样检测，确认导地线直径、表面状况、节径比及绞向符合相关规范要求。同时检查 OPGW 及 ADSS 光缆由厂家进行的单盘测试记录。架线施工前应由具有资质的检测单位对试件进行连接后的握着强度试验，试件不得少于 3 组，并覆盖全部厂家，握着强度不得小于设计使用拉断力的 95%。

3）张力放线区段不宜超过 20 个放线滑车，当难以满足规定时应采取防护措施。

4）合理布线，接头避开不允许接头档，尽量减少接续管数量。精确控制接续管位置，确保接续管位置满足设计及规范要求。

5）不同金属、不同规格、不同绞制方向的导线或架空地线严禁在一个耐张段内连接。

6）展放施工应合理选择牵张设备及场地，合理控制牵张力，确保导地线满足对地及跨越物的安全距离。展放导线的张力机主卷筒槽底直径 $D \geq 40d - 100mm$（d 为导线直径）；其中，碳纤维复合材料芯导线等特殊导线张力机主卷筒槽底直径，按相关规范执行；展放光缆的张力机主卷筒槽底直径 $\geq 70d$（d 为光缆直径），且不得小于 1.0m。

7）在运输、展放、紧线、附件过程中，导地线应采取保护措施。

（2）悬挂放线滑车。

1）导线放线滑车宜采用挂胶滑车或其他韧性材料。导线滑车轮槽底直径不宜小于 20d（d 为导线直径），其中，碳纤维复合材料芯导线等特殊导线滑轮槽底直径按相关标准确定；地线滑车轮槽底直径不宜小于 15d_1（d_1 为地线直径），光纤复合架空地线滑车轮槽底直径不应小于 40d_2（d_2 为光缆直径），且不得小于 500mm。

2）当垂直荷载超过滑车的最大额定工作荷载、接续管及保护套过滑车的荷载超其允许荷载可能造成接续管弯曲，导线在放线滑车上的包络角超过 30° 时，每相（极）应挂双放线滑车，其中碳纤维复合材料芯导线按 25° 包络角控制；光纤复合架空地线在放线滑车上的包络角超过 60° 时，应悬挂槽底直径不小于 800mm 的滑车或使用 600mm 的组合滑车。

3）展放过程中线绳上扬的塔位应设置压线滑车。

（3）展放导线、光缆。

同相（极）分裂导线宜采用一次或同次展放。分次展放时，时间间隔不宜超过 48h，或采取技术措施解决导线蠕变对弧垂的影响。

（4）导地线连接。

接续管的保护钢甲应有足够的刚度，确保过滑车后不弯曲。

2. 工艺标准

（1）导地线及金具表面应清洁无污染，无断股、松散及损伤，扩径导线无凹陷、变形。

（2）同一档内每根导线或地线只允许各有一个接续管和两个修补管。在不允许接头档内，严禁接续。

（3）各类管与耐张线夹出口间的距离不应小于 15m，接续管或补修管出口与悬垂线夹中心的距离不应小于 5m，接续管或补修管出口与间隔棒中心距离不宜小于 0.5m；碳纤维复合材料芯导线等特殊导线按相关标准确定。

（4）导地线展放完毕后要及时进行紧线，附件安装时间不应超过 5 天，档距大于 800m 时应优先安装。因特殊原因致使附件安装 5 天内不能完成时，应采取临时防振措施。

（5）对于特高压线路"三跨"，跨越档内导地线不应有接头；对于其他电压等级"三跨"，耐张段内导、地线也不应有接头。

（6）应采取有效的保护措施，防止导地线放线、紧线、连接及安装附件时受到损伤。

（二）导地线耐张线夹压接施工

本小节适用于 35kV 及以上架空输电线路导地线耐张线夹压接施工。

1. 关键工序控制

（1）核对耐张线夹、压模型号。

1）压接前必须对压接管、液压设备等进行检查，不合格者严禁使用。

2）施工操作人员必须经过培训并持有压接操作证，作业过程中应进行见证并及时记录。

（2）清洗耐张线夹、导线。

穿管前耐张线夹、引流板应用汽油、酒精等清洁剂清洗干净，导线连接部分外层铝股在擦洗后应均匀地涂上一层电力复合脂，并用细钢丝刷清刷表面氧化膜，保留电力复合脂进行连接。

（3）画印、割线、穿管。

1）钢锚环与耐张线夹铝管引流板的连接方向调整至规定的位置，且两者的中心线在同一平面内。

2）割线印记准确，断口整齐，不得伤及钢芯及不需切割的铝股，切割处应做好防松股措施。大截面导线的液压部位在断线前应调直，并在距切断点 20mm 处加装防止导线散股的卡箍，切割断面应与轴线垂直。

3）导地线与压接金具在穿管时应设置合适的压接预留长度，以补偿压接后的伸长量。钢芯在穿钢锚时，应确保钢芯穿到位。钢锚凸凹部位与铝管重合部分定位标记应准确。Ⅰ型耐张管穿管时，钢绞线端部露出管口5mm，Ⅱ型耐张线夹穿管时，应确保钢绞线触到钢锚底端。

（4）压接施工。

1）压接过程中，压接钳的缸体应垂直、平稳放置，两侧管线处于平直状态，钢管相邻两模重叠压接不应少于 5mm，铝管相邻两模重叠压接不应少于 10mm，1250mm² 大截面导线铝管压接铝管相邻两模叠模压接应不小于 25mm。液压机压力值应达到额定工作压力后维持 3～5s。压后耐张线夹棱角顺直，有明显弯曲变形时应校直。校直后的压接管如有裂纹应切断重接。

2）大截面导线耐张线夹压接宜采用倒压法，即从耐张线夹铝管的拔梢端开始。

3）耐张线夹、引流板压接后应去除飞边、毛刺，钢管压接部位，皆涂以富锌漆。对清除钢芯上防腐剂的钢管，压后应将管口及裸露钢芯涂以富锌漆，以防生锈。铝压接管应锉成圆弧状，并用 0 号以下细砂纸磨光。

4）铝包钢绞线耐张线夹钢管压接完成后，在铝管压接前将铝衬管安装到位，铝衬管端头与铝管端头接近平齐，衬管超出铝管不大于 5mm。

5）压接完检查合格后，在铝管的不压区打上操作人员、监理人员的钢印。

（5）测量压后值。

用精度不低于 0.02mm 并检定合格的游标卡尺测量压后尺寸。耐张线夹压接后三个对边距只允许有一个达到最大值，超过此规定时应更换模具重压。

2. 工艺标准

（1）耐张线夹、引流板的型号和引流板的角度应符合图纸要求。

（2）导地线的连接部分不得有线股绞制不良、断股、缺股等缺陷。压接后管口附近不得有明显的松股现象。

（3）铝件的电气接触面应平整、光洁，不允许有毛刺或超过板厚极限偏差的碰伤、划伤、凹坑及压痕等缺陷。热镀锌钢件，镀锌完好不得有掉锌皮现象。

（4）压接后耐张线夹其弯曲变形应小于耐张线夹长度的 2%（大截面导线为 1%），否则应校直，如无法校正或校正后有裂纹时应割断重新压接。钢管压后表面应进行防腐处理。

（5）握着强度不小于设计使用拉断力的 95%。

（6）导地线耐张线夹压接后在耐张线夹出口处喷涂红漆标识，便于观测耐张线夹运行状态。

（7）按照"三跨"段内耐张线夹总数量 10% 的比例开展 X 射线无损检测。

（三）导地线接续管压接施工

本小节适用于 35kV 及以上架空输电线路导地线接续管压接施工。

1. 关键工序控制

（1）核对压接管、压膜型号。

1）压接前必须对压接管、液压设备等进行检查，不合格者严禁使用。

2）施工操作人员必须经过培训并持有压接操作证，作业过程中应进行见证并及时记录。

（2）清洗接续管、导线。

穿管前应用汽油、酒精等清洁剂清洗干净，导线连接部分外层铝股在擦洗后应均匀地涂上一层电力复合脂，并用细钢丝刷清刷表面氧化膜，保留电力复合脂进行连接。

（3）画印、割线、穿管。

1）当接续管钢芯使用对穿管时，应在线上画出 1/2 管长的印记，穿管后确保印记与管口吻合。

2）割线印记准确，断口整齐，不得伤及钢芯及不需切割的铝股，切割处应做好防松股措施。大截面导线的液压部位在断线前应调直，并在距切断点 20mm 处加装防止导线散股的卡箍，切割断面应与轴线垂直。

3）导地线与压接金具在穿管时应设置合适的压接预留长度，以补偿压接后的伸长量。导线接续管钢芯使用搭接管时，钢芯两端分别伸出钢管端面 12mm，地线搭接穿管时，钢芯两端分别伸出钢管端面 5mm，铝包钢绞线钢管压接完成后，在铝管压接前将两侧铝衬管安装到位，铝衬管端头与铝管端头接近平齐不大于 5mm。

（4）压接施工。

1）压接过程中，压接钳的缸体应垂直、平稳放置，两侧管线处于平直状态，钢管相邻两模重叠压接应不少于 5mm，铝管相邻两模重叠压接不应少于 10mm。1250mm² 大截面导线铝管压接铝管相邻两模叠模压接应不小于 25mm。液压机压力值应达到额定工作压力后维持 3～5s。压后接续管棱角顺直，有明显弯曲变形时应校直，校直后的压接管如有裂纹应切断重接。

2）大截面导线接续管压接宜采用顺压法，从牵引场向张力场方向，即第一段从牵引场侧直线接续管铝管的管口开始连续施压至压接定位印记；第二段从压接定位印记开始连续施压至另一侧管口。

3）接续管压接后，应去除飞边、毛刺，钢管压接部位，皆涂以富锌漆，对清除钢芯上防腐剂的钢管，压后应将管口及裸露钢芯涂以富锌漆，以防生锈，铝压接管应锉成圆弧状，并用 0 号以下细砂纸磨光。

4）压接完成检查合格后，在铝管的不压区打上操作人员、监理人员的钢印。

（5）测量压后值。

用精度不低于 0.02mm 并检定合格的游标卡尺测量压后尺寸。接续管压接后三个对边距只允许有一个达到最大值，超过此规定值时应更换模具重压。

2．工艺标准

（1）接续管的型号应符合图纸要求。在不允许接头档内，严禁接续。

（2）导地线的连接部分不得有线股绞制不良、断股、缺股等缺陷；压接后管口附近不得有明显的松股现象。

（3）铝件的电气接触面应平整、光洁，不允许有毛刺或超过板厚极限偏差的碰伤、划伤、凹坑及压痕等缺陷。热镀锌钢件，镀锌完好不得有掉锌皮现象。

（4）接续管压接后其弯曲变形应小于接续管长度的 2%（大截面导线为 1%），如无法校正或校正后有裂纹时应割断重新压接。钢管压后表面应进行防腐处理。

（5）握着强度不小于设计使用拉断力的 95%。

（6）接续管压接后在接续管两侧出口导、地线上喷涂红漆标识，便于观测接续管运行状态。

（四）导线补修施工

本小节适用于 35kV 及以上架空输电线路导线补修施工。

1．关键工序控制

（1）核对补修管、压模型号。

压接前必须对补修管、液压设备等进行检查，不合格者严禁使用。

（2）压接施工。

1）补修管压后应去除飞边、毛刺，锉成圆弧状，并用 0 号以下细砂纸磨光。

2）采用预绞丝修补前，应将受伤处线股处理平整，预绞丝缠绕应与导线接触紧密，缠绕时保持原预绞形状。

2．工艺标准

（1）补修管或预绞丝型号应符合图纸要求。

（2）根据导线的损伤程度，按规程选用补修管或预绞丝。

（3）补修管压后应平直，光滑。补修管不允许有毛刺或硬伤等缺陷，其长度应能包裹导线损伤的面积。补修管中心应位于损伤最严重处，补修管的两端应超出损伤部位 20mm 以上。

（4）预绞丝的长度应能包裹导线损伤的面积，缠绕长度最短不应小于 3 个节距。

（5）在一个档距内，每根导线或架空地线上不应超过两个补修管，并应符合下列规定：

1）补修管与耐张线夹出口间的距离不应小于 15m；

2）补修管出口与悬垂线夹中心的距离不应小于 5m；

3）补修管出口与间隔棒中心的距离不宜小于 0.5m。

（五）导地线弧垂控制施工

本小节适用于 35kV 及以上架空输电线路导地线弧垂控制施工。

1．关键工序控制

（1）紧线。

1）紧线前应确保紧线档内通信畅通、障碍物以及导线地线跳槽等处理完毕、分裂导线未相互绞扭、各交叉跨越处的安全措施可靠。

2）导线展放完毕后应及时进行紧线。

3）同相间子导线应同时收紧，弧垂达标后应逐档进行微调。

4）OPGW 紧线时应使用 OPGW 专用夹具或耐张预绞丝。OPGW 耐张预绞丝重复使用不得超过两次。ADSS 紧线时应使用 ADSS 专用夹具。

（2）观测弧垂。

1）应合理选择观测档。弧垂宜优先选用等长法观测，并用经纬仪观测校核。

2）弧垂观测时，温度应在观测档内实测。温度计必须挂在通风背光处，不得暴晒。温度变化达到 5℃ 时，应及时调整弧垂观测值。

3）连续上（下）山坡时的弧垂，应按设计规定的施工弧垂进行观测，直线塔附件安装时按设计值调整悬垂线夹位置，并应按竣工弧垂检查附件后的导、地线弧垂。

（3）调整相间及子线。

1）子导线弧垂偏差超过允许值时，应做相应调整。

2）画印时，各塔宜同时进行。

（4）锚线（或压接挂线）。

1）紧线弧垂在挂线后应随即在该观测档进行检查，并符合设计要求。

2）紧线后应测量导线对被跨越物的净空距离，计入导线蠕变伸长换算到最大弧垂时应符合设计规定。

2．工艺标准

（1）导地线弧垂偏差应符合表 2-3-2-2 的规定。

表 2-3-2-2　弧垂允许偏差

线路电压等级/kV	35	110	220 及以上
紧线弧垂在挂线后/%	+5，-2.5	+5，-2.5	±2.5
跨越通航河流的大跨越档弧垂	±1%，正偏差不应超过 1m		

（2）弧垂的相对偏差最大值应符合表 2-3-2-3 的规定。

表 2-3-2-3　弧垂相对偏差最大值

线路电压等级/kV	35	110	220 及以上
档距不大于 800m 时弧垂相对偏差最大值/mm	200	200	300
档距大于 800m 时弧垂相对偏差最大值/mm	500		

（3）同相子导线的弧垂应一致，其相对偏差应符合表 2-3-2-4 的规定。

表 2-3-2-4   同相子导线弧垂相对偏差最大值

线路电压等级/kV	220 及以下	330 及以上
不安装间隔棒的垂直双分裂导线/mm	100	
安装间隔棒的其他形式分裂导线/mm	80	50

（4）挂线时对孤立档、较小耐张段及大跨越的过牵引长度应符合设计要求。

（5）ADSS 弧垂与其他建筑物、树木、通信线路最小垂直净距：

1）与街道垂直净距：平行时 4.5m，交越时 5.5m（最低缆线到地面）。

2）与公路垂直净距：平行时 3.0m，交越时 5.5m（最低缆线到地面）。

3）与土路垂直净距：平行时 3.0m，交越时 4.5m（最低缆线到地面）。

4）与铁路垂直净距：平行时 3.0m（最低缆线到地面），交越时 7.5m（最低缆线到地面）。

5）与房屋建筑垂直净距：交越时 0.6m（距屋脊）/1.5m（距平顶）。

6）与河流垂直净距：交越时 1.0m（最低缆线距最高水位时最高桅杆顶）。

7）与树木垂直净距：交越时 1.5m（最低缆线到枝顶）。

8）与郊区垂直净距：交越时 7.0m（最低缆线到地面）。

9）与其他通信线路垂直净距：交越时 0.6m（一方最低缆线到另一方最高缆线）。

（六）导线悬垂绝缘子串安装

本小节适用于 35kV 及以上架空输电线路导线悬垂绝缘子串安装。

1. 关键工序控制

（1）金具外观检查、绝缘子零值检测

1）金具、绝缘子安装前应检查，并进行试组装，严禁使用不合格品。

2）盘形悬式瓷绝缘子安装前现场应逐个进行零值检测。

（2）绝缘子串地面组装与吊装。

1）运输和起吊过程中做好绝缘子的保护工作，尤其是复合绝缘子重点做好运输期间的防护，瓷（玻璃）绝缘子重点做好起吊过程的防护。

2）绝缘子表面要擦洗干净，避免损伤。瓷（玻璃）绝缘子安装时应检查球窝连接处锁紧装置齐备可靠。按设计要求加装异色绝缘子。施工人员沿合成绝缘子出线，必须使用软梯。合成绝缘子不得有开裂、脱落、破损等现象。瓷绝缘子表面瓷釉破损符合《标称电压高于 1000V 的架空线路绝缘子 第 1 部分：交流系统用瓷或玻璃绝缘子元件 定义、试验方法和判定准则》（GB/T 1001.1—2003）要求。

3）安装附件所用工器具要采取防止导线损伤的措施。

4）附件安装及导线弧垂调整后，如绝缘子串倾斜超

差要及时进行调整。

5）锁紧销的装配应使用专用工具，以免损坏金属附件的镀锌层。

（3）安装后螺栓、销钉穿向检查。

1）线夹螺栓安装后露扣一致，螺栓紧固扭矩应符合该产品说明书要求。各子导线线夹应同步，避免联板扭转。

2）绝缘子、碗头挂板开口及金具螺栓、销钉穿向应符合要求。

2. 工艺标准

（1）绝缘子表面完好干净。瓷（玻璃）绝缘子在安装好弹簧销子的情况下，球头不得自碗头中脱出。复合绝缘子串与端部附件不应有明显的歪斜。

（2）绝缘子串上的各种螺栓、穿钉及弹簧销子，除有固定的穿向外，其余穿向应统一。

（3）金具上所用开口销和闭口销的直径必须与孔径相配合，且弹力适度，开口销和闭口销不应有折断和裂纹等现象。当采用开口销时应对称开口，开口角度不宜小于 60°，不得用线材和其他材料代替开口销和闭口销。

（4）缠绕的铝包带、预绞丝护线条的中心与印记重合，以保证线夹位置准确。铝包带顺外层线股绞制方向缠绕，缠绕紧密，露出线夹，并不超过 10mm，端头要压在线夹内，设计有要求时应按设计要求执行。预绞丝护线条对导线包裹应紧密。

（5）各种类型的铝质绞线，安装线夹时应按设计规定在铝股外缠绕铝包带或预绞丝护线条。

（6）绝缘子串与金具连接符合图纸要求，金具表面应无锈蚀、裂纹、气孔、砂眼、飞边等现象。

（7）悬垂线夹安装后，绝缘子串应竖直，顺线路方向与竖直位置的偏移角不应超过 5°，且最大偏移值 ≤ 200mm。连续上（下）山坡处杆塔上的悬垂线夹的安装位置应符合设计规定。

（8）根据设计要求安装均压屏蔽环。均压环宜选用对接型式。

（9）作业时应避免损坏复合绝缘子伞裙、护套及端部密封，不应脚踏复合绝缘子；安装时不应反装均压环或安装于护套上。

（七）导线耐张绝缘子串安装

本小节适用于 35kV 及以上架空输电线路导线耐张绝缘子串安装。

1. 关键工序控制

（1）金具外观检查、绝缘子零值检测。

1）金具、绝缘子安装前应检查，并进行试组装，严禁使用不合格品。

2）对绝缘子串应逐个进行检查，绝缘子表面要擦洗干净，避免损伤。按设计要求加装异色绝缘子。

3）盘形悬式瓷绝缘子安装前现场应逐个进行零值检测。

（2）绝缘子串地面组装与吊装。

1）金具串连接要注意检查碗口球头与弹簧销子是否匹配。应采取防止工器具碰撞复合绝缘子伞套的措施，

不得踩踏复合绝缘子。

2）锁紧销的装配应使用专用工具，以免损坏金属附件的镀锌层。

2.工艺标准

（1）绝缘子表面完好干净。在安装好弹簧销子的情况下，球头不得自碗头中脱出。绝缘子串与端部附件不应有明显的歪斜。

（2）绝缘子串上的各种螺栓、穿钉及弹簧销子，除有固定的穿向外，其余穿向应统一。

（3）金具上所用开口销和闭口销的直径必须与孔径相配合，且弹力适度。开口销和闭口销不应有折断和裂纹等现象，当采用开口销时应对称开口，开口角度不宜小于60°，不得用线材和其他材料代替开口销和闭口销。

（4）球头和碗头连接的绝缘子应有可靠的锁紧装置。

（5）绝缘子串与金具连接符合图纸要求，金具表面应无锈蚀、裂纹、气孔、砂眼、飞边等现象。

（6）耐张绝缘子串倒挂时，耐张线夹应采用填充电力脂等防冻胀措施，并在线夹尾部打渗水孔。

（八）均压环、屏蔽环安装

本小节适用于35kV及以上架空输电线路均压环、屏蔽环安装。

1.关键工序控制

（1）金具外观检查。

1）均压环、屏蔽环安装前应进行检查，不合格者严禁使用。

2）均压环、屏蔽环运至现场前不得拆除外包装，安装过程必须采取防磕碰措施。均压环、屏蔽环的安装应在绝缘子串起吊或固定在塔上后进行。

3）均压环、屏蔽环外表面有明显凹凸缺陷时，不得安装。

（2）金具安装。

1）均压环、屏蔽环环体上不应踩压且不得放置施工器具，保证均压环、屏蔽环绝缘间隔符合要求。

2）均压环、屏蔽环开口及螺栓穿向符合要求，螺栓紧固扭矩应符合该产品说明书的要求。

3）固定环体的支撑杆应有足够的强度，安装时确保环体对各对称部位的距离一致。

2.工艺标准

（1）均压环、屏蔽环的规格符合设计要求。

（2）均压环、屏蔽环不得变形，表面光洁，不得有凸凹等损伤。

（3）均压环、屏蔽环对各部位距离满足设计要求，绝缘间隙偏差为±10mm。

（4）均压环、屏蔽环的开口符合设计要求。

（九）地线悬垂串安装

本小节适用于35kV及以上架空输电线路地线悬垂串安装。

1.关键工序控制

（1）金具外观检查。

1）金具、绝缘子安装前应检查，并进行试组装，严

禁使用不合格品。

2）绝缘子表面应擦洗干净，避免损伤。并注意调整好放电间隙，螺栓紧固扭矩应符合说明书要求。

（2）金具安装。

1）安装附件所用工器具应采取防止地线损伤的措施。

2）核查所画印记在放线滑车中心，并保证绝缘子串垂直地平面。

（3）安装工艺检查。

1）线夹螺栓安装后两边露扣应一致，螺栓紧固扭矩应符合该产品说明书要求。

2）附件安装及地线弧垂调整后，如绝缘子串倾斜超差应及时进行调整。

2.工艺标准

（1）绝缘型地线悬垂串应使用双联绝缘子串。绝缘子串表面应完好干净，避免损伤。

（2）绝缘子串上的各种螺栓、穿钉及弹簧销子，除有固定的穿向外，其余穿向应统一。

（3）金具上所用开口销和闭口销的直径必须与孔径相配合，且弹力适度，开口销和闭口销不应有折断和裂纹等现象。当采用开口销时应对称开口，开口角度不宜小于60°，不得用线材和其他材料代替开口销和闭口销。

（4）如需缠绕铝包带、预绞丝护线条时，缠绕的铝包带、预绞丝护线条的中心应与印记重合，以保证线夹位置准确。铝包带顺外层线股绞制方向缠绕，缠绕紧密，露出线夹≤10mm，端头应压在线夹内。预绞丝护线条应缠绕紧密。

（5）各种类型的铝质绞线，安装线夹时应按设计规定在铝股外缠绕铝包带或预绞丝护线条。

（6）悬垂线夹安装后，绝缘子串应垂直地平面。连续上、下山坡处杆塔上的悬垂线夹的安装位置应符合规定。

（7）绝缘子放电间隙的安装距离允许偏差±2mm。放电间隙安装方向，宜远离塔身。

（8）接地引线全线安装位置要统一，接地引线应顺畅、美观。

（十）地线耐张串安装

本小节适用于35kV及以上架空输电线路地线耐张串安装。

1.关键工序控制

金具外观检查关键工序控制：

（1）金具、绝缘子安装前应检查，并进行试组装，严禁使用不合格品。

（2）绝缘子表面应擦洗干净，避免损伤。并注意调整好放电间隙，螺栓紧固扭矩应符合说明书要求。

2.工艺标准

（1）绝缘子串表面完好干净。绝缘子串的各种金具上的螺栓、穿钉及弹簧销子，除有固定的穿向外，其余穿向应统一。

（2）金具上所用开口销和闭口销的直径必须与孔径

相配合，且弹力适度，开口销和闭口销不应有折断和裂纹等现象。当采用开口销时应对称开口，开口角度不宜小于60°，不得用线材和其他材料代替开口销和闭口销。

（3）放电间隙安装方向朝上，绝缘子放电间隙的安装距离允许偏差±2mm。

（4）接地引线全线安装位置要统一，接地引线应顺畅、美观。

（5）耐张绝缘子串倒挂时，耐张线夹应符合设计要求，考虑采取防冻胀措施。

（十一）软引流线安装

本小节适用于35kV及以上架空输电线路软引流线安装。

1. 关键工序控制

（1）施工准备。

1）制作引流线的导线应使用未受过力的原状导线，凡有扭曲、松股、磨伤、断股等现象的，均不得使用。

2）耐张线夹引流连板的光洁面必须与引流线夹连板的光洁面接触，接触面用汽油、酒精等清洁剂清洁，先涂抹一层电力复合脂，再用细钢丝刷清除有电力复合脂的表面氧化膜。保留电力复合脂，逐个均匀地紧固连接螺栓。螺栓穿向应符合规范要求，紧固扭矩应符合该产品说明书要求。

（2）起吊、安装。

提升、安装引流线过程中应采取防止其扭曲、变形的措施。安装引流线并沟线夹和间隔棒应从中间向两端安装，施工人员不得上线操作，以确保软引流线流畅美观，分裂导线间距保持一致。

2. 工艺标准

（1）使用压接引流线时，中间不得有接头。引流线的走向应自然、顺畅、美观，呈近似悬链状自然下垂。

（2）引流线不宜从均压环内穿过，并避免与其他部件相摩擦。

（3）铝制引流连板及并沟线夹的连接面应平整、光洁。

（4）引流线间隔棒（结构面）应垂直于引流线束。

（5）引流线引流板的朝向应满足使导线的盘曲方向与安装后的引流线弯曲方向一致。

（6）引流线安装后，检查引流线弧垂及引流线与塔身的最小间隙，应符合设计规定。

（7）如采用引流线专用的悬垂线夹，其结构面应垂直于引流线束。

（十二）"扁担式"硬引流线安装

本小节适用于35kV及以上架空输电线路"扁担式"硬引流线安装。

1. 关键工序控制

（1）施工准备。

1）制作引流线的导线应使用未受过力的原状导线，凡有扭曲、松股、磨伤、断股等现象的，均不得使用。

2）耐张线夹引流连板的光洁面必须与引流线夹连板的光洁面接触，接触面用汽油、酒精等清洁剂清洁，先涂抹一层电力复合脂，再用细钢丝刷清除有电力复合脂的表面氧化膜。保留电力复合脂，逐个均匀地紧固连接螺栓。螺栓穿向应符合规范要求，紧固扭矩应符合产品说明书要求。

（2）起吊、安装。

1）提升、安装过程中应采取防止引流线扭曲、变形的措施。

2）安装引流线线夹和间隔棒应从中间向两端安装，导线应自然顺畅，施工人员不得上线操作，以确保柔性引流线流畅美观，分裂导线间距保持一致。

2. 工艺标准

（1）两端的柔性引流线应呈近似悬链线状自然下垂。引流线的走向应自然、顺畅、美观。

（2）使用压接引流线时，中间不得有接头。

（3）铝制引流连板的连接面应平整、光洁，并沟线夹的接触面应光滑。

（4）引流线的刚性支撑尽量水平，与引流线连接要对称、整齐美观。

（5）刚性引流线安装应符合设计要求。

（6）引流线间隔棒结构面应与导线垂直，安装距离应符合设计要求。

（7）引流线对杆塔及拉线等的电气间隙应符合设计规定。

（十三）笼式硬引流线安装

本小节适用于35kV及以上架空输电线路笼式硬引流线安装。

1. 关键工序控制

（1）施工准备。

1）制作引流线的导线应使用未受过力的原状导线，凡有扭曲、松股、磨伤、断股等现象的，均不得使用。

2）耐张线夹引流连板的光洁面必须与引流线夹连板的光洁面接触，接触面用汽油、酒精等清洁剂清洁，先涂抹一层电力复合脂，再用细钢丝刷清除有电力复合脂的表面氧化膜。保留电力复合脂，逐个均匀地紧固连接螺栓。螺栓穿向应符合规范要求，紧固扭矩应符合该产品说明书要求。

（2）起吊、安装。

1）安装引流线线夹和间隔棒应从中间向两端安装，导线应自然顺畅，施工人员不得上线操作，以确保软跳线流畅美观，分裂导线间距保持一致。

2）提升、安装过程中应采取防止引流线扭曲、变形的措施。

2. 工艺标准

（1）起吊、安装柔性引流线的走向应自然、顺畅、美观。引流线如有与均压环等金具可能发生摩擦碰撞时，应加装小间隔棒固定。两端的柔性引流线应呈近似悬链线状自然下垂，其对杆塔的电气间隙应符合规程规定。

（2）使用压接引流线时，中间不得有接头。

（3）引流线不宜从均压环内穿过，并避免与其他部件相摩擦。

（4）铝制引流连板连接面应平整、光洁。

（5）引流线间隔棒（结构面）应垂直于引流线束。

（6）引流线的刚性支撑尽量水平，要满足机械强度和电晕的要求。

（十四）铝管式硬引流线安装

本小节适用于35kV及以上架空输电线路铝管式硬引流线安装。

1．关键工序控制

（1）施工准备。

1）做好铝管在运输、组装、起吊过程中的防护，避免损伤。

2）制作引流线的导线应使用未受过力的原状导线，凡有扭曲、松股、磨伤、断股等现象的，均不得使用。

3）耐张线夹引流连板的光洁面必须与引流线夹连板的光洁面接触，接触面用汽油、酒精等清洁剂清洁，先涂抹一层电力复合脂，再用细钢丝刷清除有电力复合脂的表面氧化膜。保留电力复合脂，逐个均匀地紧固连接螺栓。螺栓穿向应符合规范要求，紧固扭矩应符合该产品说明书要求。

（2）组装跳线串。

组装管形母线必须采取支垫、调平，确保硬管形母线平直。

（3）起吊、安装。

1）安装引流线线夹和间隔棒应从中间向两端安装，导线应自然顺畅，分裂导线间距保持一致。引流线如有与均压环等金具可能发生摩擦碰撞时，应加装支撑间隔棒固定。

2）提升、安装过程中应采取防止引流线扭曲、变形的措施。

3）硬管形母线接头应涂抹电力复合脂。

4）安装软引流线间隔棒时施工人员不得上线，确保软引流线流畅美观。

2．工艺标准

（1）铝管要满足工作电流、机械强度和电晕的要求。

（2）使用压接引流线时，中间不得有接头。

（3）两端的柔性引流线应呈近似悬链线状自然下垂，走向应自然、顺畅、美观。其对杆塔的电气间隙必须符合设计规定，引流线小弧垂要符合图纸要求。

（4）引流线不宜从均压环内穿过，并避免与其他部件相摩擦。

（5）铝制引流联板的连接面应平整、光洁。

（6）引流线间隔棒（结构面）应垂直于引流线束。

（7）铝管的安装应符合要求，其对杆塔的电气间隙必须符合规程规定。

（8）铝管与柔性引流线连接应对称、整齐美观，连接处应安装均压环。

（十五）防振锤安装

本小节适用于35kV及以上架空输电线路导线、地线、OPGW防振锤安装。

1．关键工序控制

防振锤安装关键工序控制：

（1）线夹式防振锤缠绕铝包带时，铝包带应缠绕紧密，缠绕方向应与外层铝股的绞制方向一致；所缠铝包带应露出线夹，但不应超过10mm，端头应回缠绕于线夹内压住。

（2）预绞式防振锤安装时，应保证预绞丝两端缠绕整齐，预绞丝中心点与防振锤夹板中心点一致，缠绕方向应与外层线股的绞制方向一致，并保持原预绞形状，预绞丝缠绕导线时应采取防护措施防止预绞丝头在缠绕过程中磕碰损伤导线。

2．工艺标准

（1）导线防振锤与被连接导线应在同一铅垂面内，设计有要求时按设计要求安装。

（2）防振锤应自然下垂，锤头与导线应平行。

（3）防振锤安装数量、距离应符合设计要求，其安装距离允许偏差±30mm。

（4）防振锤分大小头时，大小头及螺栓的穿向应符合设计图纸要求。

（5）固定夹具上的螺栓穿向应符合规范要求，紧固扭矩应符合该产品说明书要求。

（十六）阻尼线安装

本小节适用于35kV及以上架空输电线路导、地线阻尼线安装。

工艺标准如下：

（1）阻尼线的规格应符合设计要求，且使用未受过力的原状线，凡有扭曲、松股、磨伤、断股等现象的，均不得使用。

（2）阻尼线与被连接导线或架空地线应在同一铅垂面内，设计有要求时按设计要求安装。

（3）阻尼线安装要自然下垂，固定点距离和小弧垂要符合设计规定，弧垂要自然、顺畅。

（4）阻尼线安装距离应符合设计要求，安装距离允许偏差为±30mm。

（5）固定夹具上的螺栓穿向应符合规范要求，紧固扭矩应符合该产品说明书要求。

（十七）子导线间隔棒安装

本小节适用于35kV及以上架空输电线路分裂导线子导线间隔棒安装。

1．关键工序控制

（1）施工准备。

间隔棒、预绞丝安装前应检查，型式应符合设计要求，不合格严禁使用。

（2）安装间隔棒。

1）间隔棒安装位置遇有接续管或补修金具时，应在安装距离允许误差范围内进行调整，使其与接续管或补修金具间保持0.5m以上距离，其余各相间隔棒与调整后的间隔棒位置保持一致。

2）间隔棒夹口的橡胶垫应安装紧密、到位。间隔棒缠绕预绞丝时应保证两端整齐，并保持原预绞形状；预绞丝安装应紧密，预绞丝中心应与线夹口中心重合，对导线包裹紧密。

2. 工艺标准

(1) 安装距离应符合设计要求，杆塔两侧第一个间隔棒的安装距离允许偏差应为端次档距的±1.5%，其余应为次档距的±3%。

(2) 分裂导线间隔棒的结构面应与导线垂直，各相（极）间的间隔棒安装位置宜处于同一竖直面。

(3) 各种螺栓、销钉穿向应符合规范要求，螺栓紧固扭矩应符合该产品说明书要求。

(4) 金具上所用开口销和闭口销的直径必须与孔径相配合，且弹力适度，开口销和闭口销不应有折断和裂纹等现象。当采用开口销时应对称开口，开口角度不宜小于60°，不得用线材和其他材料代替开口销和闭口销。

(十八) 相间间隔棒安装

本小节适用于35kV及以上架空输电线路相间间隔棒安装。

1. 关键工序控制

(1) 测定间隔棒安装位置并标记。

1) 相间间隔棒的安装位置应符合设计要求，安装位置±10m内的子导线间隔棒应移至相间间隔棒同一位置安装。

2) 相间间隔棒不宜安装在同一断面内，相邻相间间隔棒应错开安装。

3) 当档距两侧导线挂点高差较大时，应依据导线弧垂最低点位置变化情况适当调整。

4) 相间间隔棒安装位置遇有接续管或补修金具时，应在安装距离允许误差范围内进行调整，使其与接续管或补修金具间保持0.5m以上距离。

(2) 安装间隔棒。

1) 运输和起吊过程中做好绝缘子的保护工作，依据厂家的安装说明进行安装。

2) 安装顺序应按照由高向低、由近向远的原则。

3) 相间距较大时严格控制金具的安装尺寸。

4) 相间间隔棒应安装紧密、到位；锁紧销的装配应使用专用工具，以免损坏金属附件的镀锌层。若有损坏应除锈后补刷富锌漆。

2. 工艺标准

(1) 相间间隔棒的绝缘子、连接金具和均压环等型号应符合设计要求。

(2) 相间间隔棒应安装牢固，最大偏移不允许超过200mm。

(3) 相间间隔棒绝缘子表面应完好干净，合成绝缘子不得有开裂、脱落、破损等现象，绝缘子串与连接金具不应有明显的歪斜。

(4) 相间间隔棒上的各种螺栓、销钉穿向应符合规范规定，除有固定的穿向外，其余穿向应统一；螺栓紧固扭矩应符合该产品说明书要求。

(5) 金具上所用开口销和闭口销的直径必须与孔径相配合，且弹力适度。开口销和闭门销不应有折断和裂纹等现象。当采用开口销时应对称开口，开口角度不宜小于60°，不得用线材和其他材料代替开口销和闭口销。

(十九) OPGW悬垂串安装

本小节适用于35kV及以上架空输电线路OPGW悬垂串安装。

1. 关键工序控制

(1) 画印。

1) 在紧线完后48h内完成附件安装。

2) 在放线滑车中心进行画印，保证金具串垂直地平面。

(2) 滑车拆除。

1) 金具安装前应检查并进行试组装，不合格严禁使用。

2) 提线时与OPGW接触的工具应包橡胶或缠绕铝包带，不得以硬质工具接触OPGW表面。

3) 预绞丝中心应与印记重合，预绞丝缠绕应保证两端整齐，缠绕方向应与外层线股的绞制方向一致，并保持原预绞形状。

4) 附件安装及OPGW弧垂调整后，如金具串倾斜超差应及时进行调整。

2. 工艺标准

(1) 悬垂线夹安装后，应垂直地平面，顺线路方向偏移角度不得大于5°，且偏移量不得超过100mm。连续上、下山坡处杆塔上的悬垂线夹的安装位置应符合设计规定。

(2) 各种螺栓、销钉穿向应符合规范规定，除有固定的穿向外，其余穿向应统一；螺栓紧固扭矩应符合该产品说明书要求。

(3) 金具上所用开口销和闭口销的直径必须与孔径相配合，且弹力适度。开口销和闭口销不应有折断和裂纹等现象。当采用开口销时应对称开口，开口角度不宜小于60°，不得用线材和其他材料代替开口销和闭口销。

(4) 杆塔及构架安装接地引线的孔应符合设计要求，接地引线全线安装位置要统一，接地引线应顺畅、美观。

(5) OPGW接地引线应自然引出，引线自然顺畅。接地并沟线夹方向不得偏扭，或垂直或水平。

(二十) OPGW耐张串安装

本小节适用于35kV及以上架空输电线路OPGW接头型、直通型、架构型耐张串安装。

1. 关键工序控制

金具安装固定关键工序控制：

(1) 金具安装前应检查并进行试组装，不合格严禁使用。

(2) 缠绕预绞丝时应保证两端整齐，缠绕方向应与外层线股的绞制方向一致，并保持原预绞形状。

(3) 绝缘子表面应擦洗干净，避免损伤，并注意调整好放电间隙。

(4) OPGW耐张预绞丝重复使用不得超过两次。

2. 工艺标准

(1) 各种螺栓、销钉穿向应符合规范规定，除有固定的穿向外，其余穿向应统一；螺栓紧固扭矩应符合该产品说明书要求。

（2）金具上所用开口销和闭口销的直径必须与孔径相配合，且弹力适度。开口销和闭口销不应有折断和裂纹等现象。当采用开口销时应对称开口，开口角度不宜小于60°，不得用线材和其他材料代替开口销和闭口销。

（3）绝缘子表面应完好干净，绝缘架空地线放电间隙安装方向应朝上，安装距离允许偏差±2mm。

（4）OPGW直通型耐张串引流线应自然顺畅呈近似悬链状态，从地线支架下方通过时，弧垂应为300～500mm；从地线支架上方通过时，弧垂应为150～200mm。

（5）OPGW接头引下线应自然、顺畅、美观。接地并沟线夹方向不得偏扭，或垂直或水平。接地引线全线安装位置应统一，接地引线应自然、顺畅、美观。

（二十一）OPGW引下线安装

本小节适用于35kV及以上架空输电线路铁塔、架构OPGW引下线安装。

1. 关键工序控制

引下线夹固定关键工序控制：

（1）引下线安装时严禁抛扔。

（2）引下线夹具要自上而下安装，夹具固定在突出部位，不得使余缆线与角铁发生摩擦碰撞，安装间距在1.5～2m范围内，螺栓紧固扭矩应符合该产品说明书要求。

（3）引下线应自然顺畅，两固定夹具间的引下线应拉紧。

2. 工艺标准

（1）铁塔引下线应从铁塔主材内侧引下，架构引下线应沿架构引下，OPGW的弯曲半径应不小于20倍光缆直径。

（2）分段绝缘的OPGW，中间接续塔采用带放电间隙绝缘子时，引下线应沿铁塔主材外侧引下。

（3）引下线不与塔材相摩擦，其任意一点与塔材之间的距离不小于50mm，不发生风吹摆动现象。构架连接法兰等突出处，应加装固定卡具，防止引下线与架构发生摩擦，固定卡具宜采用镀锌抱箍紧固在构架上。

（4）引下线用夹具安装间距为1.5～2m。引下线夹具的安装，应保证引下线顺直、圆滑，不得有硬弯、折角。

（5）引下线与架构间应采用绝缘橡胶或绝缘子方式进行绝缘，与构架构件间距不小于50mm。

（6）架构OPGW引下应三点接地，接地点分别在架构顶端、最下端固定点（余缆前）和光缆末端，并通过匹配的专用接地线可靠接地。特殊情况下，如电铁牵引站等要求不接地的，可采用绝缘方式，OPGW应在站外终端杆塔处接地，在站内OPGW采用带放电间隙绝缘子与构架绝缘。

（7）各种螺栓、销钉穿向应符合规范规定，除有固定的穿向外，其余穿向应统一；螺栓紧固扭矩应符合该产品说明书要求。

（二十二）OPGW接头盒安装

本小节适用于35kV及以上架空输电线路OPGW接头盒安装。

1. 关键工序控制

（1）光纤熔接。

1）附件安装后，当不能立即进行光缆熔接时，光纤端头应做密封处理。去除光缆前端牵引时直接受力的部分，光缆引下完成后，地面应预留10～15m的余缆，且两根余缆长度应保持一致。

2）剥离光纤的外层套管、骨架时不得损伤光纤。光纤接续前应对光纤在盘纤盘内进行试盘绕，熔纤盘内接续光纤单端盘留量不少于1200mm，弯曲半径不小于40mm。

3）光缆熔接应由专业人员操作。接续前应检查熔接机性能，选择适合的接续模式及参数，必要时应对熔接机进行维护和清洁；当熔接指标不符合要求时及时更换熔接机电极。

4）光缆接续应在车辆或帐篷内作业。熔接前，熔接机应进行放电试验。光缆接续作业应连续完成，不应中断。

5）雨天、大风、沙尘等恶劣天气或空气湿度过大时应对施工作业采取防护措施，防止熔纤机电机受潮或光纤受到污染，增大光衰。

（2）光纤衰耗测量。

1）光纤接续衰耗测量应采用检定合格的光时域反射仪，OTDR测量的接续点双向衰耗平均值为该点的实际衰耗值。

2）光纤接续完成后，应采用补强热缩套管进行保护。纤芯接头在热缩套管内应顺直，放置在中央位置，热缩均匀且中间不得有气泡，否则应重新进行接续和热缩。

3）使用密封胶（不推荐使用AB胶）将光纤热缩套管在槽内按顺序固定牢固，防止接头盒安装后保护管脱落，排列应整齐。

4）盘纤完成后应使用OTDR进行光纤接续衰耗复测，避免盘纤或热缩时造成接续衰耗增大，对接续衰耗变大的光纤重新盘纤或重新熔接。

（3）接头盒安装。

1）接头盒内应采取防潮措施防止潮气或水分进入，封闭接头盒螺栓紧固，橡皮封条应安装到位。

2）应使用配套固定卡具安装接头盒，钢管塔使用配套的抱箍（钢带）安装固定牢固。

3）接头盒进出线应顺畅自然，弯曲半径符合要求。根据接头盒安装位置可在余缆架至接头盒光缆加装引下线夹，保证光缆固定点之间的距离小于2m且不与杆塔摩擦。

2. 工艺标准

（1）光缆接续一般指标为光纤单点双向平均熔接衰耗应小于0.05dB，最大不应超过0.1dB，全程大于0.05dB接头比例应小于10%，窗口波长为1550mm。

（2）盘纤盘内余纤绕应整齐有序，且每圈大小基本一致，弯曲半径不应小于40mm。余纤盘绕后应呈自然弯曲状态，不应有扭绞受压现象。

（3）接续盒安装高度应符合设计要求，安装在塔身内侧；帽式接续盒安装应垂直于地面，卧式接续盒安装应平行于地面。接头盒安装应可靠固定、无松动，宜安装在余缆架上方 1.5～3m 处。

（4）接头盒安装固定可靠、无松动、防水密封措施良好。接头盒进出线要顺畅、圆滑，弯曲半径应不小于 40 倍光缆直径。

（二十三）OPGW 余缆安装

本小节适用于 35kV 及以上架空输电线路 OPGW 余缆安装。

1. 关键工序控制

（1）安装余缆架。

在设计塔腿适当位置安装余缆架，光缆的余缆架安装在铁塔的第一层横隔面上方，塔身内侧，应安装牢固。使用配套夹具固定余缆架，钢管塔使用配套的抱箍（钢带）安装固定。

（2）回盘光缆。

引下光缆弯曲半径不应小于 20 倍的光缆直径，回盘光缆过程中注意光缆的泄力，防止光缆互相绞扭。

2. 工艺标准

（1）余缆紧密缠绕在余缆架上，余缆盘绕应整齐有序，一般盘绕 4～5 圈，不得交叉和扭曲受力，应不少于 4 处捆绑。

（2）余缆架用专用夹具固定在铁塔内侧的适当位置。

（3）使用引下线保证光缆固定点之间的距离小于 2m。光缆拐弯处应平顺自然，光缆最小弯曲半径符合要求。

（二十四）ADSS 悬垂串安装

本小节适用于 35kV 及以上架空输电线路 ADSS 悬垂串安装。

1. 关键工序控制

（1）内、外预绞丝安装。

1）预绞丝及金具安装前应进行检查，并进行试组装。

2）预绞丝缠绕时，应由中间向两端徒手缠绕，并将中心色标对齐。不能使用任何工具，以免损坏或划伤光缆。

（2）铝夹板安装。

1）附件安装及光缆弧垂调整后，如金具串倾斜超差应及时进行调整。

2）悬垂金具挂好后要保证风偏时碰不到铁塔，若挂点处塔身较宽，应顺线路使用两套金具，确保光缆不与塔身摩擦。

2. 工艺标准

（1）金具串上的各种螺栓、销钉穿向符合规范要求；除有固定的穿向外，其余穿向应统一。螺栓紧固扭矩应符合本产品说明书要求。

（2）金具上所用开口销和闭口销的直径必须与孔径相配合，且弹力适度，开口销和闭口销不应有折断和裂

纹等现象。当采用开口销时应对称开口，开口角度不宜小于 60°，不得用线材和其他材料代替开口销和闭口销。

（3）悬垂串安装完毕后要垂直于地面，偏差小于 5°，且偏移量小于 100mm。

（4）预绞丝的末端整齐，分布均匀，误差不大于 10mm，同层预绞丝无重叠现象。

（5）预绞丝缠绕完毕后应整齐美观，无缝隙和压股现象，内层预绞丝末端的光缆无划伤现象。

（二十五）ADSS 耐张串安装

本小节适用于 35kV 及以上架空输电线路 ADSS 接头型、直通型耐张串安装。

1. 关键工序控制

（1）金具安装固定。

1）金具安装前应检查并进行试组装，不合格严禁使用。

2）ADSS 接头型耐张串安装时要留足接续长度，用于在地面接续。

3）引下线夹具每隔 1.5～2m 一个，耐张线夹与第一个引下夹具间的光缆长度应留有一定裕度，保证光缆的弯曲半径。

（2）内、外预绞丝安装。

1）ADSS 耐张串应采用预绞式耐张线夹，且光缆耐张预绞丝重复使用不得超过两次。

2）内外预绞丝缠绕时，应注意对齐色标，尾缆出线自然弯曲。缠绕预绞丝时应保证两端整齐，并保持预绞丝形状。

2. 工艺标准

（1）金具串上的各种螺栓、销钉穿向符合规范要求；除有固定的穿向外，其余穿向应统一。螺栓紧固扭矩应符合本产品说明书要求。

（2）金具上所用开口销和闭口销的直径必须与孔径相配合，且弹力适度，开口销和闭口销不应有折断和裂纹等现象。当采用开口销时应对称开口，开口角度不宜小于 60°，不得用线材和其他材料代替开口销和闭口销。

（3）所有的内预绞丝尾端应对齐，允许偏差为 50mm。

（4）接头型 ADSS 引下线应自然、顺畅、美观；引下光缆与铁塔或构架本体间距不应小于 50mm，引下光缆弯曲半径不应小于 25 倍的光缆直径。

（5）直通型耐张串 ADSS 引流线应自然顺畅，呈近似悬链状态，弧垂符合图纸要求。

（二十六）ADSS 防振鞭安装

本小节适用于 35kV 及以上架空输电线路 ADSS 防振鞭安装。

1. 关键工序控制

安装防振鞭关键工序控制：

（1）防振鞭的型号和光缆相配套，两根防振鞭可以并绕。

（2）需要高空安装时，应采用辅助设备，不允许在

光缆上直接施工作业。

2．工艺标准

（1）为了防止因防振鞭积污而产生电腐蚀，防振鞭和金具必须拉开距离，且防振鞭不得缠绕在预绞丝上。防振鞭与金具安装距离应满足表2-3-2-5所规定的长度。

表2-3-2-5　防振鞭与金具安装距离

电压等级/kV	防振鞭与金具安装距离/m
110	1
35	0.5
10	0.5

（2）防振鞭安装数量应与设计要求一致，且满足表2-3-2-6所规定的数量。

表2-3-2-6　防振鞭安装数量

挡距/m	安装数量	挡距/m	安装数量
<100	0	250~400	4
100~250	2	400~800	6

四、接地工程

（一）接地引下线施工

本小节适用于35kV及以上架空输电线路接地引下线安装施工。

1．关键工序控制

（1）煨弯。

引下线煨弯宜采用专用煨弯工具，应避免在煨弯过程中引下线与基础及保护帽磕碰造成边角破损影响美观。

（2）安装引下线。

1）接地引下线与铁塔的连接螺栓应符合设计要求。

2）接地引下线要紧贴塔材和基础及保护帽表面引下，应顺畅、美观。接地板与塔材应接触紧密。

2．工艺标准

（1）架空线路杆塔的每一腿都应与接地体线连接。

（2）接地引下线材料、规格及连接方式要符合规定，要进行热镀锌处理。

（3）接地引下线联板与杆塔的连接应接触良好，接地引下线应紧贴塔材和保护帽及基础表面，引下顺畅、美观，便于运行测量检修。

（4）接地引下线引出方位与杆塔接地孔位置相对应。接地引下线应平直、美观。

（5）接地螺栓安装应设防松螺母或防松垫片，宜采用可拆卸的防盗螺栓。

（二）接地体制作施工

本小节内容适用于35kV及以上架空输电线路接地体制作施工。

1．关键工序控制

接地体连接关键工序控制：

（1）接地体应采用搭接施焊，圆钢的搭接长度不应少于其直径的6倍并应双面施焊；扁钢的搭接长度不应少于其宽度的2倍并应四面施焊。圆钢与扁钢搭接长度应不少于圆钢直径的6倍，并双面施焊。焊缝应平滑饱满。

（2）圆钢采用液压连接时，其接续管的型号与规格应与所连接的圆钢相匹配。接续管的壁厚不得小于3mm；对接长度应为圆钢直径的20倍，搭接长度应为圆钢直径的10倍。

（3）现场焊接点应进行防腐处理，防腐范围不应少于连接部位两端各100mm。

2．工艺标准

（1）接地体连接前应清除连接部位的浮锈，接地体间连接必须可靠。

（2）水平接地体埋设应符合：遇倾斜地形宜沿等高线埋设；两接地体间的平行距离不应小于5m；接地体敷设应平直；对无法按照上述要求埋设的特殊地形，应与设计单位协商解决。

（3）垂直接地体深度应满足设计要求。垂直接地体的间距不宜小于其长度的2倍。

（4）接地体的连接部分需采取防腐处理。

（三）接地模块施工

本小节适用于35kV及以上架空输电线路接地模块施工。

1．关键工序控制

（1）接地沟开挖。接地模块的基坑开挖，基坑深度应满足模块埋深要求，基坑宽度应考虑接地模块焊接和安装施工。

（2）水平接地体敷设。接地框及射线安装连接应牢固，埋深符合要求。

（3）接地模块与水平接地体连接。接地模块与接地框、接地线连接牢固。

（4）连接处防腐。现场焊接点应进行防腐处理，防腐范围不应少于连接部位两端各100mm。

（5）回填。接地线和接地模块接触的回填土应采用导电性良好的细碎土并压实。回填后应筑有防沉层，工程移交时回填土不得低于地面。

2．工艺标准

（1）接地沟宜选择在等高线上开挖，地面距接地模块顶面的深度应符合设计规定。

（2）接地模块的埋设深度必须符合设计要求，埋深应以接地模块顶面算起，基坑开挖深度应考虑坑底垫腐蚀土和接地模块厚度要求。

（3）接地模块与接地射线的连接可采用焊接、熔粉放热连接、螺栓连接、并沟线夹连接和套管压接等多种方式连接。

（4）为了减少模块之间的屏蔽效应，模块定位必须准确，符合设计及厂家要求，相邻接地模块之间的间距不小于5m。

（5）接地焊接部分应进行防腐处理。

（四）铜覆钢接地施工

本小节适用于 35kV 及以上架空输电线路铜覆钢接地施工。

1. 关键工序控制

（1）铜覆钢连接。

1）接地体之间应采用放热焊接。放热焊接操作前，必须保证被焊接件、模具清洁无污、干燥。焊接后表面丰满光亮、没有气孔，待模具和被焊接件自然冷却后，进行开模清理工作。

2）垂直接地体之间采用专用连接器连接。

3）现场焊接点及周围被氧化部位应涂刷沥青漆进行防腐。防腐范围不应少于连接部位两端各 100mm。

（2）接地体埋设。

1）铜覆钢接地材料埋深应符合设计规定。

2）铜覆钢接地材料搬运及施工时应采取必要的防护措施，确保铜覆钢接地材料外覆的铜层不被破坏。

3）垂直接地孔直径和深度满足设计要求时，密实灌入降阻材料，相邻垂直接地极间距应符合要求。

2. 工艺标准

（1）铜覆钢接地体覆铜厚度不小于 0.25mm，铜层光滑平整，不应有明显的缺陷。规格、埋深不应小于设计规定，铜覆钢接地材料搬运及施工时应采取必要的防护措施，确保铜覆钢接地材料外覆的铜层不被破坏。

（2）铜覆钢水平接地体之间、水平与垂直接地极之间的连接均采用放热焊接方式连接，且保证焊接牢固，焊接处焊点及周围被氧化部位需涂刷沥青漆进行防腐处理。

（3）水平接地体埋设宜满足下列规定：

1）遇倾斜地形宜按等高线埋设。

2）两接地体间的平行距离不应小于 5m。

3）接地体敷设应平直。

4）对无法按照上述要求埋设的特殊地形，应与设计单位协商解决。

（4）垂直接地体的间距不宜小于其长度的 2 倍。

（5）接地体焊接部分应进行防腐处理。

五、线路防护工程

（一）基础防护施工

本小节适用于 35kV 及以上架空输电线路基础防护施工。

1. 关键工序控制

（1）护坡、挡土墙砌筑。

1）挡土墙或护坡砌筑前，底部浮土必须清除，石料上的泥垢必须清洗干净，砌筑时应保持砌石表面湿润。

2）采用坐浆法分层砌筑，铺浆厚度宜为 30～50mm，用砂浆填满砌缝，不得无浆直接贴靠。砌缝内砂浆应采用扁铁插捣密实。

（2）勾缝。

1）砌体外露面上的砌缝应预留约 40mm 深的空隙，以备勾缝处理。

2）勾缝前必须清缝，用水冲净并保持槽内湿润，砂浆应分次向缝内填塞密实。勾缝砂浆标号应高于砌体砂浆，应按实有砌缝勾平缝。砌筑完毕后应保持砌体表面湿润并做好养护。

2. 工艺标准

（1）水泥宜采用通用硅酸盐水泥，强度等级≥42.5。

（2）细骨料宜采用中砂，选用的天然砂、人工砂或混合砂相关参数应符合《普通混凝土用砂、石质量及检验方法标准（附条文说明）》（JGJ 52—2006）。

（3）砌筑用块石立方体边长应大于 300mm，石料应坚硬，不易风化。

（4）宜采用饮用水或经检测合格的地表水、地下水、再生水拌和及养护，不得使用海水。

（5）上下层砌石应错缝砌筑，砌体外露面应平整美观。

（6）排水孔、伸缩缝数量、位置及疏水层的设置应满足规范、设计要求。

（二）排水沟砌筑施工

本小节适用于 35kV 及以上架空输电线路排水沟砌筑施工。

工艺标准如下：

（1）水泥宜采用通用硅酸盐水泥，强度符合设计要求。

（2）细骨料宜采用中砂，选用的天然砂、人工砂或混合砂相关参数应符合《普通混凝土用砂、石质量及检验方法标准（附条文说明）》（JGJ 52—2006）。

（3）砌筑用块石立方体边长应大于 300mm，石料应坚硬，不易风化。

（4）宜采用饮用水或经检测合格的地表水、地下水、再生水拌和及养护，不得使用海水。

（5）排水沟应设置在迎水侧。

（6）排水沟应保证内壁平整，迎水侧沟沿应略低于原状土并结合紧密。

（7）按设计施工，坡度保证排水顺畅。

（三）保护帽浇筑施工

本小节适用于 35kV 及以上架空输电线路基础保护帽浇筑施工。

1. 关键工序控制

（1）保护帽浇筑。

1）架线前、后应对地脚螺栓紧固情况进行检查，严禁在地脚螺母紧固不到位时进行保护帽施工。

2）保护帽浇筑应在铁塔组立检查合格后制作。保护帽宜采用专用模板现场浇筑，严禁采用砂浆或其他方式制作。

3）混凝土应一次浇筑成型，杜绝两次抹面、喷涂等修饰。

（2）振捣、收光。

保护帽顶面应适度放坡，混凝土初凝前进行压实收光，确保顶面平整光洁。

（3）拆模。

1）保护帽拆模时应保证其表面及棱角不损坏，塔腿及基础顶面的混凝土浆要及时清理干净。

2）保护帽应根据季节和气候要求进行养护。

2. 工艺标准

（1）水泥宜采用通用硅酸盐水泥，强度等级≥42.5。

（2）细骨料宜采用中砂，选用的天然砂、人工砂或混合砂相关参数应符合《普通混凝土用砂、石质量及检验方法标准（附条文说明）》（JGJ 52—2006）。

（3）粗骨料采用碎石或卵石，相关参数应符合 JGJ 52—2006。

（4）宜采用饮用水或经检测合格的地表水、地下水、再生水拌和及养护，不得使用海水。

（5）保护帽混凝土抗压强度满足设计要求。

（6）保护帽宽度宜不小于距塔脚板每侧 50mm。高度应以超过地脚螺栓 50～100mm 为宜，与塔脚结合应严密，不得有裂缝。主材与靴板之间的缝隙应采取密封（防水）措施。

（7）保护帽顶面应留有排水坡度，顶面不得积水。

（四）塔位牌、相位标识牌、警示牌安装

本小节适用于 35kV 及以上架空输电线路塔位牌、相位标识牌、警示牌（简称"三牌"）安装。

工艺标准如下：

（1）"三牌"的样式与规格，应符合国家电网有限公司的规定。

（2）塔位牌安装在线路铁塔小号侧的醒目位置，安装位置尽量避开脚钉，距地面的高度对同一工程应统一安装位置。

（3）相位标识牌安装在导线挂点附近的醒目位置。

（4）同一工程警示牌距地面的高度应统一，并符合设计及运行单位要求。

（五）高塔航空标识安装

本小节适用于 35kV 及以上架空输电线路高塔航空标识安装。

工艺标准如下：

（1）高塔上的高塔航空标识按照位置和型式应符合有关规定。

（2）涉及多条电线、电缆等场合，高塔航空标识应设在不低于所标识的最高的架空线高度处。

（3）挂点保护应符合设计要求，配备护线条对导线加以保护，并根据地线及护线条外径选择合适的标识球铝合金线夹尺寸。

第三节　电缆工程土建部分施工新标准工艺

一、开挖直埋电缆工程

本小节适用于直埋电缆沟槽施工。

（一）关键工序控制

1. 地下管线保护

（1）通过调查及走访地下管线权属单位，查阅档案馆资料并结合现场管线警示桩或走向牌等方式，了解电缆路径所经地区的地下管线或障碍物的情况。

（2）作业前联系地下管线权属单位现场核实管线情况。

（3）针对地下管线情况制订地下管线保护专项方案，并向施工人员交底。

（4）应用技术手段对电缆路径开挖区域进行实地探测，与掌握的资料一致时方可进行下一步施工。若不一致，应立即通知设计进行现场勘查，确保设计与实际一致。

2. 人工开挖探沟

（1）作业前应人工开挖探沟，核实地下管线情况。

（2）对于地下管线密集区域，应增加探沟数量。

（3）探沟深度原则上应大于电缆敷设深度的 1.3 倍，以确保敷设的电缆与其他管线满足最小净距要求。

3. 沟槽开挖

（1）沟槽开挖宜采用人工开挖配合小型机械的方法。机械挖土应严格控制标高，防止超挖或扰动地基，槽底设计标高以上 200～300mm 应用人工修整。

（2）开挖路面时，应将路面铺设材料和泥土分别堆置。

（3）沟槽两侧宜用硬质围栏围护，设安全警示标识，夜间设照明、警示灯，并安排专人看护。

（4）雨期施工时，应尽量缩短开槽长度，逐段、逐层分期完成，并采用措施防止雨水流入沟槽。

（5）冬期施工时，沟槽挖至基底时要及时覆盖毛毡等保温材料，以防基底受冻。

（6）在山坡地带直埋电缆，直埋电缆沟槽应挖成蛇形曲线，曲线振幅为 1.5m，以减缓电缆的敷设坡度，使其最高点受拉力较小，且不易被洪水冲断。

（7）沟槽在土质松软处开挖，开挖深度达到 1.2m 以上时，应采取打桩、放坡等支护措施防止土层塌方。

4. 直埋电缆沟槽回填

（1）电缆敷设后覆土前，应进行电缆隐蔽工程验收。验收合格后，方可进行回填。

（2）电缆周围应选择较好的土或黄沙填实，电缆上面应有不小于 100mm 的沙土层再覆盖盖板。盖板上方 300mm 处铺设防止外力损坏的警示带，然后再分层夯实至路面修复高度。

（二）工艺标准

1. 按电缆路径开挖沟槽的要求

（1）自地面至电缆上面外皮的距离，10kV 不小于 0.7m，35kV 不于 1m；穿越道路和农田时不小于 1m。

（2）穿越城市交通道路和铁路路轨时，应满足设计规范要求并采取保护措施。

（3）在寒冷地区施工，开挖深度还应满足电缆敷设于冻土层之下，或采取穿管、沟底砌槽填沙等特殊措施。

（4）在电缆线路路径上有可能使电缆受到机械性损伤、化学腐蚀、杂散电流腐蚀、白蚁、虫鼠等危害的地段，应采取相应的外护套或适当的保护措施。

（5）开挖路面时，应将路面铺设材料和泥土分别堆置，堆土应距坑边 1m 以外，高度不得超过 1.5m。

2. 直埋电缆沟槽回填的要求

（1）盖板上铺设防止外力损坏的警示标识后，在电缆周围按施工图要求进行回填。

（2）回填土应分层夯实。

（3）城镇电缆直埋敷设时，沿电缆路径的直线间隔 50m；城郊或空旷地带，沿电缆路径的直线间隔 100m；转弯处或接头部位，应竖立明显的方位标识或标桩。

二、开挖排管工程

本小节适用于开挖排管工程施工。

（一）关键工序控制

1. 排管、工作井放坡及支护

（1）基坑周围如有其他设施或障碍物，应根据实际情况采取相应的保护措施。

（2）基坑支护应满足：基坑开挖深度小于 3m 的沟槽可采用横列板支护，开挖深度大于 3m 且不大于 5m 的沟槽宜采用钢板桩支护，支护方案按照设计图执行。钢板桩的施工方法及布桩型式应满足相关规程、规范及技术标准。

（3）若有地下水或流沙等不利地质条件，应按照设计图要求，采取降排水或换填等措施。

（4）沟槽边沿 1.0m 范围内严禁堆放土、设备或材料等，堆载高度不应大于 1.5m。

（5）特殊地段基坑支护时，应加强基坑监测，根据监测数据采取有效可靠的加固处理措施。

2. 基坑开挖

（1）施工准备。复核排管中心线走向、折向控制点位置的控制线。调查临近建筑、地下工程、周边道路及有关管线等情况，并与邻近管线产权单位复核，开挖探坑以确定地下管线情况。

（2）在场地条件、地质条件允许的情况下，既可放坡开挖，也可根据排管埋深及地质条件做相应调整。

（3）基坑开挖采用机械开挖人工修槽的方法。机械挖土应严格控制标高，防止超挖或扰动地基，分层分段开挖，设有支撑的基坑须按施工设计要求及时加撑。

（4）超深开挖部分应采取换填级配、砂砾石或铺石灌浆等适当的处理措施，保证地基承载力及稳定性。

（5）冬期施工时，基坑挖至基底时要及时用塑料薄膜覆盖，并用毛毡苫盖，以防基底受冻。

（6）沟槽边沿 1.0m 范围内严禁堆放土、设备或材料等，堆载高度不应大于 1.5m。

（7）做好基坑降水工作，以防止坑壁受水浸泡造成塌方。

（8）雨期施工时，应尽量缩短开槽长度，逐段、逐层分期完成，并采用措施防止雨水流入基坑。

3. 排管、工作井垫层

垫层下的地基应稳定，表面平整，垫层混凝土强度等级不应低于 C20，厚度不小于 100mm，在垫层混凝土浇筑时应保证无水施工。

4. 管材铺设

（1）保证连接的管材之间笔直连接，接口不得出现错台、弯折现象，接口处采用相应的防锈、防腐、可靠的管道密封措施。

（2）所有管材必须采用管枕铺设，管枕宜采用管材配套管枕，管枕间距不宜大于 2.0m。

（3）插接式管材之间的橡皮垫任何情况下不得取消，插入式管材连接处按照图纸要求进行密封处理。可熔接管材优先采用熔接方式进行对接。

（4）管道疏通器应具有长度和硬度的要求，长度根据管材内径多种规格，长度不小于 600mm，硬度不小于 35HBa（巴氏硬度）。

5. 排管、工作井支模及钢筋绑扎

（1）保护层厚度严格按照施工图执行。

（2）建议使用钢模或足够强度的木模，严禁使用土模，模板采取必要的加固措施，防止胀模，保证模板拼缝严密。

（3）工作井浇筑伸缩缝或竖向施工缝前，应凿除结合部的松动混凝土或石子，清除钢筋表面锈蚀部分。

（4）工作井水平伸缩缝处宜采用 3mm×400mm 的钢板止水带，垂直伸缩缝处宜采用带钢边的橡胶止水带。

6. 混凝土浇筑及养护

（1）浇筑前应检查埋管端口是否封堵严实，必要时按照图纸要求增加密封措施，防止混凝土进入管道。

（2）检查模板、管枕、管材等有无移位，为防止漂管，严禁混凝土直接倾倒于管内，而应在下灰口处铺薄铁板，混凝土倾倒于铁板上，通过混凝土自身流动性流入管间空隙，或人工导入管间空隙。

（3）在采用插入式振捣时，应注意振捣器的有效振捣深度，振捣时必须仔细，防止管道移位。

（4）混凝土浇筑完毕后应加强养护。

7. 回填

（1）对回填的土、黄沙或其他材料进行检查。回填料中不应含有建筑垃圾、树根、冻块、黏土或其他有腐蚀作用的物质。

（2）回填前，在排管本体上部铺设防止外力损坏的警示带后再按设计要求压实度回填至地面修复高度，同时要求两侧均匀回填，并根据回填深度考虑增加回填厚度，防止下沉。

（二）工艺标准

1. 基坑开挖工艺标准

（1）排管的中心线及走向偏差不大于 20mm。

（2）排管基坑槽底开挖宽度为 $D+(a+b+c)×2$（D 为管道外径之和；a 为作业面宽度，常规作业面为 500mm；b 为有支撑要求时需相应增加的支撑厚度；c 为现场浇筑混凝土或钢筋混凝土管渠一侧模板的厚度）。槽底需设排水沟时，a 应适当增加；采用机械回填管道侧面时，a 需满足机械作业的宽度要求。

2. 排管及工作井工艺标准

（1）浇筑以后不能有孔洞、蜂窝麻面、露筋等质量缺陷。

（2）排管两端端口，需要采用设计图防水要求进行封堵，防止排管中的水流入工作井内。

（3）管材必须铺设顺直，分层铺设，管材的水平及竖向间距应满足管材铺设、混凝土振捣等相关要求。根据管材直径的不同，一般水平间距为230～280mm，竖向间距为240～280mm。

（4）管道孔位之间的允许偏差为：同排孔间距不大于5mm，排距不大于20mm。

（5）管材铺设完毕后，应采用管道疏通器对管道进行检查，根据管材材料、设计要求进行通棒试通试验。

（6）工作井内支架有效接地，满足设计要求，接地电阻不大于10Ω。

3. 回填土工艺标准

（1）应采用自然土、黄沙或其他满足要求的回填料，回填料中不应含有建筑垃圾，或其他对混凝土有破坏或腐蚀作用的物质。

（2）回填时应夯实，回填料的夯实度应达到设计要求。

4. 井盖安装工艺标准

（1）井盖顶面标高与路面标高一致，保持平整且安装牢固、严密。

（2）井盖的强度应满足使用环境中可能出现的最大荷载要求，且应满足防水、防振、防跳、耐老化、耐磨、耐极端气温等使用要求。

三、非开挖电缆工程

（一）非开挖拉管施工工艺

本小节适用于拉管施工。

1. 关键工序控制

（1）钻导向孔。

1）复核管道拟穿越地段的土层结构和分布特征、工程地质性质、管线情况及地震设防烈度等。

2）对可能出现的岩土工程问题采取防治措施。

3）入、出土点与拟穿越的第一个障碍物之间的距离（如道路、沟渠等），宜为3根钻杆长度。

4）为避免由于泥浆流量太大，对周围环境造成影响，施工中要设置泥浆池并及时清理泥浆。

5）探头装入探头盒后，标定、校准后再把导向钻头连接到钻杆上，转动钻杆测试探头发射信号是否正常，回转钻进2m后方可开始按照设计轨迹进行穿越。

6）导向孔钻至交叉管线前应慢速钻进并复核导向孔轨迹，测算与交叉管线的距离，确认符合钻进轨迹提供的技术数据后，再恢复正常钻进。

7）导向孔轨迹的弯曲半径应满足电缆弯曲半径及施工机械设备的钻进条件。

8）电力管道之间，以及电力管道与各类地下管道、地下构筑物、道路、铁路、通信、树木等之间应保证运行规范要求的净空距离。

9）导向孔钻进施工时，每2～3m应进行一次测量，宜采用测控软件进行钻孔轨迹控制，其出土点的误差应在500mm范围内。

（2）扩孔施工及管线回拖。

1）成孔机械在施工前应做好可靠的地基处理，防止机械倾斜而影响成孔质量。

2）按施工措施确定的钻进轨迹面设置标识，对地下管线交叉的地方应在地面设置明显标识。

3）根据设计要求开挖工作坑，如不需要工作坑时，应平整场地，用地锚固定钻机，保证在钻进过程中不发生移动。

4）钻杆后面依次连接扩孔器、分动器、管线拉头，各部位应保证可靠连接。

5）为防止管道之间的缠绕，每孔拖管最多9孔。每孔非开挖拉管应在全线连接后一次性铺管，管材应采取防绕措施。

6）管线回拖时应由一人总体指挥，使回拖中各部位行动一致。钻机操作要时刻注意钻机仪表的拉力、扭矩并控制管线回拖速度，增大泥浆排量，降低泥浆压力，从而保护孔壁，保证孔内有充足的泥浆，有利于管线回拖。

7）管材铺设完毕后，应做好管材的疏通及封口工作，回拖施工完成后，进行注浆填充地下孔洞空隙，注浆时将注浆管孔一端封堵，注浆时间在拖管完成后4h内进行。

8）回拖管材除电缆套管外，穿越道路段每组增加3根 $\phi50mm$ 注浆花管（PVC管，沿纵向间隔500mm开 $\phi10mm$ 的孔）。拉管结束后，为防止地面塌陷、下沉需进行土层注浆加固，利用注浆泵从注浆花管内注入水泥砂浆及粉煤灰充填地下孔洞空隙，在完成的拉管施工段采用240mm厚砌砖封堵，施工时的水泥，采用早强水泥，并在较高一端的上方留置排气孔。

9）当注浆液体到达排气孔后，封闭排气孔，继续注浆，注浆水灰比为1：0.5，粉煤灰量现场确定，注浆压力控制在0.15～0.25MPa，注浆时先注低一侧，然后注高一侧。

10）管材在施工前应注意保护，避免阳光暴晒，管材焊接应满足要求。

11）拉管接进工作并时应确保角度满足2.5°，且孔位排序一致无缠绕。

2. 工艺标准

（1）查明管道拟穿越地段的土层结构和分布特征、工程地质性质及地震设防烈度等，提供土的物理力学性能指标。

（2）查明管道拟穿越地段的建筑基础、地下障碍物及各类管线的平面位置和走向、类型名称、埋设深度、材料和尺寸等，其中，包括已建和市政规划要求。组织相关产权单位现场核实确认，确保拉管深度范围内不得有任何管线。

（3）地面始钻式，入、出土角一般为6°～20°；坑内始钻式，入、出土角一般为0°，为保证预扩孔及回拖工作的顺利进行，钻导向孔时要求每根钻杆的角度改变量最大不应超过 2°，连续 4 根钻杆的累计角度改变量应控制在 8°以内，钻杆每节 3m。

（4）入土段和出土段钻孔应是直线的，不应有垂直弯曲和水平弯曲，这两段直线钻孔的长度不宜小于 10m。

（5）穿越地下土层的最小覆盖深度应大于钻孔的最终回扩直径的 6 倍。

（6）回拖扩孔的孔径一般是拟铺管道直径的 1.2～1.5 倍。

（7）拉管两端各留 10m 左右接进工作井。

（二）非开挖顶管工程施工

本小节适用于顶管工程施工。

1. 关键工序控制

（1）地下管线排查。

进场前，应对照图纸全面排查顶进段的地下管线，组织相关产权单位现场核实确认，确保顶进深度范围内不得有任何管线阻碍。

（2）破除支护洞口及设备安装。

工作坑内设备布置见图 2-3-3-1。

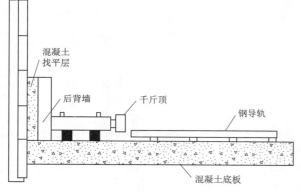

图 2-3-3-1 工作坑内设备布置图

1）导轨及后背墙布置应牢固，导轨应与后背墙垂直，见表 2-3-3-1 和表 2-3-3-2。

表 2-3-3-1 导轨安装检验内容及要求

检验内容	检验方法	允许偏差/mm
轴线位置	利用全站仪检验	3
顶面高程	利用水准仪检验	0～+3
两轨内距	利用钢尺进行检验	±2

表 2-3-3-2 工作坑及装配式后座墙的施工允许偏差

项　目		检验方法	允许偏差
工作坑每侧	宽度	钢尺测量	10mm
	长度		
装配式后座墙	垂直度	吊锤及水平尺	0.1%H
	水平扭转度	全站仪测量	0.1%L

注　H 为装配式后座墙的高度，m。
　　L 为装配式后座墙的长度，m。

2）进洞洞口破除时，不得损伤工作坑止水帷幕。

3）穿墙止水装置安装前应将洞口的杂物全部剔除，止水装置上的特制防水胶圈应与管材的外径结合，以阻止地下水或泥砂流倒进井内。

4）管材应对照设计要求进行 100％进场检查。

（3）顶管机进洞。

1）通过降水井观测水位，检查洞口周边的降水效果是否达到要求，顶管机进出洞前，始发井和接收井的最高水位应控制在井底 2m 以下。洞口止水装置与机头外壳的环形间隙应保持均匀、密封良好、无泥浆流入。

2）止水装置封门拆除后应立即将顶管机切入土层，避免前方土体松动和坍塌。

3）顶管机进洞时，机头与洞口中心点应保持同心，偏差不得超过 20mm，避免水圈失去止水作用。

（4）管材顶进施工。

1）顶进作业开始后，中途不能长时间停顿，原则上不得超过 30min。顶进开始时，应缓慢进行，根据土质条件宜在 10～20mm/min，待各接触部位密合后，再按正常顶进速度顶进。

2）为预防机头上浮或下沉，应加强机头与机头后节管之间的联结，在管材与机头间加装紧固件，保证顶管机水平顶进。

3）根据管径及承插口特点，环形顶铁应与管材配套使用，放置在千斤顶及管材之间，使管材均匀受力，保护管材接口不受顶力破坏。

4）抽出的泥浆应经沉淀后将沉淀物用抽泥车抽走，泥水经循环管路继续送至机头前方。由于部分泥浆会流失到土体中，应在顶进过程中按需补充泥浆。顶管机顶进示意图见图 2-3-3-2。

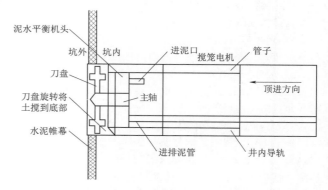

图 2-3-3-2 顶管机顶进示意图

5）吊放管材至导轨上时，管外壁与导轨之间不得有空隙。管材吊放要注意插口朝向顶进方向。管材稳定好后，安装胶圈。胶圈应均匀压缩，不得扭曲、翻转，缝隙用沥青麻线抹平。顶进结束后，管节接口处用水泥砂浆将缝隙抹平。

6）安装后的顶铁轴线应与管道轴线平行、对称，顶铁与导轨和顶铁之间的接触面不得有泥土、油污。顶铁宜采用铸钢整体浇铸或采用型钢焊接成型，当采用焊接成型时，焊缝不得高出表面，且不得脱焊。

7）混凝土管承受的最大顶力不得超过管道设计顶力的 80%。

8）测量采用激光经纬仪和水准仪配合进行，随时观测管头是否偏离中心线。正常顶进时每顶进 1m 时测 1次。严禁机头大幅度纠偏造成顶进困难、管材碎裂。测量仪器选用标准可参考表 2-3-3-3。

表 2-3-3-3　测量仪器选用标准

测量项目	顶管长度/m	采用仪器
方向测量	≤300	经纬仪
	300~1000	激光经纬仪
	≥1000	设置测站采用经纬仪导线法
水准测量	≤200	水准仪
	>200	水位连通器

9）顶进过程中允许滚动偏差小于等于 1°，当超过 1°时顶管机遥控操作者应通过切换刀盘旋转方向，进行反转纠偏。纠偏角度应保持在 10'~20'。

10）在穿越河道时，应放慢顶速，并严格控制注浆压力，防止贯通河床。

11）泥浆的压浆量原则上为管节外理论空隙体积的 2~3 倍，注浆压力值依据采用浆液的黏度和管路长度确定，压浆站的压力应控制在 30~50kPa。

12）顶进过程中突遇顶力增大应降低机头转速，控制顶进速度，必要时可短时间暂停顶进，但不得超过 30min。

13）顶进至顶管机出洞前的 3 倍管径时，应减慢顶进速度，以减少管道正面阻力对接收井外壁的挤压，导致破坏止水帷幕和降低支护强度。管道出洞后应及时封闭接收孔，防止水土流失，造成塌陷。

14）出洞后接收顶管机时，为防止其在达到接收坑时产生"叩头"现象，可在接收坑内下部填上一些硬黏土，或者用低标号混凝土在洞内下部浇筑一块托板，把顶管机托起。

15）顶管施工完成后，为减少地面沉降，应采用二次注浆对泥浆层进行置换固化，填充管外侧超挖、塌落等原因造成的空隙。利用现有压注触变泥浆的系统及管路进行置换固化时，顶管二次注浆水泥砂浆宜采用 1:1配比（质量比）。

16）顶管设备全部拆除后，应立即使用硬质材料将洞口封闭，特别是在雨季，应避免雨水从工作坑倒灌入管内。

17）后续工序施工中应注意成品保护，不得损坏顶管出入洞口的防水装置。

2. 工艺标准

（1）导轨表面应平直光滑无毛刺，轨道高出坑底 20~30cm，固定在工作井底板上的导轨在管道顶进时不可产生位移，其整体刚度和强度应满足设计要求。

（2）装配式后背墙的底端应在工作坑底以下，不

宜小于 50cm。必须满足设计强度和刚度，材质要均匀。

（3）将千斤顶构架与底板钢筋用地脚螺栓焊牢，空隙采用混凝土浇捣填实，千斤顶构架定位安装尺寸误差应控制在 2mm 以内。

（4）止水墙洞口尺寸按图纸要求施工，厚度应大于 20cm，预留孔洞比顶管机直径大 5cm，保证后续顶进时顺畅通过。

（5）千斤顶安装时固定在支架上，并与管道中心的垂线对称，其合力的作用点在管道中的中心以下 $D/10$~$D/8$ 的垂线上（D 为管道直径）。千斤顶最大顶力不宜大于 4500kN。

（6）顶进管道偏移量不得超出允许范围，允许偏差见表 2-3-3-4。

表 2-3-3-4　顶进管道偏移量允许范围偏差

项　目		允许偏差/mm	检查频率
轴线位置	高程	+40、−50	每管节 1 点
	平面	±50	每管节 1 点
相邻管间错口	水平	±2	每管节 1 点
	竖直	±2	每管节 1 点

（7）顶进过程中地面沉降不得超出控制范围，控制范围见表 2-3-3-5。

表 2-3-3-5　地面沉降控制范围

项　目	允许变化范围/mm
地面隆起的最大极限	+10
地面沉降的最大极限	−30

四、电缆沟工程

本小节适用于电缆沟工程施工。

（一）关键工序控制

1. 基坑开挖

（1）复核电缆沟中心线和电缆路径转折点位置的控制线。调查临近建筑、地下工程、周边道路及有关管线等情况，并要与邻近管线产权单位复核后开挖探坑，以确定地下管线情况。

（2）在场地条件、地质条件允许的情况下，既可放坡开挖，也可根据电缆沟埋深及地质条件做相应调整。

（3）基坑开挖采用机械开挖人工修槽的方法。机械挖土应严格控制标高，防止超挖或扰动地基。分层分段开挖，设有支撑的基坑须按施工设计要求及时加撑，槽底设计标高以上 200~300mm 应用人工修整。

（4）超深开挖部分应严格按照设计文件要求采取相应的地基处理措施，保证地基承载力及稳定性。

（5）沟槽边沿 1.0m 范围内严禁堆放土、设备或材料等，1.0m 以外的堆载高度不应大于 1.5m。

（6）做好基坑降水工作，以防止坑壁受水浸泡造成塌方。

（7）雨期施工时，应尽量缩短开槽长度，逐段、逐层分期完成，并采用措施防止雨水流入基坑。

（8）冬期施工时，基坑挖至基底时要及时用塑料薄膜覆盖，并用毛毡苫盖，以防基底受冻。

2. 放坡及支护

（1）基坑周围如有其他设施或障碍物应根据实际情况采取相应的保护措施。

（2）基坑支护应满足以下要求，基坑开挖深度小于3m的沟槽可采用横列板支护，开挖深度大于3m且不大于5m的沟槽宜采用钢板桩支护，支护方案按照设计图执行。钢板桩的施工方法及布桩形式应满足相关规程、规范及技术标准。必要时，应进行深基坑的支护，确定支护桩的深度及横向支撑的大小及间距。

（3）若有地下水或流沙等不利地质条件，应按照设计图要求，根据施工实际确定采取降水处理或者换填素土。

（4）特殊地段基坑支护时，应加强基坑监测，根据监测数据采取有效可靠的加固处理措施。

3. 垫层

垫层下的地基应稳定，表面平整，垫层混凝土强度等级不应低于C20，厚度不小于100mm，在垫层混凝土浇筑时应保证无水施工。

4. 支模及钢筋绑扎

（1）保护层厚度严格按照施工图执行。

（2）建议使用钢模或足够强度的木模，严禁使用土模，模板采取必要的加固措施，防止胀模，保证模板拼缝严密。

（3）电缆沟浇筑伸缩缝或竖向施工缝前，应凿除结合部的松动混凝土或石子，清除钢筋表面锈蚀部分。

（4）电缆沟水平伸缩缝处宜采用3mm×400m的钢板止水带，垂直伸缩缝处宜采用带钢边的橡胶止水带。

5. 混凝土浇筑及养护

（1）检查模板有无移位，严禁混凝土直接倾倒于电缆沟内，而应在下灰口处铺薄铁板，混凝土倾倒于铁板上，通过混凝土自身流动性流入电缆沟内，或人工导入电缆沟。

（2）在采用插入式振捣时，应注意振捣器的有效振捣深度。

（3）混凝土浇筑完毕后应加强养护。

（4）电缆沟内必要时还应设置排水沟道或泄水槽。

6. 电缆沟盖板制作

（1）预埋的护口件宜采用热镀锌角钢。

（2）电缆沟盖板下应设置橡胶垫片。

7. 支架安装

（1）支架安装前应划线定位，保证排列整齐，横平竖直。

（2）构件之间的焊缝应满焊，并且焊缝高度应满足 $t-1$ 的要求，t 为构件厚度，单位 mm。

（3）相关构件在焊接和安装后，应进行相应的防腐处理。

（4）支架、吊架必须用接地扁钢环通。

（5）支架安装完毕后，尖角应采取钝化处理。

8. 回填

（1）对回填的土、黄沙或其他材料进行检查。回填料中不应含有建筑垃圾、树根、冻块、黏土或其他有腐蚀作用的物质。

（2）回填前，在排管本体上部铺设防止外力损坏的警示带后再按设计要求压实度回填至地面修复高度，同时要求两侧均匀回填，并根据回填深度考虑增加回填厚度，防止下沉。

（二）工艺标准

1. 基坑开挖工艺标准

（1）电缆沟的中心线及走向偏差≤15mm。

（2）电缆沟基坑槽底开挖宽度为 $D+(a+b+c)×2$（D 为电缆沟外延宽度；a 为作业面宽度，常规作业面为500mm；b 为有支撑要求时需相应增加的支撑厚度；c 为现场浇筑混凝土或钢筋混凝土管渠侧模板的厚度）。槽底需设排水沟时，a 应适当增加；采用机械回填管道侧面时，a 需满足机械作业的宽度要求。

2. 电缆沟工艺标准

（1）浇筑以后不能有孔洞、蜂窝麻面、露筋等质量缺陷。

（2）电缆沟支架有效接地，满足设计要求，接地电阻不大于10Ω。

3. 电缆沟盖板工艺标准

（1）盖板为钢筋混凝土预制件，其尺寸应严格配合电缆沟尺寸。

（2）表面应平整，四周宜设置预埋的护口件。

（3）一定数量的盖板上应设置供搬运、安装用的拉环。

（4）拉环宜能伸缩。

（5）电缆沟盖板间的缝隙应在5mm左右。

4. 支架工艺标准

电缆支架层间允许最小距离应符合表 2-3-3-6 要求。

表 2-3-3-6　电缆支架层间允许最小距离

电 缆 类 型	距离/mm
控制电缆	200
35kV 单芯电缆	300
35kV 三芯电缆，110kV 及以上每层多于 1 根	350
110kV 及以上，每层 1 根	300

5. 回填

（1）应采用自然土、黄沙或其他满足要求的回填料，回填料中不应含有建筑垃圾或其他对混凝土有破坏或腐蚀作用的物质。

（2）回填时应夯实，回填料的夯实度应达到设计要求。

五、电缆隧道/综合管廊电力舱工程

（一）电缆隧道土钉墙支护工程施工工艺

本小节适用于施工线路周围相对简单的新建、改建、扩建明挖电缆隧道土钉墙支护工程的施工。

1. 关键工序控制

（1）施工准备。

1）认真做好实地踏勘工作，根据现场实际情况，控制好周边道路的车辆流量，清理场内障碍物，进行车辆的现场调配。

2）施工前，根据建设方提供地下障碍物及地下管线图进行现场核查，并由建设单位组织设计单位向施工、监理等单位进行施工图设计文件交底，必要时可组织各管线管理单位参与交底会。

3）应进行边坡稳定性计算确定坡度和土钉墙支护参数。深度一般不得超过 12m，地下水丰富或冬期施工不宜采取土钉墙支护方法。

4）施工项目部进行有效组织管理，集结施工力量、组织劳动力进场，做好施工人员入场教育等工作。

5）根据相关的设计图和施工预算，编制材料、机械设备需求量计划；签订材料供应合同；确定材料运输方案和计划；组织材料的进场和保管。

（2）土方开挖。

1）开挖深度根据施工及设计规范进行确定。

2）机械挖土作业时，边壁严禁超挖或造成边壁土体松动。及时设置土钉或喷射混凝土，基坑在水平方向的开挖也应分段进行，一般每段长 10～20m。

3）施工时遇地下水或周边雨污水管时，宜设置导流管将土体中水导出。并通过基槽内集水坑及时将水排出。

4）严格控制标高，防止超挖或扰动地基。一般槽底宜预留 200mm 不挖，人工配合机械及时清理、修整。超挖部分一般采取换填级配、砂砾石或铺石灌浆等适当的处理措施，保证地基承载力符合设计要求。

5）在基坑周边堆置土方、建筑材料或沿基坑边缘移动运输工具和其他机械设备等，宜距基坑上部边缘不少于 0.5 倍基坑深度，弃土堆置高度不应超过 1.5m，且不能超过设计荷载值。对于侧壁土含水量丰富地段，不宜在基坑边堆置弃土或施加其他附加荷载。

6）土钉墙按设计竖向分层，水平跳段施工，在面板未达到设计要求强度、土钉未达到设计锚固力以前，不得进行下一层深度的开挖。

（3）成孔。

1）土钉成孔范围内存在地下管线等设施时应在查明其位置并避开后再进行成孔作业。

2）应根据土层的性状选择洛阳铲、螺旋钻、冲击钻、地质钻等成孔方法。采用的成孔方法应能保证孔壁的稳定性、减小对孔壁的扰动。

3）当成孔遇不明障碍物时应停止成孔作业，在查明障碍物的情况并采取针对性措施后方可继续成孔。

4）对易塌孔的松散土层宜采用机械成孔工艺，成孔困难时可采用注入水泥浆等方法进行护壁。

（4）安设土钉。

1）按设计图的纵向、横向尺寸及水平面夹角进行钻孔施工。采用套管跟进成孔。

2）钻孔完成验收后，可置入钢筋，钢筋要除锈、除油，并做强度检验；土钉应设定位支架。

3）注浆管绑扎在土钉上，注浆管端头距土钉端头 250～500mm。预应力土钉宜在土钉端部设计长度段内，用塑料包裹土钉钢筋表面，使之形成自由段。

4）土钉注浆采用多次注浆的方法。注浆材料宜选用水泥浆，水泥浆的水灰比为 0.45～0.55，强度等级不宜低于 M15。采用重力方法注浆填孔。为提高土钉的快速支护效果，注浆液中加入适量外加剂，掺入量由试验确定。

5）钢筋使用前应调直并清除污锈。

6）土钉成孔后应及时插入土钉，杆体遇塌孔、缩径时应在处理后再插入土钉杆体。

（5）绑扎、固定钢筋网。

1）土钉注浆完成后，土钉端部弯钩与面层内连接相邻土钉端部弯钩的通长加强筋相互焊接。

2）将钢筋网片固定在铺设在边坡上，要求保护层厚度不小于 20mm，网片用插入土中的 U 形钢筋固定。

3）钢筋网片通常用 $\phi6\sim\phi10$mm 热轧圆钢制成，横竖钢筋交叉处用钢丝绑扎或点焊连接，网格为正方形，钢筋网片在每级台阶坡脚处断开。

4）钢筋网间距宜为 150～250mm，搭接长度不小于 30 倍钢筋直径。

5）钢筋网要与加强筋连接牢固，喷射混凝土时钢筋不得晃动。

（6）喷射混凝土面层

1）施工前，清除浮石松动的岩块、岩粉、岩渣和其他堆积物。

2）应优先选用硅酸盐水泥或普通硅酸盐水泥，其标号不宜低于 42.5，混凝土强度等级符合图纸要求，使用预拌干拌料喷射。

3）混凝土用料称量要准确，拌和要均匀，随拌随用；不掺速凝剂时，存放时间不应超过 2h；掺速凝剂时，存放时间不应超过 20min。

4）作业前清理受喷面，埋好控制喷射混凝厚度的标志。喷射作业应分段进行，同一分段内喷射顺序应自下而上，一次喷射混凝土厚度不宜小于 40mm。

5）喷射时，喷头与喷面应垂直，宜保持 0.6～1.0m 的距离，射流方向应垂直指向喷射面，但在钢筋位置，应先填充钢筋后面；喷射手要控制好水灰比，保持混凝土表面平整，呈湿润光泽，无干斑或滑移流淌现象。

6）喷射混凝土终凝 2h 后，夏季要保湿养护，冬季要覆盖薄膜和岩棉被保温养护，养护期一般连续养护 7 天。

7）面板施工上部地面连接处 1m 范围做喷射混凝土护顶；面板深入槽底以下 200mm。

2．工艺标准

（1）锚杆锁定力：每一典型土层中至少应有3个专门用于测试的非工作钉，锚杆土钉长度检查：至少应抽查20%。

（2）砂浆强度：每批至少留取3组试件，给出3天和28天强度。

（3）混凝土强度：每喷射 50～100m³ 混合料或混合料小于50m³ 的独立工程，不得少于1组，每组试块不得少于3个；材料或配合比变更时，应另做1组。土钉墙质量检验标准见表2-3-3-7。

表2-3-3-7　土钉墙质量检验标准

项目	序号	检查项目	允许值域		检查方法
			单位	数值	
主控项目	1	抗拔承载力		不小于设计值	土钉抗拔试验
	2	土钉长度		不小于设计值	用钢尺量
	3	分层开挖	mm	±200	水准测量或用钢尺量
一般项目	1	土钉位置	mm	±100	用钢尺量
	2	土钉直径		不小于设计值	用钢尺量
	3	土钉倾斜度	（°）	≤3	测倾角
	4	水胶比		设计值	实际用水量与水泥等胶凝材料的重量比
	5	注浆量		不小于设计值	查看流量表
	6	注浆压力		设计值	检查压力表读数
	7	浆体强度		不小于设计值	试块强度
	8	钢筋网间距	mm	±30	用钢尺量
	9	土钉面层厚度	mm	±10	用钢尺量
	10	面层混凝土强度		不小于设计值	28d试块强度

（4）土钉墙的施工偏差应符合下列要求：

1）钢筋土钉的成孔深度应大于设计深度0.1m。

2）土钉位置的允许偏差应为100mm。

3）土钉倾角的允许偏差应为3°。

4）土钉杆体长度应大于设计长度。

5）钢筋网间距的允许偏差应为±30mm。

（5）应对土钉的抗拔承载力进行检测，抗拔试验可采用逐级加荷法，土钉的检测数量不宜少于土钉总数的1%，且同一土层中的土钉检测数量不应少于3根，试验最大荷载不应小于土钉轴向拉力标准值的1.1倍，检测土钉应按随机抽样的原则选取，并应在土钉固结体强度达到设计强度的70%后进行试验。

（6）土钉墙面层喷射混凝土应进行现场试块强度试验，每500m² 喷射混凝土面积试验数量，不应少于一组，每组试块不应少于3个。

（7）应对土钉墙的喷射混凝土面层厚度进行检测，每500m² 喷射混凝土面积检测数量不应少于一组，每组的检测点不应少于3个，全部检测点的面层厚度平均值不应小于厚度设计值，最小厚度不应小于厚度设计值

的80%。

（8）锚喷支护质量验收应符合以下标准：

1）喷射混凝土表面应平整，其平均起伏差应满足设计要求；

2）喷射混凝土所用原材料及混合料的检查应遵守下列规定：①水泥和外加剂均应有厂方的合格证，水泥品质应符合设计要求检查数量：每200t水泥取样一组；②每批材料到达工地后应进行质量检查，合格方可使用。

（二）明挖电缆隧道本体工程施工工艺

本小节适用于施工线路周围相对简单的新建、改建、扩建明挖电缆隧道本体工程的施工。

1．关键工序控制

（1）施工准备。

1）明挖电缆隧道工程的施工单位应具备相应的资质，并应建立健全质量、安全、环境管理体系。

2）施工前应由建设单位组织设计单位向施工、监理等单位进行施工图设计文件交底，必要时可组织各管线管理单位参与交底会。

3）明挖电缆隧道工程施工前应根据工程需要进行气象资料、交通运输、施工道路及其他环境条件；施工给水、排水、通信、供电和其他动力条件；工程材料、工程机械、主要设备和特种物资情况等方面的调查和准备。

4）明挖电缆隧道工程施工应科学组织、合理划分施工段，宜采用先进设备和工艺进行施工。

5）明挖电缆隧道工程施工前应制定适宜的环境保护措施，严禁使用国家和地方明令禁止使用的产品和材料。

6）对进入施工现场的建筑材料、构配件等应按相关标准要求进行复验；设备及工器具应按相关要求进行验收。

7）明挖电缆隧道工程应加强施工过程质量控制，各分项工程应按照施工技术标准进行质量控制，分项工程完成后，应进行验收；所有隐蔽工程应进行隐蔽验收；未经验收或验收不合格不得进行下道工序施工。

（2）钢筋（含底板、侧墙及顶板）绑扎施工。

1）钢筋进场时，应检查产品质量合格证明文件，并应按现行国家标准的有关规定抽取试件对屈服强度、抗拉强度、延伸率、弯曲性能和重量偏差进行检验，检验结果应符合标准的有关规定。

2）钢筋加工前应将表面清理干净。表面有颗粒状、片状老锈或有损伤的钢筋不得使用。钢筋应一次弯折到位。

3）钢筋的连接方式应符合设计要求，宜采用焊接连接或机械连接，接头设置符合国家现行有关标准的规定。

4）钢筋安装应采取水平和竖向定位钢筋，控制钢筋的间距。

5）根据设计图要求的钢筋间距确定底板钢筋位置。

6）基础底板下层钢筋按底板钢筋受力情况，确定主受力筋方向（设计无指定时，一般为短跨方向）。下层钢筋先铺主受力筋，再铺另一方向钢筋；上层钢筋在马镫筋上先铺设纵向钢筋，再铺设横向钢筋，绑扎牢固。底

板钢筋型号按设计图施工。

7）钢筋绑扎可采用八字扣，绑扎牢固。

8）受力钢筋直径大于或等于 18mm 时，宜采用机械连接，小于 18mm 时可采用绑扎连接或焊接，搭接长度及接头位置应符合设计及规范要求。

9）根据弹好的墙体位置线，将深入基础底板的插筋绑扎牢固，锚固深度应符合设计要求，其上部绑扎两道以上水平筋和水平梯形架立筋，其下部伸入基础底板部分在钢筋交叉处内部绑扎水平筋，以确保墙体插筋垂直，不移位。

10）先绑侧墙钢筋，再绑顶板钢筋。先里后外，在顶板模板上画好分格线。

11）侧墙双排钢筋之间可设 F 形定位筋或梯子筋，F 形定位筋间距不宜大于 1.5m，梯子筋用于侧墙和顶板，间距按设计要求绑扎。

（3）模板（含侧墙、顶板）安装施工。

1）模板及支架应满足工程结构和构件的形状、尺寸及位置的要求，安装时应进行测量放线。

2）模板和混凝土接触面应清理干净，并涂刷脱模剂。

3）模板安装时，模板拼接处安装海绵条，减少漏浆。

4）模板外侧纵向方木一般通长设置，横向采用双钢管并用对拉螺栓与模板连成一体。对拉螺栓间距不宜大于 450mm×600mm。钢管接头处错开 1～2m。

5）隧道支撑体系水平支撑一般不少于 3 道：底部、中部和上部各设一道。支撑端部用可调 U 形顶托与模板顶紧。支撑体系建议采用盘扣式脚手架或碗扣式脚手架。

6）侧墙对拉螺栓位置应正确、紧固适宜。端头、变形缝处模板支撑必须加密，以保证稳定。侧墙对拉螺栓中间应有止水片。

7）模板铺装尽量采用大块模板，减少拼缝。方木双面抛光，保证模板体系不易发生变形。

8）钢筋铺装前，必须对内模尺寸、支撑进行检查，对尺寸不符合要求的进行调整，确保侧墙垂直度符合要求。

9）模板拆除应先支后拆，后支先拆，先拆非承重模板，后拆承重模板，并应从上而下进行拆除。

10）非承重侧模应在混凝土强度能保证结构表面及棱角不受损坏时方可拆除，混凝土强度宜为 2.5MPa 及以上。隧道内承重模板、支架的拆除，应符合设计要求，当设计无要求时，应符合表 2-3-3-8 规定。

表 2-3-3-8　承重模架拆除时的混凝土强度要求

结构类型	构件跨度 L/m	按设计的混凝土立方体抗压强度标准值的百分率/%
板	L≤2	≥50
	2<L≤8	≥75
	L>8	≥100
悬臂构件		≥100

（4）混凝土（含底板、侧墙及顶板）浇筑。

1）混凝土的强度等级、抗渗等级、耐久性等应符合设计要求。

2）混凝土水平运输宜采用混凝土罐车，垂直运输采用泵车或溜槽，混凝土入模温度应不低于 5℃、不高于 35℃。

3）在风雨或炎热天气运输混凝土时，容器上应加遮盖，以防雨水浸入或蒸发。夏季高温时，混凝土砂、石、水应有降温措施。冬期运输要采取保温措施，确保入模温度。

4）混凝土运输与入模应连续浇筑，混凝土浇筑过程中不得发生离析。

5）混凝土浇筑与振捣：电力隧道一般以结构设计变形缝为界跳仓施工，每仓分两次浇筑完成，第一次浇筑底板；第二次浇筑侧墙和顶板。

6）混凝土自料斗口下落的自由倾落高度一般不应超过 2m，如超过 2m 时必须采取措施，采用增设软管或串筒等方法。

7）使用插入式振捣器应快插慢拔，插点要均匀排列，逐点移动，振捣密实。移动间距不应大于振捣棒作用半径的 1.5 倍（一般不大于 500mm），每一振点的延续时间以表面呈现浮浆为准，振捣上一层时应插入下层 50mm 左右，以消除两层间的接缝。

8）混凝土浇筑后应及时进行保湿养护，保湿养护可采用洒水、覆盖、喷涂养护剂等方式，养护方式及养护时间应符合设计和国家现行有关标准的规定。

9）施工缝的留置及处理应符合下列规定：

a. 底板或顶板应连续浇筑，不得留置施工缝。墙体不得留置垂直施工缝，墙体与顶板宜一次浇筑成型。

b. 墙体水平施工缝的留置应符合设计要求。设计无要求时，墙体与底板之间的施工缝与底板上表面的距离不应小于 300mm。

c. 水平施工缝应采取防水措施，外墙或有水舱室墙体宜用止水钢板防水措施，内墙宜用橡胶止水条防水措施。

d. 结合面应凿毛处理，并应清除浮浆、松动石子、软弱混凝土层。

10）混凝土拌和物工作性能检查每 100m³ 不应少于 1 次。相邻两条变形缝区间的隧道结构，每次浇筑时留置的标准养护强度试件不得少于 1 组。

11）混凝土试件留置方法和数量应按照《混凝土结构工程施工质量验收规范》（GB 50204—2015）的有关规定执行。

（5）装配式隧道施工。

1）预制混凝土构件的耐久性设计应符合《混凝土结构耐久性设计标准》（GB/T 50476—2019）的有关规定。

2）装配式电缆隧道宜采用节段预制拼装结构。当采用其他预制结构时，应对装配式电缆隧道结构的安全性、适用性和耐久性进行论证。

3）装配式电缆隧道构件安装前，应复验合格。当构件上有裂缝且裂缝宽度超过 0.2mm 时，应进行鉴定。

4）运输、堆放、吊装过程中应保护承插口、剪力键、钢板止水带等部位，损伤部位应在安装前进行修复。

5）应制定预制构件运输方案，其内容包括运输时间、次序、运输路线、固定要求等成品保护措施。

6）构件运输及吊装时，混凝土强度应符合设计要求。当设计无要求时，不应低于设计强度的75%。

7）构件堆放的场地应平整夯实，并应具有良好的排水措施。

8）构件应按吊装顺序堆放，底部不得直接着地，每层构件间的垫块应上下对齐，构件的堆垛不得超过2层，并应采取防止堆垛倾覆的措施。

9）装配式电缆隧道安装施工前宜进行试安装，根据试验结果及时调整完善施工方案，确定单元施工的循环施工过程。

10）施工时应根据装配式电缆隧道的要求，控制电缆隧道安装基面平整度在3mm范围内。

11）装配式电缆隧道构件应按设计位置起吊，采取措施满足其中设备的主钩位置、吊具及构件重心在竖直方向上重合，吊索与构件水平夹角不宜小于60°，不应小于45°；吊运过程应平稳，不应有偏斜和大幅晃动。

12）装配式构件应按照施工方案及吊装顺序预先编号，吊装时应按照编号起吊。

13）装配式电缆隧道构件混凝土强度必须达到设计强度100%时，方可进行安装连接施工。

14）装配式电缆隧道构件之间采用紧缩装置进行连接时，宜先进行安装连接试验。装配式电缆隧道锁紧就位后，应确认锚具锁牢后再切断剩余钢绞线，节段相对回弹量不得超过5mm；采用螺栓连接时，螺栓的材质、规格、拧紧力矩应符合《钢结构设计标准》（GB 50017—2017）和《钢结构工程施工质量验收规范》（GB 50205—2020）相关要求。锁紧完成后，应及时对连接箱进行封堵。安装完毕后，应及时对吊装孔进行防腐处理，并按设计要求进行封堵。

15）装配式电缆隧道结构与现浇结构连接时，连接形式应符合设计要求。

（6）防水层及保护层（含底板、侧墙及顶板）施工。

1）基层应坚实、干燥、干净、无起皮、无起砂。

2）涂刷基层处理剂时，应由卷材制造商提供相容的配套产品。

3）底板卷材防水层可空铺或点粘。侧墙采用外防外贴法时，卷材与基层黏结应紧密、牢固。

4）采用外防外贴法铺贴卷材防水层时，应先拆除底板防水卷材的甩槎部位的临时保护措施，将卷材甩槎部位表面清理干净、修补损伤。卷材搭接长度不应小于150mm。

5）铺贴侧墙卷材防水层时，应由下往上铺贴，并应采取防止卷材下滑的固定措施，收头部位应固定和密封。

6）热粘法施工时，应随刮涂料随铺贴卷材，并应展平压实，搭接边应采用热熔或自粘搭接。

7）装配式混凝土隧道拼装前，密封圈（条）和填充材料等应安装完毕。

8）装配式隧道拼接缝防水施工应符合下列规定：

a．纵向锁紧承插接头，宜在插口端面上设置两道密封胶或在端面及工作面上分别安装密封胶圈和密封条。

b．承插式接口密封施工时，弹性橡胶密封圈、密封条等密封材料应安装在预留的沟槽中，并应环向密闭；接缝部位的空腔，应采用弹性注浆材料进行注浆封闭。

9）密封圈（条）应紧贴混凝土基层，接头部位应采用对接，接口应紧密，一环接头不宜超过2处。

10）密封胶施工时，密封胶嵌填应密实、连续、饱满，应与基层黏结牢固。表面应平滑，缝边应顺直，不应有气泡、孔洞、开裂、剥离等现象。

（7）电缆引上基础施工。

1）电缆隧道井室施工时，电缆引上孔套管应该用非磁性材料制成的保护管，金属管管口要做胀口处理，且中间带止水环。

2）同一井室电缆引上孔应采用全站仪定位测量，使全部引上孔在同一直线上且与方格网轴线平行。

3）电缆引上架构基础采用现浇钢筋混凝土结构，预埋螺栓时应采用法兰盘定位。

4）采用全站仪复核全部电缆引上孔与法兰盘中心位置，使所有孔洞中心在一条直线上。

2．工艺标准

（1）模板尺寸合理，表面平整、光洁，拼接严密、不错台、不漏浆。

（2）模板内不应有杂物、积水或冰雪。

（3）模板与混凝土的接触面应平整、清洁。

（4）模板强度和刚度满足施工要求。保证施工中不破损、不变形。

（5）支撑应有足够的强度、刚度和稳定性。

（6）固定在模板上的预埋件和预留孔洞不得遗漏，且应安装牢固。有抗渗要求的混凝土结构中的预埋件，应采取防渗措施。混凝土结构预埋件、预留孔洞允许偏差应符合表2-3-3-9规定。

表2-3-3-9　混凝土结构预埋件、预留孔洞允许偏差

项　目		允许偏差/mm
预埋钢板中心线位置		3
预埋管、预留孔中心线位置		3
插筋	中心线位置	5
	外露长度	+10，0
预埋螺栓	中心线位置	2
	外露长度	+10，0
预留洞	中心线位置	10
	尺寸	+10，0

（7）现浇结构模板安装的尺寸允许偏差及检验方法应符合表2-3-3-10的规定。检查数量：在同一检验批内，按照展开面积20m²/处，占检查总数量的10%，且

不应少于 3 处。

表 2-3-3-10　现浇结构模板安装的允许偏差及检验方法

项　目		允许偏差/mm	检验方法
轴线位置		5	尺量
底模上表面标高		±5	水准仪或拉线、尺量
模板内部尺寸	底板导墙	±10	尺量
	壁板、梁	±5	尺量
导墙、壁板垂直度	层高≤6m	8	经纬仪或吊线、尺量
	层高>6m	10	经纬仪或吊线、尺量
相邻模板表面高差		2	尺量
表面平整度		5	2m 靠尺和塞尺量测

（8）钢筋检验、试验、加工成型应符合设计规定和规范要求。

（9）工程按照抗震等级设计需要采用 HRB400E、HRB500E、HRBF400E、HRBF500E 时，其抗拉强度实测值与屈服强度实测值的比值不应小于 1.25；屈服强度实测值与屈服强度标准值的比值不应大于 1.30；最大力下总伸长率不应小于 9%。

（10）现浇结构钢筋安装允许偏差及检验方法见表 2-3-3-11。

表 2-3-3-11　现浇结构钢筋安装允许偏差及检验方法

项　目		允许偏差/mm	检验方法
绑扎钢筋网	长、宽	±10	尺量
	网眼尺寸	±20	尺量，取最大偏差值
绑扎钢筋骨架	长	±10	尺量
	宽、高	±5	尺量
纵向受力钢筋	锚固长度	-20	尺量
	间距	±10	尺量两端、中间各一点，取最大偏差值
	排距	±5	
纵向受力钢筋、箍筋的混凝土保护层厚度	梁	±5	尺量
	底板、顶板	±3	尺量
绑扎箍筋、横向钢筋间距		±20	尺量续三挡，取最大偏差值
钢筋弯起点位置		20	尺量
预埋件	中心线位置	5	尺量
	水平高差	+3,0	塞尺量测

（11）钢筋绑扎后应随即垫好垫块，间距不宜大于 1000mm，梅花状布置。

（12）垫层下的地基应保持稳定、平整、干燥，严禁浸水。

（13）垫层混凝土应密实，上表面平整。

（14）混凝土应插捣密实。混凝土的强度等级和抗渗等级应符合设计规定。

（15）结构底板、墙面、顶板表面应光洁，不得有蜂窝、漏筋、漏振等现象。

（16）侧墙和顶板的变形缝应与底板的变形缝对正、垂直贯通。缝宽平直、均匀，混凝土密实。

（17）对同一配合比混凝土，取样与试件留置每拌制 100 盘且不超过 100m³ 时，取样不得少于一次；每工作班拌制不足 100 盘时，取样不得少于一次，连续浇筑超过 1000m³ 时，每 200m³ 取样不得少于一次；每次取样应至少留置一组试件。

（18）现浇结构的位置和尺寸应符合设计的要求，见表 2-3-3-12。

表 2-3-3-12　现浇结构的位置和尺寸允许偏差及检验方法

项　目		允许偏差/mm	检验方法
轴线位置	整体基础	15	经纬仪尺量
	独立基础	10	经纬仪尺量
	板、墙	8	尺量
垂直度	层高 ≤6m	10	经纬仪或吊线、尺量
	层高 >6m	12	经纬仪或吊线、尺量
标高	层高	±10	水准仪或拉线、尺量
截面尺寸	基础	+15，-10	尺量
	板、墙	+10，-5	尺量
	楼梯相邻踏步高差	6	尺量
表面平整度		8	2m 靠尺和塞尺量
预埋件中心位置	预埋板	10	尺量
	预埋螺栓	5	尺量
	预埋管	5	尺量
	其他	10	尺量
预留洞、孔中心线位置		15	尺量

（19）混凝土应分层浇筑、分层振捣，分层厚度不宜大于 500mm。

（20）预制混凝土构件的混凝土强度等级不宜低于 C35，预应力混凝土构件的混凝土强度等级不宜低于 C40。

（21）装配式电缆隧道构件应在明显部位标识生产单位、构件型号、生产日期和质量验收标志，进场时应核查质量证明文件。

（22）装配式电缆隧道构件进场时应对构件的尺寸、外观质量及其预埋件进行检查。尺寸偏差应符合表 2-3-3-13 的规定；设计有要求时，应满足设计要求。同一生产企业，同一类型的构件，不超过 100 个为一批，每批抽查构件数量的 5%，且不少于 3 个。

表 2-3-3-13　装配式电缆隧道构件允许偏差值

序号	检查项目		允许偏差/mm	检查方法
1	净空尺寸 X	$X \leqslant 2000mm$	$-5 \sim +2$	尺量
		$2000mm < X \leqslant 4000mm$	$-7 \sim +5$	
		$4000mm < X$	$-10 \sim +7$	
2	预制节段有效长度		$-5 \sim +5$	尺量
3	壁厚 T	$200mm \leqslant T < 300mm$	$-3 \sim +5$	尺量
		$300mm \leqslant T < 400mm$	$-4 \sim +6$	
		$400mm \leqslant T$	$-4 \sim +8$	
4	企口工作面，企口端面	承口长度	± 2	尺量
		插口长度	± 2	
		承口壁厚	± 2	
		插口壁厚	± 2	
		承插口内侧断面对角线互差	$\leqslant 5$	
		插口表面平整度	$\leqslant 3$	
		断面倾斜	$\leqslant 3$	
5	表面平整度	底板	$\leqslant 3$	尺量

（23）装配式电缆隧道安装完毕后，装配式电缆隧道结构间连接尺寸偏差应符合表 2-3-3-14 的规定。

表 2-3-3-14　装配式电缆隧道结构间连接尺寸允许偏差

序号	项目	允许偏差/mm	检验方法
1	接头缝宽	$\leqslant 10$	塞尺
2	相邻节段轴线偏差	$\leqslant 10$	经纬仪侧中线
3	相邻节段地面高程	$\leqslant 10$	尺量

（24）防水基层处理：施工前应检查设计排水坡度、方向；设施全部安装完毕，并通过验收；所有阴阳角做成圆角；同时将验收合格的基层表面尘土、杂物清理干净，基层表面应坚实，无起砂、开裂、空鼓等现象，表面干燥、含水率不大于 8%。

（25）阴阳角、施工缝、变形缝部位应铺设增强层，增强层的宽度不应小于 500mm。

（26）铺贴双层卷材时，上下两层和相邻两幅卷材的接缝应错开 1/3～1/2 幅宽，且两层卷材不应相互垂直铺贴。

（三）浅埋暗挖电缆隧道工程施工工艺

本小节适用于采用浅埋暗挖工艺的新建、改建、扩建电缆隧道本体工程的施工。

1. 关键工序控制

（1）施工准备。

1）根据工程地质、水文地质条件、周围环境、工期要求、竖井大小来判断本工程竖井井位场地布置，竖井提升方式。

2）竖井垂直提升可采用汽车吊和现场组立龙门架，在场地情况满足的条件下优先选用组立龙门架作为竖井垂直提升设备。竖井施工现场场地布置应布置好现场存土仓、现场搅拌棚、物料储存仓库，以及其他现场必要的施工用房。

（2）暗挖隧道测量。

1）控制桩交接：

a. 交接桩工作一般由建设单位组织，设计或测绘单位向施工单位交桩，交桩应有桩位平面布置图，并附坐标和高程成果表，完成交接桩后办理交接手续。

b. 交接的电力暗挖工程测量精密导线点、精密水准点的数量应覆盖所施工的电力隧道线路区段，并注意两端与其他施工段衔接的控制点。

2）暗挖隧道施工测量：

a. 依据地面控制点用极坐标法对隧道中线及竖井中心放样并根据施工组织设计确定的竖井尺寸进行放线，指导竖井开挖和各种施工设备的安装，开挖到井底后放出马头门中心及方向线，指导隧道马头门施工。

b. 直线隧道施工应安置激光指向仪指导隧道掘进，曲线隧道施工应视曲线半径的大小和曲线长度，以及施工方法，选择切线支距法测设线路中线点。宜以线路中线为依据，安装超前导管、管棚、格栅钢架和边墙格栅钢架，以及控制喷射混凝土支护的厚度。

（3）暗挖竖井初衬施工。

1）竖井开挖常采用半断面开挖，常用的竖井尺寸直径为 4.0m、5.2m，6m×6m 竖井。

2）采用人工开挖，龙门架（或者汽车吊）吊土。

3）严格按设计尺寸控制开挖断面，每循环开挖依据设计要求（高度一般为 0.5m）。圈梁底和井底均须严格按设计高程开挖，不得超挖扰动原状土。

4）竖井井壁土方开挖完成后，经检查开挖尺符合设计要求后，按格栅架立要求用螺栓、绑焊筋将其连接整体，绑扎网片、焊接连接筋固定钢格栅。

5）钢格栅架立时必须注意上下两榀拱架接头错开，格栅架设应水平，循环进尺精确；脚板连接螺栓全部拧紧上齐，并加焊 4 根绑焊筋；格栅挂钢筋网，格栅内外双层布置，满铺，搭接 1 个网格。连接筋沿格栅内外主筋呈梅花形布置，直径、间距满足设计要求。

6）钢格栅架立完成后立即喷射混凝土，混凝土喷射分片依次自下而上进行，先喷格栅与拱（墙）壁间混凝土，后喷两拱之间混凝土。初喷层厚度为拱顶 50～60mm，边墙 70～10mm。第二次复喷达到设计喷锚厚度使钢格栅全部覆盖，且表面平顺无明显凹凸，并符合设计轮廓线。

（4）暗挖隧道初衬施工。

1）土方开挖。隧道全断面超前加固完成并达到设计要求强度后，进行土体开挖。开挖采用人工开挖，再使用手推车或电动机具出渣至竖井底部，通过电葫芦提升出井，自卸车外运弃渣。隧道采用正台阶法开挖，上部开挖时留核心土，最后挖除核心土初支封闭成环。隧道开挖轮廓允许偏差及检查方法应符合表 2-3-3-15 的规定。

表 2-3-3-15　隧道开挖轮廓允许偏差及检查方法

序号	项目	允许偏差 /mm	检 查 方 法
1	拱顶标高	+50，0	量测隧道周边轮廓尺寸，绘制断面图校对
2	宽度	+50，0	每 5～10m 检查一次，在安装网构钢架和喷射混凝土前进行

2）挂设钢筋网。在掌子面开挖完毕后，根据设计图要求，在靠近围岩侧满铺钢筋网（一般为 $\phi6mm@100mm\times100mm$）。采用钢筋锚杆固定在土体上，钢筋网采用隧道外加工，隧道内安装。在格栅钢架安装完毕后，在格栅钢架内缘再次铺设 $\phi6mm@100mm\times100mm$ 钢筋网，采用点焊的形式与格栅进行连接固定。钢筋网铺设应平整，固定要牢固，网片之间须进行搭接，搭接长度为 1 个网格。

3）架设格栅钢架。在外层网片铺设完毕后及时人工架立格栅钢架，其纵向间距 0.5m 或 0.75m。格栅钢架节与节之间采用"角钢+螺栓连接+绑焊筋"。

为保证钢架整体受力，施工时用纵向连接筋把本榀与上榀格栅钢架进行连接形成整体，环向间距 1m，内外层交错布置，将每榀格栅连成一体。

4）喷射初支混凝土。喷射混凝土采用预拌混凝土湿喷施工工艺，喷混凝土为 C20 混凝土，喷混凝土厚度 250mm。初喷层厚度为拱顶 50～60mm，边墙 70～10mm。第二次复喷达到设计喷锚厚度使钢格栅全部覆盖，且表面平顺无明显凹凸，并符合设计轮廓线。

（5）暗挖隧道防水施工。

1）基面处理。隧道初期支护结束后，检查喷射混凝土基面的漏水、漏筋情况，切割外露钢筋、注浆管，并在割除部位用水泥砂浆抹成圆曲面。要对漏水严重的部位采取集中导流，埋设导流管，对独立漏点采取凿孔埋管导流的方式进行导流。

2）施工防水层。先做找平层、涂刷水泥聚合物灰浆，从拱顶开始向两侧下垂铺贴，先边墙和拱顶，后粘贴底板。卷材搭接宽度为 120mm，相邻边接缝应错开 1m 以上，并清理干净溢出的水泥胶，然后涂刷聚氨酯胶粘贴接缝盖条。防水层施工完毕后，在底板的防水层上抹 20mm 厚的水泥砂浆保护层，防止二衬钢筋绑扎时对防水层造成破坏。

3）变形缝、施工缝处防水要点。暗挖初衬结构，在距马头门口两边 2～3m 处设置变形缝；现浇二衬结构按照设计图要求设置变形缝，一般不大于 30m，而且初衬结构变形缝处二衬结构亦要设置变形缝。在变形缝处先采用 30mm 聚苯板作分界板，待隧道两侧喷射混凝土及防水层施作完成后，再将缝中的聚苯板剔成宽 30mm、深 65mm 的缝，然后用聚合物水泥砂浆嵌缝深 30mm，待聚合物水泥砂浆干硬后，在缝中嵌入双组分聚硫橡胶。施

作完变形缝后用焦油聚氨酯及涤纶布就地制作止水带。

（6）暗挖隧道二衬施工。

1）暗挖隧道二衬钢筋：

a. 所使用钢筋必须有出厂合格证，并按规定取样做复试试验，报监理工程师批准后，方可使用。

b. 技术人员按设计图计算出钢筋配料清单，并进行详细的技术交底后，钢筋加工厂方可加工。

c. 钢筋加工前应清除钢筋表面的铁锈、油渍、油漆。

d. 钢筋按照设计图及施工规范在钢筋加工场地配料、加工成形后运到现场安装。

e. 主筋接头采用单面焊接，要求各接头钢筋单面焊接长度不小于 10d（d 为钢筋直径）；在同一截面内，接头截面面积占钢筋总截面面积的百分率不大于 50%。

f. 焊接完成后的钢筋安装位置、间距、保护层及各部分钢筋的大小尺寸均应符合设计图的规定，安装前应进行虚渣及杂物清除，超挖部分用混凝土填充，钢筋安装允许偏差：横向及高程均为 ±20mm，垂直度允许偏差为 ±2°。

2）暗挖隧道模板：

a. 为了保证质量外观美观，模板采用定型钢模（边墙）、可调钢模板（拱部）及碗扣式满堂红脚手架，拱部支撑体系用工 140 型钢组装件，接头用螺栓连接。

b. 暗挖隧道二衬结构浇筑前，在端头部位设置可开启式仓口，用于检查模板内混凝土浇筑饱满情况，可待混凝土浇筑饱满后封闭观察窗口。

c. 模板及支架安装要求：①结构物的形状、尺寸与相互位置符合设计规定；②具有足够的稳定性、刚度和强度；③模板表面光洁平整，接缝严密，不漏浆，以保证混凝土表面的质量；④模板安装必须严格按设计图尺寸施工；⑤支架必须支撑于坚实的地基或在混凝土上，并应有足够的支撑面积；⑥模板表面涂刷隔离剂；⑦安装完成的模板经检查合格后方可进行下一道工序。钢模板组装质量标准见表 2-3-3-16。

表 2-3-3-16　钢模板组装质量标准

项　目	允许偏差/mm
两块模板之间的拼接缝隙	≤1.0
相邻模板面的高低差	≤2.0
组装模板板面平整度	≤2.5
组装模板板面的长宽尺寸	±2.0
组装模板两对角线长度差值	≤3.0
水平靠尺	±1.0

3）混凝土灌注：

a. 混凝土采用商品混凝土，严格按照配合比进行配料。

b. 采用混凝土输送泵进行泵送灌注。

c. 泵送前应润滑管道，润滑采用按设计配合拌制的水泥砂浆，输送管道宜顺直，转弯宜缓，接头应紧固。

d. 混凝土灌筑时应两侧对称连续灌筑，两侧混凝土

面高差不大于 0.5m。

　　e. 混凝土捣固采用人工配合附着式振动器振捣，振捣要均匀、到位，确保混凝土密实。附着式振动器作用于模板上的振捣半径为 500～750mm，如构件较长，一般每隔 1.0～1.5m 设置一台振动器。附着式振动器的侧向影响深度约为 250mm，当构件尺寸较厚时，需要构件两侧安装的振动器同时振捣。

　　f. 拱部混凝土灌筑作业最后的灌筑窗口必须在模板顶部，确保隧洞拱顶不留空隙。

　　g. 混凝土强度达到设计强度的 100% 后，方可脱模。

　　h. 脱模后，及时洒水养护，养护期不小于 14 天。

　　i. 二次衬砌隧道轮廓尺寸允许偏差及检查方法见表 2-3-3-17。

表 2-3-3-17　二次衬砌隧道轮廓尺寸允许偏差及检查方法

序号	检查项目	允许偏差/mm	检查方法
1	隧道拱顶标高	±20	用水准仪检查，20m 一个点
2	隧道宽度	±10	用钢尺检查，20m 一处
3	混凝土厚度	全部检查点 95% 不小于设计厚度；最薄处不小于设计厚度 85%	立模后进行检查，每 10～20m 检查一个断面

　　(7) 暗挖隧道施工监测。

　　1) 隧道内拱顶下沉监测。在开挖后 24h 内和下次开挖之前设点并读取初始值，采用精密水准仪和钢钢尺进行水准测量。测试频率：开挖面距测量断面的长度 $L<2B$（隧道宽度）时 1～2 次/天，$2B<L<5B$ 时 1 次/2 天，$L>5B$ 时 1 次/周。

　　绘制近期工作面附近点位变化-时间曲线，配合位移变化速率进行稳定性分析。趋于平缓后作回归分析，允许下沉值为 30mm。

　　2) 隧道内水平收敛监测。隧道根据施工顺序在起拱线处设一条水平收敛测线，隧道共设四条水平收敛测线，采用 JSS301.5A 数显式收敛计，设点及测试频率同拱顶下沉。收敛控制值为 20mm，当收敛移位值 $S<0.15mm/$天或拱顶位移速度小于 0.1mm/天，已趋于稳定。如有穿越构筑物，需增加地面及构筑物监测。

　　2. 工艺标准

　　(1) 暗挖竖井初衬施工。

　　1) 竖井采用人工开挖，由上而下浅埋暗挖逆作法施工。

　　2) 竖井井壁土方开挖完成后，经检查开挖尺寸符合设计要求后，按格栅架立要求用螺栓、绑焊筋将其连接成整体，绑扎网片、焊接连接筋固定钢格栅。

　　3) 根据测量十字线检查净空，确定钢格栅架立尺寸，钢格栅架立时必须注意上下两榀拱架接头错开，格栅架设应水平，循环进尺精确；脚板连接螺栓全部拧紧上齐，钢格栅架立完成后立即喷射混凝土。竖井钢格栅

　　每开挖一步，封闭一步。

　　4) 钢格栅安装工艺。

　　a. 格栅与围岩之间、格栅内侧设置 $\phi6mm@100mm\times100mm$ 钢筋网片，搭接长度为 1～2 网格。

　　b. 连接筋采用 $\phi20mm$ 螺纹钢，榀架内外布置，环向间距为 1m，搭接长度不小于单面焊 10d。

　　c. 格栅内外侧主筋保护层均为 40mm。

　　d. 格栅间距按照设计图要求执行一般为 500mm。

　　e. 井壁喷射混凝土按照设计图要求执行，一般厚度为 0.3m，竖井底板按照设计图要求执行，一般采用喷射 C20 混凝土厚度为 0.3m 进行封底。

　　(2) 暗挖隧道初衬施工。

　　1) 土方开挖过程：

　　a. 开挖采用台阶法开挖，上台阶长度一般（1～1.5）B（B 为隧道开挖跨度），中间留核心土维系开挖面的稳定。上台阶的底部位置应根据地质和隧道开挖高度确定，一般情况下，宜在起拱线以下。当拱部围岩条件发生较大变化时，可适当延长或缩短台阶长度，确保开挖、支护质量及施工安全。

　　b. 先挖上台阶土方，开挖后即支立上部格栅钢架、喷射混凝土，形成初期支护结构，再挖去下台阶土方，即施工侧墙和底板，尽快形成闭合环。

　　c. 开挖方式采用人工开挖，再使用人工推车或电动机械至竖井底部采用人工开挖时，手推车为运输工具，要运至竖井，提升并卸至存土场。隧道开挖轮廓应以格栅钢架作为参照，外保护层不得小于 40mm。

　　d. 严禁超挖，严格控制开挖步距，以防塌方，按照设计图要求执行，一般每循环开挖长度宜为 0.5～0.75m。

　　2) 格栅钢架安装工程：

　　a. 开挖初期支护的格栅钢架其原材料必须符合设计要求和施工规范规定。

　　b. 格栅钢架用于工程前先进行试拼，架立应符合设计要求，连接螺栓必须拧紧，数量符合设计，节点板密贴对正，格栅钢架连接圆顺。

　　3) 喷射混凝土工程：

　　a. 所用材料的品种和质量必须符合设计要求和施工规范的规定，其中水泥需先进行复试，符合有关规定后方可使用。

　　b. 喷射混凝土的配合比、计量、搅拌、喷射必须符合施工规范要求。

　　c. 喷射混凝土的强度必须符合设计要求。

　　d. 喷射混凝土结构，不得出现脱落和漏筋现象。

　　e. 仰拱基槽内不得有积水、淤泥、虚土和杂物，喷射混凝土结构不得夹泥夹渣，严禁出现夹层。

　　f. 格栅钢架间喷射混凝土厚度应满足设计要求，表面应平整圆顺，无大的起伏凹凸，见表 2-3-3-18。

　　(3) 暗挖隧道防水施工。

　　1) 所用防水材料性能指标及配合比必须符合设计要求及有关规定。检查原材料出厂合格证、现场配制报告及试验报告。

表 2 - 3 - 3 - 18　格栅钢架安装允许偏差表

序号	项目	允许偏差/mm	检查频率 范围	检查频率 点数	检验方法
1	横向和纵向	横向±20、纵向±50	每榀	2	用尺量
2	垂直度	±2°	每榀	2	锤球用尺量
3	高程	±20	每榀	2	用尺量
4	纵向连接筋搭接长度	±15	每榀	2	用尺量
5	钢筋连接	≥100	每榀	2	用尺量

2）粘贴方法、工艺必须符合设计要求及适应材料特性。

3）粘贴防水层要均匀、连续，不得有气泡、气孔、漏涂等缺陷。

4）附加防水层根据材料不同，施工工艺及施工检查标准应按规范要求进行。

5）边角部位应做附加层，重点控制边角附加防水层施工质量。

（4）暗挖隧道二衬施工。

1）模板应平整、表面应清洁，并具有一定的强度，保证在支撑或维护构件作用下不破损、不变形。

2）模板的拼接、支撑应严密、可靠，确保振捣中不走模、不漏浆。

3）模板安装的允许误差：截面内部尺寸−5～+4mm；表面平整度不大于5mm；相邻板高低差不大于2mm；相邻板缝隙不大于3mm。

4）钢筋的绑扎应均匀、可靠，确保在混凝土振捣时钢筋不会松散、移位，绑扎的铁丝不应露出混凝土本体。

5）同一构件相邻纵向受力钢筋的绑扎搭接接头宜相互错开。

6）预埋件应进行可靠固定；预埋件的材质一般应采用Q235B。

预埋件的允许安装偏差：中心线位移不大于10mm；埋入深度偏差不大于5mm；垂直度偏差不大于5mm。暗挖隧道钢筋安装质量控制偏差见表2-3-3-19，现浇结构模板安装的允许偏差及检验方法见表2-3-3-20，混凝土结构预埋件、预留孔洞允许偏差见表2-3-3-21。

表 2 - 3 - 3 - 19　暗挖隧道钢筋安装质量控制偏差

项目		允许偏差/mm	检验方法
绑扎钢筋网	长、宽	±10	尺量
	网眼尺寸	±20	尺量，取最大偏差值
绑扎钢筋骨架	长	±10	尺量
	宽、高	±5	尺量
纵向受力钢筋	锚固长度	−20	尺量
	间距	±10	尺量两端、中间各一点
	排距	±5	取最大偏差值

续表

项目		允许偏差/mm	检验方法
纵向受力钢筋、箍筋的混凝土保护层厚度	梁	±5	尺量
	底板、顶板	±3	尺量
绑扎箍筋、横向钢筋间距		±20	尺量续三档，取最大偏差值
钢筋弯起点位置		20	尺量
预埋件	中心线位置	5	尺量
	水平高差	+3,0	塞尺量测

表 2 - 3 - 3 - 20　现浇结构模板安装的允许偏差及检验方法

项目		允许偏差/mm	检验方法
轴线位置		5	尺量
底模上表面标高		±5	水准仪或拉线、尺量
模板内部尺寸	底板导墙	±10	尺量
	壁板、梁	±5	尺量
导墙、壁板垂直度	层高≤6m	8	经纬仪或吊线、尺量
	层高>6m	10	经纬仪或吊线、尺量
相邻模板表面高差		2	尺量
表面平整度		5	2m靠尺和塞尺量测

表 2 - 3 - 3 - 21　混凝土结构预埋件、预留孔洞允许偏差

项目		允许偏差/mm
预埋钢板中心线位置		3
预埋管、预留孔中心线位置		3
插筋	中心线位置	5
	外露长度	+10,0
预埋螺栓	中心线位置	2
	外露长度	+10,0
预留洞	中心线位置	10
	尺寸	+10,0

（5）暗挖隧道施工监测。

1）机动车道及非机动车道控制值15mm，人行步道控制值20mm。同时应保证道路沉陷范围内不能长时间积水，以免水下渗对路基产生破坏。

2）路面沉陷速度不大于2mm/天。

3）路面隆起速度控制值不大于5mm/天。

4）路面差异沉降值不大于4mm/3m。

5）为保证路面使用年限，要求路面不能产生结构性裂缝，以防止雨水渗透对道路路基强度造成影响。

6）净空水平收敛量测断面间距10m，拱顶下沉量测应与净空水平收敛量测在同一量测断面进行。

7）工作面在开挖前进行一次观测，当地层基本稳定无变化时每天进行一次，对已施工区段每天观测一次。

8）监控量测是保证施工质量的重要环节，它的及时信息反馈可以随时调整设计，保证工程质量。隧道监控量测表见表 2-3-3-22。

表 2-3-3-22　　隧道监控量测表

变形速度/(mm/天)	量测断面距开挖工作面的距离	量测频率
>10	(0～1) B	1～2 次/天
10～5	(1～2) B	1 次/天
5～1	(2～5) B	1 次/2 天
<1	>5B	1 次/周

（四）土压平衡式盾构电缆隧道工程施工工艺

本小节适用于土压平衡式盾构法施工电缆隧道工程。

1．关键工序控制

（1）施工准备。

1）在对工程地质、水文地质条件、周围环境、线路及结构设计文件、工期要求、经济性等充分研究的基础上选定盾构机的类型，同时根据详细的地质勘探资料，对盾构机各主要功能部件进行选择和调整。并根据地质条件选择与盾构机掘进速度相匹配的盾构机配套施工设备。主要机具设备包括与盾构设备相匹配的龙门吊、搅拌站、电瓶车、叉车、吊车等应准备完成并办理相关备案手续。

2）施工场区应具备盾构设备及其他设备的工作空间，能够满足各类施工设备的使用及检修的空间需要，能够具备存储正常施工周转使用的管片存放空间，渣土坑容积应满足施工需要的渣土存放量。施工前应查明线路内地下管线情况，穿越段情况及线路周边建构筑物情况。

3）始发基座、反力架及洞门密封施工所需的帘布橡胶、折页压板、防翻板等装置应加工完成。

4）编制工程项目管理实施规划和各项安全施工技术方案，并对工程中危险性较大的分部分项工程进行论证，如盾构机起重吊装及安装拆卸工程、深基坑工程、高大模板支撑体系工程等。

（2）施工测量。

主要包括地面控制测量、联系测量、地下控制测量、掘进施工测量、贯通测量和竣工测量。

同一贯通区间内始发和接收工作井所使用的地面近井控制点间应进行联测，并应与区间内的其他地面控制点构成附合路线或附合网。

隧道贯通后应分别以始发和接收工作井的近井控制点为起算数据，采用附合路线形式，重新测设地下控制网。

地面施工测量控制点应埋设在施工影响的变形区以外。

（3）工作竖井施工。

1）围护结构施工：

a．竖井止水及支护结构首先考虑选用钻孔灌注桩，根据施工图及现场导线控制点，施放桩位点，以"十字

交叉法"引到四周作好护桩点。

b．围护桩施工应先埋设护筒，护筒直径应大于设计桩径。

c．钻机定位后应保持水平，机身稳定，不允许发生倾斜、移位等现象。

d．钻孔开始时，应低锤密击，并及时加黏土泥浆护壁，使孔壁挤压严实，直至孔深达护筒以下 3～4m 后，才可加快至正常速度，并随时测定泥浆比重，反复进行冲孔、掏渣，直至要求深度。

e．钻机成孔后，需进行清孔，清孔时应注意对成孔深度的控制，严禁出现成孔深度超出规范要求的现象。

f．钻孔开始前应进行导管密闭性试验，试验合格后方可使用。清孔、下钢筋笼、导管安装、二次清孔完成后，立即灌注混凝土。

g．待桩混凝土强度达到 80% 时，对桩顶混凝土进行凿毛至设计标高后绑扎钢筋，进行冠梁的施工。

2）土方开挖：

a．复核基坑中心线及平面尺寸的控制线。

b．随着土方开挖施工，桩间锚喷施工及时进行。采用喷射混凝土、钢筋网片对竖井壁和桩间土体进行支护。竖井内土方开挖至支撑面标高时，完成支撑安装并施加预应力。

c．基坑开挖采用机械开挖人工修槽的方法。机械挖土应严格控制标高，防止超挖或扰动地基，分层分段开挖，设有支撑的基坑须按设计要求及时安装；槽底设计标高以上 200～300mm 应用人工修整。

d．超深开挖部分应采取换填级配良好的砂砾石或铺石灌浆等处理措施，确保地基承载力及稳定性。

e．基坑开挖完成后，应进行钎探验槽，验收合格后方可进行下道工序施工。

3）底板及侧壁防水施工。垫层施工完成后，进行底板及侧墙防水施工。防水卷材铺贴时应展平压实，与基面和各层卷材间必须黏结紧密。铺贴立面卷材防水层时，应采取防止卷材下滑的措施。

4）竖井底板及侧壁结构施工：

a．模板支撑前必须清理干净，脱模剂涂刷均匀，不得漏刷，拆模时混凝土强度必须达到 1.2MPa。

b．保证施工缝和模板缝处严密、牢固可靠，防止出现错台和漏浆。

c．混凝土浇筑前，检查模板控制线位置是否准确无误，水平、断面尺寸和净空大小符合设计要求。

d．灌筑侧墙混凝土时要分层施工。

e．模板拆除的顺序遵循先支后拆，后支先拆，先非承重部位和后承重部位以及自上而下的原则。混凝土养护按照相关规范进行。

（4）始发工作准备。

1）始发井及接收井洞口加固。根据工艺和图纸要求，采用高压旋喷桩法、水泥搅拌桩法或注浆法加固洞口。

a．高压旋喷桩法施工。

主要采用双重管旋喷法，这种方法是先把钻杆插入

或钻进至预定土层中，再自下而上进行旋转喷射注浆作业。

施工前检查高压设备和管路系统，注浆管及喷嘴内不得有任何杂物，注浆管接头的密封圈必须良好。在查管和喷射的过程中，注意防止喷嘴被堵，在拆卸或安装注浆管时动作要快。气、浆的压力必须符合设计值。

喷射时要做好压力、流量和冒浆的测量工作，并按要求逐项记录，钻杆的旋转和提升必须连续，不得中断。深层喷射时，先喷浆后旋转和提升，以防注浆管被扭断。

搅拌水泥浆液时，水灰比必须按设计要求进行控制，不得随意改动。在喷浆的过程中应防止水泥浆沉淀，使其浓度降低。施工完毕后立即拔出注浆管，对注浆管和注浆泵进行彻底清洗，管内和泵内不得留有残存的水泥浆液。

b. 注浆法施工。根据地质采用不同的浆液加固。根据土质情况确定孔深、孔距、注浆压力、注浆顺序等参数。

2）盾构机基座安装。工作竖井内盾构机基座根据采用的盾构机参数提前加工成整体，基座安装应符合下列要求：

a. 基座及其上的导轨强度与刚度，应符合盾构机安装、拆除及施工过程要求。

b. 基座应与工作竖井连接牢固。

c. 导轨顶面高程与间距应经计算确定。

3）反力支架及钢后背制作安装。反力支架及钢后背制作安装前应根据盾构推力进行受力计算。反力支架以临时组装的管片和型钢为主材，保证其针对必需的推力具有足够的强度，且不发生有害变形的刚度。钢后背一般采用工字钢制作，其中心误差控制在 15mm 以内。后背面必须与盾构设计轴线垂直。

4）负环拼装。

a. 盾构始发必须有临时后背，使盾构机有支撑力向前推进。一般情况下用同规格的盾构管片，即拼装负环。开始几环负环必须开口拼装，留有工作空间。当盾构机盾尾进入洞口后，拼装整环管片，并做好上部后背的钢管支撑，使盾构后背力均匀作用于圆周上。

b. 根据工作井的长度及设计洞口永久防水混凝土环梁的宽度来确定钢后背厚度需要拼装的负环管片数量。盾构机经调试正常、钢后背安装完毕、其他准备工作（洞门凿除、管路连接）全部完成后即可进行初始掘进负环拼装。负环拼装第一环必须注意断面的同心度和与隧道轴线的垂直度，为整环拼装做准备。

（5）盾构机及配套设备安装与调试。

1）盾构机的安装。

a. 应根据始发井的结构尺寸选择整体始发或者分体始发。

b. 整体式盾构机运抵施工现场，应在地面进行检查、空转试验，合格后方可吊入始发竖井安装就位。采用解体方式运输抵达现场的盾构机，应在地面进行试组装，达到设计要求与工厂安装的精度，并经地面空运转合格后，方可吊入始发竖井安装就位。

c. 在始发工作竖井内安装盾构机前，应对基座、导轨的位置、高程进行复核后，方可进行盾构机安装。盾构机在竖井内组装就位后，应进行运转试验。盾构机的运输及吊装应委托专业起重运输公司，下井吊装应按专项方案实施。

2）后续台车的安装。

a. 将洞口 10 环范围内的管片用钢制拉紧联系连接并进行加固，拉紧联系宜采用槽钢，槽钢上按照管片间注浆孔的间距设置螺栓孔。

b. 洞口拉紧联系安装完毕后即可将初始掘进时的后背上部钢管支撑拆除掉，然后将盾构工作井内的负环依次拆除。将盾构基座与工作井底板相连接的焊点切割开，把基座吊出工作井。用切割成弧形的钢板将第一环管片与洞口钢环焊接以封堵洞口；同时将工作井内的集水井用砖砌至略高于洞内轨道面，竖井内铺设轨道。

c. 将台车吊至工作井，按照顺序排列并将各台车之间的管路连接好，每次以两节台车为单位用电瓶车运至隧道内的指定位置，皮带运输机应预先放置于 1、2 节台车上，一次性运输到位。后续台车运到位后，将其间的管路连接好，直至连接好工作井至台车尾部的各种管路。

（6）盾构机始发。

1）盾构机在出发前，应对洞门经加固后的土体进行质量检查，合格后方可始发；应制定洞门围护结构破除方案，采取适当的密封措施，保证始发安全。

2）始发掘进时应对盾构姿态进行复核。负环管片定位时，管片环面应与隧道轴线垂直。

3）始发掘进过程中应保护盾构的各种管线，及时跟进后配套台车，并对管片拼装、壁后注浆、出土及材料运输等作业工序进行妥善管理。始发掘进过程中应严格控制盾构的姿态和推力，并加强监测，根据监测结果调整掘进参数。

（7）盾构掘进。

1）掘进出土。应根据隧道工程地质和水文地质条件、隧道埋深、线路平面与坡度、地表环境、施工监测结果、盾构姿态以及盾构初始掘进阶段的经验设定盾构滚转角、俯仰角、偏角、刀盘转速、推力、扭矩、螺旋输送机转速、土仓压力、排土量等掘进参数。

盾构机各系统试运转正常后即可进行正常掘进，首先向盾构土仓中加入一定数量的泥浆，转动刀盘，按照已确定的土压及加泥量进行控制，确定土压为设定值，螺旋输送机的控制方式定为自动，螺旋输送机即可根据盾构刀盘土仓内的土压自行调节转速，始终保持土仓内的土压稳定，掘进排出的土装入土箱由电瓶车运输至工作井，再由工作井处的门式起重机将土箱吊至地面。

2）加泥。盾构机掘进时，随时观察刀盘螺旋输送机的扭矩及螺旋输送机排出的土的状态（即塑流性），对泥浆的加入量进行调节控制，确保刀盘及螺旋输送机油压保持正常的数值。

3）同步注浆。盾尾进入土体后时开始进行同步注浆，根据推进速度确定注浆的流量。

a. 盾构法施工的管道结构与土层间的间隙，应进行注浆充填。

b. 注浆材料一般采用水泥浆、水泥砂浆、水泥粉煤灰浆及水玻璃等浆液。

c. 注浆应与地面监测相配合，应采用多点注浆，将管道与土层间的间隙充分填满。

d. 注浆压力应通过试验确定，砂卵石层宜控制在 0.1～0.2MPa。

e. 注浆结束后，应及时将注浆孔封闭。

f. 注浆前应对浆液搅拌、浆液灌注设备进行检查，保持设备在注浆过程处于良好工作状态。

g. 盾构掘进同步注浆后，应进行二次补浆。

4）管片拼装。推进一环完成后，拼装管片。

a. 拼装前应清理盾尾底部，管片安装设备应处于正常状况。

b. 拼装每环中的第一块时，应准确定位，拼装顺序应自下而上，左右交叉对称安装，最后封顶成环。

c. 安装时千斤顶交替收回，即安装哪片管片收回哪片相对应的千斤顶，其余千斤顶仍顶紧，保证土压仓土压不降低。

d. 控制管片环面的平整度及椭圆度。

e. 边拼装管片边扭紧纵、环向连接螺栓。

f. 在整环管片脱出盾尾后，再次按规定扭紧全部连接螺栓。

g. 管片下井前，应由专人核对编组、编号，对管片表面进行清理、粘贴止水材料，检查合格后，将管片与连接件配套送至工作面。

h. 拼装时，应采取措施保护管片、衬垫及防水胶条，不受损伤。

i. 拼装时，应逐块初拧环向和纵向螺栓，螺栓与螺栓孔间应加防水垫圈。

j. 在纵向螺栓拧紧前，进行衬砌环椭圆度测量。当椭圆度大于 20mm 时，应做调整。

k. 曲线段管片安装，根据设计曲线半径进行标准环与楔形环排列。

5）二次补注浆。为控制沉降，需要进行二次补注浆，二次补浆安排在拼装管片时进行，补注浆的压力应该比同步注浆的压力高，以更好地对外部间隙进行填充。

6）防水。

a. 衬砌混凝土自防水。按设计要求进行管片生产，管片的抗渗等级符合设计要求。

b. 盾构隧道接缝防水。在管片接缝处设置框形橡胶弹性密封垫。

c. 盾构隧道与其他部位接口处的防水。盾构进出洞时，采用特殊帘布橡胶圈及可靠的固定装置减少漏泥、漏水。

（8）盾构机到达接收。

盾构机到达时，应做好以下措施：

1）降低盾构掘进速度（一般控制在 1.0cm/min 以

内），以利于盾构姿态的控制。

2）当盾构掘进至洞口加固土体段时，降低盾构掘进的控制土压值，既要最大程度地防止因土压低而造成管片外围岩的下沉，又要最大程度防止因土压高而造成洞口土体的提前破坏。

3）当盾构掘进至离洞口 4～6m 时，降低加泥压力，根据洞口泥浆的渗漏情况，随时停止泥浆加入。

4）当盾构机进洞后，及时进行洞口密封，并从地面和洞口端面同时进行补注浆，控制洞口后期沉降，也有利于洞口段隧道的防水。

5）盾构进洞拼装完最后一环管片后，千斤顶不要立即回收，及时安装拉紧联系，将洞口段 10 环管片联系成一体，同时拧紧所有管片连接螺栓，防止盾构机与隧道管片脱离时洞口端管环应力释放，导致管环间的松动，造成管环间渗水。

6）盾构出洞后，应及时封堵洞口，封洞口的钢板必须满焊，以防止洞口漏浆、渗水。

7）盾构机从隧道落到接收基座上时，为防止洞口处管片的错台、松动等，应即时调整管片，反复拧紧螺栓。

（9）监控量测。

施工中应结合施工环境、工程地质和水文地质条件、掘进速度等制定监控量测方案。监控量测范围应包括盾构隧道和沿线施工环境，对突发的变形异常情况必须启动应急监测方案。

2. 工艺标准

（1）盾构施工测量。

盾构法电缆隧道施工中对区间测量点加密，构成全线地面施工控制网，平面控制网为导线网，对导线网进行严密平差，精密导线测量的主要技术要求应符合测量相关规范要求。

（2）围护结构桩基施工。

桩孔质量参数包括：孔深、孔径、钻孔垂直度等。

1）孔深。成孔后以测绳检验并记录孔深。成孔清孔后、灌混凝土前各测一次，两次测量孔深之差即为沉渣厚度。孔深符合规范要求。

2）孔径。孔径用探孔器测量，若出现缩径现象应进行扫孔，符合要求后进行下道工序。

3）钻孔垂直度。采用双向锤球或孔锤测定，偏差应小于 3‰。

（3）工作井基坑开挖。

基坑开挖必须与挂网锚喷连接紧密，当开挖至钢支撑底面以下 50cm 时，按照设计图，及时安装钢围檩及架设钢支撑，保证标高及位置准确。基坑开挖至底部时，须留 30cm 人工清底以防扰动基底土质，严禁超挖。

（4）工作井初期支护。

喷射混凝土配合比严格按照施工配合比称料拌和，严格控制外加剂的掺量，确保喷射混凝土强度符合设计要求。

（5）工作井防水施工。

接缝口应用材性相容的密封材料封严，宽度不应小于 10mm；在立面与平面的转角处卷材的接缝应留在平面上，距立面不应小于 600mm。

（6）工作井结构施工。

1）模板应平整、表面应清洁，并具有一定的强度，保证在支撑或维护构件作用下不破损、不变形。

2）模板尺寸不应过小，应尽量减少模板的拼接。

3）支模中应确保模板的水平度和垂直度。

4）模板的拼接、支撑应严密、可靠，确保振捣中不走模、不漏浆。

5）模板安装的允许误差：截面内部尺寸为 −5～4mm；表面平整度不大于 5mm；相邻板高低差不大于 2mm；相邻板缝隙不大于 3mm。

6）钢筋的绑扎应均匀、可靠，确保在混凝土振捣时钢筋不会松散、移位。

7）绑扎的铁丝不应露出混凝土本体。

8）受力钢筋的连接、钢筋的绑扎等工艺应符合相关规程、规范及技术标准的要求。

9）同一构件相邻纵向受力钢筋的绑扎搭接接头宜相互错开。

10）混凝土的强度等级不应低于 C30，宜采用商品混凝土。

11）混凝土浇筑后应平整表面并采取适当的养护措施，保证本体混凝土强度正常增长。

12）若处于严寒或寒冷地区，混凝土应满足相关抗冻要求。

13）混凝土结构的抗渗等级应不小于 S8。

（7）盾构隧道掘进。

1）盾构掘进施工必须严格控制出土量、盾构姿态和地层变形。

2）应根据地层状况采取相应措施，对地层和渣土进行改良，降低对刀盘刀具和螺旋输送机的磨损。

3）盾构掘进过程中应随时监测和控制盾构姿态，使隧道轴线控制在设计允许偏差范围内。

（8）管片拼装。

管片拼装时采用错缝拼装方式，先拼装底部标准块，然后按左右对称块拼装两侧的标准块和邻接块，最后拼装封顶块。封顶块拼装时先搭接 2/3 环宽，径向推上，再纵向插入。

管片拼装过程如下：

1）用管片拼装机将管片吊起，起吊机梁移动到盾尾位置。

2）拼装前彻底清除管片安装部位的垃圾和积水，同时必须注意管片的定位精确，尤其第一环要做到居中安放。

3）管片拼装采取自下而上的原则，由下部开始，先装底部标准块（或邻接块），再对称安装两侧标准块和邻接块，最后安装封顶块，封顶块安装时，先搭接 2/3 环宽，径向推上，再纵向插入。

4）拼装时千斤顶交替收回。

5）管片拼装要把握好管片环面的平整度、环面的超前量以及椭圆度，还要用水平尺将第一块管片与上一环管片精确找平。

6）第二块管片与上一环管片和本环第一块管片对准后，先纵向压紧环向止水条，再环向压紧纵向止水条，并微调对准螺栓孔。

7）边拼装管片边拧紧纵、环向连接螺栓。

8）整环管片脱出盾尾后，再次按规定扭矩拧紧全部连接螺栓。

9）管片拼装的注意事项：

a. 每一环推进长度必须达到大于环宽 300mm 以上方可拼装管片，以防止损坏封顶块止水条。

b. 管片吊装头必须拧紧。

c. 管片拼装应满足规范规定的偏差要求。

d. 拧紧螺栓应确保螺栓紧固，紧固力矩达到设计要求 300N•m。

e. 正式进洞后，错缝拼装的管片封顶块位置为 ±90°。

10）管片拼装质量控制。管片拼装质量满足规范规定的允许偏差：高程和平面 ±50mm；每环相邻管片平整度 4mm；纵向相邻环环面平整度 5mm；衬砌环直径椭圆度 5%。管片拼装允许误差详见规范要求。

a. 成环环面不平整度应小于 10mm。相邻环高差控制在 10mm 以内。

b. 安装成环后，在纵向螺栓拧紧前，进行衬砌环椭圆度测量。当椭圆度大于 20mm 时，应做调整。

（9）同步及二次注浆。

1）浆液应按设计配合比拌制。

2）浆液的相对密度、稠度、和易性、杂物最大粒径、凝结时间、凝结后强度、浆体固化收缩率均应满足工程要求。

3）注浆作业应连续进行。注浆作业时，应观察注浆压力及流量变化、严格控制注浆参数。

（五）泥水平衡式盾构电缆隧道工程施工工艺

本小节适用于泥水平衡式盾构法电缆隧道施工。

1. 关键工序控制

（1）盾构准备。

1）始发洞门的准备。

始发洞门的准备工作包括始发洞口地层加固、洞门凿除和洞门密封系统的安装。

a. 始发洞口的地层加固。盾构始发之前要对洞口地层的稳定性进行评价，并采取有针对性的处理措施。加固方法很多，常用的有地层注浆、搅拌桩、旋喷桩、钻孔素桩、SMW 工法、冷冻法等。选择加固措施的基本条件为加固后的地层要具备最少一周的侧向自稳能力，且不能有地下水的损失。

盾构井端头土体加固长度不得小于盾构主机长度，加固宽度不得小于盾构主机两侧各 2m 范围。

地层加固要保证洞门破除后的土体有充分的强度和稳定性，在盾构始发掘进之前不能坍塌。不加固地层可采用其他辅助措施达到盾构始发条件。

b. 洞门凿除。盾构始发的站或井的围护结构一般为钢筋混凝土的桩或连续墙，盾构刀盘无法直接切割通过，需要人工凿除。洞门凿除的时机必须把握良好，凿除太迟耽误盾构出洞，凿除太早让洞门后的土体暴露时间过长。一般洞门凿除需要两个星期的时间。

洞门凿除施工时，不能把所有的钢筋和混凝土全部除掉，应保留围护结构的最后一层钢筋和钢筋保护层，待盾构刀盘到达之后再割除最后一层钢筋网，不能直接暴露出土体。凿除应自下而上分块进行，并分块吊出井外。围护结构混凝土分割示意图见图2-3-3-3。

在洞门破除前，对洞门实施水平钻探，观察地层稳定情况，若出现流水、流沙现象，需对洞门进行注浆处理，确保洞门外地层的稳定。始发洞门凿除见图2-3-3-4。

c. 洞门密封系统的安装。洞门密封系统保证洞门口处的管片背后可靠注浆，对防止隧道贯通后的水土流失也能起到一定的作用。

洞门密封系统一般采用帘布橡胶板加折页压板的方式，主要由洞门框预埋的钢环板、帘布橡胶板、折页钢压板、固定螺栓及垫片等组成（图2-3-3-5）。这种结构的优点为简单可靠，不需要人工调整，折页压板可以自动压紧在盾壳和管片上，可以保证注浆时浆液不会外漏。密封系统工作原理见图2-3-3-6。

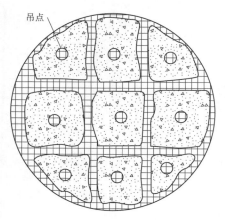

图2-3-3-3 围护结构混凝土分割示意图

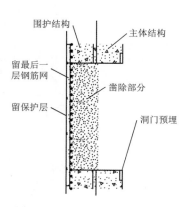

图2-3-3-4 始发洞门凿除

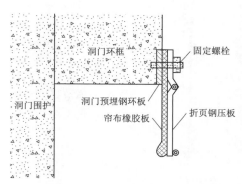

图2-3-3-5 密封系统的组成

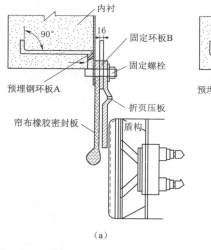

（a）

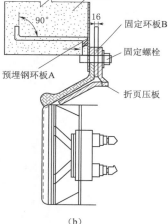

（b）

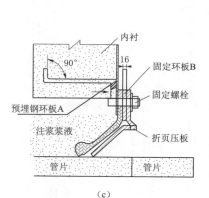

（c）

图2-3-3-6 密封系统工作原理
（a）进洞前状态；（b）盾构进洞时状态；（c）管片拼装后的状态

2）洞口始发导轨的安装。

在围护结构破除后，盾构始发台端部距离洞口加固区必然会产生一定的空隙，为保证盾构在始发时不至于因刀盘悬空而产生盾构"叩头"现象，需要在始发洞内安设洞口始发导轨。安设始发导轨时应在导轨的末端预留足够的空间，以保证盾构在始发时，不致因安设始发导轨而影响刀盘旋转。

始发作为盾构拼装和试推进的工作平台，其拼装的要求就是位置精确和牢固。始发基座一般分为基础部分和托架部分。基础部分一般为钢筋混凝土的条形梁结构或型钢拼装结构，混凝土结构表面需预埋钢板。其主要作用是为托架部分提供牢固和高度合适的平台。

托架部分为钢制的弧形结构，可以很好地托起盾构主机。托架部分为现场拼装，然后根据盾构主机的始发中心位置精确定位，最后和基础部分的预埋钢板牢牢焊接固定。始发基座的安装就位见图2-3-3-7。

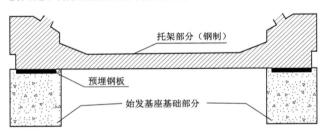

图2-3-3-7 始发基座的安装就位

3）反力架系统安装。

盾构主机拼装的同时，即可开始反力架的安装。反力架的安装位置根据反力架的尺寸、盾构主机的尺寸和管片的尺寸精确确定。反力架安装时有如下三条注意事项：

a. 因为主机也在安装，所以反力架安装时要特别小心，不能碰撞到主机。

b. 反力架安装的位置误差、垂直度误差应控制在10mm以内。

c. 反力架应有牢固的支撑，能为盾构始发提供满足需要的反推力。

由于反力架和始发台为盾构始发时提供初始的推力及初始的空间姿态，在安装反力架和始发台时，反力架左右偏差应控制在±10mm之内，高程偏差应控制在±5mm之内，上下偏差应控制在±10mm之内。始发台水平轴线的垂直方向与反力架的夹角小于±2‰，盾构姿态与设计轴线竖直趋势偏差小于2‰，水平趋势偏差小于±3‰。

4）负环管片安装

盾构连接和反力架安装完成后，即可准备负环管片的安装。

负环位置主要依据洞口第一环管片的起始位置、盾构的长度及盾构刀盘在始发前所能到达的最远位置确定。在确定始发最少负环管片环数后，即可直接定出反力架及负环管片的位置。

在安装负环管片之前，为保证负环管片不破坏尾盾刷、保证负环管片在拼装好以后能顺利向后推进，在盾壳内安设厚度不小于盾尾间隙的方木（或型钢），以使管片在盾壳内的位置得到保证。

第一环负环管片拼装成圆后，用4～5组油缸完成管片的后移。管片在后移过程中，要严格控制每组推进油缸的行程，保证每组推进油缸的行程差小于10mm。在管片的后移过程中，要注意不要使管片从盾壳内的方木（或型钢）上滑落，第一负环的安装示意图见图2-3-3-8。

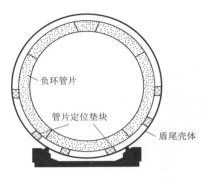

图2-3-3-8 第一负环的安装

安装具体要求：

a. 分别调试推进系统和管片安装系统，确保这两个系统能稳定工作。

b. 在盾构推进之前割除完洞门内的最后一层钢筋网，为盾构推进做好准备。

c. 在盾尾壳体内安装管片支撑垫块，为管片在盾尾的定位做好准备。

d. 从下至上一次安装第一环管片，并使管片的转动角度符合设计要求，换算位置误差不超过10mm。

e. 安装拱部的管片时，由于管片支撑不足，要及时进行加固。

f. 第一环负环管片拼装完成后，用推进油缸把管片推出盾尾，同时施加一定的推力把管片压紧在反力架上。完成后才可开始下一环管片的安装。

g. 管片在被推出盾尾时，要及时支撑加固，防止管片下沉或失圆。同时，也要考虑到盾构推进时可能产生的偏心力，故支撑应尽可能地稳固。

h. 当刀盘抵拢掌子面时，推进油缸已经可以产生足够的推力稳定管片，就可以把管片定位块去掉了。

5）试掘进与始发掘进。

经过数环负环管片的推进后，刀盘已经抵拢掌子面，即可开始刀盘驱动系统和刀盘本身的负载调试和试掘进了。

首先启动驱动系统，认真观察驱动部分，待其工作稳定后缓慢启动刀盘，设定刀盘转速在1r/min以内。

刀盘刚开始切割泥土，起初的工作扭矩是不稳定的，数转后扭矩即可稳定，故需认真观察刀盘工作扭矩的变化。

以上情况正常后启动推进系统，用均匀的推力向前推进，推力不能很大，以能使刀盘驱动系统达到30%的扭矩即可，但最大也不宜大于500t；维持这样的工作状态掘进1～2环，充分检查各系统的工作情况。

逐渐增加盾构的推力，使驱动系统达到50%～70%的满负荷状态，同时要注意推力不能大于反力架的安全工作能力，观察驱动系统的噪声、震动、温度等工作指标是否正常，检查油脂、泡沫的注入是否正常。

始发注意事项：

a. 盾构机密封刷处已涂满密封油脂。

b. 盾构机始发时应缓慢推进。始发阶段由于设备处于磨合阶段，注意推力、扭矩的控制，同时注意各部分油脂的有效使用。掘进总推力控制在反力架承受能力以下，同时确保在此推力下刀具切入地层所产生的扭矩小于始发架提供的扭矩。

c. 始发前在刀头和密封装置上涂抹油脂，避免刀盘上刀头损害洞门密封装置。始发前在始发架上涂抹油脂，减少盾构机推进阻力。

d. 始发架导轨必须顺直，严格控制标高，间距及中心轴线，基准环的端面与线路中线垂直。盾构机安装后对盾构机的姿态复测，复测无误后才开始掘进。

e. 预盾构刚进洞时，掘进速度宜缓慢，同时加强后盾支撑观测，尽量完善后盾钢支撑。

f. 始发初始掘进时，盾构机位于始发架上，在始发架及盾构机上焊接相对的防扭转装置，为盾构机初始掘进提供反扭矩。

g. 盾构机始发在反力架和洞内正式管片之间安装负环管片，在外侧采取钢丝拉结和木楔加固措施，以保证在传递推力过程中管片不会浮动变位。

（2）盾构正常掘进。

盾构主机的盾尾部分完全进入土体一段距离时（一般 3 环），即可开始管片壁后的注浆施工；初期应使用早凝型的浆液，以尽快稳定洞门口处的管片；随着掘进地伸入，可以调试浆液的配比，使用注入效率提高，又能保障质量的注浆材料；注浆压力控制在 1.5bar 以内。在始发掘进结束前，注浆系统应该达到完全的工作能力；各种油脂、浆液等系统的工作参数应在此阶段完成优化，达到既能保障施工效率和设备安全，又兼顾经济的目的。

水平和垂直运输系统的配套工作能力也应同时完成，并达到设计工作状态。

隧道内轨道、管线、通风、照明等设备的安装布置呈有规律的生产状态，不再耽误正常的掘进施工。

反力架、负环管片的拆除时间根据管片同步注浆的砂浆性能参数和盾构的始发掘进推力决定。一般情况下，掘进 100m 以上，可以根据工序情况和工作整体安排，开始进行反力架、负环管片拆除。

结合地表变形测量情况和工程质量、盾构设备的要求，盾构始发掘进过程中须对泥水压力、推进速度、总推力、刀盘扭矩、出泥量、注浆量及注浆压力进行反复测量、分析、调整，保证掘进各项数据处于动态平衡状态。

在盾构机掘进中，保持泥水仓压力与作业面压力平衡，是防止地表沉降、保证隧道沿线建（构）筑物安全的重要因素。

1）泥水压力设定。

盾构推进中的泥水压力可表示为

$$P_0 = \alpha \cdot K_0 \cdot \gamma \cdot H$$

式中　α——考虑土体扰动后性质变化、盾构推进速度、超载状况等因素时，正面水土压力的调整系数；

K_0——静止土压系数；

γ——土的容重，kg/m^3；

H——开挖面中心处深度，m。

根据经验，通常合适的泥水仓压力 P_0 范围为：（水压力＋主动土压力＋预备压）＜P_0＜（水压力＋被动土压力＋预备压），P_0 以相应的静止土压力为中心在此范围内波动。

根据泥水平衡原理，泥水仓内的压力须与开挖面的正面水土压力平衡，以维持开挖面土体的稳定，减少对土层的扰动。

泥水压力设定和管理方法：理论估算，经验判断，确定合理 P_0；精心操作，认真量测，及时反馈信息，通过送排泥浆流量与沉降监测数据对 P_0 进行动态调整，以适应盾构沿线建构筑物的推进工况。

2）隧道内施工布置。

初期掘进 100m 后，拆除临时管片（仅留拱底块）和后座系统，其后转入正常掘进。盾构掘进配置一台电瓶车和相配套的送浆车、管片车等担负隧道内的水平运输。每组车辆由一台电瓶车、两台管片车、一台送浆车编组而成（可根据不同施工阶段进行调整）。

a. 运输钢轨布置。钢轨规格为 30kg/m，外侧钢轨为车架行走轨道。钢轨枕采用 8 号槽钢，钢轨枕间距为 800mm，用压板焊接固定钢轨，轨枕间用钢筋拉牢。

b. 隧道照明。隧道照明布置在隧道右侧部位，照明灯具采用 12V 防潮型节能灯，每 10 环布置一只，每 100m 设一只 200A 分专用电开关箱。

c. 人行走道。人行走道位于照明灯一侧，走道板采用角钢和钢板网结构，宽度 0.6m，用铁件固定。走道外侧设置栏杆。

d. 隧道排水。隧道入口处设置阻水坝，端头井及隧道内配置足量的排水设备，以保证雨季汛期的隧道安全。

e. 隧道通信。隧道内与井上通信联络采用内线电话。盾构机控制室微型计算机和井上计算机联网。

f. 隧道通风。为改善隧道内的劳动条件，隧道主要采用压入式通风，利用地面布置低噪节能隧道专用通风机，压缩空气经空气净化处理系统、冷却器、滤清气包后向隧道头部送风。盾构掘进隧道内布置示意图见图 2-3-3-9。

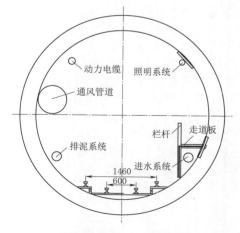

图 2-3-3-9　盾构掘进隧道内布置示意图（单位：mm）

3）衬砌拼装及连接件。

a. 隧道衬砌。隧道衬砌由六块预制钢筋混凝土管片拼装而成。衬砌环全环由 1 块小封顶、2 块邻接块及 3 块标准块构成。小封顶拼装方便，施工时可先搭接 1/2 环宽径向推上，再行纵向插入。

b. 衬砌连接螺栓。管片环与环间以 16 根纵向螺栓（M24）相连，块与块间以 12 根环向螺栓（M24）紧密相连。环向螺栓、纵向螺栓均采用锌基铬酸盐涂层做防腐蚀处理。

c. 衬砌拼装施工：

a）管片拼装前要清除盾尾拼装部位的垃圾，并检查管片的型号、外观及密封材料的粘贴情况，如有损坏，必须修复才可拼装。

b）搬运、拼装、推进过程中应采取适当措施，严防缺角、缺边及顶裂，拼装时注意环面平整度的检查，管片环与环之间、块与块之间的"踏步"应小于 4mm。

c）管片成环后，隧道直径变形小于 2‰D（D 为隧道外径）。

d）在盾构推好每块管片后，将千斤顶顶紧，并及时拧紧该环、纵向螺栓，并在下一环顶完后进行螺栓复拧，隧道贯通后再次对各环管片的螺栓进行拧紧。

e）隧道在转弯或纠正隧道轴线时，可通过安装不同方向的楔形管片以达到纠偏的目的；也可在管片环背对千斤顶环缝凹处分段粘贴不同厚度石棉橡胶板，石棉橡胶板厚度 1～5mm，管片安装后在千斤顶压缩下形成一平整的楔形环面，以达到转弯和纠偏的目的。粘贴面清除杂物后将石棉橡胶板用专业胶水贴于管片环面上。当粘贴的石棉橡胶板厚度大于 3mm 时，在同处的止水密封背后加贴 3mm 全膨胀橡胶薄板，以保证环缝止水效果。

4）同步注浆和二次注浆。

盾构推进中的同步注浆和衬砌壁后补压浆是充填土体与管片圆环间的建筑间隙和减少后期沉降的主要措施，也是盾构推进施工中的一道重要工序。须指派专人负责，对压入位置、压入量、压力值均做详细记录，并根据地层变形监测信息及时调整，确保压浆工序的施工质量。

所以选择的壁后注浆材料应可满足这些目的，充分考虑土质条件，采用可塑状固结系材料，不仅能提高灌入性，还可达到早期强度，稳定地盘，把初期下沉、后期下沉控制在最小限度。

a. 同步注浆。盾构注浆采用同步注浆：随着盾构推进，脱出盾尾的管片与土体间出现"建筑空隙"，即用浆液通过设在管片上的注浆孔压浆予以充填。压入衬砌背面的浆液会发生收缩，为此实际注浆量要超过理论建筑空隙体积。遇松散地层，注浆压力很小而注浆流量却很大时，应考虑增大注浆量，直到注浆压力超过控制压力下限。已经注过浆的管片上部土体发生较大沉降或管片间有较大渗漏时，需进行二次注浆。除控制压浆数量外，还需控制注浆压力。压注要根据施工情况、地质情况对压浆数量和压浆压力二者兼顾。一般情况下，注浆压力

约 0.5MPa。压浆速度和掘进保持同步。

b. 二次注浆。盾构施工在管片段后，对地面沉降较大或穿越建筑物段采用双液浆对其进行二次注浆。要求浆液满足泵送要求：泌水率小于 3‰，浆液一天强度不小于 0.2MPa，28 天的强度不小于 2MPa。配比如下：水泥浆与水玻璃体积 1∶1，水玻璃用水稀释 1∶3，水泥浆水灰比 1∶1。

c. 注浆材料的制备。注浆材料由商品浆运至现场后，经储浆筒管道溜入井内运浆车内，运浆车由电瓶车牵引至盾构头部泵入车架注浆箱内待用。

一般情况下，泥浆压入量为"建筑空隙"的 130%～180%。压浆速度和掘进保持同步，即在盾构掘进的同时进行注浆，掘进停止后，注浆也相应停止。

但当遇以下情况时例外：

a）遇松散地层，注浆压力很小而注浆流量却很大时，应考虑增大注浆量，直到注浆压力超过控制压力下限。

b）已经注过浆的管片上部土体发生较大沉降或管片间有较大渗漏时，需进行二次注浆，此时注浆量不受上述限制，只受注浆压力控制。

c）盾构机出洞或进洞时，洞口部位有较大间隙，此时注浆量要根据实际需要量确定。

（3）盾构接收段施工。

1）盾构机接收施工流程见图 2-3-3-10。

2）盾构接收施工步骤和要点见图 2-3-3-11。

（4）隧道测量。

隧道盾构施工测量的操作流程主要有三个方面：第一，盾构推进前的测量准备工作；第二，盾构推进中的测量工作，这是最关键的一个部分；第三，盾构进洞后的测量工作。

在监控测量中应根据观测对象的变形量、变形速率等调整监控测量方案；地上、地下同一断面内的监控测量数据以及盾构施工参数应同步采集，以便进行分析。地面总沉降控制在 +10～-30mm。

进行垂直位移测量时，应在变形区外埋设观测基点，观测基点一般不少于 3 个，在寒冷地区观测基点应埋设在冻土层以下稳定的原状土层中，或埋设在稳固的建（构）筑物的墙上；进行水平位移测量时，应建立水平位移监测网，宜采用具有强制归心装置的观测墩和照准装置。

测量注意事项：

1）掌握整个隧道主要坐标、高程等重要数据。如穿墙管中心标高，放坡起始点与终点、变坡点起始点与终点、终点高程、终点坐标。

2）每环一测，主要负责测量盾构机端头，尾部与设计轴线标高、偏差，管片端头与环轴线偏差，盾构机与管片端面形程差，上下左右间隙，并做好记录。

3）隧道内固定测点，要求牢固并经常进行检查。

4）每半月对测量控制点进行复测一次。盾构施工监控量测项目见表 2-3-3-23。

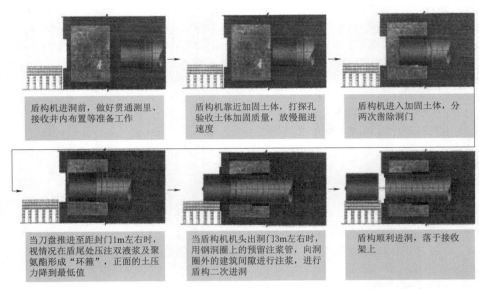

图 2-3-3-10　盾构机接收施工流程

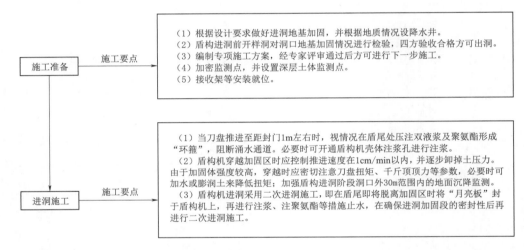

图 2-3-3-11　盾构接收施工步骤和要点

表 2-3-3-23　盾构施工监控量测项目

类别	监测项目	主要监测仪器
必测项目	施工线路地表和沿线建筑物、构筑物和管线变形测量	水准仪、全站仪
	隧道结构变形测量（包括拱顶下沉和隧道收敛）	水准仪、收敛计、测距仪
选测项目	土体内部位移（包括垂直和水平）	水准仪、分层沉降仪、测斜仪
	管片内力和变形	压力计
	土层压应力	压力计
	孔隙水压力	孔隙水压计

2. 工艺标准

（1）管片验收标准。质量员检查发现严重缺陷的管片通知工程师，必要时退回厂家，发现一般缺陷时通知施工员安排人员及时处理修补。管片缺陷划分见表 2-3-3-24。

表 2-3-3-24　管片缺陷划分

序号	缺陷	缺陷描述	等级
1	露筋	管片内钢筋未被混凝土包裹而外露	严重缺陷
2	蜂窝	混凝土表面缺少水泥砂浆而形成石子外露	严重缺陷
3	孔洞	混凝土内空穴深度和长度均超过保护层厚度	严重缺陷
4	夹渣	混凝土内夹有杂物且深度超过保护层厚度	严重缺陷
5	疏松	混凝土中局部不密实	严重缺陷

续表

序号	缺陷	缺陷描述	等级
6	裂缝	可见的贯穿裂缝	严重缺陷
7		长度超过密封槽、宽度大于 0.1mm，且深度大于 1mm 的裂缝	严重缺陷
8		非贯穿性干缩裂缝	一般缺陷
9	外形缺陷	棱角磕碰、飞边等	一般缺陷
10	外表缺陷	密封槽部位在长度 500mm 的范围内存在直径大于 5mm，深度大于 5mm 的气泡不超过 5 个	严重缺陷
11		管片表面麻面、掉皮、起砂、存在少量气泡等	一般缺陷

（2）隧道施工验收标准见表 2-3-3-25。

表 2-3-3-25　隧道施工验收标准　　单位：mm

序号	项目	质量标准
1	轴线偏差	±50
2	管片拼装成环偏差	≤12
3	相邻管片环间高差	≤4
4	环、纵缝张开量	≤2
5	环、纵向螺栓穿过率	100%

（3）验收方法见表 2-3-3-26。

表 2-3-3-26　验收方法

序号	检验项目	允许偏差或允许值	检查数量范围	检查数量点数	检验方法
1	相邻环管片允许偏差（mm）	4	每块管片	1	尺量
2	环缝张开（mm）	≤2	每块管片	1	插片
3	纵缝张开（mm）	≤2	每块管片	1	插片
4	衬砌环直径椭圆度（‰）	≤12	每 5 环	2	手持测距仪

（六）电缆隧道通风、排水、照明工程施工工艺

本小节适用于电缆隧道通风、排水、照明工程施工工艺。

1. 关键工序控制

（1）施工准备。

1）施工前，应根据设计提供的施工图做好施工图会审，施工方案按规定进行审批，并向作业班组及供货厂家做好技术交底。

2）所有施工机械、测量工器具等均应合格有效。

3）进场材料按照规范要求复试检测，检测报告报审批完成后使用。

4）风机设置温度自动控制，温度超过 40℃时启动风机，低于 35℃时关闭风机，每天排风时间不少于 30min。

另外在隧道入口处设置风机手动控制箱。

5）风机与火灾报警控制器设置联动，发生火灾时，风机联动关闭；火灾扑灭后，手动启动风机进行排烟。

（2）隧道通风系统安装施工。

1）风道采用咬口连接，不得焊接。所有管道必须设置支吊架，且不少于 2 个。

2）防火阀安装时应对其外观质量和动作的灵活性和可靠性进行检验，确认合格后才能安装，防火阀单独配支吊架。

3）各支吊架安装前应表面除锈，并刷底漆和色漆各两遍。

4）通风系统安装完毕后粘贴气流方向标识和各种阀体和扳手动作方位。

5）所有风管附件均采用不燃材料。

6）风管穿结构处设钢板套管，风管与套管之间的间隙采用柔性不燃材料封堵。

7）通风系统直通大气的进出口设置不锈钢丝防护网，防护网采用膨胀螺栓与结构连接，或用铆接方式与风道连接牢固。

8）通风设备采用低噪声节能设备，噪声控制值宜不大于 70dB（A），宜采用温度控制的运行方式。

（3）隧道排水系统安装施工。

1）水泵安装。

a. 安装水泵前，将水泵垂直立放，打开放气孔与注水孔，加满清水后，观察水泵是否漏水；测量电机绝缘电阻，其值不低于设计要求。测量电机转向，应与水泵上所标的箭头方向是否一致，并做好相序标记。

b. 水泵安装完毕后进行试机，启动时间根据电机功率控制在 10～25s 之间，确认电流不应过载，三相电流应平衡。

c. 过载、过流、缺相、短路、灵敏度调试为安装重要控制项目。

2）排水管道安装及固定。

a. 安装前先测量好管道路线及坡度，控制好标高及轴线。

b. 坡口加工：

a）壁厚均小于 25mm，采用 25°～30°的 V 形坡口。

b）管道坡口采用氧气—乙炔半自动割刀加工，半自动割刀无法加工的特殊部位可采用手工切割加工。

c）坡口加工后必须除去坡口表面的氧化皮、溶渣及影响接头质量的表面后，应将凹凸不平处打磨平整。

c. 钢管焊接：

a）管节组对焊接时应先修口、清根，管端端面的坡口角度、钝边、间隙应符合规范要求。

b）焊接设备：焊接设备应处于正常工作状态，安全可靠，满足焊接工艺和材料的要求，其上的计量仪表必须经校验合格。

c）焊接材料：采用 E50 型焊条，焊条不得有药皮脱落、裂纹等，并应保持干燥。

d）焊缝：焊缝要求平滑，不得有气孔夹渣等焊接缺陷，发现缺陷及时修补。

d. 防腐：

a）管道拼接完毕后焊缝必须进行防腐。

b）焊缝表面涂装前，必须进行表面预处理。在预处理前，钢材表面的焊渣、毛刺、油脂等污物应清理干净。

（4）隧道电气系统安装施工。

1）电源箱及配电箱安装。

a. 安装前检查配电箱、盘规格型号须符合设计要求，配电齐全完整，柜的排列顺序号正确。柜体漆层应完好无损，多台柜颜色应一致。盘面标志牌、标志框齐全、正确、清晰。

b. 所有螺栓、螺钉、螺帽及垫片必须使用抗腐蚀之钢材制作。螺栓、螺帽下必须加垫片。

c. 配电箱、盘的接地应牢固良好。装有电器的可开启的门，应以裸铜软线与接地的金属构架可靠地连接。

d. 动力配电箱须为全封闭型，有相别标记，并附有电气系统图及相关数据。

e. 隧道配电箱防护等级：IP5/IP8（防尘/防连续浸水），壁挂安装。

2）灯具安装。

a. 安装灯具时，冲击钻头应垂直隧道壁，安装螺栓的头部偏斜值不大于 2mm，膨胀螺栓要固定牢靠。

b. 灯具外观完好，各部件连接可靠，密封满足要求。

c. 隧道灯具尾线全部采用阻燃电缆。将灯具尾线与已敷设在 PVC 管内的配电电缆连接（所有接头全部焊锡处理），所留接头长度为 300mm 以便未来灯具更换施工，缠绕高压绝缘防水胶布后，再缠绕相色带。

d. 灯具应安装于同一直线，调整灯在同一照射角度。

e. 开关安装在图纸指定位置，不妨碍隧道内其他相关工作。

3）电源引入及电缆敷设。

a. 配电箱内导线的预留长度应为配电箱体长度的 1/2。

b. 电线管在穿线前，应首先检查各个管口的护口是否齐整，如有遗漏或破损，均应补齐和更换。

c. 电缆敷设完成后使用塑料扎带将槽盒内电缆分类绑扎，使电缆槽盒内整齐美观。

d. 所有电缆入箱、入管或转弯处装设电路铭牌。

e. 隧道内自动电缆沿自用电缆支架（或槽盒）敷设，跨越防火分区时设防火封堵，电缆从自用电缆支架采用穿钢管明敷形式引入设备。

2. 工艺标准

（1）通风系统安装。

1）传动装置的外露部位以及直通大气的进、出口，必须装设防护罩（网）或采取其他安全设施。

2）型号、规格应符合设计规定，其出口方向应正确；叶轮旋转应平稳，停转后不应每次停留在同一位置上；固定通风机的地脚螺栓应拧紧，并有防松动措施。

3）现场组装的轴流风机叶片安装角度应一致，达到在同一平面内运转，叶轮与筒体之间的间隙应均匀，水平度允许偏差为 1/1000。

4）在风管穿过需要封闭的防火、防爆的墙体或楼板时，应设预埋管或防护套管，其钢板厚度不应小于 1.6mm。风管与防护套管之间，应用不燃且对人体无危害的柔性材料封堵。

5）隧道内环境应满足电缆运行及工作人员人身安全。电缆运行适宜环境温度在 40℃ 以下。

6）风机及其附件应能在 280℃ 的环境条件下连续工作不少于 30min。

（2）排水系统安装。

1）隐蔽或埋地的排水管道在隐蔽前必须做灌水试验，水位满水 15min 水面不下降，管道及接口无渗漏为合格。

2）排水管道必须按照设计要求及位置安装，符合相关规范要求。

3）排水口应设置在检查井或泄压井内，坡度为 5%。

4）固定在承重结构上立管底部的弯管处应设支墩或采取固定措施。

5）安装偏差：坐标不大于 15mm；标高 ±15mm；管径不大于 1.0～1.5mm；垂直度每米不大于 3mm。

6）底板散水坡度应统一指向集水坑，散水坡度宜取 0.5% 左右。

7）集水坑尺寸应能满足排水泵放置要求。

8）坑顶宜设置保护盖板，盖板上设置泄水孔。

9）集水坑应根据电缆沟（电缆隧道）的平面尺寸及外形合理设置。

（3）电气系统（照明）系统安装。

1）金属框架必须接地或接零可靠；装有电气的可开门，门和框架的接地端子间应用裸编织铜线连接，且有标识。

2）配电箱（盘）间线路的线间、线对地间绝缘电阻值，馈电线路不应小于 0.5MΩ，二次回路不应小于 1MΩ。

3）低压配电箱交接试验，试验电压为 1000V。当回路绝缘电阻值大于 10MΩ 时，可采用 2500V 兆欧表代替，试验持续时间为 1min，无闪络击穿现象或符合产品技术规定。

4）配电装置内不同电源的馈线间或馈线两侧的相位应一致。

5）照明灯具安装牢固，外壳绝缘良好，坚固耐热潮湿；外壳完整无损伤，灯罩无裂纹、凹陷或沟槽。灯具固定螺栓无松动、锈蚀。

6）灯具电缆连接处使用封堵材料密封良好。

7）灯具及开关电缆接头处已使用烫锡或其他措施密封良好。

8）隧道照明电压宜采用直流 24V，如采用交流 220V 电压时，应有防止触电的安全措施。

9）隧道内电气设备应采取防潮措施。

（七）电缆隧道消防设施工程施工工艺

本小节适用于电缆隧道工程内消防设施的安装。

1. 关键工序控制

（1）施工准备。

1）施工前，应根据设计提供的施工图做好技术交底。

2）灭火装置进场后进行验收，合格后进行安装。

（2）消防装置安装施工。

1）消防装置一般采用悬挂式超细干粉灭火弹，悬挂应采用 U 形环。

2）宜安装在电缆接头上方 0.5m 以上，不超过 3m 的位置。

2. 工艺标准

（1）应安装在隧道支架的第一档，位置应正对下方电缆接头，悬挂牢固。

（2）压力表朝向便于人员读数位置。

（3）灭火装置应在有效期内，压力值应在合格范围内。

（4）规格型号应符合设计图要求。

（八）电缆隧道电缆支架工程施工工艺

本小节适用于电缆隧道工程内电缆支架的安装。

1. 关键工序控制

（1）施工准备。

施工前，应根据设计提供的施工图做好施工图会审，向加工厂家做好技术交底。

（2）电缆支架预埋件施工。

1）预埋件位置应准确、牢固可靠，埋入结构部分应除锈、除油污不应涂漆。

2）固定支架预埋位置及形式应符合设计要求。

3）若采用预埋钢板，则应符合设计图要求；若采用预埋槽道，则应具有足够的耐久性、安全性。

（3）电缆支架加工。

1）电缆支架使用的钢材应平直，应无明显扭曲，下料偏差应在 5mm 以内，切口应无卷边、毛刺，靠通道侧应有钝化处理。

2）金属电缆支架应进行防腐处理。

（4）电缆支架安装。

1）电缆支架的层间允许最小距离应符合设计要求，电缆支架最上层及最下层至顶板或底板的距离应符合设计要求。

2）金属电缆支架应可靠接地，安装牢固。支架固定方式应符合设计要求。

3）安装的电缆支架，应与电缆隧道底板垂直。

2. 工艺标准

（1）电缆支架焊接应牢固，应无明显变形，各横撑间的垂直净距与设计偏差不应大于 5mm。

（2）水平安装的电缆支架，各支架的同层横档应在同一水平面上，偏差不应大于 5mm。

第四节　电缆工程电气部分施工新标准工艺

一、高压电缆敷设施工

（一）高压电缆直埋敷设施工

1. 关键工序控制

（1）电缆直埋敷设准备。

1）敷设前，必须根据敷设施工设计图所选择的电缆路径，实地勘查。电缆路径必须经城市规划管理部门确认。电缆敷设前应按设计和实际路径计算每根电缆的长度，合理安排每盘电缆，减少电缆接头。电缆中间接头位置应避免设置在倾斜处、转弯处、交叉路口、建筑物门口、与其他管线交叉处。严禁设置在变电站电缆夹层内。

2）电缆敷设前，在线盘处、转角处使用专用转弯器具，将电缆盘、牵引机和滚轮等布置在适当的位置。

3）使用机械敷设大截面电缆时，应在施工方案中明确敷设方法、线盘架设位置、电缆牵引方向，校核牵引力和侧压力。电缆敷设时，转弯处的侧压力应符合制造厂规定，无规定时不应大于 3kN/m。

4）电缆盘应有安全、可靠的制动措施，在紧急情况下迅速停止敷设电缆。使用履带输送机敷设电缆时，卷扬机和履带输送机之间必须有联动控制装置。

5）电缆敷设前 24h 内的平均温度以及敷设现场的温度不应低于 0℃，或环境温度不得低于不同电缆所允许敷设的最低温度要求。当温度过低时，应采取有效措施。

（2）电缆直埋敷设。

1）机械敷设电缆时，应在牵引头或钢丝网套与牵引钢丝绳之间安装防捻器，在电缆牵引头、电缆盘、牵引机、过路管口、转弯处及可能造成电缆损伤处应采取保护措施，有专人监护并保持通信畅通。

2）电缆敷设过程中，不允许电缆与地面直接发生摩擦，电缆敷设过程应无机械损伤。

3）有铠装多芯电缆最小弯曲半径应为电缆外径的 12 倍，有铠装单芯电缆最小弯曲半径应为电缆外径的 15 倍；无铠装多芯电缆最小弯曲半径应为电缆外径的 15 倍，无铠装单芯电缆最小弯曲半径应为电缆外径的 20 倍。

4）敷设时电缆端部应用牵引头或钢丝网罩，机械敷设电缆的速度不宜超过 15m/min，110kV 及以上的电缆在较复杂路径上敷设时，不宜超过 6m/min。

5）110kV 及以上电缆敷设到位后，应进行电缆外护套绝缘电阻测试。

2. 工艺标准

（1）直埋于地下的电缆上下应铺不小于 100mm 厚的软土或砂层，并加盖电缆保护板，其覆盖宽度应超过电缆两侧各 50mm，电缆保护板上方铺设电缆标识带。

（2）电缆表面距地面距离不应小于 0.7m。穿越农田或在车行道下敷设距离不应小于 1m；在引入建筑物、与地下建筑物交叉及绕过地下建筑物处，可浅埋，但应采取保护措施。

（3）有铠装多芯电缆最小弯曲半径应为电缆外径的 12 倍，有铠装单芯电缆最小弯曲半径应为电缆外径的 15 倍；无铠装多芯电缆最小弯曲半径应为电缆外径的 15 倍，无铠装单芯电缆最小弯曲半径应为电缆外径的 20 倍。

（4）直埋敷设的电缆，不得平行敷设于管道的正上方或正下方；高电压等级的电缆宜敷设在低电压级电缆的下面。

（5）直埋电缆在直线段每隔 50～100m 处、电缆接头处、转弯处，进入建筑物等处，应设置明显的方位标志或标桩。

（6）电缆沟（隧道）有条件的情况下宜设计余缆沟，留有备用不少于一支电缆接头的检修长度。

（7）110kV 电缆直埋敷设后应进行蛇形布置。

（8）110kV 及以上电缆外护套绝缘电阻值每千米不小于 0.5MΩ。

（二）高压电缆穿管敷设施工

1. 关键工序控制

（1）电缆穿管敷设准备。

1）管道建成后及敷设电缆前，对电缆敷设所用到的每一孔管道都应用相应规格的疏通工具进行疏通。

2）清除管内壁的尖刺和杂物，必要时使用废旧电缆进行模拟敷设，防止敷设时损伤电缆。

3）电缆敷设前，在线盘处、工井口及工井内转角处搭建放线架，将电缆盘、牵引机、输送机、滚轮等布置在适当的位置。

4）电缆进入管道前，宜在电缆表面涂中性润滑剂。

5）使用机械敷设大截面电缆时，应在施工方案中明确敷设方法、线盘架设位置、电缆牵引方向，校核牵引力和侧压力。电缆敷设时，转弯处的侧压力应符合制造厂规定，无规定时不应大于 3kN/m。

6）电缆盘应有可靠的制动措施，在紧急情况下迅速停止敷设电缆。使用履带输送机敷设电缆时，卷扬机和履带输送机之间必须有联动控制装置。

（2）电缆穿管敷设。

1）电缆敷设时，管口应安装光滑的喇叭口，保证电缆敷设时不损伤电缆外护套。

2）机械敷设电缆时，应在牵引头或钢丝网套与牵引钢丝绳之间安装防捻器，在电缆牵引头、电缆盘、牵引机、进出管道口、转弯处及可能造成电缆损伤处应有专人监护并保持通信畅通，确保电缆护层在敷设过程中无损伤。

3）有铠装多芯电缆最小弯曲半径应为电缆外径的 12 倍，有铠装单芯电缆最小弯曲半径应为电缆外径的 15 倍；无铠装多芯电缆最小弯曲半径应为电缆外径的 15 倍，无铠装单芯电缆最小弯曲半径应为电缆外径的 20 倍。

4）敷设时电缆端部应用牵引头或钢丝网罩，机械敷设电缆的速度不宜超过 15m/min，110kV 及以上的电缆在较复杂路径上敷设时，不宜超过 6m/min。

5）敷设电缆时环境温度不得低于不同电缆所允许敷设的最低温度要求，必要时应将电缆预热。

6）电缆敷设后，按设计要求将管口做好防水封堵和防火措施。

7）110kV 及以上电缆敷设到位后，应进行电缆外护套绝缘电阻测试。

2. 工艺标准

（1）有铠装多芯电缆最小弯曲半径应为电缆外径的 12 倍，有铠装单芯电缆最小弯曲半径应为电缆外径的 15 倍；无铠装多芯电缆最小弯曲半径应为电缆外径的 15 倍，无铠装单芯电缆最小弯曲半径应为电缆外径的 20 倍。

（2）电缆在工井内敷设后应使用非导磁性材质卡箍或尼龙扎带固定在电缆支架上，卡箍及尼龙扎带数量满足设计要求。

（3）电缆管口防火措施、防水封堵应满足设计及规范要求。

（4）电缆在接头处宜留有备用的不少于一支电缆接头检修长度。

（5）110kV 及以上电缆外护套绝缘电阻值每千米不小于 0.5MΩ。

（6）电缆敷设完成后在每条（相）电缆上应张贴或悬挂电缆铭牌，电缆穿管路径上应装设电缆标识牌/桩。

（三）高压电缆隧道敷设施工

1. 关键工序控制

（1）电缆隧道敷设。

1）电缆敷设前，在线盘处、隧道口、隧道竖井内及隧道内转角处搭建放线架，将电缆盘、牵引机、履带输送机、滚轮等布置在适当的位置。

2）应在施工方案中明确敷设方法、线盘架设位置、电缆牵引方向，校核牵引力和侧压力。110kV 及以上电缆敷设时，转弯处的侧压力应符合制造厂规定，无规定时不应大于 3kN/m。

3）电缆盘应有可靠的制动措施，在紧急情况下迅速停止敷设电缆。

4）敷设电缆时，在电缆牵引头、电缆盘、牵引机、履带输送机、电缆转弯处等应有专人负责检查并保持通信畅通。

5）电缆敷设施工时，在隧道内宜采用滚轮进行长距离电缆敷设时，每个滚轮两侧均要有防止电缆滑落的挡棒，挡棒应选用不会损伤电缆护层且弹性较好的材质。

6）使用履带输送机敷设电缆时，卷扬机和履带输送机之间必须有联动控制装置。联动控制系统应能在总控设备上统一控制所有输送设备的启动和停止，分控设备应设有装置，一旦有输送设备或电缆出现异常，能及时制停整个系统。

7）有铠装多芯电缆最小弯曲半径应为电缆外径的 12 倍，有铠装单芯电缆最小弯曲半径应为电缆外径的 15 倍；无铠装多芯电缆最小弯曲半径应为电缆外径的 15 倍，无铠装单芯电缆最小弯曲半径应为电缆外径的 20 倍。

8）机械敷设电缆的速度不宜超过 15m/min，110kV 及以上的电缆在较复杂路径上敷设时，不宜超过 6m/min。

9）敷设电缆时环境温度不得低于不同电缆所允许敷设的最低温度要求，必要时应将电缆预热。

10）电缆敷设后，应根据设计要求将电缆固定在电缆支架上，如采用蛇形敷设应按照设计规定的蛇形节距和幅度进行固定。

11）110kV 电缆敷设到位后，应进行外护套耐压试验。

（2）电缆支持与固定。

1）电缆刚性固定。

a. 两个相邻夹具间的电缆受自重、热胀冷缩所产生的轴向推力作用或电动力作用后，不能发生任何弯曲变形。

b. 固定金具的数量需经过核算和验证，相邻夹具的间距应符合设计及规范要求。

c. 固定电缆用的夹具应具有表面平滑、便于安装、足够的机械强度和适合使用环境的耐久性特点。

d. 交流单芯电缆的刚性固定，应采用不构成磁性闭合回路的夹具。

e. 固定夹具安装时宜使用力矩扳手对夹具两边螺栓交替地进行紧固，使所有夹具松紧程度一致，电缆受力均匀。

2）电缆挠性固定。

a. 电缆敷设在工井的排管出口处可作挠性固定。

b. 竖井内的大截面电缆可借助夹具作蛇形敷设，并在竖井顶端作悬挂式，以吸收由热机械力带来的变形。

c. 电缆蛇形敷设的每一节距部位，宜采用挠性固定，以吸收由热机械力带来的变形。每 3～5m 可采用具有一定承载力的尼龙绳索或扎带绑扎固定电缆，绑扎数量需经过核算和验证。

d. 挠性固定方式其夹具的间距在垂直敷设时，取决于由于电缆自重下垂所形成的不均匀弯曲度，一般采用的间距为 3～6m。当为水平敷设时，夹具的间距可以适当放大。

e. 不得采用磁性材料金属丝直接捆扎电缆。

（3）电缆布置。

1）电缆进行蛇形敷设时，必须按照设计规定的蛇形节距和幅度进行电缆固定。

2）宜使用专用电缆敷设器具，并使用专用机具调整电缆的蛇形波幅，严禁用有尖锐棱角铁器撬电缆。

3）电缆的夹具一般采用 2 片或 3 片组合结构，并采用非磁性材料。

4）电缆和夹具间要加衬垫。

5）水平蛇形布置时，蛇形弧支架滑板宜采用耐磨材料且摩擦系数要小，固定滑板的螺栓不应影响电缆自由滑动。

2. 工艺标准

（1）电缆隧道/沟道敷设。

1）电缆应排列整齐，走向合理，不宜交叉。

2）有铠装多芯电缆最小弯曲半径应为电缆外径的 12 倍，有铠装单芯电缆最小弯曲半径应为电缆外径的 15 倍；无铠装多芯电缆最小弯曲半径应为电缆外径的 15 倍，无铠装单芯电缆最小弯曲半径应为电缆外径的

20 倍。

3）电缆在接头处宜留有备用不少于一支电缆接头的检修长度。

4）110kV 及以上电缆外护套绝缘电阻值每千米不小于 0.5MΩ。

5）电缆敷设完成后在每条/相电缆上应张贴/悬挂电缆参数牌。

（2）电缆刚性固定。

1）水平敷设时，在终端、接头或转弯处紧邻部位的电缆上，应设置不少于 1 处的刚性固定。

2）在垂直或斜坡的高位侧，宜设置不少于 2 处的刚性固定。

3）夹具数量符合计算要求，电缆支持点间距离符合验收规范要求。固定夹具的螺栓、弹簧垫圈、垫片齐全，螺栓长度宜露出螺母 2～3 扣。

（3）电缆挠性固定。

挠性固定电缆用的夹具、扎带、捆绳或支托架等部件，应具有表面光滑、便于安装、足够的机械强度和适合使用环境的耐久性特点。

（4）电缆蛇形布置。

1）电缆在电缆沟、隧道内敷设时应采用蛇形布置，即在每个蛇形弧的顶部把电缆固定于支架上，靠近接头部位用夹具刚性固定。

2）电缆蛇形布置的参数选择，应保证电缆因温度变化产生的轴向热应力无损电缆绝缘，不致对电缆金属套长期使用产生疲劳断裂，宜按允许拘束力条件确定。

3）水平蛇形布置时，宜在支撑蛇形弧的支架上设置滑板。

4）三相品字垂直蛇形布置时除在每个蛇形弧的顶部把电缆固定于支架上外，还应根据电动力核算情况增加必要的绑扎。

（四）电缆登杆（塔）/引上敷设

1. 关键工序控制

（1）电缆登杆（塔）/引上敷设。

1）需要登杆（塔）/引上敷设的电缆，在敷设时预留备用检修电缆时，电缆不能打圈（设计有特殊要求除外）。

2）单芯电缆的夹具一般采用两半组合结构，并采用非磁性材料、弹簧承载。

3）有铠装多芯电缆最小弯曲半径应为电缆外径的 12 倍，有铠装单芯电缆最小弯曲半径应为电缆外径的 15 倍；无铠装多芯电缆最小弯曲半径应为电缆外径的 15 倍，无铠装单芯电缆最小弯曲半径应为电缆外径的 20 倍。

4）110kV 及以上电缆敷设到位后，应进行电缆外护套绝缘电阻测试。

（2）电缆保护管安装。

1）35kV 及以上电缆保护管宜采用防火材质两个半圆管或圆管，交流单芯电缆所用管材应采用非磁性材料并符合环保要求。

2) 金属保护管断口处不得因切割造成锋利切口、不得将切割过程中产生的金属屑残留在管内，避免金属管断口割伤电缆外护层，金属管管口要做胀口处理。

3) 保护管下口应进行钝化处理，确保电缆进入保护管时外护层不受损伤。

4) 保护管固定螺丝应采取有效的防盗措施。

2. 工艺标准

(1) 电缆登杆（塔）/引上敷设。

1) 电缆登杆（塔）应设置电缆终端支架（或平台）、避雷器、接地箱及接地引下线。终端支架的定位尺寸应满足各相导体对接地部分和相间距离、带电检修的安全距离。

2) 有铠装多芯电缆最小弯曲半径应为电缆外径的12倍，有铠装单芯电缆最小弯曲半径应为电缆外径的15倍；无铠装多芯电缆最小弯曲半径应为电缆外径的15倍，无铠装单芯电缆最小弯曲半径应为电缆外径的20倍。

3) 单芯电缆应采用非磁性材料制成的夹具，登塔电缆夹具开档一般不大于1.5m。

4) 电缆在终端处宜留有备用不少于一支电缆接头的检修长度。

5) 110kV及以上电缆外护套绝缘电阻值每千米不小于0.5MΩ。

6) 电缆敷设后在每条/相电缆上应张贴/悬挂电缆参数牌。

(2) 电缆保护管安装。

1) 露出地面的保护管总长不应小于2.5m，埋入非混凝土地面的深度不应小于100mm。

2) 单芯电缆应采用非磁性材料制成的保护管，多芯电缆采用金属保护管时，应有效接地，金属管管口要做胀口处理。

3) 保护管上口用防火材料做好密封处理。

（五）水底电缆敷设施工

1. 关键工序控制

(1) 水底电缆敷设准备。

1) 接缆可采用整体吊装或过缆方式，具体方式事先应由订货方、施工方与厂方共同商定。

2) 接缆实施前编制专项施工方案，改装或租用有关施工设备，培训相关人员，组织专项应急演练。

3) 进行接缆交接，完成光缆衰减（仅适用于复合海缆）、导体电阻、绝缘电阻、长度测量等交接试验。

(2) 水底电缆敷设。

1) 根据设计方案向海堤和滩涂主管部门提交过堤施工方案和相关预案，办理施工许可。

2) 检查施工装备，对相关人员做好施工交底。

3) 进行两登陆端沟槽开挖和孔洞施工，做好相关防台防汛措施，在合适的气象条件下实施登陆作业。

4) 登陆作业完成后，在过堤区域按要求进行可靠的封堵和恢复，对电缆路由中埋深达不到要求的地方进行冲埋，沿线重点区域根据设计要求加装保护盖板。

(3) 水底电缆水中敷设。

1) 编制施工方案，检查施工装备，对相关人员做好施工交底。

2) 根据敷设方式确定适合的施工船及敷设机具，抛埋方式宜采用布缆机、入水槽及张力控制设备，确保电缆敷设速度适宜并避免打扭，深埋方式宜采用退扭架、布缆机、导缆笼和埋设犁进行施工。施工船应确保动力、定位、通信等设备良好，相关人员经必要的培训，掌握水底电缆敷设相关技术要求。

3) 布放主牵引钢缆，组织主要施工船只在施工水域进行试航，建立航行定位测控网络，掌握当地水文气象条件，并根据应急预案进行演练。

4) 在合适的气象条件下实施水中敷设施工。

5) 水底电缆敷设完成后，进行敷设后试验。

(4) 水底电缆附属设施。

1) 根据设计要求向海事部门申请设立禁锚区，在通过海事部门批准后，方可在岸边适当位置设置禁锚牌。

2) 水底电缆登陆滩涂后的路由位置处应设立指示牌或指示桩。

3) 瞭望塔选址宜选择视野开阔、临近水底电缆登陆点的位置，施工前应向堤防管理部门办理施工许可。瞭望塔应安排值班人员看护管理，并制定值班制度和事故应急预案。

2. 工艺标准

(1) 水底电缆接缆运输。

1) 一般规格的水底电缆采用垂直盘绕方式储存在特制电缆盘上。大长度水底电缆采用水平圈绕方式储运，配备特制缆圈和退扭架，圈绕半径、侧压力、退扭方式、退扭高度等技术参数严格按照厂方要求进行控制。

2) 接缆前厂方应提供水底电缆规格和长度、出厂试验数据、软接头位置和标记方式，以及装船方式和相关参数、照片等信息，以便妥善安排接缆事宜。

3) 接缆交接时应由订货方、施工方与厂方共同见证，并进行必要的交接试验，核对电缆规格和交货长度，确定和标记软接头位置。

(2) 水底电缆登陆敷设。

1) 按照经事先批准的过堤方式做好两登陆端沟槽开挖和孔洞施工，并采取措施确保整个施工期间的防台防汛工作。

2) 利用高潮位时段漂浮法和机械牵引相结合方式选择长滩涂端进行始端登陆，登陆施工中应采取必要措施保护水底电缆不受损伤。

3) 利用高潮位时段漂浮法和机械牵引相结合方式进行末端登陆。末端登陆应选择尽可能接近登陆点的位置，将施工船可靠固定后，在适当的气象条件下将水底电缆按照实际需要的长度切断封端，绑扎浮球后以Ω形漂浮在水面上，然后在漂浮状态下牵引至登陆点。

4) 登陆施工应采取必要措施保证水底电缆弯曲半径符合要求、铠装不打扭、外护层不受损伤，并应密切注意气象情况，避免船只发生不可控移位而导致水底电缆损伤。

5）登陆施工应确保按照设计路由和埋深施工，施工完成后应邀请海堤和滩涂主管部门参与验收。

（3）水底电缆水中敷设。

1）水中敷设施工应选择合适的气象条件，提前向海事部门办理水上施工许可并采取必要的航行通告或通航管制措施。

2）选择适合的施工船及敷设机具。

3）完成详细路由探测和扫海工作，用驳船进行敷设施工时还应事先布放主牵引钢缆，并做到定位精确、锚固可靠，满足水中敷设要求。

4）水底电缆敷设位置应采用 GPS 坐标进行实时精确记录，并随时调整船位以确保按照设计路由敷设，电缆软接头位置应详细记录并标记在水底电缆敷设资料上。

5）水底电缆敷设过程中应保持合适的敷设速度，采取措施确保其入水角度在合适范围，以免电缆承受张力过大。

6）水底电缆敷设完成后，应测试导体电阻、绝缘电阻、光纤衰减、电缆长度等相关重要参数，以验证电缆在施工中是否受损。

（4）水底电缆附属设施。

1）水底电缆安装后，为了防止来往船只抛锚，应在水底电缆路由区域设立禁锚区，并在河道两侧岸边设立禁锚牌，禁锚牌上应装设 LED 灯，确保夜间过往船只能有效辨识禁锚区。

2）水底电缆水中路由区域禁止船只抛锚，滩涂路由区域禁止设立永久性建筑物。

3）对于重要的水底电缆线路，应建造瞭望塔，并配备雷达、望远镜、高频电话等设施，必要时还可设置护缆船进行日常巡检和应急处理。

二、高压电缆附件安装

（一）交联电缆预制式中间接头安装（35kV 及以下）

本小节适用于 35kV 及以下交联电缆预制式中间接头安装。

1. 关键工序控制

（1）施工准备。

1）核对附件材料、施工器具齐全、完好，布置材料、工器具放置场地。

2）对安装区域温度、湿度、清洁度进行控制，配置通风、照明、消防设备。

（2）电缆护套及铠装层的剥切。

1）护套使用刀具环切，切入深度宜不超过外护套厚度 1/2。

2）沿电缆铠装圆周绑扎扎线，使用钢锯锯入应不超过铠装厚度的 2/3，铠装毛刺应打磨去除。

3）根据工艺要求固定电缆分隔木，分开三相线芯时，不可硬行弯曲，以免铜屏蔽层褶皱、变形。

（3）金属屏蔽层的处理。

1）如为铜带屏蔽电缆，使用 PVC 胶带或恒力弹簧沿铜带屏蔽圆周做断口标记，沿标记撕断铜带屏蔽。

2）如为铜丝屏蔽电缆，使用铜扎线沿铜丝屏蔽圆周绑扎，沿扎线向后翻转。

（4）外半导电屏蔽层和绝缘层处理。

1）外半导电屏蔽层处理，使用刀具环切后沿电缆轴向划两道，刀具切除深度不应超过半导电屏蔽层厚度的 1/2，将外半导电屏蔽层从末端剥除，对于外半导电屏蔽层不可剥离的电缆，宜使用玻璃片刮除。

2）绝缘切除时先使用电工刀环切电缆绝缘，再做两道纵向切割，注意不能伤到导体线芯，顺着线芯绞合方向剥除电缆绝缘。

3）绝缘表面应使用砂纸打磨光滑，打磨时先用粗砂纸再用细砂纸。

4）电缆绝缘打磨不可碰触半导电屏蔽层。

5）电缆绝缘与半导电屏蔽层断口处打磨，应使用砂纸手工打磨，由绝缘部分向半导电屏蔽层方向打磨，打磨一次后的砂纸不可再次打磨绝缘部分。

（5）电缆绝缘外径测量。

绝缘处理后直径应满足工艺要求，绝缘表面处理光洁、对称。

（6）导体连接。

1）压接前将预制橡胶件及附件套入电缆长端。

2）压接前应核对连接管尺寸与电缆导体尺寸，选用适配导体截面的连接管。

3）压接应从压接管中间向两边对称压接，压接模数、压力值应符合工艺要求。

4）压接达到一定压力或合模后，保持压力 10～15s。

5）压接管飞边、毛刺应处理平滑，压接延伸量、压接管及电缆直线度应符合工艺要求。

（7）电缆绝缘表面清洁处理。

1）电缆绝缘表面清洁处理应使用无水溶剂，从绝缘部分向半导电屏蔽层方向清洁。

2）清洁纸应沿绝缘部分向半导电屏蔽层方向清洁，擦过半导电屏蔽层的清洁纸不得擦拭绝缘层，也不得重复使用。

（8）预制橡胶件安装定位。

1）按照工艺要求标记预制橡胶件定位基准点。

2）在电缆绝缘表面均匀涂抹硅油或硅脂。

3）将预制橡胶件置于标记位置，使预制橡胶件安装在正确位置。

（9）接地线连接与密封处理。

1）使用恒力弹簧或锡焊的方法将铠装与接地线、金属屏蔽与接地线进行连接。

2）接地线应压接铜端子后，与接地系统连接。

3）接头密封宜采用防水带和热缩管方式。

4）如为直埋敷设方式，应加装接头保护盒。

2. 工艺标准

（1）电缆本体外观良好，无受潮，电缆绝缘偏心度无明显偏差。

（2）附件规格应与电缆规格一致。

（3）剥切电缆护套时不得损伤下一层结构，护套断口应均匀整齐，不得有尖角及缺口。

（4）金属屏蔽连接应符合工艺要求。

（5）处理外半导电屏蔽层时，严禁伤及电缆绝缘。

（6）绝缘表面处理完毕后，电缆绝缘表面不得留有半导电颗粒，打磨过外半导电屏蔽层的砂纸不应再打磨绝缘层。

（7）导体压接前应去除导体和连接管内壁油污及氧化层，压接后压接管表面应保持光洁无毛刺。

（8）预制橡胶件定位前应在接头两侧做定位标记，并均匀涂抹硅油。

（9）直埋接头应有防止机械损伤、防止水分渗入的保护结构或外设保护盒。

（10）电缆两侧铠装应分别连接良好，不得中断。

（11）密封热缩管热缩前，外护套端部应打磨粗糙，保证热缩管与外护套搭接长度符合工艺要求。

（二）交联电缆预制式终端安装（35kV 及以下）

本小节适用于 35kV 及以下交联电缆预制式终端安装。

1. 关键工序控制

（1）施工准备。

1）核对附件材料必须满足设计图纸要求、与电缆规格相同，附件数量齐全、完好，出厂质量证明文件齐全；施工器具齐全、完好，布置材料、工器具放置场地。

2）对安装区域温度、湿度、清洁度进行控制，配置通风、照明、消防设备。

（2）电缆护套及铠装层的剥切。

1）护套使用刀具环切，切入深度宜不超过外护套厚度 1/2。

2）沿电缆铠装圆周绑扎扎线，使用钢锯锯入应不超过铠装厚度的 2/3，铠装毛刺应打磨去除。

3）根据工艺要求固定电缆分隔木，分开三相线芯时，不可硬行弯曲，以免铜屏蔽层褶皱、变形。

（3）金属屏蔽层处理。

1）如为铜带屏蔽电缆，使用 PVC 胶带或恒力弹簧沿铜带屏蔽圆周做断口标记，沿标记撕断铜带屏蔽。

2）如为铜丝屏蔽电缆，使用铜扎线沿铜丝屏蔽圆周绑扎，沿扎线向后翻转。

3）填充密封带材，安装分支手套、绝缘保护管，并在端口绕包防水密封胶。

（4）外半导电屏蔽层和绝缘层的处理。

1）外半导电屏蔽层处理，使用刀具环切后沿电缆轴向划两道，刀具切除深度不应超过半导电屏蔽层厚度的 1/2，将外半导电屏蔽层从末端剥除，对于外半导电屏蔽层不可剥离的电缆，宜使用玻璃片刮除。

2）绝缘切除时先使用电工刀环切电缆绝缘，再做两道纵向切割，注意不能伤到导体线芯，顺着线芯绞合方向剥除电缆绝缘。

3）绝缘表面应使用砂纸打磨光滑，打磨时先用粗砂纸再用细砂纸。

4）电缆绝缘打磨不可碰触半导电屏蔽层。

5）电缆绝缘与半导电屏蔽层断口处打磨，应使用砂纸手工打磨，由绝缘部分向半导电屏蔽层方向打磨，打磨一次后的砂纸不可再次打磨绝缘部分。

（5）绕包半导电带。

使用半导电带从金属屏蔽层端部前 2mm 处开始，绕包成一定宽度与厚度的台阶，半导电台阶的宽度与厚度均应满足工艺要求。

（6）电缆绝缘表面清洁处理。

1）电缆绝缘表面清洁处理应使用无水溶剂，从绝缘部分向半导电屏蔽层方向清洁。

2）清洁纸应沿绝缘部分向半导电屏蔽层方向清洁，擦过半导电屏蔽层的清洁纸不得擦拭绝缘层，也不得重复使用。

（7）安装终端应力锥。

1）按照工艺要求标记应力锥定位基准点。

2）将应力锥置于标记位置，检查应力锥位置是否正确。

3）在电缆绝缘表面均匀涂抹硅油或硅脂。

4）如使用肘型预制橡胶件，将终端预制橡胶件推入电缆，使电缆导体从终端预制橡胶件顶部露出，直至终端预制橡胶件与绕包的半导电带接触良好为止。

（8）压接终端接线端子。

1）压接前应核对接线端子尺寸与电缆导体尺寸，选用适配导体截面的接线端子。

2）压接应从上至下，压接模数、压力值应符合工艺要求。

3）压接达到一定压力或合模后，保持压力 10～15s。

4）接线端子飞边、毛刺应处理平滑，压接延伸量、接线端子及电缆直线度应符合工艺要求。

（9）接地线连接与密封处理。

1）使用恒力弹簧或锡焊的方法将铠装与接地线、金属屏蔽与接地线进行连接。

2）接地线应压接铜端子后，与接地系统连接。

3）金属屏蔽接地线与铠装接地线分别接地。

4）接头密封宜采用防水带和热缩管方式。

2. 工艺标准

（1）电缆本体外观良好，无受潮，电缆绝缘偏心度无明显偏差。

（2）检查附件规格与电缆规格是否一致。

（3）剥切电缆护套时不得损伤下一层结构，护套断口要均匀整齐，不得有尖角及缺口。

（4）处理外半导电屏蔽层时严禁伤及电缆绝缘。

（5）金属屏蔽接地线与铠装接地线分别接地。

（6）绝缘表面处理完毕后，电缆绝缘表面不得留有半导电颗粒，打磨过外半导电屏蔽层的砂纸不应再打磨绝缘层。

（7）导体压接前应去除导体和接线端子内壁油污及氧化层，压接后接线端子表面应保持光洁无毛刺。

（8）应力锥定位前应做定位标记，并均匀涂抹硅油或硅脂。

（9）电缆终端头处，电缆铠装、金属屏蔽层应使用接地线分别引出，并接地良好。

（10）应力锥下口与电缆应保持大于 100mm 的直线距离。

（11）电缆终端做统一、规范的相色标示，且与系统的相位一致。

（12）单芯电缆或分相后的各相终端的固定不应形成闭合的铁磁回路，固定处应加装衬垫。

（13）电缆终端至少应进行两处固定，第一处固定应靠近分支手套根部，单芯电缆第一处固定应靠近绝缘缩管根部。

（14）密封热缩管热缩前，外护套端部应打磨粗糙，保证热缩管与外护套搭接长度符合工艺要求。

（三）交联电缆预制式中间接头安装（110kV 及以上）

本小节适用于 110kV 及以上交联电缆预制式中间接头安装。

1. 关键工序控制

（1）施工准备。

1）核对附件材料必须满足设计图纸要求、与电缆规格相同，附件数量齐全、完好，出厂质量证明文件齐全；施工器具齐全、完好，布置材料、工器具放置场地。检查电缆相位及标识正确，外护套耐压试验合格。

2）搭设接头工棚，对安装区域温度、湿度、清洁度进行控制，接头区域配置通风、照明、消防设备。

（2）电缆外护套及金属护套处理。

1）应按工艺要求确定外护套、金属护套剥切点，切刀切入深度不应超过其厚度的 2/3。

2）按照工艺要求，剥除电缆外护套表面外电极。

3）金属护套口毛刺应打磨去除，并进行胀口处理。

（3）电缆加热校直处理。

1）电缆加热温度和时间符合工艺要求。

2）电缆校直采用角钢等有较强硬度的校直装置进行校直，直至电缆冷却，并对电缆直线度进行测量。

（4）外半导电屏蔽层和绝缘层处理。

1）用剥离器和玻璃片剥除电缆绝缘及外半导电屏蔽层，在主绝缘和外半导电屏蔽层之间形成锥形过渡。锥形过渡应有一定长度，且平滑。

2）用玻璃片去掉绝缘表面的残留、刀痕、凹坑，使其光滑，锥形过渡部分应平滑。

3）电缆绝缘表面进行打磨抛光处理时，应按照由粗到细的顺序进行打磨，打磨过外半导电屏蔽层的砂纸不应再打磨绝缘。

4）打磨完成后进行光洁度检查。

（5）电缆绝缘外径测量。

1）测量绝缘直径，至少选择三个测量点，每个测量点应在 X 轴、Y 轴方向至少测两次。

2）绝缘直径应满足工艺要求尺寸范围，且 X 轴、Y 轴方向直径差宜小于 1mm。

（6）预制橡胶件套入。

1）将电缆附件及预制橡胶件套入电缆本体。

2）检查预制橡胶件，应无杂质、裂纹。

（7）导体连接及金属屏蔽罩安装。

1）检查压接模具和压接钳与导体尺寸匹配。

2）应从压接管中间往两边对称压接，压接模数、压力值应符合工艺要求。

3）压接管飞边、毛刺应处理平滑，压接延伸量、压接管及电缆直线度应符合工艺要求。

4）屏蔽罩外径不得超过电缆绝缘外径。

（8）电缆绝缘表面清洁处理。

清洁纸应沿绝缘部分向半导电屏蔽层方向清洁，擦过半导电屏蔽层的清洁纸不得擦拭绝缘层，也不得重复使用。

（9）预制橡胶件安装定位。

1）应以屏蔽罩中心为基准确定预制橡胶件的最终安装位置，并做好标记。

2）电缆绝缘表面宜使用电吹风进行清洁，吹干后在电缆绝缘表面均匀涂抹硅油或硅脂。

3）将预制橡胶件安装到正确位置，定位完毕应擦去多余的硅油或硅脂。

（10）安装铜壳及接地密封处理。

1）恢复外半导电屏蔽层及金属护套的连接，完成接头铜壳与金属护套的密封处理。

2）按照工艺要求连接接地电缆或同轴电缆。

2. 工艺标准

（1）电缆本体外观良好，无受潮，电缆绝缘偏心度无明显偏差。

（2）电缆校直后，弯曲度应不大于 2mm/600mm。

（3）电缆护层无损伤，护套断口均匀整齐，无尖角及豁口。

（4）电缆绝缘打磨不可碰触半导电屏蔽层。

（5）电缆绝缘与半导电屏蔽层断口处打磨，应使用砂纸手工打磨，打磨由绝缘部分向半导电屏蔽层方向打磨，打磨一次后的砂纸不可再次打磨绝缘部分。

（6）打磨后绝缘层直径符合工艺过盈配合要求，绝缘表面处理应光洁、对称。

（7）绝缘屏蔽层断口处应形成锥形过渡，光洁平滑。

（8）导体压接前应去除导体和压接管内壁油污及氧化层，压接后压接管表面应保持光洁无毛刺。

（9）导线压接达到一定压力或合模后，保持压力 10～15s。

（10）导体压接后，压接管表面应保持光洁、无毛刺。

（11）压接后应检查电缆直线度。

（12）接地线锡焊应牢固、平整无毛刺。

（13）接头铜壳与金属护套宜用焊接方式连接良好、外形美观。

（14）电缆中间接头铜壳防水密封良好。

（15）灌注胶灌注前按照工艺要求进行充分搅拌。

（16）电缆接头刚性固定符合设计要求。

（17）交叉互联用同轴电缆的内外芯应一致、交叉互联电缆跨接方向应统一。

（18）同轴电缆本体与电缆接头附件连接处的密封防水措施应良好。

（19）接地箱、交叉互联箱的箱体应有接线图和铭牌，金属箱体应接地可靠。

（20）接地箱、交叉互联箱体安装牢固、密封良好，箱体表面光洁、无划痕、标识正确、清晰。

（四）交联电缆预制式终端安装（110kV及以上）

本小节适用于110kV及以上交联电缆预制式终端安装。

1. 关键工序控制

（1）施工准备。

1）核对附件材料必须满足设计图纸要求、与电缆规格相同，附件数量齐全、完好，出厂质量证明文件齐全；施工器具齐全、完好，布置材料、工器具放置场地。检查电缆相位及标识正确，外护套耐压试验合格。

2）搭设接头工棚，对安装区域温度、湿度、清洁度进行控制，接头区域配置通风、照明、消防设备。

（2）电缆外护套及金属护套处理。

1）应按工艺要求确定外护套、金属护套剥切点，切刀切入深度不应超过其厚度的2/3。

2）按照工艺要求，剥除电缆外护套表面外电极。

3）金属护套口毛刺应打磨去除，并进行胀口处理。

（3）电缆加热校直处理。

1）电缆加热温度和时间符合工艺要求。

2）电缆校直应采用角钢等有较强硬度的校直装置进行校直，直至电缆冷却，并对电缆直线度进行测量。

（4）外半导电屏蔽层和绝缘层处理。

1）用剥离器和玻璃片剥除电缆绝缘及外半导电屏蔽层，在主绝缘和外半导电屏蔽层之间形成锥形过渡。锥形过渡应有一定长度，且平滑。

2）用玻璃片刮掉绝缘表面的残留、刀痕、凹坑，使其光滑，锥形过渡部分应平滑。

3）电缆绝缘表面进行打磨抛光处理时，应按照由粗到细的顺序进行打磨，打磨过外半导电屏蔽层的砂纸不应再打磨绝缘。

4）打磨完成后进行光洁度检查。

（5）电缆绝缘表面清洁。

清洁纸应沿绝缘部分向半导电屏蔽层方向清洁，擦过半导电屏蔽层的清洁纸不得擦拭绝缘层，也不得重复使用。

（6）导体压接。

1）检查压接模具和压接钳与导体尺寸匹配。

2）压接应从上向下，压接模数、压力值应符合工艺要求。

3）压接杠飞边、毛刺应处理平滑，压接延伸量、压接杠及电缆直线度应符合工艺要求。

（7）应力锥套入。

1）套入应力锥前应测量绝缘直径，至少选择三个测量点，每个测量点应在X轴、Y轴方向至少测两次。

2）绝缘直径应满足工艺要求尺寸范围，且X轴、Y轴方向直径差宜小于1mm。

3）检查应力锥，应无杂质、裂纹。

4）电缆绝缘表面宜使用电吹风进行清洁，吹干后在电缆绝缘表面均匀涂抹硅油或硅脂。

5）将应力锥安装到正确位置，定位完毕应擦去多余的硅油或硅脂。

（8）安装套管及金具。

1）检查套管内壁及外观无损伤。

2）吊装套管至终端底板，检查套管内壁无伤痕、杂质，复核应力锥位置。

（9）应力锥压紧装置安装。

1）根据工艺要求调节弹簧尺寸。

2）检查弹簧变形长度、弹簧伸缩顺畅。

（10）接地线连接与密封处理。

1）恢复外半导电屏蔽层及金属护套的连接，完成接头尾管与金属护套的密封处理。

2）按照工艺要求连接接地电缆。

3）金属护套绝缘带绕包应完整良好，金属护套与保护器之间连接线应采用接地电缆。

2. 工艺标准

（1）电缆本体外观良好，无受潮，电缆绝缘偏心度无明显偏差。

（2）终端安装区域，应搭建脚手架，对接头区域温度、湿度、清洁度进行控制。

（3）电缆校直后，弯曲度应不大于2mm/600mm。

（4）电缆护层无损伤，护套断口均匀整齐，无尖角及豁口。

（5）电缆绝缘打磨不可碰触半导电屏蔽层。

（6）电缆绝缘与半导电屏蔽层断口处打磨，应使用砂纸手工打磨，打磨由绝缘部分向半导电屏蔽层方向打磨，打磨一次后的砂纸不可再次打磨绝缘部分。

（7）打磨后绝缘层直径符合工艺过盈配合要求，绝缘表面处理应光洁、对称。

（8）绝缘屏蔽层断口处应形成锥形过渡，光洁平滑。

（9）导体压接前应去除导体和压接杠内壁油污及氧化层，压接后压接杠表面应保持光洁无毛刺。

（10）导线压接达到一定压力或合模后，保持压力10~15s。

（11）导体压接后，压接杠表面应保持光洁、无毛刺。

（12）压接后应检查电缆与压接杠直线度。

（13）接地线锡焊应牢固、平整无毛刺。

（14）接头尾管与金属护套密封应对称、密实。

（15）套管两端防水密封良好。

（16）如GIS终端头，应与设备终端具有符合工艺要求的接口装置，其连接金具应配套。

（17）电缆终端底座应受力均匀、固定牢靠，电缆终端外观应洁净、完整，无裂纹、损伤、渗漏。

（18）平台上电缆终端安装面应水平，并列安装的电缆终端头三相中心应在同一直线上。

（19）终端金属尾管应采用专用接地端子与接地线（网）连接。

（20）接地箱、交叉互联箱的箱体应有接线图和铭牌，金属箱体应接地可靠，箱体应采用非铁磁性材料。

（21）接地箱、交叉互联箱体安装牢固，密封良好，箱体表面光洁、无划痕，标识正确、清晰。

三、高压电缆防火、防水封堵

（一）高压电缆防火封堵

本小节适用于电缆进出构筑物、穿越隔墙、楼板的孔洞处及隧道、竖井、大型排管或重要回路的电缆沟等有特殊防火要求的地域进行的封堵施工。

1. 关键工序控制

（1）施工准备。

1）勘察防火封堵现场，选择最优的封堵方式，准备充足的防火材料。

2）清洁封堵孔洞及该处电缆表面，做好安全防护措施。

（2）安装防火隔板。

1）安装前应检查隔板外观质量。

2）使用专用挂钩螺栓固定隔板。

3）隔板间连接应使用螺栓固定，应搭接50mm，安装的工艺缺口及缝隙较大部位应使用有机防火堵料封堵严实。

4）使用隔板封堵孔洞时应固定牢固，固定方法符合工艺要求。

5）防火隔板必须采用非导磁、耐候性良好的材料。

（3）填充阻火包。

1）电缆周围包裹有机防火堵料。

2）检查阻火包无破损，使用阻火包交叉堆砌在电缆空隙中。

3）如果使用阻火包构筑阻火墙，阻火墙底部应使用砖砌筑支墩，设有排水孔，并采取阻坍塌固定措施。

（4）浇筑无机防火堵料。

1）孔洞面积大于0.2m²，且行人的地方应采取加固措施。

2）使用无机防火堵料构筑阻火墙，采用预制或现浇，自下而上砌作或浇制。预制型阻火墙，表面应使用无机防火堵料进行粉刷。

3）阻火墙应设置在电缆支（托）架处，构筑牢固，并应设电缆预留孔，底部设排水孔洞。

（5）包裹有机防火堵料。

1）有机防火堵料密实嵌于需封堵的孔隙中。

2）按工艺要求在电缆周围包裹一层有机防火堵料时，应包裹均匀密实。

3）隔板与有机防火堵料配合封堵，防火堵料应略高于隔板，高出部分宜形状规则。

4）在阻火墙两侧电缆处，有机防火堵料与无机防火堵料封堵应平整。

5）电缆预留孔和电缆保护管两断口，使用有机堵料封堵严实。填料嵌入管口的深度应不小于50mm，预留孔封堵应平整。

2. 工艺标准

（1）对接头两侧电缆直线段和该范围内邻近并行敷设的其他电缆，宜采用防火包带绕包保护。

（2）防火带使用前应清洁电缆表面。

（3）防火带采取半搭盖方式紧密绕包。

（4）防火墙和盘柜、GIS底部、电缆隧道出口处的封堵，防火隔板厚度不宜少于10mm。隧道电缆进入变电站夹层侧及防火墙两侧长度不小于2m内的电缆应涂刷防火涂料或缠绕防火包带。

（5）涂刷防火涂料的厚度不小于1mm，防火涂料不能涂刷到金具及周边设备上。

（6）有机防火堵料密实嵌于需封堵的孔隙中，应包裹均匀、密实。

（二）高压电缆防水封堵

本小节适用于电缆进出构筑物、穿越隔墙等有防水要求的地域进行的封堵施工。

1. 关键工序控制

（1）施工准备。

清洁封堵孔洞及该处电缆表面，做好安全防护措施。

（2）水泥封堵。

1）略微抬起电缆，将阻水带塞入电缆与孔壁间的空隙。

2）在外墙和内墙电缆四周用封堵水泥进行封堵，封堵时将一塑料管插入内墙封堵水泥中。

3）使用压制机将灌浆剂从塑料管孔注满电缆与孔壁间的空隙，截断塑料管，用封堵水泥将塑料管孔封堵密实。

（3）安装阻水法兰。

1）变电站电缆隧道与变电站夹层电缆进出线孔隔墙两侧宜安装阻水法兰。

2）阻水法兰材质为非铁磁性材料，选择适用的尺寸，安装正确、密封严实。

2. 工艺标准

（1）电缆进出线孔两侧电缆宜保持100mm以上直线段。

（2）穿墙电缆孔洞应做双面封堵。

（3）封堵密实牢固、平整美观。

第五节　变电工程电气部分施工新标准工艺

一、主变压器系统设备安装

（一）主变压器安装

本小节适用于35～1000kV充气运输的油浸式变压器（电抗器）安装。

1. 关键工序控制

（1）施工准备。

1）检查三维冲击记录仪，记录仪数值满足制造厂要求且最大值不大于 3g，厂家、运输、监理等单位签字齐全完整，原始记录复印件随原件一并归档。

2）充氮气或干燥空气运输的变压器在运输和现场保管期间油箱内应保持微正压，其压力为 0.01～0.03MPa。

（2）器身检查和接线。

1）凡雨、雪天，沙尘天气，风力达 4 级以上，相对湿度 75% 以上的天气，不得进行器身检查。

2）器身检查和接线时所有工器具应登记并由专人负责，避免工器具遗留在箱体内。

3）在没有排氮前，任何人不得进入油箱。内部检查应向箱体持续注入露点低于 −40℃ 的干燥空气，保持内部微正压，且确保含氧量在 19.5%～23.5%，相对湿度不应大于 20%。补充干燥空气的速率应符合产品技术文件要求。

4）变压器器身各部件无移动，各部件外观无损伤、变形；绝缘螺栓及垫块齐全无损坏，且防松措施可靠；绕组固定牢固，绕组及引出线绝缘层完整、包缠牢固紧密。

（3）附件安装。

1）安装附件需要变压器本体露空时，环境相对湿度应小于 80%，在安装过程中应向箱体内持续补充露点低于 −40℃ 的干燥空气。

2）每次只打开一处，并用塑料薄膜覆盖，连续露空时间不超过 8h，累计露空时间不超过 24h，场地四周应清洁，并有防尘措施。

3）气体继电器、温度计、压力释放阀经校验合格。

（4）抽真空处理。

1）变压器抽真空不应在雨雾天进行，抽真空时应打开散热器管路、储油柜联管阀门，接通变压器本体与调压开关油箱旁通管。

2）抽真空前应将不能承受真空下机械强度的附件与油箱隔离，对允许抽同样真空度的部件应同时抽真空。真空泵或真空机组应有防止突然停止或因误操作而引起真空泵油倒灌的措施。

3）220kV 及以上的变压器、电抗器应进行真空处理，当油箱内真空度达到 200Pa 以下时，应关闭真空机组出口阀门，测量系统泄漏率，测量时间应为 30min，泄漏率应符合产品技术文件的要求。

4）220～500kV 变压器的真空度不应大于 133Pa，750kV 变压器的真空度不应大于 13Pa，真空保持时间应符合表 2−3−5−1 的规定。

表 2−3−5−1　变压器真空保持时间

电压等级/kV	真空保持时间/h
220 及 330	≥8
500	≥24

续表

电压等级/kV	真空保持时间/h
750	≥48
1000	真空残压和持续抽真空时间应符合产品技术文件要求，当无规定时应满足下列要求： （1）真空残压≤13Pa 的持续抽真空时间不得少于 48h； （2）真空残压≤13Pa 累计抽真空时间不得少于 60h； （3）计算累计时间时，抽真空间断次数不超过 2 次，间断时间不超过 1h

（5）真空注油。

1）变压器新油应由生产厂提供新油无腐蚀性硫、结构簇、糠醛及油中颗粒度报告。对 500kV 及以上的变压器还应提供 T501（抗氧化剂）等检测报告。变压器绝缘油应符合《电气装置安装工程　电气设备交接试验标准》（GB 50150—2016）的有关规定。

2）真空残压和持续抽真空时间应满足产品技术文件要求。

3）110kV 的变压器宜采用真空注油，220kV 及以上的变压器应真空注油。注入油全过程应保持真空。注油的油温应高于器身温度。注油速度不大于 100L/min。

4）不同牌号的绝缘油或同牌号的新油与运行过的油混合使用前，必须做混油试验。

5）变压器本体及各侧绕组，滤油机及油管道应可靠接地。

（6）热油循环。

1）330kV 及以上变压器应进行热油循环，热油循环前，应对油管抽真空，将油管中的空气抽干净，同时冷却器中的油应参与进行热油循环。热油循环时间不应少于 48h，且热油循环油量不应少于 3 倍变压器总油量，或符合产品技术文件规定。

2）热油循环过程中，滤油机加热脱水缸中的温度应控制在 60～70℃ 范围内，且油箱内温度不低于 40℃。当环境温度全天平均低于 15℃ 时，应对油箱采取保温措施。

（7）整体检查与试验。

1）对变压器、散热器连同气体继电器、储油柜一起进行密封性试验，在油箱顶部加压 0.03MPa 氮气或干燥空气，持续时间 24h 应无渗漏。当产品技术文件有要求时，应按其要求进行。

2）变压器注油完毕施加电压前静置时间应符合表 2−3−5−2 的规定。

表 2−3−5−2　变压器注油完毕施加电压前静置时间

电压等级/kV	静置时间/h
110 及以下	≥24
220 及 330	≥48
500 及 750	≥72
1000	≥120

3）耐压、局部放电等试验应符合 GB 50150—2016、《1000kV 系统电气装置安装工程 电气设备交接试验标准》（GB/T 50832—2013）的要求。

2. 工艺标准

（1）主变压器的中心与基础中心线重合。本体固定牢固可靠，本体固定方式（如卡扣、焊接、专用固定件）符合产品和设计要求，各部位清洁无杂物、污迹，相色标识正确。

（2）附件齐全，安装正确，功能正常，无渗漏油现象，套管无损伤、裂纹。安装穿芯螺栓应保证两侧螺栓露出长度一致。

（3）电缆排列整齐、美观，固定与防护措施可靠，宜采用封闭式槽盒。

（4）均压环安装应无划痕、毛刺，安装牢固、平整、无变形，底部最低处应打不大于 $\phi8mm$ 的泄水孔。

（5）户外布置的继电器本体及其二次电缆进线 50mm 内应被防雨罩遮蔽，45°向下雨水不能直淋。气体继电器安装箭头朝向储油柜且有 1.5%～2% 的升高坡度，连接面紧固，受力均匀。气体继电器观察窗的挡板处于打开位置。

（6）在户外安装的气体继电器、油流速动继电器、变压器油（绕组）温度计、油位表等应安装防雨罩（厂家提供）。

（7）220kV 及以上变压器本体采用双浮球并带挡板结构的气体继电器（厂家提供）。

（8）集气盒内应注满绝缘油，吸湿器呼吸正常，油杯内油量应略高于油面线，吸湿剂干燥、无变色，在顶盖下应留出 1/5～1/6 高度的空隙，在 2/3 位置处应有标识，吸湿剂罐为全透明（方便观察）。

（9）冷却器与本体、气体继电器与储油柜之间连接的波纹管，两端口同心偏差不应大于 10mm。

（10）储油柜安装确认方向正确并进行位置复核，胶囊或隔膜应无泄漏，油位指示与储油柜油面高度符合产品技术文件要求。

（11）有载开关分接头位置与指示器指示相对应且指示正确，油室密封良好。净油器滤网完好无损。

（12）散热器及风扇编号齐全，散热器法兰、油管法兰间应采用截面积不小于 $50mm^2$ 的软铜线通过专用螺栓跨接，严禁通过安装螺栓跨接。

（13）事故排油阀应设置在本体下部，且放油口朝向事故油池，阀门应采用蝶阀，不得采用球阀，封板采用脆性材料。

（14）安全气道隔膜与法兰连接严密，不与大气相通。压力释放阀导油管朝向鹅卵石，不得朝向基础。喷口应装设封网，其离地面高度为 500mm，且不应靠近控制柜或其他附件。

（15）阀门功能标识及注放油、消防管道介质流向标识齐全、正确。

（16）套管与封闭母线（外部分支套管）中心线一致。变压器套管与硬母线连接时应采取软连接等防止套管端子受力的措施，套管油表应向外便于观察。变压器低压侧硬母线支柱绝缘子应有专用固定支架，不得固定在散热器上。套管末屏密封良好，接地可靠，套管法兰螺栓齐全、紧固。

（17）本体应两点与主接地网不同网格可靠连接。调压机构箱、二次接线箱应可靠接地。电流互感器备用绕组应短路后可靠接地。

（18）中性点引出线应两点接地，分别与主接地网的不同干线相连，中性点引出线与本体可靠绝缘，且采用淡蓝色标识。

（19）铁芯、夹件应分别可靠一点接地，接地排上部与瓷套接线端子连接部位、接地排下部与主接地网连接部位应采用软连接，铁芯、夹件引出线与本体可靠绝缘，且采用黑色标识。

（20）分体式变压器中性点分别采用软母线引出至中性线管形母线，自中性线管形母线一侧采用支柱绝缘子与支架绝缘引下后再通过两根接地线与主接地网不同干线可靠相连。接地连接处应安装网栏进行防护，经小电抗接地处的网栏不应构成闭合磁路。

（21）钟罩式变压器本体外壳上下法兰之间应可靠跨接。

（22）变压器主导电回路应采用 8.8 级热镀锌螺栓。

（23）220kV 及以下主变压器的 6～35kV 中（低）压侧引线、户外母线（不含架空软导线型式）及接线端子应绝缘化；500（330）kV 变压器 35kV 套管至母线的引线应绝缘化。

（二）中性点系统设备安装

本小节用于 110～220kV 变电站中性点系统设备安装。

1. 关键工序控制

中性点系统设备安装：

（1）设备吊装时应采取防倾倒措施，不得将吊绳捆绑在绝缘子上进行起吊，防止损坏设备。

（2）放电间隙距离符合《交流电气装置的过电压保护和绝缘配合》（DL/T 620—1997）的要求。

2. 工艺标准

（1）中性点隔离开关安装工艺标准参见有关标准，中性点设备引下接地部位应采用两根接地体分别与主接地网的不同干线相连，截面满足设计要求。

（2）中性点避雷器安装工艺标准参见有关标准。

（3）放电间隙横平竖直，固定牢固，并确保中心对准一致，接地应采用两根接地引下线与接地网不同接地干线相连。

二、站用变压器及交流系统设备安装

（一）油浸式站用变压器安装

本小节适用于 10～110kV 带油运输的油浸式站用变压器（电抗器）安装。

1. 关键工序控制

（1）施工准备。

检查三维冲撞记录仪，记录仪数值满足制造厂要求，最大值不大于 3g。厂家、运输、监理等单位签字齐全完整，原始记录复印件留存随原件一并归档。

（2）附件安装。

1）气体继电器、温度计、压力释放阀经校验合格（连同本体运输到现场的，条件允许应拆除后送检）。

2）气体继电器、压力释放阀拆除后再安装时，应更换全新密封圈。

（3）整体检查与试验。

1）对变压器、散热器连同气体继电器、储油柜一起进行密封性试验，在油箱顶部加压 0.03MPa 氮气或干燥空气，持续时间 24h 应无渗漏。当产品技术文件有要求时，应按其要求进行。整体运输的变压器可不进行密封性试验。

2）变压器注油完毕施加电压前静置时间不少于 24h。

3）耐压试验应符合 GB 50150—2016 的要求。

2．工艺标准

（1）基础（预埋件）水平度误差≤3mm。

（2）铭牌及接线图标识清晰。本体固定牢固、可靠，防松件齐全、完好。

（3）附件齐全，安装正确，功能正常；无渗漏油现象。变压器绝缘油应符合 GB 50150—2016 的有关规定。

（4）本体及散热片无变形，压力释放阀喷口方向合理，吸湿器无破损，内部硅胶未受潮。

（5）电压切换装置动作可靠；分接头位置与指示器指示相对应且指示正确；安全气道膜片外形完整、无变形。

（6）油温表应正确反映本体内实际油温，安装位置应便于观测。

（7）吸湿器密封良好，无裂纹，吸湿剂不应碎裂、粉化，应干燥无变色；注入吸湿器油杯的油量应略高于油面线。

（8）气体继电器安装方向正确（箭头指向储油柜），无渗漏，芯体绑扎线应拆除，油位观察窗挡板应打开；户外布置的继电器应装设防雨罩，其本体及二次电缆进线 50mm 应被遮蔽，45°向下雨水不能直淋。

（9）引出端子与导线连接可靠，并且不应承受额外的应力；瓷套清洁、无机械损伤、无裂纹。

（10）阀门应有明显的"开"与"关"标识，操作灵活，开闭位置正确，阀门接合处无渗漏油现象。

（11）站用变压器本体应两点接地，采用接地线与主接地网可靠连接。低压侧中性点应与主接地网直接相连。本体内部引出其他接地件就近与主接地网可靠连接。

（二）干式站用变压器安装

本小节适用于 10kV 及以上干式站用变压器安装。干式铁芯电抗器安装可参照执行。

1．关键工序控制

站用变压器本体和柜体接地引线安装：

（1）裸露导体无尖角、毛刺，相间及对地距离符合规范要求。

（2）接地线应采用机械冷弯，与站用变压器接地件采用螺栓连接紧固，并保证电气安全距离。

2．工艺标准

（1）本体固定牢固、可靠，防松件齐全、完好，接地牢固，导通良好。附件齐全，安装正确，功能正常。

（2）高、低压出线引出端子与电缆终端连接可靠，并且不应承受额外的应力，裸导体相间及对地距离符合要求。

（3）线圈绝缘筒内部应清洁，无杂物，外部面漆无刷蹭痕迹，线圈与底部固定件及顶部铁芯、夹件固定螺栓应紧固，无松动现象。高、低压侧引出接线端子与绕组之间无裂纹痕迹，相色标识完整。

（4）底部槽钢件与预埋件焊接，底座两侧与接地网两处可靠连接，低压侧中性点与主接地网直接相连，本体引出的其他接地端子就近与主网连接。铁芯一点接地，本体及外壳接地牢固可靠、导通良好。

（5）对带有防护外壳的站用变压器门应加装机械锁或电磁锁。

（6）有防振垫的干式变压器底座应做好跨接并可靠接地。

（7）室内安装在网门内的干式变压器，如低压侧负荷开关手动操动机构设置在网门上，需可靠直接接地，严禁通过网门跨接接地。

（三）配电盘（开关柜）安装

本小节适用于 10kV 及以上变电站配电盘（开关柜）安装。

1．关键工序控制

配电盘（开关柜）内部检查、接线工序控制如下：

（1）柜内附属设备安装位置正确，外观完好无损，铭牌标识齐全。柜内设备与各构件间连接应牢固。

（2）柜内母线安装时检查柜内支持式或悬挂式绝缘子安装方向应正确，爬电距离符合设计要求，确保绝缘距离。动、静触头位置正确，接触紧密。柜内主母线螺栓紧固后应标记漆线，力矩满足规范要求。母线与分支连接无应力。

2．工艺标准

（1）基础槽钢允许偏差：不直度＜1mm/m，全长＜5mm；水平度＜1mm/m，全长＜5mm。位置误差及不平行度＜5mm；基础型钢顶部标高在产品技术文件没有要求时高出抹平地面 10mm。

（2）配电盘（开关柜）安装前，检查外观面漆无明显刷蹭痕迹，外壳无变形，盘面（柜面）电流、电压表计、保护装置、操作按钮、门把手完好，内部电气元件固定无松动。

（3）盘、柜体垂直度偏差＜1.5mm/m；相邻两盘顶部水平偏差＜2mm，成列盘顶部水平偏差＜2mm；相邻两盘边偏差＜1mm，成列盘面偏差＜1mm；盘、柜体盘间接缝偏差＜2mm。

（4）盘、柜面平整，附件齐全，门销开闭灵活，照明装置完好，盘、柜前后标识齐全、清晰。开关柜机械闭锁、电气闭锁应动作准确、可靠、灵活，具备防止电气误操作的"五防"[即防止误分、合断路器；防止带负荷分、合隔离开关；防止带电挂（合）接地线（接地开关）；防止带地线送电；防止误入带电间隔]功能。

（5）开关柜的观察窗应使用机械强度与外壳相当、内有接地屏蔽网的钢化玻璃遮板，并通过开关柜内部燃弧试验。严禁使用普通或有机玻璃。

（6）屏柜内电源侧进线应接在静触头端，负荷侧出线应接在动触头端。

（7）真空开关熔断器导通良好、接触可靠；辅助开关动作准确、可靠；断路器分合闸指示正确且与操动机构联动正常、无卡阻。

（8）母线平置时，贯穿螺栓应由下往上穿，螺母应在上方；其余情况下，螺母应置于维护侧，连接螺栓长度宜露出螺母 2～3 扣。

（9）母线需全部加绝缘护套且外观完好，母线应标示相序；对已紧固完成并标记的接触面包封处理并包扎紧密。

（10）盘、柜体底座与基础槽钢采用螺栓可靠连接，接地良好，成列开关柜的接地母线，应有两处明显的与接地网可靠连接点。金属柜门应以软铜线与接地的金属构件可靠连接。成套柜应装有供检修用的接地装置。

（11）开关柜封闭母线外壳连接处用截面积不小于 4mm² 的接地线进行跨接，在与穿墙套管结合处直接接地。

三、配电装置安装

（一）软母线安装

本小节适用于 35kV 及以上变电站软母线（含引下线及跳线）安装。

1. 关键工序控制

（1）绝缘子串组装、试验。

1）绝缘子耐压试验合格后方能进行组装。

2）耐张悬式绝缘子间连接过程按规定要求统一碗口朝向，R 销子碗口朝下，M 销子碗口朝上。

3）金具组装后螺栓露出丝扣符合设计、厂家金具样本要求，螺栓端部销针完整销入，弹簧销应有足够弹性，闭口销应分开，不会脱落。

（2）导线压接。

1）软母线施工前，耐张线夹每种导线规格取两根压接后试件送检，试验合格后方可施工。

2）导线与线夹接触面均应清除氧化膜并用汽油或丙酮清洗。清洗长度不少于压接长度的 1.2 倍，线夹与导线接触面涂以薄层电力复合脂。

3）将钢芯穿入耐张线夹钢锚管，穿入时应顺绞线绞制方向旋转推入至管底。自耐张线夹钢锚长圆环侧开始，依次向管口端连续施压，压接顺序符合《输变电工程架空导线（800mm² 以下）及地线液压压接工艺规程》（DL/T 5285—2018）和《大截面导线压接工艺导则》（Q/GDW 1571—2010）规范的要求。

4）钢锚外部铝管压接前配有填充料时，需将填充料放入铝管内部，铝管压接前检查填充料有无移位（扩径导线与线夹压接时，应用相应芯棒将扩径导线中心所压接部分空隙填满）。

5）将铝管顺铝绞线绞制方向，往耐张线夹钢锚端旋转推入，将钢锚环与铝管引流板的连接方向调整至规定位置，且两者的中心线在同一平面。

6）导线压接顺序符合 DL/T 5285—2018 规范的要求。压接时相邻两模间钢管重叠不应小于 5mm，铝管重叠不应小于 10mm，压接后六角形对边尺寸不应大于 0.86D+0.2mm（D 为压接铝管标称外径）。

7）铝管压接后产生的飞边、毛刺利用锉刀打磨光滑，800mm² 及以下导线弯曲度应小于压接管全长的 2%，800mm² 以上大截面导线弯曲度应小于压接管全长的 1%。

8）钢芯外露部分及钢锚压接部位刷防锈漆；耐张线夹铝管压接后应在管口涂红色标识漆。

9）室外软母线应在两端做相色标识。

（3）母线安装。

1）软母线安装首端挂线时宜采用吊车直接吊装方式。

2）软母线安装紧线时采用后牵引方式，牵引导线的钢丝绳与地面的夹角不得大于 45°。采用后牵引方式，地面滑车固定在母线构架、横穿母线构架根部，必要时设地锚。

3）严格控制过牵引，卷扬机（吊车）操作应平稳，应一次牵引到位，如一次不到位，应适当放松钢丝绳，进行位置调整使过牵距离减少。

4）导线就位后对导线弧垂进行测量，与设计图要求弧垂进行对比，较小误差应利用可调金具调整至满足实际要求。

（4）引下线、跳线、设备连接线安装。

1）短导线压接时，将导线插入线夹内距底部约 10mm，用夹具在线夹入口处将导线夹紧，从管口处向线夹底部顺序压接，以避免出现引线隆起现象。

2）引线及跳线与设备连接安装时，不应使设备端子承受额外的应力。

2. 工艺标准

（1）绝缘子串组装。

1）绝缘子外观、瓷质完好无损，铸钢件完好、无锈蚀。

2）连接金具与所用母线的导线匹配，金具及紧固件光洁，无裂纹、毛刺及凹凸不平。

3）弹簧销应有足够的弹性，销针开口不得小于 60°，并不得有折断或裂纹，严禁用线材代替。

4）可调金具的调节螺母应紧锁。

（2）软母线安装。

1）导线及金具表面应清洁无污染，无断股、松散及损伤，扩径导线无凹陷、变形。线夹引流板无变形、损坏。

2）母线弛度应符合设计要求，其允许误差为

−2.5%~5%，同一档距内三相母线的弛度应一致。

3）线夹压接管口附近导线无隆起和松股，压接管表面应光滑、无裂纹、无飞边和无毛刺。

4）扩径导线的弯曲半径，不应小于导线外径的30倍。

5）均压环安装应无划痕、毛刺，安装牢固、平整、无变形，底部最低处应打不大于$\phi 8mm$的泄水孔。

（3）引下线及跳线安装。

1）线夹位置、角度、方向设置合理，引下线及跳线走向自然、美观，弧度适当，无断股、松散及损伤。

2）线夹压接管口附近导线无隆起和松股，压接管表面应光滑、无裂纹、无飞边和无毛刺。

3）线夹管口朝上安装时，应在线夹底部最低处打不大于$\phi 8mm$的泄水孔。

4）所有连接螺栓均采用热镀锌螺栓，防松措施、紧固力矩符合《电气装置安装工程 母线装置施工及验收规范》（GB 50149—2010）的要求。

5）引下线、设备连接线与设备接线板搭接要求：经镀银处理的设备接线板可直接与设备线夹连接；铜铝材质搭接，在室内搭接时，铜端应搪锡，室外搭接时，应使用铜铝复合片且铜端应搪锡。

（二）悬吊式管形母线安装

本小节适用于 220~750kV 变电站悬吊式管形母线安装。

1. 关键工序控制

（1）管形母线加工。

1）管形母线批量焊接前，对每种型号管形母线焊接一件试件送检，试验合格后方可施工。

2）管形母线焊接应采用氩弧焊，焊接场所应采取可靠防风、防雨、防雪、防冻、防火等措施，焊接过程中不得中断氩气保护。焊接成形后的管形母线待冷却后方可挪动。

3）管形母线配置后对焊接端进行坡口处理，坡口角度应根据接头类型、母线壁厚等来确定。同时打加强孔，数量满足设计图纸要求。焊接所使用焊丝和衬管与管形母线材质相同，衬管长度满足设计要求并与管形母线匹配。

4）管形母线对接部位两侧、衬管焊接部位、焊丝应除去氧化层，焊缝应坚实、饱满、均匀。

5）管形母线应根据设计要求放入阻尼导线。

（2）管形母线吊装。

1）悬吊式管形母线就位前以母线下方隔离开关基础为参考，测量管形母线钢梁挂点实际标高，结合设计图给出管形母线标高及组装后的金具绝缘子串长度，计算出管形母线夹具所卡位置。

2）管形母线就位后结合下方隔离开关基础复测管形母线标高，误差范围内可通过花篮螺栓进行调节，同时对整段母线进行调直，也可通过调节花篮螺栓来实现。

3）单跨距、大口径悬吊式管形母线不宜预弯，必要时要通过加入配重块来调平，配重过程应考虑安装在管

形母线上方隔离开关静触头重，且按不同相进行区分，配重块每块重不宜过重，且应设穿芯孔和穿芯螺杆。

4）管形母线吊装后应复核带电部分安全净距离。

2. 工艺标准

（1）单相母线应平直，端部整齐，挠度$<D/2$（D 为管形母线的直径），三相母线应平行，相距一致。

（2）每相管形母线的焊点应避开安装在其上部的隔离开关静触头夹具，保持焊缝距夹具边缘不少于 50mm。

（3）管形母线、金具外观应完整，无缺损、毛刺、凹凸、裂纹等现象，金具安装位置正确，各类防松帽、闭锁销已锁紧到位。

（4）管形母线跳线走向自然，应保持每相及分裂导线每根弧度一致。

（5）管形母线端部应安装封端球或封端盖，并应做相色标识。

（6）管形母线最低处、封端球底部应打不大于$\phi 8mm$的泄水孔。

（7）均压环安装应无划痕、毛刺，安装牢固、平整、无变形，底部最低处应打不大于$\phi 8mm$的泄水孔。

（三）支撑式管形母线安装

本小节适用于 35kV 及以上变电站支撑式管形母线安装。

1. 关键工序控制

（1）管形母线加工。

1）需焊接的管形母线施工前，对每种型号管形母线焊接一件试件送检，试验合格后方可施工。

2）每相管形母线的焊点应避开安装支撑金具，保持焊缝距支撑金具边缘不少于 100mm。同时应避开安装在其上部的隔离开关静触头夹具，保持焊缝距夹具边缘不少于 50mm。

3）管形母线配置后对焊接端进行坡口处理，坡口角度应根据接头类型、母线壁厚等来确定。同时打加强孔，数量满足设计图纸要求。焊接所使用焊丝和衬管与管形母线材质相同，衬管长度满足设计要求并与管形母线匹配。

4）管形母线对接部位两侧、衬管焊接部位、焊丝应除去氧化层，焊缝应坚实、饱满、均匀。

5）管形母线应根据设计要求放入阻尼导线和预弯，如采取预弯，则应对焊接头采取保护措施。

（2）管形母线吊装。

1）管形母线应采用多点吊装，就位过程应拴有控制绳，设专人控制防止碰撞，母线就位后，伸缩固定夹具与管形母线之间安装紧固。

2）同一相母线的轴线处于一个垂直面上，三根管形母线必须在同一水平面上，如不在同一水平面，可通过调节绝缘子高度进行调整。

2. 工艺标准

（1）支柱绝缘子安装。

1）支架标高偏差≤5mm，垂直度偏差≤5mm，顶面水平度偏差≤2mm/m。

2）绝缘子支柱外观清洁，无裂纹，底座固定牢靠，受力均匀。

3）垂直误差≤1.5mm/m，底座水平度误差≤2mm，母线直线段内各支柱绝缘子中心线误差≤5mm。

4）绝缘子支柱与法兰结合面胶合牢固并涂以性能良好的防水胶，瓷裙外观完好无损伤痕迹。

5）需要组装的绝缘子应严格按照厂家提供的产品组装编号进行组装。

（2）支撑式管形母线安装。

1）轴线误差≤10mm，基础杯底误差为−10～0mm。

2）支架和托架安装后，再用水平仪测量，确保支架高差在10mm以内。

3）管形母线、金具外观应完整，无缺损、毛刺、凹凸、裂纹等现象，金具安装位置正确，各类防松帽、闭锁销已锁紧到位。

4）单相母线应平直，端部整齐，挠度<D/2（D为管形母线直径），三相母线应平行，相距一致。

5）每一段母线应在中间位置设置一个固定死点，其余均采用松固定，以使母线滑动自如。

6）伸缩节滑动滚珠应根据安装时的季节因素调整在适当位置，且伸缩裕度应合理。

7）管形母线端部应安装封端球或封端盖，并应做相色标识。

8）管形母线最低处、封端球底部应打不大于ϕ8mm的泄水孔。

（四）母线接地开关安装

本小节适用于110～750kV变电站母线接地开关安装。

1．关键工序控制

（1）接地开关安装。

1）将接地开关底座、绝缘子支柱、母线托架、接地开关静触头整体组装，检查处理导电部分连接部件的接触面，动、静触头接触处氧化物清洁光滑后涂以薄层中性凡士林，依据设计图确定底座接地开关朝向与接地开关静触头相对应。

2）所有螺栓的紧固均应使用力矩扳手，其力矩值应符合产品的技术规定，接地开关底座自带可调节螺栓时，将其调整至设计图纸要求尺寸。

（2）接地开关调整。

1）接地开关转轴上的扭力弹簧或其他拉伸式弹簧应调整到操作力矩最小，并加以固定。

2）轴承、连杆及拐臂等传动部件机械运动应顺滑，转动齿轮应咬合准确，操作轻便灵活。

3）定位螺钉应按产品的技术要求进行调整，并固定。

4）电动操作时，机构动作应平稳，无卡阻、冲击异常声响等情况。电动机的转向应正确，机构的分、合闸指示应与设备的实际分、合闸位置相符。

2．工艺标准

（1）支架标高偏差≤5mm，垂直度偏差≤5mm，顶面水平度偏差≤2mm/m。

（2）支柱绝缘子应垂直（误差≤1.5m/m）于底座平面且连接牢固。

（3）导电部分的软连线连接可靠，无折损。

（4）操动机构安装牢固，固定支架工艺美观，机构轴线与底座轴线重合，偏差≤1mm。

（5）接地开关应操作灵活，触头接触可靠。

（6）均压环安装应无划痕、毛刺，安装牢固、平整、无变形，底部最低处打不大于ϕ8mm的泄水孔。

（7）接地开关垂直连杆与机构连接应紧固、垂直，连杆做黑色标识，应采用截面积不小于50mm²的软铜线（厂家提供）跨接接地。

（8）拐臂等传动部分应涂适合当地气候条件的润滑脂（如"二硫化钼"）。

（9）接地开关底座与支架应用导体可靠连接。

（五）主变压器低压侧硬母线安装

本小节适用于35～220kV变电站主变压器低压侧硬母线安装。

1．关键工序控制

（1）矩形母线制作（矩形母线）。

1）对矩形母线进行校直，校直过程不得在硬母线表面留下敲击、损伤等痕迹。

2）母线直线段应采用完整单根母排制作，尽量减少接头，横平竖直。母线制作采用机械冷弯工艺，转弯处应采用立弯型式，矩形母线弯曲半径应根据母线的材质和规格来确定，应符合《电气装置安装工程 母线装置施工及验收规范》（GB 50149—2010）的要求。

（2）母线安装及调整（矩形母线）。

1）矩形母线上下搭接部位应弯曲一端，保证其平滑过渡，上片母线端头与下片母线平弯开始处的距离不小于50mm，搭接部位距支持夹板边缘不小于50mm。

2）矩形母线直线连接和垂直连接尺寸、钻孔要求、螺栓规格等应符合GB 50149—2010的要求。

3）矩形母线就位后直线段及弯曲部位调整至自然状态，不存在局部受力现象。

（3）固定金具安装（全绝缘管形母线）。

1）金具表面应光洁、平整，不得有裂纹、飞边、毛刺和伤痕等现象。

2）母线金具在支、吊架上安装应平整牢固，螺栓紧固力矩应符合产品技术文件要求，螺栓长度宜露出螺母2～3扣。

3）绝缘管形母线的固定金具、滑动金具和伸缩金具的安装位置应符合设计要求，固定金具应采用非导磁材料，应与母线接头位置错开。

（4）全绝缘管形母线安装（全绝缘管形母线）。

1）绝缘管形母线安装宜采用多点吊装，吊装母线应使用带有保护外套的吊带，并应采取牵引导向措施，不得损伤母线外护套。

2）绝缘管形母线安装就位后，应调整各段母线的轴线尺寸和水平度符合产品技术文件要求，并调整母线金具，不得使其支持的母线受到额外的应力。

（5）母线中间接头、伸缩段及接地安装（全绝缘管形母线）。

1）母线段间及与伸缩节间导体连接接触面的处理，应符合 GB 50149—2010 的相关规定。

2）采用"Ω"形伸缩段时，其弯曲半径应符合设计要求，连接前应检查确认其弯曲部位表面无扭曲、皱褶和裂痕，连接时不得强行对口使伸缩段承受额外的应力。

3）绝缘管形母线的金属屏蔽层应按设计和产品技术文件要求接地，当无要求时，可分段绝缘，每一段应单点接地。

4）水平布置母线段的接地线应从母线底部引出，当垂直布置母线段的接地线从母线侧面引出时，接地线引出位置上部宜套装绝缘伞裙，接地线引出部位应做好防水和受潮措施。

2. 工艺标准

（1）矩形母线安装。

1）支柱绝缘子支架标高偏差≤5mm，垂直度偏差≤5mm，顶面水平度偏差≤2mm/m。

2）导体及绝缘子排列整齐，相间距离一致，水平度偏差应≤5mm/m，顶面高差应≤5mm。

3）当母线平置时，母线支持夹板的上压板应与母线保持 1～1.5mm 的间隙，当母线立置时，上压板应与母线保持 1.5～2mm 的间隙。

4）母线在支柱绝缘子上的固定死点，每一段应设置一个，宜位于全长或两段母线伸缩节中点。

5）母线支持绝缘子不得固定在弯曲处，固定点夹板边缘与弯曲处距离不应大于 0.25L（L 两支持点间距离），但不应小于 50mm。

6）相邻母线接头不应固定在同一绝缘子间隔内，应错开间隔安装。

7）连接螺栓应采用 8.8 级镀锌螺栓，母线平置安装时，贯穿螺栓应由下往上穿，螺母在上方；其余情况下，螺母应置于维护侧，连接螺栓长度宜露出螺母 2～3 扣。螺栓防松措施、紧固力矩符合 GB 50149—2010 的要求。

8）主变压器低压侧三相硬母线应加装绝缘护套，接头处、软连接部位宜采用缠绕式绝缘带，且应在绝缘套下凹处打泄水孔，防止绝缘套下凹处积水，冬季结冰冻裂。

9）硬母线上的接地挂线板应呈"品"字形布置。母线与主变压器套管端子之间应采取伸缩措施。

（2）全绝缘管形母线安装。

1）支架焊接处应全部满焊，焊接牢固，镀锌层完好，每个支架应接地可靠。

2）所有螺栓、垫圈、闭口销、锁紧销、弹簧垫圈、锁紧螺母等应齐全。

3）母线外观应完好，热缩紧密，表面光洁，无气孔、开裂，无明显的色料不均等缺陷。母线相色标识正确，屏蔽层接地可靠。

4）硬母线上的接地挂线板应呈"品"字形布置。母线与主变压器套管端子之间应采取伸缩措施。

5）母线耐压、局部放电试验应符合《7.2kV～40.5kV 绝缘管形母线技术规范》（Q/GDW 11646—2016）的要求。

（六）断路器安装

本小节适用于变电站 35kV 及以上断路器安装。

1. 关键工序控制

（1）本体安装。

1）法兰密封槽面应清洁，无划伤痕迹；已使用过的密封垫（圈）不得使用；涂抹密封胶时，不得使其流入密封垫（圈）内侧而与 SF_6 气体接触。

2）均匀对称紧固断口与支柱连接螺栓，紧固力矩符合产品技术文件要求。

（2）抽真空、充气。

1）气体充入前应对设备内部进行真空处理，真空残压及保持时间应符合产品技术文件要求。预充微正压 SF_6 气体运输至现场的断路器，现场测量微水合格后，可以不抽真空，直接补气至额定压力（具体要求由产品安装说明书确定）。

2）真空泄漏检查方法应按产品说明书的要求进行。

3）SF_6 气体充注前，必须对 SF_6 气体抽样送检，抽样比例及检测指标应符合《工业六氟化硫》（GB/T 12022—2014）的要求。现场测量每瓶 SF_6 气体含水量，应符合规范要求。

4）充气过程中应进行密度继电器报警、闭锁接点压力值检查，应符合产品技术文件要求。

5）充至额定压力 24h 后，采用灵敏度不低于 1×10^{-6}（体积比）的检漏仪对设备进行密封试验。必要时采用局部包扎法进行泄漏值测量，每个气室年泄漏率不大于 0.5%。

6）充至额定压力 24h 后，测量设备 SF_6 气体含水量，与灭弧室相通的气室应小于 150μL/L，不与灭弧室相通的气室应小于 250μL/L。

（3）现场检查和试验。

1）按产品电气控制回路图检查厂方接线正确性。

2）按设计图进行电缆二次接线并验证回路接线的正确性。

3）断路器分合闸测速、断口耐压等试验应符合 GB 50150—2016 的要求。

2. 工艺标准

（1）基础中心距离误差、高度误差、预留孔或预埋件中心线误差均应≤10mm；基础预埋件上端应高出混凝土表面 1～10mm；预埋螺栓中心线误差≤2mm，地脚螺栓高出基础顶面长度应符合设计和厂家要求，长度应一致。相间中心距离误差≤5mm。

（2）断路器的固定应牢固可靠，宜实现无调节垫片安装（厂家调节垫片除外），支架或底架与基础的垫片不宜超过三片，总厚度不应大于 10mm，各片间应焊接牢固。

（3）支架安装后找正时控制支架垂直度、顶面平整度，相间顶部平整度保持一致，尤其三相联动式断路器，门形支架安装过程中控制支架垂直度和支架上部横担水平度。

（4）所有部件（包括机构箱）的安装位置正确，并按制造厂规定要求保持其应有的水平度或垂直度。

（5）瓷套表面应光滑无裂纹、缺损。套管采用瓷外套时，瓷套与金属法兰胶装部位应牢固密实并涂有性能良好的防水胶；套管采用硅橡胶外套时，外观不得有裂纹、损伤、变形；套管的金属法兰结合面应平整、无外伤或铸造砂眼。

（6）断路器相色标识齐全，本体机构箱及支架应可靠接地。

（7）断路器及其传动机构的联动正常，无卡阻现象，分、合闸指示正确，辅助开关及电气闭锁动作正确、可靠。

（8）均压环安装应无划痕、毛刺，安装牢固、平整、无变形，底部最低处应打不大于 $\phi8mm$ 的泄水孔。

（9）断路器各类表计（密度继电器、压力表等）及指示器（位置指示器、储能指示器等）安装位置应方便巡视人员或智能机器人巡视观察。

（10）SF_6 密度继电器与开关设备本体之间的连接方式应满足不拆卸校验密度继电器的要求。户外 SF_6 密度继电器应安装防雨罩（厂家提供）。

（11）断路器操作平台应可靠接地，平台各段应有跨接线。平台距基准面高度低于 2m 时，防护栏杆高度不应小于 900mm；平台距基准面高度不小于 2m 时，防护栏杆高度不应小于 1050mm，底部应设有 180mm 高的挡脚板。

（七）隔离开关安装

本小节适用于变电站 35kV 及以上隔离开关的安装。

1. 关键工序控制

（1）本体安装。

1）隔离开关底座、绝缘子支柱、顶部动触头及接地开关静触头整体组装，组装过程隔离开关拐臂处于分闸状态，检查处理导电部分连接部件的接触面，动、静触头接触氧化物清洁光滑后涂以薄层中性凡士林。

2）依据设计图纸确定底座主刀与接地开关方向，就位找正后紧固，所有螺栓的紧固均应使用力矩扳手，其力矩值应符合产品的技术规定，隔离开关底座自带可调节螺栓时，将其调整至设计图纸要求尺寸。

（2）隔离开关调整。

1）隔离开关转轴上的扭力弹簧或其他拉伸式弹簧应调整到操作力矩最小，并加以固定。

2）隔离开关、接地开关垂直连杆与机构间连接部分应紧固、垂直，焊接部位牢固、美观。

3）轴承、连杆及拐臂等传动部件机械运动应顺滑，转动齿轮应咬合准确，操作轻便灵活。

4）定位螺钉应按产品技术规定进行安装调整并加以固定。

5）电动操作前，应先进行多次手动分、合闸，机构应轻便、灵活，无卡涩，动作正常。电动操作时，电动机转向正确，机构动作应平稳，无卡阻、冲击异常声响

等情况。

6）隔离开关拐臂过死点控制、动静触头相对位置、备用行程及动触头状态，应符合产品技术文件要求。

7）操作灵活，触头接触可靠，三相联动的隔离开关，触头接触不同期值应符合规范和产品技术文件要求。当无规定时，最大不超过 20mm。

（3）现场检查和试验。

1）操动机构、传动装置、辅助开关及闭锁装置应安装牢固，动作灵活可靠，机构的分、合闸指示应与设备的实际分、合闸位置相符，主刀与接地开关机械及电气闭锁正确。

2）隔离开关直阻等试验应符合 GB 50150—2016 的要求。

2. 工艺标准

（1）钢管支架基础杯底标高允许偏差：−10～0mm。支架柱轴线偏差≤5mm，标高偏差≤5mm，垂直度偏差≤5mm，顶面水平度偏差≤2mm/m。

（2）采用预埋螺栓与基础连接时，螺栓上部要求采用热镀锌形式，预埋螺栓中心线误差≤2mm，全站内同类型隔离开关预埋螺栓顶面标高应一致。

（3）设备底座连接螺栓应紧固，同相绝缘子支柱中心线应在同一垂直平面内，同组隔离开关应在同一直线上，偏差≤5mm。

（4）接线端子应清洁、平整。导电部分的软连接需可靠，无折损。

（5）拐臂等传动部分应涂适合当地气候条件的润滑脂（如"二硫化钼"）。

（6）操动机构安装牢固，固定支架工艺美观，机构轴线与底座轴线重合，偏差≤1mm，同一轴线上的操动机构安装位置应一致。

（7）电缆排列整齐、美观，固定与防护措施可靠。

（8）设备底座及机构箱接地牢固，导通良好。

（9）均压环安装应无划痕、毛刺，安装牢固、平整、无变形，底部最低处应打不大于 $\phi8mm$ 的泄水孔。

（10）隔离开关机构箱、支架应可靠接地，设备底座与支架应用导体可靠连接。

（11）隔离开关垂直连杆应采用截面不小于 $50mm^2$ 的软铜线（厂家提供）跨接可靠接地，接地开关垂直连杆应做黑色标识。

（八）电流、电压互感器安装

本小节适用于变电站 35kV 及以上电流、电压互感器的安装。

1. 关键工序控制

（1）设备安装。

1）互感器安装时，应将运输中膨胀器限位支架等临时保护措施拆除，并检查顶部排气塞密封情况。

2）电流互感器吊装时吊绳应固定在吊环上起吊，吊装过程中用缆绳稳定，防止倾斜。

3）电容式电压互感器必须根据产品成套供应的组件编号进行安装，不得互换，法兰间连接可靠（部分产品

法兰间有连接线）。

4）电流互感器安装时一次接线端子方向应符合设计要求。

（2）调整、紧固、检查。

1）对电容式电压互感器具有保护间隙的，应根据产品说明书要求检查并调整。

2）所有安装螺栓使用力矩扳手紧固，力矩值符合产品技术文件要求。

2. 工艺标准

（1）支架标高偏差≤5mm，垂直度偏差≤5mm，相间轴线偏差≤10mm，顶面水平度偏差≤2mm/m。

（2）设备外观清洁，相色标识正确，底座固定牢靠，受力均匀，设备安装垂直，误差≤1.5mm/m。

（3）电容式电压互感器多节组装时，必须按组件出厂编号及上下顺序进行组装，禁止互换。

（4）并列安装的设备应排列整齐，同一组互感器的极性方向一致。

（5）油浸式互感器应无渗漏，油位正常并指示清晰。

（6）电流、电压互感器支架应与主接地网可靠连接，设备本体外壳接地点应与设备支架可靠连接。

（7）电流、电压互感器二次电缆管与设备支架间宜采用专用夹具固定，并直接接入设备接线盒内，二次电缆管与设备接线盒间的空隙应可靠封堵。

（8）电容式套管末屏应可靠接地；电流互感器备用绕组应短接可靠并接地，电压互感器的N端、二次备用绕组一端应可靠接地。

（9）均压环安装应无划痕、毛刺，安装牢固、平整、无变形，底部最低处应打不大于φ8mm的泄水孔。

（九）避雷器安装

本小节适用于变电站35kV及以上避雷器安装。

1. 关键工序控制

设备安装关键工序控制如下：

（1）吊装时吊绳应固定在吊环上，不得利用瓷裙起吊。

（2）避雷器多节组装时，必须根据产品成套供应的组件编号进行，不得互换，法兰间连接可靠。

（3）220kV及以上电压等级瓷外套避雷器安装前应检查避雷器上下法兰是否胶装正确，下法兰应设置排水孔。

（4）避雷器找正后紧固底座紧固件，所有安装螺栓力矩值符合产品技术要求。

2. 工艺标准

（1）支架标高偏差≤5mm，垂直度偏差≤5mm，顶面水平度偏差≤2mm/m。

（2）瓷套外观完整，无裂纹。铭牌应位于易于观察的一侧，标识应完整、清晰。

（3）设备安装牢固，垂直度应符合产品技术文件要求。并列安装的避雷器三相中心应在同一直线上，相间中心距允许偏差不大于10mm。

（4）避雷器就位时压力释放口方向不得朝向巡检通道，排出的气体不会引起相间闪络，并不得喷及其他电气设备。

（5）在线监测仪与避雷器连接导体应做黑色标识，导体超过1.5m时应设置绝缘支撑，导体与在线监测仪连接处应采用软连接。

（6）在线监测仪朝向和高度应便于巡视，接地可靠（利用设备支架作为接地线时，支撑件应与设备支架可靠焊接）。三相安装位置一致，计数器三相应调至同一数值。

（7）均压环安装应无划痕、毛刺，安装牢固、平整、无变形，底部最低处应打不大于φ8mm的泄水孔。

（8）避雷器支架接地端子应与主接地网和集中接地装置可靠相连，连接方式符合设计要求，其中与集中接地装置连接的引下线上应做边长为60mm的等边倒三角标记，黑色边线白色底漆，并标以"⊥"的黑色标识。

（十）穿墙套管安装

本小节适用于变电站400V~66kV的穿墙套管安装。

1. 关键工序控制

（1）固定钢板安装。

穿墙套管预留孔洞安装的钢板应与埋件焊接牢固，钢板与孔洞缝隙封堵严实。钢板上应设置一道让整块钢板不形成闭合磁路的通长缝隙，该缝隙应采用非磁性材料封堵严密。

（2）穿墙套管安装。

1）穿墙套管就位前应检查外部瓷裙完好无损伤，中间钢板与瓷件法兰结合面胶合牢固，并涂以性能良好的防水胶。

2）穿墙套管垂直安装时，法兰应在上方，水平安装时，法兰应在外侧。

2. 工艺标准

（1）同一平面或垂直面上的穿墙套管的顶面应位于同一平面上，其中心线位置应符合设计要求。

（2）安装穿墙套管的墙体应平整，混凝土安装板的最大厚度不应大于50mm。

（3）穿墙套管直接固定在钢板上时，套管周围不应形成闭合电磁回路。

（4）穿墙套管固定钢板应可靠接地，瓷套爬距应满足设计要求。

（5）采用热缩套进行防护时，热缩套的规格应与导电杆及母线配套。加装绝缘套后，应在绝缘套下凹处打泄水孔。

（十一）气体绝缘金属封闭开关设备安装

本小节适用于变电站110~1000kV的气体绝缘金属封闭开关设备（简称GIS）安装。

1. 关键工序控制

（1）施工准备。

1）GIS出厂运输时，应在断路器、隔离开关、电压互感器、避雷器和363kV及以上套管运输单元上加装三维冲击记录仪，其他运输单元加装振动指示器。冲击记录仪的数值应满足制造厂要求且最大值不大于3g，厂家、运输、监理等单位签字齐全完整，原始记录复印件随原件一并归档。

2）户外安装的 GIS，所有单元的开盖、内检及连接工作应在可移动防尘棚内进行。750kV 及以上 GIS 安装应采用集成式防尘车间（厂家提供），入口处设置风淋室。所有进入防尘室的人员应穿戴专用防尘服、室内工作鞋（或鞋套）。

3）户内 GIS 安装的房间内装修工作应完成，门窗孔洞封堵完成，房间内清洁，通风良好，地面应安装气体监测报警装置。

4）GIS 现场安装工作应在环境温度 -10~40℃、无风沙、无雨雪，空气相对湿度小于 80%、洁净度在百万级以上的条件下进行。温湿度、洁净度应连续动态检测并记录，合格后方可开展工作。

（2）基础复测。

1）三相共一基础标高误差≤2mm，每相独立基础时，同相误差≤2mm，相间误差≤2mm；相邻间隔基础标高误差≤5mm；同组间中心线误差≤1mm。

2）预埋件表面标高高于基础表面 1~10mm，相邻预埋件标高误差≤2mm；预埋螺栓中心线误差≤2mm。

3）室内安装时断路器各组中相与其他设备 x、y 轴误差≤5mm。

4）220kV 及以下室内外设备基础标高误差≤5mm，220kV 以上室内外设备基础标高误差≤10mm；室内外设备基础与 y 轴线误差≤5mm。

（3）设备组装。

1）设备组装时所有工器具应登记并由专人负责，避免工器具遗漏在气室内。

2）选择中间间隔的断路器单元为首个定位及安装间隔，由此间隔向两边依次安装其他间隔。

3）应对可见的触头连接、支撑绝缘件和盘式绝缘子进行检查，应清洁无损伤，对打开的气室内不可视及转弯部位可用内窥镜检查。

4）预充氮气的筒体应先经排氮，然后充入干燥空气，并保持含氧量在 19.5%~23.5% 时，才允许人员进入内部检查或安装。

5）GIS 元件拼装前，应用清洁无纤维白布或不起毛的擦拭纸、吸尘器将气室内壁、盆式绝缘子、对接面等部位清理干净。

6）所有打开的法兰面的密封圈均必须更换。法兰对接前应先对法兰面、密封槽及密封圈进行检查，法兰面及密封槽应光洁、无损伤。密封面、密封圈用清洁无纤维裸露白布或不起毛的擦拭纸蘸无水酒精擦拭干净。密封圈应在空气一侧均匀地涂密封胶，并注意不得使密封胶流入密封圈内侧，涂完密封胶应立即对接或盖封板。

7）对接过程测量法兰间隙距离应均匀，连接螺栓应对称初拧紧，初拧完成后应使用力矩扳手按照产品技术文件规定的力矩值将所有螺栓紧固到位，紧固后应标记漆线。

8）母线安装时，应先检查表面及触指有无生锈、氧化物、划痕及凹凸不平处，如有，应将其处理干净平整，并用清洁无纤维裸露白布或不起毛的擦拭纸蘸无水酒精洗净触指内部，母线对接完成应通过观察孔或其他方式进行检查和确认。

9）套管吊装时应保护瓷套管不受损伤。

（4）真空处理、充 SF_6 气体。

1）气室抽真空前，所有打开气室内的吸附剂必须更换；吸附剂罩的材质应选用不锈钢或其他高强度材料，结构应设计合理。

2）气体充入前应按产品的技术规定对设备内部进行真空处理，真空残压及保持时间应符合产品技术文件要求。

3）真空泄漏检查方法应按产品说明书的要求进行。

4）SF_6 气体充注前，必须对 SF_6 气体抽样送检，抽样比例及检测指标应符合 GB/T 12022—2014 的要求。现场测量每瓶 SF_6 气体含水量，应符合规范要求。

5）充入 SF_6 气体时，应根据两侧压力表的读数逐步增压。相邻气室的气室压差应符合产品技术要求。气瓶温度过低时，可对气瓶进行加热。充气至略高于额定压力后，应在表计上画标记线。

（5）交接试验。

1）GIS 密封性检查宜采用局部包扎法进行 SF_6 气体检漏。在包扎静置 24h 后，采用灵敏度不低于 $1×10^{-6}$（体积比）的检漏仪对 GIS 进行检漏测试，SF_6 气体泄漏量应符合规范和产品技术要求，或以 24h 泄漏量换算年泄漏率，单个气室年泄漏率应符合表 2-3-5-3 的规定。

表 2-3-5-3　　GIS 单个气室年泄漏率

电压等级/kV	单个气室年泄漏率/%
110~500	≤1
750	≤0.5
1000	≤0.5

2）SF_6 气体注入 GIS 后应对设备内气体进行 SF_6 纯度检测，一般与微水检测同步进行，纯度值应符合产品技术文件和规范要求。

3）充气至额定压力 24h 后，测量 GIS 中 SF_6 气体含水量。有电弧分解的气室含水量应小于 $150\mu L/L$，无电弧分解的气室含水量应小于 $250\mu L/L$。

4）GIS 回路电阻、互感器、断路器等部件的交接试验项目和标准应符合 GB 50150—2016 的有关规定。

5）GIS 本体交流耐压与局部放电试验应同步进行。耐压试验值按出厂试验值的 100% 执行。对于无法与 GIS 本体组装进行绝缘试验的套管、电压互感器、避雷器等部件，应单独进行耐压试验。

2．工艺标准

（1）GIS 应可靠固定，母线筒体高低差及轴线偏差不超标，调整垫片或调整螺栓应用符合产品和规范要求。

（2）GIS 中断路器、隔离开关、接地开关操动机构的联动应正常、无卡阻现象；分合闸指示应正确，辅助开关及电气闭锁应正确、可靠。

（3）GIS气室防爆膜喷口不应朝向巡视通道。

（4）GIS穿墙壳体与墙体间应采取防护措施，穿墙部位采用非腐蚀性、非导磁性材料进行封堵，墙外侧做好防水措施。

（5）户外GIS应在法兰接缝、安装螺孔、跨接片接触面周边、法兰对接面注胶孔、盆式绝缘子浇注孔、盲孔等部位涂防水胶。

（6）气室隔断标识完整、清晰，隔断盆式绝缘子标识为红色，导通盆式绝缘子标识为绿色。

（7）伸缩节安装：

1）安装型伸缩节的螺栓在充入SF$_6$气体后不应再进行调整。温度补偿型伸缩节的螺栓应在充入SF$_6$气体后按照厂家要求调整，使其具有伸缩性，并在显著位置标明极限变形参数。

2）伸缩节的跨接排应满足伸缩节热胀冷缩的补偿要求。

3）安装型伸缩节采用红色标识，温度补偿型伸缩节采用绿色标识。

（8）SF$_6$气体密度继电器安装：

1）密度继电器与开关设备本体之间的连接方式，应满足不拆卸校验密度继电器的要求。户外安装的密度继电器应安装防雨罩（厂家提供）。

2）三相分箱的GIS母线及断路器气室，禁止采用管路连接。独立气室应安装单独的密度继电器。

3）密度继电器应靠近巡视走道安装，不应有遮挡。密度继电器安装高度不宜超过2m（距离地面或检修平台底板）。

4）密度继电器的二次线护套管在弯曲部位最低处应打泄水孔。

（9）设备及支架接地：

1）底座及支架应每个间隔不少于2点可靠接地，接地引下线应连接牢固，无锈蚀、损伤、变形，导通良好。明敷接地排水平部分每隔0.5～1.5m，垂直部分每隔1.5～3m，转弯部分每隔0.3～0.5m应增加支撑件。

2）电压互感器、避雷器、快速接地开关，应采用专用接地线直接连接到主接地网，不应通过外壳和支架接地。

3）GIS法兰连接处采用跨接片时，罐体上应有专用跨接部位，禁止通过法兰螺栓直连。带金属法兰的盆式绝缘子可取消罐体对接处的跨接片，但生产厂应提供型式试验依据。

4）分相式的GIS外壳应在两端和中间（可根据母线的长度确定中间接地点的数量）设三相短接线，套管处三相汇流后不直接接地而是分别通过外壳接地，其他位置从三相短接线上一点引出与主接地网连接。

（10）检修平台：

1）检修平台应可靠接地，平台各段应增加跨接线，导通良好、连接可靠。

2）检修平台距基准面高度低于2m时，防护栏杆高度不应小于900mm；检修平台距基准面高度不小于2m时，防护栏杆高度不应小于1050mm，底部应设有180mm高的挡脚板。

（11）断路器操作平台应可靠接地，平台各段应有跨接线。平台距基准面高度低于2m时，防护栏杆高度不应小于900mm；平台距基准面高度大于等于2m时，防护栏杆高度不应小于1050mm，底部应设有180mm高的挡脚板。

（12）汇控柜内二次芯线绑扎牢固，横平竖直，接线工艺美观，端子排内外芯线弧度对称一致。

（十二）干式空心电抗器安装

本小节适用于变电站10～110kV的干式空心电抗器安装。

1. 关键工序控制

（1）基础复测。

基础轴线偏移量和基础杯底标高偏差应在规范允许范围内，依据设计图纸复测预埋件位置偏差。

（2）设备支架安装。

设备支架底部参照设计图纸，如底部有槽钢件，应先将槽钢件与支架螺栓连接，安装过程控制支架顶面标高偏差、垂直度、轴线偏差、顶面水平度、间距偏差，调整好后将底部槽钢件与基础预埋件进行点焊固定。

（3）干式空心电抗器安装。

1）干式空心电抗器的接线端子方向应与施工图纸方向一致。电抗器的重量应均匀地分配于所有支柱绝缘子上，找平时，允许在支柱绝缘子底座下放置钢垫片，但应固定牢靠。

2）新安装的干式空心并联电抗器、35kV及以上干式空心串联电抗器不应采用叠装结构。10kV干式空心串联电抗器应采取有效措施防止电抗器单相事故发展为相间事故。

2. 工艺标准

（1）钢管支架标高偏差≤5mm，垂直度偏差≤5mm，轴线偏差≤5mm，顶面水平度偏差≤2mm，间距偏差≤5mm。

（2）根据支架标高和支柱绝缘子长度综合考虑，使支柱绝缘子标高误差控制在5mm以内。

（3）新安装的户外干式空心电抗器，产品结构应具有防鸟、防雨功能。

（4）当额定电流超过1500A及以上时，引出线应采用非磁性金属材料制成的螺栓进行固定。

（5）电抗器底座应接地，其支柱不得形成导磁回路，接地线不应形成闭合环路。

（6）电抗器基础内钢筋、底层绝缘子的接地线及金属围栏，不应通过自身和接地线构成闭合回路。

（7）网栏应采用耐腐蚀材料，安装平整牢固，防腐完好。网栏与设备间距离符合设计要求。金属网栏应明显断开点和接地点。

（8）中性汇流母线应刷淡蓝色漆。

（十三）装配式电容器安装

本小节适用于变电站 10～110kV 的装配式电容器安装。

1. 关键工序控制

（1）基础复测。

1）混凝土基础及埋件表面平整，水平误差≤2mm，x、y 轴线误差≤5mm。

2）基础槽钢应经热镀锌处理，预埋件采用两边满焊，焊缝应经防腐处理，其顶面标高误差≤3mm。

（2）设备安装。

1）就位前检查电容器、放电线圈外观，套管引线端子及结合部位有无渗漏油现象，电容器、放电线圈整体密封严密，外壳无变形、锈蚀、剐蹭痕迹。

2）电容器组安装前应根据单个电容器容量的实测值，进行三相电容器组的配对，确保三相容量差值≤5%。

3）各只电容器铭牌、编号应在通道侧，顺序符合设计，相色完整。电容器外壳与固定电位连接应牢固可靠。

4）避雷器在线监测仪安装应便于观测。

5）采用熔断器时，熔断器的安装应排列整齐，倾斜角度符合设计，指示器位置正确。

2. 工艺标准

（1）电容器框架安装：框架组件平直，长度误差≤2mm/m，连接螺孔应可调；每层框架水平误差≤3mm，对角误差≤5mm；总体框架水平误差≤5mm，垂直误差≤5mm，防腐完好。

（2）放电线圈支架安装：支架标高偏差≤5mm，垂直度偏差≤5mm，相间轴线偏差≤10mm，顶面水平度偏差≤2mm/m。

（3）干式空心串联电抗器应安装在电容器组的首端。

（4）电容器汇流母线应采用铜排，硬母线连接应满足热胀冷缩要求。

（5）电容器端子间或端子与汇流母线间的连接，应采用带绝缘护套的软铜线。

（6）电容器的接线螺栓应使用力矩扳手紧固，力矩值应符合产品技术文件及规范要求，紧固后应标记漆线。

（7）电容器组引出端子与导线连接可靠，并且不应承受额外的应力。

（8）电容器底座应与主接地网可靠连接。

（9）固定在框架上的放电线圈与框架可靠跨接；有独立基础的放电线圈本体与主接地网可靠连接。放电线圈的二次绕组一点可靠接地。

（10）中性汇流母线应刷淡蓝色漆。

（11）放电线圈或互感器的接线端子和电缆终端应采取防雨水进入的保护措施。

（12）网栏高度不应小于 1.7m，安装平整牢固，防腐完好，与设备间距离符合设计要求。当采用金属围栏时，金属围栏应设明显接地。金属围栏内若布置有空心电抗器，则金属围栏不应构成闭合磁路。

（十四）集合式电容器安装

本小节适用于变电站 10～66kV 的集合式电容器安装。

1. 关键工序控制

（1）本体就位。

1）就位前依据设计图纸核对高、低压侧朝向，检查电容器外观、套管引线端子及其他接口部位有无渗漏油现象，整体密封严密，外观无变形。

2）就位后检查本体水平度，调平后将本体（槽钢件）与预埋件焊接并做好防腐处理。

（2）引线连接。

1）引出端子与导线连接可靠，并且不应承受额外的应力。

2）应用力矩扳手紧固所有螺栓，力矩值符合产品技术文件要求。

2. 工艺标准

（1）基础（预埋件）水平度误差≤5mm。支柱绝缘子标高误差≤3mm。

（2）本体固定牢固，与基础贴合紧密。

（3）引出线绝缘层无损伤、裂纹，裸导体外观无毛刺尖角，相间及对地距离符合规范要求。

（4）外壳及本体的接地牢固，且导通良好。基础槽钢与主接地网连接可靠。

（5）中性汇流母线应刷淡蓝色漆。

四、全站防雷及接地装置安装

（一）主接地网安装

本小节适用于 35kV 及以上变电站主接地网安装。

1. 关键工序控制

（1）垂直接地极安装。

1）垂直接地极宜采用热镀锌角钢、铜棒和镀铜钢材，间距不宜小于其长度的 2 倍，材料规格符合设计要求。

2）接地体垂直搭接为扁钢与钢管、扁钢与角钢焊接时，除应在接触部位两侧进行焊接外，还应采取补救措施，使其搭接长度满足要求。

（2）水平接地体敷设、焊接。

1）水平接地体宜采用热镀锌扁钢、圆钢或铜绞线和铜排，间距不宜小于 5m，材料规格符合设计要求。

2）水平接地体顶面埋深应符合设计规定，当设计无规定时，不应小于 800mm。

3）接地线弯制时，应采用机械冷弯，避免热弯损坏锌层。

4）设备接地线应靠近设备基础，埋入基础内的水平接地体在基础沉降缝处应设置伸缩弯。

5）铜制材料热熔焊接时应预热模具，模具内热熔剂填充密实，点火过程安全防护可靠。接头内导体应熔透，保证有足够的导电截面。焊接后应用钢丝刷清除焊渣并涂刷防腐漆。

（3）隐蔽验收。

1）接地沟土回填前，接地装置的埋深、连接方法、焊接工艺、防腐处理等应经监理验收签证，合格后方可进行回填工作，同时做好隐蔽工程的记录。

2）回填土内不应夹有石块和建筑垃圾等，外取的土壤不应有较强的腐蚀性；在回填土时，应分层夯实，室外接地沟回填宜有 100～300mm 高度的防沉层。

3）在山区石质地段或电阻率较高的土质区段的土沟中敷设接地极，回填不应少于 100mm 厚的净土垫层，并应用净土分层夯实回填。

2. 工艺标准

（1）接地体的连接应采用焊接，焊接必须牢固、无虚焊，焊接位置两侧 100mm 范围内及锌层破损处应防腐。

（2）采用焊接时搭接长度应满足：扁钢应为其宽度的 2 倍且不得少于 3 个棱边焊接；圆钢搭接为其直径的 6 倍；扁钢与圆钢搭接时长度为圆钢直径的 6 倍。

（3）铜绞线、铜排、铜覆钢等接地体焊接以及扁钢与铜制材料焊接时应采用热熔焊，焊接头表面光滑、无气泡。被连接的导体完全包在接头里；连接部位金属完全熔化，连接牢固；接头的表面平滑；接头无贯穿性的气孔。

（4）明敷接地线工艺应符合下列要求：

1）水平部分每隔 0.5～1.5m，垂直部分每隔 1.5～3m，转弯部分每隔 0.3～0.5m 应增加支撑件。

2）接地线沿建筑物墙壁水平敷设时，离地面距离宜为 250～300mm；接地线与建筑物墙壁间的间隙宜为 10～15mm。

3）接地线跨越建筑物伸缩缝、沉降缝处，应设置补偿器。

4）接地线在全长度或区间段及每个连接部位附近的表面，应采用黄绿相间接地标识，间隔宽度、顺序一致，最上面一道为黄色，接地标识宽度应与接地体宽度一致，单色长度为 15～100mm。螺栓连接处 10mm 内不应有标识。

（二）构支架、构架避雷针接地安装

本小节适用于 35kV 及以上变电站的钢管构支架、构架避雷针接地安装。

1. 关键工序控制

（1）接地线弯制、防腐。

接地线采用扁钢（铜排）时，弯制前应进行校平、校直；弯制应采用机械冷弯，镀锌层遭破坏时，要重新防腐。

（2）接地线连接。

1）110kV 及以上电压等级的重要电气设备（除支柱绝缘子外）支架应双接地，且应分别接至主接地网的不同网格。

2）每台电气设备应以单独的接地线与接地网连接，不得串接在一根接地线上。

3）带避雷针的构架应双接地，构架避雷针除与主接地网相连外，还应与单独设置的集中接地装置相连。

2. 工艺标准

（1）钢管构架接地端子高度、方向一致，接地端子底部与保护帽顶部距离不小于 200mm。

（2）接地扁钢上端面与接地槽钢上端面平齐，接地线切割面、钻孔处、焊接处须做好防腐处理。引下接地采用铜排时，铜排搭接部位应搪锡处理。

（3）接地线位置一致，方向一致，弧度弯曲自然、工艺美观。

（4）接地线连接螺栓应采用热镀锌制品，在接地端子便于螺栓穿向选择的情况下，螺母置于维护侧。螺栓长度宜露出螺母 2～3 扣，防松措施可靠。接地线宽度与螺栓规格的匹配应符合表 2-3-5-4 的规定。

表 2-3-5-4　接地线宽度与螺栓规格匹配表

接地线宽度/mm	接地螺栓规格
25～40	≥2×M10 或≥M12
50～60	≥2×M12
>60	≥2×M16 或≥4×M10

（5）接地线地面以上部分应采用黄绿相间接地标识，间隔宽度、顺序一致，最上面一道为黄色，接地标识宽度应与接地体宽度一致，单色长度为 15～100mm。螺栓连接处 10mm 内不应有标识。

（6）带避雷针的构架与集中接地装置连接的接地线需做边长为 60mm 的等边倒三角标记，黑色边线白色底漆，并标以"⊥"的黑色标识。

（三）独立避雷针接地线安装

本小节适用于变电站内杆柱采用法兰连接的钢管结构独立避雷针安装。

1. 关键工序控制

（1）集中接地装置安装。

1）独立避雷针应设独立的集中接地装置，其与接地网的地中距离不应小于 3m。当小于 3m 时，在满足避雷针与主接地网的地下连接点至 35kV 及以下设备与主接地网的地下连接点间沿接地极的长度不小于 15m 的情况下，该接地装置可与接地网连接。在非高土壤电阻率地区，其接地电阻不宜超过 10Ω。

2）独立避雷针及其接地装置与道路或建筑物的出入口等的距离应大于 3m，当小于 3m 时，应采取均压措施，或铺设卵石或沥青地面。

（2）接地线弯制、防腐。

接地线采用扁钢（铜排）时，弯制前应进行校平、校直；弯制应采用机械冷弯，镀锌层遭破坏时，要重新防腐。

2. 工艺标准

（1）独立避雷针接地方式符合设计要求，接地端子应至少有 2 处与接地极对称连接。连接方式采用螺栓连接，以便于测量接地阻抗。

（2）接地端子底部与保护帽顶部距离不小于 200mm。

（3）接地扁钢上端面与接地槽钢上端面平齐，接地扁钢切割面、钻孔处、焊接处须做好防腐处理。引下接地采用铜排时，铜排搭接部位应搪锡处理。

（4）接地螺栓材质、规格、与接地线连接要求参见本小节（二）。

（5）接地线地面以上部分标识要求参见本小节（二）。

（6）与集中接地装置连接的接地线需做边长为 60mm 的等边倒三角标记，黑色边线白色底漆，并标以"⊥"的黑色标识。

（四）爬梯接地安装

本小节适用于 35kV 及以上变电站构架爬梯接地安装。

1. 关键工序控制

（1）接地线弯制、防腐。

接地线采用扁钢（铜排）时，弯制前应进行校平、校直；弯制应采用机械冷弯，镀锌层遭破坏时，要重新防腐。

（2）接地线连接。

1）变电站内爬梯应可靠接地，接地部位应采用螺栓连接。

2）爬梯接地线材料采用镀锌扁钢时，扁钢表面锌层应完好，无损伤；引下接地采用铜排时，铜排搭接部位应搪锡处理。

2. 工艺标准

（1）接地线位置一致，方向一致。

（2）接地线弯制弧度弯曲自然、工艺美观。

（3）分段组装的爬梯，在两段接头处如采用钢管插接方式，则应加装跨接线。

（4）接地螺栓材质、规格、与接地线连接要求参见本小节（二）。

（5）爬梯接地线标识要求参见本小节（二）。

（五）设备接地安装

本小节适用于 35kV 及以上变电站电气设备接地安装。

1. 关键工序控制

接地线连接：

（1）断路器、隔离开关、互感器、电容器等一次设备底座（外壳）均需可靠接地。

（2）接地线材料宜采用铜排、镀锌扁钢、软铜线，接地铜排两端搭接面应搪锡。

（3）接地引线与设备本体应采用螺栓搭接，搭接面紧密，有防松措施。

2. 工艺标准

（1）同类设备的接地线位置一致，方向一致。

（2）接地线弯制弧度弯曲自然、工艺美观。

（3）接地螺栓材质、规格、与接地线连接要求参见本小节（二）。

（4）设备接地线标识要求参见本小节（二）。

（六）二次系统等电位接地网安装

本小节适用于 35kV 及以上变电站二次系统等电位接地网安装。

1. 关键工序控制

（1）等电位接地网安装。

1）在开关场二次电缆沟道内沿二次电缆敷设截面积不小于 $100mm^2$ 的专用铜排（缆）；专用铜排（缆）的一端在开关场每个就地端子箱处与主地网相连，另一端在保护室的电缆沟道入口处与主地网相连，铜排（缆）不要求与电缆支架绝缘，宜敷设在支架顶层。

2）保护室屏柜下层的电缆室（或电缆沟道）内，沿屏柜布置的方向逐排敷设截面积不小于 $100mm^2$ 的铜排（缆），不要求与支架绝缘，宜敷设在支架顶层，将铜排的首端、末端分别连接，形成保护室内的等电位地网。

（2）等电位接地线安装。

1）保护室等电位地网应与变电站主地网一点相连，连接点设置在保护室的电缆沟道入口处。为保证连接可靠，等电位地网与主地网的连接应使用 4 根及以上，每根截面积不小于 $50mm^2$ 的铜排（缆）。

2）分散布置保护小室（或二次设备预制舱）的变电站，小室之间若存在相互连接的二次电缆，则小室的等电位接地网之间应使用截面积不小于 $100mm^2$ 的铜排（缆）可靠连接，连接点应设在小室等电位接地网与变电站主地网连接处。保护小室与控制室、通信室的等电位接地网也应按此要求进行连接。

2. 工艺标准

（1）室内等电位接地环网首末端连接处应连接可靠。

（2）接地线缆排列整齐，走线合理，与接地排可靠连接。

（七）屏柜（箱）内接地安装

本小节适用于 35kV 及以上变电站屏柜（箱）内接地安装。

1. 关键工序控制

（1）接地排检查。

1）屏柜（箱）内应设置截面积不小于 $100mm^2$ 的接地铜排（不要求与保护屏绝缘），并由厂家制作接地标识。

2）接地铜排的接线端子布设合理，间隔一致，螺栓配置齐全，穿向由内向外，由下向上。

（2）接地线连接。

1）屏柜（箱）内电缆屏蔽层、电缆铠装层、装置接地端子、互感器二次回路等需要接地的部位均应接在屏柜（箱）内接地铜排上，接地线应采用截面积不小于 $4mm^2$ 的多股软铜线。

2）屏柜（箱）可开启的门应采用不小于 $4mm^2$ 多股软铜线与柜体可靠跨接。

3）电流、电压互感器二次回路接地线应接至接地铜排的单独螺孔上，不得与其他回路接地线压在同一接线鼻子内。

4）室内屏柜的接地铜排应用截面积不小于 $50mm^2$ 的铜缆与保护室内的等电位接地网相连，连接螺栓大小应适宜。

5）开关场的端子箱、汇控柜内的接地铜排应用截面积不小于 $100mm^2$ 的铜缆与电缆沟道内的等电位接地网相连（检修电源箱除外，其接地排与箱体相连即可），连接螺栓大小应适宜。

2．工艺标准

（1）电缆接地线压接牢固，绑扎整齐，走线合理、美观。

（2）接地铜排上每个接线鼻子不应超过6根接地线。

（3）接地铜排的一个螺栓上连接不应超过2个线鼻子。

（4）屏柜（箱）可开启门接地线齐全、牢固。

（八）户内接地装置安装

本小节适用于35kV及以上变电站户内接地装置安装。

1．关键工序控制

（1）接地线弯制、防腐。

1）接地线宜采用热镀锌扁钢，一般采用暗敷方式。

2）接地扁钢弯制前应进行校平、校直；弯制应采用机械冷弯，镀锌层遭破坏时，要重新防腐。

（2）接地线连接。

1）建筑物接地应和主接地网进行有效连接。暗敷在建筑物抹灰层内的引下线应有卡钉分段固定，主控室、高压室应设置不少于2个与主网相连的检修接地端子。

2）室内接地干线跨门处埋入地下敷设，埋深250～300mm。当接地线跨越建筑物变形缝时，应设补偿装置，补偿装置可用接地线本身弯成弧状代替。

2．工艺标准

（1）接地线的安装位置应合理，便于检查，不妨碍设备检修和运行巡视。

（2）接地线暗敷时，沿墙设有室内检修接地端子箱（盒），接地线刷黄绿色标识，接地端子宜采用燕尾螺栓。

（3）接地端子箱（盒）体底部距离室内地面高度统一为0.3m，暗敷于室内墙体，门应采用不小于4mm² 多股软铜线跨接至箱（盒）体接地。

（4）接地端子箱（盒）门外侧应做边长为60mm的等边倒三角标记，黑色边线白色底漆，并标以"⏚"的黑色标识。

（5）接地点应方便检修使用。

五、主控及直流设备安装

（一）屏、柜安装

本小节适用于35kV及以上变电站的屏、柜安装。

1．关键工序控制

（1）屏、柜外观检查。

屏、柜安装前，检查外观面漆无明显剐蹭痕迹，外壳无变形，屏、柜面和门把手完好，内部电气元件固定无松动。

（2）屏柜安装。

1）依据设计图纸核对每面屏、柜在室内安装位置。第一面屏、柜组立后，与预埋槽钢间采用螺栓连接（不得焊死）并预紧固，调整好屏、柜垂直和水平度满足要求后，将连接螺栓紧固到位。

2）相邻屏、柜以每列已组立好的第一面屏、柜为齐，使用厂家专用螺栓连接，调整好屏、柜之间缝隙后

紧固底部连接螺栓和相邻屏、柜连接螺栓，紧固件应经防腐处理，所有安装螺栓紧固到位。

2．工艺标准

（1）基础型钢允许偏差：不直度＜1mm/m，全长不直度＜5mm；不平度＜1mm/m，全长不平度＜5mm；位置偏差及不平行度全长＜5mm。

（2）基础型钢顶部宜高出最终地面10～20mm；基础型钢应与主接地网有明显且不少于两点的可靠连接，接地标识清晰。

（3）安装完成的屏、柜垂直度误差＜1.5mm/m，相邻两柜顶部水平度误差＜2mm，成列柜顶部水平度误差＜5mm；相邻两柜盘面误差＜1mm，成列盘面误差＜5mm，盘间接缝误差＜2mm。

（4）屏、柜体底座与基础连接牢固，导通良好，可开启屏门应采用不小于4mm² 多股软铜导线可靠跨接。

（5）屏、柜面平整，附件齐全，门销开闭灵活，照明完好，屏、柜前后标识齐全、清晰。

（6）屏、柜的漆层应完整、无损伤；所有屏柜外壳的尺寸、颜色应统一。

（7）屏、柜内母线或屏顶小母线的相间及对地距离符合规范要求。

（8）屏顶小母线应设置防护措施，屏顶引下芯线在屏顶穿孔处应有胶套保护。

（二）端子箱、检修电源箱及就地控制柜安装

本小节适用于35kV及以上变电站端子箱、检修电源箱及就地控制柜安装。

1．关键工序控制

（1）基础复测。

复测基础面及埋件平整度，埋件位置应分布在基础四角，尺寸与设计图纸相符，与电缆沟之间预留有喇叭口或预埋管道，复测同间隔内或相邻间隔同位置箱柜基础是否在同一轴线上。基础大小应与箱、柜尺寸相当，不应偏差过大。

（2）箱、柜外观检查。

1）箱、柜安装前检查外观无变形、划痕，并有可靠的防水、防尘、防潮措施。如端子箱材质采用镜面不锈钢，宜保留出厂板材覆膜，安装完成后及时撕除，加强成品保护，以确保表面光洁度。

2）加热除湿元件应安装在二次设备箱、柜下部，电源线应使用耐热绝缘导线，接线端子应在加热器下方。

（3）箱、柜安装。

1）底座框架与基础埋件应焊接，如无预埋件，可采用膨胀螺栓固定，膨胀螺栓参照箱柜底部安装孔尺寸在基础上定位。

2）箱柜安装前确定其正面朝向，为方便巡视及检修，正面一般朝向巡视小道或电缆沟。

（4）箱、柜接地。

1）箱、柜外壳接地材料选用应符合设计要求，就近与主网连接。

2）箱、柜金属底座（如槽钢加工的框架）与箱柜采

用螺栓连接时，应在外部将底座与箱体接地端子相连后引入主接地网，或单独引入主接地网，确保金属底座可靠接地。

2. 工艺标准

（1）箱、柜安装垂直度误差≤1.5mm/m，固定牢固、完好，无损伤。

（2）箱、柜底座框架及本体应可靠接地，可开启门应采用不小于4mm²多股软铜线可靠接地。

（3）成列箱、柜应在同一轴线上。

（4）检修电源箱内电源母线排应装设绝缘挡板，并安装牢固。

（5）加热除湿元件与箱柜内其他电气元件和二次线缆的距离不小于80mm。

（三）二次回路接线

本小节适用于35kV及以上变电站中各类屏、柜、箱、盘内的二次回路接线施工。

1. 关键工序控制

（1）核对厂家内部连线。

1）就地控制柜连接门上的电器等可动部位的导线应采用多股软铜线，敷设长度应有适当裕度；线束应有外套塑料管等加强绝缘层；与电器连接时，端部应绞紧，并应加终端附件或搪锡，不得松散、断股；在可动部位两端应用卡子固定。

2）屏柜内电流回路配线应采用截面积不小于2.5mm²、标称电压不低于450V/750V的铜芯绝缘导线，其他回路截面积不应小于1.5mm²。

3）盘柜内导线不应有接头，导线与电气元件间连接牢固可靠。

（2）电缆整理、布置。

强弱电回路、双重化回路、交直流回路不应使用同一根电缆，并应分别成束，分开排列。

（3）芯线标识、二次接线。

1）接线前，核对电缆型号符合设计要求，电缆剥除时不得损伤电缆芯线。

2）电缆芯线应逐根拉直，按照一定间距均匀绑扎，排列整齐，接线正确、牢固，并应留有适当裕度。

3）先进行二次配线，后进行接线。间隔10个及以上端子排的配线应加号码管。每个接线端子每侧接线宜为1根，不得超过2根。

4）对于插接式端子，插入的电缆芯剥线长度适中，铜芯不外露。不同截面的芯线不得接入同一端子。

5）对于螺栓连接端子，须将剥除护套的芯线弯圈，弯圈的方向为顺时针，弯圈的大小与螺栓的大小相符，不宜过大。

6）多股芯线应压接插入式铜端子或搪锡后接入端子排。

2. 工艺标准

（1）电缆应排列整齐，电缆之间无交叉，固定牢固，不得使所接的端子排承受额外的应力。

（2）芯线无损伤，排列应无交叉，横平竖直、整齐美观，弯曲弧度一致，与接线端子连接可靠。

（3）芯线的扎带绑扎间距一致，扎头朝向后面。

（4）芯线应套号码管，标识内容应包括电缆编号、回路编号和端子排号，号码管长度一致，排列整齐，字体向外，字迹清晰。

（5）备用芯线应满足端子排最远端子接线要求，并应套有电缆编号号码管，芯线端部加装封堵头。

（6）电缆挂牌固定牢固、标识清晰、悬挂整齐。

（四）蓄电池组安装

本小节适用于35kV及以上变电站的蓄电池组安装。

1. 关键工序控制

（1）施工准备。

1）两组蓄电池宜布置在不同房间，当布置在同一房间时，蓄电池组间应设置防爆隔火墙。

2）蓄电池室应采用防爆型灯具、通风电机，室内照明线应采用穿管暗敷，室内不得装设开关和插座。

3）蓄电池组与直流屏之间连接电缆的预留孔洞位置适当，以使电缆走向合理、美观。

（2）蓄电池开箱、存放。

1）蓄电池不得倒置，开箱后不得重叠存放。

2）蓄电池应存放在清洁、干燥、通风良好的室内，应避免阳光直射。

（3）蓄电池安装、接线。

1）蓄电池的安装顺序应按照厂家图纸要求进行。

2）蓄电池组各节电池之间连接线搭接处清洁后，应用力矩扳手紧固，力矩值符合产品技术文件要求。

3）蓄电池连接的同时，将单体电池的采样线同步接入，接入前确认采样装置侧已接入，以免发生短路。

（4）蓄电池电源接线。

1）蓄电池组正极和负极引出电缆不应共用一根电缆，应采用单根多股铜芯阻燃电缆。

2）蓄电池组电源引出电缆应采用过渡板连接，不应直接连接到极柱上。

2. 工艺标准

（1）蓄电池放置的支架及间距应符合设计要求；蓄电池支架组装固定牢靠，水平度误差≤5mm；蓄电池放置在支架后，支架不应有变形。

（2）蓄电池室内的金属支架应接地。

（3）蓄电池安装应平稳，间距应均匀一致，单体蓄电池之间的间距不应小于5mm。

（4）同一排、列的蓄电池槽应高低一致，排列整齐。

（5）蓄电池应按顺序进行编号，编号标识清晰、齐全。

（6）蓄电池间连接线及采样线应连接可靠，整齐、美观，蓄电池极性标识正确、清晰，接线端子上应加盖绝缘盖，以防止发生短路。

（7）蓄电池电缆引出线正极为赭色（棕色）、负极为蓝色，电缆接线端子处应有绝缘防护罩。

六、全站电缆施工

（一）电缆保护管配置及敷设

本小节适用于35kV及以上变电站电缆保护管制作及

安装。

1. 关键工序控制

（1）电缆管制作及检查。

1）保护管的管口应进行钝化处理，无毛刺和尖锐棱角，弯曲时应采用机械冷弯。弯制后，不应有裂缝和显著的凹瘪现象，其弯扁程度不宜大于管子外径的 10%。电缆管的弯曲半径不应小于所穿入电缆的最小允许弯曲半径。保护管的弯制角度应大于 90°。

2）镀锌保护管切割后管口、锌层剥落处应涂以防腐漆。

（2）电缆管敷设及连接。

1）明敷电缆管应安装牢固，横平竖直，金属管支点间距离不宜超过 3m，非金属类电缆管支架间距不宜超过 2m。

2）当塑料管的直线长度超过 30m 时，宜加装伸缩节。伸缩节应避开塑料管的固定点。

3）电缆管直埋敷设应符合：电缆管埋设深度不宜小于 0.5m，在排水沟下方通过时，距排水沟底不宜小于 0.3m；电缆管应有不小于 0.2% 的排水坡度。

4）敷设进入端子箱、机构箱及汇控箱的电缆管时，应根据保护管实际尺寸进行开孔，不应开孔过大或拆除箱底板，保护管与操作机构箱交接处应有活动裕度。

5）用于交流单芯电缆的金属保护管不应构成闭合磁路。

6）金属电缆管不应直接对焊，应采用螺纹接头连接或套管密封焊接方式；连接时两管口应对准，连接牢固、密封良好，套接的短套管或带螺纹的管接头的长度不应小于电缆管外径的 2.2 倍。

7）采用金属软管及合金接头做电缆保护接续管时，其两端应固定牢靠、密封良好。

8）硬质塑料管在套接或插接时，其插入深度宜为管子内径的 1.1～1.8 倍，在插接面上应涂以胶合剂粘牢密封。采用套接时套管两端应采取密封措施。丝扣连接的金属管管端套丝长度应大于 1/2 管接头长度。有螺纹连接的电缆管，管接头处应焊接跳线，跳线截面积不应小于 30mm²。

（3）电缆管接地。

钢制保护管应可靠接地，钢管与金属软管、金属软管与设备间宜使用金属管接头连接，并保证可靠电气连接。

2. 工艺标准

（1）保护管宜采用热镀锌钢管、金属软管或硬质塑料管。热镀锌钢管镀锌层完好，无穿孔、裂缝和显著的凹凸不平，内壁光滑。金属电缆管不应有严重锈蚀。金属软管两端的固定卡具应齐全。

（2）电缆管敷设应排列整齐，走向合理，管径选择合适。并列敷设的电缆管管口应排列整齐，高度和弯曲弧度一致。

（3）电缆管的内径与穿入电缆外径之比不得小于 1.5。

（4）每根电缆管的弯头不应超过 3 个，直角弯不应超过 2 个。

（5）电流、电压互感器等设备的金属管从一次设备的接线盒引至电缆沟，电缆保护管应两端接地，一端将金属管的上端与设备的支架封顶板可靠焊接，另一端在地面以下就近与主接地网可靠焊接。

（二）电缆沟内支架制作及安装

本小节适用于 35kV 及以上变电站电缆沟内支架制作及安装。

1. 关键工序控制

（1）电缆支架加工制作。

1）电缆支架宜采用角钢制作或复合材料制作，工厂化加工，热镀锌防腐。

2）钢材应平直，无明显扭曲。下料误差应在 5mm 范围内，切口应无卷边、毛刺，防腐处理良好。

3）金属支架焊接牢固，电缆支架焊接处两侧 100mm 范围内应做防腐处理，位于湿热、盐雾以及有化学腐蚀地区时，应做特殊的防腐处理。

（2）电缆支架安装及接地。

1）电缆支架安装前应进行放样，间距应一致。

2）金属支架宜与沟壁预埋件或通长扁钢焊接，焊接处防腐，复合材料支架采用膨胀螺栓固定。

3）电缆支架安装牢固，横平竖直，各支架的同层横撑应在同一水平面上，其高低偏差不大于 5mm，在有坡度的电缆沟内或建筑物上安装的电缆支架，应保持与电缆沟或建筑物相同的坡度。

4）电缆沟内通长扁钢，应安装牢固，全线连接良好，上下水平。

5）电缆支架通长接地应采用热镀锌扁钢，连接应采用 Z 字形搭接，使通长扁钢表面平齐，焊接前应进行校直，焊接应牢固，并做好防腐处理，弯曲处应采用冷弯工艺。

2. 工艺标准

（1）电缆支架应固定牢固，无显著变形。各横撑间的垂直净距与设计偏差不大于 5mm。支架的水平间距应一致，层间距离不应小于 2 倍电缆外径加 10mm，35kV 及以上高压电缆不应小于 2 倍电缆外径加 50mm。

（2）电缆支架最上层及最下层至沟顶、楼板或沟底、地面的距离，应符合《电气装置安装工程　电缆线路施工及验收规范》（GB 50168—2018）的规定。

（3）电缆沟内通长扁钢跨越电缆沟伸缩缝处应采取补偿措施。

（4）金属电缆支架全长不应少于两点与主接地网可靠连接，全长大于 30m 时，应每隔 20～30m 增设明显接地点。

（5）在电缆沟十字交叉口、丁字口处应采取措施（如设置电缆支架）防止电缆过度下垂。

（6）110（66）kV 及以上电缆支架应满足电缆蛇形敷设的要求。

（三）电缆桥架制作及安装

本小节适用于 35kV 及以上变电站电缆桥架制作及安

装，电缆及光缆槽盒制作及安装参照执行。

1．关键工序控制

电缆桥架安装及接地工序控制如下：

（1）直线段钢制电缆桥架超过 30m、铝合金或玻璃钢制桥架超过 15m 时，应有伸缩装置，其连接宜采用伸缩连接板；电缆桥架跨越建筑物伸缩缝处应设置伸缩装置。

（2）电缆桥架宜采用焊接，焊接处防腐，安装牢固，横平竖直，同一层层架应在同一水平面上，其高低偏差不大于 5mm，托架支吊架沿桥架走向左右偏差不大于 10mm。各层层架垂直面应在同一垂直面上，转角处弧度应一致。

（3）钢结构竖井垂直度偏差不大于其长度的 2‰，横撑的水平误差不大于其宽度的 2‰，对角线的偏差不应大于其对角线长度的 5‰。

2．工艺标准

（1）电缆桥架宜采用热镀锌制品，电缆槽盒宜采用不锈钢制品，型材应平直，无明显扭曲，相邻电缆桥架、槽盒的接口应紧密、无错位。

（2）电缆桥架的水平间距应一致，层间距离不应小于 2 倍电缆外径加 10mm，35kV 及以上高压电缆不应小于 2 倍电缆外径加 50mm。

（3）电缆桥架转弯处的转弯半径，不应小于该桥架上的电缆最小允许弯曲半径的最大者。

（4）金属电缆桥架、吊架、竖井及槽盒全长不少于两点与接地网可靠连接，全长大于 30m 时，应每隔 20～30m 增设明显接地点。起始端和终点端均应可靠接地。

（5）金属电缆桥架、槽盒接头部位应跨接良好，当连接板每端不少于 2 个带有防松螺帽或防松垫圈的螺栓固定时，可不进行跨接。连接板的螺母应位于电缆桥架、槽盒的外侧。

（四）直埋电缆敷设

本小节适用于 35kV 及以上变电站直埋电缆敷设。

1．关键工序控制

（1）直埋电缆沟开挖及处理。

1）直埋电缆沟开挖深度宜大于 0.7m，宽度宜大于 0.5m。

2）直埋电缆的上、下部应铺以不小于 100mm 厚的软土砂层，并加盖保护板，其覆盖宽度应超出电缆两侧各 50mm，保护板可采用混凝土盖板或砖块。软土或砂子中不应有石块或其他硬质杂物。

（2）电缆敷设。

1）电缆之间，电缆与其他管道、道路、建筑物等之间平行和交叉时的最小净空距离应符合 GB 50168—2018 的规定。严禁将电缆平行敷设于管道的上方或下方。

2）在电缆运输过程中，应防止电缆受到碰撞、挤压等导致的机械损伤。电缆敷设过程中应严格控制牵引力、侧压力和弯曲半径。

3）机械敷设电缆时，应在牵引头或钢丝网套与牵引钢缆之间装设防捻器，最大牵引强度应满足 GB 50168—

2018 的规定。机械敷设电缆的速度不宜超过 15m/min，110kV 及以上电缆或在较复杂路径上敷设时，其速度应适当放慢。

（3）直埋电缆沟回填及处理。

直埋电缆回填前，应经隐蔽工程验收合格，回填料应分层夯实。

2．工艺标准

（1）电缆表面距地面的距离不应小于 0.7m，穿越车行道下敷设时不应小于 1m，在引入建筑物、与地下建筑物交叉及绕过地下建筑物处可浅埋，但应采取保护措施。

（2）电缆应埋设于冻土层以下，当受条件限制时，应采取防止电缆受到损坏的有效措施。

（3）电缆与站区道路交叉时，应敷设于坚固的保护管或隧道内。电缆管的两端宜伸出道路路基两边 0.5m 以上，伸出排水沟 0.5m。

（4）直埋电缆在直线段每隔 50～100m 处、电缆接头处、转弯处、进入建筑物等处，应设置明显的方位标识或标桩。

（五）支、桥架上电缆及穿管电缆敷设

本小节适用于 35kV 及以上变电站支、桥架上电缆及穿管电缆敷设。

1．关键工序控制

电缆敷设及固定工序控制如下：

（1）高、低压电力电缆，强电、弱电控制电缆应按顺序分层配置，一般情况宜由上而下配置，但在高压电缆引入柜盘时，为满足弯曲半径要求，可由下而上配置。

（2）电力电缆与控制电缆应分层配置，不应配置在同一层支、吊架上。

（3）同一重要回路的工作与备用电缆实行耐火分隔时，应配置在不同侧或不同层的支架上。

（4）动力电缆与控制电缆之间应设置层间耐火隔板。

（5）在电缆运输过程中，应防止电缆受到碰撞、挤压等导致的机械损伤。电缆敷设过程中应严格控制牵引力、侧压力和弯曲半径。

（6）机械敷设电缆要求参见有关标准。

（7）电缆穿管时，不得损伤护层。

2．工艺标准

（1）电缆应排列整齐，走向合理，不宜交叉，无下垂现象。室外电缆不应外露。

（2）最小弯曲半径应为电缆外径的 12 倍；交联聚氯乙烯绝缘电力电缆：多芯为 15 倍，单芯为 20 倍。

（3）控制电缆在普通支吊架上不宜超过 2 层，桥架上不宜超过 3 层；交流三芯电力电缆在普通支吊架上不宜超过 1 层，桥架上不宜超过 2 层。

（4）交流单芯电力电缆应布置在同侧支架上，并应限位，固定夹具或材料不应构成闭合磁路。当按紧贴品字形（三叶形）排列时，除固定位置外，其余应每隔一定距离用电缆夹具绑扎牢固，以免松散。

（5）支、桥架上电缆下部距离地面高度应在 100mm 以上。

（6）电缆绑扎带间距与带头长度统一。垂直敷设或超过30°倾斜的电缆在每个支架上应牢固固定；水平敷设的电缆，在电缆首末两端及转弯处、电缆接头处应固定牢固，当对电缆间距有要求时，每隔 5～10m 进行固定。

（7）电缆不得有铠装压扁、绞拧、护层折裂等机械损伤。

（8）穿管电缆敷设穿入管中的电缆的数量应符合设计要求。

（9）电力电缆与控制电缆不得穿入同一保护管。交流单芯电缆不得穿入闭合的钢管内。

（10）各电缆应装设规格统一的标识牌，标识牌的字迹应清晰不易脱落，悬挂应符合 GB 50168—2018 的规定。

（六）电力电缆终端制作及安装

本小节适用于 35kV 及以上变电站内 10kV 及以上电力电缆终端制作及安装。

1．关键工序控制

（1）电缆加工处理。

1）电缆终端制作时，施工现场温度、湿度与清洁度，应符合产品技术文件要求。在室外制作 6kV 及以上电缆终端时，其空气相对湿度不应大于 70%；110kV 及以上高压电缆终端施工时应有防尘、防潮措施，温度宜在 10～30℃，不得在雾、雨及五级及以上大风环境中施工。

2）制作电缆终端从剥切电缆开始应连续操作直至完成，缩短绝缘暴露时间。

3）塑料绝缘电缆在制作终端时，应彻底清除半导电屏蔽层。

（2）终端附件安装。

1）接线端子规格与电缆芯线配套，压接面清洁光滑、压接紧密，接线端子面平整洁净。

2）电缆线芯连接时，应除去线芯和连接管内壁油污及氧化层。压接模具与金具应配合恰当。

3）开关柜内电力电缆端子等不应使用单螺栓连接，安装螺栓可靠紧固，力矩符合要求。

（3）接地线连接。

接地线与铠装层、屏蔽层之间宜用铰接方式连接，采用聚氯乙烯带进行缠绕，确保连接可靠。接地线应采用铜绞线或镀锡铜编织线，其截面应满足 GB 50168—2018 的要求。

2．工艺标准

（1）电缆终端与电气装置的搭接，外绝缘相间和对地距离，应符合 GB 50149—2010 的相关规定。电缆终端端子接引应采用双孔线鼻。

（2）交流三芯电力电缆在电缆终端处，电缆铠装、金属屏蔽层应用接地线分别引出，并应接地良好。交流单芯电力电缆金属层接地方式及回流线的设置应符合要求。

（3）电缆通过零序电流互感器时，电缆金属护层和接地线应对地绝缘，电缆接地点在互感器以下时，接地线应直接接地；接地点在互感器以上时，接地线应穿过互感器接地。

（4）单芯电缆或分相后的各相终端的固定不应形成闭合磁路，固定处应加装衬垫。

（5）电缆终端上应有明显的相色标识，且应与系统的相位一致。

（七）控制电缆终端制作及安装

本小节适用于 35kV 及以上变电站控制电缆终端制作及安装。

1．关键工序控制

（1）电缆终端制作。

引入屏柜、箱内的铠装电缆应在进入柜、箱内一定高度将铠装层切断，切断处的端部露出屏蔽层，采用 4mm² 黄绿多股软铜线分别与铠装层和屏蔽层紧密缠绕、压接或焊接（焊接不得烫伤电缆线芯绝缘层）后，再用聚氯乙烯带紧密缠绕，最后用与电缆的直径配套的热缩管进行热缩保护。

（2）接地连接。

1）由一次设备（如变压器、断路器、隔离开关和电流、电压互感器等）直接引出的二次电缆的屏蔽层在端子箱处一点接至接地铜排，在一次设备的接线盒（箱）处不接地。

2）继电保护屏柜之间、保护屏柜至监控屏柜之间以及保护屏柜至开关场端子箱之间的电缆屏蔽层应两端接至接地铜排。

3）电缆铠装层应一点接至接地铜排，其中电缆一端在开关场就地端子箱的，接地点应设在端子箱处。

2．工艺标准

（1）单层布置的电缆终端的制作高度宜一致；多层布置的电缆终端高度可以一致，或从里往外逐层降低；同一区域内的电缆终端制作高度和样式应统一。

（2）热缩管应与电缆的直径配套，并统一长度；缠绕的聚氯乙烯带颜色统一，缠绕密实、牢固。

（3）电缆终端应顶部平整、密实。

（4）电缆屏蔽、钢铠接地线应在电缆的统一方向分别引出，接地线端部应有号码标识。

（八）电缆沟内阻火墙施工

本小节适用于 35kV 及以上变电站电缆沟内阻火墙施工。

1．关键工序控制

（1）防火堵料施工。

1）沟底、防火板的中间缝隙应采用有机堵料做线脚封堵，厚度大于阻火墙表层的 10mm，宽度不得小于 20mm，呈几何图形，面层平整。

2）阻火墙两侧的电缆周围利用有机堵料进行密实的分隔包裹，其两侧厚度大于阻火墙表层的 20mm，电缆周围的有机堵料宽度不得小于 30mm，呈几何图形，面层平整。

（2）防火涂料施工。

防火涂料应按一定浓度稀释，搅拌均匀，并应顺电缆长度方向进行涂刷，涂刷厚度或次数、间隔时间应符合材料使用要求。

2．工艺标准

（1）电缆进入建筑物的入口处，应设置阻火墙，宜采用无机堵料施工。

（2）敷设阻燃电缆的电缆沟每隔80～100m设置一个隔断，敷设非阻燃电缆的电缆沟每隔60m设置一个隔断，一般设置在临近电缆沟交叉处，宜采用防火包或耐火砖堆砌。

（3）阻火墙中间采用无机堵料、防火包或耐火砖堆砌，其厚度应符合设计要求，设计未要求时不小于240mm，两侧采用10mm以上厚度的防火板封隔。顶部用有机堵料填平整，并加盖防火板；底部必须留有排水孔洞。

（4）阻火墙两侧不小于2m范围内电缆应涂刷防火涂料，其厚度不应小于1mm。

（5）阻火墙上部的电缆盖板上应涂刷明显的红色标识，并进行编号。

（6）电缆沟阻火墙宜预先布置PVC管，以便日后扩建。

（九）孔洞、管口封堵

本小节适用于35kV及以上变电站电缆孔洞、管口防火封堵施工。

1．关键工序控制

（1）防火包施工。

1）预留的孔洞用防火包填充或无机堵料浇筑填满，上部采用钢板或防火板进行加固，以确保作为人行通道的安全性。

2）防火包的堆砌应密实牢固，外观应整齐，不应透光。

（2）防火堵料施工。

1）在孔洞口及电缆周围采用有机堵料进行密实封堵，电缆周围的有机堵料厚度不得小于20mm。

2）孔洞底部铺设厚度为10mm的防火板，防火板与电缆的缝隙处做线脚，线脚厚度不小于10mm，电缆周围的有机堵料的宽度不小于40mm。

3）孔洞较大时，应加耐火衬板后再进行封堵，防止封堵油泥掉落管内。

2．工艺标准

（1）电缆管口有机堵料露出管口厚度不小于10mm。

（2）电缆管口及孔洞应封堵严密，不应有明显的裂缝和可见的孔隙。堵体表面平整、光滑。

（3）有机防火堵料封堵不应有透光、漏风、龟裂、脱落、硬化现象；无机防火堵料封堵不应有粉化、开裂等缺陷。

（4）防火封堵部位应便于增补或更换电缆，紧贴电缆部位宜用柔性防火材料。

（十）盘、柜底部封堵施工

本小节适用于35kV及以上变电站盘、柜底部防火封堵施工。

1．关键工序控制

防火堵料施工工序控制：防火隔板铺设以后，缝隙使用有机堵料密实地嵌于孔隙中，并做厚度不小于10mm、宽度不小于20mm的线脚，电缆周围的有机堵料的宽度不小于40mm，呈几何图形，面层平整。

2．工艺标准

（1）盘、柜底部铺设厚度不小于10mm的防火板，隔板安装平整牢固。

（2）盘、柜底部的封堵应严实可靠，不应有明显的裂缝和可见的孔隙。

（3）盘、柜底部的防火隔板或有机堵料距离接地铜排和芯线不应小于50mm。

（4）电缆引入盘、柜时，在封堵孔洞下方电缆表面均匀涂刷防火涂料，长度不小于2m，厚度不小于1mm。

七、通信系统设备安装

（一）光端机及程控交换机安装

本小节适用于35kV及以上变电站光端机及程控交换机安装。

1．关键工序控制

（1）基础复测。

1）安装前应仔细复测基础及预埋件，核对槽钢预埋长度与设计图纸是否相符。

2）检查电缆孔洞应与盘柜开孔位置匹配，确保基础槽钢与主接地网连接可靠。

（2）屏柜及设备检查。

1）屏柜面平整、无变形，面漆无明显剐蹭痕迹，附件齐全，门销开闭灵活，照明装置完好、电气元件固定无松动，盘、柜前后标识齐全、清晰。

2）屏柜位置正确，屏柜外形尺寸、颜色宜与室内保护屏柜保持一致。

（3）光缆敷设及接入。

1）光纤连接线在沟道内应加塑料管或采用槽盒进行保护，两端预留长度应一致。电缆、光纤、网线均应做好相应标识。

2）金属铠装缆线从机房外引入时，缆线外铠装必须与机架接地相连。音频电缆芯线必须经过过电流、过电压保护装置方能接入设备。

2．工艺标准

（1）基础型钢不直度＜1mm/m，全长误差＜5mm；水平度误差＜1mm/m，全长误差＜5mm；位置误差及全长不平行度＜5mm。

（2）屏柜体垂直度误差＜1.5mm/m，相邻两柜顶部水平度误差＜2mm，成列柜顶部水平度误差＜5mm；相邻两盘面误差＜1mm，成列柜面盘面误差＜5mm，相间接缝误差＜2mm。

（3）屏柜底座与基础应采用螺栓连接牢固，紧固件应经热镀锌防腐处理，导通良好。盘、柜基础型钢应有明显且不少于两点的可靠接地，并涂刷黄绿色，可开启屏柜门用不小于4mm^{2}软铜导线可靠接地。

（4）机架内各种线缆应使用活扣扎带统一编扎，活扣扎带间距为100～200mm，缆线应顺直，无明显扭绞；对于卡接电缆芯线，卡线位置、长度应一致，穿线孔可视，卡接处芯线不允许扭绞。

（二）光缆敷设及接线

本小节适用于35kV及以上变电站光缆敷设及接线施工。

1. 关键工序控制

（1）光缆敷设。

1）OPGW光缆引下线应顺直美观、固定可靠，每隔1.5～2m安装一个绝缘橡胶固定卡具，光缆与构架间距不得小于20mm。

2）导引光缆至电缆沟埋地部分应穿热镀锌钢管保护，钢管两端做防水封堵。导引光缆应采用阻燃、防水的非金属光缆。

3）导引光缆应配置在缆沟底层支吊架上；在电缆沟内敷设的无铠装的通信电缆和光缆应采用非金属保护管或金属槽盒进行保护。

4）导引光缆应排列整齐，走向合理，不宜交叉，最小弯曲半径不应小于缆径的25倍。

（2）光纤熔接、测试。

1）光纤熔接操作步骤应符合规范，光纤熔接及光纤头制作完毕后进行光损耗测试，数据符合相关标准。

2）光缆接续时应确保光缆端别、光纤纤序正确，且应对光缆端别及纤序作识别标识。光纤预留在接头盒内应保证足够的盘绕半径，并无挤压、松动。

2. 工艺标准

（1）OPGW光缆应在构架顶端、最下端固定点（余缆前）和光缆末端分别通过匹配的专用接地线可靠接地。

（2）余缆可采用余缆架或余缆箱的方式固定。当采用余缆架固定余缆时，应固定可靠、弯曲半径符合要求，捆绑点不应少于4处，余缆和余缆架应接触良好。余缆架、接续盒与构架间采用匹配的固定卡具并加绝缘橡胶固定。

（3）架空避雷线应与变电站构架牢固相连，并设置便于地网电阻测试的断开点。OPGW光缆沿构架敷设应与构架采取绝缘措施，在构架法兰处采取必要防护措施。

（4）导引光缆两端及转弯处应装设规格统一的标识牌，标识牌的字迹应清晰不易脱落；光缆经由走线架、拐弯点、上线柜、每层楼开门处应绑扎固定，光缆排列应整齐。

（5）所有数据双绞线、同轴电缆、光纤缆芯均需设置标识，内容包括本侧、对侧设备名称及接口号等，走线合理，排列整齐。

（6）数字配线架跳线整齐；同轴电缆与电缆插头的焊接牢固、接触良好，插头的配件装配正确牢固；尾纤弯曲直径不小于100mm，编扎顺直，无扭绞。尾纤接线顺畅自然，多余部分盘放整齐，备用芯加套头保护。

（三）通信系统防雷接地

本小节适用于35kV及以上变电站通信系统防雷接地。

1. 关键工序控制

接地制作工序控制如下：

（1）直流电源工作地应从接地汇集排直接接到接地母线上。

（2）通信站（机房）必须采用联合接地。

（3）通信设备直流电源工作地应从接地汇集排直接连到接地母线上，电源正极的接地应在电源侧和通信设备侧直接接地。

2. 工艺标准

（1）通信机房的屏位下的接地网应做成闭合环形接地网，并与变电站主接地网有不少于两点的可靠连接，接地网一般采用不小于90mm²的铜排或120mm²的镀锌扁钢。

（2）电缆的屏蔽层应两端接地。铠装电缆进入机房前，应将铠装带和屏蔽同时接地。

（3）通信设备的金属机架、屏柜的金属骨架、电缆的金属护套等保护接地应统一接在柜内的接地母线上，并必须用独立的接地线接在机房内的环形接地母线上，严禁串接接地。

（4）电源屏侧接地采用不小于25mm²的铜绞线，负载侧接地采用不小于2.5mm²的接地线。

（5）通信用交直流屏及整流器金属架接地良好，音频电缆备用线在配线架上接地，接地线整齐、美观。

八、视频监控及火灾报警系统

（一）视频监控系统探头安装

本小节适用于35kV及以上变电站视频监控系统探头安装。

1. 关键工序控制

（1）支架、埋管施工。

1）在土建施工阶段策划好探头布置位置，埋管与建筑施工同步进行，避免开槽埋管。

2）摄像机安装位置应综合考虑土建、电气专业，探头应安装在不受外界损伤及不影响设备运行和人员正常活动的地方。

3）外围监控设备应维护方便，尤其是户外摄像机，在维护时避免涉及停电。

（2）摄像机安装、接线。

1）当摄像设备安装在靠近220kV及以上高压导体附近时，应考虑系统过电压的影响。

2）外围监控设备必须适应变电站运行环境并应具有防污、防雨等功能。

3）配电装置区视频监控探头支架应接地良好，严禁利用避雷针和带避雷线的杆塔作为视频探头的支架。

2. 工艺标准

（1）室内探头距地面宜为2.5～5m或吊顶下200mm，室外探头距地面宜为3.5～10m。

（2）探头固定牢固，可动探头应转动灵活，监视范围满足要求，被监视区域照明度符合要求，且所有探头应有编号。蓄电池室内的摄像头应有必要的防爆措施。

（3）缆线有可靠的屏蔽抗干扰功能，两端余度适当，标牌正确清晰，接线牢固、可靠。

（4）变电站大门内正对大门的位置、围墙内、主控楼出入口内厅布置摄像机以满足周界监视需求。

（5）电子围栏支架间的距离不大于5m。围栏最下面3根导线之间的距离为（120±10）mm，其余导线之间的距离为（150±10）mm。脉冲电子围栏和植物间的最小距离为200mm。

（6）电子围栏主导线无松动、断线现象，缆线的布放平直，无扭绞、打圈等现象，不应受到外力的挤压和损伤。

（7）电子围栏上每隔4～6m以及变电站外墙外离地1.5m处每隔20m应悬挂"高压危险、禁止攀爬"警示牌。

（8）电子围栏接地体可采用垂直敷设的角钢、钢管或水平敷设的圆钢、扁钢，接地体埋深不小于1.5m，接地可靠。电子围栏接地系统不能与任何其他接地系统连接，并应与其他接地系统保持相对的独立接地。

（二）视频监控系统主机安装

本小节适用于35kV及以上变电站视频监控系统主机安装。

1. 关键工序控制

基础复测工序控制：安装前核对槽钢预埋长度与设计图纸是否相符，检查电缆孔洞应与盘柜匹配，基础槽钢与主接地网连接可靠。

2. 工艺标准

（1）基础槽钢允许偏差：垂直度＜1mm/m，全长＜5mm；水平度＜1mm/m，全长＜5mm。位置误差及不平行度＜5mm。

（2）屏柜体垂直度误差＜1.5mm/m，相邻两柜顶部水平度误差＜2mm，成列柜顶部水平度误差＜5mm；相邻两柜盘面误差＜1mm，成列柜面盘面误差＜5mm，盘间接缝误差＜2mm。

（3）屏柜位置正确，屏柜外形尺寸、颜色宜与室内保护屏柜保持一致。屏柜底座与基础应采用螺栓连接牢固，紧固件应经热镀锌防腐处理，导通良好，可开启屏门用不小于4mm²的软铜导线可靠接地。

（4）屏柜面平整、无变形，面漆无明显刮蹭痕迹，附件齐全，门锁开闭灵活；照明装置完好、电气元件固定无松动，盘、柜前后标识齐全、清晰。

（5）主机及显示界面安装位置及高度应符合规定，便于观察及操作。

（6）在视频系统与外部接口处应按照需要装设隔离变压器或光电隔离器件，防止外部干扰信号侵入；视频系统应具有完善的防雷措施，应在摄像机端及机柜内装设视频信号避雷器、数据信号避雷器和电源避雷器。

（7）设备应有工作接地和外壳接地，并具有明显标识。室外配电箱、固定件均应采用不锈钢材料，防止锈蚀。

（8）视频监控系统应采用变电站内不间断交流电源，所有设备由柜内配电器集中供电，电源适配器功率根据

系统负荷确定，具备一定的功率裕度。电源适配器必须具备防雷和防过电压能力。

（三）火灾报警安装

本小节适用于35kV及以上变电站火灾报警安装。

1. 关键工序控制

安装位置确定工序控制：在土建施工阶段进行埋管，对照图纸确认探测器安装位置，确保探测器与周围物体距离符合相关要求。

2. 工艺标准

（1）探测器至墙壁、梁边的水平距离不应小于0.5m，探测器周围0.5m内不应有遮挡物，倾斜安装时，倾斜角不应大于45°。

（2）探测器离灯应大于0.2m，至空调送风口边的水平距离不应小于1.5m，至多孔送风顶棚孔口的水平距离不应小于0.5m。

（3）在宽度小于3m的内走道顶棚上设置探测器时，宜居中布置；感温探测器的安装间距不应超过10m；感烟探测器的安装间距不应超过15m，探测器距端墙的距离不应大于探测器安装间距的一半。

（4）探测器的保护面积、保护半径不应超出规定。正常状态下，探测器不应发出故障和报警信号，当探测器连丝短路或底座脱离时，应报出故障信号。

（5）探测器处于正常工作状态下，其确认灯能正常工作，监视和报警状态下确认灯的状态有明显区别。

（6）线型火灾探测器和可燃气体探测器等有特殊安装要求的探测器，应符合现行有关国家标准的规定。

（7）探测器的底座应固定牢靠，其导线连接必须可靠压接或焊接。当采用焊接时，不得使用带腐蚀性的助焊剂。探测器底座的穿线孔应封堵，安装完毕后的探测器底座应采取保护措施。

（8）探测器编号应齐全、正确。

（四）温度感应线安装

本小节适用于35kV及以上变电站温度感应线（简称感温线）安装。

1. 关键工序控制

感温线敷设工序控制：布置合理，在安装时不应拖拉摩擦、踩踏，不得牵引过直，不得将紧固件压得太紧，避免压裂外套，挤压内部绝缘层。

2. 工艺标准

（1）感温线缆可采用直线式、缠绕式或正弦波式敷设，必须连续无抽头、无分支布线。

（2）感温线缆最小弯曲半径为100mm，不得硬性折弯或扭曲，最小固定直线距离1m，弯曲部分应增加固定点。

（3）在电缆夹层、格、支架上，宜用正弦波方式敷设于所有被保护的电缆外护套上面，尽可能接触被测物。固定卡应采用阻燃塑料卡具。对于经常更换、变动电缆的桥、支架，可以使用悬挂方式安装。

（4）在变压器上，可直接缠绕，并采用可靠的缠绕扎结，使整个本体得到保护，由于热量主要集中在中上

部，主要缠绕在变压器上部，特别是升高座位置。

（5）根据环境温度的变化和报警灵敏度要求选择感温电缆的等级。

（6）感温线上不得有喷涂物、覆盖物，感温线应与被测物体接触良好。

九、智能变电站设备安装

（一）预制舱安装

本小节适用于智能变电站的预制舱安装。

1. 关键工序控制

（1）排水施工。

1）空调冷凝水管优先选用 UPVC 管，安装坡度必须符合设计要求，冷凝管尽可能短并避免气封的产生。

2）当冷凝水管较长时可采用悬挂方式，支架间距为 1～1.2m，并确保排水坡度。

3）应在空调外挂机基础内设置冷凝水泄水孔，并增加有组织排水设计，空调冷凝水管形母线管应与就近排水井、沟连通。

（2）标识牌悬挂、防火封堵。

1）舱体防火封堵时应根据舱体预留孔洞尺寸进行。

2）在封堵预制舱底部时，封堵应严实可靠，不应有明显的裂纹和可见的孔隙，同时采取可靠防水措施。

2. 工艺标准

（1）基础预埋件焊接与防腐处理满足要求，顶面标高误差≤3mm。预制舱垂直度误差＜1.5mm/m，水平度误差＜5mm。

（2）就位前检查预制舱外观，是否有破损、脱漆等现象，外观应无变形、锈蚀、刷蹭痕迹。预制舱门销开闭灵活，照明装置完好，通风空调系统完好。

（3）空调通向舱外的管路应向下倾斜引入有组织排水。

（4）电缆排列整齐、美观，固定与防护措施可靠，二次电缆接线、挂牌及接地线施工应满足"二次回路接线"章节标准工艺要求。预制舱电缆敷设时应保证电缆不外露。

（5）二次电缆宜采用电缆槽盒作为电缆通道，电缆槽盒与预制舱预留孔洞连接处宜采用焊接，防腐规范，安装牢固，接地良好。

（6）盘、柜底部及电缆孔洞防火封堵施工应满足"盘、柜底部封堵""孔洞、管口封堵"章节标准工艺要求。

（7）预制舱的引出接地与其专设接地件进行螺栓连接并紧固，预制舱舱体需两点接地，接地体应连接可靠，工艺美观，标识清晰；舱门应用不小于 4mm² 的软铜导线可靠接地。

（二）集成式智能隔离断路器安装

本小节适用于智能变电站的集成式智能隔离断路器（DCB）安装。

1. 关键工序控制

（1）基础复测。

复测断路器基础中心距离误差、高度误差、预埋地脚螺栓高度和预埋件中心线误差。

（2）设备开箱检查。

1）检查断路器型号与设计图纸型号相符，附件应齐全、无锈蚀和机械损伤、密封良好。

2）断路器瓷件无损伤、绝缘子支柱与法兰结合面胶合牢固并涂以性能良好的防水胶。

（3）支架安装。

1）支架底部与基础面之间尺寸、支架上下螺母与垫片放置应满足设计图纸要求。

2）支架安装后找正时，控制支架垂直度、顶面平整度，相间顶部平整度保持一致，尤其三相联动式断路器，门形支架安装过程中控制支架垂直度和支架上部横担水平度。

（4）设备安装及机构调整。

1）应按产品的技术规定选用合适的吊装器具吊装。

2）密封槽面应清洁，无划伤痕迹；已用过的密封垫（圈）不得使用，涂密封脂时，不得使其流入密封垫（圈）内侧而与 SF₆ 气体接触。

$$SF_6$$

2）密封槽面应清洁，无划伤痕迹；已用过的密封垫（圈）不得使用，涂密封脂时，不得使其流入密封垫（圈）内侧而与 SF_6 气体接触。

3）均匀对称紧固断口与支柱连接螺栓，紧固力矩符合产品要求。按照产品说明书要求进行机构连接并进行检查和调整，机构内附件完好，功能正常。

（5）气务工作。

1）真空充气装置连接管道应清洁，抽真空的残压和时间应达到产品技术文件要求（产品安装过程能维持 SF_6 气体预充压力可以不抽真空，由产品安装说明书确定）。

2）SF_6 气体充注前，必须对 SF_6 气体抽样送检，抽样比例及检测指标应符合 GB/T 12022—2014 的要求。现场测量每瓶 SF_6 气体含水量，应符合规范要求。

3）充气到额定压力，充气过程实施密度继电器报警、闭锁接点压力值检查，24h 后进行检漏，气室 SF_6 气体年泄漏率不大于 0.5%；24h 后进行微水含量测量，测量结果要满足规范要求。

（6）调试试验。

1）按产品电气控制回路图检查厂家接线正确性，按设计图纸验证二次回路接线的正确性。

2）在设备 SF_6 气体达到额定压力时并且气体试验合格情况下，才允许操作断路器。

2. 工艺标准

（1）智能隔离断路器基座必须平整。基础中心距离误差、高度误差均应≤10mm；基座螺栓定位的误差≤1mm，地脚螺栓采用热镀锌材料，高出基础顶面长度应一致。基础及预埋件位置、尺寸复测数据应符合要求。

（2）智能隔离断路器的极柱固定应牢固可靠，宜实现无调节垫片安装（厂家调节垫片除外）；用调整垫片填充支架螺栓与基础上表面间隙。同相绝缘子支柱中心线应在同一垂直平面内，同组断路器应在同一直线上，误差≤5mm。

（3）相间中心距离误差≤5mm。所有部件（包括机构箱）的安装位置正确，并按制造厂规定要求保持其应有的水平度或垂直度。支架底部与基础面之间尺寸、支架上下螺母与垫片放置要求满足设计图纸要求，支架安装后的垂直度、顶面平整度应符合要求。

（4）电机、加热器和控制回路通过预制好的电缆连接到隔离断路器操动机构箱。电缆必须固定到支架上。电缆排列整齐、美观，固定与防护措施可靠。接线端子应清洁、平整。

（5）断路器瓷套及光纤绝缘子瓷套外观完整，无裂纹。断路器及其传动机构的联动正常，无卡阻现象，分、合闸指示正确，辅助开关动作正确可靠，电气及机械闭锁正确。

（6）密度继电器的电缆端部应足够长，从而确保能够在不断开电缆连接的情况下从阀块单向阀上拆下密度继电器。

（7）接地隔离开关操作灵活，触头接触可靠，闭锁正确。操动机构、传动装置、辅助开关机闭锁装置应安装牢固，动作灵活可靠。均压环无划痕，毛刺，安装牢固、平整、无变形。

（8）电流互感器及光纤绝缘子安装牢固，底座与隔离断路器金属法兰接触严实。光纤插头的配件装配正确牢固，弯曲半径≥40mm，编扎顺直，无扭绞。

（9）设备底座及机构箱接地牢固，导通良好。断路器本体及支架应两点接地，引下线应分别与主接地网不同干线连接。安装完毕后，所有设备外观清洁，铭牌标识完整、清晰，相色标识正确。

十、换流站设备安装

（一）换流变压器安装

本小节适用于±1100kV及以下换流变压器安装。

1. 关键工序控制

（1）施工准备。

1）大件运输、设备厂家、监理、建设、物资、施工见证，按照开箱清单如数核查大小附件无误，并按策划要求存管；收齐产品技术文件，办理签证记录。

2）检查冲撞记录仪，三维记录仪数值不应大于3g（±1100kV换流变压器套管冲击记录值不应大于2g），原始记录必须有相关负责人签证，并留存归档。

3）充气运输的变压器应密切监视气体压力，压力应保持在0.01～0.03MPa（±1100kV换流变压器为0.02～0.03MPa）。当低于最低压力时应补干燥气体，现场充气保存时间不应超过3个月，否则应注油保存，并装上储油柜。

（2）基础复测。

1）预埋件位置正确，基础标高和水平度应符合设计和制造厂要求，表面平整度≤8mm，基础中心线位移≤10mm，并在基础上画出准确就位参照轴线。

2）换流变压器基础、轨道路径及安装区域的大型机械设备承重强度检测，应符合承载换流变压器总质量及设计要求。

3）在基础复核过程中，要同步按照图纸，对阀侧套管接线板中心与阀厅支柱绝缘子底座基础中心相对位置

进行复核。

（3）本体就位于安装位置。

1）换流变压器顶推、顶升、牵引时应在产品设计的指定位置，并应采取成品保护措施，不得损坏地面或基础。

2）换流变压器移动就位时应缓慢均匀，防止冲撞和振动，运输速度不应超过2m/min。

（4）附件安装。

1）本体应采用双浮球并带挡板结构的气体继电器。气体继电器、温度计、压力释放阀应送第三方检测。

2）换流变压器附件安装前应经过检查或试验合格，铁芯和夹件绝缘试验合格。

3）露空安装附件时，环境相对湿度应小于75%，应向本体内持续补充露点低于−40℃（±1100kV换流变压器应低于−55℃）的干燥空气，补气速率满足产品技术文件要求。

4）附件安装应严格监控本体露空时间，环境相对湿度、连续露空时间、累计露空时间均应符合相关规范及产品技术要求，场地四周应清洁，并有防尘措施，每次应打开不超过两处盖板。

5）所有拆装法兰（闷板）密封，应更换产品提供的优质耐油密封垫（圈），密封垫（圈）与法兰面匹配，密封面清洁。橡胶密封垫的压缩量不宜超过其厚度的1/3。其法兰螺栓应按对角线位置依次均匀紧固，紧固后的法兰间隙应均匀，紧固力矩值应符合产品技术规定。

6）调压开关安装：操动机构传动应可靠，操作正常，挡位切换指示正确。调压开关的机械联锁与极限开关的电气联锁动作应正确；传动机构活动部件应涂抹适合当地气候条件的润滑脂。

7）冷却器安装：应做密封检查，按产品要求的顺序编号吊装。其管道支架安装牢固，管路清洁无锈迹。连接法兰无错口，蝶阀开启灵活，油泵、油流继电器等安装正确，整体密封圈放置正确到位。

8）套管吊装。

a. 应先吊装阀侧，后吊装网侧。为减少本体露空时间，应在套管吊装前，安装好管道支架，冷却器，升高座等附件。

b. 升高座安装前，其电流互感器的变比、极性及排列应符合设计且试验应合格。电流互感器接线螺栓和固定件的垫块应紧固，端子板应密封良好，无渗油现象，清洁无氧化。电流互感器和升高座的中心应一致。

c. 套管安装必须使用厂家提供的专用吊装工器具进行吊装，套管与专用吊具的连接固定应可靠并满足产品技术文件要求。

d. 阀侧套管安装就位时，应及时按照厂家安装技术要求完成下部支撑结构的固定。套管顶部结构的密封垫应安装正确，密封应良好，引线连接可靠、螺栓达到紧固力矩值，套管端部导电杆插入尺寸应满足产品技术文件的规定。

9）储油柜安装。

a. 储油柜胶囊观感质量完好，清洁无油垢，采用干

燥空气充满胶囊，密封检查不泄漏。

b. 柜体内壁应无尖角或毛刺，胶囊摆布与储油柜长轴保持平行无扭偏，胶囊口的密封应良好，呼吸应通畅。

c. 油位指示装置动作应灵活，指示应与储油柜的真实油位相符；油位信号接点正确，绝缘良好。

10）气体继电器安装。

a. 气体继电器临时固定件应解除，相关集气盒内应充满绝缘油且密封严密。

b. 气体继电器两侧蝶阀与法兰连接端正无错位，开启无阻碍。

（5）器身检查和接线。

1）芯检中应向油箱内持续补充露点低于－40℃（±1100kV换流变压器应低于－55℃）的干燥空气，保持含氧量在19.5%～23.5%，相对湿度不大于20%，保持微正压。

2）检查运输支撑和器身各部位应无移动现象，运输用的临时防护装置及临时支撑件应予以拆除，应经过清点后做好记录。

3）铁芯绕组检查：绕组绝缘围箍、压钉垫块应无松动；围屏端的各绕组防松绑扎完好，套管绕组连接部分质量良好，绝缘螺栓应无损坏等。箱底清洁无油垢，油路无阻塞。铁芯夹件及穿芯螺栓接地线连接应无松动且无多点接地。

4）调压切换装置检查。

a. 各分接头与绕组的连接应紧固正确；各分接头应清洁，且接触紧密，弹力良好；机械动作正常，销扣锁定可靠。

b. 选择开关、范围开关应接触良好，分接引线应连接正确、牢固，切换开关部分密封良好。

5）箱壁上的阀门应开闭灵活、指示正确。

（6）抽真空及真空注油。

1）抽真空监测油箱变形不超过箱壁的2倍厚度。

2）抽真空前应将在真空下不能承受机械强度的附件与油箱隔离，对允许抽真空的部件（储油柜、调压开关、冷却器、继电器）应同时抽真空。

3）真空泵或真空机组应有防止突然停止或因误操作而引起真空泵油倒灌的措施。

4）真空残压及真空保持时间应符合相应规范及产品技术文件要求。

5）注入变压器的绝缘油简化分析、色谱检测等结果无异常，不同牌号的绝缘油不应混合使用。

6）变压器新油应由生产厂提供新油无腐蚀性硫、结构簇、糠醛及油中颗粒度报告。对500kV及以上的换流变压器还应提供T501（抗氧化剂）等检测报告。

7）注油全过程应保持真空，滤油机出口绝缘油温度应控制在（65±5）℃范围内。注油时宜从下部油阀注入，注油速度宜不大于100L/min。

8）注油完成，应切断储油柜与胶囊的连通（关闭旁通阀），经吸湿器干燥空气充分张开胶囊，防止假油位。

（7）热油循环。

1）热油循环中，冷却器组应轮流开启同时进行。滤油机出口油温应控制在（65±5）℃，本体底部油温应大于40℃。当环境温度全天平均低于15℃时，应对油箱采取保温措施。

2）热油循环需满足产品技术文件要求，如无要求，热油循环时间不应少于48h，且循环油量不应少于3倍换流变压器总油量。

3）储油柜油位调整应与换流变压器的温度曲线图对应，并指示正确。补油时，应排尽各处附件内的空气。调压开关储油柜油位调整时，应与本体隔断后操作。

（8）现场检查及试验。

1）换流变压器应进行整体密封性试验。宜通过储油柜吸湿器接口充入压力为0.03MPa的干燥空气或氮气，持续24h应无渗漏。

2）通过顶部排气塞在附件储油柜、冷却器、继电器、压力释放阀、管道、升高座等处，做多次排气。

3）密封试验过程中应关闭压力释放阀部位的蝶阀，或监控充注的气体压力值范围，防止意外过压喷油。

4）注油完成，进行试验的静置时间应符合产品技术文件和规范要求。

（9）牵引就位基础。

1）使用顶升装置顶升换流变压器时，应沿长轴方向前后交替起落，不应四点同时起落；两点起升与下降时应操作协调，各点受力均匀；升降过程中应有防止顶升装置失压和打滑的措施。

2）换流变压器就位尺寸偏差应严格按照设计文件要求控制。

2. 工艺标准

（1）换流变压器的中心与基础中心轴线重合，固定牢固可靠，固定方式满足厂家及设计要求。

（2）附件安装所涉及的法兰面洁净，密封圈全部更换处理。螺栓配件齐全，紧固力矩符合产品规定。

（3）本体外观油漆完整、清洁、无锈蚀，密封检查无一渗漏。

（4）附件标识正确齐全、无漏项（套管相色、冷却器编号，油流管道箭头标识、调压开关防踩踏提醒标识、在线滤油机标识、阀门开启位置等）。

（5）钻芯检查时，切换开关动作、套管及本体的绝缘绑扎和固定、铁芯夹件的一点接地等检测试验，应全部符合产品技术要求。外部除附件安装外，必须逐个检查与本体连接阀门，确定阀门开关灵活到位。

（6）换流变压器绝缘油取样试验合格。

（7）网侧套管安装油标朝向和油位正确，瓷裙完好、无损；阀侧套管在阀厅相对中心线位置，垂直和水平误差应小于20mm，不影响阀厅母线连接。气体密度表计安装位置便于巡视，压力值正确，装有防雨罩。

（8）储油柜安装稳固，方向正确。气体继电器安装水平，观察窗打开，空气排尽，箭头朝向储油柜，本体及二次电缆进线50mm应被遮蔽，45°向下雨水不能直淋。

其连接管道坡度 1.5%～2%，法兰连接面受力均匀，紧固到位。

（9）绕组、油面温度表计应安装在可视柜内，或安装防雨罩。附有功能标识、试验标签。油箱顶部的测温探头腔内充满绝缘油，其导管敷设应顺直固定，多个导管集中敷设应排列整齐，不影响整体观感，且导管与探头处弯曲半径不得小于 50mm（±1100kV 换流变压器温度计不小于 100mm）。

（10）压力释放阀与蝶阀之间安装平正，不阻碍蝶阀开关，其发信开关滑动灵活；与之相接防爆筒安装平正稳固，喷口无阻碍，装网栅。

（11）吸湿器呼吸正常，油杯内油量应略高于油面线，油位线应高于呼吸管口，吸湿剂干燥、无变色，在顶盖下应留出 1/5～1/6 高度的空隙，在 2/3 位置处应有标识，吸湿剂罐宜为全透明（方便观察），储油柜油位应符合油位温度曲线。

（12）冷却器与本体、气体继电器与储油柜之间连接的波纹管，两端口同心偏差不应大于 10mm。

（13）调压开关操作挡位显示对应正确，传动灵活、无异常滞涩，连杆抱卡可靠紧固，防松锁片到位。在线滤油机管路连接完好，运作功能正常。

（14）换流变压器本体接地可靠、采用黄绿标识。铁芯、夹件可靠一点接地，瓷套接线端子与接地排搭接部位应采用软连接，引出线与本体可靠绝缘且采用黑色标识。

（15）套管末屏引出线应可靠接地，电流互感器二次备用绕组应经短接后接地。

（16）套管接线端均压环表面应光滑无划痕，安装牢固且方向正确，最低点应打不大于 φ8mm 的泄水孔。

（17）二次电缆敷设及智能柜安装，其工艺应符合设计和产品规定。电缆排列整齐美观，固定可靠，二次接线与图纸和说明书相符合。

（二）平波电抗器安装

本小节适用于 ±1100kV 及以下换流站直流平波电抗器安装。

1. 关键工序控制

（1）基础复测。

1）混凝土基础应达到允许设备安装的强度和刚度。

2）基础的中心距离及高度的偏差不大于 10mm，平整度偏差不大于 5mm。

3）支座基础地脚螺栓中心偏差不大于 2mm。螺栓相互之间的高度偏差不大于 10mm。

4）基础内钢筋不应形成闭合磁路。

（2）到货验收保管。

1）设备的零件、备品备件、专用工器具应齐全，外观无锈蚀、损伤和变形。

2）绝缘支撑结构的顶端平台、拉筋或过渡平台应完好无变形。采用非磁性材料的支撑平台、连接螺栓和绝缘子的法兰应符合产品技术规定。

3）设备应按原包装置于平整、无积水、无腐蚀性气体的场地。并按编号分组保管，且包装箱之间不应叠放或挤压。

4）绝缘部件、专用材料及备品、备件等应置于干燥的室内保管。

5）电抗器线圈、降噪装置本体应采取防雨、防腐蚀措施。

（3）支柱绝缘子安装。

1）应按制造厂的部件编号和规定顺序进行组装，不得混装。

2）在基础预埋螺栓上安装的绝缘子下支架，其上端法兰面的平面度及各法兰面之间的平面度偏差应符合产品技术文件的规定。偏差调整完毕后，固定下支架的调节螺栓应拧紧。

3）每层绝缘子安装完毕后，检查各绝缘子上端法兰面至下支架上端法兰面的距离应相等，必要时应采用制造厂提供的专用调整片进行调整，每处加塞的调整片宜为一片。

4）绝缘子层间过渡平台和顶端平台应在地面上组装好后再整体吊装。顶端平台安装完毕后，平面度偏差不应大于 2mm。

5）绝缘支撑结构吊装中，每层结构应水平，绝缘子群应无扭曲，拉筋中心应准确与基础圆心重合。各层的支柱绝缘子拉筋及顶层不锈钢平台中心，应全部重合于基础圆心的垂直轴线上。

（4）电抗器本体吊装。

1）吊装前，绝缘支撑结构应经检查合格，紧固螺栓应受力均匀，紧固力矩值符合产品技术文件的规定。

2）吊装前应试吊，起吊时应缓慢进行，防止造成设备损伤。

3）本体上的附件组装应在清洁、坚实的地面上进行，并应有防雨、防碰撞的措施。

（5）其他附件安装。

1）降噪装置安装。

a. 组装、吊装过程中，不应损伤消声器本体的 RTV 涂层；应使用产品配备的专用吊具进行吊装。

b. 降噪装置在组装过程中，应有防止碰撞的措施；有防水要求的，安装程序应符合产品技术文件的规定，并应有防雨、防雪的措施；有等电位要求的，其等电位连线的连接应正确、可靠。

c. 降噪装置的组装应在清洁、坚实的地面上进行。安装过程中，不得有物品坠入线圈通风道。

d. 降噪装置应在电抗器本体上安装牢固，消声器顶盖应具有良好的防雨性能。

2）保护伞、防鸟隔栅应安装平整、固定可靠。

3）根据从上往下的顺序逐层安装支柱绝缘子均压环。屏蔽环和均压环应安装牢固、等分均匀。

2. 工艺标准

（1）绝缘支撑结构及电抗器的中心轴线应垂直基础水平轴线，其垂直度和水平度应符合产品技术规定。

（2）绝缘支撑结构的顶端平台、拉筋或过渡平台应完好无变形，绝缘件应无变形。

（3）电抗器本体、绝缘子等部件应无损伤、表面应无污秽。线圈风道应清洁，环氧树脂层应无开裂，表面涂层应厚度均匀、无漆挂和漆瘤。

（4）本体外部绝缘涂层完好，其他部位油漆应完整。消声器顶盖合口应严密、不渗漏。

（5）安装紧固螺栓应有防松措施，其紧固力矩应符合产品技术规定。

（6）接线端子的接触面镀锡层应平整、光洁、无氧化膜；接线端子与母线的连接应符合《±800kV换流站母线装置施工及验收规范》（Q/GDW 1223—2014）的规定，连接螺栓应采用非磁性金属材质，导线连接不应使端子承受额外的应力。

（7）屏蔽环和均压环表面应光洁，无变形和毛刺，底部最低处应打不大于 $\phi8mm$ 的泄水孔。

（8）距离干式平波电抗器中心2倍直径的周边及垂直位置内不得形成金属闭合回路。

（三）电容器塔安装

本小节适用于±1100kV及以下换流站直流滤波电容器塔安装。

1. 关键工序控制

（1）到货验收保管。

1）各零部件应装箱，保存应有防潮、防雨水和冰雪的措施。不得靠近热源，室内不得有腐蚀性气体等，电容器在运输、装卸过程中不得倒置、碰撞和受到剧烈震动。

2）现场保管应遵循厂家装箱顺序（最上层装在最下部）及现场安装、转运顺序需求放置。

（2）电容器及附件试验。

1）安装前应对电容器、绝缘子逐个试验合格。

2）按制造厂桥臂平衡配置及层次位置布置组装电容器组，现场进行核对。

3）电容器安装时应对每台电容器、每个电容器桥臂和整组电容器的电容量进行测量；实测电容量及偏差应符合产品技术文件的规定和设计文件的要求。

（3）基础钢板安装。

各支柱绝缘子底座钢板经调节预埋地脚螺栓的螺母，应使基础钢板上表面在同一水平面上，平行度偏差不大于2mm。安装后防松螺帽应紧固，其每个底座钢板应预留接地端。

（4）底座支柱绝缘子安装。

按总装图安装底座支柱绝缘子，并保证上法兰面处于同一水平面上。必要时可用垫片垫平，然后将底座支柱绝缘子上下法兰螺栓预紧。

（5）电容器组吊装。

1）各电容器层配置过程，严格按照设计或厂方提供的编号进行配置。

2）应采用专用吊装器具，无特殊要求时应从基础逐层完成吊装。吊装过程应避免踩踏电容器套管、管形母线和均压环。

3）安装时应注意电容器台架标识牌、绝缘子的型号。每个支柱绝缘子的出厂实测高度已标签在绝缘子上，电容器组同一层内应采用高度相近的支柱绝缘子。

4）电容器塔每层组装时应按制造厂规定调整支架水平，绝缘子应受力均匀，同一轴线上的各绝缘子中心线应在同一垂直线上，合格后方能继续上层电容器层的吊装工作。

5）带有均压环的电容器层需将均压环整体组装吊装，均压环组装过程中应采取防止剐蹭措施，局部存在的毛刺应打磨光洁。

6）每只电容器、层架、屏蔽环的等电位连接应符合产品技术文件的规定。

7）电容器连线应符合设计要求，宜采用双连接线结构。套管端子线夹的线槽应与连线方向一致。套管接线端子及线槽的接触表面应清洁、无氧化膜。接线连接紧固，受力均衡可靠，紧固力矩值符合产品技术规定，其连接紧固力应避免力矩过大而扭断接线柱。

2. 工艺标准

（1）安装电容器组塔架时应逐层复测水平与垂直度，同一层的高度、平面度偏差均应控制在2mm以内，总体装置的垂直度（顶层平面对角线交叉点与底层平面对角线交叉点）偏差控制在15mm以内。

（2）电容器外观、套管引线端子部位应密封无渗油，外壳无变形、锈蚀、剐蹭痕迹。

（3）电容器组支柱绝缘子、台架、金具、管形母线、导线连接方式以及紧固件的力矩应符合产品技术规定。

（4）每层电容器都设有层数编号、铭牌标识应在同一直线上，且应统一朝向巡视小道侧。

（5）电容配置率要求达到100%，电容器层间接线正确率要求达到100%。

（6）绝缘子的瓷件、法兰应完整，无裂纹和损伤，胶合处填料应完整，结合应牢固。

（7）电容器外壳应无变形、锈蚀，所有接缝不应有裂缝或渗油。套管芯棒应无弯曲、滑扣。引出线端连接用的螺母、垫圈应齐全。

（8）支架无变形、损坏，镀锌层应完整，紧固件应齐全。

（9）屏蔽环安装应牢固，表面应光洁、无变形和毛刺，底部最低处应打不大于 $\phi8mm$ 的泄水孔。

（10）每层电容器之间及与框架连接线应连接牢固，连接线弧度一致，工艺美观。连线接头盒应有防鸟害措施，且不影响红外热像检测。

（11）电容器母线连接的电气安全距离应符合 Q/GDW 1223—2014 的有关要求。

（12）各底座支架接地可靠、标识清晰。

（13）网栏高度应满足设计要求，应可靠接地，当滤波电抗器与电容器塔布置在同一网栏场地内，网栏连接部位需有一处采取绝缘处理，防止形成闭合磁路。

（四）电阻器安装

本小节适用于±1100kV及以下换流站直流电阻器安装。

1．关键工序控制

（1）基础复测。

1）电阻器基础轴线和高度应符合设计要求。

2）地脚螺栓一般与基础采取整体浇筑式，其中心线偏差不大于2mm，预埋螺栓应采用热镀锌形式，全站同类型电阻器组地脚螺栓露出长度应一致，应符合产品技术要求。

（2）电阻器及附件试验。

1）箱内电阻丝（片）应无断裂现象，内部连接应采用裸导体连接，电阻值应符合设计要求。

2）电阻器安装前，应测试冷态阻值，阻值换算到25℃后在额定阻值±10％之内，并检测电阻片中位点与箱体之间连接可靠。

3）电阻器安装前，使用2500V绝缘电阻表测试绝缘电阻，测试时应先断开电阻器和箱体的连接，阻值应符合产品技术文件要求，若无要求，应大于100MΩ。

（3）底座支柱绝缘子安装。

1）各支柱绝缘子底座钢板经调节预埋地脚螺栓的螺母，应使基础钢板上表面在同一水平面上，平行度偏差不大于2mm。安装后防松螺帽应紧固，其每个底座钢板应预留接地端。

2）底座支柱绝缘子上法兰盘面处于同一水平面上。

（4）电阻器吊装。

1）电阻器之间、电阻器与其他设备之间的间距应符合产品技术文件的规定。

2）用四点对称起吊，吊装过程应平稳，连接螺栓应牢靠，所有螺栓紧固，紧固力矩应符合产品技术要求。

3）电阻器的重量应均匀地分布在所有的支柱绝缘子上，电阻器上、下重叠安装时，应按照产品技术文件的规定进行吊装，中心线应一致。

2．工艺标准

（1）支柱绝缘子上法兰面的水平允许偏差不应大于2mm/m，垂直允许偏差不应大于1.5mm/m，同一绝缘子柱的各绝缘子中心线应在同一垂直线上。

（2）各层铭牌完整、清晰，标识应在同一直线上，且应朝向巡视小道侧。

（3）电阻器箱体应可靠固定，风道应通畅。设备外观应清洁，完整无缺损，箱体防雨性能应良好。

（4）箱体通风应良好，通风口防小动物钢丝网应完整无损。

（5）电阻器连线排列整齐，工艺美观。

（6）支柱绝缘子和出线套管的瓷件、法兰应完整，无裂纹和损伤，胶合处填料应完整，结合应牢固。

（7）电阻器箱体带有电阻器电动势，不可接地。每个支柱绝缘子底座钢板均应可靠接地，标示清晰。

（五）悬吊式换流阀安装

本小节适用于±1100kV及以下换流站悬吊式换流阀安装。

1．关键工序控制

（1）施工准备。

1）阀厅内土建、装饰及其他辅助设施安装调试已完毕，并验收合格，阀厅内安装环境要求符合设计及产品技术要求。

2）阀厅顶部钢梁结构已完成彻底清扫和清洁，不能有遗漏的金属件、工具等杂物。

3）电缆沟入口和墙体上的所有的预留孔（换流变套管及直流穿墙套管孔洞）应临时封闭良好；阀厅密封性和无尘达到产品要求的清洁标准。

4）悬吊阀塔的承重架的开孔尺寸、定位轴线等符合设计要求，接地可靠。预埋件及预留孔符合设计要求，预埋件牢固。

5）阀内冷系统（不含换流阀）已进行管道清洗，内冷管道短接，密封试验合格，满足与换流阀水冷系统对接的条件。

6）阀厅主光缆桥架已安装到位，并完成安装质量检验，转弯半径满足要求，不得有毛刺和尖角。

7）阀厅设备安装时，阀厅开启空调、通风、除尘设备，保证工作环境符合现场安装的技术要求。

8）换流阀安装过程及安装后阀厅内不得使用汽油/柴油类内燃机升降车、吊车，或将车辆尾气排至阀厅外，以保证阀厅的清洁。

（2）绝缘子、避雷器、屏蔽罩安装。

避雷器及屏蔽罩安装时，按图纸将避雷器、顶部屏蔽罩、十字悬吊在阀厅地面组装完毕，在吊装时注意避免屏蔽罩磕碰。将U形管形母线固定于十字悬吊与阀塔层间母排之间。

（3）阀组件及电抗器安装。

1）将阀组件起吊至与顶层组件支架同等高度，随后将组件推入铝支架内，并固定在铝支架内；装好一层的两个半层阀并调整找平后，再装下一层。

2）连接铝排安装时，应对连接铝排接触面用酒精、百洁布和毛刷进行清洁处理，在接触表面均匀地涂抹导热膏，将连接铝排固定于阀组件与电抗器之间。

（4）光缆敷设及接入。

1）所有的钻孔和光纤槽的切制必须在安装光缆之前完成，边缘要去除毛刺。

2）光纤敷设前核对光纤的规格、长度和数量，应符合产品的技术规定，外观完好，无损伤，衰耗测试合格。

3）光纤接入设备前，光纤端头的清洁应符合产品的技术规定。

4）光纤槽盒需可靠接地。安装光缆过程中，最小允许弯曲半径应满足规范要求和产品技术规定。安装过程中光纤不要过度伸出光纤槽边缘，以免会在玻璃纤维中产生拉力。光缆必须用扎带固定在光缆支架上。

2．工艺标准

（1）阀塔悬吊绝缘子或悬挂绝缘子安装垂直度、水平度符合规范及产品技术要求，受力均匀，无晃动。

（2）阀塔顶部框架及顶底屏蔽罩、检修平台距顶部框架之间的距离符合产品技术文件要求，其水平度偏差小于2mm。

（3）螺栓力矩值符合相关规范及产品技术要求，力矩线清晰。螺栓穿向及出扣长度符合 GB 50149—2010 的要求。

（4）光纤接入设备的位置及敷设路径应符合产品的技术规定，光缆必须绑扎牢固。

（5）阀塔水管安装清洁无异物，等电位电极的安装及连线应固定可靠，管道连接应严密，无渗漏。

（6）避雷器均压环安装应水平，与伞裙间隙均匀一致。放电计数器与阀避雷器的连接应符合产品技术规定。

（六）换流阀内冷却系统安装

本小节适用于 ±1100kV 及以下换流站阀内冷系统设备安装。

1. 关键工序控制

（1）管道、支架安装。

1）管道法兰密封面无损伤，密封圈安装正确，连接严密，无渗漏；密封胶的使用应符合产品的技术规定。

2）管道安装前应保持管口密封完好，安装时保持每段管件内部的高度清洁，临时管口应封闭，防止灰尘杂质、金属粉末进入管道。管道安装前禁止拆卸两端的临时封盖，不得用手触摸冷却管道内壁；管道内部及管端污染时，应按照产品的技术规定清洗洁净。

3）所有与水冷管道接触的管道和设备部件严禁现场焊接。

（2）阀冷设备室内设备安装。

1）电磁阀安装前应进行检意，铁芯应无卡涩现象，线圈与阀体间的绝缘电阻应合格。

2）离子交换树脂在装填前进行理化性能检验应合格。

3）离子交换器装料前，检查内部的防腐层应完好。

4）装填离子交换树脂前，应对离子交换树脂逐桶检查，核对牌号，防止混装。装填过程中应防止标签、绳头、杂物落入树脂内。树脂装填高度应符合产品技术规定。

5）过滤器安装应符合产品技术规定。填料及承托层材质的理化性能、级配、粒度、不均匀系数，经检验应合格。

6）除氧装置的安装应符合产品的技术规定，除氧使用的氮气纯度检验应合格。

（3）补水、水压测试及冲洗。

1）注入内冷却系统的初水应为去离子水，去离子水的电导率应符合产品的技术规定。制造厂无规定时，去离子水的电导率不应大于 $0.2\mu S/cm$。

2）若在现场制水，应使用水质符合《生活饮用水卫生标准》（GB 5749—2006）规定的自来水，经外配的离子交换器处理合格后，才能注入内冷却系统，不得使用内冷却系统的离子交换器处理自来水。

2. 工艺标准

（1）内冷却系统泵、管道安装水平误差、法兰偏差应符合相关规范要求。管道法兰连接应与管道同心，法兰间应保持平行，其偏差不大于法兰外径的 1.5‰，且不得大于 2mm。

（2）法兰面必须垂直于管道中心线。当 DN ＜ 100mm（DN 为管道的公称尺寸）时允许偏斜度为 0.5mm，当 100mm ≤ DN ≤ 300mm 时允许偏斜度为 1mm，当 DN＞300mm 时允许偏斜度为 2mm，法兰连接应保持同轴。

（3）水平安装的管道的水平偏差：DN≤100mm 时不超过 2L‰（L 为管道的有效长度），最大不超过 50mm；DN＞100mm 时不超过 3L‰，最大不超过 80mm；垂直安装的管道垂度偏差不应大于 5L‰，最大不超过 30mm。膨胀水箱铅垂度偏差不应大于 1L‰。

（4）支管上的法兰距离管外壁的净距应为 100mm 以上，或保持能穿螺栓，便于拆卸；法兰与支架边缘或建筑物的距离应在 200mm 以上，法兰不应直接埋在地下，埋地管道及不通行地沟内管道的法兰接头处应设置检查井。

（5）管道的支、吊架位置应正确，安装应平整、牢固。安装后各支、吊架受力应均匀，无明显变形，与管道接触紧密。支、吊架不得妨碍管道的自由伸缩，且间距应符合设计要求。

（6）管道安装后，管道、阀门不得承受外加重力负荷。管道介质流向标识清晰。

（7）内冷却设备、管道和阀体冷却水管安装完毕，外观检查合格后，应对内冷却管路进行整体密封试验。试验压力及持续时间应符合产品的技术规定，检查管路系统应无渗漏。

（8）泵的纵向、横向安装水平误差应符合产品的技术规定。电动机的引出线端子压接应良好，编号齐全，裸露带电部分的电气间隙应符合国家有关产品标准的规定，电动机的外壳（机座）必须用专用接线可靠接地，旋转部位应有防护罩。

（9）电动机与泵联轴器的同心度符合产品技术文件要求。各润滑部位加注润滑剂的规格和数量应符合产品的技术规定。

（10）温度、压力、流量、液位、含氧量、湿度、电导率等变送器、指示仪表、压差开关、压力开关、液位开关的安装应符合产品的技术规定。

（11）电动阀门行程开关、转矩开关及其传动机构动作应灵活、可靠。电气回路的绝缘电阻应合格。标识指示齐全，电缆走线美观。手动阀门开闭方向正确，名称标识清晰。

（12）所有的金属管道法兰间应采用跨接线连接，保证良好的电气通路。冷却系统的所有设备或装置、支吊架的金属外壳均应可靠接地。

（七）换流阀外冷却系统安装

本小节适用于 ±1100kV 及以下换流站阀外冷系统设备安装。

1. 关键工序控制

冷却塔及附件安装工序控制如下：

（1）冷却塔安装应水平，单台冷却塔安装水平度和垂直度允许偏差均为 2‰。同一冷却系统的多台冷却塔安装时，各台冷却塔的高度应一致，高差不应大于 10mm。

（2）风机的各组隔振器承受荷载的压缩量应均匀，高度误差应小于 2mm。

（3）调整风机皮带的张力应符合品的技术规定。风机安装完毕，应检查风机的转向和转速是否正常。

（4）外冷却设备，管道安装完中，外观检查合格后，应对外冷却管路进行密封试验。试验压力及持续时间应符合产品的技术规定，检查管路系统应无渗漏。

（5）RO 反渗透膜元件装入膜壳前应按产品技术规定对装置进行水压试验。水压试验合格后进行水冲洗，确认无机械杂质残留在装置中。

（6）装膜时，应将膜元件逐支推入膜壳内进行串接，每支元件均应承插到位，以避免连接不严密产生泄漏。

2. 工艺标准

（1）管道安装水平误差、法兰偏差应符合相关规范要求。

（2）穿墙及过楼板的管道，应加套管进行保护，穿墙套管长度不应小于墙厚，穿楼板套管宜高出楼面或地面 50mm。管道与套管的空隙应按设计要求填塞，当设计无要求时，应用阻燃软质材料填塞。

（3）调整风机皮带的张力应符合产品的技术规定。

（4）空气冷却器散热器安装的水平度偏差不应大于散热器外形尺寸宽度的 1/1000。

（5）空气冷却器散热管束出口、进口法兰中心线与总基准中心线的允许偏离公差为 ±3mm。

（6）风机安装完成后，叶片角度应满足要求，允许公差为 −0.5°；叶轮的旋转面应和主轴垂直，叶尖高度之差不大于 8mm；风机转向和转速应正常。

（7）所有螺栓紧固力矩应按制造厂要求进行，并应做好标记。

（八）支撑式换流阀安装

本小节适用于 ±800kV 及以下柔性直流换流站、500kV 及以下统一潮流控制器（UPFC）工程支撑式换流阀安装。

1. 关键工序控制

（1）施工准备。

施工准备应满足"悬吊式换流阀安装"章节中施工准备的要求。

（2）阀组件安装。

1）第一层阀段就位后应进行螺栓预紧固，上端面复测后进行第二层安装，全部就位后进行逐层紧固。

2）每一层阀模块安装完成之后须检查底部斜拉绝缘子松紧程度，如有必要须再次调整花篮螺栓。

3）安装过程中应复核阀模块晶闸管方向，各层阀组件的阀段吊装到位后应进行检查调整，确保逐层阀段的水平及垂直误差。

（3）光缆敷设及接入。

光缆敷设及接入应满足"悬吊式换流阀安装"章节中光缆敷设及接入的要求。

2. 工艺标准

（1）安装基座应满足高度误差 ±1mm，轴线误差

±0.5mm 的公差要求，相邻过渡底座高度差≤2mm，同塔内所有过渡底座上表面高度差≤3mm。

（2）每组阀塔横、纵向各支撑绝缘子水平高度差≤2mm，各阀模块水平度误差≤2mm。

（3）阀塔水管组件在阀塔上固定牢靠，其水平误差及垂直误差≤2mm。

（4）阀塔安装紧固螺栓的力矩应符合相关规范和产品技术文件要求。

（5）设备等电位连接正确，符合产品技术文件要求。

（6）阀管型母线安装要求横平竖直，软母线要求弧度自然一致，工艺美观。

（7）光缆必须用扎带固定在光缆支架上，光缆的最小弯曲半径符合相关要求。

（8）光纤槽盒内应绑扎固定，光纤端头可靠连接，光纤的弯曲半径符合相关要求。

（9）阻燃材料在光纤槽盒内应固定牢靠，距离光纤槽盒的固定螺栓及金属连接件的距离应符合设计要求。

（10）阀塔接地牢固可靠，标识清晰。

（九）直流断路器安装

本小节适用于 ±1100kV 及以下换流站直流断路器、转换开关、旁通开关安装。

1. 关键工序控制

（1）基础复测。

1）基础的中心距离及高度的偏差、预留孔或埋件铁板中心线的偏差不大于 10mm（±1100kV 不应大于4mm）。

2）预埋螺栓中心线的偏差不大于 2mm（±1100kV 为 ±1mm），伸出基础顶面高度应长度一致，并符合设计和产品技术规定。

（2）到货验收及保管。

1）设备及附件逐项核实完好无损，置于现场保管时，场地应硬化或夯实，无积水，按设备标识放置平稳，应有防雨、防潮、防腐蚀、防撞等措施。绝缘部件、专用材料、专用小型工器具及备品备件等应保存在干燥通风的室内。

2）充气体运输单元，应有压力值监管和记录。

3）SF_6 气瓶角阀保护罩完好，应避开其他气瓶存放。SF_6 气瓶保管环境清洁、通风良好，应防晒、防潮、防撞，无热源和油污。

（3）操动机构安装。

1）操动机构的安装必须牢固可靠。安装编号和功能型号应符合产品设计要求。

2）传动机构零件应齐全，轴承应光滑无卡涩，铸件无裂纹或焊接不良。严格按产品要求安装调整操动机构的各项功能，防止人为损坏机械传动部件。

3）安装调整中应确保机构箱外观（箱体漆色、门锁）完好。

（4）本体吊装。

1）吊装环境应无风沙、雪雨，空气相对湿度应小于80%，应做好防尘、防潮措施。

2) 应按产品技术文件的规定选用吊装器具、选择吊点及吊装程序，合成绝缘子吊装时应采取措施防止绝缘表面损坏。

3) 多断口灭弧室吊装，应先将支柱瓷套安装固定好，再吊装连接灭弧室，连接提升杆头，连接销扣应可靠锁定，气室连通气管插接应确认到位，操动机构按产品要求连接支柱套管的传动拐臂，传动连杆销扣锁定可靠。

4) 支柱瓷套安装调整应水平，整体垂直度不大于 1.5‰。

5) 法兰间密封槽面应清洁，无划伤痕迹；已使用过的密封垫（圈）不得使用；新密封垫（圈）应检查无损伤，涂密封脂时，不得使其流入密封垫（圈）内侧而与 SF_6 气体接触。均匀对称紧固断口与支柱连接螺栓，紧固力矩符合产品技术文件要求。

6) 断路器的固定应牢固可靠，所有部件的安装位置应按照制造厂的部件编号和规定顺序进行组装，不可混装，所有部件的安装位置正确，安装后的水平度和垂直度应符合产品技术规定。

7) 所有安装螺栓应使用力矩扳手规范紧固，其密封法兰面的连接螺杆外露部位应清洁，并涂以性能良好的防水密封胶，并避开法兰部件上的泄水孔。

8) 应按产品技术文件的规定更换合格的吸附剂。

（5）真空处理及 SF_6 气体充注。

1) 按产品技术文件的规定对设备内部及连接管路进行真空处理，真空度及保持时间应符合产品技术文件要求。

2) SF_6 气体充注前，必须对 SF_6 气体抽样送检，抽样比例及检测指标应符合 GB/T 12022—2014 的要求。现场测量每瓶 SF_6 气体含水量，应符合规范要求。

3) 充注 SF_6 气体时，应对 SF_6 气瓶进行称重，充入额定压力的 SF_6 气体重量应符合产品技术文件要求。充气过程应对密度继电器报警、闭锁接点动作值进行核对，结果应满足产品技术文件要求。

4) 断路器气室内已充 SF_6 气体，且含水量检验合格时，可直接补气到额定压力值。

5) 断路器充气完毕，24h 后采用包扎法对密封面进行检漏，泄漏率应满足规范要求；24h 后对气室进行微水含量测量，测量结果应小于 $150\mu L/L$。

2. 工艺标准

（1）断路器安装牢固可靠，所有部件的安装位置正确符合设计规定。支架镀锌层完好，外观清洁，安装横平竖直，无扭曲变形，基础螺栓和本体连接螺栓紧固件齐全，防松措施可靠，紧固力矩符合产品规定。

（2）支柱及灭弧室安装，瓷裙（硅橡胶裙）外观完好，无破损、划伤，瓷套与金属法兰胶合牢固。法兰间连接螺栓紧固力矩符合产品规定，螺栓和法兰边沿涂抹防水密封胶。

（3）密度继电器和压力表应经过校验合格，并应有产品合格证明和检验报告。密度继电器的管接头具有自封功能，方便拆卸校验，密度继电器应有防雨罩（厂家提供）。

（4）机构安装固定牢靠，零部件应齐全、完整、无损伤，安装正确，各转动部分应涂以适合当地气候条件和产品技术文件的润滑脂。

（5）机构箱和控制柜箱门应关闭严密，箱体应防水、防尘，封堵严密。内部应有通风和防潮措施，加热驱潮发热元件与其他元件、电缆芯线距离不应小于 80mm。

（6）液压驱动机构的各压力管道、表计接头等密封良好，其预压力和分合闸压力调整符合产品规定，压力释放装置动作应可靠，压力驱动转换开关切换正确可靠。

（7）合闸弹簧储能后，牵引杆的下端或凸轮应与合闸锁扣可靠地锁住。分、合闸闭锁装置动作应灵活，复位应准确而迅速，并应扣合可靠。缓冲器的行程应符合产品技术文件的规定，缓冲器应无渗油。

（8）断路器支架与基础的连接应牢固可靠，安装位置正确；支架安装的平整度、垂直度应符合产品技术文件的规定，接地应可靠。

（9）接线端子的接触表面应平整、清洁，无氧化膜。其载流部分的表面应无凹陷及毛刺，连接螺栓应齐全、对称、均匀、紧固，螺栓紧固力矩符合要求。

（10）均压环应位置正确，安装牢固，表面应光洁，无变形和毛刺，底部最低处应打不大于 $\phi 8m$ 的泄水孔。

（11）断路器分、合闸操作试验，各项动作参数符合产品技术规定，断路器的位置指示器动作正确。

（12）机构箱和控制柜（箱）内的二次接线应正确，二次回路与元件的绝缘合格。

（13）断路器本体及支架接地应分别与不同两处主接地网可靠连接，机构箱、汇控柜接地与主接地网可靠连接。

（十）直流隔离开关安装

本小节适用于 ±1100kV 及以下换流站直流隔离开关安装。

1. 关键工序控制

（1）到货验收及保管。

1) 应按其不同保管要求置于室内或室外平整、坚硬、无积水的场地，并按编号分组保管。

2) 瓷件和合成绝缘子应妥善安置，不得倾倒、碰撞或遭受外界的危害，装有触头及操动机构的金属传动部件的箱子应有防潮措施。

3) 专用材料、专用小型工器具及备品备件等应保存在干燥通风的室内。

（2）支架及底座安装。

1) 设备支架（三柱或单柱）外形尺寸、螺栓固定方式、紧固力矩、镀锌层厚度等，应符合产品技术文件和规范要求。

2) 设备支架安装后，检查支架柱的定位轴线，允许偏差不大于 5mm，支架顶部标高允许偏差不大于 5mm。

3) 安装支架上的设备底座调整水平时，每处垫片不应超过 3 片，其总厚度不大于 10mm。

（3）隔离开关吊装。

1）设备吊装时，应按产品技术文件的要求选择吊具、吊绳和吊点。

2）支柱绝缘子的组装顺序应符合产品技术文件的规定，支柱绝缘子应垂直于底座平面，同一支柱的各绝缘子中心线应在同一垂直线上。

3）支柱绝缘子叠装时应连接牢固，紧固件齐全；安装时宜用制造厂自配的调节垫片校正其水平或垂直偏差，使触头相互对准，接触良好。

（4）隔离开关调整。

1）传动部件安装位置应正确、固定应牢靠，灵活、无卡阻，传动齿轮应完整、无损坏，两个齿轮之间应咬合准确、间隙适当，咬合深度宜为齿高的 2/3，操作应轻便灵活。

2）触头及上下臂和接线板软连接导体的接触面应清除氧化物，螺栓紧固可靠。

3）平衡弹簧应调整到操作力矩最小，并加以可靠锁定。定位螺钉应按产品技术规定进行安装调整并加以固定。

4）合闸状态时触头间的相对位置、备用行程及分闸状态时触头间的净距或拉开角度，应符合产品技术文件要求。

5）具有引弧触头的隔离开关由分到合时，在主动触头接触前，引弧触头应先到位；从合到分时，触头的断开顺序应相反。

6）分合闸拐臂止定螺栓应调节到位并锁紧。合闸时，拐臂应过死点，触头到位稳定不反弹。

7）隔离开关调整应手动操作调整完成。首次电动操作前，应将机构手动操作到半分半合位置，电动机的转向应正确，机构的分、合闸指示应与设备的实际分、合闸位置相符。

2. 工艺标准

（1）设备底座连接螺栓应紧固，同相绝缘子支柱中心线应在同一垂直平面内，同组隔离开关应在同一直线上，偏差≤5mm。

（2）隔离开关支架、底座、绝缘支柱、操动机构应安装牢固。机构轴线与底座轴线重合，同一轴线上的操动机构安装位置应一致。

（3）隔离开关外观应整洁、油漆完整、无锈蚀。导电部分的软连接应安装牢固、无折损，触头部位应涂以中性凡士林，传动部分应涂以符合当地气候条件的润滑脂。

（4）支柱绝缘子不应有裂纹、损伤，并不得修补。绝缘子与金属法兰胶装部位应牢固密实，应涂防水密封胶。

（5）电动操作应平稳，无卡阻、冲击、异常声响等情况。机构箱内限位装置应准确可靠，到达规定分、合极限位置时，应可靠地切除电源。辅助开关动作应与隔离开关动作一致，切换正确可靠。

（6）隔离开关分合闸应到位，机构操作灵活，触头接触可靠，传动装置、辅助开关及闭锁装置应安装牢固，位置指示正确，电气与机械闭锁正确。

（7）设备接线端子应清洁、平整，且应接触良好，镀银层无脱落，端子不应承受额外的应力，连接螺栓紧固力矩应符合 GB 50149—2010 及 Q/GDW 1223—2014 的规定。

（8）均压环安装应无划痕、毛刺，安装牢固、平整、无变形，底部最低处应打不大于 φ8m 的泄水孔。

（9）机构箱内电缆排列整齐，接线工艺美观，箱门应关闭严密，箱体应有防水、防尘、防小动物进入的措施，内部应有通风和防潮措施，加热驱潮装置中的发热元件与其他元件、电缆及电线的距离不应小于 80mm。

（10）隔离开关支架及底座、垂直连杆、机构箱等接地牢固可靠，标识清晰。

（十一）直流穿墙套管安装

本小节适用于 ±1100kV 及以下换流站直流穿墙套管安装。

1. 关键工序控制

（1）到货验收及保管。

1）专用材料、备品备件、专用小型工器具及专用吊装器具、配重块齐全，应保存在干燥通风的室内。

2）伞裙、法兰、接线端子、充气阀、防爆膜等应完好。充气部件无泄漏，压力值应符合产品技术规定。

3）充有气体的运输单元，应按产品技术文件的规定，定期检查压力值，并做好记录，有异常时应及时采取措施。

4）直流穿墙套管及密度继电器应试验合格。

（2）附件安装。

1）拆除直流穿墙套管运输固件，安装 SF₆ 充气装置、防爆膜及密度继电器。安装环境的空气相对湿度应小于 80%，并应采取防尘、防潮措施。

2）更换吸附剂时，密封槽面应清洁、无划伤痕迹，更换已用过的密封垫（圈），并检查新密封垫（圈）应无损伤，涂密封胶时，不得使其流入密封垫（圈）内侧而与 SF₆ 气体接触。

3）安装均压环时，连接金具和接线端子有效接触面积应符合设计要求。

（3）真空处理、SF₆ 充注至微正压。

1）抽真空充气管路应洁净干燥处理，残压保持时间应符合产品技术文件规定，当无规定时，可参照真空残压为 30Pa，静置 5h 后不应大于 50Pa。

2）SF₆ 气体充入直流穿墙套管前，其各项检测指标应符合 GB/T 12022—2014 的有关规定。检测合格后方可充注直流穿墙套管内至运输压力的微正压。

（4）直流穿墙套管吊装。

1）充气式直流穿墙套管应在运输压力下吊装，应按产品技术要求选用专用吊装工具和配重块，安装过程应采取有效措施保护直流穿墙套管不受损坏或损伤。

2）起吊整体离地约 100mm，应调整倾斜角度，保持安装法兰面与地面垂直，过程应始终缓慢地调整移动，穿墙之间应里外配合，谨慎操作，严防直流穿墙套管晃动碰撞而受到损坏。

3）直流穿墙套管对接固定框时，应按产品工艺要求将法兰固定螺栓全部紧固到位，其螺栓紧固力矩应符合产品技术文件要求。

4）直流穿墙套管接地线应连接紧密，接触良好，不用的电压抽取端子应可靠接地。

5）应有防止拆除吊具和配重块掉落而损坏直流穿墙套管的措施。

（5）SF₆ 气体补充及检测。

1）所有充气管路保持洁净干燥，SF₆ 气体绝缘穿墙套管注气程序应符合产品技术规定。SF₆ 充气过程须缓慢进行，以防止充气管道不明显结霜。

2）SF₆ 气体充注过程中，应检查各压力接点动作正确，无异常情况即可持续充注 SF₆ 气体至额定压力。

3）SF₆ 气体充注完成后，应检测气室内微水和气体年泄漏率，检测结果应符合产品技术文件和规范要求。

2. 工艺标准

（1）直流穿墙套管外观应完好，无破损、起皮、划痕，螺栓穿向一致，紧固力矩值满足产品技术文件要求。SF₆ 气体应保持额定压力，无泄漏。

（2）所有螺栓、垫圈、闭口销、锁紧销、弹簧垫圈、锁紧螺母等应齐全，可靠。

（3）直流穿墙套管安装轴线与水平线的安装夹角应符合设计要求。

（4）直流穿墙套管法兰接地引下线和密度继电器的电缆保护管应可靠固定在阀厅围护结构的檩条上，过墙板处应有防止雨水侵入阀厅内部的措施。

（5）直流穿墙套管接线端子及载流部分应清洁，无氧化膜，镀银部分完好。

（6）直流穿墙套管接线端均压装置、屏蔽装置安装应正确、牢固，引下线不应使接线端子承受额外的应力。

（7）均压环安装应无划痕、毛刺，安装牢固、平整、无变形，底部最低处应打不大于 φ8mm 的泄水孔。

（8）直流穿墙套管接地牢固可靠、标识清晰。

（十二）光电型直流电流互感器安装

本小节适用于 ±1100kV 及以下换流站光电型直流电流互感器安装。

1. 关键工序控制

（1）施工准备。

设备开箱时严禁踩踏设备，检查设备外观清洁，铭牌标识完整、清晰，伞裙、均压环完好无破损，严禁折弯。

（2）本体吊装。

1）多节结构绝缘子，应将两节或三节绝缘子展开在同一轴线上，并检查关节处穿纤管是否有脱离，销子和卡环是否齐全。

2）顶端安装前必须复核管形母线焊接金具的尺寸，

如管形母线金具焊接后无法顺利安装，则相应金具焊接应在光电型直流电流互感器安装完成后进行。

3）本体底部光缆电缆吊装时务必固定好，否则严禁吊装或搬运本体，防止光缆或电缆的断裂。

4）安装关节支撑的螺纹孔时，应防止破坏关节支撑的外观或损坏光电型直流电流互感器本体内光纤熔点的连接。

2. 工艺标准

（1）安装前对基础标高、基础面轴线、预埋件进行复测，基础平面整体水平误差不大于 2mm。

（2）悬吊式光电型直流电流互感器顶层节通过抱箍与管形母线连接，抱箍金具型号应与管形母线匹配。

（3）必须根据产品成套供应的组件编号进行安装，法兰间连接可靠，极性检查正确。

（4）设备外观清洁，铭牌标识完整、清晰，安装垂直，误差≤1.5mm/m。

（5）线缆转接盒引线端子连接牢固，绝缘良好。

（6）均压环安装应无划痕、毛刺，安装牢固、平整、无变形；户外安装的均压环底部最低处应打不大于 φ8mm 的泄水孔。

（7）光缆的安装符合图纸要求，敷设时牵引力、弯曲半径、固定方式应按照要求进行，光纤槽应无毛刺，里面应有固定光纤的安装孔。

（8）设备底座、线缆转接盒接地牢固可靠、标识清晰。

第六节 变电工程土建部分施工新标准工艺

一、工程测量与土石方工程

（一）工程测量控制网

本小节适用于变电站建（构）筑物工程测量控制网的施工及验收。

1. 关键工序控制

（1）施工准备。

工程测量任务前，应进行项目技术设计并形成项目技术设计书或测量任务单，确定项目任务以及成果的内容、形式、规格、精度和其他质量要求，报监理单位审批。

（2）测量仪器检校。

使用的测量仪器设备应按有关技术标准规定进行检定，并应在检定的有效期内使用。仪器设备应进行校准或检验，当仪器设备发生异常时，应停止测量。

（3）选点与标桩埋设。

控制点应选在建筑场地外围或设计中的净空地带，要便于使用、安全稳定和能长期保存。控制点选定之后，应及时埋设标桩。

（4）引测平面高程控制点。

1）测量交桩过程，由建设单位组织，设计、监理、施工单位共同参加，并对基准点、基准线、基准标高进行确认和校测，经确认的交桩资料方可使用。

2）工程测量过程应进行质量控制。原始视测数据应现场记录并安全可靠地存储；对观测资料应进行检查校核；当前一工序成果未达到规定的质量要求时，不得转入下一工序。

3）测量应由专业人员进行，每次测量均应按规定填写测量记录及质量验收记录并报送专业监理工程师复核确认。

2.工艺标准

（1）建筑物施工控制网点，应根据设计总平面图和施工总布置图布设，应有足够数量的控制网点，对于场地面积小于$1km^2$的工作项目或一般建筑区，可建立二级精度的平面控制网，但不得少于4个。

（2）建筑物施工平面控制网轴线起始点的定位误差不应大于20mm；两建筑物间有联动关系时，不应大于10mm，定位点不得少于3个。

（3）建筑物高程控制水准点可设置在平面控制网的标桩或外围的固定地物上，也可单独埋设；水准点的个数，不应少于2个。

（4）控制网点应考虑永久使用，埋设坚固，不应埋设在道路、河岸、新填土、将要建设或堆料的地方，以及受振动影响的范围内。临时基准点设置须在基坑开挖前15天完成，位置选择应避免对施工影响。工程竣工后设置永久基准点，并加装防护措施及悬挂警示标牌。

（5）控制网点埋设深度应根据地质条件、冻深和场地设计标高确定，采用深埋式和浅埋式两种。每一观测区域内，至少应设置一个深埋式控制网点。

（6）控制网点埋设要求：C20混凝土现场浇灌，长、宽、高尺寸一般为250mm×250mm×600mm（突出地面150mm），标心直径为25mm、长度为250mm，控制网点帽头宜用铜或不锈钢制成，如用普通钢代替，应注意防锈。

（二）沉降观测点、位移监测点

本小节适用于变电站建（构）筑物工程中沉降观测点、位移监测点的施工及验收。

1.关键工序控制

（1）测量仪器检校。

使用的测量仪器应由具备相关资质的单位检定合格，选用的测量仪器、量具精度应满足《工程测量标准》（GB 50026—2020）要求，并报送监理项目部审核，通过后方可投入使用。

（2）沉降位移监测点埋设。

1）沉降观测点应根据地质条件及建筑结构特点，在能反映建筑物及地基变形特征处进行布设。

2）按照图纸设计要求，点位在受力体上的方向，应根据建筑物的大小或根据观测点的点数，将其划分为若干个观测闭合环，然后按闭合环确定观测点。

3）斜坡位移监测的基准点应布设在场地周邻的稳定区域且不少于3点，宜采用带有强制对中装置的观测墩。

（3）沉降变形监测。

1）测量应由具备相应的职业资格的专业人员进行，每次测量均应按规定填写测量记录及质量验收记录并报送专业监理工程师复核确认。

2）斜坡位移监测可采用二等或三等精度。对局部斜坡或人工高边坡，不应低于四等精度。当有特殊要求时，应另行确定监测精度。

2.工艺标准

（1）沉降观测点的布设应符合设计要求，并宜在下列位置布设：

1）建筑物的四角、大转角处及沿外墙每10～15m处或每隔2～3根柱基上。

2）高低层建筑物、新旧建筑物等交接处的两侧。

3）主要设备基础后浇带和沉降缝两侧，基础埋深相差悬殊处，人工地基与天然地基接壤处，不同结构的分界处及填挖方分界处。

4）宽度大于等于15m或小于15m而地质复杂及膨胀土、湿陷性土地区的建筑物，在承重内隔墙中部设内墙点，在室内地面中心及四周设地面点。

5）重型设备基础和动力设备基础的四角、基础形式或埋深改变处及地质条件变化处两侧。

（2）沉降观测点应及时埋设，安设稳定牢固，观测点标识上部有突出的半球形或有明显的突出点。

（3）建（构）筑物沉降观测点上方及周围不应有阻碍测量的障碍物，并应视立尺需要确定离开墙（柱）面和地面的距离，符合观测需要，沉降观测点标志的形式采用外露L式或嵌入式（盒式标志），外露L式观测点距离外装饰墙面120mm，稳固埋设，高度以高于室内（外）地坪0.2～0.5m为宜。对于建筑立面后期有贴面装饰的建（构）筑物，宜选用嵌入式标识（盒式标识）。

（4）重型设备基础沉降观测点标志的埋设位置应从设备基础底板边缘引出，应视立尺需要离开电气设备一定距离，观测点高度高于150mm，截面尺寸一般为250mm×250mm，标心直径为20mm、长度为400m，标志点帽头宜用铜或不锈钢制成，如用普通钢代替，应注意防锈。观测点基础应与设备基础同时施工。

（5）位移观测基准点的设置应符合设计要求，对水平位移观测、基坑监测或边坡监测，基准点数对特等和一等不应少于4个，对其他等级不应少于3个。当采用视准线法和小角度法时，当不便设置基准点时，可选择稳定的方向标志作为方向基准。

（三）基坑与沟槽开挖

本小节适用于变电站建（构）筑物工程中基坑与沟槽开挖的施工及验收。

1.关键工序控制

（1）施工准备。

施工单位编制基础开挖施工方案，报监理审核。若基坑深度超过3m，应编制专项施工方案，超过5m时由业主项目部组织对方案开展专家论证。

（2）定位放线。

基坑（槽）开挖前，应先根据图纸和现场土质、水文情况，进行测量定位及放坡系数验算。

（3）采用降水措施（如需）。

1）在地下水位以下挖土，应在基坑（槽）四侧或两侧挖好临时排水沟和集水井，或采用井点降水，将水位降低至坑、槽底以下 500～1000mm，降水工作应持续至基础施工完成。

2）雨期施工时，基坑（槽）应分段开挖，挖好一段浇筑一段垫层，并在基槽两侧设置挡水或排水措施，以防地面雨水流入基坑（槽），同时应经常检查边坡和支撑情况，以防止坑壁受水浸泡造成塌方。

（4）土方开挖。

1）土方开挖顺序、方法必须与设计工况和施工方案相一致，并应遵循"开挖支撑，先撑后挖，分层开挖，严禁超挖"的原则。

2）当开挖基坑（槽）的土体含水量大、基坑较深、受到场地限制或土质较差时，应采取加固支撑防护措施。

3）基坑开挖尽量防止对地基土的扰动。人工挖土，基坑挖好后不能立即进行下道工序时，应在基底标高以上预留 150～300mm，待下道工序开始再挖至设计标高。采用机械开挖基坑时，应在基底标高以上预留 200～300mm，由人工挖掘修整。

（5）验槽。

1）基坑开挖时，应对平面控制桩。水准点、基坑平面位置、标高、边坡坡度等按照已审批的土方开挖方案进行复测检查。

2）由监理单位组织建设、勘察、设计、施工单位共同进行验槽，填写基坑（槽）验收记录，发现地基土质与勘探、设计不符，应与有关人员研究及时处理。

2.工艺标准

（1）对定位放线的控制，应复核建（构）筑物的定位桩、轴线，方位和几何尺寸。

（2）对土方开挖的控制，检查挖土标高、截面尺寸、放坡和排水。地下水位应保持低于开挖面500mm以下。

（3）土方开挖工程质量检验标准：柱基、基坑、基槽标高允许偏差 −50～0mm，长度、宽度允许偏差 −50～+200mm，管沟标高允许偏差 −50～0mm，长度、宽度允许偏差 0～+100mm，边坡及基底土性符合设计要求。

（4）石方开挖工程质量检验标准：基底岩（土）质必须符合设计要求；边坡坡度偏差应符合设计要求，不允许偏陡，稳定无松石；柱基、基坑、基槽、管沟顶面标高允许偏差 −200～0mm，几何尺寸允许偏差 0～+200mm。

（四）土石方回填与压实

本小节适用于变电站土方工程中土石方回填与压实的施工及验收。

1.关键工序控制

（1）基底清理。

回填时应清除基底杂物，采取措施防止地表滞水流

入填方区，并不得在边坡范围内取土，回填土要对称均匀回填。

（2）土质检验。

场地回填的土料，应符合设计要求，并应确定回填料含水量控制范围、铺土厚度、压实遍数等施工参数。

（3）分层夯实。

1）场地回填优先采用机械回填施工。填土应从最低处开始，由下向上整个宽度分层铺填碾压或夯实。

2）场地回填应尽量采用同类土填筑，并应连续进行，尽快完成。回填土应分层夯实，并留有一定的沉降量。当采用不同的土填筑时，应按土类有规则的分层铺填，不得混杂使用。

3）地形起伏之处，应做好接槎，修筑1:2阶梯形边坡，台阶可取高 500mm，宽 1000mm。分段填筑时每层接缝处应做成大于 1:1.5 的斜坡，碾迹重叠 500～1000mm，上下层错缝距离不应小于 1000mm。接缝部位不得在基础、墙角、柱墩等重要部位。

4）填土层如有地下水或滞水时，应在四周设置排水沟和集水井，将水位降低。填土区应保持一定横坡，以利排水。当天填土应当天夯实。

5）雨季施工时应有防雨措施，要防止地面水流入基坑内，以免边坡塌方或基土遭到破坏。

（4）修整找平。

填方的边坡坡度应符合设计或施工规范规定。

2.工艺标准

（1）场地回填土宜优先利用基坑土及黏性土，有机质含量不大于5%，不宜使用淤泥质土，含水量应控制在最优含水量的±2%内。

（2）回填土施工时的分层厚度及压实系数不应小于设计值。

（3）回填土每层夯实后，应按规范规定进行环刀法、灌水法或灌砂法取样，分层压实系数达到设计要求后，方可进行上一层铺土。

（4）填土全部完成后，根据设计要求标高对表面拉线找平，凡超过标准标高的地方，及时依线铲平；凡低于标准标高的地方，应补土夯实。

（5）施工结束后，应进行标高及压实系数检验，并填写质量验收记录。

（五）挡土灌注桩排桩支护

本小节适用于变电站挡土灌注桩排桩支护的施工及验收。

1.关键工序控制

（1）施工准备。

根据地质条件和桩间距合理选择成桩次序。

（2）钻机定位校准。

1）依据桩位中心确定护筒挖埋位置，护筒埋设应准确稳定，护筒中心与桩位中心的偏差不得大于50mm。

2）钻机就位时，钻头中心对准护筒中心保证误差不大于20mm。

（3）钻机成孔。

护壁泥浆要进行现场调配，定时检测，并应根据穿越的地层条件适时调整。

（4）钢筋笼制作安装。

1）清孔后要及时制作、吊放钢筋笼。钢筋笼搬运和吊放时，应防止变形。吊放入孔时，要对准孔位，就位后对钢筋笼固定要牢靠，以防钢筋笼坠落或灌注混凝土时上浮。

2）钢筋箍筋、拉筋的末端应按设计要求做弯钩，弯钩的弯折角度、弯折后平直段长度应符合标准规定。钢筋连接应符合规范要求，在同一连接区段内的接头错开布置，接头数量不得超过50%，钢筋绑扎牢固、均匀。

3）钢筋保护层厚度控制符合设计要求。

（5）下导管二次清孔。

在泥浆护壁成孔灌注桩第二次清孔过程中，要及时补浆，保持孔内泥浆高度；清孔结束后，测量孔底高程和泥浆指标，合格后进行水下混凝土灌注。

（6）混凝土灌注。

1）混凝土首灌量应保证将隔水球从导管内顺利排出并将导管埋入混凝土中800～1200mm，浇筑过程中埋管深度应在1500～2000mm为宜。导管接头及导管与料斗连接采用螺纹丝扣接头，接口处采用O形密封圈；导管使用前进行试拼装、试压，试水压力取0.6～1.0MPa；导管内设置的隔水塞要求具有良好的隔水性能，隔水塞采用球胆或与桩身混凝土强度等级相同的细石混凝土制作。

2）混凝土灌注量应满足规范规定的超灌量要求。

3）基桩施工完中后，依据设计和规范要求对桩身质量进行检验，基桩检测合格后方可进行后续施工。

（7）冠梁施工。

冠梁施工应符合混凝土施工规范等相关要求。

2.工艺标准

（1）灌注桩的工艺标准参照本节三中（四）等相关章节。

（2）冠梁的工艺标准参照本节四中（五）、（九）等相关章节。

（3）在黏土或砂性土中，泥浆密度控制在1.15～1.2g/cm³。

（4）灌注桩桩位允许偏差不大于100mm，孔深允许偏差为+300mm。

（5）灌注桩混凝土充盈系数＞1。

（六）重力式水泥土墙

本小节适用于变电站建（构）筑物工程的重力式水泥土墙工程施工及验收。

1.关键工序控制

（1）二轴水泥土墙施工。

1）提升注浆搅拌。

a.泥浆液应按预定配合比拌制，每根桩所需水泥浆液一次单独拌制完成；制备好的泥浆不得离析，停置时间不得超过2h，否则予以废弃。浆液倒入时应加筛过滤，以免浆内结块，损坏泵体。供浆应连续，搅拌均匀。一

且因故停浆，为防止断桩和缺浆，应使搅拌钻头下沉至停浆面以下1.0m，待恢复供浆后再喷浆提升。如因故停机超过3h，应先拆卸输浆管路，清洗后备用，以防止浆液结硬堵管。泵送水泥浆前管路应保持湿润，以便输浆。应定期拆卸清洗浆泵，注意保持齿轮减速箱内润滑油的清洗。

b.搅拌头提升速度不宜大于0.5m/min，且最后一次提升搅拌宜采用慢速提升，当喷浆口到达桩顶标高时宜停止提升，搅拌数秒，以确保桩头均匀密实。水泥浆下沉时不宜冲水，当遇到较硬黏土层下沉太慢时，可适当冲水，但应考虑冲水成桩对柱身质量的影响，为保证水泥浆沿全桩长均匀分布，须控制好喷浆速率与提升（下沉）速度的关系。

2）清洗机具移位。

水泥土墙应连续搭接施工，相邻桩施工的时间间隔一般不应超过12h，如因故停歇时间超过12h，应对最后一根桩先进行空钻留出榫头，以待下一批桩搭接。如间隔时间太长，超过24h与下一根桩无法搭接时，应采取局部补桩或在后面桩体施工中增加水泥掺量及注浆等措施。前后排桩施工应错位成踏步式，以便发生停歇时，前后施工桩体成错位搭接形式，有利墙体稳定及止水效果。

（2）三轴水泥土墙施工。

1）开挖导沟、清障。

三轴水泥土搅拌桩施工前应对施工区域地下障碍物进行探测，如有障碍物应对其清理及回填素土，分层夯实后方可进行三轴水泥土搅拌桩施工，并应适当提高水泥掺量。

2）压浆注入。

注浆泵流量控制应与三轴搅拌机下沉（提升）速度相匹配，一般下沉时喷浆量控制在每幅桩总浆量的70%～80%，提升时喷浆量控制在20%～30%。确保每幅桩体的用浆量。施工时如因故停浆，应在恢复压浆前，先将搅拌机提升或下沉0.5m后注浆搅拌施工。

3）钻进搅拌下沉。

三轴搅拌机就位后，主轴正转喷浆搅拌下沉，反转喷浆复搅提升，完成一组搅拌桩的施工。对于不易匀速钻进下沉的地层，可增加搅拌次数，完成一组搅拌桩的施工，下沉和提升速度应严格控制，在桩底部可适当持续搅拌注浆，并尽可能做到匀速下沉和匀速提升，使水泥浆和原地基土充分搅拌。三轴水泥搅拌桩桩位定位偏差应小于20mm。

4）提升注浆搅拌。

a.正常情况下搅拌机搅拌翼（含钻头）下沉喷浆、搅拌和提升喷浆、搅拌各一次，桩体范围做到水泥搅拌均匀，桩体垂直度偏差不得大于1/200，桩位偏差不大于20mm，浆液水灰比一般为1:1.5～1:2.0，在满足施工的前提下，浆液水灰比可以恰当降低。

b.近开挖面-排水泥土桩宜采用套接-孔法施工，以确保防渗可靠性。其余桩体可以采用搭接法施工，搭接

厚度不小于 200mm。

c. 采用三轴水泥土搅拌桩施工时，在墙顶标高深度以上的土层被扰动区应采用低掺量水泥回掺加固。

d. 三轴水泥土搅拌桩施工过程，搅拌头的直径应定期检查，其磨损量不应大于 10mm，水泥土搅拌桩的施工直径应符合设计要求。可以选用普通叶片与螺旋叶片交互配置的搅拌翼或在螺旋叶片上开孔、添加外掺剂等辅助方法施工，以避免较硬土层发生三轴搅拌翼大量包泥"糊钻"，影响施工质量。

5) 成墙。

a. 应严格控制接头施工质量，桩体搭接长度满足设计要求，以达到隔水作用。一般情况下搅拌桩施工应连续不间断地进行，如因特殊原因造成搅拌桩不能连续施工，时间超过 24h 的，应在其接头处外侧采取补做搅拌桩或旋喷桩的技术措施，以保证隔水效果。

b. 三轴水泥土搅拌桩作为隔断场地内浅部潜水层或深部承压水层时，或在砂性土中进行搅拌桩施工时，施工应采取有效措施确保隔水帷幕的质量。

2. 工艺标准

(1) 水泥搅拌桩的施工工艺标准参见有关标准。

(2) 重力式水泥土墙的质量检验应符合下列规定：

1) 应采用开挖方法检测水泥土搅拌桩的直径、搭接宽度、位置偏差。

2) 应采用钻芯法检测水泥土搅拌桩的单轴抗压强度、完整性、深度。单轴抗压强度试验的芯样直径不应小于 80mm。检测桩数不应少于总桩数的 1%，且不应少于 6 根。

（七）土钉墙支护

本小节适用于变电站建（构）筑物工程中土钉墙支护的施工及验收。

1. 关键工序控制

(1) 开挖修坡、制土钉。

1) 采用机械进行土方作业时，需用仪器（全站仪、水准仪或特殊坡度尺等）控制坡度，严禁边坡出现超挖，基坑的边坡用人工清坡，以保证边坡平整并符合设计要求。

2) 打入式钢管土钉的钢管端部应制成尖锥状；钢管顶部宜设置防止施工击打变形的加强构造。

(2) 成孔。

1) 土钉成孔范围内存在地下管线等设施时，应在查明其位置并避开后，再进行成孔作业。

2) 当成孔遇不明障碍物时，应停止成孔作业，在查明障碍物的情况并采取针对性措施后方可继续施工。

3) 土钉成孔后应及时插入土钉杆体，遇塌孔、缩颈时，应在处理后再插入土钉杆体。

4) 当土钉墙墙后存在滞水时，应在含水土层部位的墙面设置泄水孔或其他疏水措施。

(3) 注浆。

1) 注浆材料可选用水泥浆或水泥砂浆，应拌和均匀，一次拌和的水泥浆或水泥砂浆应在初凝前使用。水泥浆的水灰比宜取 0.5～0.55，水泥砂浆的水灰比宜取 0.40～0.45，同时，灰砂比宜取 0.5～1.0，拌和用砂宜选用中粗砂，按重量计的含泥量不得大于 3%。

2) 注浆前应将孔内残留的虚土清除干净。

3) 注浆时，宜采用将注浆管与土钉杆体绑扎、同时插入孔内并由孔底注浆的方式；注浆管端部至孔底的距离不宜大于 200mm；注浆及拔管时，注浆管口应始终埋入注浆液面内，应在新鲜浆液从孔内溢出后停止注浆；注浆后，当浆液液面下降时，应进行补浆。

(4) 钢筋网安装。

1) 钢筋网与坡面的间隙应大于 20mm。

2) 钢筋网可采用绑扎固定，钢筋连接宜采用搭接焊，焊缝长度不应小于钢筋直径的 10 倍。

3) 采用双层钢筋网时，第二层钢筋网应在第一层钢筋网被喷射混凝土覆盖后铺设。

(5) 喷混凝土面层。

1) 土钉墙应按每层土钉及混凝土面层分层设置、分层开挖基坑的步序施工。

2) 喷射混凝土面层施工作业应分段依次进行，同一分段内喷射顺序应自上而下均匀喷射，一次喷射厚度宜为 30～80mm。

3) 喷射混凝土时，喷头与土钉墙墙面应保持垂直，其距离宜为 0.6～1.0m。

4) 喷射混凝土终凝 2h 后应及时浇水养护，喷射混凝土养护期不应少于 7 天。

2. 工艺标准

(1) 土钉墙支护使用的钢筋、钢管、水泥、砂、石等原材料质量证明文件齐全，钢筋、水泥、砂、石应按规范要求数量进行取样并复试。

(2) 土钉墙的坡度、注浆材料及强度应符合设计要求。

(3) 钢管土钉的外径不宜小于 48mm，壁厚不宜小于 3mm；钢管的注浆孔应设置在钢管里端 $L/2～2L/3$ 范围内（L 为钢管土钉的总长度）；每个注浆截面的注浆孔宜取 2 个，且应对称布置，注浆孔的孔径宜取 5～8mm，注浆孔外应设置保护倒刺。

(4) 应对土钉的抗拔承载力进行检测，抗拔试验可采用逐级加荷法；土钉的检测数量不宜少于土钉总数的 1%，且同一土层中的土钉检测数量不应少于 3 根；试验最大荷载不应小于土钉轴向拉力标准值的 1.1 倍；检测土钉应按随机抽样的原则选取，并应在土钉固结体强度达到设计强度的 70% 后进行试验。

(5) 土钉墙面层喷射混凝土应进行现场试块强度试验，每 500m² 喷射混凝土面积试验数量不应少于一组，每组试块不应少于 3 个。喷射混凝土抗渗等级不应低于 P6，含水层中喷射混凝土抗渗等级不应低于 P8；恶劣的暴露环境下喷射混凝土宜使用防水喷射混凝土，喷射混凝土的渗水高度最大值应小于 50mm，其平均值应小于 20mm。

(6) 应对土钉墙的喷射混凝土面层厚度进行检测，

每 500m² 喷射混凝土面积检测数量不应少于一组，每组的检测点不应少于 3 个；全部检测点的面层厚度平均值不应小于厚度设计值，最小厚度不应小于厚度设计值的 80%。

（7）允许偏差：钢筋土钉的成孔深度应大于设计深度 0.1m；土钉位置的允许偏差应为 100m；土钉倾角的允许偏差应为 3°；土钉杆体长度应大于设计长度；钢筋网间距的允许偏差应为 ±30m。

（8）土钉与加强钢筋宜采用焊接连接，其连接应满足承受土钉拉力的要求；当在土钉拉力作用下喷射混凝土面层的局部受冲切承载力不足时，应采用设置承压钢板等加强措施。

（八）集水明排

本小节适用于变电站建（构）筑物基坑（槽）集水明排的施工及验收。

1. 关键工序控制

（1）施工准备。

1）基坑深度较大，地下水位较高以及多层土中上部有透水性较强的土时采用分层明沟排水法。

2）降水深度大的大面积地下室、箱形基础及基础群施工降低地下水位时采用深沟降水法。

（2）定位放线。

1）普通明沟排水法。在基坑（槽）的周围一侧或两侧设置排水边沟，每隔 30～40m 设置一集水井，使地下水汇集于集水井内。

2）分层明沟排水法。在基坑（槽）边坡上设置 2～3 层明沟及相应集水井，分层阻截上部土体中的地下水。

（3）开挖集水井。

1）普通明沟排水法。集水井大小和数量应根据基坑涌水量和渗漏水量、积水水量确定，且直径（或宽度）不宜小于 0.6m，底面应比排水沟沟底深 0.5m，间距不宜大于 30m。集水井壁应有防护结构，并应设置碎石滤水层、泵端纱网。

2）分层明沟排水法。集水井设置方法及尺寸与普通明沟排水法相同。

（4）开挖排水沟。

1）普通明沟排水法。

a. 若一侧设排水沟，应设在地下水的上游。

b. 一般小面积的基坑（槽）排水沟深 300～600m，底宽等于或大于 400mm，水沟的边坡为 1:1～1:1.5，沟底设有 0.1%～0.2% 的纵坡，使水流不致阻塞。

2）分层明沟排水法。排水沟设置方法及尺寸与普通明沟排水法相同。

3）深沟降水法。

a. 在建筑物内或附近适当位置于地下水上游开挖。纵长深沟作为主沟，自流或用泵将地下水排走。

b. 在建（构）筑物四周或内部设支沟与主沟连通，将水流引至主沟排出。

c. 主沟的沟底应较最深基坑底低 1～2m。

d. 支沟比主沟浅 500～800mm，通过基础部位填碎石及砂作盲沟，在基础回填前分段夯填黏土截断。

e. 深沟也可设在厂房内或四周的永久性排水位置，集水井宜设在深基础附近。

（5）安装潜水泵。

按动潜水泵开关，观察潜水泵正反转，必要时进行调整。

2. 工艺标准

（1）排水沟坡度不宜小于 0.3%；目测沟内排水是否畅通；若有不畅进行修整。

（2）排水点排水不得回渗基坑（槽）；根据地下水的流向及排水影响坡度确定排水点。

（3）每隔 30～40m 设置一个集水井。集水井净截面尺寸应根据排水流量确定，一般为 600mm×600mm～800mm×800mm，其深度随挖土加深而加深，并保持低于挖土面 0.8～1.0m，井壁可用砖砌、木板或钢筋笼等简易加固。挖至坑底后，井底宜低于坑底 1m，并铺设碎石滤水层，防止井底土扰动，井内放置竹笼进行堵渣滤水，保护潜水泵正常运转。

（4）基坑排水沟一般深 300～600m，底宽不小于 300mm，沟底应有一定坡度，以保持水流畅通。排水沟、集水井的截面应根据排水量确定。

（5）若基坑较深，可在基坑边坡上设置 2～3 层明沟及相应的集水井，分层阻截地下水，排水沟与集水井的设计及基本构造，与普通明沟排水相同。

（6）排水所用机具主要为离心泵、潜水系和泥浆泵。选用水泵类型时，一般取水泵排水量为基坑涌水量的 1.5～2.0 倍。

（7）为防止排水沟和集水井在使用过程中出现渗透现象，施工中可在底部浇筑素混凝土垫层，在沟两侧采用水泥砂浆护壁。土方施工过程中，应注意定期清理排水沟中的淤泥，以防止排水沟堵塞。另外还要定期观测排水沟是否出现裂缝，及时进行修补，避免渗漏。

（九）轻型井点降水

本小节适用于变电站建（构）筑物基坑轻型井点降水工程施工及验收。

1. 关键工序控制

（1）施工准备。

1）根据工程的情况特点和地质条件等进行轻型井点的计算，根据计算结果准备所需的井点设备、动力装置、井点管、滤管、集水总管及必要的材料。对于周围在抽水影响半径范围内需要保护的建筑物及地下管线等建立好标高观测系统并准备好防止沉降的措施。

2）轻型井点的布置主要取决于基坑的平面形状和基坑开挖深度，井点间距宜为 0.8～2.0m，应尽可能将要施工的建筑物基坑面积内各主要部分都包围在井点系统之内。开挖窄而长的沟槽时，可按线状井点布置。如沟槽宽度大于 6m，且降水深度不超过 6m 时，可用单排线状井点，布置在地下水流的上游一侧，两端适当加以延伸，延伸宽度以不小于槽宽为宜。当因场地限制不具备延伸条件时可采取沟槽两端加密的方式。如开挖宽度大于6m或土质不良，则可用双排线状井点。当基坑面积较大时，宜采用环状井点，有时亦可布置成"U"形，以利于挖土机和运土车辆出入基坑。井点管距离开挖上口线不应小于1.0m。在确定井点管数量时应考虑在基坑四角部分适当加密。当基坑采用隔水帷幕时，为方便挖土，坑内也可采用轻型井点降水。

（2）铺设总管。

1）一套机组携带的总管最大长度：真空泵不宜超过100m；射流泵不宜超过80m；隔膜泵不宜超过60m。当主管过长时，可采用多套抽水设备；井点系统可以分段，各段长度应大致相等，宜在拐角处分段，以减少弯头数量，提高抽吸能力；分段宜设阀门，以免管内水流紊乱，影响降水效果。

2）真空泵由于考虑水头损失，一般降低地下水深度只有5.5～6m。当一级轻型井点不能满足降水深度要求时，可采用明沟排水结合井点的方法，将总管安装在原地下水位线以下，或采用二级井点排水（降水深度可达7～10m），即先挖去第一级井点排干的土，然后再在坑内布置埋设第二级井点，以增加降水深度。抽水设备宜布置在地下水的上游，并设在总管的中部。

（3）冲孔。

1）井点管埋设根据建设单位提供测量控制点，测量放线确定井点位置，然后在井位先挖一个小土坑，深大约500mm，以便于冲击孔时集水，埋管时灌砂，并用水沟将小坑与集水坑连接，以便于排泄多余水。

2）用绞车将井架移到井点位置，将套管水枪对准井点位置，启动高压水泵，水压控制在0.4～0.8MPa，在水枪高压水射流冲击下套管开始下沉，并不断地升降套管与水枪。若遇到较厚的纯黏土时，沉管时间要延长，此时可采取增加高压水泵的压力，以达到加速沉管的速度。冲击孔的成孔直径不宜小于300mm，保证管壁与井点管之间有一定间隙，以便于填充砂石，冲孔深度应比滤管设计安置深度低于500mm以上，以防止冲击套管提升拔出时部分土塌落，并使滤管底部存有足够的砂石。冲孔时的水流压力见表2-3-6-1。

表2-3-6-1　　冲孔水流压力表

土的名称	冲水压力/kPa	土的名称	冲水压力/kPa
松散的细砂	250～450	中等密实黏土	600～750
软质黏土、软质粉土质黏土	250～500	砾石土	850～900
		塑性粗砂	850～1150
密实的腐殖土	500	密实黏土、密实粉土质黏土	750～1250
原状的细砂	500		
松散中砂	450～550	中等颗粒的砾石	1000～1250
黄土	600～650	硬黏土	1250～1500
原状的中粒砂	600～700	原状粗砾	1350～1500

3）凿孔冲击管上下移动时应保持垂直，这样才能使井点降水井壁保持垂直，若在凿孔时遇到较大的石块和

砖块，会出现倾斜现象，此时成孔的直径也应尽量保持上下一致。

（4）安装井点管、填滤料、上部密封。

1）井孔冲击成型后，应拔出冲击管，通过单滑轮，用绳索拉起井点管插入，井点管的上端应用木塞塞住，以防砂石或其他杂物进入，并在井管与孔壁间应用滤料回填密实，滤料回填至顶面与地面高差不宜小于1.0m。滤料顶面至地面之间，须采用黏土封填密实，以防止漏气，该砂石滤层的填充质量直接影响轻型井点降水的效果，应注意以下几点：

a. 滤料应为磨圆度好、粒径均匀、含泥量小于3%的砂料，投入滤料数量应大于计算值的85%。

b. 滤管应放置在井孔的中间，砂石滤层的厚度应在60～100mm之间，以提高透水性，并防止土粒渗入滤管堵塞滤管的网眼。填砂厚度要均匀，速度要快，填砂中途不得中断，以防孔壁塌土。

c. 滤砂层的填充高度，至少要超过滤管顶以上1m，一般应填至原地下水位线以上，以保证土层水流上下畅通。井点填砂后，井口以下1.0～1.5m用黏土封口压实，防止漏气而降低降水效果。

2）冲洗井管宜采用φ15～30mm的胶管插入井点管底部进行注水清洗，直到流出清水为止。应逐根进行清洗，避免出现"死井"。

（5）接通井点管与总管。

管路安装首先沿井点管线外侧，铺设集水毛管，并用胶垫螺栓把干管连接起来，主干管连接水箱水泵，然后拔掉井点管上端的木塞，用胶管与主管连接好，防止管路不严漏气而降低整个管路的真空度。

（6）安装集水箱与总管。

主管路的流水坡度按坡向泵房5‰的坡度并用砖将主干管垫好。冬季降水要做好防冻保温。

（7）先启动真空泵排气、再启动离心泵抽水。

1）检查集水干管与井点管连接的胶管的各个接头在试抽水时是否有漏气现象，发现这种情况应重新连接或用油腻子堵塞，重新拧紧法兰盘螺栓和胶管的铅丝，直至不漏气为止。

2）在正式运转抽水之前应进行试抽，以检查抽水设备运转是否正常，管路是否存在漏气现象。在水泵进水管上安装一个真空表，在水泵的出水管上安装一个压力表。

3）轻型井点管网全部安装完毕后进行试抽。在试抽时，应检查整个管网的真空度，符合要求时方可进行正式投入抽水，当抽水设备运转一切正常后，整个抽水管路无漏气现象，便可以正常抽水作业。

（8）测量观测井中地下水位变化。

1）为了观测降水深度，是否达到施工组织设计所要求的降水深度，在基坑中心设置一个观测井点，以便于通过观测井点测量水位，并描绘出降水曲线。

2）井点使用时，应保持连续不断抽水，并配用双电源以防断电。一般抽水3～5天后水位降落漏斗基本趋于

稳定,土方工程可在降水10天后开挖。

(9) 拆除井点。

基础和地下构筑物完成并回填后,方可拆除井点系统。拔出可借助于倒链或杠杆式起重机,所留孔洞用砂或土堵塞。

2. 工艺标准

(1) 在打井点之前应勘测现场,采用洛阳铲凿孔,若发现场内表层有旧基础、隐性基础应及早处理。

(2) 工程施工前应对降水措施进行设计,系统应经检查和试运转,一切正常时方可开始施工。

(3) 降水是配合基坑开挖的安全措施,施工前应有降水设计。当在基坑外降水时,应有降水范围的估算,对重要建筑物或公共设施在降水过程中应监测。

(4) 基坑(槽)、管沟的挖土应分层进行。在施工过程中基坑(槽)、管沟边堆置土方不应超过设计荷载,挖方时不应碰撞或损伤降水设施。

(5) 井点管间距、埋设深度应符合设计或规范要求,一组井点管和接头中心,应保持在一条直线上。

(6) 井点埋设应无严重漏气、淤塞、出水不畅或死井等情况。

(7) 每根井点管沉放后应检验其渗水性能。井点管与孔壁之间填砂滤料时,管口应有泥浆水冒出,或向管内灌水时,能很快下渗,方为合格。

(8) 埋入地下的井点管及井点连接总管,均应除锈并刷防锈漆一道,各焊接口处焊渣应凿掉,并刷防锈漆一道。

(9) 抽水设备一般安装在集水总管的中部。集水管应低于真空泵,沿抽水水流方向有0.25%～0.50%的上仰坡度。

(10) 降水系统施工完后,应试运转,如发现井管失效,应采取措施使其恢复正常,如无可能恢复则应报废,另行设置新的井管。

(11) 降水应连续进行,特别是开始抽水阶段,时停时抽,井点管的滤网易于阻塞,出水浑浊。同时由于中途长时间停止抽水,造成地下水位上升,会引起边坡塌方等事故。

(12) 降水过程中,应定时观测水流量、真空度和水位观测井内的水位。各组井点系统的真空度应保持大于60kPa,压力应保持在0.16MPa。

(十) 喷射井点降水

本小节适用于变电站建(构)筑物工程的喷射井点降水工程施工及验收。

1. 关键工序控制

(1) 布置井点总管、安装喷射井点管。

1) 喷射井点降水设计方法与轻型井点降水设计方法基本相同。基坑面积较大时,井点采用环形布置;基坑宽度小于10m时采用单排线形布置。喷射井管管间距一般为2～4m。当采用环形布置时,进出口(道路)处的井点间距可扩大为5～7m。冲孔直径为400～600mm,深度比滤管底深1m以上。

2) 井点管的外管直径宜为73～108mm,内管直径宜为50～73mm,滤管径为89～127mm。井孔直径不宜大于600mm,孔深应比滤管底深1m以上。

3) 滤管的构造与真空井点相同。

4) 扬水装置(喷射器)的混合室直径可取14mm,喷嘴直径可取6.5mm,工作水箱体积不应小于10m³。

5) 安装前应对喷射井点管逐根冲洗,检查完好始可使用。井点管埋设宜用套管冲枪(或钻机)成孔,加水及压缩空气排泥,当套管内含泥量经测定小于5%时,才下井管及灌砂,然后再将套管拔起。

6) 井点管与孔壁之间填灌滤料(粗砂)。孔口到填灌滤料之间用黏土封填,封填高度为0.5～1.0mm。

7) 每套喷射井点的井点数不宜超过30根。总管直径宜为150mm,总长不宜超过60m。每套井点应配备相应的水泵和进、回水总管。如果由多套井点组成环圈布置,各套进水总管宜用阀门隔开,各套回水管应分开,自成系统。

(2) 接通总管、接通井点管与总管。

下井管时,水泵应先开始运转,以便每下好一根井点管,立即与总管接通(不接回水管),每根喷射井点管埋设完毕,应及时进行单井试抽,排出的浑浊水不得回入循环管路系统,试抽时间要持续到水由浑浊变清为止。

(3) 接通井点管与排水管、接通循环水箱。

1) 喷射井点系统安装完毕,亦须进行试抽,不应有漏气或翻砂冒水现象,工作水应保持清洁,在降水过程中应视水质浑浊程度及时更换。

2) 全部井点沉设完毕后,再接通回水总管全面试抽,然后使工作水循环,进行正式工作。

(4) 启动水泵或压缩机。

井点使用时,水泵的启动压力不宜大于0.3MPa。正常工作水压为$0.25P_0$。(P_0为扬水高度)。

(5) 拆除喷射井点。

1) 地下建筑物竣工并进行回填、夯实至地下水位线以上时,方可拆除井点系统。

2) 拔出井点管可借助于倒链或杠杆式起重机。所留孔洞,下部用砂,上部1～2m用黏土填实。

2. 工艺标准

(1) 排水沟坡度。

检查要求:允许值为0.1%～0.2%。

检查方法:目测,沟内不积水,沟内排水畅通。

(2) 井管(点)垂直度。

检查要求:允许值在1%以内。

检查方法:插管时目测。

(3) 井管(总)间距。

检查要求:与设计相比小于等于150%。

检查方法:用钢尺量。

(4) 井管(点)插入深度。

检查要求:与设计相比小于等于200mm。

检查方法:现场测量(水准仪)。

(5) 关键控制点的控制方法见表2-3-6-2。

表 2-3-6-2　　关键控制点的控制方法

序号	关键控制点	主 要 控 制 方 法
1	冲孔深度	宜采用套管冲枪冲孔,冲孔深度比滤管底深1m以上;用水准仪测量
2	井点管上水正常	真空度大于93kPa;堵塞井点管周围翻砂、冒水、漏气的现象
3	工作水清洁	减轻工作水对喷嘴、水泵叶轮的磨损;试抽两天后更换清水;此后视水的污浊程度定期更换清水
4	附近建筑物标高观测	保证建筑物附近水位差在0.5m以内;定期进行标高测量、比较,必要时采用"回罐"技术
5	设备连续运转	不得因停电使渗水冲坏边坡,甚至淤积基坑(槽);采用双路供电系统,或采用发电机组
6	水位控制	水位要降低到基底以下0.5m,方能进行地下施工;从观测井测量水位,必要时采取增加水泵来增加抽吸能力
7	井点拆除	隐蔽工程施工到地下水位线以上;水准仪测量控制

(6)进水、回水总管与每根井点管的连接管均需安装调门,以便调节使用和防止不抽水时发生回水倒灌。井点管路接头应安装严密,不得漏气。

(7)井点管组装时,应保证喷嘴与混合室中心线一致;组装后,每根井点管应在地面做泵水试验和真空度测定。

(8)井点成孔后,应立即下井点管并填入滤料,以防塌孔。不能及时下井点管时,孔口应盖盖板,防止物件掉入井孔内。

(9)砾料宜选择形状为浑圆形砂;砾料筛分直径 D_{50} 为 $5d_{50}$(d_{50} 为含水层砾样筛分颗粒累计重占总砂样重的50%的筛孔直径。)填砾高度要超过滤水管上端一定高度,并应考虑到抽水过程中砾料下沉的情况。

(10)填砾前要彻底进行冲孔,开始向井管四周填砾时速度不宜太快,填砾一定要均匀。当将设计用量填完后,用测绳测量填砾高度,核算填砾的数量。如填砾的高度没有达到设计高度,要进行补填。

(11)井点管埋设后,管口立即插上吸引胶管,以防异物掉入管内堵塞。

(12)喷射井点抽水时,如发现井点管周围有翻砂冒水现象时,应立即关闭此井点,及时检查处理。

(13)井点使用应保证连续抽水,并设备用电源,以避免泥渣沉淀淤管及水位回升。

(14)在降水过程中,应定时观测工作水压力、地下水流量、井点的真空度和水位观测井的水位。

(15)观测孔孔口标高应在抽水前测量一次,以后则定期观测,以计算实际降深。

(16)喷射井点启动水泵开始工作时,应打开全部阀门,用调节阀门来调节工作压力,达到设计工作压力要

求,切不可用水泵进水阀门来调节工作压力,以保证每根井点对工作流水量的要求。

(十一)管井井点降水

本小节适用于变电站建(构)筑物工程的管井井点降水工程施工及验收。

1.关键工序控制

(1)测量定位。

根据基坑的平面形状与大小、土质和地下水的流向,降低水位深度以及成孔方式进行放线。

(2)钻孔定位。

1)井中心距基坑边缘的距离,根据所用钻机钻孔方法而定。

a.当用冲击式钻机用泥浆护壁时为0.5~1.5m。

b.当用套管法时不小于3m。

2)管井间距为10~50m,降水深度可达3~5m。

(3)钻孔。

1)宜采用泥浆护壁钻孔法,即在钻机钻孔的同时,向孔内投放泥浆,护住井壁,以免地下水渗出时坍塌。

2)钻孔直径比管井外径大150~250mm。

(4)清孔。

井管下沉前应清孔并保持滤网畅通。

(5)回填砂砾滤层。

井管与土壁之间用3~15mm粒径砾石填充作为过滤层,地面下0.5m以内用黏土填充夯实。

(6)试抽水及降水。

1)吸水管宜采用直径为50~100mm的胶皮管或钢管,其下端应沉入管井抽吸时的最低水位线以下,并装逆止阀。

2)吸水管上端装设带法兰盘的短钢管一节。

3)吸水管上墙出口与50~100mm离心泵相连。

4)通常每个管井单独用一台水泵,设置标高尽可能设在最小吸程处,高度不够时,水泵可设在基坑内。

5)当水泵排水量大于单孔管井涌水量数倍时,也可另设集水总管,将相邻的相应数量的吸水管连成一体,共用一台水泵。

6)通电运行后,应经常检查机械部分、电动机、传动轴、电流、电压等,并观测和记录管井内水位下降和流量。

(7)拆除井点。

1)地下建筑物竣工,并回填、夯实到地下水位线以上后,方可拆除井点系统。

2)井管用完后,可用人字拔杆、倒链将井管徐徐拔出,滤水管拔出后,洗净待用。

3)所留孔洞用砂砾填充夯实。

2.工艺标准

(1)滤水井管身采用直径200mm以上的钢管或塑料管,长2~3m,滤水井管下部过滤部分用钢筋焊接骨架,外包孔眼直径为1~2mm滤网。

(2)吸水管宜采用直径50~100m钢管或胶皮管,插入滤水井内,其底端沉到管井吸水时的最低水位下,并

装逆止阀，上端设带法兰盘的短钢管一节。

（3）钻孔的垂直度。

检查要求：符合成孔的施工规范要求。

检查方法：现场检测。

（4）井管下沉前应清孔，井点埋设井底沉渣厚度应小于80mm，没有出水不畅或死井等情况。

检查要求：符合清孔的施工规范要求。

检查方法：现场检测。

（5）管井井点降水关键控制点的控制方法见表2-3-6-3。

表2-3-6-3　管井井点降水关键控制点的控制方法

序号	关键控制点	主要控制方法
1	井中心距基坑边缘的距离	当用冲击式钻机用泥浆护壁时为0.5～1.5m；用套管法时，不小于3m
2	清孔	符合清孔规范要求，现场检测
3	管井拆除	地下建筑物竣工，并回填、夯实到地下水位线以上后，方可拆除观测和记录管井内水位下降值

（6）安装井点管要垂直，并保持在孔中心，放到底后，在管四周分层均匀填砂砾或碎石滤层，并使密实，最上500mm用黏土填压。井管高出地面200mm，以防雨水、泥沙流入井管内。

（7）洗井是管井沉设中的一道关键工序，其作用是清除井内泥沙和防止过滤层淤塞，使井的出水量达到正常要求，洗井后井底泥渣厚度应控制在80mm。

（8）管井降水宜采用双电路供电，避免中途停电或发生故障时造成水淹基坑、破坏基土。

（9）管井成井后应及时进行洗井，安装调试及试抽，否则管井周围及管内的泥浆沉淀而将滤水管阻塞，影响管井的进水质量甚至使管井报废。

（10）井点成孔后，应立即下井点管并填入滤料，以防塌孔，不能及时下井点管时，孔口应盖盖板，防止物件掉入井孔内。

（11）井点管埋设后，管口立即插上吸引胶管，以防异物掉入管内堵塞。

（12）井点使用应保证连续抽水，并设备用电源，以避免泥渣沉淀淤管及水位回升。

（十二）井点回灌

本小节适用于变电站建（构）筑物工程的井点回灌工程施工及验收。

1. 关键工序控制

（1）施工准备。

1）回灌井成井工艺关键工序控制同降水成井工艺。回灌井的结构与排水井基本相同，但考虑到回灌井应略高于降水井，回灌井底高拟高于降水井管底1.5m。回灌井管管底布置在高程2.0m处，滤水管顶在高程3.0m处，井点支管选用5.0m长。

2）回灌井点系统由水源、水箱、流量表、闸阀、总管、回灌井管组成。

（2）井点测量放线。

1）回灌井应布置在保护对象与降水井之间，并尽量靠近保护对象。远离降水井，至少大于6m，以减少回灌水对基坑的渗透。

2）为了保证回灌水形成截水帷幕，回灌井应成排或封闭设置。回灌井之间的距离宜在10m左右，根据降水土层的渗透能力适当调整，最多不超过15m，最少不小于6m。

3）观测井应尽量设置在保护对象周围，要远离回灌井6m以上，以免造成回灌水直接进入观测井，起不到观测的作用；也要远离降水井6m以上，以免造成抽水泵对观测井的扰动，影响观测结果。

（3）下放井管。

回灌井应进入含水层1m或含水层的一半以下，如果含水层渗透性较差还要适当加大深度，以保证回灌水的渗透及回灌量。井壁要密封以保证回灌水直接从含水层回灌，减少井壁对水压的渗透损失，以及对上层土体的破坏。

（4）回灌。

1）回灌井点应在降水井点启动或在降水的同时向土中灌水，且不得中断。当其有一方因故停止工作时，另一方应停止工作，恢复工作亦应同时进行。

2）回灌水应是洁净的自来水或利用同一含水层中的地下水。若采用地下水时，应设置管道把各个降水井与沉淀池连接，本着使管路最短及有利于管道和基坑施工的原则设置，管径应满足降水需要，管道端头设置缓冲槽与沉淀池相连。为了保证沉淀效果，在沉淀池旁设置排水池，让排水池与沉淀池连通，排水池和沉淀池尽量大。回灌支管与排水池连接，根据计算回灌量确定管径。

3）回灌水量应根据地下水位的变化及时调整，尽可能保持抽灌平衡，既要防止灌水量过大而渗入基坑影响施工，又要防止灌水量过小使地下水失控而影响回灌效果。

4）要根据观测井内的水位变化情况及时调整抽水量或灌水量，使原有建（构）筑物下的地下水位保持一定的深度，从而达到控制沉降的目的，避免产生裂缝。

5）回灌水量要适当，过小无效甚至会导致地下水位下降而引起地表沉降，过大则增加水头差，加速地下水的流动，会从边坡缝隙流入基坑，甚至造成周边建筑物的抬升。

2. 工艺标准

（1）回灌井可分为自然回灌井与加压回灌井。自然回灌井的回灌压力与回灌水源的压力相同，一般可取0.1～0.2MPa。加压回灌井通过管口处的增压泵提高回灌压力，一般可取0.3～0.5MPa。回灌压力不宜超过过滤管顶端以上的覆土重，以防止地面处回灌水或泥浆混合液的喷溢。

（2）对于坑内减压降水，坑外回灌井深度不宜超过承压含水层中基坑截水帷幕的深度，以免影响坑内减压降水效果。

（3）对于坑外减压降水，回灌井与减压井的间距宜通过计算确定，回灌砂井或回灌砂沟与降水井点的距离一般不宜小于 6m，以防降水井点反抽吸回灌井点的水，而使基坑内水位无法下降。

（4）回灌砂沟应设在透水性较好的土层内。在回灌保护范围内，应设置水位观测井，根据水位动态变化调节回灌水量。

（5）回灌井点设置后应先进行冲洗工作，冲洗方法一般是往回灌井点大量注水后，迅速进行抽水，尽可能地加大地基内的水力梯度，这样既可除去地基内的细粒成分，又可提高其灌水能力。

（6）为保证回灌畅通，回灌井过滤器部位宜扩大孔径或采用双层过滤结构。回灌过程中为防止回灌井堵塞，每天应进行至少 1～2 次回扬，至出水由浑浊变清后，恢复回灌。

（7）回灌井宜进入稳定水面不小于 1m，回灌井过滤器应置于渗透性强的土层中，且宜在透水层全长设置过滤器。回灌用水应采用清水，宜用降水井抽水进行回灌；回灌水质应符合环境保护要求。

（8）要经常检查回灌水的污浊度及水质情况，避免产生孔眼堵塞现象，同时也应及时校核灌水压力及灌水量，当产生孔眼堵塞时应立即进行井点冲洗。确保用清水回灌，以保持回灌水量。

（9）如出现回灌井压力不足时可以加大水头压力，如适当抬高井口或设置专用水箱等。回灌水量要根据观测结果及时调整。降水和回灌应同步进行，切不可超排或超灌。

（10）降水期间应对抽水设备和运行状况进行维护检查，发现问题及时处理，使抽水设备始终处在正常运行状态，降水期间不得随意停抽、停灌。注意保护井口防止杂物掉入井内，应经常检查排水管的排水情况。

（11）回灌井施工结束至开始回灌，应至少有 2～3 周的时间间隔，以保证井管周围止水封闭层充分密实，防止或避免回灌水沿井管周围向上反渗、地面泥浆水喷溢。井管外侧止水封闭层顶至地面之间，宜用素混凝土充填密实。

（十三）锚杆挡墙

本小节适用于变电站建（构）筑物工程中锚杆挡墙的施工及验收。

1. 关键工序控制

（1）施工准备。

1）当锚杆穿过的地层附近有地下管线、地下构筑物时，应在调查或探明其位置、走向、类型、使用状况等情况后再进行锚杆施工。

2）应根据土层性状和地下水条件选择套管护壁、干成孔或泥浆护壁成孔工艺，成孔工艺应满足孔壁稳定性要求。

（2）钻孔、清孔。

当成孔过程中遇不明障碍物时，在查明其性质前不得钻进。

（3）制作、验收锚杆。

1）钢绞线锚杆杆体绑扎时，钢绞线应平行、间距均匀。

2）当锚杆杆体采用 HRB400 级钢筋时，其连接宜采用机械连接、双面搭接焊、双面帮条焊；采用双面焊时，焊缝长度不应小于 5d（d 为杆体钢筋直径）。

3）杆体制作和安放时应除锈、除油污、避免杆体弯曲。

（4）安放锚杆。

1）钢绞线锚杆插入孔内时，应避免钢绞线在孔内弯曲或扭转。

2）采用套管护壁工艺成孔时，应在拔出套管前将杆体插入孔内；采用非套管护壁成孔时，杆体应匀速推送至孔内。

（5）注浆。

1）注浆液采用水泥浆时，水灰比宜取 0.50～0.55；采用水泥砂浆时，水灰比宜取 0.40～0.45，灰砂比宜取 0.5～1.0，拌和用砂宜选用中粗砂。

2）水泥浆或水泥砂浆内可掺入能提高注浆固结体早期强度或微膨胀的外掺剂，其掺入量宜按室内试验确定。

3）注浆管端部至孔底的距离不宜大于 200mm；注浆及拔管过程中，注浆管口应始终埋入注浆液面内，应在水泥浆液从孔口溢出后停止注浆；注浆后，当浆液液面下降时，应进行孔口补浆。

4）采用二次压力注浆工艺时，二次压力注浆宜采用水灰比 0.50～0.55 的水泥浆；二次注浆管应牢固绑扎在杆体上，注浆管的出浆口应采取逆止措施；二次压力注浆时，终止注浆的压力不应小于 1.5MPa。

5）采用分段二次劈裂注浆工艺时，注浆宜在固结体强度达到 5MPa 后进行，注浆管的出浆孔宜沿锚固段全长设置，注浆顺序应由内向外分段依次进行。

6）基坑采用截水帷幕时，地下水位以下的锚杆注浆应采取孔口封堵措施。

7）寒冷地区在冬期施工时，应对注浆液采取保温措施，浆液温度应保持在 5℃以上，负温环境施工的冻土区基础混凝土宜采用负温早强混凝土。

2. 工艺标准

（1）锚杆挡墙使用的钢筋、钢绞线、水泥、砂、石等原材料质量证明文件齐全，钢筋、水泥、砂、石应按规范要求数量进行取样并复试。

（2）锚杆挡墙施工前，应进行场地清理，平整夯实，场内注意排水畅通，锚孔位量正确，并经监理检验确认后，方可钻孔。

（3）锚孔钻孔时，不应损伤岩体结构，以避免岩层裂隙扩大，造成坍塌和灌浆困难。

（4）锚孔成孔后，应将孔内岩粉碎屑等杂物排除干净。

（5）锚杆挡墙不宜在雨天施工，锚孔钻孔、安放锚杆、锚孔灌浆应连续完成，安放锚杆后，应检查灌浆孔及排气孔是否通畅、完好。

（6）灌浆过程中，应随时注意排气孔不被堵塞，应在新鲜浆液从孔内溢出后停止注浆；注浆后，当浆液液面下降时，应进行补浆。

（7）肋柱、挡土板按图纸要求施工，墙背回填填料宜选择砂类土、碎砾石土等，严禁使用腐殖土，按设计图要求的压实度进行碾压夯实，墙背回填时，应特别注意不得将锚杆钢筋压弯造成肋柱及挡土板的损坏。

（8）墙背回填时，应按设计图规定的位置和要求设置防、排水设施。

（9）允许偏差：钻孔深度宜大于设计深度0.5m；钻孔孔位的允许偏差应为50mm；钻孔倾角的允许偏差为3°；杆体长度大于设计长度；自由段的套管长度允许偏差为±50mm。

（10）组合型钢锚杆腰梁、钢台座的施工应符合规范要求；混凝土锚杆腰梁、混凝土台座的施工应符合规范要求。

（11）预应力锚杆张拉锁定时应符合下列要求：当锚杆固结体的强度达到设计强度的75%且不小于15MPa后，方可进行锚杆的张拉锁定；拉力型钢绞线锚杆宜采用钢绞线束整体张拉锁定的方法；锚杆锁定前，应按表2-3-6-4中的张拉值进行锚杆预张拉；锚杆张拉应平缓加载，加载速率不宜大于$0.1N_k$/min（N_k为锚杆轴向拉力标准值）；在张拉值下的锚杆位移和压力表压力应保持稳定，当锚头位移不稳定时，应判定此根锚杆不合格；锁定时的锚杆拉力应考虑锁定过程的预应力损失量；预应力损失量宜通过对锁定前、后锚杆拉力的测试确定；缺少测试数据时，锁定时的锚杆拉力可取锁定值的1.1~1.15倍。

（12）锚杆锁定尚应考虑相邻锚杆张拉锁定引起的预应力损失，当锚杆预应力损失严重时，应进行再次锁定；锚杆出现锚头松弛、脱落、锚具失效等情况时，应及时进行修复并对其进行再次锁定；当锚杆需要再次张拉锁定时，锚具外杆体的长度和完好程度应满足张拉要求。

（13）锚杆的检测应符合下列规定：检测数量不应少于锚杆总数的5%，且同一土层中的锚杆检测数量不应少于3根；检测试验应在锚杆的固结体强度达到设计强度的75%后进行；检测锚杆应采用随机抽样的方法选取；检测试验应按《建筑基坑支护技术规程》（JGJ 120—2012）验收试验方法进行；当检测的锚杆不合格时，应扩大检测数量。

（14）横杆的张拉取值见表2-3-6-4。

表2-3-6-4　锚杆的张拉取值

支护结构的安全等级	锚杆张拉值与轴向拉力标准值N_k的比值
一级	1.4
二级	1.3
三级	1.2

（十四）岩石锚喷支护

本小节适用于变电站工程测量与土方工程中岩石锚喷支护的施工及验收。

1. 关键工序控制

（1）施工准备。

根据工程的设计条件、现场地层条件和环境条件，编制出能确保安全及有利于环保的施工组织设计，每层平整出锚索机施工平台，施工平台及通道的搭建应满足安全需要，并留有足够的施工空间。

（2）钻孔。

1）钻孔应按设计图所示位置、孔径、长度和方向进行，并应选择对钻孔周边地层扰动小，钻进方式应根据实际情况选用干钻、湿钻或风钻等。

2）钻孔应保持直线和设定的方位，钻机就位后，应保持平稳，导杆或钻机立轴与锚杆倾角一致，并在同一轴线上。

3）在不稳定土层中，或地层受扰动导致水土流失会危及邻近建筑物或公用设施的稳定时，宜采用套管护壁钻孔。

4）在土层中安设荷载分散型锚杆和可重复高压注浆型锚杆宜采用套管护壁钻孔。

（3）清孔。

当成孔达到设计深度后，注浆前用高压水清孔。排出孔内沉渣，直至孔口返出较为干净的无大量沉渣的水为止，但需注意清孔时间不宜过长，以防塌孔影响拔管及注浆质量。

（4）杆体制作、存储及安放。

1）杆体组装宜在工厂或施工现场专门作业棚内的台架上进行。

2）杆体组装应按设计图所示的形状、尺寸和构造要求进行组装，居中隔离架的间距不宜大于2.0m；杆体自由段应设置隔离套管，杆体处露于结构物或岩土体表面的长度应满足地梁、腰梁、台座尺寸及张拉锁定的要求。

3）荷载分散型锚杆杆体结构组装时，应对各单元锚杆的外露端做出明显的标记。

4）在杆体的组装、存放、搬运过程中，应防止筋体锈蚀、防护体系损伤、泥土或油渍的附着和过大的残余变形。

（5）注浆。

1）注浆设备应具有1h内完成单根锚杆连续注浆的能力。

2）对下倾的钻孔注浆时，注浆管应插入距孔底300~500mm处。

3）对上倾的钻孔注浆时，应在孔口设置密封装置，并应将排气管内端设于孔底。

4）软弱、复杂地层锚固段注浆宜采用二次注浆工艺，注浆材料应根据设计要求确定，第一次灌注宜为水泥砂浆，第二次压注纯水泥浆应在第一次灌注的水泥砂浆初凝后进行。

5）孔口溢出浆液或排气管不再排气时可停止注浆。

（6）张拉与锁定。

1）锚头台座的承压面应平整，并应与锚杆轴线方向垂直。

2）锚杆张拉前应对张拉设备进行标定。

3）锚杆正式张拉前，应取 0.1～0.2 倍轴向拉力设计值对锚杆预张拉 1～2 次，使杆体完全平直，各部位接触紧密。

4）锚杆张拉至 1.05～1.10 设计值时，岩层、砂土层应保持 10min，黏性土层应保持 15min，然后卸荷至设计锁定值。

（7）质量控制与检验。

锚杆施工全过程中，应认真做好锚杆的质量控制检验和试验工作。

（8）喷射混凝土。

1）埋设控制喷射混凝土厚度的标志（厚度控制钉、喷射线）。

2）喷射作业应分段分片进行，喷射顺序应由上而下，喷嘴指向与受喷面应保持 90°夹角，喷嘴与受喷面的距离不宜大于 1.5m。

3）分层喷射时，后层喷射应在前层混凝土终凝后进行。若终凝 1h 后进行喷射，则应先用风水清洗喷层表面，喷射作业紧跟开挖工作面时，下一循环爆破作业应在混凝土终凝 3h 后进行。

4）钢筋网宜在受喷面喷射一层混凝土后铺设，钢筋与壁面的间隙宜为 30mm，采用双层钢筋网时，第二层钢筋网应在第一层钢筋网被混凝土覆盖后铺设。

5）钢筋网应与锚杆或其他锚定装置联结牢固，喷射时钢筋不得晃动。

2.工艺标准

（1）施工前应检验锚杆（索）锚固段注浆（砂浆）所用的水泥、细骨料、矿物、外加剂等主要材料的质量。同时应检验锚杆材质的接头质量，同一截面锚杆的接头面积不应超过锚杆总面积的 25%。

（2）施工中应检验锚杆（索）锚固段注浆（砂浆）配合比、注浆（砂浆）质量、锚杆（索）锚固段长度和强度、喷锚混凝土强度等。

（3）钻孔记录应详细、完整，对岩石锚杆应有对岩屑鉴定或进尺软硬判断岩层的记录，以确定入岩的长度，钻孔深度应大于锚杆长度 300～500mm。

（4）锚杆的水平间距不宜小于 1.5m，多层锚杆，其竖向间距不宜小于 2.0m；当锚杆的间距小于 1.5m 时，应根据群锚效应对锚杆抗拔承载力进行折减或相邻锚杆应取不同的倾角。

（5）锚杆锚固段的上覆土层厚度不宜小于 4.0m。

（6）锚杆倾角宜取 15°～25°且不应大于 45°不应小于10°，锚杆的锚固段宜设置在土的黏结强度高的土层内。

（7）当锚杆穿过的地层上方存在天然地基的建筑物或地下构筑物时，宜避开易塌孔、变形的地层。

（8）锚杆成孔直径宜取 100～150mm。

（9）锚杆自由段的长度不应小于 5m，且穿过潜在滑动面进入稳定土层的长度不应小于 1.5m，钢绞线、钢筋杆体在自由段应设置隔离套管。

（10）土层中的锚杆锚固段长度不宜小于 6m。

（11）锚杆杆体的外露长度应满足腰梁、台座尺寸及张拉锁定的要求。

（12）锚杆杆体用钢绞线应符合现行国家标准《预应力混凝土用钢绞线》（GB/T 5224—2014）的有关规定。

（13）普通钢筋锚杆的杆体宜选用 HRB400 级螺纹钢筋。

（14）应沿锚杆杆体全长设置定位支架；定位支架应能使相邻定位支架中点处锚杆杆体的注浆固结体保护层厚度不小于 10mm，定位支架的间距宜根据锚杆杆体的组装刚度确定，对自由段宜取 1.5～2.0m，对锚固段宜取1.0～1.5m，定位支架应能使各根钢绞线相互分离。

（15）锚杆注浆应采用水泥浆或水泥砂浆，注浆固结体强度不宜低于 20MPa。

（16）注浆液采用水泥浆时，水灰比宜取 0.50～0.55，采用水泥砂浆时，水灰比宜取 0.40～0.45，灰砂比宜取 0.5～1.0，拌和用砂宜选用中粗砂。

（17）水泥浆或水泥砂浆内可掺入能提高注浆固结体早期强度或微膨胀的外掺剂，其掺入量宜按室内试验确定。

（18）注浆管端部至孔底的距离不宜大于 200mm；注浆及拔管过程中，注浆管口应始终埋入注浆液面内，应在水泥浆液从孔口溢出后停止注浆；注浆后，当浆液液面下降时，应进行孔口补浆。

（19）采用二次压力注浆工艺时，二次压力注浆宜采用水灰比 0.50～0.55 的水泥浆；二次注浆管应牢固绑在杆体上，注浆管的出浆口应采取逆止措施，二次压力注浆时，终止注浆的压力不应小于 1.5MPa。

（20）采用分段二次劈裂注浆工艺时，注浆宜在固结体强度达到 5MPa 后进行，注浆管的出浆孔宜沿锚固段全长设置，注浆顺序应由内向外分段依次进行。

（21）对永久性边坡，Ⅰ类岩质边坡喷射混凝土面板厚度不应小于 50mm，Ⅱ类岩质边坡喷射混凝土面板厚度不应小于 100mm，Ⅲ类岩体边坡钢筋网喷射混凝土面板厚度不应小于 150mm；对临时性边坡，Ⅰ类岩质边坡喷射混凝土面板厚度不应小于 50mm，Ⅱ类岩质边坡喷射混凝土面板厚度不应小于 80mm，Ⅲ类岩体边坡钢筋网喷射混凝土面板厚度不应小于 100mm。

（22）钢筋直径宜为 6～12mm，钢筋间距宜为 100～250mm，单层钢筋网喷射混凝土面板厚度不应小于 80mm，双层钢筋网喷射混凝土面板厚度不应小于 150mm，钢筋保护层厚度不应小于 25mm。

（23）锚杆钢筋与面板的连接应有可靠的连接构造措施。

（24）喷射混凝土强度等级，对永久性边坡不应低于 C25，对防水要求较高的不应低于 C30；对临时性边坡不应低于 C20。喷射混凝土 1 天龄期的抗压强度设计值不应小于 5MPa。

（25）依据现场岩壁含水率、吸水性和季节性变化，调整喷射混凝土的坍落度及水灰比，喷射混凝土与岩面的黏结力，对整体状和块状岩体不应低于 0.80MPa，对碎裂状岩体不应低于 0.40MPa。

（十五）重力式挡墙

本小节适用于变电站工程测量与土方工程中重力式挡墙的施工及验收。

1. 关键工序控制

（1）基槽开挖。

1）按技术人员在原地面放样的基槽开挖线点位，撒白灰标志开挖轮廓线，采用重力式挡墙时，土质边坡高度不宜大于 10m，岩质边坡高度不宜大于 12m。

2）施工前应检查平面位置、标高、边坡坡率、降排水系统，施工中应检验开挖的平面尺寸、标高、坡率、水位等。

（2）地基处理。

开挖完成后进行人工基底平整，清除基坑内浮土，修整底部横纵坡满足设计要求，采用小型夯机夯实基底。对于承载力不足的软弱层应挖除并换填碎石垫层，分层整平夯实，在基底较低一侧设置临时排水沟和集水坑，地基处理执行设计图要求。

（3）基槽验收。

勘察、设计、监理、施工、建设等各方相关技术人员应共同参加验槽。验槽时，现场应具备岩土工程勘察报告、轻型动力触探记录（可不进行轻型动力触探的情况除外）、地基基础设计文件、地基处理或深基础施工质量检测报告等，当设计文件对基坑坑底检验有专门要求时，应按设计文件要求进行，验槽应在基坑或基槽开挖至设计标高后进行，对留置保护土层时其厚度不应超过 100mm，槽底应为无扰动的原状土。

（4）基础墙身施工。

1）重力式挡墙材料可使用浆砌块石、条石、毛石混凝土或素混凝土。块石、条石、砂浆、混凝土强度等级符合设计要求。砂浆饱满度不应低于 80%。

2）挡墙应按设计要求分段施工，墙面应平顺整齐，挡墙排水孔孔径尺寸、排水坡度应符合设计要求，并应排水通畅，排水孔处墙后应设置反滤层。挡墙兼有防汛功能时，排水孔设置应有防止墙外水体倒灌的措施；挡墙垫层应分层施工，每层振捣密实后方可进行下一道工序施工；浆砌石材挡墙的砂浆应按照配合比使用机械拌制，运输及临时堆放过程中应减少水分散失，保持良好的和易性与黏结力。石材表面应清洁，上下面应平整，厚度不应小于 200mm。

3）混凝土挡墙基础应按挡土墙分段，整段进行一次性浇灌，混凝土挡墙基础施工时，应预留墙身竖向钢筋，基础混凝土强度达到 2.5MPa 后安装墙身钢筋，墙身混凝土一次浇筑高度不宜大于 4m，混凝土挡墙与基础的结合面应进行施工缝处理，浇灌墙身混凝土前，应在结合面上刷一层 20～30mm 厚与混凝土配合比相同的水泥砂浆，混凝土浇灌完成后，应及时洒水养护，养护时间不应少于 7 天。

（5）反滤层施工。

挡土墙的泄水孔设置应符合设计要求，当设计无规

定时，泄水孔应均匀设置，在每米高度上间隔 2m 左右设置一个泄水孔；在泄水孔进水侧应设置反滤层或反滤包；反滤层厚度不应小于 500mm，反滤包尺寸不应小于 500mm×500mm×500mm，反滤层和反滤包的顶部和底部应设厚度不小于 300mm 的黏土隔水层。泄水孔宜采用 110mm PVC 管，并向外 5% 放坡。

（6）沉降缝施工。

重力式挡墙的伸缩缝间距，对条石、块石挡墙宜为 20～25m，对混凝土挡墙宜为 10～15m。在挡墙高度突变处及与其他建（构）筑物连接处应设置伸缩缝，在地基岩土性状变化处应设置沉降缝。沉降缝、伸缩缝的缝宽宜为 20～30mm，缝中应填塞沥青麻筋或其他有弹性的防水材料，填塞深度不应小于 150mm。

（7）墙背回填。

回填施工时，混凝土挡墙强度应达到设计强度的 70%，浆砌石材挡墙墙体的砂浆强度应达到设计强度的 75%，应清除回填土中的杂物，回填土的选料及密实度应满足设计要求。回填时应先在墙前填土，然后在墙后填土，挡墙后地面的横坡坡度大于 1∶6 时，应进行处理后再填土，回填土应分层夯实，并应做好排水。

2. 工艺标准

（1）边坡塌滑区有重要建（构）筑物的一级边坡工程施工时必须对坡顶水平位移、垂直位移、地表裂缝和坡顶建（构）筑物变形进行监测。

（2）斜坡地面墙趾最小埋入深度和距斜坡地面的最小水平距离见表 2-3-6-5。

表 2-3-6-5 斜坡地面墙趾最小埋入深度和距斜坡地面的最小水平距离

地基情况	最小埋入深度 /m	距斜坡地面的最小水平距离/m
硬质岩石	0.60	0.60～1.50
软质岩石	1.00	1.50～3.00
土质	1.00	3.00

（3）毛石挡土墙的墙顶宽度不宜小于 400mm；混凝土挡土墙的墙顶宽度不宜小于 200mm。

（4）墙身混凝土无水平贯通性施工缝；外形美观，泄水孔应通畅，基底逆坡应符合设计要求，变形缝应垂直、贯通。

（5）重力式块石挡土墙勾缝均匀、美观，沉降缝与围墙贯通一致，泄水孔设置规范、排列整齐，轴线偏差小于 15mm，标高偏差±15mm，厚度偏差−10～20mm，表面平整度小于 20mm。

（6）砌体结构应内外搭砌，上下错缝，拉接石、丁砌石应交错布置，外形美观，勾缝应密实、均匀，泄水孔应通畅，基底逆坡应合理，变形缝应垂直。

（十六）悬臂式、扶壁式挡墙

本小节适用于变电站建（构）筑物工程悬臂式、扶壁式挡墙的施工及验收。

1. 关键工序控制

(1) 施工准备。

施工前应做好排水系统，避免水软化地基的不利影响，基坑开挖后应及时封闭。

(2) 测量放样。

测量放样根据设计任务划分施工段，测定挡土墙墙趾处路基中心线及基础主轴线、墙顶轴线、挡土墙起讫点和横断面，注明高程及开挖深度。路基中轴线应加密桩点，一般在直线段每 15～20m 设一桩，曲线段每 5～10m 设一桩，并应根据地形和施工放样的实际需要增补横断面；放桩位时，应测定中心桩及挡土墙的基础地面高程，施测结果应符合精度要求并与相邻路段水准点相闭合。

(3) 基槽开挖。

在岩体破碎或土质松软、有水地段，修建挡土墙宜在旱季施工；挡土墙施工按照随开挖、随浇筑、及时回填的原则，结合结构要求和机械设备配置，适当分段，集中施工。不应长段拉开挖基；基槽开挖可采用人工方法、机械方法或岩石基础的爆破方法。

(4) 垫层浇筑。

垫层混凝土浇筑前，应将基底表面风化、松软土石清除。浇筑要分段进行，每隔 10～20m 或在基坑地质变化处按设计位置设置沉降缝；浇筑墙趾板、墙踵板前，地基表面为非黏性土或干土时，一般应预先洒水润湿。如土过湿，宜按设计要求加铺碎石垫层，并夯实紧密。

(5) 钢筋骨架制作、安装。

钢筋加工、调直、切断、弯钩、绑扎成型等，均应用冷加工方法进行。当构件太长而现有钢筋长度不够，需要接头时，宜优先采用焊接接头。对轴心受拉和小偏心受拉杆件中的钢筋接头，不宜绑扎。直径大于 25mm 的钢筋，宜采用机械连接。对适宜于预制钢筋骨架的构件，宜先预制成钢筋骨架片，在工地就位后进行焊接或绑扎成整体，以保证钢筋安装质量和加快施工进度。预制成的钢筋骨架，必须具有足够的刚度和稳定性，以便在运送、吊装和浇筑混凝土时不致松散、移位、变形，必要时可在钢筋骨架的某些连接点处加以焊接或增设加强钢筋。

(6) 模板制作、安装。

加工模板宜优先采用通用化组合钢模。当受条件制约时，可采用高强竹胶板替代。竹胶板模板施工可现场制作。模板加工时应根据设计图，核对各部件尺寸，其类型应尽量统一，便于重复使用并应能始终保证表面平整、光滑，并有足够的强度和刚度。接缝可做成平缝、搭接缝或企口缝。当接缝为平缝时，为防止漏浆，应在模板两侧加设双面胶条。模板分底板、墙面板、扶壁三大部分。模板采用大型组合钢模板以保证挡土墙底板、墙身和扶壁的整体性。拼接时整个组合模板要用拉杆和对拉螺栓固定，模板的竖缝及横缝以及模板与底板的接触面应采取措施，保证接缝不漏浆。模板在安装过程中，必须设置防倾覆设施。模板安装完毕后，应对其平面位置、顶部高度、节点联系及纵横向稳定性进行检查，检查合格后方可浇筑混凝土。浇筑时，发现模板有超过允许偏差变形值的可能时，应及时纠正。

(7) 混凝土浇筑。

浇筑混凝土前，应全面地进行复查，检查模板标高、截面尺寸、接缝、支撑、钢筋的直径、数量、弯曲尺寸、位置间距、节点连接、焊接等是否符合设计要求，检查锚固螺栓、预埋件及预留孔位置是否正确，发现问题，应及时纠正。同时模板内的杂物、积水和钢筋上的污垢应清理干净；模板如有缝隙，应填塞严密，模板内面应涂刷脱模剂。并且应对混凝土的均匀性和坍落度进行检查。混凝土浇筑宜分两次进行，先浇墙底板（趾板和踵板），然后再浇立壁。当底板强度达到 2.5MPa 后，应立即浇筑墙身，减少温差。接缝处的底板面上宜做成凹凸不平，以增加粘结，并按施工缝处理。

(8) 模板拆除及混凝土养护。

模板拆除时混凝土的强度必须达到 2.5MPa 后方可进行拆模；拆模时严禁重击和硬撬，避免造成模板局部变形或损坏混凝土棱角；模板拆完后，应及时清除表面的灰渍，并均匀涂抹一层隔离剂或防腐剂。混凝土浇筑完毕后，应及时进行养护。当气候变化较大，内外温度差异较大时，拆除模板后，宜用草帘、塑料布等覆盖继续浇水养护，以防产生温缩和干缩裂缝。

(9) 防排水设施及填料填筑。

1) 当立壁和墙底板混凝土强度达到设计标示强度的 70% 以上时，方可按设计要求的填料分层填筑、压实墙背填料回填过程中，应防止立壁内侧及扶肋受撞损坏。卸料时，运输机具和碾压机具应离扶肋 1.5m，在此范围内宜采用人工摊铺，配以小型压实机具碾压，其密实度达到设计要求。墙背反滤层应随填土及时施工，泄水孔管径尺寸、排水坡度应符合设计要求，并保证排水通畅。

2) 施工时应清除填土中的草和树皮、树根等杂物。在墙身混凝土强度达到设计强度的 70% 后方可填土，填土应分层夯实。

3) 扶壁间回填宜对称实施，施工时应控制填土对扶壁式挡墙的不利影响。当挡墙墙后表面的横坡坡度大于 1:6 时，应在进行表面粗糙处理后再填土。

2. 工艺标准

(1) 悬臂式挡墙和扶壁式挡墙适用于地基承载力较低的填方边坡工程，悬臂式挡墙不宜超过 6m，对扶壁式挡墙不宜超过 10m。

(2) 悬臂式挡墙和扶壁式挡墙结构应采用现浇钢筋混凝土结构。

(3) 悬臂式挡墙和扶壁式挡墙的混凝土强度等级应根据结构承载力和所处环境类别确定，且不应低于 C25。立板和扶壁的混凝土保护层厚度不应小于 35mm，底板的保护层厚度不应小于 40mm。受力钢筋直径不应小于 12mm，间距不宜大于 250mm。

(4) 悬臂式挡墙截面尺寸应根据强度和变形计算确定，立板顶宽和底板厚度不应小于 200mm，当挡墙高度大于 4m 时，宜加根部翼。

（5）两扶壁之间的距离宜取挡墙高度的 1/3～1/2。

（6）扶壁的厚度宜取扶壁间距的 1/8～1/6，且不宜小于 300mm。

（7）立板顶端和底板的厚度不应小于 200mm。

（8）立板在扶壁处的外伸长度，宜根据外伸悬臂固端弯矩与中间跨固端弯矩相等的原则确定，可取两扶壁净距的 0.35 倍左右。

（9）悬臂式挡墙和扶壁式挡墙结构构件应根据其受力特点进行配筋设计，其配筋率、钢筋的连接和锚固等应符合现行国家标准《混凝土结构设计规范》（GB 50010—2010）的有关规定。

（10）悬臂式挡墙和扶壁式挡墙纵向伸缩缝间距宜采用 10～15m。宜在不同结构单元处和地层性状变化处设置沉降缝，且沉降缝与伸缩缝宜合并设置。重力式挡墙的伸缩缝间距，对条石、块石挡墙宜为 20～25m，对混凝土挡墙宜为 10～15m。在挡墙高度突变处及与其他建（构）筑物连接处应设置伸缩缝，在地基岩土性状变化处应设置沉降缝。沉降缝、伸缩缝的缝宽宜为 20～30mm，缝中应填塞沥青麻筋或其他有弹性的防水材料，填塞深度不应小于 150mm。

（十七）坡面防护与绿化

本小节适用于变电站建（构）筑物工程坡面防护与绿化施工及验收。

1. 关键工序控制

（1）边坡修整。

边坡防护前对路基边坡面进行整修，将坡面上的碎石、土块、浮土、杂物等清除干净，坡面局部凹槽、坑洼嵌补平整，确保坡面平顺、无杂物，以保证喷混植生施工质量。

（2）铺设铁丝网。

对于挂网喷混植生防护坡面，在完成边坡修整后锚杆为井字形布设，一般采用螺纹钢筋制作。锚杆直径、长度、间距满足设计要求，锚杆一般与坡面成 70°～90°，采用风钻打锚杆孔，孔偏差不大于 5cm，采用 M30 水泥砂浆固定。铁丝网采用镀锌铁丝三绞节机编网和钩花网，铁丝网用锚杆固定，三绞节机编网之间采用 14～16 号铁丝捆扎连接，两片钩花网之间必须搭接 10cm 以上。

（3）选择草籽及混合料的配制。

种植土干燥后运至加工处理场内，采用粉碎机粉碎至粉细土状，并进行筛分以保证最大粒径小于 10mm。根据试验确定的最佳配合比，在筛分后的种植土内掺入泥炭土、谷壳、锯末、水泥、有机长效肥、全效复合肥、保水剂、黏合剂后，用搅拌机搅拌均匀备用。加工处理好的基床材料，在使用前加强保管，避免雨淋，防止受潮。

（4）喷播。

1）种植基床材料喷射施工：喷射施工可分块实施，根据边坡类型喷射厚度确保普通喷混植生 30～50mm、挂网喷混植生 80～100mm。

2）在完成基材喷射后，采用液压喷播植草技术喷播植物种子。

3）完成喷播施工后，应及时铺设外层覆盖材料，如无纺布等。一般边坡应铺设单层 10～12g/m² 规格的无纺布；高陡边坡、表土松散边坡以及非适宜季节施工的边坡，应铺设单层 14g/m² 规格或双层 10g/m² 规格的无纺布。无纺布铺设后，应采用 U 形铁丝钉及时固定，高堑坡或风口处还应在其上下压土（石）、中部拉绳加固。

4）喷播基材后待表层略干，则加盖无纺土工布保湿养护。如连续干旱须喷水保湿，促进种子发芽，水宜喷透，但不能流失水分。干旱季节每周浇水一次，三个月后减少浇水，以促进植物根系向深处伸长。出苗后 15～20 天后再追施复合肥，连续追施 3～4 次。30～45 天后待草苗长到一定高度时揭布，若草苗生长不均匀时应补喷种子浆。后期养护时靠自然雨水养护，若天气长期持续干旱则应适当予以浇水养护。在养护期，注意病虫害的防治。

2. 工艺标准

（1）挖方边坡防护工程应采用逆作法施工，开挖一级，防护一级，并应及时进行养护。

（2）施工前应对边坡进行修整，清除边坡上的危石及不密实的松土。

（3）坡面防护层应与坡面密贴结合，不得留有空隙。

（4）在多雨地区或地下水发育地段，边坡防护工程施工应采取有效截、排水措施。

（5）喷护前应采取措施对泉水、渗水进行处理，并按设计要求设置泄水孔，排、防积水。

（6）施工作业前应进行试喷，选择合适的水灰比和喷射压力；喷射顺序应自下而上进行。

（7）砂浆或混凝土初凝后，应立即开始养护，喷浆养护不应少于 5 天，喷射混凝土养护期不应少于 7 天。

（8）应及时对喷浆或混凝土层顶部进行封闭处理。

（9）砌体护坡施工前应将坡面整平；在铺设混凝土预制块前，对局部坑洞处应预先采用混凝土或浆砌片石填补平整。

（10）浆砌块石、片石、卵石护坡应采取坐浆法施工，预制块应错缝砌筑；护坡面应平顺，并与相邻坡面顺接。

（11）砂浆初凝后，应立即进行养护；砂浆终凝前，砌块应覆盖。

（12）护面墙施工前，应清除边坡风化层至新鲜岩面；对风化迅速的岩层，清挖到新鲜岩面后应立即修筑护面墙。

（13）护面墙背应与坡面密贴，边坡局部凹陷处，应挖成台阶后用混凝土填充或浆砌片石嵌补。

（14）坡顶护面墙与坡面之间应按设计要求做好防渗处理。

（15）种草施工，草籽应撒布均匀，同时做好保护措施。

（16）灌木、树木应在适宜季节栽植。

（17）客土喷播施工所喷播植草混合料中植生土、土壤稳定剂、水泥、肥料、混合草籽和水等的配合比应根据边坡坡率、地质情况和当地气候条件确定，混合草籽用量每 $1000m^2$ 不宜少于 25kg；在气温低于 12℃时不宜喷播作业。

（18）铺、种植被后，应适时进行洒水，施肥等养护管理，植物成活率应达到 90% 以上；养护用水不应含油、酸、碱、盐等有碍草木生长的成分。

二、地基工程

（一）灰土地基

本小节适用于变电站工程中深 2m 内的黏性土地基加固施工及验收。

1. 关键工序控制

（1）原材料过筛。

1）石灰使用Ⅲ级以上新鲜灰块，含氧化钙、氧化镁越高越好，使用前 1～2 天消解并过筛，粒径不应大于 5mm，不得夹有未熟化的生石灰块和含有过量水分。

2）灰土配合比应符合设计要求，体积配合比宜为 2：8 或 3：7。土料宜选用粉质黏土，不宜使用块状黏土，且不得含有松软杂质，土料应过筛且最大粒径不得大于 15mm。

（2）分层铺设、压实。

1）对基槽（坑）应先验槽，清除松土，并打两遍底夯，要求平整干净。

2）铺灰应分段分层进行，并夯实，每层铺灰厚度由夯实或碾压机具种类决定并按照规范要求进行，夯打或碾压遍数根据设计要求的压实系数由试验确定，每层施工结束后检查灰土地基的压实系数。

3）灰土分段施工时，不得在墙角、柱基及承重间墙下接缝，上下两层的接缝距离不得小于 50cm，接缝处应夯压密实，并做成直槎。当灰土地基高度不同时，应做成阶梯形，每台阶宽度不小于 50cm。

4）入槽灰土不得隔日夯打，夯实后不得浸泡，应及时覆盖、隐蔽。

5）雨季施工时，应采取防雨、排水措施，以保证灰土在基槽（坑）内无积水。夯打完后，应及时进行下一步工序，以防日晒雨淋，遇雨应将松软灰土除去并补填夯实。

6）冬期施工，必须在基层不冻的状态下进行，土料应覆盖保温，冻土及夹有冻块的土料不得使用；已熟化的石灰应在次日用完，以充分利用石灰熟化的热量，当日拌和灰土应当日铺填夯打完，表面应用塑料布及草袋覆盖保温，以防灰土垫层早期受冻降低强度。

7）灰土的质量检查应逐层检验，满足设计规定的要求。

2. 工艺标准

（1）每层铺灰土厚度应符合表 2-3-6-6 要求。

（2）回填土料有机质含量不大于 5%，石灰颗粒粒径不大于 5mm，土颗粒粒径不大于 15mm。

表 2-3-6-6　　灰土最大虚铺厚度

项次	夯实机具种类	质量/kg	厚度/mm	备注
1	小木夯	5～10	150～200	人力送夯，落高 400～500mm
2	石夯木夯	40～80	200～250	一夯压半夯
3	轻型夯实机械	—	200～250	蛙式打夯机、柴油打夯机
4	压路机	6～10（机重）	200～300	双轮压路机

（3）顶面标高偏差为 ±15mm，平整度偏差不大于 15mm。

（4）接槎应平整、密实，留槎位置、方法、顺序正确。分段施工的接缝不应在柱基、墙角及承重窗间墙下位置，上下相邻两层的接缝距离不应小于 500mm。

（5）灰土地基承载力、压实系数、配合比应满足设计要求。

（二）砂和砂石地基

本小节适用于变电站工程中深 2.5m 内软弱透水性强的黏性土地基加固施工及验收，但不宜用于加固湿陷性黄土地基及渗透系数极小的黏土地基。

1. 关键工序控制

（1）原材料按比例拌和。

砂、石宜用颗粒级配良好、质地坚硬的中砂、粗砂，当用细砂、粉砂时，应掺加粒径为 20～50mm 的卵石（或碎石），要分布均匀。砂砾中石子粒径应在 50mm 以下，其含量应在 50% 以内；碎石的粒径宜为 5～40mm，砂、石子中均不得含有草根、垃圾等杂物，有机物含量不应大于 5%，含泥量应小于 5%，兼作排水垫层时，含泥量不得超过 3%。

（2）分层铺设、压实。

1）砂和砂石垫层的厚度、宽度应按设计要求放坡加宽。

2）采用砂石作垫层时，在基底及四周应做一层 300mm 厚的中砂或粗砂砂框，以防止在压力的作用下，表层软土发生局部破坏。

3）垫层铺设前应验槽，清除基底浮土、淤泥、杂物，两侧应设一定坡度。

4）垫层深度不同时应按先深后浅的顺序施工，土面应挖成踏步或斜坡搭接。分层铺设时，接头应做成阶梯形搭接，每层错开 0.5～1.0m，并注意充分捣实。

5）垫层应分层铺设，分层夯击密实，采用碾压法捣实，每层铺设厚度为 300mm。砂石最优含水率为 10% 左右；采用机械夯实，每层铺设厚度为 200mm，砂石的最优含水率为 10% 左右。人工级配的砂石，应先将砂石拌和均匀后，再铺垫层夯压密实。

6）振压时要做到交叉重叠，防止漏振、漏压；夯实、碾压的遍数和振实的时间应通过试验确定。

7）当地下水位较高或在饱和的软弱地基上铺设垫层

时，应采取排水或降低地下水位的措施，使地下水位降低到基层500mm以下。

8）垫层铺设完毕后，应立即进行下道工序施工，严禁小车及人在砂层上面行走，必要时应在垫层上铺板行走。

2. 工艺标准

（1）通过检测压实系数满足设计要求。

（2）配合比应符合设计、规范要求。

（3）分层厚度偏差：±50mm。

（4）顶面标高偏差：±15mm。

（5）砂和砂石平整度偏差：≤20mm。

（6）砂石料粒径：≤50mm。

（三）粉煤灰地基

本小节适用于变电站工程中各种软弱土层换填地基的处理，以及大面积地坪垫层施工及验收。

1. 关键工序控制

（1）地基处理。

粉煤灰地基不得采用水沉法施工，在地下水位以下施工时，应采取降排水措施，不得在饱和或浸水状态下施工。基底为软土时，宜先铺填200mm左右厚的粗砂或高炉干渣。

（2）分层铺设、压实。

1）施工时应分层摊铺，逐层夯实，铺设厚度宜为200～300mm。用压路机时铺设厚度宜为300～400mm，四周宜设置具有防冲刷功能的隔离措施。

2）施工含水量宜控制在最优含水量±4%的范围内，底层粉煤灰宜选用较粗的灰，含水量宜稍低于最优含水量。

3）小面积基坑、基槽的垫层可用人工分层摊铺，用平板振动器或蛙式打夯机进行振（夯）实，每次振（夯）板应重叠1/2～1/3板，往复压实，由两侧或四侧向中间进行，夯实不少于3遍。大面积垫层应采用推土机摊铺，先用推土机预压2遍，然后用压路机碾压，施工时压轮重叠1/2～1/3轮宽，往复碾压4～6遍。

4）粉煤灰宜当天即铺即压完成，施工最低气温不宜低于0℃。

5）每层铺完检测合格后，应及时铺筑上层，并严禁车辆在其上行驶，铺筑完成应及时浇筑混凝土垫层或上覆300～500mm土进行封层。

2. 工艺标准

（1）施工中应检查分层厚度、碾压遍数、施工含水量控制、搭接区碾压程度。应每层进行检验压实系数，符合设计要求后方可铺填上层土。

（2）施工过程检查可采用环刀法、贯入仪、静力触探、轻型动力触探或标准贯入试验等方法，其检测标准应符合设计要求。采用贯入仪或轻型动力触探检验施工质量时，每分层检验点的间距应小于4m。

（3）采用环刀法检验施工质量时，取样点应位于每层厚度的2/3深度处。筏形与箱形基础的地基检验点数量每5～100m²不应少于1个点；条形基础的地基检验点数量每10～20m不应少于1个点；每个独立基础不应少

于1个点。

（4）施工结束后，采用静载试验方法进行承载力检验，结果不应小于设计值。

（四）强夯地基

本小节适用于变电站工程中加固碎石土、砂土、低饱和度的粉土和黏性土、湿陷性黄土、素填土、高填土及杂填土等地基施工及验收。

1. 关键工序控制

（1）施工准备。

施工前场地应进行地质勘探，通过现场试验确定强夯施工技术参数（试夯区尺寸不小于20m×20m）或根据设计要求确定。

（2）测量定位。

强夯前应平整场地，周围做好排水沟，按夯点布置测量放线确定夯位。地下水位较高时应在表面铺0.5～2.0m中（粗）砂或沙石垫层，以防设备下陷和便于消散强夯产生的孔隙水压，或采取降低地下水位后再强夯。

（3）夯点放样。

夯锤质量、尺寸、落距和夯点的布置应满足设计要求。

（4）强夯施工。

1）强夯应分段进行，顺序从边缘夯向中央。房柱基亦可一排一排夯，吊车直线行驶，从一边向另一边进行。每夯完一遍，用推土机整平场地，放线定位，即可接着进行下一遍夯击。

2）夯击时，落锤应保持平稳，夯位应准确，夯击坑内积水应及时排除。坑底土含水量过大时，可铺砂石后再进行夯击。离建筑物小于10m时，应挖防震沟。

（5）场地平整、测量标高。

夯击前后应对地基土进行原位测试，包括室内土分析试验、野外标准贯入、静力（轻便）触探、旁压仪（或野外荷载试验），测定有关数据，以确定地基的影响深度。检查点数，每个建筑物的地基不少于3处，检测深度和位置按设计要求确定，同时现场测定每遍击点后的地基平均变形值，以检验强夯效果。

2. 工艺标准

（1）地基承载力、地基土的强度、变形指标、夯击遍数、夯击顺序、夯击击数、最后两击平均夯沉量应满足设计要求。

（2）夯锤落距：±300mm；夯锤质量：±100kg；夯点位置：±500mm。

（3）场地平整度：±100mm。

（五）注浆地基

本小节适用于变电站工程中软黏土、粉土、新近沉积黏性土、砂土提高强度的加固和渗透系数大于10^{-2}cm/s的土层止水加固以及已建成项目局部松软地基的加固施工及验收。

1. 关键工序控制

（1）施工准备。

注浆前，应通过试验确定灌浆段长度、灌浆孔距、

灌浆压力等有关技术参数；灌浆段长度在一般地质条件下，多控制在 5～6m；在土质严重松散、裂隙发育、渗透性强的情况下，宜为 2～4m；灌浆孔距一般不宜大于 2.0m，单孔加固的直径范围可按 1～2m 考虑；孔深视土层加固深度而定；灌浆压力一般为 0.3～0.6MPa。

（2）下注浆管、套管。

灌浆时，先在加固地基中按规定位置用钻机或手钻钻孔至要求深度，孔径一般为 55～100mm，并探测地质情况，然后在孔内插入 8～50mm 的注浆射管，管底部 1.0～1.5m 管壁上钻有注浆孔，在射管之外设有套管，在射管与套管之间用砂填塞。

（3）边注浆边拔注浆管。

1）地基表面空隙用 1∶3 水泥砂浆或黏土、麻丝填塞，而后拔出套管，用压浆泵将水泥浆压入射管而透入土层孔隙中，水泥浆应连续一次压入不得中断。

2）灌浆先从稀浆开始，逐渐加浓。灌浆次序一般把射管一次沉入整个深度后，自下而上分段连续进行，分段拔管直至孔口为止。灌浆宜间歇进行，第 1 组孔灌浆结束后，再灌第 2 组、第 3 组，直至全部灌完。

3）冬期施工时，在日平均气温低于 5℃ 或最低温度低于 −3℃ 的条件下注浆时应采取防浆体冻结措施。夏季施工时，用水温度不得高于 35℃ 且对浆液及注浆管路应采取防晒措施。

（4）封孔。

灌浆完后，拔出灌浆管，留孔用 1∶2 水泥砂浆或细砂砾石填塞密实；亦可用原浆压浆堵口。

2. 工艺标准

（1）注浆充填率应根据加固土要求达到的强度指标、加固深度、注浆流量、土体的孔隙率和渗透系数等因素确定。饱和软黏土的一次注浆充填率，不宜大于 0.15～0.17。

（2）注浆加固土的强度具有较大的离散性，加固土的质量检验宜用静力触探法，检测点数应满足有关规范要求。

（3）地基承载力、处理后地基土的强度、变形指标、化学浆料应符合设计要求。

（4）注浆用砂：粒径<2.5mm；细度模数<2.0；含泥量<3%；有机质含量<3%。

（5）注浆用黏土：塑性指数>14；黏粒含量>25%；含砂率<5%；有机质含量<3%。

（6）注浆材料的质量偏差：±3%；注浆孔位：±50mm；注浆孔深：±100mm；注浆压力：±10%。

（六）堆载预压地基

本小节适用于变电站工程中透水低的饱和软弱黏性土加固施工及验收。

1. 关键工序控制

（1）砂井堆载预压施工。

1）灌砂。

砂井灌砂应自上而下保持连续，要防止出现颈井，且不扰动砂井周围土的结构。对灌砂量未达到设计要求

的砂井，应在原位半桩管打入灌砂复打一次。

2）堆载预压。

a. 地基预压前应设置垂直沉降观测点、水平位移观测桩、测斜仪以及孔隙水压力计，其设置数量、位置及测试方法，应符合设计要求。

b. 堆载预压施工中，作用于地基上的荷载不得超过地基的极限荷载，以免地基失稳破坏。应根据土质情况采取加荷方式，如须施加大荷载时，应采用分级加荷，并注意控制每级加载量的大小和加荷速率，使之与地基的强度增长相适应。待地基在前一级荷载作用下达到一定固结度后再施加下一级荷载，特别是在加载后期，更须严格控制加荷速率，防止因整体或局部加荷量过大、过快而使地基发生剪切破坏。

3）卸荷。

地基达到规定要求后，方可分期、分级卸载，并应继续观测地基沉降和回弹情况。

（2）袋装砂井堆载预压施工。

1）施工准备。

a. 袋中装砂宜用风干砂，不宜采用湿砂，以免干燥后体积减小，造成袋装砂井缩短与排水垫层不搭接等质量事故；灌入砂袋的砂，应捣固密实，袋口应扎紧，砂袋放入井内应高出井口 500mm，以便埋入砂地基中。

b. 聚丙烯编织袋，在施工时应避免太阳暴晒老化，砂浆入口处的导管口应装设滚轮，下放砂袋要仔细，防止砂袋破损漏砂。

2）测量定位。

袋装砂井定位要准确，砂井要有较好的垂直度，以确保排水距离与理论计算一致。

3）沉入导管、将砂袋放入导管。

a. 施工中要经常检查桩尖与导管口的密封情况，避免管内进泥过多，造成井阻，影响加固深度。

b. 确定袋装砂井施工长度时，应考虑袋内砂体积减小，袋装砂井在井内的弯曲、超深以及伸入水平排水垫层内的长度等因素，防止砂井全部沉入孔内，造成顶部与排水垫层不连接，影响排水效果。

4）堆载预压。

a. 地基预压前应设置垂直沉降观测点、水平位移观测桩、测斜仪以及孔隙水压力计，其设置数量、位置及测试方法，应符合设计要求。

b. 堆载预压施工中，作用于地基上的荷载不得超过地基的极限荷载，以免地基失稳破坏。应根据土质情况采取加荷方式，如需施加大荷载时，应采用分级加荷，并注意控制每级加载量的大小和加荷速率，使之与地基的强度增长相适应，待地基在前一级荷载作用下达到一定固结度后再施加下一级荷载，特别是在加载后期，更需严格控制加荷速率，防止因整体或局部加荷量过大、过快而使地基发生剪切破坏。

5）卸荷。

地基达到规定要求后，方可分期、分级卸载，并应继续观测地基沉降和回弹情况。

（3）塑料排水带堆载预压施工。

1）施工准备。

a. 注意排水带的质量，应按设计要求对进场的每批产品抽查，检验合格后方可使用。排水带在装运和储存期间，要包上厚保护层，在现场存放要注意防止暴晒和污染，并避免碰撞损坏。

b. 排水孔的施打要采用定载振动压入的方法，一直打到设计要求深度，不得采用重锤夯击方法。

c. 塑料带滤水膜在转盘和打设过程中应避免损坏，防止淤泥进入带芯堵塞输入孔，影响塑料带的排水效果。

2）将塑料带与柱尖连接贴紧管下端并对准柱位。

塑料带与桩尖锚定要牢固，防止拔管时脱离。将塑料带带出，带出长度不应大于500mm。打设时严格控制间距和深度，如塑料带起超过2m以上，应进行补打。

3）打设桩管插入塑料排水带。

a. 桩尖平端与导管下端要连接紧密，防止错缝，以免在打设过程中淤泥进入导管，增加对塑料带的阻力，或将塑料带拔出。

b. 塑料带需接长时，为减少板与导管的阻力，应采用在滤水膜内平搭接的连接方法，搭接长度应在200mm以上，以保证输水畅通和有足够的搭接长度。

4）堆载预压。

a. 地基预压前应设置垂直沉降观测点、水平位移观测桩、测斜仪以及孔隙水压力计，其设置数量、位置及测试方法，应符合设计要求。

b. 堆载预压施工中，作用于地基上的荷载不得超过地基的极限荷载，以免地基失稳破坏。应根据土质情况采取加荷方式，如需施加大荷载时，应采用分级加荷，并注意控制每级加载量的大小和加荷速率，使之与地基的强度增长相适应，待地基在前一级荷载作用下达到一定固结度后再施加下一级荷载，特别是在加载后期，更需严格控制加荷速率，防止因整体或局部加荷量过大、过快而使地基发生剪切破坏。

5）卸荷。

地基达到规定要求后，方可分期、分级卸载，并应继续观测地基沉降和回弹情况。

2. 工艺标准

（1）地基承载力、处理后地基土的强度、变形指标应符合设计要求。

（2）预压载荷（真空度）：$\geqslant -2\%$；固结度：$\geqslant -2\%$；沉降速率、水平位移：$\pm 10\%$。

（3）竖向排水体位置：$\leqslant 100mm$；竖向排水体插入深度：$0 \sim +200mm$。

（4）插入塑料排水带的回带长度：$\leqslant 500mm$；竖向排水体高出砂垫层距离：$\geqslant 100mm$；插入塑料排水带的回带根数：$< 5\%$；砂热层材料的含泥量：$\leqslant 5\%$。

（七）真空预压地基

本小节适用于变电站工程中饱和均质黏性土及含薄层砂夹层的黏性土，特别适用新淤填土、超软性土地基的加固施工及验收。

1. 关键工序控制

（1）排水体设计。

真空预压地基竖向排水系统设置同砂井（或袋装砂井、塑料排水带）堆载预压地基。应先整平场地，设置排水通道，在软基表面铺设砂垫层或在土层中再加设砂井（或埋设袋装砂井、塑料排水带），再设置抽真空装置及膜内外管道。

（2）排水砂垫层施工。

1）砂垫层中水平分布滤管的埋设，一般采用条形或鱼刺形，铺设距离要适当，使真空度分布均匀，管上部应覆盖$100 \sim 200mm$厚砂层。

2）砂垫层上密封薄膜，一般采用$2 \sim 3$层聚氯乙烯薄膜，应按先后顺序同时铺设，并在加固区四周，在离清基线外缘2m开挖深$0.8 \sim 0.9m$的沟槽。将薄膜的周边放入沟槽内，用黏土或粉质黏土回填压实，要求气密性好，密封不漏气，或采用板桩或覆水封闭。以膜上全面覆水较好，既密封好又减缓薄膜的老化。

（3）抽真空、观测。

1）当面积较大，宜分区预压，区与区间隔距离以$2 \sim 6m$为佳。

2）真空预压过程中，应做好真空度、地面沉降量、深层沉降、水平位移、孔隙水压力和地下水位的现场测试工作，掌握变化情况，作为检验和评价预压效果的依据。并随时分析，如发现异常，应及时采取措施，以免影响最终加固效果。

3）真空预压结束后，清除砂槽和腐殖土层，避免在地基内形成水平渗水暗道。

2. 工艺标准

（1）真空分布管的距离要适当，使真空度分布均匀，管外滤膜渗透系数不应小于$10^{-2}cm/s$。

（2）抽真空期间真空管内真空度应大于90kPa，膜下真空度宜大于80kPa。

（3）地表总沉降量，应符合一般堆载预压的沉降规律。地面沉降观测：主要控制地面沉降速度，要求最大沉降速率不宜超过10mm/天。

（4）质量检验标准与本章第六节相同。

（八）土工合成材料地基

本小节适用于变电站工程中土工合成材料地基处理施工及验收。

1. 关键工序控制

（1）地基基层处理。

铺设土工织物前，应将基土表面压实，修整平顺均匀，清除杂物、草根，表面凹凸不平处可铺一层砂找平。

（2）按设计要求铺放土工合成材料。

1）铺设应从一端向另一端进行，端部应先铺填，中间后铺填，端部应精心铺设锚固，铺设松紧应适度，防止绷拉过紧或褶皱，保持完整性。在斜坡上施工应保持一定的松紧度，在护岸工程坡面上铺设时，上坡段土工织物应搭在下坡段土工织物之上。

2）土工织物连接，一般可采用搭接、缝合、胶合或

U形钉钉合等方法；采用搭接时应有足够的长度，一般为0.3~1.0m，在搭接处尽量避免受力，以防移动，缝合采用缝合机面对面缝合，用尼龙或涤纶线，针距7~8mm；胶结法是用胶黏剂将两块土工织物胶结在一起，最少搭接长度为100mm，胶合后应停2h以上，以增强接缝处强度，此种接合强度与原强度相等；用U形钉连接时每隔1.0m用一U形钉插入连接。

3）一次铺设不宜过长，以免下雨渗水难以处理，土工织物铺好后应随即铺设上面的砂石材料或土料，避免长时间暴晒，使材料劣化。

4）土工织物用于作反滤层时，应做到连续，不得出现扭曲、折皱和重叠。土工织物上抛石时，应先铺一层30cm厚卵石层，并限制高度在1.5m以内，对于重而带棱角的石料，抛掷高度不应大于50cm。

5）土工织物上铺垫层时，第一层铺垫厚度应在50cm以下。用推土机铺垫时，应防止刮土板损坏土工织物，在局部不应加过重附加应力，当土工织物受到损坏时，应立即修补。

6）铺设时，应注意端头位置和锚固，在护坡坡顶可使土工织物末端绕在管子上，埋设于坡顶沟槽中，以防土工织物下落；在堤坝，应使土工织物终止在护坡块石之内，避免冲刷时加速坡脚冲塌。

7）对于有水位变化的斜坡，施工时直接堆置于土工织物上的大块石之间的空隙，应填塞或设垫层，以避免水位下降时，上坡中的饱和水因来不及渗出形成显著水位差，引起织物鼓胀而造成损坏。

2. 工艺标准

（1）施工前应对土工合成材料的物理性能（单位面积的质量、厚度、密度）、强度延伸率以及土、砂石料等进行检验。土工合成材料以100m²为一批，每批抽查5%。

（2）施工过程中应检查清基、回填料铺设厚度及平整度、土工合成材料的铺设方向、接缝搭接长度或缝接状况、土工合成材料与结构的连接状况等。

（3）施工结束后，应进行承载力检验。

（九）砂石桩复合地基

本小节适用于变电站工程中挤密松散砂土、粉土、粉质黏土、素填土和杂填土等地基施工及质量验收。

1. 关键工序控制

（1）施工准备。

打砂石柱地基表面会产生松动或隆起，砂石桩施工标高要比基础底面高1~2m，以便在开挖基坑时消除表层松土；如基坑底仍不够密实，可辅以人工夯实或机械碾压。

（2）测量定位。

1）桩位放样：用全站仪根据桩位布置图放出桩位，并用小木桩写出每个砂石柱的位置。放样后全面核对桩的位置、数量，确保桩位准确。

2）砂石桩的施工顺序，应从外围或两侧向中间进行，如砂石桩间距较大，亦可逐排进行，以挤密为主的砂石柱同一排应间隔进行。

（3）机具就位。

首先检查桩机的平整度和桩管垂直度，检查时采用全站仪按水平、垂直两个方向进行检查、调整，保证桩身的垂直度满足验标要求。进行桩位检查时，桩管横向、纵向移动，使桩位对中，桩位偏差满足验标要求。

（4）桩管沉入。

1）砂石桩成桩工艺有振动成桩法和锤击成桩法两种。振动法系采用振动沉桩机将与砂石桩相同直径的带活瓣桩尖的钢管沉下，往桩管内灌砂石后，边振动边缓慢拔出桩管；或在振动拔管的过程中，每拔0.5m高停拔振动20~30s；或将桩管压下然后再拔，以便将落入桩孔内的砂石压实，并可使桩径扩大。振动力以30~70kN为宜，不应太大，以防过分扰动土体。拔管速度应控制在1.0~1.5m/min范围内，打直径500~700mm砂石桩通常采用大吨位KM2-1200A型振动打桩机施工，因振动是垂直方向的，所以桩径扩大有限。本法机械化、自动化水平和生产效率较高（150~200m/天），适用于松散砂土和软黏土。锤击法是将带有活瓣桩靴或混凝土桩尖的桩管，用锤击沉桩机打入土中，往桩管内灌砂后缓慢拔出，或在拔出过程中低锤击管，或将桩管压下再拔，砂石从桩管内排入桩孔成桩并使密实。由于桩管对土的冲击力作用，使桩周围土得到挤密，并使桩径向外扩展。但拔管不能过快，以免形成中断、缩颈而造成事故。对特别软弱的土层，亦可采取二次打入桩管灌砂石工艺，形成扩大砂石柱。如缺乏锤击沉管机，亦可采用蒸汽锤、落锤或柴油打桩机沉桩管，另配一台起重机拔管。

2）施工前应进行成桩挤密试验，桩数宜为7~9根。振动法应根据沉管和挤密情况，以确定填砂石量、提升高度和速度、挤压次数和时间、电机工作电流等，作为控制质量的标准，以保证挤密均匀和桩身的连续性。

3）灌砂石时含水量应加以控制，对饱和土层，砂石可采用饱和状态，对非饱和土或杂填土，或能形成直立的柱孔壁的土层，含水量可采用7%~9%。砂桩的灌砂量通常按桩孔的体积和砂在中密状态时的干密度计算（一般取2倍桩管入土体积）。砂石桩实际灌砂石量（不包括水重），不得少于设计值的95%。如发现砂石量不够或砂石桩中断等情况，可在原位进行复打灌砂石。

（5）桩管下压。

拔管、桩管下沉：第一次把桩管提升80~100cm，提升时桩尖自动打开，桩管内砂料流入孔内。按规定速度降落桩管，振动挤压15~30s（观察料斗中砂料变化，如砂料不减少，说明桩尖没有打开，要继续提升柱管，直到桩尖打开为止）。

（6）振密。

沉桩过程中的振动挤密：每次提升桩管50cm，挤压时间为桩管难以下沉为宜，如此反复升降拔桩管，直至所灌砂将地基挤密。

（7）拔管。

完成该柱灌砂量，柱管提至地面，桩管移到下一桩位。桩头部位1m深度以内要钎探密实。

（8）机具移位。

砂石桩施工后，应将表层的松散层挖除或夯压密实。随后铺设并压实砂石垫层。

2. 工艺标准

（1）施工前应检查砂石料的含泥量及有机质含量等。振冲法施工前应检查振冲器的性能，应对电流表、电压表进行检定或校准。

（2）沉管砂石桩施工时柱位水平偏差不应大于0.3倍套管外径；套管垂直度偏差不应大于1%。

（3）施工中应检查每根砂石柱的柱位、填料量、标高、垂直度等。振冲法施工中尚应检查密实电流、供水压力、供水量、填料量、留振时间、振冲点位置、振冲器施工参数等。

（4）砂石桩施工后，应将基底标高下的松散层挖除或夯压密实，随后铺设并压实砂石垫层。

（5）施工结束后，应进行复合地基承载力、桩体密实度等检验。施工后应间隔一定时间方可进行质量检验。对饱和黏性土地基应待孔隙水压力消散后进行，间隔时间不宜少于28天；对粉土、砂土和杂填土地基，不宜少于7天。

（十）水泥土搅拌桩复合地基

本小节适用于变电站工程中处理正常固结的淤泥、淤泥质土、素填土、黏性土（软塑、可塑）、粉土（稍密、中密）、粉细砂（松散、中密）、中粗砂（松散、稍密）、饱和黄土等土层。不适用于含大孤石或障碍物较多且不易清除的杂填土、欠固结的淤泥和淤泥质土、硬塑及坚硬的黏性土、密实的砂类土，以及地下水渗流影响桩质量的土层。

1. 关键工序控制

（1）施工准备。

1）场地应先整平，清除桩位处地上、地下一切障碍物（包括大块石、树根和生活垃圾等），场地低洼处用黏性土料回填夯实，不得用杂填土回填。

2）水泥土搅拌桩施工前，应根据设计进行工艺性试桩，数量不得小于3根，多轴搅拌施工不得小于3组。应对工艺试桩的质量进行检验，确定施工参数。

3）标定搅拌机械的灰浆泵输送量、灰浆轴送管到达搅拌机喷浆口的时间和起吊设备提升速度等施工工艺参数，并根据设计通过试验确定搅拌材料的配合比。

（2）测量放线。

依桩位布置图测量放样，标定出桩位，应经过技术复核确保定位准确，并请监理人员进行轴线定位验收。

（3）桩机就位。

移动深层搅拌机到指定位置，对准桩位，桩位偏差不得大于50mm，并应使搅拌机保持水平，导向架垂直。

（4）桩位下沉搅拌。

1）下沉预搅拌：深层搅拌机启动前，用输浆胶管将储料出罐，砂浆泵同深层搅拌机接通，待深层搅拌机的冷却水循环正常后，启动搅拌电机，放松起重机钢丝绳，用卷扬机将搅拌机下放，使搅拌机沿导向架搅拌切土下沉，为了使土体充分破碎，应控制搅拌机的电流、电压和预搅下沉速度。

2）水泥浆制备：待深层搅拌机下沉到一定深度时，即开始按设计确定的配合比拌制水泥浆，待压浆前将水泥浆倒入集料斗中。

（5）喷浆搅拌提升。

深层搅拌头下沉到设计深度后，启动灰浆泵将水泥浆从搅拌机中心管不断压入地基中，边喷浆边搅拌，直至提出地面完成一次搅拌过程。同时严格按设计确定的提升速度提升深层搅拌机，一般以0.5m/min的均匀速度提升。

（6）重复下沉搅拌。

重复上下搅拌和喷浆：深层搅拌机提升至高于桩顶设计标高500mm时，集料斗中水泥浆应正排空。为使软土和水泥浆搅拌均匀，可再次将搅拌机边旋车边沉入土中，至设计加固深度后再将搅拌机提升地面，即完成一根柱状加固体。

（7）成桩。

当一施工段成桩完成后，应即时进行清洗。向集料斗中注入适量清水，开启灰浆泵，清洗全部管路中残存的水泥浆，直至基本干净，并将粘附在搅拌头的软土清洗干净。开行深层搅拌桩机（履带式机架也可以进行转向、变幅作业）到新的桩位，进行下一根桩的施工。

2. 工艺标准

（1）施工前应检查水泥及外掺剂的质量、桩位、搅拌机工作性能，并应对各种计量设备进行检定或校准。

（2）施工中所用的水泥应过筛，制备好的浆液不得离析，泵送浆应连续进行。拌制水泥浆液的罐数、水泥和外掺剂用量以及泵送浆液的时间应记录；喷浆量及搅拌深度应采用经国家计量部门认证的监测仪器进行自动记录。

（3）施工中应检查机头提升速度、水泥浆或水泥注入量、搅拌桩的长度及标高。喷浆提升的速度和次数应符合施工工艺要求，并设专人进行记录。

（4）当水泥浆达到出浆口后，应喷浆搅拌30s，在水泥浆与桩端土充分搅拌后，再开始提升搅拌头。

（5）搅拌机预搅拌下沉时，不宜冲水，当遇到硬土层下沉太慢，可适量冲水。

（6）施工过程，如因故停浆，应将搅拌头下沉至停浆点以下0.5m处，待恢复供浆时，再喷浆搅拌提升；若停机超过3h，宜先拆卸输浆管路，并妥加清洗。

（7）成桩3天内，采用轻型动力触探（N10）检查上部桩身的均匀性，检验数量为施工总桩数的1%，且不少于3根；成柱7天后，采用浅部开挖桩头进行检查，开挖深度宜超过停浆（灰）面下0.5m，检查搅拌的均匀性，量测成柱直径，检查数量不少于总桩数的5%。

（8）桩头挖出后，应禁止机械在其上行走，防止桩头破坏，应尽快进行下道工序施工。

（9）施工结束后，应检验桩体的强度和直径，以及单桩与复合地基的承载力。

（十一）高压喷射注浆复合地基

本小节适用于变电站工程中处理淤泥、淤泥质土、流塑、软塑或可塑黏性土、粉土、黄土、素填土和碎石土等地基，但对含有较多大粒径块石、坚硬黏性土、大量植物根基或含过多有机质的土以及地下水流过大、喷射浆液无法在注浆管周围凝聚的情况下，不宜采用。

1. 关键工序控制

（1）测量放线。

每个桩位事先由专业测量人员与钻机长配合，在地面按设计位置钉一木桩，钻机按木桩位置就位，将钻机平稳安放在测放孔位。

（2）钻杆垂直调整。

钻杆轴线垂直对准钻孔中心线，并检查其钻机钻杆垂直度，其倾斜度不得大于1.5%。

（3）钻孔。

成孔根据地质条件及钻机功能确定成孔工艺。在标准贯入 N 值小于40的土层中进行单管和二重管喷射作业时，可采用振动钻机直接将注浆管插入射水成孔；三管法可采用地质钻机或振动打桩机预先成孔。孔壁坍塌时，应下套管。

（4）插管、试喷。

1）将注浆管（单管法）、同轴双通道二重注浆管（双管法）、同轴三重注浆管（三管法）插入注浆管前，先检查高压水与空气喷射情况，各部位密封是否封闭，连接接头是否密封良好。

2）将喷管插入地层预定的深度，先进行清水试喷压，到设备和管路情况正常后，才可开始高压喷射注浆作业。

（5）浆液配制。

根据设计要求的配合比配制浆液。浆液搅拌采用立式搅拌机拌制，也可以采用污水泵自循环式的搅拌罐或水力混合器。浆液宜在旋喷前1h以内配制，使用前滤去硬块、砂石等，以免堵塞管路和喷嘴。

（6）旋喷注浆作业。

1）喷射注浆时设备开动顺序：先空载启动空压机，待运转正常后，再空载启动高压泵，并同时向孔内送风和水，使风量和泵压正常后，即可将注浆的吸浆管移至储浆桶，开始注浆。待水泥浆的前锋已流出喷头并在孔口返浆后，再开始提升注浆管，自下而上喷射注浆。

2）喷射时，用仪表控制压力、流量和风量。当分别达到预定的数值时，再逐渐提升注浆管。

3）喷射注浆中需拆卸注浆管时，应先停止提升、回转和送浆，然后逐渐减少风量和水量，最后停机。拆卸完毕继续喷射注浆时，开机顺序遵守前面的规定，同时，喷射管分段提升的搭接长度不小于0.5m，以防喷射体脱节。

4）喷射注浆结束后，对喷射体顶部浆液析水收缩出现凹穴，应及时用水泥浆补灌。

（7）拔管、冲洗。

1）喷射注浆达到设计深度后，可停风、停水而继续用注浆泵注浆，待水泥浆从孔口返出后，即可停止注浆，然后将注浆泵的吸水管移至清水箱，抽吸一定量的清水将注浆泵和注浆管路中浆液顶出，然后停泵。拔管要迅速，不可久留孔中。

2）卸下注浆管后，应立即用清水将各通道冲洗干净，并拧下堵头。注浆泵、送浆管路和浆液搅拌机等都要用清水清洗干净。压气管路和高压泵管也要分别送风、送水冲洗干净。

2. 工艺标准

（1）钻机及高压泵操作人员必须持有上岗证，严禁无证操作。

（2）施工前应检验水泥、外掺剂等的质量、桩位、浆液配比、高压喷射设备的性能等，并应对压力表、流量表进行检定或校准。

（3）高压喷射注浆的施工参数应根据土质条件、加固要求通过试验或根据工程经验确定，并在施工中严格加以控制。单管法及双管法的高压水泥浆和三管法高压水的压力应大于20kPa。

（4）喷射试喷时应在地面钢护筒中进行，防止高压射流伤人。

（5）旋喷注浆施工中，应针对不同深度地层土质情况调整旋喷参数，采取提高喷射压力、泵量，降低回转与提升速度或采用复喷工艺措施，以加大旋喷体尺寸或避免在深层硬土中旋喷体尺寸减小。

（6）施工中应检查压力、水泥浆量、提升速度、旋喷速度等施工参数及施工程序。

（7）喷射注浆后12h内避免重车等在桩上行走、堆放重物及土方开挖。喷射桩施工完成一周内，禁止重型设备通过碾压喷射柱施工区域。

（8）现场施工时对扬尘有控制措施，施工道路应专人洒水，水泥等飞扬的细颗粒散体材料，应覆盖存放，现扬拌浆时，应采取措施，防止水泥飞扬，并应遵守当地扬尘的有关规定。

（9）对施工中产生的返浆应及时排放至预先挖好的浆坑里并及时处理，严防返浆乱流现象。对废浆的处理应在开工前做好策划，废浆应随时运出现场，或暂时排入沉淀池作土方运出，不得随意排放。

（10）高压喷射注浆复合地基水胶比、喷射压力、提升速度、旋转速度应符合设计要求，钻孔位置应≤50mm；钻孔垂直度应≤1/100；桩位≤0.2D（D 为桩径，mm）。

（11）施工结束后，应检验柱体的强度和平均直径，以及单桩与复合地基的承载力等。

（十二）粉体喷射注浆复合地基

本小节适用于变电站工程中各种软土，包括淤泥、淤泥质土、饱和黏性土、粉土、粉细砂和杂填土地基加固施工及验收。

1. 关键工序控制

（1）测量放线。

搅拌机对准桩位：先放样定位，后移动钻进，准确对孔。对孔误差不得大于50mm。

（2）设备就位。

利用支腿没缸调平钻机，钻机出轴垂直度误差不应大于 1%。

（3）预搅下沉。

下钻时，启动主电动机，根据施工要求，以Ⅰ、Ⅱ、Ⅲ挡逐级加速，正转预搅下沉。

（4）喷粉搅拌提升。

1）钻进结束：钻至接近设计深度时，应低速慢钻，钻机应原位钻进 1～2min。为保持钻杆中间送风通道的干燥，从预搅下沉开始直至喷粉为止，应在轴杆内连续输送压缩空气。当搅拌头下沉至设计桩底以上 1.5m 时，应立即开始喷粉机，提前进行喷粉作业直至设计桩底。

2）提升喷射搅拌：搅拌头旋转一周，提升高度不得超过 16mm。提升喷灰过程中，须有自动计量装置。该装置为控制和检验喷粉桩的关键。

（5）复搅提升。

提升结束：当提升到设计停灰标高后，应慢速原地搅拌 1～2min。为保证粉体搅拌均匀，有时须再次将搅拌头下沉至设计深度。钻具提升至地面后，钻机移位对孔，按上述步骤进行下一根桩的施工。

2．工艺标准

（1）喷粉施工前应仔细检查搅拌机械、供粉泵、送气（粉）管路、接头和阀门的密封性、可靠性。送气（粉）管路的长度不宜大于 60m。

（2）喷粉施工机械必须配置经国家计量部门确认的具有能瞬时检测并记录出粉量的粉体计量装置及搅拌深度自动记录仪。

（3）搅拌头每旋转一周，其提升高度不得超过 16mm。搅拌头的直径应定期复核检查，其磨耗量不得大于 10mm。当搅拌头到达设计桩底以上 1.5m 时，应立即开启喷粉机提前进行喷粉作业。当搅拌头提升至地面以下 500mm 时，喷粉机应停止喷粉。

（4）成桩过程中若因故停止喷粉，则应将搅拌头下沉至停灰面以下 1m 处，待恢复喷粉时再喷粉搅拌提升。

（5）在地基土天然含水量小于 30% 的土层中喷粉成桩时，应采用地面注水搅拌工艺。

（6）施工质量检验：在施工期，每根桩均应有一份完整的质量检验单，施工人员和监理人员在质量检验单上签名以作为施工档案。质量检验主要有下列各项内容。

1）桩位：通常桩位放线的偏差不应超出 20mm，成桩后桩位偏差不应大于 50mm。施工前在桩中心插桩位标，施工后将桩位标复原，以验收。

2）桩顶、桩底高程：桩顶、桩底高程均应满足设计要求。桩底一般应低于设计高程 100～200mm，桩顶应高于设计高程 0.5m。

3）桩身垂直度：每根桩施工时均应用水准尺或其他方法检查导向架和搅拌轴的垂直度，间接测量桩身垂直度。通常垂直度误差不应超过 1%。当设计对垂直度有严格要求时，应按设计标准检验。

4）桩身水泥掺量：按设计要求检查每根桩的水泥用量。通常考虑到按整包水泥计量的方便性，允许每根桩的水泥用量在 ±25kg（半包水泥）范围内调整。

5）水泥等级及外掺剂：水泥、外掺剂的品种按设计要求选用。

6）搅拌头上提喷粉的速度：一般均在上提时喷粉，提升速度不超过 0.5m/min，且常采用二次搅拌。当第二次搅拌时，不允许出现搅拌头未到桩顶时水泥粉就已拌完的现象，有剩余时可在桩身上部第三次搅拌。

7）喷粉搅拌的均匀性：应有水泥自动计量装置，随时指示喷粉过程中的各项参数，包括压力、喷粉速度和喷粉量等。

8）喷粉距地面 1～2m 时，应无大粒粉末飞扬，通常需适当减小压力，在孔口加防护罩。

9）成桩 3 天内，可用轻型触探（N10）检查每米桩身的均匀性，检验数量为总桩数的 1%，且不小于 3 根。

10）成桩 7 天后，采用浅部开挖桩头，目测检查搅拌的均匀性，量测成柱直径，检查量为总桩数的 5%。

（7）竣工验收检测：承载力检验应采用复合地基载荷试验和单桩载荷试验，载荷试验必须在桩身强度满足试验荷载条件时，并宜在成柱 28 天后进行。检验数量为桩总数的 0.5%～1%，且每项单体工程不应小于 3 点。

（十三）灰土挤密桩复合地基

本小节适用于变电站工程中地下水位以上的湿陷性黄土、素填土和杂填土等地基，可处理地基的深度为 5～15m，当以提高地基土的承载力或增强其水稳性为主要目的时，宜选用灰土挤密桩法。

1．关键工序控制

（1）施工准备。

切实了解场地的工程地质和环境条件资料；编制施工技术方案；整理施工场地；测量定柱位；进行桩孔挤密试验和制定预浸水措施。

（2）测量放线。

在对施工现场进行平整时，应设置控制点，放出基础的全部轴线。施工放线应准确定出桩孔位置。

（3）成孔。

1）成孔挤密的施工方法有沉管法、爆扩法和冲击法等，沉管法是目前国内最常用的一种。具体采用哪种方法应根据土质情况、桩孔深度、机械装备和当地施工经验等条件来确定。

2）沉管法成孔是利用柴油沉桩机或振动沉桩机，将带有通风桩尖的钢制桩管打入土中直至设计深度，然后再缓慢拔出桩管形成桩孔。桩管由无缝钢管制成，壁厚 10mm 以上，外径与柱孔直径相同，桩尖可做成活动锥尖式，以便拔管时通气。沉桩机的导向架安装在履带式起重机上，由起重机带动行走、起吊和定位沉桩，沉管成孔的最大深度由于受到桩架高度的限制，一般为 3～15m。

3）爆扩法是将一定量的炸药埋入土中引爆后爆炸挤压成孔，它无需打桩机械，工艺简单，工效也高，但是由于振动影响，不适于城市施工。它对地基土天然含水量要求较高，含水量过低或过高，爆扩挤密效果都不好。采用爆扩法成孔一般应通过现场试验取得有关数据后才能施工。

4）冲击法成孔是利用冲击钻机将重6～32kN的锥形锤头提升0.5～2.0m后自由落下，反复冲击成孔。开孔时应低锤轻击，锤头入土后再按正常冲程锤击。一般不宜多用高冲程，以免引起塌孔、扩孔或卡锤等问题。此法不受机架高度的限制，成孔深度可达20m以上，同时，填夯桩孔也使用同一套设备，夯填质量高，因而它特别适用于处理厚度较大的自重湿陷性黄土地基。

（4）分层填料、夯实。

1）桩孔填夯：回填夯实施工前，应进行回填试验，以确定每次合理的填料数量和夯击数。根据回填夯实质量标准确定检测方法应达到的指标，如轻便触探的"检定锤击数"。桩孔填料夯实可采用机械夯实，如偏心轮夹杆式夯实机，夯锤重100～150kg，夯锤钢管一般长6～8m，管径60～80mm，钢管与夯锤焊成整体，钢管夹在一双同步反向偏心轮中间，由偏心轮转动时半轮瓦片夹带上升和半轮转空自由落锤的作用，往返循环，夯实填料。成孔后应夯实孔底，夯实次数不少于8击，并立即夯填灰土。桩孔应分层回填，逐层夯实。成孔和回填夯实的施工顺序，应先外排后里排，同排内应间隔1～2孔进行，以免振动挤压造成相邻孔缩孔或坍孔。对大型工程可采用分段施工。

a. 桩顶应高出设计标高不小于0.5cm，挖土时将高出部分铲除。

b. 若孔底出现饱和软弱土层时，可采用加大成孔间距，以防由于振动而造成已打好的桩孔内挤塞；当孔底有地下水流入，可采用井点降水后再回填填料或向桩孔内填入一定数量的干砖渣和石灰，经夯实后再分层填入填料。

c. 必须遵守成孔挤密的顺序，应先外圈后里圈并间隔进行。对已成的孔，应防止受水浸湿且必须当天回填夯实。

d. 施工时应保持桩位正确，桩深应符合设计要求。为避免夯打造成缩颈堵率，应打一孔，填一孔，或隔几个桩位跳打夯实。

2）基础底面以上应预留0.7～1.0m厚的土层，待施工结束后，将表层挤松的土挖除，分层夯压密实后，立即进行下道工序施工。

3）雨期或冬期施工，应采取防雨、防冻措施，防止灰土受雨水淋湿或冻结。

2. 工艺标准

（1）对重要工程或在缺乏经验的地区，施工前应按设计要求，在现场选点进行试验。如土性基本相同，试验可在一处进行，如土性差异明显，应在不同地段分别进行试验。

（2）施工前应在现场进行成孔、夯填工艺和挤密效果试验，以确定分层填料厚度、夯击次数和夯实后干密度等要求。

（3）施工前应对石灰及土的质量、桩位等进行检查。

（4）施工过程中，应有专人监测成孔及回填夯实的质量并做好记录。如发现地基土质与勘察资料不符，并影响成孔或回填夯实时，应立即停止施工，待查明情况或采取有效措施处理后，方可继续施工。施工中应对桩孔直径、桩孔深度、夯击次数、填料的含水量及压实系数等进行检查。

（5）雨期或冬期施工，应采取防雨、防冻措施，防止土料或灰土受雨淋湿或冻结。

（6）施工结束后，应检验成桩的质量及复合地基承载力。

（7）灰土挤密桩复合地基承载力、桩体填料平均压实系数不小于设计值。桩体填料平均压实系数不小于0.97；土料有机质含量不大于5%，桩顶标高±200mm；砂、碎石褥垫层夯填度不大于0.9；灰土垫层压实系数不小于0.95，垂直度不大于1/100。

（十四）夯实水泥土桩复合地基

本小节适用于变电站工程中地下水位以上的粉土、黏性土、素填土和杂填土等地基，处理地基的深度不宜大于15m。

1. 关键工序控制

（1）施工准备。

施工前应在现场进行成孔、夯填工艺和挤密效果试验，以确定分层填料厚度，夯击次数和夯实后桩体干密度要求。

（2）测量放线。

严格按设计顺序定位、放线、布置桩孔，并记录布桩的根数，以防遗漏。

（3）梅花形成孔。

夯实水泥土桩施工，应按设计要求选用成桩工艺，挤土成孔可选用沉管、冲击等方法，非挤土成孔可选用洛阳铲、螺旋钻等方法。当采用人工洛阳铲成孔工艺时，处理深度不宜大于6.0m。采用人工洛阳铲或螺旋钻机成孔时，按梅花形布置进行并及时成桩，以避免大面积成孔后再成桩，由于夯机自重和夯锤的冲击或地表水灌入而造成塌孔。

（4）水泥、土料拌和。

土料有机质含量不应大于5%，且不得含有冻土和膨胀土。混合料含水量应满足最优含水量要求，允许偏差应为±2%，回填拌和料配合比应用量斗计量准确，水泥与土的体积配合比宜为1：5～1：8，土料与水泥应拌和均匀。

（5）填料夯实。

1）向孔内填料前，孔底应夯实虚土，采用二夯一填的连续成桩工艺。每根桩要求一气呵成，不得中断，防止出现松填或漏填现象。分层夯填时，夯锤落距和填料厚度应满足夯填密实度的要求。

2）向孔内分层填入拌和好的水泥土，并应分层夯实至设计标高。桩身密实度要求成桩1h后，击数不小于30击，用轻便触探检查"检定击数"。

3）施工过程中，应有专人监理成孔及回填夯实的质量，并应做好施工记录。如发现地基土质与勘察资料不符，应立即停止施工，待查明情况或采取有效措施处理后，方可继续施工。

4）拌好的水泥土要及时用完，放置时间超过2h，不宜使用。

5）其他施工工艺要点及注意事项同本章第十三节有关部分。

2．工艺标准

（1）水泥及夯实用土料的质量应符合设计要求。

（2）成孔过程中应合理安排施工顺序，保证成孔后能够尽快地夯填成桩，防止桩孔暴露时间过长而造成塌孔破坏。

（3）施工中应检查孔位、孔深、孔径和土的配合比、混合料含水量等。

（4）夯填成桩的高度应大于桩顶标高200～300mm，以保护桩质量。垫层施工时再将多做的桩体用人工凿除，桩顶面应水平。

（5）雨期或冬期施工时，应采取防雨、防冻措施，防止土料和水泥受雨水淋湿或冻结。

（6）施工结束应及时抽样检测水泥土桩的质量。

（7）竣工验收时，夯实水泥土复合地基承载力检验应采用复合地基静载荷试验和单桩静载荷试验；对重要或大型工程，尚应进行多桩复合地基静载荷试验。

（8）夯实水泥土桩复合地基承载力、桩长、桩身强度符合设计要求；桩体填料平均压实系数不小于0.97；土料有机质含量不大于5%；桩顶标高±200mm；桩垂直度不大于1/100；褥垫层夯填度不大于0.9。

（十五）水泥粉煤灰碎石桩复合地基

本小节适用于变电站工程中处理黏性、粉土、砂土和已有自重固结的素填土等地基。对淤泥质土应按地区经验或通过现场试验确定其适用性。

1．关键工序控制

（1）长螺旋钻孔中心压灌成桩施工。

1）施工准备。

清理施工区域内的地上、地下障碍物或采取有效措施保护，平整施工场地。

2）测量放线。

依据建筑物场地的水准控制点、坐标控制点和施工图等测放桩位。

3）桩机就位。

移动桩机到指定位置，对准桩位。成孔时桩身垂直度允许偏差不大于1.5%。

4）边提钻边压灌混合料。

a.压灌混合料施工前应按设计要求由试验室进行配合比设计，施工时按配合比配制混合料。

b.长螺旋钻孔中心压灌成桩施工，混合料的坍落度宜为160～200mm；振动沉管灌注成桩施工，混合料的坍落度宜为30～50mm。

c.长螺旋钻孔中心压灌成桩施工钻至设计深度后，

应控制提拔钻杆时，混合料泵送量应与拔管速度相配合，不得在饱和砂土或饱和粉土层内停泵待料。

d.施工桩顶标高宜高出设计标高：长螺旋钻孔灌注成桩不小于0.3m。

5）凿桩头及清理桩间土。

清土和截桩时，应采用小型机械或人工凿除等措施。不得造成桩顶标高以下桩身断裂和桩间土扰动。

（2）振动沉管灌注成桩施工。

1）施工准备。

清理施工区域内的地上、地下障碍物或采取有效措施保护，平整施工场地。

2）测量放线。

依据建筑物场地的水准控制点、坐标控制点和施工图等测放桩位。

3）桩机就位。

移动桩机到指定位置，对准桩位。成孔时桩身垂直度允许偏差不大于1.5%。

4）边提钻边投混合料。

沉管灌注成桩施工拔管速度应匀速控制，拔管速度应控制在1.2～1.5m/min，如遇淤泥土或淤泥质土，拔管速度应可适当减慢；当遇有松散饱和粉土、粉细砂或淤泥质土，当桩距较小时，宜采取隔桩跳打措施。

5）灌注混合料至设计标高。

施工桩顶标高宜高出设计标高：沉管灌注桩桩顶标高不应小于0.5m，振动沉管灌注成桩后桩顶浮浆厚度不宜超过200mm。

（3）泥浆护壁长螺旋钻孔灌注成桩施工。

1）施工准备。

清理施工区域内的地上、地下障碍物或采取有效措施保护，平整施工场地。

2）测量放线。

依据建筑物场地的水准控制点、坐标控制点和施工图等测放桩位。

3）桩机就位。

移动桩机到指定位置，对准桩位。成孔时桩身垂直度允许偏差不大于1.5%。

4）灌注混合料。

a.泥浆护壁长螺旋钻孔灌注成桩利用导管输入泥浆循环清孔时，应维持孔内泥浆液面的稳定。输入的泥浆、清孔后泥浆及清孔后孔底沉渣厚度应符合规范要求。混合料的初灌量应满足导管入深度不小于0.8m，灌注过程中导管应始终埋入混合料内，宜为2～6m。

b.施工桩顶标高宜高出设计标高：泥浆护壁成孔灌注桩不应小于1.0m。

2．工艺标准

（1）施工前应对入场水泥、粉煤灰及碎石等原材料进行检验。

（2）施工中应检查桩身混合料的配合比、坍落度和成孔深度、混合料的充盈系数等。

（3）施工时，应调整好打桩顺序，以免桩机碾压已施工完成的桩头。

（4）施工完毕后，待桩体达到一定强度（一般 3～7 天），方可进行开挖。开挖时，宜采用人工开挖，如基坑较深、开挖面积较大，可采用小型机械和人工配合开挖。应有专人指挥，保证铲斗离桩边有一定安全距离，同时应避免设计桩顶标高以下的桩间土和桩体产生损害。

（5）冬期施工时混合料入孔温度不得低于 5℃，保护层和桩头清除至设计标高后，要用草帘、草袋等保温材料进行覆盖。

（6）施工结束后，应对桩质量、单桩及复合地基承载力进行检验。

（7）水泥粉煤灰碎石桩复合地基承载力、桩长、单桩承载力、桩身强度符合设计要求；桩径偏差在 0～+50mm 范围内；桩身完整性符合相关验收规范。桩顶标高±200mm；桩垂直度≤1/100；褥垫层夯填度≤0.9；混合料充盈系数≥1.0。

（十六）局部特殊地基处理

本小节适用于变电站工程中局部特殊地基的处理，如松土孔、砖井或土井、局部范围内硬土、橡皮土等的处理。

在天然土基的基坑土方开挖后，对基槽土质进行观察及检验时，常发现地基从整体上说基本符合设计要求而局部地基须进行处理，否则不能满足强度和变形要求。通过必要的加固或改良，以提高地基的强度，保证地基的稳定，降低其压缩性，减少基础的沉降或不均匀沉降。

1. 关键工序控制

（1）施工准备。

完成场地平整，查清工程场地的地质、水文资料及周围环境情况，根据施工体条件，制定土方开挖、运输、堆放和土方调配平衡方案。

（2）基坑开挖。

挖土自上而下水平分段、分层进行，边挖边检查坑（槽）宽度，应防止对基土的扰动。

（3）验槽。

挖土过程中，随时注意土质的变化并记录，挖至设计基底标高后及时进行验槽。

（4）制订处理方案。

根据局部特殊土基的实际情况，会同设计单位制订切实可行的处理方案。

（5）实施处理并整平。

严格按经批准的处理方案进行局部特殊土地基的处理。

2. 工艺标准

（1）基底标高不同时，宜按先深后浅的顺序进行施工。

（2）施工过程中应采取减少基底土体扰动的保护措施，机械挖土时，基底以上 200～300mm 厚土层应采用人工挖除。

（3）地基验槽时，发现地质情况与勘察报告不相符，应进行补勘。检查空穴、古墓、古井、暗沟、防空掩体及地下埋设物、浅埋软弱下卧层或浅埋突出硬层的情况，并应查明其位置、深度和性状。

（4）局部特殊地基处理要求。

1）松土坑（填土、墓穴、淤泥等）的处理。

a. 松土坑在基槽中范围较小时，将坑中松软土挖除，使坑底及四壁均见天然土为止，回填与天然土压缩性相近的材料。当天然土为砂土时，用砂或级配砂石回填；当天然土为较密实的黏性土，用 3：7 灰土分层回填夯实；天然土为中密可塑的黏性土或新近沉积的黏性土，可用 1：9 或 2：8 灰土分层回填夯实，每层厚度不大于 200mm。

b. 松土坑在基槽中范围较大，且超过基槽边沿时，因条件限制，槽壁挖不到天然上层，则应将该范围内的基槽适当放宽，加宽部分宽度可按下述条件确定：当用砂土或砂石回填时，基槽每边均应按 $l：h=1：1$ 坡度放宽，用 1：9 或 2：8 灰土回填时，基槽每边应按 $l：h=0.5：1$ 坡度放宽（l 为坡面水平方向的距离，h 为坡面的垂直高度）；用 3：7 灰土回填时，如坑的长度≤2m，基槽可不放宽，但灰土与槽壁接触处应夯实。

c. 松土坑较深，且大于槽宽或 1.5m 时，按以上要求处理到老土，槽底处理完毕后，还应适当考虑加强上部结构的强度。方法是在灰土基础上 1～2 皮砖处（或混凝土基础内），防潮层下 1～2 皮砖且首层顶板处，加配 $4\phi8～12$ 钢筋跨过该松软土坑两端各 1m，以防产生过大的局部不均匀沉降。

d. 松土坑地下水位较高时，坑内无法夯实，可将坑（槽）中软弱的松土挖去后，再用砂土、砂石或混凝土代替灰土回填。

e. 基础下有古墓地下坑穴时，将坑穴中松土杂物挖出，分层回填好土或 3：7 灰土夯实，使干密度达到规定要求；如古墓中有文物应及时报主管部门或当地政府处理；如填充土已恢复原状结构可不处理。

2）砖井、土井、废矿井的处理。

a. 砖井、土井在室外、距基础边缘 5m 以内时，先用素土分层夯实，回填到室外地坪以下 1.5m 处，将井壁四周砖圈拆除或松软部分挖去，然后用素土分层回填并夯实。

b. 砖井、土井在室内基础附近时，将水位降低到最低可能限度，用中、粗砂及块石、卵石或碎砖等回填到地下水位以上 50cm。砖井应将四周砖圈拆至坑（槽）底以下 1m 或更深些，然后用素土分层回填并夯实。

c. 砖井、土井在基础下或条形基础或桩基范围内时，先用素土分层回填夯实至基础底下 2m 处，将井壁四周松软部分挖去，有砖井圈时，将井圈拆至槽底以下 1～1.5m。当井内有水，应用中、粗砂或块石、卵石或碎砖回填至水位以上 50cm，然后再按上述方法处理；当井内已填有土，但不密实，且挖除困难时，可在部分拆除后的砖石井圈上加钢筋混凝土盖封口，上面用素土或 2：8 灰土分层回填、夯实至槽底。

d. 砖井、土井在房屋转角处，且基础部分或全部压在井上时，除用以上办法回填处理外，还应对基础加固处理。当基础压在井上部分较少，可采用从基础中挑钢筋混凝土梁的功法处理。当基础压在井上部分较多，用挑梁的方法较困难或不经济时，则可将基础沿墙长面积应等于或稍大于井圈范围内原有基础的面积，并在墙内配筋或用钢筋混凝土过梁来加强。

e. 土井、砖井已淤填，但不密实时，可用大块石将下面软土挤密，再用上述办法回填处理，如井内不能夯填密实，而上部荷载又较大，可在井内设灰土挤密桩或石灰桩处理；如土井在大体积混凝土基础下，可在井圈上加钢筋混凝土盖板封口，上部再用素土或2∶8灰土回填密实的办法处理，使基土内附加应力传布范围比较均匀。

f. 基础下存在采矿废井，基础部分或全部压在废矿井上时，可以分别采用瓶井法、过梁法、换填法处理。

3）局部范围有硬土（或硬物）的处理。为了防止基土软硬不均，致使在上部结构传来的荷载作用下建筑物产生过大的不均匀沉降，引起上部建筑开裂。当基槽下有相对其他部分过于坚硬的土质时，例如岩石、旧墙基、老灰土、化粪池、压实路面、大树根等，均应尽量进行挖除，再按上述办法进行回填处理。

4）管道的处理。

a. 对于基槽底以上的上、下水管道，应切实采取防止漏水的措施，以免造成局部地基因漏水浸湿下沉，产生不均匀沉降。在湿陷性黄土地区施工，这个问题尤应引起足够的重视。

b. 当管道位于槽底以下时，最好拆迁，或将基础局部落低，否则需采用在管道周围包筑混凝土或用铸铁管代替瓦管等防护措施，以免管道被基础压坏。

c. 当管道穿过基础或基础墙时，必须在管道的周围，特别是上部，留有足够的空隙，以防建筑物产生沉降后，引起管道变形或损坏。

d. 当管道穿过基础，而基础又不允许切断时，可将基础局部落深，使管道穿过基础墙、并按上述留出足够的空隙。

5）橡皮土的处理。施工中有时会遇到这样的情况：当地基为黏性土，且含水量很大趋于饱和时，地基不但夯拍不实，而且夯拍后人踏上去有一种颤动的感觉，俗称"橡皮土"。遇到这种情况，要避免直接夯拍，应采用晾晒基槽或掺白灰末的办法来降低土的含水量，然后再根据具体情况选择施工方法及基础类型。如果基土已发生颤动现象则应采取措施，进行处理。如利用碎石或卵石将泥挤紧或将泥挖除，再将挖除部分填以砂土或级配砂石。

6）其他情况的处理。

a. 基础工程开工前，施工单位应向建设单位索取建设场地范围内地下建筑物、管线等的分布情况图，以便基槽开挖时做到心中有数，防止出现意外情况。

b. 如建设单位不能提供建设场地的地下情况，在开挖基槽时遇到诸如古墓、文物、电缆、管道时，应及时

与有关部门进行联系，研究处理解决的办法，再行施工。

三、基础工程

（一）钢筋混凝土预制桩

本小节适用于变电站工程中黏性土、淤泥、粉土、黄土、密实砂土等土层，但不适用于软质岩石、含砾石和障碍物多、有坚硬夹层的岩土层。

1. 关键工序控制

（1）施工准备。

1）根据设计图或其他条件确定采用锤击法或静压法施工。

2）场内道路及沉桩区域应满足桩机及桩材运输车辆的施工及通行要求。

3）出厂运输时，桩的强度必须达到设计强度的100%。采用高压蒸汽养护的预制桩应在高压蒸养后，在常温下静停1天后方可沉桩。

4）预制桩施工应根据土质情况、桩基平面尺寸、密集程度、深度、桩机移动方便等决定打桩顺序。

（2）测量放线。

沉桩前，按照桩位布置图测量定位，设置标高控制点和轴线控制网，将桩的准确位置测设到地面。

（3）吊桩。

1）预制桩起吊绑扎位置应经过技术人员计算，满足吊点绳施加的负弯矩值和桩自重产生的正弯矩值相等的要求。

2）施工前应检验成品桩构造尺寸及外观质量，预制桩的两端应完好无损，严禁在施工现场运输、吊装过程中采用施拉取桩方法。

3）桩的堆放场地应平整坚实，不得产生不均匀沉陷，堆放时吊点下面应放置垫木，上下层搁点垫木应在同一垂线上。桩的堆放层数不宜超过四层，不同规格的桩要分别堆放。桩应堆放在桩架附设的起重吊钩工作半径范围内，并考虑到起吊方向，避免转向。

（4）锤击（静压）沉桩。

1）锤击沉桩。

a. 桩锤的选用应根据地质条件、桩型、桩的密集程度、单桩竖向承载力及现有施工条件等因素确定。

b. 锤击沉桩时应符合下列规定：

a）打桩时，应用导板夹具或桩箍将桩嵌固在桩架两导柱中，桩位置及垂直度经校正后，始可将锤连同桩帽压在桩顶，开始沉桩。

b）开始沉桩应起锤轻压并轻击数锤，观察桩身、桩架、桩锤等垂直一致，方可转入正常。

c）地表以下有厚度为10m以上的流塑性淤泥土层时，第一节桩下沉后宜设置防滑箍进行接桩作业。

d）桩锤、桩帽及送桩器应和桩身在同一中心线上，在桩入土过程中用两台经纬仪成90°夹角对桩身垂直度进行观测，桩插入时的垂直度偏差不得大于1/200。

e）锤击沉桩应用适合桩头尺寸之桩帽和弹性垫层，

以缓和打桩时的冲击，使桩顶受力均匀。桩帽及打桩垫的设置应符合下列规定：①桩帽下部套桩头用的套筒应与桩的外形相匹配，套筒中心应与锤垫中心重合，筒体深度应为 350～400mm，桩帽与桩顶周围应留有 5～10mm 的空隙。②打桩时桩帽套筒底面与桩头之间应设置弹性桩垫，桩垫经锤击压实后的厚度应为 120～150mm，且应在打桩期间经常检查，及时更换。③桩帽上部直接接触打桩锤的部位应设置锤垫，其厚度应为 150～200mm，打桩前应进行检查、校正或更换。④桩帽与桩接触表面须平整，与桩身应在同一直线上，以免沉桩产生偏移。

c. 锤击桩终止沉桩的控制标准应符合下列规定：

a) 终止沉桩应以桩端标高控制为主，贯入度控制为辅，当桩端达到坚硬、硬塑的黏性土，中密以上粉土、砂土、碎石类土及风化岩时，可以贯入度控制为主，桩端标高控制为辅。

b) 贯入度已达到设计要求而桩端标高未达到时，应继续锤击 3 阵，按每阵 10 击的贯入度不大于设计规定的数值予以确认，必要时施工控制贯入度应通过试验与设计协商确定。

2) 静压沉桩。

a. 压桩机型号和配重的选用应根据地质条件、桩型、桩的密集程度、单桩竖向承载力及现有施工条件等因素确定。设计压桩力不应大于机架和配重量的 0.9 倍。

b. 静力压桩时应符合下列规定：压桩机应保持水平。桩机上的吊机在进行吊桩、喂桩的过程中，压桩机严禁行走和调整。喂桩时，应避开夹具与空心桩桩身两侧合缝位置的接触。第一节桩插入地面 0.5～1.0m 时，应调整桩的垂直度偏差不得大于 1/300。压桩过程中应控制桩身的垂直度偏差不大于 1/200。压桩过程中严禁浮机。压桩过程中要认真记录桩入土深度和压力表读数关系，以判断桩的质量及承载力。

c. 静压桩终压的控制标准应符合下列规定：静压桩应以标高为主，压力为辅。静压桩终压标准可结合现场试验结果确定。终压连续复压次数应根据桩长及地质条件等因素确定，对于入土深度大于或等于 8m 的桩，复压次数可为 2～3 次，对于入土深度小于 8m 的桩，复压次数可为 3～5 次。稳压压桩力不应小于终压力，稳定压桩的时间宜为 5～10s。

(5) 接桩。

1) 接桩方法应符合设计要求。接桩时，接头宜高出地面 0.5～1.0m，不宜在桩端进入硬土层时停顿或接桩。单根桩沉桩宜连续进行。

2) 焊接接桩应符合下列规定：

a. 上下节桩接头端板表面应清洁干净。

b. 下节桩的桩头处宜设置导向箍，接桩时上下节桩身应对中，错位不宜大于 2mm，上下节桩段应保持顺直。

c. 焊接宜沿桩四周对称进行，坡口、厚度应符合设计要求，不应有夹渣、气孔等缺陷。

d. 桩接头焊好后应进行外观检查，检查合格后必须

经自然冷却，方可继续沉桩，锤击法自然冷却时间≥8（3）min（括号中为采用二氧化碳气体保护焊时的数值），静压法≥6(3)min，严禁浇水冷却，或不冷却就开始沉桩。

e. 雨天焊接时，应采取防雨措施。

3) 采用螺纹接头接桩应符合下列规定：

a. 接桩前应检查桩两端制作的尺寸偏差及连接件，无受损后方可起吊施工。

b. 接桩时，卸下上下节桩两端的保护装置后，应清理接头残物，涂上润滑脂。

c. 应采用专用锥度接头对中，对准上下节桩进行旋紧连接。

d. 可采用专用链条式扳手进行旋紧，锁紧后两端板尚应有 1～2mm 的间隙。

4) 采用机械啮合接头接桩应符合下列规定：

a. 上节桩下端的连接销对准下节桩顶端的连接槽口，加压使上节桩的连接销插入下节桩的连接槽内。

b. 当地基土或地下水对桩有中等以上腐蚀作用时，端板应涂厚度为 3mm 的防腐涂料。

(6) 送桩。

1) 若桩顶标高较低，用专用送桩器送桩，其长度应超过要求送桩的深度。

2) 锤击桩送桩器及衬垫设置应符合下列规定：

a. 送桩器应与桩的外形相匹配，并应有足够的强度、刚度和耐冲击性，送桩器长度应满足送桩深度的要求，弯曲度不得大于 1‰。

b. 送桩器上下两端面应平整，且与送桩器中心轴线相垂直。

c. 送桩器下端面应开孔，使空心桩内腔与外界连通。

d. 套筒式送桩器下端的套筒深度宜取 250～350mm，套筒内壁与桩壁的间隙宜为 10～15mm。

e. 送桩作业时，送桩器与桩头之间应设置 1～2 层衬垫，衬垫经锤击压实后的厚度不宜小于 60mm。静压桩送桩器的横截面外轮廓形状与所压桩相一致，器身的弯曲度不得大于 1‰。

2. 工艺标准

(1) 钢筋混凝土预制桩产品检验报告、产品合格证应齐全。外观质量不应有严重缺陷，应表面平整，颜色均匀，掉角深度小于 10mm，蜂窝面积小于总面积的 0.5%；不应有影响结构性能和使用功能的尺寸偏差。

(2) 钢筋混凝土预制桩裂缝（收缩裂缝或起吊、装运、堆放引起的裂缝）深度小于 20mm，宽度小于 0.25mm，横向裂缝不超过边长的 1/2（该项对地下水有侵蚀的地区及锤击数超过 500 击的长桩不适用）。

(3) 钢筋混凝土预制桩尺寸允许偏差：横断面边长 ±5mm；桩长 ±20mm；桩顶对角线 ≤5mm；侧向弯曲 ≤1/1000 桩长，且 ≤20mm；表面平整度 ±5mm；桩顶翘曲 ±3mm；桩尖中心线 ±10mm；吊环位移 ≤20mm；吊环露出混凝土表面高度 0～+10mm；多节桩顶侧钢板与桩顶平齐差 ≤3mm；多节桩顶面钢板倾斜 ≤3mm。

（4）施工后应对承载力、桩身完整性进行检验，检验方法和检验数量应符合设计要求和有关现行规范的规定。

（5）施工后应对桩位、桩径、桩顶标高、垂直度进行检查，并绘制桩位偏差图。

1）桩位允许偏差：带有基础梁的桩，垂直基础梁的中心线≤100mm＋0.01H（H为桩基施工面至设计桩顶的距离），沿基础梁的中心线≤150mm＋0.01H；承台桩，桩数为1～3根，桩基中的桩≤100mm＋0.01H，桩数≥4根，桩基中的桩≤1/2桩径＋0.01H或1/2边长＋0.01H；斜桩倾斜度偏差不得大于倾斜角正切值的15％（倾斜角系指桩纵向中心线与铅垂线间的夹角）。

2）桩顶标高±50mm。

3）垂直度≤1/100。

（6）电焊接桩允许偏差：外径≥700mm的桩上下节桩锚口≤3mm，外径＜700mm的桩上下节桩锚口≤2mm；焊缝咬边深度≤0.5mm；焊缝加强层高度偏差≤2mm；焊缝加强层宽度偏差≤2mm；焊缝电焊质量外观无气孔、无焊瘤、无裂缝；焊缝探伤检验符合设计及规范要求；上下节平面偏差≤10mm；节点弯曲矢高同桩体弯曲要求。

（二）预应力管桩

本小节适用于变电站工程中黏性土、粉土、砂土、碎石类土层以及持力层为强风化岩层、密实的砂层（或卵石层）等土层，但不适用于石灰岩、含孤石和障碍物多、有坚硬夹层的岩土层。

1. 关键工序控制

（1）施工准备。

1）根据设计图或其他条件确定采用锤击法或静压法施工。

2）场内道路及沉桩区域应满足桩机及管桩运输车辆的施工及通行要求。

3）出厂运输时，管桩的强度必须达到设计强度的100％。采用高压蒸气养护的管桩应在高压蒸养后，在常温下静停1天后方可沉桩。

4）施工前应对管桩外观质量和几何尺寸，接桩用电焊条等产品质量进行检查验收。

5）管桩施工应根据土质情况、桩基平面尺寸、密集程度、深度、桩机移动方便等决定沉桩顺序。

（2）测量放线。

沉桩前，按照桩位布置图测量定位，设置标高控制点和轴线控制网，将桩的准确位置测设到地面。

（3）底桩就位。

1）预应力管桩在施工现场运输、吊装过程中，严禁采用拖拉取桩方法。

2）预应力管桩的叠层堆放应符合下列规定：

a. 外径为500～600mm的桩不宜大于5层，外径为300～400mm的桩不宜大于8层，堆叠的层数还应满足地基承载力的要求。

b. 最下层应设两支点，支点垫木应选用木枋。

c. 垫木与吊点应保持在同一横断面上。

3）底桩就位前，应在桩身上划出单位长度标记，以便观察桩的入土深度及记录每米沉桩击数。

（4）锤击（静压）沉桩。

1）对桩位坚持插桩前复测、沉桩过程中监测和沉桩后实测的原则，保证沉桩桩位准确。

2）管桩施打应根据地质条件、桩的密集程度、单桩竖向承载力及现有施工条件等因素合理选择桩锤，桩锤选用一般应满足以下要求：

a. 能保证桩的承载力满足设计要求，能将桩下沉到设计深度；

b. 最后贯入度应满足设计要求。

3）打桩应用适合桩头尺寸之桩帽和弹性垫层，以缓和打桩时的冲击，使桩顶受力均匀。桩帽及打桩垫的设置要求可参照本章第一节执行。

4）锤击沉桩时应符合下列规定：

a. 打桩时，应用导板夹具或桩箍将桩嵌固在桩架两导柱中，桩位置及垂直度经校正后，方可将锤连同桩帽压在桩顶，开始沉桩；

b. 锤击沉桩宜采取低锤轻击或重锤低打，以有效降低锤击应力，同时特别注意保持底桩垂直，在锤击沉桩的全过程中都应使桩锤、桩帽和桩身的中心线重合，防止桩受到偏心锤打，以免桩受弯受扭；

c. 在桩入土过程中用两台经纬仪成90°夹角对桩身垂直度进行观测，先校正桩架垂直，然后校正桩垂直并保持桩与桩架相平行，保证桩锤、桩帽及送桩器应和桩身在同一中心线上，桩插入时的垂直度偏差不大于1/200。

5）锤击桩终止沉桩的控制标准可参照本章第一节执行。

6）压桩机型号和配重的选用应根据地质条件、桩型、桩的密集程度、单柱竖向承载力及现有施工条件等因素确定。设计压桩力不应大于机架和配重量的0.9倍。

7）静力压桩时应符合下列规定：

a. 压桩机应保持水平。

b. 桩机上的吊机在进行吊桩、喂桩的过程中，压桩机严禁行走和调整。

c. 喂桩时，应避开夹具与空心桩桩身两侧合缝位置的接触。

d. 第一节桩插入地面0.5～1.0m时，应调整桩的垂直度偏差不得大于1/300。

e. 压桩过程中应控制桩身的垂直度偏差不大于1/200。

f. 压桩过程中严禁浮机。

g. 压桩过程中要认真记录桩入土深度和压力表读数关系，以判断桩的质量及承载力。

8）静压桩终压的控制标准可参照本章第一节执行。

（5）接桩。

接桩方法应符合设计要求。接桩时，入土部分桩段的桩头宜高出地面1.0m，不宜在桩端进入硬土层时停顿或接桩。单根桩沉淀宜连续进行。采用焊接接桩或机械啮合接桩时，工艺要求可参照本章第一节执行。

（6）送桩。

若桩顶标高较低，用专用送桩器送桩，其长度应超过要求送桩的深度。锤击桩送桩器及衬垫的设置要求可参照本章第一节执行。静压桩送桩器的横截面外轮廓形状与所压桩相一致，器身的弯曲度不得大于1‰。

2. 工艺标准

（1）预应力管桩产品检验报告、产品合格证应齐全。内外表面不应有露筋、不得出现环向和纵向裂缝，内表面不应有混凝土坍落；不应有断筋、脱头；接头和桩套箍与桩身结合不应有空洞和蜂窝。

（2）预应力管桩尺寸允许偏差：长度±0.5%L（L为桩长），端部倾斜≤0.5%L；外径为300～700mm的管桩桩径允许偏差－2～＋5mm；外径为800～1400mm的管桩桩径允许偏差－4～＋7mm；管壁厚度0～＋20mm；保护层厚度0～＋5mm；当L≤15m时，桩身弯曲度≤L/1000；当15m＜L≤30m时，桩身弯曲度≤L/2000；端板端面平整度≤0.5mm，外径－1～0mm，内径－2～0mm，厚度0mm～正偏差不限。

（3）施工后应对承载力、桩身完整性进行检验，检验方法和检验数量应符合设计要求和有关现行规范的规定。

（4）施工后应对桩位、桩径、桩顶标高、垂直度进行检查，并绘制桩位偏差图。

1）桩位允许偏差：带有基础梁的桩，垂直基础梁的中心线≤100mm＋0.01H（H为桩基施工面至设计桩顶的距离），沿基础梁的中心线≤150mm＋0.01H；承台桩，桩数为1～3根桩基中的桩≤100mm＋0.01H，桩数≥4根桩基中的桩≤1/2桩径＋0.01H或1/2边长＋0.01H；斜桩倾斜度偏差不得大于倾斜角正切值的15%（倾斜角系指桩纵向中心线与铅垂线间的夹角）。

2）桩顶标高±50mm。

3）垂直度≤1/100。

（5）电焊接桩允许偏差：外径≥700mm的桩上下节桩错口≤3mm，外径＜700mm的桩上下节桩错口≤2mm；焊缝咬边深度≤0.5mm；焊缝加强层高度偏差≤2mm；焊缝加强层宽度偏差≤2mm；焊缝电焊质量外观无气孔、无焊瘤、无裂缝；焊缝探伤检验符合设计要求；上下节平面偏差≤10mm；节点弯曲矢高同桩体弯曲要求。

（6）混凝土灌芯（静压）应符合设计要求。

（三）钢桩

本小节适用于变电站工程中黏性土、淤泥质土、粉土、砂土、碎石土、黄土、中间有硬夹层、中间有砂夹层、中间有砾石夹层等土层。

1. 关键工序控制

（1）施工准备

1）打桩现场三通一平，处理打桩地基上面障碍物，清理、整平时要设雨水排出沟渠，附近有建筑物的要挖隔震措施，预先充分了解打桩场地，清理妨碍打桩的高空和地下障碍物。

2）打桩场地碾压平整，确保地基承载力材料运输及桩机行走要求。

3）根据土质情况，桩基平面尺寸、密集程度、深度、桩机移动方便等决定打桩顺序。

（2）测量放线。

打桩前按设计要求进行桩定位放线，确定桩位。

（3）吊桩。

钢桩运至现场用吊车卸于桩机一侧，吊钢桩多采用一点绑扎起吊，待吊到桩位进行插桩。

（4）锤击（静压）下沉、接桩。

1）当钢桩采用锤击法沉桩时力求采用"重锤轻击"，开始沉桩时起锤轻压，并轻击数锤，观察桩身、桩架、桩锤等垂直一致，方可转入正常。对敞口钢管桩，当锤击沉桩有困难时，可在管内取土助沉，锤击H形钢桩时，锤重不宜大于4.5级（柴油锤），且在锤击过程中桩架前应有横向约束装置。桩终止锤击的控制应符合下列规定：

a. 当桩端位于一般土层时，应以控制桩端设计标高为主，贯入度为辅。

b. 桩端达到坚硬、硬塑的黏性土、中密以上粉土、砂土、碎石类土及风化岩时，应以贯入度控制为主，桩端标高为辅。

c. 贯入度已达到设计要求而桩端标高未达到时，应继续锤击3阵，并按每阵10击的贯入度不应大于设计规定的数值确认，必要时，施工控制贯入度应通过试验确定。

2）钢桩静压法沉桩施工一般都采用分段压入，逐段接长的方法。插桩时先用起重机吊运，再利用自身设置的工作吊机将桩吊入夹持器从侧面夹紧。开动压桩油缸，先将桩压入土中1m左右后停止，调整桩在两个方向的垂直度后，压桩油缸继续伸程把桩压入土中，伸长完后，夹持油缸回程松夹，压桩油缸回程，重复上述动作，可实现连续压桩操作，直至把桩压入预定深度土层中。终压条件应符合下列规定：

a. 应根据现场试压桩的试验结果确定终压标准。

b. 终压连续复压次数应根据桩长及地质条件等因素确定。对于入土深度大于或等于8m的桩，复压次数可为2～3次；对于入土深度小于8m的桩，复压次数可为3～5次。

c. 稳压压桩力不得小于终压力，稳定压桩的时间宜为5～10s。

3）沉桩时需边打入边焊接接长，施焊应对称进行，管壁厚小于9mm的焊两层，大于9mm的焊三层。H形钢桩或其他异形薄壁钢桩，接头处应加连接板，可按等强度设置。

（5）锤击（静压）至设计标高。

当桩顶标高离地面有一定差距，而不采用接桩时，可用送桩筒将桩打到设计标高。

（6）精割、盖帽。

为使钢桩与承台共同工作，可在每个钢桩上加焊一个桩盖，并在外壁加焊 8～12 根 ϕ20mm 的锚固钢筋。当挖土至设计标高，使钢桩外露，取下临时桩盖，按设计标高用气焊进行钢桩顶的精割。

2. 工艺标准

(1) 制作钢桩的材料应符合设计要求，并应有出厂合格证和试验报告。钢桩制作容许偏差：外径或断面尺寸，桩端部±0.5% 外径或边长，桩身±0.1% 外径或边长，长度大于 0mm，矢高不大于 1‰ 桩长，端部平整度不大于 2mm（H 形桩不大于 1mm），端部平面与桩身中心线的倾斜值不大于 2mm。

(2) 钢管桩制作按设计要求选用。

(3) 钢桩堆放场地应平整、坚实、排水通畅；桩的两端应有适当保护措施，钢管桩应设保护圈；搬运时应防止桩体撞击而造成桩端、桩体损坏或弯曲；钢桩应按规格、材质分别堆放，堆放层数：直径 900mm 的钢桩，不宜大于 3 层；直径 600mm 的钢桩，不宜大于 4 层；直径 400mm 的钢桩，不宜大于 5 层；H 形钢桩不宜大于 6 层。支点设置应合理，钢管桩的两侧应采用木楔塞住。

(4) 钢桩的焊接质量应符合规范要求，每个接头除应按规定进行外观检查外，还应按接头总数的 5% 进行超声或 2% 进行 X 射线拍片检查，对于同一工程，探伤抽样检验不得少于 3 个接头。

(5) 有地下水侵蚀的地区或腐蚀性土层的钢桩，应按设计要求做防腐处理。

(6) 桩位的放样允许偏差如下：群桩 20mm；单排桩 10mm。

(7) 桩基工程的桩位验收，当桩顶设计标高与施工现场标高相同时，验收应在施工结束后进行。当桩顶设计标高低于施工场地标高，送桩后无法对桩位进行检查时，对打入桩可在每根桩桩顶沉至场地标高时，进行中间验收，待全部桩施工结束，承台或底板开挖到设计标高后，再做最终验收。

(8) 钢桩桩位允许偏差：

1) 带有基础梁的桩：垂直基础梁中心线：100mm＋0.01H（H 为施工现场地面标高与桩顶设计标高的距离）；沿基础梁的中心线：150mm＋0.01H。

2) 桩数为 1～3 根桩基中的桩：100mm；桩数为 4～16 根桩基中的桩：1/2 桩径或边长。

3) 桩数大于 16 根桩基中的桩：最外边的桩 1/3 桩径或边长；中间桩：1/2 桩径或边长。

4) 斜桩倾斜度的偏差不得大于倾斜角正切值的 15%。

(9) 施工后应对桩身承载力进行检验，检验方法和检验数量应符合设计及规范要求。

（四）回转钻成孔灌注桩

本小节适用于变电站工程中的黏性土、粉土、砂土、填土、碎石土及风化岩层等土层。

1. 关键工序控制

(1) 埋设护筒。

钻机就位前，先平整场地，铺好枕木并用水平尺校

正。在桩位埋设 4～8mm 厚钢板护筒，内径比孔口大100～200mm，埋深 1.0～1.5m 且进入稳定土层，同时挖好水源坑、排泥槽、泥浆池等。

(2) 钻孔。

1) 成孔一般采用正循环工艺，孔深大于 30m 的端承桩，宜用反循环工艺成孔或清孔，也可根据土层情况采用正循环钻进，反循环清孔。钻进时如土质情况良好，可采取清水钻进，或加入红黏土或膨润土泥浆护壁，泥浆密度为 1.3t/m³。施工时应维持钻孔内泥浆液面高于地下水位 0.5m。

2) 钻进时应根据土层情况加压，开始应轻压力、慢转速，逐步转入正常。钻机转速应根据钻头形式、土层情况、扭矩及钻头切削具磨损情况进行调整。

3) 钻进程序，根据场地、桩距和进度情况，可采用单机跳打、单机双打、双机双打法等。

(3) 清孔。

桩孔钻完，对孔深和桩端土质进行验收，验收合格后应用空气压缩机洗井，可将 30mm 左右石块排出，直至井内沉渣厚度小于 50mm（对端承桩）或 150mm（对摩擦桩）。清孔后泥浆密度不大于 1.2t/m³。

(4) 放置钢筋笼。

清孔后吊放钢筋笼，吊装完成后进行隐蔽工程验收，检查确认钢筋顶端的高度，合格后浇筑水下混凝土。

(5) 浇筑混凝土。

1) 水中灌注混凝土应采用导管法，导管与钢筋应保持 100mm，导管使用前应以水压力 0.6～1.0MPa 进行试压。开始浇筑混凝土时，管底至孔底的距离宜为 300～500mm，并使导管一次性埋入混凝土面以下 0.8m 以上。

2) 混凝土浇筑应连续进行，随浇随拔管，中途停歇时间，一般不超过 15min。在整个浇灌过程中，导管在混凝土中埋深应有 2～6m，上升速度不应低于 2m/h。

2. 工艺标准

(1) 钢筋笼的原材料质量证明文件应齐全，现场复试合格。钢筋笼接头宜采用焊接或机械接头，接头应相互错开，在同一截面内的钢筋接头不得超过主筋总数的 50%，接头应相互错开，错开距离为 35 倍的主筋直径。钢筋笼制作允许偏差：主筋间距±10mm，长度±100mm，箍筋间距±20mm，钢筋笼直径±10mm。主筋保护层厚度不应小于 30mm，水下灌注桩主筋保护层厚度不应小于 50mm，水下混凝土成桩保护层允许偏差±20mm。

(2) 水下混凝土强度等级应符合设计及规范要求。混凝土应具有良好的和易性，坍落度宜为 180～220mm，坍落度损失应满足灌注要求。

(3) 采用正循环或压风机清孔，钢筋笼入孔宜在清孔之前进行，若采用泵吸反循环清孔，钢筋笼入孔一般在清孔后进行。钢筋笼吊装完毕后，应进行孔位、孔径、垂直度、孔深，沉渣厚度等检验，合格后应立即灌注混凝土。开始灌注水下混凝土时，管底至孔底的距离宜为300～500mm。第一次初灌量要足够大，使导管一次埋入

混凝土面以下 0.8m 以上，在浇筑中导管埋入混凝土面宜为 2～6m，混凝土灌注应控制最后一次灌注量。超灌高度宜高于设计桩顶标高 0.8～1.0m，实际操作时要保证在设计桩顶标高面的混凝土强度达到设计强度。充盈系数≥1.0。

（4）灌注桩混凝土强度检验的试件应在施工现场随机抽取，来自同一搅拌站的混凝土，每浇筑 50m³ 必须至少留置 1 组试件；当混凝土浇筑量不足 50m³ 时，每连续浇筑 12h 必须至少留置 1 组试件。对单柱单桩，每根桩应至少留置 1 组试件。

（5）废弃的泥浆、废渣应按环境保护的有关规定处理，不应污染环境。

（6）施工后应对桩位、桩径、桩顶标高进行检查，并绘制桩位偏差图。桩位允许偏差：

1）1～3 根桩、条形桩基沿垂直轴线方向和群桩基础中的边桩：$d \leq 1000mm$ 桩位允许偏差为 $d/6$ 且不大于 100mm，$d > 1000mm$ 桩位允许偏差为 100mm+0.01H。

2）条形桩基沿轴线方向和群桩基础中间桩：$d \leq 1000mm$ 桩位允许偏差为 $d/4$ 且不大于 150mm，$d > 1000mm$ 桩位允许偏差为 150mm+0.01H（H 为施工现场地面标高与桩顶设计标高的距离，d 为设计桩径）。

（7）施工后应对桩身完整性、混凝土强度及承载力进行检验，检验方法和检验数量应符合设计及规范要求。

（五）冲击成孔灌注桩

冲击成孔灌注桩宜用于黏性土、粉土、砂土、填土、碎石土及风化岩层。除上述地质情况外，还能穿透旧基础、建筑垃圾填土或大孤石等障碍物。

1. 关键工序控制

（1）测量放线。

由测量人员根据给定控制点测量桩位，并用标桩标定准确，同时根据平面布置图挖好水源坑、排泥槽、泥浆池等。

（2）埋设护筒。

护筒应采用钢板制作，埋设应准确、稳定。护筒中心与桩位中心偏差不得大于 50mm，内径比钻头直径大 200mm，垂直度偏差不宜大于 1/100，上部开设 1～2 个溢浆孔，根据土质情况埋深 1.0～1.5m 且进入稳定土层。

（3）钻孔。

1）钻机就位前，先平整场地，就位后水平校正钻机，必须平整、稳固，确保在成孔过程中不发生倾斜和偏移；在钻头锥顶和提升钢丝绳之间应设置保证钻头自动转向的装置；在成孔钻具上设置控制深度的标尺，并应在施工中进行观测记录。

2）在成孔前以及过程中应定期检查钢丝绳、卡扣及转向装置，冲击时应控制钢丝绳放松量；大直径桩孔可分级成孔，第一级成孔直径应为设计桩径的 0.6～0.8 倍；开孔时，应低锤密击，成孔至护筒下 3～4m 后正常冲击；当表土为淤泥、细砂等软弱土层时，可加黏土块夹小片石反复冲击造壁，孔内泥浆面应保持稳定；成孔施工持力层应按每 100～300mm 清孔取样，非桩端持力层应按每 300～500mm 清孔取样；过程中应每钻进 4～5m 更换

钻头验孔；在岩层中成孔，桩端在各种不同的土层、岩层中成孔时，可按表 2-3-6-7 的操作要点进行。

表 2-3-6-7　桩端在各种不同的土层、岩层中成孔时的操作要点

项　目	操作要点
护筒刃脚以下 2m 范围内	小冲程 1m 左右，泥浆相对密度 1.2～1.5，软弱土层投入黏土块夹小片石
黏性土层	中、小冲程 1～2m，泵入清水或稀泥浆，经常清除钻头上的泥块
粉砂或中粗砂层	中冲程 2～3m，泥浆相对密度 1.2～1.5，投入黏土块，勤冲、勤淘渣
砂卵石层	中、高冲程 3～4m，泥浆相对密度 1.3 左右，勤淘渣
软弱土层或塌孔回填重钻	小冲程反复冲击，加黏土块夹小片石，泥浆相对密度 1.3～1.5

（4）清孔。

成孔过程中应及时排除废渣，排渣可采用泥浆循环或淘渣筒，泥浆循环一般采用正循环工艺，孔深大于 30m 的端承桩，宜用反循环工艺成孔。淘渣筒直径宜为孔径的 50%～70%，每钻进 0.5～1.0m 应淘渣一次，淘渣后应及时补充孔内泥浆。

（5）放置钢筋笼。

分段制作的钢筋笼，其接头宜采用焊接或机械式接头（钢筋直径大于 20mm），并遵守国家现行标准规定；导管接头处外径应比钢筋笼的内径小 100mm 以上；搬运和吊装钢筋笼时，应防止变形，安放应对准空位，避免碰撞孔壁和自由落下，就位后应立即固定。

（6）浇筑混凝土。

1）钢筋笼吊装完毕后，应安置导管或气泵管二次清孔，并应进行孔位、孔径、垂直度、孔深、沉渣厚度（端承桩≤50mm；摩擦桩≤100mm；抗拔、抗水平桩≤200mm）等检验，合格后应立即灌注混凝土；导管的分节长度可视工艺要求确定，直径制作偏差不应超过 2mm，底管长度不宜小于 4m；导管使用前应试拼装、试压，每次灌注后应对导管内外进行清洗。

2）开始灌注混凝土时，泥浆相对密度应小于 1.25，导管底部至孔底的距离宜为 300～500mm；应有足够的混凝土储备量，导管一次埋入混凝土灌注面以下不应少于 0.8m；导管埋入混凝土深度宜为 2～6m。严禁将导管提出混凝土灌注面，并应控制提拔导管速度，应有专人测量导管埋深及管内外混凝土灌注面的高差，填写灌注记录；灌注水下混凝土必须连续施工，每根桩的灌注时间应按初盘混凝土的初凝时间控制。

2. 工艺标准

（1）钢筋笼的原材料质量证明文件应齐全，现场复试合格。钢筋笼接头宜采用焊接或机械接头，接头应相互错开。钢筋笼制作允许偏差：主筋间距±10mm，长度±100mm，箍筋间距±20mm，钢筋笼直径±10mm。

（2）混凝土强度等级应按比设计强度提高等级配置，

坍落度宜为 180～220mm。

（3）灌斗容量应满足混凝土初灌量的要求；最后一次灌注量，超灌高度宜为 0.8～1.0m，充盈系数不小于 1.0，也不宜大于 1.3。

（4）每灌注 50m³ 必须有 1 组试件，小于 50m³ 的桩，每根桩必须有 1 组试件，每组应有 3 个试件，同组试件应取自同车混凝土。

（5）废弃的泥浆、废渣应另行处理，不应污染环境。

（6）施工后应对桩位、桩径、桩顶标高进行检查，并绘制桩位偏差图。允许偏差值应满足验收规范要求。

（7）施工后应对桩身完整性、混凝土强度及承载力进行检验，检验方法和检验数量应符合规范要求。

（六）潜水钻成孔灌注桩

本小节适用于填土、淤泥、黏土、粉土、砂土等地层，也可在强风化岩层中使用，但不宜用于碎、卵石层。尤其适于地下水位较高的土层中成孔。

1. 关键工序控制

（1）施工准备。

钻机就位前需平整场地。为准确操纵钻孔深度，应在机架或机管上做出操纵的标尺，以便施工中进行观测、记录。

（2）埋设护筒。

在孔口埋设圆形钢板护筒，钢板视孔径采用 4～8mm，护筒内径应比钻头直径大 200mm，在黏性土中埋深不宜小于 1.0m，在砂土中埋深应大于 1.5m。

（3）钻机就位调平。

钻机就位时，必须保持平稳。潜水钻头应对准护筒中心，要求平面偏差不大于 ±20mm，垂直度倾斜不大于 1%。

（4）成孔。

1）钻进过程中应根据土层变化随时调整泥浆的相对密度和黏度，并定期测定含砂率和胶体率，直至设计深度。泥浆黏度 18～22s，含砂率 ≤4%～8%，胶体率 ≥90%。

2）钻进速度应依照土层情形、孔径、孔深、供水或供浆量的大小、钻机负荷以及成孔质量等具体情形确定。成孔时，距离作业范畴 6m 内，除钻机操作人员外，不得有人员走动或进行其他作业。

3）施工时应维持钻孔内泥浆液面高于地下水位 0.5～1.0m。沉渣厚度不得大于 50mm（端承桩）或 150mm（摩擦桩）。

（5）排渣、清孔。

清孔过程中必须及时补给足够的泥浆，并保持浆面稳固。清孔后，泥浆比重应保持在 1.15～1.20（黏土或砂性土中）。

（6）吊放钢筋笼。

钢筋笼吊放前应绑好砂浆垫块，吊直扶稳，缓慢下沉，应注意勿碰管壁，并防止塌孔或将泥土杂物带入孔内，达到设计位置应及时固定，防止上浮。

（7）浇筑混凝土。

1）在已成孔尚未灌注混凝土前，应用盖板封严，以免掉土或发生人身安全事故。

2）混凝土配置时，用强制式搅拌机自动下料，并及时测试坍落度等指标。混凝土开始浇筑时，漏斗下的封水塞可采纳预制混凝土塞、木塞或充气球胆。混凝土浇筑快到桩顶时，应随时测量顶部标高，避免出多截桩或补桩。

3）水下浇筑混凝土应连续施工；导管底部至孔底的距离为 300～500mm，导管底部应始终埋入混凝土中 2～6m，导管的第一节底管长度应 ≥4m。

4）水下混凝土面平均上升速度不应小于 0.25m/h。浇筑前，导管中应设置球塞等隔水；浇筑时，导管插入混凝土的深度不宜小于 2m。

2. 工艺标准

（1）钢筋笼的原材料质量证明文件应齐全，现场复试合格。钢筋笼接头宜采用焊接或机械接头，接头应相互错开。钢筋笼制作允许偏差：主筋间距 ±10mm，长度 ±10mm，箍筋间距 ±20mm，钢筋笼直径 ±10mm，安装深度 ±100mm，钢筋材质符合设计要求。

（2）在黏土和粉质黏土中成孔时，可注入清水，以原土造浆护壁，泥浆相对密度应操纵在 1.1～1.2；在砂土和较厚的夹砂层中成孔时，泥浆相对密度应操纵在 1.1～1.3；在穿过砂夹卵石层或容易塌孔的土层中成孔时，泥浆相对密度应操纵在 1.3～1.6。

（3）混凝土的试配强度应比设计强度提高 10%～15%，坍落度宜为 180～220mm。

（4）混凝土灌注应控制最后一次灌注量，超灌高度应高于设计桩顶标高 0.5～1.0m，充盈系数 >1.0。

（5）同一配合比的试块，每班不得少于 1 组。每根灌注桩不得少于 1 组。

（6）废弃的泥浆、废渣应另行处理，不应污染环境。

（7）施工后应对孔深、桩体质量进行检验，检验方法和允许偏差值应满足设计要求。

（8）施工后应对桩位、桩径、桩顶标高、垂直度进行检查，并绘制桩位偏差图。允许偏差值应满足验收规范要求。

（9）施工后应对桩身完整性、混凝土强度及承载力进行检验，检验方法和检验数量应符合规范要求。

（七）多支盘桩灌注桩

本小节适用于变电站工程中一般黏性土及其填土、淤泥河淤泥质土、粉土、黄土、中间有硬夹层、中间砂夹层、中间砾石夹层、硬黏性土、密实砂土等土层。

1. 关键工序控制

（1）钻机就位。

钻机就位前，先平整场地，在桩位埋设钢板护筒，护筒应有足够刚度及强度；护筒埋设应进入稳定土层，内径比钻头外径大 100～200mm，垂直度偏差不宜大于 1/100。

（2）钻进成孔。

1）当支盘桩的中心距不大于 2D（D 为承力盘设计盘径）时，宜跳打施工。

2）地下水位以下成孔时，在黏性土、粉土和砂土层宜采用正循环法成孔，在圆砾、卵石、碎石土层宜采用反循环法或旋挖工法成孔；当地下水位较低时，水位以上采用螺旋钻机进行干作业成孔。

3）在渗透性能较好、地下水位较高的粗粒土中成孔时，应采取避免泥浆流失、防止塌孔的措施。

4）钻进终孔后，应进行一次清孔，清孔后的沉渣厚度应小于300mm。

（3）检测孔深。

终孔后应进行桩身成孔质量检查，检查内容包括桩位、孔径、钻孔垂直度、孔深。桩身质量应满足表2-3-6-8要求。

表2-3-6-8　桩身质量

检查项目		允许偏差或允许值	检查方法
桩位	$D \leqslant 1000$（mm）	$\leqslant 70 + 0.01H$	全站仪、经纬仪或钢卷尺
	$D > 1000$（mm）	$\leqslant 100 + 0.01H$	
孔径	$D \leqslant 1000$（mm）	-50	井径仪或超声波孔壁测定仪
	$D > 1000$（mm）	-50	
成孔垂直度（%）		$\leqslant 1$	井径仪或超声波检测
孔深（mm）		$+300$	重锤测绳

注　H 为桩顶设计标高与施工现场地面标高之间的距离，D 为主桩直径。

（4）放置挤扩支盘机。

1）分支机入孔前，应对机械设备进行检查。当设计盘径 $D < 1000$mm 时，挤扩支盘装置扩展最大尺寸大于设计盘径60mm；当设计盘径 $D \geqslant 1000$mm 时，挤扩支盘装置扩展最大尺寸大于设计盘径100mm。成支成盘前，还应复核孔深、孔径、支和盘的深度和位置。

2）挤扩支盘装置入孔时，接长杆应标记尺寸。在进行接拆或抽拉作业时，可采用分支器弓压臂挤出形成工艺分支，固定分支器；当分支器弓压臂处于流塑软土、松散砂土层时，可用卡盘锁定拉管进行作业。

（5）挤扩支盘。

1）挤扩支盘装置入孔后，应利用挤扩装置的长度复测孔深，挤扩支盘作业宜自下而上进行，挤扩前后均应测量孔深、孔径。

2）成盘时应控制油压，黏性土应控制在6～7MPa，密实粉土、砂土应为15～17MPa，坚硬密实砂土为20～25MPa，成盘过程中应观测压力变化。

3）挤扩盘过程中及支盘成型器提升过程中，应及时补充泥浆，保持液面平稳。分支、成盘完成后，应将支盘成型器吊出，并应进行泥浆置换，置换后的泥浆比重为1.10～1.15。

4）每一承力盘挤扩完后应将成型器转动2周扫平渣土。当支盘时间较长，孔壁缩颈或塌孔时，应重新扫孔。

（6）放置钢筋笼。

吊放钢筋笼应注意勿碰管壁，并防止塌孔或将泥土杂物带入孔内，吊装完成后进行隐蔽工程验收。

（7）测定沉渣厚度。

1）支盘成型后，应立即放置钢筋笼、二次清孔并灌注混凝土，中途不得停顿。当操作时间超过30min时，应重新测量孔底沉渣厚度。抗压桩沉渣厚度≤50mm，抗拔桩沉渣厚度≤100mm。

2）二次清孔可采用正循环清孔、反循环清孔。工艺规定及质量控制参照相关规范要求执行。

（8）混凝土灌注。

采用导管法水中灌注混凝土时，导管使用前应试拼装和试压，试水水压可取0.6～1.0MPa。开始浇筑混凝土时，管底至孔底的距离宜为300～500mm，混凝土初灌量应使灌入的混凝土面高出底盘顶1.0m以上。严禁将导管底端拔出混凝土面。混凝土灌注过程中导管应始终埋入混凝土内，宜为2～6m，导管应勤提勤拔。导管底端位于盘位附近时，应上下抽吊导管，捣密盘位附近混凝土。混凝土灌注应控制最后一次灌注量，超灌高度应高于设计桩顶标高1.0m以上，充盈系数不应小于1.05。

2．工艺标准

（1）在黏性土、粉质黏土、淤泥质土和淤泥层中成孔时，泥浆制备可采用原土造浆；在较厚的粉土、砂土、碎石土中成孔时，应采用制备泥浆。制备泥浆性能指标符合表2-3-6-9的规定。

表2-3-6-9　制备泥浆的性能指标

项目	性能指标		检验方法
比重	正循环法成孔	1.10～1.15	泥浆比重计
	反循环法或旋挖工法成孔	1.10～1.20	
黏度	黏性土	18～25s	50000/70000漏斗法
	砂性土	25～30s	
合砂率	$< 6\%$		洗砂瓶
胶体率	$\geqslant 95\%$		量杯法
失水量	< 30mL/30min		失水量仪
泥皮厚度	1～3mm/30min		失水量仪
静切力	1min：20～30mg/cm²		静切力计
	10min：50～100mg/cm²		
稳定性	< 0.03g/cm²		—
pH值	7～9		pH试纸

（2）成孔时应根据土层情况调整循环泥浆的性能指标，排出孔口循环泥浆的性能指标应符合表2-3-6-10规定。

（3）护筒内的泥浆面应高出地下水位0.5m以上；当受水位涨落影响时，泥浆面应高出最高水位1.5m以上。

（4）废弃的泥浆、废渣应另行处理，不应污染环境。

（5）挤扩后应检查支和盘的数量、直径、位置，其允许偏差或允许值应符合表2-3-6-11规定。

表 2－3－6－10　循环泥浆的性能指标

项目	性能指标		检验方法
比重	正循环法成孔	1.10～1.15	泥浆比重计
	反循环法或旋挖工法成孔	1.10～1.20	
黏度	黏性土	18～25s	50000/70000 漏斗法
	砂性土	25～30s	
含砂率		＜6%	洗砂瓶
胶体率		≥95%	量杯法

表 2－3－6－11　支和盘的数量、直径、位置允许偏差或允许值

检查项目	允许偏差或允许值		检查方法
	单位	数值	
支和盘的数量	—	符合设计要求	检查施工记录
支和盘的直径	mm	－0.07D 且－100	井径仪检测
	mm	－0.04D	盘腔直径检测法
支和盘的位置	—	见注2	井径仪检测

注　1. 支和盘的直径允许偏差的负值是指个别断面小于设计值的偏差，D 为设计支和盘的直径。

　　2. 支和盘的位置允许偏差或允许值：支宜采用十字支；上下对支宜旋转 90°设置，上下十字支旋转 45°设置；支和支的竖向最小间距对黏性土、粉土为 2D，对于砂土为 1.5D；支盘桩底盘下端距桩端距离不小于 2.0D，且不小于 1.5m；盘和盘或盘和支的竖向最小间距对于黏性土、粉土为 2.5D，对于砂土为 2.0D；相邻桩实际土层变化时，支和盘布置应相应调整，盘位可错开。

（6）钢筋笼的原材料质量证明文件应齐全，现场复试合格。钢筋笼接头宜采用焊接或机械接头，接头应相互错开。钢筋笼制作允许偏差：主筋间距±10mm，长度±100mm，箍筋间距±20mm，钢筋笼直径±10mm。

（7）混凝土强度等级应按比设计强度提高等级配置，水下灌注混凝土坍落度宜为 180～220mm。

（8）水下混凝土灌注应控制最后一次灌注量，超灌高度应高于设计桩顶标高 1.0m 以上，充盈系数不小于 1.05。

（9）每浇注 50m³ 必须至少留置 1 组试件，当混凝土浇筑量不足 50m³ 时，每连续浇筑 12h 必须至少留置 1 组试件。对单柱单桩，每根桩应至少留置 1 组试件，每试件应有 3 个试块。

（10）支盘桩成孔深度不得小于设计孔深且不应大于设计孔深 300mm。

（11）施工后应对桩位、桩径、桩顶标高进行检查，并绘制桩位偏差图。允许偏差值应满足验收规范要求。

（12）支盘桩嵌岩深度应符合设计要求。施工后应对桩身完整性、混凝土强度及承载力进行检验，检验方法和检验数量应符合规范要求。

1）桩的承载力可采用静载试验测得，试验根数不应少于总桩数的 1%，且不少于 3 根。当总桩数少于 50 根

时，不应少于 2 根。

2）桩身完整性可采用低应变动测法。柱下三桩或三桩一下的承台抽检桩数不得少于 1 根，设计等级为甲级或地质条件复杂，成桩质量可靠性较低的桩，抽检数量不应少于总桩数的 30%，且不得少于 20 根，其他桩基工程的抽检数量不应少于总桩数的 20%，且不少于 10 根。

（八）沉管灌注桩

本小节适用于变电站工程中人工填土、淤泥质土、黏性土以及在沉管时不宜产生液化的粉土和中密粉细砂土等土层。

1. 关键工序控制

（1）施工准备。

1）沉管方式分为锤击沉管、静压沉管、振动沉管和振动加压沉管等几种工艺，可根据地址条件、设计要求等选用。

2）沉管灌注桩的施工，应根据土质情况和荷载要求，选用单打法、复打法或反插法。单打法可用于含水量较少的土层，且宜采用预制桩尖，复打法及反插法可用于饱和土层，在流动性淤泥中不宜使用反插法。

3）群桩基础的基础施工，应根据土质、布桩情况，采取消减负面挤土效应的技术措施，确保成桩质量。

4）桩管、混凝土预制桩尖或钢桩尖的加工质量和埋设位置应符合设计要求，桩管与桩尖的接触面应平整且具有良好的密封性。

（2）钻机就位。

桩机就位后，吊起套管，对准桩尖，使套管、桩尖、桩锤在一条垂直线上。

（3）锤击（振动）沉管。

开始沉管时应轻击慢振，锤击沉管时，可用收紧钢绳加压或加配重的方法提高沉管效率。当水或泥浆有可能进入桩管时，应事先在管内灌入 1.5m 左右的封底混凝土。

（4）灌注混凝土。

1）桩管沉到设计标高后应立即灌注混凝土，灌注混凝之前，应检查桩管内有无吞桩尖或进土、水及杂物。

2）当桩身配置局部长度钢筋笼时，第一次灌注混凝土应先灌至笼底标高，然后放置钢筋笼，再灌至桩顶标高。第一次拔管高度应以能容纳第二次灌入的混凝土量为限，不应拔得过高。

（5）边拔管、边锤击（振动）、边灌注混凝土。

1）锤击沉管的拔管速度应均匀，对一般土层拔管速度宜为 1m/min，在软弱土层和软硬土层交界处拔管速度宜控制在 0.3～0.8m/min，淤泥质软土不宜大于 0.8m/min，且最后一次拔管应高于设计标高，在拔管过程中应检测混凝土面的下降量。

2）振动、振动冲击沉管灌注桩单打法施工，应按设计要求控制最后 30s 的电流、电压值，桩管内灌满混凝土后，应先振动 5～10s，再开始拔管，应边振边拔，每拔出 0.5～1.0m，停拔，振动 5～10s；如此反复，直至桩管全部拔出。拔管速度宜为 1.2～1.5m/min，在软弱土

层中，拔管速度宜为 0.6～0.8m/min。

3）振动、振动冲击沉管灌注桩反插法施工，桩管灌满混凝土后，先振动再拔管，每次拔管高度 0.5～1.0m，反插深度 0.3～0.5m；在拔管过程中，应分段添加混凝土，保持管内混凝土面始终不低于地表面或高于地下水位 1.0～1.5m，拔管速度应小于 0.5m/min，在距桩尖处 1.5m 范围内，宜多次反插以扩大桩端部断面。

4）沉管灌注桩全长复打桩施工时，第一次灌注混凝土应达到自然地面，然后一边拔管一边清除粘在管壁上和散落在地面上的混凝土或残土。复打施工应在第一次灌注的混凝土初凝之前完成，初打与复打的桩轴线应重合。

2. 工艺标准

（1）钢筋笼的原材料质量证明文件应齐全，现场复试合格。钢筋笼接头宜采用焊接或机械接头，接头应相互错开。钢筋笼制作允许偏差：主筋间距±10mm，长度±100mm，箍筋间距±20mm，钢筋笼直径±10mm，主筋保护层±10mm，钢筋笼笼顶标高±100mm。

（2）桩长不小于设计值，桩径允许偏差不小于 0mm，垂直度允许偏差不大于 1/100，桩顶标高允许偏差－50～+30mm。设计桩径小于 500mm 时，桩位允许偏差不大于 70mm+0.01H；设计桩径不小于 500mm 时，桩位允许偏差不大于 100mm+0.01H（其中 H 为桩基施工面至设计桩顶的距离）。

（3）桩身配有钢筋时，混凝土的坍落度宜为 80～100mm，素混凝土桩宜为 70～80mm。

（4）沉管灌注桩的混凝土充盈系数不应小于 1.0。

（5）混凝土按照每日浇筑的总方量进行试件制作，每日浇筑方量少于 50m³ 时，制作 1 组试件，每超过 50m³ 时再制作 1 组试件，每组试件应有 3 个试块。

（6）地质条件复杂、成桩质量可靠性低、桩数多的乙级基础桩基宜采用静载荷试验的方法进行检验。当在桩试验的动、静比有经验的条件下，也可采用高应变动测法检验桩承载力。检验桩数不宜少于总数的 2%，并不应少于 5 根，当总桩数少于 50 根时，不宜少于 3 根。

（7）沉管灌注桩跑桩检测：28 天后，根据桩基竖向极限承载力标准值（一般为单桩竖向承载力的 1.2～1.5 倍）确定跑桩复压力，调整桩架配重。对桩基础逐根进行复压，根据复压前后的桩顶标高，确定桩基础的沉降量。一般沉降量控制在 30mm 以内，如超过 30mm 应对该桩进行再次复压，仍不能满足要求，应由施工单位会同勘察、设计、监理单位出具原因分析，并由建设单位报设计单位进行专门处理。

（8）沉管灌注桩的桩身质量检验可采用低应变动测法进行。对地质条件复杂、成桩质量可靠性低的桩，抽检数量不应少于总数的 30%，且不少于 20 根。其他工程抽检数量不应少于总数的 20%，且不少于 10 根。每个桩子承台下不得少于 1 根。

（九）套管夯扩灌注桩

本小节适用于变电站工程中一般黏性土、淤泥、淤泥质土、黄土、硬黏性土等土层，可用于有地下水的情况。

1. 关键工序控制

（1）施工准备。

按基础平面图测放出各桩的中心位置，并用套板和撒石灰标出桩位；钻机就位前，先平整场地，铺好枕木并用水平尺校正。桩管由内外管组成，内夯管应比外夯管短 100mm，内夯管底端可采用闭口平底或闭口锥底，根据现场地质情况进行选择。

（2）桩机就位。

机架就位，在桩位垫一层 150～200mm 厚与灌注桩同强度等级的干硬性混凝土、无水混凝土配料，放下桩管，紧压在其上面，经夯击形成阻水、阻泥管塞、以防回淤。

（3）内、外管同步夯入。

将外桩管和内套管套叠同步打入设计深度（锤击夯入法参照锤击沉管灌注桩的锤击流程，振动夯入法参照振动沉管灌注桩的振动流程）。

（4）提升内夯管，灌注第一批混凝土。

拔出内夯管、去除防淤套并在外桩管内灌入第一批混凝土，混凝土量一般为 0.1～0.3m³。

（5）插入内夯管，提升外管。

将内夯管放回外桩管中压在混凝土面上，并将外管拔起，高度一般为 0.6～1.0m；用桩锤通过内夯管将外桩管中灌入的混凝土挤出外管。

（6）夯扩。

将内外管再同时打至设计要求的深度，迫使其内混凝土向下部和四周基土挤压，形成扩大的端部，完成一次夯扩。或根据设计要求，可重复以上施工程序进行二次夯扩。

（7）拔出内夯管，灌注第二批混凝土至桩顶。

拔出内夯管在外管内灌第二批混凝土，一次性浇筑桩身所需的高度。

（8）插入内夯管，同时拔出内外管。

再插入内夯管紧压管内的混凝土，边压边徐徐拔起外桩管，直至拔出地面。

2. 工艺标准

（1）桩端夯扩头平均直径的估算。

一次夯扩

$$D_1 = d_0 \sqrt{\frac{H_1 + h_1 - C_1}{h_1}}$$

二次夯扩

$$D_2 = d_0 \sqrt{\frac{H_1 + H_2 + h_2 - C_1 - C_2}{h_2}}$$

式中 D_1、D_2——第一次、第二次夯扩扩头平均值，m；

d_0——外管直径，m；

H_1、H_2——第一次、第二次夯扩工序中，外管内灌注混凝土面从桩底算起的高度，m；

h_1、h_2——第一次、第二次夯扩工序中，外管从桩底算起的上拔高度，m，分别可取

$H_1/2$、$H_2/2$；

C_1、C_2——第一次、第二次夯扩工序中，内外管同步下沉至离桩底的距离，m，均可取 0.2。

（2）桩长不小于设计值，桩径允许偏差≥0mm，垂直度允许偏差≤1/100，桩顶标高允许偏差−50～+30mm。设计桩径＜500mm 时，桩位允许偏差≤$(70+0.01H)$mm；其中（H 为桩基施工面至设计桩顶的距离）设计桩径≥500mm 时，桩位允许偏差≤$(100+0.01H)$mm，并绘制桩位偏差图。

（3）坍落度素混凝土桩宜为 70～80mm。

（4）混凝土充盈系数不应小于 1.0。

（5）每浇注 50m³ 应有 1 组试件，小于 50m³ 的桩，每个台班应有 1 组试件。对单柱单桩的桩应有 1 组试件，每试件应有 3 个试块，同组试件应取自同车混凝土。

（6）承载力试验：对于地基基础设计等级为甲级或地质条件复杂，检验桩数不应少于总数的 1%，且不应少于 3 根，当总桩数少于 50 根时，不应少于 3 根。

（7）套管夯扩灌注桩的桩身质量检验可采用低应变动测法进行。对地质条件复杂、成桩质量可靠性低的桩，抽检数量不应少于总数的 30%，且不少于 20 根。其他工程抽检数量不应少于总数的 20%，且不少于 10 根。每个柱子承台下不得少于 1 根。

（十）载体夯扩灌注桩

本小节适用于变电站工程中一般黏土、淤泥、淤泥质土、黄土及硬黏性土层的土质。

1. 关键工序控制

（1）桩位放样。

测量员依据施工图将桩位点放线完毕，并用白灰标记。经自检合格后，再通知监理方验收。开孔前各施工组技术员对所要施工的桩位点再进行一遍复测，确认无误后方可进行下一道工序。

（2）液压步履式夯扩桩机就位。

在桩位处挖直径等于桩身直径、深度约为 500mm 的桩位圆柱孔，移机就位。

（3）锤击沉护筒。

1）锤击成孔：提起夯锤后快速下放，使夯锤出护筒，入土一定深度。

2）用副卷扬机钢丝绳对护筒加压，使护筒底面与锤底齐平同时应保证护筒的垂直度。

（4）沉入设计深度。

沉护筒至设计标高：重复（3）1）和2）的步骤，将护筒垂直沉入到设计深度，同一基础相邻桩的桩底标高差，不宜超过桩的中心距（中心距一般为桩径的 3.5 倍）。为保证土体的挤密效果，必须保证加固土层要有一定的埋深。若埋深太浅，载体周围约束力太小，施工时容易引起土体的隆起而达不到设计的挤密效果。

（5）投入填充料，大能量夯击。

1）填料夯击：填充料是为了增强混凝土桩端下土体的挤密效果而填充的材料。主要用碎砖、碎混凝土块、水泥拌和物、碎石、卵石及矿渣等作为填充料。

2）填料时提起夯锤，通过护筒投料孔向孔底分次投入填充料，并进行大能量夯击。

（6）贯入度满足设计要求。

1）测三击贯入度：三击贯入度即采用锤径 355mm，质量为 3500kg 的柱锤，落距为 6.0m，连续三次锤击的累计下沉量。当填料夯实完毕后，正常的贯入度应该为第二次测得的贯入度不大于前一次的贯入度。若发现不符合此规律，应分析查明原因，处理完毕后重新测量。

2）填充料被夯实后，在不再填料的情况下连续夯击三次并测出三击贯入度。若三击贯入度不满足设计要求，重复（5）1）和2）的步骤，直至三击贯入度满足设计要求为止。

（7）投入干硬性混凝土，夯击。

通过护筒投料孔再向孔底分次投入设计需要的干硬性混凝土，并进行夯击。

（8）插入钢筋笼。

钢筋笼吊放前应仔细检查螺旋箍筋、加强筋和主筋是否焊接牢固，当发现有脱焊情况应及时补焊。吊放钢筋笼时应保证钢筋笼垂直，吊放完毕后将钢筋笼顶部固定防止顶部位移。

（9）混凝土灌入，振捣密实。

1）浇筑桩身混凝土：浇筑混凝土过程应连续，当混凝土浇筑高度高出桩底 2m 时可适当提放导管保证桩身混凝土的密实，因特殊原因混凝土供应不及时，也可适当提放导管，使混凝土具有一定流动性保证后续混凝土能顺利浇筑。

2）提升护筒：在混凝土浇筑过程中，护筒根据混凝土浇筑量逐步提升，必须保证护筒底距离混凝土面的高度大于 2m，直至浇筑到桩顶标高，护筒方可缓慢拔出。

2. 工艺标准

（1）钻头与桩位点偏差不得大于 20mm。

（2）严格按照试验确定的混凝土配合比下料，混凝土试块强度应符合规范要求。

（3）现场施工过程中必须随时检查施工记录，并对照预定的施工工艺进行质量评定。

（4）由于复合载体夯扩桩属挤密灌注桩，故应合理布置打桩顺序，群桩布置时，应遵循先中间，后两边，先深后浅的原则。

（5）严格控制拔管速度，对一般土层的拔管速度可控制在 2～3m/min，淤泥或淤泥质土层中应适当减慢。拔管时管内应有 2～3m 的混凝土余量，内夯管始终压于外管内的混凝土表面，以避免桩身产生缩颈和断桩。

（6）根据不同地基土和桩端持力层确定不同的桩管入土贯入度，对以桩端承载力为主的灌注桩以贯入度控制为主，标高为辅，对于以桩侧摩阻力为主的灌注桩以标高控制为主，贯入度为辅。

（7）钢筋笼的原材料质量证明文件应齐全，现场复试合格。钢筋笼在同一断面主筋的接头数量不应超过主筋总数的 50%。主筋接头质量应符合规范要求。钢筋笼制作允许偏差：主筋间距±10mm，钢筋笼长度±100mm，箍筋间距±20mm，钢筋笼直径±10mm。

（8）基础桩垂直度不大于1%。

（9）混凝土强度等级应按设计等级配置，坍落度宜为90~150mm（参照干作业灌注桩施工）。

（10）灌注桩来自同一搅拌站的混凝土，每50m³必须至少留置1组试件；当混凝土浇筑量不足50m³时，每连续浇筑12h必须至少留置1组试件。对单柱单桩，每根桩应至少留置1组试件。

（11）施工后应对桩径、桩位偏差、桩顶标高、钢筋笼顶标高、混凝土保护层厚度进行检查，并绘制桩位偏差图。允许偏差值应满足验收规范要求。

（12）施工后应对桩身完整性、混凝土强度及承载力进行检验，检验方法和检验数量应符合规范要求。

（十一）长螺旋钻孔压灌桩

本小节适用于变电站工程中黏性土、粉土、砂土、填土、非密实的碎石类土、强风化岩的土质。

1．关键工序控制

（1）定位放样。

按桩位设计图要求，测设桩位轴线，定位点，并做好标记。

（2）桩机就位。

钻机就位后，保持钻机平稳，调整钻塔垂直，钻杆的连接应牢固。钻机定位后，应进行复检，开孔时下钻速度应缓慢。钻机启动前应将钻杆、钻尖内的土块、残留的混凝土等清理干净。

（3）下钻成孔。

钻进速度根据地层情况按成桩工艺试验确定的参数进行控制。钻机钻进过程中，不宜反转或提升钻杆，如需提升钻杆或反转应将钻杆提至地面，对钻尖开启门须重新清洗、调试、封口。桩间距小于1.3m的饱和粉细砂及软土层部位，宜采取跳打的方法，防止发生串孔。钻进过程中，当遇到卡钻、钻机摇晃、偏斜或发生异常声响时，应立即停钻，查明原因，采取相应措施后方可继续作业。

（4）混凝土制作、泵送混凝土。

1）压灌混凝土：达到设计桩底标高终孔验收后，应先泵入混凝土并停顿10~20s，再缓慢提升钻杆。混凝土泵应根据桩径选型，混凝土输送泵管布置宜减少弯道，混凝土泵与钻机的距离不宜超过60m。混凝土的泵送宜连续进行，边泵送混凝土边提钻，提钻速度应根据土层情况确定，且应与混凝土泵送量相匹配，保证管内有一定高度的混凝土。保持料斗内混凝土的高度不低于400mm，并保证钻头始终埋在混凝土面以下不小于1000mm。

2）混凝土压灌时，冬期施工应采取有效的冬施方案，混凝土泵、输送管路应采用覆盖保温材料等保温措施，混凝土入孔温度不应低于5℃。施工期间气温高于30℃时，混凝土泵、输送管路应采用覆盖隔热材料等措施，每隔一段时间应洒水降温。

（5）钢筋笼制作、安装、就位。

1）钢筋笼制作：按设计要求的规格、尺寸制作钢筋笼，刚度应满足振插钢筋笼的要求，钢筋笼底部应有加强构造，保证振动力有效传递至钢筋笼底部。

2）插钢筋笼：混凝土压灌结束后，应立即将钢筋笼插至设计深度。钢筋笼插设宜采用专用插筋器，将振动用钢管在地面水平穿入钢筋笼内，并与振动装置可靠连接，钢筋笼顶部与振动装置应进行连接。钢筋笼吊装时，应采取措施，防止变形，安放时对准孔位，并保证垂直、居中。

（6）钢筋笼振动下沉。

在插入钢筋笼时，先依靠钢筋笼与导管的自重缓慢插入。当依靠自重不能继续插入时，开启振动装置，使钢筋笼下沉到设计深度，断开振动装置与钢筋笼的连接，缓慢连续振动拔出钢管，钢筋笼应连续下放，不宜停顿，下放时禁止采用直接脱钩的方法。

（7）检查验收。

1）压灌桩的充盈系数宜为1.0~1.2，桩顶混凝土超灌高度不宜小于0.3~0.5m。

2）成桩后，应及时清除钻杆及泵（软）管内残留混凝土，长时间停置时，应采用清水将钻杆、泵管、混凝土泵清洗干净。

2．工艺标准

（1）钻机钻头应对准桩位，钻头与桩位点偏差不得大于20mm；钻机塔身应保持垂直，垂直度不得大于0.5%。

（2）钢筋笼的原材料质量证明文件应齐全，现场复试合格。钢筋笼在同一断面主筋的接头数量不应超过主筋总数的50%。主筋接头质量应符合规范要求。钢筋笼制作允许偏差：主筋间距±10mm，钢筋笼长度±100mm，箍筋间距±20mm，钢筋笼直径±10mm。

（3）基础桩垂直度不大于1%；支护桩垂直度不大于0.5%。

（4）混凝土强度等级应按设计等级配置，坍落度宜为160~220mm。

（5）混凝土灌注应控制最后一次灌注量，超灌高度应高于设计桩顶标高1.0m以上，充盈系数不小于1.0。

（6）混凝土灌注应检查单桩灌注方量和灌注完成时间。

（7）混凝土试件取样应取自现场实际灌注的混凝土，每个灌注台班混凝土试件强度检测数量不得少于1组，每组试件数量为3件。

（8）施工后应对桩径、桩位偏差、桩顶标高、钢筋笼顶标高、混凝土保护层厚度进行检查，并绘制桩位偏差图。允许偏差值应满足验收规范要求。

（9）施工后应对桩身完整性、混凝土强度及承载力（静载及抗拔静载）进行检验，检验方法和检验数量应符合规范要求。

（十二）人工挖孔灌注桩

本小节适用于无地下水或地下水较少的黏土、粉质黏土，含少量的砂、砂卵石、浆结石的黏土层，特别适于黄土层使用，在岩石地质也有一定应用。

1. 关键工序控制

(1) 施工准备。

施工前组织专业人员进行图纸审核，编制相应的技术措施、质量措施、安全措施等。

(2) 首节桩孔开挖。

开挖桩孔应从上到下逐层进行，先挖中间部分的土方，然后扩及周边，有效地控制开挖的截面尺寸。根据桩基地质情况的不同，选取不同的开挖工具，对地表层的粉质黏土一般采用短柄铁锹、镐、锤、钎等工具；风化岩宜采用风镐、风枪等工具进行开挖，单节开挖高度一般以 1000mm 为宜。

(3) 首节护壁施工。

1) 为防止桩孔壁坍方，确保安全施工，孔桩开挖成孔后应立即进行护壁施工，有设计要求或地质情况较差的地段，需要做护壁配筋的，一定要进行护壁配筋，配筋应根据基础施工图及孔桩单节开挖高度来确定。

2) 桩孔护壁应在绑筋、支模完成后立即浇筑混凝土。护壁混凝土一般采用细石混凝土，混凝土强度根据设计要求确定。护壁混凝土采用人工浇筑，捣固钎或振捣器捣实。

(4) 桩孔定位检查。

首节桩孔护壁做好以后，必须将桩位十字轴线和标高测设在护壁的上口，然后用十字线对中，吊线坠向井底投设，复查桩位中心偏差。

(5) 安装防护、照明、起吊、送风等设施。

根据工程特点，安装电动提升器或人力提升装置，进行提土作业，地面运土可用手推车等工具。

(6) 第 n 节桩孔开挖、护壁施工。

1) 桩孔开挖与首节桩孔开挖相同，从上到下逐层进行，先挖中间部分的土方，然后扩及周边，利用提升设备提土，桩孔内人员应戴好安全帽，系好安全带。吊桶离开孔口上方 1.0m 时，将活动挡板遮盖孔口，防止弃土回落孔内伤人。

2) 浇筑第二节护壁混凝土用串筒输送，人工浇筑，人工插捣密实，上下节护壁重叠处混凝土应捣固密实。拆模后发现护壁有蜂窝、漏水现象时，应及时补强。

(7) 开挖桩底扩大层。

开挖桩底扩大层时，应先将扩底部位桩身的圆柱体挖好，桩底应支承在设计所规定的持力层上。

(8) 钢筋笼下沉、安装。

插入角钢安装以三角支架为支撑，链条葫芦等工具配合吊装，安放到设计位置，角钢底部三角（两肢宽、角钢楞）采用 8 号铁线束固定在钢筋笼上，插入角钢顶部用链条葫芦来控制露出高度。

(9) 浇筑桩身混凝土。

桩身混凝土采用机械搅拌，混凝土必须通过溜槽下料，当落距超过 2m 时，应采用串筒向桩孔内浇筑混凝土，串筒末端距孔底高度不宜大于 2m，也可采用导管泵送。

(10) 桩基检测、环境处理

完成的人工挖孔桩基础在混凝土达到强度要求后，应对桩基进行检测，检测数量应满足要求。

2. 工艺标准

(1) 人工挖孔桩基础桩直径不得小于 800mm，且不宜大于 2500mm。桩深不宜大于 30m。

(2) 桩位中心与设计偏差不得大于 20mm，检查孔壁的垂直平整度，同一水平面上桩孔任意直径极差不得大于 50mm。桩孔深度必须以基准点为依据进行测量。

(3) 护壁钢筋绑扎成型后，拆除上节护壁模板，支护下节护壁模板，下节护壁模板与上节护壁之间的搭接长度不得小于 50mm。

(4) 护壁模板宜做成 4 片，模板之间用卡具、扣件连接固定，在每节模板的上下端各设一道圆弧形用槽钢或角钢做成的内钢圈作为内侧支撑，防止内模因受力而变形。模板上口直径与桩径相等，下口直径为桩径 +100mm，护壁模板单节高度一般为 1000mm。

(5) 根据地脚螺栓的布置，制作相应的单腿找正样板，地脚螺栓小根允误差应小于 2mm。

（十三）岩石锚杆基础施工

本小节适用于山区岩石地质条件下的岩石锚杆基础施工。

1. 关键工序控制

(1) 施工准备。

施工设计文件等基础资料到位并通过会审审查，制备完备的作业计划、工程计划，并通过审核。

(2) 基面开挖、场地平整。

据复测后的杆塔基础中心桩，按设计要求清理场地浮土，使岩石完全暴露出来，必要时采用动爆破、人工风镐开挖出施工基面。进行场地平整，清理的范围按照锚杆机底盘及作业方便的原则，一般以基础腿中心外 15～20m。基面清理过程中严禁破坏基岩的整体结构。

(3) 锚孔放样定位。

根据铁塔基础中心桩用经纬仪确定承台中心，再根据承台中心位置放样确定各锚孔的中心位置并做出标识。

(4) 钻机组装定位。

操平定位和固定钻架，将钻机的下底架移至基础腿中心，测量确定打孔位置。参照孔位放置下底架，并通过底架下的四角螺栓或在底盘上配重稳固，防止钻机在钻孔过程中跳动移位。

(5) 清孔。

钻孔施工完成后移开钻孔设备，清理基面杂物，锚孔清洗前检查其他锚孔封堵是否完好，防止杂物流入或掉入孔内。

(6) 锚杆插入、定位。

验孔完成后，将锚杆置于孔内，锚杆中部设置三向定位支撑，保证锚杆位于锚孔中心。

(7) 混凝土浇筑振捣。

混凝土浇筑要采用机械搅拌的方式，机械搅拌宜选用体积较小、容易运输的搅拌机，每次搅拌时间不得少于 1.5min。

(8) 锚杆混凝土养护。

养护期间，距锚杆 5m 之内不允许有影响的作业。

(9) 备用孔灌浆、承台浇筑。

备用孔灌浆，承台浇筑根据要求对达到龄期的锚杆抗拔力进行抽样检测。如抗拔力达不到设计值，则应按设计规定利用备用锚孔浇筑新的锚杆基础，以增强整体抗拔力。

2. 工艺标准

(1) 水泥、砂浆必须经过试验，并符合设计和施工规范的要求，有合格的试验资料。

(2) 基面开方后应清理危石，并预先考虑可能与铁塔结构相碰的山体的距离，对于坚硬岩石不小于 200mm，对于较软岩石不应小于 500mm。

(3) 严格控制水灰比和坍落度，按照混凝土设计强度将所需的水泥、砂、石、水等材料用台秤称重搅拌。

(4) 细石粒径要求 5~8mm。考虑孔洞内混凝土的流动性，坍落度要求为 160~180mm。同时按照水泥重的 3%~5% 添加膨胀剂，灌注混凝土前，湿润锚孔孔壁，通过混凝土量控制，按每 200mm 分层灌注和捣固，沿锚杆四围用定制小型振动棒、插钎均匀捣固。

(5) 碎石选择连续级配碎石，孔洞中细石混凝土中的碎石粒径为 5~10mm。承台混凝土的碎石粒径为 5~40mm。石子的颗粒级配、含泥量、针状和片状颗粒的含量、强度、坚固性、有害物质含量等应符合普通混凝土用碎石或卵石质量标准及检验方法的要求。

(6) 锚杆灌注混凝土试块每条腿不少于 1 组，每组不少于 3 个试块，试块进行同条件养护，作为评定基础强度的依据。

(7) 允许偏差：锚杆水平方向孔距误差不应大于 50mm，垂直方向孔距误差不应大于 100mm；钻孔底部的偏斜尺寸不应大于锚杆长度的 3%；锚杆孔深不应小于设计长度，也不宜大于设计长度的 1%；锚杆锚头部分的防腐处理应符合设计要求。

(十四) 特殊土地基基础

本小节适用于变电站建(构)筑物基础工程特殊土地基施工及验收。特殊土是指软土、湿陷性黄土、膨胀土、红黏土、盐渍土、冻土等。本节着重介绍多年冻土地区基础的施工工艺，其余特殊土地基工艺参照地基处理的施工工艺要求，基础施工按设计图参照相应的工艺施工。

1. 关键工序控制

(1) 灌注桩基础。

1) 对于冻土层对基础的冻胀破坏处理，可采用玻璃钢模板进行处理，利用在基础的侧壁外层安装固定玻璃钢模板来减小和消除冻土对基础切向冻胀力。玻璃钢埋设深度与基础的最大冻结深度相同，玻璃钢加工的厚度 ≥5mm。

2) 混凝土浇筑前，在玻璃钢外侧抹 5mm 厚润滑剂(分 3 次进行)，润滑剂为沥青混 5% 废机油、工业凡

士林、重油等憎水性物质。

3) 灌注桩成孔后应用负温早强混凝土灌注，混凝土灌注温度宜为 5~10℃。

4) 桩基础的混凝土强度等级不应低于 C30；最小桩距宜为 3 倍桩径；插入桩和钻孔打入桩桩端下应设置 300mm 厚的砂层；当钻孔灌注桩桩端持力层含冰率大时，应在冻土与混凝土之间设置厚度为 300~500mm 的砂砾石垫层。

5) 混凝土浇筑须满足以下规定：

a. 混凝土粗细骨料必须清洁，不得含有冰、雪等冻结物及易冻裂的矿物质。

b. 严格控制水灰比和坍落度，不应大于 0.6，水泥每立方混凝土不应小于 300kg。

c. 对混凝土用水、砂和石进行加热，水泥不得直接加热，使用前运入暖棚存放。

d. 施工中经常对混凝土拌和物的出机温度、浇筑基础的温度进行监测。根据偏差对水温进行调整，满足最终浇筑基础温度达到不低于 +5℃，一般控制在 35℃以内。

e. 水泥不应与 80℃ 以上的水直接接触。

(2) 预制桩基础。

1) 钻孔打入桩施工时，成孔直径应比钢筋混凝土预制桩直径或边长小 50mm，钻孔深度应比桩的入土深度大 300mm。

2) 钻孔插入桩施工时成孔直径应大于桩径 100mm，最大不宜超过桩径 150mm。将预制桩插入钻孔内后，应以水泥砂浆或其他填料充填。当桩周充填的水泥砂浆全部回冻后，方可施加荷载。

(3) 架空通风基础。

1) 施工前应按规定对使用的保温隔热材料及换填材料送检与抽检，并应对场地地温进行监测。

2) 施工中应检查通风空间顶棚与地面的最小距离；采用隐蔽式通风孔施工的，应检查通风孔位置、单孔大小及总通风面积。

3) 通风空间内的地面应坡向外墙或排水沟，其坡度不应小于 2%，并宜采用隔热材料覆盖。

4) 填土宽度和长度应比建筑物的宽度和长度大 4~5m，填料应采用冻胀不敏感的粗颗粒土；粗颗粒土中，细颗粒土(小于 0.075mm 颗粒)的含量，不得大于 15%；填土时，应分层压实；填土层的承载力应满足设计要求。

2. 工艺标准

(1) 预制桩基础的承载力不得小于设计要求；建筑场地地温偏差在 ±0.05℃ 以内。

(2) 灌注桩基础施工中应检查桩身混凝土灌注温度及负温混凝土防冻剂、早强剂掺量；应检查在多年冻土融化层内的桩周外侧和低桩承台或基础梁下防止基土冻胀作用的措施，并应符合设计要求；桩基施工中应在场区内进行地温监测。

(3) 桩侧、承台、基础梁底防冻措施符合设计要求。

（4）架空通风基础的地基承载力或单桩承载力不得小于设计值；场地地温偏差在±0.05℃以内；保温材料需进行试验，其指标符合设计要求；地基活动层内防冻胀措施、架空通风空间的地面排水、架空采暖水管线与架空下排水管保温措施符合设计要求；通风空间顶板底保温厚度符合设计要求，其偏差在±10mm以内。

（十五）沉井

本小节适用于变电站建（构）筑物基础工程沉井施工及验收。

1. 关键工序控制

（1）沉井刃脚垫层施工。

沉井制作前，应制作砂垫层和混凝土垫层，砂垫层厚度和混凝土垫层厚度应根据计算确定，沉井下沉前应分区对称凿除混凝土垫层。

（2）沉井制作。

1）沉井分节制作时，应进行接高稳定性验算。分节水平缝宜做成凸形，并应清理干净，混凝土浇筑前施工缝应充分湿润。

2）大于2次下沉的沉井，应有沉井接高稳定性的措施，并应对稳定性进行计算复核。

（3）沉井下沉。

1）沉井挖土下沉应均匀、对称进行，应根据现场施工情况采取止沉或助沉措施，控制沉井平稳下沉。

2）沉井下沉应及时测量及时纠偏，每8h应至少测量2次。

3）在开挖好的基坑（槽）内，应做好排水工作，在清除浮土后，方可进行砂垫层的铺填工作。设置的集水井的深度，可较砂垫层的地面深300～500mm。

4）沉井的一次制作高度宜控制在6～8m，刃脚的斜面不应使用模板。

5）同一连接区段内竖向受力钢筋搭接接头面积百分率和钢筋的保护层厚度应符合设计要求。

6）水平施工缝应留置在底板凹槽或沟、洞底面以下200～300mm。

7）凿除混凝土垫板时，应先内后外，分区域对称按顺序凿除，凿断线应与刃脚底边齐平，凿断的板应立即清除，空穴处应立即用砂或砂夹碎石回填。混凝土的定位支点处应最后凿除，不得漏凿。

8）沉井下沉时，应随时纠偏。在软土层中，下沉邻近设计标高时，应放慢下沉速度。

9）不排水下沉时，井的内水位不得低于井外水位。

（4）沉井封底。

1）沉井穿越的土层透水性低，井底涌水量小且无流砂现象时，可进行干封底。沉井干封底前需排出井内积水，超挖部分应回填砂石，刃脚上的污泥应清洗干净，新老混凝土的接缝处应凿毛。

2）沉井采用干封底应在井内设置集水井，并不应间断排水。软弱土中宜采用对称分格取土和封底。集水井封闭应在底板混凝土达到设计强度及满足抗浮要求后进行。

3）当采用水下封底时，导管的平面布置应在各浇筑范围内的中心，当浇筑面积较大时，应采用多根导管同时浇筑，各根导管的有效扩散半径，应确保混凝土能互相搭接并能达到井底所有范围。

2. 工艺标准

（1）沉井下沉时第一节混凝土强度应达到设计强度的100%，其他各节混凝土强度应达到设计强度的70%。

（2）沉井井壁厚度与设计值偏差不得超过15mm。

（3）沉井下沉至设计标高时应连续进行8h沉降观测，当下沉量小于10mm时方可进行封底混凝土浇筑。

（4）终沉后，刃脚平均标高与设计标高不得超过100mm。

（5）终沉后，沉井水平位移不得超过下沉总深度的1%，当下沉总深度小于10m时，其水平位移不得超过100mm。

（6）终沉后，沉井四角中任何两角高差不小于矩形沉井两角距离的1%且不超过300mm，当矩形沉井两角距离小于10m时，沉井四角中任何两角高差不得超过100mm。

（十六）大体积混凝土施工

本小节适用于变电站建（构）筑物基础工程中大体积混凝土施工及验收。

1. 关键工序控制

（1）施工准备。

1）大体积混凝土施工应编制施工组织设计或施工技术方案，并应有环境保护和安全施工的技术措施。

2）施工现场供水、供电应满足混凝土连续施工需要。当有断电可能时，应采取双回路供电或自备电源等措施。

3）大体积混凝土施工前，应对混凝土浇筑体的温度、温度应力及收缩应力进行试算，并确定混凝土浇筑体的温升峰值，里表温差及降温速率的控制指标，制定相应的温控技术措施。

4）大体积混凝土施工温控指标应符合下列规定：

a. 混凝土浇筑体在入模温度基础上的温升值不宜大于50℃。

b. 混凝土浇筑体里表温差（不含混凝土收缩当量温度）不宜大于25℃。

c. 混凝土浇筑体降温速率不宜大于2.0℃/d。

d. 拆除保温覆盖时混凝土浇筑体表面与大气温差不应大于20℃。

5）大体积混凝土施工前，应做好施工准备，并应与当地气象台、站联系，掌握近期气象情况。在冬期施工时，尚应符合有关混凝土冬期施工规定。

6）大体积混凝土施工应采取节能、节材、节水、节地和环境保护措施，并应符合规范要求。

7）耐久性要求较高或寒冷地区的大体积混凝土，宜采用引气剂或引气减水剂。

（2）钢筋模板制作与安装。

1）大体积混凝土模板和支架应进行承载力、刚度和整体稳固性验算，并应根据大体积混凝土采用的养护方法进行保温构造设计。

2）对后浇带或跳仓法留置的竖向施工缝，宜采用钢板网、铁丝网或快易收口网等材料支挡；后浇带竖向支架系统宜与其他部位分开。

3）大体积混凝土拆模时间应满足混凝土的强度要求，当模板作为保温养护措施的一部分时，其拆模时间应根据温控要求确定。

4）大体积混凝土宜适当延迟拆模时间。拆模后，应采取预防寒流袭击、突然降温和剧烈干燥等措施。

（3）测温设施布置。

大体积混凝土浇筑体内监测点布置，应反映混凝土浇筑体内最高温升、里表温差、降温速率及环境温度，可采用下列布置方式：

1）测试区可选混凝土浇筑体平面对称轴线的半条轴线，测试区内监测点应按平面分层布置。

2）测试区内，监测点的位置与数量可根据混凝土浇筑体内温度场的分布情况及温控的规定确定。

3）在每条测试轴线上，监测点位不宜少于4处，应根据结构的平面尺寸布置。

4）沿混凝土浇筑体厚度方向，应至少布置表层、底层和中心温度测点，测点间距不宜大于500mm。

5）保温养护效果及环境温度监测点数量应根据具体需要确定。

6）混凝土浇筑体表层温度，宜为混凝土浇筑体表面以内50mm处的温度。

7）混凝土浇筑体底层温度，宜为混凝土浇筑体底面以上50mm处的温度。

（4）混凝土配置。

1）在确定混凝土配合比时，应根据混凝土绝热温升、温控施工方案的要求，提出混凝土制备时的粗细骨料和拌和用水及入模温度控制的技术措施。

2）对同时供应同一工程分项的预拌混凝土，胶凝材料和外加剂、配合比应一致，制备工艺和质量控制水平应基本相同。

（5）混凝土运输。

运输过程中当坍落度损失或离析严重，经采取措施无法恢复混凝土拌和物工作性能时，不得浇筑入模。

（6）混凝土浇筑。

1）混凝土入模温度宜控制在5～30℃。

2）大体积混凝土浇筑应符合下列规定：

a. 混凝土浇筑层厚度应根据所用振捣器作用深度及混凝土的和易性确定，整体连续浇筑时宜为300～500mm，振捣时应避免过振和漏振。

b. 整体分层连续浇筑或推移式连续浇筑，应缩短间歇时间，并应在前层混凝土初凝之前将次层混凝土浇筑完毕。层间间歇时间不应大于混凝土初凝时间。混凝土初凝时间应通过试验确定。当层间间歇时间超过混凝土初凝时间时，层面应按施工缝处理。

c. 混凝土的浇灌应连续、有序，宜减少施工缝。

d. 混凝土宜采用泵送方式和二次振捣工艺。

3）大体积混凝土底板与侧墙相连接的施工缝，当有防水要求时，宜采取钢板止水带等处理措施。

4）在大体积混凝土浇筑过程中，应采取措施防止受力钢筋、定位筋、预埋件等移位和变形，并应及时清除混凝土表面泌水。

5）应及时对大体积混凝土浇筑面进行多次抹压处理。

6）大体积混凝土施工遇高温、冬期、大风或雨雪天气时，必须采用混凝土浇筑质量保证措施。

7）当高温天气浇筑混凝土时，宜采用遮盖、洒水、拌冰屑等降低混凝土原材料温度的措施。混凝土浇筑后，应及时保湿保温养护；条件许可时，混凝土浇筑应避开高温时段。

8）当冬期浇筑混凝土时，宜采用热水拌和、加热骨料等提高混凝土原材料温度的措施。混凝土浇筑后，应及时进行保温保湿养护。

9）当大风天气浇筑混凝土时，在作业面应采取挡风措施，并应增加混凝土表面的抹压次数，应及时覆盖塑料薄膜和保温材料。

10）雨雪天不宜露天浇筑混凝土，需施工时，应采取混凝土质量保证措施。浇筑过程中突遇大雨或大雪天气时，应及时在结构合理部位留置施工缝，并应中止混凝土浇筑；对已浇筑还未硬化的混凝土应立即覆盖，严禁雨水直接冲刷新浇筑的混凝土。

（7）混凝土养护拆模。

1）大体积混凝土应采取保温保湿养护。在每次混凝土浇筑完毕后，除应按普通混凝土进行常规养护外，保温养护应符合下列规定：

a. 应专人负责保温养护工作，并应进行测试记录。

b. 保湿养护持续时间不宜少于14天，应经常检查塑料薄膜或养护剂涂层的完整情况，并应保持混凝土表面湿润。

c. 保温覆盖层拆除应分层逐步进行，当混凝土表面温度与环境最大温差小于20℃时，可全部拆除。

2）混凝土浇筑完毕后，在初凝前宜立即进行覆盖或喷雾养护工作。

3）大体积混凝土拆模后，地下结构应及时回填土；地上结构不宜长期暴露在自然环境中。

2. 工艺标准

（1）用于大体积混凝土的水泥进场时应检查水泥品种、代号、强度等级、包装或散装编号、出厂日期等，并应对水泥的强度、安定性、凝结时间、水化热进行检验，检验结果应符合现行国家标准《通用硅酸盐水泥》（GB 175—2007）的相关规定。

（2）水泥选择及其质量，应符合下列规定：

1）水泥应符合规范要求，当采用其他品种时，其性能指标应符合国家现行有关标准的规定。

2）应选用水化热低的通用硅酸盐水泥，3天水化热不宜大于250kJ/kg，7天水化热不宜大于280kJ/kg；当选用 52.5 强度等级水泥时，7 天水化热宜小于 300kJ/kg。

3）水泥在搅拌站的人机温度不宜高于 60℃。

（3）骨料选择，除应符合规范要求外，尚应符合下列规定：

1）细骨料宜采用中砂，细度模数宜大于 2.3，含泥量不应大于 3%。

2）粗骨料粒径宜为 5.0～31.5mm，并应连续级配，含泥量不应大于 1%。

3）应选用非碱活性的粗骨料。

4）当采用非泵送施工时，粗骨料的粒径可适当增大。

（4）粉煤灰和粒化高炉矿渣粉，质量应符合现行国家标准《用于水泥和混凝土中的粉煤灰》（GB/T 1596—2017）和《用于水泥、砂浆和混凝土中的粒化高炉矿渣粉》（GB/T 18046—2017）的有关规定。

（5）外加剂质量及应用技术，应符合现行国家标准《混凝土外加剂》（GB 8076—2008）和《混凝土外加剂应用技术规范》（GB/T 50119—2013）的有关规定。

（6）混凝土拌和用水质量应符合现行行业标准《混凝土用水标准》（JGJ 63—2006）的有关规定。

（7）大体积混凝土配合比设计，除应符合现行行业标准《普通混凝土配合比设计规程》（JGJ 55—2011）的有关规定外，尚应符合下列规定：

1）当采用混凝土 60 天或 90 天强度验收指标时，应将其作为混凝土配合比的设计依据。

2）混凝土拌和物的坍落度不宜大于 180mm。

3）拌和水用量不宜大于 170kg/m³。

4）粉煤灰掺量不宜大于胶凝材料用量的 50%，矿渣粉掺量不宜大于胶凝材料用量的 40%；粉煤灰和矿渣粉掺量总和不宜大于胶凝材料用量的 50%。

5）水胶比不宜大于 0.45。

6）砂率宜为 38%～45%。

（8）混凝土制备与运输能力应满足混凝土浇筑工艺要求，预拌混凝土质量应符合规范要求，并应满足施工工艺对坍落度损失、入模坍落度、入模温度等的技术要求。

（9）当一次连续浇筑不大于 1000m³ 同配合比的大体积混凝土时，混凝土强度试件现场取样不应少于 10 组；当一次连续浇筑 1000～5000m³ 同配合比的大体积混凝土时，超出 1000m³ 的混凝土，每增加 500m³ 取样不应少于一组，增加不足 50m³ 时取样一组；当一次连续浇筑大于 5000m³ 同配合比的大体积混凝土时，超出 5000m³ 的混凝土，每增加 1000m³ 取样不应少于一组，增加不足 1000m³ 时取样一组。

（10）大体积混凝土浇筑体里表温差、降温速率及环境温度的测试，在混凝土浇筑后，每昼夜不应少于 4 次；入模温度测量，每台班不应少于 2 次。

（十七）钢筋混凝土扩展基础

本小节适用于变电站建（构）筑物基础工程钢筋混凝土扩展基础施工及验收。

1. 关键工序控制

（1）基础垫层施工。

基础施工前应进行地基验槽，并应清除表层浮土和积水。验槽后应立即浇筑垫层，混凝土强度达到 1.2N/mm² 前，不得在其上踩踏、堆放荷载、安装模板及支架。混凝土强度达到设计强度 70% 后，方可进行后续施工。

（2）钢筋绑扎。

钢筋混凝土条形基础绑扎钢筋时，底部钢筋应绑扎牢固，采用 HPB300 钢筋时，端部弯钩应朝上，柱的锚固钢筋下端应用 90°弯钩与基础钢筋绑扎牢固，按轴线位置校核后上端应固定牢靠。

（3）模板安装。

1）杯形基础的支模宜采用封底式杯口模板，施工时应将杯口模板压紧，在杯底应预留观测孔或振捣孔，混凝土浇筑应对称均匀下料，杯底混凝土振捣应密实；高杯口基础的高台阶部分应按整体分层浇筑，不留施工缝。

2）锥形基础模板应随混凝土浇捣分段支设并固定牢靠，基础边角处的混凝土应捣实密实，严禁斜面部分不支模，应用铁锹拍实。

（4）混凝土浇筑。

1）混凝土应根据高度分段分层连续浇筑，每层厚度宜为 300～500mm，各段各层间应互相衔接，一般不留施工缝，混凝土浇捣应密实连续浇捣。

2）柱下钢筋混凝土独立基础混凝土宜按台阶分层连续浇筑完成，对于阶梯形基础，每一台阶作为一个浇捣层，每浇筑完一台阶宜稍停 0.5～1.0h，待其初步获得沉实后，再浇筑上层。基础上有插筋埋件时，应固定其位置。

（5）养护拆模。

1）基础混凝土浇筑完后，外露表面应在 12h 内覆盖并保湿养护。

2）侧面模板应在混凝土达到相应强度后拆除，拆除时不得采用大锤砸或撬棍乱撬，以免造成混凝土棱角破坏。

3）基础施工完毕后应及时回填，回填前应及时清理基槽内的杂物和积水，回填质量应符合设计要求。

2. 工艺标准

（1）钢筋、水泥、砂、石、粉煤灰、外加剂、拌和用水及焊材、焊剂等原材料质量证明文件应齐全，现场见证取样检验合格。

（2）固定在模板上的预埋件和预留孔洞不得遗漏，且应安装牢固。有抗渗要求的混凝土结构中的预埋件，应按设计及施工方案的要求采取防渗措施。

（3）基础模板安装内部尺寸允许偏差±10mm，相邻模板表面高差＋2mm。

（4）基础轴线位置偏差≤15mm，基础顶面标高偏差±15mm，混凝土强度不小于设计值。

（5）基础纵向受力钢筋、箍筋的混凝土保护层厚度允许偏差±10mm，柱、梁的允许偏差±5mm。

（6）预拌混凝土进场时，其质量应符合规范要求。

（7）混凝土有抗冻要求时，应在施工现场进行混凝土含气量检验，其检验结果应符合国家现行有关标准的规定和设计要求。

（8）混凝土中氯离子含量和碱总含量应符合规范要求和设计要求。

（9）现浇结构不应有影响结构性能或使用功能的尺寸偏差；混凝土设备基础不应有影响结构性能和设备安装的尺寸偏差。

（10）现浇结构截面尺寸允许偏差－10～＋15mm，轴线位置允许偏差独立基础 10mm，整体基础 15mm。

（十八）筏形基础

本小节适用于变电站建（构）筑物基础工程筏形基础施工及验收。

1. 关键工序控制

（1）基础垫层施工。

基础施工前应进行地基验槽，并应清除表层浮土和积水。验槽后应立即浇筑垫层，混凝土强度达到设计强度 70％后，方可进行后续施工。

（2）混凝土浇筑。

1）在浇筑基础混凝土前，应清除模板和钢筋上的杂物，表面干燥的垫层、木模板应浇水湿润，若直接在地基上进行基础混凝土施工，应事先清除松软泥土、疏松碎石、杂物等。

2）基础混凝土可采用一次连续浇筑，也可留设施工缝分块连续浇筑，施工缝宜留设在结构受力较小且便于施工的位置。

3）采用分块浇筑的基础混凝土，应根据现场场地条件、基坑开挖流程、基坑施工监测数据等合理确定浇筑的先后顺序，分块浇筑的间隔施工时间不宜小于 7 天。

4）混凝土浇筑方向宜平行于次梁长度方向，对于平板式筏形基础宜平行于基础长边方向。

5）根据结构形状尺寸、混凝土供应能力、混凝土浇筑设备、场内外条件等划分泵送混凝土浇筑区域及浇筑顺序，采用硬管输送混凝土时，宜由远而近浇筑；多根输送管同时浇筑时，其浇筑速度宜保持一致。

6）混凝土浇筑的布料点宜接近浇筑位置，应采取减缓混凝土下料冲击的措施，混凝土自高处倾落的自由高度应根据混凝土的粗骨料粒径确定，粗骨料粒径大于25mm 时不应大于 3m，粗骨料粒径不大于 25mm 时不应大于 6m。

7）筏形与箱形基础大体积混凝土浇筑应符合规范要求。

8）筏形与箱形基础后浇带和施工缝的施工应符合下列规定：

a. 地下室柱、墙、反梁的水平施工缝应留设在基础顶面。

b. 基础垂直施工缝应留设在平行于平板式基础短边的任何位置，且不应留设在柱角范围，梁板式基础垂直施工缝应留设在次梁跨度中间的 1/3 范围内。

c. 后浇带和施工缝处的钢筋应贯通，侧模应固定牢靠。

d. 箱形基础的后浇带两侧应限制施工荷载，梁、板应有临时支撑措施。

e. 后浇带和施工缝处浇筑混凝土前，应清除浮浆、疏松石子和软弱混凝土层，并应浇水湿润。

f. 后浇带混凝土强度等级宜比两侧混凝土提高一级，施工缝处后浇混凝土应待先浇混凝土强度达到 1.2MPa 后方可进行。

（3）养护拆模。

1）筏形基础混凝土养护宜采用浇水、蓄热、喷涂养护剂等方式。

2）基础施工完毕后应及时回填，回填前应及时清理基槽内的杂物和积水，回填质量应符合设计要求。

2. 工艺标准

（1）钢筋、水泥、砂、石、粉煤灰、外加剂、拌和用水及焊材、焊剂等原材料质量证明文件应齐全，现场见证取样检验合格。

（2）固定在模板上的预埋件和预留孔洞不得遗漏，且应安装牢固。有抗渗要求的混凝土结构中的预埋件，应按设计及施工方案的要求采取防渗措施。

（3）基础模板安装内部尺寸允许偏差±10mm，相邻模板表面高差≤2mm。

（4）基础纵向受力钢筋、箍筋的混凝土保护层厚度允许偏差±10mm，柱、梁的允许偏差±5mm。

（5）预拌混凝土进场时，其质量应符合规范要求。

（6）混凝土有抗冻要求时，应在施工现场进行混凝土含气量检验，其检验结果应符合国家现行有关标准的规定和设计要求。

（7）混凝土中氯离子含量和碱总含量应符合规范要求和设计要求。

（8）现浇结构不应有影响结构性能或使用功能的尺寸偏差；混凝土设备基础不应有影响结构性能和设备安装的尺寸偏差。

（9）混凝土强度不小于设计值，基础轴线位置偏差≤15mm，基础顶面标高偏差±15mm，基础表面平整度偏差±10mm，现浇结构尺寸允许偏差－10～＋15mm，预埋件中心位置允许偏差≤10mm，预埋洞中心线允许偏差≤15mm。

（10）大体积混凝土施工过程中应检查混凝土的坍落度、配合比、浇筑的分层厚度、坡度以及测温点的设置，上下两层的浇筑搭接时间不应超过混凝土的初凝时间。养护时混凝土结构构件表面以内 50～100mm 位置处的温度，与混凝土结构构件内部的温度差值不宜大于25℃，且与混凝土结构构件表面温度的差值不宜大于 25℃。

四、主体结构工程

（一）砌体结构

本小节适用于变电站工程建筑物砌体工程的施工及验收。

1. 关键工序控制

(1) 施工准备。

1) 使用的原材料、成品及半成品应进行进场验收，检查其合格证书、产品检验报告等，并应符合设计及国家现行有关标准要求。对涉及结构安全、使用功能的原材料、成品及半成品应按有关规定进行见证取样、送样复验，其中水泥的强度和安定性应按其批号分别进行见证取样、复验。

2) 水泥强度等级应根据砂浆品种及强度等级的要求进行选择，宜选用 42.5 级普通硅酸盐水泥。

3) 人工砂、山砂及特细砂，应经试配并满足砌筑砂浆技术条件要求。

4) 砌体结构工程用砖不得采用非蒸压粉煤灰砖及未掺加水泥的各类非蒸压砖。

5) 用于清水墙、柱表面的砖，应边角整齐、色泽均匀。

6) 采用薄层砂浆砌筑法施工的砌体结构块体材料，其外观几何尺寸允许偏差为 ±1mm。

(2) 砂浆拌和。

1) 砌筑砂浆用砂宜选用过筛中砂，毛石砌体宜选用粗砂。砂子进场时应按不同品种、规格分别堆放，不得混杂。

2) 水泥砂浆和强度等级不小于 M5 的水泥混合砂浆，砂中含泥量不应超过 5%；强度等级小于 M5 的水泥混合砂浆，砂中含泥量不应超过 10%。

3) 砌体结构施工中，在墙的转角处及交接处应设置皮数杆，皮数杆的间距不宜大于 15m。

(3) 砌砖。

1) 基础墙的防潮层，当设计无具体要求时，宜采用 1:2.5 的水泥砂浆加防水剂铺设，其厚度可为 20mm。抗震设防地区建筑物，不应采用卷材作基础墙的水平防潮层。

2) 砌体的砌筑顺序应符合下列规定：

a. 基底标高不同时，应从低处砌起，并应由高处向低处搭接。当设计无要求时，搭接长度 L 不应小于基础底的高差 H，搭接长度范围内下层基础应扩大砌筑。

b. 砌体的转角处和交接处应同时砌筑；当不能同时砌筑时，应按规定留槎、接槎。

c. 出檐砌体应按层砌筑，同一砌筑层应先砌墙身后砌出檐。

d. 当房屋相邻结构单元高差较大时，宜先砌筑高度较大部分，后砌筑高度较小部分。

3) 砌体组砌应上下错缝，内外搭砌。组砌方式采用一顺一丁、梅花丁、三顺一丁。宜采用"三一"砌筑法。

4) 多孔砖的孔洞应垂直于受压面砌筑。

5) 厚度 240mm 及以下墙体可单面挂线砌筑；厚度为 370mm 及以上的墙体宜双面挂线砌筑；夹心复合墙应双面挂线砌筑。当砌筑厚度大于 190mm 的小砌块墙体时，宜双面挂线。

6) 小砌块应对孔错缝搭砌。单排孔小砌块搭接长度应为块体长度的 1/2，多排孔小砌块的搭接长度不小于砌块长度的 1/3。

(4) 墙面清理。

砖砌体应随砌随清理干净凸出墙面的余灰。清水墙砌体应随砌随压缝，后期勾缝应深浅一致，深度为 8~10mm，并应将墙面清扫干净。

2. 工艺标准

(1) 砌体结构工程所用的材料应有产品合格证书、产品性能型式检验报告，质量应符合国家现行有关标准的要求。块体、水泥、钢筋、外加剂尚应有材料主要性能的进场复验报告，并应符合设计要求。

(2) 砖砌体组砌方法应正确，内外搭砌，上下错缝。用于清水墙、柱表面的砖应边角整齐，色泽均匀。

(3) 采用铺浆法砌筑砌体，铺浆长度不得超过 750mm；当施工期间气温超过 30℃ 时，铺浆长度不得超过 500mm。

(4) 240mm 厚承重墙的每层墙最上一皮砖，砖砌体的阶台水平面上及挑出层的外皮砖，应整砖丁砌。

(5) 砌体灰缝应横平竖直，厚薄均匀，水平灰缝厚度及竖向灰缝宽度宜为 10mm，不应小于 8mm，且不应大于 12mm。

(6) 灰缝砂浆应密实饱满，砖墙水平灰缝的砂浆饱满度不得低于 80%。砖柱水平灰缝和竖向灰缝饱满度不得低于 90%。

(7) 混凝土小型砌块应将生产时的底面朝上反砌于墙上。小砌块墙体应逐块坐浆砌筑。

(8) 与构造柱相邻部位砌体应砌成马牙槎，马牙槎应先退后进，每个马牙槎沿高度方向的尺寸不宜超过 300mm，凹凸尺寸宜为 60mm。砌筑时，砌体与构造柱间应沿墙高每 500mm 设拉结钢筋，钢筋数量及伸入墙内长度应满足设计要求。

(二) 砌体填充墙

本小节适用于变电站工程建筑物砌体填充墙的施工及验收。

1. 关键工序控制

(1) 施工准备。

1) 采用普通砂浆砌筑填充墙时，烧结空心砖、吸水率较大的轻骨料混凝土小型空心砌块应提前 1~2 天浇水湿润；蒸压加气混凝土砌块采用专用砂浆或普通砂浆时，应在砌筑当天对砌块砌筑面浇水湿润。

2) 浇筑空心砖的相对含水率应为 60%~70%，吸水率较大的轻骨料混凝土小型空心砌块、蒸压加气混凝土砌块的相对含水率宜为 40%~50%。

3) 卫生间、浴室等有防水要求的房间墙体底部应现浇 150mm 高混凝土坎台。

4) 填充墙的拉结筋采用化学植筋时，应对拉结筋进行实体检测。

(2) 排砖摆底、盘角。

砌筑时，墙体的第一皮空心砖应进行试摆。排砖时，不够半砖处应采用普通砖或配砖补砌，半砖以上的非整砖采用无齿锯加工制作。

（3）砌筑。

1）在填充墙上钻孔、镂槽或切锯时，应使用专用工具，不得任意剔凿。预留洞、预埋件、预埋管不得砌筑后剔凿。

2）轻骨料混凝土小型空心砌块应采用整块砌块砌筑。当蒸压加气混凝土砌块需断开时，应采用无齿锯切割，裁切长度不应小于砌块总长度的1/3。

3）烧结空心砖墙应侧立砌筑，孔洞应呈水平方向。空心砖墙底部应砌筑3皮普通砖，门窗洞口两侧一砖范围内应采用烧结普通砖砌筑。

4）组砌时应上下错缝，交接处应咬槎搭砌，掉角严重的空心砖不宜使用。转角及交接处应同时砌筑，不得留直槎。留斜槎时，斜槎高度不大于1.2m。

5）填充墙砌体砌筑，应在承重主体结构验收合格后进行。填充墙顶部与承重主体结构之间的空隙部位，应在填充墙砌筑14天后进行砌筑。

6）填充墙与框架的连接，可根据设计要求采用脱开或不脱开的方法。

7）外墙采用空心砖砌筑时，应采用防雨水渗漏的措施。

2. 工艺标准

（1）砌筑空心砖墙的水平灰缝厚度和竖向灰缝宽度为10mm，且不小于8mm，不大于12mm。当蒸压加气混凝土砌块砌体采用蒸压加气混凝土砌块粘结砂浆时，水平灰缝厚度和竖向灰缝宽度宜为3～4mm。

（2）轻骨料混凝土小型空心砌块、蒸压加气混凝土砌块砌筑时，其产品龄期应大于28天，蒸压加气混凝土砌块的含水率宜小于30%。填充墙砌体砌块强度应符合设计要求。

（3）填充墙与框架柱（剪力墙、框架梁）之间的拉结筋，采用化学植筋方式连接时，拉结钢筋非破坏的拉拔试验其轴向受拉的承载力不应小于6.0kN。

（4）允许偏差：轴线位置≤10mm；垂直度≤5mm；层高大于3m时垂直度≤10mm；表面平整度≤8mm；门窗洞口高、宽±10mm；外墙上、下窗口偏移≤20mm。

（5）空心砖砌体砂浆饱满度：水平灰缝≥80%；垂直灰缝应填满砂浆，不得有透明缝、瞎缝、假缝。蒸压加气混凝土砌块、轻骨料混凝土小型空心砌块砌体砂浆饱满度：水平灰缝≥80%，垂直灰缝≥80%。

（6）采用蒸压加气块砌筑时搭接长度不小于砌块长度的1/3，且不应小于150mm；不能满足时，在水平灰缝中应设置2φ6钢筋或φ4钢筋网片加强。轻骨料混凝土小型空心砌块搭砌长度不应小于90mm，竖向通缝不应大于2皮。

（7）与构造柱相邻部位砌体应砌成马牙槎，马牙槎应先退后进，每个马牙槎沿高度方向的尺寸不宜超过300mm，凹凸尺寸宜为60mm。砌筑时，砌体与构造柱间应沿墙高每500mm设拉结钢筋，钢筋数量及伸入墙内长度应满足设计要求。

（三）结构模板

本小节适用于变电站工程混凝土结构模板工程的施工及验收。

1. 关键工序控制

（1）施工准备。

1）模板及支架应根据施工过程中的各种工况进行设计，应具有足够的承载力和刚度，并应保证其整体稳固性。

2）模板及支架宜选用轻质、高强、耐用的材料。连接件宜选用标准定型产品。

3）接触混凝土的模板表面应平整，并应具有良好的耐磨性和硬度。清水混凝土模板的面板材料应能保证脱模后所需的饰面效果。

（2）定位放线。

安装模板时，应进行测量放线，应采取保证模板位置准确的定位措施。

（3）排架搭设。

1）支架的高宽比不宜大于3。当高宽比大于3时，应加强整体稳固性措施。

2）使用扣件式钢管脚手架时，立杆纵距、横距不应大于1.5m，步距不应大于2.0m。纵向扫地杆距立杆底部不大于200mm。除顶层步距外，其余各层步距接头应采用对接扣件连接。脚手架大于6m时，应设置竖向剪刀撑，间距和单幅剪刀撑的宽度不大于8m。立杆、剪刀撑的搭接长度不应小于1m，且不少于3个扣件连接，扣件盖板边缘至杆端不应小于100mm。水平杆的搭接长度不应小于1m，且不少于3个扣件连接，扣件盖板边缘至杆端不应小于100mm。

3）采用扣件式钢管作为高大模板支架时，立杆纵距、横距不应大于1.2m，步距不大于1.8m。立杆纵向和横向应设置扫地杆，距立杆底部不大于200mm。剪刀撑的间距不大于5m，沿高度方向搭设的水平剪刀撑间距不大于6m。

4）采用盘扣式钢管作模板支架时，立杆上、下层水平杆间距不大于1.8m，立杆顶端可调托座伸出顶层水平杆的悬臂长度不应大于650mm。立柱间距应设置专用斜杆或扣件钢管斜杆加强模板支架。

5）模板支架的竖向斜撑和水平斜撑支架应同步搭设，支架应与成型的混凝土结构拉结。

（4）模板组装、校正、验收。

1）模板面板背楞的截面高度宜统一。模板制作与安装时，面板接缝应严密。有防水要求的墙体，其模板对拉螺栓中部应设止水片，止水片应与对拉螺栓环焊。

2）模板及支架应保证工程结构和构件各种部分形状、尺寸和位置准确，且应便于钢筋安装和混凝土浇筑、养护。

3）脱模剂应能有效减小混凝土与模板间的吸附力，并应有一定的成膜强度，且不应影响脱后混凝土表面的后期装饰。

4）模板安装应保证混凝土结构构件各部分形状、尺寸和相对位置准确，并应防止漏浆。

5）模板安装应与钢筋安装配合进行，梁柱节点的模板宜在钢筋安装后安装。

6）模板与混凝土接触面应清理干净并涂刷脱模剂，脱模剂不得污染钢筋和混凝土接槎处。

7）固定在模板上的预埋件、预留孔洞均不得遗漏，且应安装牢固，位置准确。

（5）模板拆除。

1）模板拆除时，采用先支后拆、后支先拆，先拆非承重模板、后拆承重模板的顺序，从上而下进行拆除。

2）当混凝土强度能保证其表面及棱角不受损伤时，方可拆除侧模。底模及支架应在混凝土强度达到设计要求后再拆除。

2. 工艺标准

（1）模板及支架用材料的技术指标应符合国家现行有关标准和规定。进场时应抽样检验模板和支架材料的外观、规格和尺寸。

（2）后浇带处的模板及支架应独立设置。

（3）支架立柱和竖向模板安装在土层上时，应设置具有足够强度和支撑面积的垫板，土层应坚实并应有排水措施。立杆下应有底座或垫板。

（4）模板安装接缝应严密，模板内不得有杂物、积水或冰雪。模板与混凝土接触面应平整、清洁。对清水混凝土及装饰混凝土构件，应使用能达到设计效果的模板。

（5）隔离剂的品种和涂刷方法应符合施工方案的要求。隔离剂不得影响结构性能及装饰施工；不得沾污钢筋、预应力筋、预埋件和混凝土接槎处；不得对环境造成污染。

（6）对跨度不小于 4m 的梁、板，其模板施工起拱高度宜为梁、板跨度的 $1/1000 \sim 3/1000$。起拱不得减小构件的截面高度。

（7）预埋件中心线位置偏差不大于 3mm；预留孔中心线位置偏差不大于 3mm；预留洞中心线位置偏差不大于 10mm，尺寸偏差 0～10mm。

（8）现浇混凝土结构模板安装允许偏差：轴线位置 ≤5mm；基础模板尺寸偏差 ±10mm，柱、墙、梁尺寸 ±5mm；垂直度偏差 ≤8mm；表面平整度 ≤3mm。

（四）永久性模板

本小节适用于变电站永久性模板（压型板底模）的施工及验收。

1. 关键工序控制

楼承板安装关键工序控制如下：

1）楼承板铺设必须在高强度螺栓终拧、梁焊接超声波探伤检测合格、节点防腐修复等完成后进行。

2）结构验收后，板料吊运前，认真清除钢梁顶面上油污、油漆及杂物，保持清洁，严防潮湿。楼承板如有弯曲应矫正好。

3）按楼承板的排版图，测放出铺设位置线并用墨线标注在钢梁上翼缘平面上。

4）按其不同板型，将所需块数配置好，吊运到每一

施工节间。为保护楼承板在吊运时不变形，应使用软吊索或在钢丝绳与板接触的转角处加胶皮或钢板下使用垫木，但必须捆绑牢固。谨防垫木滑移，楼承板倾斜滑落伤人。

5）应严格按照图纸和规范要求将板调直压实。要求沟槽对直，便于焊接栓钉、布设钢筋和绑扎。四周边缘搭接要符合设计要求和规范规定，边角处应先放样，后配置，防止缝隙过大而影响混凝土浇筑。

6）板与板、板与梁堵头板、封边板等要同相应构件紧贴，焊接牢固。

7）楼承板在铺设中，不允许有下凹现象。安装时，楼承板平面要绷直，并随铺随时点焊牢固，谨防滑落伤人。

8）楼承板与钢梁的固定，采用栓钉穿透楼承板与钢梁焊接熔融在一起的方法。

（1）钢筋桁架楼承板安装。

1）楼承板铺设前，根据楼承板排板图和楼承板铺设方向，在支座钢梁上绘制第一块楼承板侧边不大于 20mm 的定位线（宜按排版图纸距离确定），保证标准模板侧边不与钢梁翼缘搭接；在楼承板起始端的钢梁翼缘上绘制钢筋桁架起始端 50mm 基准线（点）。

2）钢柱处，楼承板模板按设计图在工厂切去与钢柱碰撞部分。楼承板模板与支承角钢的连接，采用封边条的方式。封边条与模板用拉铆钉固定，封边条与支承角钢用点焊固定。

3）按照设计图中楼承板的铺设方向，对准基准线（点），安装第一块楼承板。严格保证第一块楼承板模板侧边基准线重合。模板端部与钢梁翼缘之间的空隙距离由排板图定。空隙采用堵缝措施处理。

4）放置钢筋桁架时，先确定一端支座为起始端，钢筋桁架端部伸入钢梁内的距离应符合设计图要求，且不小于 50mm。钢筋桁架另一端伸入梁内长度不小于 50mm。钢筋桁架两端的腹杆下节点应搁置在钢梁上，搁置距离不小于 20mm，无法满足时，应设置可靠的端部支座措施。

5）连续板中间钢梁处，钢筋桁架腹杆下节点应放置于钢梁上翼缘，下节点距离钢梁上翼缘边不小于 10mm。无法满足时，应设置可靠的中间支座措施。

6）按照设计图的楼承板铺设方向，依次安装其他楼承板，模板与模板之间距离应保持均匀。两块楼承板模板就位后，在桁架两端用两块辅助定位木模板临时定位，保证楼承板模板搭接距离为 20mm，随后点焊钢筋支座。支座固定后，将辅助定位木模板拆除，并重复使用。

7）楼承板铺设一个区格后，应及时在各块楼承板模板搭接处，按间距 200mm 钻孔，并用拉铆钉固定，保证模板搭边处连接可靠。采用可靠的堵缝措施，保证楼承板模板与框架梁四周不漏浆。重复使用的模板，在满足间距的要求下，搭接处可在旧孔处拉铆钉固定。

8）楼承板模板与框架梁四周的缝隙，可采用收边条堵缝。收边条一边与模板按间距 200mm 拉铆钉固定，另一边与钢梁翼缘点焊。也可采用吊木模板进行堵缝，通

过铁丝将木模板和钢筋桁架下部钢筋或木模板定位钢筋相连接。木模板与钢筋之间应填充模板水平定位垫块，保证模板水平和钢筋保护层厚度。

（2）压型金属板安装。

1）压型金属板与主体结构（钢梁）的锚固支承长度应符合设计要求，且不应小于50mm；端部锚固可采用点焊、贴角焊或射钉连接，设置位置应符合设计要求。

2）转运至楼面的压型金属板应当天安装和连接完毕，当有剩余时应固定在钢梁上或转移到地面堆场。

3）支承压型金属板的钢梁表面应保持清洁，压型金属板与钢梁顶面的间隙应控制在1mm以内。

4）安装边模封口板时，应与压型金属板波距对齐，偏差不大于3mm。

5）压型金属板安装应平整、顺直，板面不得有施工残留物和污物。

6）压型金属板需预留设备孔洞时，应在混凝土浇筑完毕后使用等离子切割或空心钻开孔，不得采用火焰切割。

7）设计文件要求在施工阶段设置临时支承时，应在混凝土浇筑前设置临时支承，待浇筑的混凝土强度达到规定强度后方可拆除。混凝土浇筑时应避免在压型金属板上集中堆载。

2．工艺标准

（1）楼承板。

1）铺设前对弯曲变形者应矫正好，钢梁顶面要保持清洁，严防潮湿及涂刷油漆未干。

2）安装楼承板前，应在梁上标出楼承板铺放的位置线。铺放楼承板时，相邻两排楼承板端头的波形槽口应对准。吊装就位后，散板先从钢梁已弹出的起铺线开始，沿铺设方向单块就位，到控制线后应适当调整板缝。

3）应严格按照图纸和规范的要求来散板与调整位置，板的直线度为单跨最大偏差10mm，板的错口要求<5mm，检验合格后方可与主梁连接。

4）楼承板的铺设方向应垂直于小次梁方向铺设，在主梁处断开，搭接不小于50mm。

5）不规则面板的铺设根据现场钢梁的布置情况，以钢梁的中心线进行放线，然后再放出控制线，得出实际要铺设楼承板的面积，再根据楼承板的宽度进行排版。之后再对楼承板进行放样，切割。将楼承板在地面或平台上进行预拼和，发现有咬合不紧和不严密的部位要进行调整。按照实际排版图进行铺设，连接固定。

6）挡板、收边板与封边板安装为防止楼板混凝土浇筑时漏浆，保持楼承板密封严密和四边结构尺寸。挡板、收边板与封边板的厚度不小于4mm。

（2）钢筋桁架楼承板。

1）必须按设计要求设置楼板连接钢筋、支座钢筋及与钢筋桁架垂直方向的钢筋，并应将其与钢筋桁架绑扎采用双丝双扣绑扎牢固。连接钢筋、支座钢筋按设计图要求放置。与钢筋桁架垂直方向的钢筋上筋应根据设计图放在钢筋桁架上弦钢筋的下面或上面，下筋应放在钢筋桁架下弦钢筋的上面。

2）钢筋桁架铺设一定面积后，必须及时绑扎连接钢筋、支座钢筋及与钢筋桁架垂直方向的钢筋，确保楼承板连成一个整体。

3）楼承板开孔处必须按设计要求设置洞边加强钢筋及边模，待楼板混凝土达到设计强度拆除模板后，方可切断钢筋桁架的钢筋。如果混凝土泵送管穿过楼板，开洞处必须切断钢筋桁架时，应在洞口两侧切断的钢筋桁架下方设置临时支撑。

（3）压型钢板。

1）压型金属板、泛水板、包角板和屋脊盖板等应固定可靠、牢固，防腐涂料涂刷和密封材料敷设应完好，连接件数量、规格、间距应满足设计要求并符合国家现行标准的规定。

2）扣合型和咬合型压型金属板板肋的扣合或咬合应牢固，板肋处无开裂、脱落现象。

3）连接压型金属板、泛水板、包角板和屋脊盖板采用的自攻螺钉、铆钉、射钉的规格尺寸及间距、边距等应满足设计要求并符合国家现行标准的规定。

4）屋面及墙面压型金属板的长度方向连接采用搭接连接时，搭接端应设置在支承构件（如檩条、墙梁等）上，并应与支承构件有可靠连接。当采用螺钉或铆钉固定搭接时，搭接部位应设置防水密封胶带。压型金属板长度方向的搭接长度应满足设计要求，且当采用焊接搭接时，压型金属板搭接长度不宜小于50mm。

5）组合楼板中压型钢板与支承结构的锚固支承长度应满足设计要求，且在钢梁上的支承长度不应小于50mm，在混凝土梁上的支承长度不应小于75mm，端部锚固件连接应可靠，设置位置应满足设计要求。

6）组合楼板中压型钢板侧在钢梁上的搭接长度不应小于25mm，在设有预埋件的混凝土梁或砌体墙上的搭接长度不应小于50mm；压型钢板铺设末端距钢梁上翼缘或预埋件边不大于200mm时，可用收边板收头。

7）压型金属板屋面、墙面的造型和立面分格应满足设计要求。

8）压型金属板屋面应防水可靠，不得出现渗漏。

9）压型金属板安装应平整、顺直，板不应有施工残留物和污物。檐口和墙面下端应呈直线，不应有未经处理的孔洞。

10）连接压型金属板、泛水板、包角板和屋脊盖板采用的自攻螺钉、铆钉、射钉等与被连接板应紧固密贴，外观排列整齐。

（五）钢筋加工与安装

本小节适用于变电站工程混凝土结构钢筋工程施工及验收。

1．关键工序控制

（1）施工准备。

钢筋加工前应将表面清理干净。表面有颗粒状、片状老锈或有损伤的钢筋不得使用。

（2）钢筋加工。

1）钢筋强度和最大力总延伸率应符合规范要求。

2）施工中发现钢筋脆断、焊接性能不良或力学性能显著不正常等现象时，应停止使用该批钢筋，并应对该批钢筋进行化学成分检验或其他专项检验。

3）钢筋加工宜在常温下进行，加工过程中不应对钢筋进行加热。钢筋应一次弯折到位。

4）纵向受力钢筋的弯折后平直段长度应符合设计和规范要求。光圆钢筋末端做180°弯钩时，弯折后平直段长度不应小于钢筋直径3倍，且弯折半径不小于钢筋直径的2.5倍。

5）箍筋、拉筋末端应按设计要求做弯钩，并应符合下列规定：

a. 对一般构件箍筋弯钩弯折角度不小于90°，弯折后平直段长度不小于箍筋直径5倍；对有抗震设防要求的构件，箍筋弯钩的弯折角度不小于135°，弯折后平直段长度不小于箍筋直径的10倍和75mm两者之中的较大值。

b. 圆形箍筋的搭接长度不小于其受拉锚固长度，且两末端均做不小于135°弯钩。

c. 拉筋用作梁、柱单肢箍筋或梁腰筋间拉结筋时，两端弯钩弯折角度不小于135°。拉筋用作剪力墙、楼板等构件中拉结筋时，两端弯钩可采用一端135°另一端90°，弯折后平直段长度不小于拉筋直径的5倍。

6）焊接封闭箍筋宜采用闪光对焊，也可采用气压焊或单面搭接焊，并宜采用专用设备进行焊接。每个箍筋的焊点数量应为1个，焊点宜位于多边形箍筋中的某边中部。梁箍筋焊点应设置在顶边或底边。

（3）钢筋安装。

1）钢筋接头设置在受力较小处，同一纵向受力钢筋不宜设置两个或两个以上接头。接头末端至钢筋弯起点的距离，不应小于钢筋直径的10倍。有抗震设防要求的结构中，梁端、柱端箍筋加密区范围内不应进行钢筋搭接。

2）纵向受力钢筋采用绑扎搭接时，接头设置应符合下列规定：

a. 同一构件内的接头应分批错开。各接头的横向净间距不小于钢筋直径，且不小于25mm。

b. 接头连接区段的长度为1.3倍搭接长度，凡接头中点位于该连接区段长度内的接头均应属于同一连接区段，搭接长度可取相互连接两根钢筋中较小直径计算。

c. 纵向受拉钢筋的接头面积百分率，梁、板及墙类构件不超过25%，基础筏板不超过50%，柱类构件不超过50%。当工程中确有必要增大接头面积百分率时，对梁类构件不应大于50%。

3）梁、柱的纵向受力钢筋搭接长度范围内应配置箍筋，且箍筋直径不小于搭接钢筋较大直径的25%。受拉搭接区段的箍筋间距不应大于搭接钢筋较小直径的5倍，且不大于100mm。受压搭接区段箍筋间距不大于搭接钢筋较小直径的10倍，且不大于200mm。

4）钢筋的绑扎接头应在接头中心和两端用铁丝扎牢。墙、柱、梁钢筋骨架中各竖向面钢筋网交叉点应全数绑扎。构造柱纵向钢筋宜与承重结构同步绑扎。梁及柱中箍筋、墙中水平分布筋、板中钢筋距构件边缘的起始距离宜为50mm。

5）框架节点处梁纵向受力钢筋宜放在柱纵向钢筋内侧。当主次梁底标高相同时，次梁下部钢筋应放在主梁下部钢筋之上。剪力墙中水平分布筋宜放在外侧，并宜在墙端弯折锚固。

6）钢筋安装时应采用专用定位件用以固定钢筋的位置。混凝土框架梁、柱保护层内，不宜采用金属定位件。

2. 工艺标准

（1）混凝土浇筑前，应进行钢筋隐蔽工程验收。

（2）钢筋进场时，应按国家现行相关标准的规定抽取试件作屈服强度、抗拉强度、伸长率、弯曲性能和质量偏差检验。

（3）成型钢筋进场时，应抽取试件做屈服强度、抗拉强度、伸长率和质量偏差检验。

（4）对按一、二、三级抗震等级设计的框架和斜撑构件，其纵向受力普通钢筋性能应符合下列规定：

1）抗拉强度实测值与屈服强度实测值的比值不应小于1.25。

2）屈服强度实测值与屈服强度标准值的比值不应大于1.30。

3）最大力下总延伸率实测值不应小于9%。

（5）钢筋应平直、无损伤，表面不得有裂纹、油污、颗粒状或片状老锈。

（6）光圆钢筋弯折的弯弧内直径不应小于钢筋直径的2.5倍。400MPa级带肋钢筋，不应小于钢筋直径的4倍。500MPa级带肋钢筋，直径不大于28mm时不应小于钢筋直径的6倍，直径大于28mm时不应小于钢筋直径的7倍。

（7）箍筋弯折处弯弧内直径不应小于纵向受力钢筋直径。

（8）钢筋安装时，受力钢筋的牌号、规格和数量必须符合设计要求。钢筋应安装牢固，受力钢筋的安装位置、锚固方式应满足设计要求。

（六）钢筋闪光对焊

本小节适用于变电站工程钢筋闪光对焊焊接的施工及验收。

1. 关键工序控制

（1）施工准备。

1）施焊的各种钢筋、钢板均应有质量证明书或产品合格证。

2）各种焊接材料应分类存放、妥善处理。应采用防止锈蚀、受潮变质等措施。

3）在钢筋焊接开工之前，参与该项工程施焊的焊工必须进行现场条件下的焊接工艺试验，应经试验合格后方准焊接。

4）钢筋焊接前，应清除钢筋、钢板焊接部位的锈斑、油污、杂物等。

5）待焊箍筋为半成品，应进行加工质量的检查。两钢筋头端面应闭合无斜口，接口处应有一定弹性压力。

（2）顶锻。

1）施焊中，焊工应熟练掌握各项留量参数，以确保焊接质量。

2）闪光对焊时钢筋径差不得超过4mm。两根钢筋的轴线应在同一直线上，轴线偏移允许值应按较小直径的钢筋计算。

3）在环境温度低于−5℃时，闪光对焊宜采用预热闪光焊或闪光—预热闪光焊，可增加调伸长度，采用较低变压器级数，增加预热次数和间歇时间。

4）箍筋闪光对焊的焊点位置宜设在箍筋受力较小一边的中部。不靠边的多边形箍筋对焊点位置宜设在两个边上的中部。

5）箍筋闪光对焊宜使用100kVA的箍筋专用对焊机，采用预热闪光焊。

6）顶锻留量应为3～7mm，并应随钢筋直径的增大和钢筋牌号的提高而增加。其中，有电顶锻留量约占1/3，无电顶锻留量约占2/3，焊接时必须控制得当。焊接HRB 500钢筋时，顶锻留量宜稍微增大，以确保焊接质量。

7）顶锻速度应越快越好，特别是顶锻开始的0.1s应将钢筋压缩2～3mm，使焊口迅速闭合不致氧化，而后断电并以6mm/s的速度顶锻至结束。

8）顶锻压力应足以将全部的融化金属从接头内挤出，而且还要使临近接头处（约10mm）的金属产生适当的塑性变形。

2．工艺标准

（1）焊接接头的拉伸试验，应从每一检验批接头中随机切取3个接头进行试验，试验结果应满足《钢筋焊接及验收规程》（JGJ 18—2012）要求。

（2）闪光对焊接头做弯曲试验时，应从每个检验批接头中随机切取3个接头，焊缝应处于弯曲中心点，弯曲角度应满足90°，弯心直径：HPB300，2d；HRB400，5d。

（3）焊接接头的质量检验，应分批进行外观质量检查和力学性能检验。闪光对焊接头表面应呈圆滑、带毛刺状，不得有肉眼可见的裂纹。与电极接触处的钢筋表面不得有明显烧伤。接头处的弯折角度不得大于2°。接头处的轴线偏移不得大于钢筋直径的1/10，且不得大于1mm。箍筋对焊接头所在直线边的顺直度检测结果凹凸不得大于5mm。

（七）钢筋电渣压力焊

本小节适用于变电站工程钢筋电渣压力焊焊接的施工及验收。

1．关键工序控制

（1）施工准备。

1）电渣压力焊应用于柱、墙等竖向受力钢筋连接，不得用于梁、板等构件中水平钢筋的连接。

2）电渣压力焊应用于现浇钢筋混凝土结构中竖向或倾斜度不大于10°的斜向钢筋连接。

3）电渣压力焊焊机容量应根据所焊钢筋直径选定，接线端应连接紧密，确保良好导电。

（2）试焊件制作、确定焊接参数。

1）直径12mm钢筋电渣压力焊时，应采用小型焊接夹具，上下两钢筋对正，不偏歪，多做焊接工艺试验，确保焊接质量。

2）焊接参数包括焊接电流、焊接电压、焊接通电时间，应符合规范要求。

（3）施焊。

1）焊接夹具应具有足够刚度，夹具形式、型号应与焊接钢筋配套，上下钳口应同心，夹紧于上、下钢筋上。钢筋一经夹紧，不得晃动。

2）引燃电弧后，应先进行电弧过程，然后加快上钢筋下送速度，使上钢筋端面插入液态渣池约2mm，转变为电渣过程，最后在断电的同时，迅速下压上钢筋，挤出熔化金属和熔渣。

3）在焊接过程中焊工应进行自检，当发现偏心、弯折、烧伤等焊接缺陷时，应查找原因，采用措施及时消除。

2．工艺标准

（1）电渣压力焊接接头的质量检验，应分批进行外观质量检查和力学性能检验。

（2）接头处的弯折角度不得大于2°，轴线偏移不得大于1mm。钢筋与电极接触处应无烧伤缺陷。

（3）接头焊毕应稍作停歇，方可回收焊剂和卸下焊接夹具。敲去渣壳后，四周焊包凸出钢筋表面的高度，当钢筋直径不大于25mm时不得小于4mm，当钢筋直径为28mm及以上时不得小于6mm。

（八）钢筋机械连接

本小节适用于变电站工程钢筋机械连接的施工及验收。

1．关键工序控制

（1）施工准备。

1）混凝土结构中要求充分发挥钢筋强度或对延性要求高的部位应选用Ⅱ级或Ⅰ级接头。当同一连接区段内钢筋接头面积百分率为100%时，应选用Ⅰ级接头。

2）连接件的混凝土保护层厚度不小于0.75倍钢筋最小保护层厚度和15mm的较大值。

3）对直接承受重复荷载的结构，接头应选用包含有疲劳性能的型式检验报告的认证产品。

4）应用接头时，应审查和验收接头相关技术资料，包括接头有效型式检验报告，接头加工安装技术文件，连接件产品合格证和连接件原材料质量证明书。

5）各种类型和型式接头都应进行工艺检验，检验项目包括单向拉伸极限抗拉强度和残余变形；接头现场抽验项目应包括极限抗拉强度试验，加工和安装质量检验。每种规格钢筋接头试件不应少于3根。

（2）钢筋直螺纹丝头加工。

1）钢筋丝头现场加工与接头安装应按接头技术提供单位的加工、安装技术要求进行，操作工人应经专业培训合格后上岗,人员应稳定。

(2) 直螺纹钢筋丝头加工,钢筋端部应采用带锯、砂轮锯或带圆弧刀片的专用钢筋切断机切平,镦粗头不应有与钢筋轴线相垂直的横向裂纹。丝头长度应满足要求,极限偏差应为 $0\sim2p$(p 为螺纹的螺距)。

(3) 现场拧合安装。

1) 直螺纹接头安装时可用管钳扳手拧紧,钢筋丝头应在套筒中央位置相互顶紧,单侧外露螺纹不超过 $2p$。对无法对顶的接头,应附加锁紧螺母、顶紧凸台等措施紧固。

2) 接头宜相互错开。接头面积百分率应符合下列要求:

a. 同一连接区段内Ⅲ级接头面积百分率不应大于 25%,Ⅱ级接头面积百分率不应大于 50%。

b. 接头无法避开有抗震要求的框架梁、柱端箍筋加密区时,应采用Ⅱ级或Ⅰ级接头,且接头面积百分率不应大于 50%。

c. 对直接承受重复荷载的结构构件,接头面积百分率不应大于 50%。

d. 受拉钢筋应力较小部位或纵向受压钢筋,接头面积百分率可不受限制。

2. 工艺标准

(1) 接头安装后应用扭力扳手校核拧紧扭矩。直螺纹接头安装时最小拧紧扭矩值:钢筋直径≤16mm,扭矩 100N·m;钢筋直径:18~20mm,扭矩 200N·m;钢筋直径:22~25mm,扭矩 260N·m;钢筋直径:28~32m,扭矩 320N·m;钢筋直径:36~40mm,扭矩 360N·m。

(2) 接头安装前应检验套筒适用的钢筋强度等级应与工程用钢筋强度等级一致,进场套筒与型式检验的套筒尺寸和材料应一致。

(3) 接头现场抽检应按同钢筋生产厂、同强度等级、同规格、同类型和同型式接头进行极限抗拉强度试验。

(4) 螺纹接头安装后应抽取其中 10% 进行拧紧扭矩校核,拧紧扭矩值不合格数超被校核接头数的 5% 时,应重新拧紧全部接头,直到合格为止。

(5) 对接头每一验收批应在工程结构中随机截取 3 个接头试件做极限抗拉强度试验,按设计要求的接头等级进行评定。

(6) 现场截取抽样试件后,原接头位置的钢筋可采用同等规格的钢筋进行绑扎搭接连接、焊接或机械连接方法补接。

(九) 混凝土浇筑与养护

本小节适用于变电站工程混凝土工程施工及验收。

1. 关键工序控制

(1) 施工准备。

1) 混凝土宜采用预拌混凝土浇筑,采用搅拌运输车运输。对首次使用的配合比应进行开盘鉴定。

2) 未经处理的海水严禁用于钢筋混凝土结构混凝土的拌制和养护。

3) 大体积混凝土的配合比设计应控制水泥用量,宜选用中、低水化热水泥,并掺加粉煤灰、矿渣粉,宜采用高性能减水剂。

(2) 混凝土浇筑。

1) 采用搅拌运输车运输混凝土时,当坍落度损失较大不能满足施工要求时,可在运输车罐内加入适量的与原配合比相同成分的减水剂。

2) 混凝土运输、输送、浇筑过程中严禁加水。混凝土运输、输送、浇筑过程中散落的混凝土严禁用于混凝土结构构件的浇筑。

3) 混凝土应布料均衡,应对模板及支架进行观察和维护。混凝土浇筑和振捣应采取防止模板、钢筋、钢构、预埋件及其定位件移位的措施。

4) 混凝土输送宜采用泵送方式。混凝土粗骨料最大粒径不大于 25mm 时,可采用内径不小于 125mm 的输送泵管;粗骨料最大粒径不大于 40mm 时,可采用内径不小于 150mm 的输送泵管。

5) 浇筑混凝土前,应清除模板内或垫层上的杂物。表面干燥的地基、垫层、模板上应洒水湿润。现场环境温度高于 35℃ 时,宜对金属模板进行洒水降温,洒水后不得留有积水。

6) 混凝土浇筑应保证混凝土的均匀性和密实性。混凝土宜一次性浇筑。混凝土需分层浇筑,上层混凝土应在下层混凝土初凝之前浇筑完毕。

7) 混凝土浇筑的布料点宜接近浇筑位置,应采取减少混凝土下料冲击的措施。宜先浇筑竖向构件,后浇筑水平构件。先浇筑低区部分,后浇筑高区部分。

8) 柱、墙模板内的混凝土浇筑不得发生离析,粗骨料粒径>25mm,倾落高度≤3m;粗骨料粒径≤25mm,倾落高度≤6m。不能满足要求时,应加设串筒、溜管、溜槽等装置。

9) 清水混凝土浇筑,应根据结构特点进行构件分区,同一构件分区应采用同批混凝土,并连接浇筑。同层或同区内混凝土构件所用材料牌号、品种、规格应一致,应保证结构外观色泽符合要求。竖向构件浇筑时应严格控制分层浇筑的间歇时间。

10) 基础大体积混凝土采用多条输送泵管浇筑时,输送泵管间距不大于 10m,并由远及近浇筑。先浇筑深坑部分再浇筑大面积基础部分。采用斜面分层浇筑方法,也可采用全面分层、分块分层浇筑方法,分层厚度不宜大于 500mm。抹面次数应适当增加。同时应有排除积水或混凝土泌水的有效技术措施。

(3) 机械振捣密实。

混凝土振捣应采用插入式振动棒、平板振动器或附着振动器,必要时可采用人工辅助振捣。

(4) 混凝土压光找平。

混凝土浇筑后,在混凝土初凝前和终凝前,宜分别对混凝土裸露表面进行抹面处理。

(5) 混凝土养护。

1) 混凝土浇筑后应及时进行保湿养护,保湿养护可采用洒水、覆盖、喷涂养护剂等方式。养护方式应根据现场条件、环境温湿度、构件特点、技术要求、施工操作等因素确定。

2）混凝土强度达到 1.2MPa 前，不得在其上踩踏、堆放物料、安装模板及支架。

2. 工艺标准

（1）混凝土振捣应能使模板内各个部位混凝土密实、均匀，不应漏振、欠振、过振。

（2）采用硅酸盐水泥、普通硅酸盐水泥或矿渣硅酸盐水泥配制的混凝土，养护时间不应少于 7 天；采用缓凝型外加剂、大掺量矿物掺合料配制的混凝土，养护不少于 14 天；抗渗混凝土、强度等级 C60 及以上的混凝土，养护不少于 14 天。

（3）洒水养护在混凝土裸露表面覆盖麻袋或草帘后进行，也可直接洒水、蓄水等养护方式。洒水养护应保证混凝土表面处于湿润状态。当日最低混凝土低于 5℃ 时，不应采用洒水养护。

（4）覆盖养护在混凝土裸露表面覆盖塑料薄膜、塑料薄膜加麻袋、塑料薄膜加草帘进行。塑料薄膜应紧贴混凝土裸露表面，塑料薄膜内应保持有凝结水。

（5）喷涂养护剂应均匀喷涂在构件表面，不得漏喷。养护剂应具有可靠的保温效果。

（6）基础大体积混凝土裸露表面应采用覆盖养护方式，当混凝土表面以内 40～100mm 位置的温度与环境温度的差值小于 25℃ 时，可结束覆盖养护。

（7）混凝土的强度等级必须符合设计要求。对同一配合比混凝土，每拌制 100 盘且不超过 100m² 时，取样不得少于 1 次；连接浇筑超过 100m³ 时，每 200m³ 取样不得少于 1 次；地面及每层楼面取样不得少于 1 次。每次取样应至少留置一组试件。

（8）现浇混凝土结构的外观质量不应有严重缺陷，不应有影响结构性能或使用功能的尺寸偏差；混凝土设备基础不应有影响结构性能或设备安装的尺寸偏差。

（9）自密实混凝土粗骨料最大粒径不宜大于 20mm。

（10）允许偏差：整体基础轴线位置不大于 15mm，独立基础轴线位置不大于 10mm，柱墙梁轴线不大于 8mm；垂直度不大于 10mm；层高标高±10mm，全高标高±30mm；截面尺寸偏差−5～＋10mm；表面平整度不大于 8mm；预留孔洞中心线位置不大于 15mm。

（11）现浇设备基础尺寸偏差：坐标位置不大于 20mm；不同平面标高 0～20mm，平面外形尺寸±20mm，每米水平度不大于 5mm，垂直度不大于 5mm。

（12）混凝土中氯离子含量和碱总含量应符合现行 GB 50010—2010 的规定和设计要求。

（13）现浇和装配式混凝土结构应按照《混凝土结构工程施工质量验收规范》（GB 50204—2015）的要求，开展结构实体检验，检测数量、内容和检验结果必须满足要求。

（十）施工缝留设及处理

本小节适用于变电站工程混凝土结构施工缝的施工及验收。

1. 关键工序控制

（1）确定施工缝位置

1）施工缝和后浇带应留设在结构受剪力较小且便于施工的位置。

2）水平施工缝的留设位置应符合下列规定：

a. 柱施工缝与结构上表面的距离宜为 0～100mm，墙施工缝与结构上表面的距离宜为 0～300mm。

b. 施工缝与结构下表面的距离宜为 0～50mm；当板下有梁托时，可留设在梁托下 0～20mm 内。

3）竖向施工缝和后浇带的留设位置应符合下列规定：

a. 有主次梁的楼板施工缝应留设在次梁跨度中间 1/3 范围内。

b. 单向板施工缝应留设在与跨度方向平行的任何位置。

c. 楼梯梯段施工缝宜设置在梯段板跨度端部 1/3 范围内。

d. 墙的施工缝设置在门洞口过梁跨中 1/3 范围内，也可留设在纵横墙交接处。

（2）留置施工缝。

防水混凝土应连续浇筑，宜少留施工缝。当留设施工缝时应符合下列规定：

1）墙体水平施工缝不应留在剪力最大处或底板与侧墙的交接处，应留在高出底板表面不小于 300mm 的墙体上。墙体有预留孔洞时，施工缝距孔洞边缘不应小于 300mm。

2）垂直施工缝应避开地下水和裂隙水较多的地段，并与变形缝相结合。

（3）施工缝清洗、刷水泥浆。

1）水平施工缝浇筑混凝土前应将表面浮浆和杂物清除，然后铺设净浆或涂刷混凝土界面处理剂、水泥基渗透结晶型防水涂料，再铺 30～50mm 厚的 1：1 水泥砂浆，并及时浇筑混凝土。

2）垂直施工缝浇筑混凝土前，应将其表面清理干净，再涂刷混凝土界面处理剂或水泥基渗透结晶型防水涂料。

（4）浇筑混凝土。

1）后浇带及施工缝边角处应加密振捣点，并应适当延长振捣时间。

2）施工缝或后浇带处混凝土浇筑，应符合下列规定：

a. 结合面应为粗糙面，并应清除浮浆、松动石子、软弱混凝土层。

b. 结合面处应洒水湿润，但不得有积水。

c. 施工缝处已浇筑混凝土的强度不应小于 1.2MPa。

d. 柱、墙水平施工缝水泥砂浆接浆层厚度不应大于 30mm，接浆层水泥砂浆应与混凝土浆液成分相同。

e. 后浇带混凝土强度等级应比两侧混凝土提高一级，并采用减少收缩的技术措施。

2．工艺标准

（1）施工缝、后浇带留设界面，应垂直于结构构件和纵向受力钢筋。结构构件厚度或高度较大时，施工缝或后浇带界面宜采用专用材料封挡。

（2）施工缝和后浇带应采用钢筋防锈或阻锈等保护措施。

（3）设备基础水平施工缝应低于地脚螺栓底端，与地脚螺栓底端的距离应大于 150mm，当地脚螺栓直径小于 30mm 时，水平施工可留设在深度不小于地脚螺栓埋入混凝土部分总长度的 3/4 处。

（4）设备基础竖向施工与地脚螺栓中心线的距离不应小于 250mm，且不小于螺栓直径的 5 倍。

（5）在浇筑前，为保证新旧混凝土的结合，施工缝处应先铺一层厚度为 1～1.5cm 的水泥砂浆，其配合比与混凝土内的砂浆成分相同。

（6）对于施工缝处浇筑完成新混凝土后要加强养护。当施工缝混凝土浇筑后，新浇筑混凝土在 12h 以内应根据气温条件加盖草帘浇水养护。

（十一）钢结构焊接（角焊缝）

本小节适用于变电站建（构）筑物工程中钢结构焊接（角焊缝）施工及验收。

1．关键工序控制

（1）施工准备。

1）焊接材料的品种、规格、性能等应符合现行国家产品标准和设计要求，并应具有钢厂和焊接材料厂出具的产品质量证明书或检验报告，其化学成分、力学性能和其他质量要求应符合国家现行有关标准的规定。

2）对于普通钢结构，选用焊接材料的抗拉强度要等于或稍高于母材，并与设计选用的焊接母材材质相匹配。

3）焊接技术人员应接受过专门的焊接技术培训，经考试合格并取得资格证书，在认可的范围内焊接作业，禁止无证上岗。

4）用于重要焊缝的焊接材料，或对质量合格证明文件有疑义的焊接材料，应进行抽样复验，复验时焊丝宜按五个批（相当炉批）取一组试验，焊条宜按三个批（相当炉批）取一组试验。

5）焊接材料应按品种、规格和批号分别存放在干燥的存储室内。在使用前，应按产品说明书的要求进行焙烘。

6）焊接施工前应根据规范要求进行焊接工艺试验评定。焊接工艺试验、评定钢材及焊接材料应与工程所用材料相同。

（2）焊材预热。

预热温度和道间温度应根据钢材的化学成分、接头的拘束状态、热输入大小、熔敷金属含氢量水平及所采用的焊接方法等综合因素确定或进行焊接试验。常用钢材采用中等热输入焊接时，电渣焊和气电立焊在环境温度为 0℃ 以上施焊时可不进行预热；但板厚大于 60mm 时，宜对引弧区域的母材预热且预热温度不应低于 50℃。焊接过程中，最低道间温度不应低于预热温度；静载结构焊接时，最高道间温度不宜超过 250℃；需进行疲劳验算的动荷载结构和调质钢焊接时，最高道间温度不宜超过 230℃。预热和道间温度控制宜采用电加热、火焰加热和红外线加热等加热方法，并采用专用的测温仪器测量。预热的加热区域应在焊接坡口两侧，宽度为焊件施焊处厚度的 1.5 倍以上，且不小于 100mm。当温度测量点为非封闭空间构件时，宜在焊件受热面的背面离焊接坡口两侧不小于 75mm 处；当温度测量点为封闭空间构件时，宜在正面离焊接坡口两侧不小于 100mm 处。当采用火焰加热器预热时正面测温应在火焰离开后进行。Ⅲ、Ⅳ 类钢材及调质钢的预热温度、道间温度的确定，应符合钢厂提供的指导性参数要求。

（3）焊接接口清理。

母材上待焊接的表面和两侧应均匀、光洁，且应无毛刺、裂纹，待焊接的表面及距焊缝位置 30mm 范围内不得有影响正常焊接和焊缝质量的氧化皮、锈蚀、油脂、水等杂质。焊接接头坡口的加工或缺陷的清除可采用机加工、热切割、碳弧气刨、铲凿或打磨等方法。

（4）定位焊接。

定位焊缝与正式焊缝应具有相同的焊接工艺和焊接质量要求。多道定位焊缝的端部应为阶梯状。采用钢衬垫的焊接接头，定位焊宜在接头坡口内进行。定位焊接时预热温度宜高于正式施焊预热温度 20～50℃；定位焊焊缝存在裂纹、气孔、夹渣等缺陷时，应完全清除。

（5）焊接。

1）搭接接头上的角焊缝不应在同一搭接接触面上相交。

2）焊接时，作业区环境温度、相对湿度和风速等应符合下列规定，当超出本条规定且必须进行焊接时，应编制专项方案：作业环境温度不应低于 -10℃；焊接作业区的相对湿度不应大于 90%；当手工电弧焊和自保护药芯焊丝电弧焊时，焊接作业区最大风速不应超过 8m/s；当气体保护电弧焊时，焊接作业区最大风速不应超过 2m/s。当焊接作业环境温度低于 0℃ 但不低于 -10℃ 时，应采取加热或防护措施，应将焊接接头和焊接表面各方向大于或等于 2 倍钢板厚度且不小于 100mm 范围内的母材，加热到规定的最低预热温度且不低于 20℃ 后再施焊。

3）采用角焊缝焊接接头，不宜将厚板焊接到较薄板上。传递轴向力的部件，其搭接接头最小搭接长度应为较薄件厚度的 5 倍，且不应小于 25mm，并应施焊纵向或横向双角焊缝；只采用纵向角焊缝连接型钢杆件端部时，型钢杆件的宽度不应大于 200mm，当宽度大于 200mm 时，应加横向角焊或中间塞焊；型钢杆件每一侧纵向角焊缝的长度不应小于型钢杆件的宽度。

4）角焊缝的焊脚尺寸应按施工图中规定施焊，不得随意加大焊脚尺寸。

5）型钢杆件搭接接头采用围焊时，在转角处应连续施焊；搭接焊缝焊脚尺寸应符合设计要求。

6）焊接后，应进行第三方探伤检测，并将检测结果报至专业监理工程师复核确认。

2. 工艺标准

（1）无疲劳验算要求的钢结构一级焊缝外观质量不允许有裂纹、未满焊、根部收缩、咬边、电弧擦伤、接头不良、表面气孔、表面夹渣。

（2）无疲劳验算要求的钢结构二级焊缝外观质量不允许有裂纹、电弧擦伤、表面气孔、表面夹渣；未焊满长度应≤0.2mm+0.02t 且≤1mm（t 为接头较薄件母材厚度），每 100mm 长度焊缝内未焊满累积长度≤25mm；根部收缩应≤0.2mm+0.02t 且≤1mm；咬边应≤0.05t 且≤0.5mm，连续长度≤100mm，且焊缝两侧咬边总长≤10%焊缝全长。接头不良缺口深度≤0.05t 且≤0.5mm，每 1m 长度焊缝内不得超过 1 处。

（3）无疲劳验算要求的钢结构三级焊缝外观质量不允许有裂纹，只允许存在个别电弧擦伤；未焊满应≤0.2mm+0.04t 且≤2mm，每 100mm 长度焊缝内未焊满累积长度≤25mm；根部收缩应≤0.2mm+0.04t 且≤2mm；咬边应≤0.1t 且≤1mm；接头不良缺口深度≤0.1t 且≤1mm，每 1000mm 长度焊缝内不得超过 1 处；表面气孔每 50mm 长度焊缝内允许存在直径<0.4t 且≤3mm 的气孔两个，孔距应≥6 倍孔径；表面夹渣深≤0.2t，长≤0.5t 且≤20mm。

（4）有疲劳验算要求的钢结构一级焊缝外观质量不允许有裂纹、未满焊、根部收缩、咬边、电弧擦伤、接头不良、表面气孔、表面夹渣。

（5）有疲劳验算要求的钢结构二级焊缝外观质量不允许有裂纹、未满焊、根部收缩、电弧擦伤、接头不良、表面气孔、表面夹渣；咬边应≤0.05t 且≤0.3mm，连续长度≤100mm，且焊缝两侧咬边总长≤10%焊缝全长。

（6）有疲劳验算要求的钢结构三级焊缝外观质量不允许有裂纹，只允许存在个别电弧擦伤；未焊满应≤0.2mm+0.02t 且≤1mm，每 100mm 长度焊缝内未焊满累积长度≤25mm；根部收缩应≤0.2mm+0.02t 且≤1mm，咬边应≤0.1t 且≤0.5mm，接头不良缺口深度≤0.05t 且≤0.5mm，每 1000mm 长度焊缝内不得超过 1 处；表面气孔直径<1.0mm，每米不多于三个，间距不小于 20mm；表面夹渣深≤0.2t，长≤0.5t 且≤20mm。

（7）无疲劳验算的一级、二级、三级焊缝外观尺寸偏差，焊脚尺寸 h_f≤6mm 时，角焊缝余高 C 为 0～1.5mm；h_f>6mm 时，C 为 0～3mm（C 为角焊缝余方，h_f 为焊缝厚度）。

（8）有疲劳验算的焊缝外观尺寸偏差，h_f 为 -1～2mm；手工焊角焊缝 h_f（全长的 10%）为 -1～3mm；角焊缝高低差≤2.0mm（任意 25mm 范围高低差）。

（9）焊成凹形的角焊缝，焊缝金属与母材间应平缓过渡，加工成凹形角焊缝，不得在其表面留下切痕。

（10）焊缝观感应达到：外形均匀、成型较好，焊道与焊道、焊道与基本金属间过渡较平滑，焊渣和飞溅物基本清除干净。

（11）角焊缝连接的部件应尽量密贴，根部间隙不宜超过 2mm，当接头的根部间隙超过 2mm 时，角焊缝的焊脚尺寸应根据根部间隙值而增加，但最大不应超过 5mm。当角焊缝的端部在构件上时，转角处宜连续包角焊，起弧和熄弧点距焊缝端部宜大于 10mm；当角焊缝端部不设置引弧和引出板的连续焊缝，起落弧点距焊缝端部宜大于 10mm，弧坑应填满。间断角焊缝每焊段的最小长度不应小于 40mm，焊段之间的最大间距不应超过较薄焊件厚度的 24 倍，且不大于 300mm。

（12）杆件端部搭接角焊缝作绕焊时，绕焊长度不应小于焊脚尺寸的 2 倍，并应连续施焊；搭接焊缝沿母材棱边的最大焊脚尺寸，当板厚不大于 6mm 时，应为母材厚度，当板厚大于 6mm 时，应为母材厚度减去 1～2mm；用搭接焊缝传递荷载的套管接头可只焊一条角焊缝，其管材搭接长度不应小于 5(t_1+t_2)，且不应小于 25mm（t_1、t_2 为接头母材厚度）。

（13）承受动载时严禁采用断续坡口焊缝和断续角焊缝；对接与角焊组合焊缝和 T 形接头的全焊透坡口焊缝应采用角焊缝加强，加强焊脚尺寸不应小于接头较薄件厚度的 1/2，但最大值不得超过 10mm。T 形接头、十字接头、角接接头等要求焊透的对接和角接组合焊缝，其加强焊脚尺寸 h_k 不应小于 $t/4$ 不大于 10mm，其允许偏差为 0～4mm。

（14）角焊缝最小焊脚尺寸；当母材厚度 t≤6mm 时，角焊缝最小焊脚尺寸为 3mm；当母材厚度 6mm<t≤12mm，角焊缝最小焊脚尺寸为 5mm；当母材厚度 12mm<t≤20mm，角焊缝最小焊脚尺寸为 6mm；当母材厚度 t>20mm，角焊缝最小焊脚尺寸为 8mm（采用不预热的非低氢焊接方法进行焊接时，t 等于焊接接头中较厚件厚度，宜采用单道焊缝；采用预热的非低氢焊接方法或低氢焊接方法进行焊接时，t 等于焊接接头中较薄件厚度）。承受动荷载的角焊缝最小焊脚尺寸为 5mm。

（15）定位焊焊缝的厚度不应小于 3mm，不宜超过设计焊缝厚度的 2/3；长度宜不小于 40mm 和接头中较薄部件厚度的 4 倍；间距宜为 300～600mm。

（十二）钢结构焊接（坡口焊缝）

本小节适用于变电站建（构）筑物工程中钢结构焊接（坡口焊缝）施工及验收。

1. 关键工序控制

（1）施工准备。

1）焊接材料的品种、规格、性能等应符合现行国家产品标准和设计要求，并应具有钢厂和焊接材料厂出具的产品质量证明书或检验报告，其化学成分、力学性能和其他质量要求应符合国家现行有关标准的规定。焊条、焊丝、焊剂、电渣焊熔嘴等焊接材料应与设计选用的钢材相匹配。

2）焊接技术人员应接受过专门的焊接技术培训，经考试合格并取得资格证书，在认可的范围内焊接作业，禁止无证上岗。

3）用于重要焊缝的焊接材料，或对质量合格证明文件有疑义的焊接材料，应进行抽样复验，复验时焊丝按五个批（相当炉批）取一组试验，焊条宜按三个批（相当炉批）取一组试验。

4）焊接材料存储应符合下列规定：焊条、焊丝、焊剂等焊接材料应按品种、规格和批号分别存放在干燥的存储室内；焊条、焊剂及栓钉瓷环在使用前，应按产品说明书的要求进行焙烘。

5）焊接施工前施工单位应以合格的焊接工艺评定结果或采用符合免除工艺评定条件为依据编制焊接工艺文件，其中包含焊接方法或焊接方法的组合、母材的规格、牌号、厚度及覆盖范围、填充金属的规格、类别和型号、焊接接头形式、坡口形式、尺寸及其允许偏差、焊接位置、焊接电源的种类和极性、清根处理、焊接工艺参数、焊接电流、焊接电压、焊接速度、焊层和焊道分布、预热温度及道间温度范围、焊后消除应力处理工艺、其他必要的规定。

（2）焊材预热。

预热温度和道间温度应根据钢材的化学成分、接头的拘束状态、热输入大小、熔敷金属含氢量水平及所采用的焊接方法等综合因素确定或进行焊接试验。常用钢材采用中等热输入焊接时，电渣焊和气电立焊在环境温度为 0℃ 以上施焊时可不进行预热；但板厚大于 60mm 时，宜对引弧区域的母材预热且预热温度不应低于 50℃。焊接过程中，最低道间温度不应低于预热温度；静载结构焊接时，最高道间温度不宜超过 250℃；需进行疲劳验算的动荷载结构和调质钢焊接时，最高道间温度不宜超过 230℃。预热和道间温度控制宜采用电加热、火焰加热和红外线加热等加热方法，并采用专用的测温仪器测量。预热的加热区域应在焊接坡口两侧，宽度为焊件施焊处厚度的 1.5 倍以上，且不小于 100mm。温度测量点，当为非封闭空间构件时，宜在焊件受热面的背面离焊接坡口两侧不小于 75mm 处；当为封闭空间构件时，宜在正面离焊接坡口两侧不小于 100mm 处。当采用火焰加热器预热时正面测温应在火焰离开后进行。Ⅲ、Ⅳ类钢材及调质钢的预热温度、道间温度的确定，应符合钢厂提供的指导性参数要求。

（3）焊接接口处理。

母材上待焊接的表面和两侧应均匀、光洁，且应无毛刺、裂纹，待焊接的表面及距焊缝位置 30mm 范围内不得有影响正常焊接和焊缝质量的氧化皮、锈蚀、油脂、水等杂质。焊接接头坡口的加工或缺陷的清除可采用机加工、热切割、碳弧气刨、铲凿或打磨等方法。

（4）放垫板定位焊接。

1）定位焊缝与正式焊缝应具有相同的焊接工艺和焊接质量要求。多道定位焊焊缝的端部应为阶梯状。采用钢衬垫的焊接接头，定位焊宜在接头坡口内进行。定位焊焊接时预热温度宜高于正式施焊预热温度 20～50℃；定位焊焊缝存在裂纹、气孔、夹渣等缺陷时，应完全清除。

2）当引弧板、引出板和衬垫板为钢材时，应选用屈服强度不大于被焊钢材标称强度的钢材，且焊接性相近。焊接接头的端部宜设置焊缝引弧板、引出板。钢衬垫应

与接头母材密贴连接，其间隙不应大于 1.5mm，并应与焊缝充分熔合。手工电弧焊和气体保护电弧焊时，钢衬垫板厚度不应小于 4mm；埋弧焊接时，钢衬垫板厚度不应小于 6mm；电渣焊时衬垫板厚度不应小于 25mm。焊条电弧焊和气体保护电弧焊焊缝引出长度应大于 25mm，埋弧焊缝引出长度应大于 80mm。焊接完成并完全冷却后，可采用火焰切割、碳弧气刨或机械加工等方法除去引弧板、引出板，并修磨平整，严禁用锤击落。去除时应沿柱、梁交接拐角处切割成圆弧过渡，且切割表面不得有大于 1mm 的缺棱；下翼缘衬垫沿长度去除后必须打磨清理接头背面焊缝的焊渣等缺欠，并应焊补至焊缝平缓过渡。衬垫材质可采用金属、焊剂、纤维、陶瓷等。

（5）焊接。

1）焊接时，作业区环境温度、相对湿度和风速等应符合下列规定，当超出本条规定且必须进行焊接时，应编制专项方案：作业环境温度不应低于 -10℃；焊接作业区的相对湿度不应大于 90%；当手工电弧焊和自保护药芯焊丝电弧焊时，焊接作业区最大风速不应超过 8m/s；当气体保护电弧焊时，焊接作业区最大风速不应超过 2m/s。当焊接作业环境温度低于 0℃ 且不低于 -10℃ 时，应将焊接接头和焊接表面各方向大于或等于 2 倍钢板厚度且不小于 100mm 范围内的母材，加热到规定的最低预热温度且不低于 20℃ 后再施焊。

2）对接接头、T 形接头和十字接头，在构件放置条件允许或易于翻转的情况下，宜双面对称焊接；有对称截面的构件，宜对称于构件中性轴焊接；有对称连接杆件的节点，宜对称于节点轴线同时对称焊接；非对称双面坡口焊缝，宜先焊深坡口侧、然后焊满浅坡口侧、最后完成深坡口侧焊缝。特厚板宜增加轮流对称焊接的循环次数；长焊缝宜采用分段退焊法、跳焊法或多人对称焊接法；构件焊接时宜采用预留焊接收缩余量或预置反变形方法控制收缩和变形，收缩余量和反变形值宜通过预估计算或试验确定。构件装配焊接时，应先焊收缩量较大的接头、后焊收缩量较小的接头，接头应在拘束较小的状态下焊接。

3）设计文件或合同文件对焊后消除应力有要求时，需经疲劳验算的结构中承受拉应力的对接接头或焊缝密集的节点或构件，宜采用电加热器局部退火和加热炉整体退火等方法进行消除应力处理；仅为稳定结构尺寸时，可采用振动法消除应力。

4）焊后热处理使用配有温度自动控制仪的加热设备，其加热、测温、控温性能应符合使用要求；构件焊缝每侧面加热板（带）的宽度至少为钢板厚度的 3 倍，且不小于 200mm；加热板（带）以外构件两侧宜用保温材料覆盖。用锤击法消除中间焊层应力时，应使用圆头手锤或小型振动工具进行，不应对根部焊缝、盖面焊缝或焊缝坡口边缘的母材进行锤击。采用振动法消除应力时，振动时效工艺参数选择及技术要求应符合《焊接构件振动时效工艺参数选择及技术要求》（JB/T 10375—2002）的有关规定。

5) 全熔透双面坡口焊缝可采用不等厚的坡口深度，较浅坡口深度不应小于接头厚度的 1/4。部分熔透焊接应保证设计文件要求的有效焊缝厚度。

6) 焊缝冷却到环境温度后方可进行外观检测，无损检测应在外观检测合格后再进行。

7) 焊缝返修的预热温度应比相同条件下正常焊接的预热温度提高 30～50℃，并应采用低氢焊接材料和焊接方法进行焊接；焊缝返修部位应连续焊成，中断焊接时应采取后热、保温措施，防止产生裂纹。焊缝同一部位的缺陷返修次数不宜超过两次。当超过两次时，返修前应先对焊接工艺进行工艺评定，评定合格后方可进行后续的返修焊接。返修后的焊接接头区域应增加磁粉或着色检查。

2. 工艺标准

(1) 无疲劳验算要求的钢结构一级焊缝外观质量不允许有裂纹、未满焊、根部收缩、咬边、电弧擦伤、接头不良、表面气孔、表面夹渣。

(2) 无疲劳验算要求的钢结构二级焊缝外观质量不允许有裂纹、电弧擦伤、表面气孔、表面夹渣；未焊满长度应≤0.2mm+0.02t 且<1mm，每100mm长度焊缝内未焊满累积长度≤25mm；根部收缩应≤0.2mm+0.02t 且<1mm；咬边应≤0.05t 且≤0.5mm，连续长度≤100mm，且焊缝两侧咬边总长<10%焊缝全长。接头不良缺口深度≤0.05t 且≤0.5mm，每1m长度焊缝内不得超过1处。

(3) 无疲劳验算要求的钢结构三级焊缝外观质量不允许有裂纹，只允许存在个别电弧擦伤；未焊满应≤0.2mm+0.04t 且≤2mm，每100mm长度焊缝内未焊满累积长度≤25mm；根部收缩应≤0.2mm+0.04t 且≤2mm；咬边应≤0.1t 且≤1mm；接头不良缺口深度≤0.1t 且≤1mm，每100mm长度焊缝内不得超过1处；表面气孔每50mm长度焊缝内允许存在直径<0.4t 且≤3mm的气孔两个，孔距应≥6倍孔径；表面夹渣深≤0.2t，长≤0.5t 且≤20mm。

(4) 有疲劳验算要求的钢结构一级焊缝外观质量不允许有裂纹、未满焊、根部收缩、咬边、电弧擦伤、接头不良、表面气孔、表面夹渣。

(5) 有疲劳验算要求的钢结构二级焊缝外观质量不允许有裂纹、未满焊、根部收缩、电弧擦伤、接头不良、表面气孔、表面夹渣；咬边应≤0.05t 且≤0.3mm，连续长度≤10mm，且焊缝两侧咬边总长<10%焊缝全长。

(6) 有疲劳验算要求的钢结构三级焊缝外观质量不允许有裂纹，只允许存在个别电弧擦伤；未焊满应≤0.2mm+0.02t 且≤1mm，每100mm长度焊缝内未焊满累积长度≤25mm，根部收缩应≤0.2mm+0.02t 且≤1mm；咬边应≤0.1t 且≤0.5mm；接头不良缺口深度≤0.05t 且≤0.5mm，每100mm长度焊缝内不得超过1处；表面气孔直径<1.0mm，每米不多于三个，间距不小于20mm；表面夹渣深≤0.2t，长≤0.5t 且≤20mm。

(7) 无疲劳验算的一级、二级焊缝外观尺寸偏差，对接焊缝余高 C，B<20mm 时（B 焊缝宽），C 为 0～3mm；B≥20 时，C 为 0～4mm；三级焊缝，B<20mm 时，C 为 0～3.5mm，B≥20mm 时，C 为 0～5mm。

(8) 无疲劳验算的一级、二级焊缝外观尺寸偏差，对接焊缝错边 Δ<0.1t 且≤2.0mm，三级对接焊缝错边 Δ<0.15t 且≤3.0mm。

(9) 有疲劳验算的焊缝外观尺寸偏差，对接焊缝余高应≤2.0mm（焊缝宽≤20mm），横向对接焊缝表面不高于母材 0.5mm，表面不低于母材 0.3mm，粗糙度 50μm。

(10) 焊缝观感应达到：外形均匀、成型较好，焊道与焊道、焊道与基本金属间过渡较平滑，焊渣和飞溅物基本清除干净。

(11) 定位焊焊缝的厚度不应小于3mm，不宜超过设计焊缝厚度的 2/3；长度宜不小于40mm和接头中较薄部件厚度的 4 倍；间距宜为 300～600mm。

(12) 承受动载时，严禁采用断续坡口焊缝；对接与角接组合焊缝和 T 形接头的全焊透坡口焊缝应采用角焊缝加强，加强焊脚尺寸不应小于接头较薄件厚度的 1/2，但最大值不得超过 10mm；承受动载需经疲劳验算的接头，当拉应力与焊缝轴线垂直时，严禁采用部分焊透对接焊缝、背面不清根的无衬垫焊缝。

（十三）钢结构焊接（塞焊）

本小节适用于变电站建（构）筑物工程中钢结构焊接（塞焊）施工及验收。

1. 关键工序控制

(1) 焊接接口清理。

母材的焊接坡口及两侧30mm范围内，在焊前必须彻底清除气割氧化皮、熔渣、锈、油、涂料、灰尘、水分等影响焊接质量的杂质。

(2) 焊接。

1) 焊接作业区域最大风速不应超过 2m/s。

2) 焊接作业环境温度不应低于－10℃。

3) 定位焊焊缝不应小于 3mm，长度不应小于40mm，间距宜为 300～600mm；定位焊时预热温度宜高于正式施焊预热温度 20～50℃。定位焊缝与正式焊缝应具有相同的焊接工艺和焊接质量要求；定位焊焊缝存在裂纹、气孔、夹杂等缺陷时应完全清除。

2. 工艺标准

(1) 塞焊和槽焊可采用手工电弧焊、气体保护焊及自保护电弧焊等焊接方法。平焊时，应分层熔敷焊接，每层熔渣应冷却凝固并清除后再重新焊接；立焊和仰望焊时，每道焊缝焊完后，应待熔渣冷却并清除后再施焊后续焊道。

(2) 塞焊和槽焊的两块钢板接触面的装配间隙不得超过 1.5mm。塞焊和槽焊焊接时严禁使用填充板材。

(3) 需要进行塞焊或槽焊的孔的最小直径或长槽孔的宽度不应小于开孔件厚度加 8mm。孔的最大直径或长槽孔的宽度不应超过最小直径加 3mm 或开孔件厚度的 2.3 倍，取两值中之较大者。

（4）塞焊孔中心距不应小于4倍孔径。

（5）需要进行槽焊的长槽孔的长度不应超过开孔件厚度的10倍。长槽孔的端部应为半圆形或其角部应加工成半径不小于开孔板厚度的圆形。

（6）相邻槽焊间距应满足：纵轴间距不小于4倍槽宽或槽轴间距不小于2倍槽长。

（7）塞焊缝和槽焊缝的焊缝厚度应符合以下要求：在厚度不大于16mm的材料上作塞焊和槽焊时，焊缝厚度等于材料的厚度。在厚度大于16mm的材料上作塞焊和槽焊时，焊缝厚度为材料的厚度的一半或16mm，取其大者。任何情况下，塞焊缝和槽焊缝的最小填充厚度都不得大于两连接部件中较薄件的厚度。

（十四）栓钉焊接连接

本小节适用于变电站建（构）筑物工程中楼承板与钢梁之间的栓钉焊接连接施工及验收。

1. 关键工序控制

（1）施工准备。

1）焊接材料进场：焊接材料的品种、规格、性能应符合国家现行标准的规定并满足设计要求。焊接材料进场时，应按国家现行标准的规定抽取试件且应进行化学成分和力学性能检验，检验结果应符合国家现行标准的规定。

2）焊钉机焊接磁环的规格、尺寸及允许偏差应符合国家现行标准的规定。应按规定对栓钉的机械性能和焊接性能进行复验，复验结果应符合国家现行标准的规定并满足设计要求。

3）焊钉材料进场：施工单位应按规范要求，对焊钉的机械性能和焊接性能进行复验，复验结果应符合国家现行标准的规定并满足设计要求。

4）焊接材料复验：对于下列情况之一的钢结构所采用的焊接材料应按其产品标准的要求进行抽样复验，复验结果应符合国家现行标准的规定并满足设计要求：

a. 结构安全等级为一级的一、二级焊缝。

b. 结构安全等级为二级的一级焊缝。

c. 需要进行疲劳验算构件的焊缝。

d. 材料混批或质量证明文件不齐全的焊接材料。

e. 设计文件或合同文件要求复检的焊接材料。

5）焊接工艺评定：施工单位对其采用的栓钉和钢材焊接应进行焊接工艺评定，其结果应满足设计要求并符合国家现行标准的规定。栓钉焊瓷环保存时应有防潮措施，受潮的焊接瓷环使用前应在120~150℃范围内烘焙1~2h。

（2）焊接。

1）穿透焊采用以下几种方法施焊：不镀锌的板可直接焊接。镀锌板用乙炔氧焰载栓钉焊位置烘烤，敲击后双面除锌。采用螺旋钻开孔。

2）当受条件限制而不能采用专用设备焊接时，栓钉可采用焊条电弧焊和气体保护电弧焊焊接，并应按相应的工艺参数施焊，其焊缝最小焊脚尺寸应通过计算确定。

3）焊枪要与工件四周呈90°，瓷环就位，焊枪夹住栓钉放入瓷环压实。搬动焊枪开关，电流通过引弧剂产生电弧，在控制时间内栓钉熔化，随枪下压，回弹、断弧，焊接完成。待焊接部位冷却后，用小锤敲掉瓷环。

2. 工艺标准

（1）焊钉和瓷环尺寸：焊钉及焊接瓷环的规格、尺寸及允许偏差应符合国家现行标准的规定。

（2）栓钉应采用专用焊接设备进行施焊。首次栓钉焊接时，应进行焊接工艺评定试验，并应确定焊接工艺参数。

（3）每班焊接作业前，应至少试焊3个栓钉，并应检查合格后再正式施焊。栓钉焊接头弯曲试验：试样弯曲至30°后焊接部位无肉眼可见的裂纹。

（4）焊缝外观质量。

1）焊缝外形尺寸：360°范围内焊缝饱满拉弧式栓钉焊：焊缝高≥1mm，焊缝宽≥0.5mm。

2）焊缝缺陷：无气孔、夹渣、裂纹等缺陷。

3）焊缝咬边：咬边深度≤0.5mm，且最大长度不得大于1倍的栓钉直径。

4）栓钉焊后倾斜角度：倾斜角度偏差角度≤5°。

（十五）普通螺栓连接

本小节适用于变电站建（构）筑物工程中普通螺栓连接施工及验收。

1. 关键工序控制

（1）施工准备。

普通螺栓作为永久性连接螺栓时，当设计有要求或对其质量有疑义时，应进行螺栓实物最小拉力载荷复验。

（2）安装螺栓。

1）接头组装：连接处的钢板或型钢应平整，板边、孔边无毛刺；接头处有翘曲、变形必须进行校正。

2）遇到安装孔有问题时，不得用氧-乙炔扩孔，应用绞刀扩孔。

3）螺栓连接宜采用紧凑布置，其连接中心宜与被连接构件截面的重心相一致。

4）安装螺栓：组装时先用冲钉对准孔位，在适当位置插入螺栓，用扳手拧紧。

5）为使螺栓群中所有螺栓均匀受力，初拧、复拧都应按一定顺序进行。

6）永久性普通螺栓紧固应牢固、可靠，外露丝扣不应少于2扣。

2. 工艺标准

（1）普通螺栓可采用普通扳手紧固，螺栓紧固应使被连接件接触面、螺栓头和螺母与构件表面密贴。普通螺栓紧固应从中间开始，对称向两边进行，大型接头宜采用复拧。

（2）普通螺栓作为永久性连接螺栓时，紧固连接应符合下列规定：

1）螺栓头和螺母侧应分别放置平垫圈，螺栓头侧放置的垫圈不应多于2个，螺母侧放置的垫圈不应多于1个。

2）承受动力荷载或重要部位的螺栓连接，设计有防松动要求时，应采取有防松动装置的螺母或弹簧垫圈，弹簧垫圈应放置在螺母侧。

3）对工字钢、槽钢等有斜面的螺栓连接，宜采用斜垫圈。

4）同一个连接接头螺栓数量不应少于2个。

5）螺栓紧固后外露丝扣不应少于2扣，紧固质量检验可采用锤敲检验。

（十六）高强度螺栓连接

本小节适用于变电站主体结构工程中高强度螺栓连接的施工及验收。

1. 关键工序控制

（1）施工准备。

为保证大六角头高强度螺栓的扭矩系数和扭剪型高强度螺栓的轴力，螺栓、螺母、垫圈及表面处理出厂时，按批配套装箱供应。因此要求运到螺栓应保持其原始出厂状态。

（2）安装螺栓。

1）当构件吊装到位后，将临时安装螺栓穿入孔中（注意不要使杂物进入连接面），临时螺栓的数量不应少于安装孔总数的1/3；安装螺栓不应少于2个；冲钉穿入数量不宜多于安装螺栓数量的30%；不得用高强度螺栓兼做临时螺栓。

2）高强度螺栓装配和紧固接头时，从安装好的一端或刚性端向自由端进行。同一个接头上的高强度螺栓群施工，从螺栓群中部开始安装，逐个拧紧。初拧、终拧都应从螺栓群中部向四周扩展逐个拧紧，每拧一遍均应用不同颜色的油漆做标记，防止漏拧。当高强度螺栓群施工遇到有死角时候（扭矩扳手无法施拧的地方），将采用套筒扳手进行施拧。

3）对于大六角头高强度螺栓连接副，垫圈设置内倒角是为了与螺栓头下的过渡圆弧相配合，因此在安装时垫圈带倒角的一侧必须朝向螺栓头，否则螺栓头就不能很好与垫圈密贴，影响螺栓的受力性能。对于螺母一侧的垫圈，因倒角侧的表面平整、光滑，拧紧时扭矩系数较小，且离散率也较小，所以垫圈有倒角一侧应朝向螺母。

2. 工艺标准

（1）高强度螺栓长度应以高强度螺栓连接副终拧后外露2～3扣丝为标准计算，选用的高强度螺栓公称长度应满足最小夹紧长度要求。

（2）高强度螺栓安装时应先使用安装螺栓和冲钉。在每个节点上穿入的安装螺栓和冲钉数量，应根据安装过程所承受的荷载计算确定，并应符合下列规定：

1）不应少于安装孔总数的1/3。

2）安装螺栓不应少于2个。

3）冲钉穿入数量不宜多于安装螺栓数量的30%。

4）不得用高强度螺栓兼做安装螺栓。

（3）高强度螺栓应在构件安装精度调整后进行拧紧。高强度螺栓安装应符合下列规定：

1）扭剪型高强度螺栓安装时，螺母带圆台面的一侧应朝向垫圈有倒角的一侧。

2）大六角头高强度螺栓安装时，螺栓头下垫圈有倒角的一侧应朝向螺栓头，螺母带圆台面的一侧应朝向垫圈有倒角的一侧。

（4）高强度螺栓现场安装时应能自由穿入螺栓孔，不得强行穿入。螺栓不能自由穿入时，可采用铰刀或锉刀修整螺栓孔，不得采用气割扩孔，扩孔数量应征得设计单位同意，修整后或扩孔后的孔径不应超过螺栓直径的1.2倍。

（5）高强度大六角头螺栓连接副施拧可采用扭矩法或转角法，施工时应符合下列规定：

1）施工用的扭矩扳手使用前应进行校正，其扭矩相对误差不得大于±5%；校正用的扭矩扳手，其扭矩相对误差不得大于±3%。

2）施拧时，应在螺母上施加扭矩。

3）施拧应分为初拧和终拧，大型节点应在初拧和终拧间增加复拧。初拧扭矩可取施工终拧扭矩的50%，复拧扭矩应等于初拧扭矩。

（6）高强度螺栓连接节点螺栓群初拧、复拧和终拧，应采用合理的施拧顺序。

（7）高强度螺栓和焊接混用的连接节点，当设计文件无规定时，宜按先螺栓紧固后焊接的施工顺序。

（8）高强度螺栓连接副的初拧、复拧、终拧，宜在24h内完成。

（9）高强度大六角头螺栓连接用扭矩法施工紧固时，应进行下列质量检查：

1）应检查终拧颜色标记，采用0.3kg重小锤敲击螺母方式对高强度螺栓进行逐个检查。

2）终拧扭矩应按节点数10%抽查，且不应少于10个节点；对每个被抽查节点应按螺栓数10%抽查，且不应少于2个螺栓。

3）检查时应先在螺杆端面和螺母上画一直线，然后将螺母拧松60°后，再用扭矩扳手重新拧紧，使两线重合，测得此时的扭矩应为 $(0.9\sim1.1)T_{ch}$（T_{ch} 为高强度螺栓检查扭矩，单位为 N·m）。

4）发现有不符合规定时，应再扩大1倍检查，仍有不合格者时，则整个节点的高强度螺栓应重新施拧。

5）扭矩检查宜在螺栓终拧1h以后、48h之前完成，检查用的扭矩扳手，其相对误差不得大于±3%。

（10）高强度大六角头螺栓连接转角法施工紧固，应进行下列质量检查：

1）普查初拧后在螺母与相对位置所画的终拧起始线和终止线之间所夹的角度应达到规定值。

2）终拧转角应按节点数抽查10%，且不应少于10个节点；对每个被抽查节点应按螺栓数抽查10%，且不应少于2个螺栓。

3）应在螺杆端面和螺母相对位置画线，然后全部卸松螺母，应再按规定的初拧扭矩和终拧角度重新拧紧螺栓，测量终止线与原终止线画线间的角度，误差在±30°者应为合格。

4）发现有不符合规定时，应再扩大1倍检查；仍有不合格者时，则整个节点的高强度螺栓应重新施拧。

5）转角检查宜在螺栓终拧 1h 以后、48h 内完成。

（11）对于扭剪型高强度螺栓连接副，除因构造原因无法使用专用扳手拧掉梅花头者外，螺栓尾部梅花头拧断为终拧结束。未在终拧中拧掉梅花头的螺栓数不应大于该节点螺栓数的 5%，对所有梅花头未拧掉的扭剪型高强度螺栓连接副应采用扭矩法或转角法进行终拧并做标记，且按本规定进行终拧质量检查。

（12）扭剪型高强度螺栓终拧完成后进行检查时，以拧掉尾部梅花头为合格，同时要保证有 2～3 扣的余丝露在螺母外，其中允许有 10% 的螺栓丝扣外露 1 扣或 4 扣。对于因空间限制而必须用扭矩扳手拧紧的高强度螺栓，则使用经过核定的扭矩扳手用转角法进行抽验。

（13）如果检验时发现螺栓紧固强度未达到要求，则需要检查拧固该螺栓所使用的扳手的拧固力矩（力矩的变化幅度在 10% 以下视为合格）。

（14）螺栓球节点网架总拼完成后，高强度螺栓与球节点应紧固连接，螺栓拧入螺栓球内的螺纹长度不应小于螺栓直径的 1.1 倍，连接处不应出现有间隙、松动等未拧紧情况。

（十七）钢结构安装

本小节适用于变电站主体结构工程中钢结构安装的施工及验收。

1. 关键工序控制

（1）施工准备。

1）施工总平面规划包括结构平面纵横轴线尺寸、主要起重机的布置及工作范围、机械开行路线、配电箱及电焊机布置、现场施工道路、消防道路、排水系统、构件堆放位置等。如果现场堆放构件场地不足时，可选择中转场地。根据构件质量和构件数量，裁剪出不同长度、不同规格的钢丝绳作为吊装绳和缆风绳。根据钢柱的长度和截面尺寸，按规定制作出不同规格的足够数量的爬梯。根据钢柱、钢梁的型号及构件的种类准备不同规格的卡环。根据堆场的大小及构件类型准备合格的枕木若干。另外还要准备好吊装用夹具、校正钢柱用的垫块、缆风绳、倒链、千斤顶等施工必备工具。

2）钢结构安装现场应设置专门的构件堆场，并应采取防止构件变形及表面污染的保护措施。

3）安装前，应按构件明细表核对进场的构件，查验产品合格证；工厂预拼装过的构件在现场组装时，应根据预拼装记录进行。

4）构件吊装前应清除表面上的油污、冰雪、泥沙和灰尘等杂物，并应做好轴线和标高标记。

5）地脚螺栓安装精度直接关系到整个钢结构安装的精度，是钢结构安装工程的第一步。埋设整体思路：为了保证预埋螺栓的埋设精度，将每一根柱下的所有螺杆采用角钢等型钢制作为一个整体，在基础底板钢筋绑扎时将预埋螺栓整体就位并进行一次校正，待基础梁钢筋绑扎完后对预埋螺栓进行第二次校正定位，交接验收合格后浇筑混凝土。

a. 测量放线：首先根据原始轴线控制点及标高控制点对现场进行轴线和标高控制点的加密，然后根据控制线测放出的轴线再测放出每一个埋件的中心十字交叉线和至少两个标高控制点。

b. 螺栓套架的制作：螺栓定位套架的制作采用角钢等型钢将预埋螺栓固定为一个整体。预埋螺栓的制作精度，预埋螺栓中心线的间距 ≤2mm，预埋螺栓顶端的相对高差 ≤2mm。

c. 地脚螺栓的埋设：在底板钢筋绑扎时，预埋件的埋设工作即可插入。根据测量工所测放出的轴线，将预埋螺栓整体就位。地脚螺栓预埋时，预埋螺栓埋设质量不仅仅要保证埋件埋设位置准确，更重要的是固定支架牢固，因此，为了防止在浇筑混凝土时埋件产生位移和变形，除了保证该埋件整体框架有一定的强度以外，还必须采取相应的加固措施；先把支架底部与底板下层钢筋焊牢固定，四边加设刚性支撑，一端连接整体框架，另一端固定在地基底板的钢筋上；待底板上层的钢筋绑扎完毕，再把预埋件与底板上层的钢筋焊接为一个整体，在螺栓固定前后应注意对埋件的位置及标高进行复测。

d. 地脚螺栓在浇筑前应再次复核，确认其位置及标高精确、固定牢靠后可进入浇筑工序；混凝土浇筑前，螺纹上要涂黄油并包上油纸，外面再装上套管，浇筑过程中，要对其进行监控，便于出现移位时可尽快纠正。

e. 地脚螺栓的埋设精度直接影响到结构的安装质量，所以埋设前后必须对预埋螺栓的轴线、标高及螺栓的伸出长度进行认真的核查、验收。对已安装就位弯曲变形的地脚螺栓，严禁碰撞和损坏，钢柱安装前要将螺纹清理干净，对已损伤的螺牙要进行修复。

（2）钢柱安装。

1）安装前要对预埋件进行复测，并在基础上进行放线。根据钢柱的柱底标高调整好螺杆上的螺母，然后钢柱直接安装就位。

2）钢柱用起重机吊升到位后，首先将钢柱底板穿入地脚螺栓，放置在调节好的螺母上，并将柱的四面中心线与基础放线中心线对齐吻合，四面兼顾，中心线对准或已使偏差控制在规范许可的范围以内时，穿上压板，将螺栓拧紧，即为完成钢柱的就位工作。

3）首节钢柱安装后应及时进行垂直度、标高和轴线位置校正，钢柱的垂直度可采用经纬仪或线锤测量；校正合格后钢柱应可靠固定，并应进行柱底二次灌浆，灌浆前应清除柱底板与基础面间杂物。

4）上部钢柱的安装与首段钢柱的安装不同点在于柱脚的连接固定方式。钢柱吊点设置在钢柱的上部，利用四个临时连接耳板作为吊点。吊装前，下节钢柱顶面和本节钢柱底面的淤土和浮锈要清除干净，保证上下节钢柱对接面接触顶紧。按照由中间向两边、由远及近的顺序安装。

5）下节钢柱的顶面标高和轴线偏差、钢柱扭曲值一定要控制在规范的要求以内，在上节钢柱吊装时要考虑进行反向偏移回归原位的处理，进行纠偏，避免造成累积误差过大。

6）钢柱吊装到位后，钢柱的中心线应与下面一段钢柱的中心线吻合，并四面兼顾，活动双夹板平稳插入下节柱对应的安装耳板上，穿好连接螺栓，连接好临时连接夹板，并及时拉设缆风绳对钢柱进一步进行稳固。钢柱完成后，即可进行初校，以便钢梁的安装。

（3）钢梁安装。

1）钢梁吊装就位时必须用普通螺栓进行临时连接，钢梁的连接形式有栓接和栓焊连接，钢梁安装时可先将腹板的连接板用临时螺栓进行临时固定，待调校完毕后，更换为高强度螺栓并按设计和规范要求进行高强度螺栓的初拧和终拧以及钢梁焊接。

2）总体随钢柱的安装顺序进行，相邻钢柱安装完毕后，及时连接之间的钢梁使安装的构件形成稳定的框架，并且每天安装完的钢柱必须用钢梁连接起来，不能及时连接的应拉设缆风绳进行临时稳固。按先主梁后次梁、先下层后上层的安装顺序进行安装。

3）钢梁吊装时为保证吊装安全及提高吊装速度，建议由制作厂制作钢梁时预留吊装孔，作为吊点。钢梁若没有预留吊装孔，可以使用钢丝绳直接绑扎在钢梁上。吊索角度不得小于45°，为确保安全，防止钢梁锐边割断钢丝绳，要对钢丝绳在翼板的绑扎处进行防护。

4）钢梁吊装前，应清理钢梁表面污物；对产生浮锈的连接板和摩擦面在吊装前进行除锈。

5）待吊装的钢梁应装配好附带的连接板，并用工具包装好螺栓。钢梁吊装就位时要注意钢梁的上下方向以及水平方向，确保安装正确。

6）钢梁安装就位时，及时夹好连接板，对孔洞有偏差的接头应用冲钉配合调整跨间距，然后再用普通螺栓临时连接。普通安装螺栓数量按规范要求不得少于该节点螺栓总数的30%，且不得少于2个。

7）为了保证结构稳定、便于校正和精确安装，对于多楼层的结构层，应首先固定顶层梁，再固定下层梁，最后固定中间梁。当一个框架内的钢柱钢梁安装完毕后，及时对此进行测量校正。

8）钢梁面的标高及两端高差可采用水准仪与标尺进行测量，校正完成后应进行永久性连接。

（4）楼承板安装。

1）楼承板铺设必须在高强度螺栓终拧、梁焊接超声波探伤检测合格、节点防腐修复等完成后进行。

2）钢结构及必要的支承构件验收合格方可进行楼承板铺设。在楼承板铺设之前，必须将梁顶面杂物清扫干净，并对有弯曲或扭曲的楼承板进行矫正。封口板、边模、边模补强收尾工程应在浇筑混凝土前及时完成。楼承板铺设，宜按楼层顺序由下往上逐层进行。

3）按楼承板的排版图，测放出铺设位置线并用墨线标注在钢梁上翼缘平面上。

4）按其不同板型，将所需块数配置好，吊运到每一施工节间。为保护楼承板在吊运时不变形，应使用软吊索或在钢丝绳与板接触的转角处加胶皮或钢板下使用垫

木，但必须捆绑牢固。谨防垫木滑移，楼承板倾斜滑落伤人。

5）应严格按照图纸和规范要求将板调直压实。要求沟槽对直，便于焊接栓钉、布设钢筋和绑扎。四周边缘搭接要符合设计要求和规范规定，边角处应先放样，后配置，防止缝隙过大而影响混凝土浇注。

6）板与板、板与梁堵头板、封边板等要同相应构件紧贴，焊接牢固。

7）楼承板在铺设中，不允许有下凹现象。安装时，楼承板平面要绷直，并随铺随时点焊牢固，谨防滑落伤人。

8）楼承板与钢梁的固定，采用栓钉穿透楼承板与钢梁焊接熔融在一起的方法。

9）钢筋桁架楼承板安装应符合以下要求：

a. 楼承板铺设前，根据楼承板排版图和楼承板铺设方向，在支座钢梁上绘制第一块楼承板侧边不大于20mm的定位线（宜按排版图纸距离确定），保证标准模板侧边不与钢梁翼缘搭接，在楼承板起始端的钢梁翼缘上绘制钢筋桁架起始端50mm基准线（点）。

b. 钢柱处，楼承板模板按设计图在工厂切去与钢柱碰撞部分。楼承板模板与支承角钢的连接，采用封边条的方式。封边条与模板用拉铆钉固定，封边条与支承角钢用点焊固定。

c. 按照设计图中楼承板的铺设方向，对准基准线（点），安装第一块楼承板。严格保证第一块楼承板模板侧边基准线重合。模板端部与钢梁翼缘之间的空隙距离由排板图定。空隙采用堵缝措施处理。

d. 放置钢筋桁架时，先确定一端支座为起始端，钢筋桁架端部伸入钢梁内的距离应符合设计图要求，且不小于50mm。钢筋桁架另一端伸入梁内长度不小于50mm。钢筋桁架两端的腹杆下节点应搁置在钢梁上，搁置距离不小于20mm，无法满足时，应设置可靠的端部支座措施。

e. 连续板中间钢梁处，钢筋桁架腹杆下节点应放置于钢梁上翼缘，下节点距离钢梁上翼缘边不小于10mm。无法满足时，应设置可靠的中间支座措施。

f. 按照设计图的楼承板铺设方向，依次安装其他楼承板，模板与模板之间距离应保持均匀。两块楼承板模板就位后，在桁架两端用两块辅助定位木模板临时定位，保证楼承板模板搭接距离为20mm，随后点焊钢筋支座。支座固定后，将辅助定位木模板拆除，并重复使用。

g. 楼承板铺设一个区格后，应及时在各块楼承板模板搭接处，按间距200mm钻孔，并用拉铆钉固定，保证模板搭边处连接可靠。采用可靠的堵缝措施，保证楼承板模板与框架梁四周不漏浆。重复使用的模板，在满足间距的要求下，搭接处可在旧孔处拉铆钉固定。

h. 楼承板模板与框架梁四周的缝隙，可采用收边条堵缝。收边条一边与模板按间距200mm拉铆钉固定，另一边与钢梁翼缘点焊。也可采用吊木模板进行堵缝，通过铁丝将木模板和钢筋桁架下部钢筋或木模板定位钢筋

相连接。木模板与钢筋之间应填充模板水平定位垫块，保证模板水平和钢筋保护层厚度。

i. 楼承板上预留孔洞，焊接孔洞边模、浇注其他部位混凝土之后，将预留部位的板切割。采用角钢进行加强。

j. 楼承板底部预埋件，采用预留螺栓，待楼板混凝土浇筑后，设置吊杆用于母线桥、灯具等安装。

k. 楼承板上部埋件，将制作好的埋件与楼承板上的钢筋焊接，标高略高出顶板表面。

10）压型金属板安装应符合以下要求：

a. 压型金属板安装前，应在支承结构上标出压型金属板的位置线。铺放时，相邻压型金属板端部的波形槽口应对准。

b. 压型金属板与主体结构（钢梁）的锚固支承长度应符合设计要求，且不应小于50mm；端部锚固可采用点焊、贴角焊或射钉连接，设置位置应符合设计要求。

c. 转运至楼面的压型金属板应当天安装和连接完毕，当有剩余时应固定在钢梁上或转移到地面堆场。

d. 支承压型金属板的钢梁表面应保持清洁，压型金属板与钢梁顶面的间隙应控制在1mm以内。

e. 安装边模封口板时，应与压型金属板波距对齐，偏差不大于3mm。

f. 压型金属板安装应平整、顺直，板面不得有施工残留物和污物。

g. 压型金属板需预留设备孔洞时，应在混凝土浇筑完毕后使用等离子切割或空心钻开孔，不得采用火焰切割。

h. 设计文件要求在施工阶段设置临时支承时，应在混凝土浇筑前设置临时支承，待浇筑的混凝土强度达到规定强度后方可拆除。混凝土浇筑时应避免在压型金属板上集中堆载。

i. 压型钢板开孔时采用角钢以及加筋进行加固，相关加固措施应符合设计要求。

（5）外墙檩条安装。

1）方管及檩条在主体钢柱，梁焊接完成合格后进行。方管必须满焊在牛腿上，外墙檩条与方管上预留的连接件连接，与混凝土可用膨胀螺栓连接，横向檩条安装随竖向檩条安装顺序进行，檩条安装必须横平竖直。

2）门窗洞口等部位的连接构造应满足设计要求采用方管进行加固，现场安装焊接完毕后，按照涂装要求，对现场焊接部位进行清理，然后进行防腐修复，现场防腐要加强处理工艺，最终防腐修复质量和构件制作时要一致。

（6）外墙板安装。

1）外墙板安装前加强二次深化设计，做好排版工作，仔细核对与檩条的对应位置。单张外墙板搬运，以不使外墙板变形为准。为防止接口破坏，不能以接口处作受力点把平板拿起。搬运时不要拖拉外墙板，以免损伤面漆。搬运时应竖直提起面板，避免板材变形。

2）安装时必须保证板材的板面无污物、划痕，安装

时插接口处必须插接到位，板与板横向板缝应保持均匀一致，才可进行自攻钉固定。

3）板材安装后，水平、垂直必须顺线，安装时严格控制好齐口板边。转角及包边件安装应达到美观要求。

4）夹芯板墙体与基础或地面连接时应按设计要求标出基准线。

5）辅件与基础、主体结构、夹芯板的连接应满足设计要求。

6）安装墙板时，应按施工图施工。墙板的拼接或插接应平整，板缝应均匀、严密。

7）安装墙板时，应按设计图要求预留门窗洞口。

8）在墙体的垂直方向上如需要搭接，搭接的长度不应小于30mm，且外搭接缝应向下压接，内搭接缝可向上压接，搭接处应做密封处理。连接宜采用拉铆钉，铆钉竖向间距不应大于150mm。

9）夹芯板连接后应检查墙面的平整度，未达到要求应立即重做调整。

10）夹芯板与主体结构的固定应使用紧固件。

11）转角处的内包角，其对接缝应平整密实，与相接的夹芯板墙面保持顺平竖直。外包角搭接应向下压接，搭接长度不应小于50mm。

12）连接处不得出现明显凹陷，内外包角边连接后不得出现波浪形翘曲。

13）夹芯板墙面不宜开设孔洞，如工程要求安装相应设备必须开设时，则应根据孔洞的大小和部位采取相应的加强措施。

14）夹芯板墙体上安装吊挂件时，应与主体结构相连并应满足相应结构设计要求。

15）夹芯板墙体上穿孔安装吊挂件时，宜采用套管螺栓及垫圈。

16）转角板可在墙面板安装完成后再安装，安装方法同墙面板，同时控制转角板对应两个墙面的板缝线及对接缝的垂直度。

17）外墙板安装前，在外墙板纵向接缝的檩条上固定一条防水带，防水带居中固定，安装外墙板时，外墙板紧密压实防水带。外墙板左右间距一般为20mm左右，外墙板预留的纵向缝隙用防水密封条封堵。防水密封条要与防水带压实。防水带、防水密封条应具有抗老化、耐候性、耐热性好，具有较高的弹性和密封性。

2. 工艺标准

（1）钢柱。

1）钢柱和钢筋混凝土基础螺栓连接，支承面标高允许偏差±3mm，水平度允许偏差1/1000；预埋螺栓标高偏差控制在+5mm以内；预留孔中心偏移10mm以内。

2）钢柱定位轴线允许偏差1mm；钢柱底座位移允许偏差3mm；柱底标高允许偏差2mm；钢柱垂直度允许偏差$\leq H/100$（H为钢柱的高度）并$\leq 10mm$。

3）地脚螺栓螺栓中心偏移允许误差5mm以内，螺栓露出长度允许误差+30mm，螺纹长度+30mm。

4）首节钢柱安装后应及时进行垂直度、标高和轴线

位置校正，钢柱的垂直度可采用经纬仪或线锤测量；校正合格后钢柱应可靠固定，并应进行柱底二次灌浆，灌浆前应清除柱底板与基础面间杂物。

5）首节以上的钢柱定位轴线应从地面控制轴线直接引上，不得从下层柱的轴线引上；钢柱校正垂直度时，应确定钢梁接头焊接的收缩量，并应预留焊缝收缩变形值。

（2）钢梁。

1）同一根梁两端顶面高差 $L/1000$（L 为钢梁的长度）且不大于 5mm。高强度螺栓外露丝扣不少于 2 扣，选用的高强度螺栓公称长度为连接板层总厚度与附加长度总和。梅花头未拧掉数量不大于 5%，顶紧接触面面积不小于 70%，且边缘最大间隙不应大于 0.8mm。对接焊缝错边不大于 2mm，焊缝余高不大于 3mm，焊缝间隙偏差不大于 2mm。

2）主体结构的整体垂直度 $H/1000$ 且不应大于 25mm，主体结构的整体平面弯曲 $L/1500$ 且不应大于 25mm。

3）高强度螺栓的安装应在结构构件中心位置调整后进行，其穿入方向应以施工方便为准，并力求一致。

4）钢梁宜采用两点起吊；当单根钢梁长度大于 21m，采用两点吊装不能满足构件强度和变形要求时，宜设置 3~4 个吊装点吊装或采用平衡梁吊装，吊点位置应通过计算确定。

5）钢梁可采用一机一吊或一机串吊的方式吊装，就位后应立即临时固定连接。

6）钢梁面的标高及两端高差可采用水准仪与标尺进行测量，校正完成后应进行永久性连接。

（3）楼承板。

1）铺设前对弯曲变形者应矫正好，钢梁顶面要保持清洁，严防潮湿及涂刷油漆未干。

2）安装楼承板前，应在梁上标出楼承板铺放的位置线。铺放楼承板时，相邻两排楼承板端头的波形槽口应对准。吊装就位后，楼承板先从钢梁已弹出的起铺线开始，沿铺设方向单块就位，到控制线后应适当调整板缝。

3）应严格按照图纸和规范的要求来散板与调整位置，板的直线度为单跨最大偏差 10mm，板的错口要求小于 5mm，检验合格后方可与主梁连接。

4）楼承板的铺设方向应垂直于小次梁方向铺设，在主梁处断开，搭接不小于 50mm。

5）不规则面板的铺设根据现场钢梁的布置情况，以钢梁的中心线进行放线，然后在放出控制线，得出实际要铺设楼承板的面积，再根据楼承板的宽度进行排版。之后再对楼承板进行放样、切割。将楼承板在地面或平台上进行预拼和，发现有咬合不紧和不严密的部位要进行调整。按照实际排版图进行铺设，连接固定。

6）挡板、收边板与封边板安装为防止楼板混凝土浇筑时漏浆，保持楼承板密封严密和四边结构尺寸。挡板、收边板与封边板的厚度不小于 4mm。

7）钢筋桁架楼承板：

a. 必须按设计要求设置楼板连接钢筋、支座钢筋及与钢筋桁架垂直方向的钢筋，并应将其与钢筋桁架绑扎采用双丝双扣绑扎牢固。连接钢筋、支座钢筋按设计图要求放置。与钢筋桁架垂直方向的钢筋上筋应根据设计图放在钢筋桁架上弦钢筋的下面或上面，下筋应放在钢筋桁架下弦钢筋的上面。

b. 钢筋桁架铺设一定面积后，必须及时绑扎连接钢筋、支座钢筋及与钢筋桁架垂直方向的钢筋，确保楼承板连成一个整体。

c. 楼承板开孔处必须按设计要求设洞边加强钢筋及边模，待楼板混凝土达到设计强度拆除模板后，方可切断钢筋桁架的钢筋。如果混凝土泵送管穿过楼板，开洞处必须切断钢筋桁架时，应在洞口两侧切断的钢筋桁架下方设置临时支撑。

（4）压型钢板。

1）压型金属板、泛水板、包角板和屋脊盖板等应固定可靠、牢固，防腐涂料涂刷和密封材料敷设应完好，连接件数量、规格、间距应满足设计要求并符合国家现行标准的规定。

2）扣合型和咬合型压型金属板板肋的扣合或咬合应牢固，板肋处无开裂、脱落现象。

3）连接压型金属板、泛水板、包角板和屋脊盖板采用的自攻螺钉、铆钉、射钉的规格尺寸及间距、边距等应满足设计要求并符合国家现行标准的规定。

4）屋面及墙面压型金属板的长度方向连接采用搭接连接时，搭接端应设置在支承构件（如檩条、墙梁等）上，并应与支承构件有可靠连接。当采用螺钉或铆钉固定搭接时，搭接部位应设置防水密封胶带。压型金属板长度方向的搭接长度应满足设计要求，且当采用焊接搭接时，压型金属板搭接长度不宜小于 50mm。

5）组合楼板中压型钢板与支承结构的锚固支承长度应满足设计要求，且在钢梁上的支承长度不应小于 50mm，在混凝土梁上的支承长度不应小于 75mm，端部锚固件连接应可靠，设置位置应满足设计要求。

6）组合楼板中压型钢板侧向在钢梁上的搭接长度不应小于 25mm，在设有预埋件的混凝土梁或砌体墙上的搭接长度不应小于 50mm；压型钢板铺设末端距钢梁上翼缘或预埋件边不大于 200mm 时，可用收边板收头。

7）压型金属板屋面、墙面的造型和立面分格应满足设计要求。

8）压型金属板屋面应防水可靠，不得出现渗漏。

9）压型金属板安装应平整、顺直，板不应有施工残留物和污物。檐口和墙面下端应呈直线，不应有未经处理的孔洞。

10）连接压型金属板、泛水板、包角板和屋脊盖板采用的自攻螺钉、铆钉、射钉等与被连接板应紧固密贴，外观排列整齐。

（5）方管檩条。

1）构件表面干净，无疤痕、泥沙等污垢，涂层完好、无脱落，无变形。

2）墙架立柱中心线对定位轴线的偏移允许偏差

≤10mm；墙架立柱垂直度允许偏差≤$H/1000$，且≤10mm。

3）檩条、墙梁的间距允许偏差≤±5.0mm；檩条、墙梁的弯曲矢高允许偏差≤$L/750$，且≤10.0mm（L 为檩条、墙梁的长度）。

（6）节点加固。

1）固定支架安装后应无松动、破损、变形，表面无杂物。检查数量：按固定支架数抽查 5%，且不得少于 20 处。

2）变形缝、屋脊、檐口、山墙、穿透构件、天窗周边、门窗洞口、转角等部位的连接构造应满足设计要求并符合国家现行标准规定。

3）压型金属板搭接部位、各连接节点部位应密封完整、连续，防水满足设计要求。

4）变形缝、屋脊、檐口、山墙、穿透构件、天窗周边、门窗洞口、转角等连接部位表面应清洁干净，不应有施工残留物和污物。

5）固定支架数量、间距应满足设计要求，紧固件固定应牢固、可靠，与支承结构应密贴。

（7）外墙板。

1）板面清洁，无胶痕、油污，无明显划痕、磕碰、伤痕等。

2）墙体外观平整、光滑、色泽一致、接缝顺直。

3）孔洞位置准确、套割方正、边缘整齐。

4）墙体垂直度≤5mm，横向平整度≤5mm。

5）接缝处平面度偏差≤2mm。

6）洞口每米长度内水平度偏差≤3mm，每米长度内垂直度偏差≤3mm。

（十八）防腐涂料喷涂

本小节适用于变电站建（构）筑物工程中钢结构防腐涂料喷涂的施工及验收。

1.关键工序控制

（1）施工准备。

涂料、稀释剂和固化剂等品种、型号和质量，应符合设计要求和国家现行有关标准的规定。

（2）基面清理。

涂装前钢材表面除锈应符合设计要求和国家现行有关标准的规定；经化学除锈的钢材表面应露出金属色泽。处理后的钢材表面应无焊渣、焊疤、灰尘、油污、水和毛刺等。

（3）面漆涂装。

1）构件表面不应误涂、漏涂，涂层应无脱皮和返锈等。

2）涂装工程的外观质量：①合格：涂刷应均匀，无明显皱皮、气泡，附着良好；②优良：涂刷应均匀，色泽一致，无皱皮、流坠和气泡，附着良好，分色线清楚、整齐。

3）构件补刷漆的质量：①合格：补刷漆漆膜完整，②优良：按涂装工艺分层补刷，漆膜完整，附着良好。

4）涂装工程的干漆膜厚度的允许偏差项目和检验方法应符合规定。干漆膜要求厚度值和允许偏差值应符合规范要求。

2.工艺标准

（1）基面清理。

1）经处理的钢材表面不应有焊渣、焊疤、灰尘、油污、水和毛刺等；对于镀锌构件，酸洗除锈后，钢材表面应露出金属色泽，并应无污渍、锈迹和残留酸液。

2）建筑钢结构工程的油漆涂装应在钢结构安装验收合格后进行。油漆涂刷前，应将需涂装部位的铁锈、焊缝药皮、焊接飞溅物、油污、尘土等杂物清理干净。

（2）底漆涂装。

1）调和红丹防锈漆，控制油漆的黏度、稠度、稀度，兑制时应充分的搅拌，使油漆色泽、黏度均匀一致。

2）刷第一层底漆时涂刷方向应该一致，接槎整齐。

3）刷漆时应采用勤沾、短刷的原则，防止刷子带漆太多而流坠。

4）待第一遍刷完后，应保持一定的时间间隙，防止第一遍未干就上第二遍，这样会使漆液流坠发皱，质量下降。

5）待第一遍干燥后，再刷第二遍，第二遍涂刷方向应与第一遍涂刷方向垂直，这样会使漆膜厚度均匀一致。

6）底漆涂装后起码需 4～8h 后才能达到表干，表干前不应涂装面漆。

（3）面漆涂装。

1）建筑钢结构涂装底漆与面漆一般中间间隙时间较长。钢构件涂装防锈漆后送到工地去组装，组装结束后才统一涂装面漆，也可由工厂涂装面漆后再送去工厂安装。在施工过程中，钢结构连接焊缝、紧固件及其连接节点的构件涂层被损伤的部位，应编制专项涂装修补工艺方案，且应满足设计和涂装工艺评定的要求。涂装面漆前需对钢结构表面进行清理，清除安装焊缝焊药，对烧去或碰去漆的构件，还应事先补漆。

2）面漆的调制应选择颜色完全一致的面漆，兑制的稀料应合适，面漆使用前应充分搅拌，保持色泽均匀。其工作黏度、稠度应保证涂装时不流坠，不显刷纹。

3）面漆在使用过程中应不断搅和，涂刷的方法和方向与上述工艺相同。

4）涂装工艺采用喷涂施工时，应调整好喷嘴口径、喷涂压力，喷枪胶管能自由拉伸到作业区域，空气压缩机气压应在 0.4～0.7N/mm。

5）喷涂时应保持好喷嘴与涂层的距离，一般喷枪与作业面距离应在 100mm 左右，喷枪与钢结构基面角度应该保持垂直，或喷嘴略为上倾为宜。

6）喷涂时喷嘴应该平行移动，移动时应平稳，速度一致，保持涂层均匀。但是采用喷涂时，一般涂层厚度较薄，故应多喷几遍，每层喷涂时应待上层漆膜已经干燥时进行。

（4）涂层检查与验收。

1）表面涂装施工时和施工后，应对涂装过的工件进行保护，防止飞扬尘土和其他杂物。

2）涂装后的处理检查，应该是涂层颜色一致，色泽鲜明光亮，不起皱皮、疙瘩。

3）涂装漆膜厚度的测定，用触点式漆膜测厚仪测定漆膜厚度，漆膜测厚仪一般测定 3 点厚度，取其平均值。

4）防腐涂料、涂装遍数、涂装间隔、涂层厚度均应满足设计文件、涂料产品标准的要求。当设计对涂层厚度无要求时，涂层干漆膜总厚度：室外不应小于 $150\mu m$，室内不应小于 $125\mu m$。

a. 检查数量：按照构件数抽查 10%，且同类构件不应少于 3 件。

b. 检验方法：用干漆膜测厚仪检查。每个构件检测 5 处，每处的数值为 3 个相距 50mm 测点涂层干漆膜厚度的平均值。漆膜厚度的允许偏差应为 $-25\mu m$。

（十九）防火涂料喷涂

本小节适用于变电站建（构）筑物工程网结构防火涂料喷涂施工及验收。

1. 关键工序控制

（1）施工准备。

1）钢结构的防火涂料必须有国家检测机构的耐火极限检测报告和理化性能检测报告，必须有防火监督部门核发的生产许可证和生产厂房的产品合格证。现场应对黏结强度进行检测。

2）防火涂料中的底层和面层涂料应相互配套。

3）防火涂料施工应在钢结构安装工程检验批完成并验收合格后进行。涂料基层不应有油污灰尘、泥沙等污垢。

4）施工前对四周围护进行适当保护。

（2）调配涂料。

单组分湿涂料，现场采用便携式搅拌器搅拌均匀；单组分干粉涂料，现场加水或其他稀释剂调配，应按照产品说明书的规定混合搅拌；双组分涂料，按照新产品说明书规定的配比混合搅拌。防火涂料配制搅拌，应边配边用，当天配制的涂料必须在说明书规定时间内使用完。搅拌和调配涂料，使之均匀一致且稠度适宜，既能在输送管道中流动畅通，而喷涂后又不会产生流淌和下坠现象。

（3）涂装施工。

防火涂料涂装时的环境温度和相对湿度应符合涂料产品说明书的要求，当产品说明书无要求时，环境温度宜在 5～38℃，湿度不大于 85%。涂装时，构件表面不应有结露，涂装后 4h 内应避免受雨淋、水冲等，并应防止机械撞击。涂层应在规定时间内干燥固化，各层间粘结牢固，不出现粉化、空鼓、脱落和明显裂纹。钢结构接头、转角处的涂层应均匀一致，无漏涂出现。涂层厚度应达到设计要求；否则，应进行补涂处理，使之符合规定的厚度。喷涂后，按规定要求对喷涂厚度和粘结强度进行检测，并将检测结果报至监理项目部复核确认。

1）喷涂法（一般膨胀型防火涂料选用）。

a. 一般采用喷涂方法涂装，机具为压送式喷涂机，

配备能够自动调压的空压机，喷枪口径为 6～12mm，空气压力为 0.4～0.6MPa。局部修补和小面积构件采用手工抹涂方法施工，工具是抹灰刀等。

b. 涂装施工工艺及要求喷涂应分若干层完成，第一层喷涂以基本覆盖钢材表面即可，以后每层喷涂厚度为 0.8～1mm，一般为 1mm 左右。在每层涂层基本干燥或固化后，方可继续喷涂下一层涂料，通常每天喷涂一层。喷涂保护方式、喷涂层数和涂层厚度应根据防火设计要求确定。

c. 喷涂时，喷枪要垂直于被喷涂钢构件表面，喷距为 6～10mm，喷涂气压保持在 0.4～0.6MPa。喷枪运行速度要保持稳定，不能在同一位置久留，避免造成涂料堆积流淌。喷涂过程中，配料及往喷涂机内加料均要连续进行，不得停顿。

d. 施工过程中，操作者应采用测厚针检测涂层厚度，直到符合设计规定的厚度。方可停止喷涂。喷涂后，对于明显凹凸不平处，采用抹灰刀等工具进行剔除和补涂处理，以确保涂层表面均匀。

2）滚涂法。

a. 涂料分层施工：

a）当钢基材表面除锈和防锈处理符合要求，尘土等杂物清除干净后方可施工。

b）膨胀型底层一般喷 2～3 遍，每遍厚度不应超过 1mm，必须在前一遍干燥后，再施工后一遍。

c）滚涂时应确保涂层完全闭合，轮廓清晰。

d）操作者要检测涂层厚度，并确保喷涂达到设计规定的厚度。

e）当设计要求涂层表面要平整光滑时，应对最后一遍涂层作抹平处理，确保外表面均匀平整。

b. 非膨胀型防火涂料应分遍完成，每遍涂层厚度宜为 10～15mm，必须在前一遍基本干燥或固化后，再施工一遍。保护方式、遍数与涂层厚度应根据施工设计要求确定。施工过程中，操作者应检测涂层厚度，直到符合设计规定的厚度，方可停止施工。

2. 工艺标准

（1）防火涂料涂装。

1）根据耐火等级选用钢结构防火涂料，涂装施工应在钢结构安装工程和防腐修复工程检验批施工质量验收合格后进行。

2）基层表面应无油污、灰尘和泥沙等污垢，且防锈层完整、底漆无漏刷。构件连接处的缝隙采用防火涂料或其他防火材料进行填平。

3）防火涂料按产品说明书要求在现场进行搅拌或调配。当天配置的涂料要在产品说明书规定的时间内用完，防火涂料采用喷涂的方法，分层涂装，在上层涂层干燥或固化后，再进行下道涂层施工。

4）防火涂层外观质量：不应有误涂、漏涂，涂层应闭合，不应有脱层、空鼓、明显凹陷、粉化松散和浮浆等外观缺陷，乳突应剔除。

5）防火涂料涂层不得出现贯穿性裂纹。

（2）非膨胀型防火涂料。

1）外观质量：涂层颜色均匀、一致，接槎平整，无明显凹陷，粘接牢固，无粉化松散和浮浆，乳刺已剔除。

2）非膨胀型防火涂料涂层的厚度，80%及以上涂层面积应满足国家现行标准有关耐火极限的要求，且最薄处厚度不应低于设计要求的85%，平均厚度允许偏差应为设计厚度的±10%，且不应大于±2mm。非膨胀型防火涂料涂层表面的裂纹宽度不应大于0.5mm，在任意300mm×150mm范围内裂纹数不得多于3条。

（3）膨胀型防火涂料。

1）面层应在底层涂装干燥后开始涂装，面层涂装要颜色均匀一致，接槎平整，无明显凹陷、粘结牢固、无粉化松散和浮浆，乳刺已剔除。膨胀型防火涂料的涂层厚度应符合有关耐火极限的设计要求。

2）膨胀型（超薄型、薄涂型）防火涂料采用涂层厚度测量仪，涂层厚度允许偏差应为−5%。膨胀型防火涂料涂层表面裂纹宽度不应大于0.5mm，且任意1m范围内不得多于1条，当涂层厚度小于或等于3mm时，涂层裂纹宽度不应大于0.1mm。

（二十）地下结构防水

本小节适用于变电站工程地下结构防水的施工及验收。

1．关键工序控制

（1）防水混凝土浇筑与养护。

1）防水混凝土选用的粉煤灰级别不应低于Ⅱ级，用量为胶凝材料总量的20%～30%。硅粉用量为胶凝材料总量的2%～5%。

2）用于防水混凝土的砂最大粒径不大于40mm，不得使用碱活性骨料。防水混凝土中各类材料的总碱量不得大于3kg/m³，氯离子含量不应超过胶凝材料总量的0.1%。

3）防水混凝土施工前应做好降排水工作，不得在有积水的环境中浇筑混凝土。用于防水混凝土的模板应接缝严密、支撑牢固。

4）防水混凝土拌和物在运输后如出现离析，必须进行二次搅拌。当坍落度损失后不能满足施工要求时，应加入原水胶比的水泥浆或掺加同品种的减水剂进行搅拌，严禁直接加水。

5）施工缝选用的遇水膨胀止水条应与接触表面密贴。采用中埋式止水带或预埋式注浆管时，应定位准确、固定牢靠。

6）防水混凝土结构内部设置的各种钢筋或绑扎铁丝，不得接触模板。

（2）基层处理。

1）基层表面应平整、坚实、清洁，并应充分湿润、无明水。基层表面的孔洞、缝隙应采用与防水层相同的防水砂浆堵塞并抹平。施工前应将预埋件、穿墙管预留凹槽内嵌填密封材料后，再施工水泥砂浆防水层。

2）用于水泥砂浆防水层的材料应符合设计和规范要求，砂采用中砂，含泥量不大于1%。

3）防水砂浆基层应分层铺抹或喷射，铺抹时应压实、抹平，最后一层表面应提浆压光。聚合物水泥防水砂浆拌和后应在规定时间内用完，施工中不得任意加水。

4）防水砂浆基层的各层应紧密黏合，每层应连续施工。必须留设施工缝时，应采用阶梯坡形槎，离阴阳角处的距离不得小于200mm。

（3）卷材铺贴。

1）卷材防水层应铺设在混凝土结构的迎水面。

2）防水卷材的材料性能应满足设计和规范要求。

3）卷材防水层的基面应坚实、平整、清洁，阴阳角处应做圆弧或折角。

2．工艺标准

（1）胶凝材料总用量不应小于320kg/m³，水泥用量不小于260kg/m³，砂率宜为35%～40%，泵送可增至45%。灰砂比为1∶1.5～1∶2.5。水胶比不得大于0.50。

（2）防水混凝土采用预拌混凝土时，入泵坍落度控制在120～160mm，坍落度每小时损失值不应大于20mm，坍落度总损失值不应大于40mm。

（3）掺加引气剂或引气型减水剂时，混凝土含气量应控制在3%～5%。

（4）预拌混凝土地初凝时间为6～8h。防水混凝土终凝后应立即进行养护，养护时间不得少于14天。

（5）防水混凝土应分层连续浇筑，分层厚度不得大于500mm。

（6）大体积防水混凝土施工，应选用水化热低和凝结时间长的水泥。采取保温保湿养护，混凝土中心温度与表面温度的差值不大于25℃，表面温度与大气温度的差值不应大于20℃，温降梯度不得大于3℃/天，养护时间不少于14天。

（7）水泥砂浆防水层终凝后，应及时进行养护，养护温度不应低于5℃，并应保持砂浆表面湿润，养护时间不得少于14天。

（8）卷材防水层阴阳角处应做成圆弧或45°坡角，其尺寸根据卷材品种确定。在转角处、变形缝、施工缝、穿墙管等部位应铺贴卷材加强层，加强层宽度不应小于500mm。自粘法施工的环境气温不低于5℃，热熔法、焊接法施工的环境气温不低于−10℃。

（9）不同品种防水卷材的搭接宽度应满足规范要求。改性沥青防水卷材搭接宽度为100mm，三元乙丙防水卷材搭接宽度为100mm/60mm（胶粘剂/胶粘带）。

（10）防水混凝土结构，应符合下列规定：

1）结构厚度不应小于250mm。

2）裂缝宽度不得大于0.2mm，并不得贯通。

3）钢筋保护层厚度应根据结构的耐久性和工程环境选用，迎水面钢筋保护层厚度不应小于50mm。

（二十一）地下结构穿墙管

本小节适用于变电站工程地下结构穿墙管的施工及验收。

1．关键工序控制

（1）确定穿墙套管位置。

1）穿墙管应在混凝土浇筑前预埋。

2）穿墙管与内墙角、凹凸部位的距离应大于250mm。

（2）穿墙套管加工。

1）金属止水环应与主管或套管满焊密实，采用套管式穿墙防水构造时，翼环与套管应满焊密实，并应在施工前将套管内表面清理干净。

2）采用遇水膨胀止水圈的穿墙管，管径宜小于50mm，止水圈应采用胶粘剂满粘固定于管上，并应涂缓胀剂或采用缓胀型遇水膨胀止水圈。

（3）穿墙套管安装与固定。

1）穿墙管线较多时，应相对集中，并应采用穿墙盒方法。穿墙盒的封口钢板应与墙上的预埋角钢焊严，并应从钢板上的预留浇注孔注入柔性密封材料或细石混凝土。

2）穿墙管伸出外墙的部位，应采取防止回填时将管体损坏的措施。

3）当工程有防护要求时，穿墙管除应采取防水措施外，尚应采取满足防护要求的措施。

4）结构变形缝或管道伸缩量较小时，穿墙管可采用主管直接埋入混凝土内的固定式防水法，主管应加焊止水环或环绕遇水膨胀止水圈，并应在迎水面预留凹槽，槽内采用密封材料嵌填密实。

5）结构变形或管道伸缩量较大或有更换要求时，应采用套管式防水法，套管应加焊止水环。地下室或地下构筑物外墙有管道穿过的，应采取防水措施。对有严格防水要求的建筑物，必须采用柔性防水套管。

2．工艺标准

（1）穿墙管用遇水膨胀止水条和密封材料必须符合设计要求。穿墙管防水构造必须符合设计要求。

（2）固定式穿墙管应加焊止水环或环绕遇水膨胀止水圈，并做好防腐处理。

（3）套管内表面应清理干净，穿墙管与套管之间应用密封材料和橡胶密封圈进行密封处理，并采用法兰盘及螺栓进行固定。

（4）当主体结构迎水面有柔性防水层时，防水层与穿墙管连接处应增设加强层。

（5）密封材料嵌填应密实、连接、饱满、粘结牢固。

（6）相邻穿墙管间的间距应大于300mm。

（二十二）地下结构预埋件

本小节适用于变电站工程地下结构预埋件的施工及验收。

1．关键工序控制

预埋件安装与固定关键工序控制如下：

（1）结构上的埋件应采用预埋或预留孔等。

（2）预埋件防水构造必须符合设计要求。

（3）埋件端部或预留孔底部的混凝土厚度不得小于250mm，当厚度小于250mm时，应采取局部加厚或其他防水措施。

（4）预留孔内的防水层，应与孔外的结构防水层保持连续。

（5）结构迎水面的预埋件周围应预留凹槽，凹槽内应用密封材料填实。

（6）用于固定模板的螺栓必须穿过混凝土结构时，可采用工具式螺栓或螺栓加堵头，螺栓上应加焊止水环。拆模后留下的凹槽应用密封材料封堵密实，并用聚合物水泥砂浆抹平。

2．工艺标准

（1）预埋件用密封材料应提供产品合格证、产品性能检测报告、材料进场检验报告，材料性能应符合设计要求。

（2）埋件应位置准确、固定牢靠。埋件应进行防腐处理。

（3）密封材料嵌填应密实、连续、饱满、粘结牢固。

（二十三）地下结构变形缝

本小节适用于变电站工程地下结构变形缝的施工及验收。

1．关键工序控制

（1）施工准备。

1）变形缝应满足密封防水、适应变形、施工方便、检修容易等要求。

2）用于沉降的变形缝最大允许沉降差值不应大于30mm。

3）变形缝用橡胶止水带的物理性能应符合规范要求。环境温度高于50℃处的变形缝，中埋式止水带可采用金属制作。

（2）变形缝止水带安装。

1）止水带埋设位置应准确，中间空心圆环应与变形缝的中心线重合。止水带应固定，顶、底板内止水带应成盆状安设。中埋式止水带先施工一侧混凝土时，其端模应支撑牢固，并应严防漏浆。

2）止水带的接缝应为一处，应设在边墙较高位置上，不得设在结构转角处，接头采用热压焊接。

3）变形缝与施工缝均用外贴式止水带时，其相交部位应采用十字配件。变形缝用外贴式止水带的转角部位采用直角配件。

（3）嵌填密封材料。

1）变形缝应嵌填密封材料。变形缝内两侧基面应平整干净、干燥，并应涂刷与密封材料相容的基层处理剂。嵌填应密实连接、饱满，并应粘结牢固。

2）在缝表面粘贴卷材或涂刷涂料前，应在缝上设置隔离层。

2．工艺标准

（1）变形缝处混凝土结构的厚度不应小于300mm。变形缝的宽度宜为20～30mm。

（2）变形缝用止水带、填缝材料和密封材料必须符合设计要求。

（3）中埋式止水带埋设位置应准确，其中间空心圆环与变形缝的中心线应重合。

（4）中埋式止水带在转弯处应做成圆弧形，顶板、底板内止水带安装成盆状，并采用专用钢筋套或扁钢固定。

五、屋面和地面工程

（一）基层

本小节适用于变电站建（构）筑物与屋面保温层、防水层相关的找坡层、找平层、隔汽层、隔离层的施工及验收。

1. 关键工序控制

（1）清理结构层。

1）应清理结构层、保温层上面的松散杂物，凸出基层表面的硬物应剔平扫净。

2）装配式钢筋混凝土板的板缝嵌填混凝土前板缝内应清理干净，并应保持湿润；当板缝宽度大于 40mm 或上窄下宽时，板缝内应按设计要求配置钢筋。嵌填细石混凝土的强度等级不应低于 C20，填缝高度宜低于板面 10～20mm，且应振捣密实和浇水养护；板端缝应按设计要求增加防裂的构造措施。

（2）洒水湿润。

抹找坡层前，宜对基层洒水湿润。

（3）找平层和找坡层。

1）突出屋面的管道、支架等根部，应用细石混凝土堵实和固定。

2）对不易与找平层结合的基层应做界面处理。

3）找坡层和找平层所用材料的质量和配合比应符合设计要求，并应做到计量准确和机械搅拌。

4）找坡应按屋面排水方向和设计坡度要求进行，找坡层最薄处厚度不宜小于 20mm。

5）找坡材料应分层铺设和适当压实，表面宜平整和粗糙，并应适时浇水养护。找平层应在水泥初凝前压实抹平，水泥终凝前完成收水后应二次压光，并应及时取出分隔条，养护时间不得少于 7 天。

6）找坡层和找平层的施工环境温度不宜低于 5℃。

（4）隔汽层和隔离层。

1）隔汽层。

a. 隔汽层施工前，基层应进行清理，宜进行找平处理。

b. 屋面周边隔汽层应沿墙面向上连续铺设，高出保温层上表面不得小于 150mm。

c. 采用卷材做隔汽层时，卷材宜空铺，卷材搭接缝应满粘，其搭接宽度不应小于 80mm；采用涂膜做隔汽层时，涂料涂刷应均匀，涂层不得有堆积、起泡和露底现象。

d. 穿过隔汽层的管道周围应进行密封处理。

e. 当严寒及寒冷地区屋面结构冷凝界面内侧实际具有的蒸汽渗透阻小于所需值，或其他地区室内湿气有可能透过屋面结构层进入保温层时，应设置隔汽层。

2）隔离层。

a. 块体材料、水泥砂浆或细石混凝土保护层与卷材、涂膜防水层之间，应设置隔离层。

b. 隔离层可采用干铺塑料膜、土工布、卷材或铺抹低强度等级砂浆。

c. 隔离层铺设前，应将基层表面的砂粒、硬块等杂物清扫干净，防止铺贴时损伤隔离层。隔离层采用干铺隔离材料一层，搭接宽度 100mm，做到连片平整。防水层带高密度聚乙烯膜者，可不另设隔离层。

d. 隔离层材料强度低，在隔离层继续施工时，要注意对隔离层加强保护。混凝土运输不能直接在隔离层表面进行，应采取垫板等措施。绑扎钢筋时不得扎破表面，浇捣混凝土时更不能振酥隔离层。

2. 工艺标准

（1）找坡层、找平层、隔汽层、隔离层材料质量、配合比及强度应符合设计要求和现行有关标准的规定。

（2）找平层应平整、压光，不得有疏松、起砂、起皮现象；沥青砂浆找平层不得有拌和不匀、蜂窝现象。隔汽层、隔离层表面外观不得有破损和漏铺现象。

（3）结构找坡不应小于 5％，材料找坡不应少于 3％，或满足设计要求。

（4）基层与突出屋面结构的交接处和基层的转角处均应做成圆弧形，且整齐平顺，圆弧半径≥100mm（沥青防水卷材 100～150mm、高聚物改性沥青防水卷材≥50mm、合成高分子防水卷材≥20mm）。

（5）找坡层表面平整度≤7mm；找平层表面平整度≤5mm。

（6）铺设防水卷材的找平层应设分格缝，其纵横间距不大于 3m，缝宽为 20mm，或符合设计要求。

（7）排汽道应纵横贯通，不得堵塞；排汽管应安装牢固、位置正确、封闭严密。

（8）卷材隔汽层铺设平整、搭接缝应粘结牢固，密封应严密，不得有扭曲、皱折和起泡等缺陷；涂膜隔汽层粘结牢固、表面平整，涂布均匀，不得有堆积、起泡和露底等缺陷。

（9）当设计无要求时，塑料膜的厚度不应小于 0.4mm，土工布应采用聚酯土工布，单位面积质量不应小于 200g/m²，卷材厚度不应小于 2mm。塑料膜、土工布、卷材平整及搭接铺设平整，其搭接宽度不应小于 50mm，不得有皱折。

（二）卷材防水

本小节适用于变电站建（构）筑物屋面卷材防水层的施工及验收。

1. 关键工序控制

（1）基层处理。

基层必须牢固，无松动、起砂等缺陷。基层表面应平整、洁净、均匀一致。基层阴阳角应做成圆弧或45°坡角，其尺寸应根据卷材品种确定；在转角处、变形缝、施工缝、穿墙管等部位应铺贴卷材加强层，加强层宽度不应小于 500mm。有套管的管道部位，应高于基层表面不少于 20mm。

（2）涂布基层处理剂。

涂布与所选防水卷材相配套的基层处理剂，对阴角、管道根部等复杂部位，应用油漆刷蘸底胶先均匀涂刷一遍，再用长把滚刷进行大面涂布。涂布应均匀。

（3）铺贴卷材。

1）应根据所选卷材的宽度留出搭接缝尺寸，按卷材铺贴方向弹基准线，卷材铺贴施工应沿弹好线的位置进行。

2）在铺贴卷材前，应对阴阳角、排水口、管道等薄弱部位做加强层处理。

3）应用三元乙丙橡胶防水卷材时，涂刷胶粘剂，预先量好卷材尺寸（扣除搭接宽度），在卷材铺贴面弹出标准线。当基层与卷材表面胶粘剂达到要求干燥度后，可开始铺贴。大面积铺贴采用滚铺法，将卷材一端粘贴固定在起始部位后，沿弹好的标准线滚铺卷材，每隔1m对准标准线粘贴一下，一张卷材铺完立即排除黏结层之间的空气，用松软、干净的长把滚刷从卷材一端开始，沿卷材横向用力滚压一遍。对平直的卷材接缝，采用热风单缝自动焊机进行焊接，对人员不易接触的部位，并且接缝留置在立面时也可采用胶贴接方法。变截面不便于焊机施焊的部位，卷材的接缝采用热风焊枪进行手工焊接，卷材的搭接缝应焊接（黏结）牢固，封闭严密。

4）应用高聚物改性沥青卷材，细部附加层采用"抬铺法"施工，将已裁剪好的卷材片有热焰胶的一面烘烤，待其底面呈熔融状态，即可立即粘贴在已涂刷基层处理剂的基层上，并压实、粘牢。火焰加热器的喷嘴应处在成卷卷材与基层夹角中心线上，距粘贴面300mm左右处。"滚铺法"先铺贴起始端，施工时使火焰对准卷材与基面交接处，同时加热卷材底面与基层面，当卷材底面呈熔融状即进行粘铺，至卷材端头剩余约300mm时，将卷材端头翻放在隔热板上再行熔烤后，将端部卷材铺牢、压实。上层卷材盖过下层卷材不应小于150mm。

5）应用自粘型橡胶沥青防水卷材时，细部附加层采用"抬铺法"施工，将已裁剪好的卷材片隔离纸掀开，即可粘贴在已涂刷基层处理剂的基层上，并压实、粘牢。将卷材置于起始位置，对好长短方向搭接缝，先隔离纸朝下滚展卷材500mm左右，将已展开的部分隔离纸剥开，慢慢放下卷材平铺在基层上，推压卷材，粘好起始端。卷材与基层粘贴密实，并随时控制好卷材的平整、顺直和搭接缝宽度。黏结搭接缝时，应掀开搭接部位卷材，宜用扁头热风枪加热卷材底面胶粘剂，加热后随即粘贴、排汽、辊压，溢出的自粘胶随即刮平封口。搭接缝粘贴密实后，所有接缝口均用密封材料封严，宽度不应小于10mm。

6）高聚物改性沥青防水卷材及合成高分子防水卷材冷黏结施工环境气温不低于5℃，热熔法和焊接法施工环境气温不低于−10℃。

7）卷材宜平行屋脊铺贴，卷材搭接应顺水流方向；上下层卷材不得相互垂直铺贴，上下层卷材接缝应错开不得小于卷材宽度1/3，同一层相邻两幅卷材短边搭接缝错开不应小于500mm。

（4）卷材收头处理。

1）应用三元乙丙橡胶防水卷材的卷材收头时，可采

用专用的接缝胶粘剂及密封胶进行密封处理，也可焊接处理。

2）应用高聚物改性沥青卷材、自粘型橡胶沥青防水卷材时，卷材收头可用垫铁压紧、射钉固定，并用密封材料填实封严。

2．工艺标准

（1）找坡层、找平层、隔汽层、隔离层材料质量、配合比及强度应符合设计要求和现行有关标准的规定。

（2）卷材防水层不得有渗漏或积水现象。

（3）防水卷材及其配套材料质量应符合设计和现行有关标准的规定。

（4）防水卷材搭接缝应粘（焊）结牢固，密封严密，不得有皱折、翘边和鼓泡等缺陷；收头应与基层黏结并固定牢固，缝口封严，不得翘边。

（5）排汽道应纵横贯通，不得堵塞。排汽管应安装牢固，位置正确，封闭严密。

（6）铺贴方向正确，平行于屋脊的搭接缝，应顺流水方向搭接；垂直于屋脊的搭接缝，应顺年最大频率风向搭接。搭接缝应错开，不得留在天沟或檐沟底部。

（7）卷材长边搭接长度不小于100mm；短边搭接不小于150mm；采用两层以上防水时，严禁垂直粘贴。

（三）涂膜防水

本小节适用于变电站建（构）筑物屋面工程中涂膜防水的施工及验收。

1．关键工序控制

（1）基层处理。

涂膜防水层的基层应坚实、平整、干净，应无孔隙、起砂和裂缝。基层的干燥程度应根据所选用的防水涂料特性确定：当采用溶剂型、热熔型和反应固化型防水涂料时，基层应干燥。

（2）防水涂料搅拌。

双组分或多组分防水涂料应按配合比准确计量，应采用电动机具搅拌均匀，已配制的涂料应及时使用。配料时，可加入适量的缓凝剂或促凝剂调节固化时间，但不得混合已固化的涂料。

（3）铺设胎体（涂膜间夹铺胎体增强材料时）。

涂膜间夹铺胎体增强材料时，宜边涂布边铺胎体；胎体应铺贴平整，应排除气泡，并应与涂料粘结牢固。在胎体上涂布涂料时，应使涂料浸透胎体，并应覆盖完全，不得有胎体外露现象。最上面的涂膜厚度不应小于1.0mm。

（4）大面积涂布。

1）涂膜施工应先做好细部处理，再进行大面积涂布。

2）屋面转角及立面的涂膜应薄涂多遍，不得流淌和堆积。每遍防水涂层涂布完成后均应进行严格的质量检查，对出现的质量问题应要先修补，合格后方可进行下一遍涂层涂布。

3）防水涂料应多遍均匀涂布，涂膜总厚度应符合设计要求。

4）涂膜防水层完成后，进行表观质量的检查，并做好淋水、蓄水检验，合格后再进行保护层的施工。

2．工艺标准

（1）防水涂料和胎体增强材料应符合设计要求和现行有关标准的规定。

（2）防水层性能：不得有渗漏或积水现象。

（3）防水构造：涂膜防水层在檐口、檐沟、天沟、水落口、泛水、变形缝和伸出屋面管道的防水构造，应符合设计要求。

（4）防水层的厚度：涂膜防水层的平均厚度应符合设计要求，且最小厚度不应小于设计厚度的80％。

（5）涂膜施工：涂膜防水层与基层结合应粘结牢固，表面平整，涂刷均匀，无流淌、皱折、鼓泡、露胎体和翘边等缺陷。

（6）涂膜防水层收头应用防水涂料多遍涂刷。

（7）胎体增强材料搭接宽度长边≥50mm，短边≥70mm。

（四）屋面排汽

本小节适用于变电站建（构）筑物屋面排汽的施工及验收。

1．关键工序控制

（1）纵横排汽通道设置。

排汽屋面的排汽道应纵横贯通，不得堵塞，并应与大气连通的排汽孔相通。

（2）排汽管设置。

排汽出口应埋设排汽管，排汽管应设置在结构层上，穿过保温层及排汽道的管壁四周均应打孔，以保证排汽道的畅通。排汽出口也可设在檐口下或屋面排汽道交叉处。

（3）防水层。

1）排汽屋面防水层施工前，应检查排汽道是否被堵塞，并加以清扫，然后宜在排汽道上粘贴一层1mm厚的自粘条或塑料薄膜，宽度约200mm，在排汽道上对中贴好，完成后才可铺贴防水卷材（或涂刷防水涂料）。防水层施工时不得刺破自粘条，以免胶粘剂（或涂料）流入排汽道，造成堵塞或排汽不畅。排汽孔应做防水处理。

2）排汽屋面还可利用空铺、条粘、点粘第一层卷材，或第一层为打孔卷材铺贴防水层的方法使其下面形成连通排汽通道，再在一定范围内设置排汽孔。在檐口、屋脊和屋面转角处及突出屋面的连接处，当采用热玛蹄脂时，应涂刷冷底子油。

3）排汽管防水卷材附加层应上翻250mm。

2．工艺标准

（1）找平层设置的分格缝可兼作排汽道，排汽道间距宜为6m纵横设置，通常应与保温层上的找平层的分隔缝重合，在保温层中预留槽做排汽道时，其宽度一般为20～40mm；在保温层中埋置打孔细管（塑料管或镀锌钢管）做排汽道时，管径25mm。

（2）排汽孔设置在排汽道纵横交叉点，即屋面面积每36m²设置1个排汽孔。

（3）排汽管应安装牢固，位置应正确，封闭应严密。卷材应满涂胶粘结，其宽度不得小于800mm。

（五）屋面保温

本小节适用于变电站建（构）筑物屋面板块材料、喷涂硬泡聚氨酯、现浇泡沫混凝土保温层的施工及验收。

1．关键工序控制

（1）板块材料保温层。

1）基层处理。

基层应平整、干燥、干净。

2）分层铺设。

a．相邻板块应错缝拼接，分层铺设的板块上下层接缝应相互错开，板间缝隙应采用同类材料嵌填密实。

b．采用干铺法施工时，板状保温材料应紧靠在基层表面上并应铺平垫稳。

c．采用黏结法施工时，胶粘剂应与保温材料相容，板状保温材料应贴严、粘牢，在胶粘剂固化前不得上人踩踏。

d．采用机械固定法施工时，固定件应固定在结构层上，固定件的间距应符合设计要求。

（2）喷涂硬泡聚氨酯保温层。

1）基层处理。

基层应平整、干燥、干净。

2）试验喷嘴与施工基面间距。

a．施工前应对喷涂设备进行调试，并应喷涂试块进行材料性能检测。

b．喷涂时喷嘴与施工基面的间距应由试验确定。

3）分遍喷涂。

a．喷涂硬泡聚氨酯的配比应准确计量，发泡厚度应均匀一致。

b．一个作业面应分遍喷涂完成，每遍喷涂厚度不宜大于15mm，硬泡聚氨酯喷涂后20min内严禁上人。

c．喷涂作业时，应采取防止污染的遮挡措施。

（3）现浇泡沫混凝土保温层。

1）配合比设计。

泡沫混凝土应按设计要求的干密度和抗压强度进行配合比设计，拌制时应计量准确，并应搅拌均匀。

2）基层处理。

基层应清理干净，不得有油污、浮尘和积水。

3）设定浇筑面标高线。

泡沫混凝土应按设计的厚度设定浇筑面标高线，找坡时宜采取挡板辅助措施。

4）分层浇筑。

a．泡沫混凝土的浇筑出料口离基层的高度不宜超过1m，泵送时应采取低压泵送。

b．泡沫混凝土应分层浇筑，一次浇筑厚度不宜超过200mm，终凝后应进行保湿养护，养护时间不得少于7天。

2．工艺标准

（1）板状材料保温层。

1）屋面热桥部位，保温材料的导热系数、表观密度或干密度、抗压强度或压缩强度、燃烧性能，必须符合设计要求和现行有关标准的规定。

2）保温层厚度应符合设计要求，其正偏差应不限，负偏差应为5%且不得大于4mm。

3）块状保温材料铺设应紧贴基层，应铺平垫稳，拼缝应严密，粘贴牢固。

4）固定件的规格、数量和位置均应符合设计要求，垫片应与保温层表面齐平。

5）板状材料保温层表面平整度允许偏差为5mm，板状材料保温层拼缝高低差为2mm。

（2）喷涂硬泡聚氨酯保温层。

1）屋面热桥部位，喷涂硬泡聚氨酯所用原材料的质量及配合比，应符合设计要求和现行有关标准的规定。

2）喷涂硬泡聚氨酯保温层厚度应符合设计要求，其正偏差不限，不得有负偏差。

3）喷涂硬泡聚氨酯保温层喷涂应分遍喷涂，黏结牢固，表面平整，找坡正确。

4）喷涂硬泡聚氨酯保温层表面平整度允许偏差为5mm。

（3）现浇泡沫混凝土保温层。

1）现浇泡沫混凝土所用原材料的质量及配合比，应符合设计要求和现行有关标准的规定。

2）现浇泡沫混凝土保温层厚度应符合设计要求，其正负偏差应为5%且不得大于5mm。

3）现浇泡沫混凝土应分层施工，粘结牢固，表面平整，找坡正确。

4）现浇泡沫混凝土不得有贯通性裂缝，以及疏松、起砂、起皮现象。

5）现浇泡沫混凝土保温层表面平整度允许偏差为5mm。

（六）保护层

本小节适用于变电站建（构）筑物屋面保温层、防水层相关保护层的施工及验收。

1. 关键工序控制

（1）块体材料保护层。

1）施工准备。

a. 板块保护层的结合层宜采用砂或水泥砂浆。

b. 上人屋面的块体保护层，块体材料应按照楼地面工程质量要求选用，结合层应选用1∶2水泥砂浆。

2）排水坡度放线。

板块铺砌前应根据排水坡度要求挂线，以满足排水要求，保护层铺砌的块体应横平竖直。

3）结合层施工。

a. 在砂结合层上铺砌块体时，砂结合层应洒水压实，并用刮尺刮平，以满足块体铺设的平整度要求。

b. 采用水泥砂浆做结合层时，应先在防水层上做隔离层，预制块体应先浸水湿润并阴干。如板块尺寸较大，可采用铺灰法铺砌，即先在隔离层上将水泥砂浆摊开，然后摆放预制块体；如板块尺寸较小，可将水泥砂浆刮在预制板块的黏结面上再进行摆铺。

4）块体铺砌。

a. 在砂结合层上铺砌块体时，块体应对接铺砌，块体铺砌完成后，应适当洒水并轻轻拍平、压实，以免产生翘角现象。

b. 在水泥砂浆结合层上铺砌块体时，每块预制块体摆铺完后应立即挤压密实、平整，使块体与结合层之间不留空隙。

5）缝隙处理。

a. 在砂结合层上铺砌块体时，板缝先用砂填至一半的高度，然后用1∶2水泥砂浆勾成凹缝，为防止砂流失，在保护层四周500mm范围内，应改用低强度等级水泥砂浆做结合层。

b. 在水泥砂浆结合层上铺砌块体时，铺砌工作应在水泥砂浆凝结前完成，块体间预留10mm的缝隙，铺砌1～2天后用1∶2水泥砂浆勾成凹缝。

（2）水泥砂浆及细石混凝土保护层。

1）铺设隔离层。

水泥砂浆及细石混凝土保护层铺设前，应在防水层上做隔离层。

2）水泥砂浆或细石混凝土施工。

a. 细石混凝土铺设不宜留施工缝；当施工间隙超过时间规定时，应对接槎进行处理。

b. 保护层施工前，应根据结构情况每隔4～6m用木板条或泡沫条设置纵横分格缝，铺设水泥砂浆时，应随铺随拍实，并用刮尺找平，随即用直径为8～10mm的钢筋或麻绳压出表面分格缝，间距不大于1m。终凝前，用铁抹子压光保护层。

3）抹平压光。

a. 水泥砂浆及细石混凝土表面应抹平压光，不得有裂纹、脱皮、麻面、起砂等缺陷。

b. 保护层表面应平整，不能出现抹子抹压的痕迹和凹凸不平的现象。

（3）浅色涂料保护层。

1）施工准备。

浅色涂料应与卷材、涂膜相容，材料用量应根据产品说明书的规定使用，涂刷工具、操作方法和要求与防水涂料施工相同。

2）防水层表面处理。

a. 浅色涂料应在防水层养护完毕后进行，一般卷材防水层应养护2天以上，涂膜防水层应养护7天以上。

b. 涂刷前，应清除防水层表面的浮灰，浮灰用柔软、干净的棉布、扫帚擦扫干净。

3）涂料涂刷。

a. 浅色涂料应多遍涂刷，当防水层为涂膜时，应在涂膜固化后进行。

b. 二遍涂刷时，第二遍涂刷的方向应与第一遍垂直。

c. 涂层表面应平整，不得流淌和堆积，涂层应与防水层粘结牢固。

2. 工艺标准

（1）保护层所用材料的质量及配合比、保护层强度、排水坡度应符合设计要求和现行有关标准的规定。

（2）块体材料、水泥砂浆或细石混凝土保护层与女儿墙之间，应预留宽度为30mm的缝隙，缝内应用密封材料填嵌密实。

（3）采用块体材料做保护层时，分格缝纵横间距不应大于6m，缝宽为20mm；水泥砂浆保护层分格面积宜为1m²；细石混凝土保护层分格缝纵横间距不应大于3m，缝宽为20mm，并应用密封材料嵌填。

（4）块体材料保护层表面应干净，接缝应平整，周边应顺直，镶嵌应正确，应无空鼓现象。

（5）水泥砂浆、细石混凝土保护层不得有裂纹、脱皮、麻面和起砂等现象。

（6）浅色涂料应与防水层粘结牢固，厚薄应均匀，不得漏涂。

（7）块体材料、水泥砂浆表面平整度≤4.0mm、细石混凝土表面平整度≤5.0mm；块体材料、水泥砂浆、细石混凝土缝格平直≤3.0mm；块体材料接缝高低差≤1.5mm；块体材料板块间隙宽度≤2.0mm；保护层厚度允许偏差为设计厚度的10%，且≤5mm。

（七）细部构造

本小节适用于变电站建（构）筑物屋面工程中细部构造（檐口、天沟、女儿墙、水落口、变形缝、伸出屋面管道、屋面出入口、设施基座、屋面上人孔推拉式盖板）的施工及验收。

1. 关键工序控制

（1）檐口和天沟。

1）防水层。

a. 卷材防水层应由沟底翻上至沟外檐顶部，卷材收头应用水泥钉固定，并用密封材料封严。

b. 涂膜收头应用防水涂料多遍涂刷或用密封材料封严。

c. 铺贴檐口800mm范围内的卷材应采取满粘法。

2）天沟需设置附加层。

沟内卷材附加层在天沟、檐沟与屋面交接处宜空铺，空铺的宽度不应小于200mm。

3）天沟金属压条、密封材料。

a. 在天沟、檐沟与细石混凝土防水层的交接处，应留凹槽并用密封材料嵌填严密。

b. 卷材收头应压入凹槽，采用金属压条钉压，并用密封材料封口。

4）滴水槽或滴水板。

檐口下端应抹出鹰嘴和滴水槽。

（2）女儿墙和水落口。

1）防水层。

a. 女儿墙铺贴泛水处的卷材应采取满粘法。

b. 涂膜防水层应直接涂刷至女儿墙的压顶下，收头处理应用防水涂料多遍涂刷封严，压顶应做防水处理。

c. 砖墙上的卷材收头可直接铺压在女儿墙压顶下，压顶应做防水处理。

2）金属压条、密封材料。

a. 混凝土墙上的卷材收头应采用金属压条钉压，并用密封材料封严。

b. 砖墙上的卷材收头也可压入砖墙凹槽内固定密封，凹槽距屋面高度不应小于250mm，凹槽上部的墙体应做防水处理。

3）水落斗安装。

a. 水落口杯上口的标高应设置在沟底的最低处。

b. 防水层贴入水落口杯内不应小于50mm。

c. 水落口周围直径500mm范围内的坡度不应小于5%，并采用防水涂料或密封材料涂封，其厚度不应小于2mm。

4）密封材料。

水落口杯与基层接触处应留宽20mm、深20mm凹槽，并嵌填密封材料。

（3）屋面出入口。

防水层关键工序控制如下：

1）屋面出入口1m范围内不得有积水现象。

2）屋面垂直出入口防水层收头应压在压顶圈下，泛水处应增设附加防水层。

3）屋面出入口泛水距屋面高度不应小于250mm。

（4）伸出屋面管道。

1）找平层。

管道根部直径500mm范围内，找平层应抹出高度不小于30mm的圆台。

2）防水附加层。

管道根部四周应增设附加层，宽度和高度均不应小于300mm。

3）金属箍、密封材料。

a. 管道周围与找平层或细石混凝土防水层之间，应预留20mm×20mm的凹槽，并用密封材料嵌填严密。

b. 管道上的防水层收头处应用金属箍紧固，并用密封材料封严。

（5）设施基座。

1）防水附加层。

在防水层上放置设施时，防水层下应增设卷材附加层，必要时应在其上浇筑细石混凝土，其厚度不应小于50mm。

2）防水层。

a. 设施基座与结构层相连时，防水层应包裹设施基座的上部，并应在地脚螺栓周围作密封处理。

b. 设施周围和屋面出入口至设施之间的人行道，应铺设刚性保护层。

（6）变形缝。

1）不燃保温材料。

变形缝内应预填不燃保温材料。

2）防水层。

防水层应铺贴到变形缝两侧墙体上部，泛水处的防水层下应增设附加层。

3）卷材封盖。

变形缝上部应采用防水卷材封盖，并放置衬垫材料，再在其上干铺一层卷材。

4）混凝土盖板（高低跨变形缝为金属盖板）。

a. 等高变形缝顶部宜加扣混凝土或金属盖板。

b. 高低跨变形缝在立墙泛水处，应采用有足够变形能力的材料和构造作密封处理。

（7）屋面上人孔推拉式盖板。

1）施工准备。

推拉式盖板应采用 1.5mm 厚耐候不锈钢板，U 形导轨采用 30mm×30mm×2mm 厚铝合金槽盒。

2）预埋件安装

a. 沿 U 形导轨两侧混凝土翻边预埋 3 个 φ8mm@400mm 螺栓，预埋螺栓锚入混凝土 100mm。

b. 扶手栏杆底座应固定牢固，底座与混凝土屋面整体浇筑，并设置 100mm×100mm×10mm 栏杆预埋件。

3）导轨安装。

a. U 形导轨底部设置与预埋螺栓对应的预留孔 3×φ12mm@400mm。

b. U 形导轨长度宜为上人孔外包尺寸的两倍。

c. U 形导轨沿上人孔翻边敷设，U 形导轨预留孔与预埋螺栓位置对应，另一端与出屋面立杆铆钉连接固定。

d. U 形导轨敷设平整度偏差不超过导轨长度的 0.1％。

e. U 形导轨及盖板边缘应打磨光滑，不得有毛刺。

4）盖板安装。

a. 盖板底部设置与 U 形导轨槽匹配的滑轮。

b. 推拉式盖板端部设置防撞碰头，底部设置盖板拉手。

2. 工艺标准

（1）檐口和天沟。

1）檐口、天沟的防水构造、排水坡度应符合设计要求。

2）檐口 800mm 范围内的卷材应满粘。檐口端部滴水槽深度和宽度为 10mm，鹰嘴宽度为 50mm，厚度为 10～15mm。

3）檐口和天沟的防水层下应增设附加层，卷材或涂膜防水屋面附加层伸入屋面的宽度不应小于 250mm；烧结瓦、混凝土瓦、沥青瓦屋面附加层伸入屋面的宽度不应小于 500mm。烧结瓦、混凝土瓦屋面的瓦头挑出檐口的长度宜为 50～70mm；沥青瓦屋面的瓦头挑出檐口的长度宜为 10～20mm，伸入沥青瓦下宽度不应小于 80mm，向下延伸长度不应小于 60mm；金属板屋面檐口挑出墙面的长度不应小于 200mm。

4）檐沟外侧高于屋面结构板时，应设置溢水口。

（2）女儿墙和水落口。

1）女儿墙和水落口的防水构造应符合设计要求。

2）女儿墙的压顶向内排水坡度不应小于 5％，压顶内侧下端应做成鹰嘴或滴水槽，滴水槽深度和宽度为 10mm，鹰嘴宽度为 50mm，厚度为 10～15mm。

3）女儿墙泛水处的防水层下应增设附加层，附加层在平面和立面的宽度均不应小于 250mm。

4）水落口周围坡度及附加层铺设水落口周围直径 500mm 范围内坡度不应小于 5％。

5）防水层及附加层伸入水落口杯内尺寸不应小于 50mm，并应粘结牢固。

（3）屋面出入口。

1）屋面出入口的防水构造应符合设计要求。

2）屋面出入口防水性能：屋面出入口处不得有渗漏和积水现象。

3）屋面垂直出入口防水层收头及附加层铺设：屋面垂直出入口防水层收头应压在压顶圈下。

4）屋面水平出入口防水层收头及附加层铺设：屋面水平出入口防水层收头应压在混凝土踏步下，附加层铺设和护墙应符合设计要求。

5）屋面出入口的泛水高度不应小于 250mm。

（4）伸出屋面管道。

1）伸出屋面管道的防水构造应符合设计要求。

2）伸出屋面管道根部防水性能伸出屋面管道根部不得有渗漏和积水现象。

3）伸出屋面管道周围的排水坡伸出屋面管道周围的找平层应抹出高度不小于 30mm 的排水坡；伸出屋面管道的泛水处的防水层下应增设附加层，附加层在平面和立面的宽度均不应小于 250mm；管道泛水处的防水层泛水高度不应小于 250mm。

（5）设施基座。

1）设施基座的防水构造应符合设计要求。

2）设施基座的防水性能：设施基座处不得有渗漏和积水现象。

3）设施基座与结构层相连时的构造措施：防水层应包裹设施基座的上部，并应在地脚螺栓周围做密封处理。

4）设施基座直接放置在防水层上的构造措施：设施基座下部应增设附加层，必要时应在其上浇筑细石混凝土，其厚度不应小于 50mm。

（6）变形缝。

1）变形缝的防水构造应符合设计要求。

2）变形缝防水性能：变形缝处不得有渗漏和积水现象。

3）变形缝泛水处的防水层下应增设附加层，附加层在平面和立面的宽度不应小于 250mm。

4）防水层铺贴：防水层应铺贴或涂刷至泛水墙的顶部。

（7）屋面上人孔推拉式盖板。

1）推拉式盖板表面应平整，底部应设置拉手。

2）推拉式盖板的两侧导轨应与上人孔翻边预埋轨道槽连接顺畅，导轨采用地脚螺栓固定。

3）推拉式盖板应选择刚度符合室外风压要求，防止产生变形。

4）上人孔屋面出口处设置出入口扶手，扶手高度不小于 1.05m。

（八）瓦屋面

本小节适用于变电站建（构）筑物屋面烧结瓦、混凝土瓦、沥青瓦的施工及验收。

1. 关键工序控制

（1）烧结瓦和混凝土瓦屋面。

1）清理基层。

a. 瓦屋面采用的木质基层、顺水条、挂瓦条应防腐、防火及防蛀处理，金属顺水条、挂瓦条应防锈蚀处理。

b. 屋面木基层应铺钉牢固、表面平整；钢筋混凝土基层的表面应平整、干净、干燥。

2）防水垫层。

防水垫层宜自下而上平行屋脊铺设；防水垫层应铺设平整，下道工序施工时，不得损坏已铺设完成的防水垫层。

3）持钉层。

a. 屋面无保温层时，木基层或钢筋混凝土基层可视为持钉层；钢筋混凝土基层不平整时，宜用 1：2.5 的水泥砂浆进行找平。

b. 屋面有保温层时，保温层上应按设计要求做细石混凝土持钉层，内配钢筋网应骑跨屋脊，并应绷直与屋脊和檐口、檐沟部位的预埋锚筋连牢；预埋锚筋穿过防水层或防水垫层时，破损处应进行局部密封处理。

c. 水泥砂浆或细石混凝土持钉层可不设分格缝；持钉层与突出屋面结构的交接处应预留 30mm 宽的缝隙。

4）顺水条。

顺水条应铺钉牢固、平整。

5）挂瓦条。

钉挂瓦条时应拉通线，挂瓦条的间距应根据瓦片尺寸和屋面坡长经计算确定，挂瓦条应铺钉牢固、平整，上棱应成一直线。

6）铺瓦。

a. 瓦片应铺成整齐的行列，并应彼此紧密搭接，应做到瓦榫落槽、瓦脚挂牢、瓦头排齐，且无翘角和张口现象，檐口应成一直线。

b. 脊瓦搭盖间距应均匀，脊瓦与坡面瓦之间的缝隙应用聚合物水泥砂浆填实抹平，屋脊或斜脊应顺直。沿山墙一行瓦宜用聚合物水泥砂浆做出批水线。

c. 屋脊两坡最上面的一根挂瓦条，应保证脊瓦在坡面瓦上的搭盖宽度不小于 40mm。

（2）沥青瓦屋面。

沥青瓦关键工序控制如下：

1）铺设沥青瓦前，应在基层上弹出水平及垂直基准线，并应按线铺设。

2）檐口部位宜先铺设金属滴水板或双层檐口瓦，并应将其固定在基层上，再铺设防水垫层和起始瓦片。

3）沥青瓦应自檐口向上铺设，起始层瓦应由瓦片经切除垂片部分后制得，且起始层瓦沿檐口应平行铺设并伸出檐口 10nm，再用沥青基胶结材料和基层粘结；第一层瓦应与起始层瓦叠合，但瓦切口应向下指向檐口；第二层瓦应压在第一层瓦上且露出瓦切口，但不得超过切口长度。相邻两层沥青瓦的拼缝及切口应均匀错开。

4）檐口、屋脊等屋面边沿部位的沥青瓦之间、起始

层沥青瓦与基层之间，应采用沥青基胶结材料满粘牢固。

5）在沥青瓦上钉固定钉时，应将钉垂直钉入持钉层内；固定钉穿入细石混凝土持钉层的深度不应小于 20mm，穿入木质持钉层的深度不应小于 15mm，固定钉的钉帽不得外露在沥青瓦表面。

6）每片脊瓦应用两个固定钉固定，脊瓦应顺年最大频率风向搭接，并应搭盖住两坡面沥青瓦每边不小于 150mm；脊瓦与脊瓦的压盖面不应小于脊瓦面积的 1/2。

7）沥青瓦屋面与立墙或伸出屋面的管道的交接处应做泛水，在其周边与立面 250mm 的范围内应铺设附加层，然后在其表面用沥青基胶结材料满粘一层沥青瓦片。

8）铺设沥青瓦屋面的天沟应顺直，瓦片应粘结牢固，搭接缝应密封严密，排水应通畅。

2. 工艺标准

（1）烧结瓦和混凝土瓦。

1）瓦材及防水垫层的质量，应符合设计要求和现行有关标准的规定。

2）烧结瓦、混凝土瓦屋面不得有渗漏现象。

3）瓦片必须铺装牢固。在大风及地震设防地区或屋面坡度大于 100％时，应按设计要求采取固定加强措施。

4）挂瓦条应分档均匀，铺钉平整、牢固，瓦面平整，行列整齐，搭接紧密，檐口平直。

5）脊瓦应搭盖正确，间距均匀，封固严密，屋脊和斜脊应顺直，无起伏现象。

6）泛水做法应符合设计要求，顺直整齐，结合严密，无渗漏。

7）瓦屋面檐口挑出墙面的长度不小于 300mm，脊瓦在两坡面瓦上的搭盖宽度每边不小于 40mm，脊瓦下端距坡面瓦的高度不大于 80mm，瓦头伸入天沟、檐沟的长度 50～70mm，天沟、檐沟的防水层伸入瓦内宽度不小于 150mm，瓦头挑出封檐口的长度 50～70mm，突出屋面结构的侧面瓦伸入泛水宽度不小于 50mm。

（2）沥青瓦铺装。

1）沥青瓦材及防水垫层的质量，应符合设计要求和现行有关标准的规定。

2）沥青瓦屋面不得有渗漏现象。

3）沥青瓦铺装应搭接正确，瓦片外露部分不得超过切口长度，每张瓦片不得少于 4 个固定钉，在大风地区或屋面坡度大于 100％时，每张瓦片不得少于 6 个固定钉。

4）沥青瓦所用固定钉应垂直钉入持钉层，钉帽不得外露，沥青瓦与基层黏结牢固，瓦面平整，檐口平直。

5）脊瓦在两坡面瓦上的搭盖宽度每边不小于 150mm，脊瓦与脊瓦的压盖面不应小于脊瓦面积的 1/2，沥青瓦挑出檐口长度 10～20mm，金属泛水板与沥青瓦的搭盖宽度不小于 100mm，金属泛水板与突出屋面墙体的搭接高度不小于 250mm，金属滴水板伸入沥青瓦下的宽度不小于 80mm。

（九）金属板屋面

本小节适用于变电站建（构）筑物金属板屋面的施

工及验收。

1. 关键工序控制

（1）施工准备。

1）金属板屋面施工应在主体结构和支承结构验收合格后进行。金属板屋面施工前应根据施工图纸进行深化排板图设计。

2）金属板铺设时，应根据金属板板型技术要求和深化设计排板图进行。

（2）放线。

金属板屋面施工测量应与主体结构测量相配合，其误差应及时调整，不得积累；施工过程中应定期对金属板的安装定位基准点进行校核。

（3）安装金属屋面系统。

1）金属板的长度应根据屋面排水坡度、板型连接构造、环境温差及吊装运输条件等综合确定。

2）金属板的横向搭接方向宜顺主导风向；当在多维曲面上雨水可能翻越金属板板肋横流时，金属板的纵向搭接应顺流水方向。

3）金属板铺设过程中应对金属板采取临时固定措施，当天就位的金属板材应及时连接固定。

4）金属板安装应平整、顺滑，板面不应有施工残留物；檐口线、屋脊线应顺直，不得有起伏不平现象。

5）金属板屋面施工完毕，应进行雨后观察、整体或局部淋水试验，檐沟、天沟应进行蓄水试验。

6）金属板屋面完工后，应避免屋面受物体冲击，并不宜对金属面板进行焊接、开孔作业，严禁任意上人或堆放物件。

2. 工艺标准

（1）金属板材及辅助材料规格和质量，应符合设计要求和现行有关标准的规定。

（2）金属板材的连接和密封处理，应符合设计要求，不得有渗漏现象。

（3）金属板材安装应固定可靠、牢固，防腐涂料涂刷和密封材料敷设应完好，连接件（锚固件）位置、数量、间距应符合设计要求，并符合国家现行标准规定。

（4）连接压型金属板的自攻螺钉、铆钉、射钉规格尺寸及间距、边距应满足设计要求并符合国家现行标准规定。

（5）屋面内层板搭接长度≥80mm；当屋面坡度≤10%时，屋面外层板搭接长度≥250mm、当屋面坡度>10%时，屋面外层板搭接长度≥200mm。

（6）压型金属板屋面造型和立面分格应满足设计要求。

（7）压型金属板屋面应防水可靠，不得出现渗漏。

（8）金属板安装应平整、顺滑；排水坡度应符合设计要求。

（9）压型金属板安装咬口锁边连接应严密、连续、平整，不得扭曲和裂口。

（10）压型金属板的紧固件连接应采用带防水垫圈的自攻螺钉，固定点应设在波峰上；所有自攻螺钉外露部位均密封处理。

（11）金属面绝热夹芯板的纵向和横向搭接应符合设计要求。

（12）金属板的屋脊、檐口、泛水直线段应顺直，曲线段应顺畅。

（13）檐口与屋脊的平行度允许偏差≤15mm；金属板对屋脊的垂直度允许偏差单坡长度的1/800，且≤25mm，金属板咬缝的平整度允许偏差≤10mm；檐口相邻两板的端部错位允许偏差≤6mm；压型金属板卷边板件最大波浪高允许偏差≤4mm。

（14）金属板材挑出墙面长度≥200mm，金属板材伸入天沟、檐沟长度≥100mm，金属泛水板突出屋面墙体的搭接高度≥250mm，金属泛水板、变形缝盖板与金属板的搭接宽度≥200mm，金属屋脊盖板在两坡面金属板上的搭接宽度≥250mm。

（十）玻璃顶屋面

本小节适用于变电站建（构）筑物玻璃顶屋面的施工及验收。

1. 关键工序控制

（1）放线。

应根据采光顶分格测量，确定采光顶各分格点的空间定位。

（2）支撑结构安装。

1）框支承玻璃采光顶支承结构应按顺序安装，采光顶框架组件安装就位、调整后应及时紧固；不同金属材料的接触面应采用隔离材料。

2）框支承玻璃采光顶的周边封堵收口、屋脊处压边收口、支座处封口处理，均应铺设平整且可靠固定。

3）框支承玻璃采光顶的天沟、排水槽、通气槽及雨水排出口等细部构造应符合设计要求。

4）框支承玻璃采光顶装饰压板应顺水方向设置，表面应平整，接缝应符合设计要求。

5）点支承玻璃采光顶的钢桁架及网架结构安装就位、调整后应及时紧固。

6）点支承玻璃采光顶应采用不锈钢驳接组件装配，爪件安装前应精确定出其安装位置。

（3）框架组件安装。

1）明框玻璃组件安装应符合以下要求：

a. 与构件槽口的配合应符合设计要求和技术标准的规定。

b. 玻璃四周密封胶条的材质、型号应符合设计要求，镶嵌应平整、密实，胶条的长度宜大于边框内槽口长度1.5%～2.0%，胶条在转角处应斜面断开，并应用黏结剂黏结牢固。

c. 组件中的导气孔及排水孔组装时应保持孔道通畅。

d. 明框玻璃组件应拼装严密，框缝密封应采用硅酮耐候密封胶。

2）隐框及半隐框玻璃组件安装应符合以下要求：

a. 玻璃及框料黏结表面的尘埃、油渍和其他污物，应分别使用带溶剂的擦布和干擦布清除干净，并应在清洁 1h 内嵌填密封胶。

b. 所用的结构黏结材料应采用硅酮结构密封胶，硅酮结构密封胶应在有效期内使用。

c. 硅酮结构密封胶应嵌填饱满，并应在温度 15～30℃、相对湿度 50％以上、洁净的室内进行，不得在现场嵌填。

d. 硅酮结构密封胶的胶缝表面应平整光滑，不得出现气泡。

e. 硅酮结构密封胶固化期间，组件不得长期处于单独受力状态。

（4）玻璃安装。

玻璃宜采用机械吸盘安装，并应采取必要的安全措施。

（5）玻璃接缝封胶。

1）玻璃接缝应采用硅酮耐候密封胶。

2）不宜在夜晚，雨天嵌填密封胶，嵌填温度应符合产品说明书规定，嵌填密封胶的基面应清洁、干燥。

3）中空玻璃钻孔周边应采取多道密封措施。

4）密封胶的嵌填应密实、连续、饱满，胶缝应平整光滑、缝边顺直。

2．工艺标准

（1）采光顶玻璃及其配套材料的质量应符合设计要求。

（2）玻璃采光顶不得有渗漏现象。

（3）硅酮耐候密封胶的打注应密实、连续、饱满，黏结应牢固，不得有气泡、开裂、脱落等缺陷。

（4）玻璃采光顶铺装应平整、顺直；排水坡度应符合设计要求。

（5）玻璃采光顶的冷凝水收集和排除构造应符合设计要求。

（6）明框玻璃采光顶的外露金属框或压条应横平竖直，压条安装应牢固；隐框玻璃采光顶的玻璃分格拼缝应横平竖直，均匀一致。

（7）点支承玻璃采光顶的支承装置应安装牢固，配合应严密；支承装置不得与玻璃直接接触。

（8）采光顶玻璃的密封胶缝应横平竖直，深浅应一致，宽窄应均匀，应光滑顺直。

（9）明框玻璃采光顶、隐框玻璃采光顶、点支承玻璃采光顶铺装的允许偏差应满足规范要求。

（十一）地面基层

本小节适用于变电站建筑物地面工程中基土、垫层、找平层、隔离层、绝热层和填充层等基层分项工程的施工及验收。

1．关键工序控制

（1）基土。

1）地面应铺设在均匀密实的基土上。土层结构被扰动的基土应进行换填，并予以压实。压实系数应符合设计要求。

2）对软弱土层应按设计要求进行处理。填土时应为最优含水量。重要工程或大面积的地面填土前，应取土

样，按击实试验确定最优含水量与相应的最大干密度。填土应分层摊铺、分层压（夯）实、分层检验其密实度。

（2）垫层。

1）灰土垫层。

a. 灰土垫层应采用熟化石灰与黏土（或粉质黏土、粉土）的拌和料铺设，其厚度不应小于 100mm。灰土垫层应铺设在不受地下水浸泡的基土上。施工后应有防止水浸泡的措施。灰土垫层应分层夯实，经湿润养护、晾干后方可进行下一工序施工。

b. 灰土垫层不宜在冬期施工。当必须在冬期施工时，应采取可靠措施。

2）砂垫层和砂石垫层。

a. 砂垫层厚度不应小于 60mm；砂石垫层厚度不应小于 100mm。

b. 砂石应选用天然级配材料。铺设时不应有粗细颗粒分离现象，压（夯）至不松动为止。

3）碎石垫层和碎砖垫层。

a. 碎石垫层和碎砖垫层厚度不应小于 100mm。

b. 垫层应分层压（夯）实，达到表面坚实、平整。

4）三合土垫层和四合土垫层。

a. 三合土垫层应采用石灰、砂（可掺入少量黏土）与碎砖的拌和料铺设，其厚度不应小于 100mm；四合土垫层应采用水泥、石灰、砂（可掺少量黏土）与碎砖的拌和料铺设，其厚度不应小于 80mm。

b. 三合土垫层和四合土垫层均应分层夯实。

5）炉渣垫层。

a. 炉渣垫层应采用炉渣或水泥与炉渣或水泥、石灰与炉渣的拌和料铺设，其厚度不应小于 80mm。

b. 炉渣或水泥炉渣垫层的炉渣，使用前应浇水闷透；水泥石灰炉渣垫层的炉渣，使用前应用石灰浆或用熟化石灰浇水拌和闷透，闷透时间均不得少于 5 天。

c. 在垫层铺设前，其下一层应湿润；铺设时应分层压实，表面不得有泌水现象。铺设后应养护，待其凝结后方可进行下一道工序施工。

d. 炉渣垫层施工过程中不宜留施工缝。当必须留缝时，应留直槎，并保证间隙处密实，接槎时应先刷水泥浆，再铺炉渣拌和料。

6）水泥混凝土垫层和陶粒混凝土垫层。

a. 水泥混凝土垫层和陶粒混凝土垫层应铺设在基土上。当气温长期处于 0℃以下，设计无要求时，垫层应设置缩缝，缝的位置、嵌缝做法等应与面层伸、缩缝相一致，并应符合规范要求。

b. 水泥混凝土垫层的厚度不应小于 60mm；陶粒混凝土垫层的厚度不应小于 80mm。

c. 垫层铺设前，当为水泥类基层时，其下一层表面应湿润。

d. 室内地面的水泥混凝土垫层和陶粒混凝土垫层，应设置纵向缩缝和横向缩缝；纵向缩缝、横向缩缝的间距均不得大于 6m。

e. 垫层的纵向缩缝应做平头缝或加肋板平头缝。当

垫层厚度大于150mm时，可做企口缝。横向缩缝应做假缝。平头缝和企口缝的缝间不得放置隔离材料，浇筑时应互相紧贴。企口缝尺寸应符合设计要求，假缝宽度宜为5～20mm，深度宜为垫层厚度的1/3，填缝材料应与地面变形缝的填缝材料相一致。

f. 大面积水泥混凝土、陶粒混凝土垫层应分区段浇筑。分区段应结合变形缝位置、不同类型的建筑地面连接处和设备基础的位置进行划分，并应与设置的纵向、横向缩缝的间距相一致。

（3）找平层。

1）找平层宜采用水泥砂浆或水泥混凝土铺设。当找平层厚度小于30mm时，宜用水泥砂浆做找平层；当找平层厚度不小于30mm时，宜用细石混凝土做找平层。

2）找平层铺设前，当其下一层有松散填充料时，应予铺平振实。

3）有防水要求的建筑地面工程，铺设前必须对立管、套管和地漏与楼板节点之间进行密封处理，并应进行隐蔽验收；排水坡度应符合设计要求。

4）在预制钢筋混凝土板上铺设找平层前，板缝填嵌的施工应符合下列要求：

a. 预制钢筋混凝土板相邻缝底宽不应小于20mm。

b. 填嵌时，板缝内应清理干净，保持湿润。

c. 填缝应采用细石混凝土，其强度等级不应小于C20。填缝高度应低于板面10～20mm，且振捣密实；填缝后应养护。当填缝混凝土的强度等级达到C15后方可继续施工。

d. 当板缝底宽大于40mm时，应按设计要求配置钢筋。

5）在预制钢筋混凝土板上铺设找平层时，其板端应按设计要求做防裂的构造措施。

（4）隔离层。

1）隔离层材料的防水、防油渗性能应符合设计要求。

2）隔离层的铺设层数（或道数）、上翻高度应符合设计要求。

3）在水泥类找平层上铺设卷材类、涂料类防水、防油渗隔离层时，其表面应坚固、洁净、干燥。铺设前，应涂刷基层处理剂。基层处理剂应采用与卷材性能相容的配套材料或采用与涂料性能相容的同类涂料的底子油。

4）当采用掺入防渗外加剂的水泥类隔离层时，其配合比、强度等级、外加剂的复合掺量等应符合设计要求。

5）铺设隔离层时，在管道穿过楼板面四周，防水、防油渗材料应向上铺涂，并超过套管的上口；在靠近柱、墙处，应高出面层200～300mm或按设计要求的高度铺涂。阴阳角和管道穿过楼板面的根部应增加铺涂附加防水、防油渗隔离层。

6）防水隔离层铺设后，应进行蓄水试验并做记录。

7）厕浴间和有防水要求的建筑地面必须设置防水隔离层。楼层结构必须采用现浇混凝土或整块预制混凝土板，混凝土强度等级不应小于C20；房间的楼板四周除门

洞外应做混凝土翻边，高度不应小于200mm，宽同墙厚，混凝土强度等级不应小于C20。施工时结构层标高和预留孔洞位置应正确，严禁乱凿洞。

（5）填充层。

1）填充层材料的密度应符合设计要求。

2）填充层的下一层表面应平整。当为水泥类时，尚应洁净、干燥，并不得有空鼓、裂缝和起砂等缺陷。

3）采用松散材料铺设填充层时，应分层铺平拍实；采用板、块状材料铺设填充层时，应分层错缝铺贴。

2. 工艺标准

（1）基层铺设的材料质量、密实度和强度等级（或配合比）等应符合设计要求和规范的规定。

（2）基层铺设前，其下一层表面应干净、无积水。

（3）基土表面平整度偏差不大于15mm；标高偏差－50～0mm。

（4）坡度偏差不大于房间相应尺寸的2/1000，且不大于30mm。厚度偏差在个别地方不大于设计厚度的1/10，且不大于20mm。

（5）砂、砂石、碎石、碎砖垫层表面平整度偏差不大于15mm；标高偏差±20mm。

（6）灰土、三合土、四合土、炉渣、水泥混凝土、陶粒混凝土垫层表面平整度偏差不大于10mm；标高偏差±10mm。

（7）用胶结料做结合层铺设板块面层的找平层表面平整度偏差不大于3mm；标高偏差±5mm。

（8）水泥砂浆找平层表面平整度偏差不大于5mm；标高偏差±8mm。

（9）松散材料的填充层表面平整度偏差不大于7mm；标高偏差±4mm；板、块材料的填充层表面平整度偏差不大于5mm；标高偏差±4mm。

（10）防水、防潮、防油渗的隔离层表面平整度偏差不大于3mm；标高偏差±4mm。

（11）板块材料、浇筑材料、喷涂材料的绝热层表面平整度偏差不大于4mm；标高偏差±4mm。

（十二）自流平面层

本小节适用于变电站建筑物工程中自流平面层的施工及验收。

1. 关键工序控制

（1）施工准备。

施工环境要求：地面应干燥，温度宜为15～35℃，地面相对湿度不宜大于85%，不要有过强的穿堂风，以免造成局部过早干燥。

（2）基层处理。

1）基层混凝土强度不应小于C25，厚度不应小于150mm，基层含水率应在8%以下，除去浮浆和附着的杂物、油污等，清扫干净，使地面清洁平整。

2）基层平整、分隔缝留置合理，间距不大于6m，柔性材料填塞平整。

（3）浆料拌和。

1）施工用水宜用洁净自来水，以免影响表面观感

质量。

2）在寒冷的情况下，要用温水（水温不超过 35℃）搅拌。

（4）面涂施工。

施工完成后设备安装前应对地面采取保护措施，避免出现划痕和油渍污迹。

2．工艺标准

（1）自流平地面面层应洁净，色泽一致，无接茬痕迹，与地面埋件、预留洞口、踢脚线处接缝顺直，收边整齐，阴阳角方正。

（2）表面平整度偏差≤3mm/2m，踢脚线上口平直≤3mm，缝格顺直≤2mm。

（十三）涂料面层

本小节适用于变电站建筑物工程中涂料面层的施工及验收。

1．关键工序控制

（1）施工准备。

涂料面层应采用环氧、聚氨酯等树脂型涂料涂刷。

（2）基层处理。

涂料面层的基层应平整、洁净；强度等级不应小于 C20；含水率应与涂料的技术要求相一致。

（3）面层涂漆施工

涂料面层的厚度、颜色应符合设计要求，铺设时应分层施工。

2．工艺标准

（1）涂料应符合设计要求和国家现行有关标准的规定。

（2）涂料进入施工现场时，应有苯、甲苯＋二甲苯、挥发性有机化合物（VOC）和游离甲苯二异氰酸酯（TDI）限量合格的检测报告。

（3）涂料面层的表面不应有开裂、空鼓、漏涂和倒泛水、积水等现象。

（4）涂料找平层应平整，不应有刮痕。

（5）涂料面层应光洁，色泽应均匀、一致，不应有起泡、起皮、泛砂等现象。

（6）楼梯、台阶踏步的宽度、高度应符合设计要求。楼层梯段相邻踏步高度差不应大于 10mm；每踏步两端宽度差不应大于 10mm，旋转楼梯梯段的每踏步两端宽度的允许偏差不应大于 5mm。踏步面层应做防滑处理，齿角应整齐，防滑条应顺直、牢固。

（7）表面平整度偏差≤3mm；踢脚线上口平直≤3mm；缝格顺直≤2mm。

（十四）塑胶面层

本小节适用于变电站建筑物工程中塑胶面层的施工及验收。

1．关键工序控制

（1）施工准备。

1）塑胶地面使用卷材，要求耐压耐磨、抗冲击、防火、延缓老化、遇水防滑、质感柔和、防污防腐、易于清洁和环保；采用环保黏结剂。

2）地面保持洁净干燥。基层表面应平整、坚硬、干燥、密实、洁净、无油渍及其他杂质。不得有麻面、起砂、裂缝等缺陷。用 2m 靠尺和塞尺检查平整度≤2mm。

（2）底层塑胶铺设。

铺贴前基层涂底胶，均匀涂刷。定位控制线弹好后将板块进行对缝预铺，使用整块料，通过实铺进行裁割。铺设塑胶地板时自然粘贴，避免用力推挤。涂胶完毕后，使用滚筒自中间向四周赶压，铺贴后以滚压轮滚压，并用橡胶锤砸实。

（3）面层塑胶铺设。

1）铺设时应注意花纹同向铺设。若铺设过程中有地胶渗出，需采取相应措施及时处理。

2）塑胶地板整体铺设完毕后进行打蜡养护工作，水性蜡在涂布后干燥时间约 20min，干燥前不得在上面行走、放重物品，蜡干后进行第二次打蜡直至表面光滑、光亮。

2．工艺标准

（1）拼接处高低差为零；无缝隙拼接。

（2）地板粘贴应牢固、不翘边、不脱胶、无溢胶。

（3）表面平整度偏差≤3mm；踢脚线上口平直≤3mm；缝格顺直≤2mm。

（十五）砖面层

本小节适用于变电站建筑物工程中砖面层的施工及验收。

1．关键工序控制

（1）施工准备。

图纸设计阶段应考虑各房间、走廊等部位设计尺寸符合地砖模数，铺设前应进行预排。

（2）基层处理。

1）基层表面的浮土和砂浆应清理干净，有油污时，应用 10％工业碱水刷净，并用压力水冲洗干净。

2）有防水要求的地面，防水层在墙地交接处上翻高度：卫生间不少于 1.8m，厨房不小于 1.2m。有防水要求的地面，应确认找平层已排水放坡，不积水，地面及给排水管道预埋套管处按设计要求做好防水处理。隐蔽工程验收合格，蓄水试验无渗漏，穿楼地面的管洞封堵密实。

（3）刷素水泥浆。

板材铺贴前，应先放线排版，并对地面基层进行湿润，刷水胶比为 1∶0.5 的水泥浆，随刷随铺。

（4）水泥砂浆结合层。

采用干硬性砂浆（宜采用 M10）结合层，从里往外、从大面往小面摊铺；铺好后用大杠尺刮平，再用抹子拍实找平。结合层砂浆干硬程度以手捏成团，落地即散为宜。

（5）地砖铺设。

1）将砖用干净水浸泡约 15min，捞起待表面无水再进行施工。

2）铺设地板砖时地板砖间设置定型卡具，普通地板砖间均匀留设 0.5～0.8mm 的缝隙。

3）一个区段施工铺完后应挂通线调整砖缝，普通砖缝口平直贯通。地砖铺完后24h要洒水1～2次，地砖铺完2天后将缝口和地面清理干净，最后用棉纱将地面擦干净。地板砖铺设后，覆盖浇水养护至少7天。

4）相连通的房间规格相同的砖应对缝，确实不能对缝的要用过门石隔开。

5）切割地砖时，不得在刚铺贴好的砖面层上操作。面砖铺贴完成后应撒锯末或其他材料覆盖保护。

6）铺贴砂浆抗压强度达到1.2MPa时，方可上人进行操作，但必须注意油漆、砂浆不得放在板块上，铁管等硬器不得碰坏砖面层。涂料施工时要对面层进行覆盖保护。

（6）灌缝。

在砂浆初凝后终凝前，将地砖竖向缝隙内的砂浆剔除，有效解决地砖胀裂、破损，又便于受损地砖的更换。根据地区温差情况处理缝隙，如温差较小时，可用水泥浆嵌缝。如地板砖采用密贴时，应考虑温差的影响。

2．工艺标准

（1）地砖与下卧层结合牢固，不得有空鼓。地砖面层表面洁净，色泽一致，接缝平整，地砖留缝的宽度和深度一致，周边顺直。地面砖无裂缝、无缺棱掉角等缺陷，套割粘贴严密、美观。阴阳角做45°对角拼砖，且边无破损。

（2）平整度偏差≤2mm；缝格平直偏差≤3mm；接缝高低差≤0.5mm；踢脚线上口平直≤3mm；板块间隙宽度≤2mm。

（3）踢脚线为瓷砖时，宜采用成品踢脚线。踢脚线缝与地砖缝对齐，踢脚线瓷砖出墙5～6mm。

（4）涉水房间地面应采用防滑地板砖。

（十六）花岗岩面层

本小节适用于变电站建筑物工程中花岗岩面层的施工及验收。

1．关键工序控制

板材铺贴关键工序控制如下：

（1）花岗石面层采用天然花岗石（或碎拼花岗石）板材，应在结合层上铺设。

（2）板材有裂缝、掉角、翘曲和表面有缺陷时应予剔除，品种不同的板材不得混杂使用；在铺设前，应根据石材的颜色、花纹、图案、纹理等按设计要求，试拼编号。

（3）铺设花岗石面层前，板材应浸湿、晾干；结合层与板材应分段同时铺设。

2．工艺标准

（1）花岗石面层所用板块产品应符合设计要求和国家现行有关标准的规定，进入施工现场时，应有放射性限量合格的检测报告。

（2）面层与下一层应结合牢固，无空鼓。

（3）花岗石面层铺设前，板块的背面和侧面应进行防碱处理。

（4）花岗石面层的表面应洁净、平整、无磨痕，且

应图案清晰、色泽一致，接缝均匀，周边顺直，镶嵌正确，板块应无裂纹、掉角、缺棱等缺陷。

（5）踢脚线表面应洁净，与柱、墙面的结合应牢固。踢脚线高度及出柱、墙厚度应符合设计要求，且均匀一致。

（6）面层表面的坡度应符合设计要求，不倒泛水、无积水，与地漏、管道结合处应严密牢固，无渗漏。

（7）平整度偏差≤1mm。缝格平直偏差≤2mm。接缝高低差≤0.5mm。踢脚线上口平直≤1mm；板块间隙宽度≤1mm。

（十七）活动地板

本小节适用于变电站建筑物工程中活动地板的施工及验收。

1．关键工序控制

（1）施工准备。

1）防静电活动地板宜采用全钢制，贴面材料与周围地面一致。

2）铺设前应进行活动地板排版、设计。选择符合房间尺寸的板块模数，如无法满足时，不得有小于1/2非整块板块出现，且应放在房间拐角部位。

3）板材面层无裂纹、掉角和缺棱等缺陷，切割边不经处理不得镶补安装，并不得有局部膨胀变形。大面积施工操作前，要根据实际现场测量情况进行预排敷设。

（2）基层处理。

1）基层应平整、光洁、干燥、不起灰。

2）弹完方格网实线后，要及时插入铺设活动地板下的电缆管线的工序，并经验收合格后再安支撑系统，防止因工序颠倒造成支撑架碰撞或松动。

（3）底座、活动支架安装。

1）金属支撑架应支撑在坚实的基层上，基层应平整、光洁、干燥、不起灰。

2）地板支架应可靠接地，接地系统可利用防静电的支架系统构成接地网，接地网与室内接地端子连接。

3）在墙体四周弹设标高控制线，依据标高控制线由外往里铺设。铺设时应规范，并预留洞口与设备位置。

4）先将活动地板各部分组装好，以基准线为准，连接支撑架和框架。根据标高控制线确定面板高度，带线调整支撑架螺杆，用水平尺调整每个支座的高度，使支撑架均匀受力。安装底座时，要检查是否对准方格网中心交点。

（4）柱帽、横梁安装。

1）横梁全部安装完后拉横竖线，检查横梁的平直度，保证缝格的平直度不大于1mm，面板安装之后拉小线再次进行检查。横梁的顶标高也要严格控制，用水平仪核对整个横梁的上平面。

2）所有支座柱和横梁框架成为一体后，应用水平仪检查，然后将支座柱固定牢固。

3）活动地板靠墙边处宜采用∟50mm×5mm角钢（角钢采用间距不大于600mm的膨胀螺栓固定）或其他横向支撑，使整体框架稳定牢靠，保证地板四边支撑。

（5）面板块铺设。

1）先在横梁上铺设缓冲条，使用乳液胶与横梁黏合。

2）活动地板应从相邻两边依次向外铺装，为保证平整，可调整方向或调换活动地板位置，但不得在地板下加垫。活动地板与墙边接缝处，安装踢脚线覆盖。通往风口等处采用异形活动地板安装。

3）施工中应防止全钢地板四周导电橡胶缺少、破损、脱落，确保导电橡胶的接触面完整。

4）活动地板安装完后应做好成品保护，防止涂料二次污染，严禁对地板表面造成硬物损伤。

2．工艺标准

（1）面层应排列整齐、表面洁净、色泽一致、接缝均匀、周边顺直。

（2）面层无裂纹、掉角和缺棱等缺陷，切割边不经处理不得镶补安装，并不得有局部膨胀变形。行走无响声、无晃动。

（3）支撑架螺栓紧固，缓冲垫放置平稳整齐，所有的支座柱和横梁构成框架一体，并与基层连接牢固。

（4）平整度偏差≤2mm；缝格平直偏差≤2.5mm；接缝高低差≤0.4mm；板块间隙宽度≤0.3mm，支撑架高度偏差为±1mm。

（十八）散水

本小节适用于变电站建筑物工程中散水的施工及验收。

1．关键工序控制

（1）施工准备。

水泥宜采用普通硅酸盐水泥，粗骨料应采用碎石或卵石，细骨料应采用中砂，其原材料的质量符合相关规范要求。宜采用饮用水拌和，当采用其他水源时水质应达到规范要求。

（2）素土夯实。

基层回填土压实系数应满足设计要求，基层回填土内不得含有建筑垃圾或碎料。

（3）找平层。

建筑物周边整平夯实，浇筑100mm厚细石混凝土垫层；向外排水坡度为3%～5%；按排版计划安装散水，在垫层上表面铺15mm厚M5水泥砂浆找平。

（4）预制（现浇）混凝土面层。

1）预制混凝土面层。

a．预制散水采用清水混凝土倒圆角工艺，宜采用定型模板、倒扣法预制散水，工厂化制作，先制作样板后再施工。

a）钢模板：根据图纸和外墙面尺寸确定模具长度一般为600～1200mm，厚度不小于150mm，宽度应符合设计要求，混凝土强度等级不小于C20。工厂加工钢制模具，现场也可以采用净面板制作模具，要求内壁平整，三个边角做成圆弧角，粘贴PVC板，绑扎直径6mm圆钢，间距150mm双向钢筋网片，底部保护层25mm。

b）木模板：采用15mm厚木胶合板，方木背楞（方木已经压创刨平），散水厚度、宽度依设计确定，预制每块长度以≤1.2m为宜。模板底模贴PVC板，散水阳角贴PVC圆角（R＝35mm）倒角（靠建筑物一侧阳角不倒角），圆角粘贴平直、无缝隙、接缝严密。绑扎直径6mm圆钢，间距150mm双向钢筋网片，底部保护层25mm。

b．散水安装时与建筑物装饰面层间留20mm缝，预制散水每块之间留缝5mm，在垫层伸缩缝处留缝20mm，沥青砂灌缝。安装时散水外侧倒角处圆弧对接顺直。待散水稳定后底部砂浆强度达到50%时，预留缝采用硅酮耐候胶密封。

2）现浇混凝土面层。

a．散水基层严格按照设计图施工。

b．根据散水的外形尺寸支好侧模，放好分隔缝模板，分隔模板用木模时两面应用木刨刨光，支设时要拉通线、抄平，做到通顺、平直、坡向正确（向外坡4%），严禁用砌砖代替模板。散水厚度不小于150mm，内掺抗裂纤维。

c．散水与建（构）筑物间应留置变形缝，缝宽20～25mm，留缝宽窄整齐一致。纵向3～4m设分格缝一道，房屋转角处与外墙呈45°角，分格缝宽20mm，分格缝应避开雨落管，以防雨水从分格缝内渗入基础。

d．混凝土浇筑前，应清除模板内的杂物，可适当湿润模板及灰土垫层，但水不可过多，以地面不留积水为宜。

e．一般采用平板式振捣器，振实压光，应随打随抹，一次完成，用原浆压光。

f．待混凝土初凝时，用专业工具将散水外边沿溜圆、压光，用抹子压光混凝土面层，待混凝土终凝后有一点强度时，拆除侧模，起出分隔条。

g．成品混凝土应洒水养护不少于7天，养护期满后，分格缝内清理干净，沥青砂填充，用硅酮耐候胶封闭，填塞时分格缝两边粘贴30mm宽美纹纸，防止污染散水表面。

2．工艺标准

（1）预制混凝土散水。

1）散水外观质量表面应平整，无扭曲、变形、色泽均匀。

2）宜采用清水混凝土施工工艺，一次浇制成型。

3）阳角倒圆角，半径35mm，散水拼缝应与外墙砖对缝。

4）湿陷性黄土、膨胀土及黄泛区不应采用预制散水。

5）预制散水偏差：长度±3mm，宽度±3mm，厚度±2mm，对角线≤3mm，表面平整度≤3mm。

（2）现浇混凝土散水。

1）面层表面洁净，无裂纹、脱皮、麻面和起砂现象。

2）宜采用清水混凝土施工工艺，一次浇制成型。

3）散水与建（构）筑物间应留置20～25mm宽变形缝，采用沥青砂填充，硅酮耐候胶封闭。

(十九) 台阶

本小节适用于变电站建筑物工程中板材、细石混凝土台阶的施工及验收。

1. 关键工序控制

板材 (细石混凝土) 面层关键工序控制如下。

(1) 板材面层。

1) 基层表面的浮土和砂浆应清理干净,有油污时,应采用10%工业碱水刷净,并用压力水冲洗干净。

2) 板材应先试贴,将板材按通线平稳铺下,用橡皮锤垫木块轻击,使砂浆密实、缝隙、平整满足要求后,揭开板块,发现结合层不密实有空隙时,应填砂浆搓平,在板材背面涂8~10mm素水泥浆,正式铺贴。用橡皮锤均匀轻击板面,找直、找平。花岗岩缝隙宽度不应大于1mm。每铺好一块,使用水平尺、直尺检查,板材拼缝处用手触摸检查。为防止铺贴后表面有反碱现象发生,天然石材铺贴前,应采用防碱背涂处理剂进行背涂处理。室外楼梯台阶应采用湿铺。

3) 板块铺完2天后,使用1:1水泥色浆勾缝。水泥色浆先按板材首颜色要求在水泥中加入矿物颜料进行调制。灌浆1~2天后,用棉纱及其他擦布蘸色浆擦缝,粘附在板面上的浆液随手用湿纱头擦干净。

4) 板块铺完24h后,表面撒上干净锯末保护,喷水养护,时间不少于7天。

5) 铺贴砂浆抗压强度达到1.2MPa时,方可上人进行操作,但必须注意油漆、砂浆不得放在板块上,铁管等硬器不得碰坏砖面层。

(2) 细石混凝土面层。

1) 材料:宜采用普通硅酸盐水泥,强度等级≥42.5。粗骨料采用碎石或卵石,当混凝土强度≥C30时,含泥量≤1%;当混凝土强度<C30时,含泥量≤2%。细骨料应采用中砂,当混凝土强度≥C30时,含泥量≤3%;当混凝土强度<C30时,含泥量≤5%。宜采用饮用水拌和,当采用其他水源时水质应达到规范要求。

2) 面层的混凝土强度等级应符合设计要求,且混凝土强度等级不小于C20。

3) 细石混凝土地面面层要分三次压光成面。

4) 细石混凝土地面施工完成后至少要养护7天。

2. 工艺标准

(1) 板材台阶。

1) 板材铺设时面板压立板,平立面光洁度一致。板材应提前排板,整体铺贴效果应美观。

2) 板块面应坚实、平整、洁净,缝格顺直,不应有空鼓、松动、脱落和裂缝、污染现象。地面镶边用料及尺寸符合设计要求和施工规范要求,边角整齐、光滑。

3) 踏步防滑条 (槽) 应顺直,突出地面的防滑条宜高出地面高度2~3mm,且高度一致。刻槽时,槽深3mm。

4) 台阶面层采用火烧石等防滑材料。板材破坏强度≥1500N。

5) 台阶顶面标高低于室内地坪20mm,楼梯不小于

3级,室外不小于2级,踏步高度不宜大于150mm,并不小于100mm,宽度不小于300mm,踏步平台应设排水坡度,不应有倒坡。

6) 踏步高度差≤3mm,每个踏步两端宽度差≤3mm,表面平整度偏差≤2mm。

(2) 细石混凝土台阶。

1) 清水混凝土工艺,原浆压光,不得二次抹面。

2) 面层表面洁净,无裂纹、脱皮、麻面和起砂现象。

3) 踏步防滑槽整齐,防滑条应顺直。

4) 室外踏步平台比室内地面低20mm,室外不小于2级。

5) 踏步高度差≤5mm,每个踏步两端宽度差≤5mm。表面平整度偏差≤2mm。

6) 台阶总高度超过0.7m时,应在临空面采取防护设施。

(二十) 坡道

本小节适用于变电站建筑物工程中细石混凝土、混凝土礓磋坡道的施工及验收。

1. 关键工序控制

(1) 施工准备。

1) 宜采用普通硅酸盐水泥,质量要求符合规范要求。粗骨料采用碎石或卵石,细骨料应采用中砂,含泥量≤3%,其他质量要求符合规范要求。宜采用饮用水拌和,当采用其他水源时水质应达到规范要求。

2) 面层的混凝土强度等级应符合设计要求,且混凝土强度等级不小于C20。

(2) 素土夯实。

按设计要求做好基层处理,压实系数应满足设计要求。

(3) 混凝土面层。

1) 细石混凝土地面面层要分三次压光成面。防滑槽应顺直,槽深、槽宽一致。

2) 混凝土礓磋坡道的抹礓磋应根据环境条件掌握好时间,锯齿形礓磋应齿向正确,宽窄一致、齿深一致。坡道两侧纵向设置20mm排水槽。

3) 施工完成12h左右开始养护,养护不少于7天。

4) 与建 (构) 筑物间应留置20~25mm宽变形缝,采用硅酮耐候胶封闭。

2. 工艺标准

(1) 细石混凝土坡道。

1) 清水混凝土工艺,一次浇筑,不得二次抹面。

2) 坡道边角应顺直,面层表面洁净,无裂纹、脱皮、麻面和起砂现象。

3) 坡道的齿角应整齐,防滑条应顺直。

4) 长宽尺寸度偏差≤10mm。表面平整度偏差≤2mm。坡道边角偏差≤3mm。

(2) 混凝土礓磋坡道。

1) 坡道下土方回填应分层密实。

2) 混凝土一次连续浇筑,振捣密实,原浆收面。

3）坡道与建（构）筑物间应留置20～25mm宽变形缝，采用硅酮耐候胶封闭。

4）礓磋样式及深度满足设计及规范要求。

5）长宽尺寸度偏差≤10mm，表面平整度偏差≤2mm，坡道边角偏差≤3mm。

6）室内坡道坡度不宜大于1∶8，室外坡道坡度不宜大于1∶10；当坡道总高度超过0.7m时，应在临空面采取防护设施。

（二十一）雨篷

本小节适用于变电站建筑物工程中雨篷的施工及验收。

1. 关键工序控制

（1）现浇混凝土雨篷。

1）施工准备。

雨篷高度在符合设计要求下，应结合外墙面层材料排版合理设置。

2）结构层施工。

a. 雨篷梁应设为上翻梁。宽度同墙体，高度高出雨篷翻边，大于等于50mm，框架结构雨篷梁长度至两侧框架柱为止，砖混结构雨篷梁长度至两侧结构（构造）柱为止或雨篷外边缘各500mm。

b. 混凝土强度需达到100%方可拆雨篷底模。

3）雨水管安装。

a. 有组织排水雨篷落水管埋设应预埋套管，如有组织排水的管口与主落水管相连应设置在离建筑物主落水管靠近的一侧，采用PVC-U管，与主落水管以三通连接，坡度不小于1.5%。如附近无主落水管时，应单独设一道（或两道落水管，具体由设计确定）接入室外排水系统，管径宜为DN75。

b. 安装落水管，应吊线坠弹直线，采用管道专用卡具在墙上固定，间距1.2m。

c. 寒冷结冰地区落水管须有防冻措施，以免管道冻结破裂。

4）找平层。

a. 雨篷底板面采取细石混凝土或抗裂纤维砂浆找坡，内部阴角作半径50mm圆弧角处理，坡度为2%，方向纵横朝排水口处。

b. 雨篷翻边粉刷做法按照外墙面粉刷工艺标准施工。雨篷底部不宜粉刷，直接刮腻子找平。滴水线条为砂浆粉刷，滴水线槽宜采用成品塑料条。

5）防水层。

a. 有组织排水雨篷应做24h蓄水试验，对发现的结构渗点（一般在施工缝、预埋件和预留管道四周、墙根部）采用水泥基型防水涂料进行多次涂刷处理。

b. 雨篷板面上宜设置一道SBS卷材防水，在翻边顶部设置通长凹槽，将SBS卷材边收口裁齐后压入凹槽中，并且压条或带垫片钉子固定，压槽内用密封材料封固。

（2）钢雨篷（钢结构纯悬挑式雨篷）。

1）施工准备。

a. 钢梁支承有三种型材类型：热轧T型钢、热轧H型钢、方钢管。

b. 玻璃卡爪材料为奥氏体不锈钢，且含镍量不应小于8%。

c. 饰面为安全玻璃，采用钢化夹层玻璃或半钢化夹层玻璃。

d. 低发泡间隔双面胶带应具有透气性。

e. 有防火要求的钢雨篷应根据设计及规范要求进行防火处理。

2）钢梁安装。

a. 钢雨篷与钢结构的连接是直接或通过加肋板焊接、锚栓、螺栓连接。

b. 钢结构雨篷的防雷装置应与主体结构的防雷体系有可靠的连接。

3）防腐处理。

a. 支承体系所选用的钢材应做防腐处理并应彻底清除表面铁锈、油污和氧皮等杂物，然后进行防锈处理，其面层可采用喷漆、烤漆、喷塑等涂层，色彩由选用者注明即可。所有钢管的内壁也需进行防腐处理，钢管构件开口端部需用相同材料焊接封堵。

b. 玻璃卡爪表面处理可作镜面抛光、抛光后亚光、抛光后氟碳喷涂（三涂）或抛光后镀黑镍。

4）玻璃板安装。

a. 饰面。夹层玻璃为干法加工合成，夹层玻璃的两片玻璃厚度相差不宜大于2mm，玻璃原片厚度不宜小于5mm。夹层玻璃的胶片宜采用聚乙烯醇缩丁醛（PVB）胶片，PVB胶片的厚度不应小于0.76mm。

b. 所有玻璃应进行磨边倒角处理。

c. 钢雨篷有组织排水，坡度为2%，加金属排水沟槽，由单项工程设计排水立管。

5）密封胶施工。

暴露在空气中的夹层玻璃边缘应进行密封处理，密封材料为硅酮结构密封胶、硅酮建筑密封胶。

2. 工艺标准

（1）现浇混凝土雨篷。

1）雨篷下口应设滴水线条和滴水线槽。滴水线条宽度为50mm，厚度为10～15mm；滴水线槽居于滴水线条正中，深度为10mm，宽度为10～12mm，离墙面20mm处设置断水口。

2）鹰嘴、滴水线条、滴水线槽应顺直美观，无变形。

3）雨篷上雨水采取有组织排水，排水管外挑或就近接入主落水管或单独设置落水管（落水管暗排底层设置检查口，其中心高度距离操作地面宜为1m），且排水通畅。外观工艺应美观，固定牢固。具体做法依照图纸施工。

4）垂直度偏差≤3mm；平整度偏差≤3mm；阴阳角方正偏差≤3mm；预留洞口中心线偏差≤3mm；尺寸偏差≤3mm。

（2）钢雨篷（钢结构纯悬挑式雨篷）。

1）玻璃板加工后的尺寸允许偏差：边长≥2000mm，

偏差为±2mm，边长<2000mm，偏差为±1.5mm；对角线≥3000mm，偏差为≤3mm，对角线<3000mm，偏差为≤2mm；圆曲率半径 R≥2000mm，偏差为±2mm，圆曲率半径 R<2000mm，偏差为±1.5mm；厚度 t<17mm，偏差为±1mm，厚度 17mm≤t<22mm，偏差为

±1.5mm。

2）聚乙烯泡沫棒其密度不应大于 37kg/m³。

3）钢雨篷有组织排水，坡度为 2%。

4）钢雨篷应有滴水线、鹰嘴、与墙面交接防水措施。

第四章

变电工程智慧标杆工地

本章以新疆阿克苏沙雅 220kV 变电站为例介绍变电工程智慧标杆工地。

第一节　工 程 概 况

一、建设沙雅 220kV 变电站意义

沙雅 220kV 变电站位于沙雅县东南部区域，目前，新和县及沙雅县片区负荷由海楼 220kV 变电站供电，海楼变电站常年重载运行，2019 年主变最大负荷率已达 97%。沙雅县负荷增长较快，南部油田开发及相关配套产业已渐成规模，根据负荷预测，2022 年、2025 年沙雅县最大负荷分别为 339MW、417MW，现有网架结构无法满足负荷发展需求。同时沙雅县区域内英巴格、新垦农场 110kV 变电站均由海楼变单一电源供电，线路故障或检修状态下负荷转带困难。因此，建设沙雅 220kV 变电站可满足沙雅县负荷增长需求、缓解海楼变供电压力，优化 110kV 电网网架建设，提高供电可靠性，满足沙雅县经济社会发展需求。

二、工程建设项目的合法性依据

工程从可研、立项、核准全部符合国家建设管理规定，项目核准、可研批复、建设用地规划许可证、建设工程规划许可证、土地证、不动产证等各项手续办理齐全；质量监督报告、启动投产签证书、消防、水保、环保、档案等专项验收合规性文件齐全。

（1）2020 年 11 月取得国网新疆经研院关于阿克苏沙雅 220kV 输变电工程可行性研究评审的意见。

（2）2020 年 12 月取得阿克苏地区发改委关于阿克苏沙雅 220kV 输变电工程核准的批复。

（3）2021 年 5 月取得阿克苏地区水利局对沙雅 220kV 输变电工程水土保持方案的批复。

（4）2021 年 6 月取得国网新疆电力有限公司关于沙雅 220kV 输变电工程初步设计的批复。

（5）2021 年 7 月取得阿克苏地区生态环境局关于沙雅 220kV 输变电工程环境影响报告的批复。

三、工程规模

变电站总征地面积为 1.2171hm²，围墙内征地面积为 1.0820hm²。站址位于新疆维吾尔自治区阿克苏地区沙雅县东南直线距离约 11km 处，站址南侧距离乡道约 41m，站址地势平坦、场地开阔，交通生活条件较方便，为户外 GIS 变电站。本工程于 2021 年 10 月 20 日开工，于 2022 年 12 月 30 日投产。工程规模见表 2-4-1-1。

阿克苏沙雅 220kV 变电站为户外 GIS 变电站，工程建设单位是阿克苏供电公司，设计单位是湖南科鑫电力设计有限公司，施工单位是新疆送变电有限公司，监理单位是新疆屯达工程咨询公司。

表 2 - 4 - 1 - 1　沙雅 220kV 变电站工程规模

序号	名　　称	本期新建	远期
1	主变压器容量及数量	2×180MVA	3×180MVA
2	220kV 出线间隔回路数	2 回	6 回
3	110kV 出线间隔回路数	4 回	12 回
4	35kV 出线回路数	4 回	4 回
5	35kV 并联电容器	6×10Mvar	9×10Mvar

工程参建单位在国网新疆电力有限公司阿克苏供电公司的正确领导下，全面贯彻落实国家、行业及国网公司标准、规程、规范、管理制度和各项要求，深入基建标准化建设，积极开展管理创新，强化工程安全质量管理，工程建设管理水平不断提高，确保了工程建设优质高效。

四、进站道路与项目驻地

变电站的进站道路与 329 县道相衔接。进站主道路两侧分别设置宣传展板，左侧区域为安全宣传漫画，主要是现场容易出现的一些违章和安全小知识；右侧区域为四牌一图和进场注意事项。

项目部驻地按照国网安全文明施工标准化手册，结合临时用地场地地形进行合理化布置建设。中间区域是三个项目部的办公区域，项目部设置单独的会议室、办公室、资料室、材料室、党建室、食堂、宿舍、卫生间等，满足项目部办公生活需求。各办公室按照项目管理要求制作上墙的制度、责任牌，会议室制作背景墙、进度计划横道图、安全质量造价相关的目标牌以及组织机构图牌。在业主项目部的牵头领导下成立临时党小组，以党建引领基建，不断提高工程建设水平。在项目部办公生活区后方为施工班组驻地，各班组分别设置班组会议室和班组办公室，满足班组日常办公需求。根据建设要求配置两套监控系统，一套为安防监控系统，主要布置在生活区、材料加工区等重点生活部位；一套为基建管控系统，主要布置在施工现场的外围区域，对施工现场进行全方位监控。两套监控系统可实现全方位无死角监控，保证了作业现场的安全稳定。

五、变电站总平面布置

（一）平行布置方案

总平面布置采用平行布置方案。主变压器及 35kV 配电装置室区域在变电站中部，220kV 配电装置区和 110kV 配电装置区分别布置在站址西部、东部两个区域，站前区置于站区主入口处。

1. 220kV 配电装置区

220kV 配电装置区域中 220kVGIS 设备为河南平高生产，本期出线间隔 2 回，分别为海楼和库车南郊间隔。GIS 设备安装过程中使用充气式一体化防尘棚，确保安装环境满足工艺要求。

2. 主变装置区

主变区域放置三台主变压器，1 号主变为远期预留，

本期新上2号、3号主变，厂家为山东泰开，单体主变容量180MVA，主变防火墙采用框架结构清水墙工艺。

3.补偿装置

新上6组电容器（无锡赛金公司生产），单体容量10Mvar，基础为素混凝土，接地断开，避免闭合磁路。布设两道电缆沟，高压电缆单独敷设。

4.站用变

两台站用变为特变电工生产。

5.电缆沟

35kV区设置高压电缆沟，高低压电缆分沟敷设，在隔离开关、站用变电缆支架下方设置余缆井，高压电缆余缆敷设于余缆井，避免了电缆沟内预留余缆而转弯半径不能满足要求的问题。电缆沟盖板采用互嵌式玻璃钢复合盖板，满足防风沙要求。电缆沟按规划排版，确保盖板整铺。

6.110kV配电装置区

110kVGIS设备为厦门许继电气生产，本期出线间隔4回，远期出线12回，主设备到场后委托电科院对主设备的电气性能、金属外壳等项目进行检测，确保电气设备各项指标合格后进行安装。GIS设备安装采用防尘棚，并使用颗粒度检测仪对安装环境进行实时监测，安装过程中架设执法记录仪全程监督。对环境洁净度和伸缩节、密度继电器的数值进行记录，并常态化跟踪监测。

（二）综合配电室

（1）综合配电室纵向设置，分别为功能性用房、计算机室、高压配电室，采用单层钢结构，屋面建筑找坡，屋面排水、空调冷凝水排水采用有组织排水的方式。除高压配电室、蓄电池室以外房间均采用吊顶，计算机室、综合配电室、蓄电池室地面采用金刚砂地面。

（2）水泵房设在地下一层为框架结构，泵房内设置水消防相关设备。

（3）辅助用房为单层钢结构，主要是功能性用房如值班室、休息室、避难间、备餐间、卫生间等生活用房，火灾报警、电子围栏、消防报警等相关辅助设施设置在本房间内。

六、智慧工地建设

（1）施工现场实行全封闭管理，设立一套人机管理系统，对所有的施工人员及作业机械实行实名制管理，并与e基建系统保持一致。

（2）三通一标设计。全面采用通用设计，利用四图一牌、安全员活动、安全漫画、常态化教育学习，结合现场实际进行日常宣贯教育。

（3）220kV配电装置区采用一体化充气式防尘棚、智能环境监测装置、智能布控球。

（4）主变区域、预留主变、防火墙清水混凝土框架结构，填充墙清水墙工艺，混凝土外光内实，色泽一致，填充墙砌筑平顺顺直。

（5）2号主变（180MVA）、油池采用清水混凝土工艺。

（6）3号主变与2号一致，主变铁芯夹件单独接地，本体法兰盘跨接接地。

（7）导线压接工作。人员培训交底持证上岗，全数过程检查，满足规范要求。

（8）综合配电室采用单层钢结构框架，并根据设计要求喷涂防火涂料。保护屏平行布设、分区布置，方便后期运行检修。综合配电室在主体施工期间提前按照标准工艺做好地砖、建筑电气等功能设施的排版布局，确保后期装饰装修的美观大方。

（9）生活辅助区域。辅助用房为单层钢结构框架，内配置值班室、休息室、卫生间等生活辅助用房，方便后期运行检修期间人员的生活保障。

七、工程建设的主导思想及质量目标

（一）主导思想

工程以"追求卓越，铸就经典"的国优精神为建设主导思想。

（二）建设思路

实现设计合理、管理标准、技术成熟、工艺精细、观感质量美观、运行维护方便、施工为生产服务的建设思路。

（三）质量目标

以建设"安全可靠、经济合理、环境友好"的精品工程为目标。

第二节 安全管理

一、以计划为纲，抓全过程风险管控

树立工程安全管理目标，实施工程建设全过程风险管控，制定详细的施工计划，精细策划，精准管控，有序推进。组织三个项目部在工程开工前，根据总体工期要求制定重要节点工期计划，并上墙公示。精准管控进度，抓好进度计划全链条管控，提前预判、摸排影响计划执行的制约因素，在施工期间按照总体进度计划制定详细的月度计划、周计划、日报，并按照既定的计划严格执行，如图2-4-2-1所示。

严格落实省公司"六精四化"三年行动实施方案，对作业内容、每日一本账实施全面动态管理，落实每日早班会交底制度，做好每日计划的安排及人员分工；落实每日晚碰头会，对日计划进行汇报，确保施工安全风险全面受控，如图2-4-2-2所示。

二、严格队伍管理，筑牢安全管理基础

工程建设实行标准化管理，细化合同条款，明确建设过程中安全质量管理考核内容，落实责任。严格分包单位、分包人员安全机制，严格核查现场作业层班组配置，严把班组入场关，如图2-4-2-3所示。

施工总承包单位按照前期报审的分包计划严格执行，

现场共签订两份劳务分包合同，土建分包单位为锦州缔一建筑安装有限责任公司，电气安装分包单位为湖北湘电建设工程有限公司，如图2-4-2-4和图2-4-2-5所示。

三、落实人员管控，从根本上抓安全

严格落实管理人员报审手续，做到持证上岗，人证合一，如图2-4-2-6所示。

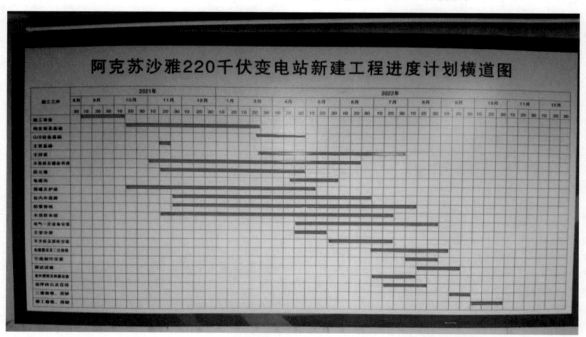

（a）横道图

（b）周计划

（c）日报

图2-4-2-1　横道图、周计划和日报

（a）早班会交底

（b）晚碰头会

图 2-4-2-2　早班会交底和晚碰头会

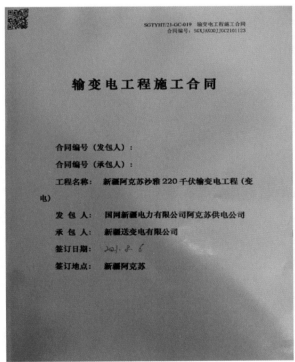

图 2-4-2-3　施工总承包单位证件

按照标准化建设要求配置关键作业人员，履行关键人员、特种作业人员报审流程。共完成班组报审 2 份，班组骨干报审 3 份，核心人员报审 2 份，特种作业人员报审 4 份，如图 2-4-2-7 所示。

按照工程建设开复工管理要求，对入场作业人员进行 40 课时的入场安全教育及 16 课时的准入培训，人员入场考试及准入考试合格后方可进入现场作业，如图 2-4-2-8 所示。

严格施工方案的编审批及交底制度，现场共报审施工组织设计 1 份，一般施工方案 19 份，专项施工方案 4

份，完成所有作业人员的交底培训，如图 2-4-2-9 所示。

四、强化现场管理，营造健康氛围

加强现场安全管控，组织开展反恐、消防、急救、防疫应急演练，提高作业人员的应急能力，如图 2-4-2-10 所示。

在工程建设期间，根据国网公司、新疆电力公司、阿克苏供电公司下发的学习文件，多次组织作业人员进行文件的宣贯学习，并组织多样的安全日活动，不断地

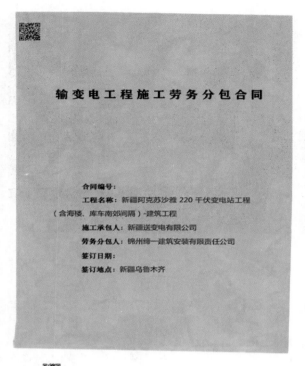

图 2-4-2-4 土建分包单位锦州缔一建筑安装
有限责任公司有关证件

提高作业人员的安全意识和施工现场的安全管理水平，如图 2-4-2-11 所示。

五、加强施工现场安全工器具使用管理

加强施工现场安全工器具、计量器具、施工器具、施工机械的管理及报审制度，共完成 5 份安全工器具、2 份计量器具、2 份施工器具、4 台机械的报审，并定期进行检查、维护、保养，如图 2-4-2-12 所示。

六、加强施工现场安全文明施工布置

加强施工现场安全文明施工布置，营造良好的施工氛围，项目部根据施工计划提前完成施工现场的安全文明施工布置，制作多样的宣传展板和警示标示，如图 2-4-2-13 所示。

输变电工程施工劳务分包合同

（试行）

合同编号：

工程名称： 阿克苏沙雅 220 千伏输变电工程（变电）

（含海楼、库车南郊 220 间隔扩建）

施工承包人： 新疆送变电有限公司

劳务分包人： 湖北湘电建设工程有限公司

签订日期：

签订地点： 新疆乌鲁木齐

（　　）电力建设工程劳务分包安全协议
A04-输变电工程-安装工程劳务

发包单位（甲方）：新疆送变电有限公司

承包单位（乙方）：湖北湘电建设工程有限公司

为贯彻"安全第一、预防为主、综合治理"的安全生产方针，明确承发包双方的安全责任，提高施工现场安全文明施工管理水平，保障工程项目的安全和施工人员的安全与健康，根据国家有关法律法规、国家电网公司的有关安全文明施工规定，结合本工程特点，双方在签订工程承发包合同的同时，经协商一致，签订本协议。

一、承包工程项目

1、工程项目名称：阿克苏沙雅 220 千伏输变电工程（变电）（含海楼、库车南郊 220 间隔扩建）

2、工程地址：阿克苏沙雅

3、承包范围：一次、二次设备的安装调整、屏柜安装、母线、引下线、跳线的挂设、电（光）缆敷设、二次接线、设备接地、电缆埋管、电缆支架、配合验收及与其他专业的配合工作。（含海楼、库车南郊 220kV 间隔扩建工程）

4、承包形式：劳务分包

5、工程合同编号：

6、工程项目期限：自 2022 年 04 月 01 日至 2023 年 03 月 20 日

二、协议内容

1、安全文明施工目标

1)不发生七级及以上人身事件、轻伤事故在 0 人次以下。

2)不发生七级及以上施工机械设备事件。

3)不发生因工程建设引起的七级及以上的电网及设备事件。

4)不发生火灾事故。

5)不发生环境污染事件。

6)不发生负主要责任的一般交通事故。

7)不发生对公司造成影响的安全稳定事件。

8)达到甲方提出的现场安全文明施工要求。

2、本工程执行的主要法律法规、规程规范及标准制度，包括但不限于：

签署页

承包人：新疆送变电有限公司

（签章）

劳务分包人：湖北湘电建设工程有限公司

法定代表人（签字）：

签订日期：　年　月　日

地址：乌鲁木齐市江苏西路 155 号

邮编：830011

联系人：

电话：0991-3827963

传真：0991-3827963

Email：

开户银行：建行乌市河南路支行

账号：65001611200050002964

开户行联行号：105881000358

纳税人识别号：9165000022285971220

签订日期：　年　月　日

地址：黄冈市黄州区东湖街道宝塔大道 160 号

邮编：438000

联系人：徐长海

电话：15204178246

传真：0417-7633955

Email：

开户银行：中国农业银行黄冈市分行黄州支行

基本账号：630301040006249

开户行联行号：103533063036

纳税人识别号：91421100676964488

图 2-4-2-5　电气安装分包单位湖北湘电建设
工程有限公司相关证件

新疆送变电有限公司

新疆送变电有限公司关于变更沙雅220千伏变电站新建工程施工项目管理人员的函

国网新疆电力有限公司阿克苏供电公司建设部：

原沙雅220千伏变电站新建工程项目组织机构，因公司内部岗位调整，现变更如下：

项目经理：刘勇翔

项目副经理：杨新杰（常务）、蔡世文

项目总工：郑行行

项目安全员：祁洪福、丁友好

项目质检员：腾磊

项目技术员：任宇

项目资料信息员：田澜

项目材料员：郭成明

项目造价员：李娜

项目成本员：丁薇

项目部作业层班组骨干人员：

班长兼指挥：王金国、王学乾

技术兼质检员：黄坤、赵中坤

班组安全员：孟庆东、何凌波

以上人员具备相应管理经验和资格能力，代表公司行使沙雅220千伏变电站新建工程项目管理权力，承担相应的义

施工项目部管理人员资格报审表

工程名称：阿克苏沙雅220千伏变电站新建工程　　编号：SXMB1-SG01-001

姓名	岗位	证件名称	有效期至
刘勇翔	项目经理	一级建造师	长期
刘勇翔	项目经理	建造B证	2024.03.21
刘勇翔	项目经理	基建安全质量培训证	2023.02.18
杨新杰	项目副经理	一级建造师	长期
杨新杰	项目副经理	基建安全质量培训证	2023.02.18
蔡世文	项目副经理	工程师	长期
蔡世文	项目副经理	基建安全质量培训证	2023.02.18
郑行行	项目总工	工程师	长期
郑行行	项目总工	基建安全培训证	2023.02.18
丁友好	安全员	建造C证	2024.01.15
丁友好	安全员	基建安全质量培训证	2023.02.18
丁友好	安全员	安全员证	2025.06.02
腾磊	质检员	质检员证	2023.05.30
腾磊	质检员	基建安全质量培训证	2023.02.18
任宇	技术员	助理工程师证	长期
任宇	技术员	基建安全质量培训证	2023.02.18
李娜	造价员	造价员资格证书	长期
田澜	资料员	资料员证	2027.05.30

图2-4-2-6　持证上岗、人证合一的文件

图2-4-2-7（一）　履行关键人员、特种作业人员报审流程的文件

特种作业人员报审表

工程名称：阿克苏沙雅 220 千伏变电站新建工程　　　　编号：SZLB13-SG01-004

致阿克苏沙雅 220 千伏变电站新建工程新疆电达工程咨询有限公司监理项目部：

现报上本工程特种作业人员名单及其资格证件，请查验。工程进行中如有调整，将重新统计并上报。

附件：特种作业人员资格证件复印件

姓名	工种	证件编号	发证单位	有效期至
徐治江	起重机指挥	150430197501103599	营口市市场监督管理局	2021.05-2025.04

监理项目部审查意见：

注　本表一式六份，由施工项目部填报，监理项目部二份，施工项目部存四份。

作业层班组报验表

工程名称：**阿克苏沙雅 220 千伏变电站新建工程**

现已完成　**变电土建班组**　作业层班组　一　进入场前准备工作，请核查、审批。

□ 班组花名册已建立，共进场施工人员 38 人，班组骨干及核心人员或报审批；
□ 基建管理 App 中全部人员注册、安全准入考试已通过，入场考试已合格；
□ 班组骨干均已到岗，身份已核实均为施工单位自有人员，社保、合同、保险、体检均达要求，均取得公司基建安全质量培训证书、施工单位岗位技能认定证书，施工项目部已发文公示任命；
□ 核心技术人员种类、数量满足标准化配置要求，均已取得施工单位岗位技能认定证书、社保、合同、保险、体检均达要求，特殊工种证书已查询核实。工资卡已办理；
□ 一般作业人员满足现场实际需要，合同满足要求，工资卡已办理；
□ 班组驻地已建立，满足标准化要求；
□ 班组台账已建立。

施工项目经理：

监理项目部意见：

总监：
日　期：

业主项目部意见：

资格满足要求，同意进场

建管单位意见：

资格满足要求，同意进场。

建设单位挂点配合人：
分管领导：
日　期：

建设部意见：

建设部挂点配合人：
主任（副主任）：
日　期：

图 2-4-2-7（二）　履行关键人员、特种作业人员报审流程的文件

安全教育培训记录

表号：SAQB-TZH-002
编号：003

项目名称：阿克苏沙雅 220 千伏变电站新建工程

工程名称	阿克苏沙雅 220 千伏变电站新建工程	培训日期	2022 年 02 月 28 日
培训地点	会议室	培训课时	10 课时
主讲人	丁友好、郑行行	受培训人数	44
培训组织人	刘勇颢	受培训单位	锦州第一建筑安装有限责任公司

培训的主要内容：《国家电网有限公司电力建设安全工作规程第 1 部分：变电》、《建设工程施工现场供用电安全规范（GB 50194-2014）》、《电力行业紧急救护技术规范》、《国家电网基建〔2019〕517 号　国家电网有限公司关于全面推进输变电工程施工作业层班组标准化建设的通知》

6.1.1 低压配电系统宜采用三级配电，宜设置总配电箱、分配电箱、末级配电箱。

6.1. 低压配电系统不宜采用链式配电，当部分用电设备距离供电点较远，而彼此相距很近，容量小的次要用电设备，可采用链式配电，但每一回路环链设备不宜超过 5 台，其总容量不宜超过 10kW

6.1.3 消防等重要负荷应由总配电箱专用回路直接供电，并不得接入过负荷保护和剩余电流保护器。

6.1.4 消防泵、施工升降机、塔式起重机、混凝土输送泵等大型设备应设专用配电箱。

6.1.5 低压配电系统的三相负荷宜保持平衡，最大相负荷不宜超过三相负荷平均值的 115%，最小相负荷不宜小于三相负荷平均值的 85%

6.1.6 用电设备端的电压偏差允许值宜符合下列规定：

1、一般照明：宜为 +5～10% 额定电压；

2、一般用途电机：宜为±5% 额定电压；

3、其他用电设备＝当无特殊规定时宜为± 5% 额定电压。

6.3.1 总配电箱以下可设若干分配电箱；分配电箱以下可设若干 末级配电箱。分配电箱以下可根据需要，再设分配电箱。总配电箱应设在靠近电源的区域，分配电箱应设在用电设备或负荷相对集中的区域，分配电箱与末级配电箱的距离不宜超过 30m

6.3.2 动力配电箱与照明配电箱宜分别设置。当合并设置为同一配电箱时，动力和照明应分路供电；动力末级配电箱与照明末级配电箱应分别设置。

6.3.3 用电设备或插座的电源宜引自末级配电箱，当一个末级配电箱直接控制多台用电设备

安全准入培训记录

表号：SAQB-TZH-002
编号：02

项目名称：沙雅 220kV 变电站工程

工程名称	沙雅 220kV 变电站工程	培训日期	2022 年 02 月 25 日
培训地点	会议室	培训课时	8 课时
主讲人	刘勇颢/丁友好	受培训人数	44
培训组织人	郭成明	受培训单位	土建班组

培训的主要内容：
今天继续按照计划学习安全准入培训内容。
复工后即将开展的混凝土基础浇筑、防火墙、围墙及道路的标准工艺学习如下：

名称	技术要点
变电构架基础	（1）基础混凝土强度等级符合设计要求。 （2）基础要面光滑、平整、清洁、颜色一致，无明显气泡、无蜂窝、无裂缝、无明显外露钢筋等现象。 （3）模板接缝与施工缝无错台缝、偏差现象。 （4）地脚螺栓轴线偏差 0～2mm，垂直度偏差 0～1mm，标高偏差不超过 0～1mm。 （5）质量标准符合 Q/GDW 183 中相关要求，施工图纸及相关要求，应满足要求。

标准工艺	图例
（1）材料：宜采用普通硅酸盐水泥，强度等级≥42.5，质量要求符合 GB 175。粗骨料采用碎石或卵石，粒径与强度≥C30 时，含泥量≤1%；当混凝土强度＜C30 时，含泥量≤3%，其他质量要求采用符合 JGJ 52。宜采用饮用水拌合，当采用其他水源时水质应达到 JGJ 63 的规定。 （2）模板采用厚度 15mm 以上胶合板或工具式钢模板，表面平整、光洁，钢模板应有防表面锈蚀措施。 （3）混凝土宜分层浇筑，分层厚度为 300～500mm，并保证下层混凝土初凝前浇入上层混凝土，以避免出现冷缝，振捣时尽量避免碰到钢筋及螺栓接触。 （4）混凝土振捣应高用水准位控制、表面用铁抹抹平压实，至少做两遍以减少收缩裂缝。 （5）混凝土表面需采取二次抹压。 （6）基础混凝土应根据季节气候采取相应的养护措施。冬期施工应采取保温、保湿的养护措施。 （7）宜采用地脚螺栓连接。 1）螺栓定位应用测量仪器检查或用经纬仪从不同方向检查，定位系统宜有偏差调整措施。 2）螺栓定位应用测量仪器或用经纬仪从不同方向检查，混凝土浇筑后应用相同方法复测。	

1 / 11

图 2-4-2-8　进入现场前的准入培训的文件

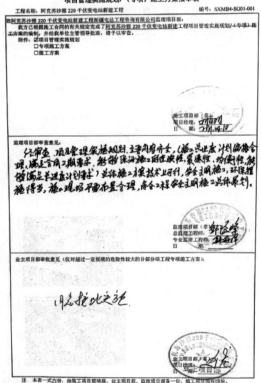

图 2-4-2-9　对作业人员进行交底培训的文件

图 2-4-2-10　在工地现场开展反恐、消防、急救、防疫应急演练的照片

图 2-4-2-11（一）　安全日活动照片

图 2-4-2-11（二） 安全日活动照片

图 2-4-2-12（一） 加强现场安全工器具使用管理的文件

图 2-4-2-12（二） 加强现场安全工器具使用管理的文件

图 2-4-2-13（一） 加强施工现场安全文明施工布置的照片

图 2-4-2-13（二） 加强施工现场施工安全文明施工布置的照片

第三节 质量管理

一、树立质量管理目标

以创国家优质工程金奖为目标，秉承"追求卓越，铸就经典"的国优精神，高标准、严要求。不断强化质量管理各项制度的执行力度，落实质量通病防治措施，杜绝达标投产否决项，强化质量监督验收，按时开展质量评价，推进工程建设质量管理标准化，规范工程参与者的管理和作业行为。强化通用制度执行评价，强化质量责任考核问责，确保质量管理工作措施落到实处。

二、健全质量管理体系

沙雅 220kV 变电站新建工程施工项目部建立健全工程质量保证和监督体系，管理机构完善。落实"五关"管控机制，将质量管理"策划关"、质量检测"入口关"、视频管控"过程关"、质量验收"出口关"和达标投产"考核关"全过程质量管控机制在本工程常态运行。组织各参建单位建立健全质量管理规章制度，明确工程质量管理工作要求，使质量管理有章可循、有序开展、责任分明，不断强化质量过程动态管理。

三、策划引领，加强过程质量管控

（1）工程开工前，编制各类质量策划文件，建立健全过程质量保证体系，明确各单位职责职能，落实具体责任，为工程全过程质量管理提供组织保障。

（2）以质量、工艺策划为引领，深化"标准工艺"应用。组织各单位编制标准工艺执行计划，过程中做好落实，有序开展"标准工艺"应用工作，确保工艺能够顺利实施并达到效果，目前工程标准工艺应用率 100%，应用效果良好，如图 2-4-3-1 所示。

按照设计图纸要求制定标准工艺执行清单，每道工序施工前对施工人员进行工艺交底培训，标准工艺应用率达到 100%，如图 2-4-3-2 所示。

（3）强化强制性条文执行力度，确保实体质量一次成优。前期组织各单位编制"项目管理实施规划"策划文件。过程中要求设计单位将条纹内容纳入施工图，施工单位将强条内容纳入具体施工方案，加强日常巡视检查，强化强条实施的过程管控，确保强制性条文执行计划及措施到位。

（4）开展质量通病动态防治，全面提升建设质量。开工前，与参建单位签订"质量通病防治任务书"，对质量通病进行重点防治，各参建单位分别编制质量通病策

图 2 - 4 - 3 - 1　应用标准工艺保证施工质量的相关照片

沙雅 220kV 变电站新建工程

标准工艺执行计划

2021年9月20日

13	0101010401	给料间棚	14	0101020102	构架柱（钢管结构）
15	0100010401	钢屋面板（室内吊顶板）	16	0101020104	接地连接点
17	0100010501	木门	18	0101020105	变电构架焊接
19	0101010502	钢板门、玻璃门、防火门	20	0101020106	混凝土保护帽
21	0101010504	断桥铝合金门窗	22	0101020201	设备支架（钢管结构）
23	0101010701	外墙抹灰墙面	24	0101020203	现浇混凝土设备基础
25	0101010801	板材踢步	26	0101020204	现浇混凝土设备基础
27	0101020302	设备支架接地连接点	28	0100020205	杆头板
29	0101020401	现浇混凝土变压器基础	30	0101020301	普通接埋件
31	0101020402	主变压器混凝土油池	32	0101010304	自流平地面
33	0101030104	清水砖墙	34	0101010303	防静电活动地板
35	0101030107	围墙压顶实墙	36	0101030109	围墙变形缝
37	0101030601	楼梯栏杆（含临空栏杆）	38	0101030501	站区环形道路
39	0101030504	广场地面	40	0101030601	砾石场地
41	0101030701	雨水井	42	0101030902	现浇混凝土沟壁
43	0101030904	预制电缆沟盖板	44	0101011703	挡墙
45	0101030902	端子箱现浇混凝土基础	46	0101031202	灯具现浇清水混凝土基础
47	0101030500-2	温缝构造做法	48	0101030500-1	防护分缝图
49	0101030500-3	缩缝构造图	50	0101011402	墙体轴流通风机

图 2-4-3-2（一）　标准工艺应用率达到 100% 的相关照片

图 2-4-3-2（二）　标准工艺应用率达到 100％的相关照片

划文件，开展首件工序的通病检查验收，形成记录，以转序为阶段开展阶段性总结。质检员需要根据系统提示的时间节点上传相应的文档，包括专项方案、方案交底记录、达标验收资料等。系统将相关文档名称分类列出，并进行编号、统计，记录上传的时间节点。质检员按规定上传后，相关管理人员会对相关文档进行审查认证。系统将实时统计现场发现的所有安全隐患和风险，并将它们归类为待接收、进行中、已完成等三种工作状态。质检员从系统界面能够清晰直观地看到隐患整改数据，对未整改完成的隐患进行重点监控。质检员可以在风险管理节点中，对施工现场发现的安全风险隐患发起处理流程，在对问题进行详细描述后，附以 BIM 模型截图和现场照片，并规定隐患通知的接收人以及相应的整改时限。风险管理主页面将对系统中已经提出的风险隐患处理进展情况进行统计，质检员能够看到新增问题、待接收、整改中、已整改等各种状态的隐患统计数量。

（5）积极配合全过程技术监督检查，有效提升设备质量。按照全过程技术监督管理办法开展抽检、送检工作，重点对主设备及附件电气性能，屏柜、设备外壳金属特性，设备基础、主体结构，消防设施，乙供材料等进行见证送检，全部检验合格，有效提升设备质量。

四、做好原材料进场验收报审工作

根据“工程平安、质量优质、工期高效、造价合理、环境友好”的创优总体要求，建设“安全可靠、经济合理、环境友好”的精品工程。对于沙雅 220kV 变电站新建工程，必须做好原材料进场验收报审工作，完成钢筋原材检验报告 2 份、防腐报告 1 份，水泥原材报告 1 份，砂浆配合比报告 1 份，水质检测报告 1 份，地脚螺栓检测报告 1 份，钢结构原材报告 1 份，钢筋机械连接试验报告 2 份，如图 2-4-3-3 所示。

五、强化质量监督检查

工程建设各阶段，业主项目部组织施工、监理项目部共同开展中间转序验收工作，同时组织运维部门同步开展技术监督工作，有效确保项目工程质量，如图 2-4-3-4 所示。

工程在建设期间按照项目划分对每道工序进行过程验收，特别是加强隐蔽工程的验收把关，做到实体与资料同步进行，如图 2-4-3-5 所示。

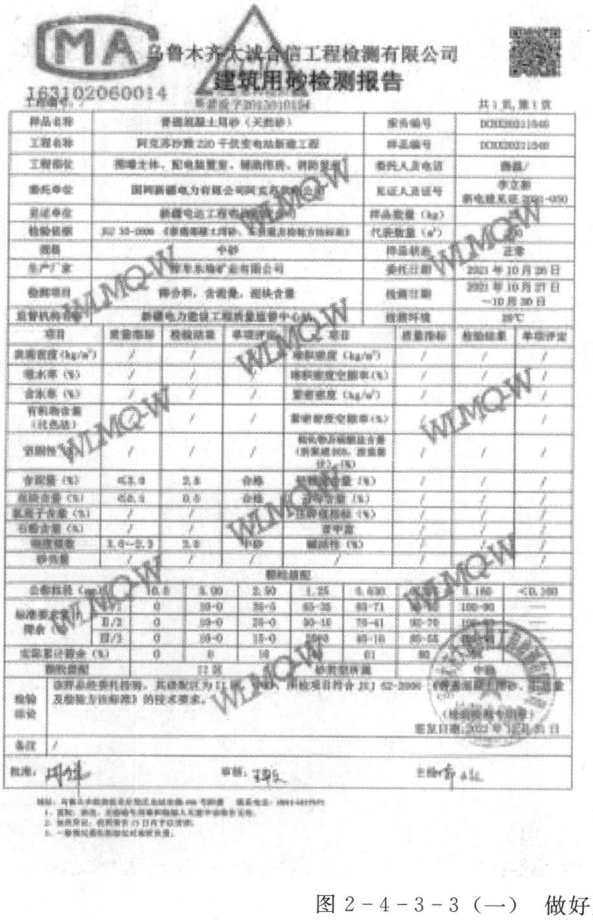
乌鲁木齐天诚合信工程检测有限公司
建筑用砂检测报告
163102060014

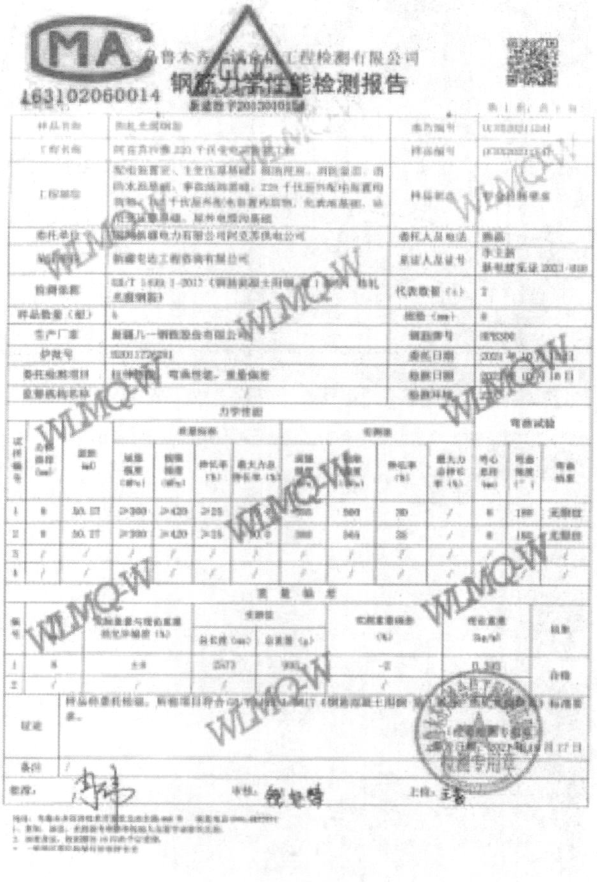
钢筋力学性能检测报告
163102060014

图 2-4-3-3（一）　做好原材料进场验收报审工作的文件

图 2-4-3-3（二） 做好原材料进场验收报审工作的文件

图 2-4-3-4（一） 开展技术监督强化质量监督检查工作的相关照片

图2-4-3-4（二）　开展技术监督强化质量监督检查工作的相关照片

图2-4-3-5（一）　过程验收的文件

土建工程施工质量验收范围划分表

工程名称：阿克苏沙雅220千伏变电站新建工程　　　　　　编号：SZLB2-S001-001

单位工程	子单位工程	分部工程	子分部工程	分项工程	检验批	工程项目名称	施工单位	勘察单位	设计单位	监理单位	建设单位	本标准编号
						主、辅控制楼	√		√	√	√	表B.1、B.2、B.3、D.4
						主控楼						
						地基与基础	√	√	√	√	√	表C.1、C.2、C.3、C.4
			01	01		单位工程定位放线	√	√		√	√	表C.1、C.2、C.3、C.4
						单位工程定位放线	√			√		表表1
				01		单位工程定位放线	√			√		表1
			02			土石方工程	√			√		表C.1、C.2、C.3、C.4
				01		土方开挖	√			√		表表1
					01	柱基、基坑、基槽土方开挖	√			√		表82
				02	02	土石方堆放与运输	√			√		表表1
						土石方堆放	√			√		表88
				03	01	柱基、基坑、基槽、管沟、地(路)面基础层填方	√			√		表89
			03			地基工程	√	√	√	√	√	表C.1、C.2、C.3、C.4
				02		砂和砂石地基	√			√		表表1
						砂和砂石地基	√			√		表3
			04			基础工程	√	√	√	√	√	表C.1、C.2、C.3、C.4
				01		钢筋混凝土扩展基础	√			√		表表1
01	01	01			01	模板安装	√			√		表109
					03	模板拆除	√			√		表110
					04	钢筋原材料	√			√		表118
					05	钢筋加工	√			√		表119
					10	钢筋机械连接	√			√		表124
					11	预埋件制作	√			√		表125
					12	钢筋安装	√			√		表120
					14	混凝土拌合物	√			√		表112
					15	混凝土施工	√			√		表114
					16	现浇结构外观及尺寸偏差	√			√		表113
					17	钢筋混凝土扩展基础	√			√		表表1
				02		室内沟道	√			√		
					02	模板安装	√			√		表109
					04	清水混凝土模板制作	√			√		表116
					05	普通清水混凝土模板安装	√			√		表117

图2-4-3-5（二）　过程验收的文件

第四节　工程技术的先进性体现

一、设计优化

（1）优化暖通室外机放置。按照外机尺寸优化设计外机基础，美观实用，冷凝水管排水采用有组织排水。

（2）建筑排水系统优化设计。站内建筑物排水采用有组织排水，统一排向站外排水沟，避免站内积水或冬季散水结冰现象。

（3）优化站内设计标高。根据施工图阶段岩土详勘资料，综合考虑挖方和填方，优化设计标高。

（4）优化建筑物装饰装修。施工前根据建筑物规模提前进行计算机排版，采用多种风格进行装修排版，最后选出最适用的方案进行施工，确保建筑物装修排版美观合理，如图2-4-4-1所示。

二、积极应用新技术

（1）本工程采用建筑业10项新技术中的5大项9小项，见表2-4-4-1。

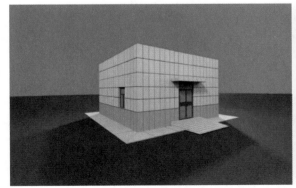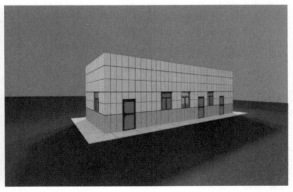

图2-4-4-1（一）　优化设计示例

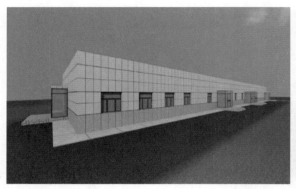
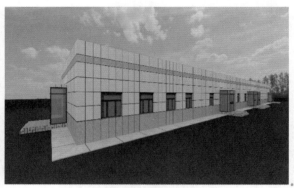

图 2-4-4-1（二）　优化设计示例

表 2-4-4-1　建筑业"十大新技术"计划及执行情况表

序号	应用项目名称	应用部位	应用情况
1	混凝土技术		
1.1	高强钢筋应用技术	建筑物主体、设备基础	已应用
2	模板及脚手架技术		
2.1	清水混凝土模板技术	设备基础、电缆沟等	已应用
3	钢结构技术		已应用
3.1	高强度钢材应用技术	全站构架主材	
3.2	模块式钢结构框架组装、吊装技术	220kV 构架	已应用
4	绿色施工技术		已应用
4.1	粘贴保温板外保温系统施工技术	全站建筑物	
4.2	断桥铝合金窗技术	全站建筑物窗	已应用
5	信息化应用技术		
5.1	施工现场远程监控管理及工程远程验收技术	工程施工现场	已应用
5.2	工程项目管理信息化实施集成应用及基础信息规范分类编码技术	基建管控系统	已应用
5.3	建设项目资源计划管理技术	ERP 系统	已应用

（2）本工程采用电力建设"五新"技术共 10 项，见表 2-4-4-2。

表 2-4-4-2　电力建设"五新"技术计划及执行情况表

序号	应用"五新"项目名称	应用部位	应用情况
一般推广应用			
1	控制系统总线技术	变电站监控系统	已应用
2	用电信息采集系统技术	电能量采集系统	已应用
3	区域电网安全稳定控制技术	稳控系统	已应用
4	电力光纤数字通信传输技术	通信机房	已应用
5	电力高速数据通信网络和 IP 网络技术	通信机房	已应用
6	智能变电站预制光缆组件技术	全站各电压等级	已应用
7	设备模块化集成	二次系统	已应用
8	变电站综合自动化系统	变电站监控系统	已应用
9	新型保温、隔热、隔音材料	隔热断桥铝合金窗	已应用
10	新型节能灯具	主控楼及各继电器室	已应用

三、加强新技术研究应用

立足现场实际，广泛开展新技术新工艺的应用，项目成立科技项目研发小组，开展"一种电力设备接地端子螺栓紧固工具的研制"工作，如图 2-4-4-2 所示。目前已完成前期设计递交专利局受理，完成实物加工后将应用于施工现场接地施工。

四、全面应用机械化整体作业

全面应用机械化整体作业，采用吊车整体构架组立、大吨位压路机整体回填碾压、混凝土泵送、挖掘机开挖渣土车运输的基坑开挖方式，提高施工全地形、全条件下的机械化应用水平，如图 2-4-4-3 所示。

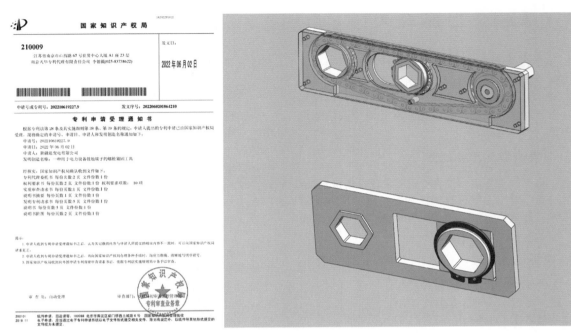

图 2-4-4-2 电力设备接地端子螺栓紧固工具

图 2-4-4-3 全面应用机械化整体作业示例

第五节 造价管理

2022年是开展六精四化的起步年，沙雅220kV变电站新建工程严格落实专业管理"六精"之一"精打细算控造价"，推动工程"四化"建设。造价管理抓概预算源头管控，抓结算质效提升，抓造价标准化建设，抓造价规范化管理。

一、职责清晰、落实到位

沙雅220kV新建变电站工程严格落实现场造价管理，以合同为前提，以施工图预算为主线，按照"预算不超概算、结算不超预算"控制原则，实现量准价实、过程规范。

二、现场造价管理以"六个100%"为目标

（1）造价现场标准化实施率100%。
（2）施工图预算实施率100%。
（3）分部结算实施率100%。
（4）变更签证规范率100%。
（5）"三量"核查一致率100%。
（6）造价资料规范率100%。

在全面落实现场造价职责的同时，确保现场造价人员配置到位，落实人员资格，确保配备合格造价人员。

三、严格落实造价管理交底机制

工程开工前全面落实现场造价管理"两个标准化手册"交底，公司技经部门指导施工现场造价管理，确保现场造价管理"六个100%"目标。现场工程量管理方面，根据里程碑计划，制定分部结算及"三量"检查计划，及时组织各参建方确认现场工程量，落实"三量"核查一致。

四、严格落实变更签证审批制

变更签证是工程现场造价管理的重要环节，也是体现工程管理的水平，在本工程建设管理工程中，严格执行《国家电网公司输变电工程设计变更与现场签证管理办法》，规范管理流程，落实"先审批后实施"原则，本工程暂未发生设计变更与现场签证，如图2-4-5-1所示。

图2-4-5-1 规范造价管理流程的相关照片

第六节 数字化应用

一、推进基建智能化管控

统筹推进数字化平台高质量应用，全力推进"e基建""风控平台""基建管控"高效运行。实时掌握工程建设计划、质量、造价、标准化建设等各专业、全过程情况，提高管理效率；加强全员实名制、风险作业现场及人员履职管控等，如图2-4-6-1所示。

二、实现项企融合应用

项企融合的应用场景主要分为人员管理项企融合、机械管理项企融合、物料管理项企融合、进度生产项企融合、质量安全管理项企融合五个方面。

1. 人员管理项企融合

人员管理的数据包含人员数据、考勤数据、文明施工行为数据，源头数据通过物联网设备来实现自动采集和展示，要发挥更大的管理价值就需要项企融合。

人员管理项企融合点主要为人员是否满足准入条件，根据人员所在参建单位是否与项目有分包合同关系来控制；考勤数据根据工资单价生成工资结算数据，与成本管理中的人工成本关联比对；人员考勤出工情况与进度计划中劳动力投入计划比对，分析进度偏差风险；人员安全文明施工行为通过自动AI抓拍识别并生成相关处罚单。

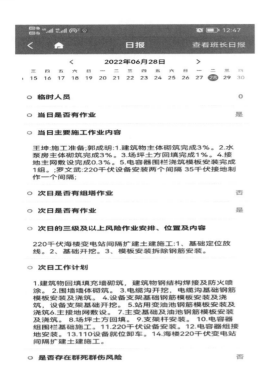

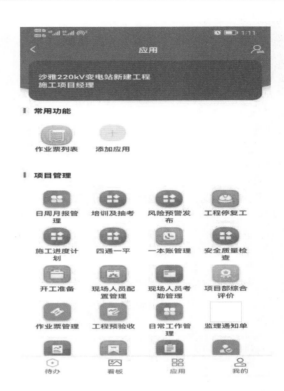

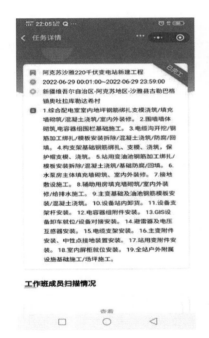

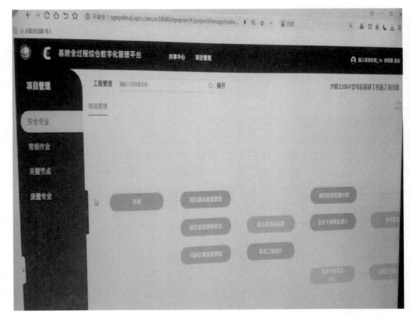

图 2-4-6-1　推进基建智能化管控示例

2. 机械管理项企融合

机械管理的数据包含监管机械运行状态监测数据、台班监测数据、油耗监测数据，固定机械设备监管主要以安全监管为主，移动机械设备监管主要以机械使用成本监管为主。机械管理项企融合点主要为机械设备进场与机械租赁合同关联，并进行准入控制；机械设备台班数据同步到租赁合同结算，提供租赁结算依据；机械油耗监测提供机械使用费成本依据；机械退场与租赁退租

关联。

3. 物料管理项企融合

项目部物料管理应用主要分为物料出入库验收和保管、物料质量检验两个方面。项目部现场物料管理是整个物料供应链的其中一个环节，要降低现场物料管理风险，降本增效，需要持续实现供应链产业协同。物料管理项企融合点主要为标准物料编码库集团统一发布，物料进场与采购合同关联，控制材料准入，从源头把控材

料成本；物料进场与供应商发货单关联，物料质量检验与材料验收关联追溯材料质量和物流；物料现场的消耗量与材料费成本关联，企业实时掌握材料实际成本；材料入库数据与采购合同结算数据同步，自动物流、合同流、发票流匹配，三流合一。

4. 进度施工项企融合

项目部施工过程围绕进度管理展开，"人、设、物、环"对进度都有直接影响，且项目进度直接影响项目成本和项目合同款回收。进度施工项企融合点主要为人员考勤数据反映出的劳动力投入与进度计划中的劳动力计划关联；设备进场情况与进度计划中的设备进场计划关联；物料消耗以及物料进场情况与进度关联；进度管理与质量验收、安全风险识别及隐患排查关联；进度管理与项目部成本及资金回收关联。

5. 质量安全管理项企融合

质量安全现场管理过程除了满足国家规范和标准外，还需要满足企业标准。除了应用各种智能物联设备完成质量安全的自动监测采集，企业质量安全管理标准库的建立也尤为重要，其能为项目部赋能，提高项目部质量安全管理水平。质量安全管理项企融合的核心在于企业质量安全标准库的建立和动态管理。

第七节　党建引领与队伍建设

一、智慧工地党建的建设内涵与特征

智慧工地党建是指在智慧工地建设中，坚持"围绕项目抓党建，抓好党建促项目"，发挥党组织的作用，改进与加强党建工作，切实做好企业及项目文化、项目党组织、工会等方面建设，使项目党建与施工经营相互融合、相互促进。智慧工地党建应设定明确主题（如青年之家、工人先锋展板、党建书屋等），使用合适的色彩进行布局，营造统一的氛围和印象，打造具有教育、感染和互动作用以及沉浸式体验的党建展厅，实现党建信息资源融合共享，同时鼓励使用智慧化手段，稳步提升新时代党建科学化水平。

现阶段，工地党建方面仍存在很多问题。一是子公司、项目部人员配备主要以管理、生产工作人员为主，党政干部被压缩，工作人员的工作量急剧增加，人员较少，难以应对。二是一些项目尤其是项目经理对党建工作的重要性和必要性认识不足，存在轻党建重生产现象，这样就很难形成齐抓共管的格局，党的基础项目组织也会落实不够，无形中弱化了党建工作，部分项目党建活动流于形式，如项目党组织在加强项目管理方面工作不主动、思路不广、方式老旧等，个别项目党务工作者的能力和党的建设的质量要求不适应等。

智慧工地的党建工作就是解决上述问题的关键手段，同时也具有如下重要意义：

（1）发挥党的政治核心保障作用。建筑施工企业对党建工作给予重视是非常有必要的，这样才能为企业未来发展提供正确的政治方向。只有通过党建工作，才能真正有效地落实企业的各项工作，并对施工项目过程中的安全、质量以及稳定运行起到保证作用。

（2）工程项目部管理的自身需求。项目党组织可以通过良好有效的政策和党风来加强企业生产的凝聚力，使员工能在这个过程中发挥自身的敬业精神。

（3）提高企业经济效益的重要保证，企业获得经济效益的最终源头来自于项目部。这就要求企业对相关金融技术进行投资、优化和整合各个要素，探索成熟的项目和盈利模式，使其在保持市场竞争优势的同时得到一个具有发展潜力的项目部。此外，职工收入不能脱离项目部的整体经济效益，而在经济分配的过程中，党组织在项目部保障项目的过程中起着重要的作用。

"党旗在建筑工地飘扬"是新疆输变电公司输变电施工工地始终坚持的理念，每名党员都是一面旗帜，一线党员风采与业务有机结合，从夯实安全质量管控、强化经营管理成效、防范项目管理风险等方面，结合工程实际，为建设工地上的党员开展党建活动提供了良好的载体和场地，着力推进党支部工作落地。沙雅220kV变电站新建工程成立临时党小组，由各参建单位党员同志及入党积极分子组成。施工现场进行区域划分，由党小组内党员同志对各区域实行责任制，负责本区域内全部的管理工作，并建立党员管理公示栏，每月对每名党员的管理责任区进行评分公布，从而激发每名党员同志的积极性，更好地巩固了现场的全面管理工作，推进了工程建设进程。通过党员同志的模范带头，以实际行动更好地带动了现场全体人员的积极性。

二、党建＋安全管理

旗帜鲜明讲政治，坚定信念抗疫情，众志成城保发展。疫情就是命令，防控就是责任，生命重于泰山。项目部成立了疫情防控工作小组，项目部各党员同志身先士卒，积极与所在地政府部门沟通协调，确保现场施工作业的正常开展，同时结合现场实际制定详细的防疫方案，并定期进行演练总结，确保施工现场的疫情防控工作能够严格高效的开展。

项目部组成党员先锋队，以党建为引领，对现场的每一个作业面都做到管控，落实安全责任，认真贯彻"安全第一，预防为主，综合治理"的方针，坚持人民至上、生命至上，牢固树立安全发展理念、筑牢心中安全防线，如图2-4-7-1所示。

三、党建＋现场管理

党员先锋，以身作则，彰显责任与担当。项目部成立临时党小组，在党员同志的带领下，全面贯彻执行党建引领基建的目标责任，区域责任化，以强烈的责任心和使命感，靠前指挥，冲在基建建设的第一线，从施工现场的安全、质量、进度、造价等方面进行全方位的责任管控，严格落实三个管住，始终强调责任意识、大局意识、担当意识，以严格的标准要求自己，将基建工作牢牢地和党建工作结合在一起，全面发挥党员先锋模范作用，如图2-4-7-2所示。

在临时党小组的坚强领导下，工程建设任务得到了有力的保障，同时也确保了施工期间的安全稳定。真正做到管住人员、管住现场、管住队伍、管住计划，施工人员思想积极向上，施工计划平稳推进，坚决杜绝了严重违章情况的发生，最大限度地降低施工现场的违章情况。同时在党员同志的带领下，提高了现场施工的实体质量及施工工艺的水平，严格按照相关验收规范及标准工艺进行质量管控，工程在建设期间完成了国网智慧标杆工地的创建任务，更加提高了各参建单位的建设热情，为创建优质工程打下夯实的基础。

图 2-4-7-1 党建＋安全管理相关照片

图 2-4-7-2 党建＋现场管理相关照片

第五章

输电工程智慧标杆工地

本章以新疆博州-乌苏Ⅱ回750kV输电线路Ⅰ标段为例介绍输电工程智慧标杆工地。

第一节　工程概述

一、工程实施条件分析

1. 建设地点

本标段线路位于博尔塔拉蒙古自治州精河县、新疆生产建设兵团第五师八十三团（以下简称"建设兵团第五师八十三团"）。

2. 自然环境

博尔塔拉蒙古自治州地处亚欧大陆腹地，位于准噶尔盆地西缘，北天山山脉西部，地理范围是东经 $79°53'\sim83°53'$，北纬 $44°02'\sim45°23'$，西、南、北三面环山，中部是喇叭状的谷底平原，西部狭窄，东部开阔，全州地表像一片海棠叶，东西长 315km，南北宽 125km，边境线长 372km。最高山峰是北部阿拉套山的主峰厄尔格图尔格山，海拔 4569m，最低为东北部的艾比湖，海拔 189m。地貌特征大致由南北两侧山地、中部博尔塔拉谷地和东部艾比湖盆地三大单元组成。地形由东向西呈坡形逐渐增高。

建设兵团第五师八十三团位于博尔塔拉蒙古自治州精河县境内，东距精河县城 28km，西北距博乐市 78km，平均海拔 352m，G30 国道贯通团场，霍尔果斯、阿拉山口国家级两大口岸公路在此交会，精-伊-霍铁路也贯穿建设兵团第五师八十三团。阿卡尔河独立水系、充足的电力能源、丰富日照和特殊小气候、光热资源丰富，为经济社会的快速发展提供了必要的条件。

博乐属大陆性干旱半荒漠和荒漠气候，日照时间长，昼夜温差大。春季气温冷暖多变，夏季高温，气候炎热，伴有干热风，秋季气爽，冬季长而寒冷，年均气温 5.6℃，年均降水 181mm，年平均蒸发量 1562.4mm。极端最高气温 44℃，极端最低气温 −36℃。年平均日照时数 2815.8h，不小于 10℃ 的积温 3137.9℃，无霜期 169 天。

3. 社会环境分析

施工项目部要组织专门人员，积极与地方政府协调，施工过程中要注重搞好与沿线群众关系，必须制定相应的环保措施，做好细致的教育宣传工作，最大限度减少对当地自然生态的破坏，参建人员必须认真学习国家和地方相关法律法规，严格依法办事，尊重地方政府，争取地方政府的大力支持，并注重环境保护和植被工作，以确保工程顺利进行。在施工前要详细调查沿线居民的风俗习惯和生活禁忌，并对施工人员进行宣传和交底，施工过程中必须强调尊重当地居民风俗习惯，构建与沿线群众的和谐关系，确保工程顺利进行。

4. 施工条件分析

（1）本标段内沿线为平地、丘陵、沙漠和山地，现场施工驻点在有条件的情况下可租住民房。

（2）本工程主要可利用沿线高速公路、县道及乡村便道，交通条件一般。山区段沿线路方向无已建公路，交通条件较差。但施工前仍要详细调查，做好必要的进场道路修筑工作，保证工程施工运输、特别是张力架线设备材料进场的需要。

（3）本标段工程所在地具有夏季炎热、冬季寒冷的特点。施工中要采取必要的防护措施（如夏季为作业人员做好防暑降温，冬季为作业人员保暖，加强作业人员的劳动保护等工作），以保证施工人员作业和生活安全。

二、工程项目目标

博州-乌苏Ⅱ回750kV线路工程施工Ⅰ标的施工范围为线路起于已建博州750kV变电站，止于沙丘道班东 2km。线路途经博州地区精河县、新疆生产建设兵团第五师八十三团。线路路径长度为 74.942km，全线单回路架设。新建铁塔 160 基，其中直线塔 131 基，耐张塔 29 基（含 2 基换位子塔）。本段线路均为 10mm 冰区，N2000～N2093 段基本风速为 31m/s，其余段为 33m/s。沿线地形平地约占 60.2%，丘陵约占 13.6%，沙漠约占 18.1%，一般山地约占 8.1%。沿线海拔 300～1300m。本标段导线采用 6×JL3/G1A−400/50 型钢芯高导电率铝绞线，地线为一根采用 JLB20A−120 型铝包钢绞线，一根采用 72 芯 OPGW−120 光缆。该工程项目目标见表 2−5−1−1。

表 2−5−1−1　博州-乌苏Ⅱ回 750kV 线路工程
（施工Ⅰ标）项目目标

序号	目标项目	目标内容规定
1	工期目标	坚持以"工程进度服从安全、质量"为原则，积极采取相应措施，确保工程开、竣工时间和工程阶段性里程碑进度计划按时完成。 计划开工日期：2021 年 6 月 20 日；计划竣工日期：2023 年 6 月 20 日
2	质量要求	（1）严格执行国家、行业、国家电网有限公司有关工程建设质量管理的法律、法规和规章制度，贯彻实施工程设计技术原则，满足国家和行业施工验收规范的要求。 （2）全面应用输变电工程标准工艺。 （3）工程"零缺陷"投运。 （4）实现工程达标投产及优质工程目标。 （5）工程使用寿命满足国家电网有限公司质量要求。 （6）不发生因工程建设原因造成的六级及以上工程质量事件。 （7）工程质量总评为优良，分项工程合格率 100%，单位工程合格率 100%，观感得分率（土建）≥95%

续表

序号	目标项目	目标内容规定
3	安全目标	严格执行国家、行业、国家电网有限公司有关工程建设安全管理的法律、法规和规章制度，确保工程建设安全文明施工，采取积极的安全措施，确保实现以下安全目标： （1）不发生六级及以上人身事件。 （2）不发生因工程建设引起的六级及以上电网及设备事件。 （3）不发生六级及以上施工机械设备事件。 （4）不发生火灾事故。 （5）不发生环境污染事件。 （6）不发生负主要责任的一般交通事故。 （7）不发生基建信息安全事件。 （8）不发生对国家电网有限公司系统单位造成影响的安全稳定事件
4	投资控制目标	在满足安全质量的前提下，优化工程技术方案，合理控制工程造价，严格规范建设过程中设计变更、现场签证，严格执行合同，做好工程项目结算工作，实现工程造价与结算管理目标
5	环境保护与水土保持目标	确保工程环保、水保设施建设"三同时"，落实工程环保、水保方案及批复意见，推行绿色施工，建设资源节约型、环境友好型的绿色和谐工程；确保竣工前完成工程拆迁、迹地恢复；确保工程顺利通过环保和水保验收
6	基建管理信息系统应用目标	完整性、及时性、准确性100%
7	档案管理目标	严格按照国家、行业、国家电网公司和项目建设管理单位的有关档案管理规定进行档案管理，将档案管理纳入整个现场管理程序，坚持归档与工程同步进行。确保实现档案归档率100%、资料准确率100%、案卷合格率100%，保证档案资料的齐全、准确、规范、真实、系统、完整；同时保证在合同规定的时间移交竣工档案
8	创优目标	确保达标投产，确保国家电网有限公司输变电优质工程金奖
9	其他目标	切实贯彻国家电网有限公司"三通一标""两型三新一化"、智能变电站模块化建设及线路全过程机械化施工等相关要求

线路从博州750kV变电站出线向东连续跨越在建的G577高速公路和已建的沙塔公路，跨越110kV阿莫线和110kV阿黄线后，经乌兰旦达盖村北侧进入戈壁和沙丘，继续向东走线，跨越爱康光伏电站送出110kV线路、精河后，跨越精伊霍铁路，在丰华光伏电站南侧左转至黑山头，避开新疆精河县黑山头金矿详查区后，再度平行一回线路走线，至托托河西岸约4.7km处右转，大角度

跨越输水管道（在建）后左转，跨越托托河后线路从博州地区精河县进入第五师九十一团团场地界。线路在县界交界处附近穿越新疆乌苏市乌拉哈特-东都果勒一带金铜矿预查区，穿越长度约9.9km。线路从九十一团光伏电站南侧走线，两次跨越输水管道后进入乌苏市。线路从九十一团至乌苏市塔布勒合特蒙古族乡穿越公益林，跨越古尔图河，继续平行1回750kV线路走线。在四棵树河西岸向南调整走线，避让乌苏市马吉克工业园、新疆油田公司采油井及牧民房屋后继续沿1回750kV线路南侧廊道接入750kV乌苏变。本段线路长约175.5km。

三、工程量

博州-乌苏Ⅱ回750kV线路工程施工Ⅰ标工程量见表2-5-1-2。

表2-5-1-2 博州-乌苏Ⅱ回750kV线路工程施工Ⅰ标工程量

序号	项目名称	项目特征	计量单位	工程量
1	线路复测分坑	杆塔类型：直线自立塔	基	131
2	线路复测分坑	杆塔类型：耐张（转角）自立塔，含2基换位子塔	基	29
3	杆塔坑挖方及回填	（1）地质类别：流砂。 （2）开挖深度：5.0m以内	m³	1278.7
4	杆塔坑挖方及回填	（1）地质类别：干砂。 （2）开挖深：5.0m以内	m³	24295.23
5	杆塔坑挖方及回填	（1）地质类别：水坑。 （2）开挖深度：5.0m以内	m³	1009.53
6	杆塔坑挖方及回填	（1）地质类别：松砂石。 （2）开挖深度：5.0m以内	m³	19063.61
7	杆塔坑挖方及回填	（1）地质类别：干砂。 （2）开挖深度：5.0m以上	m³	7870.79
8	杆塔坑挖方及回填	（1）地质类别：流砂。 （2）开挖深度：5.0m以上	m³	414.25
9	挖孔基础挖方	（1）地质类别：松砂石。 （2）孔径步距：1500mm以内。 （3）孔深步距：10m以内	m³	221.2
10	挖孔基础挖方	（1）地质类别：松砂石。 （2）孔径步距：2000mm以内。 （3）孔深步距：10m以内	m³	312.74
11	挖孔基础挖方	（1）地质类别：松砂石。 （2）孔径步距：2000mm以内。 （3）孔深步距：15m以内	m³	196.85
12	挖孔基础挖方	（1）地质类别：松砂石。 （2）孔径步距：2000mm以上。 （3）孔深步距：15m以内	m³	2332.8
13	挖孔基础挖方	（1）地质类别：岩石。 （2）孔径步距：2000mm以内。 （3）孔深步距：10m以内	m³	455.73

续表

序号	项目名称	项目特征	计量单位	工程量
14	挖孔基础挖方	（1）地质类别：岩石。 （2）孔径步距：2000mm 以上。 （3）孔深步距：10m 以内	m³	121.83
15	挖孔基础挖方	（1）地质类别：岩石。 （2）孔径步距：2000mm 以内。 （3）孔深步距：15m 以内	m³	133.76
16	挖孔基础挖方	（1）地质类别：岩石。 （2）孔径步距：2000mm 以上。 （3）孔深步距：15m 以内	m³	41.73
17	一般钢筋	种类或规格：钢筋综合	t	1063.568
18	钢筋笼	种类或规格：钢筋综合含护壁钢筋	t	293.678
19	地脚螺栓	种类或规格：地脚螺栓（5.6 级）	t	205.719
20	基础垫层	垫层类型：素混凝土 C25	m³	656.12
21	基础垫层	垫层类型：素混凝土 C20	m³	1238.54
22	现浇基础	（1）基础类型名称：板式基础。 （2）基础混凝土强度等级：C30。 （3）混凝土拌和要求：投标人综合考虑	m³	5596.61
23	现浇基础	（1）基础类型名称：板式基础。 （2）基础混凝土强度等级：C35。 （3）混凝土拌和要求：投标人综合考虑。 （4）其他：钢筋阻锈剂	m³	2913.04
24	挖孔基础	（1）基础类型名称：挖孔桩基础。 （2）基础混凝土强度等级：C30。 （3）混凝土拌和要求：投标人综合考虑。 （4）孔深步距：10m 以内	m³	795.53
25	挖孔基础	（1）基础类型名称：挖孔桩基础。 （2）基础混凝土强度等级：C30。 （3）混凝土拌和要求：投标人综合考虑。 （4）孔深步距：20m 以内	m³	1912.25
26	挖孔基础	（1）基础类型名称：挖孔桩基础。 （2）基础混凝土强度等级：C35。 （3）混凝土拌和要求：投标人综合考虑。 （4）孔深步距：10m 以内。 （5）其他：钢筋阻锈剂	m³	91.28
27	灌注桩成孔	（1）地质类别：砂砾石。 （2）桩径步距：1～1.2m。 （3）桩长步距：20m 以内	m³	75

续表

序号	项目名称	项目特征	计量单位	工程量
28	灌注桩浇制	（1）桩长步距：10m 以内。 （2）基础混凝土强度等级：C40。 （3）混凝土拌和要求：投标人综合考虑。 （4）其他：钢筋阻锈剂	m³	88.44
29	挖孔基础护壁	（1）护壁类型：有筋现浇护壁。 （2）基础混凝土强度等级：C30。 （3）混凝土拌和要求：投标人综合考虑	m³	1183.66
30	挖孔基础护壁	（1）护壁类型：有筋现浇护壁。 （2）基础混凝土强度等级：C35。 （3）混凝土拌和要求：投标人综合考虑。 （4）其他：钢筋阻锈剂	m³	45.87
31	保护帽	（1）混凝土强度等级：C20。 （2）混凝土拌和要求：投标人综合考虑	m³	106.96
32	基础防腐	防腐形式及要求：环氧沥青	m²	13027.41
33	自立塔组立	杆塔结构类型：角钢塔	t	7519.344
34	防鸟刺	装置名称：防鸟刺	个	10480
35	杆塔标志牌安装	（1）材质：杆塔标志牌。 （2）规格：综合	块	960
36	接地槽挖方及回填	地质类别：松砂石	m³	9148.45
37	接地槽挖方及回填	地质类别：岩石	m³	235.68
38	接地安装	（1）接地形式：镀锌圆钢（ϕ12），方环加放射线水平体；接地体 100m 以上。 （2）降阻材料：无。 （3）防腐：涂刷导电防腐涂料	基	126
39	接地安装	（1）接地形式：镀锌圆钢（ϕ12），方环加放射线水平体；接地体 100m 以上。 （2）降阻材料：降阻剂。 （3）防腐：涂刷导电防腐涂料	基	22
40	接地安装	（1）接地形式：镀锌圆钢（ϕ12），方环加放射线水平体配合 12 根 2m 以内（∟50×5 角钢）垂直接地体；接地体 100m 以内。 （2）降阻材料：无。 （3）防腐：涂刷导电防腐涂料	基	10

续表

序号	项目名称	项目特征	计量单位	工程量
41	接地安装	（1）接地形式：镀锌圆钢（φ12），方环加放射线水平体配合32根2m以内（∟50×5角钢）垂直接地体；接地体100m以上。（2）降阻材料：无。（3）防腐：涂刷导电防腐涂料	基	2
42	导线架设	（1）架设方式：张力架线。（2）导线型号、规格：JL3/G1A-400/50。（3）回路数：单回路。（4）相数：3相。（5）相分裂数：六分裂	km	74.942
43	避雷线架设	（1）架设方式：张力架线。（2）型号、规格：JLB20A-120	km	74.588
44	OPGW架设	（1）架设方式：张力架线。（2）OPGW型号、规格：72芯 OPGW-120（3）含单盘测量、光缆接续、全程测量	km	75.296
45	交叉跨越	被跨越物名称：电气化铁路	处	1
46	交叉跨越	（1）被跨越物名称：一般公路。（2）公路车道数量：4车道以内	处	5
47	交叉跨越	（1）被跨越物名称：高速公路。（2）公路车道数量：双向6车道	处	1
48	交叉跨越	（1）被跨越物名称：10kV电力线。（2）被跨电力线回路数：单回路。（3）被跨电力线带电状态：是	处	19
49	交叉跨越	（1）被跨越物名称：35kV电力线。（2）被跨电力线回路数：单回路。（3）被跨电力线带电状态：是	处	5
50	交叉跨越	（1）被跨越物名称：110kV电力线。（2）被跨电力线回路数：单回路。（3）被跨电力线带电状态：是	处	6
51	交叉跨越	（1）被跨越物名称：220kV电力线。（2）被跨电力线回路数：单回路。（3）被跨电力线带电状态：是	处	4

续表

序号	项目名称	项目特征	计量单位	工程量
52	交叉跨越	被跨越物名称：低压220V、低压380V、通信线	处	10
53	交叉跨越	（1）被跨越物名称：河流。（2）河流宽度步距：150～300m	处	1
54	交叉跨越	（1）被跨越物名称：河流。（2）河流宽度步距：300m以上	处	3
55	交叉跨越	（1）被跨越物名称：果园、经济作物。（2）共有4档跨越果园、经济作物	处	23
56	导线悬垂串、跳线串安装	（1）金具串名称、型号：210kN复合绝缘子双联双挂点I型悬垂串（7X2-4055-21H）。（2）绝缘子型号：FXBW-750/210。（3）组合串联型式：I串双联。（4）导线分裂数：六分裂	单相	226
57	导线悬垂串、跳线串安装	（1）金具串名称、型号：300kN复合绝缘子双联双挂点I型悬垂串（7X2-4055-30H）。（2）绝缘子型号：FXBW-750/300。（3）组合串联型式：I串双联。（4）导线分裂数：六分裂	单相	36
58	导线悬垂串、跳线串安装	（1）金具串名称、型号：300kN复合绝缘子单联V形悬垂串（7V1-40-30H）。（2）绝缘子型号：FXBW-750/300。（3）组合串联型式：V串单联。（4）导线分裂数：六分裂	单相	92
59	导线悬垂串、跳线串安装	（1）金具串名称、型号：420kN复合绝缘子单联V形悬垂串（7V1-40-42H）。（2）绝缘子型号：FXBW-750/420。（3）组合串联型式：V串单联。（4）导线分裂数：六分裂	单相	26
60	导线悬垂串、跳线串安装	（1）金具串名称、型号：300kN复合绝缘子双联V形悬垂串（7V2-4055-30H）。（2）绝缘子型号：FXBW-750/300。（3）组合串联型式：V串双联。（4）导线分裂数：六分裂	单相	13

续表

序号	项目名称	项目特征	计量单位	工程量
61	导线悬垂串、跳线串安装	（1）金具串名称、型号：中相笼式跳线串含跳线间隔棒（7GST-40-10HZ）。（2）绝缘子型号：FXBW-750/120。（3）组合串联型式：I串双联。（4）导线分裂数：六分裂	单相	28
62	导线悬垂串、跳线串安装	（1）金具串名称、型号：边相笼式跳线串含跳线间隔棒（7GST-40-10HB）。（2）绝缘子型号：FXBW-750/120。（3）组合串联型式：I串双联。（4）导线分裂数：六分裂	单相	53
63	导线耐张串安装	（1）金具串型号、联数：120kN盘型瓷绝缘子双联耐张串（7N2-4055-12P-01）。（2）绝缘子型号：U120BP/155D。（3）导线分裂数：六分裂	组	2
64	导线耐张串安装	（1）金具串型号、联数：210kN盘型瓷绝缘子双联耐张串（7N2-4055-21P-01）。（2）绝缘子型号：U210BP/170T。（3）导线分裂数：六分裂	组	6
65	导线耐张串安装	（1）金具串型号、联数：420kN盘型瓷绝缘子双联耐张串（7N2-4055-42P-01）。（2）绝缘子型号：U420BP/205D。（3）导线分裂数：六分裂	组	162
66	导线跳线制作、安装	（1）跳线类型：刚性跳线。（2）跳线分裂数：六分裂	单相	81
67	其他金具安装	（1）名称：导线防振锤。（2）规格或型号：FRYJ-4/5	个	1512
68	其他金具安装	（1）名称：地线防振锤。（2）规格或型号：FRYJ-1/2	个	844
69	其他金具安装	（1）名称：光缆防振锤。（2）规格或型号：OPGW防振锤	个	722
70	其他金具安装	（1）名称：导线间隔棒。（2）规格或型号：FJZF-640/28	个	4746
71	其他金具安装	名称：重锤	单相	81

续表

序号	项目名称	项目特征	计量单位	工程量
72	尖峰、基面、排水沟、护坡及挡土墙土石方	地质类别：松砂石	m³	3950.2
73	尖峰、基面、排水沟、护坡及挡土墙土石方	地质类别：岩石	m³	25
74	护坡、挡土墙及排洪沟	（1）构筑物名称：护坡、挡土墙、挡水埝。（2）构造类型：浆砌。（3）混凝土强度等级：M10以内	m³	236.92
75	护坡、挡土墙及排洪沟	（1）构筑物名称：护坡、挡土墙、挡水埝。（2）构造类型：钢筋混凝土。（3）混凝土强度等级：C25。（4）混凝土搅拌要求：综合考虑	m³	2369.15
76	一般钢筋	种类或规格：钢筋综合	t	41.49
77	固沙	固沙方式：草方格 36016	m²	36016
78	阻沙栅栏	固沙方式：阻沙栅栏	m	206
79	输电线路试运	（1）电压等级：750kV。（2）同时架设回路数：单回路。（3）线路长度：200km以内	回路	1

第二节　项目管理

一、管理总体要求

1. 对本工程项目管理工作的总体要求

（1）有全面、合理的实施规划。

（2）有坚强、胜任的组织管理机构。

（3）有行之有效的管理制度。

（4）有切实可行的措施和周密的安排。

（5）有真实、及时的记录。

（6）有适时、畅通的信息交流。

（7）安全文明施工设施、标志、标识全面符合"总体措施设计"要求。

2. 对本工程项目管理结果的总体要求

（1）工程安全、质量：确保实现合同规定的安全、质量和环保目标。

（2）合同履行：无违约事件。

（3）过程管理：严格执行监理项目部的监理工程师

对本工程过程管理指令。

　　（4）工程目标：达到项目要求。

二、施工管理模式

　　本工程施工管理模式为项目管理制。作为新疆送变电有限公司所属派出项目部，项目部将全面承担合同规定承包范围内的项目施工组织协调、项目施工质量控制、项目施工安全控制、项目施工进度控制、项目施工成本控制、项目施工合同管理、项目施工信息管理等内容，并实现安全文明施工、环境保护施工。与项目法人和监理工程师的项目管理相协调，执行项目法人和监理工程师对本项目管理的指令。

三、管理体系

　　健全项目管理组织机构，执行符合国标《标准质量管理体系》（GB/T 19001—2016）、《标准职业健康安全管理体系》（GB/T 28001—2011）和《标准环境管理体系认证标准》（GB/T 24001—2016），执行公司已制定的《质量管理手册》《职业安全健康与环境管理手册》《质量管理体系程序文件》《职业安全健康（OSH）和环境管理体系（EMS）程序文件》，并依照《国家电网有限公司输变电工程建设安全管理规定》[国网（基建/2）173—2021]、《工程建设施工企业质量管理规范》（GB/T 50430—2017）要求及针对本项目制定的各项管理制度和办法。

四、管理规范

　　贯彻执行《建设工程项目管理规范》（GB/T 50326—2017），本工程也将按公司统一部署贯彻执行。并根据本工程的实际情况，重点贯彻如下几点：

　　（1）项目经理责任制。

　　（2）施工安全管理责任制。

　　（3）施工质量管理责任制。

　　（4）环境保护责任制。

　　（5）项目管理目标责任书。

　　（6）安全、文明施工目标责任书。

　　（7）项目成本核算制。

　　上述内容将在本工程中进行 PDCA 循环。项目管理要求坚持与时俱进，持续提高，努力使本工程的管理成为提高项目管理水平道路上的又一个里程碑。

五、安全、文明施工管理

　　为使本工程建设全过程的安全文明施工管理有一个最佳的局面并达到较高的水平，以塑造国家电网公司输变电工程建设安全品牌形象，在本工程安全文明施工过程中将全面执行国家电网公司颁发的《国家电网有限公司输变电工程建设安全管理规定》[国网（基建/2）173—2021]，加大安全文明施工和环境保护工作的资源投入和管理力度，精心的策划安全文明施工总体措施，保证在本工程中实现安全设施齐全，布局合理，管理规范。

六、管理手段

1. 组织手段

　　运用组织理论依据招标文件和合同要求，确定项目目标，建立与项目施工相一致的组织管理机构，做到组织分工明确，工作流程明确，责、权、利明确。在项目实施中使组织合力得到充分发挥。

2. 技术手段

　　严格执行行业技术管理的各项规定，在项目管理中建立以项目总工为首的技术管理体系，明确各级技术管理责任，一般工序应用成熟的技术工艺、措施。重要或关键工序必须有针对性地制定专项技术措施/方案，并做到安全、质量、环保措施与技术方案同时具有针对性、同时制定、同时实施的"三同时"原则。并应用 PDCA 工作法，不断改进技术工艺，保证项目施工安全、优质、环保、顺利、高效地进行。

3. 合同手段

　　严格执行签订的施工承包合同，做到诚实守信、全面履约；内部管理执行公司与项目部签订的"项目管理目标责任书"，项目实施中做到有"法"可依。

4. 经济手段

　　确定项目目标，执行公司经济责任制，细化工作职责，做到责任到人，采取绩效考核制，奖罚分明，并确保落实到位。

5. 科学手段

　　应用 P3&EXP 项目管理软件对进度计划、工程资源进行适应性编制和调整。并结合实际作出下一步计划安排，从而实现对工程的动态控制，做到科学管理，提高项目管理水平。

第三节　组织机构

一、项目管理组织结构

（一）项目部组成

　　组建施工现场设项目部，项目部经理受公司总经理委托，在施工现场对本工程项目的实施过程进行组织、管理和协调。

　　（1）项目部的人员由公司选派组成，在项目部中承担相应的工作，并在开工后坚持现场工作，完成合同规定的施工任务。选派精兵强将和具有丰富施工经验的工程管理人员及技术人员组建"博州-乌苏Ⅱ回 750kV 线路工程施工Ⅰ标施工项目部"，该工程由×××同志担任项目经理，××同志担任项目副经理，×××同志担任本标段的项目总工。

　　（2）本工程的项目部下设三部一室，即工程部、计财部、供应部和办公室 4 个专业职能部门，在项目经理的全面领导下负责本工程建设的各项管理工作。

　　（3）为了实现工程总目标，适应市场需要，落实内部经济责任制，做到文明施工、安全生产，公司对本工程的管理实施项目经理负责制，以便充分发挥项目组织的优势和提高项目组织的管理水平。

（4）施工项目部负责组织实施工程项目承包范围内的具体工作，履行施工合同规定的职责、权利和义务，执行施工单位规章制度，对项目施工安全、质量、进度、造价、技术等实施现场管理，对工程施工进行有效管控，确保施工各项目标的实现。

（二）项目部职责

（1）贯彻执行国家、行业建设的标准、规程和规范，落实国家电网公司的各项管理规定，严格执行基建标准化建设相关要求。

（2）建立健全安全、质量、环境等管理网络，落实安全、质量责任制。

（3）负责编制项目管理策划文件，报监理项目部、业主项目部审批并实施。

（4）报送施工进度计划及停电需求计划，并进行动态管理；及时反馈物资供应情况。

（5）配合协调项目建设外部环境，重大问题报请业主项目部协调。

（6）负责施工项目部人员及施工人员的安全、质量培训和教育，提供必要的安全防护用品和检测、计量设备。

（7）定期召开或参加工程例会、专题协调会，落实上级和项目安委会、业主项目部。

（8）对分包工程实施有效管控，确保分包工程的施工安全和质量。

（9）开展施工风险识别、评估工作，制定预控措施，并在施工中落实。

（10）建立现场施工机械安全管理机构，配备施工机械管理人员，落实施工机械安全管理责任，对进入现场的施工机械和工器具的安全状况进行准入检查，并监控施工过程中起重机械的安装、拆卸、重要吊装、关键工序作业；负责施工队（班组）安全工器具的定期试验、送检工作。

（11）参与编制和执行各类现场应急处置方案，配置现场应急资源，开展应急教育培训和应急演练，执行应急报告制度。

（12）负责组织现场安全文明施工，开展并参加各类安全检查，参加安全管理竞赛交流活动，对存在的问题闭环整改，对重复发生的问题制定防范措施。

（13）组织施工图预检，参加设计交底及施工图会检，严格按图施工。

（14）严格执行工程建设标准强制性条文，全面应用标准工艺，落实质量通病防治措施，通过数码照片等管理手段严格控制施工全过程的质量和工艺。

（15）规范开展施工质量班组级自检和项目部级复检工作，配合各级质量检查、质量监督、质量竞赛、质量验收等工作。

（16）报审工程资金使用计划，提交进度款申请，配合工程结算、审计以及财务稽核工作。

（17）负责编制施工方案、作业指导书或安全技术措施，组织全体作业人员参加交底，并按规定在交底书上签字确认。

（18）应用基建管理信息系统，及时完成项目相关数据录入。

（19）负责施工档案资料的收集、整理、归档、移交工作。

（20）工程发生质量事件、安全事故时，按规定程序及时上报，同时配合项目质量事件、安全事故调查和处理工作。

（21）负责项目质保期内保修工作；参与工程达标投产和创优工作。

（三）项目部工作保障条件

在工程施工过程中，公司本部会全力以赴做好各项保障工作，投入公司的技术人才和施工装备，进行本工程的施工。主要保障条件如下：

（1）提供满足工程施工需要的人力资源。

（2）提供满足工程施工需要的机械、车辆、设备等。

（3）提供满足工程需要的材料、资金。

（4）配备满足工程需要的有经验、技术过硬的生产人员。

（5）做好后勤保障工作，为现场提供业余文化生活用品、用具，创造良好的现场生活、施工环境。

（6）审批重大技术方案和安全技术措施。

二、职责与分工

（一）公司本部

（1）根据本工程规模和特点，选派管理能力强业务熟练及经验丰富的项目经理和项目总工组建博州–乌苏Ⅱ回750kV线路工程施工Ⅰ标项目部。

（2）编制《项目管理实施规划》，明确项目经理及公司各职能部室在本工程中的义务、责任和权利。

（3）公司各职能部室应按各自的职责范围，加强对施工项目部相应管理工作的督促、指导、服务和检查工作。

（4）负责施工项目部的人力、物资、设备等各项施工资源的调配，保障项目实施的需要；保障项目所需资金的落实，对项目部提出的要求，公司及相关部门保证及时解决。

（二）公司经营管理部

（1）负责工程项目劳务成本测算、合同签订、变更与结算。

（2）公司在每年年初对以框架采购的形式确定核心劳务分包队伍，以框架采购协议的形式，明确双方对外投标合作过程中的权利和义务，以一工程一合同的形式确定具体劳务采购量。

（3）本着合作互利的原则，真实、合理、及时测定劳务成本，及时签订劳务分包合同，按照施工进度按月及时核定进度款，按照劳务分包合同规定条款及时对可调整部分进行调整，满足施工过程中的正常资金需求。

（4）在施工过程中，核心劳务分包队伍应及时配合项目部、经营管理部，收集各种结算资料。

（5）在工程结算中，班组应积极配合我方对外结算和劳务计算，及时提供真实准确的结算资料。

（6）对不积极配合收集经营管理资料，不配合对外结算和劳务结算的班组，无理取闹、拒不结算及讹诈结算的核心分包队伍，经营管理部有权拒绝同意其核心劳务分包队伍的地位和权利。

（7）对于核心劳务分包队伍，经营管理部在满足合法依规的前提下，合理优化经营管理流程，实行简化管理程序（待梳理）。在其他职能管理部门认可同意后，可将质量保证金比例适当降低。

（三）公司安全监察部

（1）组织班长兼指挥、安全员参加省公司颁发的安全培训合格证书安全管理证书的取证培训工作，组织作业负责人（作业票填写人）、安全监护人、作业票签发人"三类人"（以下简称"三类人"）参加公司安全教育培训资格认证工作，并对以上人员组建项目过程中任职资格进行审核。

（2）监督检查施工作业班组安全管理工作的开展情况，及时掌握工程现场安全动态，组织对问题进行整改完善。

（3）监督施工班组安全防护用品配置、使用情况。

（4）对作业层班组人员任务完成、安全责任落实等方面进行量化考核。

（5）监督检查施工作业班组对施工机械（机具）、车辆交通、防火防爆等施工机具安全管理工作。

（6）对施工作业班组的现场施工区的安全文明施工进行检查指导；参加安全事件调查处理工作，负责各类安全事件的统计、分析和上报工作。

（四）公司施工管理部

（1）参与对劳务队伍进行评价和考核，对核心队伍的管理、劳务队伍工资的足额发放情况进行考核。

（2）监督落实项目部对进场班组人员的技术、质量、工程验收、标准化、环保等方面的培训工作。

（3）负责组织上报各输变电工程的技术参数和施工量完成情况，工程质量统计及报表工作。

（4）参与输变电工程施工中重大安全质量事故的调查、分析、研究和总结工作。

（5）负责公司的技术管理、新技术推广和使用工作。

（6）负责项目管理实施规划、施工方案、"四措一案"等技术文件的审查、监督和落实。

（7）负责项目自有机械设备、施工机具的管理。

（8）负责质量保障体系建设和管理工作，负责项目三级验收组织和管理、工程变更及内部签证审批，工程创优，施工管理及工艺标准化建设。

（9）负责与上级主管部门的对口管理工作。

（10）督促项目部上报审批的作业班组人员申报资料，并将报备资料备案。

（11）提供核心劳务队伍的选用原则、选用方式、标准、选用程序、上报程序、审查、准入程序以及确定核心劳务队伍的计划及终止合作关系等条件内容。负责组织班组管理考核和履约评价工作，并根据分公司、项目部上报的班组人员工作情况对劳务人员进行动态管理并考核。

（五）公司党委组织部

（1）根据各部门提供的劳务队伍培训计划，负责搭建培训平台，提出培训要求，明确培训时间等。

（2）负责将核心劳务队伍考核工作纳入统一计划安排。

（3）负责做好线路工程作业层班组建设人员定员、定岗、定编工作。

（4）负责组织做好作业层人员岗位说明书、代发工资额度审定工作。

（5）负责审核作业层班组人员招录计划。

（6）负责将线路工程工作层班组建设人员统一纳入绩效管理体系。

（六）分公司

（1）督促项目部做好作业班组的选定、组建、报审、入场、调配、更换及退出工作。

（2）督促项目部做好作业班组副班长的甄选、培训工作。

（3）督促项目部做好作业班组日常管理工作，对作业班组在项目上的考核进行指导。

（4）督促项目部做好作业班组的各种考核工作，汇总、上报各类报表等。

（5）负责编制作业班组的培训计划、技术管理要求的编制工作。

（6）监督项目部执行班组人员工资发放情况及上报工作。

（7）监督项目部班组人员完工撤场工作及相关资料保管等工作。

（七）项目经理（项目副经理）

施工项目经理是施工现场管理的第一责任人，全面负责施工项目部各项管理工作。

（1）主持施工项目部工作，在授权范围内代表施工单位全面履行施工承包合同；对施工生产和组织调度实施全过程管理；确保工程施工顺利进行。

（2）组织建立相关施工责任制和各专业管理体系，组织落实各项管理组织和资源配备，并监督有效运行，同时在有关工程施工管理文件和质量合格文件上签字加盖注册建造师执业印章。负责项目部员工管理绩效的考核及奖惩。

（3）组织编制项目管理实施规划，并负责监督落实。

（4）组织制订施工进度、安全、质量及造价管理实施计划，实时掌握施工过程中安全、质量、进度、技术、造价、组织协调等总体情况。组织召开项目部工作例会，安排部署施工工作。

（5）审核签发施工作业票B票，对施工过程中的安全、质量、进度、技术、造价等管理要求执行情况进行检查、分析及组织纠偏。

（6）负责组织处理工程实施和检查中出现的重大问题，制订预防措施。特殊困难及时提请有关方协调解决。

（7）合理安排项目资金使用；落实安全文明施工费申请、使用。

（8）负责组织落实安全文明施工、职业健康和环境保护有关要求；负责组织对重要工序、危险作业和特殊作业项目开工前的安全文明施工条件进行检查并签证确认；负责组织对分包商进场条件进行检查，对分包队伍实行全过程安全管理。

（9）参与对核心劳务分包队伍及人员的评价，参与对现场施工分包队伍的选择推荐和对现场分包人员的配置推荐。

（10）负责组织工程施工自检和质量评定工作，配合公司级专检、中间验收、竣工预验收、启动验收和启动试运行工作，并及时组织对相关问题进行闭环整改。

（11）参与或配合工程安全事件和质量事件的调查处理工作。

（12）项目投产后，组织对项目管理工作进行总结；配合审计工作，安排项目部解散后的收尾工作。

（13）负责项目质保期内保修工作；负责配合工程达标投产和创优工作。

注：施工项目副经理协助施工项目经理履行职责。

（八）项目总工

在项目经理的领导下，负责项目施工生产管理等工作，负责落实业主、监理项目部对工程技术方面的有关要求。

（1）贯彻执行国家法律、法规、规程、规范和国家电网公司通用制度，负责编制施工安全管控措施等管理策划文件，并负责监督落实。

（2）负责编制施工进度计划、技术培训计划并督促实施。

（3）组织对项目全员进行安全、质量、技术及环保等相关法律、法规及其他要求培训工作。

（4）组织施工图预检，参加设计交底及施工图会检。对施工存在的问题及时编制设计变更联系单、现场签证审批单并履行报审手续。

（5）负责审批一般施工方案，编写专项施工方案、专项安全技术措施，组织安全技术交底。负责对施工方案进行技术经济分析与评价。

（6）负责审核签发施工作业票 A 票，定期组织检查或抽查工程安全、质量情况，组织解决工程施工安全、质量有关问题。

（7）负责施工新工艺、新技术的研究、试验、应用及总结。

（8）负责组织收集、整理施工过程资料，工程投产后组织移交竣工资料。

（9）协助项目经理做好其他施工管理工作。

（10）熟练掌握基建 e 安全和安全管控平台的使用，并做好培训工作。

（九）工程部技术员

贯彻执行有关技术管理规定，协助项目经理或项目总工做好施工技术管理工作。

（1）熟悉有关设计文件，及时提出设计文件存在的问题。协助项目总工做好设计变更的现场执行及闭环管理。

（2）编制一般施工方案等技术文件并组织进行交底，施工过程中监督落实。

（3）施工过程中随时对施工现场进行检查和提供技术指导，存在问题或隐患时，及时提出技术解决和防范措施。

（4）负责组织施工班组和分包队伍做好项目施工过程中的施工记录和签证。

（十）工程部质检员

协助项目经理负责项目实施过程中的质量控制和管理工作。

（1）贯彻落实工程质量管理有关法律、法规、规程、规范和国家电网公司通用制度，参与策划文件质量部分的编制并指导实施。

（2）对分包工程质量实施有效管控，监督检查分包工程的施工质量。

（3）定期检查工程施工质量情况，监督质量检查问题闭环整改情况，配合各级质量检查、质量监督、质量竞赛、质量验收等工作。

（4）组织进行隐蔽工程和关键工序检查，对不合格的项目责成返工，督促施工班组做好质量自检和施工记录的填写工作。

（5）按照工程质量管理及资料归档有关要求，收集、审查、整理施工记录、试验报告等资料。

（6）配合工程质量事件调查。

（十一）工程部安全员

协助项目经理负责施工过程中的安全文明施工和管理工作。

（1）贯彻执行工程安全管理有关法律、法规、规程、规范和国家电网公司通用制度，参与策划文件安全部分的编制并指导实施。

（2）负责施工人员的安全教育和上岗培训；汇总特种作业人员资质信息，报监理项目部审查。

（3）参与施工作业票审查，协助项目总工审核一般方案的安全技术措施，参加安全交底，检查施工过程中安全技术措施落实情况。

（4）负责编制安全防护用品和安全工器具的需求计划，建立项目安全管理台账。

（5）审查施工分包队伍及人员进出场工作，检查分包作业现场安全措施落实情况，制止不安全行为。

（6）负责项目安全标准化配置，负责施工现场的安全文明施工状况，督促问题整改；制止和处罚违章作业和违章指挥行为；做好安全工作总结。

（7）配合安全事故（事件）的调查处理。

（8）负责项目建设安全信息收集、整理与上报，每月按时上报安全信息月报。

（9）安全员做好对基建e安全和安全管控平台的监督检查工作。

（十二）计财部

计财部是项目工程计划、财务和劳资综合管理部门，主要职责如下：

（1）按照工程进度计划，负责对劳动力和资金等资源进行管理，负责工程的合同管理、预算管理和成本控制，制定项目用款计划，配合项目法人/建设单位进行项目审计和竣工结算工作。

（2）负责地方政策性赔偿费用的计划和控制。

（3）根据施工进度、资源使用和资金使用情况，应用P3&EXP项目管理软件进行实施记录的收集、分析和整理工作，做好阶段性调整计划。

（4）整理和统计业主和监理工程师要求的各种报表，按规定时间向项目法人/建设单位、监理工程师和公司本部及时报送。

（5）负责本工程财务、统计工作，编制财务和工程进度产值报表。

（十三）供应部

（1）负责按相关质量体系程序文件要求建立健全工地材料、机具设备的各项管理制度，并实施工地材料及机具设备的管理。

（2）根据施工进度计划和施工方案，制定工器具和设备的配置计划，负责组织实施。

（3）根据施工组织设计的工程进度计划和项目法人/建设单位提供实物的供货时间，制定工程材料、物资供应计划并组织实施。

（4）负责接收整理材料质量证明、试验报告。

（5）负责组织工程材料的采购、加工。

（6）负责材料的接收、保管、发放管理工作。

（7）负责组织工程物资的进货检验。

（8）负责完成工程材料和工器具的运输和转移，并对司机进行安全教育。

（十四）办公室

（1）协助项目经理办理工地使用权和出入权手续。

（2）负责项目部对内、外的行政文件/资料的配置、传递和保管。

（3）负责协调地方关系，完成前期准备及施工中地方关系协调。

（4）负责联系办理跨越电力线、通信线、公路和河流的跨越施工手续。

（5）负责协助工程技术部门办理相关的竣工资料移交。

（6）负责该项目的双文明建设管理和行政、后勤、信息及保卫工作的管理。

（十五）作业层班组骨干人员

1. 班长兼指挥

熟悉作业人员的基本情况和技能水平，合理安排工作；组织施工人员搞好本工程的施工、质量、安全及管理工作，全面完成施工任务和各项经济技术指标。严格执行施工方案，按照标准化作业程序、标准化安全文明施工、标准化质量工艺应用等要求开展作业；指挥助理协助现场总指挥做好分管工作，现场总指挥不在岗时，由其取代行使职权。认真执行安全施工作业票；组织做好每天的站班会工作。

2. 副班长

坚决贯彻"安全第一，预防为主，综合治理"的方针，严格执行操作规程，对施工现场的违章行为及时制止；指挥助理协助班长做好现场管理工作，班长不在岗时，由其取代行使职权。认真执行安全施工作业票；组织做好每天的站班会工作。

3. 技术兼质检员

组织班组人员学习工程质量验收规范及项目部下发的相关的技术、质量文件；收集、审查、整理施工记录表格等资料；负责现场材料的质量把关，监督和检查施工质量，执行第一级质量检验，定期开展质量活动，做好施工记录、质量活动记录和质保等资料的收集、整理工作；完成项目部交办的现场技术及质量管理工作。

4. 安全员

每天坚持对施工现场进行安全巡视，负责施工人员的安全保护等问题，有权发布指令并采取保护性措施以防事故的发生。负责检查指导并监督执行安全文明施工规章制度，每天召开站班会，执行质安员日志制度，参加安全文明施工检查，及时掌握安全文明施工情况，采取相应措施，保证安全文明施工。按照要求指导、督促、检查高空作业使用的安全保护设施。协助班组长组织学习贯彻基建安全工作规程、规定和上级有关安全工作的指示与要求。协助班组长进行班组安全建设，开展安全活动。协助班组长开展隐患排查和反违章活动，督促问题整改。审查施工人员进出场健康状态，检查作业现场安全措施落实，监督班组开展作业前的安全技术交底。检查作业场所的安全文明施工状况，督促班组人员执行安全施工措施。

5. 机械操作手

树立"安全施工、人人有责"的思想，认真学习、自觉遵守有关安全健康、质量与环境保护法律法规、规程、规定，严格按照机械操作规程进行作业，不得违章作业；服从调度，听从指挥，在施工（生产）操作过程中，应正确使用、精心维护和保管工器具及安全用具，并在使用前进行认真检查，不得操作自己不熟悉的或非本专业使用的机械、设备及工器具。保证设备施工作业质量，维护设备的运转性能；认真做好机械设备的日常保养工作，随机工具保养完好、齐全；及时填写机械设备保养记录。

6. 牵张机械操作手

绞磨操作手必须持证上岗；明确作业内容，接受交底并履行确认手续；严格按照绞磨操作规程进行作业，不得违章作业。绞磨在使用前必须进行外观检查，严禁使用变形、有故障的绞磨；操作人员在操作时必须保证通信畅通，听从指挥的指令操作，对指挥人员的指令不理解、不清晰的情况下，不得进行操作；随时观察绞磨各部件在使用中的工作情况，发现异常时应立即停止作业，向指挥人员报告；定期保养绞磨并填写保养记录留存。

7. 高空操作人员

明确作业内容，接受交底并履行确认手续；高空作业人员必须持证上岗，高空人员均应体检合格。在高空指挥的带领下，进行高空作业；必须按照高空指挥及高空作业的要求进行作业；高空作业必须按照安全措施的要求佩戴好安全防护用品。

8. 地面作业人员

施工人员必须参加规程规范、管理制度、塔图和施工方案培训，通过考试后持证上岗，且经过安全技术交底；指挥、起重、高处等特种作业人均应持证上岗；组装人员严格按照设计图纸进行组装，不得强行组装。组装人员均应体检合格。

9. 压接工

负责工程导地线耐张、直线管的液压工作。液压操作人员应经过相关液压操作培训且持有效期内的合格证；熟悉架空送电线路导线及避雷线液压施工工艺规程。

10. 材料员

(1) 严格遵守物资管理及验收制度，加强对设备、材料和危险品的保管，建立各种物资供应台账，做到账、卡、物相符。

(2) 负责组织办理甲供设备材料的催运、装卸、保管、发放，配合业主、监理项目部进行甲供设备材料的开箱检查，负责自购材料的供应、运输、发放、补料等工作。

(3) 负责收集项目设备、材料及机具的质保等文件。

(4) 依据设计图纸、质保文件等资料组织对到达现场（仓库）的设备、材料进行型号、数量、质量的核对与检查。

(5) 负责工程项目完工后剩余材料的冲减退料工作。

(6) 做好到场物资使用的跟踪管理。

11. 信息资料员

(1) 负责对工程设计文件、施工信息及有关行政文件（资料）的接收、传递和保管；保证其安全性和有效性。

(2) 负责有关会议纪要整理工作；负责有关工程资料的收集和整理工作；负责对项目部各专业上报基建管理信息系统数据的管理工作。

(3) 建立文件资料管理台账，按时完成档案移交工作。

12. 造价员

(1) 严格执行国家、行业标准和企业标准，贯彻落实建设管理单位有关造价管理和控制的要求，负责项目施工过程中的造价管理与控制工作。

(2) 负责工程设计变更费用核实，负责工程现场签证费用的计算，并按规定向业主和监理项目部报审。

(3) 配合业主项目部工程量管理文件的编审。

(4) 编制工程进度款支付申请和月度用款计划，按规定向业主和监理项目部报审。

(5) 依据工程建设合同及竣工工程量文件编制工程施工结算文件，上报至本施工单位对口管理部门。配合建设管理单位、本施工单位等有关单位的财务、审计部门完成工程财务决算、审计以及财务稽核工作。

(6) 负责收集、整理工程实施过程中造价管理工作有关基础资料。

13. 综合管理员

(1) 负责项目管理人员的生活、后勤、安全保卫工作。

(2) 负责现场的各种会议会务管理及筹备工作。

14. 施工协调员

(1) 配合召开工程协调会议，协调好地方关系，配合业主项目部做好相关外部协调工作。

(2) 根据施工合同，做好房屋拆迁、青苗补偿、塔基占地、树木砍伐、施工跨越等通道清理的协调及赔偿工作。

(3) 负责通道清理资料的收集、整理。

第四节 项目管理实施规划

为规范博州-乌苏Ⅱ回750kV线路工程施工管理，贯彻"建设电网，三抓一创；注重环保，安全健康；诚信守法，服务优良"的管理方针和建设"两型三新"输电线路工程的要求，特制订本工程项目管理实施规划（施工组织设计）。本规划是该标段现场管理的总体规划，参加工程现场建设的有关部门、各协作队伍，均严格根据本实施规划规范各自的行为，互相支持、服从大局，确保本工程建设目标的顺利实现。

一、项目管理实施规划编制依据

（一）依据的规程、规范、标准与制度

项目管理实施规划编制依据的规程、规范、标准与制度主要如下（但不限于）：

(1)《中华人民共和国民法典》（中华人民共和国主席令第45号）。

(2)《中华人民共和国电力法》（中华人民共和国主席令第60号）。

(3)《110kV～750kV架空输电线路施工及验收规范》（GB 50233—2014）。

(4)《工程建设施工企业质量管理规范》（GB/T 50430—2017）。

(5)《建筑地基基础工程施工质量验收标准》（GB 50202—2018）。

(6)《混凝土结构工程施工质量验收规范》（GB 50204—2015）。

（7）《钢结构工程施工质量验收标准》（GB 50205—2020）。

（8）《建筑防腐蚀工程施工质量验收标准》（GB/T 50224—2018）。

（9）《建筑工程施工质量验收统一标准》（GB 50300—2013）。

（10）《混凝土结构工程施工规范》（GB 50666—2011）。

（11）《混凝土强度检验评定标准》（GB/T 50107—2010）。

（12）《建筑工程绿色施工规范》（GB/T 50905—2014）。

（13）《钢筋混凝土用钢　第 1 部分：热轧光圆钢筋》（GB/T 1499.1—2017）。

（14）《钢筋混凝土用钢　第 2 部分：热轧带肋钢筋》（GB/T 1499.2—2018）。

（15）《建设工程项目管理规范》（GB/T 50326—2017）。

（16）《钢筋焊接及验收规程》（JGJ 18—2012）。

（17）《钢筋机械连接技术规程》（JGJ 107—2016）。

（18）《110kV～750kV 架空输电线路施工质量检验及评定规程》（DL/T 5168—2016）。

（19）《跨越电力线路架线施工规程》（DL/T 5106—2017）。

（20）《国家电网有限公司电力建设安全工作规程　第 2 部分：线路》（Q/GDW 11957.2—2020）。

（21）《输变电工程建设标准强制性条文实施管理规程》（Q/GDW10248—2016）。

（22）《国家电网公司基建项目管理规定》[国网（基建/2）111—2019]。

（23）《国家电网公司基建质量管理规定》[国网（基建/2）112—2019]。

（24）《国家电网有限公司输变电工程建设安全管理规定》[国网（基建/2）173—2021]。

（25）《国家电网有限公司输变电工程达标投产考核及优质工程评选管理办法》[国网（基建/3）182—2019]。

（26）《国家电网公司输变电工程标准工艺管理办法》[国网（基建/3）186—2019]。

（27）《国家电网公司输变电工程验收管理办法》[国网（基建/3）188—2019]。

（28）《国家电网公司输变电工程进度计划管理办法》[国网（基建/3）179—2019]。

（29）《国家电网有限公司电网建设项目档案管理办法》[国网（办/4）571—2018]。

（30）《国家电网有限公司电网建设项目档案验收办法》[国网（办/4）947—2018]。

（31）《国家电网公司电力安全工器具管理规定（试行）》[国网（安监4）289—2014]。

（32）《国家电网公司施工项目部标准化管理手册》（2018 版）。

（33）《国家电网公司输变电工程施工工艺示范手册》。

（34）《国家电网公司输变电工程标准工艺示范光盘》。

（35）《输变电工程质量通病防治手册》（2020 版）。

（36）国网基建部关于印发《输变电工程安全质量过程控制数码照片管理工作要求》的通知（基建安质〔2016〕56 号）。

（37）《国家电网有限公司关于进一步加强输变电工程施工质量验收管理的通知》（国家电网基建〔2020〕509 号）。

（38）《国网新疆电力有限公司建设部关于全面应用一体化深基坑作业装置的通知》（电建设〔2020〕29 号）。

（二）业主项目部下发文件

博州-乌苏Ⅱ回 750kV 线路工程建设管理纲要。

（三）设计图纸文件

略。

（四）本工程线路现场调查、收集资料

略。

（五）公司制定的符合 GB/T 19001—2016、GB/T 28001—2011、GB/T 24001—2016 标准的质量、安全、环境体系程序文件

略。

（六）公司的施工资源、技术水平和管理模式及类似工程的施工经验

略。

（七）施工承包合同

略。

二、工期目标和施工进度计划

（一）工期目标及分解

坚持以"工程进度服从质量"为原则，保证按照工期安排开工、竣工，施工过程中保证根据需要适时调整施工进度，积极采取相应措施，按时完成工程阶段性里程碑进度计划和验收工作。

1. 工期总目标

确保业主项目部规定的总工期如期实现。

本工程业主要求的合同工期为 2021 年 6 月 20 日开工，2023 年 6 月 20 日竣工。

2021 年 6 月 20 日项目部管理人员和施工班组主要人员进入施工现场开始前期准备工作。办公室组织人员进行项目部的布置、办公设施的采购和安装；工程部技术人员编制技术资料，配合施工图审核，进行混凝土配合比试验；供应部人员进行材料站的设置，进行基础材料的选场、采购、接收。

（1）计划总工期：731 日历日。

（2）计划开工日期：2021 年 6 月 20 日。

（3）计划竣工日期：2023 年 6 月 20 日。

2. 工期目标分解

项目部按业主项目部要求的工期按时完成施工任务。本标段各分部分项工程主要控制目标分解如下：

（1）施工准备：2021 年 6 月 20 日至 2021 年 6 月

24 日。

（2）基础施工：2021 年 7 月 3 日至 2021 年 10 月 30 日。

（3）组塔施工：2021 年 10 月 21 日至 2022 年 8 月 31 日。

（4）架线施工：2022 年 6 月 21 日至 2023 年 5 月 10 日。

（5）竣工验收：2023 年 5 月 11 日至 2023 年 6 月 20 日。

（二）各分项工程的人力资源配置

1. 土石方及基础工程

土石方及基础工程投入 4 个施工班组。每个作业组技工 10 人左右，普工 20 人左右，在土石方及基础工程共投入技工 40 人，普工 80 人。其中不含材料站加工人员和机械运输队的施工人员。

2. 铁塔组立工程

铁塔组立工程投入 4 个施工班组。每个作业组技工 16 人左右，普工 14 人左右，在铁塔组立工程共投入技工 64 人，普工 56 人。

3. 架线工程

架线施工时按照本工程的地形特点、施工工序要求及施工人员的技术特长，将投入 1 套牵张设备。每个架线班组技工平均 59 人，普工平均 30 人。并根据各工序的特点搭配施工力量。

4. 其他配置

施工过程中还将投入 1 个综合加工队（材料站）（负责基础钢筋加工等）和 1 个机械运输队（负责材料运输）。

5. 施工班组的组成

每个施工班组的人员由两部分组成：一部分是本公司职工组成的建制人员（主要包括班长兼指挥、技术兼质检员、班组安全员等），另一部分为长期配合的固定协作队伍和合同工（含电工、焊工、架子工、机械操作、高处作业等特殊工种）。特殊工种人员必须有相关部门颁发的操作证。所有人员在进入现场前必须进行相关的培训、考试，合格后方可上岗。

6. 配置要求

投入本标段的施工力量按工程进展需要分阶段配置。

（1）清障准备组：负责通道处理、跨越架搭设、放线滑车悬挂及导引绳展放。

（2）地线架线组：负责地线及 OPGW 光缆的张力展放及附件。

（3）张力放线组：负责导线张力展放，包含张力场、牵引场及线路巡视。

（4）紧线组：负责导线紧线、高空断线及平衡挂线。

（5）附件组：负责附件安装、跳线制作及线路消缺等。

（三）主要工期安排（里程碑计划）

（1）基础施工完工日期是 2021 年 11 月 30 日（含中间验收）。做好基础施工材料的选场、采购、接收工作。

（2）铁塔施工完工日期是 2022 年 8 月 30 日（含中间

验收）。铁塔组立施工按基础浇制先后顺序进行，即先组立基础最早完工的塔位，以保证基础混凝土强度满足分解立塔的规定，同时还要考虑能形成连续放线区段，为张力架线做好施工准备。

（3）架线施工完工日期是 2022 年 11 月 30 日（含自检消缺）。架线施工班组人员组织是由立塔施工班组的人员进行架线施工，组合时主要按各架线作业组的工作内容和人员的技术特长进行搭配，同时配备相应的特殊工种及普工。

（四）保证工期的措施

（1）为确保发包方规定的总工期，具体实施过程中，各项分部工程应尽量提前安排施工，最迟竣工时间不能超过本大纲的计划时间。施工中应做好内外界的各种协调工作，确保施工顺利进行。

（2）根据施工图纸的提供情况，要及时做好自购材料的采购工作，确保材料供货不受影响。同时要做好发包方供应材料的接受、检验、运输等工作。

（3）在工程完工后应做好竣工移交及投运前的保管和维护工作，并做好配合发包方进行系统调试的各项工作。

（五）进度计划图表

施工工序划分及进度计划表见表 2-5-4-1，施工进度计划横道图如图 2-5-4-1 所示。

表 2-5-4-1　施工工序划分及进度计划表

工序名称	施工时间/（年-月-日）	天数/d
前期准备	2021-06-20—2021-06-24	5
线路复测	2021-06-25—2021-07-02	8
基础材料采购、加工、供应	2021-07-03—2021-11-20	141
土石方开挖 1	2021-07-03—2021-07-10	8
土石方开挖 2	2021-07-11—2021-11-10	123
工地运输	2021-07-03—2021-11-25	146
混凝土施工 1	2021-07-11—2021-10-10	92
混凝土施工 2	2021-10-11—2021-10-30	20
接地施工	2021-09-10—2021-11-18	70
基础转序验收（中间验收）	2021-10-11—2021-10-20	10
基础工程质量验收	2021-10-11—2021-11-30	51
立塔准备及铁塔图纸交付	2021-08-01—2021-08-31	31
铁塔运输及检验（含冬休）	2021-09-11—2022-08-25	349
组塔施工 1（含冬休）	2021-10-21—2022-06-10	233
组塔施工 2	2022-06-11—2022-08-28	79
铁塔转序验收（中间验收）	2022-06-11—2022-06-20	10
组塔施工质量验收	2022-06-11—2022-08-31	82
架线准备及架线图纸交付	2022-04-01—2022-05-10	40
线材运输及检验	2022-04-10—2022-11-10	215

续表

工序名称	施工时间/(年-月-日)	天数/d
线路放线	2022-06-21—2022-11-10	143
弛度调整	2022-06-23—2022-11-12	143
附件安装（含引流）	2022-06-25—2022-11-30	159
植被恢复、收尾（含冬休）	2022-10-10—2023-05-10	213
自检、消缺、三级验收（含冬休）	2022-11-11—2023-05-10	181
竣工验收	2023-05-11—2023-06-20	41

三、进度计划风险分析及控制措施

（一）进度计划风险分析

（1）施工组织管理对施工进度影响。本标段线工期要求合理，但跨越两个冬季一年只有6个月有效施工期，若施工组织不当，将会影响到施工进度。

（2）材料供应的影响。在考虑施工工期方面，虽然给材料到货留有一定的余地，但是在施工期间，往往会出现因材料问题而耽误工期的现象。

（3）环保因素的影响。建设投资方十分重视该线路沿线生态环境的保护问题，沿线自然环境重要、脆弱，破坏后难以恢复，环保要求高。

（二）进度计划风险控制措施

1. 施工组织管理对施工进度影响的控制措施

（1）公司将组成以公司副总经理为首的现场保障领导小组，随时根据现场进度情况与项目经理的要求，对现场的技术力量、劳动力、机械及工器具给予补充保证。

（2）项目部采用P3&EXP项目管理软件对工程进行工程管理和进度管理，根据施工网络计划及掌握的材料供应情况、政策处理情况及时调整工程进度计划，分阶段下达各施工队的工作任务，各施工队根据项目部的安排进度组织施工。

（3）土石方及基础工程在有条件的情况下采用机械开挖和现场浇制，加快施工进度确保工期。

（4）铁塔组立工程投入3个施工班组，投入3套工器具和机械设备分别进行施工，以保证土石方及基础工程、铁塔组立工程的施工进度。

（5）架线工程投入1套牵张设备和1个施工班组进行张力架线施工，通过合理配置劳动力资源控制架线阶段的施工进度。

（6）实行经济责任制和"多劳多得"的分配原则，落实奖惩制度，调动全体施工人员的积极性，合理地安排和组织劳动力，做到优化组合、均衡施工。

（7）落实机械员职责，提前检查和定期维修机械，保证机械设备运转良好。

2. 材料供应影响的控制措施

及早做好材料供应，应做好材料的质量检验，对有问题需更换的材料在安装前完成，对运输人员制定工作任务，要求按计划完成，以保证施工的正常进行。

（1）工程材料的组织、采购、运输、仓储及现场管理，制定相应的管理措施，保证供应。

（2）及早联系材料供应地，保证材料源充足。

（3）自购材料质量必须符合标准，并向业主项目部提供完备的产品合格证和说明书，征得业主项目部同意后方可进行采购。

（4）配合业主项目部对甲供料进行催交催运，要求甲供料在出厂前的各项试验和外观质量检查项目齐全并符合要求。

（5）甲供料到站后详细核对数量，发现短缺及时补足。

3. 环保因素影响的控制措施

（1）对于砂石采集点、施工便道、弃土场、施工现场及施工驻地布置都需做相应的环保措施并需经有关管理部门审批后实施，施工过程中对地材的利用管理要严格要求，禁止乱挖乱采。

（2）充分利用原有电力线路、公路施工时的已有的施工便道，原则上不另行新开运输道路。

（3）提前做好各种环保措施。

（4）施工现场布置、生活驻地建设、施工便道等要规划审批；自然植被要有恢复措施。

为减少架线施工对植被的破坏，减少人员在自然保护区的活动，架线施工采取张力架线。

四、施工进度计划控制程序

（一）动态管理控制程序

利用微机管理工程进度计划，利用P3&EXP软件技术，对工程进行动态管理。具体控制程序如下：

（1）编制计划：将工程过程进行工序分解，计算工作量，确定施工天数和施工力量配备，编制网络计划和横道图计划，报监理工程师批准。

（2）实施计划：按批准的计划进行资源配置，组织施工。

（3）检查计划：在进度计划实施过程中，定期（每10天和每月底）进行检查和分析。

（4）调整计划：若计划实施过程中与原计划有差距，分析原因并调整修改进度计划。

（5）实施调整计划：按调整后的计划组织施工，保证总工期不变。

（二）保证进度计划措施

（1）公司将本工程列入重点项目管理，选派公司×××担任项目经理，并组建项目部，施工期间人员管理实行半军事化管理；配置良好的施工设备和机具；保证资金使用；同时要求总公司各职能部门负责向项目部提供专业指导和服务；以足够的劳动力安排和施工机械设备来保证工期。

（2）加强与业主、监理、设计及材料供货厂家的联系，争取施工图纸、材料等按计划供应。并根据材料实际到货时间及时调整施工力量和进度计划，使进度计划始终处于受控状态。

博州-乌苏Ⅱ回750kV线路工程施工Ⅰ标
施工进度计划（横道图）

编号	工作名称	持续时间	开始时间	结束时间
1	前期准备	13	2021-06-20	2021-07-02
1.1	前期准备	5	2021-06-20	2021-06-24
1.2	线路复测	8	2021-06-25	2021-07-02
2	基础施工	151	2021-07-03	2021-11-30
2.1	基础材料采购、加工、工地运输	141	2021-07-03	2021-11-20
2.2	工地运输	146	2021-07-03	2021-11-25
2.3	土石方开挖1	8	2021-07-03	2021-07-10
2.4	土石方开挖2	123	2021-07-11	2021-11-10
2.5	混凝土施工1	92	2021-07-11	2021-10-10
2.6	混凝土施工2	46	2021-10-11	2021-11-25
2.7	基础转序验收（中间验收）	10	2021-10-11	2021-10-20
2.8	基础工程质量验收	51	2021-10-11	2021-11-30
2.9	接地施工	80	2021-09-10	2021-11-28
3	铁塔施工	396	2021-08-01	2022-08-31
3.1	立塔准备及铁塔图纸交付	31	2021-08-01	2021-08-31
3.2	铁塔运输及检验（含冬休）	349	2021-09-11	2022-08-25
3.3	组塔施工1（含冬休）	233	2021-10-21	2022-06-10
3.4	组塔施工2	79	2022-06-11	2022-08-28
3.5	铁塔转序验收（中间验收）	10	2022-06-11	2022-06-20
3.6	铁塔施工质量验收	82	2022-06-11	2022-08-31
4	架线施工	405	2022-04-11	2023-05-10
4.1	架线准备及架线图纸交付	40	2022-04-01	2022-05-10
4.2	线材运输及检验	215	2022-04-10	2022-11-10
4.3	线路放线	143	2021-06-21	2022-11-10
4.4	附件安装（含引流）	159	2022-06-25	2022-11-30
4.5	植被恢复、收尾（含冬休）	213	2022-10-10	2023-05-10
4.6	自检、消缺、三级验收（含冬休）	181	2022-11-11	2023-05-10
5	竣工验收	41	2023-05-11	2023-06-20

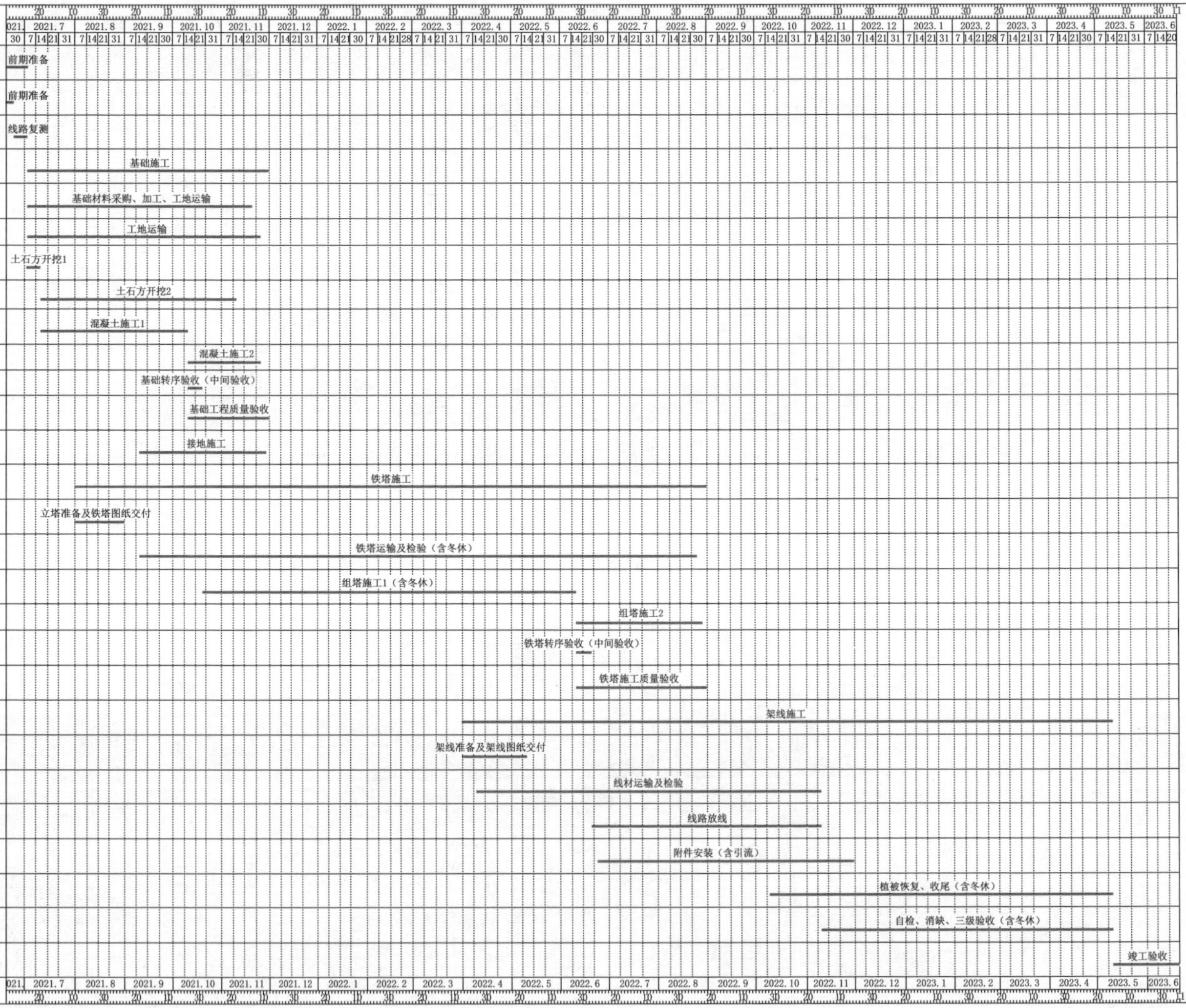

图 2-5-4-1 施工进度计划横道图

（3）配合监理工程师及其代表对施工的全过程控制，确保所有工序一次验收合格，杜绝返工对工期的影响，以一流的施工质量来保证工期。

（4）根据本工程特点分析影响工期因素，对关键工序开展预测、预控，确保施工按计划顺利进行。

（5）以合理的施工组织和切实可行的施工工艺方案，通过控制主要工序安装进度实现工期目标。

（6）抓好工程的前期准备工作，做到"组织、技术、资金、材料、机具供应"五落实，确保各分部工程按期开工、完工。

（7）严格执行作业指导书、施工图纸和质量控制标准，做到不返工，消灭质量事故，确保一次验收合格，达到优良级标准。

（8）抓安全，促进度，为各项工作的顺利进行奠定基础。

（9）提前安排特殊地质条件下的基础施工，取得控制工期的主动权；同时做好政策协调、临时占地、通道清理等工作。

（10）铁塔组立施工中配备加力、电动扳手，并尽可能在地面组装时紧固螺栓，提高螺栓紧固一次合格率，提高施工的效率。

（11）做好架线施工前期准备，优化选取放线方案和牵张场的位置，合理组织施工人员，充分保证机械设备，制定详细的施工措施，保证施工按计划进行。

第五节 质量管理

一、质量目标及分解

（一）基本要求

在本工程施工中，必须坚持公司"用户至上，质量第一"的服务宗旨，依据公司质量体系符合 GB/T 19001—2016/ISO 9001：2015、GB/T 50430—2017 的标准，建立完善的现场质量管理体系，开展质量策划，并针对本标段的特点，制定相应的质量保证措施，加强施工质量的全过程控制。认真执行《国家电网公司输变电工程达标投产考核及优质工程评选管理办法》[国网（基建/3）182—2019]、《110kV～750kV 架空输电线路施工及验收规范》（GB 50233—2014），精心组织施工，保证本工程质量目标达到要求，实现竣工投产一次达标，按国家现行有关规程、规范的标准达到标投产，确保创优质精品工程。铸造公司"规范运作、标准化作业、精心施工、注重质量、按期交付、信守合约、科学管理、争创一流"的业绩丰碑。

（二）质量总目标

严格执行国家、行业、国家电网有限公司有关工程建设质量管理的法律、法规和规章制度，贯彻实施工程设计技术原则，满足国家和行业施工验收规范的要求。全面应用输变电工程标准工艺，工程"零缺陷"投运，实现工程达标投产及优质工程目标，工程使用寿命满足

国家电网有限公司质量要求，不发生因工程建设原因造成的六级及以上工程质量事件。工程质量总评为优良，分项工程合格率 100%，单位工程合格率 100%，观感得分率（土建）≥95%。

创优目标：确保达标投产，确保获得国家电网有限公司输变电优质工程金奖。

（三）质量目标分解

1. 项目部目标

（1）保证贯彻和顺利实施工程设计技术原则，达到《110kV～750kV 架空输电线路施工及验收规范》（GB 50233—2014）等国家施工验收规范和质量评定规程优良级标准的要求。

（2）达到国家有关电力工程施工验收技术规范及质量检验评定标准规定的合格标准，确保工程零缺陷移交、达到国网公司（省公司）达标投产、优质工程标准，创省公司输变电工程流动红旗。

（3）确保工程分项工程合格率 100%，分部工程合格率 100%，单位工程合格率 100%。

（4）不发生一般质量事故和质量管理事故。

（5）满足《国家电网公司基建质量管理规定》[国网（基建/2）112—2019]、《国家电网公司输变电工程标准工艺管理办法》（国网（基建/3）186—2019）的要求。

2. 施工班组目标

（1）执行施工方案，严格按设计图纸和国家施工验收规范要求进行施工，施工质量达到质量评定规程优良级标准的要求。

（2）实现单元工程各检查项目合格率 100%，单位工程合格率 100%。

（3）杜绝质量事故。

（4）执行标准化施工工艺手册。

二、质量管理组织机构及质量保证体系

（一）质量管理组织机构及其职责

建立由公司总工程师、项目经理（总工）、项目部各职能部门、施工班组组成的质量管理组织机构，全面落实质量管理职责，建立健全质量保证组织机构。项目经理为工程质量第一责任人，对工程质量负全责，项目总工为工程质量直接责任人，代表项目经理主持质量管理工作，保证体系正常运行。质检员负责运行中的组织、协调、指导、监督、检查考核和奖惩兑现及现场质量记录的收集、整理、归档、上报等工作，班组长、技术及兼质检员对工程质量负直接责任，形成公司、项目部及施工班组三级质量管理网络，使工程全过程质量始终处于受控状态，施工工艺和质量满足优质工程的标准。

质量管理岗位职责见表 2-5-5-1。

（二）质量保证体系运行

公司总工程师和施管部加强对本工程的技术管理和业务指导工作。项目部建立以项目总工为首，由各级技术人员组成的技术保证体系；建立健全技术管理制度，按公司相关质量体系程序文件的规定，实行三级技术管理；

表 2 - 5 - 5 - 1　　　　　　　　　　　质 量 管 理 岗 位 职 责

序号	主要部门/人员	岗 位 职 责
1	公司总工程师	（1）督促项目部认真执行质量方针、目标、《质量手册》、程序文件和施工方案，确保工程质量。 （2）负责对工程中技术和质量方面重大项目措施方案审批、指导工作
2	项目经理	（1）为本工程质量的第一责任人，实行质量终身责任制。 （2）对施工质量、质量管理及质量体系在本工程的有效运行全面负责。 （3）负责建立与质量体系相适应的组织机构并明确其职责和权限，监督其有效运行。 （4）对技术、质量监督检查人员独立工作给予充分支持和相应的权限。决定本项目的资源配备。 （5）掌握质量动态，分析质量趋势。开展项目工程的质量评比工作，主持质量奖惩工作，对质量体系改进提出建议。 （6）对贯彻实施达标投产工作负有全面领导责任。 （7）接受项目法人、监理工程师的指令并贯彻执行。 （8）主持、组织为顾客提供优质服务工作
3	项目总工	（1）工程项目的质量工作全面负责。 （2）是本工程质量管理的执行人，主持质量策划、其他质量文件和施工方案等文件的编制和审批，组织参加施工图会审。 （3）在分担工程项目中根据公司施工技术管理制度的职责权限，履行总工程师的职责，在技术上对质量负责。 （4）督促施工人员认真执行质量方针、目标、《质量手册》、程序文件和施工方案，确保工程质量。 （5）组织和指导本工程的中间检验、最终检验和交付。 （6）掌握信息反馈，参加和主持重大质量分析会。 （7）在技术和质量方面，接受项目法人、监理工程师的指令并贯彻执行。 （8）在技术和质量方面遇到重大问题时，及时向项目经理及公司主管领导和有关部室汇报。 （9）组织实施项目工程的技术创新和技术攻关工作。 （10）对质量体系的改进提出建议，审批工程项目中的纠正和预防措施
4	公司施管部	（1）对本工程的质量保证体系进行指导服务，并监督其正常运行。 （2）负责对本工程的三级质量检查监督，并直接参与本工程的质量预验收检查，提出整改、消缺意见，并对消缺结果负责，以确保本工程零缺陷移交。 （3）负责组织本工程的重大质量和质量管理事故的调查，提出纠正和预防措施。 （4）会同项目部解决施工过程中的质量问题。 （5）负责审核工程竣工移交资料工作，负责组织竣工移交。 （6）负责组织工程投运后的质量回访工作和质量保修的管理工作
5	项目工程部	（1）在项目经理项目总工程师的领导下，具体负责本工程的质量工作。 （2）领导组织本部门技术专责和质量专责进行日常质量检查和质量管理。 （3）指导各施工班组技术员和质检员进行日常质量管理和质量检查。 （4）具体负责组织质量文件的编制和技术方案的制定工作。 （5）负责本工程的中间检验、最终检验和交付。 （6）负责组织工程资料和质量记录的整理、组卷和归档，并按要求及时交付工程竣工资料。 （7）负责落实质量文件的贯彻执行
6	质检员	（1）贯彻执行公司质量方针、目标；负责本工程质量体系运行监控，参加内部质量审核；贯彻执行质量体系标准，确保质量体系的有效运行。 （2）负责编制本工程质量保证措施，并检查、督促施工班组实施。 （3）对工程质量过程控制实施监督检查，督促指导施工班组的自检工作，组织项目部级质量复检，协助公司工程技术管理部对工程质量进行专检。 （4）协助业主及现场监理工程师对工程质量进行日常监督；预测影响质量的薄弱环节，并制定纠正和预防措施，实施质量改进。 （5）熟练掌握检验标准和检验方法，严格按公司的管理程序、项目法人和监理工程师的检验要求，以及项目工程的检验和试验计划组织开展检查和复检，对检验记录的正确性负责，并做好过程及竣工资料的收集、归类、整理工作。 （6）负责组织开展质量检验、质量分析、质量统计工作。 （7）负责工程质量报表的编制，并向上级主管部门报送。 （8）全面具体负责本工程的质量管理和质量检验工作

序号	主要部门/人员	岗 位 职 责
7	供应部	（1）对本工程的材料管理、供应（包括资料）、检验负直接责任。 （2）负责对项目法人提供的材料、自购材料的进货检验、储存、包装、防护、标识、加工等工作，并做好有关记录。 （3）负责工器具、施工设备的检验和日常保养，确保用于施工的工器具、施工设备质量状况良好。 （4）负责计量器具的外送鉴定工作，确保用于项目工程计量器具的有效性。 （5）负责供料到各施工班组，对不合格的材料按程序文件的规定进行处置。 （6）按要求做好材料、工器具的账物卡等台账和相关标识，做到账、物、卡相符。 （7）按工程档案管理的要求，及时整理材料出厂证明、材质报告、复试报告及检验和试验报告，及时向工程部质量专责移交符合档案管理的要求的有关材料管理资料等
8	班长兼指挥	（1）贯彻执行公司质量方针、目标，确保质量体系的有效运行。 （2）班长兼指挥为本班组工程质量的第一责任人，应在本对全体职工中认真贯彻本工程的质量方针、目标，认真组织本班组职工学习有关设计图纸、技术、质量文件和验收规范，不断强化质量意识。 （3）在施工中严格执行质量体系文件的有关规定，严格遵照图纸、技术资料、验收规范等施工，督促施工人员认真填写施工记录等。 （4）认真组织本班组施工质量的自检工作，对项目部、监理工程师提出的质量改进要求认真组织实施。 （5）向施工人员下达工作任务的同时，强调质量要求
9	技术兼质检员	（1）施工班组技术兼质检员是工程质量的第一把关人，对工程质量是否达到规定要求起重要作用。 （2）在施工中督促施工人员严格执行质量体系文件的有关规定，严格遵照图纸、技术资料、验收规范等施工，对施工班组的施工质量进行认真自检，并督促填写、收集施工记录、自检记录等。 （3）实施本班组日常自检工作，参与中间质量检验、最终质量检验和交付
10	施工人员	（1）施工人员是施工质量的直接责任人，对自己的施工质量负直接责任。 （2）在施工前认真学习有关程序文件、施工方案、技术质量资料、验收规范和施工图纸，不断提高自己的质量意识，牢固树立"质量第一"的思想，在施工中严格执行质量体系文件的有关规定，严格遵照图纸、技术资料、验收规范等施工，努力做到"一次成功，不再返工"。 （3）认真填写施工记录和质量记录。 （4）对未经检验或检验不合格的项目不得转入下道工序，对不合格的原材料有权拒绝施工
11	机械运输队	负责材料中转运输工作，对运输过程中的材料质量负全部责任

贯彻执行国家和行业技术标准和规定，根据设计文件要求和相关工艺规程以及现场施工条件，编制各工序施工作业指导书和施工工艺手册，制定特殊施工作业指导书，用科学的技术管理来保证工程质量和施工安全。

（三）质量检验体系

严格执行公司各工序《三级质量检查制度》，即班组100%自检、项目部100%复检、公司施管部专检检验。项目部建立以专职质检员为首，材料站及班组质检员组成的质量检验体系，按公司制定的《监视和测量装置控制程序》《送电工程过程控制程序》等程序文件加强现场自检和复检，重点抓好专检。

三、质量控制措施

（一）质量管理及检验标准

本工程执行的主要技术规范及标准（但不限于）见表2-5-5-2。如在施工期间，当表中所列技术规范被新规范代替时，应执行最新版本。

（二）主要工序的质量控制

施工质量过程控制要点一览图如图2-5-5-1所示。

（三）质量控制管理（组织）措施

（1）保证项目质量组织机构独立行使职能和权限。建立健全项目质量管理体系和质量监察网络，健全质量管理机构，制定《质量管理实施细则》，实施质量奖惩制度，实施质量样板控制，坚持质量三检制度，坚持质量三级验收，制定质量事故报告处理预案。

（2）保证质量工作思路和措施落实到一线施工人员。制定培训计划，加强施工作业人员的质量意识教育，加强技术培训，施工现场结合技术交底内容和专题培训，让施工人员熟练掌握本人的"应知应会"的技术和操作规程；技术和管理人员熟悉施工验收规范、质量评定标准，原材料的技术要求及质量标准，以及质量管理的方法等。

（3）从原材料把关，确保材料质量是关键。加强材料的计划、采购、检验、保管工作，做好进厂设备、材料的质量验证工作，所有材料均应有完整的厂家产品合

表 2-5-5-2　　　　　　　　　　　　本工程执行的法律法规和主要技术规范标准

类别	名　称	备注
法律法规	(1)《中华人民共和国建筑法》(中华人民共和国主席令第 91 号)(2019 年 4 月修正)。 (2)《中华人民共和国民法典》(2021 年实施)。 (3)《中华人民共和国招标投标法》(中华人民共和国主席令第 21 号)(2017 年 12 月修正)。 (4)《中华人民共和国电力法》(中华人民共和国主席令第 60 号)(2018 年 12 月修订)。 (5)《中华人民共和国环境保护法》(中华人民共和国主席令第 23 号)(2014 年 4 月修订)。 (6)《建设项目环境保护管理条例》(1998 年颁布，2017 年 7 月修订)。 (7)《中华人民共和国安全生产法》(中华人民共和国主席令第 30 号)(2014 年 8 月修订)。 (8)《建设工程安全生产管理条例》(中华人民共和国国务院令第 393 号)。 (9)《生产安全事故报告和调查处理条例》(中华人民共和国国务院令第 493 号)(2015 年 1 月修订)。 (10)《中华人民共和国水土保持法》(1991 年颁布，2010 年 12 月修订)。 (11)《建设工程质量管理条例》(中华人民共和国国务院令第 279 号)。 (12)《建筑工程施工发包与承包计价管理办法》(中华人民共和国住房和城乡建设部令第 16 号)。 (13)《电力安全事故应急处置和调查处理条例》(国务院 599 号令)。 (14)《关于印发电力安全事件监督管理暂行规定的通知》(电监安全〔2012〕11 号)	
国家及行业现行标准及文件	(1)《建设项目档案管理规范》(DA/T 28—2018)。 (2)《建设工程施工现场供用电安全规范》(GB 50194—2014)。 (3)《建筑施工高处作业安全技术规范》(JGJ 80—2016)。 (4)《施工现场临时用电安全技术规范》(JGJ 46—2005)。 (5)《工程建设标准强制性条文(电力工程部分)》(2016 年版)。 (6)《普通混凝土用砂、石质量及检验方法标准》(JGJ 52—2006)。 (7)《混凝土用水标准》(JGJ 63—2006)。 (8)《110kV 及以上送变电工程启动及竣工验收规程》(DL/T 782—2001)。 (9)《建筑施工模板安全技术规范》(JGJ 162—2008)。 (10)《电力建设安全工作规程　第 2 部分：电力线路部分》(DL 5009.2—2013)。 (11)《电力建设工程量清单计价规范(送电线路工程)》(DL/T 5205—2005)	
国家电网有限公司相关规定	(1)《国家电网公司基建管理通则》[国网(基建/1)92—2021]。 (2)《国家电网公司基建项目管理规定》[国网(基建/2)111—2019]。 (3)《国家电网公司基建质量管理规定》[国网(基建/2)112—2019]。 (4)《国家电网公司基建队伍管理规定》[国网(基建/2)113—2015]。 (5)《国家电网公司输变电工程结算管理办法》[国网(基建/3)114—2017]。 (6)《国家电网公司输变电工程设计施工监理承包商资信及调试单位资格管理办法》[国网(基建/3)116—2015]。 (7)《国家电网有限公司输变电工程建设安全管理规定》[国网(基建/2)173—2021]。 (8)《国家电网公司基建技术管理规定》[国网(基建/2)174—2015]。 (9)《国家电网公司基建技经管理规定》[国网(基建/2)175—2017]。 (10)《输变电工程建设标准强制性条文实施管理规程》(Q/GDW10248—2016)。 (11)《国家电网公司基建新技术研究及应用管理办法》[国网(基建/3)178—2015]。 (12)《国家电网公司输变电工程进度计划管理办法》[国网(基建/3)179—2019]。 (13)《国家电网有限公司输变电工程达标投产考核及优质工程评选管理办法》[国网(基建/3)182—2019]。 (14)《国家电网公司输变电工程设计变更与现场签证管理办法》[国网(基建/3)185—2015]。 (15)《国家电网公司输变电工程标准工艺管理办法》[国网(基建/3)186—2015]。 (16)《国家电网公司输变电工程验收管理办法》[国网(基建/3)188—2019]。 (17)《国家电网公司输变电工程施工工艺示范手册》(中国电力出版社出版)。 (18)《国家电网公司输变电工程标准工艺示范光盘》(中国电力出版社出版)。 (19)《国家电网公司施工项目部标准化工作手册》(2018 年版)。 (20)《国家电网公司关于进一步规范电网工程建设管理的若干意见》(国家电网基建〔2014〕87 号)。 (21)《国家电网公司电力建设起重机械安全监督管理办法》[国网(安监/3)482—2014]。 (22)《国家电网公司电力建设工程分包安全协议范本》(国家电网安监〔2008〕1057 号)。 (23)《国家电网有限公司输变电工程质量通病防治手册》(2020 年版)。 (24)《国家电网公司安全事故调查规程》(国家电网安监〔2020〕820 号)。 (25)《国家电网有限公司电力建设安全工作规程　第 2 部分：线路》(Q/GDW 11957.2—2020)。 (26)《国家电网有限公司电网建设项目竣工环境保护验收管理办法》(国家电网企管〔2019〕429 号)。 (27)《国家电网公司知识产权管理办法》(国家电网科〔2008〕1132 号)。 (28)《国家电网有限公司电网建设项目档案管理办法》[国网(办/4)571—2018]。 (29)《国家电网有限公司电网建设项目档案验收办法》[国网(办/4)947—2018]。 (30)《110kV～750kV 架空输电线路施工及验收规范》(GB 50233—2014)。 (31)《110kV～750kV 架空输电线路工程施工质量检验及评定规程》(DL/T 5168—2016)	

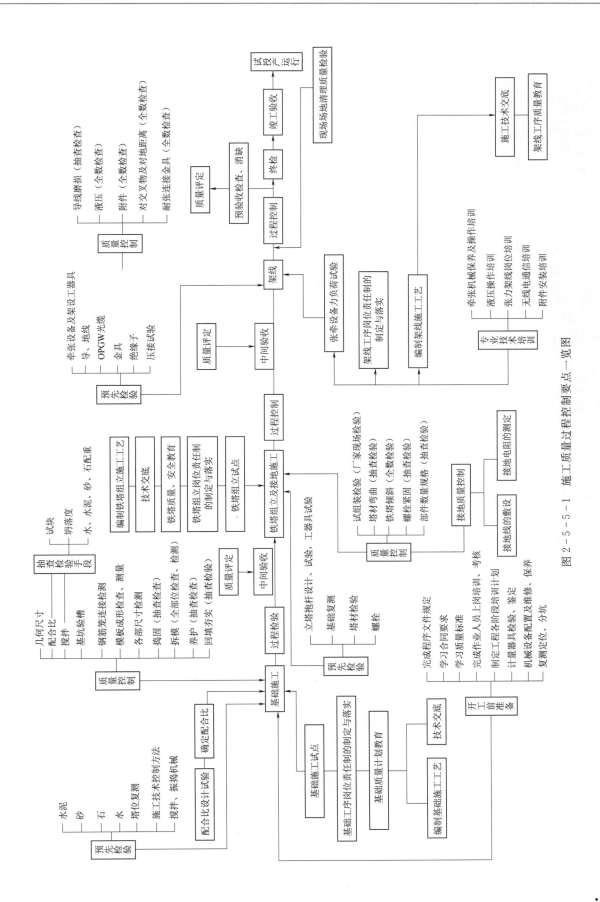

图 2-5-1 施工质量过程控制要点一览图

格证、材质证明书、检验报告等足以证明其质量的资料，并及时报送监理工程师审查，保证工程中使用合格的材料。认真做好项目管理部供应材料的保管措施。注重防火、防潮、防盗，开箱检查工作要仔细、认真，及早发现缺陷以便及时处理。

（4）以技术创新为手段，保证工程质量。对关键项目、薄弱环节、新的施工技术和安装工艺组织技术攻关、质量攻关和工艺改进活动，采用科学管理方法和必要管理措施，对新工艺、新技术、新材料做好试点工作，推广应用。

（5）认真开展好质量大检查活动和定期（每月）召开一次专题质量工作会议活动。查找出质量隐患，及时调整质量监察重点，保证质量措施落到实处；听取监理工程师或项目管理部代表对质量工作的要求和建议，分析产品质量出现异常波动和质量要求发生变化、人员设备变动造成质量保证不足时的主要原因，及时商量具体的解决方案，修正施工方法，确保质量达标。

（四）关键工序质量监督控制措施

根据质量目标、质量标准对关键工序设置质量控制点，严格执行工程"监理放行卡"制度，所有施工过程实行现场监理旁站监督，未经现场监理同意不得擅自施工，做到上道工序为下道工序负责，并按三检制体系文件等质量管理要求进行质量指标控制，质量监督控制措施见表2-5-5-3。

表2-5-5-3　质量监督控制措施表

项目		依据	方法	责任人
材料和设备	水泥	国家标准	送有资质单位检验	质检员
	钢材	国家标准	送有资质单位检验	质检员
	地脚螺栓	国家标准	送有资质单位检验	质检员
	铁塔	国家标准	加工中出厂前检验	质检员
	金具绝缘子	Q/GDW 115—2004	外观检查、配合试验	质检员
	导线避雷线	Q/GDW 115—2004	做试件试验	质检员
基础施工	复测分坑	设计文件、施工方案	现场实测、复测	测工
	混凝土配合比	JGJ 55—2011 设计文件	试验	项目总工
	支模、钢筋	设计文件	实测各部尺寸、标高	施工负责人
	浇制、养护	配合比通知、施工方案	跟踪检查	施工负责人
	几何尺寸	设计图纸	跟踪检查	施工负责人

续表

项目		依据	方法	责任人
接地施工	布置	设计图纸	核对	施工负责人
	土石挖方	设计图纸	实测	施工负责人
	埋设	设计文件	跟踪检查	施工负责人
	接地电阻	设计文件	现场实测	质检员
杆塔组立	塔材检验	设计文件	实物、外观、现场检查	施工负责人
	组装	设计文件	跟踪检查	施工负责人
	组立	施工方案、验收规范	跟踪检查	技术负责人
	螺栓紧固	设计文件、验收规范	力矩扳手实测	质检员
	倾斜度	验收规范	跟踪检查、实测	质检员、测工
架线设备	线材金具绝缘子	设计文件、验收规范	试验实测外观	质检员
	导地线放线	施工方案、验收规范	现场仪器检测	质现场技术负责人
	导地线连接	DL/T 5285—2016、施工方案	跟踪检查	质检员
	附件安装	设计文件、施工方案	跟踪检查	质检员
	导线避雷线防磨	验收规范	跟踪检查	施工负责人

（五）技术组织措施

对关键工序中影响施工质量的环节，从技术组织措施上进行控制，以保证本工程的施工质量，其措施见表2-5-5-4。

（六）质量薄弱环节及预防措施

1. 隐蔽工程是本工程质量控制的薄弱环节

本工程的隐蔽工程管理主要包括基础工序混凝土浇制、架线工序压接管压接施工和导地线展放施工张力展放过程中导地线易受磨损三个方面。为保证隐蔽工程施工质量，结合以往工程的施工经验，本工程的隐蔽工程质量控制将在以下方面开展，见表2-5-5-5。

2. 质量预控要点及采取的技术措施

本工程质量预控要点及采取的技术措施见表2-5-5-6。

3. 质量通病防治措施

本工程质量通病防治措施见表2-5-5-7。

四、施工强制性条文执行措施

（一）组织措施

为贯彻"强制性条文、强制性执行"的指导思想。贯彻落实《输变电工程建设标准强制性条文实施管理规程》（Q/GDW10248—2016）通知的要求，强化《输变电工程建设标准强制性条文实施管理规程》"第7部分：输电线路工程施工"和"第8部分：输变电工程施工安全"的相关内容，确保本工程质量、安全目标的顺利实现，根据工程特点和施工实际，项目部成立依项目经理为组长的强制性条文实施小组，负责组织落实工程强制性条文的计划编制、培训、实施落实、记录、检查和总结工作。

（二）基本规定

（1）项目部将会严格执行强制性条文的内容，有关工程管理及技术人员必须熟悉、掌握强制性条文。

（2）工程建设过程中，必须严格执行强制性条文，不符合强制性条文规定的，应及时整改，并应保存整改记录。未整改合格的，严禁通过验收。

（3）在施工过程中如发现勘察设计有不符合强制性条文规定的，应及时向勘察、设计单位或建设管理单位提出书面意见和建议。

（4）专职质量检查员、专职安全员、监理工程师应持有效的资格证书上岗。

表 2 - 5 - 5 - 4　　　　　　　　　　　　　　关键工序质量保证技术措施

工序名称		影响质量的主要因素	技术措施或要求	实施部门
施工准备	人员	质量意识波动	加强质量意识教育，制定质量管理及奖惩制度；严格执法，奖罚分明，调配业务精、技术较高的人员；进行岗前培训及考核	办公室工程部
	机具	施工机具不符合要求	定期检查、保养工器具	材料站
	材料	部分材料供货滞后	合理计划、合理组织施工	材料站
		材料质量问题	加强材料进货检（试）验及保管	材料站
	措施	施工条件较复杂	按时编制、审批施工方案，环保、水保及文明施工措施；按要求进行技术交底	工程部
	试点	措施不完善	执行工序试点制度，根据试点情况完善施工方案	工程部
	资料	不符合归档要求	项目部配备计算机，进行各种资料的处理和归档，要求资料齐全，内容翔实，手续齐全	工程部
施工过程	线路复测	档距、高差及高面与设计不符	认真做好线路复测及塔基断面复测，及时报设计复核	工程部施工班组
	土石方工程	基础边坡不足	按设计要求测量并开挖基面，有问题时及时上报工程部联系处理	工程部施工班组
		岩石基坑稳定性破坏	基面小平台放小炮逐层开挖，基坑底部及岩性不稳定的基坑采用人工开挖或放小炮的方式，坑深超差时按要求铺石灌浆处理	施工班组
	基础工程	混凝土质量不稳定	砂、石、水泥应取得有关部门的检验，专业试验室做配合比。严格按配合比配料，按规定检查投料重量。专人控制混凝土的振捣、搅拌。首基基础浇制应进行试浇，技术、质检人员到现场指导。按要求进行坍落度检测	工程部施工班组
		混凝土表面质量不美观	基础成型采用面积较大的组合钢模板或竹胶板建筑模板	工程部
		基础根开尺寸超差	提高测工责任心；严格按施工方案施工；精心测量，精心校核	施工班组
	接地工程	接地电阻超差	保证接地沟深度，提高钢筋接头焊接质量，按要求回填接地沟	施工班组
	铁塔工程	塔材镀锌受损	运输、存放时注意支垫，组立时对钢丝绳与铁塔接触部位进行包垫或使用专用卡具	施工班组
		起吊时铁塔构件变形	增加吊点，在塔片上绑补强木	施工班组
		螺栓紧固质量控制	配备力矩扳手和电动扳手，确保螺栓的一次紧固率	供应部施工班组
	架线工程	导地线表面受损	采用张力架线，放线时注意导、地线保护，如采取措施防止卡线器、锚线套等损伤导线	施工班组
		OPGW 光缆架设质量	放线滑车和张力机轮径满足产品要求，采取低张力架线。使用专用的防扭装置	工程部施工班组
		弛度超差或子导线间距超差	对弛度采用"四调"工艺，连续倾斜档附件时注意正确画印及让线。使用经纬仪多支点观测	工程部施工班组
		压接管较长，过滑车易产生弯曲	适当提高放线张力（导线），使用导线专用压接管保护钢套保护压接管，合理设置双放线滑车	工程部施工班组

表 2-5-5-5　　　　　　　　　　　　　本工程的隐蔽工程质量控制措施

序号	隐蔽工程	质 量 控 制 措 施
1	基础工序混凝土浇制质量	（1）做好混凝土原材料检验和配合比设计工作。混凝土的原材料检验和配合比设计工作是混凝土质量控制的关键因素。我们将选择质量合格、供应数量足够的水泥、砂、石、钢材生产厂家作为材料供应对象，并对之进行合格分供方评定，然后将材料送交经过监理审查、资质合格的质量监督部门进行检验及配合比设计、钢材焊件检查，检查合格且混凝土配合比设计完成后方可进行混凝土施工。 （2）严格进行混凝土浇制的质量过程控制。首先要进行严密的施工组织技术措施编制及施工作业指导书的编制，并进行施工交底、要求施工人员严格按质量控制措施执行。经纬仪等仪器要送交监理审查合格的计量检定部门检查合格后使用。支模完成后请监理对尺寸、钢筋工程质量、数量进行复检合格后方可进行浇制工作。 （3）浇制时必须监理同意并旁站监督时方可操作。严格按照配合比要求按重量比上料、随时采取目测及坍落度检查控制混凝土质量，切实保证机械搅拌的时间及混凝土的出料质量，采取合理的机械振捣方式保证混凝土里实外光。 （4）在浇制时应按照要求提取试块，按照要求养护至龄期后送质监部门检验。混凝土浇制完毕，请监理确认合格后详细填写混凝土浇制隐蔽工程签证卡并存档备查。待养护完成拆模后对浇制尺寸、外观质量进行复检合格后请监理确认后进行回填，完成整个基础的浇制质量控制工作
2	架线工序压接管压接质量	（1）做好压接工的培训、压接试件制作及检查工作。选择有充分施工经验、有上岗证的压接工按照本工程编制的《压接施工手册》进行再次培训及考试，合格的人员在上岗证上签字确认、配发压接钢号。然后按照培训要求及手册操作步骤进行压接管试件制作，并将试件送交经过监理审查、资质合格的质量监督部门进行拉力实验，符合要求后方可进行实际的架线工序压接操作。 （2）严格进行压接的各项质量控制措施对压接工具、检验工具要送交计量检测部门进行检验和实验，取得合格证书后方可用于本工程施工。压接前要对压接管按照要求进行清洗，测量其压前尺寸并记录。要按照要求进行导地线割线、穿管、压接操作，压接时必须监理在场监督检查，压接完成后对质量进行检查并记录，不合格的要按要求处理，确认合格后打上钢印并请监理在压接隐蔽工程签证卡上签字确认
3	导地线展放施工张力展放过程中导地线易受磨损	（1）由于导线使用的压接管较长，在选择压接管护套时，必须与七轮放线滑车的轮槽相匹配。加工导线专用的压接管保护套管，同时在布线时应合理计算，尽可能地减少压接管的使用数量。 （2）选择不磨伤导线的材料制作放线滑车的轮槽。 （3）正确悬挂放线滑车以改善导线在滑车中的通过性。 （4）在跨越架封顶杆上加装专用滚筒，以避免导线或牵引绳磨损。 （5）选择合适的放线张力，既保证导线架空，又符合导线防振要求。 （6）所有与导线直接接触的工器具（锚线绳、锚线架等）均进行挂胶处理，以防止导线磨损。高空锚线、临锚钢绳宜采用专用挂胶锚线钢绞线，以防止钢丝绳退捻缠绕导线。 （7）卡线器安装位置确定后，直接安装于导线上，不得在导线上滑动，线夹尾部出口处的导线上应装设胶皮套管进行防护。 （8）导线展放完毕后，导线应按不等张力锚固，防止因风致使导线鞭击产生的损伤

表 2-5-5-6　　　　　　　　　　　　　本工程质量预控要点及采取的技术措施一览表

分部工程	序号	质量预控要点	采 取 的 技 术 措 施
基础工程	1	防腐涂料涂刷不均匀	本工程大部分基础均位于腐蚀地区，对于防腐蚀措施要严格按照设计图纸要求执行，首先要对防腐蚀涂料进行严格的审查，购买有国家相关质量认定的生产厂家材料，要对材料进行把关，再次在施工过程要交底彻底，执行到位
	2	基础表面光洁度及养护	（1）改进模板质量，采用大模板并一次成型，模板表面要求平整，四周严密，浇筑前表面涂隔离剂，基础不允许二次抹面。严格控制混凝土水灰比，采用机械搅拌和机械振捣。 （2）按规程规定对混凝土进行养护
	3	底板以土代模保护层不够	底板以土代模，要精确测量，事先控制。开挖过程中应随时检查基坑尺寸，支模前进行精确找正，确保底板保护层的厚度符合设计要求
	4	基础浇制冬期施工	（1）编制完善的施工方案，履行编审批程序。 （2）从钢筋加工、基础开挖、浇制及混凝土养护，严格执行该方案，确保冬期施工混凝土质量

分部工程	序号	质量预控要点	采取的技术措施
铁塔组立及接地工程	5	接地电阻超标	接地沟按要求开挖，接地钢筋按规范要求认真焊接，埋设后及时测量接地电阻，并考虑季节系数，超标时应按设计要求及时处理
	6	塔材的车辆运输、人力运输损伤，工地保管不善与丢失	（1）制定详尽的塔材运输保管措施，加强岗位责任制的落实，严格材料管理制度，避免塔材及附件的丢失和损坏。 （2）进入材料站和现场的塔材要进行严格的质量检查，对于镀锌发花、锌层不够及有严重质量缺陷的塔材坚决要求退货更换
	7	螺栓一次紧固率不能达到要求，使塔材吊装变形	（1）加强铁塔螺栓一次紧固合格率的控制，在地面组装的构件，必须在地面将螺栓全部紧固并用力矩扳手检测，组立完成后用力矩扳手进行复检。 （2）吊点布置不合理，产生吊装变形。 （3）铁塔起吊吊点应根据计算进行试吊、验证调整，合理优化选择吊点方案。 （4）吊点处采用内垫外包的保护措施，并进行一定的补强，防止出现塔材变形现象
架线工程	8	大高差、大挡距架线施工	（1）在张力架线前，对本标段存在的大高差、大档距进行实地调查，由工程部技术人员根据《张力架线计算软件程序》，对全线每基塔位放线滑车的包络角进行逐档验算。 （2）对导地线在放线滑车上包络角超过30°的塔位，均悬挂双放线滑车。 （3）根据铁塔结构特点，对大高差、大档距的塔位导地线横担在架线过程中进行临时补强处理。 （4）张力架线布线时，在大高差、大档距避免出现直线接续管和补修管，加强导地线的保护。 （5）紧线和附件安装时，按连续倾斜档计算软件，逐档计算每基的弧垂调整值，附件安装时按计算出的让线值，进行让线安装，确保附件安装质量和导地线弧垂达到设计要求
	9	导地线弛度误差控制	（1）由于放线滑车各轮的摩阻系数有差异而造成同相子导线在紧线过程中难以调平。所以在放线准备阶段对放线滑车进行严格检查、保养和调试，使各滑轮在受力后摩阻系数趋于一致。 （2）合理安排紧线施工计划，尽量减小导线紧线施工的时间差，以避免日后因初伸长的不一致引起的导线子线间或相间不平；弛度调整采用"四调"工艺，在附件安装前对紧好的导、地线应再次进行逐档调平
	10	导地线压接	（1）编制本工程的《导地线压接施工作业指导书》，进行导地线的压接试验、培训和技术交底。严格按《液压规程》进行压接，对边距、压接长度等必须控制在作业指导书规定的范围之内。 （2）为避免压后压接管产生弯曲，应选配大功率液压机和压口较长的模具，加大每模的试压长度和相邻两模的重叠量。 （3）施压时应将管、线放置水平，并与液压机轴心保持一致。为保证压后的握着力符合设计要求，施压的方向和施压的压力应符合规程和液压施工方案的要求，每模都要达到规定的压力，压好第一模后应检查对边距，合格后方能继续试压
	11	导地线的保护	（1）由于导线使用的压接管较长，在选择压接管护套时，必须与放线滑车的轮槽相匹配。加工导线专用的压接管保护套管，同时在布线时应合理计算，尽可能地减少压接管的使用数量。 （2）在跨越架封顶杆上加装专用滚筒，以避免导线或牵引绳磨损。 （3）所有与导线直接接触的工器具（锚线绳、锚线架等）均进行挂胶处理，以防止导线磨损。高空锚线、临锚钢绳宜采用专用挂胶锚线钢绞线，以防止钢丝绳退捻缠绕导线。 （4）卡线器安装位置确定后，直接安于导线上，不得在导线上滑动，线夹尾部出口处的导线上应装设胶皮套管进行防护。 （5）导线展放完毕后，两根导线应按不等张力锚固，防止因风致使导线鞭击产生的损伤。 （6）OPGW光缆的运输、存放和张力架线应严格按厂家施工安装说明书的要求进行运输、存放和施工，特别应注意OPGW光缆的防扭和防磨，张力架线要控制光缆过滑车的次数及弯曲半径，严格考虑OPGW光缆对放线滑车及张力机轮径的要求

表 2-5-5-7　　　　　　　　　　　　　　　本工程质量通病防治措施一览表

序号	防治的质量通病项目	采取的主要措施
1	基础蜂窝、麻面及二次修饰	（1）按照《110kV～750kV架空输电线路施工及验收规范》（GB 50233—2014）第6.2.17条规定"浇筑基础应表面平整"。 （2）按照《110kV～750kV架空输电线路施工质量检验及评定规程》（DL/T 5168—2016）第4.3.1条规定"混凝土表面平整，无蜂窝麻面，无破损"。 （3）浇筑混凝土的模板应表面平整、清洁且接缝严密。混凝土浇筑前，模板表面应涂抹脱模剂；混凝土浇筑过程中，严格按照要求进行振捣，保证气泡顺利排出；混凝土浇筑结束，及时对基础顶面进行抹面收光，杜绝拆模后二次修饰
2	基础棱角磕碰、损伤	（1）按照《110kV～750kV架空输电线路施工及验收规范》（GB 50233—2014）第6.1.11条规定"基础施工完成后，应采取保护基础成品的措施"。 （2）拆模时，模板轻拆轻放，避免磕碰基础。基础回填完成，对棱角采取保护措施。制作接地引下线，先煨弯再安装，避免接地引下线磨损基础
3	钢筋保护层厚度不符合设计要求	（1）按照《110kV～750kV架空输电线路施工及验收规范》（GB 50233—2014）第6.2.17条规定"保护层厚度的负偏差不得大于5mm"。 （2）混凝土浇筑前，钢筋笼与模板之间合理设置垫块，保证钢筋笼与模板之间的距离符合保护层厚度要求。基础浇筑过程中，注意检查钢筋保护层变化情况，钢筋或模板发生偏移时及时进行调整
4	钢筋机械连接不符合要求	（1）按照《钢筋机械连接技术规程》（JGJ 107—2016）第6.2.1条规定"直螺纹钢筋丝头钢筋端部应采用带锯、砂轮锯或带圆弧形刀片的专用钢筋切断机切平；钢筋丝头长度应满足产品设计要求，极限偏差应为0～2.0p（p为螺纹的螺距）"；第6.3.1条规定"钢筋丝头应在套筒中央位置相互顶紧，标准型、正反丝型、异径型接头安装后的单侧外露螺纹不宜超过2p；接头安装后应用扭力扳手校核拧紧扭矩"。 （2）加强操作工人的专业培训，培训合格后方可上岗。接头外漏螺纹、紧固力矩按规定进行检验，紧固力矩不合格时，重新拧紧全部接头，直到合格为止
5	基础回填不规范	（1）按照《110kV～750kV架空输电线路施工及验收规范》（GB 50233—2014）第5.0.12条规定"杆塔基础坑及拉线基础坑的回填应分层夯实，回填后坑口上应筑防沉层，其上部边宽不得小于坑口边宽。有沉降的防沉层应及时补填夯实，工程移交时回填土不应低于地面"；第5.0.13条规定"石坑应以子土按3：1的比例掺和后回填夯实。石坑回填应密实，回填过程中石块不得相互叠加，并应将石块间缝隙用碎石或砂土充实"。 （2）按照《公司输变电工程标准工艺（三）工艺标准库（2016年版）》基坑回填要求"防沉层应高于原始地面，低于基础表面"
6	接地体焊接及防腐不符合要求	（1）按照《110kV～750kV架空输电线路施工及验收规范》（GB 50233—2014）第9.0.6条规定"当采用搭接焊时，圆钢的搭接长度不应少于其直径的6倍并应双面施焊；扁钢的搭接长度不应少于其宽度的2倍并应4面施焊；接地体的连接部位应采取防腐措施，防腐范围不应少于连接部位两端各100mm"。 （2）按照《电气装置安装工程　接地装置施工及验收规范》（GB 50169—2016）第4.3.3条规定"在防腐处理前，表面应除锈并去掉焊接处残留的焊药"
7	接地体埋深、接地电阻值不符合要求	（1）按照《110kV～750kV架空输电线路施工及验收规范》（GB 50233—2014）第5.0.11条规定"接地沟开挖的长度和深度应符合设计要求且不得有负偏差，影响接地体与土壤的杂物应清除。 （2）在山坡上宜沿等高线开挖接地沟"；第9.0.2条规定"接地体的规格、埋深不应小于设计值"；第9.0.8条规定"接地电阻的测量可采用接地装置专用测量仪表。所测得的接地电阻不应大于设计工频接地电阻值"。 （3）严格检验接地沟深度，检验合格后方可进行接地体埋设，埋深应以自然地面为基准，接地体应平直，避免局部突起导致埋深不足。严格落实施工三级自检，逐基测量接地电阻值，接地电阻值大于设计值时采取降阻措施
8	接地引下线镀锌层损伤、锈蚀	（1）接地引下线应进行热镀锌处理，严格检验镀锌层厚度，避免镀锌层过厚或不足造成煨弯时的锌层脱落。 （2）煨弯时采用专用煨弯工具，保护镀锌层不受损伤
9	接地引下线螺栓未采取防松措施	（1）按照《电气装置安装工程　接地装置施工及验收规范》（GB 50169—2016）第4.7.10条规定"接地线与杆塔的连接应可靠且接触良好，并应便于打开测量接地电阻"。 （2）按照《公司输变电工程标准工艺（三）工艺标准库（2016年版）》接地引下线安装要求"接地螺栓安装应设防松螺母或防松垫片，宜采用可拆卸的防盗螺栓"
10	塔脚板与铁塔主材间有缝隙	按照《公司输变电工程标准工艺（三）工艺标准库（2016年版）》保护帽浇筑要求"主材与靴板之间的缝隙应采取密封（防水）措施"

续表

序号	防治的质量通病项目	采取的主要措施
11	防盗螺母缺失、紧固不到位	(1) 按照《110kV～750kV架空输电线路施工质量检验及评定规程》（DL/T 5168—2016）第4.4条规定"杆塔工程中螺栓防卸符合设计要求"。 (2) 螺栓紧固合格后及时安装防盗螺母，防盗螺母应齐全、紧固到位。严格落实施工三级自检，对防盗螺母安装及紧固不到位的进行补装和紧固
12	螺栓规格使用错误	(1) 按照《110kV～750kV架空输电线路施工及验收规范》（GB 50233—2014）第7.1.3条规定"螺母紧固后，螺栓露出螺母的长度：对单螺母，不应小于两个螺距；对双螺母，可与螺母相平"。 (2) 组塔施工时，螺栓应分类摆放，标识准确，避免螺栓混用、错用。组塔过程中，加强质量检验，对用错的螺栓及时进行更换
13	塔材交叉处垫圈或垫板安装错误	(1) 按照《110kV～750kV架空输电线路施工及验收规范》（GB 50233—2014）第7.1.2条规定"杆塔各构件的组装应牢固，交叉处有空隙时应装设相应厚度的垫圈或垫板"；第7.1.3条规定"螺栓加垫时，每端不宜超过2个垫圈"。 (2) 铁塔检验时，加强塔材垫圈、垫板清点，确保相应厚度的垫圈、垫板数量符合设计要求。组塔过程中，加强质量检验，对用错的垫圈或垫板及时进行更换
14	铁塔螺栓紧固率不符合要求	(1) 按照《110kV～750kV架空输电线路施工及验收规范》（GB 50233—2014）第7.1.6条规定"杆塔连接螺栓应逐个紧固，受剪螺栓紧固扭矩值不应小于表7.1.6的规定，其他受力情况螺栓紧固扭矩值应符合设计要求"；第7.1.7条规定"杆塔连接螺栓在组立结束时应全部紧固一次，检查扭矩值合格后方可架线。架线后，螺栓还应复紧一遍"。 (2) 按照《110kV～750kV架空输电线路施工质量检验及评定规程》（DL/T 5168—2016）第4.4.1条规定"紧固率应满足：组塔后95%，架线后97%"。 (3) 严格落实施工三级自检，对紧固率不符合要求的铁塔螺栓进行复紧
15	脚钉弯钩朝向不一致，脚蹬侧露丝	(1) 按照《公司输变电工程标准工艺（三） 工艺标准库（2016年版）》角钢铁塔分解组立要求"杆塔脚钉安装应齐全，脚蹬侧不得露丝，弯钩朝向应一致向上"。 (2) 加强标准工艺培训和交底，施工人员掌握脚钉安装标准。脚钉安装过程中，先紧固脚蹬侧螺母，保证脚蹬侧不漏丝扣，再安装脚钉，脚钉安装完成及时调整弯钩朝向。脚钉可采取新型做法，选用六棱端头脚钉，可避免弯钩朝向不一致问题
16	塔脚板与基础面接触不良	(1) 按照《110kV～750kV架空输电线路施工及验收规范》（GB 50233—2014）第7.2.7条规定"铁塔组立后，各相邻主材塔脚板应与基础面接触良好，有空隙时应用铁片垫实，并应浇筑水泥砂浆"。 (2) 严格控制基础顶面平整度，塔脚板安装后对地脚螺栓进行紧固、打毛，组塔、架线过程中严禁松卸地脚螺母。塔脚板与基础面之间空隙较大时，均匀填充垫铁并浇筑水泥砂浆
17	塔材有损伤、锈蚀	(1) 按照《110kV～750kV架空输电线路施工及验收规范》（GB 50233—2014）第7.1.1条规定"杆塔组立过程中，应采取防止构件变形或损伤的措施"。 (2) 按照《公司输变电工程标准工艺（三） 工艺标准库（2016年版）》角钢铁塔分解组立要求"塔材无弯曲、脱锌、变形、错孔、磨损"。 (3) 塔材运输过程中采取保护措施，大件塔材装卸使用起吊工具，禁止抛扔塔材。组塔过程中，合理使用塔身施工用孔，塔片吊点与钢丝绳接触位置包裹软物保护，钢丝绳固定、转向宜采用专用夹具，避免塔材磨损、变形和生锈
18	保护帽浇筑不符合要求	(1) 按照《110kV～750kV架空输电线路施工及验收规范》（GB 50233—2014）第7.2.7条规定"铁塔应检查合格后方可浇筑混凝土保护帽，其尺寸应符合设计规定，并应与塔脚结合严密，不得有裂缝"。 (2) 根据保护帽设计强度，严格控制混凝土配合比。保护帽浇筑时，应清理干净基础顶面，模板、塔脚板间距符合设计要求。混凝土浇筑一次成型，拆模时保护棱角及表面不受损伤，及时清理塔腿及基础顶面的混凝土浆，并按要求进行养护。转角塔应在架线后浇筑保护帽
19	悬垂绝缘子串偏斜	(1) 按照《110kV～750kV架空输电线路施工及验收规范》（GB 50233—2014）第8.6.6条规定"悬垂线夹安装后，绝缘子串应竖直，顺线路方向与竖直位置的偏移角不应超过5°，且最大偏移值不应超过200mm。连续上（下）山坡处杆塔上的悬垂线夹的安装位置应符合设计规定"。 (2) 架线施工前应检查放线滑车，确保滑车转动灵活，避免附件安装导线与滑车脱离时导线弧度发生变化。在悬垂线夹安装位置画印时，施工人员应相互配合，确保画印位置准确。连续上下山，应按照设计给定的调整值进行画印安装
20	导线间隔棒不在同一直面上	(1)《110kV～750kV架空输电线路施工及验收规范》（GB 50233—2014）第8.6.12条规定"分裂导线的间隔棒的结构面应与导线垂直，杆塔两侧第一个间隔棒的安装距离允许偏差为端次档距的±1.5%，其余为次档距的±3%。各相间隔棒宜处于同一竖直面"。 (2) 安装间隔棒时，施工人员严格使用绝缘测绳（尺）进行距离测量并画印，保证间隔棒安装距离准确。严格落实施工三级自检，对间隔棒安装距离超差的进行返工

序号	防治的质量通病项目	采 取 的 主 要 措 施
21	防振锤安装不符合要求	(1)《110kV～750kV 架空输电线路施工及验收规范》(GB 50233—2014)第 8.6.11 条规定"防振锤及阻尼线与被连接的导线或架空地线应在同一铅垂面内,设计有要求时应按设计要求安装。其安装距离允许偏差为±30mm"。 (2)加强技术交底和培训,施工人员掌握防振锤安装要求。防振锤安装完成后,有歪斜的及时进行调整。严格落实施工三级自检,对安装不合格的防振锤进行返工
22	压接管弯曲,表面有飞边、毛刺	(1)按照《110kV～750kV 架空输电线路施工及验收规范》(GB 50233—2014)第 8.4.11 规定"飞边、毛刺及表面未超过允许的损伤应锉平并用 0 号以下细砂纸磨光;压后应平直,有明显弯曲时应校直,弯曲度不得大于 2%"。 (2)压接施工时,液压机两侧管、线要抬平扶正,保证压接后接续管或耐张管平直、棱角顺直。有明显弯曲时应校直,校直后的压接管如有裂纹应切断重接。压接后的飞边应锉平,毛刺进行磨光。平衡挂线高空压接时,应加强监督,保证压接质量
23	金具销子穿向不一致,开口不到位	(1)按照《110kV～750kV 架空输电线路施工及验收规范》(GB 50233—2014)第 8.6.7 条规定"绝缘子串、导线及架空地线上的各种金具上的螺栓、穿钉及弹簧销子除有固定的穿向外,其余穿向应统一";第 8.6.8 条规定"当采用开口销时应对称开口,开口角度不宜小于 60°"。 (2)架线施工前应进行金具试组装,统一明确金具销子穿向标准,加强培训和技术交底,施工人员掌握销子穿向及开口要求。金具串地面组装完毕,立即进行检查,对销子穿向错误、开口不合格的进行调整;挂线完成,再次进行检查,对销子穿向发生变化的再次进行调整
24	悬垂线夹铝包带缠绕不规范	(1)按照《110kV～750kV 架空输电线路施工及验收规范》(GB 50233—2014)第 8.6.9 条规定"铝包带应缠绕紧密,缠绕方向应与外层铝股的绞制方向一致;所缠铝包带应露出线夹,但不应超过 10mm,端头应回缠绕于线夹内压住"。 (2)架线前加强培训和交底,施工人员掌握线夹安装标准。严格落实施工三级自检,对安装不合格的进行返附件
25	光缆引下线、余缆盘安装不规范	(1)按照《公司输变电工程标准工艺(三)工艺标准库(2016 年版)》铁塔 OPGW 引下线安装要求"引下线用夹具固定在塔材上,其间距为 1.5～2m""引下线夹具的安装,应保证引下线顺直、圆滑,不得有硬弯、折角";余缆架安装要求"余缆紧密缠绕在余缆架上""余缆架用专用夹具固定在铁塔内侧的适当位置"。 (2)引下线夹要自上而下安装,安装距离在 1.5～2m 范围之内。线夹固定在突出部位,不得使余缆线与角铁发生摩擦碰撞。引线要自然顺畅,两固定夹间的引线要拉紧。余缆要按线的自然弯盘入余缆架,将余缆固定在余缆架上,固定点不少于 4 处,余缆长度总量放至地面后应有不少于 5m 的裕度
26	瓷绝缘子损伤	(1)瓷绝缘子运输应采取保护措施,搬运要轻搬轻放,严禁抛扔。绝缘子串组装时,地面应铺垫软物,避免地面磨损绝缘子。 (2)起吊过程中,应注意观察绝缘子串升空情况,避免绝缘子与金具挤压或碰撞。高空作业人员应避免施工工具、安全保护用品磕碰、磨损绝缘子
27	钢筋、水泥质量证明文件及跟踪记录不规范	(1)按照《建设项目档案管理规范》(DA/T 28—2018)第 7.1.4 条规定"归档的项目文件应为原件。因故用复印件归档时,应加盖复制件提供单位的公章或档案证明章,确保与原件一致"。 (2)按照《电网建设项目文件归档与档案整理规范》(DL/T 1363—2014)第 6.1.7 条规定"原材料质量证明文件,应按原材料的种类、进货批次等特征,结合原材料管理台账分类编制跟踪记录"。 (3)加强档案整理人员培训,落实档案管理责任。原材料检验,加强质量证明文件的审查,对内容不全、不规范的文件及时进行整改。根据施工进度,及时填写原材料使用跟踪记录,确保跟踪记录实际反映原材料实际使用部位
28	施工检查及评定记录填写不规范	(1)落实质量责任制,严格执行现场质量验收"三实管理"要求,实行质量验收负责人"实名制"备案,依据质量验收责任清单,施工、监理在编制、审核工程施工质量验收范围划分表的同时将验收责任人名单向业主报备。 (2)规范验收数据实测实量及实时记录,各级验收人员到工程现场对实体质量进行实测实量,实时记录验收数据,确保验收数据真实、可追溯
29	竣工图归档不规范	(1)按照《建设项目档案管理规范》(DA/T 28—2018)第 7.2.1.5 条规定"按施工图施工没有变更的,由竣工图编制单位在施工图上逐张加盖并签署竣工图章;第 7.2.1.8 条规定"施工单位重新绘制的竣工图,标题栏应包括施工单位名称、图纸名称、编制人、审核人、图号、比例尺、编制日期等标识项,并逐张加盖监理单位相关责任人审核签字的竣工图审核章";第 7.2.1.9 条规定"行业规定设计单位编制或建设单位、施工单位委托设计单位编制竣工图,应在竣工图编制说明、图纸、目录和竣工图上逐张加盖并签署竣工图审核章";第 7.2.2.2 条规定"竣工图章、竣工图审核章中的内容应填写齐全、清楚,应由相关责任人签字,不得代签;经建设单位同意,可盖执业资格印章代替签字"。 (2)加强竣工图验收管理,建设管理单位依据合同要求,对竣工图进行详细审查,监督落实各相关单位管理责任,确保竣工图准确、审核程序规范及归档规范

（5）作为实施强制性条文的原始资料，"强制性条文执行记录表"应填写规范、数据真实，记录齐全，签证有效，并按工程项目单独组卷，由建设管理单位归档。

（6）任何单位和个人不得更改强制性条文。

（7）成立"强制性条文实施监督领导小组"，明确小组成员的岗位、职责，对强条的执行情况进行监督、检查。

（8）为了使有关工程相关人员熟悉、掌握强制性标准，针对不同时期，不同阶段，进行培训工作。对于不同时期进入项目部的人员，应该在进入项目部半个月内对其进行强制性条文培训。

（三）强制性条文实施准备

（1）工程项目开工前，施工项目部应按分项工程明确本工程项目所涉及的强制性条文，编制输变电工程施工强制性条文执行计划经施工单位内部审批后，报监理项目部审核，业主项目部批准后执行。"输变电工程施工强制性条文执行计划表"应与"项目验收范围划分表"基本一致，并应涵盖所有单位、分部及分项工程，不得漏项。

（2）"施工强制性条文执行计划表"分为"施工质量强制性条文执行计划表"和"施工安全强制性条文执行计划表"。

（3）"施工质量强制性条文执行计划表"按Q/GDW10248—2016中第7部分"输电线路工程施工"的规定进行编制，"施工安全强制性条文执行计划表"按Q/GDW10248—2016中第8部分中的"输电工程施工安全"的规定进行编制。

（4）编制"施工质量强制性条文执行计划表"和"施工安全强制性条文执行计划表"时，必须首先熟悉本工程，熟悉本工程的图纸、地形、地貌、跨越、拆迁等有关内容，所有分项工程要详细列出，如本工程中没有的分项工程，在执行情况中填写"无"。

（5）执行计划表中，工程编号为单位工程、分部工程、分项工程。

（6）执行计划表中有"●"符号为该项强制性条文执行的责任主体单位，并负责填写相应表格；"○"为该项目强制性条文相关责任单位。如执行计划表中，单位工程的责任主体单位为建设管理单位，则建设管理单位在开工前，要对本单位工程的强制性条文执行计划进行策划，从工程准备、开工、过程、验收、竣工投产各过程进行叙述，从管理到检查，包括检查方式、内容和时间，必须按强制性条文中的内容进行。

（7）执行计划表中的相关责任单位，编制执行计划表时，要按本工程的一级网络计划中的进度计划，写清本工程项目的相应作业时段。

（8）执行计划表为本工程强制性条文的指导性资料，施工单位要由项目总工编写，项目经理、公司施工管理部、公司安全监察质量部进行内部审阅，公司总工程师批准。

（9）项目实施过程中，各设计、监理、施工单位要将审批的强制性条文执行计划内容纳入各相关的实施措施中，并在各类交底中明确强条的控制内容。

（四）强制性条文的执行

（1）工程施工阶段，强制性条文执行的主体责任单位为施工单位。

（2）工程施工过程中，施工单位相关责任人应及时将强制条文实施计划的落实情况，根据工程进展按分项工程据实记录、填写"输电线路工程施工强制性条文执行记录表""输电线路工程施工安全强制性条文执行记录表"，并由监理工程师审核。

（3）工程强制性条文执行记录表分为施工准备、工程施工和竣工投产三部分，工程施工又分为工程开工前和工程过程部分，工程竣工投产的内容必须在竣工验收合格后，经试验单位进行测定、带负荷试运行24h后才能填写，并要附调试试验报告。

（4）各单位的安全、质量负责人和相关责任人要在工程施工过程中，及时落实计划的执行情况，按计划的执行内容填写工程强制性条文执行记录表，执行记录表中所要的相关资料要全面、准确。如经纬仪全部检定后才允许使用，并在有效期内的相关资料中，要有本工程全部使用的经纬仪目录和各仪器的允许使用期内的检验资料，并要标准化SZLM6表式报监理。

（5）工程开工前和工程施工中的执行记录要相互对应，必须注意前、后的时间概念，如基础材料的检测时间必须在基础施工前报审，批准完成。

（6）分部工程之间必须前道工序验收合格后方准施工后面的工序，验收资料要全面。如基础验收完成后必须有试块强度达到70%的试验资料，才能进行铁塔组立施工工序。铁塔组立后经施工单位三级验收完成、监理预验收完成并报建设管理单位批准后，方能进行架线施工。

（五）强制性条文归档要求

（1）强制性条文实施计划、记录按照归档文件的要求进行收集、整理、移交。

（2）项目部负责形成的工程强制性条文记录进行及时收集、整理、保存。

（3）工程竣工后由监理单位负责收集工程中形成的强制性条文文件，对其按照归档要求进行整理、移交。

第六节 安 全 管 理

一、安全目标及安全目标分解

（一）安全目标

认真贯彻执行职业安全健康与环境保护的法律、法规和本工程建设的各项管理规定，按照公司依据《职业健康安全管理体系 要求》（GB/T 28001—2016）标准建立的《职业健康安全管理手册》要求，完善现场职业健康安全管理体系。坚持公司"安全第一，预防为主，综合治理"职业健康安全方针，建立健全安全风险机制，认真落实安全文明施工的各级安全责任制，确保工程建设和施工人员的安全与健康，规范施工现场的工作环境，强化安全文明施工，实现本工程的安全目标。安全目标见表2-5-6-1。

表 2 − 5 − 6 − 1 　博州−乌苏Ⅱ回 750kV 线路工程
施工Ⅰ标安全目标

分类	安全目标	具体目标	目标值
建设管理的安全目标	不发生六级及以上人身事件	六级及以上人身事件	0
	不发生因工程建设引起的六级及以上电网及设备事件	因工程建设引起的六级及以上电网及设备事件	0
	不发生六级及以上施工机械设备事件	六级及以上施工机械设备事件	0
	不发生火灾事故	火灾事故	0
	不发生环境污染事件	环境污染事件	0
	不发生负主要责任的一般交通事故	负主要责任的一般交通事故	0
	不发生基建信息安全事件	基建信息安全事件	0
	不发生对国家电网公司系统单位造成影响的安全稳定事件	对国家电网公司系统单位造成影响的安全稳定事件	0

（二）安全目标分解

安全目标分解见表 2 − 5 − 6 − 2。

表 2 − 5 − 6 − 2 　安全目标分解一览表

目标	公司安全目标	项目部控制目标	施工班组安全目标	施工人员控制目标
分解	（1）不发生人员重伤事故、不发生较大影响的人员群体轻伤事件。（2）不发生因工程建设引起的电网及设备事故。（3）不发生施工机械设备损坏事故。（4）不发生火灾事故。（5）不发生环境污染事件。（6）不发生负主要责任的交通事故。（7）不发生对公司造成影响的安全事件	（1）杜绝人员轻伤事故、造成较大影响的人员群体轻伤事件。（2）不发生因工程建设引起的电网及设备事故。（3）不发生施工机械设备损坏事故。（4）不发生火灾事故；不发生环境污染事件。（5）不发生交通事故。（6）不发生对公司造成影响的安全事件	（1）杜绝人员轻伤事故、造成较大影响的人员群体轻伤事件。（2）不发生因工程建设引起的电网及设备事故。（3）不发生施工机械设备损坏事故。（4）不发生火灾事故。（5）不发生环境污染事件。（6）不发生交通事故。（7）不发生对公司造成影响的安全事件	（1）施工人员严格按规程和安全技术交底工作，保护自己、保护别人、保护设备。（2）控制火种、火源，安全合法用火、用电、用水。（3）驾驶员要经常保养车辆，并按照有关规定执行行车。（4）言行要礼貌、规范，不影响公司的形象。（5）讲究卫生，增强法制观念；加强动植物的保护

二、安全管理组织机构及岗位职责

（一）安全组织保证体系和监督管理体系构成

（1）本项目工程中成立安全生产管理组织机构，以项目经理为安全生产第一责任人，是安全生产管理组织机构的核心，项目总工程师及项目部所属各部门和班组长为安全生产组织机构的成员，接受业主项目部和我公司的监督与指导。

（2）项目部是公司指派的工程指挥机构，在工程施工管理中贯彻"管生产必须管安全"的原则，并做到在计划、布置、检查、考核、总结施工工作的同时，计划、布置、检查、考核、总结安全工作。项目经理直接主管项目部安全与环境监察部，对本工程安全文明施工和环境保护等工作负全面领导责任。

（3）项目部设安全与环境监察部，专职安全员负责检查本项目部施工作业现场的安全文明施工及环境保护措施的执行状况，有效监督、控制现场的安全文明施工条件和员工的安全作业行为。

（4）施工班组每 20 人设一名兼职安全员，并在每个作业点设一名合格的安全监护人员，负责施工区域内的安全文明施工及环境保护工作。

（5）在项目工程中，公司安全监察质量部、项目工程部、施工班组安全员及各作业点现场监护人构成的安全监督体系，对施工全过程实施有效监督。

（6）在本项目工程实施各级安全施工责任制度，由公司与项目部，项目部与施工班组自上而下分别逐级签订"安全施工责任书"，施工人员填写"安全施工保证书"。充分发挥全体人员的主观能动作用，及时纠正人的不安全行为和设备机具的不安全状态，保证施工全过程有条不紊的进行。

（二）安全管理主要人员职责

1. 项目经理

是本工程安全、文明施工与环境保护工作的第一责任人，对本工程的安全、文明施工与环境保护负直接领导责任。根据国家和行业的安全、文明施工与环境保护的法律、法规、方针和政策，及本工程合同要求，制定安全、文明施工及环境保护目标和工作责任制，建立本项目的安全、文明施工与环境保护工作的管理体系，明确目标和责任，并督促相关岗位人员认真履行职责，组织日常安全、文明施工与环境保护的管理和检查工作，包括项目安全（环保）危险源、危险因素的分析和风险的预防、预控，安全文明工作例会、分析会及安全文明施工大检查。接受和配合项目管理单位、上级管理单位组织的安全、文明施工检查，并积极采取措施改进管理工作，合理组织和调配资源，带领全体项目员工实现安全、文明施工与环境保护目标。

2. 项目总工

是本工程安全、文明施工与环境保护工作的技术总负责人，对本工程的安全、文明施工与环境保护工作的技术负直接责任。负责组织安全、文明施工与环境保护的二次策划和落实；负责组织编制和审批重大项目的安全技术施工措施，督促技术人员落实和履行技术管理职责；组织研究、解决施工中存在的安全与环保技术问题，亲临重大项目施工现场监督指导工作。

3．项目部安全员

是本工程的安全、文明施工与环境保护管理工作的具体负责人，负责监督本工程各级人员安全、文明施工与环境保护工作责任制的落实。监督各项安全生产规章、制度、指令的贯彻执行；参加重要施工工序、特殊作业、危险作业的安全施工措施的审查，并监督实施；深入施工现场监督检查施工现场的安全、文明施工与环境保护工作，对施工过程中的设备安全、违章作业实施监督；掌握施工安全动态，对安全隐患、环境污染（破坏）隐患提出整改措施，提交整改报告，督促和检查整改工作的落实；负责编写和实施项目施工安全、文明施工与环保工作的奖惩制度；负责组织对外用工工作前的安全教育和学习培训。

4．班长兼指挥

是本施工班组安全、文明施工与环保工作的第一责任人，对本班组人员作业的安全文明施工设施，及工器具在施工过程中的合理性负责。负责落实安全生产、文明施工与环境保护总体措施，并按要求实施；负责落实班组控制未遂及异常的预防措施，做好施工前的技术、安全、文明施工与环境保护相关交底工作，贯彻上级的安全、文明施工指令和本工程的安全、文明施工规章制度，组织好本班组站班会、三交代，安全日活动，带头纠正并处罚违章违纪行为，支持安监员的监查工作。

5．班组安全员

是本班组安全、文明施工与环保工作具体负责人，协助班长兼指挥做好本班组的各项安全、文明施工与环保工作。负责各工序开工前的工器具配套及文明施工设施的检查、检验工作，检查安全、文明施工规章制度及施工方案执行情况，监督现场人员的操作、设备的安全运行状况和文明施工设施的施工情况，制止一切违章行为，负责本班组职工、民工的安全教育培训。

6．班组施工人员

自觉遵守本岗位工作相关的安全规程、规定，不违章作业。正确使用安全防护用品、工器具，并在使用前进行外观完好性检查。参加作业前的安全技术交底，并在安全施工作业票上签字。作业前检查工作场所，落实安全防护措施，下班前及时清扫整理作业场所。施工中发现安全隐患应妥善处理或向上级报告；在发生危及人身安全的紧急情况时，立即停止作业或者在采取必要的应急措施后撤离危险区域。参加安全活动，积极提出改进安全工作的建议。发生人身事件时应立即抢救伤者，保护事件现场并及时报告；接受事件调查时应如实反映情况。

7．工作负责人的职责

正确组织施工作业。检查施工作业票所列安全措施是否正确完备，是否符合现场实际条件，必要时予以补充完善。施工作业前，对全体作业人员进行安全交底及危险点告知，交代安全措施和技术措施，并确认签字。组织执行施工作业票所列由其负责的安全措施。监督作业人员遵守本部分、正确使用劳动防护用品和安全工器具以及执行现场安全措施。关注作业人员身体状况和精神状态是否出现异常迹象，人员变动是否合适。指定现场专责监护人，对监护对象履行监护职责。

三、安全管理体系

公司于 2002 年 10 月取得"职业健康安全管理体系"的资质并开始在全公司实行这一安全管理制度，通过该体系的健康运行而使安全管理工作方面收到了很好的效果。因此，在本工程中继续实行"职业健康、安全、环境管理体系"管理方式。

（一）工程项目部职责

（1）工程项目部要按照体系的要求建立国家、地方、企业三方面的"法律、法规清单"，并严格按照法律、法规、制度的各项要求严格管理工程的各项工作。

（2）工程项目部要按照体系的要求依据工程的具体情况建立"危险源调查表""危险源清单""重大危险源清单"，并在施工前有针对性地进行事故隐患的防治，落实责任人，确保安全施工。

（3）工程项目部要按照体系的要求依据工程特点分解项目管理目标，对于分解的目标、指标要有具体的实施办法，领导要带头执行，具体工作要落实到每一个部门，每一个人。

（4）工程项目部要按照体系的要求制订应急预案，应急与响应要有专人负责，配足配齐必要的物资装备，同时对人员进行事前的教育与培训。

（5）工程项目部要按照体系的要求建立"交通安全危险源清单""交通安全危险源调查表""交通安全重大危险源清单"，并对辨识出的重大危险源编制专项控制措施，进行安全交底。对可能发生的交通安全事故，做到提前防范，确保工程交通安全。

（二）保障安全管理体系运作措施

（1）公司及项目部各级主管领导及施工作业层要充分重视，切实落实多层次、多方位的安全生产责任制，建立和完善各级安全管理体系和监督体系。

（2）进一步强化依法管理工程安全的理念，认真落实国家安全生产法、建设工程安全生产管理条例等法律法规，依法开展工程建设安全生产管理工作；积极探索新时期电力工程建设特点，及时更新安全管理理念。

（3）要狠抓安全管理的基础工作，强化全员的安全意识和提高员工素质，严格持证上岗的考核；规范施工作业人员的安全行为，减少人为事务；用"三铁"（铁的制度、铁的面孔、铁的处理）反"三违"（违章指挥、违章作业、违反劳动纪律），杜绝"三高"（领导干部高高在上、基层职工高枕无忧、规章制度束之高阁）现象。

（4）坚持"以人为本"，不断改善施工现场工作和生活条件，努力创建先进的企业文化，营造良好的安全文明施工氛围。本工程安全文明施工要实现"六化"（安全管理制度化、安全设施标准化、平面布置条理化、设备材料堆放定置化、作业行为规范化、环境影响最小化）的管理目标，不断提高作业环境安全水平，树立新时期"国家电网"工程建设施工新形象。

（5）发挥安全生产保障体系和监督体系的作用，充分调动广大员工的积极性，项目部开展形式多样的安全生产活动，形成党、政、工、团齐抓共管的良好格局，营造项目部浓厚的安全生产氛围。

（6）将劳务分包人员纳入正式员工管理范畴，其安全教育、安全培训、劳动保护、工伤保险等应与正式工一视同仁，依法管理。

四、安全管控重点措施

（一）组织、制度措施

（1）建立以项目经理为第一安全负责人的各级安全施工责任制，贯彻"管生产必须管安全""谁主管、谁负责"的原则，所有参建人员（包括劳务协作队伍）均应纳入安全管理网络；按照合同要求明确提出工程的安全方针、安全目标；制订各级人员的安全职责，建立和健全保证体系和监督体系，并确保其有效运转，杜绝死亡事故和重大设备事故。

（2）按照《国家电网有限公司输变电工程达标投产考核及优质工程评选管理办法》〔国网（基建/3）182—2019〕、《国家电网有限公司输变电工程建设安全管理规定》〔国网（基建/2）173—2021〕等制度制订本工程安全施工管理办法，建立健全各级安全责任制，做到层层抓安全、人人管安全、事事讲安全，坚决贯彻执行"安全第一，预防为主"的方针。

（3）执行《施工安全管控措施》规定的要求，确保现场具备安全文明施工的良好条件。

（4）正确处理进度、质量与安全的矛盾，在任何时候任何情况下，都必须坚持安全第一。以质量为根本，以安全为保证，在保证安全和质量的前提下求进度。

（5）在开工前，参与施工的人员必须经身体健康检查，做好记录。进场的工器具和设备必须经过试验和维修保养，并对人员和工器具的情况进行登记，保留有关财产、人员福利、健康和安全的记录，并在监理工程师提出要求时呈递有关报告。

（6）项目部必须采取必要的措施，保证职工的身体健康和安全；并与当地卫生部门协作，做好高原、高海拔地区流行病的预防工作。配备专职医务人员、急需设备、备用品及适用的救护服务，向职工提供必要的卫生保健和卫生福利条件。与林业部门密切配合，做好森林防火工作。

（7）安全专责工程师负责对班组安全员进行业务指导，支持班组安全员的工作。负责日常安全检查，并定期开展安全大检查，分析安全薄弱环节和危险源分析，制定预防控制措施。

（8）各大工序和特殊作业必须编制施工方案和安全技术措施，特殊施工方案和重大施工方案必须报公司总工程师批准，按技术交底制度认真进行技术交底，施工时严格按方案实施。以切实可行的施工方案和先进技术保障安全施工。

（9）加强安全教育和安全培训；杜绝违章指挥、违章操作和违反劳动纪律的现象，加大反习惯性违章的工作力度，做到特殊工种持证上岗，强化安全意识，提高全员自我保护和相互保护能力，开展反"三违"活动。

（10）工程部应制定对参加施工人员的安全培训计划和安全管理办法，做好对职工、外包工的安全教育和管理工作，职工、外包工必须参加项目部组织的技术交底会、安规学习与考试，必须参加班前站班会和每周的安全日活动。

（11）加强驾驶员行车安全教育，遵守交通法规。经常检查车辆的各种性能，谨慎驾驶。

（12）成立消防及治安领导小组、环保及文明施工领导小组，加强消防及治安、环保及文明施工的管理。

（13）加强对易燃易爆物品的管理，严格执行易燃易爆物品的领用和发放制度，在易燃易爆物品管理区域按规定配置消防器材。

（14）发生安全事故，项目部应按安全管理程序，以最快方式逐级上报各主管部门。

（二）特殊环节安全施工措施

本标段线路施工安全方面的特殊环节主要在铁塔组立、交叉跨越处理和导地线张力架线等几个方面。为确保施工的安全和顺利进行，必须采取下列措施。

1. 土石方及基础施工安全施工措施

土石方开挖前，对施工作业现场周边有无影响作业的建构筑物、地下管线、邻近设备、交叉跨越及地形、地质、气象等进行现场勘察，对作业风险进行评估，并制定相应的安全措施后方可施工。

（1）基础施工过程中，施工人员不得在支撑和独木上行走，距坑口1m范围内不得堆放构件，坑内作业人员必须正确佩戴安全帽，不得在坑内休息。坑口加设施工围栏，禁止超越围栏作业。

（2）基础施工安全措施如下：

1）挖掘时坑上设监护人。

2）在扩孔范围内的地面上不得堆积土方。

3）随时检查孔壁的变化情况，防止土体塌落，基坑开挖过程中应采取可靠的安全技术措施，包括及时浇筑护壁、上下基坑使用专用爬梯、坑内作业人员在安全逃生笼中进行作业、在坑内及时使用通风设施向坑内输送新鲜空气，防止坑内人员缺氧窒息、坑口作业人员使用安全自锁器、保险绳防止作业过程中坠落坑内、清除坑内泥土使用电动提土装置等。

4）坑模成型后，及时浇灌混凝土，防止基坑坍塌。

2. 铁塔组立施工的安全措施

（1）在铁塔组立施工方案中，应对起吊重量进行准确、合理的计算，明确不同情况下的允许起吊重量，严禁超负荷起吊。软土地带的地锚埋设深度必须经过计算确定，地锚坑口必须用塑料布进行覆盖，防止雨水进入地锚坑而影响地锚的受力。

（2）在铁塔组立施工时，应对参加施工的所有人员进行安全技术交底。施工现场布置和工器具的使用必须按照技术方案执行。进入现场施工人员必须正确佩戴安全帽，塔上作业人员必须系安全带，使用速差器，穿软底鞋。

（3）抱杆提升必须统一指挥，四侧临时拉线必须均匀放出并由技工操作，抱杆垂直下方不得有人。

（4）严禁高处作业人员超时连续作业，高处作业人员应按时就餐、饮水，及时补充身体的各种消耗，防止因疲劳产生的各种隐患。

（5）组装铁塔时，带铁的螺母应出扣。当角铁的自由端朝上时，应绑扎牢固。铁件及工器具严禁浮搁在杆塔及抱杆上，防止坠落伤人。

（6）铁塔组立施工高处作业、立体交叉作业频繁，因此，一定要加强安全管理，注重安全防护用具的日常检查和安全监护，为铁塔组立的安全施工奠定基础。

（7）加强对吊装机械设备、工器具的检查、维护、保养，为立塔施工提供物质保障。

（8）在每天下班前，如果抱杆伸出塔身较多，应将其降入塔身部，防止突发大风造成意外。

（9）高空作业用的工器具系留尾绳，使用时将其系留在铁塔构件上，防止失手坠落。所有的螺栓均要求装入专用的工具袋内。

（10）为保证塔体的垂直度和扭转等铁塔安装质量，对构件尺寸在安装前进行检测，并与待安装就位点进行对比，将问题在地面消除，减少高空消缺的频次。地面配备电动扳手，塔片构件螺栓必须在地面紧固完毕，减少高空螺栓紧固，确保施工安全。

（11）与当地气象部门联系，随时掌握天气形势，合理安排工作。根据气象情况，随时在施工中采取预防措施。

（12）严禁在雷雨、雨雪和5级及以上大风条件下进行铁塔组立工作。

（13）铁塔组立前必须埋设和检测接地装置，铁塔组立时必须及时安装接地装置。

3. 停电跨越电力线施工的安全技术措施

（1）停电、送电工作必须指定专人负责，严禁采用口头或约时停电、约时送电的方式进行任何工作。

（2）未接到停电工作命令前，严禁任何人接近带电体。

（3）验电必须使用相应电压等级的合格验电器。验电时，必须戴绝缘手套并逐相进行，验电必须设专人监护。同杆塔设有多层电力线时，应先验低压、后验高压，先验下层、后验上层。挂工作接地线时，也是先挂低压、后挂高压，先挂下层、后挂上层。

（4）若有感应电反映在停电线路上时，应加挂接地线。同时要注意在拆除接地线时，防止感应电触电。

（5）挂接地线时，应先挂接地端、后挂导线端，接地线连接要可靠，不准缠绕。拆接地线的程序与此相反。

装、拆接地线时，工作人员应使用绝缘棒或戴绝缘手套，人体不得碰触接地线。若杆塔无接地引下线时，需采用临时接地棒，接地棒在地面下的深度不得小于0.6m。

（6）接地线必须使用符合安规要求的专用接地线，严禁使用其他导线代替接地线。

（7）工作过程中要采取保护措施，不得损伤停电线路的各种设备。

4. 不停电跨越电力线施工的安全技术措施

（1）跨越架的型式应根据被跨越物的大小、现场自然条件及重要性确定。跨越架的高度等应根据被跨电力线的大小确定，同时跨越架必须进行抗风、抗压等强度验算，编制跨越方案，报公司总工程师和监理工程师批准后实施。

（2）搭设或拆除跨越架应设安全监护人。搭设跨越重要设施的跨越架，应事先与被跨越设施的单位取得联系，必要时应请其派员现场监督检查。

（3）跨越架的立杆应垂直，埋深不应小于50cm，杆坑底部应夯实；遇松土或无法挖坑时应绑扫地杆。跨越架的横杆应与立杆成直角搭设。

（4）跨越架两端及每隔6～7根立杆应设剪刀撑、支杆或拉线。剪刀撑、支杆或拉线与地面的夹角不得大于60°。支杆埋入地下的深度不得小于30cm。

（5）跨越架上应悬挂醒目的警告标志。重要跨越架应经验收合格后方可使用。

（6）强风、暴雨过后应对跨越架进行检查，确认合格后方可使用。

（7）拆除跨越架应自上而下逐根进行，架材应有人传递，不得抛扔；严禁上下同时拆架或将跨越架整体推倒。

（8）搭设或拆除跨越35kV及以上电力线路的跨越架，当进行到距带电体最小安全距离时，应在被跨越电力线停电后继续进行。

（9）跨越架的宽度、高度应符合《跨越电力线路架线施工规程》（DL 5106—1999）的要求。跨越35kV及以上电力线的跨越架，应使用绝缘绳（网）封顶。

（10）不停电跨越35kV及以上高压线路，必须编制特殊跨越方案报上级批准，并征得运行单位同意，按规定履行手续；施工期间应请运行单位派人到现场监督施工。

（11）临近带电体作业时，上下传递物件必须使用绝缘缆绳，作业全过程应设专人监护。

（12）绝缘工具必须定期进行绝缘试验，其绝缘性能应符合规定要求，并在每次使用前进行外观检查。

5. 跨越公路、大车路及通信线施工的安全措施

（1）跨越公路、通信线等利用脚手杆或钢管搭设越线架，跨越架的位置中心须用仪器确定，做到位置准确，跨越架高度、宽度以及跨越架的强度必须根据现场实测参数进行验算，并编制专门的跨越方案和技术措施，对施工人员进行详细的安全技术交底后方能实施。尤其是跨越公路，在跨越架的两端200m以外必须设置交通安全

标志，跨越架设专人看护。主要铁路、公路需在当地主管部门的配合下进行施工。

（2）正式施工前与道路管理部门取得联系，将施工方案报送给对方。请对方提出安全要求，并征得对方同意。

（3）按照公路管理部门提出的安全要求，准备好各种施工标志。按照施工方案搭设跨越架，在跨越架的搭设过程中必须指定专人进行安全监护。同时施工跨越过程应在铁路、公路管理部门的协助配合下进行。

（4）在搭设和拆除越线架时，在跨越点两侧设安全监护人，并按照铁路、公路管理部门的要求设置明显的施工标志，提醒车辆慢行。监护人员应密切注意跨越现场情况，保证车辆缓慢通过。保证跨越架搭设和拆除工作安全顺利进行。

（5）上下传递物品只允许用绳子传递，不允许直接向上或向下抛扔。跨越架搭设时，扣件螺丝应紧固，构架连接紧密，整体稳定性强。

（6）放线过程中必须由专人监护跨越架和过往行人及车辆，发现异常，及时处理。

（7）架线完成后，在安全员的监护下拆除跨越架。并将施工结束的信息通知有关部门。

6．其他特殊安全措施

（1）在施工期间严禁一人独立行走，上下班或其他作业时必须结队而行，相互照顾，以防失去或发生意外。

（2）施工人员配备应急灯、蛇药等防护用品，尽量避免夜间行走。

（3）严禁在水沟、河流和水塘中洗浴、游泳、乘凉。

五、安全管理制度

（一）安全责任体系

建立健全安全施工责任体系，落实各级安全施工责任制，签订安全管理目标承包责任书。建立健全安全保证体系，机构人员到位；建立健全安全风险机制，实行"安全风险抵押金"办法，安全工作搞得好，无安全事故者，加倍奖励，否则没收抵押金并加倍处罚，提高施工人员的安全风险意识，增强安全激励的力度。

（二）安全责任状制度

公司经理与项目经理签订安全责任书，项目经理与施工班组长签订安全责任书，班组长与施工人员签订安全责任书，明确双方的权利和义务，增强了安全文明施工的意识。

（三）安全奖惩制度

将安全与效益挂钩，通过严格的考核评比，对安全文明施工成绩显著的施工班组和个人实行重奖，对达不到要求的给予处罚，并责令限期整改。同时制定严格的《项目部安全奖惩实施细则》，极大地提高了职工的安全意识。

（四）安全风险、识别、评估及预控管理制度

针对工程特点，项目经理组织对作业活动、作业场所、人员和设施进行策划。通过询问、交谈、现场观察及获取的外部安全信息对危险源进行持续的辨识、评价职业健康安全风险，采用专家评估法确定重大危险因素，根据安全目标，指标及重大危险源等，进行管理方案制定。

（五）安全应急和响应管理

通过风险预测、辨识及评价风险，项目部成立应急准备领导小组，根据项目管理部"应急预案"编制项目部相应的应急处置方案。"应急处置方案"的内容包括确定的重大危险源、正常施工中可能存在的紧急情况、紧急情况下的反应程序、应急装备及装备的定期检验维护等。应急响应的原则是人身安全第一，在确保人身安全的前提下，尽量减少财产损失并保证信息畅通。

（六）安全工作例会

由项目经理组织每月召开一次安全例会，项目部管理人员及各施工班组主要人员参加。总结布置安全工作，提出改进措施。

（七）安全教育培训

开工前制定近期及长远的安全教育培训计划，并在施工中落实执行。一般人员在各分部工程开工前，针对不同的环境和施工阶段的特点进行集中教育，提高自我保护能力，分批分期培训学习，培训资料建档，进入工作岗位。特殊工种根据地方颁发的各工种资格证书建立项目档案，持证上岗。

（八）施工机具安全管理

起重机具、绝缘工具、安全防护用具、压力容器等，在开工前进行检测试验，出入库时进行全面检查，每次使用前进行外观检查，并用标志牌表明其检查状态。电器设备等进行定期检查。施工临时用电设备由专人进行维修检查。

（九）行车安全管理

驾驶员需参加项目部安全培训并经考试合格，定期开展车辆全车检查，每次行车开展必备的行车检查，严格遵守安全驾驶操作规程，随带驾驶证、行车证及有效证件。

（十）安全检查制度

项目部每月组织检查一次，由项目经理组织；施工班组每周检查一次，班组长会同技术员、安全员进行。通过查领导、查管理、查隐患、查事故处理等内容，提出检查总结，填写"安全检查整改通知书"下发整改。

（十一）安全保卫制度

项目部、工地、材料站必须建立治安保卫管理制度，要求配备专门的治安保卫人员进行上岗执勤，确保工地、材料站、项目部免遭不法分子的破坏和盗窃。

（十二）消防管理制度

工地、材料站、办公区域、生活区域应制定详细的消防管理制度，划分责任区，配备必要的消防器材。同时要严格遵守林区施工的各项管理规定，做好重点区域的防火工作。

（十三）安全措施编制管理

一切施工活动必须有安全措施，并在施工前进行交

底，无措施或未交底，严禁施工。

一般施工由技术员编制，经项目部安全员批准执行；重要工序和特殊作业由项目工程部编制，报公司安质监察部，施管部审查，由公司总工批准执行。

（十四）施工作业票和安全工作票制度

一切施工活动必须填写施工作业票，施工作业票要内容具体，有针对性，人员落实到位。施工作业前，二级及以下风险的施工作业填写输变电工程施工作业票A，三级及以上风险的作业填写输变电工程施工作业票B。A票项目总工签发，B票项目经理签发。作业前，由工作负责人或签发人填写施工作业票；一张施工作业票中工作负责人、签发人不得为同一人。用计算机生成或打印的施工作业票应使用统一的票面格式，由施工作业票签发人审核，电子签发后方可执行。

在停电、部分停电或不停电线路上的作业及邻近、交叉带电线路处作业，应严格执行Q/GDW1799并填写工作票。现场作业按规定需要使用工作票时，工作票由设备运维管理单位（部门）签发，也可由经设备运维管理单位（部门）审核合格且经批准的基建单位签发。基建单位的工作票签发人、工作负责人名单应事先送有关设备运维管理单位（部门）、调度控制中心备案。工作票可实行"双签发"形式。签发工作票时，双方工作票签发人在工作票上分别签名，各自承担本部分工作票签发人相应的安全责任。开展同一项作业，需要同时使用工作票和作业票时，工作票与作业票的负责人应为同一人。

停电、送电作业应指定专人负责。不得采用口头或约时停电、送电。

在停电的线路或同杆（塔）架设多回线路中的部分停电线路上的工作时，应按Q/GDW1799.2规定的"电力线路第一种工作票"制度执行。

在跨越不停电电力线路施工，应按Q/GDW1799.2规定的"电力线路第二种工作票"制度执行。

（十五）安全活动

（1）实行安全目标责任制，层层落实到个人，开展安全联保活动，进行自查、互监。

（2）班前会：出工前，施工班组长根据当天的任务及现场条件对施工人员进行安全讲话，进行"三查""三交"，并列队宣讲安全工作票。收工后，进行安全小结。

（3）安全日活动：每周开展一次活动，并不少于2h，全面分析一周的安全情况，做到有目的、有内容、有记录、有实效。

（4）项目部每个月进行一次安全例会，制定计划，例会的重点是针对施工特点，环境气候的变化，解决安全中存在的问题，并保留文字及相关声像资料。

（十六）事故报告与处理

发生安全事故必须及时如实报告，事故处理必须遵循"四不放过"的原则，事故教训及时反馈下达，避免同类事故再次发生。

（十七）安全健康环境评价管理制度

根据国家电网公司相关规定，公司在原有安全性评价制度的基础上，完善了安全健康环境评价管理制度，并在全公司内开展执行安全健康环境评价管理制度，对安全健康环境进行全过程控制。

六、危险点、薄弱环节分析预测与预防措施

（一）安全风险辨识

对施工中所有的相关活动进行危险源辨识与风险评价，进行风险控制的策划，从而消除、预防或减弱风险，实现项目工程安全管理目标。通过对可能导致人身伤害或产生疾病、财产损失等情况的危险源进行辨识，预测和评价施工中可能产生的风险，并制定风险控制计划，采取相应的风险防范对策，达到保证安全的目的。

（1）根据《国家电网公司输变电工程施工安全风险识别评估及控制措施管理办法》进行施工过程中相关活动的危险源辨识、风险评价，并制定控制计划。辨识方法采用直接判别法和作业条件风险评价法（即$D=LEC$法）。

（2）将辨识出的危险源填写"危险源辨识与评价表"，当风险评价结果$D \geq 70$时定为重大作业风险，其相应的危险源为重大危险源；风险评价结果$D < 70$时定为一般作业风险，其相应的危险源为一般危险源。

（3）本次项目工程依据风险评价的结果按一般风险或重大风险制定《作业风险控制计划》。制订控制措施时应考虑以下因素：

1）国家、行业的法律、法规及标准的要求。

2）本单位制定的规定和控制性文件的要求。

3）施工材料的需求。

4）人员能力的需求。

5）机械设备的需求。

（二）安全风险预防对策

（1）全面分析和掌握作业项目中能造成重大风险的危险源，列出本工程重大作业风险危险源清单，作为本工程安全控制的基本依据之一。本工程的安全管理工作必须有效覆盖该清单。

（2）所有含有重大风险的作业均必须制定作业指导书，按经批准的作业指导书进行技术交底，并必须有施工安全作业票，严格按作业票作业。

（3）带电跨越施工方案和作业指导书必须经专家论证。

（4）所有参加含有重大风险作业的工作人员必须身体健康，无作业禁忌病症，经安全培训考试合格，持有安全上岗合格证书。特殊工种和高处作业人员均必须持证上岗。

（5）所有含有重大风险的作业使用的机具，其性能和适用条件必须清晰并与本工程要求相一致，应有有效的检验、试验报告，应严格进行例行检查，保持良好状态。

（6）利用科技进步和先进技术，改善劳动条件，选用和配用能提高作业安全系数和可靠性的施工设备和机具。

（7）按规定配置保护人员安全的劳保用具和护具，为机具配置保护装置，为工地配置保安等。

（8）针对重大作业风险制定相应的应急预案，配备应急救援药品和器材等应急资源，并适时演练增强应急能力。

（三）风险管理责任

重大风险由项目经理负责，项目总工和专职安全员协助，通过优选施工方法，采取预防措施，加强安全教育和技术培训，提高人员素质等，降低事故发生的可能性分数值 L，从而使重大风险降为一般风险。风险等级没降低，作业不能进行。

项目总工和专职安全员对主管范围内的重大风险管理责任负责。

一般风险由项目工程技术人员负责，班组长和班组安全员协助，经过加强措施，普及安全教育和培训，严格纪律，加强监督和监护，使其风险等级进一步降低。

（四）安全风险预测及控制措施

分析和预测风险，采取有效的预防措施，是保证施工安全"可控、在控"的有力方法，项目部结合工程实际及线路施工经验按公司《质量环境职业健康安全管理手册》及安全程序文件的要求，查找安全隐患，进行风险预测，从组织、管理、技术等方面加以保证。施工安全风险识别评估及控制措施，见表 2 - 5 - 6 - 3 和表 2 - 5 - 6 - 4。

某工作内容具体的施工安全固有风险识别、评估、预控措施见表 2 - 5 - 6 - 5。

表 2 - 5 - 6 - 3　　　　　　　　　　施工安全风险识别、评估清册（节选）

项目名称：博州-乌苏Ⅱ回 750kV 线路工程施工Ⅰ标　　　　　　　　　　　表号：SAQ7 - TZH - 001
编号：001

序号	工作内容	地理位置	包含部位	风险可能导致的后果	风险级别	风险编号	备注
04010000							项目驻地建设
04010100							驻地临建
1	临建搭拆	博州地区精河县、建设兵团五师 83 团	施工驻地及各作业现场	坍塌高处坠落	四	04010101	（1）房屋结构件及板材应牢固，禁止使用损伤或毁烂的结构件及板材，搭设和拆除作业应指定班组负责人，作业前应进行勘查现场地形地貌，并且安全技术交底。 （2）拆除破旧临建房及霜冻雨雪天气屋面作业时，应做好可靠的防坠、防滑措施，作业中加强安全监护
04020000							架空线路复测
2	架空线路复测	博州地区精河县、建设兵团五师 83 团	N2001 - N2158	中毒火灾淹溺物体打击高处坠落	四	04020001	（1）严禁带火种进入山区及森林，偏僻山区禁止单独作业，配齐通信、地形图等设备装备，保持通信畅通。 （2）携带必要的保卫器械、防护用具及药品。 （3）毒蛇咬伤后，先服用蛇药，再送医救治，切忌奔跑。 （4）使用砍伐工具前认真检查，砍刀手柄安装牢固，并备有必要的辅助工具。 （5）砍伐树、竹时，控制其倾倒方向，不得多人在同一处或在不足树、竹高度的 1.2 倍范围内砍伐。 （6）砍伐树木时，设监护人，树木倾倒前呼叫警告，砍伐人员向倾倒的相反方向躲避。 （7）不得攀附脆弱、枯死或尚未砍断的树枝、树木，应使用安全带。 （8）安全带不得系在待砍剪树枝的断口附近。 （9）提前对施工道路进行调查、修复，必要时应采取措施。 （10）严禁使用金属测量器具测量带电线路各种距离

序号	工作内容	地理位置	包含部位	风险可能导致的后果	风险级别	风险编号	备注
04030000							土石方工程
04030100							一般土石方开挖
3	一般土石方及掏挖基础机械开挖	博州地区精河县、建设兵团第五师八十三团	N2002、N2003、N2005、N2006、N2010、N2011、N2012、N2013、N2015－N2019、N2021－N2098、N2115、N2117－N2126、N2128－N2144、N2146－N2158、N2127共132基	坍塌机械伤害	四	04030103	（1）机械作业前，操作人员应接受施工任务和安全技术措施交底。 （2）机械开挖要选好机械位置，进行可靠支垫，有防止向坑内倾倒的措施。 （3）严禁在伸臂及挖斗作业半径内通过或逗留。 （4）严禁人员进入斗内，不得利用挖斗递送物件。 （5）暂停作业时，应将挖斗放至地面。 （6）暂停作业时，将旋挖钻杆放到地面
04030200							掏挖基础基坑开挖
4	设计坑深大于等于5m的掏挖基础人工开挖	博州地区精河县、建设兵团第五师八十三团	N2001、N2004、N2007、N2014、N2020、N2085、N2099－N2114、N2116、N2145共24基	坍塌窒息中毒高处坠落物体打击	三	04030202	（1）配备良好通风设备。每日开工前必须检测井下有无有毒、有害气体，并应有足够的安全防护措施。设置安全监护人和上、下通信设备。 （2）规范设置供作业人员上下基坑的安全通道（梯子），基坑边缘按规范要求设置安全护栏。规范设置弃土提升装置，确保弃土提升装置安全性、稳定性，基坑深度达2m时，必须用取土器械取土；人力提土绞架刹车装置、电动葫芦提土机械自动卡紧保险装置应安全可靠。 （3）提土斗应为软布袋或竹篮等轻型工具，吊运土不得满装，吊运土方时孔内人员靠孔壁站立。 （4）在扩孔范围内的地面上不得堆积土方。 （5）坑边如需堆放材料机械，必须经设计计算确定放坡系数，必要时采取支护措施。 （6）先清除山坡上方浮土、石，土石滚落下方不得有人。 （7）基坑顶部按设计规范要求设置截水沟。边坡开挖时，由上往下开挖，依次进行。不得上、下坡同时撬挖。 （8）一般土质条件下弃土堆底至基坑顶边距离不小于1m，弃土堆高不大于1.5m，垂直坑壁边坡条件下弃土堆底至基坑顶边距离不小于3m。不得在软土场地的基坑边堆土。 （9）土方开挖过程中必须观测基坑周边土质是否存在裂缝及渗水等异常情况，适时进行监测。 （10）挖土区域设警戒线，各种机械、车辆严禁在开挖的基础边缘2m内行驶、停放。 （11）上、下基坑时不得拉拽，不得在基坑内休息。 （12）人工开挖深度超5m时，按设计要求采取相应护壁措施防止塌方，第一节护壁应高出地面150～300mm，壁厚比下层护壁厚度增加100～150mm，便于挡土、挡水。 （13）设置盖板或安全防护网，防止落物伤人。 （14）坑底面积超过2m²时，可由2人同时挖掘，但不得面对面作业。 （15）底盘扩底及基坑清理时应遵守掏挖基础的有关安全要求。 （16）坑模成型后，及时浇灌混凝土，否则采取防止土体塌落的措施

续表

序号	工作内容	地理位置	包含部位	风险可能导致的后果	风险级别	风险编号	备　注
5	岩石基础机械钻孔		N2098－N2106 共计8基	中毒 触电 机械伤害 物体打击 高处坠落	四	04030302	（1）使用液压劈裂机进行胀裂作业时，手持部位应正确，不得接触活塞顶等活动部分。多台胀裂机同时作业时，应检查液压油管分路正确。 （2）用凿岩机或风钻打孔时，操作人员应戴口罩和风镜，手不得离开钻把上的风门，更换钻头应先关闭风门。 （3）使用水磨钻施工过程中，打钻工人在施工作业时必须严格做到水、电分离应配备绝缘防护用品，如胶鞋、绝缘手套等防护用品；水磨钻安装固定必须牢固，更换水磨钻钻头及换位时必须切断电源。 （4）机械钻孔时应遵守人工开挖的有关的安全要求。 孔深超过5m应配备良好通风设备。每日开工前必须检测井下有无有毒、有害气体，并应有足够的安全防护措施。设置安全监护人和上、下通信设备
	04030500			机械冲、钻孔灌注桩基础作业			
6	机械冲、钻孔灌注桩基础作业	建设兵团第五师八十三团	N2008、N2009 共2基	坍塌 机械伤害 物体打击	四	04030501	（1）护筒应按规定埋设，以防塌孔和机械设备倾倒。 （2）护筒有变形或断裂现象，立即停止坑内作业，处理完毕后方可继续施工。 （3）桩机就位，井机的井架由专人负责支戗杆，打拉线，以保证井架的稳定。 （4）发电机、配电箱、桩机等用电设备可靠接地。 （5）钻机支架必须牢固，护筒支设必须有足够的水压，对地质条件要掌握注意观察钻机周围的土质变化。 （6）冲孔操作时，随时注意钻架安定平稳，钻机和冲击锤机运转时不得进行检修。 （7）泥浆池必须设围栏，将泥浆池、已浇注桩围栏好并挂上警示标志，防止人员掉入泥浆池中。 （8）起吊安放钢筋笼时，施工人员必须听从统一指挥，吊杆下面不准站人。 （9）采用吊车起吊应先将钢筋笼运送到吊臂下方，吊车司机平稳起吊，设人拉好方向控制绳，严禁斜吊。 （10）吊运过程中吊车臂下严禁站人和通行，并设置作业警戒区域及警示标志向孔内下钢筋笼时，两人在笼侧面协助找正对准孔口，慢速下笼，到位固定。 （11）导管安装与下放时，施工人员听从统一指挥，吊杆下面不准站人，导管在起吊过程中要有人用绳索溜放，使导管能按预想的方向或位置移动。 灌注桩基础施工需要连续进行，夜间现场施工应在不同的角度设置足够灯光亮度，保证现场施工过程中的安全。 （12）采用泵送混凝土时，导管两侧1m范围内不得站人；导管出料口正前方30m内禁止站人
	04030700			人工挖孔桩基础作业			
7	设计坑深小于16m的人工挖孔桩基础作业	博州地区精河县、建设兵团第五师八十三团	N2001、N2004、N2007、N2014、N2020、N2085、N2099－N2114、N2116、N2145 共24基	触电 中毒 窒息 坍塌 高处坠落 物体打击	三	04030701	（1）人工挖孔桩基础作业前需编制专项施工方案。 （2）人工挖孔开始开挖时，应使用深基坑作业一体化装置，待混凝土浇筑完毕后方可撤离。 （3）必须设置孔洞盖板、安全围栏、安全标志牌，并设专人监护。

序号	工作内容	地理位置	包含部位	风险可能导致的后果	风险级别	风险编号	备 注
7	设计坑深小于16m的人工挖孔桩基础作业	博州地区精河县、建设兵团第五师八十三团	N2001、N2004、N2007、N2014、N2020、N2085、N2099-N2114、N2116、N2145 共24基	触电 中毒 窒息 坍塌 高处坠落 物体打击	三	04030701	(4) 桩间净距小于2.5m时，须采用间隔开挖施工顺序。 (5) 开挖桩孔应从上到下逐层进行，每节筒深不得超过1m，先挖中间部分的土方，然后向周边扩挖。 (6) 每节的高度严格按设计施工，不得超挖。每节筒深的土方应当日挖完。 (7) 坑底面积超过2m²时，可由两人同时挖掘，但不得面对面作业。挖出的土方，应随挖随运，暂时不能运走的，应堆放在孔口边1m以外，且堆高度不得超过1m。 (8) 人工挖、扩桩孔的施工现场应用围挡与外界隔离，设专人监护，非工作人员不得入内。距离孔口3m内不得有机动车辆行驶或停放。 (9) 人工挖孔采用混凝土护壁时，应对护壁进行验收。第一圈护壁要做成沿口圈，沿口宽度大于护壁外径300mm，口沿处高出地面100mm以上，孔内扩壁应满足强度要求，孔底末端护壁应有可靠防滑壁措施。 (10) 混凝土护壁强度标号不低于C15。护壁拆模强度不低于3MPa，一般条件下24h后方可拆模，继续下挖桩土。 (11) 对Q4沉积粉土、粉质黏土、黏土等较好的土层，人工挖扩桩孔不采用混凝土扩壁时，必须使用工具式的安全防护笼进行施工，防护笼每节长度不超过2m。防护笼总长度要达到扩孔交界处，孔口必须做沿口混凝土护圈。 (12) 孔深达到2m时，利用提升设备运土，桩孔内人员应戴安全帽，地面人员应系好安全带，规范设置供作业人员上下基坑的安全通道（梯子）。 (13) 吊桶离开孔上方1.5m时，推动活动安全盖板，掩蔽孔口，防止卸土的土块、石块等杂物坠落孔内伤人。吊桶在小推车内卸土后，再打开活动盖板，下放吊桶装土。 (14) 当地下渗水量不大时，随挖随将泥水用吊桶运出。当地下渗水量较大时先在桩孔底挖集水坑，用高程水泵沉入抽水，边降水边挖土，水泵的规格按抽水量确定。应日夜三班抽水，使水位保持稳定。 (15) 桩孔挖至规定的深度后，用支杆检查桩孔的直径及井壁圆弧度，修整孔壁，使上下垂直平顺。 (16) 每日开工前必须检测井下有无有毒、有害气体，并应有足够的安全防护措施。 (17) 桩深大于5m时，宜用风机或风扇向孔内送风不少于5min，排除孔内浑浊空气。桩深大于10m时，井底应设照明，且照明必须采用12V以下电源，带罩防水安全灯具；应设专门向井下送风的设备，风量不得少于25L/s，且孔内电缆必须有防磨损、防潮、防断等保护措施。 (18) 操作时上下人员轮换作业，桩孔上人员密切观察桩孔下人员的情况，互相呼应，不得擅离岗位，发现异常立即协助孔内人员撤离，并及时上报。 (19) 在孔内上下递送工具物品时，严禁抛掷，严防孔口的物件落入桩孔内。

续表

序号	工作内容	地理位置	包含部位	风险可能导致的后果	风险级别	风险编号	备注
7	设计坑深小于16m的人工挖孔桩基础作业	博州地区精河县、建设兵团第五师八十三团	N2001、N2004、N2007、N2014、N2020、N2085、N2099－N2114、N2116、N2145共24基	触电中毒窒息坍塌高处坠落物体打击	三	04030701	（20）人工挖扩桩孔（含清孔、验孔），凡下孔作业人员均需戴安全帽，腰系安全绳，必须从专用爬梯上下，严禁沿孔壁或乘运土设施上下。 （21）在扩孔范围内的地面上不得堆积土方。 （22）人员下孔检修前必须检测井下有无有毒、有害气体，并应有足够的安全防护措施。 （23）桩孔料筒口前设限位横木，手推车不得用力过猛和撒把。 （24）采用泵送混凝土时，泵车现场和混凝土施工仓内必须有完善的通信手段以便施工的安全进行。导管两侧1m范围内不得站人，以防导管摆动伤人；导管出料口正前方30m内禁止站人，防泵内空气压出骨料伤人。 （25）人员下孔检修前必须检测井下有无有毒、有害气体，并应有足够的安全防护措施
	04040000						钢筋工程
8	钢筋加工	博州地区精河县	材料站钢筋加工点	触电火灾爆炸机械伤害物体打击	四	04040001	（1）钢筋作业场地应宽敞、平坦，并搭设作业棚。钢筋按规格、品种分类，设置明显标识，整齐堆放，现场配备消防器材。 （2）钢筋加工机械设施安装稳固，机械的安全防护装置齐全有效，传动部分有（完好）防护罩。 （3）机械设备的控制开关应安装在操作人员附近，并保证电气绝缘性能可靠，接地措施可靠。 （4）手工加工钢筋前检查板扣、大锤等工具完好，在工作台上弯钢筋时，及时清理铁屑。 展开钢筋时，两端卡牢；拉直调直钢筋时，卡牢卡头，牢固地锚，拉筋沿线2m区域内禁止行人，卷扬机棚前设置挡板，严禁直接用手把持。 （5）切断长度小于400mm的钢筋必须用钳子夹牢，且钳柄不得短于500mm，严禁直接用手把持。 （6）钢筋搬运、制作、堆放时与电气设施应保持安全距离。绑扎线头应压向钢骨架内侧。 （7）从事焊接或切割操作人员正确使用安全防护用品、用具。 （8）进行焊接或切割工作时，应有防止触电、爆炸和防止金属飞溅引起火灾的措施，并应防止灼伤。 （9）严禁在储存或加工易燃、易爆物品的场所周围10m范围内进行焊接或切割工作；在焊接、切割地点周围5m范围内，清除易燃、易爆物品；确实无法清除时，采取可靠的隔离或防护措施。 （10）在风力五级以上及下雨、下雪时，不可露天或高处进行焊接和切割作业如必须作业时，应采取防风、防雨雪的措施。 （11）气焊与气割应使用乙炔瓶供气。 （12）气焊与气割的气瓶保持直立状态，并采取防倾倒措施。气瓶远离火源，并采取避免高温和防止暴晒的措施。 （13）焊接与切割的工作场所应有良好的照明，应采取措施排除有害气体、粉尘和烟雾等，使之符合现行GBZ 1—2010《工业企业设计卫生标准》的要求。在人员密集的场所进行焊接工作时，宜设挡光屏。

序号	工作内容	地理位置	包含部位	风险可能导致的后果	风险级别	风险编号	备　　注
8	钢筋加工	博州地区精河县	材料站钢筋加工点	触电火灾爆炸机械伤害物体打击	四	04040001	（14）进行焊接或切割工作，必须经常检查并注意工作地点周围的安全状态，有危及安全的情况时，必须采取防护措施。 （15）在高处进行焊接与切割工作，除应遵守本规程中高处作业的有关规定外还应遵守下列规定： 1）工作开始前应清除下方的易燃物，或采取可靠的隔离、防护措施，并设专人监护。 2）不得随身带着电焊导线或气焊软管登高或从高处跨越。此时，电焊导线软管应在切断电源或气源后用绳索提吊。 3）在高处进行电焊工作时，宜设专人进行拉合闸和调节电流等工作
9	钢筋绑扎安装作业	博州地区精河县、建设兵团第五师八十三团	N2001－N2158	窒息高处坠落物体打击	四	04040002	（1）施工人员正确使用个人安全防护用品。严禁穿短袖、短裤、拖鞋进行作业。 （2）在孔内上下递送工具物品时，严禁抛掷，严防孔口的物件落入桩孔内。 （3）在下钢筋笼时设控制钢筋的方向。地脚螺栓或插入式角钢有固定支架，支架牢固可靠

表 2 - 5 - 6 - 4　　　　　三级及以上固有风险清册（节选）

项目名称：博州-乌苏Ⅱ回 750kV 线路工程施工Ⅰ标　　　　　　　　　　　表号：SAQ7 - TZH - 001

编号：002

序号	工作内容	地理位置	包含部位	风险可能导致的后果	风险级别	风险编号	备　　注
04030000							土石方工程
04030200							掏挖基础基坑开挖
1	设计坑深大于等于5m的掏挖基础人工开挖	博州地区精河县、建设兵团第五师八十三团	N2001、N2004、N2007、N2014、N2020、N2085、N2099－N2114、N2116、N2145共24基	坍塌窒息中毒高处坠落物体打击	三	04030202	（1）配备良好通风设备。每日开工前必须检测井下有无有毒、有害气体，并应有足够的安全防护措施。设置安全监护人和上、下通信设备。 （2）规范设置供作业人员上下基坑的安全通道（梯子），基坑边缘按规范要求设置安全护栏。 规范设置弃土提升装置，确保弃土提升装置安全性、稳定性。基坑深度达2m时，必须用取土器械取土；人力提土绞架刹车装置、电动葫芦提土机械自动卡紧保险装置应安全可靠。 （3）提土斗应为软布袋或竹篮等轻型工具，吊运土不得满装，吊运土方时孔内人员靠孔壁站立。 （4）在扩孔范围内的地面上不得堆积土方。 （5）坑边如需堆放材料机械，必须经设计计算确定放坡系数，必要时采取支护措施。 （6）先清除山坡上方浮土、石；土石滚落下方不得有人。 （7）基坑顶部按设计规范要求设置截水沟。边坡开挖时，由上往下开挖，依次进行。不得上、下坡同时撬挖。 （8）一般土质条件下弃土堆底至基坑顶边距离不小于1m，弃土堆高不大于1.5m，垂直坑壁边坡条件下弃土堆底至基坑顶边距离不小于3m。不得在软土场地的基坑边堆土。

续表

序号	工作内容	地理位置	包含部位	风险可能导致的后果	风险级别	风险编号	备　注
1	设计坑深大于等于5m的掏挖基础人工开挖	博州地区精河县、建设兵团第五师八十三团	N2001、N2004、N2007、N2014、N2020、N2085、N2099 – N2114、N2116、N2145 共24基	坍塌 窒息 中毒 高处坠落 物体打击	三	04030202	（9）土方开挖过程中必须观测基坑周边土质是否存在裂缝及渗水等异常情况，适时进行监测。 （10）挖土区域设警戒线，各种机械、车辆严禁在开挖的基础边缘2m内行驶、停放。 （11）上下基坑时不得拉拽，不得在基坑内休息。 （12）人工开挖深度超5m时，按设计要求采取相应护壁措施防止塌方，第一节护壁应高出地面150～300mm，壁厚比下层护壁厚度增加100～150mm，便于挡土、挡水。 （13）设置盖板或安全防护网，防止落物伤人。 （14）坑底面积超过2m²时，可由2人同时挖掘，但不得面对面作业。 （15）底盘扩底及基坑清理时应遵守掏挖基础的有关安全要求。 （16）坑模成型后，及时浇灌混凝土，否则采取防止土体塌落的措施
	04030500						机械冲、钻孔灌注桩基础作业
	04030700						人工挖孔桩基础作业
2	设计坑深小于16m的人工挖孔桩基础作业	博州地区精河县、建设兵团第五师八十三团	N2001、N2004、N2007、N2014、N2020、N2085、N2099 – N2114、N2116、N2145 共24基	触电 中毒 窒息 坍塌 高处坠落 物体打击	三	04030701	（1）人工挖孔桩基础作业前需编制专项施工方案。 （2）人工挖孔开始开挖时，应使用深基坑作业一体化装置，待混凝土浇筑完毕后方可撤离。 （3）必须设置孔洞盖板、安全围栏、安全标志牌，并设专人监护。 （4）桩间净距小于2.5m时，须采用间隔开挖施工顺序。 （5）开挖桩孔应从上到下逐层进行，每节筒深不得超过1m，先挖中间部分的土方，然后向周边扩挖。 （6）每节的高度严格按设计施工，不得超挖。每节筒深的土方应当日挖完。 （7）坑底面积超过2m²时，可由两人同时挖掘，但不得面对面作业。挖出的土方，应随出随运，暂时不能运走的，应堆放在孔口边1m以外，且堆高度不得超过1m。 （8）人工挖、扩孔的施工现场应用围挡与外界隔离，设专人监护，非工作人员不得入内。距离孔口3m内不得有机动车辆行驶或停放。 （9）人工挖孔采用混凝土护壁时，应对护壁进行验收。第一圈护壁要做成沿口圈，沿口宽度大于护壁外径300mm，口沿处高出地面100mm以上，孔内扩壁应满足强度要求，孔底末端护壁应有可靠防滑措施。 （10）混凝土护壁强度标号不低于C15。护壁拆模强度不低于3MPa，一般条件下24h后方可拆模，继续下挖桩土。 （11）对Q4沉积粉土、粉质黏土、黏土等较好的土层，人工挖扩桩孔不采用混凝土扩壁时，必须使用工具式的安全防护笼进行施工，防护笼每节长度不超过2m。防护笼总长度要达到扩孔交界处，孔口必须做沿口混凝土护圈。 （12）孔深达到2m时，利用提升设备运土，桩孔内人员应戴安全帽，地面人员应系好安全带，规范设置供作业人员上下基坑的安全通道（梯子）。

续表

序号	工作内容	地理位置	包含部位	风险可能导致的后果	风险级别	风险编号	备　注
2	设计坑深小于16m的人工挖孔桩基础作业	博州地区精河县、建设兵团第五师八十三团	N2001、N2004、N2007、N2014、N2020、N2085、N2099－N2114、N2116、N2145共24基	触电中毒窒息坍塌高处坠落物体打击	三	04030701	（13）吊桶离开孔上方1.5m时，推动活动安全盖板，掩蔽孔口防止卸土的土块、石块等杂物坠落孔内伤人。吊桶在小推车内卸土后，再打开活动盖板，下放吊桶装土。 （14）当地下渗水量不大时，随挖随将泥水用吊桶运出。当地下渗水量较大时先在桩孔底挖集水坑，用高程水泵沉入抽水，边降水边挖土，水泵的规格按抽水量确定。应日夜三班抽水，使水位保持稳定。 （15）桩孔挖至规定的深度后，用支杆检查桩孔的直径及井壁圆弧度，修整孔壁，使上下垂直平顺。 （16）每日开工前必须检测井下有无有毒、有害气体，并应有足够的安全防护措施。 （17）桩深大于5m时，宜用风机或风扇向孔内送风不少于5min，排除孔内浑浊空气。桩深大于10m时，井底应设照明，且照明必须采用12V以下电源，带罩防水安全灯具应设专门向井下送风的设备，风量不得小于25L/s，且孔内电缆必须有防磨损、防潮、防断等保护措施。 （18）操作时上下人员轮换作业，桩孔上人员密切观察桩孔下人员的情况，互相呼应，不得擅离岗位，发现异常立即协助孔内人员撤离，并及时上报。 （19）在孔内上下递送工具物品时，严禁抛掷，严防孔口的物件落入桩孔内。 （20）人工挖扩桩孔（含清孔、验孔），凡下孔作业人员均需戴安全帽，腰系安全绳，必须从专用爬梯上下，严禁沿孔壁或乘运土设施上下。 （21）在扩孔范围内的地面上不得堆积土方。 （22）人员下孔检修前必须检测井下有无有毒、有害气体，并应有足够的安全防护措施。 （23）桩孔料筒口前设限位横木，手推车不得用力过猛和撒把。 （24）采用泵送混凝土时，泵车现场和混凝土施工仓内必须有完善的通信手段以便施工的安全进行。导管两侧1m范围内不得站人，以防导管摆动伤人；导管出料口正前方30m内禁止站人，防泵内空气压出骨料伤人。 （25）人员下孔检修前必须检测井下有无有毒、有害气体，并应有足够的安全防护措施
3	钢筋及声测管绑扎安装作业（设计坑深大于等于5m的掏挖基础、设计坑深小于16m的人工挖孔桩基础等）	博州地区精河县、建设兵团第五师八十三团	N2001、N2004、N2007、N2014、N2020、N2085、N2099－N2114、N2116、N2145共24基	中毒窒息高处坠落物体打击	三	04040003	（1）人工挖孔作业全程应使用深基坑作业一体化装置，待混凝土浇筑完毕后方可撤离。 （2）施工人员正确使用个人安全防护用品。严禁穿短袖、短裤、拖鞋进行作业。 （3）每日开工前必须检测井下有无有毒、有害气体，并应有足够的安全防护措施。 （4）桩深大于5m时，宜用风机或风扇向孔内送风不少于5min，排除孔内浑浊空气。桩深大于10m时，井底应设照明，且照明必须采用12V以下电源；应设专门向井下送风的设备，风量不得小于25L/s，且孔内电缆必须有防磨损、防潮、防断等保护措施。 （5）操作时桩孔上人员密切观察桩孔下人员的情况，互相呼应，不得擅离岗位，发现异常立即协助孔内人员撤离，并及时上报。 （6）在孔内上下递送工具物品时，严禁抛掷，严防孔口的物件落入桩孔内

续表

序号	工作内容	地理位置	包含部位	风险可能导致的后果	风险级别	风险编号	备　注
	04050000					工地运输	
4	金属索道架设及运输	博州地区精河县	N2098－N2106 共计8基	坍塌 机械伤害 物体打击 高处坠落	三	04050003	（1）索道架设按施工方案选用承力索、支架等设备及部件。2000kg、4000kg索道使用金属支架，严禁使用木质支架。 （2）驱动装置严禁设置在承载索下方。山坡下方的装、卸料处设置安全挡。 （3）索道装置应经过使用单位验收合格后方可投入运输作业。 （4）在工作索与水平面的夹角在15°以上的下坡侧料场，设置限位装置。 （5）运输索道正下方左右各10m的范围为危险区域，设置明显醒目的警告标志并设专人监管，禁止人畜进入。投入运输前经验收合格。 （6）提升工作索时防止绳索缠绕且慢速牵引，架设时严格控制弛度。 （7）一个张紧区段内的承载索，采用整根钢丝绳，规格满足要求；返空索直径不宜小于12mm；牵引索采用较柔软、耐磨性好的钢丝绳，规格满足要求。 （8）索道支架宜采用四支腿外拉线结构，支架拉线对地夹角不超过45°。支架基础位于边坡附近时，应校验边坡稳定性，必要时在周围设置防护及排水设施货物通过支架时，其边缘距离支架支腿不得小于100mm。支架承载的安全系数不小于3。 （9）循环式索道驱动装置采用摩擦式驱动装置，卷筒的抗滑安全系数。循环式索道驱动装置应采用摩擦式驱动装置，卷筒的抗滑安全系数，正常运行时不得小于1.5。 （10）索道架设后在各支架及牵引设备处安装临时接地装置。 （11）索道运输前必须确保沿线通信畅通。 （12）定期检查承载索的锚固、拉线、各种索具、索道支架，并做好相关检查记录。牵引索的钳口使用过程中经常检查，定期更换。 （13）小车与跑绳的固定应采用双螺栓，且必须紧固到位，防止滑移脱落。 （14）索道运输时装货严禁超载，严禁运送人员，索道下方严禁站人，驱动装置未停机装卸人员严禁进入装卸区域。山坡下方的装、卸料处设置安全挡。 （15）索道每天运行前，检查索道系统各部件是否处于完好状态，开机空载运行时间不少于2min，发现异常及时处理。 （16）严禁装卸笨重物件，派专人监护，对索道下方及绑扎点进行检查。 （17）循环式索道驱动装置采用摩擦式驱动装置，卷筒的抗滑安全系数：在最不利载荷情况下启动或制动时，不得小于1.25。最高运行速度不宜超过60m/min卷筒上的钢索至少缠绕5圈

续表

序号	工作内容	地理位置	包含部位	风险可能导致的后果	风险级别	风险编号	备　注
	04060000						基础工程
	04060100						模板施工
5	高度在2m到8m或跨度10m及以上模板安装和支护	博州地区精河县、建设兵团第五师八十三团	N2002、N2003、N2005、N2006、N2010、N2011、N2012、N2013、N2015－N2019、N2021－N2098、N2115、N2117－N2126、N2128－N2144、N2146－N2158、N2127共132基	坍塌物体打击	三	04060101	（1）作业人员上下基坑时有可靠的扶梯，不得相互拉拽、攀登挡土板支撑上下作业人员不得在基坑内休息。 （2）坑边1m内禁止堆放材料和杂物。坑内使用的材料、工具禁止上下抛掷。 （3）人力在安装模板构件，用抱杆吊装和绳索溜放，不得直接将其翻入坑内。 （4）模板的支撑牢固，并对称布置，高出坑口的加高立柱模板有防止倾覆的措施；模板采用木方加固时，绑扎后处理铁丝末端。 （5）作业人员在架子上进行搭设作业时，不得单人进行装设较重构配件和其他易发生失衡、脱手、碰撞、滑跌等不安全的作业。 （6）支撑架搭设区域地基回填土必须回填夯实。 （7）夜间施工时，施工照明充足，不得存在暗角。对于出入基坑处，设置长明警示灯。所有灯具有防雨、水措施
	04060200						作业平台搭设
6	搭设平台（跨度或高度大于2m）	博州地区精河县、建设兵团第五师八十三团	N2002、N2003、N2005、N2006、N2010、N2011、N2012、N2013、N2015－N2019、N2021－N2098、N2115、N2117－N2126、N2128－N2144、N2146－N2158、N2127共132基 直柱基础开挖	坍塌高处坠落	三	04060201	（1）浇筑混凝土平台跳板材质和搭设符合要求，跳板捆绑牢固，支撑牢固可靠有上料通道。 （2）上料平台不得搭悬臂结构，中间设支撑点并结构可靠，平台设护栏。大坑口基础浇制时，搭设的浇制平台要牢固可靠，平台横梁加撑杆。平台模应设维护栏杆。 （3）投料高度超过2m应使用溜槽或串筒下料，串筒宜垂直放置，串筒之间连接牢固，串筒连接较长时，挂钩应予加固。严禁攀登串筒进行清理。 （4）基坑口搭设卸料平台，平台平整牢固，用手推车运送混凝土时，倒料平台口设挡车措施；倒料时严禁撒把。 （5）卸料时前台下料人员协助卸料，基坑内不得有人；前台下料作业要坑上坑下协作进行，严禁将混凝土直接翻入基础内。 （6）中途休息时作业人员不得在坑内休息。夜间施工时，施工照明充足，不得存在暗角。对于出入基坑处，设置长明警示灯。所有灯具有防雨、水措施

表 2-5-6-5 　　　　　　　　线路跨越施工安全固有风险识别、评估、预控措施

序号	工作内容	风险可能导致的后果	风险级别	风险编号	风 险 控 制 措 施
1	跨越铁路封网、拆网	倒塌、触电、电铁停运高处坠落	二	04090107	（1）编制专项施工方案，施工单位还需组织专家进行论证、审查。严格按批准的施工方案执行。 （2）跨越架整体结构的稳定。跨越架强度应足够，能够承受牵张过程中断线或跑线时的冲击力。 （3）跨越架设置防倾覆措施。跨越架悬挂醒目的安全警告标志、夜间警示装置和验收标志牌。 （4）跨越档两端铁塔的附件安装必须进行二道防护，并采取有效接地措施。 （5）架设及拆除防护网及承载索必须在晴好天气进行，所有绳索应保持干净、干燥状态，施工前应对承载索、拖网绳、绝缘网、导引绳进行绝缘性能测试，不合格者不得使用。 （6）搭设跨越架，事先与铁路部门取得联系，必要时请其派员监督检查。 （7）跨越架横担中心设置在新架线路每相（极）导线的中心垂直投影上。 （8）跨越架顶要设置导线防磨措施。跨越架的中心应在线路中心线上，宽度考虑施工期间牵引绳或导地线风偏后超出新建线路两边线各 2.0m，且架顶两侧设外伸羊角。 （9）安装完毕后经检查验收合格后方准使用。 （10）附件安装完毕后，方可拆除跨越架
2	跨越66kV以下带电线路作业	触电高处坠落电网事故物体打击	三	04090201	（1）编制施工方案，跨越架应有受力计算，强度应足够，能够承受牵张过程中断线的冲击力。 （2）跨越不停电电力线路，在架线施工前，施工单位应向运维单位书面申请该带电线路"退出重合闸"，许可后方可进行不停电跨越施工。施工期间发生故障跳闸时，在未取得现场指挥同意前，不得强行送电。 （3）遇雷电、雨、雪、霜、雾，相对湿度大于85％或5级以上大风天气时，严禁进行不停电跨越作业。 （4）安全监护人，必须到岗履职，防止操作人员误登带电侧。 （5）施工使用各类绳索，尾端应采取固定措施，防止滑落、飘移至带电体导引绳通过跨越必须使用绝缘绳做引绳，最后通过跨越架的导线、地线引绳或封网绳等必须使用绝缘绳做控制尾绳。架线过程中，不停电跨越位置处跨越两端铁塔应设专人监护，监护人应配备通信工具，且应保持与现场指挥人的联系畅通。 （6）在带电线路上方的导线上测量间隔棒距离时，禁止使用带有金属丝的测绳、皮尺。 （7）架线过程中，不停电跨越位置处、跨越档两端铁塔应设专人监护，监护人应配备通信工具，且应保持与现场指挥人的联系畅通。 （8）跨越架与66kV以下运行电力线等的最小安全距离应符合规定要求。 （9）封网所使用的网片及承力绳保持干燥；承力绳及网片对被跨越物按规定保持足够的安全距离。 （10）紧线过程人员不得站在悬空导线、地线的垂直下方。不得跨越将离地面的导线或地线；人员不得站在线圈内或线弯的内角侧。 （11）架线附件安装时，作业区间两端应装设保安接地线。施工线路有高压感应电时，应在作业点两侧加装接地线。 （12）地线有放电间隙的情况下，地线附件安装前应采取接地措施。 （13）高空压接必须双锚

（五）三级及以上风险作业信息表

每日报送三级及以上风险作业信息表，其格式见表2-5-6-6。

表 2-5-6-6 三级及以上风险作业信息表

序号	任务名称（无需填写）	任务编号（无需填写）	风险等级（下拉选择）	单项工程名称	单项工程编号（与基建管控对应14位）	施工单位	作业部位	作业内容	任务类型	作业地点	经度	纬度	实际工作开始时间	计划结束时间	负责人姓名	负责人电话	摄像头名称（与省公司视频监控平台核实对应的摄像头名称）	8月22日作业内容	8月23日作业内容
1	（无需填写）	/	二级	博州－乌苏Ⅱ回750kV线路施工工程Ⅰ标	1230HQ1351QP0501-01	新疆送变电有限公司	N2069－N2070	跨越铁路封：N2069－N2070 跨越精伊霍铁路	（无需填写）	博州精河县	82.5237	44.414785	8月23日	8月23日	×××	×××	布控球编号：bkp143；执法记录仪：129（信号不稳定）		跨越铁路封网：N2069－N2070 跨越精伊霍铁路
2	（无需填写）	/	二级	博州－乌苏Ⅱ回750kV线路施工工程Ⅰ标	1230HQ1351QP0501-01	新疆送变电有限公司	N2069－N2070	跨越铁路封网：N2069－N2070 跨越精伊霍铁路	（无需填写）	博州精河县	82.5254	44.448569	8月23日	8月23日	×××	×××	布控球编号：bkp301；执法记录仪：131（信号不稳定）		跨越铁路封网：N2069－N2070 跨越精伊霍铁路
3	（无需填写）	/	二级	博州－乌苏Ⅱ回750kV线路施工工程Ⅰ标	1230HQ1351QP0501-01	新疆送变电有限公司	N2069－N2070	跨越铁路封网：N2069－N2070 跨越精伊霍铁路	（无需填写）	博州精河县	83.0405	44.515906	8月23日	8月23日	×××	×××	布控球编号：bkp302；执法记录仪：128（信号不稳定）		跨越铁路封网：N2069－N2070 跨越精伊霍铁路
4	（无需填写）	/	二级	博州－乌苏Ⅱ回750kV线路施工工程Ⅰ标	1230HQ1351QP0501-01	新疆送变电有限公司	N2069－N2077	张力放线（含牵引绳展放及导地线展放）：N2069－N2078（张力场）	（无需填写）	博州精河县	83.0405	44.515906	8月23日	8月23日	×××	×××	布控球编号：bkp303，备用GBbkq002；执法记录仪：134（信号不稳定）		张力放线（含牵引绳展放及导地线展放）：N2069－N2077（张力场）
5	（无需填写）	/	二级	博州－乌苏Ⅱ回750kV线路施工工程Ⅰ标	1230HQ1351QP0501-01	新疆送变电有限公司	N2069－N2077	张力放线（含牵引绳展放及导地线展放）：N2069－N2078（牵引场）	（无需填写）	博州精河县	82.5254	44.448569	8月23日	8月23日	×××	×××	布控球编号：bkp303，备用bkp300；执法记录仪：137（信号不稳定）		张力放线（含牵引绳展放及导地线展放）：N2069－N2077（牵引场）
6	（无需填写）	/	三级	博州－乌苏Ⅱ回750kV线路施工工程Ⅰ标	1230HQ1351QP0501-01	新疆送变电有限公司	N2106，N2108	紧线，挂线作业：N2106，N2108	（无需填写）	博州精河县	83.0781	44.550984	8月22日	8月24日	×××	×××	单兵编号：db315；执法记录仪：138（信号不稳定）	紧线、挂线作业：N2106，N2108；完成60%	紧线、挂线作业：N2106，N2108

第七节　数字化应用

一、e 基建 2.0 建设

建设 e 基建 2.0 是落实国家数字经济发展战略、建设数字中国的具体行动，是助力国家电网公司数字化转型、推动电网高质量发展的责任担当，是变革电网建造方式、提升电网建设能力的重要举措。要充分认识 e 基建 2.0 建设的重要意义，全面落实工作方案要求，尤其是国网基建部、数字化部要发挥双牵头作用，汇智聚力、协同推进，高质量完成 e 基建 2.0 建设任务。

要落实国家电网公司"三融三化"数字化转型思路，对照数字化工作"四个加强、四个确保"的要求，聚焦"实用、稳定、互动、安全"，升级打造更加先进实用、高效便捷的企业级数字化工作平台。要高标准开展顶层设计，精准把握基建专业过程性、基础性、移动性、外部性等显著特征，精细描绘发展数字化转型蓝图、总体系统架构和演进路线，精心搭建集中攻关组织模式和敏捷迭代建设方式。要高质量推进建设实施，抓好平台核心业务、功能应用、技术路线、数据模型"四统一"，

抓好场景功能"瘦身健体""去冗余"，抓好核心业务线上运行"单轨制"，抓好工程数据共建共享"全贯通"。要高水平研究应用数字新技术，积极开展数字化交付、现代"智慧建造"、工程档案电子化交付等研究，推动先进数字技术与基建专业深度融合，加快基建数字化转型。

二、基建数字信息化建设应用

国网公司陆续推行多种基建项目管理数字化平台和手机 APP 用以更好的管住人员、计划、队伍、现场。目前业主项目部牵头组织各参建单位在多个线上平台和手机 APP 完成操作，在面对繁多的信息化处理工作时，项目部从如下 5 个方面开展完善基建数字信息化建设应用。

（一）理清思路，确定平台使用意义和初衷

目前，正在应用的数字化平台主要包括全过程、e 基建、人员轨迹、安管 2.0，每个平台的设计初衷决定了其应发挥的重点功能，为了其功能实现就决定了业主项目部重点督办事项，因此为了实现各平台软件的设计初衷，更好地利用数字化平台提升项目管理水平，下面梳理出了表 2-5-7-1 所示的输电线路工程平台名称、重点功能和督办事项。

表 2-5-7-1　　　　　　　　　　输电线路工程平台名称、重点功能和督办事项

序号	平台名称	重点功能	业主项目部重点督办事项
1	全过程（工程业务流程全专业覆盖，一站式全方位掌握工程信息）	（1）工程线上开工、投产操作，相关工程资料录入。 （2）项目部组建，分包人员录入。 （3）风险计划发布。 （4）周计划发布	（1）保证三大项目部人员录入准确。 （2）保证工程开工或投产手续、录入信息完备。 （3）检查施工项目部正确发布风险计划和周计划
2	e 基建（工作票电子化，人员信息电子化，履职稽查痕迹电子化）	（1）开具电子工作票。 （2）作业层班组人员录入。 （3）报送日报	（1）审批风险计划。 （2）履职到岗，线上留存记录
3	人员轨迹（根据现场人员行动轨迹研判违章，提示预警）	（1）监理项目部、施工项目部、作业层班组开工后正常登陆、作业过程中全程踩点到位，将手机截屏发送工程微信群。 （2）报告告警信息。留存证据。 （3）午休和当日结束，关闭软件	（1）根据告警信息和现场情况研判是否存在真实违章情况。 （2）业主项目经理处置告警信息
4	安管 2.0（管住作业计划，全员安规在线考试）	（1）人员安规考试准入。 （2）三级及以上风险到岗到位履职	检查管理人员到岗履职情况

（二）从实际出发，梳理操作流程

业主项目部在面对繁多的信息化处理工作时，如何不遗漏，如何保证数据录入真实性，如何保证现场和系统一致性，需做到流程化和可视化，将每个项目需要应用的数字平台通过流程图的形式一目了然的展现。

业主项目部将这些数字化应用平台做好区分并分别做好数字化信息工作时序流程图，根据工程建设阶段，

工程各阶段在各平台所需操作事项，按照时序梳理出以下业主项目部所需操作的事项：

1. 工程开工前

（1）全过程。工程前期资料录入（可研批复、核准、四证一书），工程策划文件（建设管理纲要、项目管理实施规划、监理大纲）录入，创建工程标段，三大项目部组建，编制项目进度实施计划，组织各项目部完成标准化开工流程。

（2）e 基建。审批工程初设，督导施工、监理项目部全员下载 APP 并指导应用。

（3）人员轨迹。督导施工、监理项目部全员下载 APP 并指导应用。

（4）安管 2.0。完成安规准入考试并督导施工、监理项目部和作业人班组全员通过安管安规考试。

2. 建设过程中

（1）全过程。检查施工项目部正确发布周计划，发布风险计划，录入分包原创为文档新施工进度，上传相关工程资料文件。

（2）e 基建。检查施工项目部正确开具电子作业票，报送日报下载高清无水印。

（3）人员轨迹。每日检查作业班组全员踩点情况，

发生动态告警信息时及时询问处理。

（4）安管 2.0。每日检查作业计划是否发布并准确，现场稽查履职留存记录。

3. 工程竣工验收和投产

（1）全过程。督促施工、监理项目部刷满工程进度条，组织各项目部完成竣工投产操作流程。

（2）通过梳理流程，可以清楚地掌握每个工程在每个阶段应该应用哪些数字平台去做哪些事情。

（三）明确责任分工，落实到人

业主项目部应根据操作事项和岗位角色分配工作，落实到人，并将工作完成质量纳入绩效考核，确保每项操作有专人盯，每个人应做什么事情应清晰明了，见表 2-5-7-2。

表 2-5-7-2　　　　　　　　　　岗位职责明细表

岗位	全过程	e 基建	人员轨迹	安管 2.0
项目经理	（1）组织施工、监理项目部完成标准化线上开工流程。 （2）组织施工、监理项目部刷满工程进度条。 （3）组织各项目部完成竣工投产操作流程	（1）审批工程初设。 （2）督导施工、监理项目部全员下载 APP 并指导应用	（1）督导施工、监理项目部全员下载 APP 并指导应用。 （2）每日检查作业班组全员踩点情况，发生动态告警信息时及时询问处理	—
项目管理专责	（1）录入工程前期资料。 （2）录入工程策划文件。 （3）创建三大项目部。 （4）编制项目部进度实施计划。 （5）检查施工项目部录入分包人员信息，刷新施工进度，上传相关工程资料文件	（1）检查施工项目部正确开具电子作业票。 （2）报送日报	配合项目经理处理告警信息	每日检查作业计划是否发布并准确真实
安全管理专责	（1）检查施工项目部正确发布周计划，发布风险计划。 （2）上传安全问题检查单	日常现场或远程稽查履职	（1）询问现场班组轨迹异常告警点的实际情况。 （2）研判是否出现违章情况	（1）组织完成安规准入考试并检查施工、监理项目部和作业人班组全员安规考试成绩。 （2）日常现场稽查履职留存记录
质量管理专责	（1）上传质量问题检查单。 （2）检查施工单位的竣工预验收报告，督促施工项目经理上传	—	—	日常工地到岗履职并留存记录

（四）不断收集问题，及时反馈异常信息和软件优化建议，不断反思和复盘，逐渐优化数字化管理流程

任何平台软件在应用过程中都需根据当下政策环境和用户意见不断更新，基建数字化各项平台当然也不例外，业主项目部高度重视一线项目和班组的用户意见，总结归纳后报送上级部门和平台项目组协调解决，跟进解决进度。

目前业主项目部将平台使用中遇到的需解决的问题

进行了总结，见表 2-5-7-3。

（五）引领平台应用的宣传推广，疏导一线班组的畏难情绪

目前，相关数字化平台已经实际上线应用半年时间，从刚投入使用的生涩到逐渐适应并形成常态化工作机制，管理人员和一线班组人员都遇到了各种问题，经历了重重困难。例如班组反映部分年龄较大劳务人员线上考试和日常操作困难，分包劳务人员无智能手机、e 基建和

表 2-5-7-3　　　　　　　　　　　　　平台使用中遇到问题及协调解决

序号	问 题 描 述	涉及平台	需协调部门
1	甲供设备供应商厂家独立进站施工，厂家人员的"三种人"资格如何确认？厂家人员的信息如何录入 e 基建和安管 2.0？人员轨迹是否需上线应用？安规考试应怎样进行？作业计划应由谁来发布？作业风险主体责任如何划分？厂家独立作业时，现场应怎样监管	安管 2.0、e 基建、人员轨迹、全过程	安监部、建设部、物资部
2	e 基建发布的作业计划推送至安管 2.0 的系统通道时好时坏，或者存在较长时间延迟，造成一线作业班组迟迟无法开工	e 基建、安管 2.0	安监部、建设部、项目组
3	目前第一、第二种工作票的办理仍然需打印纸质票后由运行人员审核许可，建议 e 基建可以开发工作票线上许可和自动导入安管项目组的功能，减轻一线人员负担	e 基建、安管 2.0	安监部、运检部、项目组
4	对于全过程系统： （1）建议选了工程和角色后，在业务操作模块中不要再次去选择工程了。 （2）登录界面的用户名可同时显示手机号＋姓名，方便多角色切换操作。 （3）把暂时没开通应用的模块做颜色标记，避免领导询问。 （4）建设管理纲要等稍微大一点的文件上传，始终无法上传成功，一直在"转圈"	全过程	项目组

安管作业计划推进有延迟等，业主项目部在其中也做了大量协调工作，通过与建设部、安监部、运检部多方面沟通并向平台项目组及时反馈问题，各个工程的数字化平台应用情况逐渐好转，目前基本已步入正轨，各项数据考核指标完成情况良好。

业主项目部在和一线班组沟通数字化平台应用情况时，也遇到一些问题，多数一线班组不情愿使用数字化工具，仍然将思想停留在过去式，认为数字化平台是负担和累赘。在这样的情绪下，一旦管理力度下降，各平台的应用质量必然下降。因此，业主项目部应把数字化

平台的功能、先进性、高效性更充分地挖掘并展示给一线班组，疏导排除他们的畏难或抵制情绪，并高度重视一线班组使用中的问题，及时协调专业部室和平台项目组解决，实实在在给一线班组减负提质增效，让管理人员牢牢掌握"人员、队伍、计划、现场"的各项信息。让各参建单位对各数字化平台完成从陌生到熟悉，从畏难到依赖的心态转变。

三、施工现场视频布设

施工现场的视频布设情况如图 2-5-7-1 所示。

图 2-5-7-1（一）　施工现场的视频布设情况示例

图 2-5-7-1（二） 施工现场的视频布设情况示例

第八节 环境保护与文明施工管理

一、施工引起的环保问题及保护措施

本工程沿线自然生态环境脆弱，鉴于本工程的重要性及特殊性，公司将不断提高环保理念，加大绿色施工投入力度，并将施工过程中的环境保护列为线路施工管理的重要环节，根据相关要求，制定切实可行的施工保证措施，并在施工过程中予以检查控制。施工结束后尽可能恢复施工现场原貌，向业主奉献"资源节约型、环境友好型"的绿色和谐工程。在本工程的建设中，坚持文明施工、绿色施工、和谐施工的原则，抓党性、党建、党风建设，推动工会和共青团建设，最终形成党政工团齐抓共管的良好局面，共同做好文明施工的各项工作，不发生对公司造成恶劣影响的各类事件。

（一）环境保护与水土保持目标

确保工程环保、水保设施建设"三同时"，落实工程环保、水保方案及批复意见，推行绿色施工，建设资源节约型、环境友好型的绿色和谐工程；确保竣工前完成工程拆迁、迹地恢复；确保工程顺利通过环保和水保验收。

（二）环境保护、水土保持保障体系

项目经理作为环保、水保的第一责任者，组织落实环保、水保目标责任制，把环境保护、水土保持工作层层落实到每个部门和个人。编制环境保护、水土保持细则并监督实施。开工前组织全体人员认真学习《中华人民共和国环境保护法》《中华人民共和国水土保持法》等法律法规，在工程开工前要进行环境保护、水土保持相关措施的交底培训，加强对全体施工人员的环保知识教育，并做好培训记录。增强全员的环境保护意识，形成人人重视环境，人人保护环境的局面，避免施工需求以外一切对环境的破坏和影响。对施工现场的环境因素进行识别与评价，确立重要环境因素，并对重要环境因素制定管理方案，严格按照管理方案进行控制和管理。发生环境污染和水土流失事故，应及时采取措施，妥善处理，并在发生事故1小时内向建设管理单位报告；在发生重大污染事故时，应立即采取措施，及时处理，并在发生事故后立即向建设管理单位报告。

（三）本工程环境破坏因素分析

根据体系文件《环境因素识别与评价管理程序》的要求，采用现场调查及查询文件、资料等方法，识别工程对环境及水土保持有影响的环境因素，通过是非判断与打分法相结合，判断出重要环境因素，本工程重大环境因素及环境影响见表 2-5-8-1（在施工过程中不断完善修正）。

（四）环境保护及水土保持措施

1. 管理措施

（1）项目部成立"环境保护及水土保持工作领导小组"，由项目经理直接负责领导本工程的环境保护及水土保持工作。

表 2-5-8-1　本工程重大环境因素及环境影响

序号	分项工程/活动点/工位	环境因素	排放去向	频率	环境影响
1	基坑开挖	机械设备使用时产生的噪声			
2	土方作业	基础开挖、土方回填产生的扬尘	排放大气	经常	污染大气
3	土方作业	开挖后土方堆放、回填后平整	土地	经常	破坏植被
4	混凝土搅拌	混凝土搅拌时产生的扬尘	排放大气	经常	污染大气
5	混凝土搅拌、振捣	搅拌、振捣时噪声	排放大气	经常	污染大气
6	混凝土浇制	混凝土的残渣等清理不到位	土地	经常	污染土地、植被
7	钢筋加工	产生的废钢筋头、电焊条头的排放	土地	经常	污染土地、水体
8	现场道路	路面产生的扬尘排放	大气	经常	污染大气
9	施工过程	产生的施工渣土（砂、石、混凝土碎块等）排放	土地	经常	污染土地、水体
10	杆塔组立	耕地的破坏	土地	经常	破坏植被
11	架线工程	林木砍伐	土地	经常	破坏植被
12	机械设备、牵张等机械设备	机械设备使用时产生的噪声	排放大气	间断	噪声污染
13	办公室	废电池、废硒鼓、废墨盒、废磁盘的排放	土地	经常	污染土地、水体
14	工地食堂、厕所	食堂厕所污水的排放	土地	经常	污染水体
15	油漆、易燃库房	液化气瓶火灾爆炸的发生	大气、土地	偶然	污染大气和土地
16	现场渣土、混凝土、生活垃圾、原材料的运输	现场渣土、混凝土、生活垃圾、原材料运输过程中产生的遗撒	土地	间断	污染路面

（2）加强对职工环境及水土保持意识教育，施工前组织人员学习《中华人民共和国环境保护法》《中华人民共和国水土保持法》等相关法律法规，提高对环境保护和水土保持的保护意识。

（3）针对施工过程中可能对环境造成污染和危害，采取环境保护措施，建立相关责任制，加强职工环保意识教育，提高对环保重要性的认识，使职工自觉执行环境保护措施。

（4）编制的施工方案中对每项作业都应对水土保持和环境保护有具体要求和办法，并在施工前的技术交底中向施工人员重点交代。

（5）施工前与地方环境保护及水土保持部门取得联系，取得其政策及技术上的支持，施工过程中，随时接受他们的监督检查。

2. 基础施工保证措施

（1）基坑开挖时充分利用设计高低腿的特点，尽量不铲施工基面，而直接开挖基坑，以减少土石方开挖量。

（2）对斜坡上基础施工，为防止材料及土方堆放因山体倾斜而下滑，应在其下滑方向设置挡板，以防受雨水冲刷而造成水土流失。对地质条件不具体设置挡板的地方，可暂时将土方外运至合适位置堆放，回填时再运至坑内。

（3）对基坑开挖及堆土有困难的塔位，可以四个腿分两次或四次施工，以使材料放置及堆土方便，减少施工操作面。

（4）施工时的砂、石、水泥等材料堆放处采取不直接落地措施，利用铺彩条布与地面隔离，土方堆放的下方同样铺彩条布隔离，完工后及时清理，弃土、弃渣运至指定地点堆放，严禁就地堆放。

（5）基础工程结束后，对原地形和植被破坏区域，原则上恢复原貌，防止造成水土流失。

3. 立塔及接地施工保证措施

（1）塔材堆放时用木方搁垫，不直接堆放在地面上，施工时尽可能减少组塔施工作业面，以利保护植被。

（2）组塔拉线坑尽可能设置在树木及植被少的地方，以减少砍树及破坏植被，施工结束及时回填并进行夯实，避免雨水冲刷而造成水土流失。

（3）施工车辆尽量走已有道路，严禁随意选取路线，破坏原有地貌。

4. 架线施工保证措施

（1）放线锚线坑尽可能设置在树木及植被少的地方，以减少砍树及破坏植被，施工结束及时回填并进行夯实。

（2）合理选择牵张场，要求既合理、方便施工，又利于环境保护，必要时可采用环向牵引的施工方案。

（3）架线过程中尽量减少树木的砍伐，除施工必须砍伐的树木在征得林业部门的同意后可以砍伐外，不得超范围乱砍树。

5. 其他保证措施

（1）加强环境保护的检查和监控工作，减少空气污染、噪声污染或由于其施工方法不当造成人员和财产的危害或干扰。

（2）不得焚烧可产生有毒有害烟尘和恶臭气味的废弃物，禁止将有毒有害废弃物做土方进行回填，余土、弃渣、生活垃圾妥善处理，严禁倒入江河之中。

（3）材料运输过程中，尽量利用原有道路，避免过多修筑道路，一定要修筑临时道路的，将选择林木或植被较少的地方通过。

（4）加强水资源保护，特别是基础浇制用水应与当地农户或政府协商，做到既不破坏水源，又利于施工。

（5）施工人员现场就餐时不得使用一次性餐具，避免白色污染。

（6）现场办公区、生活区采取绿化措施，改善生态环境，保持生活环境卫生。

（7）与当地有关部门联系，遵守当地有关环境保护规定，在施工中搞好文化古迹及文物的保护工作。

二、文明施工的目标、组织机构

（一）文明施工目标

执行国家电网公司安全文明施工管理有关规定，实现"安全制度执行标准化、安全设施标准化、个人防护用品标准化、现场布置标准化、作业行为规范化和环境影响最小化"的目标。

（二）文明施工及环境保护组织机构

项目部成立以项目经理为首的安全文明施工与环境保护领导小组。

（1）组长：项目经理。

（2）副组长：项目总工、安全员。

（3）组员：各部门负责人和班组长。

项目经理是文明施工与现场环保工作第一负责人，也是施工现场文明施工与现场环保自我监护的领导者和责任者，各部门负责人和班组长既是责任人，又是落实者，形成项目部及各部门、施工班组和施工者的文明施工和环境保护网络。

（三）文明施工考核及管理办法

（1）在工程开工前，建立健全文明施工管理制度和实施办法，建立明确的奖惩制度。坚持经常检查、定期评比、奖惩分明，层层落实责任制，使现场始终保持在一个较高的文明施工水平上；把文明施工与安全施工放在同等重要位置上来抓，文明施工管理贯穿于施工的全过程；配合项目管理部及项目管理部对本工程的文明施工情况进行经常性检查和监督，发现问题及时整改处理。

（2）考核及管理办法。

1）对施工现场的文明施工要进行经常性的分级检查和自检，对于查出的问题要以《整改通知书》的形式下发并督促及时整改。

2）施工项目部对施工现场进行定期检查，并在各施工阶段结合质量检验、监督、安全检查，对文明施工做出公正的评价。

3）施工项目部领导小组成员应对施工现场进行不定期抽查，并按有关要求和标准进行考核评比。

4）根据检查和考核结果，对各施工班组及职能部门进行全面总结和评价，并执行奖惩措施。

三、文明施工实施方案

（一）总体要求

根据《国家电网有限公司输变电工程建设安全管理规定》［国网（基建/2）173—2021］规定，以及建设管理单位的总体规划及要求，结合现场实际对现场办公、生活区的布置及作业现场总体布局，确保"安全管理制度化、安全设施标准化、现场布置条理化、机料放置定置化、作业行为规范化、环境和谐协调化"目标的实现，满足安全文明施工的需要。本部分从施工准备、基础施工、杆塔组立、架线施工等四个阶段制订作业现场安全文明施工具体实施措施，用于指导文明施工布置。施工准备阶段主要从对现场办公区、生活区、材料加工区、临时用电布设等方面对现场安全文明施工进行策划；基础施工阶段主要从现场安全围护及文明施工布置等方面对现场安全文明施工进行策划；铁塔施工、架线施工阶段主要从现场安全文明施工、安全施工方案编制管理进行策划。文明施工控制流程如图2-5-8-1所示。

（二）施工准备阶段

1. 重点要求

重点编制施工准备阶段对现场办公区、生活区、材料站的规划布置，以及临时用电布设等方面的要求。

（1）办公区及施工班组建设策划主要内容包括办公用房（包括会议室、办公室、卫生间等）设置、围栏及责任牌定置、垃圾箱及灭火器配备、卫生间定置、急救用品设置、标识标牌设置、限速禁鸣标识设置、四牌一图设置、会议室定置化设施、办公环境等方面。

（2）生活区策划主要内容包括生活用房配备、垃圾箱配备及灭火器配备、卫生间定置、食堂设施配备和人员要求、宿舍要求和活动室配备、生活环境、应急网络图牌等方面。

（3）材料站策划主要内容包括功能设置和施工要求、区域定置图和消防要求、机械加工设备设置、工具房设置要求、加工棚材质要求、工器具标识和警示标语悬挂要求、危险品库设置要求等方面。

（4）施工场所策划主要内容包括安全警示围栏和警示设施设置、责任牌位设置和落实、语音提示器设置等方面。

（5）临时用电布设策划主要内容包括加工区和现场施工电源配电箱管理要求等方面。

2. 具体实施方案

施工准备阶段文明施工实施方案见表2-5-8-2。

（三）基础施工阶段

基础施工阶段文明施工实施方案见表2-5-8-3。

（四）铁塔组立阶段

铁塔组立阶段文明施工实施方案见表2-5-8-4。

（五）架线及附件安装施工阶段

架线及附件安装施工阶段文明施工实施方案见表2-5-8-5。

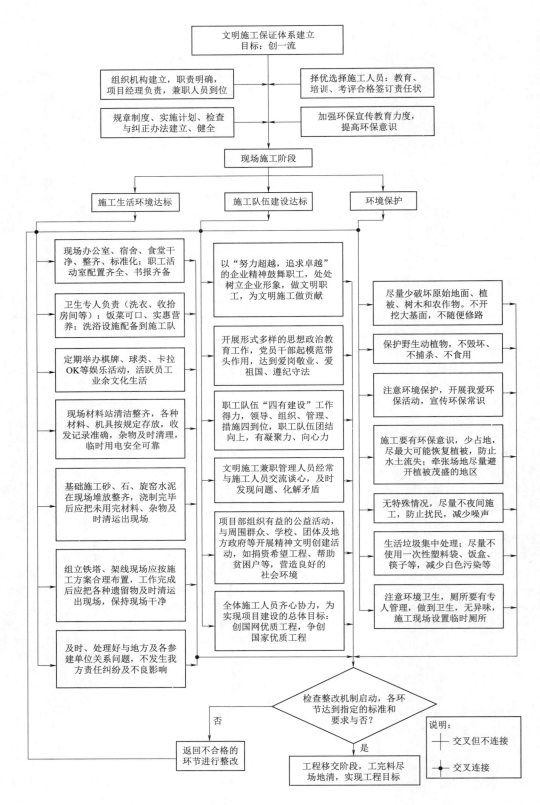

图 2-5-8-1　文明施工控制流程图

表 2 - 5 - 8 - 2　　　　　　　　　　　施工准备阶段文明施工实施方案

区域	文 明 施 工 实 施 方 案
办公区	（1）施工项目部设置综合办公室、会议室、项目经理室、总工室等。 （2）在项目部设置"四牌一图"，即：工程项目概况牌、工程项目管理目标牌、工程项目建设管理责任牌、安全文明施工纪律牌、线路工程路径及总体布置图。 （3）在进入项目部大门处设置停车场。办公楼入口处设项目部铭牌、项目部平面布置图。 （4）在项目经理、总工室分别张贴项目经理、项目总工等岗位职责，设立休息间，优化办公环境，为员工创造了优雅舒适的工作环境。 （5）在综合办公室入口处，设置考勤机，室内分别张贴施工现场组织机构图、质量保证体系图、安全保证体系图、消防治安保卫管理体系图、机械设备安全管理体系图等组织机构图和施工项目部管理人员岗位职责（技术员、质检员、安全员、造价员、信息资料员、综合管理员、材料员、线路施工协调员）、晴雨表等图表。 （6）办公区设置标准的水冲式卫生间，男厕设置三个蹲位，两个小便器，女厕设置一个蹲位，在卫生间入门公共位置设置面盆一个，安装镜子一面，并安排专人管理及打扫，保证厕所内卫生。 （7）办公区设统一样式可回收、不可回收垃圾箱及消防器具，消防节水节电标识清晰一致。 （8）在会议室设背景板，分别张贴现场应急救援图和施工形象进度表，配备投影设置、空调、投影、饮水器具、桌椅等办公设施，按办公定置图定置摆放。  （9）在办公区走廊分别张贴施工项目部管理人员名单图、危险点管控日公示板、学习园地、宣传栏等图表。 （10）办公区内门头标识牌美观统一，办公室、会议室配备的办公设备按办公定置图定置摆放。 （11）项目部配备担架、常用药品箱，有条件的设置医疗卫生室
生活区	（1）施工项目部生活区设置在交通便利，配套设施齐全的民房或公企用房。 （2）生活区设统一规格的可回收、不可回收垃圾箱及消防器具，消防节水节电标识清晰统一。 （3）生活区设置盥洗室，配备洗衣机、公用洗浴室，并安排专人管理及打扫。 （4）在食堂设食堂卫生制度、公开栏、炊事员健康证、每日菜谱公示栏等图牌。 （5）食堂操作间单独设置。食堂配备管理员、厨师，配备不锈钢厨具、冰柜、消毒柜、餐桌椅等设施，干净整洁，有防苍蝇设施，符合卫生防疫要求；炊事人员上岗前体检，并取得健康证，工作时须穿戴工作服、工作帽。 （6）员工住宿每间安排不超过4人入住，单人单床，统一装空调。 （7）生活区设业余学习娱乐场所，配备棋牌、乒乓球台、图书等。 （8）生活区入口处设应急联络图牌，在走廊设置安全文化长廊
材料站	（1）施工项目部材料站设置在交通便利，水电齐全工厂内。材料站按使用性质划分为露天材料堆放区、加工区、材料库、工具房、应急物资存储间、检修间、办公室、值班室等。 （2）材料站使用围墙封闭，站内场地硬化、平整、地面无积水，配备消防设施，按定置图布设。各种标牌、标识规范齐全，施工用电符合标准。 （3）材料站入口处设置材料站铭牌，平面布置图，友情提示牌和车辆限速标志牌等。

续表

区域	文 明 施 工 实 施 方 案

（4）办公室配备办公设备，张贴仓库管理制度、材料发放表等图表。

（5）材料站施工用电，接入工厂用电系统，采取三相五线制引入到材料站内的计量电表配电箱，敷设电缆到配电房内的配电箱。设一级、二级、三级配电箱，负荷满足使用所需，配电箱注明电工姓名、联系电话，做到"一机一闸一保护"。

（6）材料库、工具房、应急物资存储间、检修间、办公室、值班室等，利用场地内的砖墙彩钢瓦屋面房隔间设置。库房内设组合式铁制工具货架，各种物品分类标识清晰。

（7）材料库、工具房、应急物资存储间做到各种材料摆放有序，材料码放整齐成形，有分类、有标识（标签），重在下，轻在上，每层载重200kg，已损坏不能使用的工器具或待检、待修的工器具单独存放，并有醒目的标识。

（8）露天材料堆放区用钢管围栏与彩色三角形标志旗绳形成区域围护，地面实土硬化，用结实木方做长排支墩。

（9）钢筋、塔材、导线、瓷瓶和光缆等材料露天摆放，做到各种材料摆放有序，材料码放整齐成形，有分类、有标识，安全可靠。

（10）露天材料堆放区、加工区、材料库、工具房、应急物资存储间、检修间等，有针对性悬挂安全标志牌、安全操作规程牌，同时对机械所处的状态进行标识清楚。

材料站

（11）材料站加工区采用钢管起脊，上铺蓝色彩钢瓦，立面三封一敞开，地面10cm厚C15混凝土硬化处理。

（12）应急物资存储间，张贴应急物资清单、应急物资月度检查表等图表。

（13）在露天材料堆放区、材料库、工具房、应急物资存储间、检修间、办公室、值班室等处，分别配备灭火器。在加工区配备组合式消防器材（包括有：灭火器、消防铲、手提式消防水桶、消防砂、消防水）。

（14）危险品及危险废品集中存放，安全员负责管理，并配置醒目标识。

（15）材料加工场区设水冲式公厕，保洁员负责管理，保证卫生、清洁

续表

区域	文 明 施 工 实 施 方 案
施工班组建设	(1) 施工班组设置在临近线路的各个乡村，交通便利，水电齐全，通信通畅。 (2) 施工班组安装固定电话，施工班组长、技术员、质检员、安全员等配备移动电话，保障项目部、现场各作业点负责人之间的通信联系。 (3) 施工班组宿舍有良好居住条件，通风良好、整洁卫生、室温适宜，有防蚊、蝇等措施。 (4) 施工班组设置岗位责任牌、组织机构图、施工形象进度表等图牌，配备一定数量的消防器材和配置急救箱，施工用电符合标准

表 2-5-8-3　　基础施工阶段文明施工实施方案

区域或工序	文 明 施 工 实 施 方 案
施工区域内安全文明施工布设	(1) 根据设计占用地划定施工作业区域，采用插入式安全围栏（安全警戒绳、彩旗，配以红白相间色标的金属立杆）对施工现场进行围护、隔离、封闭，并配以安全、质量等宣传彩旗。 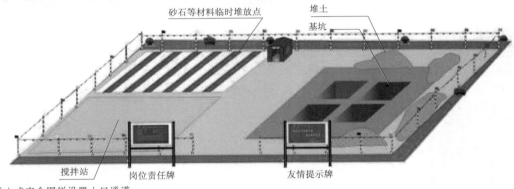 (2) 插入式安全围栏设置入口通道。 (3) 在入口通道的外侧设置施工岗位责任牌、施工友情提示牌、危险点控制牌、应急救援图牌、作业区定置示意图、安全强条执行牌、安全通病防治牌等图牌。 (4) 作业现场空间处搭设休息工棚，配备开水保温水桶和座椅，放置可回收、不可回收垃圾箱等。 (5) 配备急救药箱和灭火器材
基础开挖施工阶段	(1) 开挖深度达到 1.5m 及以上的基坑，直径大于 1m 的孔洞等，搭设钢管扣件组装式安全围栏。 (2) 钢管扣件组装式安全围栏，其中立杆间距为 2.0～2.5m，高度为 1.05～1.2m（中间距地 0.5～0.6m 高处设一道横杆），杆件强度应满足安全要求。人员可接近部位水平杆突出部分不得超出 100mm。杆件红白油漆涂刷、间隔均匀，尺寸规范。 (3) 在搭设钢管扣件组装式安全围栏时，设置宽度为 1.0m 通道口，供作业人员和材料出入，使用门形组装式安全围栏作遮栏门。 (4) 在钢管扣件组装式安全围栏上，有针对性悬挂"当心坑洞""禁止跨越"等安全标志牌。安全标志牌，按警告、禁止、指令、提示类型的顺序排列。 (5) 深度达到 1.5m 及以上的基坑，配备供作业人员上下的爬梯。 (6) 直柱掏挖加设通透的临时网盖，防止人员误踏桩孔坠落。孔深超过 5m 时，配有专用风机向孔内送风
基础浇筑混凝土施工阶段	(1) 发电机、配电箱布设在接近作业点且相对地势较高处，地面平整不积水，并有防止倾倒的措施。 (2) 电源干线宜采用架空布设，高度应满足通行的安全距离。采用直埋敷设电缆时，埋深大于 0.7m，并在电缆上下均匀铺设不小于 50mm 厚的细砂。 (3) 基础拆模后对基础进行成品保护，地脚螺栓露出部分涂抹黄油后，用 PVC 管或塑料布等包扎进行保护。 (4) 砂、石料堆放下部铺垫彩条布，保证砂、石不落地；水泥堆放有支垫，堆放高度不超过 12 包，上方有可靠的防雨遮盖。 (5) 拆下的模板集中堆放，摆放整齐；木模板、撑木等外露的铁钉及时拔掉或打弯。 (6) 设置流动式厕所，废物严禁随意排放耕地和水体中。 (7) 基坑回填后，全面清理施工现场，初步恢复地貌

区域或工序	文 明 施 工 实 施 方 案
	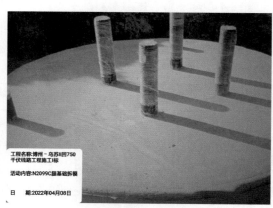

表 2 - 5 - 8 - 4　　　　　　　　　铁塔组立阶段文明施工实施方案

区域或工序	文 明 施 工 实 施 方 案
施工区域内安全文明施工布设	（1）根据设计占用地划定施工作业区域，采用插入式安全围栏（安全警戒绳、彩旗，配以红白相间色标的金属立杆）对施工现场进行围护、隔离、封闭。 （2）插入式安全围栏设置入口通道。 （3）在入口通道的外侧设置施工岗位责任牌、施工友情提示牌、危险点控制牌、应急救援图牌、作业区定置示意图、安全强条执行牌、安全通病防治牌等图牌。 （4）按定置图布置装配式或帐篷式休息棚，设置工棚式工具房。休息工棚内配备开水保温水桶和座椅，放置可回收、不可回收垃圾箱等。 （5）现场设置"禁止通行""注意安全"等安全标志牌，配备灭火器、急救药箱、风温检测仪、酒精检测仪和血压检测仪等
杆塔组立	（1）作业前，清除影响杆塔组立的障碍物；起重作业区域设置警戒区，采用插入式安全围栏，对施工现场进行围护、隔离，非施工人员不得进入作业区。 （2）塔材堆放处土方进行平整，铺设彩条布或设置木方。 （3）螺栓、垫片等放在专用袋（桶）内，并挂牌标识。 （4）临时地锚设置（含地锚和锚桩）应按杆塔组立作业指导书要求，并设置检查验收合格牌。 （5）在施工过程中设计应用磨绳支架，将牵引用磨绳和抱杆提升用磨绳隔离地面使用，避免了磨绳与地面摩擦而造成磨绳的损坏带来的安全隐患。 （6）在铁塔施工中，对高空作业人员配备全方位高处作业保护装置，包括全方位防冲击安全带、安全绳、攀登自锁器和速差自控器，塔身内外侧均设置柔性安全网进行防护，从而实现对高处作业人员的全过程全方位保护；设置测风仪，专人定时观测风力变化。 （7）牵引机加装数显测力仪，实时监控牵引力情况。 （8）沿铁塔塔脚钉段设置垂直攀登自锁器；在高处作业人员水平移动或高处临边处，配备速差自控器，或使用直径 13mm 以上的塑套钢丝绳作水平安全绳。 （9）铁塔垂直攀登自锁器处设置"从此上下"和"必须系安全带"标志牌；未设置垂直攀登自锁器的塔身处悬挂"禁止攀登"标志牌。 （10）起吊塔材采用软吊带，防止塔材镀锌层破坏。钢丝绳与金属构件绑扎处，应衬垫软物。施工中尽量制作和使用承托绳卡具、"爬犁"、吊具、连接件等，有效保护塔材。 （11）设置流动式厕所，废物严禁随意排放耕地和水体中。 （12）铁塔组立结束后，全面清理现场施工垃圾

表 2-5-8-5　　　　　架线及附件安装施工阶段文明施工实施方案

区域或工序	文 明 施 工 实 施 方 案
跨越架施工阶段	（1）划定跨越架搭设作业区域，采用插入式安全围栏（安全警戒绳、彩旗，配以红白相间色标的金属立杆）对施工现场进行围护、隔离、封闭。 （2）在有人行、车辆通过的道路两侧 150m 处，设置友情提示牌和安全标志牌。 （3）跨越架搭设过程悬挂搭设标牌，通过验收后悬挂验收合格牌，并醒目悬挂"禁止攀登"等安全标志牌。 （4）拆下的跨越架材料集中堆放，摆放整齐，并不影响通行
张力架线阶段	（1）划定牵引场、张力场施工作业区域，采用插入式安全围栏（安全警戒绳、彩旗，配以红白相间色标的金属立杆）对施工现场进行围护、隔离、封闭。 （2）在牵引场、张力场施工作业区域施工通道入口处，分别设置红外线语音提示器。 （3）在施工入口通道的外侧设置施工岗位责任牌、施工友情提示牌、危险点控制牌、应急救援图牌、作业区定置示意图、安全强条执行牌、安全通病防治牌等图牌。 （4）牵、张场按定置图布置装配式或帐篷式休息室，设置临时厕所、工棚式工具房和指挥台。休息工棚内配备开水保温水桶、座椅等，放置可回收、不可回收垃圾箱。 （5）现场设置"禁止通行""注意安全"等安全标志牌，配备灭火器、急救药箱、风温检测仪等。 （6）施工机具、材料应分类放置整齐，并做到标识规范、铺垫隔离。 （7）地锚设置按架线施工作业指导书要求，并设置检查验收合格牌。 （8）在锚线区布置专用的地锚防雨罩，提高锚线作业的安全。 （9）转向滑车围成的区域，设置安全标志牌，不得布置其他设备、材料。 （10）牵、张设备分别设置单独接地，导线与导引绳使用接地滑车进行可靠接地。 （11）加强对燃油等危险物品的管理。 （12）设置流动式厕所，废物严禁随意排放耕地和水体中。 （13）架线施工结束后，全面清理现场施工垃圾
附件安装阶段	（1）附件安装时，安全绳应拴在横担主材上；安装间隔棒时，安全带应拴在一根子导线上。 （2）利用施土孔提升导线、金具；无施工孔时，承力点位置应经计算确定，并在绑扎处衬垫软物。 （3）附件安装作业区间两端应装设接地线。施工的线路上有高压感应电时，应在作业点两侧加装工作接地线。作业人员应在装设个人保安线后，方可进行附件安装。 1）接地线应用多股软铜线，截面不得小于 $25mm^2$，接地线应有透明外护层，护层厚度大于 1mm。 2）接地线的两端线夹应保证接地线与导体和接地装置接触良好、拆装方便。 3）个人保安线仅作为预防感应电使用，不得以此代替工作接地线。个人保安线应使用截面不小于 $16mm^2$ 的多股软铜线。个人保安线由作业人员负责自行装、拆。 （4）附件（包括跳线）全部安装完毕后，应保留部分接地线并做好记录，竣工验收后方可拆除

第九节　绿 色 施 工

一、绿色施工基本要求

（1）绿色施工应符合国家的法律、法规及相关的标准规范，实现经济效益、社会效益和环境效益的统一。

（2）绿色施工应依据因地制宜的原则，贯彻执行国家、行业和地方相关的技术经济政策。

（3）绿色施工的实施范围包括开工准备阶段、原材料采购、基础工程、杆塔组立、架线及附件安装、接地工程、安全文明施工布置及工程验收等各个阶段。

二、绿色施工管理体系

（一）绿色施工总体框架

绿色施工总体框架由施工管理、环境保护、节材与材料资源利用、节水与水资源利用、节能与能源利用、节地与施工用地保护六个方面组成（图 2-5-9-1）。这六个方面涵盖了绿色施工的基本指标，同时包含了施工组织设计、开工准备、钢筋水泥等原材料采购、基础、立塔、架线现场施工、安全文明施工布置、工程验收等各阶段的指标的子集。

（二）组织管理

1. 管理体系

建立以项目经理为绿色施工第一责任人，以项目部及施工队人员为成员的绿色施工管理体系，负责绿色施工的组织实施及目标实现，并指定绿色施工管理人员和监督人员。

2. 管理目标

倡导绿色施工、最大限度地节约资源与减少对环境负面影响的施工活动，实现四节一环保。

（三）规划管理

（1）施工组织设计（项目管理实施规划）中绿色施工方案独立成章，并按规定进行审批。

（2）绿色施工方案主要内容见表 2-5-9-1。

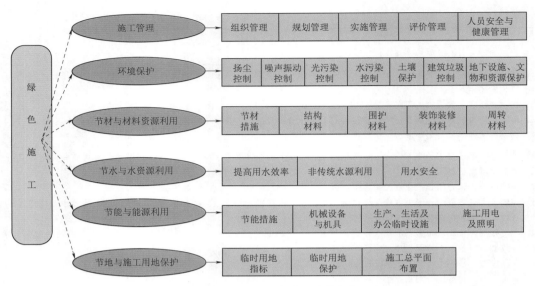

图 2-5-9-1　绿色施工总体框架

表 2-5-9-1　　　绿色施工方案

序号	项目	方　案
1	环境保护措施	环境管理计划：按照相关要求建立管理组织体系，制定环境保护目标，根据工程实际情况，因地制宜编制环境保护措施及应急预案。采取有效措施，降低环境负荷，保护地下设施和文物等资源
2	节材措施	在保证工程安全与质量的前提下，制定节材措施。如进行施工方案的节材优化，建筑垃圾减量化，尽量利用可循环材料等
3	节水措施	根据伊犁州水文气象条件，从工程建设实际情况出发，制定节水措施
4	节能措施	节能目标：从身边做起，节约一张纸一度电，杜绝浪费，倡导绿色低碳的施工生活环境。根据施工特点，办公环境，全面规划，由粗到细，制定节能措施
5	节地与施工用地保护措施	根据基础、立塔、架线、接地等分部工程施工特点，规划临时用地指标，尽量减少施工临用地，详细规划施工总平面布置及编制临时用地节地措施等

（四）实施管理

（1）绿色施工应对整个施工过程实施动态管理，加强对施工策划、施工准备、材料采购、现场施工、工程验收等各阶段的管理和监督。

（2）根据本标段施工特点，有针对性地对绿色施工作相应的宣传，通过宣传营造绿色施工的氛围。

（3）定期对职工进行绿色施工知识培训，增强职工绿色施工意识。

（五）评价管理

（1）根据本标段特点，对绿色施工的效果及采用的新技术、新设备、新材料与新工艺，进行自评估。

（2）成立专家评估小组，对绿色施工方案、实施过程至项目竣工，进行综合评估。

（六）人员安全与健康管理

（1）制订施工防尘、防毒、防辐射等职业危害的措施，保障施工人员的长期职业健康。

（2）合理布置施工场地，保护生活及办公区不受施工活动的有害影响。施工现场建立卫生急救、保健防疫制度，在安全事故和疾病疫情出现时提供及时救助。

（3）提供卫生、健康的工作与生活环境，加强对施工人员的住宿、膳食、饮用水等生活与环境卫生等管理，明显改善施工人员的生活条件。

三、减少资源浪费措施

（一）节材措施

（1）图纸会审时，应审核节材与材料资源利用的相关内容，达到材料损耗率比定额损耗降低 30％。

（2）根据施工进度、库存情况等合理安排材料的采购、进场时间和批次，减少库存。

（3）现场材料堆放有序。储存环境适宜，措施得当。保管制度健全，责任落实。

（4）材料运输工具适宜，装卸方法得当，防止损坏和遗撒。根据现场平面布置情况就近卸载，避免和减少二次搬运。

（5）采取技术和管理措施提高模板、脚手架等的周转次数。

（6）应就地取材，施工现场 500km 以内生产的建筑材料用量占建筑材料总重量的 70％以上。

（二）周转材料

（1）应选用耐用、维护与拆卸方便的周转材料和机具。

（2）基础模板推广可重复使用的定型钢模板。

（3）现场办公和生活用房尽量利用民房。力争工地临房、临时围挡材料的可重复使用率达到 70％。

（三）提高用水效率

（1）施工中采用先进的节水施工工艺。

（2）现场搅拌用水、养护用水应采取有效的节水措施，严禁无措施浇水养护混凝土。

（3）现场机具、设备、车辆冲洗用水必须设立循环用水装置。施工现场办公区、生活区的生活用水采用节水系统和节水器具，提高节水器具配置比率。项目临时用水应使用节水型产品，安装计量装置，采取针对性的节水措施。

（四）节能措施

（1）制订合理施工能耗指标，提高施工能源利用率。

（2）优先使用国家、行业推荐的节能、高效、环保的施工设备和机具，如选用变频技术的节能施工设备等。

（3）施工现场分别设定生产、生活、办公和施工设备的用电控制指标，定期进行计量、核算、对比分析，并有预防与纠正措施。

（4）在施工组织设计中，合理安排施工顺序、工作面，以减少作业区域的机具数量，相邻作业区充分利用共有的机具资源。安排施工工艺时，应优先考虑耗用电能的或其他能耗较少的施工工艺。避免设备额定功率远大于使用功率或超负荷使用设备的现象。

四、减少环境污染措施

（一）扬尘控制

（1）运送土方、垃圾、钢筋、塔材等，不污损场外道路。运输容易散落、飞扬、流漏的物料的车辆，必须采取措施封闭严密，保证车辆清洁。施工现场出口应设置洗车槽。

（2）土方作业阶段，采取洒水、覆盖等措施，达到作业区目测扬尘高度小于1.5m，不扩散到场区外。

（3）对水泥等粉末状材料应封闭存放，运输过程中采取覆盖措施。

（4）施工现场非作业区达到目测无扬尘的要求。对现场易飞扬物质采取有效措施，如洒水、地面硬化、围挡、密网覆盖、封闭等，防止扬尘产生。图2-5-9-2所示为基础基面铺设防尘网。

图2-5-9-2　铁塔基础基面铺设防尘网

（二）噪声与振动控制

使用低噪声、低振动的机具，采取隔音与隔振措施，避免或减少施工噪声和振动。

（三）光污染控制

（1）尽量避免或减少施工过程中的光污染。夜间室外照明灯加设灯罩，透光方向集中在施工范围。

（2）电焊作业采取遮挡措施，避免电焊弧光外泄。

（四）水污染控制

（1）施工现场污水排放应达到国家标准《污水综合排放标准》（GB 8978—1996）的要求。

（2）在施工现场应针对不同的污水，设置相应的处理设施，如沉淀池、隔油池、化粪池等。灌注桩施工清孔废水不得直接排往河流或池塘，应设置沉淀池，净化后排出。

（3）对于化学品等有毒材料、油料的储存地，应有严格的隔水层设计，做好渗漏液收集和处理。

（五）土壤保护

（1）保护地表环境，防止土壤侵蚀、流失。因施工造成的裸土，及时覆盖砂石或种植速生草种，以减少土壤侵蚀；因施工造成容易发生地表径流土壤流失的情况，应采取设置地表排水系统、稳定斜坡、植被覆盖等措施，减少土壤流失。

（2）沉淀池、隔油池、化粪池等不发生堵塞、渗漏、溢出等现象。及时清掏各类池内沉淀物。

（3）对于有毒有害废弃物如电池、墨盒、油漆、涂料等应回收后交有资质的单位处理，不能作为建筑垃圾外运，避免污染土壤和地下水。

（4）施工后应恢复施工活动破坏的植被。与当地园林、环保部门或当地植物研究机构进行合作，在先前开发地区种植当地或其他合适的植物，以恢复剩余空地地貌或科学绿化，补救施工活动中人为破坏植被和地貌造成的土壤侵蚀。

（六）建筑垃圾控制

（1）对于碎石类、土石方类建筑垃圾，可采用地基填埋、铺路等方式提高再利用率，力争再利用率大于50%。

（2）施工现场生活区设置封闭式垃圾容器，施工场地生活垃圾实行袋装化，及时清运。

对建筑垃圾进行分类，并收集到现场封闭式垃圾站，集中运出。

（七）地下设施、文物和资源保护

（1）施工前应调查清楚地下各种设施，做好保护计划，保证施工场地周边的各类管道、管线、建筑物、构筑物的安全运行。

（2）施工过程中一旦发现文物，立即停止施工，保护现场并通报文物部门，协助做好工作。

（3）避让、保护施工场区及周边的古树名木。

五、施工平面布置

（一）施工平面布置的意义

施工现场总平面布置图是对整个工程的施工作出的全面的战略安排，并提出对影响全局的重大问题的解决办法。施工总平面管理是合理使用场地，保证现场交通道路和物资系统畅通、施工机械和临时设施布置合理、人力合理分配、安全文明施工的主要措施。施工现场的布置是以施工总平面布置图为依据的。施工总平面布置图由项目经理和项目总工程师主持规划、安排，工程技术人员参与协调。根据整个工程场地情况及线路走廊的具体路线和对现场的实际勘测，按照工程规模，对项目部、中心材料站、班组驻点、社会交通疏导路线、重大交叉、邻近乡镇、物流走向、人力安排、通信安排等项目进行统筹分析、全局规划，因时因宜、合理分析、全面平衡、动态布置的原则布置施工现场。

（二）施工现场平面布置原则

（1）项目部、班组驻地布置应距施工现场较近，便于指挥现场施工，便于施工管理。

（2）项目部、班组驻地设置要求做到"五通一平"（水通、电通、路通、通信通、排污通和场地平整），卫生状况良好；便于提高施工进度，提高机械设备的利用率，降低机械成本，减少人员的往返距离。

（3）各驻地的交通、通信条件要优选，方便与当地政府机关联系。

（4）选择的驻地要有利于临时建筑的合理设置。

（5）临时设施的设置应尽量避免二次搭设，合理利用现有的永久建筑，减少临建设施的占地，要考虑建立单位的临建设施，临建设施在修建时应充分考虑拆除、二次利用、运输等相关问题。

（6）要明确交通运输道路和方向。

（7）运输道路的布置要尽量利用现有公路体系，应根据项目部、中心材料站、现场施工点、施工队驻点、特殊交叉跨越等位置，按照人流、物流、机械流畅通为主，安全经济最优化为辅的原则，进行运输道路选择，工程运输计划的编制要有应急预案。

（8）对于需要维修、拓宽、临时征用的道路要给予明确等。

（三）架线施工布置

根据张力架线施工流水作业的特点，采用的施工组织方式稍有不同，控制段已不存在，只有分工专业的不同；原基础、组塔施工机构驻点分别为施工准备、张力放线以及紧线与附件安装的专业施工队驻扎。

根据交通及地形情况，准确合理地选择布置牵张场地，如图2-5-9-3所示。

图2-5-9-3　牵张场地

六、现场管理方案与工地管理制度

（一）现场管理方案

1. 总体要求

本工程工地管理要执行国家、地方有关法规及业主项目部的要求，使施工现场和临时占地范围内秩序井然，文明安全，环境得到保持，绿地树木不被破坏，交通畅达，文物得以保存，防火设施完备，居民不被干扰，场容和环境卫生均符合要求。

2. 管理措施

为了达到本工程工地管理的总体要求，实行以下管理措施：

（1）主管挂帅，即公司和项目部均成立主要领导挂帅、各部门主要负责人参加的工地管理领导小组，并把本工程项目纳入到我公司的现场管理组织体系进行管理。

（2）系统把关，即公司和项目部相关部门联合对工地的管理进行分口负责，每月组织检查，发现问题及时整改。

（3）普遍检查，即对工地管理的检查内容，按照"达标投产"及国家优质工程的要求，逐项检查，并填写检查报告，评定管理先进单位。

（4）建章建制，即建立工地管理的规章制度和实施办法，按章办事，不得违背。

（5）责任到人，即管理责任要明确到部门、施工队，而且要明确到人，并形成责任追究制度。

（6）落实整改，即对各种问题，一旦发现，必须采取措施纠正，避免再度发生。无论什么部门或个人，决不姑息迁就，必须整改落实。

（7）严明奖惩。如果在工地管理中成绩突出，要按奖惩办法予以适当奖励；如果存在问题，要按规定给予必要的处罚。

（8）施工中应遵守所有与工程施工、完成工程及保修有关的由国家或省颁布的法律、法规或其他相应的规章制度。其财产或权利受到或可能受到该工程任何方式影响的公共团体和公司的规章制度。施工单位应使发包方免于受到有关破坏这些规定的所有处罚及承担有关这方面的责任。

（9）妥善处理化石、文物等物品，确保国家财产不受损失。

（10）在工地应遵守安全、文明施工的规章制度，保持良好的施工秩序，避免发生人身伤亡事故。

（11）在施工现场及驻地合理的布置照明、护栏、围墙、警告标志，施工期间设专人看管现场，做好现场的治安保卫工作。

（12）做好现场预防自然灾害措施，及时清理施工垃圾和多余材料，保持工地清洁。

（13）采取措施，避免对运输道路、桥梁的损坏，确保施工交通的畅通。

（14）采取一切合理措施，保护工地和周围的环境，避免污染、噪声或由于其施工方法的不当造成对周围人员和财产等的危害和干扰。

（15）合理配置消防设施，确保工地、人员、车辆、材料及工器具等的消防安全。

（16）严格按审批的范围进行场地的准备、树木砍伐及占用工地，不得随意扩大工地的使用范围。

（二）工地管理制度

在施工前，应根据施工现场的具体特点，制订各类规章制度，包括但不限于表 2-5-9-2 中的内容。

表 2-5-9-2 工地管理制度汇总一览表

序号	分类	管理制度名称	制度简述或作用	责任部门
1	人员	工地出入登记制度	—	办公室
		非工作时间外出审批制度	—	办公室
		夜间值班制度	—	办公室
		材料站、工地等设打更人员	—	办公室
		外来人员登记制度（疫情防控）	—	办公室
2	机械	大型车辆限定制度	规定大型机械的施工地点及行进路线，避免破坏道路	运输队
		大型机械工作限时制度	防止噪声污染，影响附近居民正常休息	物资供应部
3	材料	材料堆放集中管理制度	减少占地，或对周围环境形成污染	物资供应部
		地脚螺栓材料领用管理制度	对于地脚螺栓等材料实行严格管理	物资供应部
4	环境	绿色施工方案管理制度	减少对环境的污染工程部防火、防盗、防汛方案	工程部
		基础回填修整植被制度	减少对植被的破坏消防安全管理制度杜绝火灾隐患	工程部
5	其他	地下埋藏物品立即上报制度	加强对文物的保护	办公室

第十节 创优策划

一、施工创优目标

本工程招标文件中要求的创优目标为"确保达标投产，确保国家电网有限公司输变电优质工程金奖"。

二、施工创优管理措施

1. 制度保证措施

为实现本工程创优目标，针对工程特点及管理要求，编制以下质量保证制度并在工程施工全过程认真落实，以保证各种质量控制措施的有效执行并取得预期效果：

（1）施工质量工作责任和奖惩制度。

（2）施工图会审及技术交底制度。

（3）原材料检验、试验，设备开箱、交接及跟踪管理制度。

（4）施工质量检查、检验、不合格品纠正制度。

（5）隐蔽工程验收制度。

（6）设计变更及材料代用管理制度。

（7）计量器具管理制度。

（8）质量事故报告及处理制度。

（9）档案管理制度。

2．组织保证措施

（1）成立工程创优实施小组。

（2）创优实施小组在工程开工前召开创优专题会议，明确各部门及岗位人员创优工作职责，布置施工创优相关工作计划；在施工过程中进行的创优专题检查不少于2次，及时纠正工作偏差，不断完善创优措施；及时协调影响工程创优的主要问题。

（3）优化项目部人员配置，确保知识结构、工作经验、相关资格等满足工程创优要求。特种作业人员、质量检查控制人员必须经过相关培训，并经考核合格，持证上岗，确保其技能满足工程过程质量控制的要求。

3．技术保证措施

编制与工程创优相关的施工技术文件及落实措施，以落实施工图审查及应用，新技术研究及应用等工作。

（1）工程技术人员到现场进行实地勘察，掌握现场地质情况以及地理环境，编制针对性的施工技术措施、安全环境保证措施、质量保证措施等施工作业指导文件。重要施工技术方案应经施工技术人员论证，内部履行审批手续后，报本工程项目管理部审核批准后实施。

（2）分部工程开工前，项目部须组织技术、质量、安全等部门，针对本工程特点，就相关作业文件和工作要求对施工人员进行详细交底。

（3）工程开工前，由项目总工组织本工程技术、质量、安全、设备等管理部门，对施工图进行认真审查，并提出修改意见，审查时应特别注意工序接口及与现场实际情况的核对。施工中发现地质条件等与设计不符的情况，及时书面向项目管理部反映。

（4）收集新技术、新工艺、新材料、新设备的信息，结合本工程特点，经严密的技术经济分析和必要的试验、试点，积极在本工程应用成熟的"四新技术"，以优化施工工艺，提高工效，在技术方面为工程创优提供保证。根据本标段嵌固式基础和掏挖基础较多，拟采用大功率旋挖钻机进行基坑开挖，提高施工效率，保证成孔质量。

4．物资保证措施

根据施工需求，通过进场检查、检验、日常管理等手段，确保本工程所使用的机械设备、工器具性能和数量满足创优要求；制定工程原材料进场、试验、跟踪等全过程控制措施，确保用于工程的所有材料满足设计和规范的要求。

（1）所有施工检测工具（经纬仪、游标卡尺、扭力扳手、磅秤、卷尺等）在进入本工地前，均应经法定检测单位鉴定合格并在有效期范围内使用，其精度必须符合相关规定要求。

（2）主要机具设备（牵张机、汽车吊、电焊机、液压机等）进入工地前，项目总工应组织技术、设备、安全部对其进行检查验收，进行必要的检验和试验，确保性能良好，标识清晰，完好率100％。

（3）特种设备必须经过检验鉴定，并附相关证明文件，以保证施工安全。

（4）应建立管理台账，实施动态管理。

（5）原材料（钢筋、砂石、水泥、水等）在开工前，采样（采样时按要求通知项目管理部人员到场见证）并且送到相应资质的试验单位进行检验，合格后方可使用。

（6）施工过程中，根据原材料用量，严格按照规定做相应批次的试验。

（7）甲供材料严格履行交接验收关，并按合同及有关要求接收并妥善保管。

（8）按合同规定进行到货验收；依据合同进行妥善保管。

（9）在使用前对原材料进行外观检查，发现问题时立即停止使用，并及时向建设管理单位及项目管理部反映。

（10）所有材料必须做好使用跟踪记录，确保可追溯性。

5．过程控制措施

（1）开工前对所有施工人员进行操作技能等相关培训，以增加创优意识，了解工程创优目标，掌握工作要点，每个施工人员都应做到熟知本岗位的工作要求。

（2）认真推行首基试点工作制度。本标段确定基础浇制、铁塔组立、导线压接等工序进行首基试点，参加首基试点的人员有项目总工、各施工队长或技术员、作业组长、质检员等，邀请项目管理部及建设管理单位代表参加，明确试点的时间、地点等要求。试点施工结束后，项目部及时进行总结并进一步完善施工措施，以统一施工工艺标准和技术要求，推行规范作业。

（3）开工前，及时向项目管理部报验评项目划分表，批准后实施。

（4）完善并严格执行施工质量三级控制制度，加强过程控制，注重隐蔽工程监控、签证。加强施工过程的全过程监控，上道工序检验合格后方可进入下道工序。

（5）定期对照工程创优要求对施工管理及实物质量进行检查、分析（关键环节必查），发现不足及时采取必要的措施进行纠正，做到施工质量的持续改进。

（6）项目部质量管理部门负责施工记录等资料的归口管理工作，设专人负责，其他部门配合并对本部门形成的相关资料负责，确保施工记录等资料与施工进度同步形成、真实可信，及时整理工程档案，保证档案符合要求。

6．工程进度管理

根据工程工期计划、工程量以及工序流程编制本工程施工进度计划和施工进度网络图，依据进度计划合理投入和配置施工技术力量、设备物资等资源，以及现场协调等工作；项目部每周召开一次工程协调会（必要时，项目经理可决定临时召开），对照计划进度进行检查，对影响工程总体进度的施工项目或工序要认真分析，找出原因并加以解决。

（1）认真策划，及时安排工程转序。

（2）适当加大施工力量和施工机具等施工资源的投入。

（3）采取适宜的技术措施提高工效。

（4）加强施工组织管理，如及时进行内部质量验收等工作，保证工序的衔接。

7. 强制性标准的贯彻实施

组织进行工程建设标准强制性条文专题培训，增进对条文内容的理解，提高员工执行工程建设强制性标准的自觉性；工程开工之前，针对工程的特点，编制本工程的强制性条文实施计划，并对施工过程中的实施情况进行检查，确保不发生违反强制性条文规定的现象。

三、创优自查及整改

工程创优实施小组应依据国家电网公司优质工程评审办法的有关要求，组织有关人员对工程进行创优自查，

创优自查分实物质量和资料管理两部分，检查发现问题要及时整改并做到闭环管理。自查主要内容：

（1）对照《国家电网公司输变电工程优质工程评定管理办法》［国网（基建/3）182—2014］考核评定标准，进行自查。发现不足，及时安排完善，并完成创优自查报告。

（2）质量监督报告中提出的质量问题，整改及闭环情况。

（3）达标验收中提出的质量问题，整改及闭环情况。

（4）工程资料移交，竣工验收签证。

（5）编写工程创优总结。工程创优总结编写要求：工程简要概况、创优目标、质量控制、工程亮点、技术创新、质量评定、创优自查、存在的不足及整改，今后工程完善措施。

四、智慧标杆工地

对创建智慧标杆工地中发现的问题及时整改见表2-5-10-1。

整改照片如图2-5-10-1～图2-5-10-3所示。

表2-5-10-1　　　　　　　　博州-乌苏Ⅱ回750kV线路工程整改反馈

序号	整改情况（照片另附）	整改单位	整改负责人	整改时间/（年-月-日）
一、安全管理				
1	已导出人工挖孔桩视频绑定记录	新疆送变电有限公司施工项目部	×××	2022－09－03
2	人工挖孔桩一体化装置应用佐证照片已齐全，照片已标注工程名称、杆号及拍摄日期	新疆送变电有限公司施工项目部	×××	2022－09－03
3	流动式起重机组塔应用佐证照片已齐全，另，照片已标注工程名称、杆号及拍摄日期	新疆送变电有限公司施工项目部	×××	2022－09－03
4	内悬浮外拉线抱杆组塔方案已附工器具选择计算书	新疆送变电有限公司施工项目部	×××	2022－09－03
5	架线施工方案中已增加集控智能牵张放线操作要求及安全注意事项	新疆送变电有限公司施工项目部	×××	2022－09－03
二、质量管理				
6	针对地脚螺栓检测报告无硬度数据，已联系试验检测单位，待乌鲁木齐疫情解封后重新出具试验报告	伊犁-博州-乌苏-凤凰Ⅱ回750kV线路工程业主项目部	×××	2022－09－03
7	针对HPB300钢筋试验报告中弯芯直径数据不正确，已联系试验检测单位，待乌鲁木齐疫情解封后重新出具试验报告	伊犁-博州-乌苏-凤凰Ⅱ回750kV线路工程业主项目部	×××	2022－09－03
8	对铁塔紧固件检验批镀锌层厚度重新进行修改，满足标准要求	新疆送变电有限公司施工项目部	×××	2022－09－03
9	基础外观尺寸检验批立柱断面尺寸已填写实测实量值。检查记录与现场实际一致	新疆送变电有限公司施工项目部	×××	2022－09－03
三、计划管理				
10	公司已重新提供签订的劳务分包，分包合同按照工日进行计价，分包单位使用的施工机械由公司提供	新疆送变电有限公司施工项目部	×××	2022－09－03
11	已将开工报审表时间进行修改，开工令时间为开工报告审批之后	新疆送变电有限公司施工项目部	×××	2022－09－03

整改复查单位：　　　　　　　　整改复查人：　　　　　　　　复查时间：

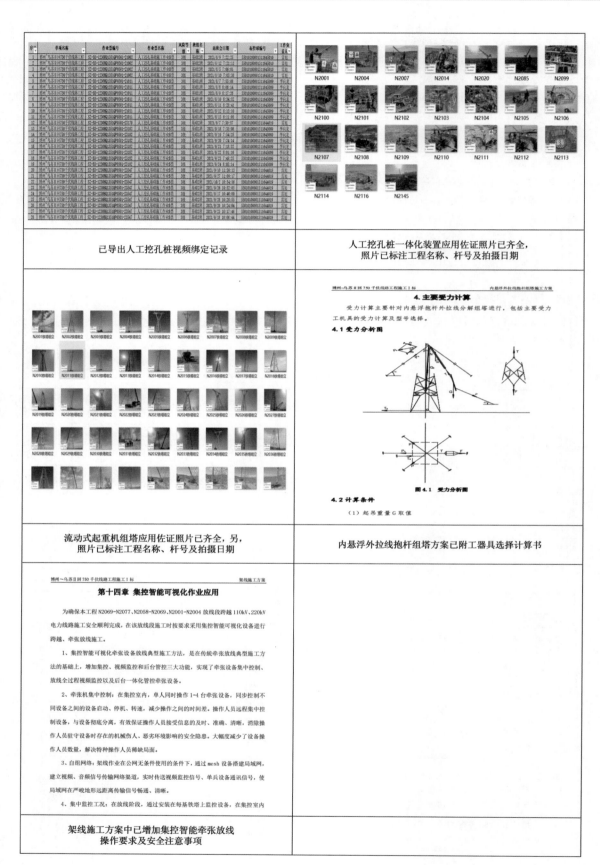

图 2-5-10-1　安全管理整改照片

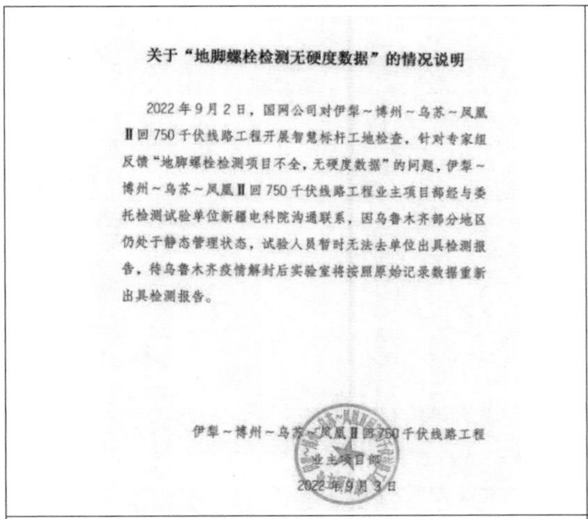

关于"地脚螺栓检测无硬度数据"的情况说明

2022年9月2日，国网公司对伊犁～博州～乌苏～凤凰Ⅱ回750千伏线路工程开展智慧标杆工地检查，针对专家组反馈"地脚螺栓检测项目不全，无硬度数据"的问题，伊犁～博州～乌苏～凤凰Ⅱ回750千伏线路工程业主项目部经与委托检测试验单位新疆电科院沟通联系，因乌鲁木齐部分地区仍处于静态管理状态，试验人员暂时无法去单位出具检测报告，待乌鲁木齐疫情解封后实验室将按照原始记录数据重新出具检测报告。

伊犁～博州～乌苏～凤凰Ⅱ回750千伏线路工程

业主项目部

2022年9月3日

针对地脚螺栓检测报告无硬度数据，已联系试验检测单位，待乌鲁木齐疫情解封后重新出具试验报告

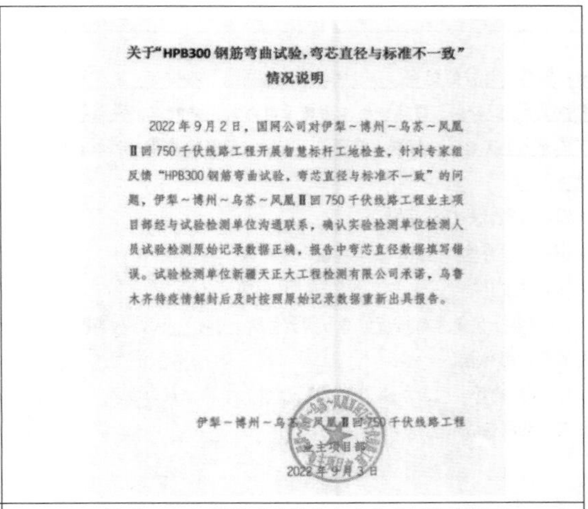

关于"HPB300钢筋弯曲试验，弯芯直径与标准不一致"情况说明

2022年9月2日，国网公司对伊犁～博州～乌苏～凤凰Ⅱ回750千伏线路工程开展智慧标杆工地检查，针对专家组反馈"HPB300钢筋弯曲试验，弯芯直径与标准不一致"的问题，伊犁～博州～乌苏～凤凰Ⅱ回750千伏线路工程业主项目部经与试验检测单位沟通联系，确认实验检测单位检测人员试验检测原始记录数据正确，报告中弯芯直径数据填写错误。试验检测单位新疆天正大工程检测有限公司承诺，乌鲁木齐待疫情解封后及时按照原始记录数据重新出具报告。

伊犁～博州～乌苏～凤凰Ⅱ回750千伏线路工程

业主项目部

2022年9月3日

针对HPB300钢筋试验报告中弯芯直径数据不正确，已联系试验检测单位，待乌鲁木齐疫情解封后重新出具试验报告

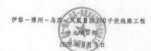

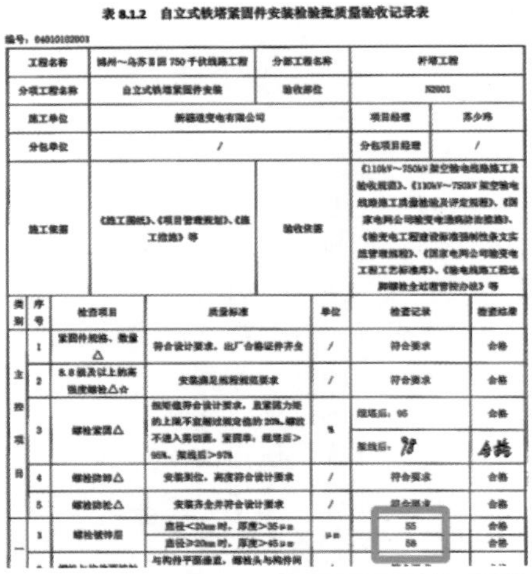

表8.1.2　自立式铁塔紧固件安装检验批质量验收记录表

对铁塔紧固件检验批镀锌层厚度重新进行修改，满足标准要求

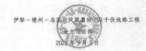

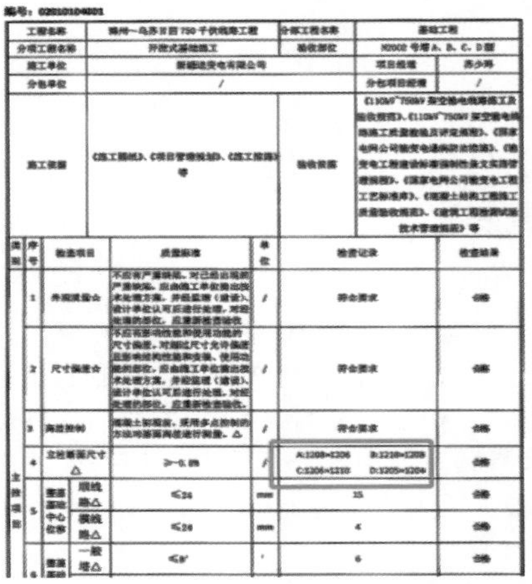

表6.1.4　现浇混凝土基础外观及尺寸偏差检验批质量验收记录表

基础外观尺寸检验批立柱断面尺寸已填写实测实量值。检查记录与现场实际一致

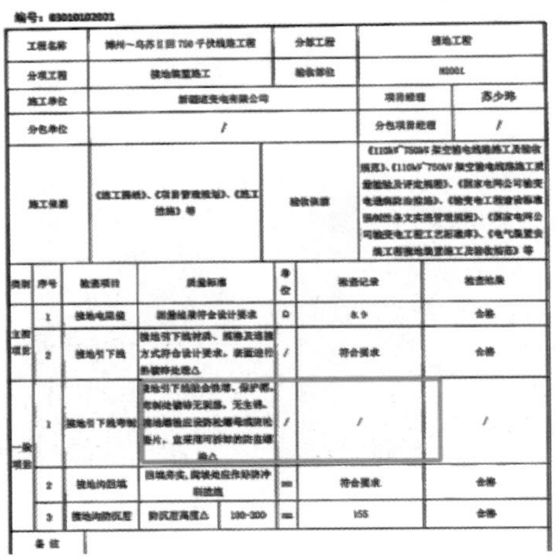

表7.1.2　接地引下线安装、接地沟回填检验批质量验收表

接地引下线检验批已按照实际完成情况进行填写

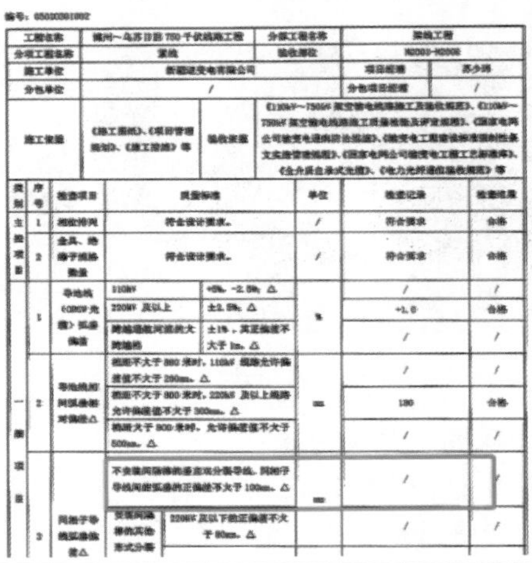

表9.1.4　导线、地线（OPGW）紧线检验批质量验收记录表

导地线紧线检验批已按照现场实际情况进行填写

图2-5-10-2　质量管理整改照片

内容：即塔材运输的配合工作，铁塔组立，防盗防松安装，铁塔松动螺栓的紧固，简易施工道路修筑（指施工道路的简单的推、碾压等，人工的投入）工器具的转移、清理施工现场，缺陷的处理，配合工程验收等。

四、劳务分包作业期限

计划开工日期：2021 年 09 月 20 日

计划完工日期：2022 年 08 月 30 日

1. 劳务分包作业期限预计总日历天数为＿344＿天，从实际进场时间开始起算。

2. 实际进场时间，以施工承包人/监理人书面通知为准。

五、合同价款

公司已重新提供签订的劳务分包，分包合同按照工日进行计价，分包单位使用的施工机械由公司提供

已将开工报审表时间进行修改，开工令时间为开工报告审批之后

图 2-5-10-3　计划管理整改照片

第十一节　施工新技术应用

一、采用新设备

1. 履带运输车

本工程拟采用公司的 DWQXC-10T 履带运输车用于基础材料、塔材运输。设计载重为 10t，以履带底盘为平台，采用全液压驱动和无线遥控的操作方式，最大爬坡角度为 35°，最大行驶速度为 5km/h，是一种高效的电力施工机械运输设备，适用于各种地形，如图 2-5-11-1 所示。

图 2-5-11-1　履带运输车

2. 基础钢筋采用直螺纹连接

钢筋剥肋滚压直螺纹连接技术就是将待连接钢筋端部的纵肋和横肋用滚丝机采用切削的方法剥掉一部分，然后直接滚轧成普通直螺纹，用特制的直螺纹套筒连接起来，形成钢筋的连接。该技术高效、便捷、快速的施工方法和节能降耗、提高效益、连接质量稳定可靠。

二、采用新工艺

1. 旋翼机展放导引绳

针对跨越区段，原始的施工方案是采用鱼钩或飞艇，安全性不高、受环境影响大。运用旋翼机展放导引绳，旋翼机带绳飞行从塔上跨过带电线路等被跨越物后，逐基铁塔撒落引绳，当飞过本区段最后铁塔后，将导引绳落放于塔上，达到安全跨越、展放初级导引绳的目的。运用旋翼机展放导引绳，能够在短时间内完成跨越区段导引绳展放，展放中使用的人力很少。同时可以降低放线人员的危险性，有效地减少施工当中的占地费用，减少对环境的污染和破坏，有利于提高施工效率，缩短放线周期，如图 2-5-11-2 所示。

图 2-5-11-2　旋翼机展放导引绳

2. 索道式不停电跨越施工技术

对于停电联系难度大的线路，根据现场地形及跨越情况采取全遮护或半遮护索道式带电跨越施工技术，完

成带电跨越施工,如图2-5-11-3所示。利用跨越档两端的跨越塔作支撑,用迪尼玛绳在跨越档间架设起跨越承载索,在跨越点上方的承载索下挂绝缘吊桥,张力放线的导引绳、牵引绳和导线在绝缘吊桥上方通过,从而保证架线施工在可靠的安全保护下进行。

三、采用新材料

本标段按照设计要求,推进新材料在输电线路工程上的应用,本工程山区耐张塔采用了Q420C大规格角钢,

高强钢杆塔是指采用屈服强度不小于420MPa钢材的输电杆塔。充分发挥材料强度以减少杆塔重量,利于节能减排。目前提出普及推广应用的高强钢杆塔主要是高强度大规格角钢塔和高强度钢管塔。应用高强钢可降低钢材用量,节省线路建设投资,具有显著的社会效益、环境效益和经济效益。在角钢塔方面,相对Q345角钢,使用Q420角钢可有效减轻塔材重量6%~8%,节省整体造价2%~6%;使用Q460角钢可有效减轻塔材重量8%~12%,节省整体造价5%~8%。

图2-5-11-3 索道式不停电跨越施工技术

第十二节 党建引领与队伍建设

一、概况

公司党委根据参加施工人员中的党员数量,决定成立伊博苏凤Ⅱ回750kV输变电工程临时党支部,发挥党支部的战斗堡垒作用,发挥共产党员的先锋模范带头作用。项目部临时党支部为深入实施"六强六提升",深入推进"旗帜领航"党建工程,扎实推进基层党建各项工作,以强化党员责任区、示范岗建设为抓手,推动党建与业务工作相融共进,按照党员责任区不超过所属党支部总数20%、示范岗不超过党员总数5%的比例,党员责任区、党员示范岗每两年进行一次命名。图2-5-12-1所示为施工工地党建引领宣传牌和工党组织建设情况上墙公示。

按照《中共国网新疆建设分公司委员会关于党员责任区、党员示范岗创建的通知》要求,党员责任区、党员示范岗标牌由公司统一规定尺寸样式进行制作,请相关党支部规范悬挂。公司党委要求统一思想认识,加强组织领导。党员责任区、党员示范岗所在党支部要高度重视,加强领导,结合实际,扎实开展党员责任区、党员示范岗创建活动。发挥示范作用,树立工作标杆。党员责任区、党员示范岗党员要以"三亮三比"为基本工作方法,充分发挥责任区、示范岗的示范带动作用。责任区内党员通过集体学习、业务协作等途径,凝聚身边党员群众的工作合力;示范岗党员要以岗位创先争优为主要途径,争当模范,做好舆论宣传,营造浓厚氛围。党员责任区、党员示范岗所在党支部要通过宣传栏、公司网站、新媒体等多种形式加强宣传,及时推广党员责任区、党员示范岗的先进典型和经验,展示公司共产党员的良好形象,推动党员责任区、党员示范岗深入开展、取得实效。

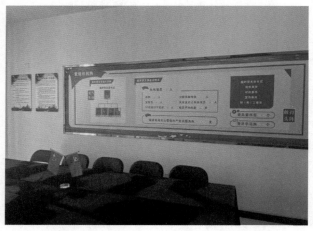

图2-5-12-1　施工工地党建引领宣传牌和
党组织建设情况上墙公示

二、深入开展党员责任区活动，充分发挥党的先锋模范作用

伊犁-博州Ⅱ回750kV线路工程施工Ⅱ标党员责任区负责人×××为了充分发挥党组织政治核心作用，紧密结合项目部的实际情况和党员队伍实际情况，深入开展了党员责任区活动，有效地调动了广大员工的积极性，密切了党群关系，保证了电网建设安全施工，创建了优质服务，推动了各项任务的完成，确保党建工作与中心工作同频共振、同向发力，以一流党建引领电网建设取得新突破，赢得新发展，聚焦安全生产、疫情防控、攻坚克难等方面，组织实施了"党建＋"深化提升工程，把党建引领贯通电网建设全过程，让党旗在电网工程建设一线高高飘扬。

根据公司规定要求开展"党员责任区"活动，伊犁-博州Ⅱ回750kV线路工程施工Ⅱ标临时党支部组织党员开展为时一天的"地毯式安全大检查"活动。为搞好此次安全大检查，要求参加人员高度重视，本着"快刀不磨会生锈，安全不查出漏洞"的态度，自觉坚持安全发展指导原则和"安全第一，预防为主，综合治理"的方针，防微杜渐。组织对项目部、材料站、施工驻点及现场进行安全隐患大排查，重点对机械设备、工器具、消防设施是否保持完好，日常用火、用电是否符合消防安全要求等方面，全面排查可能存在的隐患，不折不扣地落实好安全措施。通过检查发现，机械设备、消防设施整体状态良好，但仍然存在部分工器具检测标签脱落、灭火器失压、施工驻点用电不规范等问题，要求相关责任人员尽快完成问题整改，并对施工进场人员全面组织一次安全教育，不断提高全员安全意识防线，筑牢"隐患险于明火，防范胜于救灾"思想理念，为工程施工"零事故"打下坚实基础。从参加党小组会、缴纳党费、讲好党课、过党日生活等内容入手，落实七项组织生活制度，不断强化党员意识，发挥示范引领作用。强化党支部主体责任和纪检小组监督职能，积极开展廉政教育，通过设置廉政宣传板、风险警示牌、廉洁壁纸等形式，积极宣传廉政文化，营造风清气正、干事创业的良好环境。全体党员佩戴党徽，亮明身份；成立党员突击队，设置党员责任岗，抗疫复工一线党员冲锋在前，迎难而上，彰显本色。围绕中心工作与施工进度，深入践行社会主义核心价值观，传承水电铁军文化，将其融入施工生产，转化为职工群众的情感认同和行为习惯。加快融合培育和丰富拓展，赓续红色文化基因，及时总结符合时代精神的优秀理念，建设现代主体方向，以先进党建文化推动中心工作管理水平提升，倡导积极健康的职工业余文化活动，涵养职工道德情操，满足职工群众对美好生活向往的需求。图2-5-12-2所示为党员示范岗承诺书示例。

党员示范岗承诺书

根据临时党支部安排，本人作为伊犁-博州-乌苏-凤凰Ⅱ回750kV线路工程安全示范岗责任人，现就安全管理、廉洁带头等方面做出如下承诺：

1. 负责向责任区责任对象宣传党的路线、方针、政策和上级的指令决议、保证党的路线、方针政策在责任区的落实。

2. 负责向责任区责任对象宣传党的路线方针、政策和上级的指令、决议，保证党的路线、方针政策在责任区的落实。

3. 负责履行岗位安全、质量、进度责任做好施工技术指导在工程实施的关键工序、重要节点，发挥好带头模范作用，实现质量合格、安全可控、进度在控的生产目标。

4. 带头廉洁自律，坚定执行中央八项规定和公司有关廉洁自律各项要求，不利用岗位便利谋取私利，自觉接受监督。

5. 负责听取和解决责任区群众反映的问题。

6. 带头遵守党和国家的各项政策法律法规，遵守公司的各项规章制度，确保责任区内正常的施工、生活秩序。

7. 负责了解责任区人员的思想、工作及家庭情况，做好责任对象的思想政治工作，并在力所能及的范围内帮助责任对象解决好实际困难和问题。

承诺人签名：

图2-5-12-2　党员示范岗承诺书示例

三、守护蒙玛拉云杉，党员先锋在行动

云杉属常绿乔木，属于国家二级保护植物，是我国特有的树种，多生长在海拔 2400～3600m 的地区，最高能长到 45m，它的树皮呈淡灰褐色或淡灰色。云杉的生命力比较顽强，它也被称之为世界上最古老的树，植株的耐阴性很强，抗寒性也较强，喜欢在凉爽的湿润的环境下生长，云杉的生长速度比较慢，能耐干燥和寒冷的环境条件，在全光下植株生长速度较快。为了使"党建＋工程建设"齐头并进，组织在伊犁-博州Ⅱ回 750kV 线路工程Ⅰ标施工现场开展"守护蒙玛拉云杉，党员先锋在行动"主题活动，向当地牧民宣传电网建设的重要性，制作了"蒙玛拉云杉"守护宣传保护资料 200 余份。蒙玛拉林场总面积为 $7.7773\times10^4hm^2$，其中，林地面积 $2.8378\times10^4hm^2$，占林场总面积的 36.49%，全部为生态公益林。在生态公益林中，重点公益林为 $0.8948\times10^4hm^2$，占林地总面积的 31.53%；山区国有公益林为 $1.9430\times10^4hm^2$，占林地总面积的 68.47%。森林防火量大面宽任务重，山高林密隐患多，标本兼治差距大，森林防火形势严峻，任务艰巨，压力巨大。党支部先后召开"森林防火"专题会议，成立了专项整治领导小组和每个专项小组的工作专班，扎实抓好牵头负责的森林防火宣传教育、火灾风险隐患。派出 3 个蹲点指导组，深入基层一线检查指导并消除隐患，做好横幅悬挂在隐患易发地带。在做好党建工作的同时，积极宣传"森林防火"专项活动。以临战的姿态，实战的标准，决战的勇气，全面提升"防"的能力，增强"救"的本领，坚决打赢森林防火保卫战，在维护森林生态安全和人民群众生命财产安全的伟大实践中，发挥党员先锋模范作用。

首先进行学习"森林防火"活动。保护"蒙玛拉云杉"原生态环境，参加学习活动的党员先锋首先向干部职工讲解森林防火的重要性，培养良好的防火意识；其次讲解灭火器的正确使用方法及如何预防森林火灾的发生。理论与实践相结合，各个环节衔接有序，步步做得认真到位。通过此次"森林防火"活动，提高了干部职工保护生态环境的意识，进一步强化了保护生态平衡的责任感。其次党员先锋带头组织开展"云杉播种育苗"活动。保护云杉小组干的干部和职工紧张有序地参加劳动，参加播种的干部职工个个热情洋溢、干劲十足，有的撒种子，有的运覆土，你追我赶，比干劲、比进度，各个环节衔接有序，样样做得认真到位，个个忙得满头大汗。通过此次播种活动，提高了保护生态环境的意识，进一步强化了保护生态平衡和绿化家园的责任感。严格做好播种种子的消毒催芽处理。新播所用的云杉种子要根据发芽率计划播种量取种，需先净种，除去瘪粒种子、灰土等杂质。催芽温度应保持在 16～20℃，要随时

观察种子的变化情况，防止水分蒸发和温度过高。观察中视种子温度状况，适时用 18～20℃清水冲洗 1～2 次。种子出现裂口时拌细沙在阳光下进行堆放催芽，沙种比为 15∶1 为易，随时进行翻动，目的是提高温度，促进催芽，便于摇种时撒种均匀，控制播种量。催芽时要注意温度不能超过 30℃，沙种比要适中，沙子过少，不能控制播种量，会导致播种量过大。催芽时间应在播种前 20～30 天，具体时间根据气候条件而定。如因天气原因或苗床尚未做好，可在催芽期采用降温等办法以延长种子裂口时间。关键技术环节是：不同品种、不同批号的种子不能混杂催芽处理；用不同时间、不同的方法处理的种子不能混播。催芽过程必须要精心，要随时掌握种子变化做出适当的处理。

由于施工过程中没有道路可以直达塔位附近，要想将塔材运输上去，只能靠索道运输和人力搬运，大型机械上不去，组塔也只得采取抱杆方式进行，为了"蒙玛拉云杉"免受机械设备破坏的事故发生，国家电网青海电力三江源共产党员突击队针对预防此类事件发生制定出相应防范措施：一是提前规划好铁塔运输路线和铁塔组装场地，避开云杉保护区域；二是提前规划好张力场和牵引场的地址，避开云杉保护区域，张力放线过程中云杉密集区域派人监护；三是加强对所有人员的环境保护教育，让员工及当地牧民树立环境保护观念，按环保单位、林业单位要求开展工作；四是施工所用的设备机械及工器具要按当地环保单位、林业单位及当地村民与国家电网公司电网建设安全文明施工相关要求强力执行，在规定的地点停放与摆放并设置围栏不超出规定区域。使人们的防范意识大大增强，争做守护先锋，一部分人带动另一部分人，此措施在执行后取得较好的效果，并在当地产生了一致的好评，发挥出了党员先锋的影响力。在此过程中党员突击队充分发挥了党组织的战斗堡垒作用和党员先锋模范作用，增强了当地牧民对于森林防火工作的责任感和紧迫感，倡导绿色文明的守护环境，努力确保施工过程期间无火情、无险情。

"云杉是我家，保护靠大家"，建设生态文明，需要你我共同担负起这份责任。不可乱砍滥伐，不乱丢垃圾，减少施工设备对自然生态的破坏，并时刻做好森林防火措施，积极与林业单位、环保单位及当地村民开展保护活动，时刻树立保护环境爱护大自然的意识。党员同志同时也应该起到带头作用，带动大家积极地参与到活动中去守护这片绿色。

四、党建活动

临时党支部在施工期间经常举行党建活动，见表 2-5-12-1。

表 2-5-12-1　　　伊博苏凤Ⅱ回 750kV 输变电工程临时党支部活动集锦

活动主题	创新争优，共为党旗添风采	
活动时间	2021-07-22	活动地点　　　　　　业主项目部
活动简介	伊博苏凤Ⅱ回 750kV 输变电工程临时党支部共产党员突击队开展庆祝建党系列活动	
照片		
取得成效	通过这种形式能够激励自身，不断提高对党的事业的责任感与使命感，自觉地献身党的事业	
活动主题	立足岗位奉献，创先争优当先锋	
活动时间	2021-08-10	活动地点　　伊博苏凤Ⅱ回 750kV 输变电工程施工Ⅴ标项目部
活动简介	伊博苏凤Ⅱ回 750kV 输变电工程临时党支部共产党员突击队，落实安全日工作，消除事故隐患，筑牢安全防线	
照片		
取得成效	提高工程参建人员的安全意识，营造了工程安全生产良好氛围，提高安全生产宣传效果和全员安全素质，全面提升公司安全文化意识	

续表

活动主题	我为群众办实事，"电网建设走在前"活动		
活动时间	2021 - 09 - 11	活动地点	伊博苏凤Ⅱ回 750kV 输变电工程业主项目部（奎屯市）
活动简介	伊博苏凤Ⅱ回 750kV 输变电工程临时党支部利用节假日空闲时间，组织支部党员开展了"我为群众办实事"系列公益活动		
照片			
取得成效	使广大群众对电网建设的认识与理解得到提升，也使广大群众充分了解超高压及特高压电网建设的目的和意义。让更多的人能够了解到电网建设，了解北二回线路的建设		
活动主题	"学讲话、悟伟力、强信念"党史学习教育交流座谈会		
活动时间	2021 - 10 - 15	活动地点	乌昌 750kV 变电站工程
活动简介	为深化党史学习教育成效，引导党员群众在超高压电网建设中争先锋、干精彩，第一项目管理部党总支联合第三项目管理部党支部、乌昌、伊博苏凤工程临时党支部在乌昌 750kV 变电站工程召开"学讲话、悟伟力、强信念"党史学习教育交流座谈会暨"千名党员争先锋、万名员工干精彩"活动		
照片			
取得成效	通过开展此次活动，将"带头为群众讲党史、和群众一起学党史"作为凝聚队伍和提升素质的抓手，用心用情为群众办实事，努力营造电网建设良好氛围		

续表

活动主题	全面排查隐患，开展"保安全、保任务"活动		
活动时间	2021-11-04	活动地点	伊博施工Ⅰ标段
活动简介	对现场、项目部、驻地进行隐患排查全覆盖、无遗漏，落实停工期间防疫要求，抓好停工期间应急管理，全面做好突发事件应对准备，安排好停工期间的值守，确保安全稳定		

照片	

取得成效	在一线党员的带领下完成了多次施工现场安全、质量专项检查，争取将一切违章作业扼杀在摇篮中。为该工程的顺利投运奠定坚实的基础		
活动主题	"党建引领促发展、凝心聚力谱新篇"		
活动时间	2021-12-03	活动地点	伊博苏凤Ⅱ回750kV输变电工程业主项目部
活动简介	停工前，对一年来工作进行总结，表彰先进，查缺补漏，树立形象，制订下年计划		

照片	

| 取得成效 | 各标段对一年来工作进行总结，查漏补缺，以便更好地制订下年计划，为工程按期投运奠定坚实基础 | | |

续表

活动主题	强思想、促安全、稳复工		
活动时间	2022－03－20	活动地点	乌凤施工Ⅱ标
活动简介	伊博苏凤Ⅱ回750kV输变电工程临时党支部在乌凤施工Ⅱ标段，牵头组织监理项目部、施工项目部管理人员以及作业层班组全体人员开展"强思想、促安全、稳复工"主题活动		
照片			
取得成效	全面提升安全素养和技能水平，进一步增强安全意识和安全责任感，守牢安全底线，深入推进电网高质量建设，以昂扬的姿态投入新一年工作		
活动主题	强党建引领，铸安全堡垒		
活动时间	2022－04－25	活动地点	乌凤施工Ⅱ标
活动简介	伊博苏凤Ⅱ回750kV输变电工程临时党支部牵头组织乌苏-凤凰Ⅱ回施工项目部管理人员及班组作业人员将党建工作与安全生产有机融合，开展"强党建引领 铸安全堡垒"党建＋安全生产主题党日活动		
照片			
取得成效	通过党员"双带头"等活动，处处营造"人人讲安全、事事讲安全、时时讲安全"的良好安全氛围，让党员成为安全生产的"监督员"、作业现场的"示范员"，积极发挥传、帮、带作用，只要党员在，施工现场就无违章，进一步实现安全管理"可控、能控、在控"		

活动主题	党建"红"引领生态"绿"		
活动时间	2022-05-30	活动地点	伊博施工Ⅰ标段
活动简介	积极发挥党员先锋模范作用和党支部战斗堡垒作用，率先成立伊犁-博州-乌苏-凤凰Ⅱ回750kV线路工程临时党支部和党员先锋服务队，在伊犁-博州-乌苏-凤凰Ⅱ回750kV线路工程开展守护"蒙玛拉云杉"专题活动		
照片			
取得成效	加强该区段安全文明施工策划，对每基铁塔分别制定塔基绿植个性化修复方案，实现单基础小环境的再造。同时，党员先锋服务队对现场安全工器具及防疫物资进行全面检查，严格杜绝违章现象，将每处细节落实到人，规范标准贯穿到实际。以党建"红"引领生态"绿"		
活动主题	伊博苏凤Ⅱ回750kV输变电工程临时党支部助力博州-乌苏Ⅱ回750kV线路导地线架设		
活动时间	2022-06-29	活动地点	博乌施工Ⅰ标段
活动简介	伊博苏凤Ⅱ回750kV输变电工程临时党支部助力博州-乌苏Ⅱ回750kV线路导地线架设，成为该工程建设过程中又一重要里程碑		
照片			
取得成效	深化落实各级党员"一岗双责"，坚持发挥党务与业务主体合力作用，紧扣业务工作做好服务，落实安全生产，狠抓工艺质量，严格工序控制，加强文明施工，合理控制工期，在重点环节上采取有针对性质量管理和控制措施，助力项目工程"创优良、铸精品"		

活动主题	伊博苏凤Ⅱ回750kV输变电工程临时党支部收听收看习近平总书记在新疆考察时的重要讲话精神		
活动时间	2022 - 07 - 13	活动地点	伊博苏凤Ⅱ回750kV输变电工程业主项目部
活动简介	伊博苏凤Ⅱ回750kV输变电工程临时党支部利用闲暇之余，组织施工、监理管理人员及作业层班组骨干，第一时间掀起收听收看习近平总书记在新疆考察时的重要讲话精神热潮		
照片			
取得成效	始终以习近平总书记重要讲话精神为指导，以"党建＋"工程为抓手，大力发挥党支部的战斗堡垒作用，带领支部党员共同为新疆电网的建设发展群策群力，共同迎着同一个目标发挥自身职能使命，以优异的成绩迎接党的二十大胜利召开		

参 考 文 献

[1] 江苏省建筑行业协会，江苏省智慧工地推进办公室. 江苏省智慧工地建设与实践培训教材 [M]. 北京：中国建筑工业出版社，2022.

[2] 郭峰，徐浩. 新基建："互联网＋智慧工地" [M]. 北京：科学出版社，2022.

[3] 哈尔滨工业大学－共友时代智慧工地联合实验室. 智慧工地理论与应用 [M]. 北京：中国建筑工业出版社，2019.

[4] 张天文. 智慧工地在项目经营管控中的应用 [J]. 价值工程，2018，37 (28)：220-222.

[5] 张艳超. 智慧工地建设需求和信息化集成应用探讨 [J]. 智能建筑与智慧城市，2018 (5)：86-88.

[6] 万晓曦. "互联网＋"提速智慧工地 [J]. 中国建设信息化，2015 (20)：25-27.

[7] 毛志兵. 从人工智能到智慧工地迎接建造方式的新变革 [J]. 中国勘察设计，2017 (8)：28-29.

[8] 毛志兵. 推进智慧工地建设助力建筑业的持续健康发展 [J]. 工程管理学报，2017，31 (5)：80-84.

[9] 刘刚. 智慧城市的智慧建造 [J]. 中国建设信息，2014 (10)：12-16.

[10] 杨志和，王要武. 基于建筑产业现代化技术演化的智慧施工推进策略研究 [J]. 中国软科学，2018 (8)：18-30.

[11] 王要武，吴宇迪，薛维锐. 基于新兴信息技术的智慧施工理论体系构建 [J]. 科技进步与对策，2013，30 (23)：39-43.

[12] 刘艺. Delphi 面向对象的编程思想 [M]. 北京：机械工业出版社，2003.

[13] 王雪青，张康照，谢银. BIM 模型的创建和来源选择 [J]. 建筑经济，2011 (9)：90-92.

[14] 李建成. BIM 应用·导论 [M]. 上海：同济大学出版社，2015.

[15] 曾凝霜，刘琰，徐波. 基于 BIM 的智慧工地管理体系框架研究 [J]. 施工技术，2015，44 (10)：96-100.

[16] 李建中，李金宝，石胜飞. 传感器网络及其数据管理的概念、问题与进展 [J]. 软件学报，2003，14 (10)：1717-1727.

[17] 毛志兵. 推进智慧工地建设，助力建筑业的持续健康发展 [J]. 工程管理学报，2017，31 (5)：80-84.

[18] 曾凝霜，刘琰，徐波. 基于 BIM 的智慧工地管理体系框架研究 [J]. 施工技术，2015，44 (10)：96-100.

[19] 韩豫，孙昊，李宇宏，等. 智慧工地系统架构与实现 [J]. 科技进步与对策，2018，35 (24)：107-111.

[20] 刘刚. 智慧工地的"前世今生" [J]. 施工企业管理，2017 (4)：29.

[21] 曾立民. 打通信息化落地"最后一公里"——智慧工地的建设及应用价值 [J]. 中国勘察设计，2017 (8)：32-36.

[22] 毛杨. 智慧工地与精益建造 [J]. 施工企业管理，2017 (4)：30-31.

[23] 蒲红克. BIM 技术在施工企业材料信息化管理中的应用 [J]. 施工技术，2014，43 (3)：77-79.

[24] 中华人民共和国住房和城乡建设部. 建筑信息模型应用统一标准：GB/T 51212—2016 [S]. 北京：中国建筑工业出版社，2016.

[25] 张建平. 工程项目 BIM 深化应用与创新技术 [C]//中国建筑学会建筑施工分会. 2016 中国建筑施工学术年会摘要集. 北京：中国建筑学会建筑施工分会，2016：4.

[26] 刁丙超. 基于 BIM 的施工方项目管理实施流程应用研究 [D]. 郑州：郑州大学，2018.

[27] 潘婷，汪霄. 国内外 BIM 标准研究综述 [J]. 工程管理学报，2017，31 (1)：1-5.

[28] 王国武. 射频识别（RFID）及其典型应用 [J]. 安徽电子信息职业技术学院学报，2005，4 (5)：90.

[29] 饶威，丁坚勇，李锐. 物联网技术在智能电网中的应用 [J]. 华中电力，2011，24 (2)：1-5.

[30] 朱洪波，杨龙祥，朱琦. 物联网技术进展与应用 [J]. 南京邮电大学学报（自然科学版），2011，31 (1)：1-9.

[31] 邵威，李莉. 感知中国——我国物联网发展路径研究 [J]. 中国科技信息，2009 (24)：330-331.

[32] 陈锐，贾晓丰，赵宇. 智慧城市运行管理的信息协同标准体系 [J]. 城市发展研究，2015，22 (6)：40-46.

[33] 石彤. 云模式下出版发行行业供应链信息协同 [J]. 出版发行研究，2015 (4)：47-49.

[34] 张艳，李景峰，张晋菁. 信息协同视角下煤炭运销企业绩效研究 [J]. 理论探索，2014 (3)：104-106.

[35] 叶乃溪，王晰巍，崔凤玲，等. 基于信息生态链的企业绿色信息协同模式研究 [J]. 情报科学，2013，31 (7)：25-29，122.

[36] 张晴，刘志学. 供应链信息协同及 agent 在其中的应用：研究综述 [J]. 计算机应用研究，2008，25 (8)：2265-2269.

[37] 赵杨，郭明晶. 分布式信息资源协同配置机制研究 [J]. 图书情报工作，2008，52 (6)：71.

[38] 李玲鞠. 供应链管理信息系统中的信息协同效应分析 [J]. 情报科学，2006，24 (1)：100-103.

[39] 刘星. 基于 BIM 的工程项目信息协同管理研究 [D]. 重庆：重庆大学，2016.

[40] 郭峰，徐浩，屈纲. 建设工程供应链合作伙伴协调管理的创新与实践研究——以深圳地铁 5 号线项目为例 [J]. 科技进步与对策，2011，28 (13)：26 - 31.

[41] 关越. 基于区块链的供应链信息协同管理研究 [D]. 秦皇岛：燕山大学，2018.

[42] 丘涛. 智慧工地建设的数据信息协同管理研究 [D]. 广州：华南理工大学，2019.

[43] 李锐，郝庆升，高可. 基于耗散结构理论的玉米深加工企业成长动力的协同机理研究 [J]. 中国农机化学报，2014，35 (6)：340 - 344.

[44] 朱美荣. 制造企业核心能力跃迁的动力机制研究 [D]. 哈尔滨：哈尔滨工程大学，2013.

[45] 贝塔朗菲. 一般系统论：基础、发展和应用 [M]. 林康义，魏宏森，等，译. 北京：清华大学出版社，1987.

[46] 钱学森. 论系统工程 [M]. 长沙：湖南科学技术出版社，1982.

[47] 周园. 施工现场远程监控系统在高职课堂教学中的应用初探 [J]. 职教论坛，2017 (15)：73 - 76.

[48] 钟凯，肖林，王晓强，等. BIM 技术在玉溪海绵城市建设中的应用 [J]. 中国给水排水，2019，35 (12)：108 - 111.

[49] 陈星，薛伟，程淑珍，等. 智慧工地管理体系在玉溪海绵城市建设中的应用 [J]. 中国给水排水，2019，35 (12)：100 - 103.

[50] 孙文侠，王志文. "智慧工地"在公路工程中的应用研究 [J]. 公路，2019，64 (8)：353 - 355.

[51] 徐友全，贾美珊. 物联网在智慧工地安全管控中的应用 [J]. 建筑经济，2019，40 (12)：101 - 106.

[52] 李晓婷，马荣全，徐蓉，等. 施工新技术应用效益评价的层次分析模型 [J]. 土木工程与管理学报，2012 (16)：52 - 55.

[53] 弗里曼. 战略管理：利益相关者方法 [M]. 王彦华，梁豪，译. 上海：上海译文出版社，2006.

[54] 杜栋，庞庆华，吴炎. 现代综合评价方法与案例精选 [M]. 北京：清华大学出版社，2015.

[55] 申玲，宋家仁，钱经. 基于 DEMATEL 的 BIM 应用效益关键影响因素及对策 [J]. 土木工程与管理学报，2018，35 (2)：45 - 51.

[56] 杜栋，庞庆华，吴炎. 现代综合评价方法与案例精选 [M]. 北京：清华大学出版社，2015.

[57] 田中，谢良宽. 一般民用建筑施工安全与职业健康管理 [J]. 中华建设，2015 (6)：102 - 103.

[58] 盛雪冬. 澳大利亚新南威尔士州建筑工程职业健康与安全培训 [J]. 中国建设信息，2009 (2)：64 - 65.

[59] 聂鑫，马越峰，任雪山，等. 应用模糊综合评价法评估某建筑企业职业健康安全管理体系 [J]. 职业卫生与应急救援，2019，37 (4)：328 - 331.

[60] 谢炳熔，郑丽滨. 某铸管股份有限公司新建项目职业病危害控制效果评价 [J]. 中国卫生工程学，2019，18 (2)：221 - 224.

[61] 李留洋，王大讲，孟刚，等. 建筑施工现场常见职业危害分析及控制措施 [J]. 建筑安全，2018，33 (12)：51 - 55.

[62] 许曙青，汪雷. 积极安全与职业健康教育范式建构的实证研究 [J]. 工业安全与环保，2018，44 (6)：79 - 83.

[63] 蔡淑琴，李升一，鲍晓莉，等. 工程项目施工索赔机会博弈模型及其支持系统 [J]. 华中科技大学学报，2001，29 (8)：36 - 38.

[64] 杨学军，徐振强. 智慧城市中环保智慧化的模式探讨与技术支撑 [J]. 城市发展研究，2014，21 (7)：1 - 4.

[65] 刘文清，杨靖文，桂华侨，等. "互联网＋"智慧环保生态环境多元感知体系发展研究 [J]. 中国工程科学，2018，20 (2)：111 - 119.

[66] 刘丽，李超. 项目决策阶段咨询服务发展初探 [J]. 价值工程，2019，38 (30)：129 - 130.

[67] 林韬. 重大水利建设项目社会稳定风险分析评估方法探讨 [J]. 广东水利水电，2014 (11)：84 - 87.

[68] 张凤. 施工情况复杂的桥梁施工安全风险评估分析 [J]. 科学技术创新，2017 (21)：156 - 157.

[69] 仲琳，赵寒容，胡灵芝. 水库大坝等级分类及风险管理 [J]. 西北水电，2011 (S1)：169 - 172.

[70] 赵辉，董骅，邱玮婷，等. 基于 ALARP 准则的工程建设项目事故风险评估标准研究 [J]. 工业安全与环保，2017，43 (8)：39 - 42.

[71] 郭豪收，张建设. 建筑施工高处坠落伤亡的事故树安全研究 [J]. 山西建筑，2007，33 (19)：197 - 198.

[72] 覃容，彭冬芝. 水利水电工程施工高概率伤亡事故致因探索 [J]. 工业安全与环保，2007，33 (11)：60 - 62.

[73] 孙文侠，王志文. "智慧工地"在公路工程中的应用研究 [J]. 公路，2019，64 (8)：353 - 355.

[74] 毛志兵. 推进智慧工地建设助力建筑业的持续健康发展 [J]. 工程管理学报，2017，31 (5)：80 - 84.

[75] 陈扬斌，李青，庄越挺. 智慧企业中的智慧搜索 [J]. 通信学报，2015，36 (12)：89 - 96.

[76] 闫娜. 基于大数据吞吐效益评估的网络数据综合调控算法研究 [J]. 计算机与数字工程，2016，44 (7)：1304 - 1308.

[77] 何愉舟，韩传峰. 基于物联网和大数据的智能建筑健康信息服务管理系统构建 [J]. 建筑经济，2015，36 (5)：101 - 106.

［78］ 胡税根，王汇宇，莫锦江. 基于大数据的智慧政府治理创新研究［J］. 探索，2017（1）：72－78.

［79］ 胡税根，王汇宇. 智慧政府治理的概念、性质与功能分析［J］. 厦门大学学报（哲学社会科学版），2017（3）：99－106.

［80］ 郭喜，李政蓉. 新一代信息技术驱动下的政府转型——从网络政府到数据政府、智慧政府［J］. 行政论坛，2018（4）：56－60.

［81］ 潘琳，周荣庭. 回应性监管视角下社会组织内部多元协同监管模式研究［J］. 华东经济管理，2019，33（5）：177－184.

［82］ 毛凯军，田敏，许庆瑞. 基于复杂系统理论的企业集群进化动力研究［J］. 科研管理，2004，25（4）：110－115.

［83］ 董佳敏，刘人境，张光军. 大科学工程组织管理模式对比分析及对我国的启示［J］. 科技管理研究，2016，36（16）：183－188.

［84］ 周祖禹. 深圳市建筑工地智慧监管平台的建设与实践［D］. 广州：华南理工大学，2018.

［85］ 胡信超，赵玉才. 无人值守变电站智慧运维建设方案研究［J］. 设备管理与维修，2023（5）：141－143.

［86］ 赵峻峰，刘建华. 基于与城市建设相融合的雄安电网工程景观探索与实践［C］//《中国电力企业管理创新实践（2021年）》编委会. 中国电力企业管理创新实践（2021年）. 北京：新华出版社，2023：659－661.

［87］ 王焕新，周振兴，张卓敏，等. 智慧工地平台在变电站建设中的应用研究［J］. 现代信息科技，2023，7（3）：90－94.

［88］ 何佳熹，侯姝斌，陈浩，等. 人工智能下漓湖变电站智慧化建设与探讨［J］. 电力大数据，2022，25（9）：68－75.

［89］ 李建伟，李喻蒙. 基于数字孪生技术的变电站智慧系统平台建设［J］. 光源与照明，2021（11）：75－76.

［90］ 蔡宇飞，赵康伟. 智慧工程管理系统助力变电站建设［J］. 科技创新与应用，2021（7）：1－7.

［91］ 潘华，李辉，严亚兵，等. 智慧变电站二次及辅控系统新技术分析［J］. 湖南电力，2020，40（4）：68－73.

［92］ 杨彭，顾颖，周旭. 多站融合业务应用场景与建设运营模式探索研究［J］. 数据通信，2020（3）：1－3，6.

［93］ 陆国俊，陈畅，杨荣霞，等. 电网工程建设智慧工地探索、研究与应用［J］. 价值工程，2020，39（13）：251－253.

［94］ 程华福，闫蓓蕾，马洪波，等. 智慧变电站设备状态识别技术［C］//中国电机工程学会电力信息化专业委员会. 生态互联 数字电力——2019电力行业信息化年会论文集. 北京：人民邮电出版社，2019.

［95］ 孙于力. 智慧工地建设探索与实践研讨［J］. 工程建设与设计，2023（8）：83－85.

［96］ 本刊编辑部. 落实智慧工地建设 推动行业创新进步［J］. 中国建设信息化，2023（8）：10－12.

［97］ 徐建东，裴贞，徐新，等. 公路工程智慧工地建设的思考［J］. 上海公路，2023（1）：164－167，185.

［98］ 刘刚，占升，贾潇. 建筑工程智慧工地建设［J］. 智能建筑与智慧城市，2023（2）：121－123.

［99］ 黄子俨. 基于BIM技术的智慧工地系统在项目建设管理中的应用［J］. 企业科技与发展，2022（12）：85－87.

［100］ 王普. 东庄水利枢纽工程智慧工地建设探析［J］. 中国水能及电气化，2022（10）：47－51，57.

［101］ 李强年，范金玉. 基于DEMATEL-ISM的甘肃省智慧工地建设制约因素及发展路径研究［J］. 工程管理学报，2022，36（5）：43－48.

［102］ 张涛. 大型建筑施工企业智慧工地建设与探索［J］. 智能建筑，2022（9）：68－72.

［103］ 冯帆，罗乾鹏. 基于CIM的智慧工地建设与应用［J］. 无线互联科技，2022，19（19）：52－54.

［104］ 李冉. 电网基建智慧工地建设应用［J］. 中国高新科技，2022（16）：14－16.

［105］ 杨玉胜，王美辰. 基于SEM的智慧工地建设制约因素分析及对策研究［J］. 工程管理学报，2022，36（4）：94－99.

［106］ 卫少阳，张朝晖，严超群，等. 基于BIM技术的智慧工地建设研究［J］. 江西建材，2022（5）：222－223.

［107］ 李娜. 基于数字化技术的智慧工地建设研究［J］. 造纸装备及材料，2022，51（1）：163－165.

［108］ 庚琳，尹向阳，赵佳丽，等. 智慧工地在油气管道建设中的应用探索［J］. 石油工业技术监督，2022，38（4）：15－20.

［109］ 李向阳，魏达. BIM+智慧工地建设在项目管理中的应用与分析［C］//中国土木工程学会总工程师工作委员会. 中国土木工程学会总工程师工作委员会2021年度学术年会暨首届总工论坛会议论文集. 《施工技术（中英文）》编辑部，2021：136－139.

［110］ 吴威，徐鑫乾，许志勇，等. 电网基建工程智慧工地建设研究［J］. 机电工程技术，2021，50（3）：178－181.

［111］ 孙博洋，张猷，姚姝铭，等. 电网建设智慧工地管理系统的关键技术和优化提升［J］. 工业控制计算机，2021，34（10）：135－137.

［112］ 罗小祺，杨曦. 智慧工地建设需求和信息化集成应用探讨［J］. 智能建筑与智慧城市，2020（10）：94－96.

［113］ 卢延刚，李涛. 基于"智慧工地"的高速公路建设信息化管理［J］. 中国公路，2020（17）：58－59.

［114］ 孙博洋，张猷，沈志鹏，等. 大型城市智慧工地建设需求和发展趋势分析［J］. 技术与市场，2022，29（3）：

144 – 147.

[115] 王彤，陈科. 基于 BIM 技术的智慧工地建设技术应用 [J]. 建筑技术开发，2022，49 (1)：109 – 111.

[116] 黄凯，张梅，王涛，等. 大型综合体项目智慧工地信息化平台建设关键技术 [J]. 施工技术，2020，49 (16)：36 – 39.

[117] 甄龙，徐辉，周勇，等. 智慧工地管控平台助推电力施工建设 [J]. 中华建设，2020 (S1)：64 – 67.

[118] 何平，苑玉平，陈滨津. 智慧工地建设探索与实践 [J]. 施工技术，2020，49 (S1)：1492 – 1494.

[119] 本刊编辑部. 智慧工地 数字化施工 铁路建设迎接智能时代 [J]. 建设机械技术与管理，2020，33 (3)：40 – 43.

[120] 陆国俊，陈畅，杨荣霞，等. 电网工程建设智慧工地探索、研究与应用 [J]. 价值工程，2020，39 (13)：251 – 253.

[121] 王帅. BIM 与物联网在智慧工地建设中的联合应用探讨 [J]. 江西建材，2020 (2)：8 – 9.

[122] 苏有运. 公路建设"智慧工地"创新化管理应用与发展 [J]. 企业科技与发展，2020 (3)：100 – 101.

[123] 张朝阳. 基于 BIM 的智慧工地建设现状与调研 [J]. 上海建设科技，2019 (6)：54 – 56.

[124] 朱宝康. 增强 BIM 系统化应用 加快智慧工地建设 [J]. 城市道桥与防洪，2020 (3)：190 – 192，25.

[125] 薛冉冉，肖洁，李永福. 浅谈建设智慧工地对工程项目施工过程的重要性 [J]. 科学技术创新，2020 (7)：103 – 104.

[126] 田曼丽，王杰，刘宇，等. 浅析数字化时代"智慧工地"的建设 [C]//中国图学学会建筑信息模型（BIM）专业委员会. 第五届全国 BIM 学术会议论文集. 北京：中国建筑工业出版社，2019.

[127] 陈维颖，王帅. 智慧工地信息化建设与应用 [J]. 中国建设信息化，2019 (20)：38 – 41.

[128] 黄嘉川. 智慧工地系统在工程建设中的应用 [J]. 建筑科技，2019，3 (5)：76 – 79.

[129] 刘振邦，李亮，张忆晨. 基于数字化技术的智慧工地建设研究 [J]. 铁路技术创新，2019 (4)：86 – 91.

[130] 叶肖敬，周朝辉，朱永. 基于 BIM 与物联网技术的智慧工地建设 [J]. 江苏建材，2019 (S1)：75 – 77.

[131] 王玉霞，姜文俊，于广. 智慧工地系统在工程建设中的应用 [J]. 湖南电力，2019，39 (4)：72 – 75.

[132] 陈应. 基于物联网技术的智慧工地建设 [J]. 智能建筑，2019 (6)：41 – 44.

[133] 霍旭薪，李欣宇，何宇航. 推进智慧工地建设 助力建筑行业发展 [J]. 土木建筑工程信息技术，2019，11 (2)：129 – 134.